罗霄山脉生物多样性考察与保护研究

罗霄山脉维管植物多样性编目

王　蕾　叶华谷　廖文波　詹选怀

陈春泉　刘克明　陈功锡

主编

科学出版社

北　京

内 容 简 介

本书基于 2013~2018 年针对罗霄山脉植物多样性进行的全面调查和标本采集，经分类鉴定、整理，编写而成。其中，蕨类植物按 PPG I 系统（2016）排序，裸子植物按 GPG I 系统（2011）排序，被子植物按 APG IV 系统（2016）排序，同时参考 *Flora of China* 的属种分类概念。本书共收录维管植物 223 科 1289 属 4442 种，另有种下等级 31 亚种 307 变种，其中本土野生维管植物 211 科 1174 属 4166 种，另有种下等级 31 亚种 295 变种，其他为逸生种、归化种、入侵种、栽培种。各物种记述了相关生物地理信息，如习性、生境、海拔、分布地、采集号等，分布地按 5 条中型山脉自北至南排列，即幕阜山脉、九岭山脉、武功山脉、万洋山脉、诸广山脉。

本书可供生物学、生态学、林学、自然保护学等领域的科研人员和高等学校师生参考，也可供自然保护部门的技术人员、行政管理人员，以及科普教育和自然生态爱好者参考。

图书在版编目（CIP）数据

罗霄山脉维管植物多样性编目/王蕾等主编. —北京：科学出版社，2023.3
（罗霄山脉生物多样性考察与保护研究）
ISBN 978-7-03-075143-0

Ⅰ. ①罗… Ⅱ. ①王… Ⅲ. ①维管植物–生物多样性–编目–中国
Ⅳ. ①Q949.408

中国国家版本馆 CIP 数据核字（2023）第 044139 号

责任编辑：王 静 王 好 田明霞 / 责任校对：郑金红
责任印制：肖 兴 / 封面设计：北京美光设计制版有限公司

科 学 出 版 社 出版
北京东黄城根北街 16 号
邮政编码：100717
http://www.sciencep.com

北京汇瑞嘉合文化发展有限公司 印刷
科学出版社发行 各地新华书店经销
*
2023 年 3 月第 一 版 开本：889×1194 1/16
2023 年 3 月第一次印刷 印张：33 3/4
字数：1 091 000
定价：398.00 元
（如有印装质量问题，我社负责调换）

罗霄山脉生物多样性考察与保护研究
编委会

《罗霄山脉维管植物多样性编目》编委会

序　一

建设生态文明，关系人民福祉，关乎民族未来。党的十八大以来，以习近平同志为核心的党中央从坚持和发展中国特色社会主义事业、统筹推进"五位一体"总体布局的高度，对生态文明建设提出了一系列新思想、新理念、新观点，升华并拓展了我们对生态文明建设的理解和认识，为建设美丽中国、实现中华民族永续发展指明了前进方向、注入了强大动力。

习近平总书记高度重视江西生态文明建设，2016 年 2 月和 2019 年 5 月两次考察江西时都对生态建设提出了明确要求，指出绿色生态是江西最大财富、最大优势、最大品牌，要求我们做好治山理水、显山露水的文章，走出一条经济发展和生态文明水平提高相辅相成、相得益彰的路子；强调要加快构建生态文明体系，繁荣绿色文化，壮大绿色经济，创新绿色制度，筑牢绿色屏障，打造美丽中国"江西样板"，为决胜全面建成小康社会、加快绿色崛起提供科学指南和根本遵循。

罗霄山脉大部分在江西省吉安境内，包含 5 条中型山脉及其中的南风面、井冈山、七溪岭、武功山等自然保护区、森林公园和自然山体，保存有全球同纬度最完整的中亚热带常绿阔叶林，蕴含着丰富的生物多样性，以及丰富的自然资源库、基因库和蓄水库，对改善生态环境、维护生态平衡起着重要作用。党中央、国务院和江西省委省政府高度重视罗霄山脉片区生态保护工作，早在 1982 年就启动了首次井冈山科学考察；2009~2013 年吉安市与中山大学联合开展了第二次井冈山综合科学考察。在此基础上，2013~2018 年科技部立项了"罗霄山脉地区生物多样性综合科学考察"项目，旨在对罗霄山脉进行更深入、更广泛的科学研究。此次考察系统全面，共采集动物、植物、真菌标本超过 21 万号 30 万份，拍摄有效生物照片 10 万多张，发表或发现生物新种 118 种，撰写专著 13 部，发表 SCI 论文 140 篇、中文核心期刊论文 102 篇。

"罗霄山脉生物多样性考察与保护研究"丛书从地质地貌，土壤、水文、气候，植被与植物区系，大型真菌，昆虫区系，脊椎动物区系和生物资源与生态可持续利用评价等 7 个方面，以丰富的资料、翔实的数据、科学的分析，向世人揭开了罗霄山脉的"神秘面纱"。进一步印证了大陆东部是中国被子植物区系的"博物馆"，也是裸子植物区系集中分布的区域，为两栖类、爬行类等各类生物提供了重要的栖息地。这一系列成果的出版，不仅填补了吉安在生物多样性科学考察领域的空白，更为进一步认识罗霄山脉潜在的科学、文化、生态和自然遗产价值，以及开展生物资源保护和生态可持续利用提供了重要的科学依据。成果来之不易，饱含着全体科考和编写人员的辛勤汗水与巨大付出。在第三次科考的 5 年里，各专题组成员不惧高山险阻，不畏酷暑严寒，走遍了罗霄山脉的山山水水，这种严谨细致的态度、求真务实的精神、吃苦奉献的作风，是井冈山精神在新时代科研工作者身上的具体体现，令人钦佩，值得学习。

罗霄山脉是吉安生物资源、生态环境建设的一个缩影。近年来，我们深入学习贯彻习近平生态文明思想，努力在打造美丽中国"江西样板"上走在前列，全面落实"河长制""湖长制"，全域推开"林长制"，着力推进生态建养、山体修复，加大环保治理力度，坚决打好"蓝天、碧水、净土"保卫战，努力打造空气清新、河水清澈、大地清洁的美好家园。全市地表水优良率达 100%，空气质量常年保持在国家二级标准以上。

　　当前，吉安正在深入学习贯彻习近平总书记考察江西时的重要讲话精神，以更高标准推进打造美丽中国"江西样板"。我们将牢记习近平总书记的殷切嘱托，不忘初心、牢记使命，积极融入江西省国家生态文明试验区建设的大局，深入推进生态保护与建设，厚植生态优势，发展绿色经济，做活山水文章，繁荣绿色文化，筑牢生态屏障，努力谱写好建设美丽中国、走向生态文明新时代的吉安篇章。

　　是为序。

胡世忠

江西省人大常委会副主任、吉安市委书记

2019 年 5 月 30 日

序　二

罗霄山脉地区是一个多少被科学界忽略的区域，在《中国地理图集》上也较少被作为一个亚地理区标明其独特的自然地理特征、生物区系特征。虽然 1982 年开始了井冈山自然保护区科学考察，但在后来的 20 多年里该地区并没有受到足够的关注。胡秀英女士于 1980 年发表了水杉植物区系研究一文，把华中至华东地区均看作第三纪生物避难所，但东部被关注的重点主要是武夷山脉、南岭山脉以及台湾山脉。罗霄山脉多少被选择性地遗忘了，只是到了最近 20 多年，研究人员才又陆续进行了关于群落生态学、生物分类学、自然保护管理等专题的研究，建立了多个自然保护区。自 2010 年起，在江西省林业局、吉安市林业局、井冈山管理局的大力支持下，在 2013~2018 年国家科技基础性工作专项的资助下，项目组开始了罗霄山脉地区生物多样性的研究。

作为中国大陆东部季风区一座呈南北走向的大型山脉，罗霄山脉在地质构造上处于江南板块与华南板块的结合部，是由褶皱造山与断块隆升形成的复杂山脉，出露有寒武纪、奥陶纪、志留纪、泥盆纪等时期以来发育的各类完整而古老的地层，记录了华南板块 6 亿年以来的地质史。罗霄山脉自北至南又由 5 条东北—西南走向的中型山脉组成，包括幕阜山脉、九岭山脉、武功山脉、万洋山脉、诸广山脉。罗霄山脉是湘江流域、赣江流域的分水岭，是中国两大淡水湖泊——鄱阳湖、洞庭湖的上游水源地。整体上，罗霄山脉南部与南岭垂直相连，向北延伸。据统计，罗霄山脉全境包括 67 处国家级、省级、市县级自然保护区，34 处国家森林公园、风景名胜区、地质公园，以及其他数十处建立保护地的独立自然山体等。

罗霄山脉地区生物多样性综合科学考察较全面地总结了多年来的调查数据，取得了丰硕成果，共发表 SCI 论文 140 篇、中文核心期刊论文 102 篇，发表或发现生物新种 118 个，撰写专著 13 部，全面地展示了中国大陆东部生物多样性的科学价值、自然遗产价值。

其一，明确了在地质构造上罗霄山脉南北部属于不同的地质构造单元，北部为扬子板块，南部为加里东褶皱带，具备不同的岩性、不同的演化历史，目前绝大部分已进入地貌发展的壮年期，6 亿年以来亦从未被海水全部淹没，从而使得生物区系得以繁衍和发展。

其二，罗霄山脉是中国大陆东部的核心区域、生物博物馆，具有极高的生物多样性。罗霄山脉高等植物共有 325 科 1511 属 5720 种，是亚洲大陆东部冰期物种自北向南迁移的生物避难所，也是间冰期物种自南向北重新扩张等历史演化过程的策源地；具有全球集中分布的裸子植物区系，包括银杉属、银杏属、穗花杉属、白豆杉属等共 21 属（隶属于 6 科，包括 32 种），以及较典型的针叶树垂直带谱，如穗花杉、南方铁杉、资源冷杉、白豆杉、银杉、宽叶粗榧等均形成优势群落。罗霄山脉是原始被子植物——金缕梅科（含蕈树科）的分布中心，共有 12 属 20 种，包括牛鼻栓属、金缕梅属、双花木属、马蹄荷属、枫香属、蕈树属、半枫荷属、檵木属、秀柱花属、蚊母树属、蜡瓣花属、水丝梨属；也是亚洲大陆东部杜鹃花科植物的次生演化中心，共有 9 属 64 种，约占华东五省一市杜鹃花科种数（81 种）的 79.0%。同时，与邻近植物区系的比较研究表明，罗霄山脉北段的九岭山脉、幕阜山脉与长江以北的大别山脉更为相似，在区划上组成华东亚省，中南段的武功山脉、万洋山脉、诸广山脉与南岭山脉相似，在区划上组成华南亚省。

其三，罗霄山脉脊椎动物（鱼类、两栖类、爬行类、鸟类、哺乳类）非常丰富，共记录有 132 科 660 种，两栖类、爬行类尤其典型，存在大量隐性分化的新种，此次科考发现两栖类新种 13 个。

罗霄山脉是亚洲大陆东部哺乳类的原始中心、冰期避难所。动物区系分析表明，两栖类在罗霄山脉中段武功山脉的过渡性质明显，中南段的武功山脉、万洋山脉、诸广山脉属于同一地理单元，北段幕阜山脉、九岭山脉属于另一个地理单元，与地理上将南部作为狭义罗霄山脉的定义相吻合。

其四，针对 5 条中型山脉，完成植被样地调查 788 片，总面积约 58.8 万 m^2，较完整地构建了罗霄山脉植被分类系统，天然林可划分为 12 个植被型 86 个群系 172 个群丛组。指出了罗霄山脉地区典型的超地带性群落——沟谷季风常绿阔叶林为典型南亚热带侵入的顶极群落，有时又称为季雨林（monsoon rainforest）或亚热带雨林[①]，以大果马蹄荷群落、鹿角锥-观光木群落、乐昌含笑-钩锥群落、鹿角锥-甜槠群落、覃树类群落、小果山龙眼群落等为代表。

毫无疑问，罗霄山脉地区是亚洲大陆东部最为重要的物种栖息地之一。罗霄山脉、武夷山脉、南岭山脉构成了东部三角弧，与横断山脉、峨眉山、神农架所构成的西部三角弧相对应，均为生物多样性的热点区域，而东部三角弧似乎更加古老和原始。

秉系列专著付梓之际，乐为之序。

王伯荪

2019 年 6 月 25 日

---

① Wang B S. 1987. Discussion of the level regionalization of monsoon forests. Acta Phytoecologica et Geobotanica Sinica, 11(2): 154-158.

前　　言

在中国大陆东部、东南部，有四座山脉呈"山"字形结构分布，自西向东依次排列有呈南北走向的武陵山脉、罗霄山脉、武夷山脉，三座山脉南部为东西走向的南岭山脉，南岭山脉将三座山脉连在一起，北部抵达长江流域；整体上，属于中国大地构造的第三级阶梯。在生物地理区系上，武夷山脉、南岭山脉、武陵山脉早已享誉海内，闻名全球，大陆东部整体被誉为全球植物区系的"博物馆"。

事实上，罗霄山脉具有同样的区域地位。罗霄山脉在四座山脉中，处于中轴线上，左侧为湘江流域，左上为洞庭湖，右侧为赣江流域，右上为鄱阳湖，南部为南岭山脉，北部为长江南岸，地理位置非常特殊，既是南北生物通道，也是东西区系的汇聚地。就植物区系而言，分布有银杉、银杏、资源冷杉、金钱松、水松、鹅掌楸、杜仲、连香树、长柄双花木等珍稀种、特有种、孑遗种、活化石；该区域在植被区划上，也极为特殊，具有典型的、完整的中亚热带常绿阔叶林谱系，以及南亚热带季雨林超地带群落等。

与邻近的其他三座山脉相比，罗霄山脉一直没有开展过全面的生物多样性调查。2013～2018 年，在国家科技基础性工作专项的资助下，"罗霄山脉地区生物多样性综合科学考察"项目启动，全国13 家科研机构合作在此开展生物多样性综合科学考察。罗霄山脉自北至南包括 5 座东北—西南走向的中型山脉，即幕阜山脉、九岭山脉、武功山脉、万洋山脉、诸广山脉。本次科考分为 6 个课题组，其中"植物课题组"根据苔藓、维管植物、植被、中型山脉与流域等特点分为 7 个专题组，分别由中山大学、中国科学院华南植物园、首都师范大学、中国科学院庐山植物园、湖南师范大学、吉首大学、深圳市中国科学院仙湖植物园承担。考察工作至 2018 年 12 月结束，2019 年 12 月顺利通过科技部结题评审。

本次科考获得了丰硕的考察成果，共采集维管植物标本 68 897 号，其中，诸广山脉 11 120 号，万洋山脉 23 655 号，武功山脉 8353 号，九岭山脉 15 071 号，幕阜山脉 8056 号。此外，根据标本馆以及相关文献，补充了少部分凭证标本。其间，发表了大量关于区域植物区系、植被、植物资源等相关研究论文，包括数十篇硕士、博士学位论文。几家高校有百余名本科生、研究生参加了野外标本采集和样地调查，完成了"生物学野外实习"暑期课程。当地政府、各自然保护地也有许多科技人员参加了考察。

《罗霄山脉维管植物多样性编目》主要总结了关于野外采集、标本鉴定、凭证标本引证、地理分布核校等方面的成果，编目依据新的分子分类系统（PPG I、GPG I、APG IV）排序。本次科考涉及范围广，包括赣、湘、鄂 3 省 14 市 55 县（市），标本采集量大，鉴定耗时费力，采集信息整理及各省县市、山地名称校正等均比较烦琐，最后还记述了各专题组的野外考察参加人员情况。名录编制成稿工作量比较大，编写人员克服了很多困难，完成了本书的编写工作。本书为罗霄山脉地区植物资源保护、管理规划、资源利用、地理分布查询等提供了重要参考。在此，对各参加单位、协助机构、协助人员致以崇高的敬意和诚挚谢意。

编　者

2021 年 12 月

编 写 说 明

1. 编目采用的分类系统

为了适应植物学科发展以及新时期的应用需要，本书各类群均采用基于"分子数据建立的新分类系统"进行编目。①蕨类植物采用 PPG I 系统（2016），包括石松纲、水龙骨纲；并根据国内专家意见，蕨类系统增补 P48a 牙蕨科 Pteridryaceae Li Bing Zhang、P49a 爬树蕨科 Arthropteridaceae H. M. Liu, Hovenkamp et H. Schneid.，这 2 科在罗霄山脉均无分布，对排序没有影响。②裸子植物采用 GPG II 系统（2016），包括苏铁纲、银杏纲、松纲。③被子植物采用 APG IV 系统（2016），不再分为双子叶植物纲、单子叶植物纲，而是按照基部群、单系或并系演化支等概念直接划分目、科。

2. 采集记述

植物标本采集和野外考察过程是与标本馆馆藏标本考证相关联的一个重要信息，但在标本记录中的信息尚不能全面体现这一过程。因此，本书第 4 章记述了各专题组在野外采集过程中涉及的考察日期、参加人员、采集数量或当时开展的样方调查情况等。

3. 物种统计与编目内容

本书共收录维管植物 223 科 1289 属 4442 种，另有种下等级 31 亚种 307 变种。其中本土野生维管植物 211 科 1174 属 4166 种，另有种下等级 31 亚种 295 变种，包括蕨类植物 32 科 101 属 431 种 1 亚种 20 变种，裸子植物 6 科 23 属 32 种 2 变种，被子植物 173 科 1050 属 3703 种 30 亚种 273 变种。其他为逸生种、归化种、入侵种、栽培种，即各类外来种 88 科 208 属 276 种 12 变种。

本书编目中记述有"目、科、属、种"等条目，为节省篇幅，"种条目"记录格式为：中文名、拉丁名、习性、生境、分布地和采集号。若有异名，放在拉丁名之后的"[ ]"中。分布地按照 5 条中型山脉自北至南排列，即幕阜山脉、九岭山脉、武功山脉、万洋山脉、诸广山脉。

每个物种选取若干代表性标本，原则上保证有该物种分布的中型山脉都有选取，每条山脉又按照"县或山地"选取，尽可能选取不同的分布点，相同的"县、山地"依据标本量的多少适当选取 1～3 份标本。大部分标本是在 2013～2019 年采集的。此外，考察中没有采集到的部分标本，通过查询标本馆采集记录经查证其鉴定准确后予以收录。中山大学、中国科学院庐山植物园、湖南师范大学等早期曾在罗霄山脉开展过考察，因此，本书也收录有 2010～2012 年或更早以前的标本。

4. 采集号及考察区域

本书由于收录的物种数量较多，涉及的标本量较大，分布点多，因此，未保留采集人。采集地也主要记录县（或县级市，个别有地级市）、山地，未写出各省区。为此，在此补充记述各县、山地所在的省区，以及各采集号所代表的采集机构和标本馆代号。

（1）采集号。植物组共有 7 家单位，除苔藓植物专题未列入本书，其他承担维管植物专题的 6 家单位的采集号和标本馆代号如下。

湖南师范大学 LXP-03（HNNU），吉首大学 LXP-06（JIU），首都师范大学 LXP-09（存 SYS），中国科学院华南植物园 LXP-10（IBSC），中国科学院庐山植物园 LXP-11（LBG），中山大学 LXP-13

（SYS）。此外，中国科学院庐山植物园在编号时常不用单位码"11"，而是直接在 LXP-后加数字编号；采集号 JGS、LXP-QXL、LXP-TYD、DY，是中山大学、首都师范大学于 2010～2012 年考察时所用的采集号。采集号为"齐云山 XXX 号（刘小明等，2010）"的标本引文献，标本存赣南师范大学南岭植物标本馆（GNNU）。尚有部分标本是引自中国科学院植物研究所国家植物标本馆（PE）或其他标本馆，标有采集人和标本馆代号。涉及的标本馆（室）代号和所属机构如下。

AU（厦门大学生命科学学院植物标本室）

BJFC（北京林业大学博物馆）

CAF（中国林业科学研究院森林植物标本馆）

CCAU（华中农业大学博物馆植物标本馆）

CSFI（中南林业科技大学林学院森林植物标本室）

CSH（上海辰山植物标本馆）

GNNU（赣南师范大学南岭植物标本馆）

GNUG（贵州师范大学生命科学学院植物标本室）

HUFD（湖南食品药品职业学院中药系植物标本室）

HUST（湖南科技大学生命科学学院植物标本馆）

HNNU（湖南师范大学生命科学学院植物标本馆）

IBK（广西植物研究所标本馆）

IBSC（中国科学院华南植物园标本馆）

JIU（吉首大学植物标本馆）

JJF（九江森林植物标本馆）

JXAU（江西农业大学林学院树木标本馆）

JXCM（江西中医药大学药用植物标本室）

JXU（南昌大学生物标本馆）

KUN（中国科学院昆明植物研究所标本馆）

LBG（江西省中国科学院庐山植物园标本馆）

NAS（江苏省中国科学院植物研究所标本馆）

NF（南京林业大学树木标本室）

PE（中国科学院植物研究所国家植物标本馆）

SYS（中山大学植物标本室）

SZG（深圳市中国科学院仙湖植物园标本馆）

WUK（西北农林科技大学生命科学学院植物标本馆）

ZM（浙江自然博物馆植物标本室）

（2）考察区域。考察范围涉及罗霄山脉地区各山地和山间连接带，亦包括河流、湖泊、溪流等地，横跨 3 省 14 市 55 县（市），部分市、县、山地如下。

湖北省　咸宁市，崇义县、通城县、通山县、阳新县，九宫山。

江西省　吉安市、宜春市、萍乡市，安福县、安义县、分宜县、奉新县、靖安县、庐山市、芦溪县、莲花县、瑞昌市、上高县、上犹县、遂川县、铜鼓县、万载县、武宁县、修水县、宜丰县、永新县，五指峰、井冈山、武功山、庐山。

湖南省 郴州市、岳阳市、株洲市，安仁县、茶陵县、桂东县、衡东县、醴陵市、浏阳市、平江县、炎陵县、永兴县、攸县、资兴市，八面山、幕阜山、齐云山、连云山。

据不完全统计，本次科考重点考察地区涉及的自然保护地主要约 100 处，包括国家级自然保护区 8 处、处省级自然保护区 18 处、县市级自然保护区 44 处，国家级森林公园 16 处、省市级森林公园 12 处，国家级风景名胜区 1 处，地质公园 1 处等（见附表）。其中，部分地区既有自然保护区，又有森林公园或风景名胜区，其管理线范围不完全重叠，此处优先列举自然保护区，其他除个别保护地外不再做加权列举。

目　　录

第1章 蕨类植物多样性编目

1.1 石松纲 Lycopodiopsida

Order 1. 石松目 Lycopodiales

P1 石松科 Lycopodiaceae

扁枝石松属 *Diphasiastrum* Holub

扁枝石松 Diphasiastrum complanatum (L.) Holub
草本。山坡, 密林, 溪边; 壤土; 1300~1700 m。九岭山脉: 大围山 LXP-09-11039; 万洋山脉: 遂川县 LXP-13-16794、LXP-13-20250, 炎陵县 DY2-1075。

石杉属 *Huperzia* Bernh.

昆明石杉 Huperzia kunmingensis Ching
草本。山顶, 草丛; 1700 m。武功山脉: 武功山 LXP-06-9180。

金发石杉 Huperzia quasipolytrichoides (Hay.) Ching
草本。山谷, 疏林, 溪边; 壤土; 1300~1500 m。诸广山脉: 桂东县 LXP-13-25610。

直叶金发石杉 Huperzia quasipolytrichoides var. **rectifolia** (J. F. Cheng) H. S. Kung et L. B. Zhang
草本。林下苔藓丛中。幕阜山脉: 鞍山 熊耀国 7105 (LBG)。

长柄石杉 Huperzia javanica (Sw.) Fraser-Jenk.
草本。山坡, 山谷, 溪边, 密林, 路旁, 石上, 阴湿处; 壤土, 腐殖土; 300~1000 m。幕阜山脉: 庐山市 LXP-5166, 平江县 LXP-3580、LXP-4067, 瑞昌市 LXP-0161, 通山县 LXP-1984, 武宁县 LXP-0546、LXP-0635, 修水县 LXP-0848; 九岭山脉: 靖安县 LXP-2482、LXP-10-595, 宜丰县 LXP-10-2561, 万载县 LXP-10-1757; 武功山脉: 安福县 LXP-06-5071、LXP-06-6792, 芦溪县 LXP-13-03656、LXP-06-1130; 万洋山脉: 井冈山

LXP-13-18378, 遂川县 LXP-13-16481, 炎陵县 LXP-09-07928、TYD2-1303, 永新县 LXP-13-19780、LXP-QXL-740; 诸广山脉: 桂东县 LXP-13-25612, 崇义县 LXP-13-24219、LXP-13-24327, 上犹县 LXP-03-06851。

四川石杉 Huperzia sutchueniana (Hert.) Ching
草本。山顶, 山坡, 山谷, 溪边, 疏林, 路旁; 壤土; 400~1900 m。武功山脉: 芦溪县 LXP-13-09784; 万洋山脉: 遂川县 LXP-13-17624、LXP-13-23598, 炎陵县 DY3-1035、LXP-09-10924; 诸广山脉: 桂东县 LXP-13-22614, 上犹县 LXP-13-23532。

藤石松属 *Lycopodiastrum* Holub ex Dixit

藤石松 Lycopodiastrum casuarinoides (Spring) Holub ex Dixit
藤本。山坡, 山谷, 密林, 灌丛, 路旁, 阳处; 壤土; 200~1250 m。幕阜山脉: 修水县 LXP-3240; 九岭山脉: 靖安县 LXP-10-4443, 铜鼓县 LXP-10-6644, 奉新县 LXP-10-4103, 宜丰县 LXP-10-12918; 武功山脉: 安福县 LXP-06-0267, 茶陵县 LXP-06-1522, 明月山 LXP-06-4581; 万洋山脉: 井冈山 JGS-4159, 永新县 LXP-QXL-558, 炎陵县 LXP-13-3235、LXP-09-07522, 永兴县 LXP-03-04270; 诸广山脉: 上犹县 LXP-13-12423, 桂东县 LXP-13-22593、LXP-03-02447。

石松属 *Lycopodium* L.

石松 Lycopodium japonicum Thunb. ex Murray
草本。山顶, 山坡, 山谷, 密林, 疏林, 灌丛, 溪边, 石上, 阳处; 腐殖土; 400~1800 m。幕阜山脉: 平江县 LXP-4258, 通城县 LXP-4146、LXP-1165、LXP-7765, 武宁县 LXP-1337, 修水县 LXP-2887; 九岭山脉: 大围山 LXP-10-11365、LXP-09-11021, 奉新县 LXP-10-10585, 靖安县 LXP-10-10046; 武功山脉: 莲花县 LXP-GTY-108, 安福县 LXP-06-0496, 明月山 LXP-06-4568, 宜春市 LXP-06-2748; 万洋山

脉：吉安市 LXSM2-6-10004，遂川县 LXP-13-16666、LXP-13-7116，炎陵县 DY1-1061、LXP-13-4388，资兴市 LXP-03-00095；诸广山脉：崇义县 LXP-13-24253，桂东县 LXP-03-00635、LXP-03-02409，上犹县 LXP-03-06283。

玉柏 Lycopodium obscurum L. [笔直石松 *Lycopodium obscurum* form. *strictum* (Milde) Nakai ex Hara]

草本。山坡，疏林，路旁；200~1800 m。万洋山脉：炎陵县 DY1-1145、LXP-13-4443，南风面 LXP-13-7255。

垂穗石松属 *Palhinhaea* Franco et Vasc. ex Vasc. et Franco

垂穗石松 Palhinhaea cernua (L.) Vasc. et Franco

草本。山坡，山谷，疏林，灌丛，路旁，水库边，溪边，阳处；壤土；150~1150 m。幕阜山脉：修水县 LXP-0723，平江县 LXP-10-6380；九岭山脉：奉新县 LXP-10-10801，宜丰县 LXP-10-2930、LXP-06-6661；武功山脉：芦溪县 LXP-13-03640，安福县 LXP-06-5070、LXP-06-7359，明月山 LXP-06-7675，宜春市 LXP-13-10599；万洋山脉：井冈山 LXP-06-7199、JGS-B199，炎陵县 LXP-09-06297；诸广山脉：上犹县 LXP-03-07140。

马尾杉属 *Phlegmariurus* (Herter) Holub

华南马尾杉 Phlegmariurus austrosinicus (Ching) L. B. Zhang

草本。山坡，山谷，密林，灌丛，路旁，溪边，石上，阴处；腐殖土；483~1109 m。万洋山脉：井冈山 LXP-13-24071，炎陵县 LXP-13-5351，永新县 LXP-13-19583；诸广山脉：上犹县 LXP-13-18917、LXP-13-25266，崇义县 LXP-13-24191，桂东县 LXP-13-25662。

福氏马尾杉 Phlegmariurus fordii (Baker) Ching

草本。山谷，溪边，林下，石上；400~1200 m。诸广山脉：上犹县 庐山植物园科考队 A284(LBG)。

闽浙马尾杉 Phlegmariurus mingcheensis Ching

草本。山谷，溪边，林下，石上，阴湿处；500~1400 m。诸广山脉：崇义县 严岳鸿和何祖霞 3581 (HUST)。

Order 3. 卷柏目 Selaginellales

P3 卷柏科 Selaginellaceae

卷柏属 *Selaginella* P. Beauv.

蔓出卷柏 Selaginella davidii Franch.

草本。山坡，山谷，灌丛，路旁，阴处；腐殖土；230~900 m。幕阜山脉：修水县 LXP-0811；万洋山脉：井冈山 JGS-1767，永新县 LXP-13-19688；诸广山脉：桂东县 LXP-13-25359。

薄叶卷柏 Selaginella delicatula (Desv.) Alston

草本。山坡，山谷，疏林，河边；壤土，腐殖土；170~800 m。幕阜山脉：平江县 LXP-4185，通山县 LXP-7212，武宁县 LXP-0439，修水县 LXP-0815；九岭山脉：大围山 LXP-10-11290，奉新县 LXP-10-4167，靖安县 LXP-10-9840，铜鼓县 LXP-10-7158，万载县 LXP-10-1777，宜丰县 LXP-10-12931；武功山脉：茶陵县 LXP-13-25944，安福县 LXP-06-0466，明月山 LXP-06-7717，攸县 LXP-06-1621；万洋山脉：井冈山 LXP-13-18255，炎陵县 LXP-09-07582，永新县 LXP-13-19015。

深绿卷柏 Selaginella doederleinii Hieron.

草本。山坡，山谷，路旁，疏林，溪边；壤土；200~750 m。幕阜山脉：修水县 LXP0866；武功山脉：安福县 LXP-06-5855，明月山 LXP-06-7816。

疏松卷柏 Selaginella effusa Alston

草本。山谷，疏林，石上；壤土；400 m。幕阜山脉：庐山市 LXP4974；武功山脉：茶陵县 LXP-13-25978。

异穗卷柏 Selaginella heterostachys Baker

草本。平地，路旁，河边；壤土；300~400 m。万洋山脉：遂川县 LXP-13-17169，炎陵县 DY2-1289。

兖州卷柏 Selaginella involvens (Sw.) Spring

草本。山坡，山谷，密林，疏林，阴处，路旁，溪边，灌丛；腐殖土；180~1527 m。幕阜山脉：庐山 LXP5311，平江县 LXP3672，通山县 LXP-2054，武宁县 LXP-5621，修水县 LXP-3002；九岭山脉：奉新县 LXP-10-13793，靖安县 LXP-10-13671，宜丰县 LXP-10-12725；万洋山脉：井冈山 JGS-063，炎陵县 DY2-1248、TYD2-1375；诸广山脉：崇义

县 LXP-13-24332，上犹县 LXP-13-25090。

小翠云 Selaginella kraussiana A. Braun

草本。山谷，密林，路旁；壤土；360~560 m。万洋山脉：井冈山 LXP-13-18254，遂川县 LXP-13-18092，永新县 LXP-13-19138。

细叶卷柏 Selaginella labordei Heron. ex Christ

草本。山顶，山坡，山谷，密林，疏林，灌丛，路旁，阴处；200~1550 m。幕阜山脉：通山县 LXP6852，修水县 LXP-0855；九岭山脉：大围山 LXP-10-7472，奉新县 LXP-10-9137，七星岭 LXP-10-11469，铜鼓县 LXP-10-8397，宜丰县 LXP-10-13397；诸广山脉：上犹县 LXP-03-06277。

耳基卷柏 Selaginella limbata Alston

草本。路旁，林下；300~600 m。诸广山脉：崇义县 严岳鸿等 3943(HUST)。

江南卷柏 Selaginella moellendorffii Hieron.

草本。山坡，山谷，密林，溪边，路旁；腐殖土；120~1752 m。幕阜山脉：通山县 LXP-6972，武宁县 LXP-8036，庐山市 LXP-6346，修水县 LXP-2690，平江县 LXP-10-5965；九岭山脉：奉新县 LXP-10-11043，靖安县 LXP-10-331、LXP-10-9601，浏阳市 LXP-10-5824，铜鼓县 LXP-10-6587，万载县 LXP-10-1499，大围山 LXP-10-11156，宜丰县 LXP-10-3098、LXP-10-8900；武功山脉：安福县 LXP-06-6373，芦溪县 LXP-06-1171，茶陵县 LXP-09-10214，攸县 LXP-06-5414，玉京山 LXP-10-1333；万洋山脉：井冈山 LXP-13-18281，遂川县 LXP-13-16997，炎陵县 LXP-09-00010，永新县 LXP-13-19412；诸广山脉：桂东县 LXP-13-25448，上犹县 LXP-13-25200。

伏地卷柏 Selaginella nipponica Franch. et Savat.

草本。山坡，山谷，疏林，溪边，阴湿处；壤土，腐殖土；325~1338 m。幕阜山脉：武宁县 LXP-13-08450，通山县 LXP-1997；万洋山脉：炎陵县 LXP-09-07485；诸广山脉：上犹县 LXP-13-23368。

东方卷柏 Selaginella orientali-chinensis Ching et C. F. Zhang ex HaoWei Wang et W. B. Liao

草本。山顶，石上，阳处；450~570 m。武功山脉：茶陵县 Q. P. Liu 069 (PE)。

地卷柏 Selaginella prostrata H. S. Kung

草本。山坡，石上，阴处；400 m。万洋山脉：炎陵县 TYD-2-1406。

疏叶卷柏 Selaginella remotifolia Spring

草本。山坡，路旁，疏林，阴处；231~978 m。幕阜山脉：通山县 LXP-2230，武宁县 LXP-5757；万洋山脉：井冈山 JGS-161。

卷柏 Selaginella tamariscina (P. Beauv.) Spring

草本。山坡，山谷，平地，疏林，路旁，石上，阳处；80~900 m。幕阜山脉：平江县 LXP4372，修水县 LXP2698；九岭山脉：大围山 LXP-10-14071；武功山脉：茶陵县 LXP-06-5190，攸县 LXP-06-5369。

毛枝卷柏 Selaginella trichoclada Alston

草本。路旁，林下；500~900 m。九岭山脉：九岭山 叶存粟 055(NAS)。

翠云草 Selaginella uncinata (Desv.) Spring

草本。山坡，山谷，密林，灌丛，溪边；壤土，腐殖土；140~800 m。幕阜山脉：平江县 LXP-4303，通山县 LXP-2434，武宁县 LXP-0428，修水县 LXP-0808；九岭山脉：安义县 LXP-10-3776，大围山 LXP-10-11228，奉新县 LXP-10-13897，靖安县 LXP-10-10210、JLS-2012-019，铜鼓县 LXP-10-7142，万载县 LXP-10-1674，宜丰县 LXP-10-12754；武功山脉：安福县 LXP-06-0605，芦溪县 LXP-06-2406；万洋山脉：炎陵县 DY2-1250，永新县 LXP-13-19208。

剑叶卷柏 Selaginella xipholepis Baker

草本。山坡，密林，灌丛；壤土；244~1685 m。幕阜山脉：通山县 LXP2094，平江县 LXP-13-22397；万洋山脉：炎陵县 LXP-09-10807。

1.2 水龙骨纲 Polypodiopsida

Order 4. 木贼目 Equisetales

P4 木贼科 Equisetaceae

木贼属 *Equisetum* L.

问荆 Equisetum arvense L.

草本。山坡，山谷，灌丛，路旁；壤土；201~1067 m。

幕阜山脉：庐山市 LXP-4874；诸广山脉：上犹县 LXP-03-06379。

木贼 Equisetum hyemale L.

草本。山谷，疏林，河边，路旁；壤土；411~628 m。万洋山脉：资兴市 LXP-03-05187；诸广山脉：上犹县 LXP-03-06986。

节节草 Equisetum ramosissimum Desf.

草本。山坡，山谷，疏林，路旁，溪边，村边；腐殖土；80~350 m。幕阜山脉：平江县 LXP-10-6361；九岭山脉：安义县 LXP-10-3668，大围山 LXP-10-11668，奉新县 LXP-10-14038，浏阳市 LXP-10-5759，铜鼓县 LXP-10-7238，宜春市 LXP-10-1026，宜丰县 LXP-10-12916；万洋山脉：炎陵县 LXP-09-07960，永新县 LXP-QXL-348。

笔管草 Equisetum ramosissimum subsp. **debile** (Roxb. ex Vauch.) Hauke

草本。山坡，山谷，疏林，路旁，水库边，河边，阳处；壤土；135~500 m。九岭山脉：宜春市 LXP-13-10537，靖安县 LXP-13-11494；武功山脉：安福县 LXP-06-0561，茶陵县 LXP-06-1384，分宜县 LXP-06-2318；万洋山脉：炎陵县 LXP-09-06124，永新县 LXP-13-07830。

Order 5. 松叶蕨目 Psilotales

P5 松叶蕨科 Psilotaceae

松叶蕨属 *Psilotum* Sw.

松叶蕨 Psilotum nudum (L.) Beauv.

草本。丹霞地貌岩缝；200~300 m。九岭山脉：铜鼓县 喻勋林 14050301(CSFI)。

Order 6. 瓶尔小草目 Ophioglossales

P6 瓶尔小草科 Ophioglossaceae

阴地蕨属 *Botrychium* Sw.

薄叶阴地蕨 Botrychium daucifolium Wall.

草本。山谷，疏林；400 m。万洋山脉：炎陵县 LXP-13-5492。

华东阴地蕨 Botrychium japonicum (Prantl) Underw.

草本。山坡，山谷，疏林；腐殖土；670~1526 m。幕阜山脉：庐山市 LXP-4705，武宁县 LXP-0639；诸广山脉：上犹县 LXP-13-25107。

阴地蕨 Botrychium ternatum (Thunb.) Sw.

草本。山坡，山谷，路旁，疏林，灌丛；腐殖土；438~1527 m。幕阜山脉：庐山市 LXP-5446，武宁县 LXP-0457；九岭山脉：靖安县 LXP-2481。

瓶尔小草属 *Ophioglossum* L.

心脏叶瓶尔小草 Ophioglossum reticulatum L.

草本。村边，草地，阳处。幕阜山脉：武宁县 TanCM2902-1 (JJF)。

狭叶瓶尔小草 Ophioglossum thermale Kom.

草本。幕阜山脉：庐山有分布记录（彭焱松等，2021）。

瓶尔小草 Ophioglossum vulgatum L.

草本。山谷，疏林；壤土；755 m。万洋山脉：炎陵县 LXP-13-23953。

Order 7. 合囊蕨目 Marattiales

P7 合囊蕨科 Marattiaceae

观音座莲属 *Angiopteris* Hoffm.

福建观音座莲 Angiopteris fokiensis Hieron.

多年生草本。山坡，山谷，疏林，溪边，路旁，阴处；腐殖土；300~1000 m。万洋山脉：井冈山 JGS-050，遂川县 LXP-13-7452，永新县 LXP-13-19861；诸广山脉：上犹县 LXP-13-12840。

Order 8. 紫萁目 Osmundales

P8 紫萁科 Osmundaceae

紫萁属 *Osmunda* L.

粗齿紫萁 Osmunda banksiifolia (Presl) Kuhn

草本。山谷，疏林，溪边；壤土；约 1200 m。诸广山脉：上犹县 LXP-13-12824。

紫萁 Osmunda japonica Thunb.

草本。山坡，山谷，疏林，路旁，河边；壤土，腐殖土；150~1819 m。九岭山脉：万载县 LXP-13-11306，安义县 LXP-10-3788，大围山 LXP-10-7660，靖安县 LXP-13-11465、LXP-10-141，宜丰县 LXP-10-2491；武功山脉：安福县 LXP-06-5069，明月山 LXP-06-4553；万洋山脉：井冈山 JGS-140，遂川县 LXP-13-17124，炎陵县 LXP-03-03332、DY2-1182，永新县 LXP-13-07735；诸广山脉：崇义县 LXP-13-13113，上犹县 LXP-03-07150。

粤紫萁 Osmunda mildei C. Chr.

草本，路旁；600 m。诸广山脉：齐云山 严岳鸿 3723(HUST)。

华南紫萁 Osmunda vachellii Hook.

草本。山坡，山谷，平地，疏林，密林，路旁，灌丛，石上，草地，河边，溪边，阳处，阴处；黄壤，腐殖土；150~1345 m。幕阜山脉：平江县 LXP-10-6299；九岭山脉：万载县 LXP-10-1489；武功山脉：安福县 LXP-06-0138，茶陵县 LXP-06-1960；万洋山脉：井冈山 LXP-13-18249，炎陵县 LXP-09-10742，永新县 LXP-QXL-630；诸广山脉：崇义县 LXP-13-24423，桂东县 LXP-13-25328。

桂皮紫萁属 *Osmundastrum* C. Presl

桂皮紫萁 Osmundastrum cinnamomeum (L.) C. Presl [*Osmunda cinnamomea* L.]

草本，山谷，山坡，林下；250~1900 m。万洋山脉：七溪岭 LXP-13-19103，遂川县 LXP-13-25830。

Order 9. 膜蕨目 Hymenophyllales

P9 膜蕨科 Hymenophyllaceae

假脉蕨属 *Crepidomanes* Presl

翅柄假脉蕨 Crepidomanes latealatum (Bosch) Copel. [多脉假脉蕨 *Crepidomanes insigne* (Bosch) Fu；长柄假脉蕨 *Crepidomanes racemulosum* (Bosch) Ching]

草本。山坡，疏林；壤土；924 m。武功山脉：芦溪县 LXP-06-1337。

团扇蕨 Crepidomanes minutum (Blume) K. Iwats. [*Gonocormus minutus* (Bl.) v. D. B. Hymen.；*Gonocormus matthewii* (Christ) Ching]

草本。附生树干或石上；395 m。幕阜山脉：庐山市

LXP6353；诸广山脉：齐云山 严岳鸿 3563(HUST)。

膜蕨属 *Hymenophyllum* Sm.

蕗蕨 Hymenophyllum badium Hook. et Grev. [*Mecodium badium* (Hook. et Grev.) Cop.]

草本。山坡，山谷，疏林，溪边，阴处；壤土，腐殖土；355~1827 m。幕阜山脉：修水县 LXP-2385；武功山脉：芦溪县 LXP-06-9649；万洋山脉：井冈山 JGS-2085，遂川县 LXP-13-25877，炎陵县 DY2-1266，永新县 LXP-13-19255；诸广山脉：上犹县 LXP-13-18920。

华东膜蕨 Hymenophyllum barbatum (Bosch) Baker [*Hymenophyllum khasyanum* Hook. et Baker]

草本。山坡，山谷，密林，疏林，灌丛，路旁，溪边，石上；壤土，腐殖土；391~1900 m。幕阜山脉：庐山市 LXP-4904，修水县 LXP-2382；武功山脉：芦溪县 LXP-13-09702，安福县 LXP-06-9237；万洋山脉：遂川县 LXP-13-16820，炎陵县 LXP-09-08204；诸广山脉：桂东县 LXP-13-22704，齐云山 严岳鸿 3560(HUST)。

长柄蕗蕨 Hymenophyllum polyanthos (Sw.) Sw. [*Mecodium polyanthos* (Sw.) Copel.]

草本。山坡，山谷，疏林，溪边，树上，石上，阴处；壤土，腐殖土；400~1819 m。万洋山脉：井冈山 LXP-13-18428，遂川县 LXP-13-24790、LXP-13-24939，永新县 LXP-13-19502；诸广山脉：上犹县 LXP-13-25143，崇义县 LXP-13-24279，桂东县 LXP-13-25331。

瓶蕨属 *Vandenboschia* Cop.

瓶蕨 Vandenboschia auriculata (Bl.) Cop.

草本。山坡，山谷，密林，灌丛，溪边，树上，阴处；腐殖土；420~1675 m。九岭山脉：靖安县 LXP-13-08337；武功山脉：芦溪县 LXP-06-1370；万洋山脉：井冈山 JGS-463，遂川县 LXP-13-17513，炎陵县 LXP-09-07967，永新县 LXP-13-19459。

管苞瓶蕨 Vandenboschia birmanica (Bedd.) Ching

草本。山坡，山谷，疏林；壤土，腐殖土；365~434 m。万洋山脉：井冈山 LXP-13-18608。

华东瓶蕨 Vandenboschia orientalis (C. Chr.) Ching

草本。山谷，阴湿石壁上；500~1000 m。武功山脉：武功山 江西队 00259(PE)。

南海瓶蕨 **Vandenboschia radicans** (Sw.) Cop.
草本。山坡，石上；腐殖土；1700 m。万洋山脉：井冈山 LXP-13-18246。

Order 10. 里白目 Gleicheniales

P12 里白科 Gleicheniaceae

芒萁属 *Dicranopteris* Bernh.

芒萁 **Dicranopteris pedata** (Houtt.) Nakaike
草本。山坡，山谷，路旁，疏林，阳处；壤土；180~700 m。九岭山脉：宜丰县 LXP-10-2662；武功山脉：茶陵县 LXP-06-1489；万洋山脉：井冈山 JGS-126，炎陵县 LXP-13-05144，永新县 LXP-QXL-051。

里白属 *Diplopterygium* (Diels) Nakai

中华里白 **Diplopterygium chinense** (Ros.) De Vol.
草本。山坡，山谷，密林，疏林，路旁，溪边，阴处；400~900 m。九岭山脉：万载县 LXP-13-11112；万洋山脉：井冈山 JGS-2175，炎陵县 LXP-09-10082；诸广山脉：上犹县 LXP-13-12411。

里白 **Diplopterygium glaucum** (Thunb. ex Houtt.) Nakai
草本。山坡，山谷，路旁，疏林，水库边，疏林，阴处；300~800 m。九岭山脉：万载县 LXP-13-11112，大围山 LXP-10-12517，靖安县 LXP-10-393，宜丰县 LXP-10-2494；武功山脉：玉京山 LXP-10-1250；万洋山脉：炎陵县 DY2-1186。

光里白 **Diplopterygium laevissimum** (Christ) Nakai
草本。山坡，山谷，平地，密林，疏林，路旁，溪边，阳处；壤土；600~1350 m。武功山脉：安福县 LXP-06-0084，芦溪县 LXP-13-09764、LXP-06-1262；万洋山脉：井冈山 JGS-242，遂川县 LXP-13-7048，炎陵县 LXP-09-07918。

Order 11. 莎草蕨目 Schizaeales

P13 海金沙科 Lygodiaceae

海金沙属 *Lygodium* Sw.

海金沙 **Lygodium japonicum** (Thunb.) Sw.
藤本。山坡，山谷，丘陵，路旁，村边，河边，池塘边，灌丛，疏林；壤土，沙土，腐殖土；70~800 m。幕阜山脉：庐山市 LXP-5060，瑞昌市 LXP-0017，通山县 LXP-1929，武宁县 LXP-0580，修水县 LXP-0736，平江县 LXP-10-6256；九岭山脉：安义县 LXP-10-10507、LXP-10-9428，大围山 LXP-10-11162，奉新县 LXP-10-10890，靖安县 LXP-10-10124、LXP-13-10132，浏阳市 LXP-10-5846，上高县 LXP-10-4903，铜鼓县 LXP-10-13517，万载县 LXP-10-1471，宜春市 LXP-10-1000，宜丰县 LXP-10-12882；武功山脉：安福县 LXP-06-0210，茶陵县 LXP-06-7088，衡东县 LXP-03-07476，芦溪县 LXP-06-2528，明月山 LXP-06-7794，攸县 LXP-06-5236；万洋山脉：井冈山 JGS-128，遂川县 LXP-13-7426，炎陵县 TYD2-1297，资兴市 LXP-03-00246，永新县 LXP-QXL-069；诸广山脉：桂东县 LXP-03-00766，上犹县 LXP-13-25189、LXP-03-06302。

小叶海金沙 **Lygodium microphyllum** (Cav.) R. Br.
藤本。山谷，灌丛，溪边；壤土。武功山脉：芦溪县 LXP-13-03659。

Order 12. 槐叶蘋目 Salviniales

P16 槐叶蘋科 Salviniaceae

满江红属 *Azolla* Lam.

满江红 **Azolla pinnata** subsp. **asiatica** R. M. K. Saunders et K. Fowler
灌木。山谷，疏林，山坡；812 m。幕阜山脉：修水县 LXP-6403。

槐叶蘋属 *Salvinia* Ség.

槐叶蘋 **Salvinia natans** (L.) All.
草本。山谷，疏林，路旁，溪边；壤土；500~700 m。九岭山脉：万载县 LXP-13-10933；万洋山脉：永新县 LXP-13-08153。

P17 蘋科 Marsileaceae

蘋属 *Marsilea* L.

南国田字草 **Marsilea crenata** C. Presl
草本。平地，水田；100 m。九岭山脉：万载县 LXP-10-1857。

蘋 **Marsilea quadrifolia** L.
草本。水塘；450 m。幕阜山脉：瑞昌市 LXP-0029。

Order 13. 桫椤目 Cyatheales

P21 瘤足蕨科 Plagiogyriaceae

瘤足蕨属 *Plagiogyria* (Kunze) Mett.

瘤足蕨 Plagiogyria adnata (Bl.) Bedd.
草本。山坡，山谷，密林，疏林，路旁，溪边；壤土，腐殖土；400~936 m。幕阜山脉：庐山市 LXP-4626，武宁县 LXP-1110，修水县 LXP-2716；万洋山脉：井冈山 LXP-13-18618，遂川县 LXP-13-17419，炎陵县 LXP-13-23911，永新县 LXP-13-19450。

镰叶瘤足蕨 Plagiogyria distinctissima Ching
草本。山谷，疏林，石上，路旁，密林，阴处；350~450 m。九岭山脉：靖安县 LXP-10-451，宜丰县 LXP-10-2234。

华中瘤足蕨 Plagiogyria euphlebia Mett.
草本。山坡，山谷，疏林，密林，路旁，灌丛，溪边，阴处；壤土，腐殖土，沙土；650~1850 m。武功山脉：安福县 LXP-06-0264；万洋山脉：遂川县 LXP-13-17427，炎陵县 DY2-1097；诸广山脉：上犹县 LXP-13-25256，崇义县 LXP-03-05710。

镰羽瘤足蕨 Plagiogyria falcata Copeland
草本。山坡，疏林，溪边；腐殖土；434 m。万洋山脉：井冈山 LXP-13-18642。

华东瘤足蕨 Plagiogyria japonica Nakai
草本。山坡，山谷，路旁，疏林，灌丛，河边，阴处；壤土；285~1850 m。幕阜山脉：庐山市 LXP-4969，武宁县 LXP-8034，修水县 LXP-0331；九岭山脉：靖安县 LXP-10-9552；武功山脉：安福县 LXP-06-0276，莲花县 LXP-06-0789，芦溪县 LXP-06-3479，明月山 LXP-06-7863；万洋山脉：井冈山 JGS-231，遂川县 LXP-13-23461，炎陵县 LXP-09-06345，永新县 LXP-13-19509；诸广山脉：上犹县 LXP-13-23099。

P22 金毛狗科 Cibotiaceae

金毛狗属 *Cibotium* Kaulf.

金毛狗 Cibotium barometz (L.) J. Sm.
多年生草本。山坡，山谷，疏林，溪边，路旁；壤

土；250~1338 m。万洋山脉：井冈山 JGS-1294，炎陵县 LXP-09-10543，永新县 LXP-13-08187，资兴市 LXP-03-00203；诸广山脉：上犹县 LXP-13-25183，崇义县 LXP-03-05707。

P25 桫椤科 Cyatheaceae

桫椤属 *Alsophila* R. Br.

粗齿桫椤 Alsophila denticulata Baker
草本。山坡，山谷，密林，疏林，灌丛，路旁，河边，阴处；壤土；400~550 m。万洋山脉：井冈山 LXP-13-15188，永新县 LXP-13-1944；诸广山脉：上犹县 LXP-13-12295。

小黑桫椤 Alsophila metteniana Hance
草本。山谷，林下；30~800 m。诸广山脉：崇义县严岳鸿和何祖霞 3739(HUST)。

Order 14. 水龙骨目 Polypodiales

P29 鳞始蕨科 Lindsaeaceae

鳞始蕨属 *Lindsaea* Dryand. ex Sm.

团叶鳞始蕨 Lindsaea orbiculata (Lam.) Mett. ex Kuhn
乔木。疏林，阳处；1700 m。万洋山脉：井冈山 JGS-455。

乌蕨属 *Odontosoria* Fée

乌蕨 Odontosoria chinensis (L.) J. Smith
草本。山坡，山谷，疏林，路旁，河边，石上，阴处；壤土；150~1150 m。武功山脉：安福县 LXP-06-0024，茶陵县 LXP-06-1485，芦溪县 LXP-06-1163；万洋山脉：遂川县 LXP-13-16344，炎陵县 DY2-1085；诸广山脉：上犹县 LXP-03-07106。

香鳞始蕨属 *Osmolindsaea* (K. U. Kramer) Lehtonen et Christenh.

香鳞始蕨 Osmolindsaea odorata (Roxburgh) Lehtonen et Christenh. [*Lindsaea odorata* Roxb.]
草本。山坡，山谷，疏林，河边，石上，阴处；壤土，腐殖土；600~1109 m。万洋山脉：遂川县 LXP-13-7349；诸广山脉：崇义县 LXP-13-24202，

上犹县 LXP-13-22350。

P30 凤尾蕨科 Pteridaceae

铁线蕨属 Adiantum L.

铁线蕨 Adiantum capillus-veneris L.

草本。山坡，疏林。万洋山脉：炎陵县 TYD2-1437。

扇叶铁线蕨 Adiantum flabellulatum L.

草本。山坡，山谷，密林，溪边，壤土；80~1050 m。九岭山脉：大围山 LXP-10-7540，上高县 LXP-06-7633；武功山脉：安福县 LXP-06-0113，攸县 LXP-06-5345；万洋山脉：永新县 LXP-QXL-265。

仙霞铁线蕨 Adiantum juxtapositum Ching

草本。丹霞地貌岩壁；100~250 m。武功山脉：茶陵县 周喜乐 ZXL06091(CSH)。

粉背蕨属 Aleuritopteris Fée

多鳞粉背蕨 Aleuritopteris anceps (Blanford) Panigrahi

草本。山坡，疏林，路旁；壤土；323~663 m。武功山脉：明月山 LXP-06-4629，安福县 LXP-06-0829，茶陵县 LXP-09-10414。

银粉背蕨 Aleuritopteris argentea (Gmel.) Fee

草本。山坡，山谷，疏林，溪边，石上，阴处；壤土；120~1350 m。幕阜山脉：庐山市 LXP-5220，平江县 LXP-0718，通山县 LXP-1874；九岭山脉：万载县 LXP-10-1978，宜丰县 LXP-10-4791；武功山脉：茶陵县 LXP-13-22930；万洋山脉：井冈山 JGS-257；诸广山脉：桂东县 LXP-13-09043。

陕西粉背蕨 Aleuritopteris argentea var. obscura (Christ) Ching [Aleuritopteris shensiensis Ching]

草本。石壁上；200~800 m。九岭山脉：奉新县 刘守炉、姚淦和王希藻 1328(WUK)。

车前蕨属 Antrophyum Kaulf.

长柄车前蕨 Antrophyum obovatum Bak.

草本。山谷，石壁上；400~800 m。万洋山脉：井冈山 8210178(JXU)。

水蕨属 Ceratopteris Brongn.

粗梗水蕨 Ceratopteris pteridoides (Hook.) Hieron.

草本。湿地；30~200 m。幕阜山脉：九江市 陈耀东、官少飞和郎青 781(PE)。

水蕨 Ceratopteris thalictroides (L.) Brongn.

草本。湿地，河边；100~300 m。万洋山脉：吉安市 92029。

碎米蕨属 Cheilanthes Sw.

中华隐囊蕨 Cheilanthes chinensis (Baker) Domin

草本。山谷，溪边；壤土；238 m。武功山脉：安福县 LXP-06-0879。

毛轴碎米蕨 Cheilanthes chusana Hook. [Cheilosoria chusana (Hook.) Ching et Shing]

草本。山坡，山谷，疏林，密林，灌丛，河边，石上，阴处；壤土；140~600 m。幕阜山脉：庐山市 LXP-5122，平江县 LXP-13-22437、LXP-4352，通山县 LXP-1860，武宁县 LXP-5580；九岭山脉：万载县 LXP-10-1456，宜丰县 LXP-10-13362，上高县 LXP-06-6613；武功山脉：安福县 LXP-06-5886；万洋山脉：炎陵县 LXP-09-09689；诸广山脉：桂东县 LXP-13-25488。

隐囊蕨 Cheilanthes nudiuscula (R. Br.) T. Moore

草本。丹霞地貌岩壁；100~300 m。武功山脉：茶陵县 周喜乐 ZXL06087(CSH)。

碎米蕨 Cheilanthes opposita Kaulf. [Cheilosoria mysurensis (Wall. ex Hook.) Ching et Shing]

草本。山谷，石上；275 m。幕阜山脉：通山县 LXP-5847。

凤了蕨属 Coniogramme Fée

峨眉凤了蕨 Coniogramme emeiensis Ching et Shing

草本。山坡，山谷，疏林，溪边，灌丛，阴处；腐殖土；250~1330 m。幕阜山脉：通山县 LXP-7203，修水县 LXP-0873；武功山脉：芦溪县 LXP-13-8242，明月山 LXP-06-7715；万洋山脉：炎陵县 LXP-13-23851；诸广山脉：上犹县 LXP-13-25137。

普通凤了蕨 Coniogramme intermedia Hieron

草本。山顶，山坡，山谷，疏林，溪边，阴处；壤土；160~1300 m。幕阜山脉：平江县 LXP-13-22474，通山县 LXP-6990，武宁县 LXP-7360，修水县 LXP-2612；九岭山脉：大围山 LXP-10-11360，靖安县 LXP-10-9677；武功山脉：安福县 LXP-06-7281；万洋山脉：井冈山 JGS-1788，炎陵县 DY3-1163。

凤了蕨 Coniogramme japonica (Thunb.) Diels

草本。山顶，山坡，山谷，疏林，灌丛，阴处；腐殖土；130~1001 m。幕阜山脉：通山县 LXP-7201、LXP-6805，武宁县 LXP-13-08507、LXP-0598、LXP-1598，平江县 LXP-10-6198，修水县 LXP-2366、LXP-2519；九岭山脉：上高县 LXP-06-7618，安义县 LXP-10-3733，大围山 LXP-10-11813，奉新县 LXP-10-10728，靖安县 LXP-13-10510、LXP-10-10129，铜鼓县 LXP-10-6895，万载县 LXP-10-1747，宜丰县 LXP-10-2886；武功山脉：芦溪县 LXP-13-09904，安福县 LXP-06-0900，宜春市 LXP-10-825、LXP-06-2666，攸县 LXP-06-6137；万洋山脉：井冈山 JGS-1283，遂川县 LXP-13-18220，炎陵县 LXP-09-06151，永新县 LXP-13-19391；诸广山脉：上犹县 LXP-03-06572。

井冈山凤了蕨 Coniogramme jinggangshanensis Ching et Shing

草本。山坡，山谷，路旁，溪边；壤土；326~511 m。武功山脉：分宜县 LXP-06-2334；万洋山脉：炎陵县 TYD2-1393，永新县 LXP-QXL-277。

黑轴凤了蕨 Coniogramme robusta Christ

草本。山坡，平地，灌丛，溪边，阴处；壤土；413~605 m。武功山脉：安福县 LXP-06-3227，茶陵县 LXP-06-1976；万洋山脉：井冈山 JGS-B161。

疏网凤了蕨 Coniogramme wilsonii Ching et Shing

草本。山坡，山谷，疏林，路旁；324~700 m。幕阜山脉：庐山市 LXP4913；万洋山脉：永新县 LXP-QXL-427。

书带蕨属 *Haplopteris* C. Presl

书带蕨 Haplopteris flexuosa (Fée) E. H. Crane

草本。山坡，山谷，疏林，灌丛，路旁，溪边，石上，阴处；壤土，腐殖土，沙土；400~1545 m。九岭山脉：靖安县 LXP-13-10280；武功山脉：安福县 LXP-06-9247，莲花县 LXP-06-0804、LXP-GTY-454，芦溪县 LXP-13-03528、LXP-13-09767、LXP-06-1154；万洋山脉：井冈山 JGS-4662，遂川县 LXP-13-16483，炎陵县 LXP-13-5800，永新县 LXP-13-08012；诸广山脉：桂东县 LXP-13-09041，上犹县 LXP-13-12702。

平肋书带蕨 Haplopteris fudzinoi (Makino) E. H. Crane

草本。山坡，山谷，疏林，石上，阳处，阴处；腐殖土；399~1819 m。武功山脉：芦溪县 LXP-06-1201；万洋山脉：遂川县 LXP-13-23469，炎陵县 LXP-09-350；诸广山脉：上犹县 LXP-13-23542。

金粉蕨属 *Onychium* Kaulf.

野雉尾金粉蕨 Onychium japonicum (Thunb.) Kunze

草本。山坡，山谷，密林，疏林，灌丛，路旁，溪边，石上，阴处；壤土，腐殖土；80~629 m。幕阜山脉：平江县 LXP-10-6201，通山县 LXP-1815，武宁县 LXP-13-08449、LXP-0987，修水县 LXP-0767；九岭山脉：安义县 LXP-10-10429，大围山 LXP-10-11158，奉新县 LXP-10-4176，靖安县 LXP-13-10147、LXP-10-13745，浏阳市 LXP-10-5786，铜鼓县 LXP-10-7043，万载县 LXP-13-11294、LXP-10-1438，宜春市 LXP-10-880，宜丰县 LXP-10-8781；武功山脉：莲花县 LXP-GTY-387，安福县 LXP-06-5615，玉京山 LXP-10-1277，攸县 LXP-06-5402，茶陵县 LXP-13-25947；万洋山脉：炎陵县 LXP-13-5331。

粟柄金粉蕨 Onychium japonicum var. **lucidum** (Don) Christ

草本。山坡，山谷，疏林，路旁，河边，溪边，阴处；壤土；260~1000 m。幕阜山脉：通山县 LXP-7202，修水县 LXP-2784；九岭山脉：奉新县 LXP-10-9300，靖安县 LXP-10-9783，铜鼓县 LXP-10-8406；万洋山脉：遂川县 LXP-13-17439，炎陵县 LXP-09-0757；诸广山脉：上犹县 LXP-13-23377。

金粉蕨 Onychium siliculosum (Desv.) C. Chr.

草本。山坡，山谷，疏林，灌丛，溪边；389 m。幕阜山脉：瑞昌市 LXP-0234，武宁县 LXP-0370；万洋山脉：井冈山 JGS-B064，永新县 LXP-QXL-778。

旱蕨属 *Pellaea* Link

旱蕨 Pellaea nitidula (Hook.) Bak.
草本。山谷，石上，疏林，阴处；300~650 m。幕阜山脉：平江县 LXP-10-5964；九岭山脉：浏阳市 LXP-10-5798。

凤尾蕨属 *Pteris* L.

华南凤尾蕨 Pteris austro-sinica (Ching) Ching
草本。山坡，疏林；壤土；1891 m。万洋山脉：遂川县 LXP-13-23766。

欧洲凤尾蕨 Pteris cretica L.
草本。山坡；壤土；266.9 m。武功山脉：安福县 LXP-06-0418。

粗糙凤尾蕨 Pteris cretica var. **laeta** (Wall. ex Ettingsh.) C. Chr. et Tard.-Blot
草本。山顶，山谷，路旁，密林，疏林，石上，路旁；340~1300 m。九岭山脉：大围山 LXP-10-11357，宜丰县 LXP-10-12987。

刺齿半边旗 Pteris dispar Kunze
草本。山坡，山谷，平地，村边，疏林，溪边，路旁，阴处；腐殖土；70~700 m。幕阜山脉：庐山市 LXP-4923、LXP-6045，通山县 LXP-1886，武宁县 LXP-5593，修水县 LXP-2572，平江县 LXP-10-6455；九岭山脉：安义县 LXP-10-3778，大围山 LXP-10-11172，奉新县 LXP-10-9003，靖安县 LXP-10-10208，浏阳市 LXP-10-5830，铜鼓县 LXP-10-8299，万载县 LXP-10-1821，宜春市 LXP-10-1184，宜丰县 LXP-10-12806，上高县 LXP-06-7641；武功山脉：安福县 LXP-06-0119，芦溪县 LXP-06-2401，明月山 LXP-06-7786；万洋山脉：永新县 LXP-QXL-820；诸广山脉：上犹县 LXP-13-12988。

剑叶凤尾蕨 Pteris ensiformis Burm.
草本。山谷，平地，村边，密林，路旁，溪边，石上；70~1020 m。九岭山脉：大围山 LXP-10-7596，奉新县 LXP-10-9001；武功山脉：莲花县 LXP-GTY-172；万洋山脉：井冈山 JGS-066。

溪边凤尾蕨 Pteris excelsa Gaud.
草本。山坡，山谷，疏林，溪边，阴处；腐殖土；300~1000 m。幕阜山脉：通山县 LXP-2000，修水县 LXP-0792；九岭山脉：宜丰县 LXP-10-2866；万洋山脉：遂川县 LXP-13-17547，炎陵县 DY2-1235，永新县 LXP-13-07812。

变异凤尾蕨 Pteris excelsa var. **inaequalis** (Bak.) S. H. Wu
草本。山谷，溪边，密林，阴处；170 m。九岭山脉：万载县 LXP-10-1622。

傅氏凤尾蕨 Pteris fauriei Hieron.
草本。山坡，山谷，灌丛，路旁，河边，阴处；壤土；150~1850 m。幕阜山脉：平江县 LXP-0720，武宁县 LXP-0614、LXP-8011，修水县 LXP-0316；九岭山脉：靖安县 LXP-13-10515，万载县 LXP-13-11234，奉新县 LXP-10-9201，宜丰县 LXP-13-22533、LXP-10-12814；武功山脉：安福县 LXP-06-8488，明月山 LXP-13-10728、LXP-10-1278，茶陵县 LXP-06-1665，芦溪县 LXP-13-09671；万洋山脉：井冈山 JGS-064，遂川县 LXP-13-17552，炎陵县 LXP-13-23238，永新县 LXP-13-19242。

狭叶凤尾蕨 Pteris henryi Christ
草本。山谷，疏林；壤土。诸广山脉：上犹县 LXP-13-12786。

全缘凤尾蕨 Pteris insignis Mett. ex Kuhn
草本。山坡，山谷，疏林，路旁，溪边，阴处；200~650 m。九岭山脉：万载县 LXP-10-2125；武功山脉：安福县 LXP-06-6946；万洋山脉：井冈山 JGS-1333，永新县 LXP-13-08188。

平羽凤尾蕨 Pteris kiuschiuensis Hieron.
草本。山谷，疏林，溪边；沙土。武功山脉：芦溪县 LXP-13-09473。

华中凤尾蕨 Pteris kiuschiuensis var. **centrochinensis** Ching et S. H. Wu
草本。林下；400~1000 m。武功山脉：衡阳市 刘炳荣和严岳鸿 07256(HUST)。

线羽凤尾蕨 Pteris linearis Poir.
草本。林下；250~400 m。幕阜山脉：通山县 LXP-6895；诸广山脉：齐云山 严岳鸿和何祖霞 3970 (HUST)。

两广凤尾蕨 Pteris maclurei Ching

草本。山坡，山谷，路旁，溪边；377~453 m。万洋山脉：井冈山 JGS-1280。

井栏边草 Pteris multifida Poir.

草本。山坡，山谷，平地，疏林，村边，水旁，路旁；壤土，腐殖土；81~1650 m。幕阜山脉：庐山市 LXP-5057，平江县 LXP-4204、LXP-10-6487，瑞昌市 LXP-0048，通山县 LXP-1855，武宁县 LXP-1801，修水县 LXP-2502；九岭山脉：安义县 LXP-10-3747，大围山 LXP-10-11489，奉新县 LXP-10-10836，靖安县 LXP-13-10284、LXP-10-499，铜鼓县 LXP-10-6520，万载县 LXP-10-1407，宜丰县 LXP-10-12799；武功山脉：莲花县 LXP-GTY-282，安福县 LXP-06-1006，分宜县 LXP-10-5217，芦溪县 LXP-13-09853、LXP-06-1165，明月山 LXP-06-7940，茶陵县 LXP-09-10481，攸县 LXP-06-5443；万洋山脉：遂川县 LXP-13-7492，炎陵县 LXP-09-07075；诸广山脉：桂东县 LXP-13-25352、LXP-03-02600。

江西凤尾蕨 Pteris obtusiloba Ching et S. H. Wu

草本。山坡，林下；460 m。诸广山脉：崇义县 聂敏祥等 9068(IBSC)。

斜羽凤尾蕨 Pteris oshimensis Hieron.

草本。平地，路旁；壤土；136 m。武功山脉：安福县 LXP-06-5912、LXP-06-6770，芦溪县 LXP-06-9122；万洋山脉：炎陵县 LXP-09-07072。

尾头凤尾蕨 Pteris oshimensis var. paraemeiensis Ching ex Ching et S. H. Wu

草本。山坡，山谷，疏林，溪边；壤土；288~699 m。武功山脉：安福县 LXP-06-0081，芦溪县 LXP-06-1727。

栗柄凤尾蕨 Pteris plumbea Christ

草本。山坡，疏林；壤土。万洋山脉：炎陵县 LXP-09-07077。

半边旗 Pteris semipinnata L.

草本。山坡，山谷，村边，路旁，疏林，河边；腐殖土，壤土；230~1150 m。幕阜山脉：庐山市 LXP5102，平江县 LXP4380，通山县 LXP7205，武宁县 LXP0449，修水县 LXP3409；九岭山脉：靖安县 LXP-13-10007；武功山脉：安福县 LXP-06-1029；万洋山脉：井冈山 JGS-061，炎陵县 TYD2-1416；

诸广山脉：上犹县 LXP-03-07108。

蜈蚣草 Pteris vittata L.

草本。山坡，山谷，路旁，疏林；腐殖土；150~700 m。幕阜山脉：平江县 LXP-10-6318；九岭山脉：大围山 LXP-10-5607，奉新县 LXP-10-14064，靖安县 LXP-10-10096，万载县 LXP-10-1454，宜丰县 LXP-10-13131；武功山脉：宜春市 LXP-13-10598、LXP-10-1044，分宜县 LXP-10-5225，明月山 LXP-13-10720，安福县 LXP-06-0022，莲花县 LXP-06-0803；万洋山脉：井冈山 JGS-189，遂川县 LXP-13-7597，炎陵县 LXP-09-07475，永新县 LXP-QXL-478。

西南凤尾蕨 Pteris wallichiana Agardh

草本。山坡，密林，路旁，溪边；壤土；800~898 m。武功山脉：茶陵县 LXP-06-2030；诸广山脉：桂东县 LXP-13-09055。

圆头凤尾蕨 Pteris wallichiana var. obtusa S. H. Wu et Ching ex Ching et S. H. Wu

草本。山坡，林下；900~1300 m。武功山脉：武功山 江西调查队 8725(LBG)。

P31 碗蕨科 Dennstaedtiaceae

碗蕨属 Dennstaedtia Bernh.

细毛碗蕨 Dennstaedtia hirsuta (Sw.) Mett. ex Miq.

草本。山坡，山谷，疏林，阴处；壤土；392~2100 m。幕阜山脉：平江县 LXP-13-22402，通山县 LXP-2210；万洋山脉：井冈山 JGS-4657，炎陵县 LXP-13-22921。

碗蕨 Dennstaedtia scabra (Wall.) Moore

草本。山坡，山谷，灌丛，村边，疏林，路旁，溪边；壤土；90~1200 m。幕阜山脉：庐山市 LXP4825，平江县 LXP3611，通山县 LXP6660，武宁县 LXP0668，修水县 LXP0793；九岭山脉：大围山 LXP-09-11032、LXP-10-12365，奉新县 LXP-10-3323，靖安县 LXP-10-10346，铜鼓县 LXP-10-7143，万载县 LXP-10-1406，宜丰县 LXP-10-8934；武功山脉：安福县 LXP-06-6793，莲花县 LXP-06-1364，芦溪县 LXP-06-1172，宜春市 LXP-06-2716，明月山 LXP-06-7826；万洋山脉：井冈山 JGS-259，炎陵县 DY1-1026。

光叶碗蕨 Dennstaedtia scabra var. **glabrescens** (Ching) C. Chr.
草本。山坡，山谷，疏林，路旁，阴处；壤土；180~1850 m。九岭山脉：奉新县 LXP-10-10819，靖安县 LXP-10-9581，万载县 LXP-10-2141，宜丰县 LXP-10-13108；武功山脉：玉京山 LXP-10-1243；万洋山脉：井冈山 LXP-13-18449，遂川县 LXP-13-23701，永新县 LXP-13-19559。

溪洞碗蕨 Dennstaedtia wilfordii (Moore) Christ
草本。山顶，山坡，山谷，路旁，溪边，石上；壤土；147~1404 m。幕阜山脉：武宁县 LXP6125；武功山脉：芦溪县 LXP-06-9129，明月山 LXP-06-7734；万洋山脉：井冈山 JGS-1031。

栗蕨属 *Histiopteris* (Agardh) J. Sm.

栗蕨 Histiopteris incisa (Thunb.) J. Sm.
草本。山坡，山谷，密林，疏林，溪边；壤土；400~800 m。武功山脉：茶陵县 LXP-09-10407；万洋山脉：井冈山 JGS-1270，遂川县 LXP-13-18105，炎陵县 LXP-13-23960。

姬蕨属 *Hypolepis* Bernh.

姬蕨 Hypolepis punctata (Thunb.) Mett.
草本。山坡，山谷，灌丛，路旁，村边，疏林，溪边；腐殖土；150~1350 m。幕阜山脉：庐山市 LXP5356，瑞昌市 LXP0222，通山县 LXP6971，武宁县 LXP0534，修水县 LXP3062；九岭山脉：安义县 LXP-10-10435，奉新县 LXP-10-10829，靖安县 LXP-10-13726，上高县 LXP-10-4924，万载县 LXP-10-1859，宜丰县 LXP-10-12925；武功山脉：安福县 LXP-06-2145，明月山 LXP-06-7977，宜春市 LXP-06-8920，樟树市 LXP-10-5019（位于武功山脉延伸线东部），攸县 LXP-06-6184；万洋山脉：井冈山 JGS-238，炎陵县 LXP-09-00062。

鳞盖蕨属 *Microlepia* Presl

华南鳞盖蕨 Microlepia hancei Prantl
草本。山谷，山坡，路旁，疏林，溪边；壤土；457 m。幕阜山脉：瑞昌市 LXP0028；九岭山脉：万载县 LXP-13-10936；万洋山脉：遂川县 LXP-13-7435，炎陵县 LXP-09-06156。

虎克鳞盖蕨 Microlepia hookeriana (Wall.) Presl
草本。山坡，路旁；300~600 m。诸广山脉：崇义县 严岳鸿、周喜乐和王兰英 3917(HUST)。

边缘鳞盖蕨 Microlepia marginata (Houtt.) C. Chr.
草本。山坡，山谷，疏林，溪边；腐殖土，沙土；100~1300 m。幕阜山脉：庐山市 LXP4826、LXP6049，瑞昌市 LXP0230，通山县 LXP1907，武宁县 LXP0540，修水县 LXP3008；九岭山脉：安义县 LXP-10-3718，大围山 LXP-10-11569，奉新县 LXP-10-3445，靖安县 LXP-13-10074，铜鼓县 LXP-10-8383，万载县 LXP-10-1763，宜春市 LXP-10-1123，宜丰县 LXP-10-12997；武功山脉：芦溪县 LXP-13-09475，明月山 LXP-13-10823，樟树市 LXP-10-4988，安福县 LXP-06-1026，莲花县 LXP-GTY-262，茶陵县 LXP-09-10460，攸县 LXP-06-5439；万洋山脉：井冈山 JGS-140，遂川县 LXP-13-7415，炎陵县 LXP-09-00710；诸广山脉：上犹县 LXP-13-19294A。

二回边缘鳞盖蕨 Microlepia marginata var. **bipinnata** Makino
草本。平地，路旁；壤土；294~433 m。九岭山脉：奉新县 LXP-06-4099；武功山脉：明月山 LXP-06-5002。

毛叶边缘鳞盖蕨 Microlepia marginata var. **villosa** (Presl) Wu
草本。林下；腐殖土；300~600 m。诸广山脉：崇义县 王兰英 W.025(PE)。

假粗毛鳞盖蕨 Microlepia pseudostrigosa Makino
草本。山坡，路旁；壤土；722 m。武功山脉：芦溪县 LXP-06-1125。

粗毛鳞盖蕨 Microlepia strigosa (Thunb.) Presl
草本。平地，疏林，溪边；壤土；750.9 m。万洋山脉：炎陵县 LXP-13-23832。

亚粗毛鳞盖蕨 Microlepia substrigosa Tagawa
草本。山谷；腐殖土；300~700 m。幕阜山脉：武宁县 熊耀国 05121(LBG)。

稀子蕨属 *Monachosorum* Kunze

尾叶稀子蕨 Monachosorum flagellare (Maxim.) Hay.
草本。山顶，山坡，疏林，阴处；腐殖土；190~1700 m。幕阜山脉：通山县 LXP7217；武功山脉：莲花县

LXP-06-1058，芦溪县 LXP-13-8231、LXP-06-1218；万洋山脉：井冈山 JGS-4559，遂川县 LXP-13-24698，炎陵县 DY3-1158；诸广山脉：上犹县 LXP-13-23559。

华中稀子蕨 Monachosorum flagellare var. nipponicum (Makino) Tagawa

草本。山坡，山谷，林下，阴湿处；300~900 m。武功山脉：安福县 岳俊三等 3623(PE)。

稀子蕨 Monachosorum henryi Christ

草本。山坡，平地，疏林，草地；729 m。武功山脉：安福县 LXP-06-9279；万洋山脉：炎陵县 LXP-09-07365。

岩穴蕨 Monachosorum maximowiczii (Baker) Hayata

草本。密林，石缝；800~1400 m。幕阜山脉：庐山市 C.E.D.799(PE)。

蕨属 *Pteridium* Scopoli

蕨 Pteridium aquilinum var. latiusculum (Desv.) Dhieh

草本。山坡，山谷，疏林，溪边，灌丛，村边；壤土；100~1550 m。幕阜山脉：瑞昌市 LXP0196；九岭山脉：大围山 LXP-10-12512，安义县 LXP-10-10480，奉新县 LXP-10-3383，靖安县 LXP-10-318，七星岭 LXP-10-11899，上高县 LXP-10-4978，铜鼓县 LXP-10-13506，宜春市 LXP-10-1060，宜丰县 LXP-10-2359；武功山脉：安福县 LXP-06-1331；万洋山脉：井冈山 JGS-4551，遂川县 LXP-13-7422，炎陵县 DY1-1052，永新县 LXP-QXL-017。

毛轴蕨 Pteridium revolutum (Bl.) Nakai

草本。疏林，路旁。万洋山脉：炎陵县 DY2-1280。

P32 冷蕨科 Cystopteridaceae

亮毛蕨属 *Acystopteris* Nakai

亮毛蕨 Acystopteris japonica (Luerss.) Nakai

草本。山坡，草地；806 m。武功山脉：安福县 LXP-06-9276。

羽节蕨属 *Gymnocarpium* Newman

东亚羽节蕨 Gymnocarpium oyamense (Bak.) Ching

草本。山坡；400~1200 m。万洋山脉：井冈山 程

景福等 730433(JXU)。

P34 肠蕨科 Diplaziopsidaceae

肠蕨属 *Diplaziopsis* C. Chr.

川黔肠蕨 Diplaziopsis cavaleriana (Christ) C. Chr.

草本。山坡，灌丛，溪边；沙土；461 m。武功山脉：安福县 LXP-06-6225。

P37 铁角蕨科 Aspleniaceae

铁角蕨属 *Asplenium* L.

华南铁角蕨 Asplenium austrochinense Ching

草本。山坡，山谷，疏林，溪边；腐殖土；550~1330 m。幕阜山脉：庐山市 LXP4499，平江县 LXP3663，武宁县 LXP8153，修水县 LXP2379；九岭山脉：靖安县 LXP-10-9573；武功山脉：芦溪县 LXP-06-1118；万洋山脉：井冈山 LXP-13-05848，遂川县 LXP-13-16482，炎陵县 LXP-13-24845。

相似铁角蕨 Asplenium consimile Ching ex S. H. Wu

草本。山坡，路旁；1231 m。幕阜山脉：通山县 LXP1179。

毛轴铁角蕨 Asplenium crinicaule Hance

草本。山谷，石上，阴处；350~800 m。九岭山脉：靖安县 LXP-10-9714；诸广山脉：崇义县 LXP-13-24424。

剑叶铁角蕨 Asplenium ensiforme Wall. ex Hook. et Grev.

草本。山谷，疏林，溪边，石上。诸广山脉：齐云山 3706(HUST)。

厚叶铁角蕨 Asplenium griffithianum Hook.

草本。阴湿石壁上；900~1300 m。武功山脉：安福县 严岳鸿和周劲松 3242A(HUST)。

江南铁角蕨 Asplenium holosorum Christ

草本。山坡，石上；1601 m。武功山脉：安福县 LXP-06-9256。

虎尾铁角蕨 Asplenium incisum Thunb.

草本。山坡，山谷，疏林，路旁；420~1200 m。幕阜山脉：庐山市 LXP5350，平江县 LXP3757，瑞昌

市 LXP0231，通山县 LXP1174，修水县 LXP2645。

胎生铁角蕨 Asplenium indicum Sledge
草本。山坡，山谷，阴湿石上；350~1850 m。九岭山脉：靖安县 LXP-10-265；武功山脉：芦溪县 LXP-06-1369；万洋山脉：井冈山 LXP-13-24131，遂川县 LXP-13-17594，炎陵县 DY2-1242，永新县 LXP-13-19796。

江苏铁角蕨 Asplenium kiangsuense Ching et Y. X. Jing [*Asplenium gulingense* Ching et S. H. Wu]
草本。山坡，石上。幕阜山脉：庐山 C. E. De Vol s. n. (PE)。

倒挂铁角蕨 Asplenium normale Don
草本。山坡，山谷，密林，石上；200~1350 m。幕阜山脉：庐山市 LXP5325，通山县 LXP6963、LXP7226，武宁县 LXP5725，修水县 LXP2942；九岭山脉：大围山 LXP-10-12165，靖安县 LXP-10-9776，浏阳市 LXP-10-5763，宜丰县 LXP-10-13105；武功山脉：安福县 LXP-06-6914，茶陵县 LXP-06-1957，芦溪县 LXP-06-1177；万洋山脉：井冈山 JGS-1778，遂川县 LXP-13-7260，炎陵县 LXP-13-4054，永新县 LXP-13-19827；诸广山脉：桂东县 LXP-13-09042。

东南铁角蕨 Asplenium oldhami Hance
草本。山谷，阴湿石壁上；400~1000 m。诸广山脉：崇义县 严岳鸿和何祖霞 3662(HUST)。

北京铁角蕨 Asplenium pekinense Hance
草本。山坡，山谷，石上，阴处；150~384 m。幕阜山脉：通山县 LXP2209；九岭山脉：宜丰县 LXP-10-4786。

长叶铁角蕨 Asplenium prolongatum Hook.
草本。山坡，山谷，石壁上，阴处；腐殖土；283~800 m。九岭山脉：宜丰县 LXP-13-22547；武功山脉：靖安县 LXP-10-347；万洋山脉：井冈山 LXP-13-18821，遂川县 LXP-13-16706，永新县 LXP-13-19008；诸广山脉：桂东县 LXP-13-25483，上犹县 LXP-13-22323、LXP-13-19307A。

骨碎补铁角蕨 Asplenium ritoense Hayata
草本。山谷，石上；300~700 m。诸广山脉：崇义县 黄向旭等 10761(PE)。

黑边铁角蕨 Asplenium speluncae Christ
草本。山坡，草地；764 m。武功山脉：安福县 LXP-06-9277。

钝齿铁角蕨 Asplenium subvarians Ching ex C. Chr.
草本。山坡。幕阜山脉：庐山 严岳鸿和周劲松 3216(HUST)。

铁角蕨 Asplenium trichomanes L.
草本。山坡，山谷，疏林，密林，路旁，石上；150~1650 m。幕阜山脉：庐山市 LXP4877，平江县 LXP-13-22455、LXP3675，瑞昌市 LXP0212，通山县 LXP1992，武宁县 LXP0601，修水县 LXP0336；武功山脉：芦溪县 LXP-13-8381，茶陵县 LXP-09-10208，安福县 LXP-06-0627；万洋山脉：井冈山 JGS-244，遂川县 LXP-13-16373，炎陵县 LXP-09-07136。

三翅铁角蕨 Asplenium tripteropus Nakai
草本。山坡，路旁；274~450 m。幕阜山脉：通山县 LXP-5877。

变异铁角蕨 Asplenium varians Wall. ex Hook. et Grev.
草本。山谷，疏林，石上；1540 m。万洋山脉：遂川县 LXP-13-24764。

闽浙铁角蕨 Asplenium wilfordii Mett. ex Kuhn
草本。山坡，路旁。幕阜山脉：庐山 裴佩熹 2919 (PE)。

狭翅铁角蕨 Asplenium wrightii Eaton ex Hook.
草本。山坡，山谷，路旁，溪边，阴处；腐殖土；150~1150 m。幕阜山脉：庐山市 LXP5514，通山县 LXP2215，武宁县 LXP0399，修水县 LXP2758；九岭山脉：靖安县 LXP-10-9728，万载县 LXP-10-2161，宜丰县 LXP-10-12767；武功山脉：安福县 LXP-06-0753，芦溪县 LXP-13-09666、LXP-06-9075；万洋山脉：井冈山 JGS-1133，资兴市 LXP-03-00200，遂川县 LXP-13-17519，炎陵县 LXP-09-0858，永新县 LXP-13-19480；诸广山脉：桂东县 LXP-13-25494，上犹县 LXP-13-19305A。

棕鳞铁角蕨 Asplenium yoshinagae Makino
草本。山坡，山谷，密林，路旁，河边，石壁上，阴处。武功山脉：芦溪县 LXP-13-09582、LXP-13-09747。

膜叶铁角蕨属 *Hymenasplenium* Hayata

切边膜叶铁角蕨 Hymenasplenium excisum (C. Presl) S. Lindsay [*Asplenium excisum* C. Presl]
草本。山谷，阴湿石壁；238 m。武功山脉：安福县 LXP-06-0902。

阴湿膜叶铁角蕨 Hymenasplenium obliquissimum (Hayata) Sugim. [*Asplenium unilaterale* var. *udum* Atkinson ex Clarke]
草本。山谷，林下，阴湿处；600~900 m。武功山脉：芦溪县 LXP-13-8249；万洋山脉：井冈山 JGS-4651。

中华膜叶铁角蕨 Hymenasplenium sinense K. W. Xu, L. B. Zhang et W. B. Liao
草本。山谷，阴湿处；约 900 m。万洋山脉：遂川县 许可旺 134(SYS)。

培善膜叶铁角蕨 Hymenasplenium wangpeishanii L. B. Zhang et K. W. Xu
草本。山谷，疏林，溪边；腐殖土；561 m。诸广山脉：桂东县 LXP-13-25428。

P38　岩蕨科 Woodsiaceae

膀胱蕨属 *Protowoodsia* Ching

膀胱蕨 Protowoodsia manchuriensis (Hook.) Ching
草本。山顶，石上；1516 m。幕阜山脉：通山县 LXP7299。

岩蕨属 *Woodsia* R. Br.

耳羽岩蕨 Woodsia polystichoides Eaton
草本。平地，路旁；1556 m。幕阜山脉：通山县 LXP7261。

P39　球子蕨科 Onocleaceae

东方荚果蕨属 *Pentarhizidium* Hayata

东方荚果蕨 Pentarhizidium orientale (Hook.) Hayata [*Matteuccia orientalis* (Hook.) Trev.]
草本。山坡，山谷，疏林，溪边；壤土；600~1650 m。武功山脉：明月山 LXP-06-4577；万洋山脉：井冈山 LXP-13-04610，遂川县 LXP-13-7244，炎陵县 LXP-09-09373。

P40　乌毛蕨科 Blechnaceae

乌毛蕨属 *Blechnum* L.

乌毛蕨 Blechnum orientale L.
草本。山坡，山谷，密林，路旁，灌丛；壤土；100~1205 m。九岭山脉：靖安县 LXP-10-13622；武功山脉：茶陵县 LXP-06-1683，芦溪县 LXP-06-2525，攸县 LXP-06-5427，宜春市 LXP-13-10745；万洋山脉：遂川县 LXP-13-7521，资兴市 LXP-03-00249；诸广山脉：桂东县 LXP-03-02553。

崇澍蕨属 *Chieniopteris* Ching

崇澍蕨 Chieniopteris harlandii (Hook.) Ching [*Woodwardia harlandii* Hook.]
草本。山坡，路旁，林下；腐殖土；500~900 m。诸广山脉：崇义县 严岳鸿和何祖霞 3742(HUST)。

狗脊属 *Woodwardia* Smith

狗脊 Woodwardia japonica (L. f.) Sm.
草本。丘陵，山坡，山谷，路旁，疏林；壤土，腐殖土；100~864 m。幕阜山脉：庐山市 LXP5355，瑞昌市 LXP0159，通山县 LXP7593，武宁县 LXP7364，修水县 LXP0840，平江县 LXP-10-6255；九岭山脉：大围山 LXP-10-11825，奉新县 LXP-10-10609，安义县 LXP-10-10531，靖安县 LXP-10-9951，铜鼓县 LXP-10-7009，万载县 LXP-10-1412，宜丰县 LXP-10-12839，上高县 LXP-06-6594；武功山脉：茶陵县 LXP-06-1939，分宜县 LXP-06-2316，莲花县 LXP-06-0656，芦溪县 LXP-06-1194，明月山 LXP-06-7829，宜春市 LXP-06-2711，樟树市 LXP-10-4989；万洋山脉：井冈山 LXP-13-JX4575，遂川县 LXP-13-7388，炎陵县 LXP-13-05123，永新县 LXP-QXL-432，永兴县 LXP-03-04568；诸广山脉：桂东县 LXP-03-02552。

东方狗脊 Woodwardia orientalis Sw.
草本。山坡，山谷，疏林，路旁，溪边；壤土；280~1700 m。武功山脉：安福县 LXP-06-6925；万洋山脉：遂川县 LXP-13-7511，炎陵县 DY2-1103；诸广山脉：上犹县 LXP-13-25174。

珠芽狗脊 Woodwardia prolifera Hook. et Arn.
草本。山坡，山谷，疏林，溪边，阴处；壤土，腐殖土；238~1250 m。武功山脉：安福县 LXP-06-0891；万洋山脉：炎陵县 DY2-1236，资兴市 LXP-03-00126；诸广山脉：崇义县 LXP-13-24391、LXP-03-05922、LXP-03-10305，桂东县 LXP-03-03059，上犹县 LXP-03-06840。

顶芽狗脊 Woodwardia unigemmata (Makino) Nakai

草本。山坡，阴处；壤土。万洋山脉：炎陵县 LXP-13-3062。

P41 蹄盖蕨科 Athyriaceae

安蕨属 *Anisocampium* C. Presl

安蕨 Anisocampium cumingianum C. Presl

草本。山坡，溪边，阴处；455 m。幕阜山脉：修水县 LXP3031。

华东安蕨 Anisocampium sheareri (Baker) Ching

草本。山坡（倾斜），山谷，路旁，密林，疏林，灌丛，溪边，阴处；壤土；150~700 m。幕阜山脉：濂溪区 LXP6362，庐山市 LXP4948，平江县 LXP-4328，通山县 LXP2216，武宁县 LXP0384；九岭山脉：靖安县 LXP-10-139；武功山脉：明月山 LXP-06-4639，樟树市 LXP-10-5053；万洋山脉：炎陵县 DY2-1232。

蹄盖蕨属 *Athyrium* Roth

宿蹄盖蕨 Athyrium anisopterum Christ

草本。山坡，疏林；275 m。幕阜山脉：修水县 LXP3397。

大叶假冷蕨 Athyrium atkinsonii Bedd. [*Pseudocystopteris atkinsonii* (Bedd.) Ching]

草本。山坡，山谷，灌丛，溪边，路旁；壤土；284~1100 m。武功山脉：安福县 LXP-06-822，安仁县 LXP-03-01538。

坡生蹄盖蕨 Athyrium clivicola Tagawa

草本。山坡，路旁，林下；1000~1750 m。诸广山脉：崇义县 严岳鸿和何祖霞 3605(HUST)。

溪边蹄盖蕨 Athyrium deltoidofrons Makino

草本。山谷，林下；900~1200 m。幕阜山脉：庐山市 姚淦 8675(NAS)。

湿生蹄盖蕨 Athyrium devolii Ching

草本。山坡，山谷，疏林；200~647 m。幕阜山脉：武宁县 LXP1061。

长叶蹄盖蕨 Athyrium elongatum Ching

草本。山谷，路旁，林下；600~900 m。万洋山脉：炎陵县 严岳鸿等 725(PE)。

石生蹄盖蕨 Athyrium emeicola Ching

草本。山坡林下；800~1100 m。九岭山脉：靖安县 LXP2488。

麦秆蹄盖蕨 Athyrium fallaciosum Milde

草本。山坡，林下；700~1200 m。万洋山脉：井冈山 8310205(JXU)。

长江蹄盖蕨 Athyrium iseanum Rosenst.

草本。山坡，山谷，疏林，路旁，溪边，阴处；190~1500 m。幕阜山脉：庐山市 LXP4949，武宁县 LXP1491，修水县 LXP2791；九岭山脉：大围山 LXP-10-12325，奉新县 LXP-10-10582，靖安县 LXP-10-10154，七星岭 LXP-10-11410，铜鼓县 LXP-10-7145，宜丰县 LXP-10-12952。

紫柄蹄盖蕨 Athyrium kenzo-satakei Kurata

草本。山坡，疏林，路旁；686 m。幕阜山脉：通山县 LXP6994。

日本蹄盖蕨 Athyrium niponicum (Mett.) Hance

草本。山顶，山坡，山谷，路旁，疏林，灌丛，阴处；壤土；213~1500 m。幕阜山脉：武宁县 LXP0548；九岭山脉：大围山 LXP-10-7523，七星岭 LXP-10-8118，宜丰县 LXP-10-2369；武功山脉：芦溪县 LXP-06-9077，明月山 LXP-06-7691。

光蹄盖蕨 Athyrium otophorum (Miq.) Koidz.

草本。山坡，山谷，疏林；壤土；1150 m。九岭山脉：大围山 LXP-10-5509；万洋山脉：炎陵县 LXP-09-07632。

软刺蹄盖蕨 Athyrium strigillosum (Moore ex Lowe) Moore ex Salom

草本。山坡，路旁；657 m。幕阜山脉：武宁县 LXP1560。

尖头蹄盖蕨 Athyrium vidalii (Franch. et Savat.) Nakai

草本。山坡，林下；1300~1600 m。九岭山脉：靖

安县 张吉华 0048(JJF)。

胎生蹄盖蕨 Athyrium viviparum Christ

草本。山坡，山谷，河边；壤土；924 m。武功山脉：芦溪县 LXP-06-1190、LXP-13-09667。

华中蹄盖蕨 Athyrium wardii (Hook.) Makino

草本。山坡，山谷，疏林，灌丛，路旁；218~965 m。幕阜山脉：修水县 LXP2676；九岭山脉：靖安县 LXP2478；万洋山脉：炎陵县 LXP-09-00680。

禾秆蹄盖蕨 Athyrium yokoscense (Franch. et Savat.) Christ

草本。山坡，密林，灌丛，路旁；壤土；670~1229 m。幕阜山脉：武宁县 LXP1489；武功山脉：安福县 LXP-06-0839，莲花县 LXP-06-0820。

角蕨属 *Cornopteris* Nakai

角蕨 Cornopteris decurrenti-alata (Hook.) Nakai

草本。山坡，山谷，疏林，溪边，阴处；壤土；278~1900 m。武功山脉：茶陵县 LXP-09-10449，安福县 LXP-06-9261；万洋山脉：井冈山 JGS-1037，遂川县 LXP-13-17520，炎陵县 TYD2-1341，永新县 LXP-13-19269；诸广山脉：上犹县 LXP-13-23338。

黑叶角蕨 Cornopteris opaca (Don) Tagawa

草本。山坡，疏林，路旁。诸广山脉：齐云山 严岳鸿和何祖霞 3786(HUST)。

对囊蕨属 *Deparia* Hook. et Grev.

对囊蕨 Deparia boryana (Willd.) M. Kato [介蕨 *Dryoathyrium boryanum* (Willd.) Ching]

草本。山坡，林下；576 m。幕阜山脉：通山县 LXP6976。

钝羽对囊蕨 Deparia conilii (Franch. et Savat.) M. Kato [*Athyriopsis conilii* (Franch. et Savat.) Ching]

草本。山坡，路旁，阴湿石缝；500~900 m。诸广山脉：崇义县 严岳鸿等 4218A(HUST)。

二型叶对囊蕨 Deparia dimorphophylla (Koidz.) M. Kato [*Athyriopsis dimorphophylla* (Koidz.) Ching ex W. M. Chu]

草本。山谷，路旁，林下；300~800 m。幕阜山脉：武宁县 谭策铭 9611140(NAS)。

东洋对囊蕨 Deparia japonica (Thunb.) M. Kato [假蹄盖蕨 *Athyriopsis japonica* (Thunb.) Ching]

草本。山坡，山谷，路旁，疏林，溪边，阴处；壤土；200~1050 m。幕阜山脉：通山县 LXP6919，修水县 LXP2518，平江县 LXP-10-6422；九岭山脉：大围山 LXP-10-5568，靖安县 LXP-10-720，宜春市 LXP-10-879，宜丰县 LXP-10-4657；武功山脉：安福县 LXP-06-5965；万洋山脉：炎陵县 LXP-13-3017。

九龙对囊蕨 Deparia jiulungensis (Ching) Z. R. Wang [*Lunathyrium orientale* var. *jiulungense* (Ching) Z. R. Wang]

草本。石缝，林下阴湿处；900~1300 m。幕阜山脉：武宁县有分布记录。

狭叶对囊蕨 Deparia longipes (Ching) Shinohara [*Athyriopsis longipes* Ching]

草本。沟谷，林下；800~1500 m。幕阜山脉：平江县 祁世鑫等 184(HUST)。

大久保对囊蕨 Deparia okuboana (Makino) M. Kato [华中介蕨 *Dryoathyrium okuboanum* (Makino) Ching]

草本。山谷，溪边，路旁，密林，阴处；300~800 m。幕阜山脉：通山县 LXP6811；九岭山脉：奉新县 LXP-10-9369，宜丰县 LXP-10-2530。

毛叶对囊蕨 Deparia petersenii (Kunze) M. Kato [*Athyriopsis petersenii* (Kunze) Ching]

草本。山谷，平地，密林，疏林，路旁，溪边，阴处；壤土；150~1200 m。九岭山脉：大围山 LXP-10-7567，宜丰县 LXP-10-2838；武功山脉：攸县 LXP-06-5438，安福县 岳俊三 3714(NAS)。

华中对囊蕨 Deparia shennongensis (Ching, Boufford et K. H. Shing) X. C. Zhang [*Lunathyrium shennongense* Ching]

草本。山坡，林下；500~1300 m。幕阜山脉：庐山市 熊耀国 05573(NAS)。

川东对囊蕨 Deparia stenopterum (Christ) Z. R. Wang [*Dryoathyrium stenopteron* (Bak.) Ching]

草本。山坡，山谷，林下；300~800 m。诸广山脉：崇义县 王兰英 W.053(HUST)。

绿叶对囊蕨 Deparia viridifrons (Makino) M. Kato [绿叶介蕨 *Dryoathyrium viridifrons* (Makino) Ching]
草本。山坡，溪边；壤土；650 m。武功山脉：芦溪县 LXP-06-2138。

双盖蕨属 *Diplazium* Sw.

中华短肠蕨 Diplazium chinense (Baker) C. Chr. [*Allantodia chinensis* (Bak.) Ching]
草本。山顶，山坡，山谷，路旁，溪边；160~1500 m。九岭山脉：大围山 LXP-10-11303，万载县 LXP-10-1446，宜丰县 LXP-10-13259；万洋山脉：井冈山 JGS-430。

边生双盖蕨 Diplazium conterminum Christ [边生短肠蕨 *Allantodia contermina* (Christ) Ching]
草本。山谷，疏林，溪边，灌丛；腐殖土；508~907 m。幕阜山脉：修水县 LXP2675；诸广山脉：上犹县 LXP-13-25130。

厚叶双盖蕨 Diplazium crassiusculum Ching
草本。山坡，山谷，平地，路旁，疏林，溪边；腐殖土，壤土；366~617 m。万洋山脉：井冈山 LXP-13-18831，炎陵县 LXP-09-08215，永新县 LXP-13-19254。

毛柄短肠蕨 Diplazium dilatatum Bl. [*Allantodia dilatata* (Bl.) Ching]
草本。山坡，疏林；壤土；278 m。武功山脉：茶陵县 LXP-09-10522；诸广山脉：齐云山 严岳鸿，何祖霞 3934A (HUST)。

光脚短肠蕨 Diplazium doederleinii (Luerss.) Makino [*Allantodia doederleinii* (Luerss.) Ching]
草本。山坡，林下阴湿处；约 500 m。诸广山脉：齐云山 严岳鸿 3709(HUST)。

双盖蕨 Diplazium donianum (Mett.) Tard.-Blot
草本。在罗霄山脉可能有分布，未见标本。

食用双盖蕨 Diplazium esculentum (Retz.) Sm. [菜蕨 *Callipteris esculenta* (Retz.) J. Sm. ex Moore et Houlst.]
草本。山坡，密林，疏林，河边，阴处；100~500 m。幕阜山脉：庐山市 LXP5696，通山县 LXP2227，武宁县 LXP7353，修水县 LXP3024；九岭山脉：大围山 LXP-10-5718，奉新县 LXP-10-13780，靖安县 LXP-10-9826，万载县 LXP-10-1654，宜春市 LXP-10-1088，宜丰县 LXP-10-13364。

薄盖短肠蕨 Diplazium hachijoense Nakai [*Allantodia hachijoensis* (Nakai) Ching]
草本。山坡，山谷，路旁，溪边，密林，疏林，草地，阴处；250~800 m。九岭山脉：奉新县 LXP-10-9070，宜丰县 LXP-10-2519；万洋山脉：井冈山 JGS-041。

毛鳞短肠蕨 Diplazium hirtisquama (Ching et W. M. Chu) Z. R. He [*Allantodia hirtisquama* Ching et W. M. Chu]
草本。山谷，疏林，溪边；壤土；1468 m。万洋山脉：炎陵县 LXP-13-24936。

阔片短肠蕨 Diplazium matthewii (Copel.) C. Chr. [*Allantodia matthewii* (Copel.) Ching]
草本。林下；约 400 m。诸广山脉：齐云山 3867 (HUST)。

大叶短肠蕨 Diplazium maximum (D. Don) C. Chr.
草本。山谷，路旁；800~1200 m。万洋山脉：遂川县有分布记录，据《中国植物志》第三卷第二分册记载。

江南短肠蕨 Diplazium mettenianum (Miq.) C. Chr. [*Allantodia metteniana* (Miq.) Ching]
草本。山坡，密林，疏林，溪边，石上，阴处；沙土，壤土；200~1450 m。幕阜山脉：武宁县 LXP5551，庐山市 LXP6317，修水县 LXP3087；九岭山脉：靖安县 LXP-10-9598，万载县 LXP-10-1715；武功山脉：芦溪县 LXP-13-09472，安福县 LXP-06-6912；万洋山脉：炎陵县 LXP-09-10763，永新县 LXP-13-19438。

小叶短肠蕨 Diplazium mettenianum var. **fauriei** (Christ) Tagawa
草本。山谷，阴湿石壁；400~500 m。万洋山脉：井冈山有分布记录，据《中国植物志》第三卷第二分册记载。

假耳羽短肠蕨 Diplazium okudairai Makino
草本。山谷，林下；400~800 m。九岭山脉：永修县有分布记录，据《中国植物志》第三卷第二分册记载。

薄叶双盖蕨 Diplazium pinfaense Ching

草本。阴处，石上；710 m。万洋山脉：井冈山 JGS-168。

鳞柄短肠蕨 Diplazium squamigerum (Mett.) Matsum

草本。山谷，路旁；700~1300 m。幕阜山脉：九江市有分布记录，据《中国植物志》第三卷第二分册记载。

单叶双盖蕨 Diplazium subsinuatum (Wall. ex Hook. et Grev.) Tagawa

草本。山坡，山谷，路旁，河边，阴处；壤土；130~1000 m。幕阜山脉：庐山市 LXP5103，平江县 LXP4373、LXP-10-6051，通山县 LXP1964、LXP5903，武宁县 LXP0520，修水县 LXP0292；九岭山脉：安义县 LXP-10-3743，奉新县 LXP-10-4203，靖安县 LXP-10-4441，铜鼓县 LXP-10-6899，万载县 LXP-10-1563，宜春市 LXP-10-851，上高县 LXP-06-7613；武功山脉：安福县 LXP-06-5865，攸县 LXP-06-6188；万洋山脉：井冈山 JGS-1781，炎陵县 LXP-09-07108，永新县 LXP-QXL-192，资兴市 LXP-03-05141。

淡绿短肠蕨 Diplazium virescens Kunze [Allantodia virescens (Kunze) Ching]

草本。山坡，山谷，路旁，疏林，溪边；壤土，阴处；330~1330 m。幕阜山脉：通山县 LXP6924，修水县 LXP2700；九岭山脉：大围山 LXP-10-12185，奉新县 LXP-10-9184，靖安县 LXP-10-9597，万载县 LXP-10-2113，宜丰县 LXP-10-8519；武功山脉：安福县 LXP-06-7257，茶陵县 LXP-06-1949，芦溪县 LXP-06-2512，明月山 LXP-06-7956，宜春市 LXP-06-2724、LXP-06-6745；万洋山脉：炎陵县 LXP-13-24814，永新县 LXP-13-19469。

深绿短肠蕨 Diplazium viridissimum Christ

草本。山坡，路旁，林下；500~900 m。万洋山脉：炎陵县　张代贵 YH160825489(JIU)。

耳羽短肠蕨 Diplazium wichurae (Mett.) Diels [Allantodia wichurae (Mett.) Ching]

草本。山坡，山谷，密林，疏林，阴处；壤土；670~702 m。万洋山脉：遂川县 LXP-13-18155，永新县 LXP-13-07795。

P42 金星蕨科 Thelypteridaceae

星毛蕨属 Ampelopteris Kunze

星毛蕨 Ampelopteris prolifera (Retz.) Cop.

草本。山谷，水边。幕阜山脉：修水县　江西修水县植物调查队 8110519(PE)；武功山脉：茶陵县　周喜乐 ZXL06092(CSH)。

钩毛蕨属 Cyclogramma Tagawa

狭基钩毛蕨 Cyclogramma leveillei (Christ) Ching

草本。山谷，溪边；500~800 m。武功山脉：芦溪县　吴磊等 1357(PE)。

毛蕨属 Cyclosorus Link

渐尖毛蕨 Cyclosorus acuminatus (Houtt.) Nakai

草本。山坡，山谷，路旁，密林，灌丛；腐殖土；120~1400 m。幕阜山脉：庐山市 LXP4968，瑞昌市 LXP0163，通山县 LXP7413，修水县 LXP0740；九岭山脉：安义县 LXP-10-10444，大围山 LXP-10-11749，奉新县 LXP-10-10930，靖安县 LXP-10-10345，浏阳市 LXP-10-5924，铜鼓县 LXP-10-13441，万载县 LXP-10-1363，宜春市 LXP-10-823、LXP-13-10565，宜丰县 LXP-10-2672，上高县 LXP-06-6535；武功山脉：安福县 LXP-06-0220，茶陵县 LXP-06-1490，分宜县 LXP-06-2855，芦溪县 LXP-06-9047，攸县 LXP-06-6167；万洋山脉：井冈山 JGS-1027，炎陵县 TYD2-1298，永新县 LXP-13-19088；诸广山脉：上犹县 LXP-13-25198。

干旱毛蕨 Cyclosorus aridus (Don) Tagawa

草本。山谷，路旁，溪边，草地；壤土；200~420 m。九岭山脉：大围山 LXP-10-8104，奉新县 LXP-10-9074，靖安县 LXP-10-10137，万载县 LXP-13-11259；武功山脉：芦溪县 LXP-06-2876。

齿牙毛蕨 Cyclosorus dentatus (Forssk.) Ching

草本。山谷，路旁。诸广山脉：八面山　刘炳荣和吴磊 07568 (HUST)。

毛蕨 Cyclosorus interruptus (Willd.) H. Itô

草本。林下或湿地；333 m。幕阜山脉：庐山市 LXP6025。

细柄毛蕨 Cyclosorus kuliangensis (Ching) Shing
草本。山坡，路旁。幕阜山脉：庐山 36(NAS)。

宽羽毛蕨 Cyclosorus latipinnus (Benth.) Tard.-Blot
草本。山坡，疏林，路旁。万洋山脉：井冈山 JGS-4678。

宽顶毛蕨 Cyclosorus paracuminatus Ching ex Shing et J. F. Cheng
草本。山谷，疏林，路旁，灌丛，阴处；200~700 m。九岭山脉：宜丰县 LXP-10-13310；万洋山脉：井冈山 JGS-042。

华南毛蕨 Cyclosorus parasiticus (L.) Farwell.
草本。山坡，山谷，路旁，疏林，溪边，阴处；腐殖土；200~1150 m。幕阜山脉：庐山市 LXP4582；九岭山脉：大围山 LXP-10-12157，奉新县 LXP-10-9378，宜丰县 LXP-10-12899；武功山脉：明月山 LXP-13-10827；万洋山脉：炎陵县 DY2-1223；诸广山脉：桂东县 LXP-13-25468，上犹县 LXP-13-23433。

假渐尖毛蕨 Cyclosorus subacuminatus Ching ex Shing et J. F. Cheng
草本。山坡，阴处；442 m。幕阜山脉：通山县 LXP2299。

短尖毛蕨 Cyclosorus subacutus Ching
草本。山坡，路旁，石壁；600~1200 m。幕阜山脉：庐山市 熊耀国 09981(PE)。

圣蕨属 *Dictyocline* Moore

圣蕨 Dictyocline griffithii T. Moore
草本。平地，山坡，山谷，路旁；壤土；470~920 m。武功山脉：安福县 LXP-06-6877，芦溪县 LXP-06-1187。

戟叶圣蕨 Dictyocline sagittifolia Ching
草本。山坡，山谷，密林，疏林；腐殖土，壤土；422~1100 m。武功山脉：芦溪县 LXP-13-03708；万洋山脉：井冈山 LXP-13-18835，遂川县 LXP-13-16447，炎陵县 LXP-09-06265，永新县 LXP-13-19443；诸广山脉：桂东县 JGS-A135，上犹县 LXP-13-25232。

羽裂圣蕨 Dictyocline wilfordii (Hook.) J. Sm.
草本。山坡，山谷，路旁，疏林，阴处；430~450 m。九岭山脉：宜丰县 LXP-10-2907；武功山脉：芦溪

县 LXP-06-9072。

茯蕨属 *Leptogramma* J. Sm.

华中茯蕨 Leptogramma centrochinensis Ching ex Y. X. Lin
草本。山谷，溪边；壤土；352 m。武功山脉：安福县 LXP-06-5856。

峨眉茯蕨 Leptogramma scallanii (Christ) Ching
草本。平地，路旁；壤土；564 m。武功山脉：安福县 LXP-06-5062。

小叶茯蕨 Leptogramma tottoides H. Itô
草本。山坡，山谷，密林；壤土，阴处；413~577 m。武功山脉：分宜县 LXP-06-9607，芦溪县 LXP-06-2068；万洋山脉：炎陵县 LXP-13-3047。

针毛蕨属 *Macrothelypteris* (H. Itô) Ching

针毛蕨 Macrothelypteris oligophlebia (Bak.) Ching
草本。山坡，溪边，疏林，村边，路旁；壤土；200~870 m。幕阜山脉：庐山市 LXP5351、LXP6012，平江县 LXP4361，武宁县 LXP1418，修水县 LXP-2768；武功山脉：安福县 LXP-06-5743。

雅致针毛蕨 Macrothelypteris oligophlebia var. **elegans** (Koidz.) Ching
草本。山坡，路旁；壤土；89~736 m。武功山脉：明月山 LXP-06-7695，攸县 LXP-06-5418。

普通针毛蕨 Macrothelypteris torresiana (Gaud.) Ching
草本。山坡，山谷，密林，疏林，河边，路旁，阴处；100~1800 m。幕阜山脉：庐山市 LXP5380，瑞昌市 LXP0168，修水县 LXP2793，平江县 LXP-10-6264；九岭山脉：安义县 LXP-10-3724，大围山 LXP-10-11259，奉新县 LXP-10-9252，靖安县 LXP-10-10274，七星岭 LXP-10-11909，铜鼓县 LXP-10-13429，万载县 LXP-10-1846，宜春市 LXP-10-1043，宜丰县 LXP-10-12971；武功山脉：分宜县 LXP-10-5200；万洋山脉：井冈山 JGS-114，炎陵县 LXP-09-10684。

翠绿针毛蕨 Macrothelypteris viridifrons (Tagawa) Ching
草本。山坡，路旁，村边；487 m。幕阜山脉：武

宁县 LXP1427。

凸轴蕨属 *Metathelypteris* (H. Itô) Ching

微毛凸轴蕨 Metathelypteris adscendens (Ching) Ching

草本。山坡，路旁；900 m。诸广山脉：崇义县 严岳鸿和何祖霞 3619(HUST)。

林下凸轴蕨 Metathelypteris hattorii (H. Itô) Ching

草本。山顶，山坡，山谷，密林，疏林，路旁，阴处；壤土；326~1310 m。幕阜山脉：通山县 LXP6927；武功山脉：安福县 LXP-06-1046，芦溪县 LXP-06-2471，明月山 LXP-06-7942；万洋山脉：井冈山 JGS-235。

疏羽凸轴蕨 Metathelypteris laxa (Franch. et Savat.) Ching

草本。山坡，山谷，平地，路旁，疏林，溪边，阴处；壤土；170~1682 m。九岭山脉：万载县 LXP-10-2077；武功山脉：安福县 LXP-06-0346，茶陵县 LXP-06-2241，明月山 LXP-06-7945；万洋山脉：炎陵县 LXP-09-10802，永新县 LXP-QXL-221。

金星蕨属 *Parathelypteris* (H. Itô) Ching

钝角金星蕨 Parathelypteris angulariloba (Ching) Ching

草本。路旁，阳处；1310~1330 m。万洋山脉：井冈山 JGS-241。

狭脚金星蕨 Parathelypteris borealis (Hara) Shing

草本。林下阴湿处；400~1200 m。万洋山脉：吉安市有分布记录，据《中国植物志》第四卷第一分册记载。

中华金星蕨 Parathelypteris chinensis Ching ex Shing

草本。山顶，山谷，密林，疏林，溪边，阴处；350~1250 m。九岭山脉：奉新县 LXP-10-10994，靖安县 LXP-10-484，宜丰县 LXP-10-2368。

秦氏金星蕨 Parathelypteris chingii Shing et J. F. Cheng

草本。林下；900 m。万洋山脉：桂东县 刘炳荣和吴磊 07533(HUST)。

金星蕨 Parathelypteris glanduligera (Kunze) Ching

草本。丘陵，山坡，山谷，密林，疏林，灌丛，溪边，阴处；腐殖土；116~1200 m。幕阜山脉：庐山市 LXP4575，平江县 LXP0716，通山县 LXP6945，武宁县 LXP5783，修水县 LXP3014；九岭山脉：安义县 LXP-10-9432，万载县 LXP-13-10943、LXP-10-1403，大围山 LXP-10-11665，奉新县 LXP-10-10660，靖安县 LXP-10-10181，铜鼓县 LXP-10-8303，宜春市 LXP-10-1191，宜丰县 LXP-10-13204；武功山脉：玉京山 LXP-10-1288；万洋山脉：井冈山 JGS-142；诸广山脉：桂东县 LXP-03-02351。

微毛金星蕨 Parathelypteris glanduligera var. **puberula** (Ching) Ching ex Shing

草本。溪边；800 m。武功山脉：芦溪县 吴磊和祁世鑫 1414(PE)。

光脚金星蕨 Parathelypteris japonica (Bak.) Ching

草本。路旁，溪边，灌丛；1310 m。万洋山脉：井冈山 JGS-237，遂川县 LXP-13-7082，永新县 LXP-QXL-139。

光叶金星蕨 Parathelypteris japonica var. **glabrata** (Ching) Shing

草本。山坡，林下；400~200 m。幕阜山脉：九江市 谭策铭等 091091(JJF)。

禾秆金星蕨 Parathelypteris japonica var. **musashiensis** (Hiyama) Jiang

草本。林下，路旁；500~1200 m。幕阜山脉：庐山市 易刚中 200(PE)。

中日金星蕨 Parathelypteris nipponica (Franch. et Savat.) Ching

草本。山谷，山坡，平地，密林，疏林；壤土；250~750 m。九岭山脉：奉新县 LXP-10-13803；武功山脉：安福县 LXP-06-1028，宜春市 LXP-06-2860。

卵果蕨属 *Phegopteris* Fée

延羽卵果蕨 Phegopteris decursive-pinnata (van Hall) Fée

草本。山坡，山谷，平地，灌丛，溪边，路旁，村边；200~850 m。幕阜山脉：平江县 LXP4063，瑞昌市 LXP0153，武宁县 LXP0550，通山县 LXP7425，庐山市 LXP6043，修水县 LXP0749；九岭山脉：奉新县 LXP-06-4050；武功山脉：安福县 LXP-06-6238，茶陵县 LXP-06-2201，芦溪县 LXP-06-2470，明月山 LXP-06-7708，宜春市 LXP-06-2164。

新月蕨属 Pronephrium Presl

新月蕨 Pronephrium gymnopteridifrons (Hay.) Holtt.

草本。山谷，密林，阴处；600 m。九岭山脉：奉新县 LXP-10-13907。

红色新月蕨 Pronephrium lakhimpurense (Rosenst.) Holtt.

草本。山谷，路旁，石上；腐殖土；561 m。万洋山脉：炎陵县 TYD2-1373；诸广山脉：桂东县 LXP-13-25402。

微红新月蕨 Pronephrium megacuspe (Bak.) Holtt.

草本。山坡，山谷，疏林，河边，路旁，阴处；腐殖土；329~500 m。幕阜山脉：通山县 LXP2202，武宁县 LXP0673，修水县 LXP3022；诸广山脉：上犹县 LXP-13-12995。

披针新月蕨 Pronephrium penangianum (Hook.) Holtt.

草本。山坡，山谷，疏林，路旁，溪边，阴处；壤土；170~1000 m。幕阜山脉：通山县 LXP6808，平江县 LXP-10-6296；九岭山脉：铜鼓县 LXP-10-7078，万载县 LXP-10-1686，宜春市 LXP-10-911、LXP-13-10548，宜丰县 LXP-10-6730；武功山脉：明月山 LXP-13-10856，安福县 LXP-06-8381，玉京山 LXP-10-1335，袁州区 LXP-06-6746；万洋山脉：炎陵县 LXP-13-3036，永新县 LXP-QXL-659。

假毛蕨属 Pseudocyclosorus Ching

西南假毛蕨 Pseudocyclosorus esquirolii (Christ.) Ching

草本。山坡，山谷，溪边，疏林，路旁；200~900 m。幕阜山脉：庐山市 LXP5105、LXP6326，通山县 LXP6886，武宁县 LXP0408，修水县 LXP2527。

镰片假毛蕨 Pseudocyclosorus falcilobus (Hook.) Ching

草本。山谷，疏林，溪边；壤土；306 m。幕阜山脉：庐山市 LXP6336；万洋山脉：炎陵县 LXP-09-

06128。

庐山假毛蕨 Pseudocyclosorus lushanensis Ching ex Y. X. Lin

草本。山谷，林下；400~900 m。幕阜山脉：庐山市 谭策铭和董安淼 081473(JJF)；万洋山脉：井冈山 严岳鸿和周劲松 3383(HUST)。

武宁假毛蕨 Pseudocyclosorus paraochthodes Ching ex Shing ex. J. F. Cheng

草本。山坡，山谷，路旁；400~1000 m。幕阜山脉：庐山市 谭策铭 03421(SZG)。

普通假毛蕨 Pseudocyclosorus subochthodes (Ching) Ching

草本。山坡，山谷，平地，灌丛，路旁，密林，疏林，河边，阴处；壤土，腐殖土；150~1564 m。幕阜山脉：平江县 LXP-10-6425；九岭山脉：大围山 LXP-10-11159，奉新县 LXP-10-11036，靖安县 LXP-10-10198，铜鼓县 LXP-10-6891，万载县 LXP-10-1583；武功山脉：芦溪县 LXP-06-9091，明月山 LXP-06-5043，宜春市 LXP-06-2163；万洋山脉：井冈山 JGS-1770，遂川县 LXP-13-7540，炎陵县 LXP-09-08353，永新县 LXP-13-08094。

景烈假毛蕨 Pseudocyclosorus tsoi Ching

草本。山坡，路旁，林下；400~800 m。万洋山脉：遂川县 岳俊三 4618(NAS)。

假毛蕨 Pseudocyclosorus tylodes (Kunze) Holtt.

草本。山坡，疏林，阴处；壤土；800~865 m。幕阜山脉：庐山市 LXP5358，武宁县 LXP1575；万洋山脉：炎陵县 LXP-13-3017。

紫柄蕨属 Pseudophegopteris Ching

耳状紫柄蕨 Pseudophegopteris aurita (Hook.) Ching

草本。山坡，山谷，平地，疏林，路旁，河边，阴处；腐殖土，壤土；180~970 m。幕阜山脉：修水县 LXP2799，平江县 LXP-10-6476；九岭山脉：靖安县 LXP2497、LXP-10-28，大围山 LXP-10-8045，奉新县 LXP-10-9362，铜鼓县 LXP-10-8305，宜丰县 LXP-10-2979；武功山脉：明月山 LXP-13-10851，安福县 LXP-06-0135；万洋山脉：遂川县 LXP-13-16990，炎陵县 TYD2-1422，永新县 LXP-13-19606；

诸广山脉：上犹县 LXP-13-25184。

紫柄蕨 Pseudophegopteris pyrrhorachis (Kunze) Ching

草本。山坡，林缘，路旁。万洋山脉：炎陵县 DY2-1093。

P44 肿足蕨科 Hypodematiaceae

肿足蕨属 *Hypodematium* Kunze

肿足蕨 Hypodematium crenatum (Forssk.) Kuhn

草本。山坡；壤土；255.1 m。武功山脉：安福县 LXP-06-0420。

福氏肿足蕨 Hypodematium fordii (Bak.) Ching

草本。石缝，路旁；300~800 m。幕阜山脉：庐山市 熊耀国 445(PE)。

修株肿足蕨 Hypodematium gracile Ching

草本。山坡，石缝；200~600 m。幕阜山脉：庐山市 熊耀国 6799(NAS)。

鳞毛肿足蕨 Hypodematium squamuloso-pilosum Ching

草本。岩缝；石灰岩；100~400 m。武功山脉：萍乡市 江西调查队 680(PE)。

P45 鳞毛蕨科 Dryopteridaceae

复叶耳蕨属 *Arachniodes* Bl.

斜方复叶耳蕨 Arachniodes amabilis (Blume) Tindale

草本。山坡，山谷，路旁，疏林，密林，草地，溪边；壤土；230~780 m。幕阜山脉：平江县 LXP-13-22482；武功山脉：安福县 LXP-06-0282，茶陵县 LXP-06-1517，芦溪县 LXP-06-1157；万洋山脉：井冈山 JGS-1373，遂川县 LXP-13-18013，永新县 LXP-QXL-098。

多羽复叶耳蕨 Arachniodes amoena (Ching) Ching

草本。山坡，山谷，灌丛，密林，疏林，阴处；腐殖土；217~750 m。幕阜山脉：修水县 LXP0745；九岭山脉：奉新县 LXP-10-3886，宜丰县 LXP-10-13191，靖安县 LXP-10-370；武功山脉：芦溪县 LXP-13-09833；万洋山脉：吉安市 LXSM2-6-10130，

井冈山 JGS-574，遂川县 LXP-13-09388、LXP-13-16808，炎陵县 LXP-13-5424，永新县 LXP-13-19230。

刺头复叶耳蕨 Arachniodes aristata (G. Forster) Tindale

草本。山坡，山谷，疏林，灌丛；壤土；344~647 m。武功山脉：安福县 LXP-06-3086；万洋山脉：遂川县 LXP-13-16473。

南方复叶耳蕨 Arachniodes australis Y. T. Hsieh

草本。山坡，灌丛；壤土；753 m。武功山脉：茶陵县 LXP-06-7159。

粗齿黔蕨 Arachniodes blinii (Lévl.) T. Nakaike [*Phanerophlebiopsis blinii* (Lévl.) Ching]

草本。山坡，林下，沟边；腐殖土；400~1000 m。万洋山脉：炎陵县 TYD2-1317。

尾叶复叶耳蕨 Arachniodes caudata Ching

草本。路旁，阴处；710 m。万洋山脉：井冈山 JGS-150。

背囊复叶耳蕨 Arachniodes cavalerii (Christ) Ohwi [*Arachniodes sphaerosora* (Tagawa) Ching]

草本。山坡，山谷，疏林，灌丛，路旁；腐殖土；500~1150 m。万洋山脉：井冈山 LXP-13-18758；诸广山脉：上犹县 LXP-13-25067。

中华复叶耳蕨 Arachniodes chinensis (Rosenst.) Ching

草本。山坡，山谷，平地，密林，疏林，路旁，溪边，石上，阴处；壤土；250~900 m。幕阜山脉：通山县 LXP6918，修水县 LXP3136；九岭山脉：大围山 LXP-10-12379，万载县 LXP-13-11162，宜丰县 LXP-10-8842、LXP-13-22529；万洋山脉：井冈山 LXP-13-18259，遂川县 LXP-13-16527。

细裂复叶耳蕨 Arachniodes coniifolia (T. Moore) Ching

草本。山坡，山谷，路旁，疏林，阴处；腐殖土，壤土；365~1600 m。武功山脉：芦溪县 LXP-06-9644；万洋山脉：井冈山 LXP-13-18830，遂川县 LXP-13-24725，炎陵县 LXP-09-06126；诸广山脉：上犹县 LXP-13-25230。

华南复叶耳蕨 Arachniodes festina (Hance) Ching

草本。山坡，山谷，平地，疏林，溪边，路旁；壤

土；350~450 m。幕阜山脉：修水县 LXP3131；武功山脉：芦溪县 LXP-06-1338；万洋山脉：炎陵县 LXP-09-08146。

湘黔复叶耳蕨 Arachniodes michelii (Lévl.)

草本。山坡，密林；壤土；867 m。武功山脉：茶陵县 LXP-06-1644。

毛枝蕨 Arachniodes miqueliana (Maxim. ex Franch. et Savat.) Ohwi [*Leptorumohra miqueliana* (Maxim.) H. Itô]

草本。山顶，路旁；1474 m。幕阜山脉：通山县 LXP7320。

多裂复叶耳蕨 Arachniodes multifida Ching

草本。山坡，灌丛；壤土；157 m。九岭山脉：上高县 LXP-06-7643。

日本复叶耳蕨 Arachniodes nipponica (Rosenst.) Ohwi

草本。路旁。诸广山脉：桂东县 LXP-13-09022。

异羽复叶耳蕨 Arachniodes simplicior (Makino) Ohwi

草本。山坡，山谷，密林，疏林，溪边；壤土；330~1167 m。幕阜山脉：武宁县 LXP-13-08582；武功山脉：莲花县 LXP-06-1055；万洋山脉：井冈山 LXP-13-18442，永新县 LXP-13-19147。

华西复叶耳蕨 Arachniodes simulans (Ching) Ching

草本。山坡，山谷，疏林，密林，路旁，溪边，阴处；腐殖土，壤土；1000~1330 m。幕阜山脉：武宁县 LXP-13-08582；武功山脉：芦溪县 LXP-13-8280；万洋山脉：遂川县 LXP-13-16928，炎陵县 LXP-13-24862；诸广山脉：上犹县 LXP-13-25235。

美丽复叶耳蕨 Arachniodes speciosa (D. Don) Ching

草本。山坡，山谷，密林，疏林，溪边，阴处；腐殖土；200~1700 m。幕阜山脉：庐山市 LXP5443，通山县 LXP6947，武宁县 LXP5834，修水县 LXP0807；万洋山脉：井冈山 JGS-232，遂川县 LXP-13-24754，炎陵县 LXP-09-10777，永新县 LXP-13-19740；诸广山脉：桂东县 LXP-13-25319，上犹县 LXP-13-23069。

华东复叶耳蕨 Arachniodes tripinnata (Goldm) Sledge

草本。山谷，溪边，石上；440 m。幕阜山脉：武宁县 张吉华 440(JJF)。

紫云山复叶耳蕨 Arachniodes ziyunshanensis Y. T. Hsieh [*Arachniodes pseudosimplicior* Ching]

草本。山坡，路旁；280 m。幕阜山脉：庐山市 谭策铭等 03181(HUST)。

实蕨属 *Bolbitis* Schott

华南实蕨 Bolbitis subcordata (Cop.) Ching

草本。山谷，密林，溪边；壤土。诸广山脉：齐云山 严岳鸿和何祖霞 3755 (HUST)。

肋毛蕨属 *Ctenitis* (C. Chr.) C. Chr.

二型肋毛蕨 Ctenitis dingnanensis Ching

草本。山谷，密林，溪边；壤土。武功山脉：明月山 LXP-13-10877。

直鳞肋毛蕨 Ctenitis eatonii (Bak.) Ching

草本。山顶，山坡，平地，疏林，灌丛，路旁，阴处；壤土；250~490 m。武功山脉：安福县 LXP-06-0247，芦溪县 LXP-06-1211，明月山 LXP-06-5005。

泡鳞肋毛蕨 Ctenitis mariformis (Ros.) Ching

草本。山坡，路旁，林下；1100 m。诸广山脉：桂东县 刘炳荣和吴磊 07492(HUST)。

阔鳞肋毛蕨 Ctenitis maximowicziana (Miq.) Ching

草本。山坡，灌丛；壤土；309 m。武功山脉：芦溪县 LXP-06-2402。

虹鳞肋毛蕨 Ctenitis rhodolepis (Clarke) Ching

草本。山谷，路旁；201 m。幕阜山脉：修水县 LXP0770；九岭山脉：大围山 LXP-10-7984，宜丰县 LXP-10-13207。

三相蕨 Ctenitis sinii (Ching) Ohwi [*Ctenitopsis sinii* (Ching) Ching]

草本。山谷，溪边，密林，阴处；620 m。九岭山脉：宜丰县 LXP-10-2512。

亮鳞肋毛蕨 Ctenitis subglandulosa (Hance) Ching

草本。山谷，疏林，溪边；壤土，腐殖土；750~1800 m。万洋山脉：炎陵县 LXP-13-24018；诸广山脉：上犹县 LXP-13-23315。

疏羽肋毛蕨 Ctenitis submariformis Ching et C. H. Wang

草本。山谷，路旁；壤土；315 m。武功山脉：明月山 LXP-06-7946。

贯众属 Cyrtomium Presl

刺齿贯众 Cyrtomium caryotideum (Wall. ex HK. et Grev.) Presl
草本。山坡，山谷，密林，路旁，河边，阴处；腐殖土。武功山脉：芦溪县 LXP-13-09819；万洋山脉：炎陵县 LXP-13-5321。

密羽贯众 Cyrtomium confertifolium Ching et Shing
草本。山坡，路旁；400~100 m。幕阜山脉：庐山市 赵保惠等 00207(PE)。

披针贯众 Cyrtomium devexiscapulae (Koidz.) Ching
草本。山谷，路旁，河边，腐殖土；1700 m。万洋山脉：井冈山 JGS-4663，炎陵县 LXP-13-5394。

贯众 Cyrtomium fortunei J. Sm.
草本。山坡，山谷，疏林，密林，溪边，草地，阴处；壤土，腐殖土；150~1200 m。幕阜山脉：庐山市 LXP5262、LXP6034，平江县 LXP4340、LXP-10-6260，瑞昌市 LXP0219，通山县 LXP6813，修水县 LXP2714；九岭山脉：大围山 LXP-10-11376，奉新县 LXP-10-9240，靖安县 LXP-10-658，浏阳市 LXP-10-5907，铜鼓县 LXP-10-8320，万载县 LXP-10-2016，宜丰县 LXP-10-13261；武功山脉：安福县 LXP-06-0949，分宜县 LXP-10-5124，茶陵县 LXP-06-1953，芦溪县 LXP-06-2411，明月山 LXP-06-4976，攸县 LXP-06-6183；万洋山脉：井冈山 JGS-1029，遂川县 LXP-13-23785，炎陵县 LXP-13-3003，永新县 LXP-13-07703，资兴市 LXP-03-00164；诸广山脉：桂东县 LXP-03-02676。

大叶贯众 Cyrtomium macrophyllum (Makino) Tagawa
草本。山谷，阴处。武功山脉：芦溪县 LXP-13-09582、LXP-06-1149。

斜方贯众 Cyrtomium trapezoideum Ching et Shing
草本。山谷，路旁。万洋山脉：炎陵县 LXP-09-00688。

阔羽贯众 Cyrtomium yamamotoi Tagawa
草本。山坡，山谷，疏林，密林，溪边，阴处；腐殖土；566 m。万洋山脉：炎陵县 TYD1-1244，永新县 LXP-13-19180。

鳞毛蕨属 Dryopteris Adans.

尖齿鳞毛蕨 Dryopteris acutodentata Ching
草本。山坡，路旁；壤土；1446 m。武功山脉：芦溪县 LXP-06-1248。

暗鳞鳞毛蕨 Dryopteris atrata (Kunze) Ching
草本。山坡，山谷，河边，溪边，密林，疏林，灌丛，阴处；腐殖土；153~1300 m。幕阜山脉：通山县 LXP7235，武宁县 LXP8191；九岭山脉：大围山 LXP-10-12312，靖安县 LXP-10-74，宜丰县 LXP-10-8928；武功山脉：茶陵县 LXP-09-10421；万洋山脉：井冈山 LXP-13-18828，遂川县 LXP-13-18071，炎陵县 LXP-13-5346，永新县 LXP-13-19411；诸广山脉：上犹县 LXP-13-25152。

西域鳞毛蕨 Dryopteris blanfordii (C. Hope) C. Chr.
草本。山坡，山谷，溪边，路旁；壤土；238~1170 m。武功山脉：安福县 LXP-06-0880，莲花县 LXP-06-1054，芦溪县 LXP-06-2474。

阔鳞鳞毛蕨 Dryopteris championii (Benth.) C. Chr.
草本。山坡，山谷，平地，密林，疏林，路旁；腐殖土；120~1900 m。幕阜山脉：庐山市 LXP4970，武宁县 LXP7366，平江县 LXP-10-6244，修水县 LXP0737；九岭山脉：安义县 LXP-10-10533，大围山 LXP-10-12207，奉新县 LXP-10-10831，靖安县 LXP-10-10162，浏阳市 LXP-10-5805，铜鼓县 LXP-10-7044，万载县 LXP-10-1756，宜春市 LXP-10-1065，宜丰县 LXP-10-8776；武功山脉：安福县 LXP-06-0692，莲花县 LXP-06-0657，茶陵县 LXP-13-25941，分宜县 LXP-10-5131、LXP-06-2315；万洋山脉：井冈山 JGS-1777，遂川县 LXP-13-17544，炎陵县 LXP-09-07117，永新县 LXP-13-19080；诸广山脉：桂东县 LXP-13-25312，上犹县 LXP-13-12257。

中华鳞毛蕨 Dryopteris chinensis (Bak.) Koidz.
草本。山谷，密林，疏林，灌丛，路旁，溪边，阴处；50~1200 m。九岭山脉：大围山 LXP-10-12074，奉新县 LXP-10-8966，靖安县 LXP-10-9582、LXP-10-9600，宜丰县 LXP-10-13011、LXP-10-8531。

桫椤鳞毛蕨 Dryopteris cycadina (Franch. et Savat.) C. Chr.
草本。山坡，山谷，路旁，灌丛，密林，疏林，阴处；壤土，腐殖土；350~1550 m。幕阜山脉：修水县 LXP2629；九岭山脉：靖安县 LXP-13-10337，宜丰县 LXP-10-2199；武功山脉：芦溪县 LXP-06-1178，莲花县 LXP-GTY-075；万洋山脉：井冈山 JGS-4636，遂川县 LXP-13-16529，炎陵县 DY2-1179，永新县 LXP-13-08157；诸广山脉：上犹县 LXP-13- 22343。

迷人鳞毛蕨 Dryopteris decipiens (Hook.) O. Ktze.
草本。山坡，山谷，平地，灌丛，路旁，疏林，溪边；壤土，腐殖土；200~1000 m。幕阜山脉：平江县 LXP-10-6421，庐山市 LXP4966、LXP6311，武宁县 LXP7362；九岭山脉：宜丰县 LXP-10-8537，靖安县 LXP-13-10111、LXP2489、LXP-10-70；武功山脉：宜春市 LXP-10-1159，茶陵县 LXP-09-10471，芦溪县 LXP-06-1217；万洋山脉：炎陵县 DY2-1259；诸广山脉：桂东县 LXP-13-25329，崇义县 LXP-13-24145，上犹县 LXP-13-12245。

深裂迷人鳞毛蕨 Dryopteris decipiens var. **diplazioides** (Christ) Ching
草本。山谷，疏林；壤土；1574 m。万洋山脉：遂川县 LXP-13-24741。

德化鳞毛蕨 Dryopteris dehuaensis Ching et Shing
草本。山坡，疏林；壤土；1682 m。万洋山脉：炎陵县 LXP-09-10817。

远轴鳞毛蕨 Dryopteris dickinsii (Franch. et Savat.) C. Chr.
草本。山谷，疏林，路旁，阴处；腐殖土；466~750 m。幕阜山脉：修水县 LXP2715；武功山脉：芦溪县 LXP-13-8269；万洋山脉：井冈山 JGS-160，遂川县 LXP-13-7084。

红盖鳞毛蕨 Dryopteris erythrosora (Eaton) O. Ktze.
草本。山坡，山谷，路旁，密林，疏林，溪边，灌丛，阴处；壤土，腐殖土；250~940 m。幕阜山脉：庐山市 LXP4822，武宁县 LXP-13-08546；九岭山脉：靖安县 LXP-10-10376；武功山脉：茶陵县 LXP-09-10237，芦溪县 LXP-13-09893，宜春市 LXP-13-10604；万洋山脉：遂川县 LXP-13-7253，炎陵县 TYD2-1348；诸广山脉：上犹县 LXP-13-25187。

黑足鳞毛蕨 Dryopteris fuscipes C. Chr.
草本。丘陵，山坡，山谷，疏林，溪边，路旁，村

边；壤土；90~1800 m。幕阜山脉：平江县 LXP3618，瑞昌市 LXP0199，通山县 LXP6973，武宁县 LXP0562，修水县 LXP2720；九岭山脉：安义县 LXP-10-9436，大围山 LXP-10-12152，奉新县 LXP-10-3319，铜鼓县 LXP-10-13519，万载县 LXP-10-1443，靖安县 LXP-10-128，上高县 LXP-06-7638，宜丰县 LXP-10-2961；武功山脉：宜春市 LXP-10-855，樟树市 LXP-10-5054，安福县 LXP-06-0877，茶陵县 LXP-06-7089、LXP-09-10437，莲花县 LXP-06-1051，芦溪县 LXP-06-1074，明月山 LXP-06-5003，衡东县 LXP-03-07516，攸县 LXP-06-5388；万洋山脉：井冈山 JGS-1796，遂川县 LXP-13-17615，炎陵县 TYD2-1448，永新县 LXP-13-19436；诸广山脉：上犹县 LXP-13-25063。

裸叶鳞毛蕨 Dryopteris gymnophylla (Bak.) C. Chr.
草本。山坡，林下；600~1200 m。幕阜山脉：庐山市 秦 10887(PE)。

裸果鳞毛蕨 Dryopteris gymnosora (Makino) C. Chr.
草本。山谷，路旁，疏林，阴处；腐殖土；1500 m。万洋山脉：炎陵县 LXP-09-10019、LXP-13-5765。

假异鳞毛蕨 Dryopteris immixta Ching
草本。山坡，山谷，灌丛，疏林，路旁，溪边；壤土；180~890 m。九岭山脉：万载县 LXP-10-2037，宜春市 LXP-06-8864、LXP-10-854；武功山脉：安福县 LXP-06-6417，芦溪县 LXP-06-8816，明月山 LXP-06-4993，攸县 LXP-06-6160；万洋山脉：井冈山 JGS-596。

平行鳞毛蕨 Dryopteris indusiata (Makino) Yamamoto
草本。山坡，山谷，路旁，灌丛，密林，溪边，阴处；腐殖土；100~1800 m。幕阜山脉：庐山市 LXP5118、LXP7224；九岭山脉：铜鼓县 LXP-10-13428；武功山脉：芦溪县 LXP-13-8252；万洋山脉：井冈山 LXP-13-20366，遂川县 LXP-13-16387，炎陵县 LXP-13-5391，永新县 LXP-13-19452。

京鹤鳞毛蕨 Dryopteris kinkiensis Koidz.
草本。山坡，路旁，疏林；壤土。幕阜山脉：武宁县 LXP-13-08546；万洋山脉：炎陵县 LXP-09-08085。

齿头鳞毛蕨 Dryopteris labordei (Christ) C. Chr.
草本。山坡，平地，疏林，路旁，灌丛；壤土；

550-1166.8 m。九岭山脉：上高县 LXP-06-6578；武功山脉：莲花县 LXP-06-1349，芦溪县 LXP-06-9085，宜春市 LXP-06-2718。

狭顶鳞毛蕨 Dryopteris lacera (Thunb.) O. Ktze.

草本。山坡，灌丛，路旁。万洋山脉：炎陵县 LXP-09-00681。

轴鳞鳞毛蕨 Dryopteris lepidorachis C. Chr.

草本。山坡，灌丛；壤土；1509 m。武功山脉：芦溪县 LXP-06-2114。

黑鳞远轴鳞毛蕨 Dryopteris namegatae (Kurata) Kurata

草本。山坡，林下；400~1200 m。幕阜山脉：庐山市 熊耀国 09888(LBG)。

太平鳞毛蕨 Dryopteris pacifica (Nakai) Tagawa

草本。山坡，山谷，溪边，疏林，灌丛，阴处；壤土，腐殖土；253~1170 m。九岭山脉：宜丰县 LXP-10-2741，万载县 LXP-13-10942；武功山脉：安福县 LXP-06-0984，莲花县 LXP-06-1053；万洋山脉：井冈山 JGS-2092，炎陵县 LXP-09-09663。

鱼鳞鳞毛蕨 Dryopteris paleolata (Pic. Serm.) L. B. Zhang [*Acrophorus paleolatus* Pic. Serm.]

草本。山坡，山谷，疏林，密林，溪边；腐殖土；594~1830 m。万洋山脉：井冈山 JGS-1275，遂川县 LXP-13-25858，炎陵县 LXP-13-23949，永新县 LXP-13-19518；诸广山脉：上犹县 LXP-13-25279。

密鳞鳞毛蕨 Dryopteris pycnopteroides (Christ) C. Chr.

草本。山坡，山谷，平地，路旁，溪边，石上；壤土；181~1167 m。武功山脉：安福县 LXP-06-0981，莲花县 LXP-06-1060，芦溪县 LXP-06-1155，攸县 LXP-06-6076。

宽羽鳞毛蕨 Dryopteris ryo-itoana Kurata

草本。山坡，路旁，林下；40~500 m。幕阜山脉：九江市 谭策铭和易发彬 05266(HUST)。

无盖鳞毛蕨 Dryopteris scottii (Bedd.) Ching ex C. Chr.

草本。山坡，山谷，平地，密林，疏林，路旁，溪边，阴处；腐殖土；340~1500 m。九岭山脉：宜丰县 LXP-10-13026；武功山脉：安福县 LXP-06-0904，茶陵县 LXP-06-1635，芦溪县 LXP-06-1119，明月山 LXP-06-4681；万洋山脉：井冈山 LXP-13-18437，遂川县 LXP-13-18085，炎陵县 DY2-1228，永新县 LXP-13-07622；诸广山脉：桂东县 LXP-13-25423，上犹县 LXP-03-06583、LXP-13-23340。

两色鳞毛蕨 Dryopteris setosa (Thunb.) Akasawa

草本。山坡，山谷，路旁，密林，疏林；160~1000 m。幕阜山脉：武宁县 LXP7382；九岭山脉：万载县 LXP-10-1609；武功山脉：茶陵县 LXP-09-10526；万洋山脉：炎陵县 LXP-09-08575。

奇羽鳞毛蕨 Dryopteris sieboldii (van Houtte ex Mett.) O. Ktze

草本。山坡，山谷，密林，疏林，灌丛，路旁，溪边，阴处；壤土；200~1200 m。幕阜山脉：通山县 LXP6904，武宁县 LXP0561，修水县 LXP0844；九岭山脉：宜丰县 LXP-10-2750；武功山脉：分宜县 LXP-06-9612；万洋山脉：井冈山 JGS-2212，遂川县 LXP-13-17892，炎陵县 LXP-09-00289；诸广山脉：上犹县 LXP-13-18921。

高鳞毛蕨 Dryopteris simasakii (H. Itô) Kurata

草本。山坡，山谷，疏林，路旁；壤土；402~1047 m。万洋山脉：遂川县 LXP-13-17122，炎陵县 LXP-09-08292，永新县 LXP-13-07629。

稀羽鳞毛蕨 Dryopteris sparsa (Buch.-Ham. ex D. Dun) O. Ktze.

草本。山坡，山谷，平地，密林，路旁，溪边，阴处；壤土；153~1800 m。幕阜山脉：瑞昌市 LXP0216，通山县 LXP7236，庐山市 LXP6042；九岭山脉：靖安县 LXP-10-9708；武功山脉：安福县 LXP-06-0275，茶陵县 LXP-06-1486；万洋山脉：遂川县 LXP-13-23631，炎陵县 DY2-1293，永新县 LXP-13-08132；诸广山脉：上犹县 LXP-13-25253。

半育鳞毛蕨 Dryopteris sublacera Christ

草本。林下，272 m。幕阜山脉：通山县 LXP6903。

华南鳞毛蕨 Dryopteris tenuicula Matthew et Christ

草本。山坡，山谷，平地，密林，路旁，灌丛，溪边，阴处；壤土；90~1890 m。九岭山脉：靖安县

LXP-10-9823；武功山脉：安福县 LXP-06-1034，芦溪县 LXP-06-1183，明月山 LXP-06-7830；万洋山脉：遂川县 LXP-13-23664，炎陵县 LXP-13-5805；诸广山脉：桂东县 LXP-13-25363，上犹县 LXP-13-25165。

东京鳞毛蕨 Dryopteris tokyoensis (Matsurn. ex Makino) C. Chr.

草本。林下，阴处；500~1000 m。诸广山脉：崇义县 严岳鸿等 4176(HUST)。

观光鳞毛蕨 Dryopteris tsoongii Ching

草本。山坡，山谷，疏林，阴处，路旁；腐殖土，沙土；1000 m。九岭山脉：靖安县 LXP-13-10354；武功山脉：莲花县 LXP-GTY-320；万洋山脉：炎陵县 LXP-13-5371。

同形鳞毛蕨 Dryopteris uniformis (Makino) Makino

草本。山坡，疏林，路旁；腐殖土，壤土；294 m。武功山脉：明月山 LXP-06-5004；万洋山脉：永新县 LXP-13-07716。

变异鳞毛蕨 Dryopteris varia (L.) O. Ktze.

草本。山坡，山谷，平地，密林，疏林，灌丛，村边，溪边，阴处；腐殖土；150~1620 m。幕阜山脉：平江县 LXP4305、LXP-10-6182，通山县 LXP6915，武宁县 LXP7384，修水县 LXP2728；九岭山脉：安义县 LXP-10-3730，大围山 LXP-10-5664，靖安县 LXP-10-342，奉新县 LXP-10-3915，万载县 LXP-10-1397，宜春市 LXP-10-1202，宜丰县 LXP-10-2520；武功山脉：茶陵县 LXP-13-25948；万洋山脉：井冈山 LXP-13-18497，遂川县 LXP-13-17562，炎陵县 DY2-1291。

黄山鳞毛蕨 Dryopteris whangshangensis Ching

草本。山坡，林下；1000~1500 m。幕阜山脉：武宁县 张吉华 370(JJF)。

细叶鳞毛蕨 Dryopteris woodsiisora Hay.

草本。山坡，石缝；800~1000 m。幕阜山脉：庐山市 董安淼 1715(SZG)。

舌蕨属 *Elaphoglossum* Schott

舌蕨 Elaphoglossum conforme (Sw.) Schott

草本。山坡，山谷，平地，密林，疏林，溪边；壤土；350~1670 m。万洋山脉：遂川县 LXP-13-18136，

炎陵县 LXP-09-08205；诸广山脉：桂东县 LXP-13-25624，齐云山 严岳鸿等 4053 (HUST)。

华南舌蕨 Elaphoglossum yoshinagae (Yatabe) Makino

草本。山坡，山谷，密林，疏林，路旁，溪边，石上，阴处；壤土，腐殖土；422~850 m。万洋山脉：井冈山 LXP-13-18829，炎陵县 LXP-13-5329，永新县 LXP-13-19474；诸广山脉：桂东县 LXP-13-09222，上犹县 LXP-13-23451。

耳蕨属 *Polystichum* Roth

尖齿耳蕨 Polystichum acutidens Christ

草本。山坡，山谷，疏林，溪边，阴处；腐殖土；1138 m。万洋山脉：炎陵县 TYD2-1431；诸广山脉：上犹县 LXP-13-25051。

灰绿耳蕨 Polystichum anomalum (Hook. ex Arn.) C. Chr.

草本。山谷，密林，疏林，溪边；壤土；401~422 m。万洋山脉：井冈山 LXP-13-18440，永新县 LXP-13-19445。

镰羽耳蕨 Polystichum balansae Christ [镰羽贯众 *Cyrtomium balansae* (Christ) C. Chr]

草本。山坡，山谷，路旁，密林，疏林，灌丛；壤土；300~924 m。九岭山脉：靖安县 LXP-13-10208，万载县 LXP-13-11120；武功山脉：安福县 LXP-06-0755，分宜县 LXP-06-9622，芦溪县 LXP-13-8257、LXP-06-1191；万洋山脉：遂川县 LXP-13-7476，永新县 LXP-13-08135。

尖顶耳蕨 Polystichum excellens Ching

草本。山谷，阴湿处；324 m。万洋山脉：永新县 LXP-QXL-466。

杰出耳蕨 Polystichum excelsius Ching et Z. Y. Liu

草本。山谷，溪边；壤土；573 m。武功山脉：芦溪县 LXP-06-2074。

小戟叶耳蕨 Polystichum hancockii (Hance) Diels [*Polystichum simplicipinnum* Hayata]

草本。山坡，山谷，密林，疏林，溪边，路旁，阴处；壤土，腐殖土；370~1029 m。武功山脉：芦溪县 LXP-13-8218；万洋山脉：井冈山 LXP-13-18819，

遂川县 LXP-13-25902，炎陵县 LXP-09-08206。

芒齿耳蕨 Polystichum hecatopteron Diels

草本。山坡，山谷，疏林，石上，阴处；壤土，腐殖土；365~880 m。万洋山脉：井冈山 JGS-1048。

亮叶耳蕨 Polystichum lanceolatum (Bak.) Diels

草本。山坡，林下，岩缝；900~1400 m。万洋山脉：井冈山 程景福等 730382(PE)。

鞭叶耳蕨 Polystichum lepidocaulon (Hook.) J. Sm. [*Cyrtomidictyum lepidocaulon* (HK.) Ching]

草本。山坡，密林，山谷；壤土；213~1682 m。幕阜山脉：武宁县 LXP0547，庐山市 LXP6316；万洋山脉：炎陵县 LXP-09-10800。

长齿耳蕨 Polystichum longidens Ching et S. K. Wu

草本。山坡，疏林，石上；腐殖土；434 m。万洋山脉：井冈山 LXP-13-18632。

长鳞耳蕨 Polystichum longipaleatum Christ

草本。山坡，山谷，密林，疏林，溪边；壤土；1466~1861 m。武功山脉：芦溪县 LXP-13-8282、LXP-13-09756；万洋山脉：遂川县 LXP-13-23702，炎陵县 LXP-13-05132。

黑鳞耳蕨 Polystichum makinoi (Tagawa) Tagawa

草本。山坡，山谷，路旁，灌丛，密林，疏林，溪边，阴处；腐殖土；189~1330 m。幕阜山脉：通山县 LXP6878，武宁县 LXP8190，修水县 LXP2692；武功山脉：安福县 LXP-06-0964，茶陵县 LXP-13-25925，芦溪县 LXP-06-1134；万洋山脉：井冈山 JGS-572，炎陵县 LXP-09-00678，永新县 LXP-13-08127；诸广山脉：上犹县 LXP-13-25122。

革叶耳蕨 Polystichum neolobatum Nakai

草本。山坡，路旁，阴湿处；700~1300 m。万洋山脉：井冈山 JGS-2072、JGS-255。

棕鳞耳蕨 Polystichum polyblepharum (Roem. ex Kunze) Presl

草本。山坡，山谷，平地，疏林，溪边，阴处；壤土，腐殖土；365~1900 m。幕阜山脉：武宁县 LXP8032；万洋山脉：井冈山 LXP-13-05937，遂川县 LXP-13-09374，炎陵县 LXP-13-23858；诸广山脉：上犹县 LXP-13-23349。

假黑鳞耳蕨 Polystichum pseudomakinoi Tagawa

草本。山坡，路旁；972 m。九岭山脉：靖安县 LXP2473。

倒鳞耳蕨 Polystichum retrosopaleaceum (Kodama) Tagawa

草本。山谷，林下；700~900 m。幕阜山脉：庐山市 谭策铭 99457(SZG)。

阔鳞耳蕨 Polystichum rigens Tagawa

草本。山坡，疏林；600~1200 m。万洋山脉：炎陵县 LXP-13-05124。

戟叶耳蕨 Polystichum tripteron (Kunze) Presl

草本。山谷，疏林，溪边；壤土；1164~1452 m。万洋山脉：炎陵县 LXP-13-4125；诸广山脉：上犹县 LXP-13-23432。

对马耳蕨 Polystichum tsus-simense (Hook.) J. Sm.

草本。山坡，山谷，平地，路旁，疏林，密林，溪边，草地；壤土；270~1550 m。九岭山脉：宜丰县 LXP-10-12959；武功山脉：茶陵县 LXP-09-10438，安福县 LXP-06-3008；万洋山脉：遂川县 LXP-13-23790，炎陵县 LXP-09-484，永新县 LXP-13-19744。

P46 肾蕨科 Nephrolepidaceae

肾蕨属 *Nephrolepis* Schott

肾蕨 Nephrolepis cordifolia (L.) C. Presl

草本。山谷，疏林，石上；壤土；542 m。万洋山脉：炎陵县 LXP-13-26039。

P49 蓧蕨科 Oleandraceae

蓧蕨属 *Oleandra* Cav.

华南蓧蕨 Oleandra cumingii J. Sm.

草本。山坡，路旁，石缝；500~1000 m。万洋山脉：井冈山 LXP-13-24425。

P50 骨碎补科 Davalliaceae

骨碎补属 *Davallia* Sm.

杯盖阴石蕨 Davallia griffithiana Hook. [*Humata griffithiana* (Hook.) C. Chr.; *Humata tyermanni* Moore]

草本。山坡，山谷，树上，河边，溪边，石上，密林，疏林，阴处；150~508 m。幕阜山脉：庐山市 LXP5101、LXP6339；九岭山脉：安义县 LXP-10-3785，靖安县 LXP-10-10148；万洋山脉：遂川县 LXP-13-18058，永新县 LXP-13-08098。

阴石蕨 Davallia repens (L. f.) Kuhn [*Humata repens* (L. f.) Diels]
草本。山坡，路旁，附生石上或树干上。诸广山脉：齐云山 严岳鸿等 3865 (HUST)。

P51 水龙骨科 Polypodiaceae

节肢蕨属 *Arthromeris* (T. Moore) J. Sm.

节肢蕨 Arthromeris lehmannii (Mett.) Ching
草本。山坡，密林，疏林，路旁，河边，溪边，石上，阴处；壤土；992~1685 m。武功山脉：芦溪县 LXP-13-8232、LXP-13-09762；万洋山脉：井冈山 JGS-251，遂川县 LXP-13-16926，炎陵县 DY1-1018；诸广山脉：桂东县 LXP-13-22716。

龙头节肢蕨 Arthromeris lungtauensis Ching
草本。平地，灌丛，石上，阴处；壤土；453~1330 m。武功山脉：安福县 LXP-06-3222；万洋山脉：井冈山 JGS-249。

多羽节肢蕨 Arthromeris mairei (Brause) Ching
草本。山坡，疏林，石上。武功山脉：武功山 江西队 1120(PE)；安福县 岳俊三等 3539(NAS)。

槲蕨属 *Drynaria* J. Sm.

槲蕨 Drynaria roosii Nakaike [*Drynaria fortunei* (Kunze) J. Sm.]
草本。山坡，山谷，疏林，灌丛，路旁，溪边，石上或附生树干，阴处；150~1450 m。幕阜山脉：通山县 LXP6839，武宁县 LXP1442，修水县 LXP0318；九岭山脉：大围山 LXP-10-7981，奉新县 LXP-10-10725，靖安县 LXP-10-60，宜丰县 LXP-10-8462；武功山脉：安福县 LXP-06-0855，芦溪县 LXP-06-1289，明月山 LXP-06-7983，茶陵县 LXP-09-10513；万洋山脉：井冈山 JGS-1180，遂川县 LXP-13-17149，永新县 LXP-13-08144；诸广山脉：桂东县 LXP-13-25467。

雨蕨属 *Gymnogrammitis* Griff.

雨蕨 Gymnogrammitis dareiformis (Hook.) Ching ex Tard.-Blot et C. Chr.
草本。山坡，山谷，疏林，石上，阳处；壤土；1013~1869 m。万洋山脉：井冈山 LXP-13-24054，遂川县 LXP-13-23712，炎陵县 LXP-13-22811；诸广山脉：齐云山 严岳鸿 3606 (HUST)。

伏石蕨属 *Lemmaphyllum* C. Presl

披针骨牌蕨 Lemmaphyllum diversum (Rosenst.) Tagawa [*Lepidogrammitis diversa* (Rosenst.) Ching; *Lepidogrammitis elongata* Ching]
草本。山坡，山谷，密林，疏林，溪边，石上，阴处；腐殖土，壤土；366~1891 m。幕阜山脉：武宁县 LXP8179，修水县 LXP2659；九岭山脉：靖安县 LXP-13-10298，大围山 LXP-10-7555；武功山脉：安福县 LXP-06-2974，茶陵县 LXP-06-1977；万洋山脉：井冈山 JGS-1771，遂川县 LXP-13-23755，炎陵县 LXP-09-06453；诸广山脉：上犹县 LXP-13-23404，桂东县 LXP-13-09013。

抱石莲 Lemmaphyllum drymoglossoides (Baker) Ching [*Lepidogrammitis drymoglossoides* (Baker) Ching]
草本。山坡，山谷，平地，密林，疏林，河边，溪边，石上，树上，阴处；壤土，腐殖土，沙土；200~750 m。幕阜山脉：庐山市 LXP5334，通山县 LXP6892，武宁县 LXP0553，修水县 LXP2372；九岭山脉：宜丰县 LXP-10-13017；武功山脉：茶陵县 LXP-09-10383，安福县 LXP-06-2927；万洋山脉：井冈山 JGS-176，遂川县 LXP-13-7327，炎陵县 LXP-09-07102，永新县 LXP-13-08102，资兴市 LXP-03-00313；诸广山脉：桂东县 LXP-13-25495。

伏石蕨 Lemmaphyllum microphyllum C. Presl
草本。密林，石上。万洋山脉：炎陵县 LXP-09-06235。

骨牌蕨 Lemmaphyllum rostratum (Bedd.) Tagawa [*Lepidogrammitis rostrata* (Bedd.) Ching]
草本。山坡，山谷，路旁，疏林，树上，溪边；87~552 m。幕阜山脉：平江县 LXP3633，通山县

LXP6979；武功山脉：芦溪县 LXP-13-09439；万洋山脉：炎陵县 LXP-09-06350。

鳞果星蕨属 *Lepidomicrosorium* Ching et K. H. Shing

鳞果星蕨 Lepidomicrosorium buergerianum (Miq.) Ching et K. H. Shing ex S. X. Xu [*Microsorum buergerianum* (Miq.) Ching]

草本。山坡，山谷，石上，密林，阴处；150~1330 m。幕阜山脉：通山县 LXP6906；九岭山脉：靖安县 LXP-10-350，万载县 LXP-10-2150，宜丰县 LXP-10-12976；武功山脉：安福县 LXP-06-5130，芦溪县 LXP-13-8248、LXP-06-9064，明月山 LXP-06-7855，袁州区 LXP-06-6700；万洋山脉：遂川县 LXP-13-7238，炎陵县 LXP-09-09334；诸广山脉：上犹县 LXP-13-25068。

表面星蕨 Lepidomicrosorium superficiale (Blume) Li Wang [*Microsorum superficiale* (Blume) Ching]

草本。山坡，山谷，平地，路旁，密林，疏林，溪边，树上；壤土（红壤）；398~1687 m。幕阜山脉：庐山市 LXP5251，武宁县 LXP0982，修水县 LXP2708；万洋山脉：井冈山 JGS-4671，炎陵县 LXP-13-23934，永新县 LXP-QXL-608。

瓦韦属 *Lepisorus* (J. Sm.) Ching

黄瓦韦 Lepisorus asterolepis (Baker) Ching

草本。山坡，山谷，疏林，河边；腐殖土；722 m。万洋山脉：井冈山 LXP-13-5726，炎陵县 LXP-09-00103；诸广山脉：桂东县 LXP-13-22597。

二色瓦韦 Lepisorus bicolor Ching

草本。山顶，灌丛，石上；壤土。万洋山脉：遂川县 LXP-13-20289。

网眼瓦韦 Lepisorus clathratus (C. B. Clarke) Ching

草本。山坡，疏林；694 m。幕阜山脉：修水县 LXP2392。

扭瓦韦 Lepisorus contortus (Christ) Ching

草本。山坡，平地，路旁，溪边，密林，疏林，树上；壤土；489~675 m。幕阜山脉：通山县 LXP7255，修水县 LXP0338；万洋山脉：井冈山 LXP-13-0392，永新县 LXP-13-19246。

庐山瓦韦 Lepisorus lewisii (Baker) Ching

草本。幕阜山脉：庐山 662343 (JXU)。

大瓦韦 Lepisorus macrosphaerus (Baker) Ching

草本。山坡，山谷，疏林，溪边，阴处；160~1100 m。幕阜山脉：平江县 LXP3196、LXP4107，通山县 LXP7231。

丝带蕨 Lepisorus miyoshianus (Makino) Fraser-Jenk. et Subh. Chandra [*Drymotaenium miyoshianum* (Makino) Makino]

草本。山顶，山谷，灌丛，疏林，溪边，树上，阴处；壤土；1598~1869 m。万洋山脉：井冈山 JGS-2031，炎陵县 LXP-09-07939；诸广山脉：上犹县 LXP-13-12613。

粤瓦韦 Lepisorus obscurevenulosus (Hayata) Ching

灌木。山顶，山坡，山谷，密林，灌丛，树干上，石上，阴处；470~1200 m。幕阜山脉：武宁县 LXP-0391。

稀鳞瓦韦 Lepisorus oligolepidus (Baker) Ching

草本。山谷，林下，石上，树干；300~1000 m。幕阜山脉：庐山市 谭策铭和董安淼 01052(JJF)。

瓦韦 Lepisorus thunbergianus (Kaulf.) Ching

草本。山顶，山坡，山谷，平地，密林，疏林，石上，树上，草地，阴处；壤土；200~1650 m。幕阜山脉：庐山市 LXP5123，平江县 LXP3629、LXP-13-22454，通山县 LXP1178，武宁县 LXP0494，修水县 LXP0842；九岭山脉：大围山 LXP-10-12218、LXP-09-11051，奉新县 LXP-10-3184，靖安县 LXP-10-9647，铜鼓县 LXP-10-8329，万载县 LXP-10-1742，宜丰县 LXP-10-2417；武功山脉：安福县 LXP-06-1016，茶陵县 LXP-09-10289，芦溪县 LXP-06-1249；万洋山脉：井冈山 JGS-204，遂川县 LXP-13-09306，炎陵县 LXP-09-07254；诸广山脉：崇义县 LXP-03-05724，上犹县 LXP-13-25054，桂东县 LXP-03-02429。

阔叶瓦韦 Lepisorus tosaensis (Makino) H. Itô [*Lepisorus paohuashanensis* Ching]

草本。山谷，石上，河边，阴处；300~462 m。幕阜山脉：修水县 LXP2608；九岭山脉：靖安县 LXP-10-9954。

远叶瓦韦 **Lepisorus ussuriensis** var. **distans** (Makino) Tagawa [*Lepisorus distans* (Makino) Ching] 草本。山谷，溪边，阴处；850 m。万洋山脉：井冈山 JGS-576。

薄唇蕨属 *Leptochilus* Kaulf.

线蕨 **Leptochilus ellipticus** (Thunb.) Noot. [*Colysis elliptica* (Thunb.) Ching] 草本。山坡（倾斜），山谷，平地，灌丛，密林，疏林，河边，溪边，池塘边，石上，阴处；黄壤，腐殖土；150~1335 m。幕阜山脉：通山县 LXP2220，庐山市 LXP6349，修水县 LXP3116，平江县 LXP-10-6278；九岭山脉：安义县 LXP-10-3734，大围山 LXP-10-5597，靖安县 JLS-2012-020、LXP-10-10126，万载县 LXP-10-1774，宜丰县 LXP-10-12769；武功山脉：安福县 LXP-06-3229，茶陵县 LXP-06-1952，芦溪县 LXP-06-2523；万洋山脉：炎陵县 LXP-133834，永新县 LXP-13-08108。

曲边线蕨 **Leptochilus ellipticus** var. **flexilobus** (Christ) X. C. Zhang [*Colysis elliptica* var. *flexiloba* (Christ) L. Shi et X. C. Zhang] 草本。山坡，山谷，平地，路旁，溪边，密林，疏林，阴处；沙土，腐殖土；170~1000 m。九岭山脉：万载县 LXP-10-1684，宜丰县 LXP-10-3017；万洋山脉：炎陵县 LXP-13-5803。

宽羽线蕨 **Leptochilus ellipticus** var. **pothifolius** (Buch.-Ham. ex D. Don) X. C. Zhang [*Colysis elliptica* var. *pothifolia* Ching] 草本。山坡，山谷，平地，密林，疏林，溪边，阴处；腐殖土，壤土；524~1000 m。万洋山脉：井冈山 LXP-13-18810，炎陵县 LXP-09-00689，永新县 LXP-13-07770。

断线蕨 **Leptochilus hemionitideus** (C. Presl) Noot. [*Colysis hemionitidea* (C. Presl) C. Presl] 草本。山坡，竹林下。万洋山脉：桃源洞东坑瀑布有分布。

胄叶线蕨 **Leptochilus × hemitomus** (Hance) Noot. [*Colysis hemitoma* (Hance) Ching] 草本。山谷，密林；壤土；401 m。万洋山脉：井冈山 LXP-13-18432。

矩圆线蕨 **Leptochilus henryi** (Baker) X. C. Zhang 草本。山坡，疏林，石上。武功山脉：安福县 岳俊三 3300(NAS)。

褐叶线蕨 **Leptochilus wrightii** (Hook. et Baker) X. C. Zhang [*Colysis wrightii* (Hook.) Ching] 草本。山谷，山坡，密林，疏林，溪边；壤土；360~380 m。幕阜山脉：修水县 LXP3111；万洋山脉：永新县 LXP-13-19155。

剑蕨属 *Loxogramme* (Blume) C. Presl

中华剑蕨 **Loxogramme chinensis** Ching 草本。山顶，山谷，路旁，疏林，树上，路旁，阳处；壤土，腐殖土；399~1450 m。武功山脉：芦溪县 LXP-06-1203；万洋山脉：炎陵县 LXP-09-09212。

褐柄剑蕨 **Loxogramme duclouxii** Christ 草本。山坡，石壁。幕阜山脉：庐山 学生生产实习队 39(PE)、聂敏祥 92293(PE)。

匙叶剑蕨 **Loxogramme grammitoides** (Baker) C. Chr. 草本。山坡，疏林，树上；腐殖土；1138 m。诸广山脉：上犹县 LXP-13-25057。

柳叶剑蕨 **Loxogramme salicifolia** (Makino) Makino 草本。山坡，山谷，密林，疏林，路旁，溪边，石上，树上；沙土，壤土，腐殖土；507~1819 m。幕阜山脉：庐山市 LXP5017；武功山脉：芦溪县 LXP-06-9036；万洋山脉：遂川县 LXP-13-16960，炎陵县 LXP-09-08491；诸广山脉：上犹县 LXP-13-19327A。

锯蕨属 *Micropolypodium* Hayata

锯蕨 **Micropolypodium okuboi** (Yatabe) Hayata 草本。山坡，山谷，密林，疏林，树上，石上；821~1891 m。万洋山脉：遂川县 LXP-13-23479，炎陵县 TYD2-1407。

锡金锯蕨 **Micropolypodium sikkimense** (Hieron.) X. C. Zhang 草本。山谷，疏林，树上；壤土；1540 m。万洋山脉：遂川县 LXP-13-24755。

星蕨属 *Microsorum* Link

羽裂星蕨 Microsorum insigne (Blume) Copel.
草本。平地，路旁；壤土。九岭山脉：万载县 LXP-13-11142。

星蕨 Microsorum punctatum (L.) Copel.
草本。山坡，山谷，灌丛，疏林，路旁，阴处；260~994 m。幕阜山脉：平江县 LXP4371，通山县 LXP6822，修水县 LXP6391。

盾蕨属 *Neolepisorus* Ching

剑叶盾蕨 Neolepisorus ensatus (Thunb.) Ching
草本。山坡，山谷，路旁，河边，溪边；壤土；238~722 m。武功山脉：安福县 LXP-06-0236，芦溪县 LXP-06-1121。

江南盾蕨 Neolepisorus fortunei (T. Moore) Li Wang [*Microsorum fortunei* (T. Moore) Ching]
草本。山谷，疏林，溪边，石上，树上，阴处；150~450 m。幕阜山脉：平江县 LXP-10-6259；九岭山脉：大围山 LXP-10-7985，靖安县 LXP-10-80，铜鼓县 LXP-10-8238，宜丰县 LXP-10-8870。

梵净山盾蕨 Neolepisorus lancifolius Ching et Shing
草本。690 m。万洋山脉：井冈山 JGS-067，炎陵县 LXP-13-4087。

盾蕨 Neolepisorus ovatus (Bedd.) Ching
草本。山坡，山谷，密林，疏林，路旁，溪边，石上，阴处；腐殖土；130~1853 m。幕阜山脉：庐山市 LXP5128、LXP6318，平江县 LXP4366，通山县 LXP5878，武宁县 LXP0417，修水县 LXP0256；九岭山脉：安义县 LXP-10-3735，大围山 LXP-10-8075，靖安县 LXP-10-692，万载县 LXP-10-1748，浏阳市 LXP-10-5757，宜丰县 LXP-10-13096；武功山脉：安福县 LXP-06-3230，芦溪县 LXP-06-2413、LXP-13-09726，攸县 LXP-06-6175；万洋山脉：井冈山 JGS-2055，炎陵县 DY2-1166，永新县 LXP-QXL-490；诸广山脉：桂东县 LXP-13-09220，上犹县 LXP-13-23220。

滨禾蕨属 *Oreogrammitis* Copel.

短柄滨禾蕨 Oreogrammitis dorsipila (Christ) Parris [*Grammitis dorsipila* (Christ) C. Chr. et Tardieu]
草本。山坡，山谷，疏林，溪边，树上，石上，阴处；992~1501 m。武功山脉：萍乡市 LXP-13-09896；诸广山脉：崇义县 LXP-13-24220，上犹县 LXP-13-23545，桂东县 LXP-13-22693。

瘤蕨属 *Phymatosorus* Pic. Serm.

光亮瘤蕨 Phymatosorus cuspidatus (D. Don) Pic. Serm.
草本。平地，路旁；沙土。九岭山脉：靖安县 LXP-13-10336。

水龙骨属 *Polypodiodes* Ching

友水龙骨 Polypodiodes amoena (Wall. ex Mett.) Ching
草本。山坡，山顶，疏林，路旁，溪边，石上，阴处；壤土；322~1891 m。幕阜山脉：庐山市 LXP5233、LXP6351，通山县 LXP7484，修水县 LXP2757；武功山脉：安福县 LXP-06-0939，芦溪县 LXP-06-9084，明月山 LXP-06-7866；万洋山脉：井冈山 JGS-570，遂川县 LXP-13-23765，炎陵县 DY2-1238；诸广山脉：上犹县 LXP-13-12241。

中华水龙骨 Polypodiodes chinensis (Christ) S. G. Lu
草本。山坡，山谷，疏林，石上，溪边；壤土；336~720 m。武功山脉：安福县 LXP-06-5852；万洋山脉：永新县 LXP-13-19766。

日本水龙骨 Polypodiodes niponica (Mett.) Ching
草本。山坡，山谷，疏林，路旁，溪边；247~655 m。幕阜山脉：通山县 LXP6814，武宁县 LXP0423，修水县 LXP2371；九岭山脉：靖安县 LXP-10-9523，宜丰县 LXP-10-13203；武功山脉：芦溪县 LXP-06-1336、LXP-13-09448，茶陵县 LXP-09-10367；万洋山脉：井冈山 JGS-085，遂川县 LXP-13-16983，炎陵县 LXP-09-07153；诸广山脉：桂东县 LXP-13-25362。

石韦属 *Pyrrosia* Mirbel

贴生石韦 Pyrrosia adnascens (Sw.) Ching
草本。山坡，阴湿石壁。幕阜山脉：庐山 王希蕖和邓懋彬 87391(NAS)。

石蕨 Pyrrosia angustissima (Giesenhagen ex Diels) Tagawa et K. Iwatsuki [*Saxiglossum angustissimum* (Gies.) Ching]
草本。山坡，疏林；壤土；1696 m。万洋山脉：炎陵县 LXP-09-07098。

相近石韦 Pyrrosia assimilis (Baker) Ching

草本。山坡，疏林；壤土；1696 m。万洋山脉：炎陵县 LXP-09-08422。

光石韦 Pyrrosia calvata (Baker) Ching

草本。山坡，路旁，石上；壤土，腐殖土；439~565 m。万洋山脉：炎陵县 LXP-09-08224；诸广山脉：桂东县 LXP-13-25461。

毡毛石韦 Pyrrosia drakeana (Franch.) Ching

草本。山谷，溪边；壤土；775 m。武功山脉：明月山 LXP-06-7869。

石韦 Pyrrosia lingua (Thunb.) Farwell

草本。山坡，山谷，路旁，疏林，灌丛，石上，阳处；腐殖土；100~1564 m。幕阜山脉：庐山市 LXP4624，平江县 LXP4271、LXP-10-6298，通山县 LXP7821，武宁县 LXP7388，修水县 LXP6402；九岭山脉：奉新县 LXP-10-3984，靖安县 LXP-10-381，宜丰县 LXP-10-12815；武功山脉：安福县 LXP-06-0695，茶陵县 LXP-06-1936，莲花县 LXP-06-0669，芦溪县 LXP-06-1112，明月山 LXP-06-7831；万洋山脉：遂川县 LXP-13-17389，炎陵县 LXP-03-03314、DY3-1161，永新县 LXP-13-07999，资兴市 LXP-03-05073；诸广山脉：上犹县 LXP-13-12285，崇义县 LXP-03-05603，桂东县 LXP-13-25354、LXP-03-00810。

有柄石韦 Pyrrosia petiolosa (Christ) Ching

草本。山谷，溪边，灌丛，路旁，石上，阴处；267~1050 m。幕阜山脉：庐山市 LXP5142；九岭山脉：大围山 LXP-10-7543；万洋山脉：井冈山 JGS-132，炎陵县 DY3-1164。

抱树莲 Pyrrosia piloselloides (L.) M. G. Price [*Drymoglossum piloselloides* (L.) C. Presl]

草本。山坡，山谷，密林，阴处；550 m。九岭山脉：靖安县 LXP-10-275。

庐山石韦 Pyrrosia shearreri (Baker) Ching

草本。山坡，山谷，密林，疏林，路旁，树上，石上，阴处；腐殖土；650~1403 m。幕阜山脉：庐山 LXP4692，平江县 LXP3187，通山县 LXP1177；九

岭山脉：大围山 LXP-10-11378；武功山脉：莲花县 LXP-06-0667，芦溪县 LXP-06-1150、LXP-13-09759，明月山 LXP-06-4893；万洋山脉：炎陵县 LXP-09-09144、LXP-09-6557，遂川县 LXP-13-09379；诸广山脉：上犹县 LXP-13-12131。

相似石韦 Pyrrosia similis Ching

草本。山坡，路旁；177~458 m。幕阜山脉：平江县 LXP0701，修水县 LXP2650。

修蕨属 *Selliguea* Bory

灰鳞假瘤蕨 Selliguea albipes (C. Chr. et Ching) S. G. Lu [*Phymatopteris albopes* (C. Chr. et Ching) Pic. Serm.]

草本。山坡，阴处；1330 m。万洋山脉：井冈山 JGS-254。

大果假瘤蕨 Selliguea griffithiana (Hook.) Fraser-Jenk. [*Phymatopteris griffithiana* (Hook.) Pic. Serm.]

草本。平地，山谷，路旁，溪边；壤土，沙土；358~476 m。武功山脉：安福县 LXP-06-6840；万洋山脉：炎陵县 LXP-09-06316。

金鸡脚假瘤蕨 Selliguea hastata (Thunb.) Fraser-Jenk. [*Phymatopteris hastata* (Thunb.) Pic. Serm.]

草本。山坡，山谷，平地，疏林，溪边，石上，路旁，阴处；腐殖土，壤土，沙土；271~1332 m。幕阜山脉：平江县 LXP3817，通山县 LXP1981，武宁县 LXP1094，修水县 LXP0319；武功山脉：安福县 LXP-06-6788，芦溪县 LXP-13-09622、LXP-13-09861；万洋山脉：井冈山 JGS-246，遂川县 LXP-13-23475，炎陵县 LXP-09-472；诸广山脉：桂东县 LXP-13-22688，上犹县 LXP-13-18891。

宽底假瘤蕨 Selliguea majoensis (C. Chr.) Fraser-Jenk. [*Phymatopteris majoensis* (C. Chr.) Pic. Serm.]

草本。山坡，山谷，石上；900~1500 m。武功山脉：芦溪县 江西调查队 961(PE)。

喙叶假瘤蕨 Selliguea rhynchophylla (Hook.) Fraser-Jenk. [*Phymatopteris rhynchophylla* (Hook.) Pic. Serm.]

草本。山坡，山谷，疏林，溪边，石上；腐殖土；542 m。武功山脉：安福县 LXP-06-8390；万洋山脉：

炎陵县 LXP-09-07926。

屋久假瘤蕨 Selliguea yakushimensis (Makino) Fraser-Jenk. [*Phymatopteris yakushimensis* (Makino) Pic. Serm.]

草本。山坡，路旁；737 m。幕阜山脉：武宁县 LXP1112。

裂禾蕨属 Tomophyllum (E. Fourn.) Parris

裂禾蕨 Tomophyllum donianum (Sprengel) Fraser-Jenkins et Parris

草本。附生树干或石上，约 1680 m。万洋山脉：南风面 LXP-13-24932。

第2章 裸子植物多样性编目

2.1 苏铁纲 Cycadopsida

Order 1 苏铁目 Cycadales

G1 苏铁科 Cycadaceae

苏铁属 *Cycas* L.

*苏铁 Cycas revoluta Thunb.[①]

广泛栽培。幕阜山脉：庐山市 聂敏祥 005090(SZG)。

2.2 银杏纲 Ginkgopsida

Order 2 银杏目 Ginkgoales

G3 银杏科 Ginkgoaceae

银杏属 *Ginkgo* L.

银杏 Ginkgo biloba L.

乔木。山坡，林缘，村旁；500~600 m。九岭山脉：万载县 LXP-13-10906，越王山 LXP-10-3346；大围山 LXP-10-12663，安义县 LXP-10-3759，官山 LXP-10-2213、LXP-10-8944，靖安县 LXP-10-9893，竹山洞 LXP-10-1428，飞剑潭 LXP-10-964；武功山脉：安仁县 LXP-03-01456，高天岩 LXP-GTY-104、LXP-GTY-304；万洋山脉：永兴县 LXP-03-04406，桃源洞 LXP-13-5783、LXP-13-4255；诸广山脉：上犹县 LXP-13-13050，五指峰 LXP-03-07203，汝城县 LXP-03-05323。

2.3 松纲 Pinopsida

Order 3 买麻藤目 Gnetales

G5 买麻藤科 Gnetaceae

买麻藤属 *Gnetum* L.

小叶买麻藤 Gnetum parvifolium (Warb.) C. Y. Cheng ex Chun

木质藤本。山谷，疏林，溪边；壤土；700~800 m。

[①] 前面标星号的物种表示栽培种。

诸广山脉：崇义县 LXP-13-24420，上犹县 LXP-13-12858、LXP-13-12999。

Order 4 松目 Pinales

G7 松科 Pinaceae

冷杉属 *Abies* Mill.

资源冷杉 Abies ziyuanensis L. K. Fu et S. L. Mo [*Abies beshanzuensis* var. *ziyuanensis* (L. K. Fu et S. L. Mo) L. K. Fu et Nan Li]

乔木。山谷，疏林，溪边；壤土；1600~1700 m。万洋山脉：毛鸡仙 LXP-09-07019、LXP-09-07020，桃源洞 DY1-1102、LXP-13-24980、DY3-1078、LXP-13-3495，南风面 NF-030，井冈山 JGS-2242。

银杉属 *Cathaya* Chun et Kuang

银杉 Cathaya argyrophylla Chun et Kuang

乔木。山谷，平地，密林，疏林，河边；腐殖土，沙土；1100~1500 m。万洋山脉：资兴市 LXP-03-00150、LXP-03-03698，毛鸡仙 LXP-09-07923、LXP-09-07952；诸广山脉：八面山 LXP-03-01006、LXP-03-01004、LXP-03-00975。

雪松属 *Cedrus* Trew

*雪松 Cedrus deodara G. Don

乔木。山谷，山坡，疏林，路旁，阳处；100~1400 m。栽培。九岭山脉：大围山 LXP-10-11939，三爪仑 LXP-10-213。

油杉属 *Keteleeria* Carr.

铁坚油杉 Keteleeria davidiana (Bertr.) Beissn.

乔木。山坡，疏林，路旁；壤土；1100~1200 m。幕阜山脉：修水县 谭策铭和李立新 98476(JJF)。

*油杉 Keteleeria fortunei (Murr.) Carr.

乔木。栽培。幕阜山脉：庐山植物园 路端正 810139

(BJFC)。

江南油杉 Keteleeria fortunei var. **cyclolepis** (Flous) Silba

乔木。山坡，疏林，灌丛；腐殖土；1100~1200 m。诸广山脉：五指峰 LXP-13-25169、LXP-13-25168、LXP-03-07079，崇义县 王磐基 1386(PE)。

松属 *Pinus* L.

*华山松 Pinus armandii Franch.

乔木。栽培。幕阜山脉：庐山植物园 郭垣 327 (WUK)。

大别山五针松 Pinus dabeshanensis C. Y. Cheng et Y. W. Law [*Pinus fenzeliana* var. *dabeshanensis* (C. Y. Cheng et Y. W. Law) L. K. Fu et Nan Li]

乔木。山坡，路旁；壤土。幕阜山脉：武宁县（老鸦尖）LXP-7528。

*湿地松 Pinus elliottii Engelm.

乔木。栽培。幕阜山脉：九江市 李秀枝和李银枝 05800(JJF)。

马尾松 Pinus massoniana Lamb.

乔木。山坡，山谷，平地，疏林，路旁；壤土，沙土，腐殖土。幕阜山脉：瑞昌市 LXP0100，武宁县 LXP1067，修水县 LXP2507；九岭山脉：大围山 LXP-03-07879，浏阳市 LXP-03-02961，官山 LXP-10-2482，西山岭 LXP-10-3654，九岭山 LXP-13-11461，飞剑潭风景区 LXP-13-10601；武功山脉：安福县 LXP-06-7544、LXP-06-6839，高天岩 LXP-GTY-321、LXP-06-0779；万洋山脉：井冈山 JGS-029，七溪岭 LXP-QXL-502，永新县 LXP-13-07868，桃源洞 LXP-09-08050，炎陵县 LXP-09-08640、LXP-06-4567；诸广山脉：崇义县 LXP-03-07414，齐云山 LXP-03-05957，上犹县 LXP-03-06312、LXP-03-10515。

*台湾五针松 Pinus morrisonicola Hayata

乔木。村边。栽培。万洋山脉：桃源洞 LXP-09-08096，遂川县峨峰山 LXP-13-17156；诸广山脉：八面山 LXP-13-17759。

*油松 Pinus tabuliformis Carr.

乔木。山坡，疏林。栽培；1000~1100 m。万洋山脉：井冈山（五指峰）LXP-13-12500。

台湾松 Pinus taiwanensis Hayata

乔木。山顶，山坡，山谷，疏林；900~2100 m。幕阜山脉：九宫山 LXP1149；九岭山脉：大围山 LXP-10-7621、LXP-10-11932；武功山脉：芦溪县 LXP-06-1198，武功山 LXP-13-09639，羊狮幕 LXP-06-7757；万洋山脉：桃源洞 LXP-03-02901，炎陵县 LXP-09-06401，江西坳 LXP-13-7396，七溪岭 LXP-QXL-804，资兴市 LXP-03-00085；诸广山脉：八面山 LXP-03-03721，五指峰 LXP-03-06641、LXP-13-12513，桂东县 LXP-03-00771、LXP-03-02376，齐云山 LXP-03-02493，汝城县 LXP-03-05307，石柱峰 LXP-03-08498。

*日本黑松 Pinus thunbergii Parl.

乔木。村边。栽培。诸广山脉：八面山 LXP-03-03701。

金钱松属 *Pseudolarix* Gordon

金钱松 Pseudolarix amabilis (Nelson) Rehd.

乔木。路边，山坡。幕阜山脉：庐山 关克俭 74383；九岭山脉：铜鼓县 熊耀国 06163(LBG)。

铁杉属 *Tsuga* (Endl.) Carr.

铁杉 Tsuga chinensis (Franch.) Pritz. [南方铁杉 *Tsuga chinensis* var. *tchekiangensis* (Flous) Cheng et L. K. Fu]

武功山脉：武功山 LXP-13-03556；万洋山脉：资兴市 LXP-03-00115，井冈山 JGS-1112001、LXP-13-7330、LXP-13-7375、LXP-13-15425，南风面 LXP-13-7127、LXP-13-16825，桃源洞 DY3-1011，遂川县 LXP-13-24848，炎陵县 LXP-09-07904；诸广山脉：八面山 LXP-13-17747，五指峰 LXP-13-22272。

长苞铁杉属 *Nothotsuga* Hu ex C. N. Page

长苞铁杉 Nothotsuga longibracteata (W. C. Cheng) Hu ex C. N. Page [*Tsuga longibracteata* W. C. Cheng]

乔木。山坡，疏林；壤土，沙土；1200~1300 m。诸广山脉：齐云山 LXP-13-22725、LXP-13-12572。

G9 罗汉松科 Podocarpaceae

竹柏属 *Nageia* Gaertn.

竹柏 Nageia nagi (Thunb.) Kuntze [*Podocarpus nagi* (Thunb.) Zoll. et Mor. ex Zoll.]

乔木。山谷，平地，路旁，疏林；壤土；200~300 m。

武功山脉：安福县 LXP-06-0185；诸广山脉：上犹县 LXP-03-06061、LXP-03-10380、LXP-13-12860。

罗汉松属 *Podocarpus* L'Hér. ex Pers.

短叶罗汉松 Podocarpus chinensis Wall. ex J. Forbes [*Podocarpus macrophyllus* var. *maki* Endl.]

乔木。山谷，平地，疏林，村边，路旁；100~800 m。九岭山脉：大围山 LXP-10-7941，官山 LXP-10-2261，九岭山 4001410005，萝卜潭 LXP-10-9081，越王山 LXP-10-3326；武功山脉：安福县 LXP-06-3898。

罗汉松 Podocarpus macrophyllus (Thunb.) D. Don

乔木。山谷，山坡，平地，疏林，溪边，路旁，灌丛，阳处；壤土，沙土；200~800 m。九岭山脉：飞剑潭风景区 LXP-10-967，官山 LXP-10-8649，萝卜潭 LXP-10-10767；武功山脉：安福县 LXP-06-0186；万洋山脉：井冈山 JGS-2112，桃源洞 LXP-03-01604；诸广山脉：大围山 LXP-03-07803、LXP-03-08131，上犹县 LXP-03-06268。

百日青 Podocarpus neriifolius D. Don

小乔木。山坡，山谷，疏林。诸广山脉：桂东县 祁承经 32030(CSFI)。

G11 柏科 Cupressaceae

柳杉属 *Cryptomeria* D. Don

*日本柳杉 Cryptomeria japonica (L. f.) D. Don [*Cryptomeria fortunei* Hooibrenk ex Otto et Dietr.]

乔木。山谷，山坡，平地，疏林，密林，溪边，路旁；壤土；100~1200 m。栽培。幕阜山脉：连云山 LXP-10-6003，平江县 LXP4255；九岭山脉：大围山 LXP-10-11791、LXP-10-7485、LXP-10-7915，九龙森林公园 LXP-10-1967，靖安县 LXP-10-480，泥洋山 LXP-10-10622；武功山脉：玉京山 LXP-10-1228，安福县 LXP-06-5618、LXP-06-2908、LXP-06-6322，高天岩 LXP-GTY-205，茶陵县 LXP-06-1866，锅底潭 LXP-06-2152，袁州区 LXP-06-2763，袁州区店下 LXP-10-5016，安福县 LXP-06-0923，芦溪县 LXP-06-1101；万洋山脉：七溪岭 LXP-QXL-791，井冈山（五指峰）LXP-13-05905，江西坳 LXP-13-7580，永兴县 LXP-03-04250，资兴市 LXP-03-05116；诸广山脉：五指峰 LXP-03-10882、LXP-03-07208，八

面山 LXP-03-00905，桂东县 LXP-03-03100、LXP-03-02750、LXP-03-02421。

柳杉 Cryptomeria japonica var. **sinensis** Miq.

乔木。山坡，山谷，疏林，路旁；壤土，沙土；500~900 m。幕阜山脉：武宁县 熊耀国 5365(IBSC)，庐山 管仲天和张少春 45(LBG)。

杉木属 *Cunninghamia* R. Br.

杉木 Cunninghamia lanceolata (Lamb.) Hook.

乔木。山坡，山谷，平地，疏林，密林，路旁；壤土，沙土。野生或栽培；50~1500 m。幕阜山脉：岳阳县 LXP-03-08765，平江县 LXP-10-6402，云溪区 LXP-03-08581；九岭山脉：大围山 LXP-03-07782，官山 LXP-10-2431，萝卜潭 LXP-10-3549，靖安县 LXP-10-517、LXP-10-420，泥洋山 LXP-10-10649；武功山脉：安福县 LXP-06-0620，芦溪县 LXP-06-1071，锅底潭 LXP-06-2414，羊狮幕 LXP-06-1261；万洋山脉：永兴县 LXP-03-04239，资兴市 LXP-03-03640，桃源洞 LXP-13-3066；诸广山脉：八面山 LXP-03-01003，桂东县 LXP-03-02807、LXP-03-02363，汝城县 LXP-03-05277。

柏木属 *Cupressus* L.

柏木 Cupressus funebris Endl.

乔木。山坡，山谷，平地，疏林，溪边，路旁，阳处；壤土；100~1500 m。九岭山脉：飞剑潭风景区 LXP-10-917，竹山洞 LXP-10-1404；武功山脉：安福县 LXP-06-3984，白云峰 LXP-06-7581，羊狮幕 LXP-06-1300。

福建柏属 *Fokienia* A. Henry et H. H. Thomas

福建柏 Fokienia hodginsii (Dunn) A. Henry et H. H. Thomas

乔木。山坡，山谷，平地，疏林，溪边，路旁，村边，阳处；腐殖土；300~1700 m。万洋山脉：桃源洞 LXP-13-4280，笔架山 LXP-13-18599，荆竹山 JGS-C025，南风面 LXP-13-20278，遂川县 LXP-13-24914，井冈山（五指峰）LXP-13-12509，炎陵县 LXP-09-07644，资兴市 LXP-03-00064；诸广山脉：崇义县 LXP-13-24302，齐云山 LXP-13-22698、LXP-03-04950，五指峰 LXP-03-06745。

水松属 Glyptostrobus Endl.

水松　Glyptostrobus pensilis (Staunt.) Koch

乔木。平地，草地；壤土；700~800 m。万洋山脉：资兴市 LXP-03-00121，永新县 刘克旺 32381 (CSFI)、刘克旺 31484(CSFI)。

刺柏属 Juniperus L.

圆柏　Juniperus chinensis L.

乔木。山谷，疏林，路旁，阳处；100~300 m。九岭山脉：浏阳市 LXP-10-5912，越王山 LXP-10-3339、LXP-10-3338。

刺柏　Juniperus formosana Hayata

乔木或灌木。山坡，山谷，疏林，溪边；壤土，腐殖土；400~600 m。幕阜山脉：通山县 LXP1723，武宁县 LXP0965；诸广山脉：齐云山 LXP-13-12582，五指峰 LXP-13-22289。

*垂枝香柏　Juniperus pingii W. C. Cheng ex Ferré [*Sabina pingii* (Cheng ex Ferre) Cheng et W. T. Wang]

栽培。万洋山脉：资兴市 LXP-03-00077。

侧柏属 Platycladus Spach

侧柏　Platycladus orientalis (L.) Franco

乔木。山谷，山坡，平地，疏林，路旁；壤土，沙土；50~1500 m。幕阜山脉：通山县 LXP1812、LXP1709，武宁县 LXP0970，修水县 LXP2500；九岭山脉：九岭山 LXP-13-11419；武功山脉：安福县 LXP-06-2550、LXP-06-5600，猫牛岩 LXP-06-8525、LXP-06-4808，茶陵县 LXP-06-1528，羊狮幕 LXP-06-1260；万洋山脉：永兴县 LXP-03-04461；诸广山脉：五指峰 LXP-13-12428，上犹县 LXP-03-06021、LXP-03-10341。

水杉属 Metasequoia Hu et W. C. Cheng

*水杉　Metasequoia glyptostroboides Hu et W. C. Cheng

乔木。山谷，山坡，平地，疏林，溪边，路旁，阳处；壤土；50~1500 m。栽培。武功山脉：羊狮幕 LXP-06-1360，洞山 LXP-10-4662；九岭山脉：奉新县 LXP-10-3195，官山 LXP-10-8813，泥洋山 LXP-10-4265，西山岭 LXP-10-3678，竹山洞 LXP-10-1432，大围山 LXP-10-7484。

落羽杉属 Taxodium Rich.

*池杉　Taxodium distichum var. **imbricatum** (Nuttall) Croom

乔木。山坡，平地，路旁；壤土；100~200 m。栽培。九岭山脉：万载县 LXP-13-10919；武功山脉：猫牛岩 LXP-06-4810，安福县 LXP-06-0149，明月山 LXP-13-10714。

崖柏属 Thuja L.

*日本香柏　Thuja standishii (Gord.) Carr.

灌木。栽培。九岭山脉：官山 LXP-10-2217。

G12 红豆杉科 Taxaceae

穗花杉属 Amentotaxus Pilger

穗花杉　Amentotaxus argotaenia (Hance) Pilg.

乔木。山谷，山坡，疏林，密林；腐殖土；300~1900 m。九岭山脉：官山 4001409028；武功山脉：武功山 LXP-13-09914，芦溪县 LXP-06-9643，羊狮幕 LXP-13-8274；万洋山脉：桃源洞 LXP-09-07287、LXP-13-4282，炎陵县 LXP-09-07373，永新县 LXP-13-07901，井冈山 LXP-13-19535、LXP-13-19525，南风面 LXP-13-23703，七溪岭 LXP-QXL-600、LXP-13-19734；诸广山脉：八面山 LXP-03-01005。

三尖杉属 Cephalotaxus Sieb. et Zucc. ex Endl.

三尖杉　Cephalotaxus fortunei Hook.

乔木。山坡，山谷，疏林，密林，溪边，路旁；壤土，腐殖土；100~1700 m。幕阜山脉：连云山 LXP-10-5951，伊山 LXP-13-08528，庐山 LXP4914，瑞昌市 LXP0034，武宁县 LXP0466，修水县 LXP3346；九岭山脉：百丈山 LXP-10-9231、LXP-10-11087，靖安县 LXP2441，九岭山 LXP-13-10355，大围山 LXP-10-12250、LXP-09-11058，官山 LXP-10-8640，和尚坪 LXP-10-4453，泥洋山 LXP-10-10612，三爪仑 LXP-10-4420，铜鼓县 LXP-10-8309；武功山脉：羊狮幕 4001414011，茶陵县 LXP-06-1549，芦溪县 LXP-06-2131，武功山 LXP-13-09605，玉京山 LXP-10-1266，高天岩 LXP-GTY-380；万洋山脉：江西

坳 LXP-13-7209，井冈山 JGS4053，毛鸡仙 LXP-09-07068，南风面 LXP-13-16832，桃源洞 LXP-13-5276，七溪岭 LXP-13-07725、LXP-QXL-750，资兴市 LXP-03-05072；诸广山脉：八面山 JGS-A105，崇义县 LXP-13-24392，齐云山 LXP-03-06483，桂东县 LXP-03-02309，上犹县 LXP-13-12860，五指峰 LXP-13-05882。

宽叶粗榧 Cephalotaxus latifolia L. K. Fu et R. R. Mill.

乔木。山坡，山谷；1300~2060 m。武功山脉：武功山 LXP-13-03534、3733 (PE)；万洋山脉：南风面 JGS4147。

篦子三尖杉 Cephalotaxus oliveri Mast.

乔木。路旁；900~1000 m。九岭山脉：大围山 LXP-10-12605，官山 LXP-10-2206，浏阳市 LXP-13-17043，靖安县 LXP-10-642，铜鼓县 LXP-10-6846；武功山脉：万龙山 4001414015，芦溪县 LXP-06-1208；万洋山脉：桃源洞 LXP-13-24971，江西坳 LXP-13-7397，南风面 LXP-13-09294。

粗榧 Cephalotaxus sinensis (Rehd. et Wils.) Li

乔木。山坡，疏林。九岭山脉：官山 LXP-10-2206。

白豆杉属 Pseudotaxus Cheng

白豆杉 Pseudotaxus chienii (Cheng) Cheng

乔木。山坡，疏林，密林，灌丛；壤土，腐殖土；400~1400 m。万洋山脉：井冈山 LXP-13-20235，笔架山 JGS-C110；诸广山脉：齐云山 LXP-13-25284、LXP-13-23110，五指峰 LXP-13-22278。

榧属 Torreya Arn.

香榧 Torreya grandis Fort. ex Lindl.

幕阜山脉：修水县 LXP3332、LXP3052；九岭山脉：三爪仑 LXP-10-413，官山 4001409027、LXP-13-22546。

红豆杉属 Taxus L.

南方红豆杉 Taxus wallichiana var. mairei (Lemée et Lévl) L. K. Fu et Nan Li

乔木。山谷，山坡，平地，疏林，溪边，路旁；腐殖土；100~1600 m。幕阜山脉：修水县 LXP3263；九岭山脉：百丈山 LXP-10-9285，大围山 LXP-10-12301，奉新县 LXP-10-13865，官山 LXP-10-8641、LXP-13-22490，靖安县 LXP-10-747，九岭山 LXP-10-4028、LXP-13-11586，九龙森林公园 LXP-10-2075，浏阳市 LXP-10-5872，萝卜潭 LXP-10-3503，泥洋山 LXP-10-4141，天柱峰 LXP-10-7157，铜鼓县 LXP-10-8392；武功山脉：安福县 LXP-06-0919，茶陵县 LXP-06-2256，高天岩 LXP-GTY-415，武功山 LXP-13-03610，芦溪县 LXP-06-9147，袁州区 LXP-06-6694，攸县 LXP-03-08798；万洋山脉：遂川县 LXP-13-17944、LXP-13-24881、LXP-13-7196，桃源洞 LXP-13-5578a、LXP-13-4503，荆竹山 LXP-13-5721，井冈山 JGS-2050，毛鸡仙 LXP-09-07060，南风面 LXP-13-7020，井冈山（五指峰）LXP-13-22240，炎陵县 LXP-09-07917，资兴市 LXP-03-00132、LXP-03-05115；诸广山脉：八面山 JGS-A134，齐云山 LXP-13-12082、LXP-03-06553，桂东县 LXP-03-02848。

第 3 章　被子植物多样性编目

Order 2. 睡莲目 Nymphaeales

A3 莼菜科 Cabombaceae

莼菜属 *Brasenia* Schreb.

莼菜 Brasenia schreberi J. F. Gmel.

水生草本。池塘；1050 m。诸广山脉：五指峰乡鹅形村 LXP-03-5709。

A4 睡莲科 Nymphaeaceae

芡属 *Euryale* Salisb.

芡实 Euryale ferox Salisb.

水生草本。池塘。幕阜山脉：庐山市 熊耀国 00886 (LBG)，庐山 蒋英 10296(IBSC)；武功山脉：萍乡市 江西调查队 2930(PE)。

萍蓬草属 *Nuphar* Sm.

萍蓬草 Nuphar pumila (Hoffm.) DC.

草本。山坡，池塘；壤土；268~850 m。武功山脉：分宜县 LXP-06-9590。

中华萍蓬草 Nuphar pumila subsp. **sinensis** (Hand.-Mazz.) D. E. Padgett

草本。池塘，湿地；300 m。幕阜山脉：九江市 蒋英 10149(NAS)。

睡莲属 *Nymphaea* L.

睡莲 Nymphaea tetragona Georgi

草本。池塘，湖泊。据《江西植物志》第二卷记载，本种江西省有广布，罗霄山脉内未见可靠标本记录。

A7 五味子科 Schisandraceae

八角属 *Illicium* L.

大屿八角 Illicium angustisepalum A. C. Smith

乔木。山谷，密林；壤土；800~1090 m。武功山脉：

安福县 LXP-06-2832，芦溪县 LXP-06-1199、LXP-06-1795、LXP-13-09808。

短柱八角 Illicium brevistylum A. C. Smith

草本。山坡，路旁，河边；壤土；400~800 m。万洋山脉：井冈山 LXP-13-15263，炎陵县 LXP-09-07346。

红茴香 Illicium henryi Diels

乔木。山谷，路旁，疏林；100~420 m。九岭山脉：宜丰县 LXP-10-2933；万洋山脉：炎陵县 LXP-13-5548、LXP-13-5561。

假地枫皮 Illicium jiadifengpi B. N. Chang

乔木。山坡，山谷，疏林，溪边，路旁；壤土，腐殖土；400~1900 m。万洋山脉：井冈山 LXP-13-15236、LXP-13-05909，遂川县 LXP-13-25879，炎陵县 LXP-09-09152、LXP-13-24946、LXP-13-24970；诸广山脉：崇义县 LXP-13-24213，上犹县 LXP-13-23521。

红毒茴 Illicium lanceolatum A. C. Smith

乔木。山坡，山谷，疏林，密林，河边，溪边，路旁；壤土，沙土；200~1900 m。幕阜山脉：庐山市 LXP4538，修水县 LXP2370，通山县 LXP2319；九岭山脉：浏阳市 LXP-03-08450，宜丰县 LXP-10-13033、LXP-10-13071、LXP-10-13407；武功山脉：安福县 LXP-06-2813、LXP-06-9278，分宜县 LXP-06-9633，芦溪县 LXP-06-9119，攸县 LXP-06-1620、4001414003、LXP-13-09459、LXP-13-09556；万洋山脉：井冈山 JGS-211、JGS4001、JGS-1304031，遂川县 LXP-13-16538、LXP-13-17247，炎陵县 LXP-13-4043、LXP-09-06280、LXP-09-08430，资兴市 LXP-03-00277、LXP-03-00300、LXP-03-05040，永新县 LXP-13-07887、LXP-13-19422、LXP-QXL-610；诸广山脉：桂东县 JGS-A129、LXP-13-09050、LXP-13-09255，上犹县 LXP-13-12941、LXP-13-12970、LXP-13-22328。

*八角 Illicium verum Hook. f.

乔木。山谷，疏林，河边，溪边，路旁；壤土，腐殖土；100~1000 m。栽培。万洋山脉：炎陵县 LXP-09-07990，永新县 LXP-13-19850；诸广山脉：上犹县 LXP-03-06326、LXP-03-10529。

南五味子属 Kadsura Kaempf. ex Juss.

黑老虎 Kadsura coccinea (Lem.) A. C. Smith
木质藤本。山谷，山坡，疏林，溪边，路旁，水库边；壤土，腐殖土；200~1900 m。幕阜山脉：庐山市 LXP4721、LXP5461，修水县 LXP0852、LXP3296；九岭山脉：靖安县 LXP-10-367，宜丰县 LXP-10-2525、LXP-10-6685；武功山脉：宜春市 LXP-13-10545，芦溪县 LXP-13-09606；万洋山脉：井冈山 JGS-1226、LXP-13-23005，遂川县 LXP-13-24705、LXP-13-25872，炎陵县 LXP-09-08416、LXP-09-09580、LXP-13-4233，永新县 LXP-13-07960、LXP-13-19760，永兴县 LXP-03-04123、LXP-03-04253、LXP-03-04317；诸广山脉：崇义县 LXP-03-05709、LXP-03-10200，上犹县 LXP-13-12276、LXP-03-06369、LXP-03-10571。

异形南五味子 Kadsura heteroclita (Roxb.) Craib
藤本。山坡，山谷，山顶，疏林，密林，溪边，路旁；壤土，腐殖土；200~1900 m。幕阜山脉：庐山市 LXP5316；九岭山脉：靖安县 LXP-10-9526、LXP-13-10307，大围山 LXP-09-11081、LXP-10-11698；武功山脉：莲花县 LXP-GTY-323，安福县 LXP-06-1810，安仁县 LXP-03-01588，芦溪县 LXP-06-2096、LXP-13-03606、LXP-13-03713、LXP-13-8391；万洋山脉：资兴市 LXP-03-05092，吉安市 LXSM2-6-10145，井冈山 JGS-2017、JGS-2107、LXP-13-0467，遂川县 LXP-13-23586、LXP-13-7391，炎陵县 LXP-09-09142、LXP-09-10760、LXP-09-10895；诸广山脉：崇义县 LXP-03-05936、LXP-03-10319，桂东县 LXP-13-25323。

南五味子 Kadsura longipedunculata Finet et Gagnep.
藤本。山坡，山谷，疏林，密林，灌丛，路旁，树上；壤土，腐殖土；100~1700 m。幕阜山脉：庐山市 LXP4517、LXP4551、LXP4554、LXP6313，通山县 LXP2106、LXP2138、LXP2257，武宁县 LXP0972、LXP1130、LXP5602，修水县 LXP2681、LXP3044、LXP3123，平江县 LXP-10-6169、LXP-10-6466；九岭山脉：大围山 LXP-10-11227、LXP-10-11594、LXP-10-7493，奉新县 LXP-10-10828，靖安县 LXP-10-10165、LXP-10-13694、LXP-10-65，浏

阳市 LXP-10-5877，铜鼓县 LXP-10-6996、LXP-10-7262，万载县 LXP-10-1585、LXP-10-1994，宜春市 LXP-10-826，宜丰县 LXP-10-12847、LXP-10-2683、LXP-10-2707；武功山脉：安福县 LXP-06-0215、LXP-06-0566、LXP-06-0687，茶陵县 LXP-06-1929、LXP-06-2237、LXP-09-10298，芦溪县 LXP-06-2416、LXP-06-8829、LXP-06-9032，安仁县 LXP-03-01412，明月山 LXP-06-7828、LXP-06-7921，攸县 LXP-06-5467、LXP-06-6131；万洋山脉：井冈山 JGS-1089、JGS-1718、JGS-324，遂川县 LXP-13-09359、LXP-13-17347、LXP-13-7069，炎陵县 DY1-1039、DY2-1052、DY3-1044、LXP-03-04857，永新县 LXP-QXL-566，资兴市 LXP-03-00257；诸广山脉：崇义县 400145010，桂东县 LXP-13-09249、LXP-13-25382、LXP-03-05939、LXP-03-02887，上犹县 LXP-03-06308、LXP-03-06864、LXP-03-10511、LXP-13-25173。

五味子属 Schisandra Michx.

绿叶五味子 Schisandra arisanensis subsp. viridis (A. C. Sm.) R. M. K. Saunders
藤本。山坡，山谷，溪边，路旁；壤土；500~1500 m。万洋山脉：井冈山 LXP-13-18673，遂川县 LXP-13-17242，炎陵县 LXP-09-07512、LXP-09-08343、LXP-09-398。

二色五味子 Schisandra bicolor Cheng
藤本。山坡，山谷，疏林，密林；壤土；400~700 m。万洋山脉：炎陵县 LXP-09-08053、LXP-09-08261。

五味子 Schisandra chinensis (Turcz.) Baill.
藤本。山坡，山谷，疏林，密林，溪边，路旁；壤土；300~1400 m。幕阜山脉：武宁县 LXP1644，修水县 LXP2883；万洋山脉：井冈山 JGS-B135、LXP-13-0404、LXP-13-0425，炎陵县 LXP-03-04861；诸广山脉：上犹县 LXP-03-06438、LXP-03-06465、LXP-03-06708。

翼梗五味子 Schisandra henryi Clarke.
藤本。山坡，疏林，密林，溪边；壤土，腐殖土；350~1600 m。幕阜山脉：平江县 LXP3550，通山县 LXP1269、LXP1991、LXP2129，武宁县 LXP8009，修水县 LXP6708；九岭山脉：大围山 LXP-09-11091；武功山脉：安福县 LXP-06-0243，茶陵县 LXP-06-

1876, 芦溪县 LXP-06-2104, 莲花县 LXP-GTY-292; 万洋山脉: 井冈山 JGS-2012184、JGS-4650、JGS-4664, 遂川县 LXP-13-16630、LXP-13-23806, 炎陵县 DY1-1068、LXP-09-07605、LXP-09-07989, 永兴县 LXP-03-04430, 资兴市 LXP-03-00078、LXP-03-05026, 永新县 LXP-13-07917、LXP-QXL-301、LXP-QXL-723; 诸广山脉: 崇义县 LXP-13-24211、LXP-03-04871、LXP-03-05656、LXP-03-05757, 桂东县 JGS-A082、LXP-13-09247, 上犹县 LXP-13-12263、LXP-13-12472、LXP-13-18909。

铁箍散 Schisandra propinqua subsp. **sinensis** (Oliv.) R. M. K. Saunders

藤本。山谷, 溪边; 壤土; 400~500 m。武功山脉: 安福县 LXP-06-0978。

华中五味子 Schisandra sphenanthera Rehd. et Wils.

藤本。山坡, 山谷, 疏林, 密林, 灌丛, 溪边, 路旁, 树上; 壤土; 300~1500 m。幕阜山脉: 平江县 LXP3504、LXP3590、LXP3752, 通城县 LXP4137, 通山县 LXP1253、LXP1255、LXP1361, 武宁县 LXP1474、LXP6213; 九岭山脉: 大围山 LXP-10-12656、LXP-10-7563、LXP-10-7726, 奉新县 LXP-10-3878、LXP-10-3930、LXP-10-4282, 靖安县 LXP-10-9962, 七星岭 LXP-10-8177, 宜春市 LXP-10-901, 宜丰县 LXP-10-12943、LXP-10-2398, 万载县 LXP-13-11341, 上高县 LXP-06-6598; 武功山脉: 茶陵县 LXP-09-10301; 万洋山脉: 井冈山 LXP-13-05856、LXP-13-15195、LXP-13-18885, 炎陵县 LXP-13-22884、LXP-13-25998、LXP-13-5280、LXP-13-5489; 诸广山脉: 上犹县 LXP-13-23160。

Order 5. 胡椒目 Piperales

A10 三白草科 Saururaceae

蕺菜属 Houttuynia Thunb.

蕺菜 Houttuynia cordata Thunb.

草本。山坡, 山谷, 疏林, 密林, 草地, 水边, 路旁; 壤土, 腐殖土; 100~1300 m。幕阜山脉: 平江县 LXP3793、LXP-10-6057, 通山县 LXP2099, 武宁县 LXP1194; 九岭山脉: 安义县 LXP-10-3696、LXP-10-3753, 大围山 LXP-03-07678、LXP-03-08171、LXP-10-11198、LXP-10-11682、LXP-10-11984, 七

星岭 LXP-10-8210, 铜鼓县 LXP-10-7032、LXP-10-7083, 万载县 LXP-10-1565、LXP-10-1793、LXP-10-2094, 宜丰县 LXP-10-12778, 靖安县 LXP-10-10080、LXP-10-10330、LXP-10-115, 奉新县 LXP-06-4085、LXP-10-12941、LXP-10-2498、LXP-10-10654、LXP-10-3302、LXP-10-3490; 武功山脉: 安福县 LXP-06-0584、LXP-06-3493、LXP-06-3546, 茶陵县 LXP-06-1835, 大岗山 LXP-06-3650, 芦溪县 LXP-06-3335、LXP-06-3420, 玉京山 LXP-10-1246, 樟树市 LXP-10-5057; 万洋山脉: 井冈山 LXP-13-15209、LXP-13-15325、LXP-13-18477, 遂川县 LXP-13-16703、LXP-13-7412, 炎陵县 DY1-1103、LXP-09-00203、LXP-13-4182, 永新县 LXP-13-08179、LXP-13-19389、LXP-QXL-076, 永兴县 LXP-03-03849、LXP-03-03931、LXP-03-04150, 资兴市 LXP-03-03576、LXP-03-03767、LXP-03-05003; 诸广山脉: 崇义县 LXP-03-05636、LXP-03-07216、LXP-03-10134, 桂东县 LXP-03-02426, 上犹县 LXP-13-12062、LXP-13-18939、LXP-13-22319、LXP-03-06024、LXP-03-06504、LXP-03-06841。

三白草属 Saururus L.

三白草 Saururus chinensis (Lour.) Baill.

草本。山坡, 山谷, 疏林, 溪边, 沼泽, 池塘边, 村边, 路旁; 壤土, 沙土, 腐殖土; 100~1700 m。幕阜山脉: 平江县 LXP4077、LXP4419, 通山县 LXP1970; 九岭山脉: 奉新县 LXP-10-3384、LXP-10-9154, 宜春市 LXP-10-1174, 宜丰县 LXP-10-3050、LXP-10-4675、LXP-10-8621, 大围山 LXP-03-07839, 靖安县 LXP-13-11616; 武功山脉: 安福县 LXP-06-0339、LXP-06-3814、LXP-06-3993, 茶陵县 LXP-06-1477、LXP-13-25982; 万洋山脉: 井冈山 JGS-B195, 炎陵县 LXP-09-10825、LXP-13-24031、LXP-13-3264, 永新县 LXP-13-19198、LXP-QXL-142, 永兴县 LXP-03-04472; 诸广山脉: 崇义县 LXP-03-07372、LXP-13-13068, 上犹县 LXP-03-06299、LXP-03-10502、LXP-13-12850。

A11 胡椒科 Piperaceae

胡椒属 Piper L.

竹叶胡椒 Piper bambusifolium Tseng

藤本。山坡, 山谷, 溪边, 石上, 阴处; 500~900 m。

幕阜山脉：庐山市 LXP4871；万洋山脉：井冈山 JGS-068、JGS-1151、JGS-207、JGS-620，炎陵县 TYD2-1379。

山蒟 Piper hancei Maxim.

藤本。山坡，山谷，平地，疏林，溪边，路旁；壤土；100~1700 m。幕阜山脉：庐山市 LXP5121、LXP5455、LXP6534，武宁县 LXP0411、LXP1209、LXP5642，修水县 LXP2509、LXP2598、LXP3071；九岭山脉：靖安县 LXP-13-10209；武功山脉：安福县 LXP-06-0118、LXP-06-0554、LXP-06-0688，分宜县 LXP-06-9614；万洋山脉：LXP-13-19316A，炎陵县 LXP-09-08396，永新县 LXP-13-07720；诸广山脉：上犹县 LXP-13-12671。

毛蒟 Piper puberulum (Benth.) Maxim.

草质藤本。山坡，石上，林下，山谷；300~800 m。万洋山脉：井冈山 730105(JXU)。

石南藤 Piper wallichii (Miq.) Hand.-Mazz.

藤本。山坡，山谷，疏林，灌丛，溪边，路旁，树上；壤土；200~700 m。九岭山脉：浏阳市 LXP-03-08426；武功山脉：安福县 LXP-06-0950、LXP-06-0952、LXP-06-2560，芦溪县 LXP-06-2508、LXP-06-3419、LXP-06-9112；诸广山脉：上犹县 LXP-13-12291、LXP-13-12943。

A12 马兜铃科 Aristolochiaceae

马兜铃属 *Aristolochia* L.

马兜铃 Aristolochia debilis Sieb. et Zucc.

藤本。山坡，山谷，疏林，路旁；壤土；100~824 m。幕阜山脉：武宁县 LXP0443，修水县 LXP0314、LXP0324；九岭山脉：安义县 LXP-10-3823，上高县 LXP-10-4975；武功山脉：莲花县 LXP-GTY-066，安福县 LXP-06-6365；万洋山脉：资兴市 LXP-03-05147。

通城虎 Aristolochia fordiana Hemsl.

藤本。山坡，疏林，溪边，石上；壤土。幕阜山脉：武宁县 LXP-13-08578；诸广山脉：上犹县 LXP-13-12446。

大叶马兜铃 Aristolochia kaempferi Willd.

藤本。山坡，疏林；壤土；734 m。武功山脉：茶陵县 LXP-06-1874。

寻骨风 Aristolochia mollissima Hance

草质藤本。山坡，路旁；50~600 m。幕阜山脉：九江市 谭策铭和易桂花 08161(SZG)。

宝兴马兜铃 Aristolochia moupinensis Franch.

草本。山坡，路旁；1000~1500 m。据《江西植物志》第二卷记载，庐山有分布，未见标本。

管花马兜铃 Aristolochia tubiflora Dunn

藤本。山坡，山谷，疏林，密林，灌丛，溪边，路旁；壤土；290~820 m。幕阜山脉：修水县 LXP6717；九岭山脉：宜丰县 LXP-10-2486、LXP-10-2753，靖安县 LXP-13-10271、LXP-13-11423；武功山脉：攸县 LXP-06-1599，茶陵县 LXP-09-10216，莲花县 LXP-GTY-412、LXP-GTY-442；万洋山脉：井冈山 LXP-13-15219，炎陵县 LXP-09-07456、TYD1-1231，资兴市 LXP-03-05155，永新县 LXP-13-19270；诸广山脉：上犹县 LXP-13-18934。

细辛属 *Asarum* L.

东方细辛 Asarum campaniflorum W. Yong et Q. F. Wang

草本。山坡，竹林，灌丛；400 m。幕阜山脉：九宫山 Wang Yong 2390(WH)，通山县 Wang Yong 1877(PE)。

尾花细辛 Asarum caudigerum Hance

草本。山坡，山谷，山顶，疏林，密林，溪边，路旁，阴处；壤土，腐殖土；320~1700 m。幕阜山脉：通山县 LXP6645，武宁县 LXP8029；九岭山脉：靖安县 LXP-13-10371，浏阳市 LXP-03-08657、LXP-03-08915；武功山脉：安福县 LXP-06-5060，分宜县 LXP-06-9609，明月山 LXP-06-4892、LXP-06-9291，芦溪县 LXP-13-03583、LXP-13-09441、LXP-13-8266；万洋山脉：井冈山 JGS-1141、JGS-3503、JGS4082，遂川县 LXP-13-17796，炎陵县 LXP-09-00196、LXP-09-06176、LXP-09-07300，资兴市 LXP-03-00230，永新县 LXP-13-07794、LXP-13-19743、LXP-QXL-357；诸广山脉：上犹县 LXP-13-12715、LXP-13-23152、LXP-13-25091。

杜衡 Asarum forbesii Maxim.

草本。山坡，疏林；570~970 m。幕阜山脉：通山县 LXP6847，武宁县 LXP0450。

福建细辛 Asarum fukienense C. Y. Cheng et C. S. Yang

草本。山坡，路旁，林下；300~1000 m。万洋山脉：井冈山 江西队 0370(PE)。

小叶马蹄香 Asarum ichangense C. Y. Cheng et C. S. Yang

草本。山谷，路旁，阴处；310 m。九岭山脉：靖安县 LXP-10-589、LXP-13-10401。

金耳环 Asarum insigne Diels

草本。山坡，山谷，疏林，灌丛，溪边，路旁；200~600 m。幕阜山脉：通山县 LXP5898、LXP6540，武宁县 LXP6169，修水县 LXP0275。

祁阳细辛 Asarum magnificum Tsiang ex C. Y. Cheng et C. S. Yang

草本。山坡，路旁；300~700 m。幕阜山脉：武宁县 谭策铭 9604121(PE)。

大叶细辛 Asarum maximum Hemsl.

草本。山谷；600~900 m。幕阜山脉：修水县 缪以清 07589(JJF)。

紫背细辛 Asarum porphyronotum C. Y. Cheng et C. S. Yang

草本。山谷，疏林，溪边；壤土。万洋山脉：遂川县 LXP-13-7257。

长毛细辛 Asarum pulchellum Hemsl.

草本。山坡，林下；700~1400 m。诸广山脉：鹰盘山 科考队 2003043(PE)。

细辛 Asarum sieboldii Miq.

草本。山谷，疏林，溪边，路旁；壤土；430~1300 m。幕阜山脉：平江县 LXP3771，武宁县 LXP1577，修水县 LXP2897；诸广山脉：桂东县 LXP-03-02340，上犹县 LXP-03-06580。

五岭细辛 Asarum wulingense C. F. Liang

草本。山坡，山谷，路旁；290~1450 m。幕阜山脉：武宁县 LXP1107、LXP5646；武功山脉：莲花县 LXP-06-079、LXP-GTY-2753，芦溪县 LXP-06-1214、LXP-13-03510、LXP-13-09514、LXP-13-09731；万洋山脉：井冈山 JGS-1045、JGS-442、JGS-590，遂川县

LXP-13-09349、LXP-13-20279、LXP-13-7005，炎陵县 LXP-09-07030、LXP-09-07655、LXP-13-24614，永新县 LXP-13-07853；诸广山脉：桂东县 JGS-A161。

马蹄香属 *Saruma* Oliv.

马蹄香 Saruma henryi Oliv.

草本。山坡，疏林。武功山脉：武功山 江西调查队 1714(PE)。

Order 6. 木兰目 Magnoliales

A14 木兰科 Magnoliaceae

厚朴属 *Houpoëa* N. H. Xia et C. Y. Wu

厚朴 Houpoëa officinalis (Rehder et E. H. Wils.) N. H. Xia et C. Y. Wu

乔木。山坡，疏林，村边。武功山脉：明月山 LXP-06-4881；万洋山脉：桃源洞 DY1-1100。

鹅掌楸属 *Liriodendron* L.

鹅掌楸 Liriodendron chinense (Hemsl.) Sargent.

乔木。山坡，山谷，疏林，路旁；壤土；176~1400 m。幕阜山脉：平江县 LXP3904，通城县 LXP4151；九岭山脉：宜春市 LXP-13-10785，奉新县 LXP-10-3520，大围山 LXP-10-11976、LXP-10-12099、LXP-10-12261、LXP-13-17030、LXP-03-03016、LXP-03-07787；武功山脉：安福县 LXP-06-0156、LXP-06-3786、LXP-06-4813，明月山 LXP-10-1309、LXP-13-10874；万洋山脉：井冈山 LXP-13-05914。

北美木兰属 *Magnolia* L.

*荷花玉兰 Magnolia grandiflora L.

乔木。栽培。九岭山脉：靖安县 叶存粟 2750(NAS)。

木莲属 *Manglietia* Blume

桂南木莲 Manglietia conifera Dandy

乔木。山坡，山谷，平地，疏林，溪边，路旁；壤土，腐殖土；720~1400 m。万洋山脉：井冈山 JGS-017、JGS-3527、JGS-B121，遂川县 LXP-13-09387、LXP-13-09396、LXP-13-7060，炎陵县 DY1-1001、LXP-09-06326、LXP-09-09270；诸广山脉：上犹县 LXP-13-12448。

落叶木莲 Manglietia decidua Q. Y. Zheng

乔木。山坡，山谷，疏林，密林，溪边；壤土；450~700 m。武功山脉：LXP-06-9288，明月山 LXP-13-10864、LXP-06-9286、LXP-10-1308。

木莲 Manglietia fordiana Oliv.

乔木。山坡，山谷，疏林，密林，河边，路旁；腐殖土；395~1400 m。幕阜山脉：庐山市 LXP5026；九岭山脉：大围山 LXP-03-07749、LXP-03-07911、LXP-10-5245、LXP-10-5478；万洋山脉：井冈山 JGS-1328、JGS-4186、JGS-4569，遂川县 LXP-13-16878，资兴市 LXP-03-03642，炎陵县 LXP-09-07916、LXP-09-07936、LXP-09-09030，永新县 LXP-13-19493；诸广山脉：桂东县 LXP-03-00868，上犹县 LXP-13-12527。

*红花木莲 Manglietia insignis (Wall.) Bl.

乔木。山坡，山谷，疏林，密林，溪边，路旁；腐殖土，沙土；240~1200 m。栽培。九岭山脉：大围山 LXP-13-17027、LXP-03-03012、LXP-03-07789、LXP-10-12134、LXP-10-7464、LXP-10-7673，宜丰县 LXP-10-12910；万洋山脉：炎陵县 LXP-03-02907。

井冈山木莲 Manglietia jinggangshanensis R. L. Liu et Z. X. Zhang

乔木。山谷，林中；980 m。万洋山脉：井冈山 刘仁林 20001012(BJFC)。

含笑属 *Michelia* L.

阔瓣含笑 Michelia cavaleriei var. **platypetala** (Hand.-Mazz.) N. H. Xia

乔木。平地，路旁；壤土；235.6 m。武功山脉：安福县 LXP-06-0180。

乐昌含笑 Michelia chapensis Dandy

乔木。山坡，山谷，疏林，溪边；腐殖土；150~1724 m。幕阜山脉：平江县 LXP-13-22440；九岭山脉：靖安县 LXP-10-601、JLS-2012-035、LXP-13-10425、LXP-13-11545，铜鼓县 LXP-10-6580，万载县 LXP-10-1975、LXP-13-11276，宜丰县 LXP-10-12838、LXP-10-12927、LXP-10-2210；武功山脉：明月山 LXP-13-10882、LXP-10-1321，宜丰县 4001409002；万洋山脉：井冈山 JGS-1167、JGS-193、LXP-13-15329，遂川县 LXP-13-20308，炎陵县 LXP-09-10767、LXP-13-5397，永新县 LXP-QXL-828，资兴市 LXP-03-

00280；诸广山脉：崇义县 LXP-13-24400、LXP-03-05806、LXP-03-10206，上犹县 LXP-03-06929、LXP-03-10734。

紫花含笑 Michelia crassipes Law

乔木或灌木。山坡，山谷，疏林，密林，灌丛，溪边，路旁；壤土，腐殖土；165~1750 m。幕阜山脉：武宁县 LXP1120、LXP5808；九岭山脉：奉新县 LXP-06-4015；武功山脉：安福县 LXP-06-0625、LXP-06-5075、LXP-06-6880，茶陵县 LXP-06-1685；万洋山脉：炎陵县 LXP-09-09407、LXP-09-10812、LXP-09-10856。

*含笑花 Michelia figo (Lour.) Spreng.

灌木。疏林，村边，路旁，阳处；腐殖土；200~250 m。栽培。九岭山脉：奉新县 LXP-10-10753，铜鼓县 LXP-10-13539；武功山脉：明月山 LXP-13-10723，宜春市 LXP-10-1210、LXP-10-13311；万洋山脉：炎陵县 LXP-13-4122。

金叶含笑 Michelia foveolata Merr. ex Dandy

乔木。山坡，山谷，密林，疏林，灌丛，溪边，路旁；壤土，腐殖土；230~1820 m。九岭山脉：大围山 LXP-03-03008、LXP-10-12245，铜鼓县 LXP-10-6577；武功山脉：安福县 LXP-06-0181、LXP-06-8391，芦溪县 LXP-13-09444；万洋山脉：井冈山 JGS-2015、JGS-2020，遂川县 LXP-13-09302、LXP-13-17705、LXP-13-17888，炎陵县 DY2-1201、LXP-09-07919、LXP-13-4276，永新县 LXP-13-08006、LXP-QXL-709，资兴市 LXP-03-05059；诸广山脉：上犹县 LXP-03-06649、LXP-03-06813、LXP-03-10648、LXP-13-12076、LXP-13-22288。

灰毛含笑 Michelia foveolata var. **cinerascens** Law et Y. F. Wu

乔木。山坡，山谷，疏林，密林，河边，溪边；壤土，腐殖土；1300~1400 m。武功山脉：芦溪县 LXP-13-03684；万洋山脉：吉安市 LXSM2-6-10063，井冈山 LXP-13-15415，炎陵县 LXP-09-10765、LXP-13-5400，永新县 LXP-QXL-669。

深山含笑 Michelia maudiae Dunn

乔木。山坡，山谷，疏林，密林，溪边，路旁；壤土，沙土，腐殖土；100~1800 m。幕阜山脉：庐山市 LXP5027、LXP5267，武宁县 LXP7954；九岭山脉：安义县 LXP-10-10471，奉新县 LXP-10-10745、LXP-10-3438、LXP-10-9053，铜鼓县 LXP-10-6537，大围山 LXP-03-07786、LXP-03-08073；武功山脉：茶陵县 LXP-06-1910，芦溪县 LXP-06-1306，袁州区 LXP-06-6672；万洋山脉：井冈山 011、JGS-1148、JGS4034，遂川县 LXP-13-09398、LXP-13-17807、LXP-13-17979，炎陵县 LXP-09-06018、LXP-09-06479、LXP-09-07059，永新县 LXP-13-07739、LXP-13-07965、LXP-QXL-297，资兴市 LXP-03-00139；诸广山脉：崇义县 400145029、LXP-13-24411、LXP-13-09203、LXP-13-22628、LXP-03-05809，桂东县 LXP-13-09038、LXP-03-02457、LXP-03-02561、LXP-03-02646，上犹县 LXP-03-06432、LXP-03-07062、LXP-13-12822。

观光木 Michelia odora (Chun) Nooteboom et B. L. Chen [*Tsoongiodendron odorum* Chun]

乔木。山坡，山谷，疏林，密林，溪边，路旁；壤土；400~500 m。万洋山脉：井冈山 JGS-2155、LXP-13-18813，永新县 LXP-13-08158；诸广山脉：上犹县 LXP-13-12871。

野含笑 Michelia skinneriana Dunn

乔木。山坡，山谷，疏林，密林，河边；壤土，腐殖土；200~800 m。幕阜山脉：武宁县 LXP-13-08469，通山县 LXP6960，修水县 LXP0241；九岭山脉：奉新县 LXP-10-10575、LXP-10-9225，靖安县 LXP-10-354、LXP-10-4307、LXP-10-9585、LXP-13-10194、LXP-13-11570，大围山 LXP-03-07875、LXP-03-07888，宜丰县 4001409012、LXP-13-22500、LXP-10-12974、LXP-10-2873、LXP-10-2893；武功山脉：芦溪县 400146015、LXP-13-03670、LXP-13-09411，攸县 LXP-06-1628；万洋山脉：井冈山 JGS-072、JGS-1231、JGS-1355，遂川县 LXP-13-16717，炎陵县 LXP-09-00138、LXP-09-08191、LXP-09-09643，永新县 LXP-13-07796、LXP-13-07862、LXP-13-19266，资兴市 LXP-03-03799；诸广山脉：崇义县 LXP-03-05678、LXP-03-10171、LXP-13-13104、LXP-13-24277、LXP-13-24377，桂东县 LXP-13-25434。

天女花属 Oyama (Nakai) N. H. Xia et C. Y. Wu

天女花 Oyama sieboldii (K. Koch) N. H. Xia et C. Y. Wu [*Magnolia sieboldii* K. Koch]

乔木。山坡，山谷，疏林，河边，路旁。万洋山脉：

炎陵县 DY1-1167、LXP-09-00622、LXP-09-00670。

拟单性木兰属 Parakmeria Hu et W. C. Cheng

乐东拟单性木兰 Parakmeria lotungensis (Chun et C. Tsoong) Law

乔木。山坡，山谷，密林，疏林，腐殖土；300~400 m。万洋山脉：炎陵县 LXP-09-07663。

东亚木兰属（玉兰属）Yulania Spach

天目玉兰 Yulania amoena (W. C. Cheng) D. L. Fu

乔木。山谷，疏林；壤土；1620 m。万洋山脉：遂川县 LXP-13-24780。

望春玉兰 Yulania biondii (Pampanini) D. L. Fu

乔木。密林；383 m。武功山脉：大岗山 LXP-06-9602。

黄山玉兰 Yulania cylindrica (E. H. Wils.) D. L. Fu

乔木。山坡，山谷，疏林；壤土，腐殖土；1300~1700 m。幕阜山脉：武宁县 LXP-13-08545；九岭山脉：大围山 LXP-09-11054；武功山脉：安福县 LXP-06-9244，芦溪县 LXP-13-09551；万洋山脉：井冈山 JGS4119、LXP-13-05916，遂川县 LXP-13-09312，炎陵县 DY1-1170、DY2-1118、DY3-1083。

玉兰 Yulania denudata (Desr.) D. L. Fu

乔木。山坡，山谷，疏林，密林，路旁，阳处；壤土；700~1900 m。武功山脉：芦溪县 LXP-13-09722；万洋山脉：井冈山 JGS-002、JGS4054，遂川县 LXP-13-25874，炎陵县 LXP-13-25714，永新县 LXP-13-19776；诸广山脉：上犹县 LXP-13-12974。

紫玉兰 Yulania liliiflora (Desr.) D. L. Fu

乔木。山谷，路旁；壤土；600~700 m。武功山脉：安仁县 LXP-03-01499。

*二乔玉兰 Yulania × soulangeana (Soul.-Bod.) D. L. Fu

乔木。栽培。幕阜山脉：庐山 谭策铭等 10035(JJF)。

武当玉兰 Yulania sprengeri (Pampanini) D. L. Fu

乔木。山坡，疏林，密林；壤土；1500~1600 m。九岭山脉：靖安县 LXP-13-10432，万载县 LXP-13-11344；万洋山脉：遂川县 LXP-13-16807。

A18 番荔枝科 Annonaceae

瓜馥木属 *Fissistigma* Griff.

瓜馥木 Fissistigma oldhamii (Hemsl.) Merr.

藤本。山坡,山谷,疏林,密林,路旁;壤土;200~1000 m。九岭山脉:靖安县 LXP-10-682,宜丰县 LXP-10-12805、LXP-10-13167、LXP-10-2729;武功山脉:安福县 LXP-06-6223、LXP-06-8253;万洋山脉:遂川县 LXP-13-16693,炎陵县 LXP-09-08555、LXP-09-09441、LXP-13-26042,永新县 LXP-13-07726、LXP-13-19565、LXP-QXL-272;诸广山脉:桂东县 LXP-13-25432、400144003、JGS-070,上犹县 LXP-03-06251。

香港瓜馥木 Fissistigma uonicum (Dunn) Merr.

乔木。山坡,山谷,疏林,密林,灌丛,溪边;壤土,腐殖土;250~400 m。武功山脉:茶陵县 LXP-09-10519;万洋山脉:遂川县 LXP-13-7446;诸广山脉:上犹县 LXP-13-12658。

Order 7. 樟目 Laurales

A19 蜡梅科 Calycanthaceae

夏蜡梅属 *Calycanthus* L.

***夏蜡梅 Calycanthus chinensis** Cheng et S. Y. Chang

灌木。栽培。幕阜山脉:九江市 谭策铭 95448(PE)。

***美国蜡梅 Calycanthus floridus** L.

灌木。栽培。幕阜山脉:庐山植物园 姚淦 8834 (NAS)。

蜡梅属 *Chimonanthus* Lindl.

山蜡梅 Chimonanthus nitens Oliv.

灌木。山坡,山谷,疏林;壤土;200~400 m。幕阜山脉:通山县 LXP1749,修水县 LXP0728;万洋山脉:永新县 LXP-13-07624、LXP-13-19095。

蜡梅 Chimonanthus praecox (L.) Link

灌木。山坡,密林,山谷;200~700 m。诸广山脉:上犹县(70)581(PE)。

柳叶蜡梅 Chimonanthus salicifolius Hu

灌木。山坡,山谷;200~900 m。九岭山脉:修水县 缪以清 1017(JJF)。

A25 樟科 Lauraceae

黄肉楠属 *Actinodaphne* Nees

红果黄肉楠 Actinodaphne cupularis (Hemsl.) Gamble

灌木。山坡,疏林;壤土;900~1000 m。武功山脉:芦溪县 LXP-06-1179。

毛黄肉楠 Actinodaphne pilosa (Lour.) Merr.

乔木。山谷,路旁;400~800 m。万洋山脉:炎陵县。

无根藤属 *Cassytha* L.

无根藤 Cassytha filiformis L.

藤本。山谷,平地,路旁,阳处;沙土;300~400 m。九岭山脉:靖安县 LXP-10-573、LXP-13-11528。

樟属 *Cinnamomum* Schaeff.

毛桂 Cinnamomum appelianum Schewe

小乔木或灌木。山坡,山谷,疏林,溪边,路旁;壤土;450~1500 m。九岭山脉:奉新县 LXP-06-4066;武功山脉:明月山 LXP-06-4597,芦溪县 LXP-13-09470;万洋山脉:井冈山 JGS-2012144、JGS-2167、JGS-489、LXP-13-8375、LXP-13-23112、LXP-13-25282,遂川县 LXP-13-17584、LXP-13-17830,炎陵县 LXP-09-07648、LXP-09-08232、LXP-09-08337,永新县 LXP-13-19866;诸广山脉:桂东县 LXP-13-25444,上犹县 LXP-13-1255。

华南桂 Cinnamomum austrosinense H. T. Chang

乔木。山谷,疏林;壤土;400~500 m。武功山脉:茶陵县 LXP-09-10344。

猴樟 Cinnamomum bodinieri Lévl.

乔木。山坡,疏林;600~1200 m。据《江西植物志》第二卷记载,井冈山有分布,未见标本。

阴香 Cinnamomum burmanni (Nees et T. Nees) Blume

乔木。山坡,疏林,路旁;400~500 m。诸广山脉:齐云山 Q070097,据刘小明等（2010）。

樟 Cinnamomum camphora (L.) Presl

乔木。山坡,山谷,丘陵,平地,疏林,密林,河边，路旁，阳处；壤土；50~1700 m。幕阜山脉：平江县 LXP-10-6121、LXP-10-6356；九岭山脉：安义县 LXP-10-10440、LXP-10-3691、LXP-10-3838，大围山 LXP-10-7955，奉新县 LXP-10-13874、LXP-10-14046、LXP-10-3251，浏阳市 LXP-10-5785、LXP-10-5928，上高县 LXP-10-4892，铜鼓县 LXP-10-13492、LXP-10-7050、LXP-10-7122，万载县 LXP-10-1425，宜春市 LXP-10-1030、LXP-10-818，靖安县 LXP-10-10398、LXP-10-427，宜丰县 LXP-10-3144、LXP-10-4823、LXP-10-8929；武功山脉：安福县 LXP-06-3723、LXP-06-3888、LXP-06-3982，茶陵县 LXP-06-1525，明月山 LXP-06-4967、LXP-06-7984，攸县 LXP-06-5212，芦溪县 400146006；万洋山脉：吉安市 LXSM2-6-10001，井冈山 JGS-2179，炎陵县 LXP-09-10571、LXP-09-10833，永新县 LXP-QXL-269；诸广山脉：上犹县 LXP-03-06143、LXP-03-10442。

*肉桂　Cinnamomum cassia Presl

乔木。山坡，山谷，疏林，溪边；沙土，腐殖土。栽培。万洋山脉：炎陵县 LXP-13-4367，永新县 LXP-13-07714、LXP-13-07836。

大叶桂　Cinnamomum iners Reinw. ex Bl.

乔木。山坡，密林；壤土。万洋山脉：炎陵县 LXP-13-3375。

天竺桂　Cinnamomum japonicum Sieb.

乔木。山坡，路旁，疏林；300~1000 m。幕阜山脉：幕阜山　熊耀国 05914(LBG)。

野黄桂　Cinnamomum jensenianum Hand.-Mazz.

乔木。山坡，山谷，疏林，路旁；腐殖土；200~1400 m。九岭山脉：铜鼓县 LXP-10-6945，宜丰县 LXP-10-7340；武功山脉：芦溪县 LXP-13-09561、LXP-13-09838；万洋山脉：吉安市 LXSM2-6-10057，炎陵县 LXP-09-06309、LXP-09-10775、TYD2-1388；诸广山脉：桂东县 LXP-13-22613、LXP-13-25523。

沉水樟　Cinnamomum micranthum (Hay.) Hay.

乔木。山坡，山谷，疏林，密林，溪边，路旁；壤土，沙土；250~900 m。九岭山脉：靖安县 LXP-13-11444；武功山脉：安福县 LXP-06-0237；万洋山脉：井冈山 JGS-1185、JGS-1339、JGS4094，遂川县

LXP-13-16351，炎陵县 LXP-09-07529；诸广山脉：崇义县 LXP-03-05829、LXP-03-10226，上犹县 LXP-03-06957、LXP-03-10761。

黄樟　Cinnamomum parthenoxylon (Jack) Meisner

乔木。山坡，山谷，疏林，密林，溪边，水库边，路旁，阳处；壤土，沙土，腐殖土；100~1200 m。九岭山脉：万载县 LXP-13-10960、LXP-13-11392，大围山 LXP-10-11291、LXP-10-7854，靖安县 LXP-10-216，铜鼓县 LXP-10-8273，宜丰县 LXP-10-2280、LXP-10-8733；武功山脉：明月山 LXP-13-10633、LXP-13-10732、LXP-13-25216；万洋山脉：井冈山 JGS-1247、JGS-492、LXP-13-15380，炎陵县 LXP-09-08793；诸广山脉：崇义县 400145036、LXP-13-24208，桂东县 LXP-13-22629，上犹县 LXP-13-12953。

少花桂　Cinnamomum pauciflorum Nees

乔木。山坡，山谷，疏林，密林，溪边，路旁；壤土；200~1400 m。九岭山脉：靖安县 LXP-10-603；武功山脉：芦溪县 LXP-13-09847；万洋山脉：遂川县 LXP-13-23464，炎陵县 LXP-09-00257、LXP-09-07567、LXP-09-07647；诸广山脉：上犹县 LXP-13-23511。

香桂　Cinnamomum subavenium Miq.

乔木。山坡，山谷，疏林，密林，溪边，路旁；腐殖土；300~1900 m。万洋山脉：井冈山 JGS-388、JGS-644，遂川县 LXP-13-17245、LXP-13-17691，炎陵县 DY3-1185、LXP-09-00097、LXP-09-08454，永新县 LXP-13-07694。

辣汁树　Cinnamomum tsangii Merr.

乔木或灌木。山坡，山谷，疏林，密林，灌丛，溪边；壤土；600~1100 m。万洋山脉：井冈山 JGS-1210、JGS-4717、LXP-13-05883，遂川县 LXP-13-17451，炎陵县 LXP-09-326、LXP-09-495、LXP-13-05075；诸广山脉：上犹县 LXP-13-12117。

川桂　Cinnamomum wilsonii Gamble

乔木。山坡，山谷，疏林，溪边，阳处；腐殖土；500~1900 m。幕阜山脉：通山县 LXP7108、LXP-7678；武功山脉：攸县 LXP-06-1611；万洋山脉：炎陵县 LXP-09-07031、LXP-09-07417、LXP-09-08428，永新县 LXP-13-07828；诸广山脉：崇义县 400145033，上犹县 LXP-13-25075、LXP-13-25276。

厚壳桂属 *Cryptocarya* R. Br.

厚壳桂 **Cryptocarya chinensis** (Hance) Hemsl.

乔木。山谷，疏林，溪边；壤土。诸广山脉：上犹县 LXP-13-12361。

硬壳桂 **Cryptocarya chingii** Cheng

乔木。山谷，疏林，溪边；壤土。诸广山脉：上犹县（五指峰）吴大诚 96004 (JJF)。

黄果厚壳桂 **Cryptocarya concinna** Hance

乔木。山谷，疏林，路旁，阳处；700~800 m。诸广山脉：崇义县 LXP-13-24403，上犹县 LXP-13-12650。

山胡椒属 *Lindera* Thunb.

乌药 **Lindera aggregata** (Sims) Kosterm

灌木。山坡，山谷，疏林，灌丛，溪边，村边，路旁；100~1700 m。幕阜山脉：庐山市 LXP4666、LXP4852、LXP4899、LXP6008，平江县 LXP4270、LXP-10-6161，通山县 LXP1949、LXP6928、LXP7434，武宁县 LXP0560、LXP1047、LXP1580，修水县 LXP0259、LXP2536、LXP2626；九岭山脉：安义县 LXP-10-9460，大围山 LXP-10-11191，奉新县 LXP-10-10603、LXP-10-10870、LXP-10-13856，靖安县 LXP-10-10291、LXP-10-4518、LXP-10-522，浏阳市 LXP-10-5839，铜鼓县 LXP-10-13555、LXP-10-6585、LXP-10-7227，万载县 LXP-10-1593、LXP-10-1915，宜春市 LXP-10-1113，宜丰县 LXP-10-12717、LXP-10-13383、LXP-10-2236；武功山脉：安福县 LXP-06-0195、LXP-06-0447、LXP-06-3179，茶陵县 LXP-06-1687、LXP-06-1841、LXP-06-7121，芦溪县 LXP-06-1084，明月山 LXP-06-7949，宜春市 LXP-06-2665，攸县 LXP-06-5396；万洋山脉：吉安市 LXSM2-6-10068，井冈山 400144006、JGS-2012147、JGS-279，遂川县 LXP-13-16512、LXP-13-18204、LXP-13-7119，炎陵县 LXP-09-07115、LXP-09-07238、LXP-09-07288，永新县 LXP-13-19231、LXP-13-19642、LXP-QXL-038，永兴县 LXP-03-03961、LXP-03-04117、LXP-03-04356，资兴市 LXP-03-00225、LXP-03-03466、LXP-03-03557；诸广山脉：崇义县 LXP-03-04943、LXP-03-05665、LXP-03-10161，桂东县 LXP-03-00904，上犹县 LXP-03-06080、LXP-03-06207、LXP-03-06847。

狭叶山胡椒 **Lindera angustifolia** Cheng

乔木或灌木。山坡，山谷，平地，丘陵，疏林，灌丛，河边，路旁；50~500 m。幕阜山脉：武宁县 LXP0978；九岭山脉：安义县 LXP-10-9468，上高县 LXP-10-4886，万载县 LXP-10-1863、LXP-10-1908；武功山脉：安福县 LXP-06-0202，茶陵县 LXP-06-1839、LXP-06-2187、LXP-065179，莲花县 LXP-06-0290、LXP-06-0648，樟树市 LXP-10-5087。

江浙山胡椒 **Lindera chienii** Cheng

乔木或灌木。山坡，疏林，溪边，路旁；壤土；500~1500 m。幕阜山脉：平江县 LXP3546，通山县 LXP1141、LXP2240、LXP7319，武宁县 LXP1131。

香叶树 **Lindera communis** Hemsl.

乔木。山谷，山坡，疏林，密林，溪边，河边；壤土；200~1400 m。幕阜山脉：通山县 LXP5970、LXP6902，武宁县 LXP1202；九岭山脉：万载县 LXP-13-11170，大围山 LXP-10-8038，七星岭 LXP-10-8165，宜丰县 LXP-10-8631，靖安县 LXP-13-11562；武功山脉：芦溪县 LXP-13-09442、LXP-13-09545、LXP-13-8260、LXP-13-09679、LXP-13-09886，攸县 LXP-03-07646；万洋山脉：吉安市 LXSM2-6-10129，井冈山 JGS-2056、JGS-2188、LXP-13-0476，遂川县 LXP-13-16346、LXP-13-18323，炎陵县 LXP-09-09454，永新县 LXP-13-07923、LXP-13-07980；诸广山脉：桂东县 LXP-13-25441。

红果山胡椒 **Lindera erythrocarpa** Makino

灌木。山坡，山谷，疏林，溪边，阳处；壤土，腐殖土；200~1900 m。幕阜山脉：庐山市 LXP4612、LXP4927、LXP6054，平江县 LXP4232、LXP6443、LXP6474、LXP-10-6009、LXP-10-6294，通山县 LXP1390、LXP6874、LXP7088，武宁县 LXP5814、LXP6259，修水县 LXP0274、LXP2725；九岭山脉：安义县 LXP-10-3748，大围山 LXP-10-11140、LXP-10-1138，奉新县 LXP-10-10652、LXP-10-10825，靖安县 LXP-10-10038、LXP-10-13700，七星岭 LXP-10-11840，铜鼓县 LXP-10-6506，宜春市 LXP-10-819，宜丰县 LXP-10-2200、LXP-10-2323；武功山脉：安福县 LXP-06-0491、LXP-06-8603，茶陵县 LXP-06-1453、LXP-06-1633，芦溪县 LXP-06-1085、LXP-06-

1747，明月山 LXP-06-7697、LXP-10-1300，攸县 LXP-06-1606；万洋山脉：井冈山 JGS-2012128，遂川县 LXP-13-16355、LXP-13-16591，炎陵县 LXP-09-07503、LXP-09-07985，永新县 LXP-13-07876、LXP-13-08161、LXP-03-04137、LXP-03-04204，资兴市 LXP-03-05028；诸广山脉：桂东县 LXP-03-00529、LXP-03-00927，上犹县 LXP-13-12611。

绒毛钓樟　Lindera floribunda (Allen) H. P. Tsui

灌木。山坡，灌丛；350~750 m。幕阜山脉：通山县 LXP1717、LXP6974。

香叶子　Lindera fragrans Oliv.

乔木或灌木。山坡，山谷，疏林，密林，溪边；壤土，腐殖土；500~1700 m。武功山脉：芦溪县 LXP-06-2064、LXP-13-03522、LXP-13-826、LXP-13-09798；万洋山脉：吉安市 LXSM2-6-10054，井冈山 JGS-2012123、JGS4109，遂川县 LXP-13-16629，炎陵县 LXP-13-24850、LXP-13-24924；诸广山脉：崇义县 LXP-13-24260，桂东县 LXP-13-22563，上犹县 LXP-13-19336A。

山胡椒　Lindera glauca (Sieb. et Zucc.) Bl.

灌木。山坡，山谷，疏林，密林，河边，路旁；200~1700 m。幕阜山脉：庐山市 LXP4623、LXP4652、LXP4768，修水县 LXP3056，平江县 LXP3768、LXP-10-6018、LXP-10-6196，瑞昌市 LXP0030、LXP0076，武宁县 LXP0541、LXP1082，通山县 LXP1715、LXP1824；九岭山脉：安义县 LXP-10-10490、LXP-10-3583，大围山 LXP-10-11248、LXP-10-11499，奉新县 LXP-10-10646、LXP-10-10778、LXP-06-4005，浏阳市 LXP-10-5787，铜鼓县 LXP-10-13577、LXP-10-6608，万载县 LXP-10-1519，靖安县 LXP-10-10099、LXP-10-13611，宜丰县 LXP-10-12733、LXP-10-12874；武功山脉：分宜县 LXP-10-5110、LXP-06-2363，安福县 LXP-06-3840、LXP-06-5661，茶陵县 LXP-06-1855、LXP-06-1890、LXP-09-10313，明月山 LXP-06-4997，宜春市 LXP-06-2688，安仁县 LXP-03-01455、LXP-03-01490，攸县 LXP-06-5481；万洋山脉：井冈山 JGS-2012180、JGS-273，遂川县 LXP-13-16312，炎陵县 LXP-09-06032、LXP-09-07234，永新县 LXP-QXL-060，永兴县 LXP-03-03843、LXP-03-03910，资兴市 LXP-03-03546；诸广山脉：崇义县 LXP-03-05640、LXP-03-05907，桂东县 LXP-

03-00499、LXP-03-00781，上犹县 LXP-03-06404、LXP-03-06789。

广东山胡椒　Lindera kwangtungensis (Liou) Allen

乔木。山坡，山谷，疏林，路旁，阳处；壤土；100~1400 m。九岭山脉：大围山 LXP-10-5286，上高县 LXP-10-4858；万洋山脉：井冈山 JGS-1341、JGS-2059，炎陵县 LXP-09-6522。

黑壳楠　Lindera megaphylla Hemsl.

乔木。山坡，山谷，疏林，密林，溪边，路旁；腐殖土；250~1700 m。幕阜山脉：庐山市 LXP5508，平江县 LXP-10-6068；武功山脉：芦溪县 LXP-06-1145；万洋山脉：井冈山 JGS-4743、JGS-C030、LXP-13-15393，遂川县 LXP-13-16929，炎陵县 LXP-09-07094、LXP-09-07170，永新县 LXP-13-07723、LXP-13-08106。

绒毛山胡椒　Lindera nacusua (D. Don) Merr.

灌木或乔木。山坡，山谷，疏林；壤土；200~1500 m。幕阜山脉：武宁县 LXP0569、LXP5622；九岭山脉：大围山 LXP-03-08149，浏阳市 LXP-03-08910；武功山脉：芦溪县 LXP-06-1193、LXP-06-1298；万洋山脉：井冈山 JGS-1332，遂川县 LXP-13-16457、LXP-13-17500，炎陵县 LXP-09-07371、TYD1-1265，永新县 LXP-13-19589。

绿叶甘橿　Lindera neesiana (Nees) Kurz

灌木。山坡，山谷，密林，溪边，路旁；壤土；300~800 m。幕阜山脉：瑞昌市 LXP0155，通山县 LXP2144、LXP5888，武宁县 LXP0483；武功山脉：安福县 LXP-06-1000。

三桠乌药　Lindera obtusiloba Bl. Mus. Bot.

乔木或灌木。山坡，山谷，疏林，溪边，路旁；壤土；800~1900 m。幕阜山脉：平江县 LXP3509、LXP3741，通山县 LXP1140、LXP1280；九岭山脉：大围山 LXP-10-5328、LXP-10-5407，七星岭 LXP-10-11404、LXP-10-11847；武功山脉：安福县 LXP-06-9439；万洋山脉：遂川县 LXP-13-17756、LXP-13-20273、LXP-13-20317，炎陵县 LXP-13-22893、LXP-13-22916。

大果山胡椒　Lindera praecox (Sieb. et Zucc.) Bl.

灌木。山坡，疏林，灌丛。九岭山脉：丰城市 Y. Tsiang

10372B(NAS)；武功山脉：武功山 江西队 00107 (PE)。

香粉叶 Lindera pulcherrima var. attenuata Allen

灌木或乔木。山坡，山谷，疏林，密林，路旁；壤土；500~1500 m。九岭山脉：浏阳市 LXP-03-08465；武功山脉：芦溪县 LXP-06-1153、LXP-06-1763；万洋山脉：炎陵县 LXP-09-08008、LXP-13-5639，资兴市 LXP-03-05070，井冈山 JGS4169；诸广山脉：上犹县 LXP-13-25237、LXP-13-12526，崇义县 LXP-03-05872、LXP-03-10262。

山櫃 Lindera reflexa Hemsl.

灌木。山坡，山谷，疏林，河边，路旁；腐殖土；100~1500 m。幕阜山脉：庐山市 LXP4882、LXP5030、LXP6308，平江县 LXP4089、LXP-10-6462，通山县 LXP1896、LXP2255，武宁县 LXP1036、LXP1433，修水县 LXP0326；九岭山脉：安义县 LXP-10-3653、LXP-10-3761，大围山 LXP-10-11245、LXP-10-11502，奉新县 LXP-10-3513、LXP-10-3911，浏阳市 LXP-10-5795，铜鼓县 LXP-10-6904、LXP-10-7261，宜丰县 LXP-10-13054、LXP-10-13128；武功山脉：茶陵县 LXP-06-1436，芦溪县 LXP-06-1197，攸县 LXP-06-5247、LXP-03-07656；万洋山脉：吉安市 LXSM2-6-10055，井冈山 JGS-2012093、JGS-2012144，遂川县 LXP-13-09305、LXP-13-16950，炎陵县 DY1-1013、DY2-1104、DY2-1105，永新县 LXP-13-07627、LXP-13-19609，永兴县 LXP-03-03892、LXP-03-04026，资兴市 LXP-03-03479、LXP-03-03484；诸广山脉：桂东县 LXP-13-09242，崇义县 LXP-03-04875、LXP-03-05892，上犹县 LXP-03-06593。

红脉钓樟 Lindera rubronervia Gamble

灌木或乔木。山坡，山谷，山顶，疏林，灌丛，路旁；400~1500 m。幕阜山脉：庐山市 LXP4510、LXP4531，平江县 LXP3574、LXP3706，瑞昌市 LXP0037，通山县 LXP2406、LXP6993；九岭山脉：大围山 LXP-10-7685。

木姜子属 *Litsea* Lam.

尖脉木姜子 Litsea acutivena Hay.

小乔木。山坡，常绿阔叶林；1200~1400 m。诸广山脉：桂东县 LXP-03-2523。

天目木姜子 Litsea auriculata Chien et Cheng

乔木。山谷，溪边；400~500 m。幕阜山脉：通山县 LXP7336。

毛豹皮樟 Litsea coreana var. lanuginosa (Migo) Yang et P. H. Huang

乔木。山坡，疏林，溪边；948 m。幕阜山脉：平江县 LXP3868，通山县 LXP1383、LXP1384，修水县 LXP3037；九岭山脉：大围山 LXP-10-11770，万载县 LXP-13-11151、LXP-10-2049，宜丰县 LXP-10-12889、LXP-10-13215，大围山 LXP-03-08142；武功山脉：茶陵县 LXP-06-1447、LXP-06-1574；万洋山脉：井冈山 LXP-13-20397，遂川县 LXP-13-16577，炎陵县 LXP-09-10935、TYD1-1307；诸广山脉：崇义县 LXP-03-05873、LXP-03-07278。

豹皮樟 Litsea coreana var. sinensis (Allen) Yang et P. H. Huang

乔木。山坡，山谷，疏林，溪边，路旁；腐殖土；300~900 m。幕阜山脉：庐山市 LXP4915，平江县 LXP-13-22489、LXP3696、LXP3971，通山县 LXP2402、LXP7851，武宁县 LXP1231、LXP1566；九岭山脉：万载县 LXP-13-11242；万洋山脉：井冈山 LXP-13-18784。

山鸡椒 Litsea cubeba (Lour.) Pers.

乔木或灌木。山坡，山谷，疏林，路旁；壤土；100~1500 m。幕阜山脉：庐山市 LXP4569、LXP5156，平江县 LXP3683、LXP4233、LXP-10-6076，通山县 LXP1792、LXP1974，武宁县 LXP1060、LXP1415，修水县 LXP2856、LXP3108；九岭山脉：大围山 LXP-10-11192、LXP-10-11615，奉新县 LXP-10-10632、LXP-10-10794、LXP-06-4082，靖安县 LXP-10-188、LXP-10-4496，铜鼓县 LXP-10-13425、LXP-10-6610，宜春市 LXP-06-2737，宜丰县 LXP-10-12802、LXP-10-13384；武功山脉：安福县 LXP-06-0010、LXP-06-0999，樟树市 LXP-10-5003，茶陵县 LXP-06-2029、LXP-06-7093，芦溪县 LXP-06-1196、LXP-06-1268，安仁县 LXP-03-01431、LXP-03-01523，攸县 LXP-06-5477；万洋山脉：井冈山 JGS-1018、JGS-386，遂川县 LXP-13-16410、LXP-13-16668，炎陵县 DY2-1045、DY3-1130，永新县 LXP-13-07889、LXP-13-08035，永兴县 LXP-03-03841、LXP-03-04157，资兴市 LXP-03-00105、LXP-03-00154；诸广山脉：崇义县 LXP-03-04873、LXP-03-05662，桂东县 LXP-03-00908、LXP-03-02301，上犹县 LXP-03-06011、

LXP-03-06700、LXP-03-10331。

毛山鸡椒 Litsea cubeba var. formosana (Nakai) Yang et P. H. Huang

乔木。山坡，山谷，山顶，疏林，密林，溪边，阳处，阴处；壤土；100~500 m。九岭山脉：万载县 LXP-10-1595、LXP-10-1865，宜春市 LXP-10-1172、LXP-10-820、LXP-13-10523、LXP-13-10585；宜丰县 LXP-10-8725；武功山脉：莲花县 LXP-GTY-253；诸广山脉：崇义县 400145021。

黄丹木姜子 Litsea elongata (Wall. ex Nees) Benth. et Hook. f.

乔木。山坡，山谷，疏林，溪边，路旁；壤土；300~1500 m。幕阜山脉：庐山市 LXP4490、LXP4602，平江县 LXP3703、LXP3808，通城县 LXP6382，通山县 LXP1166、LXP1365、LXP2011，武宁县 LXP1473、LXP5827；九岭山脉：奉新县 LXP-10-3912，靖安县 LXP-10-762、LXP-10-9524，宜丰县 LXP-10-2284、LXP-10-2407；武功山脉：茶陵县 LXP-09-10389；万洋山脉：井冈山 JGS-1824、JGS-2012155，遂川县 LXP-13-09342、LXP-13-7432，炎陵县 DY2-1161、LXP-09-07361、LXP-09-08317，永新县 LXP-13-07947；诸广山脉：上犹县 LXP-03-06900、LXP-03-07085、LXP-03-10705。

石木姜子 Litsea elongata var. faberi (Hemsl.) Yang et P. H. Huang

灌木。山坡，山谷，疏林，密林，路旁；300~900 m。幕阜山脉：通山县 LXP7152；九岭山脉：靖安县 LXP-13-10218、LXP-13-10333；武功山脉：茶陵县 LXP-09-10379，明月山 LXP-13-10717；万洋山脉：井冈山 LXP-13-15282，遂川县 LXP-13-18041，炎陵县 LXP-09-07587、LXP-09-08040，永新县 LXP-13-07776、LXP-QXL-328；诸广山脉：桂东县 LXP-13-25452。

清香木姜子 Litsea euosma W. W. Sm.

乔木。山坡，山顶，平地，疏林，路旁，溪边，石上；壤土；500~1300 m。幕阜山脉：平江县 LXP3719，通山县 LXP7004；九岭山脉：浏阳市 LXP-03-08614、LXP-03-08924。

华南木姜子 Litsea greenmaniana Allen

乔木。山坡，疏林，路旁；黄壤；300~800 m。万

洋山脉：永新县 LXP-QXL-708。

润楠叶木姜子 Litsea machiloides Yang et P. H. Huang

乔木。山谷，平地，疏林，溪边；壤土；200~400 m。武功山脉：安福县 LXP-06-0960。

毛叶木姜子 Litsea mollis Hemsl.

乔木。山坡，山谷，疏林，河边，路旁；200~1100 m。武功山脉：安福县 LXP-06-0193、LXP-06-0451，茶陵县 LXP-06-1411，芦溪县 LXP-06-1158；万洋山脉：永兴县 LXP-03-03901，资兴市 LXP-03-05109；诸广山脉：上犹县 LXP-03-06102、LXP-03-06289。

红皮木姜子 Litsea pedunculata (Diels) Yang et P. H. Huang

乔木。山坡，山谷，疏林，密林，灌丛，溪边，路旁；200~1900 m。九岭山脉：奉新县 LXP-10-9321，大围山 LXP-09-11060、LXP-10-11267、LXP-10-7977；武功山脉：安福县 LXP-06-0722，莲花县 LXP-06-0671，芦溪县 LXP-06-1204；万洋山脉：井冈山 JGS-B010、JGS-B043，遂川县 LXP-13-16815，炎陵县 LXP-09-09092；诸广山脉：崇义县 LXP-13-13105，上犹县 LXP-13-12875。

木姜子 Litsea pungens Hemsl.

灌木或乔木。山坡，山谷，疏林，密林，溪边，路旁，阳处；壤土；500~1500 m。幕阜山脉：平江县 LXP3653；九岭山脉：大围山 LXP-10-11337，奉新县 LXP-10-10550，七星岭 LXP-10-8169；武功山脉：安仁县 LXP-03-00677；万洋山脉：井冈山 JGS-1088，炎陵县 LXP-09-06085，永兴县 LXP-03-04419。

豺皮樟 Litsea rotundifolia var. oblongifolia (Nees) Allen

乔木。平地，疏林，溪边；壤土；700~800 m。诸广山脉：崇义县 聂敏祥 9093(IBSC)。

桂北木姜子 Litsea subcoriacea Yang et P. H. Huang

乔木。山顶，密林，阳处；600 m。九岭山脉：靖安县 LXP-10-384。

栓皮木姜子 Litsea suberosa Yang et P. H. Huang

乔木。山坡，疏林；壤土。万洋山脉：炎陵县 LXP-09-06375。

润楠属 *Machilus* Nees

短序润楠 Machilus breviflora (Benth.) Hemsl.

灌木。山坡,密林;壤土。万洋山脉:炎陵县 LXP-13-3390。

浙江润楠 Machilus chekiangensis S. Lee

乔木。山坡,山谷,疏林,路旁,阳处;壤土。武功山脉:芦溪县 LXP-13-09436、LXP-13-09931;万洋山脉:井冈山 JGS4112。

华润楠 Machilus chinensis (Champ. ex Benth.) Hemsl.

乔木。山谷,密林,阴处;450 m。九岭山脉:靖安县 LXP-10-458。

基脉润楠 Machilus decursinervis Chun

乔木。山坡,密林,灌丛;800~900 m。武功山脉:茶陵县 LXP-06-1905,攸县 LXP-03-07650。

黄绒润楠 Machilus grijsii Hance

乔木。山坡,山谷,疏林,溪边,路旁;壤土;100~700 m。九岭山脉:奉新县 LXP-10-3371、LXP-10-3538,靖安县 LXP-10-118,铜鼓县 LXP-10-8368,万载县 LXP-10-1536,宜丰县 LXP-10-2632、LXP-10-2988;万洋山脉:井冈山 JGS-2012085,遂川县 LXP-13-17365,炎陵县 LXP-09-08702。

宜昌润楠 Machilus ichangensis Rehd. et Wils.

乔木。山坡,山谷,疏林,密林,溪边;壤土;400~1400 m。幕阜山脉:通山县 LXP7668;九岭山脉:靖安县 LXP-10-4325、LXP-13-10170;武功山脉:明月山 LXP-13-10811;万洋山脉:井冈山 JGS-1288,炎陵县 LXP-09-00027,永新县 LXP-QXL-194;诸广山脉:桂东县 JGS-A162,上犹县 LXP-13-25298。

大叶润楠 Machilus japonica var. **kusanoi** (Hayata) J. C. Liao

乔木。山坡,疏林;壤土;800~900 m。武功山脉:安福县 LXP-06-9275。

广东润楠 Machilus kwangtungensis Yang

乔木。山坡,山谷,疏林,溪边;壤土,沙土,腐殖土。九岭山脉:靖安县 LXP-13-10278;武功山脉:莲花县 LXP-GTY-378;万洋山脉:井冈山 JGS-2012127,永新县 LXP-13-07827。

薄叶润楠 Machilus leptophylla Hand.-Mazz.

乔木。山坡,山谷,疏林,密林,河边,溪边,路旁,阴处;壤土;100~1900 m。幕阜山脉:汨罗市 LXP-03-08603,平江县 LXP-03-08831、LXP3638,通山县 LXP1781、LXP1908,武宁县 LXP0559;九岭山脉:大围山 LXP-03-07712、LXP-10-11799,奉新县 LXP-10-10610,靖安县 LXP-10-363,万载县 LXP-10-1602,宜丰县 LXP-10-12895;武功山脉:芦溪县 LXP-06-1141、LXP-06-1302,明月山 LXP-06-4867、LXP-10-1272;万洋山脉:井冈山 JGS-2012027、JGS-2012150,遂川县 LXP-13-17294、LXP-13-18314,炎陵县 LXP-09-06456、LXP-09-07049,永新县 LXP-13-19285、LXP-13-19845;诸广山脉:上犹县 LXP-13-25106。

木姜润楠 Machilus litseifolia S. Lee

乔木。山坡,山谷,山顶,疏林,密林,河边,路旁;壤土,腐殖土。武功山脉:芦溪县 LXP-13-8236、LXP-13-09778、LXP-13-09850;万洋山脉:炎陵县 LXP-09-07949;诸广山脉:上犹县 LXP-13-12112。

刨花润楠 Machilus pauhoi Kanehira

乔木。山坡,山谷,疏林,溪边,路旁;壤土;400~1900 m。幕阜山脉:武宁县 LXP1552;武功山脉:茶陵县 LXP-09-10275,安福县 LXP-06-9446;万洋山脉:井冈山 JGS-2137,遂川县 LXP-13-7444,炎陵县 DY1-1003;诸广山脉:桂东县 LXP-13-22550,上犹县 LXP-13-23533。

凤凰润楠 Machilus phoenicis Dunn

乔木或灌木。山坡,疏林,路旁,阳处;400~1300 m。九岭山脉:奉新县 LXP-06-4011;万洋山脉:井冈山 JGS-2012150,遂川县 LXP-13-17219,炎陵县 LXP-03-04814、LXP-09-07428,资兴市 LXP-03-03473;诸广山脉:桂东县 LXP-13-09103,上犹县 LXP-13-12137。

红楠 Machilus thunbergii Sieb. et Zucc.

乔木。山坡,山谷,疏林,河边,路旁;壤土;200~1100 m。幕阜山脉:通山县 LXP6816,武宁县 LXP0907,修水县 LXP6720;九岭山脉:奉新县 LXP-10-9236,靖安县 LXP-10-352、LXP-10-4392,宜丰县 LXP-10-2266、LXP-10-2837;武功山脉:安

福县 LXP-06-9272；万洋山脉：井冈山 JGS-2012127a、JGS-2243，遂川县 LXP-13-16407，炎陵县 DY1-1003、LXP-09-06022、LXP-09-06477，永新县 LXP-13-19408；诸广山脉：桂东县 JGS-A091，崇义县 LXP-03-04952、LXP-03-05935，上犹县 LXP-13-12150、LXP-03-06886。

绒毛润楠 Machilus velutina Champ. ex Benth.

乔木。山坡，山谷，密林，灌丛，溪边，路旁；壤土，腐殖土；100~900 m。幕阜山脉：武宁县 LXP0663，修水县 LXP0823；九岭山脉：靖安县 LXP-13-10124，万载县 LXP-13-11005；武功山脉：安福县 LXP-06-5125，芦溪县 LXP-06-1340，明月山 LXP-13-10621、LXP-06-5011；万洋山脉：井冈山 JGS-1293、JGS-2012085，遂川县 LXP-13-16496，炎陵县 LXP-09-09442，永新县 LXP-13-07682；诸广山脉：桂东县 LXP-13-25330，上犹县 LXP-13-12917、LXP-03-06935、LXP-03-10740。

黄枝润楠 Machilus versicolora S. K. Lee et F. N. Wei

乔木。山谷，疏林；壤土。诸广山脉：上犹县 LXP-13-12869。

新木姜子属 *Neolitsea* Merr.

新木姜子 Neolitsea aurata (Hay.) Koidz.

乔木或灌木。山坡，山谷，疏林，密林，河边，溪边，路旁，阳处；壤土，沙土，腐殖土；300~1400 m。幕阜山脉：通山县 LXP2155，武宁县 LXP0452，修水县 LXP2864；九岭山脉：大围山 LXP-09-11093，宜丰县 LXP-10-2300；武功山脉：莲花县 LXP-GTY-340，芦溪县 LXP-13-09438、LXP-13-09724、LXP-06-1137；万洋山脉：井冈山 JGS-1011、JGS4024，遂川县 LXP-13-16857、LXP-13-18304，炎陵县 DY2-1249、DY3-1133，永新县 LXP-13-19815，资兴市 LXP-03-00075；诸广山脉：上犹县 LXP-13-12072、LXP-13-18923，桂东县 LXP-13-22706。

浙江新木姜子 Neolitsea aurata var. **chekiangensis** (Nakai) Yang et P. H. Huang

乔木。山坡，山谷，疏林，密林，溪边，阴处；壤土；200~1000 m。幕阜山脉：修水县 LXP6734，通山县 LXP2326、LXP7141；九岭山脉：靖安县 LXP-10-402，万载县 LXP-10-2155，宜丰县 LXP-10-12948；万洋山脉：永新县 LXP-13-07871。

粉叶新木姜子 Neolitsea aurata var. **glauca** Yang

乔木。山谷，山坡；700~1200 m。诸广山脉：上犹县　刘等 84-8006(PE)。

云和新木姜子 Neolitsea aurata var. **paraciculata** (Nakai) Yang et P. H. Huang

乔木。山坡，山谷，疏林，密林，溪边，路旁；腐殖土；900~1400 m。武功山脉：莲花县 LXP-GTY-405，芦溪县 LXP-13-09743；万洋山脉：井冈山 400144005、LXP-13-09865，遂川县 LXP-13-7223，炎陵县 LXP-09-07545；诸广山脉：上犹县 LXP-03-06584、LXP-03-06622。

浙闽新木姜子 Neolitsea aurata var. **undulatula** Yang et P. H. Huang

乔木。山坡，路旁；800~1200 m。幕阜山脉：修水县　董安淼 419(JJF)。

锈叶新木姜子 Neolitsea cambodiana Lec.

乔木。山坡，山谷，疏林，溪边；壤土；500~900 m。武功山脉：芦溪县 LXP-06-1138；万洋山脉：炎陵县 LXP-09-09538。诸广山脉：上犹县 LXP-13-12694。

鸭公树 Neolitsea chuii Merr.

乔木。山谷，疏林，溪边，路旁；腐殖土；700~800 m。武功山脉：芦溪县 LXP-13-09685；万洋山脉：遂川县 LXP-13-17270。

簇叶新木姜子 Neolitsea confertifolia (Hemsl.) Merr.

乔木。山坡，山谷，疏林，阴处；腐殖土；300~400 m。武功山脉：芦溪县 LXP-13-03567；万洋山脉：井冈山 JGS-2209。

大叶新木姜子 Neolitsea levinei Merr.

乔木。山坡，山谷，疏林，溪边；腐殖土；300~1700 m。武功山脉：莲花县 LXP-GTY-008，安福县 4001414007，芦溪县 LXP-13-03702、LXP-13-09655、LXP-06-1140、LXP-06-1694，明月山 LXP-06-7871；万洋山脉：井冈山 JGS-1345、JGS-1362，炎陵县 LXP-09-08162；诸广山脉：桂东县 LXP-13-09032、LXP-13-09201。

显脉新木姜子 Neolitsea phanerophlebia Merr.

乔木或灌木。山坡，山谷，疏林，灌丛，溪边；腐殖土；700~1600 m。幕阜山脉：平江县 LXP3962，通山县 LXP2183；万洋山脉：炎陵县 LXP-09-430；诸广山脉：上犹县 LXP-13-12187、LXP-13-12374。

羽脉新木姜子 Neolitsea pinninervis Yang et P. H. Huang

乔木。山坡，山谷，密林，溪边；900~1500 m。武功山脉：安福县 LXP-06-2825，芦溪县 LXP-06-1226。

美丽新木姜子 Neolitsea pulchella (Meissn.) Merr.

乔木。山坡，山谷，疏林，密林，灌丛，村边，路旁；腐殖土；300~1400 m。幕阜山脉：平江县 LXP3828，武宁县 LXP0930、LXP1294；九岭山脉：靖安县 LXP-13-10497；武功山脉：芦溪县 LXP-13-09467；万洋山脉：井冈山 JGS-1019、JGS-1054，遂川县 LXP-13-17241，炎陵县 LXP-09-07584、LXP-09-08026，永新县 LXP-13-19479；诸广山脉：桂东县 LXP-13-22562。

新宁新木姜子 Neolitsea shingningensis Yang et P. H. Huang

乔木。山坡，疏林，河边；腐殖土。万洋山脉：炎陵县 LXP-09-07905。

紫云山新木姜子 Neolitsea wushanica var. **pubens** Yang et P. H. Huang

乔木。平地，溪边；壤土；800~900 m。武功山脉：安福县 LXP-06-0734。

楠属 *Phoebe* Nees

闽楠 Phoebe bournei (Hemsl.) Yang

乔木。山坡，山谷，疏林，溪边，村边；腐殖土；100~700 m。九岭山脉：靖安县 4001410002，宜丰县 LXP-10-4679、LXP-13-22531；武功山脉：明月山 LXP-13-10711，安福县 LXP-06-8145，茶陵县 LXP-09-10486，分宜县 LXP-06-9619；万洋山脉：井冈山 JGS-186，炎陵县 LXP-09-09481，资兴市 LXP-03-00142；诸广山脉：桂东县 LXP-13-25460，崇义县 LXP-03-07343。

山楠 Phoebe chinensis Chun

草本。山谷，疏林；壤土；500~700 m。万洋山脉：井冈山 LXP-13-23036。

湘楠 Phoebe hunanensis Hand.-Mazz.

乔木。山坡，山谷，疏林，溪边，路旁；壤土，腐殖土；100~1800 m。幕阜山脉：平江县 LXP-03-08845、LXP4368，庐山市 LXP4520、LXP4644，瑞昌市 LXP0158，通山县 LXP1888、LXP6516，武宁县 LXP0418、LXP0620，修水县 LXP2363、LXP2776；九岭山脉：大围山 LXP-03-07773、LXP-10-11602，靖安县 LXP-10-341、LXP-10-4384，宜春市 LXP-06-2681，万载县 LXP-10-2157，宜丰县 LXP-10-12940、LXP-10-13084；武功山脉：安福县 LXP-06-0485、LXP-06-0535，芦溪县 LXP-06-1743，明月山 LXP-06-5015；万洋山脉：井冈山 JGS-1058、JGS-1124，遂川县 LXP-13-17307，炎陵县 LXP-03-03307、LXP-09-00181、LXP-09-06262；诸广山脉：桂东县 JGS-A168，上犹县 LXP-13-23150。

白楠 Phoebe neurantha (Hemsl.) Gamble

乔木。山坡，山谷，疏林，密林，溪边，路旁；壤土，腐殖土；100~1600 m。幕阜山脉：通山县 LXP1760，武宁县 LXP5558，修水县 LXP2924、LXP3147；九岭山脉：大围山 LXP-10-7813，宜丰县 LXP-10-2441；万洋山脉：井冈山 LXP-13-15385，炎陵县 LXP-13-22776、LXP-13-3083；诸广山脉：上犹县 LXP-03-06549。

光枝楠 Phoebe neuranthoides S. Lee et F. N. Wei

乔木。山坡，灌丛；壤土。万洋山脉：炎陵县 LXP-13-3201。

紫楠 Phoebe sheareri (Hemsl.) Gamble

乔木。山坡，山谷，疏林，密林，溪边，路旁；壤土，腐殖土；200~900 m。幕阜山脉：庐山市 LXP4715、LXP4912、LXP-13-24530、LXP6020、LXP6050，通山县 LXP6967，武宁县 LXP0484、LXP0507；九岭山脉：安义县 LXP-10-3731；武功山脉：莲花县 LXP-GTY-004，芦溪县 LXP-13-09678；万洋山脉：永新县 LXP-13-19781，永兴县 LXP-03-04403。

楠木 Phoebe zhennan S. Lee

乔木。山谷，疏林，密林，灌丛，河边，路旁；壤土；150~250 m。万洋山脉：永兴县 LXP-03-04462；诸广山脉：上犹县 LXP-03-06027。

檫木属 *Sassafras* J. Presl

檫木 Sassafras tzumu (Hemsl.) Hemsl.

乔木。山坡，山顶，山谷，疏林，路旁，村边；腐殖土；200~1500 m。幕阜山脉：平江县 LXP4206，通山县 LXP1913；九岭山脉：大围山 LXP-03-07847，宜春市 LXP-13-10586、LXP-10-954，安义县 LXP-10-3578，奉新县 LXP-10-9192，靖安县 LXP-13-10146，

宜丰县 LXP-10-4706；武功山脉：安福县 LXP-06-1005，茶陵县 LXP-09-10296，芦溪县 LXP-06-3307，玉京山 LXP-10-1293；万洋山脉：井冈山 JGS-032、JGS4069，遂川县 LXP-13-16885，炎陵县 DY1-1060、DY2-1125，永新县 LXP-13-07606、LXP-13-07789，永兴县 LXP-03-04508，资兴市 LXP-03-05110；诸广山脉：桂东县 LXP-13-25497，崇义县 LXP-03-05958，上犹县 LXP-03-06243。

Order 8. 金粟兰目 Chloranthales

A26 金粟兰科 Chloranthaceae

金粟兰属 *Chloranthus* Sw.

丝穗金粟兰 Chloranthus fortunei (A. Gray) Solms-Laub.

草本。山坡，疏林，路旁。幕阜山脉：庐山 董安淼 1404(JJF)；万洋山脉：吉安市 Anonymous(70) 044(PE)。

宽叶金粟兰 Chloranthus henryi Hemsl.

草本。山坡，山谷，疏林，灌丛，河边，阴处；腐殖土；200~1200 m。幕阜山脉：武宁县 LXP0948、LXP1132；九岭山脉：安义县 LXP-10-3723，大围山 LXP-03-02997、LXP-10-8090，奉新县 LXP-10-3559，靖安县 LXP-10-10190、LXP-10-10358，铜鼓县 LXP-10-8380，宜丰县 LXP-10-4612；武功山脉：明月山 LXP-13-10858；万洋山脉：吉安市 LXSM2-6-10078，井冈山 LXP-13-15201、LXP-13-15207，遂川县 LXP-13-7527，炎陵县 LXP-13-23877、LXP-03-03445，永新县 LXP-13-07676；诸广山脉：桂东县 LXP-13-09014，崇义县 LXP-03-05943，上犹县 LXP-03-07143、LXP-13-12438。

湖北金粟兰 Chloranthus henryi var. **hupehensis** (Pamp.) K. F. Wu

草本。平地，路旁；壤土；100~300 m。武功山脉：明月山 LXP-06-5017。

多穗金粟兰 Chloranthus multistachys Pei

草本。山坡，山谷，路旁，密林，疏林，溪边，阴处；壤土；200~800 m。幕阜山脉：平江县 LXP-10-5998；九岭山脉：奉新县 LXP-10-13902，靖安县 LXP-13-10101、LXP-10-324，宜丰县 LXP-10-12992；武功山脉：安福县 LXP-06-0283，玉京山 LXP-10-1282；万洋山脉：井冈山 JGS-417、JGS-B162，炎

陵县 LXP-09-6506、LXP-13-24037，永新县 LXP-QXL-410；诸广山脉：上犹县 LXP-13-19255A。

及已 Chloranthus serratus (Thunb.) Roem et Schult

草本。山坡，山谷，密林，灌丛，河边，溪边；壤土；100~1200 m。幕阜山脉：庐山市 LXP4792，平江县 LXP6459，通山县 LXP6651，武宁县 LXP6196；九岭山脉：靖安县 LXP-10-13749；武功山脉：安福县 LXP-06-4483，明月山 LXP-06-4935；万洋山脉：资兴市 LXP-03-00223。

华南金粟兰 Chloranthus sessilifolius var. **austrosinensis** K. F. Wu

草本。山坡，山谷，疏林，灌丛，林下，溪边，阴处；壤土，腐殖土。九岭山脉：万载县 LXP-13-11218；万洋山脉：井冈山 JGS-4720、JGS-B162，炎陵县 LXP-09-06149，永新县 LXP-13-07718。

金粟兰 Chloranthus spicatus (Thunb.) Makino

草本。平地，路旁；壤土；614 m。武功山脉：明月山 LXP-06-5031。

草珊瑚属 *Sarcandra* Gardner

草珊瑚 Sarcandra glabra (Thunb.) Nakai

草本或灌木。山坡，山谷，密林，疏林，灌丛，路旁，阴处；壤土，腐殖土；100~1100 m。幕阜山脉：庐山市 LXP5521，通山县 LXP5864，武宁县 LXP5723，修水县 LXP0281、LXP2362；九岭山脉：靖安县 LXP-13-10292、LXP-10-9592，万载县 LXP-10-1603，宜春市 LXP-10-1079，宜丰县 LXP-10-12888；武功山脉：安福县 LXP-06-0251、LXP-06-0909，明月山 LXP-13-10664，芦溪县 LXP-13-03637、LXP-06-1697；万洋山脉：井冈山 JGS-051、LXP-13-18581，遂川县 LXP-13-09330，炎陵县 LXP-09-06237、LXP-09-07275，永新县 LXP-13-08128；诸广山脉：崇义县 LXP-13-24334、LXP-03-05609、LXP-03-05690，桂东县 LXP-13-22633，上犹县 LXP-03-06237、LXP-03-06371、LXP-13-12068、LXP-13-12874。

Order 9. 菖蒲目 Acorales

A27 菖蒲科 Acoraceae

菖蒲属 *Acorus* L.

菖蒲 Acorus calamus L.

草本。山谷，溪边。武功山脉：武功山 岳俊三等

2972(PE)。

金钱蒲 Acorus gramineus Soland.

草本。山谷，疏林，溪边，路旁；200~1400 m。幕阜山脉：武宁县 LXP0933；九岭山脉：奉新县 LXP-06-4007；武功山脉：安福县 LXP-06-5056，芦溪县 LXP-06-1073、LXP-06-3425，明月山 LXP-06-4526；万洋山脉：吉安市 LXSM2-6-10175，遂川县 LXP-13-7299，炎陵县 LXP-09-10029，永新县 LXP-13-07798；诸广山脉：桂东县 LXP-13-25623、LXP-03-02469，上犹县 LXP-13-23341。

石菖蒲 Acorus tatarinowii Schott

草本。山坡，山谷，疏林，溪边，路旁，石上，树上；100~2100 m。幕阜山脉：平江县 LXP3591，通山县 LXP1385，武宁县 LXP6079；九岭山脉：安义县 LXP-10-3846，奉新县 LXP-10-3553，宜丰县 LXP-10-7277，靖安县 LXP-10-435；万洋山脉：遂川县 LXP-13-7299，炎陵县 LXP-03-03336、LXP-09-07306、LXP-09-08013，永新县 LXP-QXL-431，永兴县 LXP-03-04326，资兴市 LXP-03-03658。

Order 10. 泽泻目 Alismatales

A28 天南星科 Araceae

魔芋属 Amorphophallus Blume ex Decne.

东亚魔芋 Amorphophallus kiusianus (Makino) Makino

草本。山坡，山谷，疏林，草地；壤土；100~300 m。武功山脉：茶陵县 LXP-06-9424；万洋山脉：井冈山 JGS-C028；诸广山脉：上犹县 LXP-13-12804。

魔芋 Amorphophallus konjac K. Koch

草本。山谷，疏林，溪边；壤土；1400~1600 m。万洋山脉：炎陵县 LXP-09-08540；诸广山脉：上犹县 LXP-13-12804a。

天南星属 Arisaema Mart.

灯台莲 Arisaema bockii Engler [Arisaema sikokianum var. serratum (Makino) Hand.-Mazz.]

草本。山坡，山谷，疏林，密林，灌丛，河边，路旁，阴处；腐殖土；200~1600 m。幕阜山脉：通山县 LXP2157，武宁县 LXP1497；九岭山脉：大围山 LXP-03-07926，靖安县 LXP-10-4404；武功山脉：茶陵县 LXP-09-10225；莲花县 LXP-GTY-173；万洋山脉：井冈山 LXP-13-18653、JGS-201201，遂川县 LXP-13-23743、LXP-13-17968，资兴市 LXP-03-05131，永新县 LXP-13-19814，炎陵县 LXP-09-09326、LXP-09-6531、DY2-1265、LXP-09-00285。

一把伞南星 Arisaema erubescens (Wall.) Schott

草本。山坡，山谷，疏林，灌丛，草地，溪边，阴处；壤土，腐殖土；300~1900 m。幕阜山脉：平江县 LXP3182、LXP3492；九岭山脉：大围山 LXP-03-07828、LXP-13-08233、LXP-10-5458，靖安县 LXP-10-303，七星岭 LXP-10-8156；武功山脉：茶陵县 LXP-06-1443、LXP-09-10302，芦溪县 LXP-06-1754，明月山 LXP-06-4507；万洋山脉：吉安市 LXSM2-6-10095，遂川县 LXP-13-17299，炎陵县 DY3-1034、LXP-09-06211，永新县 LXP-QXL-741，永兴县 LXP-03-04131，资兴市 LXP-03-03505；诸广山脉：崇义县 LXP-03-05700，上犹县 LXP-03-06541、LXP-13-23157。

天南星 Arisaema heterophyllum Blume

草本。山坡，山谷，疏林，灌丛，溪边，路旁，阴处；壤土，腐殖土；200~800 m。幕阜山脉：平江县 LXP4281，通山县 LXP2035，武宁县 LXP1336；九岭山脉：大围山 LXP-10-8034，奉新县 LXP-10-3289、LXP-10-3890，宜丰县 LXP-10-8736；武功山脉：莲花县 LXP-GTY-278，茶陵县 LXP-06-2040；万洋山脉：井冈山 JGS-1304022、JGS-2012063，遂川县 LXP-13-17295，炎陵县 LXP-09-07165、LXP-09-08667，永兴县 LXP-03-04054，永新县 LXP-13-07649、LXP-13-19032；诸广山脉：上犹县 LXP-13-12961。

湘南星 Arisaema hunanense Hand.-Mazz.

草本。山坡，山谷，平地，草地，路旁，阴处；壤土；100~1500 m。武功山脉：茶陵县 LXP-06-9425，芦溪县 LXP-06-1096、LXP-06-1097。

花南星 Arisaema lobatum Engl.

草本。山坡，山谷，疏林，灌丛，溪边；壤土，腐殖土；1400~1900 m。万洋山脉：遂川县 LXP-13-16788，炎陵县 DY2-1225。

全缘灯台莲 Arisaema sikokianum Franch. et Savat.

草本。山谷，密林，溪边；壤土；1000~1100 m。诸广山脉：上犹县 LXP-03-06592。

鄂西南星 Arisaema silvestrii Pamp. [*Arisaema duboisreymondiae* Engl.]

草本。山坡，林下；500~1000 m。幕阜山脉：庐山谭策铭等 03001(SZG)。

芋属 *Colocasia* Schott

野芋 Colocasia antiquorum Schott

草本。山谷，平地，溪边，路旁，河边；壤土；200~300 m。九岭山脉：浏阳市 LXP-03-08389；万洋山脉：炎陵县 LXP-09-00591。

*芋 Colocasia esculenta (L.) Schott

草本。山坡，平地，沼泽，河边；壤土；50~600 m。栽培。武功山脉：安福县 LXP-06-0146、LXP-06-0233，茶陵县 LXP-06-1396，芦溪县 LXP-06-1717，攸县 LXP-06-5393。

浮萍属 *Lemna* L.

稀脉浮萍 Lemna aequinoctialis Welwitsch

草本。池塘，湿地；50~400 m。广布热带至温带，未见标本。

浮萍 Lemna minor L.

草本。山谷，平地，路旁，水田边；50~800 m。九岭山脉：大围山 LXP-10-7911，万载县 LXP-10-1951；万洋山脉：永新县 LXP-13-19277；诸广山脉：崇义县 LXP-13-24362。

品藻 Lemna trisulca L.

草本。池塘，湿地；80~800 m。世界广布（除南美洲），未见标本。

半夏属 *Pinellia* Tenore

滴水珠 Pinellia cordata N. E. Brown

草本。山坡，山谷，疏林，石壁上，阴处；200~1600 m。幕阜山脉：平江县 LXP3667、LXP-10-6221，通山县 LXP2163、LXP6525，武宁县 LXP0993；万洋山脉：井冈山 LXP-13-18376，炎陵县 LXP-09-00737，永新县 LXP-13-08111；诸广山脉：上犹县 LXP-13-12249。

湖南半夏 Pinellia hunanensis C. L. Long et X. J. Wu

草本。山坡，草地；壤土；100~200 m。武功山脉：

茶陵县 LXP-06-9428。

虎掌半夏 Pinellia pedatisecta Schott

草本。山坡，山谷，疏林，密林，溪边，路旁；壤土；500~1100 m。九岭山脉：大围山 LXP-03-02996；万洋山脉：炎陵县 LXP-09-10131，资兴市 LXP-03-03588、LXP-03-03813。

半夏 Pinellia ternata (Thunb.) Breit.

草本。山坡，山谷，疏林，灌丛，草地，溪边，路旁，村边，阴处；壤土；100~900 m。幕阜山脉：平江县 LXP3787，通山县 LXP6520，武宁县 LXP0461；九岭山脉：安义县 LXP-10-3847，宜丰县 LXP-10-8911；武功山脉：分宜县 LXP-10-5211，安福县 LXP-06-4814，芦溪县 LXP-06-3422，茶陵县 LXP-09-10207、LXP-09-10337，明月山 LXP-06-4644；万洋山脉：永新县 LXP-QXL-765；诸广山脉：桂东县 LXP-03-02756。

大藻属 *Pistia* L.

*大藻 Pistia stratiotes L.

水生草本。山坡，疏林；壤土；600~700 m。栽培。武功山脉：安福县 LXP-06-0371。

紫萍属 *Spirodela* Schleid.

紫萍 Spirodela polyrhiza (L.) Schleid.

草本。水沟，池塘；30~500 m。九岭山脉：永修县 1301(PE)。

犁头尖属 *Typhonium* Schott

犁头尖 Typhonium blumei Nicolson et Sivadasan

草本。村边，路旁；100~400 m。万洋山脉：遂川县 5639(LBG)。

无根萍属 *Wolffia* Horkel ex Schleid.

芜萍 Wolffia arrhiza (L.) Wimmer

草本。池塘，湿地；50~300 m。世界广布，未见标本。

A30 泽泻科 Alismataceae

泽泻属 *Alisma* L.

窄叶泽泻 Alisma canaliculatum A. Braun et C. D. Bouché

水生草本。平地，溪边；壤土；400~500 m。九岭山脉：上高县 LXP-06-7624。

东方泽泻 Alisma orientale (Samuel.) Juz.

草本。湿地，池塘；50~400 m。亚洲广布，未见标本。

泽苔草属 *Caldesia* Parl.

泽苔草 Caldesia parnassifolia (Bassi ex L.) Parl.

水生草本。平地，沼泽；壤土。武功山脉：莲花县 LXP-06-0291。

毛茛泽泻属 *Ranalisma* Stapf

长喙毛茛泽泻 Ranalisma rostrata Stapf

水生草本。湿地。武功山脉：据刘贵华等（2004）记载，本种在茶陵县湖里湿地有分布。

慈姑属 *Sagittaria* L.

冠果草 Sagittaria guyanensis subsp. **lappula** (D. Don) Bojin

水生草本。山谷，密林；壤土；600~700 m。武功山脉：芦溪县 LXP-06-1739。

利川慈姑 Sagittaria lichuanensis J. K. Chen

草本。沼泽，湿地，池塘；200~700 m。武功山脉：武功山 江西调查队 891(PE)。

小慈姑 Sagittaria potamogetonifolia Merr.

草本。湿地，池塘；30~600 m。华东、华南、西南广泛分布，未见标本。

矮慈姑 Sagittaria pygmaea Miq.

草本。山坡，山谷，湿地，沼泽，水田；700~800 m。幕阜山脉：修水县 LXP6715；九岭山脉：大围山 LXP-10-5668。

欧洲慈姑 Sagittaria sagittifolia L.

草本。湿地，水田；30~700 m。九岭山脉：永修县 熊耀国 7459(LBG)。

野慈姑 Sagittaria trifolia L.

草本。山谷，平地，沼泽，水田；50~700 m。九岭山脉：大围山 LXP-10-5657，奉新县 LXP-10-10950、LXP-10-14041，靖安县 LXP-10-9851，宜春市 LXP-10-974，宜丰县 LXP-10-3099；武功山脉：安福县 LXP-06-0170、LXP-06-0286，茶陵县 LXP-06-1557，

攸县 LXP-06-5339；万洋山脉：永新县 LXP-QXL-172，井冈山 LXP-06-7196，永兴县 LXP-03-04405。

华夏慈姑 Sagittaria trifolia subsp. **leucopetala** (Miq.) Q. F. Wang

草本。山谷，平地，草地，路旁；壤土；50~300 m。武功山脉：安福县 LXP-06-7541。

A32 水鳖科 Hydrocharitaceae

水筛属 *Blyxa* Thou. ex Rich.

无尾水筛 Blyxa aubertii Rich.

水生草本。湿地，沼泽，浅水池塘。幕阜山脉：庐山 熊耀国 10015(IBSC)。

有尾水筛 Blyxa echinosperma (Clarke) Hook. f.

水生草本。湿地。幕阜山脉：修水县 熊耀国 5969(LBG)；武功山脉：茶陵湖里湿地，据刘贵华等（2004）记载；万洋山脉：遂川县 岳俊三 4532(IBSC)。

水筛 Blyxa japonica (Miq.) Maxim.

水生草本。湿地。武功山脉：茶陵湖里湿地（刘贵华等，2004）；万洋山脉：遂川县 4533(KUN)。

黑藻属 *Hydrilla* Rich.

黑藻 Hydrilla verticillata (L. f.) Royle

水生草本。平地，池塘边；壤土；132 m。武功山脉：安福县 LXP-06-5609，萍乡市 江西队 2939(PE)。

水鳖属 *Hydrocharis* L.

水鳖 Hydrocharis dubia (Bl.) Backer

水生草本。水塘，沼泽。九岭山脉：永修县 蒋英 10587(IBSC)。

茨藻属 *Najas* L.

弯果茨藻 Najas ancistrocarpa A. Br. ex Magnus

草本。湖泊；30~150 m。未见标本。

纤细茨藻 Najas gracillima (A. Br.) Magnus

草本。河流；30~400 m。诸广山脉：上犹县 官少飞和吴念 040-3(PE)。

草茨藻 Najas graminea Del.

草本。河流，湖泊；30~450 m。世界广布，未见标本。

大茨藻 **Najas marina** L.

草本。湖泊；20~100 m。世界广布，未见标本。

小茨藻 **Najas minor** All.

水生草本。山坡；壤土；100~200 m。武功山脉：茶陵县 LXP-06-9434。

水车前属 *Ottelia* Pers.

龙舌草 **Ottelia alismoides** (L.) Pers.

草本。山谷，水中，村边，溪边；300~500 m。九岭山脉：奉新县 LXP-10-10696。

苦草属 *Vallisneria* L.

苦草 **Vallisneria natans** (Lour.) Hara

草本。河流，湿地；30~200 m。幕阜山脉：九江市董安淼 2341(JJF)。

A34 水蕹科 Aponogetonaceae

水蕹属 *Aponogeton* L. f.

水蕹 **Aponogeton lakhonensis** A. Camus

草本。河流，湖泊；30~600 m。诸广山脉：崇义县聂敏祥等 8894(IBSC)。

A38 眼子菜科 Potamogetonaceae

眼子菜属 *Potamogeton* L.

菹草 **Potamogeton crispus** L.

水生草本。山坡，疏林；壤土；100~1400 m。武功山脉：茶陵县 LXP-06-9427；万洋山脉：炎陵县 LXP-09-10704。

鸡冠眼子菜 **Potamogeton cristatus** Rgl. et Maack.

草本。山坡，平地，草地；壤土；100~200 m。武功山脉：安福县 LXP-06-9285，茶陵县 LXP-06-2868。

眼子菜 **Potamogeton distinctus** A. Benn.

水生草本。山谷，平地，草地，壤土；100~200 m。武功山脉：茶陵县 LXP-065184；万洋山脉：遂川县 LXP-13-20282。

光叶眼子菜 **Potamogeton lucens** L.

水生草本。河流，湖泊。世界广布，未见标本。

微齿眼子菜 **Potamogeton maackianus** A. Benn.

水生草本。河流，湖泊。亚洲广布，未见标本。

尖叶眼子菜 **Potamogeton oxyphyllus** Miq.

草本。河流；30~200 m。幕阜山脉：九江市 谭策铭 03071A(JJF)。

小眼子菜 **Potamogeton pusillus** L.

草本。河流，湖泊；30~160 m。幕阜山脉：武宁县官少飞和张天火 102(PE)。

竹叶眼子菜 **Potamogeton wrightii** Morong

水生草本。平地；壤土；100~200 m。武功山脉：安福县 LXP-06-5607。

角果藻属 *Zannichellia* L.

角果藻 **Zannichellia palustris** L.

草本。湖泊，河流。全国各地均有，未见标本。

Order 11. 无叶莲目 Petrosaviales

A42 无叶莲科 Petrosaviaceae

无叶莲属 *Petrosavia* Becc.

疏花无叶莲 **Petrosavia sakuraii** (Makino) J. J. Smith ex van Steenis

腐生草本。山坡，疏林；1200~1400 m。万洋山脉：井冈山 LXP-13-22120。

Order 12. 薯蓣目 Dioscoreales

A43 沼金花科 Nartheciaceae

肺筋草属 *Aletris* L.

短柄粉条儿菜 **Aletris scopulorum** Dunn

草本。山谷，阴湿石壁上；200~600 m。万洋山脉：吉安市 (70)028(PE)。

粉条儿菜 **Aletris spicata** (Thunb.) Franch.

草本。山坡，山谷，山顶，疏林，阴湿石壁，溪边，路旁；200~1900 m。幕阜山脉：平江县 LXP3554、LXP4251，通山县 LXP1252、LXP5852，武宁县 LXP-13-08440、LXP1005，修水县 LXP6691；九岭山脉：大围山 LXP-09-11075、LXP-10-7469，奉新

县 LXP-10-3552，七星岭 LXP-10-8131；武功山脉：安福县 LXP-06-5054，茶陵县 LXP-13-22948，芦溪县 LXP-06-3310、LXP-13-8359；万洋山脉：吉安市 LXSM2-6-10028，井冈山 JGS-1304041、JGS-4769，遂川县 LXP-13-16731，炎陵县 DY3-1095、LXP-09-08111。

A44　水玉簪科 Burmanniaceae

水玉簪属 Burmannia L.

头花水玉簪 Burmannia championii Thw.
腐生草本。竹林下，阴湿处。诸广山脉：齐云山 LXP-13-24175。

三品一枝花 Burmannia coelestis D. Don
草本。林下；腐殖土；140 m。诸广山脉：上犹县 Albert N. Steward and C. Y. Chiao 475(N)。

宽翅水玉簪 Burmannia nepalensis (Miers) Hook. f.
草本。山坡，疏林，路旁，阴处；壤土，腐殖土；900~1100 m。万洋山脉：井冈山 LXP-13-20364；诸广山脉：齐云山 LXP-13-24174。

A45　薯蓣科 Dioscoreaceae

薯蓣属 Dioscorea L.

参薯 Dioscorea alata L.
藤本。山坡。武功山脉：莲花县 LXP-GTY-178；万洋山脉：永新县 LXP-QXL-616。

三叶薯蓣 Dioscorea arachidna Prain et Burkill
草质藤本。山谷，溪边，路旁；壤土。武功山脉：莲花县 LXP-GTY-195；万洋山脉：炎陵县 LXP-09-07231；诸广山脉：上犹县 LXP-13-12238。

大青薯 Dioscorea benthamii Prain et Burkill
藤本。山坡，山谷，平地，疏林，溪边，路旁；壤土，沙土。九岭山脉：靖安县 LXP-13-11499；万洋山脉：井冈山 LXP-13-JX4544，炎陵县 LXP-09-00734，永新县 LXP-QXL-037；诸广山脉：上犹县 LXP-13-12042。

黄独 Dioscorea bulbifera L.
藤本。山坡，山谷，平地，疏林，密林，灌丛，溪边，路旁，树上；壤土，沙土，腐殖土；100~1700 m。

九岭山脉：靖安县 LXP-13-11442，大围山 LXP-10-12006，万载县 LXP-10-1394，宜春市 LXP-10-1017；武功山脉：明月山 LXP-13-10820、LXP-10-1237，安福县 LXP-06-0298，茶陵县 LXP-06-1971；万洋山脉：遂川县 LXP-13-7420，炎陵县 LXP-09-10649，永新县 LXP-QXL-203，永兴县 LXP-03-04520，资兴市 LXP-03-00218；诸广山脉：上犹县 LXP-03-06130。

薯莨 Dioscorea cirrhosa Lour.
藤本。山坡，山谷，密林，疏林，溪边，路旁；壤土，腐殖土；100~1000 m。九岭山脉：奉新县 LXP-10-3982，万载县 LXP-10-1707、LXP-13-11146；万洋山脉：井冈山 JGS-1269，遂川县 LXP-13-16519、LXP-13-7479a，炎陵县 LXP-09-09418，永新县 LXP-13-07775；诸广山脉：上犹县 LXP-13-12932。

叉蕊薯蓣 Dioscorea collettii Hook. f.
藤本。山坡，平地，灌丛，路旁；壤土。九岭山脉：靖安县 LXP-13-11448；万洋山脉：永新县 LXP-13-07916。

粉背薯蓣 Dioscorea collettii var. **hypoglauca** (Palibin) Pei et C. T. Ting
藤本。山坡，山谷，密林，疏林，溪边；600~1000 m。幕阜山脉：平江县 LXP3617，通山县 LXP2143。

***甘薯 Dioscorea esculenta** (Lour.) Burkill
草质藤本。栽培。罗霄山脉南部有种植。

山薯 Dioscorea fordii Prain et Burkill
藤本。山坡，山谷，密林，灌丛；300~700 m。幕阜山脉：修水县 LXP0329；九岭山脉：靖安县 JLS-2012-006，宜丰县 LXP-10-13233；武功山脉：宜春市 LXP-13-10765；万洋山脉：井冈山 JGS-605，炎陵县 LXP-09-00043。

福州薯蓣 Dioscorea futschauensis Uline ex R. Knuth
草质藤本。罗霄山脉可能有分布，未见标本。

纤细薯蓣 Dioscorea gracillima Miq.
藤本。山谷，疏林，灌丛，溪边，路旁；壤土；150~800 m。九岭山脉：宜丰县 LXP-10-2428，靖安县 LXP-13-10318；武功山脉：分宜县 LXP-10-5231；万洋山脉：炎陵县 LXP-13-23998。

日本薯蓣 Dioscorea japonica Thunb.

藤本。山坡，山谷，密林，疏林，灌丛，路旁，树上；壤土，腐殖土；100~1100 m。幕阜山脉：庐山市 LXP4391、LXP4613、LXP6047，平江县 LXP4093，瑞昌市 LXP0110，通城县 LXP4154，通山县 LXP2038、LXP2273，武宁县 LXP0979，修水县 LXP3374；九岭山脉：大围山 LXP-10-11628、LXP-10-11653，奉新县 LXP-10-4235，靖安县 LXP-10-10113、LXP-10-131，浏阳市 LXP-10-5929，铜鼓县 LXP-10-13590，宜春市 LXP-10-1047，宜丰县 LXP-10-2329、LXP-10-2572；武功山脉：安福县 LXP-06-0570、LXP-06-2818，茶陵县 LXP-06-1853，分宜县 LXP-06-2369，莲花县 LXP-06-0652，攸县 LXP-06-5454；万洋山脉：吉安市 LXSM2-6-10132，井冈山 JGS-391、JGS-B084，遂川县 LXP-13-20287，炎陵县 DY2-1095、DY2-1282、LXP-09-00093，永新县 LXP-13-19336，永兴县 LXP-03-03895、LXP-03-04095，资兴市 LXP-03-03691；诸广山脉：崇义县 LXP-03-04901、LXP-03-05647，桂东县 JGS-A122、LXP-03-00792，上犹县 LXP-03-06161、LXP-13-12375、LXP-13-12739。

细叶日本薯蓣 Dioscorea japonica var. **oldhamii** Uline ex R. Knuth

藤本。山坡，密林，疏林，灌丛，阳处；壤土；629 m。九岭山脉：奉新县 LXP-06-4083；武功山脉：安福县 LXP-06-0268、LXP-06-0369，茶陵县 LXP-06-1423。

毛藤日本薯蓣 Dioscorea japonica var. **pilifera** C. T. Ting et M. C. Chang

藤本。山坡，路旁；壤土。万洋山脉：炎陵县 LXP-13-3187。

毛芋头薯蓣 Dioscorea kamoonensis Kunth

草质藤本。山坡，疏林。万洋山脉：炎陵县 LXP-13-4557。

柳叶薯蓣 Dioscorea lineari-cordata Prain et Burkill

藤本。山谷，疏林，河边，路旁；壤土；300~500 m。九岭山脉：大围山 LXP-10-8049；万洋山脉：炎陵县 LXP-09-06011。

穿龙薯蓣 Dioscorea nipponica Makino

藤本。山坡，山谷，灌丛，村边，路旁；100~1100 m。幕阜山脉：庐山市 LXP4552、LXP4710，平江县 LXP4239，武宁县 LXP1514。

黄山药 Dioscorea panthaica Prain et Burkill

草质藤本。山坡，林下；900~1400 m。幕阜山脉：庐山 沈绍金 470(IBSC)。

五叶薯蓣 Dioscorea pentaphylla L.

草质藤本。山坡，林下。诸广山脉：崇义县 LXP-03-7336。

褐苞薯蓣 Dioscorea persimilis Prain et Burkill

藤本。山坡，山谷，疏林，密林，路旁，树上，石上；100~1500 m。九岭山脉：大围山 LXP-10-7696，万载县 LXP-10-2013，宜丰县 LXP-10-12734；万洋山脉：炎陵县 LXP-09-6513。

毛褐苞薯蓣 Dioscorea persimilis var. **pubescens** C. T. Ting et M. C. Chang

灌木。山坡，路旁。武功山脉：莲花县 LXP-GTY-157。

薯蓣 Dioscorea polystachya Turcz.

藤本。山坡，山谷，疏林，密林，溪边，路旁；壤土；100~1400 m。武功山脉：安福县 LXP-06-0050；万洋山脉：井冈山 JGS-B167，炎陵县 LXP-09-10706，永新县 LXP-QXL-339；诸广山脉：崇义县 LXP-13-13070，上犹县 LXP-03-06058、LXP-03-06194、LXP-13-12842。

绵萆薢 Dioscorea spongiosa J. Q. Xi, M. Mizuno et W. L. Zhao

草质藤本。山坡，林下；430 m。幕阜山脉：武宁县 张吉华 2314(JJF)。

细柄薯蓣 Dioscorea tenuipes Franch. et Savat.

藤本。山坡，山谷，疏林，灌丛，溪边，路旁；腐殖土；200~1200 m。幕阜山脉：庐山市 LXP5469，平江县 LXP3915，通城县 LXP4135，通山县 LXP1775、LXP1782，武宁县 LXP0382；武功山脉：莲花县 LXP-GTY-254；万洋山脉：永新县 LXP-QXL-267；诸广山脉：上犹县 LXP-13-12541。

山萆薢 Dioscorea tokoro Makino

藤本。山坡，密林，疏林，灌丛；200~900 m。幕阜山脉：平江县 LXP4415，通山县 LXP2034，武宁县 LXP0952。

盾叶薯蓣 Dioscorea zingiberensis C. H. Wright

藤本。山谷，疏林，溪边，路旁；壤土；300~1700 m。

武功山脉：芦溪县 LXP-06-0809；万洋山脉：永兴县 LXP-03-04414。

裂果薯属 *Schizocapsa* Hance

裂果薯 Schizocapsa plantaginea Hance

草本。山谷，山坡，溪边，阴处；100~300 m。诸广山脉：飞天山 LXP-03-09032。

Order 13. 露兜树目 Pandanales

A48 百部科 Stemonaceae

黄精叶钩吻属 *Croomia* Torr.

黄精叶钩吻 Croomia japonica Miq.

草本。山坡，林下；800~1400 m。武功山脉：武功山 符潮等 FT17094(GNNU)。

百部属 *Stemona* Lour.

百部 Stemona japonica (Bl.) Miq.

草质藤本。山坡，林下；400~1100 m。九岭山脉：新建区 杨祥学 11281(IBSC)。

大百部 Stemona tuberosa Lour.

藤本。山谷，疏林，灌丛，溪边；壤土；100~300 m。九岭山脉：宜春市 LXP-10-1200；诸广山脉：上犹县 LXP-13-12323。

Order 14. 百合目 Liliales

A53 藜芦科 Melanthiaceae

白丝草属 *Chamaelirium* Willd.
[*Chionographis* Maxim.]

中国白丝草 Chamaelirium chinensis (Krause) Tanaka [*Chionographis chinensis* Krause]

草本。山坡，林下，阴湿石壁；400~1827 m。万洋山脉：井冈山 JGS-4193，炎陵县 LXP-09-08019、LXP-13-22850，遂川县 LXP-13-17447；诸广山脉：上犹县 LXP-13-23353。

绿花白丝草 Chamaelirium viridiflorum L. Wang, Z. C. Liu et W. B. Liao

草本。山谷，阴湿石壁；1465 m。诸广山脉：齐云山 LXP-13-23537、LXP-13-23500。

重楼属 *Paris* L.

球药隔重楼 Paris fargesii Franch.

草本。山坡，山谷，疏林，灌丛；壤土；700~1600 m。武功山脉：攸县 LXP-06-6176；万洋山脉：井冈山 JGS-1132；诸广山脉：上犹县 LXP-13-23330。

具柄重楼 Paris fargesii var. **petiolata** (Baker ex C. H. Wright) F. T. Wang et Ts. Tang

草本。山坡，林下；800~1300 m。万洋山脉：井冈山 赖书坤等 4000(LBG)。

七叶一枝花 Paris polyphylla Sm.

草本。山坡，山谷，密林，疏林，灌丛，河边，溪边，路旁，阴处；壤土，沙土，腐殖土；400~1200 m。幕阜山脉：平江县 LXP3631，通山县 LXP2247；武功山脉：攸县 LXP-03-08963，芦溪县 LXP-13-09616，茶陵县 LXP-06-1904；万洋山脉：吉安市 LXSM2-6-10080，井冈山 LXP-13-18617，遂川县 LXP-13-16570，炎陵县 LXP-09-08202、LXP-03-04802，资兴市 LXP-03-05064，永新县 LXP-13-07802；诸广山脉：上犹县 LXP-13-23163。

华重楼 Paris polyphylla var. **chinensis** (Franch.) Hara

草本。山坡，山谷，疏林，灌丛，河边，路旁，阴处；壤土；300~1400 m。幕阜山脉：通山县 LXP2195；武功山脉：芦溪县 LXP-06-2807；万洋山脉：井冈山 JGS-1211、JGS-2012031，炎陵县 LXP-09-00204，资兴市 LXP-03-05061，永新县 LXP-13-19738；诸广山脉：桂东县 LXP-03-02338，上犹县 LXP-13-12442。

宽叶重楼 Paris polyphylla var. **latifolia** Wang et Chang

草本。山谷，林下。万洋山脉：炎陵县 DY2-1140。

狭叶重楼 Paris polyphylla var. **stenophylla** Franch.

草本。山坡，密林；700~900 m。幕阜山脉：通山县 LXP2172。

藜芦属 *Veratrum* L.

毛叶藜芦 Veratrum grandiflorum (Maxim.) Loes. f.

草本。山谷，路旁，溪边；沙土；1000~1200 m。诸广山脉：桂东县 LXP-03-00850。

黑紫藜芦 Veratrum japonicum (Baker) Loes. f.

草本。草地；壤土；1700~1900 m。诸广山脉：桂东县 LXP-13-09070。

藜芦 Veratrum nigrum L.

草本。山坡，山谷，山顶，疏林，灌丛，草丛，溪边，路旁；壤土；700~1950 m。武功山脉：安福县 LXP-06-0378；诸广山脉：崇义县 LXP-03-04924，桂东县 LXP-03-02623，上犹县 LXP-03-06492。

长梗藜芦 Veratrum oblongum Loes. f.

草本。山坡，草地；壤土；1500~1700 m。武功山脉：芦溪县 LXP-06-1790。

牯岭藜芦 Veratrum schindleri Loes. f.

草本。山坡，山顶，密林，疏林，灌丛，溪边，路旁；腐殖土；500~1900 m。幕阜山脉：通山县 LXP2017，修水县 LXP2967；武功山脉：芦溪县 LXP-06-2802；万洋山脉：井冈山 JGS-1101、JGS-515，炎陵县 LXP-13-3438，永新县 LXP-QXL-767；诸广山脉：崇义县 LXP-13-24188，桂东县 JGS-A063，上犹县 LXP-13-12507、LXP-03-06607、LXP-03-10607。

丫蕊花属 Ypsilandra Franch.

丫蕊花 Ypsilandra thibetica Franch.

草本。山坡，山谷，疏林，溪边，阴湿石壁；400~2150 m。武功山脉：明月山 LXP-06-4520；万洋山脉：遂川县 LXP-13-16480，炎陵县 DY2-1119、LXP-09-09181；诸广山脉：桂东县 LXP-13-22586，上犹县 LXP-13-12166、LXP-13-12581。

A56 秋水仙科 Colchicaceae

万寿竹属 Disporum Salisb.

短蕊万寿竹 Disporum bodinieri (Lévl. et Vant.) Wang et Y. C. Tang

草本。山坡，灌丛；壤土；1300~1500 m。武功山脉：芦溪县 LXP-06-2800。

万寿竹 Disporum cantoniense (Lour.) Merr.

草本。山坡，山谷，疏林，路旁，溪边；200~1600 m。九岭山脉：大围山 LXP-03-02995、LXP-10-11696；万洋山脉：井冈山 JGS-3540；诸广山脉：上犹县 LXP-03-07047、LXP-13-23543。

长蕊万寿竹 Disporum longistylum (Lévl. et Vant.) H. Hara

草本。平地，疏林；壤土；1100~1200 m。武功山脉：安福县 LXP-06-0506。

南投万寿竹 Disporum nantouense S. S. Ying

草本。山坡，山谷，密林，溪边，阴处；700~1500 m。九岭山脉：大围山 LXP-10-7595，奉新县 LXP-10-3903。

宝铎草 Disporum sessile D. Don

草本。山坡，山谷，疏林，灌丛，河边，溪边；腐殖土；800~1175 m。幕阜山脉：平江县 LXP3557，修水县 LXP3421；九岭山脉：大围山 LXP-03-07776；武功山脉：安福县 LXP-06-5049，明月山 LXP-06-4693；万洋山脉：永兴县 LXP-03-04190，井冈山 JGS-027、JGS-1304002，遂川县 LXP-13-16436，炎陵县 LXP-09-09052，永新县 LXP-13-08134；诸广山脉：上犹县 LXP-13-12538。

少花万寿竹 Disporum uniflorum Baker ex S. Moore

草本。山坡，疏林；壤土；500~700 m。武功山脉：安福县 LXP-06-0370。

A59 菝葜科 Smilacaceae

菝葜属 Smilax L.

尖叶菝葜 Smilax arisanensis Hay.

藤本。山谷，山坡，疏林，灌丛，路旁，阳处；腐殖土；100~1900 m。幕阜山脉：平江县 LXP3197，武宁县 LXP0586，修水县 LXP2859；九岭山脉：靖安县 LXP-13-10205；武功山脉：茶陵县 LXP-13-25964，芦溪县 LXP-13-09835；万洋山脉：井冈山 JGS-047，遂川县 LXP-13-09299，炎陵县 DY2-1128、DY3-1098、LXP-09-00051，永新县 LXP-QXL-288；诸广山脉：上犹县 LXP-13-12534。

菝葜 Smilax china L.

藤本。山坡，山谷，疏林，密林，灌丛，溪边，路旁；壤土；100~1700 m。幕阜山脉：庐山市 LXP4880，平江县 LXP3733、LXP3881，通山县 LXP1830、LXP2152，武宁县 LXP1099、LXP1318；九岭山脉：安义县 LXP-10-10495，大围山 LXP-10-5427，奉新县 LXP-10-3217，靖安县 LXP2494、LXP-10-774，浏阳市 LXP-10-5772，上高县 LXP-10-4876，万载

县 LXP-10-1661，宜春市 LXP-10-1073，宜丰县 LXP-10-13322、LXP-10-6792；武功山脉：分宜县 LXP-10-5102，茶陵县 LXP-06-1413，安福县 LXP-06-3843，明月山 LXP-06-4560，攸县 LXP-06-5354；万洋山脉：井冈山 LXP-13-18492，遂川县 LXP-13-09311、LXP-13-16656，炎陵县 LXP-09-00654、LXP-09-07065，永新县 LXP-13-07910，资兴市 LXP-03-05181；诸广山脉：崇义县 LXP-03-05660、LXP-03-05927，上犹县 LXP-03-06249、LXP-03-06286、LXP-13-12278。

柔毛菝葜 Smilax chingii Wang et Tang

藤本。山坡，灌丛；壤土；1000~1200 m。武功山脉：莲花县 LXP-06-0784。

银叶菝葜 Smilax cocculoides Warb.

藤本。山坡，山谷，疏林，密林，溪边；壤土，腐殖土；500~1000 m。九岭山脉：靖安县 LXP-13-10303、LXP-10-9575；武功山脉：茶陵县 LXP-06-1814，芦溪县 LXP-06-1181；万洋山脉：永新县 LXP-13-07978。

光叶菝葜 Smilax corbularia var. woodii (Merr.) T. Koyama

灌木。山坡，疏林；壤土；600~700 m。武功山脉：安福县 LXP-06-0368。

小果菝葜 Smilax davidiana A. DC.

藤本。山坡，山谷，山顶，疏林，密林，灌丛，路旁，阳处；腐殖土；200~1900 m。幕阜山脉：庐山市 LXP4670、LXP4731，平江县 LXP3526，通山县 LXP1944，武宁县 LXP1003，修水县 LXP0760；九岭山脉：大围山 LXP-10-11795、LXP-13-08241，靖安县 LXP-13-10182、LXP-10-10143，七星岭 LXP-10-8189，宜丰县 LXP-10-2720；武功山脉：芦溪县 LXP-13-09431、LXP-13-09880，茶陵县 LXP-09-10284，明月山 LXP-13-10680，玉京山 LXP-10-1314；万洋山脉：遂川县 LXP-13-09403、LXP-13-16315，炎陵县 LXP-09-08804，永新县 LXP-13-19383；诸广山脉：上犹县 LXP-13-12734、LXP-13-23510、LXP-03-06625。

托柄菝葜 Smilax discotis Warb.

藤本。山坡，密林，疏林；壤土。诸广山脉：上犹县 LXP-13-12516。

长托菝葜 Smilax ferox Wall. ex Kunth

藤本。山坡，密林；1010 m。幕阜山脉：通山县 LXP5920。

土茯苓 Smilax glabra Roxb.

藤本。山坡，山谷，平地，疏林，密林，灌丛，村边，路旁；100~1400 m。幕阜山脉：濂溪区 LXP6368，庐山市 LXP4945、LXP5276，平江县 LXP0680，通山县 LXP2093，武宁县 LXP0587，修水县 LXP0298；九岭山脉：大围山 LXP-10-11990、LXP-10-12468，奉新县 LXP-10-10785，浏阳市 LXP-10-5842，铜鼓县 LXP-10-13549，万载县 LXP-10-1485，宜春市 LXP-10-989，宜丰县 LXP-10-12853，靖安县 LXP-10-10333，上高县 LXP-06-6641；武功山脉：安福县 LXP-06-3041，茶陵县 LXP-06-2041，明月山 LXP-06-7924，攸县 LXP-06-5279；万洋山脉：井冈山 LXP-13-5729，遂川县 LXP-13-09362，炎陵县 LXP-09-469，永兴县 LXP-03-04057，资兴市 LXP-03-03644，永新县 LXP-QXL-276；诸广山脉：崇义县 LXP-03-07302，桂东县 LXP-03-00637，上犹县 LXP-03-06298。

黑果菝葜 Smilax glaucochina Warb.

藤本。山坡，山谷，疏林，灌丛，草地，溪边，路旁；壤土；200~1600 m。幕阜山脉：平江县 LXP4409，武宁县 LXP0629，修水县 LXP2353、LXP2825；武功山脉：莲花县 LXP-GTY-197，安福县 LXP-06-0073，茶陵县 LXP-06-1926，芦溪县 LXP-13-03627、LXP-06-2120，明月山 LXP-06-4874，宜春市 LXP-06-2743；万洋山脉：井冈山 LXP-13-15323，炎陵县 LXP-09-00253。

粉背菝葜 Smilax hypoglauca Benth.

藤本。山谷，密林；沙土。诸广山脉：齐云山 4167，据刘小明等（2010）记载。

肖菝葜 Smilax japonica (Kunth) P. Li et C. X. Fu

藤本。山坡，密林，疏林，溪边；壤土，腐殖土；300~1000 m。幕阜山脉：平江县 LXP3542，修水县 LXP3452；武功山：芦溪县 LXP-13-09811；万洋山脉：永新县 LXP-QXL-549；诸广山脉：上犹县 LXP-03-06554。

马甲菝葜 Smilax lanceifolia Roxb.

藤本。山坡，山谷，平地，疏林，密林，灌丛，溪边，水库边，路旁；壤土，腐殖土；100~1600 m。
九岭山脉：靖安县 LXP-10-4525，宜丰县 LXP-10-4627，万载县 LXP-13-11033；武功山脉：安福县 LXP-06-0191、LXP-06-0203，茶陵县 LXP-06-1564，芦溪县 LXP-06-1164；万洋山脉：遂川县 LXP-13-7247。

折枝菝葜 Smilax lanceifolia var. elongata Wang et Tang
藤本。山坡，山谷，平地，疏林，灌丛，路旁，阳处；壤土，腐殖土；200~1600 m。九岭山脉：安义县 LXP-10-10492；万洋山脉：井冈山 JGS-4571，遂川县 LXP-13-17361，炎陵县 LXP-09-07408，永新县 LXP-13-19777；诸广山脉：桂东县 JGS-A140，上犹县 LXP-13-12211。

暗色菝葜 Smilax lanceifolia var. opaca A. DC.
藤本。山谷，密林，溪边；257 m。幕阜山脉：通山县 LXP6893，武宁县 LXP7921；九岭山脉：奉新县 LXP-10-4096，靖安县 LXP-10-361、LXP-13-11566，万载县 LXP-10-1663，宜丰县 LXP-10-12742；武功山脉：芦溪县 LXP-13-03669；万洋山脉：井冈山 JGS-038，遂川县 LXP-13-17213，炎陵县 LXP-09-08163，永新县 LXP-13-07774；诸广山脉：崇义县 LXP-13-24181，上犹县 LXP-13-12577。

粗糙菝葜 Smilax lebrunii Lévl.
藤状灌木。山坡，林缘；600~1200 m。诸广山脉：齐云山 保护区 07 第二小组 QBHQ07-02-025(BJFC)。

大果菝葜 Smilax megacarpa A. DC.
藤本。山坡，疏林；腐殖土；1206 m。诸广山脉：上犹县 LXP-13-25081。

小叶菝葜 Smilax microphylla C. H. Wright
藤本。山谷，疏林，灌丛，村边；50~800 m。九岭山脉：奉新县 LXP-10-4125，宜丰县 LXP-10-8573。

矮菝葜 Smilax nana Wang
灌木。山坡，平地，路旁；壤土；485 m。九岭山脉：上高县 LXP-06-7586；武功山脉：分宜县 LXP-06-2352，芦溪县 LXP-06-2469。

缘脉菝葜 Smilax nervomarginata Hay.
藤本。山坡，山谷，疏林，灌丛，路旁；100~1100 m。幕阜山脉：庐山市 LXP5086，平江县 LXP4323，通山县 LXP1980，修水县 LXP2680、LXP2869；万洋

山脉：炎陵县 DY3-1145、LXP-09-06464。

无疣菝葜 Smilax nervomarginata var. liukiuensis (Hay.) Wang et Tang
藤本。山坡，疏林，灌丛；壤土，腐殖土；500~1300 m。万洋山脉：井冈山 JGS-2051，遂川县 LXP-13-23821，炎陵县 LXP-13-05126；诸广山脉：桂东县 LXP-13-25525，上犹县 LXP-13-22273。

白背牛尾菜 Smilax nipponica Miq.
藤本。山坡，山谷，疏林，草地，溪边，路旁；壤土，腐殖土；400~1400 m。幕阜山脉：庐山市 LXP4744，平江县 LXP3576，通山县 LXP7706，修水县 LXP0303；九岭山脉：靖安县 LXP2476，大围山 LXP-10-12052；武功山脉：安福县 LXP-06-6366，明月山 LXP-06-4854，玉京山 LXP-06-9287；万洋山脉：井冈山 JGS-4744，LXP-13-15257，遂川县 LXP-13-09314，炎陵县 LXP-09-07992，永新县 LXP-13-07729。

武当菝葜 Smilax outanscianensis Pamp.
灌木。山谷，平地，疏林，溪边，路旁；壤土，沙土；500~700 m。武功山脉：芦溪县 LXP-13-03728，安福县 LXP-06-5067；万洋山脉：永新县 LXP-13-07675。

红果菝葜 Smilax polycolea Warb.
灌木。山坡，灌丛，路旁；壤土；400~600 m。武功山脉：安福县 LXP-06-7440，明月山 LXP-06-7700。

牛尾菜 Smilax riparia A. DC.
藤本。山坡，山谷，疏林，灌丛，溪边，路旁，阴处；壤土；100~1200 m。幕阜山脉：平江县 LXP3639、LXP-13-22389，通山县 LXP1930，武宁县 LXP6185；九岭山脉：大围山 LXP-03-07735、LXP-10-11321，奉新县 LXP-10-10872，万载县 LXP-10-1718，靖安县 LXP-13-10196、LXP-10-322，宜丰县 LXP-13-22507、LXP-10-4785；武功山脉：明月山 LXP-13-10793、LXP-10-1317，大岗山 LXP-06-3674，茶陵县 LXP-13-25942，分宜县 LXP-06-9631；万洋山脉：井冈山 JGS-A033，遂川县 LXP-13-16592，炎陵县 LXP-09-00625，永新县 LXP-13-19040、LXP-13-19307；诸广山脉：上犹县 LXP-03-06692。

尖叶牛尾菜 Smilax riparia var. acuminata (C. H. Wright) Wang et Tang
草本。山坡，山谷，疏林，灌丛，溪边；壤土；100~700 m。九岭山脉：奉新县 LXP-06-4055；武功山脉：

安福县 LXP-06-0454、LXP-06-0611，茶陵县 LXP-06-1491，芦溪县 LXP-06-1718，明月山 LXP-06-7892，袁州区 LXP-06-6736。

短梗菝葜 Smilax scobinicaulis C. H. Wright
藤本。山坡，疏林，灌丛，路旁；壤土；400~1200 m。幕阜山脉：平江县 LXP4096；九岭山脉：靖安县 LXP-10-649，上高县 LXP-06-7611。

短柱肖菝葜 Smilax septemnervia (F. T. Wang et Tang) P. Li et C. X. Fu [*Heterosmilax septemnervia* F. T. Wang et Ts. Tang]
灌木。山坡，山谷，疏林，灌丛；壤土；200~500 m。武功山脉：安福县 LXP-06-0911，茶陵县 LXP-06-1930，芦溪县 LXP-06-2383。

华东菝葜 Smilax sieboldii Miq.
藤本。山谷，路旁，阳处。万洋山脉：井冈山 LXP-13-15397。

鞘柄菝葜 Smilax stans Maxim.
藤本。山坡，山谷，疏林，溪边，路旁；壤土，腐殖土；100~1900 m。幕阜山脉：平江县 LXP3829，通山县 LXP7035，武宁县 LXP0577；万洋山脉：井冈山 JGS-2012137、JGS-390，遂川县 LXP-13-17670，炎陵县 LXP-09-08044；诸广山脉：桂东县 LXP-13-25630，上犹县 LXP-13-12545。

三脉菝葜 Smilax trinervula Miq.
灌木。山坡，疏林，灌丛，溪边，路旁；壤土；200~1200 m。武功山脉：安福县 LXP-06-0837，茶陵县 LXP-06-2214，宜春市 LXP-06-8927；万洋山脉：遂川县 LXP-13-16534。

A60 百合科 Liliaceae

大百合属 *Cardiocrinum* (Endl.) Lindl.

荞麦叶大百合 Cardiocrinum cathayanum (Wils.) Stearn
草本。山坡，密林，疏林，溪边，阴处；壤土；600~1900 m。幕阜山脉：通山县 LXP2248，武宁县 LXP1606；万洋山脉：井冈山 JGS4154，遂川县 LXP-13-23682，炎陵县 LXP-09-08470。

大百合 Cardiocrinum giganteum (Wall.) Makino
草本。山谷，山坡，溪边，路旁，阴处；壤土；700~

1200 m。九岭山脉：大围山 LXP-03-07891；万洋山脉：炎陵县 LXP-13-3475，资兴市 LXP-03-05080。

贝母属 *Fritillaria* L.

浙贝母 Fritillaria thunbergii Miq.
草本。山谷，林下；800~1100 m。幕阜山脉：庐山 董安淼 2458(JJF)。

百合属 *Lilium* L.

野百合 Lilium brownii N. E. Brown ex Miellez
草本。山坡，山谷，平地，疏林，灌丛，溪边，路旁；壤土，沙土；100~1700 m。幕阜山脉：通城县 LXP4157，通山县 LXP6656，武宁县 LXP1316，修水县 LXP0308；武功山脉：芦溪县 LXP-06-1791，明月山 LXP-06-7728，袁州区 LXP-06-6687；万洋山脉：LXP-13-12227，遂川县 LXP-13-16856，炎陵县 LXP-09-00675，永新县 LXP-QXL-858；诸广山脉：上犹县 LXP-13-12139，崇义县 LXP-03-05704，桂东县 LXP-03-02582。

百合 Lilium brownii var. **viridulum** Baker
草本。山坡，山谷，密林，疏林，灌丛，溪边，路旁，村边；壤土；300~1200 m。幕阜山脉：平江县 LXP3785；九岭山脉：大围山 LXP-10-7756，浏阳市 LXP-10-5791；武功山脉：茶陵县 LXP-06-1460；万洋山脉：炎陵县 DY1-1038；诸广山脉：上犹县 LXP-13-18933、LXP-03-06803。

条叶百合 Lilium callosum Sieb. et Zucc.
草本。山顶。罗霄山脉可能有分布，未见标本。

卷丹 Lilium lancifolium Thunb. [*Lilium tigrinum* Ker Gawl.]
草本。山坡，山谷，疏林，溪边；900~1100 m。幕阜山脉：庐山市 LXP4622；万洋山脉：资兴市 LXP-03-05071。

药百合 Lilium speciosum var. **gloriosoides** Baker
草本。山坡，疏林，密林；壤土；400~1400 m。幕阜山脉：平江县 LXP3820，通山县 LXP7427，武宁县 LXP1229，庐山市 LXP-13-24542。

油点草属 *Tricyrtis* Wall.

油点草 Tricyrtis macropoda Miq.
草本。山坡，山谷，疏林，密林，灌丛，溪边，路旁，石上，阴处；壤土，腐殖土；200~1900 m。幕阜山脉：武宁县 LXP-13-08420、LXP0638，庐山市 LXP-13-24536、LXP4566，瑞昌市 LXP00437，平江县 LXP-10-6037；九岭山脉：大围山 LXP-13-08221、LXP-10-11591、LXP-10-11726，奉新县 LXP-10-10687，靖安县 LXP-13-10087、LXP-10-1020，宜丰县 LXP-10-13045，万载县 LXP-13-11315；武功山脉：安福县 LXP-06-0394，莲花县 LXP-GTY-291，芦溪县 LXP-06-1779，安仁县 LXP-03-01486，明月山 LXP-06-7706；万洋山脉：井冈山 JGS-354、JGS-419，遂川县 LXP-13-16419，炎陵县 LXP-09-00231，永新县 LXP-13-07893；诸广山脉：桂东县 LXP-13-09228、LXP-03-02570，上犹县 LXP-13-12520、LXP-03-06768。

黄花油点草　Tricyrtis pilosa Wall.

草本。山谷，疏林；壤土；1300~1500 m。万洋山脉：炎陵县 LXP-09-10976；诸广山脉：桂东县 JGS-A108。

绿花油点草　Tricyrtis viridula Hir.

草本。山谷，疏林，河边，阴处；1000~1200 m。万洋山脉：桃源洞 赵万义等 ZWY-2019(SYS)；诸广山脉：崇义县 LXP-13-24206。

郁金香属 *Tulipa* L.

老鸦瓣　Tulipa edulis (Miq.) Baker

草本。山坡，林下。幕阜山脉：庐山 熊耀国 261 (NAS)。

Order 15. 天门冬目 Asparagales

A61 兰科 Orchidaceae

开唇兰属 *Anoectochilus* Blume

金线兰　Anoectochilus roxburghii (Wall.) Lindl.

草本。山坡，山谷，疏林，灌丛，溪边，路旁，阴处；腐殖土；100~1300 m。九岭山脉：万载县 LXP-10-1741，宜丰县 LXP-10-2733；武功山脉：安福县 LXP-06-0941，芦溪县 LXP-13-09699、LXP-06-1695；万洋山脉：井冈山 JGS-1306，炎陵县 LXP-09-06222，永新县 LXP-13-07817；诸广山脉：崇义县 LXP-03-05751，上犹县 LXP-03-06816。

浙江金线兰　Anoectochilus zhejiangensis Z. Wei et Y. B. Chang

草本。山坡，山谷，疏林，溪边，河边，路旁，阴处；壤土，腐殖土；300~500 m。幕阜山脉：修水县 彭焱松 XS01(LBG)；万洋山脉：井冈山 LXP-13-24104，炎陵县 LXP-09-06050。

拟兰属 *Apostasia* Blume

多枝拟兰　Apostasia ramifera S. C. Chen

亚灌木状草本。山坡，林下。诸广山脉：汝城县 199 (CSFI)。

竹叶兰属 *Arundina* Blume

竹叶兰　Arundina graminifolia (D. Don) Hochr.

草本。山谷，疏林，路旁；壤土；600~800 m。诸广山脉：崇义县 LXP-03-05601。

白及属 *Bletilla* Rchb. f.

白及　Bletilla striata (Thunb. ex A. Murray) Rchb. f.

草本。石上，路旁；300~500 m。幕阜山脉：通山县 LXP6826。

石豆兰属 *Bulbophyllum* Thouars

莲花卷瓣兰　Bulbophyllum hirundinis (Gagnep.) Seidenf.

草本。山谷，石壁；350 m。万洋山脉：资兴市 30622（田径，2017）。

瘤唇卷瓣兰　Bulbophyllum japonicum (Makino) Makino

草本。山坡，石壁；300~500 m。幕阜山脉：武宁县 LXP7945；诸广山脉：汝城县 罗金龙和冯贵祥 101 (CSFI)。

广东石豆兰　Bulbophyllum kwangtungense Schltr.

草本。山坡，密林，树上；壤土。万洋山脉：井冈山 LXP-13-18263。

齿瓣石豆兰　Bulbophyllum levinei Schltr.

草本。山谷，疏林，密林，溪边，石上，阳处，阴处；壤土；400~600 m。万洋山脉：井冈山 JGS-1285，永新县 LXP-13-08123；诸广山脉：上犹县 LXP-13-12246。

毛药卷瓣兰 **Bulbophyllum omerandrum** Hayata

草本。山谷，阴湿石壁上；400~800 m。诸广山脉：八面山 LXP-03-0977。

伞花石豆兰 **Bulbophyllum shweliense** W. W. Smith

灌木。平地，疏林，溪边；壤土；500~700 m。诸广山脉：上犹县 LXP-13-19261A。

虾脊兰属 *Calanthe* R. Br.

泽泻虾脊兰 **Calanthe alismaefolia** Lindl.

草本。山谷，疏林；壤土；350~940 m。万洋山脉：炎陵县 LXP-09-08200。

剑叶虾脊兰 **Calanthe davidii** Franch.

草本。山谷，密林，疏林，溪边；壤土；1000~1100 m。诸广山脉：上犹县 LXP-13-12183。

密花虾脊兰 **Calanthe densiflora** Lindl.

草本。山坡，疏林，山谷；400~1000 m。诸广山脉：齐云山 075287（刘小明等，2010）。

虾脊兰 **Calanthe discolor** Lindl.

草本。山坡，山谷，密林，疏林，溪边，路旁，阴处；壤土；300~600 m。幕阜山脉：通山县 LXP1834，武宁县 LXP1118，庐山市 LXP6329，修水县 LXP3359；九岭山脉：靖安县 LXP-10-406，宜丰县 LXP-10-2511；万洋山脉：井冈山 JGS4020；诸广山脉：上犹县 LXP-13-12198。

钩距虾脊兰 **Calanthe graciliflora** Hayata

草本。山坡，山谷，密林，疏林，灌丛，河边；壤土，腐殖土；200~1500 m。武功山脉：安福县 LXP-06-0108、LXP-06-0284，茶陵县 LXP-06-2246，芦溪县 LXP-13-03709、LXP-13-09669、LXP-06-2091，明月山 LXP-06-4688；万洋山脉：井冈山 JGS-1208，遂川县 LXP-13-7273，炎陵县 DY1-1122、LXP-09-07318，永新县 LXP-13-07637、LXP-13-19150；诸广山脉：上犹县 LXP-13-12964。

疏花虾脊兰 **Calanthe henryi** Rolfe

草本。山坡，草地；壤土；700~900 m。武功山脉：安福县 LXP-06-9459。

西南虾脊兰 **Calanthe herbacea** Lindl.

草本。山谷，林下。诸广山脉：八面山 LXP-03-1015。

细花虾脊兰 **Calanthe mannii** Hook. f.

草本。山坡，林下。幕阜山脉：武宁县，据《中国植物志》第十八卷记载。

反瓣虾脊兰 **Calanthe reflexa** (Kuntze) Maxim.

草本。山坡，山谷，灌丛，溪边，路旁；腐殖土；700~900 m。幕阜山脉：通山县 LXP7809，武宁县 LXP8170；九岭山脉：靖安县 LXP-13-10275；万洋山脉：遂川县 LXP-13-18324。

大黄花虾脊兰 **Calanthe sieboldii** Decne.

草本。疏林下。万洋山脉：吉安市有分布。

异大黄花虾脊兰 **Calanthe sieboldopsis** B.Y.Yang et Bo Li

草本。村边，林下；500~600 m。万洋山脉：井冈山 B. Y. Yang 095 (CSH；JXU)。

长距虾脊兰 **Calanthe sylvatica** (Thou.) Lindl.

草本。山谷，林下；腐殖土；500~1000 m。诸广山脉：齐云山 06148（刘小明等，2010）。

无距虾脊兰 **Calanthe tsoongiana** T. Tang et F. T. Wang

草本。山坡，林下；600~1200 m。幕阜山脉：武宁县，据《中国植物志》第十八卷记载；诸广山脉：齐云山 B0081（刘小明等，2010）。

头蕊兰属 *Cephalanthera* Rich.

银兰 **Cephalanthera erecta** (Thunb. ex A. Murray) Blume

草本。山坡，疏林；壤土；1400~1600 m。万洋山脉：炎陵县 LXP-13-22812。

金兰 **Cephalanthera falcata** (Thunb. ex A. Murray) Bl.

草本。山坡，山谷，疏林，路旁；腐殖土；400~1600 m。幕阜山脉：庐山市 LXP5160；武功山脉：安福县 LXP-06-9263；万洋山脉：炎陵县 LXP-13-22780；诸广山脉：上犹县 LXP-13-22279。

独花兰属 *Changnienia* S. S. Chien

独花兰 **Changnienia amoena** S. S. Chien

草本。山坡，林下。幕阜山脉：庐山 庐山植物园科考队 256(LBG)；诸广山脉：齐云山 L0705107（刘小明等，2010）。

隔距兰属　*Cleisostoma* Blume

大序隔距兰　Cleisostoma paniculatum (Ker-Gawl.) Garay

草本；山坡，疏林，附生树上。诸广山脉：上犹县聂敏祥 8208(IBSC)。

贝母兰属　*Coelogyne* Lindl.

流苏贝母兰　Coelogyne fimbriata Lindl.

草本。山谷，密林，疏林，溪边，路旁，附生树干或石上；500~1200 m。万洋山脉：井冈山 JGS-1303；诸广山脉：桂东县 LXP-13-25346，上犹县 LXP-03-07194。

吻兰属　*Collabium* Blume

吻兰　Collabium chinense (Rolfe) T. Tang et F. T. Wang

草本。山谷，平地，密林，疏林，溪边，石上，阴处；1000~1100 m。武功山脉：安福县 LXP-06-2877；万洋山脉：炎陵县 LXP-13-4308；诸广山脉：上犹县 LXP-13-12046。

台湾吻兰　Collabium formosanum Hayata

草本。山谷，疏林，溪边，阴湿石壁，阴处；腐殖土；400~1700 m。武功山脉：芦溪县 LXP-06-2798、LXP-13-09660；万洋山脉：炎陵县 LXP-13-23247，永新县 LXP-13-07885。

铠兰属　*Corybas* Salisb.

铠兰　Corybas sinii T. Tang et F. T. Wang

草本。山坡，疏林，阴湿石上；900~1500 m。万洋山脉：桃源洞赵公亭附近山谷有分布，未采集标本。

杜鹃兰属　*Cremastra* Lindl.

杜鹃兰　Cremastra appendiculata (D. Don) Makino

草本。山坡，疏林；400~1200 m。幕阜山脉：武宁县 谭策铭和董安淼 99364A(SZG)；诸广山脉：齐云山 LXP-03-4881。

斑叶杜鹃兰　Cremastra unguiculata (Finet) Finet

草本。山谷，山坡；800~1000 m。幕阜山脉：庐山

彭焱松等 809(ZM)。

兰属　*Cymbidium* Sw.

建兰　Cymbidium ensifolium (L.) Sw.

草本。山坡，山谷，密林，疏林，河边；壤土，腐殖土；600~1200 m。九岭山脉：靖安县 LXP-13-10353；万洋山脉：井冈山 JGS-2040，遂川县 LXP-13-16528，炎陵县 LXP-09-08270，永新县 LXP-13-08183；诸广山脉：桂东县 LXP-03-02772，上犹县 LXP-13-12700。

蕙兰　Cymbidium faberi Rolfe

草本。山坡，疏林；700~1200 m。幕阜山脉：庐山 谭策铭 11134(JJF)。

多花兰　Cymbidium floribundum Lindl.

草本。山坡，山谷，疏林，密林，溪边，石上，阳处；壤土，沙土，腐殖土；500~1100 m。九岭山脉：靖安县 LXP-10-4444；武功山脉：安仁县 LXP-03-01587；万洋山脉：永新县 LXP-13-08164；诸广山脉：崇义县 LXP-03-04929、LXP-13-24160，桂东县 LXP-13-25306。

春兰　Cymbidium goeringii (Rchb. f.) Rchb. f.

草本。山坡，山谷，密林，疏林，灌丛，路旁，溪边；壤土，腐殖土；500~1400 m。九岭山脉：万载县 LXP-13-11121；武功山脉：芦溪县 LXP-13-09742；万洋山脉：井冈山 JGS-1076，炎陵县 LXP-09-06443，资兴市 LXP-03-05149，永新县 LXP-13-08129；诸广山脉：崇义县 LXP-13-24166，桂东县 LXP-03-00974，上犹县 LXP-13-12586。

寒兰　Cymbidium kanran Makino

草本。山坡，山谷，疏林，河边；腐殖土；1200~1400 m。万洋山脉：井冈山 JGS-1078，炎陵县 LXP-13-5523。

兔耳兰　Cymbidium lancifolium Hook.

草本。山坡，疏林；400~1000 m。诸广山脉：齐云山 075152（刘小明等，2010）。

杓兰属　*Cypripedium* L.

扇脉杓兰　Cypripedium japonicum Thunb.

草本。山坡，林下。幕阜山脉：庐山 熊耀国 09925(LBG)；诸广山脉：八面山 LXP-03-1031。

丹霞兰属 *Danxiaorchis* J. W. Zhai, F. W. Xing et Z. J. Liu

丹霞兰 Danxiaorchis singchiana J. W. Zhai, F. W. Xing et Z. J. Liu
腐生草本。疏林，阴湿处。九岭山脉：醴陵市有记录。

杨氏丹霞兰 Danxiaorchis yangii B. Y. Yang et Bo Li
腐生草本。林下灌丛；约 360 m。万洋山脉：井冈山 杨柏云 075(IBSC)。

石斛属 *Dendrobium* Sw.

串珠石斛 Dendrobium falconeri Hook.
附生草本。生大树上。万洋山脉：井冈山水口有记录；诸广山脉：八面山 LXP-03-1040。

细叶石斛 Dendrobium hancockii Rolfe
草本。附生树干或石上；700~1400 m。万洋山脉：资兴市 LXP-03-0067。

细茎石斛 Dendrobium moniliforme (L.) Sw.
草本。山坡，山谷，疏林，石上；壤土；500~1500 m。万洋山脉：井冈山 LXP-13-22999，遂川县 LXP-13-25894，炎陵县 LXP-09-08271，资兴市 LXP-03-00067。

石斛 Dendrobium nobile Lindl.
草本。山谷，疏林。诸广山脉：齐云山 075261（刘小明等，2010）。

铁皮石斛 Dendrobium officinale Kimura et Migo
附生兰。山谷，疏林。万洋山脉：桃源洞有分布记录。

球花石斛 Dendrobium thyrsiflorum Rchb. f.
草本。山谷，石壁；420 m。万洋山脉：资兴市 刘克明 772923(HNNU)。

广东石斛 Dendrobium wilsonii Rolfe
草本。山谷。诸广山脉：汝城县 200(CSFI)。

厚唇兰属 *Epigeneium* Gagnep.

单叶厚唇兰 Epigeneium fargesii (Finet) Gagnep.
草本。山坡，阴湿石壁；400~500 m。万洋山脉：井冈山 LXP-13-18661。

火烧兰属 *Epipactis* Zinn

尖叶火烧兰 Epipactis thunbergii A. Gray
草本。山坡，路旁。诸广山脉：齐云山 4331（刘小明等，2010）。

美冠兰属 *Eulophia* R. Br. ex Lindl.

美冠兰 Eulophia graminea Lindl.
草本。山坡，疏林。诸广山脉：齐云山 075518（刘小明等，2010）。

山珊瑚属 *Galeola* Lour.

山珊瑚 Galeola faberi Rolfe
腐生草本。山坡，竹林；1250 m。九岭山脉：大围山 120688(CSFI)；诸广山脉：齐云山 075631（刘小明等，2010）。

毛萼山珊瑚 Galeola lindleyana (Hook. f. et Thoms.) Rchb. f.
腐生草本。山坡，山谷，疏林，灌丛，溪边；壤土；100~1900 m。九岭山脉：大围山 LXP-13-08240；武功山脉：攸县 LXP-06-3096；万洋山脉：井冈山 JGS-1115，遂川县 LXP-13-23764，炎陵县 LXP-09-00635、LXP-09-08120。

盆距兰属 *Gastrochilus* D. Don

台湾盆距兰 Gastrochilus formosanus (Hayata) Hayata
草本。山坡，疏林，附生树干；800~1200 m。诸广山脉：桂东县 LXP-03-2774。

黄松盆距兰 Gastrochilus japonicus (Makino) Schltr.
草本。山坡，石上；1000~1200 m。万洋山脉：炎陵县 LXP-09-08272。

中华盆距兰 Gastrochilus sinensis Z. H. Tsi
草本。山坡，山谷，草地；壤土，腐殖土。万洋山脉：炎陵县 LXP-09-583。

天麻属 *Gastrodia* R. Br.

天麻 Gastrodia elata Bl.
草本，腐生兰。山坡；腐殖土；800~1400 m。诸广山脉：齐云山 LXP-03-4922。

北插天天麻　Gastrodia peichatieniana S. S. Ying

草本，腐生兰。山坡，山谷，疏林；腐殖土。万洋山脉：据赵万义（2017）记载，井冈山有分布。

斑叶兰属 *Goodyera* R. Br.

大花斑叶兰　Goodyera biflora (Lindl.) Hook. f.

草本。山谷，山坡，密林，疏林，灌丛，溪边，石上；壤土，沙土，腐殖土；1200~1600 m。武功山脉：芦溪县 LXP-13-09757；诸广山脉：上犹县 LXP-13-25093，桂东县 LXP-03-02373。

多叶斑叶兰　Goodyera foliosa (Lindl.) Benth.

草本。山坡，山谷，密林，疏林，溪边，石上，阴处；壤土；400~1000 m。九岭山脉：奉新县 LXP-06-4017；万洋山脉：永新县 LXP-13-08173。

光萼斑叶兰　Goodyera henryi Rolfe

草本。山谷，疏林；壤土。武功山脉：芦溪县 LXP-13-8290。

高斑叶兰　Goodyera procera (Ker-Gawl.) Hook.

草本。山谷，疏林，溪边；壤土。万洋山脉：炎陵县 LXP-09-07502。

小斑叶兰　Goodyera repens (L.) R. Br.

草本。山坡，疏林，阴处；腐殖土。九岭山脉：大围山 LXP-13-17015。

斑叶兰　Goodyera schlechtendaliana Rchb. f.

草本。山坡，山谷，疏林，密林，灌丛，溪边，路旁，石上，阴处；腐殖土；300~1900 m。幕阜山脉：庐山市 LXP4777，平江县 LXP3569、LXP-13-22422，武宁县 LXP0637，修水县 LXP0335；九岭山脉：大围山 LXP-10-11372，浏阳市 LXP-10-5755、LXP-03-08467；武功山脉：莲花县 LXP-GTY-342，安福县 LXP-06-3208，芦溪县 LXP-06-1148、LXP-13-09878；万洋山脉：井冈山 JGS-342，遂川县 LXP-13-09369，炎陵县 LXP-13-24648，资兴市 LXP-03-05088；诸广山脉：上犹县 LXP-13-22292，桂东县 LXP-03-00943。

绒叶斑叶兰　Goodyera velutina Maxim.

草本。山坡，密林；壤土；1400~1500 m。武功山脉：芦溪县 LXP-06-1797、LXP-13-09851。

绿花斑叶兰　Goodyera viridiflora (Bl.) Bl.

草本。山谷，疏林，路旁。九岭山脉：万载县 LXP-13-11050；万洋山脉：永新县 LXP-13-08177。

小小斑叶兰　Goodyera yangmeishanensis T. P. Lin

草本。山坡，疏林，路旁，阴处；腐殖土；761 m。万洋山脉：永新县 LXP-13-19171；诸广山脉：齐云山 LXP-13-24282。

玉凤花属 *Habenaria* Willd.

毛葶玉凤花　Habenaria ciliolaris Kraenzl.

草本。山谷，密林，溪边，路旁，石上；壤土；300~1200 m。九岭山脉：宜丰县 LXP-10-6813；诸广山脉：上犹县 LXP-03-07094。

鹅毛玉凤花　Habenaria dentata (Sw.) Schltr.

草本。山谷，溪边，密林；400~500 m。九岭山脉：靖安县 LXP-10-557。

线瓣玉凤花　Habenaria fordii Rolfe

草本。山坡，路旁；700~1000 m。诸广山脉：齐云山 075013（刘小明等，2010）。

粤琼玉凤花　Habenaria hystrix Ames

草本。山坡，路旁；400~1000 m。诸广山脉：桂东县 LXP-03-0810。

线叶十字兰　Habenaria linearifolia Maxim.

草本。平地，路旁；壤土；300~400 m。武功山脉：安福县 LXP-06-0132。

裂瓣玉凤花　Habenaria petelotii Gagnep.

草本。平地，密林；壤土；600~700 m。武功山脉：安福县 LXP-06-0832。

橙黄玉凤花　Habenaria rhodocheila Hance

草本。阴处，石上；700 m。万洋山脉：井冈山 JGS-205。

十字兰　Habenaria schindleri Schltr.

草本。山谷，河边，石上，阴处；腐殖土；700~800 m。诸广山脉：崇义县 LXP-13-24280。

角盘兰属 *Herminium* L.

叉唇角盘兰 Herminium lanceum (Thunb. ex Sw.) Vuijk

草本。山坡,山谷,石壁;500~1000 m。武功山脉:武功山 5415(LBG);诸广山脉:齐云山 075092(刘小明等,2010)。

盂兰属 *Lecanorchis* Bl.

盂兰 Lecanorchis japonica Bl.

草本。山坡,疏林;800~1300 m。诸广山脉:八面山 LXP-03-0856。

羊耳蒜属 *Liparis* Rich.

镰翅羊耳蒜 Liparis bootanensis Griff.

草本。山坡,疏林,石上;腐殖土;500~600 m。诸广山脉:桂东县 LXP-13-25364。

齿唇羊耳蒜 Liparis campylostalix Rchb. f.

草本。平地,灌丛,沼泽,溪边;壤土;200~300 m。武功山脉:安福县 LXP-06-0219,茶陵县 LXP-06-2243。

小巧羊耳蒜 Liparis delicatula Hook. f.

草本。山坡,阴处;1400~1500 m。武功山脉:芦溪县 LXP-06-1252。

福建羊耳蒜 Liparis dunnii Rolfe

草本。山坡,疏林;600~1000 m。幕阜山脉:庐山熊耀国 6745(LBG);诸广山脉:桂东县 罗金龙和冯贵祥 083(CSFI)。

长苞羊耳蒜 Liparis inaperta Finet

草本。山谷,疏林;壤土;751 m。万洋山脉:炎陵县 LXP-13-23929。

羊耳蒜 Liparis japonica (Miq.) Maxim.

草本。山谷,灌丛,疏林,石上;300~1300 m。幕阜山脉:通城县 LXP6389;万洋山脉:井冈山 LXP-13-18455,遂川县 LXP-13-7006,永新县 LXP-13-19471;诸广山脉:桂东县 LXP-03-02857。

广东羊耳蒜 Liparis kwangtungensis Schltr.

草本。山谷,密林,疏林,溪边,石上;壤土;500~1000 m。万洋山脉:遂川县 LXP-13-17502,炎陵县

LXP-09-06293、刘林翰 20011;永新县 LXP-13-19290;诸广山脉:桂东县 LXP-13-22727。

见血青 Liparis nervosa (Thunb. ex A. Murray) Lindl.

草本。山坡,山谷,疏林,密林,灌丛,溪边,路旁,石壁上,阴处;壤土,腐殖土;200~1700 m。幕阜山脉:通山县 LXP1985,武宁县 LXP0556,修水县 LXP2900;九岭山脉:万载县 LXP-13-11008,大围山 LXP-10-11298,靖安县 LXP-10-487;武功山脉:安福县 LXP-06-0134,芦溪县 LXP-13-8341、LXP-06-3312,明月山 LXP-10-1362,攸县 LXP-03- 07623;万洋山脉:井冈山 JGS-2073,遂川县 LXP-13-16333,炎陵县 LXP-09-08197,永新县 LXP-13-19082;诸广山脉:上犹县 LXP-13-12439,崇义县 LXP-13-24157。

香花羊耳蒜 Liparis odorata (Willd.) Lindl.

草本。山坡,阴湿石壁。九岭山脉:靖安县 LXP-13-10387。

长唇羊耳蒜 Liparis pauliana Hand.-Mazz.

草本。山坡,疏林,石上;900~1000 m。幕阜山脉:庐山市 LXP5011。

柄叶羊耳蒜 Liparis petiolata (D. Don) P. F. Hunt et Summerh.

草本。山谷,密林,疏林,石上,阴处;壤土;400~1100 m。万洋山脉:井冈山 LXP-13-18649,遂川县 LXP-13-25900。

原沼兰属 *Malaxis* Sol. ex Sw.

小沼兰 Malaxis microtatantha (Schltr.) T. Tang et F. T. Wang

草本。丹霞地貌,疏林,阴湿石壁上;200~300 m。武功山脉:茶陵县 LXP-13-22946。

葱叶兰属 *Microtis* R. Br.

葱叶兰 Microtis unifolia (Forst.) Rchb. f.

草本。村边。万洋山脉:吉安市 841289(JJF);诸广山脉:齐云山 075835(刘小明等,2010)。

全唇兰属 *Myrmechis* Bl.

日本全唇兰 Myrmechis japonica (Rchb. f.) Rolfe

草本。山坡,林下;1000~1300 m。幕阜山脉:庐

山　邹垣 00827(LBG)。

风兰属　*Neofinetia* Hu

风兰　Neofinetia falcata (Thunb. ex A. Murray) H. H. Hu

草本。山坡，疏林。幕阜山脉：庐山　熊耀国 258 (NAS)；武功山脉：宜春市，据《中国植物志》第十九卷记载。

鸟巢兰属　*Neottia* Guett.

日本对叶兰　Neottia japonica (Bl.) Szlachetko [*Listera japonica* Bl.]

草本。山坡，疏林；1200~2000 m。万洋山脉：遂川县 LXP-13-25738。

鸢尾兰属　*Oberonia* Lindl.

狭叶鸢尾兰　Oberonia caulescens Lindl.

草本。罗霄山脉南部可能有分布，未见标本。

鸢尾兰　Oberonia iridifolia Roxb. ex Lindl.

草本。山坡，疏林，附生树上；1200~1400 m。诸广山脉：齐云山 LXP-03-5680。

小叶鸢尾兰　Oberonia japonica (Maxim.) Makino

草本。山谷，疏林，附生树上，1500~1600 m。万洋山脉：遂川县 LXP-13-24714。

小花鸢尾兰　Oberonia mannii Hook. f.

草本。山谷，疏林，附生树干；1869 m。万洋山脉：炎陵县 LXP-13-24654。

齿唇兰属　*Odontochilus* Blume

广东齿唇兰　Odontochilus guangdongensis S. C. Chen, S. W. Gale et P. J. Cribb [*Chamaegastrodia nanlingensis* H. Z. Tian et F. W. Xing]

腐生草本。山坡，疏林；1300~1600 m。诸广山脉：齐云山 LXP-13-24226。

齿爪齿唇兰　Odontochilus poilanei (Gagnepain) Ormerod [*Chamaegastrodia poilanei* (Gagnepain) Seidenfaden et A. N. Rao]

附生草本。山谷，河边，林下阴湿处。万洋山脉：井冈山湘洲有记录。

阔蕊兰属　*Peristylus* Blume

长须阔蕊兰　Peristylus calcaratus (Rolfe) S. Y. Hu

草本。山谷，石壁。万洋山脉：资兴市 LXP-03-0271。

狭穗阔蕊兰　Peristylus densus (Lindl.) Santap. et Kapad.

草本。山坡，灌丛，路旁，林下，阳处；腐殖土；1000 m。万洋山脉：井冈山 LXP-13-24061；诸广山脉：齐云山 LXP-13-24154。

阔蕊兰　Peristylus goodyeroides (D. Don) Lindl.

草本。山坡，路旁；500~900 m。万洋山脉：井冈山　赖书坤等 4590(KUN)。

鹤顶兰属　*Phaius* Lour.

黄花鹤顶兰　Phaius flavus (Blume) Lindl.

草本。山谷，山坡，疏林，溪边；腐殖土；300~400 m。万洋山脉：井冈山 JGS-1347，遂川县 LXP-13-7253；诸广山脉：上犹县 LXP-13-12392。

鹤顶兰　Phaius tankervilleae (Banks ex L'Herit.) Blume

草本。山坡；400~1000 m。诸广山脉：齐云山 075127（刘小明等，2010）。

蝴蝶兰属　*Phalaenopsis* Blume

短茎萼脊兰　Phalaenopsis subparishii (Z. H. Tsi) Kocyan et Schuit. [*Sedirea subparishii* (Z. H. Tsi) Christenson]

草本，附生兰。生树干；约 500 m。万洋山脉：井冈山 LXP-13-18264。

象鼻兰　Phalaenopsis zhejiangensis (Z. H. Tsi) Schuit. [*Nothodoritis zhejiangensis* Z. H. Tsi]

草本。附生树干。诸广山脉：齐云山 Z116（刘小明等，2010）。

石仙桃属　*Pholidota* Lindl. ex Hook.

细叶石仙桃　Pholidota cantonensis Rolfe

草本。山谷，山坡，密林，疏林，溪边，石上；壤土；400~600 m。万洋山脉：炎陵县 LXP-09-09573，永新县 LXP-13-19239；诸广山脉：上犹县 LXP-13-

12693。

舌唇兰属 *Platanthera* Rich.

大明山舌唇兰 Platanthera damingshanica K. Y. Lang et H. S. Guo

草本。山坡；600~1000 m。诸广山脉：齐云山 LXP-03-2943。

密花舌唇兰 Platanthera hologlottis Maxim.

草本。山坡，路旁；400~900 m。诸广山脉：桂东县 LXP-03-0767。

舌唇兰 Platanthera japonica (Thunb. ex A. Marray) Lindl.

草本。山坡，山谷，疏林，灌丛，石上，溪边；壤土；1400~1600 m。万洋山脉：吉安市 LXSM2-6-10136，炎陵县 LXP-09-07933；诸广山脉：崇义县 LXP-13-13118，上犹县 LXP-13-12521。

尾瓣舌唇兰 Platanthera mandarinorum Rchb. f.

草本。山坡，山谷，疏林；400~900 m。幕阜山脉：通山县 LXP2342，武宁县 LXP1597。

小舌唇兰 Platanthera minor (Miq.) Rchb. f.

草本。山坡，山谷，疏林，路旁，溪边，石上；壤土；300~1900 m。幕阜山脉：通山县 LXP7724；万洋山脉：井冈山 JGS-B018，遂川县 LXP-13-16431，炎陵县 DY1-1146；诸广山脉：崇义县 LXP-13-24312，上犹县 LXP-13-23156。

筒距舌唇兰 Platanthera tipuloides (L. f.) Lindl.

草本。罗霄山脉可能有分布，未见标本。

小花蜻蜓兰 Platanthera ussuriensis (Regel et Maack) Maxim. [*Tulotis ussuriensis* (Regel et Maack) H. Hara]

草本。山坡，路旁；500~1000 m。万洋山脉：井冈山有分布；诸广山脉：齐云山 3063（刘小明等，2010）。

独蒜兰属 *Pleione* D. Don

独蒜兰 Pleione bulbocodioides (Franch.) Rolfe

草本。山坡，山谷，山顶，疏林，路旁；壤土，腐殖土；900~1600 m。幕阜山脉：平江县 LXP3523，通山县 LXP7297，武宁县 LXP1496；武功山脉：安福县 LXP-06-9437，明月山 LXP-06-4540；万洋山脉：吉安市 LXSM2-6-10026，井冈山 JGS-1304007，遂川县 LXP-13-24728，炎陵县 DY2-1162、DY3-1136，资兴市 LXP-03-00074，永新县 LXP-13-19840；诸广山脉：桂东县 LXP-13-25663，上犹县 LXP-13-12057。

台湾独蒜兰 Pleione formosana Hayata

草本。山坡，疏林；900~1000 m。幕阜山脉：通山县 LXP6653。

毛唇独蒜兰 Pleione hookeriana (Lindl.) B. S. Williams

草本。山坡，疏林，石上；壤土；2000~2150 m。万洋山脉：炎陵县 LXP-13-22913。

朱兰属 *Pogonia* Juss.

朱兰 Pogonia japonica Rchb. f.

草本。山坡，路旁；800~1200 m。武功山脉：武功山 熊耀国 8849(LBG)。

小红门兰属 *Ponerorchis* Rchb. f. [*Amitostigma* Schltr.]

无柱兰 Ponerorchis gracilis (Bl.) X. H. Jin, Schuit. et W. T. Jin [*Amitostigma gracile* (Bl.) Schltr.]

草本。山坡，山谷，疏林，路旁，石上；100~1800 m。幕阜山脉：通山县 LXP1266，武宁县 LXP6130；九岭山脉：靖安县 LXP-10-4436；万洋山脉：遂川县 LXP-13-17549，炎陵县 LXP-09-08409；诸广山脉：上犹县 LXP-13-12528。

苞舌兰属 *Spathoglottis* Bl.

苞舌兰 Spathoglottis pubescens Lindl.

草本。山谷，疏林，路旁，溪边；壤土；600~700 m。诸广山脉：上犹县 LXP-03-06959。

绶草属 *Spiranthes* Rich.

香港绶草 Spiranthes hongkongensis S. Y. Hu et Barretto

草本。山谷，疏林，溪边，石上；壤土；800~1400 m。万洋山脉：遂川县 LXP-13-23457，炎陵县 LXP-09-10910；诸广山脉：桂东县 LXP-13-09224。

绶草 Spiranthes sinensis (Pers.) Ames

草本。山坡，山谷，密林，疏林，河边，阴处；壤土；494 m。幕阜山脉：通山县 LXP2309；万洋山脉：井冈山 LXP-13-05971，炎陵县 DY2-1226；诸广山脉：崇义县 LXP-13-13110。

带叶兰属 *Taeniophyllum* Bl.

带叶兰 Taeniophyllum glandulosum Bl.

草本。河边，附生树干；500~900 m。诸广山脉：桂东县（赵万义，2017）。

带唇兰属 *Tainia* Bl.

带唇兰 Tainia dunnii Rolfe

草本。山坡，山谷，密林，溪边，路旁，阴处；腐殖土；500~1900 m。九岭山脉：大围山 LXP-10-7795；万洋山脉：永兴县 LXP-03-04260，井冈山 JGS-4756，遂川县 LXP-13-16522，炎陵县 LXP-09-06400，永新县 LXP-13-08117；诸广山脉：上犹县 LXP-13-12173。

白点兰属 *Thrixspermum* Lour.

小叶白点兰 Thrixspermum japonicum (Miq.) Rchb. f.

草本。诸广山脉可能有分布，未见标本。

长轴白点兰 Thrixspermum saruwatarii (Hayata) Schltr.

草本。山谷，山坡，疏林，树上；壤土；700~1500 m。万洋山脉：炎陵县 LXP-13-22834；诸广山脉：崇义县 LXP-13-24364。

宽距兰属 *Yoania* Maxim.

宽距兰 Yoania japonica Maxim.

腐生草本。山谷，疏林，阴湿处；约 1500 m。万洋山脉：南风面 LXP-13-23830。

印度宽距兰 Yoania prainii King et Pantling

腐生草本。山谷，疏林，阴湿处；768 m。万洋山脉：桃源洞 LXP-13-23893。

A66 仙茅科 Hypoxidaceae

仙茅属 *Curculigo* Gaertn.

仙茅 Curculigo orchioides Gaertn.

草本。山坡，阳处；300~1000 m。万洋山脉：遂川县 岳俊三等 4572(NAS)。

小金梅草属 *Hypoxis* L.

小金梅草 Hypoxis aurea Lour.

草本。山坡，路旁；300~900 m。九岭山脉：奉新县 刘守炉等 1079(IBSC)。

A70 鸢尾科 Iridaceae

射干属 *Belamcanda* Adans.

射干 Belamcanda chinensis (L.) Redoutch

草本。山坡，山谷，平地，疏林，灌丛，石壁，村边，路旁；腐殖土；100~1300 m。幕阜山脉：庐山市 LXP5224，瑞昌市 LXP0068，通山县 LXP1734，修水县 LXP0269，岳阳县 LXP3797；九岭山脉：宜丰县 LXP-10-2903，宜春市 LXP-13-10583；武功山脉：莲花县 LXP-GTY-135，安福县 LXP-06-0331，茶陵县 LXP-06-1459，芦溪县 LXP-06-2133，明月山 LXP-06-7781、LXP-10-1320，攸县 LXP-06-1597；万洋山脉：炎陵县 DY1-1153。

唐菖蒲属 *Gladiolus* L.

*唐菖蒲 Gladiolus gandavensis Houtte

草本。广泛栽培于池塘、河边。幕阜山脉：九江市 谭策铭 05288(JJF)。

鸢尾属 *Iris* L.

*玉蝉花 Iris ensata Thunb.

草本。各地有栽培。幕阜山脉：庐山 邹垣 401(NAS)。

*花菖蒲 Iris ensata var. **hortensis** Makino et Nemoto

草本。各地有栽培。幕阜山脉：庐山 邹垣 00428(LBG)。

蝴蝶花 Iris japonica Thunb.

藤本。山坡，山谷，密林，疏林，灌丛，溪边，路旁；壤土，腐殖土；200~1000 m。幕阜山脉：平江县 LXP3977，武宁县 LXP5726；九岭山脉：靖安县 LXP-13-11400，大围山 LXP-10-11277，奉新县 LXP-10-3556，铜鼓县 LXP-10-8297，万载县 LXP-10-1961，宜丰县 LXP-10-4759；武功山脉：茶陵县 LXP-06-1501，大岗山 LXP-06-3663，芦溪县 LXP-06-3375；万洋山脉：炎陵县 LXP-09-08714，永新县 LXP-13-07633，资兴市 LXP-03-03610。

小鸢尾 **Iris proantha** Diels

草本。山坡，疏林，河边；200 m。幕阜山脉：庐山市 谭策铭 97082(JJF)。

小花鸢尾 **Iris speculatrix** Hance

草本。山坡，山谷，疏林，密林，灌丛，路旁，河边，阴处；100~1100 m。幕阜山脉：平江县 LXP3660，武宁县 LXP0886，修水县 LXP6493；九岭山脉：奉新县 LXP-10-4102，靖安县 LXP-13-10321、LXP-10- 13602、LXP-10-398；武功山脉：茶陵县 LXP-06-1818；万洋山脉：吉安市 LXSM2-6-10110，井冈山 JGS-3500，遂川县 LXP-13-16332，炎陵县 LXP-09-08284；诸广山脉：上犹县 LXP-13-12283。

鸢尾 **Iris tectorum** Maxim.

草本。山坡，草地；壤土；200~300 m。武功山脉：分宜县 LXP-06-9595。

A72 阿福花科 Asphodelaceae

山菅兰属 *Dianella* Lam. ex Juss.

山菅 **Dianella ensifolia** (L.) DC.

草本。山坡，山谷，密林，疏林，溪边；壤土；300~400 m。万洋山脉：永新县 LXP-QXL-216；诸广山脉：上犹县 LXP-13-12395、LXP-03-06118。

萱草属 *Hemerocallis* L.

黄花菜 **Hemerocallis citrina** Baroni

草本。山坡，山谷，疏林，路旁，水库边，溪边，阴处；壤土；300~1400 m。幕阜山脉：通山县 LXP7132；九岭山脉：万载县 LXP-13-11046；万洋山脉：井冈山 JGS-1119，炎陵县 DY3-1022；诸广山脉：崇义县 LXP-03-05684。

萱草 **Hemerocallis fulva** (L.) L.

草本。山坡，山谷，疏林，密林，草地，溪边，路旁；壤土；200~1500 m。幕阜山脉：通山县 LXP1994；九岭山脉：大围山 LXP-03-07687，靖安县 LXP-13-10113；武功山脉：茶陵县 LXP-06-1463，芦溪县 LXP-06-1309；万洋山脉：井冈山 JGS-B198，炎陵县 DY1-1037，永新县 LXP-13-19102，资兴市 LXP-03-00178。

A73 石蒜科 Amaryllidaceae

葱属 *Allium* L.

*洋葱 **Allium cepa** L.

草本。广泛栽培。幕阜山脉：九江市 易桂花 14212(JJF)。

藠头 **Allium chinense** G. Don

草本。山坡，山谷，灌丛，路旁，溪边；腐殖土；200~500 m。幕阜山脉：武宁县 LXP0429；武功山脉：安福县 LXP-06-6388；诸广山脉：上犹县 LXP-13-22223。

野葱 **Allium chrysanthum** Regel

草本。山坡，草地，村边；200~300 m。幕阜山脉：瑞昌市 LXP0007。

*葱 **Allium fistulosum** L.

草本。广泛栽培。幕阜山脉：九江市 谭策铭和易桂花 04050(JJF)。

宽叶韭 **Allium hookeri** Thwaites

草本。山坡，疏林；壤土；200~300 m。幕阜山脉：武宁县 LXP0431；武功山脉：芦溪县 LXP-06-1786。

薤白 **Allium macrostemon** Bunge

草本。山坡，疏林，路旁，村边；200~300 m。幕阜山脉：平江县 LXP4186。

*蒜 **Allium sativum** L.

草本。广泛栽培。幕阜山脉：九江市 蔡如意 14062(JJF)。

细叶韭 **Allium tenuissimum** L.

草本。平地，灌丛，溪边；壤土；50~200 m。武功山脉：攸县 LXP-06-5401。

*韭 **Allium tuberosum** Rottler ex Sprengle

草本。平地；50~200 m。广泛栽培。武功山脉：安福县 LXP-06-5603。

文殊兰属 *Crinum* L.

*文殊兰 **Crinum asiaticum** var. **sinicum** (Roxb. ex Herb.) Baker

草本。旷地，路旁。诸广山脉有栽培。

石蒜属 *Lycoris* Herb.

忽地笑 Lycoris aurea (L'Hér.) Herb.
草本。山坡，山谷，疏林，密林，溪边；壤土；200~800 m。幕阜山脉：通山县 LXP2168；九岭山脉：宜丰县 LXP-10-13009；大围山 LXP-03-07940，靖安县 4001416066；万洋山脉：炎陵县 LXP-09-07123；诸广山脉：桂东县 LXP-03-00937。

中国石蒜 Lycoris chinensis Traub
草本。山谷，林缘。幕阜山脉：瑞昌市 谭策铭和朱大海95573(JJF)，庐山 董安淼和吴从梅TanCM1593(JJF)。

石蒜 Lycoris radiata (L'Hér.) Herb.
草本。山谷，山坡，平地，密林，疏林，灌丛，溪边，路旁；壤土，沙土，腐殖土；100~800 m。九岭山脉：万载县 LXP-13-11295、LXP-10-1616，靖安县 LXP-10-13639，宜丰县 LXP-10-12890；武功山脉：安福县 LXP-06-0538；万洋山脉：井冈山 JGS-424，遂川县 LXP-13-7564，炎陵县 LXP-09-06059；诸广山脉：桂东县 LXP-13-09235。

葱莲属 *Zephyranthes* Herb.

*葱莲 Zephyranthes candida (Lindl.) Herb.
草本。广泛栽培，供观赏。

*韭莲 Zephyranthes carinata Herb.
草本。区域内广泛栽培供观赏。

A74 天门冬科 Asparagaceae

龙舌兰属 *Agave* L.

*龙舌兰 Agave americana L.
多年生，灌木状。广泛栽培。幕阜山脉：九江市 谭策铭 04854(JJF)。

天门冬属 *Asparagus* L.

山文竹 Asparagus acicularis Wang et S. C. Chen
草本。山坡，平地；80~200 m。幕阜山脉：武宁县 熊耀国 05079(LBG)。

天门冬 Asparagus cochinchinensis (Lour.) Merr.
草本。山坡，疏林，灌丛；300~800 m。幕阜山脉：武宁县 LXP5600；万洋山脉：永新县 LXP-13-07899、

LXP-QXL-198、LXP-QXL-360；诸广山脉：上犹县 LXP-13-12203。

羊齿天门冬 Asparagus filicinus D. Don
草本。幕阜山脉：庐山有分布记录，未见标本。

蜘蛛抱蛋属 *Aspidistra* Ker Gawl.

蜘蛛抱蛋 Aspidistra elatior Bl.
草本。山坡，灌丛；壤土；300~1116 m。武功山脉：茶陵县 LXP-09-10242；万洋山脉：遂川县 LXP-13-16530，炎陵县 LXP-09-08221。

流苏蜘蛛抱蛋 Aspidistra fimbriata F. T. Wang et K. Y. Lang
草本。山谷，疏林，溪边，阴处；150~500 m。九岭山脉：万载县 LXP-10-2182，宜春市 LXP-10-1204。

九龙盘 Aspidistra lurida Ker Gawl.
草本。山谷，密林；壤土；549 m。九岭山脉：万载县 LXP-13-11290；万洋山脉：遂川县 LXP-13-18138。

小花蜘蛛抱蛋 Aspidistra minutiflora Stapf
草本。山谷，疏林；壤土；500 m。万洋山脉：炎陵县 LXP-09-07510。

湖南蜘蛛抱蛋 Aspidistra triloba F. T. Wang et K. Y. Lang
草本。山坡，疏林；300~400 m。万洋山脉：据 *Flora of China* 第 24 卷记载井冈山有分布，未见标本。

绵枣儿属 *Barnardia* Lindl.

绵枣儿 Barnardia japonica (Thunberg) Schultes et J. H. Schultes [*Scilla scilloides* (Lindl.) Druce]
草本。山坡，阳处。幕阜山脉：庐山 关克俭74315(PE)；九岭山脉：永修县 熊耀国 07619(LBG)；武功山脉：羊狮幕 LXP-06-5400。

开口箭属 *Campylandra* Baker

开口箭 Campylandra chinensis (Baker) M. N. Tamura et al.
草本。缓坡，溪边，路旁；腐殖土，壤土；370~1869 m。九岭山脉：大围山 LXP-13-17048；武功山脉：芦溪县 LXP-13-09651，安福县 LXP-06-3160；万洋山脉：井冈山 JGS4192，遂川县 LXP-13-24781，炎陵县

LXP-09-0627、LXP-13-23836、LXP-13-24647，永新县 LXP-13-07986；诸广山脉：上犹县 LXP-13-25078、LXP-13-25114。

筒花开口箭 Campylandra delavayi (Franchet) M. N. Tamura et al.

草本。山谷，山坡，灌丛，溪边；壤土；865~898 m。武功山脉：芦溪县 LXP-06-0818、LXP-06-1143。

吊兰属 *Chlorophytum* Ker Gawl.

***吊兰 Chlorophytum comosum** (Thunb.) Baker

草本。广泛栽培。幕阜山脉：庐山 胡启明 0015 (LBG)。

竹根七属 *Disporopsis* Hance

散斑竹根七 Disporopsis aspersa (Hua) Engl. ex Krause

草本。山谷，疏林，阴湿处；约 1827 m。万洋山脉：遂川县 LXP-13-25873、LXP-13-25850。

竹根七 Disporopsis fuscopicta Hance

草本。山坡，山谷，疏林，密林，路旁，石上；壤土，腐殖土；300~1598 m。幕阜山脉：修水县 LXP2898；九岭山脉：大围山 LXP-10-12391；武功山脉：安福县 LXP-06-6832，分宜县 LXP-06-9608，芦溪县 LXP-06-9125、LXP-13-09464、LXP-13-09884；万洋山脉：遂川县 LXP-13-09377、LXP-13-16477，炎陵县 LXP-09-0933、LXP-13-22766、LXP-13-24846，永新县 LXP-13-19070；诸广山脉：桂东县 LXP-13-09236。

深裂竹根七 Disporopsis pernyi (Hua) Diels

草本。山坡，疏林，灌丛，溪边；壤土，腐殖土；434~1819 m。幕阜山脉：平江县 LXP4129，修水县 LXP2351；九岭山脉：大围山 LXP-13-17002、LXP-03-03049；武功山脉：芦溪县 LXP-13-03727；万洋山脉：井冈山 JGS-2091、JGS-2234、LXP-13-15137，遂川县 LXP-13-16896、LXP-13-16961、LXP-13-17687，炎陵县 LXP-09-06129、LXP-09-06130、LXP-09-06393；诸广山脉：上犹县 LXP-13-25084、LXP-13-25087。

异黄精属 *Heteropolygonatum* M. N. Tamura et Ogisu

武功山异黄精 Heteropolygonatum wugongshanensis G. X. Chen, Y. Meng et J. W. Xiao

草本。山坡，石上，阳处；1590 m。武功山脉：武功山 LXP-06-9253；万洋山脉：井冈山、笔架山有分布。

玉簪属 *Hosta* Tratt.

玉簪 Hosta plantaginea (Lam.) Aschers.

草本。山谷，山坡，疏林，灌丛，溪边，石上；腐殖土；400~1658 m。武功山脉：靖安县 LXP-10-4321；万洋山脉：遂川县 LXP-13-16692、LXP-13-18327，炎陵县 LXP-09-08472，永兴县 LXP-03-04202；诸广山脉：上犹县 LXP-03-06499、LXP-03-07055。

紫萼 Hosta ventricosa (Salisb.) Stearn

草本。山坡，山谷，疏林，灌丛，溪边，石上；腐殖土；270~1896 m。幕阜山脉：通山县 LXP2028、LXP7045，武宁县 LXP1499、LXP7381，平江县 LXP-10-6054；九岭山脉：大围山 LXP-10-12094、LXP-10-7935、LXP-03-07819，奉新县 LXP-10-3913，靖安县 LXP-10-399、LXP-13-10210、LXP-13-11542，万载县 LXP-10-2183、LXP-13-11279，宜丰县 LXP-10-2410；武功山脉：安福县 LXP-06-0391，茶陵县 LXP-06-1934，芦溪县 LXP-06-1783、LXP-06-1784；万洋山脉：井冈山 JGS-A028、JGS-B141、LXP-13-0414，遂川县 LXP-13-18185、LXP-13-23683，炎陵县 DY1-1005、LXP-09-08236、LXP-09-08305，永新县 LXP-13-07883、LXP-QXL-734；诸广山脉：桂东县 JGS-A115，崇义县 LXP-03-05881、LXP-03-10270。

山麦冬属 *Liriope* Lour.

禾叶山麦冬 Liriope graminifolia (L.) Baker

草本。山坡，山谷，路旁，疏林，灌丛；腐殖土；402~950 m。幕阜山脉：庐山市 LXP4547、LXP4984，通山县 LXP7167；诸广山脉：上犹县 LXP-13-18984。

阔叶山麦冬 Liriope muscari (Decne.) L. H. Bailey

草本。山顶，山坡，山谷，路旁，溪边，疏林；腐殖土；150~1890 m。幕阜山脉：武宁县 LXP-13-08517；九岭山脉：奉新县 LXP-10-13903，靖安县 LXP-10-9481、LXP-10-9906，宜丰县 LXP-10-12784；武功山脉：安福县 LXP-06-0044、LXP-06-0112、LXP-06-0482，分宜县 LXP-06-2310、LXP-06-2345；万洋山脉：井冈山 JGS-1083、JGS-A046、LXP-13-0384，遂川县 LXP-13-09383、LXP-13-23570，炎陵县 LXP-09-06346、LXP-09-08086、LXP-09-373、LXP-13-24644；诸广山脉：桂东县 LXP-13-25672，上犹县 LXP-13-18980。

山麦冬　Liriope spicata (Thunb.) Lour.

草本。山坡，山谷，疏林，灌丛，溪边，阴处；腐殖土，壤土；130~1462 m。幕阜山脉：通山县 LXP2286、LXP7195，武宁县 LXP6105，修水县 LXP2948；九岭山脉：靖安县 LXP-10-346、LXP-10-585、LXP-13-10082，万载县 LXP-13-11017、LXP-10-1584、LXP-10-1647，宜春市 LXP-10-878，宜丰县 LXP-10-2245、LXP-10-2403、LXP-10-2642；武功山脉：茶陵县 LXP-13-22965，芦溪县 LXP-13-03717；万洋山脉：吉安市 LXSM2-6-10066，遂川县 LXP-13-7272，炎陵县 LXP-09-07907、LXP-13-22837，永新县 LXP-QXL-282、LXP-QXL-823；诸广山脉：崇义县 LXP-13-24336，上犹县 LXP-03-06818、LXP-13-12196。

舞鹤草属　Maianthemum F. H. Wigg.

鹿药　Maianthemum japonicum (A. Gray) La Frankie [Smilacina japonica A. Gray]

草本。山坡，岩缝；900~1400 m。武功山脉：武功山　张代贵 0635248(JIU)。

沿阶草属　Ophiopogon Ker Gawl.

沿阶草　Ophiopogon bodinieri Lévl.

草本。山坡，山谷，路旁，疏林，溪边；腐殖土；185~1890 m。幕阜山脉：庐山市 LXP4387、LXP4810、LXP5404，瑞昌市 LXP0146，武宁县 LXP1571，修水县 LXP0825、LXP2348、LXP3027、LXP3309；九岭山脉：万载县 LXP-13-11038，靖安县 LXP-13-10402，大围山 LXP-03-07886、LXP-03-07840、LXP-03-07841；武功山脉：莲花县 LXP-GTY-375，芦溪县 LXP-13-03581；万洋山脉：吉安市 LXSM2-6-10174，井冈山 LXP-13-18613、LXP-13-18663，遂川县 LXP-13-16927、LXP-13-

23697、LXP-13-24686；诸广山脉：上犹县 LXP-13-23327、LXP-13-25089。

棒叶沿阶草　Ophiopogon clavatus C. H. Wright ex Oliv.

草本。山谷，疏林，密林，溪边，阴处；腐殖土；365~434 m。万洋山脉：井冈山 LXP-13-18671、LXP-13-24120、LXP-13-24130。

间型沿阶草　Ophiopogon intermedius D. Don

草本。山坡，山谷，疏林，灌丛，石上；壤土；592~1574 m。九岭山脉：万载县 LXP-13-11377；万洋山脉：遂川县 LXP-13-16479、LXP-13-16523、LXP-13-24707；诸广山脉：上犹县 LXP-13-23547。

麦冬　Ophiopogon japonicus (L. f.) Ker Gawl.

草本。山坡，山谷，路旁，溪边，疏林，灌丛；腐殖土，壤土；248 m。幕阜山脉：通山县 LXP2092，平江县 LXP-10-6486；九岭山脉：安义县 LXP-10-3818，大围山 LXP-10-5537、LXP-10-7718，靖安县 LXP-10-10059、LXP-10-505、LXP-13-11511，浏阳市 LXP-10-5751、LXP-03-08422，铜鼓县 LXP-10-6567，万载县 LXP-10-1490，宜丰县 LXP-10-2247、LXP-10-4772、LXP-10-8440；武功山脉：安福县 LXP-06-0540、LXP-06-0905、LXP-06-0955、LXP-06-2988，大岗山 LXP-06-3656，芦溪县 LXP-06-9120、LXP-06-9163、LXP-13-03581，宜春市 LXP-06-8938；万洋山脉：炎陵县 DY3-1149、LXP-09-06336、LXP-13-3406、LXP-13-4178，永兴县 LXP-03-04104、LXP-03-04467，资兴市 LXP-03-00073；诸广山脉：上犹县 LXP-03-06202、LXP-13-23074，崇义县 LXP-03-05878、LXP-03-07243、LXP-03-10267、LXP-03-10917，桂东县 LXP-03-01017、LXP-03-02569、LXP-03-02725。

西南沿阶草　Ophiopogon mairei Lévl.

草本。平地，路旁；壤土；158 m。武功山脉：安福县 LXP-06-8415。

宽叶沿阶草　Ophiopogon platyphyllus Merr. et Chun

草本。山谷，路旁，疏林，密林，河边，草地，阴处；230~320 m。幕阜山脉：平江县 LXP-10-6263；九岭山脉：靖安县 LXP-10-237，铜鼓县 LXP-10-7130，宜丰县 LXP-10-3154。

狭叶沿阶草 **Ophiopogon stenophyllus** (Merr.) Rodrig.

草本。山坡，疏林；500~700 m。武功山脉：武功山 岳俊三等 3248(PE)。

黄精属 *Polygonatum* Mill.

多花黄精 **Polygonatum cyrtonema** Hua

草本。山坡，山谷，路旁，溪边，石上，疏林，灌丛；腐殖土；220~1820 m。幕阜山脉：平江县 LXP3810、LXP-10-6340，瑞昌市 LXP0046，通山县 LXP2185、LXP5919、LXP7557，武宁县 LXP0455、LXP1225、LXP6190，修水县 LXP0302、LXP2564、LXP6737；九岭山脉：大围山 LXP-10-11634、LXP-10-12009、LXP-10-12516，奉新县 LXP-10-3489、LXP-10-3925、LXP-10-9357，靖安县 LXP-10-110、LXP-10-415、LXP-10-4306，铜鼓县 LXP-10-7275、LXP-10-8272，宜丰县 LXP-10-2387、LXP-10-3087；武功山脉：安福县 LXP-06-0143、LXP-06-5065、LXP-06-6368，安福县 LXP-06-8115，茶陵县 LXP-06-1935、LXP-06-1987，大岗山 LXP-06-3658，芦溪县 LXP-06-3429、LXP-13-09515、LXP-13-8362，明月山 LXP-06-4690、LXP-13-10886、LXP-10-1267；万洋山脉：吉安市 LXSM2-6-10046，井冈山 JGS-1330、JGS-289、LXP-13-15102、LXP-13-23006，遂川县 LXP-13-16490、LXP-13-16935、LXP-13-17240，炎陵县 DY1-1043、LXP-09-00191、LXP-09-08080，永新县 LXP-13-07751、LXP-13-08107、LXP-QXL-678，永兴县 LXP-03-04136，资兴市 LXP-03-03616；诸广山脉：上犹县 LXP-13-12182、LXP-13-12190、LXP-13-12839、LXP-03-10824，崇义县 LXP-13-13091、LXP-13-24314、LXP-03-04991，桂东县 LXP-03-00846、LXP-03-02543。

长梗黄精 **Polygonatum filipes** Merr.

草本。山坡，山谷，路旁，溪边，密林，疏林；壤土，腐殖土；240~1795 m。幕阜山脉：平江县 LXP3162、LXP3566、LXP3893，通山县 LXP5909、LXP6613，武宁县 LXP0938、LXP1128、LXP6191；九岭山脉：大围山 LXP-10-7579，七星岭 LXP-10-8164，宜丰县 LXP-10-12817；武功山脉：莲花县 LXP-GTY-317；万洋山脉：吉安市 LXSM2-6-10091，井冈山 JGS-B014、LXSM2-6-10299，遂川县 LXP-13-25914，炎陵县 LXP-09-08634、LXP-09-10655、LXP-13-5660、LXSM-7-00283。

玉竹 **Polygonatum odoratum** (Mill.) Druce

草本。山坡，山谷，密林，疏林，溪边，石上；腐殖土；238~1112 m。幕阜山脉：平江县 LXP6455，武宁县 LXP1500；武功山脉：安福县 LXP-06-0908；万洋山脉：井冈山 JGS-3543，遂川县 LXP-13-16524、LXP-13-17910、LXP-13-7050，炎陵县 LXP-09-07347、LXP-09-08233、LXP-13-4123、LXSM-7-00350。

黄精 **Polygonatum sibiricum** Delar. ex Redoute

草本。山坡，疏林，路旁，溪边，灌丛；壤土；640~1162 m。幕阜山脉：通山县 LXP1263、LXP1387、LXP2417，武宁县 LXP6229；武功山脉：安福县 LXP-06-3825；诸广山脉：上犹县 LXP-03-06944。

湖北黄精 **Polygonatum zanlanscianense** Pamp.

草本。山顶，山坡，山谷，疏林，草地；壤土，腐殖土；1153~2103 m。万洋山脉：遂川县 LXP-13-17653、LXP-13-23659、LXP-13-24663，炎陵县 LXP-13-22922。

吉祥草属 *Reineckea* Kunth

吉祥草 **Reineckea carnea** (Andr.) Kunth

草本。山谷，路旁；腐殖土；1446 m。武功山脉：芦溪县 LXP-06-1233。

万年青属 *Rohdea* Roth

万年青 **Rohdea japonica** (Thunb.) Roth

草本。山坡，疏林；900~1400 m。万洋山脉：遂川县 岳俊三等 4328(IBSC)。

丝兰属 *Yucca* L.

*凤尾丝兰 **Yucca gloriosa** L.

灌木。广泛栽培。幕阜山脉：庐山 易桂花 09812 (JJF)。

白穗花属 *Speirantha* Baker

白穗花 **Speirantha gardenii** (Hook.) Baill.

草本。山谷，溪边；腐殖土；945 m。万洋山脉：井冈山 JGS-2012149。

Order 16. 棕榈目 Arecales

A76 棕榈科 Arecaceae

蒲葵属 *Livistona* R. Br.

*蒲葵 **Livistona chinensis** (Jacq.) R. Br.

灌木。疏林，河边；850 m。栽培。万洋山脉：炎陵县 LXP-09-00768。

棕竹属 *Rhapis* L. f. ex Aiton

棕竹 Rhapis excelsa (Thunb.) Henry ex Rehd.

草本。山坡，阴处；壤土；100~260 m。万洋山脉：炎陵县 LXP-13-3108。

棕榈属 *Trachycarpus* H. Wendl.

棕榈 Trachycarpus fortunei (Hook.) H. Wendl.

乔木。山谷，平地，密林，疏林，灌丛，阴处；壤土，腐殖土；260~490 m。九岭山脉：靖安县 LXP-10-340，万载县 LXP-13-10956；武功山脉：安福县 LXP-06-0601、LXP-06-1008，茶陵县 LXP-06-1483；万洋山脉：炎陵县 LXP-13-5575，永新县 LXP-13-08044。

Order 17. 鸭跖草目 Commelinales

A78 鸭跖草科 Commelinaceae

鸭跖草属 *Commelina* L.

饭包草 Commelina benghalensis L.

草本。山坡，山谷，路旁，河边；壤土；405~1113 m。武功山脉：分宜县 LXP-06-2373；万洋山脉：资兴市 LXP-03-00162；诸广山脉：上犹县 LXP-03-07157、LXP-03-10833。

鸭跖草 Commelina communis L.

草本。山坡，山谷，路旁，溪边，村边，疏林，密林，田边；200~1450 m。幕阜山脉：庐山市 LXP4655、LXP4762，瑞昌市 LXP0018、LXP0026、LXP0107，通山县 LXP1881、LXP7272，武宁县 LXP1017，平江县 LXP-10-6224、LXP-10-6438；九岭山脉：安义县 LXP-10-3589、LXP-10-3828，大围山 LXP-10-11772、LXP-10-12018、LXP-10-12616，七星岭 LXP-10-11834，上高县 LXP-10-4941，铜鼓县 LXP-10-6960、LXP-10-7066、LXP-10-7166，万载县 LXP-10-1638，奉新县 LXP-06-4003、LXP-10-10716、LXP-10-13838、LXP-10-9359，宜春市 LXP-06-8968，靖安县 LXP-10-13721、LXP-10-170、LXP-10-477，宜丰县 LXP-10-13001、LXP-10-13342、LXP-10-2840；武功山脉：分宜县 LXP-10-5115、LXP-06-2307，安福县 LXP-06-1802、LXP-06-2934、LXP-06-5120，茶

陵县 LXP-06-7103，明月山 LXP-06-7916、LXP-10-1260，安仁县 LXP-03-01400，攸县 LXP-06-5237；万洋山脉：井冈山 JGS-103、JGS-296、LXP-13-18558，遂川县 LXP-13-7337，炎陵县 LXP-09-10832、LXP-13-3002，永新县 LXP-13-19345、LXP-QXL-065，永兴县 LXP-03-03885、LXP-03-04108、LXP-03-04291；诸广山脉：崇义县 LXP-03-05818、LXP-03-07217、LXP-03-10891，桂东县 LXP-03-00979、LXP-03-02679，上犹县 LXP-03-06097、LXP-03-06506。

竹节菜 Commelina diffusa Burm. f.

草本。山坡，山谷，路旁，溪边，疏林，灌丛；腐殖土；89~1682 m。幕阜山脉：通山县 LXP1738，武宁县 LXP0622、LXP6303；九岭山脉：安义县 LXP-10-10501，大围山 LXP-10-11241、LXP-10-11328、LXP-10-11638，奉新县 LXP-10-10968、LXP-10-11048，靖安县 LXP-10-10236、LXP-10-9588、LXP-10-9882；武功山脉：安福县 LXP-06-3865、LXP-06-5864、LXP-06-8993，茶陵县 LXP-09-10478，攸县 LXP-06-6121；万洋山脉：井冈山 LXP-13-18572、LXP-13-5759、LXP-13-5760，炎陵县 LXP-09-10838、LXP-13-5322，永新县 LXP-13-08011、LXP-QXL-569；诸广山脉：上犹县 LXP-13-12397。

大苞鸭跖草 Commelina paludosa Bl.

草本。山坡，灌丛；腐殖土；565 m。诸广山脉：桂东县 LXP-13-25509。

聚花草属 *Floscopa* Lour.

聚花草 Floscopa scandens Lour.

草本。平地，溪边，路旁；壤土；149~311 m。武功山脉：安福县 LXP-06-5932、LXP-06-7284。

水竹叶属 *Murdannia* Royle

根茎水竹叶 Murdannia hookeri (C. B. Clarke) Brückn.

草本。山坡，路旁；500~1200 m。诸广山脉：齐云山 3017（刘小明等，2010）。

狭叶水竹叶 Murdannia kainantensis (Masam.) Hong

草本。山坡，路旁；300~1000 m。诸广山脉：齐云山 4380（刘小明等，2010）。

疣草 Murdannia keisak (Hassk.) Hand.-Mazz.

草本。山谷，路旁，溪边，平地，灌丛；壤土；165~678 m。武功山脉：安福县 LXP-06-0344、LXP-06-3048、LXP-06-7233，茶陵县 LXP-06-1541、LXP-06-2179，芦溪县 LXP-06-9138，明月山 LXP-06-7965，攸县 LXP-06-5404、LXP-06-6124、LXP-06-6124。

牛轭草 Murdannia loriformis (Hassk.) Rolla et Kammathy

草本。山谷，山坡，路旁，草地，阴处；壤土；310~670 m。九岭山脉：奉新县 LXP-10-13847；万洋山脉：井冈山 JGS-079、JGS-313、LXSM2-6-10193，炎陵县 LXP-13-4250。

裸花水竹叶 Murdannia nudiflora (L.) Brenan

草本。山谷，平地，路旁，溪边，疏林，灌丛，草地；150~800 m。幕阜山脉：庐山市 LXP5159，修水县 LXP0253，平江县 LXP-10-6212；九岭山脉：安义县 LXP-10-9426，大围山 LXP-10-5575，奉新县 LXP-10-10717、LXP-10-10845、LXP-10-13958，靖安县 LXP-10-10301、LXP-10-13657、LXP-10-9522，铜鼓县 LXP-10-7222，宜丰县 LXP-10-13205、LXP-10-13287、LXP-10-3092；武功山脉：明月山 LXP-13-10683；万洋山脉：炎陵县 LXP-13-4250；诸广山脉：崇义县 LXP-03-07235、LXP-03-10909。

矮水竹叶 Murdannia spirata (L.) Brückn.

草本。山坡，路旁；200~600 m。诸广山脉：齐云山 483（刘小明等，2010）。

水竹叶 Murdannia triquetra (Wall.) Brückn.

平卧草本。山坡，山谷，路旁，平地，疏林；150~630 m。幕阜山脉：庐山市 LXP6022；九岭山脉：大围山 LXP-10-11225，奉新县 LXP-10-10894、LXP-10-11006，靖安县 LXP-10-13725；武功山脉：安福县 LXP-06-5895、LXP-06-6450、LXP-06-8599，茶陵县 LXP-06-9408，攸县 LXP-06-6124，袁州区 LXP-06-6685；万洋山脉：井冈山 JGS-408、LXP-06-5502，炎陵县 DY2-1184。

杜若属 *Pollia* Thunb.

杜若 Pollia japonica Thunb.

草本。山坡，山谷，溪边，路旁，密林，疏林，阴处；壤土，腐殖土；130~1520 m。幕阜山脉：庐山市 LXP5430，通山县 LXP2110、LXP2206，武宁县 LXP0402、LXP7906、LXP8152，修水县 LXP2592；九岭山脉：大围山 LXP-10-11789、LXP-10-12484，靖安县 LXP-10-123、LXP-10-465、LXP-10-9687，万载县 LXP-10-1605、LXP-10-2058，宜丰县 LXP-10-12761、LXP-10-13117、LXP-10-2214；武功山脉：安福县 LXP-06-0464、LXP-06-0483、LXP-06-8319，芦溪县 LXP-06-2079、LXP-06-2088、LXP-13-09450；万洋山脉：井冈山 JGS-027、JGS-C049、LXP-13-04700、LXP-13-18569，炎陵县 DY2-1274、LXP-09-00001、LXP-09-07164，永新县 LXP-13-08091、LXP-13-19393、LXP-QXL-420，永兴县 LXP-03-04486，资兴市 LXP-03-00190；诸广山脉：崇义县 LXP-03-07365，桂东县 LXP-03-00604，上犹县 LXP-03-06044、LXP-13-12831、LXP-03-06823。

长花枝杜若 Pollia secundiflora (Bl.) Bakh. f.

草本。山谷，疏林；300~1000 m。诸广山脉：八面山 LXP-03-0801。

钩毛子草属 *Rhopalephora* Hassk.

钩毛子草 Rhopalephora scaberrima (Bl.) Faden

草本。山坡，路旁，溪边，疏林；壤土；1417 m。万洋山脉：炎陵县 LXP-09-10984、LXP-09-298。

竹叶吉祥草属 *Spatholirion* Ridl.

竹叶吉祥草 Spatholirion longifolium (Gagnep.) Dunn

草质藤本。山顶，山谷，疏林，阴处；壤土，腐殖土；365~1100 m。九岭山脉：宜丰县 LXP-10-2337；万洋山脉：井冈山 LXP-13-0402、LXP-13-24123，炎陵县 LXP-09-08506、TYD1-1243。

竹叶子属 *Streptolirion* Edgew.

竹叶子 Streptolirion volubile Edgew.

草本。山谷，疏林，溪边；930 m。万洋山脉：炎陵县 LXP-13-4098。

A80 雨久花科 Pontederiaceae

凤眼莲属 *Eichhornia* Kunth

*凤眼蓝 Eichhornia crassipes (Mart.) Solms

水生草本。平地，池塘；170~405 m。栽培。武功山脉：安福县 LXP-06-0311、LXP-06-7485，茶陵县 LXP-06-2171；万洋山脉：永新县 LXP-13-19636。

雨久花属 *Monochoria* C. Presl

雨久花 Monochoria korsakowii Regel et Maack
草本。山谷，水田边；200~250 m。幕阜山脉：平江县 LXP-10-6242；九岭山脉：大围山 LXP-10-5667，奉新县 LXP-10-14044。

鸭舌草 Monochoria vaginalis (Burm. f.) Presl
水生草本。山谷，水中，溪边；200~1682 m。九岭山脉：大围山 LXP-10-11786，宜春市 LXP-06-8905、LXP-10-1027、LXP-10-1179；武功山脉：安福县 LXP-06-3046、LXP-06-3143、LXP-06-8737，明月山 LXP-06-7963，攸县 LXP-06-5334；万洋山脉：炎陵县 LXP-09-10840，永新县 LXP-QXL-073；诸广山脉：崇义县 LXP-13-24357。

Order 18. 姜目 Zingiberales

A85 芭蕉科 Musaceae

芭蕉属 *Musa* L.

野蕉 Musa balbisiana Colla
草本。山谷，山坡；200~700 m。诸广山脉：齐云山 LXP-03-5723。

*芭蕉 Musa basjoo Sieb. et Zucc.
草本。诸广山脉地区有栽培。

A86 美人蕉科 Cannaceae

美人蕉属 *Canna* L.

*蕉芋 Canna edulis Ker
草本。广泛栽培。武功山脉：武功山 岳俊三等 2843(PE)。

*美人蕉 Canna indica L.
草本。广泛栽培。万洋山脉：遂川县 赖书坤等 5582(IBSC)。

A87 竹芋科 Marantaceae

水竹芋属 *Thalia* L.

*水竹芋 Thalia dealbata Fras.
草本。河边，水塘。广泛栽培。幕阜山脉：九江市

黄成亮 16081919(JJF)。

A88 闭鞘姜科 Costaceae

闭鞘姜属 *Hellenia* Retz.

*闭鞘姜 Hellenia speciosa (J. Koenig) Govaerts
[*Costus speciosus* (J. Koenig) Sm.]
草本。山坡，村边，疏林；壤土。栽培。诸广山脉：上犹县 LXP-13-12882。

A89 姜科 Zingiberaceae

山姜属 *Alpinia* Roxb.

山姜 Alpinia japonica (Thunb.) Miq.
草本。山坡，山谷，路旁，溪边，疏林；壤土；150~1350 m。幕阜山脉：瑞昌市 LXP0082，修水县 LXP0798、LXP3033、LXP3333；九岭山脉：安义县 LXP-10-3727，大围山 LXP-10-5699、LXP-03-08097，万载县 LXP-10-1646、LXP-10-1766、LXP-10-2134，靖安县 LXP-10-10205、LXP-10-109、LXP-10-9966，宜丰县 LXP-10-2516、LXP-10-6768、LXP-10-8749；武功山脉：芦溪县 LXP-13-09918，安福县 LXP-06-0465、LXP-06-0917、LXP-06-6873，茶陵县 LXP-06-1496、LXP-06-1675、LXP-06-2233，明月山 LXP-06-4637；万洋山脉：井冈山 JGS-053、LXP-13-18268，遂川县 LXP-13-16422、LXP-13-16448、LXP-13-7450，炎陵县 LXP-09-07454、LXP-09-08355、LXP-09-10541，永新县 LXP-13-19164、LXP-QXL-123、LXP-QXL-674；诸广山脉：上犹县 LXP-13-12707，崇义县 LXP-03-07408。

箭秆风 Alpinia jianganfeng T. L. Wu
草本。山谷，路旁，溪边；410 m。万洋山脉：井冈山 JGS-1360。

华山姜 Alpinia oblongifolia Hayata
草本。山谷，密林，溪边；壤土；380~450 m。万洋山脉：井冈山 JGS-C072，永新县 LXP-13-19447。

高良姜 Alpinia officinarum Hance
草本。山谷，路旁；300~800 m。诸广山脉：齐云山 075417（刘小明等，2010）。

花叶山姜 Alpinia pumila Hook. f.
草本。山坡，山谷，密林，疏林，溪边；壤土；1023 m。

诸广山脉：上犹县 LXP-13-12104、LXP-13-23303。

密苞山姜 Alpinia stachyodes Hance

草本。山坡，山谷，路旁，河边，疏林，密林，灌丛；壤土，腐殖土；390~730 m。武功山脉：芦溪县 LXP-13-03538、LXP-13-03578、LXP-13-03710；万洋山脉：井冈山 JGS-2010、LXP-13-0474，永新县 LXP-13-07681。

艳山姜 Alpinia zerumbet (Pers.) Burtt. et Smith

草本。山谷，疏林；300~700 m。诸广山脉：齐云山 075628（刘小明等，2010）。

豆蔻属 *Amomum* Roxb.

华南豆蔻 Amomum austrosinense D. Fang

草本。山坡，密林；壤土；493~610 m。武功山脉：茶陵县 LXP-06-1670，芦溪县 LXP-06-1696、LXP-06-2067。

大苞姜属 *Caulokaempferia* K. Larsen

黄花大苞姜 Caulokaempferia coenobialis (Hance) K. Larsen

草本。山谷，疏林；300~900 m。诸广山脉：齐云山 075289（刘小明等，2010）。

舞花姜属 *Globba* L.

浙赣舞花姜 Globba chekiangensis G. Y. Li, Z. H. Chen et G. H. Xia

草本。山谷，疏林，溪边；腐殖土；618~850 m。诸广山脉：上犹县 LXP-13-18960、LXP-13-19268A。

峨眉舞花姜 Globba emeiensis Z. Y. Zhu

草本。山谷，山坡，溪边，密林，疏林；壤土；280~625 m。九岭山脉：靖安县 LXP-10-297、LXP-10-476、LXP-13-10257，万载县 LXP-13-11351，宜丰县 LXP-10-2243、LXP-10-2871；武功山脉：芦溪县 LXP-06-1699。

舞花姜 Globba racemosa Smith

草本。山谷，路旁，溪边，石上，疏林，密林，阴处；腐殖土，壤土；150~1110 m。幕阜山脉：武宁县 LXP7928；九岭山脉：靖安县 LXP-13-10172、LXP-13-10266，宜丰县 LXP-10-12752、LXP-10-12951、LXP-10-6759；武功山脉：袁州区 LXP-06-6740，安

福县 LXP-06-0520、LXP-06-6924；万洋山脉：井冈山 LXP-13-05818、LXP-13-18553、LXP-13-JX4551、LXSM2-6-10266，炎陵县 LXP-09-00230、LXP-13-4176、LXP-09-06167、TYD2-1308，永新县 LXP-13-19263、LXP-13-19540、LXP-QXL-603，资兴市 LXP-03-00197、LXP-03-03797；诸广山脉：桂东县 JGS-A160、LXP-13-09010、LXP-13-09254，上犹县 LXP-13-12242、LXP-03-06054、LXP-03-06224，崇义县 LXP-03-05607、LXP-03-05649、LXP-03-10147，桂东县 LXP-03-00627。

姜花属 *Hedychium* Koenig

*姜花 Hedychium coronarium Koenig

草本。广泛栽培。幕阜山脉：九江市 081397(JJF)。

姜属 *Zingiber* Boehm.

蘘荷 Zingiber mioga (Thunb.) Rosc.

草本。山坡，山谷，疏林，灌丛，草地，阴处；壤土，腐殖土；780~1085 m。九岭山脉：大围山 LXP-03-07823；万洋山脉：井冈山 JGS-1009、JGS-2081、JGS-325，炎陵县 LXP-13-3454、LXP-13-4184、LXP-13-4203。

*姜 Zingiber officinale Rosc.

草本。广泛栽培。幕阜山脉：九江市 李秀枝 081800 (JJF)。

阳荷 Zingiber striolatum Diels

草本。山坡，山谷，路旁，溪边，疏林，密林，草地；腐殖土；320~1685 m。九岭山脉：大围山 LXP-10-11354，靖安县 LXP-10-568；武功山脉：安福县 LXP-06-0277、LXP-06-8075，玉京山 LXP-10-1286，茶陵县 LXP-06-1450，芦溪县 LXP-06-2111、LXP-06-9035、LXP-13-03540，袁州区 LXP-06-6681；万洋山脉：井冈山 JGS-2081，遂川县 LXP-13-24696、LXP-13-7270，炎陵县 DY3-1088、LXP-09-10973、LXP-09-6558、LXP-13-25039，永新县 LXP-QXL-551、LXP-QXL-609。

Order 19. 禾本目 Poales

A90 香蒲科 Typhaceae

黑三棱属 *Sparganium* L.

曲轴黑三棱 Sparganium fallax Graebn.

草本。池塘；200~800 m。诸广山脉：八面山 LXP-03-

0925。

黑三棱 Sparganium stoloniferum (Graebn.) Buch. -Ham. ex Juz.

草本。池塘；200~800 m。武功山脉：安福县 岳俊三等 3763(NAS)。

香蒲属 *Typha* L.

水烛 Typha angustifolia L.

水生草本。山谷，村边，水田边；98~280 m。幕阜山脉：通山县 LXP1735；九岭山脉：浏阳市 LXP-10-5868。

无苞香蒲 Typha laxmannii Lepech.

草本。池塘；200~700 m。幕阜山脉：九江市 谭策铭 99349(PE)。

香蒲 Typha orientalis Presl

水生草本。平地，路旁，沼泽，溪边；壤土；89~322 m。武功山脉：安福县 LXP-06-3070、LXP-06-3869、LXP-06-8482，茶陵县 LXP-06-1959，攸县 LXP-06-5327；万洋山脉：永新县 LXP-13-08199；诸广山脉：齐云山 LXP-03-5887。

黄眼草属 *Xyris* L.

葱草 Xyris pauciflora Willd.

草本。山谷，石缝，阳处。诸广山脉可能有分布，未见标本。

A94 谷精草科 Eriocaulaceae

谷精草属 *Eriocaulon* L.

谷精草 Eriocaulon buergerianum Koern.

草本。山坡，路旁，平地，溪边，沼泽；壤土；105~1295 m。武功山脉：莲花县 LXP-06-0293；万洋山脉：炎陵县 LXP-13-3482、LXP-13-4583；诸广山脉：崇义县 LXP-13-24228，桂东县 LXP-03-00919、LXP-03-02390、LXP-03-02817、LXP-03-06908、LXP-03-10713。

白药谷精草 Eriocaulon cinereum R. Br.

草本。平地，溪边；壤土；794 m。武功山脉：安福县 LXP-06-0745、LXP-06-5682、LXP-06-6886，明月山 LXP-06-7783，宜春市 LXP-06-8901；万洋山脉：永新县 LXP-QXL-075。

长苞谷精草 Eriocaulon decemflorum Maxim.

草本。山谷，石缝；300~1000 m。诸广山脉：齐云山 陈俊 QBHQ07-03-015(BJFC)。

江南谷精草 Eriocaulon faberi Ruhl.

草本。山谷，石缝；300~800 m。幕阜山脉：庐山 谭策铭等 051014A(JJF)。

尼泊尔谷精草 Eriocaulon nepalense Presc. ex Bong.

草本。山坡，山谷；300~800 m。幕阜山脉：幕阜山 熊耀国 5853(NAS)。

华南谷精草 Eriocaulon sexangulare L.

草本。山谷，水田；220 m。九岭山脉：奉新县 LXP-10-14043。

四国谷精草 Eriocaulon sikokianum Maxim.

草本。山谷，溪流旁。本种在罗霄山脉可能有分布，未见可靠标本。

A97 灯芯草科 Juncaceae

灯芯草属 *Juncus* L.

翅茎灯芯草 Juncus alatus Franch. et Savat.

草本。山坡，山谷，路旁，平地，疏林，草地；壤土；170~1420 m。幕阜山脉：通山县 LXP7013；九岭山脉：安义县 LXP-10-3845，大围山 LXP-10-11314、LXP-10-7675、LXP-10-8096，浏阳市 LXP-10-5761，七星岭 LXP-10-8195；武功山脉：安福县 LXP-06-3612、LXP-06-3955，茶陵县 LXP-06-1864，明月山 LXP-06-4586、LXP-06-4657、LXP-06-4660；万洋山脉：遂川县 LXP-13-16533，炎陵县 LXP-09-09050，永新县 LXP-13-08020。

小花灯芯草 Juncus articulatus L.

草本。山顶，山谷，路旁，溪边，疏林，草地；275~1500 m。幕阜山脉：庐山市 LXP6011；九岭山脉：大围山 LXP-10-11622、LXP-10-12459、LXP-10-7807，奉新县 LXP-10-10943、LXP-10-9304，七星岭 LXP-10-11456。

小灯芯草 Juncus bufonius L.

草本。山坡，草地；壤土。万洋山脉：遂川县 LXP-13-20283。

星花灯芯草 Juncus diastrophanthus Buchen.

草本。山坡，路旁，阳处；230~1330 m。九岭山脉：靖安县 LXP2462；万洋山脉：炎陵县 LXP-09-08076、LXP-13-24853，永新县 LXP-13-19684、LXP-QXL-174。

灯芯草 Juncus effusus L.

草本。山坡，路旁，平地，草地，阳处；壤土；276~1470 m。幕阜山脉：通山县 LXP1933，武宁县 LXP0896、LXP1043；九岭山脉：靖安县 LXP-10-544、LXP-13-10381，大围山 LXP-03-02965、LXP-03-07683、LXP-03-08169；武功山脉：莲花县 LXP-GTY-056；万洋山脉：吉安市 LXSM2-6-10047，井冈山 JGS-284、LXP-13-15134、LXP-13-15305，遂川县 LXP-13-16350、LXP-13-16361、LXP-13-7355，炎陵县 DY3-1063、LXP-09-06457、LXP-09-09045、LXP-13-5395，永新县 LXP-13-19063、LXP-QXL-199，资兴市 LXP-03-03603、LXP-03-03712。

细茎灯芯草 Juncus gracilicaulis A. Camus

草本。山谷，路旁，草地；壤土；180~750 m。九岭山脉：奉新县 LXP-10-11076、LXP-10-9060、LXP-10-9262，铜鼓县 LXP-10-8264，宜丰县 LXP-10-8577、LXP-10-8703、LXP-10-8916。

扁茎灯芯草 Juncus gracillimus (Buchen.) V. I. Kreczetowicz et Gontscharow

草本。山坡，疏林；壤土；1819 m。万洋山脉：遂川县 LXP-13-17745。

笄石菖 Juncus prismatocarpus R. Br.

草本。山坡，山谷，路旁，溪边，疏林，密林，草地；壤土，腐殖土；160~1890 m。幕阜山脉：武宁县 LXP6275；九岭山脉：大围山 LXP-10-7631，奉新县 LXP-10-3312、LXP-10-4190，七星岭 LXP-10-11900，铜鼓县 LXP-10-8289，宜春市 LXP-10-1214，宜丰县 LXP-10-2570，靖安县 LXP2461；万洋山脉：井冈山 JGS-4691、JGS-4724，遂川县 LXP-13-16322、LXP-13-17341、LXP-13-23671，炎陵县 DY2-1150、LXP-13-24854；诸广山脉：崇义县 LXP-13-13096。

野灯芯草 Juncus setchuensis Buchen.

草本。山坡，山谷，路旁，溪边，村边，水田；壤土；150~1500 m。幕阜山脉：平江县 LXP3188，武宁县 LXP0934、LXP1402；九岭山脉：安义县 LXP-10-3612，大围山 LXP-10-11279、LXP-10-12292、

LXP-10-7808，奉新县 LXP-10-3230、LXP-10-3296、LXP-10-9007，靖安县 LXP-10-4481、LXP-10-4489、LXP-10-78，七星岭 LXP-10-11861，铜鼓县 LXP-10-7180、LXP-10-8316，万载县 LXP-10-1891、LXP-10-1991，宜丰县 LXP-10-3038、LXP-10-4672、LXP-10-8702；武功山脉：安福县 LXP-06-0053、LXP-06-3515、LXP-06-6979，分宜县 LXP-10-5113，茶陵县 LXP-06-1845、LXP-06-2772、LXP-06-9219，明月山 LXP-06-4504、LXP-06-4701、LXP-06-7674、LXP-10-1313，樟树市 LXP-10-5028；万洋山脉：井冈山 LXP-13-23023、LXP-13-5690，炎陵县 DY1-1098、LXP-09-07615、LXP-09-10992，永新县 LXP-13-08083，永兴县 LXP-03-04281；诸广山脉：崇义县 LXP-03-05842、LXP-03-10238。

坚被灯芯草 Juncus tenuis Willd.

草本。山坡，路旁，河边，阳处；壤土；905 m。万洋山脉：井冈山 JGS-265、LXP-13-15101。

地杨梅属 *Luzula* DC.

异被地杨梅 Luzula inaequalis K. F. Wu

草本。山坡，路旁；600~1200 m。幕阜山脉：庐山 关克俭 77048(PE)。

多花地杨梅 Luzula multiflora (Retz.) Lej.

草本。山坡，山顶，灌丛，阳处；壤土；938~1237 m。幕阜山脉：武宁县 LXP1305；武功山脉：明月山 LXP-06-4684。

羽毛地杨梅 Luzula plumosa E. Mey.

草本。山坡，疏林，山顶，路旁，溪边，密林；壤土；370~2100 m。幕阜山脉：平江县 LXP3493、LXP3739，通城县 LXP6377，通山县 LXP1354、LXP6686、LXP7277，武宁县 LXP6297；九岭山脉：大围山 LXP-10-7738；万洋山脉：遂川县 LXP-13-16772、LXP-13-16951，炎陵县 LXP-09-07369、LXP-13-22882、LXP-13-22907。

A98 莎草科 Cyperaceae

三棱草属 *Bolboschoenus* (Asch.) Palla

荆三棱 Bolboschoenus yagara (Ohwi) Y. C. Yang et M. Zhan

草本。河边浅水。罗霄山脉可能有分布，未见可靠

标本。

球柱草属 *Bulbostylis* Kunth

球柱草 Bulbostylis barbata (Rottb.) Kunth

草本。山谷，路旁，草地；150~280 m。九岭山脉：靖安县 LXP-10-10292，浏阳市 LXP-10-5923。

丝叶球柱草 Bulbostylis densa (Wall.) Hand.-Mazz.

草本。山谷，路旁；300~900 m。武功山脉：明月山 3345(IBSC)；诸广山脉：齐云山 075789（刘小明等，2010）。

薹草属 *Carex* L.

广东薹草 Carex adrienii E. G. Camus

草本。山坡，山谷，溪边，石上，路旁，疏林，密林，灌丛，草地；腐殖土；190~1673 m。幕阜山脉：修水县 LXP2929、JLS-2012-068；九岭山脉：靖安县 LXP-10-349、LXP-10-9659，万载县 LXP-10-2159，宜丰县 LXP-10-8546；武功山脉：茶陵县 LXP-09-10349；万洋山脉：井冈山 JGS-4637，遂川县 LXP-13-16505、LXP-13-17392、LXP-13-18137，炎陵县 LXP-09-07302、LXP-09-08311、LXP-13-5336，永新县 LXP-13-07717、LXP-13-19182、LXP-QXL-312；诸广山脉：崇义县 LXP-13-24384，上犹县 LXP-13-23362。

禾状薹草 Carex alopecuroides D. Don

草本。平地，疏林，溪边；壤土；524 m。万洋山脉：永新县 LXP-13-19270。

浆果薹草 Carex baccans Nees

草本。山坡，平地，路旁，草地；壤土，腐殖土；538~560 m。武功山脉：安福县 LXP-06-5063；诸广山脉：桂东县 LXP-13-25484，上犹县 LXP-13-25181。

滨海薹草 Carex bodinieri Franch.

草本。山坡，山谷，路旁，石上，密林，阴处；壤土，腐殖土；330~1013 m。九岭山脉：宜丰县 LXP-10-13028；万洋山脉：井冈山 LXP-13-24068；诸广山脉：崇义县 LXP-13-24373。

青绿薹草 Carex breviculmis R. Br.

草本。山坡，石上；164 m。武功山脉：茶陵县 LXP-06-9404。

短尖薹草 Carex brevicuspis C. B. Clarke

草本。山谷，山坡，溪边，路旁，疏林，密林；腐殖土，壤土；400~1891 m。九岭山脉：大围山 LXP-10-7594，靖安县 LXP-10-4391；万洋山脉：遂川县 LXP-13-16484、LXP-13-23647，炎陵县 LXP-09-08615、LXP-09-09338、LXP-13-5385。

亚澳薹草 Carex brownii Tuckerm.

草本。山坡，山谷，路旁；100~500 m。幕阜山脉：庐山 董安淼和吴丛梅 TanCM1520(KUN)。

褐果薹草 Carex brunnea Thunb.

草本。山顶，山谷，路旁，疏林，灌丛；腐殖土；75~1890 m。幕阜山脉：平江县 LXP-10-6024、LXP-10-6226、LXP-10-6485；九岭山脉：大围山 LXP-10-11189、LXP-10-11560、LXP-10-12401，奉新县 LXP-10-10647、LXP-10-3279，靖安县 LXP-10-10273、LXP-10-10372、LXP-10-9852，铜鼓县 LXP-10-13467、LXP-10-7056、LXP-10-7129，万载县 LXP-10-1921、LXP-10-2021、LXP-10-2165，宜丰县 LXP-10-13392；武功山脉：芦溪县 LXP-06-1343，明月山 LXP-06-7867；万洋山脉：遂川县 LXP-13-16368、LXP-13-16965、LXP-13-7261；诸广山脉：上犹县 LXP-13-22365。

发秆薹草 Carex capillacea Boott

草本。山坡，路旁；200~900 m。幕阜山脉：庐山 王名金 00072(LBG)。

丝叶薹草 Carex capilliformis Franch.

草本。山坡，路旁；壤土；789 m。武功山脉：芦溪县 LXP-06-1352。

中华薹草 Carex chinensis Retz.

草本。山坡，平地，路旁，疏林，灌丛，草地，阴处；腐殖土，壤土；283~1890 m。武功山脉：芦溪县 LXP-06-1339、LXP-06-1356、LXP-06-3378，明月山 LXP-06-4505；万洋山脉：井冈山 LXP-13-5749，遂川县 LXP-13-23695、LXP-13-25876，炎陵县 LXP-09-07058、LXP-13-5612、LXP-13-5616；诸广山脉：上犹县 LXP-13-23555。

灰化薹草 Carex cinerascens Kük.

草本。山坡，山谷，疏林；800~1300 m。幕阜山脉：庐山 谭策铭等 06475(JJF)。

十字薹草 Carex cruciata Wahlenb.

草本。山顶，山坡，山谷，溪边，路旁，疏林，灌丛，草地，阴处；壤土，腐殖土，沙土；130~1698 m。幕阜山脉：武宁县 LXP7910；九岭山脉：大围山 LXP-10-11151、LXP-10-11601、LXP-10-5719，奉新县 LXP-10-10644，靖安县 LXP-10-285、LXP-10-461、LXP-10-9992，七星岭 LXP-10-11887，宜春市 LXP-06-2162、LXP-10-960，万载县 LXP-10-1473、LXP-10-1659、LXP-10-2089，宜丰县 LXP-10-12929、LXP-10-2279、LXP-10-7359；武功山脉：安福县 LXP-06-0317、LXP-06-0397、LXP-06-8066，茶陵县 LXP-06-1465、LXP-06-2769，芦溪县 LXP-06-9156，明月山 LXP-06-7732、LXP-10-1255，安仁县 LXP-03-01394、LXP-03-01507；万洋山脉：井冈山 JGS-1287、LXP-13-0363，炎陵县 DY2-1033、LXP-09-06353、LXP-13-4214，永新县 LXP-QXL-298；诸广山脉：上犹县 LXP-13-25171，崇义县 LXP-03-05616、LXP-03-05845、LXP-03-10903，桂东县 LXP-03-00533、LXP-03-00764、LXP-03-02860，永兴县 LXP-03-04093、LXP-03-04220、LXP-03-04545，资兴市 LXP-03-00250、LXP-03-05096。

隐穗薹草 Carex cryptostachys Brongn.

草本。山坡，山谷，溪边，路旁，疏林，密林；壤土；428~746 m。幕阜山脉：修水县 LXP2957；万洋山脉：井冈山 LXP-13-05830、LXP-13-18270，炎陵县 LXP-09-09445、LXP-09-09577、LXP-09-515；诸广山脉：桂东县 LXP-13-25675。

无喙囊薹草 Carex davidii Franch.

草本。山坡，路旁；160 m。幕阜山脉：九江市 董安淼和吴丛梅 TanCM3509(KUN)。

二形鳞薹草 Carex dimorpholepis Steud.

草本。山坡，路旁；900 m。幕阜山脉：庐山 谭策铭等 10256(JJF)。

皱果薹草 Carex dispalata Boott ex A. Gray

草本。山坡；壤土；248 m。幕阜山脉：通山县 LXP5946。

签草 Carex doniana Spreng.

草本。山坡，路旁；壤土；1386 m。万洋山脉：炎陵县 LXP-13-22833。

蕨状薹草 Carex filicina Nees

草本。山坡，山谷，溪边，路旁，疏林，密林，灌丛；腐殖土；270~1350 m。幕阜山脉：武宁县 LXP8020，修水县 LXP2358、LXP2913、LXP2994，平江县 LXP-10-6473；九岭山脉：靖安县 LXP2465、LXP-13-10326，大围山 LXP-10-11710、LXP-10-12060、LXP-10-5548，奉新县 LXP-10-11068、LXP-10-13778，靖安县 LXP-10-10145，七星岭 LXP-10-11432；万洋山脉：井冈山 LXP-13-05892，遂川县 LXP-13-20255、LXP-13-7080，炎陵县 LXP-09-06441、LXP-13-5302，永新县 LXP-QXL-572；诸广山脉：上犹县 LXP-13-22238，桂东县 LXP-13-09058。

穿孔薹草 Carex foraminata C. B. Clarke

草本。山坡，山谷，平地，路旁，溪边，疏林，草地；腐殖土，壤土；806~1890 m。武功山脉：安福县 LXP-06-9456；万洋山脉：井冈山 JGS-2238，遂川县 LXP-13-16962、LXP-13-23661，炎陵县 LXP-13-22775、LXP-13-25823、LXP-13-5664。

长梗扁果薹草 Carex fulvorubescens subsp. **longistipes** (Hay.) T. Koyama

草本。山坡，平地，疏林；沙土，壤土；171~1340 m。武功山脉：明月山 LXP-06-4658；万洋山脉：炎陵县 LXP-09-08621、LXSM-7-00307。

穹隆薹草 Carex gibba Wahlenb.

草本。山谷，平地，路旁，溪边，疏林，密林；壤土；180~1176 m。
九岭山脉：大围山 LXP-10-7605，奉新县 LXP-10-3427，靖安县 LXP-10-4479；武功山脉：安福县 LXP-06-3548，明月山 LXP-06-4679、LXP-06-4983；万洋山脉：炎陵县 LXP-09-08507。

长梗薹草 Carex glossostigma Hand.-Mazz.

草本。山坡，山谷，平地，路旁，密林，阴处；腐殖土，壤土；164~1446 m。九岭山脉：靖安县 LXP-10-368；武功山脉：茶陵县 LXP-06-9405，莲花县 LXP-GTY-367，分宜县 LXP-06-2342，芦溪县 LXP-06-1350；万洋山脉：遂川县 LXP-13-18218。

长囊薹草 Carex harlandii Boott

草本。山坡，山谷，路旁，溪边，疏林，密林；腐殖土，壤土；163~1446 m。武功山脉：茶陵县 LXP-06-9410，芦溪县 LXP-06-1355；万洋山脉：井冈山

LXP-13-18451，炎陵县 LXP-09-07323，永新县 LXP-13-07750、LXP-13-19573。

亨氏薹草　Carex henryi C. B. Clarke ex Franch.
草本。山坡，路旁；400 m。幕阜山脉：修水县 谭策铭等 951023 (IBSC)。

狭穗薹草　Carex ischnostachya Steud.
草本。山坡，山谷，路旁，溪边，疏林，密林；壤土；150~1000 m。幕阜山脉：武宁县 LXP6268；九岭山脉：安义县 LXP-10-3609、LXP-10-3648、LXP-10-3744，大围山 LXP-10-7584，奉新县 LXP-10-3228、LXP-10-3459、LXP-10-4117，靖安县 LXP-10-4364、LXP-10-4570，宜丰县 LXP-10-8508；武功山脉：茶陵县 LXP-09-10206；万洋山脉：炎陵县 LXP-09-08703。

日本薹草　Carex japonica Thunb.
草本。山坡，路旁；壤土；127 m。幕阜山脉：武宁县 LXP6134，修水县 LXP0334。

大披针薹草　Carex lanceolata Boott
草本。山坡，山谷，溪边，疏林，草地；壤土，腐殖土；1617~1891 m。万洋山脉：遂川县 LXP-13-17643、LXP-13-23672。

亚柄薹草　Carex lanceolata var. **subpediformis** Kük.
草本。山坡，石上；1552 m。武功山脉：安福县 LXP-06-9259。

弯喙薹草　Carex laticeps C. B. Clarke ex Franch.
草本。山顶，山谷，溪边，疏林，草地；430~1100 m。万洋山脉：井冈山 JGS-2239，炎陵县 LXP-13-25717、LXP-13-25718；诸广山脉：桂东县 LXP-13-22622。

舌叶薹草　Carex ligulata Nees
草本。山坡，山谷，路旁，溪边，疏林，密林；壤土；112~1256 m。幕阜山脉：庐山市 LXP5362，平江县 LXP4321，通山县 LXP6541、LXP7071，武宁县 LXP6072；九岭山脉：铜鼓县 LXP-10-8259；武功山脉：芦溪县 LXP-06-3379，明月山 LXP-06-4982；万洋山脉：炎陵县 LXP-09-07618、LXSM-7-00346；诸广山脉：上犹县 LXP-13-23331。

卵果薹草　Carex maackii Maxim.
草本。山谷，溪边；100 m。幕阜山脉：庐山 谭策

铭 01149(SZG)。

斑点果薹草　Carex maculata Boott
草本。山坡，路旁；200~600 m。九岭山脉：奉新县 刘守炉等 1164(KUN)。

套鞘薹草　Carex maubertiana Boott
草本。山谷，山坡，溪边，路旁，疏林，灌丛；壤土；225~1100 m。九岭山脉：大围山 LXP-10-5499；武功山脉：芦溪县 LXP-13-09901；万洋山脉：炎陵县 LXP-09-00656、LXP-13-3166；诸广山脉：上犹县 LXP-13-12834。

乳突薹草　Carex maximowiczii Miq.
草本。山坡，疏林；900~1200 m。幕阜山脉：庐山 谭策铭等 06656A(JJF)。

锈果薹草　Carex metallica Lévl. et Vant.
草本。山坡，疏林；壤土；181 m。幕阜山脉：通山县 LXP2100。

柔果薹草　Carex mollicula Boott
草本。山顶，山谷，路旁，溪边，疏林；壤土；400~1890 m。九岭山脉：大围山 LXP-10-7649；万洋山脉：井冈山 LXP-13-18441，遂川县 LXP-13-23614、LXP-13-7029，炎陵县 LXP-09-10956、LXP-09-413、LXP-13-25828、LXSM-7-00315；诸广山脉：上犹县 LXP-13-12601。

条穗薹草　Carex nemostachys Steud.
草本。山坡，山谷，溪边，路旁，疏林，灌丛；腐殖土；140~1400 m。幕阜山脉：武宁县 LXP0583，修水县 LXP3109、LXP3288、LXP3481，平江县 LXP-13-22449；九岭山脉：宜春市 LXP-06-8911，大围山 LXP-10-11278，靖安县 LXP-10-4532，七星岭 LXP-10-8188，铜鼓县 LXP-10-7174，上高县 LXP-06-7652；武功山脉：安福县 LXP-06-0870、LXP-06-0989、LXP-06-9234，茶陵县 LXP-06-2205、LXP-06-9423，明月山 LXP-06-4508、LXP-06-4517、LXP-06-7980；万洋山脉：炎陵县 LXP-06-5118、LXP-09-09656、LXP-13-23985，遂川县 LXP-13-16724。

翼果薹草　Carex neurocarpa Maxim.
草本。山坡，路旁；160 m。幕阜山脉：庐山 董安森和吴丛梅 TanCM1535(JJF)。

短苞薹草 Carex paxii Kük.

草本。罗霄山脉北部可能有分布，未见可靠标本。

柄状薹草 Carex pediformis C. A. Mey.

草本。山坡，山谷，路旁，溪边，疏林，灌丛；壤土，沙土；127~558 m。九岭山脉：上高县 LXP-06-7607；武功山脉：安福县 LXP-06-0957、LXP-06-3009、LXP-06-8476，芦溪县 LXP-06-3432，攸县 LXP-06-5472、LXP-06-6054。

霹雳薹草 Carex perakensis C. B. Clarke

草本。山坡，山谷，路旁，溪边，石上，疏林，密林；壤土；216~1000 m。九岭山脉：大围山 LXP-10-7537；万洋山脉：井冈山 LXP-13-18459，遂川县 LXP-13-7161，炎陵县 LXP-09-08258、LXP-09-09637、LXP-13-23917，永新县 LXP-13-19463。

镜子薹草 Carex phacota Spreng.

草本。山坡，山谷，路旁，溪边，疏林，密林；壤土；278~1450 m。九岭山脉：大围山 LXP-10-7647；武功山脉：分宜县 LXP-06-9582，茶陵县 LXP-09-10461；万洋山脉：遂川县 LXP-13-18176，炎陵县 LXP-09-07326、LXP-09-08652、LXP-09-10158。

密苞叶薹草 Carex phyllocephala T. Koyama

草本。山坡，山谷，路旁，疏林，溪边，阴处；壤土；180~220 m。九岭山脉：宜丰县 LXP-10-8468；武功山脉：茶陵县 LXP-13-22960、LXP-13-25937，芦溪县 LXP-13-09901；诸广山脉：上犹县 LXP-13-12619。

粉被薹草 Carex pruinosa Boott

草本。山坡，平地，路旁，疏林；壤土；171~1189 m。幕阜山脉：武宁县 LXP1103；武功山脉：芦溪县 LXP-06-3431，明月山 LXP-06-4566、LXP-06-4656、LXP-06-4896。

矮生薹草 Carex pumila Thunb.

草本。山坡，疏林；850 m。幕阜山脉：庐山 董安淼和吴丛梅 TanCM3756(KUN)。

松叶薹草 Carex rara Boott

草本。罗霄山脉北部可能有分布，未见可靠标本。

书带薹草 Carex rochebruni Franch. et Savat.

草本。山坡，灌丛；壤土；512 m。幕阜山脉：武宁县 LXP0378。

大理薹草 Carex rubrobrunnea var. **taliensis** (Franch.) Kük.

草本。山顶，山谷，疏林，河边；腐殖土，壤土；980~2103 m。万洋山脉：遂川县 LXP-13-16931，炎陵县 LXP-13-22906、LXP-13-5679。

糙叶薹草 Carex scabrifolia Steud.

草本。湖边，路旁；20-70 m。幕阜山脉：九江市 董安淼和吴丛梅 TanCM3518(KUN)。

花葶薹草 Carex scaposa C. B. Clarke

草本。山坡，山谷，溪边，石上，路旁，疏林，灌丛，草地；壤土；290~1675 m。幕阜山脉：修水县 LXP3216；九岭山脉：大围山 LXP-03-02966、LXP-03-07774；武功山脉：安福县 LXP-06-0940、LXP-06-6901，分宜县 LXP-06-9636，明月山 LXP-06-4533、LXP-06-4631、LXP-06-5033；万洋山脉：遂川县 LXP-13-23591，炎陵县 DY3-1049、LXP-09-06343、LXP-13-22754；诸广山脉：上犹县 LXP-13-23418、LXP-03-06322、LXP-03-10525，崇义县 LXP-03-05753，桂东县 LXP-03-00348。

硬果薹草 Carex sclerocarpa Franch.

草本。山谷，水沟边；120~300 m。幕阜山脉：九江市 谭策铭和朱大海 9605093(JJF)。

仙台薹草 Carex sendaica Franch.

草本。山坡，路旁；400~900 m。幕阜山脉：庐山 董安淼 02101(JJF)。

宽叶薹草 Carex siderosticta Hance

草本。山坡，灌丛，草地；壤土；1023~1519 m。幕阜山脉：平江县 LXP3525；武功山脉：安福县 LXP-06-9268。

柄果薹草 Carex stipitinux C. B. Clarke

草本。山谷，灌丛，路旁；壤土；1277 m。幕阜山脉：修水县 LXP6412。

长柱头薹草 Carex teinogyna Boott

草本。山坡，山谷，溪边，疏林，灌丛；壤土；992 m。万洋山脉：炎陵县 LXP-09-09156、LXP-09-09160；

诸广山脉：桂东县 LXP-13-22692。

藏薹草 Carex thibetica Franch.

草本。山坡，山谷，平地，溪边，路旁，密林；壤
土；156 m。武功山脉：安福县 LXP-06-5128、
LXP-06-9266，芦溪县 LXP-06-1081、LXP-06-1106、
LXP-06-1142。

横果薹草 Carex transversa Boott

草本。山坡，平地，路旁，溪边，疏林；壤土；670~
1466 m。万洋山脉：井冈山 JGS-4595，遂川县
LXP-13-16600、LXP-13-16776，炎陵县、LXP-13-
23867、LXP-13-4442。

三穗薹草 Carex tristachya Thunb.

草本。山坡，山谷，路旁，疏林，草地；壤土；150~
1417 m。九岭山脉：安义县 LXP-10-3590，大围山
LXP-10-5356、LXP-10-5566，浏阳市 LXP-10-5807；
武功山脉：明月山 LXP-06-7737、LXP-06-7862。

截鳞薹草 Carex truncatigluma C. B. Clarke

草本。山坡，路旁；900 m。幕阜山脉：庐山 谭策
铭等 TanCM280(JJF)。

单性薹草 Carex unisexualis C. B. Clarke

草本。湖边，路旁；20~50 m。幕阜山脉：九江市
（柴桑区）谭策铭等 97097(CCAU)。

丫蕊薹草 Carex ypsilandraefolia Wang et Tang

草本。山坡，山谷，路旁，溪边，疏林，密林，灌
丛；壤土；750~1827 m。万洋山脉：井冈山 JGS-4590，
遂川县 LXP-13-16552、LXP-13-16595，炎陵县 LXP-
09-00089；诸广山脉：桂东县 LXP-13-09215，上犹
县 LXP-13-12058、LXP-13-18916。

一本芒属 *Cladium* P. Browne

华一本芒 Cladium mariscus (L.) Pohl [*Cladium
jamacence* subsp. *chinense* (Nees) T. Koyama]

草本。山坡，路旁；壤土；1230 m。万洋山脉：炎
陵县 LXP-13-3348。

莎草属 *Cyperus* L.

阿穆尔莎草 Cyperus amuricus Maxim.

草本。山坡，山谷，平地，路旁，草地；壤土；180~
773 m。幕阜山脉：平江县 LXP-10-6156；九岭山脉：

万载县 LXP-13-11196；武功山脉：莲花县
LXP-GTY-134；安福县 LXP-06-5614、LXP-06-5681、
LXP-06-8607，茶陵县 LXP-06-2180，明月山
LXP-06-7876。

扁穗莎草 Cyperus compressus L.

草本。山坡，山谷，平地，村边，路旁，疏林；壤
土；105~460 m。幕阜山脉：平江县 LXP-10-5977、
LXP-10-6157；九岭山脉：大围山 LXP-10-5741，靖
安县 LXP-10-18，浏阳市 LXP-10-5913，铜鼓县
LXP-10-6657、LXP-10-7209，万载县 LXP-10-2145，
宜丰县 LXP-10-3078；武功山脉：安福县 LXP-06-
8729，明月山 LXP-06-7887。

长尖莎草 Cyperus cuspidatus H. B. K.

草本。山谷，湖边；50~400 m。幕阜山脉：修水县
熊耀国 6092(LBG)。

砖子苗 Cyperus cyperoides (L.) Kuntze

草本。山坡，平地；沙土，壤土；108~519 m。幕
阜山脉：武宁县 LXP6057；九岭山脉：奉新县
LXP-06-4094；武功山脉：安福县 LXP-06-6469；万洋
山脉：遂川县 LXP-13-18018，炎陵县 LXSM-7-00323。

异型莎草 Cyperus difformis L.

草本。山谷，平地，路旁，溪边，水田边，草地，阳
处；壤土；90~800 m。九岭山脉：大围山 LXP-10-11310、
LXP-10-11540、LXP-10-5669，奉新县 LXP-10-11004、
LXP-10-13837，铜鼓县 LXP-10-6554，万载县 LXP-
10-1895，宜春市 LXP-10-1022、LXP-06-8945；武
功山脉：安福县 LXP-06-395、LXP-06-8342，茶陵
县 LXP-06-9211，攸县 LXP-06-5299、LXP-06-5359。

高秆莎草 Cyperus exaltatus Retz.

草本。山坡，平地，路旁，阴处；壤土；329 m。
武功山脉：安福县 LXP-06-5145；万洋山脉：炎陵
县 LXP-13-3145。

畦畔莎草 Cyperus haspan L.

草本。山坡，山谷，路旁，溪边，疏林，草地；腐殖
土，壤土；200~760 m。幕阜山脉：平江县 LXP-10-6165；
九岭山脉：大围山 LXP-10-11221、LXP-10-11779，
奉新县 LXP-10-10658，靖安县 LXP-10-9705、
LXP-10-9928，浏阳市 LXP-10-5866；万洋山脉：永
新县 LXP-13-19311、LXP-QXL-525；诸广山脉：崇

义县 LXP-13-24307，上犹县 LXP-13-12937。

碎米莎草 Cyperus iria L.

草本。山坡，丘陵，山谷，溪边，路旁，疏林，草地，阳处；壤土，沙土；89~1500 m。幕阜山脉：庐山市 LXP4685、LXP4806、LXP5425，瑞昌市 LXP0103，通山县 LXP7844，平江县 LXP-10-6129；九岭山脉：安义县 LXP-10-10438、LXP-10-9418，大围山 LXP-10-11539、LXP-10-12264、LXP-10-5604，奉新县 LXP-10-10727、LXP-10-13952、LXP-10-9028，靖安县 LXP-10-10218、LXP-10-10310，浏阳市 LXP-10-5908，七星岭 LXP-10-11457，铜鼓县 LXP-10-13563，万载县 LXP-10-1830，宜春市 LXP-10-1021、LXP-10-813，宜丰县 LXP-10-12832、LXP-10-2650；武功山脉：安福县 LXP-06-0553、LXP-06-3108、LXP-06-5536，茶陵县 LXP-06-1386、LXP-06-2173，明月山 LXP-06-7891、LXP-10-1233，攸县 LXP-06-5305、LXP-06-6091；万洋山脉：炎陵县 LXP-13-3275，资兴市 LXP-03-05006；诸广山脉：崇义县 LXP-03-07246、LXP-03-10920。

旋鳞莎草 Cyperus michelianus (L.) Link

草本。山坡，平地，路旁，水库边，溪边，灌丛；壤土；96~328 m。九岭山脉：上高县 LXP-06-6501；武功山脉：安福县 LXP-06-8734，攸县 LXP-06-6093。

具芒碎米莎草 Cyperus microiria Steud.

草本。山坡，路旁；800~1200 m。幕阜山脉：庐山 聂敏祥 92334(PE)。

白鳞莎草 Cyperus nipponicus Franch. et Savat.

草本。平地，路旁；壤土；118 m。九岭山脉：上高县 LXP-06-7628。

三轮草 Cyperus orthostachyus Franch. et Savat.

草本。山谷，溪边，路旁，平地，疏林；壤土；150~181 m。九岭山脉：宜春市 LXP-10-992；武功山脉：攸县 LXP-06-6125。

毛轴莎草 Cyperus pilosus Vahl

草本。山谷，溪边，路旁，水田，疏林；壤土；200~400 m。九岭山脉：奉新县 LXP-10-14069，铜鼓县 LXP-10-7198；武功山脉：玉京山 LXP-10-1355。

香附子 Cyperus rotundus L.

草本。山坡，山谷，平地，路旁，疏林，密林，灌丛；壤土；92~1682 m。幕阜山脉：平江县 LXP-10-6128；九岭山脉：奉新县 LXP-10-13787，浏阳市 LXP-03-08369，上高县 LXP-06-6502、LXP-06-7629；武功山脉：分宜县 LXP-10-5191，安福县 LXP-06-3685、LXP-06-3846，芦溪县 LXP-06-3359，攸县 LXP-06-5319、LXP-06-6016，樟树市 LXP-10-5063；万洋山脉：炎陵县 LXP-09-10830，永兴县 LXP-03-04476；诸广山脉：上犹县 LXP-03-06003、LXP-03-06461、LXP-03-10323。

水莎草 Cyperus serotinus Rottb.

草本。湖边，河边；20~100 m。幕阜山脉：九江市 陈耀东等 784(PE)。

裂颖茅属 *Diplacrum* R. Br.

裂颖茅 Diplacrum caricinum R. Br.

草本。罗霄山脉可能有分布，未见可靠标本。

荸荠属 *Eleocharis* R. Br.

渐尖穗荸荠 Eleocharis attenuata (Franch. et Savat.) Palla

水生草本。平地；壤土；159 m。武功山脉：茶陵县 LXP-06-9214。

荸荠 Eleocharis dulcis (Burm. f.) Trin.

草本。山谷，草地，水田，溪边；壤土；200 m。九岭山脉：宜春市 LXP-10-1213；武功山脉：茶陵县 LXP-06-2167。

江南荸荠 Eleocharis migoana Ohwi et Koyama

草本。湖边；19~30 m。幕阜山脉：庐山市 谭策铭等 12110A(JJF)。

透明鳞荸荠 Eleocharis pellucida Presl

草本。沼泽，浅水池塘；200~500 m。诸广山脉：齐云山 LXP-03-5502。

龙师草 Eleocharis tetraquetra Nees

草本。稻田，浅水池塘；200~600 m。武功山脉：安福县 岳俊三 3068(IBSC)。

具刚毛荸荠 Eleocharis valleculosa var. setosa Ohwi

草本。田边，浅水池塘；200~400 m。九岭山脉：永修县 刘以珍 201104023(JJF)。

牛毛毡 **Eleocharis yokoscensis** (Franch. et Savat.) Tang et Wang

草本。平地，路旁，草地；壤土；141~471 m。武功山脉：安福县 LXP-06-1014、LXP-06-5099，茶陵县 LXP-06-2175。

飘拂草属 *Fimbristylis* Vahl

夏飘拂草 **Fimbristylis aestivalis** (Retz.) Vahl

草本。山谷，路旁，草地，阳处；壤土；150~400 m。九岭山脉：铜鼓县 LXP-10-6561，万载县 LXP-10-1781。

秋飘拂草 **Fimbristylis autumnalis** (L.) Roemer et Schultes

草本。山坡，路旁；300 m。幕阜山脉：修水县 赖书坤 03219(PE)。

复序飘拂草 **Fimbristylis bisumbellata** (Forsk.) Bubani

草本。山谷，路旁，疏林，草地；壤土；300~760 m。九岭山脉：大围山 LXP-10-12457，靖安县 LXP-10-10010。

扁鞘飘拂草 **Fimbristylis complanata** (Retz.) Link

草本。山谷，疏林，阴处；壤土；210 m。九岭山脉：宜丰县 LXP-10-2643。

两歧飘拂草 **Fimbristylis dichotoma** (L.) Vahl

草本。山坡，山谷，溪边，路旁，村边，疏林；壤土；89~1917 m。幕阜山脉：平江县 LXP-10-6216；九岭山脉：大围山 LXP-10-11541、LXP-10-12257、LXP-10-5603，奉新县 LXP-10-11013、LXP-10-13834，靖安县 LXP-10-10300、LXP-10-13660、LXP-10-9989，铜鼓县 LXP-10-6850，万载县 LXP-10-1786、LXP-13-11273，宜春市 LXP-10-895，宜丰县 LXP-10-2685；武功山脉：安福县 LXP-06-0440、LXP-06-0727、LXP-06-8408，芦溪县 LXP-06-1782、LXP-06-8809，玉京山 LXP-10-1226，攸县 LXP-06-5360、LXP-06-6046。

拟二叶飘拂草 **Fimbristylis diphylloides** Makino

草本。山谷，溪边，路旁，疏林，草地；壤土；150 m。九岭山脉：宜春市 LXP-10-983，宜丰县 LXP-10-3124。

知风飘拂草 **Fimbristylis eragrostis** (Nees) Hance

草本。山谷，路旁；壤土；470 m。万洋山脉：永新县 LXP-QXL-794。

暗褐飘拂草 **Fimbristylis fusca** (Nees) Benth.

草本。山坡，路旁；200~600 m。万洋山脉：永兴县 LXP-03-3850。

宜昌飘拂草 **Fimbristylis henryi** C. B. Clarke

草本。山谷，平地，路旁，溪边，疏林，草地；壤土；210~750 m。九岭山脉：大围山 LXP-10-11250，奉新县 LXP-10-11012，宜春市 LXP-10-1104；武功山脉：安福县 LXP-06-0287。

水虱草 **Fimbristylis littoralis** Grandich

草本。山坡，山谷，平地，溪边，疏林，草地；壤土；150~750 m。九岭山脉：安义县 LXP-10-10447，大围山 LXP-10-11788、XP-10-12263，万载县 LXP-13-11188；武功山脉：安福县 LXP-06-0167、LXP-06-1310，明月山 LXP-13-10632。

短尖飘拂草 **Fimbristylis makinoana** Ohwi

草本。山坡，山谷，溪边；壤土；468~790 m。武功山脉：安福县 LXP-06-5685、LXP-06-8158。

五棱秆飘拂草 **Fimbristylis quinquangularis** (Vahl) Kunth

草本。山坡，路旁；650 m。万洋山脉：遂川县 岳俊三 2834(IBSC)。

结壮飘拂草 **Fimbristylis rigidula** Nees

草本。路旁；50~200 m。武功山脉：安福县 张寿文和杜小浪 360829130716138LY(JXCM)；诸广山脉：桂东县 LXP-03-2390。

少穗飘拂草 **Fimbristylis schoenoides** (Retz.) Vahl

草本。山顶，草地；壤土；1550 m。九岭山脉：七星岭 LXP-10-11920。

双穗飘拂草 **Fimbristylis subbispicata** Nees et Meyen

平卧草本。山谷，草地，溪边；350 m。九岭山脉：靖安县 LXP-10-9691。

四棱飘拂草 **Fimbristylis tetragona** R. Br.

草本。山坡，山谷，路旁，溪边，水田；壤土；150~1500 m。九岭山脉：大围山 LXP-10-12098，奉新县

LXP-10-10941、LXP-10-13850、LXP-10-3344，七星岭 LXP-10-11470。

芙兰草属 *Fuirena* Rottb.

毛芙兰草 **Fuirena ciliaris** (L.) Roxb.

草本。山坡，疏林，溪边；壤土；880 m。万洋山脉：炎陵县 LXP-09-00269。

黑莎草属 *Gahnia* J. R. et G. Forst.

黑莎草 **Gahnia tristis** Nees

草本。山坡，疏林，路旁；200~600 m。诸广山脉：崇义县 李莉 170420016(GNNU)、B0104（刘小明等，2010）。

水蜈蚣属 *Kyllinga* Rottb.

短叶水蜈蚣 **Kyllinga brevifolia** Rottb.

草本。山坡，山谷，路旁，河边，疏林，阴处；壤土；100~1198 m。幕阜山脉：通山县 LXP2109、LXP7835；九岭山脉：安义县 LXP-10-10407，大围山 LXP-10-11222、LXP-03-08079，靖安县 LXP-10-10091，万载县 LXP-10-1927、LXP-10-2170，宜春市 LXP-10-995，奉新县 LXP-06-4086，宜丰县 LXP-10-7418；武功山脉：安福县 LXP-06-3042、LXP-06-3604、LXP-06-8487，茶陵县 LXP-06-1834，芦溪县 LXP-06-3367、LXP-06-9149，明月山 LXP-06-7894，攸县 LXP-06-5215、LXP-06-6092；万洋山脉：永兴县 LXP-03-04087，资兴市 LXP-03-03700；诸广山脉：桂东县 LXP-03-02816，上犹县 LXP-03-06174、LXP-03-07004、LXP-03-10472。

单穗水蜈蚣 **Kyllinga nemoralis** (J. R. et G. Forst.) Dandy ex Hutch. et Dalziel

草本。路旁，村边；200~600 m。诸广山脉：桂东县 LXP-03-2816。

三头水蜈蚣 **Kyllinga triceps** Rottb.

草本。山坡，山谷，路旁，村边，草地；壤土；200~760 m。九岭山脉：大围山 LXP-10-11618、LXP-10-12268、LXP-10-8103，奉新县 LXP-10-10949、LXP-10-9027、LXP-10-9173，靖安县 LXP-10-10020、LXP-10-13642，铜鼓县 LXP-10-13531、LXP-10-8237，宜丰县 LXP-10-8753；武功山脉：明月山 LXP-13-10645。

鳞籽莎属 *Lepidosperma* Labill.

鳞籽莎 **Lepidosperma chinense** Nees ex Meyen

草本。罗霄山脉可能有分布，未见标本。

湖瓜草属 *Lipocarpha* R. Brown

华湖瓜草 **Lipocarpha chinensis** (Osbeck) Tang et Wang

草本。山谷，路旁，溪边，草地；壤土；300~750 m。九岭山脉：奉新县 LXP-10-10942、LXP-10-13835，宜丰县 LXP-10-3075。

湖瓜草 **Lipocarpha microcephala** (R. Br) Kunth

草本。路旁，湖边；100~400 m。幕阜山脉：武宁县 龚智华 43(NAS)。

扁莎属 *Pycreus* P. Beauv.

球穗扁莎 **Pycreus flavidus** Retz.

草本。山坡，山谷，路旁，疏林，草地，阴处；壤土；270~800 m。九岭山脉：大围山 LXP-10-11285、LXP-10-11538、LXP-10-12260，奉新县 LXP-10-10984、LXP-10-13968，靖安县 LXP-10-9697；武功山脉：芦溪县 LXP-06-2438。

小球穗扁莎 **Pycreus flavidus** var. **nilagiricus** (Hochst. ex Steudel) C. Y. Wu ex Karthik.

草本。湖边，路旁；100~400 m。幕阜山脉：九江市 童和平和王玉珍 TanCM3357(JJF)。

多枝扁莎 **Pycreus polystachyus** (Rottb.) P. Beauv.

草本。山坡，路旁；壤土；512 m。幕阜山脉：通山县 LXP2280。

矮扁莎 **Pycreus pumilus** (L.) Domin

草本。山坡，山谷，路旁，草地，阴处；壤土；150~450 m。幕阜山脉：平江县 LXP-10-5976；九岭山脉：安义县 LXP-10-10416，奉新县 LXP-10-13800，靖安县 LXP-10-10262、LXP-10-13647，铜鼓县 LXP-10-13561，宜丰县 LXP-10-13335。

红鳞扁莎 **Pycreus sanguinolentus** (Vahl) Nees

草本。山坡，山谷，路旁，疏林，草地；壤土；230~1500 m。九岭山脉：大围山 LXP-10-11518、LXP-10-11619、LXP-10-5291，奉新县 LXP-10-10542、

LXP-10-10940；武功山脉：安福县 LXP-06-1311、LXP-06-8303。

刺子莞属 *Rhynchospora* Vahl

白喙刺子莞 Rhynchospora brownii Roem. et Schult.
草本。山谷，石缝，阳处；200~600 m。幕阜山脉：庐山 熊耀国 09665(LBG)。

华刺子莞 Rhynchospora chinensis Nees et Meyen
草本。山坡，路旁；403 m。幕阜山脉：庐山 谭策铭等 TanCM299(KUN)。

刺子莞 Rhynchospora rubra (Lour.) Makino
草本。山坡，路旁，平地，草地；壤土；273~344 m。幕阜山脉：庐山市 LXP4674；武功山脉：安福县 LXP-06-3087。

水葱属 *Schoenoplectus* (Rchb.) Palla

萤蔺 Schoenoplectus juncoides (Roxburgh) Palla
草本。山坡，平地，路旁，河边，阳处；壤土；416~1252 m。武功山脉：安福县 LXP-06-0145，茶陵县 LXP-06-2053，莲花县 LXP-06-0771；诸广山脉：崇义县 LXP-13-24358。

水毛花 Schoenoplectus mucronatus subsp. **robustus** (Miquel) T. Koyama
草本。山坡，平地，路旁，水库边，灌丛，草地；96~725 m。九岭山脉：上高县 LXP-06-5997；武功山脉：茶陵县 LXP-06-1521、LXP-06-2166。

三棱水葱 Schoenoplectus triqueter
草本。山谷，密林；壤土；276 m。万洋山脉：永新县 LXP-13-19056。

猪毛草 Schoenoplectus wallichii (Nees) T. Koyama
草本。平地，路旁；壤土；161.6 m。武功山脉：安福县 LXP-06-0701。

蔗草属 *Scirpus* L.

茸球蔗草 Scirpus asiaticus Beetle
草本。山坡，路旁；300~700 m。幕阜山脉：幕阜山 熊耀国 5875(LBG)。

华东蔗草 Scirpus karuizawensis Makino
草本。山地，湿地；1640 m。幕阜山脉：武宁县 张吉华 1098(JJF)。

庐山蔗草 Scirpus lushanensis Ohwi
草本。山顶，山坡，石上，疏林；壤土；186 m。武功山脉：茶陵县 LXP-06-9420；万洋山脉：遂川县 LXP-13-20246。

百球蔗草 Scirpus rosthornii Diels
草本。山坡，山谷，溪边，路旁，沼泽，疏林，密林，草地；沙土，壤土；180~600 m。九岭山脉：奉新县 LXP-10-3390、LXP-10-4259，宜丰县 LXP-10-4625；武功山脉：分宜县 LXP-06-9580；万洋山脉：井冈山 JGS-B181、LXP-13-JX4549，遂川县 LXP-13-16654，炎陵县 LXP-09-07568、LXP-09-08143、LXP-13-3348；诸广山脉：上犹县 LXP-13-12380、LXP-13-18914、LXP-13-22347。

类头状花序蔗草 Scirpus subcapitatus Thw.
草本。山谷，路旁，溪边，石上，疏林；壤土；916~1891 m。幕阜山脉：平江县 LXP3613；万洋山脉：遂川县 LXP-13-23613。

百穗蔗草 Scirpus ternatanus Reinw. ex Miq.
草本。山坡，山谷，路旁，疏林，灌丛，草地；壤土；513~1550 m。幕阜山脉：武宁县 LXP6261；九岭山脉：大围山 LXP-10-12106，七星岭 LXP-10-11450、LXP-10-11865；万洋山脉：井冈山 LXP-13-22979。

蔗草 Scirpus triqueter L.
草本。湖边；120~300 m。幕阜山脉：九江市 谭策铭等 951252(SZG)。

珍珠茅属 *Scleria* P. J. Bergius

二花珍珠茅 Scleria biflora Roxb.
草本。山顶，山坡，山谷，路旁，疏林，草地；壤土；377~1480 m。幕阜山脉：平江县 LXP4408；九岭山脉：大围山 LXP-10-7661、LXP-10-7794；万洋山脉：炎陵县 LXP-09-368。

高秆珍珠茅 Scleria elata Thw.
草本。山坡，路旁，林下；200~600 m。幕阜山脉：武宁县 谭策铭 9611105 (NAS)。

毛果珍珠茅 Scleria herbecarpa Nees
草本。路旁；105 m。诸广山脉：上犹县 LXP-03-06226。

黑鳞珍珠茅 Scleria hookeriana Bocklr.

草本。山坡，平地，山谷，溪边，灌丛；壤土；471~873 m。武功山脉：安福县 LXP-06-0724、LXP-06-0990、LXP-06-2273；万洋山脉：遂川县 LXP-13-17924。

珍珠茅 Scleria levis Retz.

草本。平地，路旁；沙土；902 m。万洋山脉：资兴市 LXP-03-05097。

蔺藨草属 Trichophorum Pers.

玉山针蔺 Trichophorum subcapitatum (Thwaites et Hook.) D. A. Simpson

草本。山坡，山谷，溪边，石上，平地，路旁，疏林，草地；腐殖土，沙土，壤土；300~1827 m。幕阜山脉：通山县 LXP5886、LXP7015；武功山脉：安福县 LXP-06-5080，茶陵县 LXP-06-2013，芦溪县 LXP-06-1114、LXP-06-1366、LXP-06-2073，明月山 LXP-06-4510、LXP-06-4864；万洋山脉：井冈山 LXP-13-5696，遂川县 LXP-13-16450、LXP-13-17568、LXP-13-25843，炎陵县 DY3-1137、LXP-09-08045、LXP-13-5364；诸广山脉：上犹县 LXP-13-23531。

A103 禾本科 Poaceae

芨芨草属 Achnatherum P. Beauv.

大叶直芒草 Achnatherum coreanum (Honda) Ohwi

草本。罗霄山脉可能有分布，未见可靠标本。

獐毛属 Aeluropus Trin.

獐毛 Aeluropus sinensis (Debeaux) Tzvel.

草本。平地，河边；壤土；118.7 m。武功山脉：安福县 LXP-06-1361。

剪股颖属 Agrostis L.

华北剪股颖 Agrostis clavata Trin.

草本。山坡，山谷，路旁，溪边，密林，草地；220~1300 m。九岭山脉：大围山 LXP-10-7473、LXP-10-7592、LXP-10-7751，奉新县 LXP-10-9129、LXP-10-9317、LXP-10-9377。

巨序剪股颖 Agrostis gigantea Roth

草本。山坡，山谷，路旁，疏林，草丛；壤土；200~

1010 m。幕阜山脉：平江县 LXP-10-6290；九岭山脉：大围山 LXP-10-5384、LXP-10-5554，铜鼓县 LXP-10-7048。

剪股颖 Agrostis matsumurae Hack. ex Honda

草本。山顶，山谷，路旁，疏林；壤土；400~1500 m。九岭山脉：大围山 LXP-10-7640、LXP-10-7664，靖安县 LXP-10-9589。

多花剪股颖 Agrostis myriantha Hook. f.

草本。山顶，草地；壤土；1450 m。九岭山脉：大围山 LXP-10-12580。

台湾剪股颖 Agrostis sozanensis Hayata

草本。山坡，疏林；500~1200 m。万洋山脉：永兴县 LXP-03-3989。

看麦娘属 Alopecurus L.

草本。山坡，山谷，路旁，溪边，疏林，草地；壤土；70~1300 m。幕阜山脉：平江县 LXP4376；九岭山脉：安义县 LXP-10-3619，大围山 LXP-10-7739，奉新县 LXP-10-3273；万洋山脉：炎陵县 LXP-09-08805。

日本看麦娘 Alopecurus japonicus Steud.

草本。山谷，平地，路旁，溪边，草地；壤土；471~1435 m。九岭山脉：大围山 LXP-10-7479；武功山脉：安福县 LXP-06-1021，芦溪县 LXP-06-1283，明月山 LXP-06-4627。

沟稃草属 Aniselytron Merr.

沟稃草 Aniselytron treutleri (Kuntze) Soják

草本。山谷，溪边，路旁，疏林，草地，阳处；壤土；150~300 m。九岭山脉：安义县 LXP-10-3787，靖安县 LXP-10-4319，宜丰县 LXP-10-8542。

水蔗草属 Apluda L.

水蔗草 Apluda mutica L.

草本。山谷，路旁，疏林；壤土；300 m。九岭山脉：浏阳市 LXP-10-5841。

楔颖草属 Apocopis Nees

瑞氏楔颖草 Apocopis wrightii Munro

草本。路旁，村边；200~500 m。武功山脉：安福

县　岳俊三 3810(NAS)。

荩草属 *Arthraxon* P. Beauv.

荩草 **Arthraxon hispidus** (Thunb.) Makino

草本。山坡，山谷，溪边，路旁，疏林，灌丛；腐
殖土；105~1335 m。九岭山脉：靖安县 LXP2459；
武功山脉：安福县 LXP-06-6764、LXP-06-8050、
LXP-06-8418，芦溪县 LXP-06-2481，明月山 LXP-
06-7883、LXP-06-7935；安仁县 LXP-03-01428、
LXP-03-01595；诸广山脉：崇义县 LXP-03-05737，
上犹县 LXP-03-06218、LXP-03-06392、LXP-03-10635。

茅叶荩草 **Arthraxon prionodes** (Steud.) Dandy

草本。山坡，平地，路旁，灌丛，草地；壤土；188~763
m。武功山脉：安福县 LXP-06-8287，分宜县 LXP-06-
2322，宜春市 LXP-06-2660。

野古草属 *Arundinella* Raddi

野古草 **Arundinella anomala** Steud.

草本。山顶，山坡，山谷，疏林，灌丛；壤土；170~
1913 m。幕阜山脉：通山县 LXP7766；九岭山脉：
大围山 LXP-10-12132、LXP-10-12542、LXP-10-5662，
奉新县 LXP-10-10559，靖安县 LXP-10-9519，浏阳市
LXP-10-5927，七星岭 LXP-10-11455、LXP-10-11897；
武功山脉：安福县 LXP-06-0824、LXP-06-1330、
LXP-06-8554；诸广山脉：桂东县 LXP-03-02327。

毛节野古草 **Arundinella barbinodis** Keng

草本。山坡，疏林，路旁；900~1300 m。万洋山脉：
井冈山　赖书坤 5355(IBSC)。

大序野古草 **Arundinella cochinchinensis** Keng

草本。山顶，山坡，溪边，疏林，草地；壤土；1830 m。
万洋山脉：遂川县 LXP-13-20252；诸广山脉：崇义
县 LXP-13-24234，桂东县 LXP-13-22625。

溪边野古草 **Arundinella fluviatilis** Hand.-Mazz.

草本。平地，路旁，水库边，草地；壤土；96~231 m。
九岭山脉：上高县 LXP-06-5999；武功山脉：安福县
LXP-06-2534、LXP-06-5087，茶陵县 LXP-06-2169。

毛秆野古草 **Arundinella hirta** (Thunb.) Tanaka

草本。山顶，山坡，山谷，溪边，路旁，疏林，草
地；壤土；148~1853 m。幕阜山脉：通山县 LXP7732；

九岭山脉：安义县 LXP-10-10421，大围山 LXP-10-
11505、LXP-10-12276、LXP-10-5322，奉新县 LXP-
10-14022，靖安县 LXP-10-9738，铜鼓县 LXP-10-
7226；武功山脉：安福县 LXP-06-0831、LXP-06-
2141、LXP-06-2291，茶陵县 LXP-06-1847，芦溪县
LXP-06-2791。

庐山野古草 **Arundinella hirta** var. **hondana** Koidzumi

草本。山坡，路旁。幕阜山脉：庐山，据《中国植
物志》第十卷第一分册记载。

刺芒野古草 **Arundinella setosa** Trin.

草本。山坡，林下；600~1200 m。幕阜山脉：修水
县 熊耀国 7446(IBSC)。

无刺野古草 **Arundinella setosa** var. **esetosa** Bor

草本。罗霄山脉可能有分布，未见可靠标本。

芦竹属 *Arundo* L.

芦竹 **Arundo donax** L.

草本。山谷，疏林，阴处；壤土；200 m。九岭山
脉：宜春市 LXP-10-1138。

燕麦属 *Avena* L.

野燕麦 **Avena fatua** L.

草本。山坡，平地，路旁，河边，疏林；壤土；389~
732 m。幕阜山脉：平江县 LXP4313；武功山脉：
明月山 LXP-06-4987；万洋山脉：炎陵县 LXP-13-
23990，永兴县 LXP-03-04109。

光稃野燕麦 **Avena fatua** var. **glabrata** Peterm.

草本。山谷，疏林，溪边；壤土；278 m。武功山
脉：茶陵县 LXP-09-10495。

簕竹属 *Bambusa* Schreb.

花竹 **Bambusa albo-lineata** Chia

丛生竹。罗霄山脉内有栽培，野生种群不详。

坭竹 **Bambusa gibba** McClure

丛生竹。罗霄山脉内有栽培，野生种群不详。

孝顺竹 **Bambusa multiplex** (Lour.) Raeuschel ex J. A. et J. H. Schult.

丛生竹。山坡，村边；200~500 m。幕阜山脉：武

宁县 熊耀国 5427(LBG)。

*凤尾竹 Bambusa multiplex (Lour.) Raeuschel ex J. A. et J. H. Schult. cv. 'Fernleaf'

丛生竹。常见栽培。

绿竹 Bambusa oldhamii Munro

丛生竹。罗霄山脉内有栽培，野生种群不详。

撑篙竹 Bambusa pervariabilis McClure

丛生竹。村边，山坡；300~700 m。诸广山脉：齐云山 075192（刘小明等，2010）。

菵草属 Beckmannia Host

菵草 Beckmannia syzigachne (Steud.) Fern.

草本。丘陵，山谷，路旁，河边，水田边，草地；100~1500 m。九岭山脉：安义县 LXP-10-3830、LXP-10-9420，大围山 LXP-10-7629、LXP-10-8107；武功山脉：安福县 LXP-06-3747，芦溪县 LXP-06-3370，明月山 LXP-06-4951。

孔颖草属 Bothriochloa Kuntze

臭根子草 Bothriochloa bladhii (Retz.) S. T. Blake

草本。山坡，路旁；300~1000 m。诸广山脉：齐云山 LXP-03-5640。

白羊草 Bothriochloa ischaemum (L.) Keng

草本。山坡，路旁，灌丛，草丛；150 m。九岭山脉：上高县 LXP-10-4950、LXP-10-4964；武功山脉：分宜县 LXP-10-5236。

臂形草属 Brachiaria (Trin.) Griseb.

四生臂形草 Brachiaria subquadripara (Trin.) Hitchc.

草本。山坡，草地，路旁；200~600 m。万洋山脉：井冈山 赖书坤 4732(IBSC)。

毛臂形草 Brachiaria villosa (Lam.) A. Camus

草本。山谷，河边，路旁，疏林，草地，阳处；95~300 m。九岭山脉：奉新县 LXP-10-10787、LXP-10-13820，靖安县 LXP-10-9960，铜鼓县 LXP-10-13474，万载县 LXP-10-1924，宜春市 LXP-10-994。

短颖草属 Brachyelytrum P. Beauv.

日本短颖草 Brachyelytrum erectum var. **japonicum** Hack.

草本。山坡，路旁；500~1200 m。幕阜山脉：庐山 邹垣 01266(LBG)。

雀麦属 Bromus L.

扁穗雀麦 Bromus catharticus Vahl

草本。平地，路旁；壤土；373 m。武功山脉：安福县 LXP-06-0133。

雀麦 Bromus japonicus Thunb.

草本。平地，草地；壤土；159 m。武功山脉：茶陵县 LXP-06-5188。

疏花雀麦 Bromus remotiflorus (Steud.) Ohwi

草本。平地，草地；壤土；213.6 m。九岭山脉：奉新县 LXP-06-4032；武功山脉：安福县 LXP-06-3887、LXP-06-3934。

旱雀麦 Bromus tectorum L.

草本。山坡，山谷，溪边，路旁，河边，疏林，密林，草地，阳处；壤土；80~650 m。九岭山脉：安义县 LXP-10-3671，大围山 LXP-10-7918，奉新县 LXP-10-3243、LXP-10-3293、LXP-10-9245，靖安县 LXP-10-4334，上高县 LXP-10-4864，宜丰县 LXP-10-8826；武功山脉：樟树市 LXP-10-5047。

扁穗草属 Brylkinia F. Schmidt

扁穗草 Brylkinia caudata (Munro) Schmidt

水生草本。平地，路旁；壤土；89 m。武功山脉：攸县 LXP-06-5337。

拂子茅属 Calamagrostis Adans.

拂子茅 Calamagrostis epigeios (L.) Roth

草本。山坡，山谷，溪边，路旁，疏林，草地；黄壤；115~1550 m。幕阜山脉：通山县 LXP7009，修水县 LXP6772；九岭山脉：奉新县 LXP-10-3253，靖安县 LXP-10-486，七星岭 LXP-10-11908，宜丰县 LXP-10-4793，上高县 LXP-06-6544；武功山脉：

分宜县 LXP-10-5180、LXP-06-2321，莲花县 LXP-06-0644，明月山 LXP-06-4947；万洋山脉：井冈山 JGS-B153，炎陵县 LXP-09-534、LXP-13-3449，永新县 LXP-13-19341、LXP-QXL-557、LXP-QXL-793。

密花拂子茅 Calamagrostis epigeios var. densiflora Griseb.
草本。湖边，阳处；23 m。幕阜山脉：九江市 谭策铭 95515A(PE)。

细柄草属 *Capillipedium* Stapf

硬秆子草 Capillipedium assimile (Steud.) A. Camus
草本。山谷，溪边，路旁，疏林；壤土；271 m。九岭山脉：万载县 LXP-13-10928；武功山脉：攸县 LXP-06-5453。

细柄草 Capillipedium parviflorum (R. Br.) Stapf
草本。山坡，山谷，平地，溪边，疏林，灌丛；壤土；132~662 m。九岭山脉：宜春市 LXP-06-8922，上高县 LXP-06-6554、LXP-06-6557、LXP-06-7561；武功山脉：安福县 LXP-06-3200、LXP-06-5635；万洋山脉:遂川县 LXP-13-7515，永新县 LXP-QXL-263。

寒竹属 *Chimonobambusa* Makino

狭叶方竹 Chimonobambusa angustifolia C. D. Chu et C. S. Chao
灌木。平地，路旁；壤土；722 m。武功山脉：芦溪县 LXP-06-1129。

方竹 Chimonobambusa quadrangularis (Fenzi) Makino
散生竹。山坡，疏林；150 m。栽培，野生群体不详。幕阜山脉：庐山 熊耀国 10061(LBG)。

隐子草属 *Cleistogenes* Keng

朝阳隐子草 Cleistogenes hackelii (Honda) Honda
草本。山坡，草丛；120~300 m。幕阜山脉：庐山 董安淼和吴丛梅 TanCM1045(KUN)。

薏苡属 *Coix* L.

水生薏苡 Coix aquatica Roxb.
草本。山谷，草地，溪边；壤土；324 m。万洋山脉：永新县 LXP-QXL-368。

薏苡 Coix lacryma-jobi L.
草本。山坡，山谷，平地，溪边，路旁，疏林，灌丛，草地；壤土，沙土；100~1228 m。幕阜山脉：平江县 LXP-10-5955；九岭山脉：宜春市 LXP-13-10558，大围山 LXP-10-5634，奉新县 LXP-10-10678、LXP-10-13784，铜鼓县 LXP-10-6997、LXP-10-7245，万载县 LXP-13-11187、LXP-10-1878、LXP-10-2035，宜丰县 LXP-10-13348；武功山脉：安福县 LXP-06-0622、LXP-06-2549、LXP-06-8708，茶陵县 LXP-06-1427，芦溪县 LXP-06-2060，明月山 LXP-06-7908、LXP-13-10812，安仁县 LXP-03-01568；万洋山脉：遂川县 LXP-13-7502，炎陵县 LXP-13-3278，永兴县 LXP-03-04417，资兴市 LXP-03-00192；诸广山脉：诸广山脉：桂东县 LXP-03-02329。

*薏米 Coix lacryma-jobi var. ma-yuen (Rom. Caill.) Stapf
草本。村边广泛栽培。幕阜山脉：九江市 谭策铭 03320(SZG)。

香茅属 *Cymbopogon* Spreng.

橘草 Cymbopogon goeringii (Steud.) A. Camus
草本。山坡，山谷，路旁，灌丛，草地；壤土；89~855 m。幕阜山脉：庐山市 LXP5067；九岭山脉：上高县 LXP-06-7648；武功山脉：安福县 LXP-06-5595、LXP-06-5677，茶陵县 LXP-06-7094、LXP-06-7184，明月山 LXP-06-7976，攸县 LXP-06-5343、LXP-06-6059。

狗牙根属 *Cynodon* Rich.

狗牙根 Cynodon dactylon (L.) Pers.
草本。山坡，山谷，平地，路旁，草地；红壤；150 m。九岭山脉：上高县 LXP-10-4963，宜丰县 LXP-10-4670；武功山脉：大岗山 LXP-06-3670。

弓果黍属 *Cyrtococcum* Stapf

弓果黍 Cyrtococcum patens (L.) A. Camus
草本。山谷，密林；黄壤；324~1244 m。武功山脉：茶陵县 LXP-06-1583；万洋山脉：永新县 LXP-QXL-546。

鸭茅属 *Dactylis* L.

鸭茅 Dactylis glomerata L.

草本。山谷，密林；壤土；754 m。万洋山脉：永兴县 LXP-03-04007。

龙爪茅属 *Dactyloctenium* Willd.

龙爪茅 Dactyloctenium aegyptium (L.) Beauv.

草本。村边，路旁，阳处；100~400 m。武功山脉：安福县 岳俊三等 3784(KUN)。

野青茅属 *Deyeuxia* Clarion ex P. Beauv.

纤毛野青茅 Deyeuxia arundinacea var. ciliata (Honda) P. C. Kuo et S. L. Lu

草本。山坡，草丛；800~1300 m。诸广山脉：齐云山 LXP-03-5638。

疏花野青茅 Deyeuxia arundinacea var. laxiflora (Rendle) P. C. Kuo et S. L. Lu

草本。山坡，草丛；900~1300 m。诸广山脉：上犹县 LXP-03-6502。

长舌野青茅 Deyeuxia arundinacea var. ligulata (Rendle) P. C. Kuo et S. L. Lu

草本。罗霄山脉可能有分布，未见可靠标本。

疏穗野青茅 Deyeuxia effusiflora Rendle

草本。山坡，疏林；壤土；1501 m。万洋山脉：炎陵县 LXP-13-24918。

箱根野青茅 Deyeuxia hakonensis (Franch. et Savat.) Keng

草本。山坡，草丛；1500~1700 m。武功山脉：武功山 江西调查队 1006(PE)。

湖北野青茅 Deyeuxia hupehensis Rendle

草本。山坡，草丛；800~1300 m。幕阜山脉：庐山 董安淼和吴丛梅 TanCM847(KUN)。

大叶章 Deyeuxia purpurea (Trinius) Kunth

草本。山坡，平地，路旁，疏林；壤土；425~850 m。武功山脉：芦溪县 LXP-06-2375,宜春市 LXP-06-2157。

野青茅 Deyeuxia pyramidalis (Host) Veldkamp

草本。山坡，草丛，疏林；900~1300 m。武功山脉：茶陵县 LXP-06-7096。

双花草属 *Dichanthium* Willemet

双花草 Dichanthium annulatum (Forssk.) Stapf

草本。山坡，草丛；800~1300 m。诸广山脉：齐云山 075455（刘小明等，2010）。

马唐属 *Digitaria* Haller

毛马唐 Digitaria chrysoblephara Fig.

草本。山坡，山谷，路旁，溪边，灌丛，草地；150~750 m。九岭山脉：安义县 LXP-10-10484，大围山 LXP-10-11519，奉新县 LXP-10-10721、LXP-10-10763、LXP-10-13957，铜鼓县 LXP-10-13525。

纤毛马唐 Digitaria ciliaris (Retz.) Koel.

草本。山谷，平地，溪边，路旁，疏林，草地；壤土；100~800 m。幕阜山脉：平江县 LXP-10-6320；九岭山脉：大围山 LXP-10-12120、LXP-10-5633，靖安县 LXP-10-10049、LXP-10-10397,上高县 LXP-10-4970,铜鼓县 LXP-10-6668,万载县 LXP-13-10931。

二型马唐 Digitaria heterantha (Hook. f.) Merr.

草本。山坡，灌丛；壤土；200 m。九岭山脉：安义县 LXP-10-10479。

止血马唐 Digitaria ischaemum (Schreb.) Schreb. ex Muhl.

草本。山顶，山谷，路旁，草地；壤土；400~1500 m。九岭山脉:大围山 LXP-10-5317,铜鼓县 LXP-10-6637。

长花马唐 Digitaria longiflora (Retz.) Pers.

草本。罗霄山脉内可能有分布，未见可靠标本。

短颖马唐 Digitaria microbachne (Presl) Henr.

草本。山谷，路旁，疏林，草丛；壤土；150~580 m。九岭山脉：万载县 LXP-10-1515，宜丰县 LXP-10-2466、LXP-10-3088。

红尾翎 Digitaria radicosa (Presl) Miq.

草本。山坡，路旁；壤土；530 m。万洋山脉：永新县 LXP-QXL-604。

马唐 Digitaria sanguinalis (L.) Scop.

草本。山坡，山谷，路旁，平地，村边，疏林，草地；壤土；90~852 m。九岭山脉：浏阳市 LXP-03-08502，万载县 LXP-10-1466、LXP-10-1827；武功山脉：安福县 LXP-06-0599、LXP-06-3611、LXP-06-8338，攸县 LXP-06-6020，袁州区 LXP-06-6674；万洋山脉：炎陵县 LXP-13-3116；诸广山脉：上犹县 LXP-03-06200、LXP-03-06459、LXP-03-10498。

紫马唐 Digitaria violascens Link

草本。山坡，平地，路旁，水库边；黄壤；99~186 m。武功山脉：安福县 LXP-06-2283、LXP-06-7451；万洋山脉：炎陵县 LXP-13-3116。

觿茅属 Dimeria R. Br.

觿茅 Dimeria ornithopoda Trin.

草本。山谷，溪边，草地；壤土；250 m。九岭山脉：铜鼓县 LXP-10-7191。

华觿茅 Dimeria sinensis Rendle

草本。罗霄山脉北部可能有分布，未见可靠标本。

稗属 Echinochloa P. Beauv.

长芒稗 Echinochloa caudata Roshev.

草本。山谷，路旁，平地，溪边，水田，草地；壤土；100~350 m。九岭山脉：万载县 LXP-10-1856；武功山脉：玉京山 LXP-10-1229，安福县 LXP-06-0833。

光头稗 Echinochloa colona (L.) Link

草本。湖边，山坡；30~120 m。幕阜山脉：九江市谭策铭 02356(SZG)。

稗 Echinochloa crusgalli (L.) Beauv.

草本。山坡，山谷，溪边，平地，路旁，疏林，灌丛，草地；壤土；150~1795 m。九岭山脉：大围山 LXP-10-11219、LXP-10-11535、LXP-10-12130，奉新县 LXP-10-10713、LXP-10-13786、LXP-10-13961，靖安县 LXP-10-9514、LXP-10-9899，宜春市 LXP-10-987，宜丰县 LXP-10-12826、LXP-10-2478、LXP-10-3103，上高县 LXP-06-6527；武功山脉：莲花县 LXP-GTY-024、LXP-GTY-057、LXP-GTY-213，茶陵县 LXP-06-1827，明月山 LXP-06-7846、LXP-13-10689、LXP-13-10790，攸县 LXP-06-5303，安福县 LXP-06-3141、LXP-06-3731、LXP-06-8726；万洋山脉：炎陵县 LXP-09-00267、LXP-09-10681、LXP-13-3185，永新县 LXP-QXL-447，永兴县 LXP-03-04408；诸广山脉：崇义县 LXP-13-24359。

小旱稗 Echinochloa crusgalli var. **austrojaponensis** Ohwi

草本。山谷，草地，路旁；200 m。九岭山脉：宜春市 LXP-10-806。

无芒稗 Echinochloa crusgalli var. **mitis** (Pursh) Peterm.

草本。山坡，山谷，溪边，路旁，水田，草地；壤土；90~1795 m。九岭山脉：安义县 LXP-10-10422，大围山 LXP-10-11517，奉新县 LXP-10-10806，靖安县 LXP-10-10320、LXP-10-25、LXP-10-9853，铜鼓县 LXP-10-13579，万载县 LXP-10-1366、LXP-10-1543、LXP-10-1826，宜春市 LXP-10-1038、LXP-10-806，宜丰县 LXP-10-2536、LXP-10-3051；武功山脉：安福县 LXP-06-0052；万洋山脉：炎陵县 LXP-09-10680。

西来稗 Echinochloa crusgalli var. **zelayensis** (H. B. K.) Hitchc.

草本。荒地，湖边，路旁；20~200 m。幕阜山脉：庐山　熊耀国 09757(LBG)。

旱稗 Echinochloa hispidula (Retz.) Nees

草本。山谷，平地，路旁，水田边，疏林，草地；壤土；150~280 m。幕阜山脉：平江县 LXP-10-6146、LXP-10-6346；九岭山脉：大围山 LXP-10-5670，浏阳市 LXP-10-5859，上高县 LXP-10-4845。

穇属 Eleusine Gaertn.

牛筋草 Eleusine indica (L.) Gaertn.

草本。山坡，平地，路旁，村边，草地；壤土；99~1062 m。幕阜山脉：庐山市 LXP5387，瑞昌市 LXP0180，通山县 LXP1955，平江县 LXP-10-6345；九岭山脉：宜春市 LXP-06-8954、LXP-10-1034、LXP-10-814，靖安县 LXP-13-10066、LXP-10-10045、LXP-10-10311、LXP-10-9513，安义县 LXP-10-10459，大围山 LXP-10-11239、LXP-10-11822、LXP-10-5730，奉新县 LXP-10-10677、LXP-10-10976、LXP-10-13947，浏阳市 LXP-10-5919，铜鼓县 LXP-10-6563，万载县 LXP-10-1505、LXP-10-1829，宜丰县 LXP-10-13236、LXP-10-2240、LXP-10-7366，上高县 LXP-06-6508；武功山脉：安福县 LXP-06-0608、LXP-06-3109、LXP-06-8757，茶陵县 LXP-06-1570、LXP-06-1571，

分宜县 LXP-06-2341，明月山 LXP-06-7840、LXP-06-7893，攸县 LXP-06-6021；万洋山脉：遂川县 LXP-13-7405，炎陵县 LXP-09-10783、LXP-13-3292，永新县 LXP-QXL-218，资兴市 LXP-03-00177；诸广山脉：崇义县 LXP-03-07417，桂东县 LXP-03-00951，上犹县 LXP-03-06004、LXP-03-06786、LXP-03-10324。

披碱草属 *Elymus* L.

纤毛披碱草 Elymus ciliaris (Trin. ex Bunge) Tzvelev Nevski

草本。山谷，平地，路旁，溪边，疏林，阴处；红壤；200~294 m。九岭山脉：奉新县 LXP-10-3461，靖安县 LXP-10-4564，宜丰县 LXP-10-4783；武功山脉：安福县 LXP-06-3555。

日本纤毛草 Elymus ciliaris var. hackelianus (Honda) G. H. Zhu et S. L. Chen [*Roegneria japonensis* (Honda) Keng]

草本。路旁，荒地；30~150 m。幕阜山脉：九江市谭策铭和易桂花 08152(JJF)。

鹅观草 Elymus kamoji (Ohwi) S. L. Chen

草本。山顶，山坡，山谷，溪边，路旁，疏林，草地；红壤；180~1611 m。幕阜山脉：平江县 LXP3176、LXP4329、LXP4336；九岭山脉：大围山 LXP-10-7839，奉新县 LXP-10-9346，铜鼓县 LXP-10-8251、LXP-10-8252，宜丰县 LXP-10-8425、LXP-10-8603；武功山脉：安福县 LXP-06-3775，大岗山 LXP-06-3664，芦溪县 LXP-06-3373，明月山 LXP-06-4955，攸县 LXP-03-08595、LXP-03-08795；万洋山脉：永新县 LXP-13-08028、LXP-13-08182，炎陵县 LXP-03-02944。

东瀛鹅观草 Elymus × mayebaranus (Honda) S. L. Chen

草本。湖边，荒地；30 m。幕阜山脉：九江市 谭策铭等 TanCM213(KUN)。

画眉草属 *Eragrostis* Wolf

鼠妇草 Eragrostis atrovirens (Desf.) Trin. ex Steud.

草本。罗霄山脉可能有分布，未见可靠标本。

秋画眉草 Eragrostis autumnalis Keng

草本。山坡，荒地，路旁；20~300 m。幕阜山脉：庐山 董安淼和吴丛梅 TanCM2559(KUN)。

珠芽画眉草 Eragrostis bulbillifera Steud.

草本。山坡，路旁；120~500 m。诸广山脉：齐云山 075773（刘小明等，2010）。

大画眉草 Eragrostis cilianensis (All.) Link. ex Vignclo-Lutati

藤本。山坡，山谷，溪边，路旁，村边，疏林，密林，灌丛，草地；壤土；200~1682 m。幕阜山脉：武宁县 LXP1416；九岭山脉：大围山 LXP-10-11559、LXP-10-12435，奉新县 LXP-10-10636、LXP-10-10746，靖安县 LXP-10-10044、LXP-10-9894，七星岭 LXP-10-11876，铜鼓县 LXP-10-13439，宜丰县 LXP-10-13237，万载县 LXP-13-11274；万洋山脉：炎陵县 LXP-09-10626、LXP-13-3186。

知风草 Eragrostis ferruginea (Thunb.) Beauv.

草本。山顶，山谷，溪边，路旁，疏林，草地；壤土；180~1955 m。幕阜山脉：庐山市 LXP6009，平江县 LXP-10-6200、LXP-10-6399；九岭山脉：靖安县 LXP-10-82，浏阳市 LXP-10-5814，上高县 LXP-10-4909，铜鼓县 LXP-10-6929，万载县 LXP-10-1962，宜丰县 LXP-10-2503、LXP-10-3035；武功山脉：莲花县 LXP-GTY-180，安福县 LXP-06-0821；万洋山脉：遂川县 LXP-13-7490。

乱草 Eragrostis japonica (Thunb.) Trin.

草本。山坡，山谷，溪边，路旁，平地，疏林，草地；壤土；150~750 m。幕阜山脉：庐山市 LXP5158、LXP5427；九岭山脉：安义县 LXP-10-10453，大围山 LXP-10-11481，奉新县 LXP-10-10929，靖安县 LXP-10-10306，铜鼓县 LXP-10-13526、LXP-10-6555、LXP-10-7081；武功山脉：安福县 LXP-06-3107、LXP-06-5525、LXP-06-8591，明月山 LXP-06-7990，攸县 LXP-06-5229。

小画眉草 Eragrostis minor Host

草本。山谷，路旁，疏林，草地；180~200 m。幕阜山脉：平江县 LXP-10-6120；九岭山脉：万载县 LXP-10-2143。

黑穗画眉草 Eragrostis nigra Nees ex Steud.

草本。罗霄山脉可能有分布，未见可靠标本。

宿根画眉草 Eragrostis perennans Keng

草本。山坡，路旁，草地；壤土；200 m。九岭山脉：安义县 LXP-10-10478。

疏穗画眉草 Eragrostis perlaxa Keng ex Keng f. et L. Liou

草本。山坡，路旁，阳处；200~900 m。武功山脉：武功山 岳俊三等 3129(NAS)。

画眉草 Eragrostis pilosa (L.) Beauv.

草本。山坡，山谷，平地，路旁，溪边；壤土；99~593 m。武功山脉：安福县 LXP-06-2624、LXP-06-3199、LXP-06-8438，茶陵县 LXP-06-1848、LXP-06-7085，明月山 LXP-06-7884。

无毛画眉草 Eragrostis pilosa var. **imberbis** Franch.

草本。山谷，路旁，草地；壤土；150~210 m。九岭山脉：靖安县 LXP-10-10266，铜鼓县 LXP-10-13412。

多毛知风草 Eragrostis pilosissima Link

草本。罗霄山脉可能有分布，未见可靠标本。

牛虱草 Eragrostis unioloides (Retz.) Nees ex Steud.

草本。村边，路旁，阳处；20~300 m。幕阜山脉：庐山 谭策铭和张丽萍 02379(JJF)。

长画眉草 Eragrostis zeylanica Nees et Mey.

草本。山谷，溪边，密林，草地，阴处；壤土；160~400 m。九岭山脉：铜鼓县 LXP-10-6604，万载县 LXP-10-1625。

蜈蚣草属 *Eremochloa* Buse

蜈蚣草 Eremochloa ciliaris (L.) Merr.

草本。山坡，平地，路旁，疏林，灌丛；壤土；139~742 m。幕阜山脉：庐山市 LXP5433，通山县 LXP1743、LXP1810、LXP5982，修水县 LXP0879；九岭山脉：宜春市 LXP-06-2725；武功山脉：安福县 LXP-06-2892、LXP-06-2964、LXP-06-5556，芦溪县 LXP-06-2486、LXP-06-3339。

假俭草 Eremochloa ophiuroides (Munro) Hack.

平卧草本。山坡，山谷，路旁，草地，溪边；壤土，腐殖土；198~750 m。九岭山脉：奉新县 LXP-10-11063；武功山脉：茶陵县 LXP-06-1534，攸县 LXP-06-5457，

莲花县 LXP-GTY-255。

鹧鸪草属 *Eriachne* R. Br.

鹧鸪草 Eriachne pallescens R. Br.

草本。罗霄山脉可能有分布，未见可靠标本。

野黍属 *Eriochloa* Kunth

野黍 Eriochloa villosa (Thunb.) Kunth

草本。山脚，路旁，灌丛；壤土；250 m。九岭山脉：靖安县 LXP-10-9520。

黄金茅属 *Eulalia* Kunth

四脉金茅 Eulalia quadrinervis (Hack.) Kuntze

草本。山坡，草丛，路旁；200~600 m。武功山脉：武功山 熊耀国 8852(LBG)。

金茅 Eulalia speciosa (Debeaux) Kuntze

草本。山坡，路旁，阳处；300~700 m。九岭山脉：修水县 赖书坤 03556(PE)。

羊茅属 *Festuca* L.

苇状羊茅 Festuca arundinacea Schreb.

草本。山谷，路旁，疏林；壤土；200 m。九岭山脉：靖安县 LXP-10-4582。

高羊茅 Festuca elata Keng ex E. Alexeev

草本。山坡，路旁，草地；壤土；385 m。幕阜山脉：平江县 LXP4318。

羊茅 Festuca ovina L.

草本。山坡，疏林；壤土；1036 m。幕阜山脉：平江县 LXP4122。

小颖羊茅 Festuca parvigluma Steud.

草本。山坡，山谷，路旁，溪边，阴处；壤土；280 m。九岭山脉：奉新县 LXP-10-3460、LXP-10-4116，靖安县 LXP-10-715。

紫羊茅 Festuca rubra L.

草本。山坡，路旁；900~1200 m。幕阜山脉：庐山 Lai and Shan 1144(NAS)。

短枝竹属 *Gelidocalamus* T. H. Wen

井冈寒竹 **Gelidocalamus stellatus** Wen

草本。山顶，山坡，山谷，疏林；沙土，壤土；588~2120 m。万洋山脉：遂川县 LXP-13-09318、LXP-13-17752、LXP-13-7306，炎陵县 LXP-09-06374、LXP-09-08025、LXP-13-25018。

资兴短枝竹 **Gelidocalamus zixingensis** W. G. Zhang, G. Y. Yang et C. K. Wang

散生竹。山坡，林下；500~600 m。诸广山脉：资兴县 张文根等 LPC031 (JXAU)。

甜茅属 *Glyceria* R. Br.

甜茅 **Glyceria acutiflora** subsp. **japonica** (Steud.) T. Koyama et Kawano

草本。溪边，沟谷；650 m。诸广山脉：桂东县 刘昂等 LK0924(CSFI)。

假鼠妇草 **Glyceria leptolepis** Ohwi

草本。水田边，水沟边；50~300 m。九岭山脉：永修县 邹垣 1328(NAS)。

球穗草属 *Hackelochloa* Kuntze

球穗草 **Hackelochloa granularis** (L.) Kuntze

草本。山坡，村边；300 m。幕阜山脉：武宁县 谭策铭和刘诗发 951277(SZG)。

牛鞭草属 *Hemarthria* R. Br.

大牛鞭草 **Hemarthria altissima** (Poir.) Stapf et C. E. Hubb.

草本。山脚，水塘，湿地；130 m。幕阜山脉：庐山市 谭策铭和吴丛梅 TanCM1033(KUN)。

扁穗牛鞭草 **Hemarthria compressa** (L. f.) R. Br.

草本。山谷，溪边，疏林，草地，阴处；壤土；150~210 m。九岭山脉：万载县 LXP-10-1641、LXP-10-1794，宜春市 LXP-10-1101。

黄茅属 *Heteropogon* Pers.

黄茅 **Heteropogon contortus** (L.) Beauv.

草本。山坡，路旁；200~700 m。武功山脉：安福县 岳俊三等 3800(PE)。

大麦属 *Hordeum* L.

*大麦 **Hordeum vulgare** L.

草本。栽培。幕阜山脉：庐山 谭策铭等 120527422 (JXCM)。

膜稃草属 *Hymenachne* P. Beauv.

展穗膜稃草 **Hymenachne patens** L. Liou

草本。罗霄山脉有分布记录，未见标本。

距花黍属 *Ichnanthus* P. Beauv.

距花黍 **Ichnanthus vicinus** (F. M. Bail.) Merr.

草本。山坡，林下，路旁；650 m。万洋山脉：永新县 赖书坤等 4919(LBG)。

白茅属 *Imperata* Cyrillo

白茅 **Imperata cylindrica** (L.) Beauv.

草本。山坡，平地，路旁，村边，草地；158~520 m。幕阜山脉：武宁县 LXP1417；武功山脉：安福县 LXP-06-0970、LXP-06-3871，茶陵县 LXP-06-2189。

大白茅 **Imperata cylindrica** var. **major** (Nees) Hubb. ex Vaugh.

草本。平地，路旁；壤土；115 m。武功山脉：明月山 LXP-06-4948。

丝茅 **Imperata koenigii** (Retz.) Beauv.

草本。山坡，路旁，平地，村边，灌丛，草地，阳处；60~280 m。九岭山脉：安义县 LXP-10-3687，奉新县 LXP-10-9019；武功山脉：安福县 LXP-06-7542，莲花县 LXP-GTY-122。

箬竹属 *Indocalamus* Nakai

阔叶箬竹 **Indocalamus latifolius** (Keng) McClure [*Pseudosasa hirta* S. L. Chen]

草本。山坡，山谷，路旁，疏林，灌丛；壤土，沙土，腐殖土；369~1630 m。九岭山脉：大围山 LXP-03-07745；万洋山脉：井冈山 JGS-1118，炎陵县 DY1-1169、LXP-09-08027、LXP-13-24996，永新县 LXP-13-19289；诸广山脉：上犹县 LXP-13-22314。

箬叶竹 **Indocalamus longiauritus** Hand.-Mazz.

灌木。山坡，山谷，河边，疏林，灌丛；腐殖土；

1350 m。万洋山脉：遂川县 LXP-13-16949；诸广山脉：上犹县 LXP-13-25271。

箬竹 Indocalamus tessellatus (Munro) Keng f.

草本。山坡，山谷，溪边，路旁，疏林，密林；沙土，红壤；150 m。九岭山脉：靖安县 LXP-10-31，万载县 LXP-13-10896；万洋山脉：炎陵县 LXP-09-06485，永新县 LXP-13-08189。

柳叶箬属 Isachne R. Br.

二型柳叶箬 Isachne dispar Trin.

草本。山谷，溪边；200~600 m。武功山脉：分宜县 姚淦等 9284(NAS)。

柳叶箬 Isachne globosa (Thunb.) Kuntze

草本。山谷，平地，溪边，路旁，疏林，密林，草地；壤土，沙土；210 m。九岭山脉：宜春市 LXP-10-1103；武功山脉：安福县 LXP-06-0835、LXP-06-0838、LXP-06-6876，攸县 LXP-06-5325；万洋山脉：井冈山 LXP-13-05961、LXP-06-5499；诸广山脉：桂东县 LXP-03-02475、LXP-03-02797。

浙江柳叶箬 Isachne hoi Keng f.

草本。山顶，路旁；壤土；1401 m。武功山脉：明月山 LXP-06-7735。

日本柳叶箬 Isachne nipponensis Ohwi

草本。山坡，山谷，路旁，溪边，疏林，草地；壤土；149~850 m。幕阜山脉：武宁县 LXP0537，庐山市 LXP6005；九岭山脉：铜鼓县 LXP-10-6903，宜丰县 LXP-10-2985、LXP-10-6692，安福县 LXP-06-3084、LXP-06-3169、LXP-06-7260，宜春市 LXP-06-2158；武功山脉：攸县 LXP-06-6105。

江西柳叶箬 Isachne nipponensis var. **kiangsiensis** Keng f.

草本。山谷，溪边，路旁，旱田，密林，草地；190~750 m。九岭山脉：大围山 LXP-10-11280、LXP-10-11620，奉新县 LXP-10-10810、LXP-10-11067、LXP-10-14063，靖安县 LXP-10-10128、LXP-10-13717、LXP-10-9913，铜鼓县 LXP-10-13457，宜丰县 LXP-10-13231。

平颖柳叶箬 Isachne truncata A. Camus

草本。山顶，山谷，溪边，疏林，草地；沙土，壤土；992~1630 m。万洋山脉：炎陵县 LXP-13-25016；

诸广山脉：桂东县 LXP-13-22624、LXP-13-22642。

鸭嘴草属 Ischaemum L.

有芒鸭嘴草 Ischaemum aristatum L.

草本。山坡，路旁，灌丛，草地；壤土；200~750 m。九岭山脉：安义县 LXP-10-10446，大围山 LXP-10-11528。

鸭嘴草 Ischaemum aristatum var. **glaucum** (Honda) T. Koyama

草本。山坡，路旁，溪边，草地，阳处；沙土，壤土；100~1195 m。九岭山脉：安义县 LXP-10-3842，铜鼓县 LXP-10-7221；诸广山脉：上犹县 LXP-13-22366，桂东县 LXP-03-02355。

粗毛鸭嘴草 Ischaemum barbatum Retz.

草本。山坡，山谷，疏林，密林，溪边；壤土；1682 m。万洋山脉：炎陵县 LXP-09-06093、LXP-09-10628。

纤毛鸭嘴草 Ischaemum ciliare Retz.

草本。平地，路旁，草地；壤土；162~546 m。武功山脉：安福县 LXP-06-7351、LXP-06-8451，茶陵县 LXP-06-2181，明月山 LXP-06-7925。

细毛鸭嘴草 Ischaemum indicum (Houtt.) Merr.

草本。山谷，山坡，路旁，溪边，疏林；壤土；60~803 m。九岭山脉：靖安县 LXP-10-485；武功山脉：安福县 LXP-06-5545、LXP-06-5688、LXP-06-8051，攸县 LXP-06-5336、LXP-06-5451；万洋山脉：井冈山 LXP-06-5498。

落草属 Koeleria Pers.

落草 Koeleria cristata (L.) Pers.

草本。山顶，平地，路旁，村边，草地；壤土；70~1500 m。九岭山脉：奉新县 LXP-10-9047，七星岭 LXP-10-11471。

假稻属 Leersia Sol. et Swartz

李氏禾 Leersia hexandra Swartz

草本。沼泽，荒地；93 m。幕阜山脉：九江市 谭策铭和吴丛梅 TanCM1412(KUN)。

假稻 Leersia japonica (Makino) Honda

草本。平地，路旁，水库边，阳处；壤土；89~170 m。武功山脉：安福县 LXP-06-746、LXP-06-8483，攸县 LXP-06-5328。

秕壳草 Leersia sayanuka Ohwi

草本。山谷，溪边；壤土；360 m。武功山脉：安福县 LXP-06-5847。

千金子属 Leptochloa P. Beauv.

千金子 Leptochloa chinensis (L.) Nees

草本。山坡，山谷，溪边，路旁，疏林，草地；壤土；150~1100 m。幕阜山脉：平江县 LXP-10-6098、LXP-10-6312；九岭山脉：安义县 LXP-10-10420，万载县 LXP-13-10914，大围山 LXP-10-5479、LXP-10-5589，奉新县 LXP-10-10583、LXP-10-10807、LXP-10-13941，靖安县 LXP-10-9877，浏阳市 LXP-10-5947，铜鼓县 LXP-10-7119，宜春市 LXP-10-1143，宜丰县 LXP-10-13301、LXP-10-3151；武功山脉：安福县 LXP-06-3114、LXP-06-5511，攸县 LXP-06-6090。

虮子草 Leptochloa panicea (Retz.) Ohwi

草本。山坡，山谷，溪边，路旁，疏林，草地；壤土；150~310 m。九岭山脉：奉新县 LXP-10-13844，万载县 LXP-10-1431、LXP-10-1974、LXP-10-2142。

黑麦草属 Lolium L.

黑麦草 Lolium perenne L.

草本。山坡，溪边，路旁；347~1400 m。幕阜山脉：庐山市 LXP6041；九岭山脉：大围山 LXP-10-5289。

硬直黑麦草 Lolium rigidum Gaud.

草本。山坡，路旁，疏林，草地，阳处；70~200 m。九岭山脉：安义县 LXP-10-3588、LXP-10-3673，奉新县 LXP-10-3272。

淡竹叶属 Lophatherum Brongn.

淡竹叶 Lophatherum gracile Brongn.

草本。山坡，山谷，溪边，路旁，河边，疏林，灌丛，草地，阴处；壤土，腐殖土，沙土；135~1395 m。幕阜山脉：庐山市 LXP4572、LXP6004，武宁县 LXP7394，平江县 LXP-10-6444；九岭山脉：安义县 LXP-10-10485，大围山 LXP-10-11132、LXP-10-12004，靖安县 LXP-10-10089、LXP-10-175，浏阳市 LXP-10-5803，万载县 LXP-10-1630、LXP-10-1796，宜春市 LXP-10-1046，宜丰县 LXP-10-2250、LXP-

10-7403，上高县 LXP-06-7591；武功山脉：安仁县 LXP-03-01391，安福县 LXP-06-0358、LXP-06-2582，茶陵县 LXP-06-1497、LXP-06-7162，芦溪县 LXP-06-9100，明月山 LXP-06-7850，攸县 LXP-06-5246、LXP-06-5422；万洋山脉：遂川县 LXP-13-7075，炎陵县 LXP-09-00098、LXP-09-08009、LXP-13-4068，永新县 LXP-QXL-177、LXP-QXL-338，永兴县 LXP-03-04039、LXP-03-04152，资兴市 LXP-03-05137；诸广山脉：崇义县 LXP-03-05654、LXP-03-07288、LXP-03-10962，桂东县 LXP-03-00953、LXP-03-01008，上犹县 LXP-03-06066、LXP-03-10554。

中华淡竹叶 Lophatherum sinense Rendle

草本。山坡，路旁；320 m。武功山脉：武功山 岳俊三 2736(IBSC)。

臭草属 Melica L.

大花臭草 Melica grandiflora (Hack.) Koidz.

草本。山坡，路旁；800~1300 m。幕阜山脉：庐山 关克俭 77094(PE)。

广序臭草 Melica onoei Franch. et Savat.

草本。山坡，路旁；1000 m。幕阜山脉：庐山 聂敏祥和陈世隆 07942(PE)。

莠竹属 Microstegium Nees

刚莠竹 Microstegium ciliatum (Trin.) A. Camus

草本。山谷，疏林，溪边；壤土；980 m。万洋山脉：遂川县 LXP-13-7406。

蔓生莠竹 Microstegium fasciculatum (L.) Henrard

草本。山谷，疏林，溪边；壤土；630 m。万洋山脉：炎陵县 LXP-09-529、LXP-13-3128。

莠竹 Microstegium nodosum (Kom.) Tzvel.

草本。山坡，路旁，疏林，阳处；700 m。九岭山脉：靖安县 LXP-10-773。

竹叶茅 Microstegium nudum (Trin.) A. Camus

草本。山顶，山谷，草地，密林，路旁；壤土；300 m。九岭山脉：靖安县 LXP-10-9676，七星岭 LXP-10-11460。

柔枝莠竹 Microstegium vimineum (Trin.) A. Camus

草本。山坡，平地，路旁；红壤；188~488 m。九岭山脉：上高县 LXP-06-7588；武功山脉：茶陵县

LXP-06-7102, 攸县 LXP-06-6075; 万洋山脉: 炎陵县 LXP-13-3128。

粟草属 *Milium* L.

粟草 Milium effusum L.

草本。田边, 路旁; 20~100 m。幕阜山脉: 九江市谭策铭 941075(JJF)。

芒属 *Miscanthus* Andersson

五节芒 Miscanthus floridulus (Lab.) Warb. ex Schum. et Laut.

草本。山坡, 山谷, 路旁, 平地, 溪边, 疏林, 灌丛; 沙土, 壤土; 100~1837 m。幕阜山脉: 通山县 LXP2221; 九岭山脉: 大围山 LXP-03-07876、LXP-03- 07889, 安义县 LXP-10-3621, 奉新县 LXP-10-9100, 上高县 LXP-10-4954, 铜鼓县 LXP-10-13578, 宜丰县 LXP-10-4836; 武功山脉: 攸县 LXP-06-6067; 万洋山脉: 炎陵县 LXP-09-07617, 永新县 LXP- QXL-102; 诸广山脉: 桂东县 LXP-03-02483、LXP- 03-02492、LXP-03-02760、LXP-03-03085。

荻 Miscanthus sacchariflorus (Maximowicz) Hackel

草本。平地, 路旁; 壤土; 161.6 m。武功山脉: 安福县 LXP-06-0702。

芒 Miscanthus sinensis Anderss.

草本。山坡, 山谷, 溪边, 路旁, 灌丛, 疏林, 草地; 腐殖土, 壤土, 沙土; 150~1830 m。幕阜山脉: 平江县 LXP-10-6072; 九岭山脉: 大围山 LXP-10-11383、LXP-10-12619、LXP-10-5472, 奉新县 LXP-10-10586、LXP-10-11059, 宜春市 LXP-06-2661, 靖安县 LXP-10-10269、LXP-10-3、LXP-10-9711, 浏阳市 LXP-10-5804, 七星岭 LXP-10-11918, 铜鼓县 LXP-10-6873; 武功山脉: 安福县 LXP-06-0376, 芦溪县 LXP-13-03541, 茶陵县 LXP-06-7104, 明月山 LXP-06-7969; 诸广山脉: 崇义县 LXP-13-24248, 桂东县 LXP-13-22623。

蓝沼草属 *Molinia* Schrank

拟麦氏草 Molinia hui Pilger

草本。山坡, 路旁; 300~900 m。诸广山脉: 上犹县江西队 545(PE)。

乱子草属 *Muhlenbergia* Schreb.

乱子草 Muhlenbergia hugelii Trin.

草本。山坡, 林下; 970 m。幕阜山脉: 武宁县 张吉华 TanCM1176(JJF)。

日本乱子草 Muhlenbergia japonica Steud.

草本。山坡, 路旁, 草地; 1100~1400 m。九岭山脉: 大围山 LXP-10-5512, 七星岭 LXP-10-11898。

多枝乱子草 Muhlenbergia ramosa (Hack.) Makino

草本。山坡, 草地; 1000 m。幕阜山脉: 庐山 聂敏祥 92313(PE)。

类芦属 *Neyraudia* Hook. f.

山类芦 Neyraudia montana Keng

草本。山坡, 平地, 溪边, 路旁, 河边, 疏林; 壤土; 89~755 m。武功山脉: 安福县 LXP-06-0001、LXP-06-0568、LXP-06-5646, 茶陵县 LXP-06-2018、LXP-06-2220, 宜春市 LXP-06-2726, 攸县 LXP-06-5361。

类芦 Neyraudia reynaudiana (Kunth) Keng ex Hitchc.

草本。山谷, 山坡, 路旁, 平地, 河边, 疏林, 密林, 草地; 沙土, 壤土; 260 m。幕阜山脉: 平江县 LXP-10-6357; 九岭山脉: 大围山 LXP-10-11130、LXP-10-11826、LXP-10-5612, 靖安县 LXP-10-10053、LXP-10-10348, 万载县 LXP-10-1378、LXP-10-1405, 宜春市 LXP-10-1099、LXP-10-1145, 宜丰县 LXP-10-13355、LXP-10-3150; 武功山脉: 明月山 LXP-13-10617; 万洋山脉: 遂川县 LXP-13-7469; 诸广山脉: 桂东县 LXP-13-22652。

少穗竹属 *Oligostachyum* Z. P. Wang et G. H. Ye

糙花少穗竹 Oligostachyum scabriflorum (McClure) Z. P. Wang et G. H. Ye

散生竹。山坡, 疏林; 400~1000 m。武功山脉: 宜春市有分布记录, 未见标本。

求米草属 *Oplismenus* P. Beauv.

竹叶草 Oplismenus compositus (L.) Beauv.

草本。山顶, 山谷, 溪边, 路旁, 疏林, 密林, 灌丛,草地；180~760 m。九岭山脉：大围山 LXP-10-11217、LXP-10-11654、LXP-10-12514，奉新县 LXP-10-10664，靖安县 LXP-10-10223、LXP-10-13684、LXP-10-9911，宜丰县 LXP-10-13092。

求米草 Oplismenus undulatifolius (Arduino) Beauv.

草本。山坡，山谷，路旁，池塘边，疏林，灌丛，草地；壤土；102~1408 m。幕阜山脉：庐山市 LXP4798，平江县 LXP-10-6043、LXP-10-6218；九岭山脉：大围山 LXP-10-11316、LXP-10-12076、LXP-10-5359，靖安县 LXP-10-9689，宜春市 LXP-06-8860，七星岭 LXP-10-11854，宜丰县 LXP-10-2241；武功山脉：安福县 LXP-06-5621、LXP-06-5945、LXP-06-7245、LXP-06-8758，茶陵县 LXP-06-2200，芦溪县 LXP-06-2432、LXP-06-9096，攸县 LXP-06-5226、LXP-06-6195；万洋山脉：永新县 LXP-13-19081；诸广山脉：上犹县 LXP-13-22248。

狭叶求米草 Oplismenus undulatifolius var. **imbecillis** (R. Br.) Hack.

草本。山谷，疏林，路旁；500~900 m。万洋山脉：遂川县 岳俊三等 3999(PE)。

日本求米草 Oplismenus undulatifolius var. **japonicus** (Steud.) Koidz.

草本。山坡，山谷，溪边，路旁，疏林，密林，草地；壤土；1100 m。九岭山脉：大围山 LXP-10-543、LXP-10-5688，靖安县 LXP-10-246、LXP-10-481，铜鼓县 LXP-10-6981、LXP-10-7135，宜丰县 LXP-10-2315、LXP-10-2809、LXP-10-7407；武功山脉：安福县 LXP-06-2266、LXP-06-2835。

稻属 *Oryza* L.

野生稻 Oryza rufipogon Griff.

草本。平地，路旁；壤土；163.6 m。武功山脉：茶陵县 LXP-06-2177。

*稻 Oryza sativa L.

草本。山谷，密林，溪边；壤土。栽培。九岭山脉：宜春市 LXP-13-10784。

黍属 *Panicum* L.

糠稷 Panicum bisulcatum Thunb.

草本。山谷，山坡，溪边，路旁，疏林，灌丛；壤土，

沙土；157~1010 m。九岭山脉：宜春市 LXP-06-8961，大围山 LXP-10-5552，铜鼓县 LXP-10-7224，宜丰县 LXP-10-6694、LXP-10-7281，上高县 LXP-06-5994、LXP-06-6564；武功山脉：安福县 LXP-06-2539、LXP-06-2854、LXP-06-8709，茶陵县 LXP-06-2172，芦溪县 LXP-06-9146，明月山 LXP-06-7812，攸县 LXP-06-6097。

短叶黍 Panicum brevifolium L.

草本。山谷，溪边，路旁，河边，草地；壤土；200~250 m。幕阜山脉：平江县 LXP-10-6282；九岭山脉：铜鼓县 LXP-10-7177，宜丰县 LXP-10-7322。

藤竹草 Panicum incomtum Trin.

草本。山坡，路旁；600 m。万洋山脉：遂川县 赖书坤 5554(IBSC)。

细柄黍 Panicum psilopodium Trin.

草本。山谷，路旁，疏林，密林，阴处；壤土；330~740 m。九岭山脉：大围山 LXP-10-11566，宜丰县 LXP-10-12964。

铺地黍 Panicum repens L.

草本。平地，草地；壤土；360 m。九岭山脉：万载县 LXP-13-11184，宜春市 LXP-13-10783。

雀稗属 *Paspalum* L.

双穗雀稗 Paspalum distichum L.

草本。平地，路旁，水库边，灌丛；壤土；170~296 m。武功山脉：安福县 LXP-06-0017、LXP-06-2275、LXP-06-2596。

长叶雀稗 Paspalum longifolium Roxb.

草本。山坡，路旁，壤土；278 m。幕阜山脉：武宁县 LXP7955。

圆果雀稗 Paspalum scrobiculatum var. **orbiculare** (G. Forster) Hackel

草本。田边，路旁，河边；50~400 m。幕阜山脉：庐山 谭策铭等 05884(JJF)。

雀稗 Paspalum thunbergii Kunth ex Steud.

草本。山顶，山坡，山谷，溪边，路旁，疏林，灌丛，草地；壤土；107~1345 m。幕阜山脉：平江县 LXP-10-6453；九岭山脉：安义县 LXP-10-3682，大围山 LXP-10-11506，七星岭 LXP-10-11866，铜鼓县

LXP-10-6922，宜丰县 LXP-10-4733、LXP-10-6735；武功山脉：安福县 LXP-06-3142、LXP-06-3597、LXP-06-3867，攸县 LXP-06-5216、LXP-06-5432、LXP-06-6023；万洋山脉：井冈山 LXP-13-JX4563，炎陵县 LXP-09-10703，永新县 LXP-QXL-222、LXP-QXL-666。

丝毛雀稗 Paspalum urvillei Steud.
草本。平地，路旁；壤土；144~562 m。九岭山脉：奉新县 LXP-06-4098；武功山脉：攸县 LXP-06-1591、LXP-06-6003。

狼尾草属 *Pennisetum* Rich.

狼尾草 Pennisetum alopecuroides (L.) Spreng.
草本。山坡，山谷，溪边，路旁，草地；130~1957 m。九岭山脉：大围山 LXP-10-11493、LXP-10-5632，奉新县 LXP-10-10665、LXP-10-11003，靖安县 LXP-10-10315、LXP-10-9636，浏阳市 LXP-10-5806，铜鼓县 LXP-10-6533、LXP-10-7223；武功山脉：安福县 LXP-06-2262、LXP-06-2590、LXP-06-8146，明月山 LXP-06-7779、LXP-06-7888，安仁县 LXP-03-01462，攸县 LXP-06-6024；万洋山脉：遂川县 LXP-13-7135、LXP-13-7430，炎陵县 LXP-09-00600；诸广山脉：桂东县 LXP-03-02307、LXP-03-02658。

显子草属 *Phaenosperma* Munro ex Benth.

显子草 Phaenosperma globosa Munro ex Benth.
草本。山坡，山谷，路旁，溪边，疏林，密林，灌丛，阴处；壤土，沙土；174~808 m。幕阜山脉：庐山市 LXP4838，平江县 LXP4363，通山县 LXP2315；九岭山脉：靖安县 LXP-10-33、LXP-13-10198；武功山脉：安福县 LXP-06-3946，攸县 LXP-03-09410；万洋山脉：炎陵县 LXP-13-4034，资兴市 LXP-03-05159。

虉草属 *Phalaris* L.

虉草 Phalaris arundinacea L.
草本。山坡，山谷，路旁，溪边，草地；700 m。九岭山脉：奉新县 LXP-10-4124，七星岭 LXP-10-8222。

梯牧草属 *Phleum* L.

鬼蜡烛 Phleum paniculatum Huds.
草本。山谷，林下，路旁；600 m。九岭山脉：万

载县 谭策铭 95806(JJF)。

芦苇属 *Phragmites* Adans.

芦苇 Phragmites australis (Cav.) Trin. ex Steud.
水生草本。平地，路旁；壤土；322 m。武功山脉：安福县 LXP-06-3071。

卡开芦 Phragmites karka (Retz.) Trin. ex Steud.
草本。平地，池塘边；壤土；150 m。幕阜山脉：平江县 LXP-10-6358。

刚竹属 *Phyllostachys* Sieb. et Zucc.

人面竹 Phyllostachys aurea Carr. ex A. et C. Riv.
散生竹。山坡，疏林；300~800 m。幕阜山脉：修水县 聂敏祥和黄大付 8110400(LBG)。

毛竹 Phyllostachys edulis (Carr.) J. Houzeau
散生竹。山坡，村边；100~900 m。幕阜山脉：庐山市 谭策铭、易桂花和刘博 09135(SZG)。

淡竹 Phyllostachys glauca McClure
散生竹。山坡，疏林；20~400 m。幕阜山脉：九江市 谭策铭和易桂花 061247(CCAU)。

水竹 Phyllostachys heteroclada Oliv.
草本。山坡，路旁；壤土；163 m。武功山脉：茶陵县 LXP-06-9409。

美竹 Phyllostachys mannii Gamble
散生竹。山坡，疏林；200~700 m。幕阜山脉：九江市 谭策铭和张水保 1604304(JJF)。

篌竹 Phyllostachys nidularia Munro
散生竹。山坡，疏林；600~1200 m。幕阜山脉：庐山 熊耀国 09856(LBG)。

紫竹 Phyllostachys nigra (Lodd. ex Lindl.) Munro
散生竹。山坡，路旁；800~1200 m。幕阜山脉：庐山 聂敏祥 7568(LBG)。

毛金竹 Phyllostachys nigra var. **henonis** (Mitford) Stapf ex Rendle
草本。山坡，疏林；壤土；1450 m。武功山脉：安福县 LXP-06-9453。

灰竹 Phyllostachys nuda McClure
散生竹。罗霄山脉有分布，未见标本。

早园竹 **Phyllostachys propinqua** McClure

散生竹。山坡，疏林，村边；300 m。幕阜山脉：瑞昌市 邹垣 83301(SZG)。

桂竹 **Phyllostachys reticulata** (Rupr.) K. Koch

乔木。山坡，疏林，阳处；腐殖土；200~700 m。诸广山脉：齐云山 075822（刘小明等，2010）。

金竹 **Phyllostachys sulphurea** (Carr.) A. et C. Riv.

散生竹。山坡，灌丛；175 m。幕阜山脉：修水县 张寿文等 360424140711359LY(JXCM)。

刚竹 **Phyllostachys sulphurea** var. **viridis** R. A. Young

草本。山坡，溪边，路旁，疏林；壤土；186 m。武功山脉：茶陵县 LXP-06-9421，明月山 LXP-13-10833。

苦竹属 *Pleioblastus* Nakai

苦竹 **Pleioblastus amarus** (Keng) Keng f.

草本。山坡，路旁，疏林；壤土；163~283 m。武功山脉：茶陵县 LXP-06-9411，分宜县 LXP-06-9617。

斑苦竹 **Pleioblastus maculatu**s (McClure) C. D. Chu et C. S. Chao

散生竹。山坡，疏林；600~1200 m。武功山脉：武功山 熊耀国 7809(LBG)。

早熟禾属 *Poa* L.

白顶早熟禾 **Poa acroleuca** Steud.

草本。山谷，平地，路旁，疏林；壤土；480~1435 m。武功山脉：芦溪县 LXP-06-1280。

早熟禾 **Poa annua** L.

草本。山坡，山谷，路旁，疏林，灌丛；壤土，沙土；207 m。幕阜山脉：平江县 LXP4358、LXP-13-22401，修水县 LXP6411；九岭山脉：靖安县 LXP-10-4486；武功山脉：明月山 LXP-06-4844、LXP-06-4897；万洋山脉：炎陵县 LXP-13-22803、LXP-13-22808、LXSM-7-00284；诸广山脉：上犹县 LXP-13-23164，崇义县 LXP-03-07342，桂东县 LXP-03-00950。

法氏早熟禾 **Poa faberi** Rendle

草本。山脚，林下，草丛，路旁；100~500 m。幕阜山脉：九江市 谭策铭 93134(PE)。

草地早熟禾 **Poa pratensis** L.

草本。山谷，溪边；700~1300 m。幕阜山脉：庐山 耿以礼 131(N)。

硬质早熟禾 **Poa sphondylodes** Trin.

草本。山坡，路旁；1400 m。武功山脉：武功山 江西调查队 413(PE)。

普通早熟禾 **Poa trivialis** L.

草本。山坡，路旁；900~1200 m。幕阜山脉：庐山 耿以礼 111(N)。

金发草属 *Pogonatherum* P. Beauv.

金丝草 **Pogonatherum crinitum** (Thunb.) Kunth

草本。山谷，山坡，溪边，旱田边，路旁，草地；壤土；100~676 m。幕阜山脉：平江县 LXP-10-6375；九岭山脉：大围山 LXP-10-5629，上高县 LXP-10-4972，宜春市 LXP-10-867，宜丰县 LXP-10-3141；万洋山脉：井冈山 LXP-13-18717，遂川县 LXP-13-7547，永新县 LXP-13-19603、LXP-QXL-238；诸广山脉：桂东县 LXP-03-00795、LXP-03-00823。

金发草 **Pogonatherum paniceum** (Lam.) Hack.

草本。山坡，平地，路旁，疏林，草地；腐殖土，壤土；89~849 m。武功山脉：安福县 LXP-06-0077、LXP-06-0930，攸县 LXP-06-5373；万洋山脉：遂川县 LXP-13-16728；诸广山脉：上犹县 LXP-13-22341。

棒头草属 *Polypogon* Desf.

棒头草 **Polypogon fugax** Nees ex Steud.

草本。山坡，平地，路旁，草地；红壤，沙土；160~1200 m。九岭山脉：大围山 LXP-03-07693；武功山脉：安福县 LXP-06-3807、LXP-06-5981，分宜县 LXP-06-9579，莲花县 LXP-06-1333，芦溪县 LXP-06-3371，明月山 LXP-06-4565；诸广山脉：桂东县 LXP-03-02395。

长芒棒头草 **Polypogon monspeliensis** (L.) Desf.

草本。湖边，阳处；13 m。幕阜山脉：九江市 董安淼和吴丛梅 TanCM3510(KUN)。

伪针茅属 *Pseudoraphis* Griff. ex Pilg.

瘦脊伪针茅 **Pseudoraphis spinescens** var. **depauperata** (Nees) Bor

草本。水库边；30 m。幕阜山脉：九江市 谭策铭九江县林业局湿地调查组 11514-1(JJF)。

矢竹属 Pseudosasa Makino ex Nakai

茶竿竹 Pseudosasa amabilis (McClure) Keng f.

草本。山坡，疏林；壤土；582 m。幕阜山脉：修水县 LXP2501。

筒轴茅属 Rottboellia L. f.

筒轴草 Rottboellia cochinchinensis (Lour.) Clayton [*Rottboellia exaltata* L. f.]

草本。山坡，山谷，溪边，路旁，平地，密林，草地；壤土；150~323 m。九岭山脉：奉新县 LXP-10-10711、LXP-10-10748，浏阳市 LXP-10-5855，铜鼓县 LXP-10-13494，万载县 LXP-10-1368、LXP-13-11045，宜丰县 LXP-10-12828、LXP-10-6715，宜春市 LXP-06-8956；武功山脉：安福县 LXP-06-0147；万洋山脉：永新县 LXP-QXL-462；诸广山脉：上犹县 LXP-13-13046。

甘蔗属 Saccharum L.

斑茅 Saccharum arundinaceum Retz.

草本。山坡，山谷，溪边，路旁，疏林，灌丛；壤土，腐殖土；300 m。九岭山脉：靖安县 LXP-10-434、LXP-13-10323；武功山脉：安福县 LXP-06-0985、LXP-06-2292、LXP-06-7300，芦溪县 LXP-06-2442。

河八王 Saccharum narenga (Nees ex Steud.) Wall. ex Hack

草本。山坡，路旁，阳处；200~900 m。幕阜山脉：庐山　熊耀国 10006(PE)。

*甘蔗 Saccharum officinarum L.

草本。广泛栽培于村边。

*竹蔗 Saccharum sinense Roxb.

草本。广泛栽培于村边。

甜根子草 Saccharum spontaneum L.

草本。山坡，路旁；100~600 m。幕阜山脉：武宁县　熊耀国 1316(LBG)。

囊颖草属 Sacciolepis Nash

囊颖草 Sacciolepis indica (L.) A. Chase

草本。山坡，山谷，溪边，路旁，水田边，疏林，

密林，草地；壤土；165~805 m。幕阜山脉：平江县 LXP-10-5980、LXP-10-6225；九岭山脉：大围山 LXP-10-11125、LXP-10-11623，奉新县 LXP-10-10773、LXP-10-11109，靖安县 LXP-10-10002、LXP-10-9587，浏阳市 LXP-10-5911，铜鼓县 LXP-10-6643、LXP-10-7193；武功山脉：安福县 LXP-06-0018、LXP-06-2306、LXP-06-8593，茶陵县 LXP-06-1556、LXP-06-2185，明月山 LXP-06-7716、LXP-06-7778；万洋山脉：炎陵县 LXP-13-3490；诸广山脉：上犹县 LXP-13-22352。

赤竹属 Sasa Makino et Shibata

赤竹 Sasa longiligulata McClure

散生竹。山坡，疏林；1680 m。万洋山脉：遂川县熊杰 03106(LBG)。

裂稃草属 Schizachyrium Nees

裂稃草 Schizachyrium brevifolium (Sw.) Nees ex Buse

草本。山坡，山谷，旱田边，路旁，草地；壤土；200~300 m。九岭山脉：大围山 LXP-10-5631，靖安县 LXP-10-9984，铜鼓县 LXP-10-13562；武功山脉：攸县 LXP-06-5456。

红裂稃草 Schizachyrium sanguineum (Retz.) Alston

草本。山坡，路旁；300 m。幕阜山脉：修水县　路端正 810641(BJFC)。

硬草属 Sclerochloa P. Beauv.

耿氏硬草 Sclerochloa kengiana (Ohwi) Tzvel.

草本。河边，草地；20~100 m。幕阜山脉：九江市谭策铭 09111(JJF)。

业平竹属 Semiarundinaria Makino ex Nakai

短穗竹 Semiarundinaria densiflora (Rendle) T. H. Wen

散生竹。罗霄山脉可能有分布，未见可靠标本。

狗尾草属 Setaria P. Beauv.

莩草 Setaria chondrachne (Steud.) Honda

草本。山坡，山谷，路旁，草地；壤土；358~609 m。九岭山脉：上高县 LXP-06-7572；武功山脉：安福县

LXP-06-6954、LXP-06-8580，茶陵县 LXP-06-7108，分宜县 LXP-06-2351，芦溪县 LXP-06-9103，袁州区 LXP-06-6733。

大狗尾草 Setaria faberi R. A. W. Herrmann

草本。山坡，荒地；123 m。幕阜山脉：庐山 董安淼和吴丛梅 TanCM2560(KUN)。

莠狗尾草 Setaria geniculata (Lam.) Beauv.

草本。山顶，山坡，山谷，路旁，疏林，灌丛，草地；壤土；150~1500 m。九岭山脉：大围山 LXP-10-11965、LXP-10-12093，奉新县 LXP-10-11102，靖安县 LXP-10-9518，七星岭 LXP-10-11462，宜丰县 LXP-10-12829，万载县 LXP-13-11169。

*粱 Setaria italica (L.) Beauv.

草本。山坡，疏林；壤土；367.7 m。栽培。武功山脉：安福县 LXP-06-0575。

褐毛狗尾草 Setaria pallidifusca (Schumach.) Stapf et Hubb.

草本。山坡，山谷，疏林，路旁，阳处；红壤；515~1682 m。万洋山脉：永新县 LXP-QXL-067；诸广山脉：崇义县 LXP-03-05859、LXP-03-10255。

棕叶狗尾草 Setaria palmifolia (Koen.) Stapf

草本。山坡，山谷，路旁，溪边，河边，疏林，灌丛，草地；壤土，腐殖土；153~773 m。幕阜山脉：通山县 LXP2252，修水县 LXP0731，平江县 LXP-10-6300；九岭山脉：大围山 LXP-10-11146、LXP-10-11586、LXP-10-5686，奉新县 LXP-10-10545、LXP-10-13910，靖安县 LXP-10-10172、LXP-10-9491、LXP-10-9979；武功山脉：安福县 LXP-06-2626、LXP-06-3159、LXP-06-8313，明月山 LXP-06-7933，攸县 LXP-06-5238、LXP-06-5442，袁州区 LXP-06-6729。

皱叶狗尾草 Setaria plicata (Lam.) T. Cooke

草本。山坡，山谷，溪边，路旁，河边，疏林，灌丛，草地；壤土，腐殖土；150~780 m。幕阜山脉：庐山市 LXP5111、LXP5505，通山县 LXP6590，修水县 LXP3204，平江县 LXP-10-6119、LXP-10-6243、LXP-10-6440；九岭山脉：安义县 LXP-10-10423，大围山 LXP-10-11261，奉新县 LXP-10-10706，靖安县 LXP-10-10270，上高县 LXP-10-4865，铜鼓县

LXP-10-6549、LXP-10-7169，宜丰县 LXP-10-2821、LXP-10-6819；武功山脉：明月山 LXP-06-7847；万洋山脉：永新县 LXP-13-08193。

金色狗尾草 Setaria pumila (Poiret) Roemer et Schultes

草本。山坡，疏林；壤土；367.7 m。武功山脉：安福县 LXP-06-0576。

狗尾草 Setaria viridis (L.) Beauv.

草本。山谷，山坡，溪边，平地，路旁，村边，疏林，草地；壤土，沙土；97~1100 m。幕阜山脉：庐山市 LXP5130，瑞昌市 LXP0084，平江县 LXP-10-6097、LXP-10-6400；九岭山脉：安义县 LXP-10-10415、LXP-10-10477，大围山 LXP-10-11757、LXP-10-5539，靖安县 LXP-13-11462，奉新县 LXP-10-10739、LXP-10-3269，浏阳市 LXP-10-5904，上高县 LXP-10-4906，铜鼓县 LXP-10-6653、LXP-10-7237，宜丰县 LXP-10-13334、LXP-10-8923；武功山脉：安福县 LXP-06-2949、LXP-06-3864、LXP-06-7507，茶陵县 LXP-06-1381、LXP-06-7087，攸县 LXP-06-5202、LXP-03-08811；万洋山脉：炎陵县 LXP-13-3109、LXP-13-4526，永新县 LXP-13-19339、LXP-QXL-371，永兴县 LXP-03-04274、LXP-03-04411；诸广山脉：桂东县 LXP-03-00812，上犹县 LXP-03-06138、LXP-03-10437。

鹅毛竹属 Shibataea Makino ex Nakai

鹅毛竹 Shibataea chinensis Nakai

矮小散生竹。罗霄山脉内可能有分布，未见可靠标本。

高粱属 Sorghum Moench

*高粱 Sorghum bicolor (L.) Moench

草本。平地，灌丛；黄壤；186 m。栽培。武功山脉：安福县 LXP-06-2276，攸县 LXP-06-5353。

光高粱 Sorghum nitidum (Vahl) Pers.

草本。山谷，路旁，水库边，疏林，草地，阴处；壤土；150~740 m。九岭山脉：大围山 LXP-10-11641、LXP-10-11790，奉新县 LXP-10-10688、LXP-10-11060，靖安县 LXP-10-10057、LXP-10-10261、LXP-10-9858。

拟高粱 Sorghum propinquum (Kunth) Hitchc.

草本。山顶，山谷，旱田边，路旁，疏林，灌丛，

阳处；200~1200 m。幕阜山脉：平江县 LXP-10-6246；
九岭山脉：浏阳市 LXP-10-5856、LXP-10-5893，铜
鼓县 LXP-10-6598，宜丰县 LXP-10-2313。

*苏丹草 Sorghum sudanense (Piper) Stapf

草本。湖边；20 m。栽培。幕阜山脉：九江市 谭
策铭和吴宜洲 01501(JJF)。

稗荩属 *Sphaerocaryum* Nees ex Hook. f.

稗荩 Sphaerocaryum malaccense (Trin.) Pilger

草本。山谷，路旁，溪边；220 m。万洋山脉：永
新县 LXP-QXL-011。

大油芒属 *Spodiopogon* Trin.

油芒 Spodiopogon cotulifer (Thunb.) Hackel

草本。山坡，平地，路旁，疏林；壤土；260~860 m。
武功山脉：茶陵县 LXP-06-2862，分宜县 LXP-06-
2361，宜春市 LXP-06-2709。

大油芒 Spodiopogon sibiricus Trin.

草本。山坡，路旁，疏林，灌丛；壤土；112 m。
幕阜山脉：庐山市 LXP5066。

鼠尾粟属 *Sporobolus* R. Br.

鼠尾粟 Sporobolus fertilis (Steud.) W. D. Clayt.

草本。山坡，路旁，林缘；红壤；150~788 m。九
岭山脉：浏阳市 LXP-03-08503，大围山 LXP-10-
12293、LXP-10-5608，靖安县 LXP-10-10083、LXP-
10-10350、LXP-10-9863，铜鼓县 LXP-10-13574，
万载县 LXP-10-1426；武功山脉：安福县 LXP-06-
2904、LXP-06-3131、LXP-06-8584，明月山 LXP-06-
7780、LXP-06-7974；万洋山脉：永新县 LXP-QXL-
644；诸广山脉：上犹县 LXP-13-22364。

菅属 *Themeda* Forssk.

苞子草 Themeda caudata (Nees) A. Camus

草本。山坡，路旁，灌丛，草地；壤土；150~1500 m。
九岭山脉：安义县 LXP-10-10538，大围山 LXP-10-
12571，靖安县 LXP-10-10308；武功山脉：安福县
LXP-06-8070。

黄背草 Themeda triandra Forssk.

草本。山坡，路旁；40 m。幕阜山脉：九江市 谭

策铭 941671(PE)。

菅 Themeda villosa (Poir.) A. Camus

草本。山谷，溪边，路旁，平地，疏林，灌丛，草
地，黄壤；89~260 m。九岭山脉：大围山 LXP-10-
5660，铜鼓县 LXP-10-13564、LXP-10-6928，宜丰
县 LXP-10-7339；武功山脉：茶陵县 LXP-06-1401，
攸县 LXP-06-5416。

粽叶芦属 *Thysanolaena* Nees

粽叶芦 Thysanolaena latifolia (Roxburgh ex
Hornemann) Honda

草本。山坡，阴处；壤土；647 m。万洋山脉：炎
陵县 LXP-13-3098。

锋芒草属 *Tragus* Haller

虱子草 Tragus berteronianus Schult.

草本。平地，路旁；壤土；296.7 m。武功山脉：安
福县 LXP-06-0683。

草沙蚕属 *Tripogon* Roem. et Schult.

线形草沙蚕 Tripogon filiformis Nees ex Steud.

草本。山谷，石上，河边；200 m。幕阜山脉：平
江县 LXP-10-6249。

长芒草沙蚕 Tripogon longearistatus Nakai

草本。丘陵，岩石上；250 m。九岭山脉：铜鼓县 赖
书坤和黄大付等 690(PE)。

三毛草属 *Trisetum* Pers.

三毛草 Trisetum bifidum (Thunb.) Ohwi

草本。山坡，平地，路旁；壤土；166~852 m。武
功山脉：安福县 LXP-06-5134，明月山 LXP-06-4588；
万洋山脉：永新县 LXP-QXL-703。

湖北三毛草 Trisetum henryi Rendle

草本。山坡，灌草丛；1000~1600 m。幕阜山脉：
武宁县 谭策铭、易发兵和熊基水 05563(CCAU)。

小麦属 *Triticum* L.

*普通小麦 Triticum aestivum L.

草本。栽培。幕阜山脉：九江市 易桂花 08090(JJF)。

鼠茅属 *Vulpia* C. C. Gmel.

鼠茅 Vulpia myuros (L.) Gmel.
草本。山坡，路旁，草地，阳处；80 m。九岭山脉：安义县 LXP-10-3662。

玉山竹属 *Yushania* Keng f.

毛玉山竹 Yushania basihirsuta (McClure) Z. P. Wang et G. H. Ye
散生竹。山坡，疏林；1400 m。诸广山脉：齐云山 LXP-03-5521。

湖南玉山竹 Yushania farinosa Z. P. Wang et G. H. Ye
散生竹。山坡，疏林；900~1700 m。诸广山脉：齐云山 3032（刘小明等，2010）。

庐山玉山竹 Yushania varians Yi
散生竹。山坡，疏林；900~1400 m。幕阜山脉：庐山 谭策铭 11483(JJF)。

玉蜀黍属 *Zea* L.

***玉蜀黍 Zea mays** L.
草本。农田、村边广泛栽培；20~200 m。幕阜山脉：九江市 曹水林 14259(JJF)。

菰属 *Zizania* L.

菰 Zizania latifolia (Griseb.) Stapf
草本。池塘，水边；250~366 m。九岭山脉：宜春市 LXP-10-1100，万载县 LXP-13-11176；武功山脉：安福县 LXP-06-3045。

结缕草属 *Zoysia* Willd.

结缕草 Zoysia japonica Steud.
草本。路旁，草地，阳处；20~350 m。幕阜山脉：庐山 董安淼 1064(SZG)。

中华结缕草 Zoysia sinica Hance
草本。田边，路旁；110 m。幕阜山脉：九江市 谭策铭 95660(SZG)。

Order 20. 金鱼藻目 Ceratophyllales

A104 金鱼藻科 Ceratophyllaceae

金鱼藻属 *Ceratophyllum* L.

金鱼藻 Ceratophyllum demersum L.
草本。溪流，池塘；100~300 m。幕阜山脉：修水县 LXP6771；九岭山脉：万载县 LXP-13-11182；武功山脉：安福县 LXP-06-8498；诸广山脉：上犹县 LXP-03-5710。

五刺金鱼藻 Ceratophyllum platyacanthum subsp. **oryzetorum** Chamisso
草本。溪流，池塘。罗霄山脉可能有分布，未见可靠标本。

Order 21. 毛茛目 Ranunculales

A105 领春木科 Eupteleaceae

领春木属 *Euptelea* Sieb. et Zucc.

领春木 Euptelea pleiosperma Hook. f. et Thoms.
乔木。幕阜山脉：据记载九宫山有分布（王青锋和葛继稳，2002），但未见标本。

A106 罂粟科 Papaveraceae

紫堇属 *Corydalis* DC.

北越紫堇 Corydalis balansae Prain
草本。山谷，山坡，平地，疏林，河边，阳处；壤土，腐殖土；100~1500 m。武功山脉：芦溪县 LXP-06-1282，明月山 LXP-06-4642；万洋山脉：炎陵县 LXP-13-5577，永新县 LXP-13-07634。

夏天无 Corydalis decumbens (Thunb.) Pers.
草本。山谷，山坡，疏林，路旁，溪边；壤土，腐殖土；400~1500 m。武功山脉：芦溪县 LXP-06-1080；万洋山脉：井冈山 JGS-1304018，炎陵县 LXP-09-07309。

紫堇 Corydalis edulis Maxim.
草本。山谷，溪边。万洋山脉：井冈山 JGS4109。

刻叶紫堇　Corydalis incisa (Thunb.) Pers.

草本。山谷，山坡，疏林，草地，溪边，阴处；壤土；300~1500 m。幕阜山脉：平江县 LXP3636，修水县 LXP0254；武功山脉：分宜县 LXP-06-9589，芦溪县 LXP-06-1167，明月山 LXP-06-4711；万洋山脉：炎陵县 LXP-09-09393，永新县 LXP-13-08104；诸广山脉：桂东县 LXP-13-25690。

蛇果黄堇　Corydalis ophiocarpa Hook. f. et Thoms.

草本。山谷，山坡，疏林，灌丛，溪边；壤土；1200~1600 m。幕阜山脉：武宁县 LXP5777；武功山脉：明月山 LXP-06-4499；万洋山脉：井冈山 JGS-2012028，炎陵县 LXP-09-07124。

黄堇　Corydalis pallida (Thunb.) Pers.

草本。山谷，山坡，疏林，河边，溪边，路旁，阳处，阴处；壤土；200~1300 m。幕阜山脉：平江县 LXP3852，通山县 LXP6523，武宁县 LXP6240，修水县 LXP0291；九岭山脉：安义县 LXP-10-3857，奉新县 LXP-10-3463；万洋山脉：井冈山 JGS-2012028，遂川县 LXP-13-18096。

小花黄堇　Corydalis racemosa (Thunb.) Pers.

草本。山谷，山坡，密林，疏林，灌丛，草地，石上，水田边，溪边，路旁，阳处，阴处；壤土，腐殖土，沙土；70~1200 m。幕阜山脉：平江县 LXP4171，通山县 LXP5846；九岭山脉：大围山 LXP-10-7474，奉新县 LXP-10-3268，上高县 LXP-10-4945，铜鼓县 LXP-10-8359，宜丰县 LXP-10-4788；武功山脉：安福县 LXP-06-3608，攸县 LXP-03-08653；万洋山脉：炎陵县 LXP-09-07327，永新县 LXP-13-07677。

全叶延胡索　Corydalis repens Mandl et Muhld.

草本。山谷。万洋山脉：永新县 LXP-13-08058。

地锦苗　Corydalis sheareri S. Moore

草本。山谷，山坡，平地，路旁，溪边，石上，阳处，阴处；壤土，腐殖土，沙土；100~1000 m。九岭山脉：浏阳市 LXP-03-08652；武功山脉：芦溪县 LXP-13-09521，安福县 LXP-06-1003，明月山 LXP-06-4645；万洋山脉：井冈山 JGS4022，炎陵县 LXP-09-07298，永新县 LXP-13-19819；诸广山脉：齐云山 075711（刘小明等，2010）。

珠果黄堇　Corydalis speciosa Maxim.

草本。罗霄山脉可能有分布，未见标本。

齿瓣延胡索　Corydalis turtschaninovii Bess.

草本。山坡，疏林；120 m。幕阜山脉：庐山 董安淼 1483(JJF)。

血水草属 *Eomecon* Hance

血水草　Eomecon chionantha Hance

草本。山谷，山坡，平地，疏林，灌丛，路旁，溪边，阳处，阴处；壤土，沙土；300~1200 m。幕阜山脉：武宁县 LXP1563；九岭山脉：大围山 LXP-03-03009，靖安县 LXP-13-11450，浏阳市 LXP-03-08627，宜丰县 LXP-10-2562；武功山脉：芦溪县 LXP-06-1286，明月山 LXP-06-4509；万洋山脉：吉安市 LXSM2-6-10079，井冈山 JGS-2012066，炎陵县 LXP-09-06169、LXP-03-00345，永新县 LXP-13-07642；诸广山脉：上犹县 LXP-03-06463、LXP-13-12026。

荷青花属 *Hylomecon* Maxim.

荷青花　Hylomecon japonica (Thunb.) Prantl

草本。罗霄山脉可能有分布。未见标本。

博落回属 *Macleaya* R. Br.

博落回　Macleaya cordata (Willd.) R. Br.

草本。山顶，山谷，山坡，路旁，阳处；100~1400 m。幕阜山脉：平江县 LXP4025，瑞昌市 LXP0066，通山县 LXP2222；九岭山脉：安义县 LXP-10-10513，浏阳市 LXP-03-08385，大围山 LXP-03-07695、LXP-10-11367，奉新县 LXP-10-10817，靖安县 LXP-10-10052，宜春市 LXP-06-2708、LXP-10-1037，铜鼓县 LXP-10-13485，万载县 LXP-10-1411，宜丰县 LXP-10-2221；武功山脉：莲花县 LXP-GTY-215，明月山 LXP-13-10826、LXP-10-1315，安福县 LXP-06-0140，安仁县 LXP-03-01384，茶陵县 LXP-06-1813，攸县 LXP-06-5351；万洋山脉：井冈山 JGS-469，遂川县 LXP-13-7197，炎陵县 LXP-09-00096，永新县 LXP-13-19681，永兴县 LXP-03-03866，资兴市 LXP-03-00087；诸广山脉：崇义县 LXP-03-05900，桂东县 LXP-03-00923，上犹县 LXP-03-06132、LXP-13-12465。

罂粟属 *Papaver* L.

*虞美人 Papaver rhoeas L.

草本。观赏植物，广泛栽培。幕阜山脉：九江市 易桂花 11220(JJF)。

A108 木通科 Lardizabalaceae

木通属 *Akebia* Decne.

长序木通 Akebia longeracemosa Matsumura

藤本。山谷，路旁，密林；300~400 m。九岭山脉：靖安县 LXP-10-707。

木通 Akebia quinata (Houtt.) Decne.

藤本。山谷，山坡，密林，疏林，灌丛，路旁，溪边；壤土，腐殖土，沙土；200~1500 m。九岭山脉：大围山 LXP-03-08031；万洋山脉：永新县 LXP-13-07974，炎陵县 LXP-03-03350，永兴县 LXP-03-03904，资兴市 LXP-03-00270；诸广山脉：上犹县 LXP-03-07165。

三叶木通 Akebia trifoliata (Thunb.) Koidz.

藤本。山谷，山坡，疏林，灌丛，溪边，路旁；腐殖土；100~1300 m。幕阜山脉：庐山市 LXP5658、LXP6320，通山县 LXP1265，武宁县 LXP6230、LXP-13-08555，修水县 LXP6406；九岭山脉：靖安县 LXP-13-10478，万载县 LXP-13-11155，大围山 LXP-03-03030；武功山脉：茶陵县 LXP-09-10359，安福县 LXP-06-6845，莲花县 LXP-GTY-276，宜春市 LXP-06-8869；万洋山脉：井冈山 JGS-2012033，炎陵县 LXP-09-07393、LXP-03-03391，永新县 LXP-13-19779，永兴县 LXP-03-04500，资兴市 LXP-03-00291；诸广山脉：桂东县 LXP-03-00625，上犹县 LXP-03-06439。

白木通 Akebia trifoliata subsp. **australis** (Diels) T. Shimizu

藤本。山谷，山坡，密林，疏林，灌丛，路旁，溪边；100~1900 m。幕阜山脉：庐山市 LXP5368，通山县 LXP1848，武宁县 LXP0462，修水县 LXP0267；九岭山脉：大围山 LXP-03-03031、LXP-10-5714，奉新县 LXP-10-3375，靖安县 LXP-10-85，宜丰县 LXP-10-13372；武功山脉：安福县 LXP-06-8139，芦溪县 LXP-06-2092，宜春市 LXP-06-8936；万洋

山脉：遂川县 LXP-13-23689，资兴市 LXP-03-05199；诸广山脉：上犹县 LXP-13-12669。

猫儿屎属 *Decaisnea* Hook. f. et Thoms.

猫儿屎 Decaisnea insignis (Griff.) Hook. f. et Thoms.

藤本。山顶，山坡，疏林，路旁；壤土；1100~1500 m。幕阜山脉：通山县 LXP1274；万洋山脉：井冈山 JGS-A050。

八月瓜属 *Holboellia* Diels

五月瓜藤 Holboellia angustifolia Wall.

藤本。平地，疏林；壤土；300~400 m。武功山脉：安福县 LXP-06-0198。

鹰爪枫 Holboellia coriacea Diels

藤本。山谷，山坡，平地，疏林，路旁，河边，溪边；腐殖土，沙土；300~1200 m。幕阜山脉：平江县 LXP3588，武宁县 LXP5565；九岭山脉：靖安县 LXP-13-11561；武功山脉：芦溪县 LXP-13-09626；万洋山脉：井冈山 JGS-2076，炎陵县 LXP-09-07145，永新县 LXP-13-07625；诸广山脉：上犹县 LXP-03-07138、LXP-03-10818、LXP-13-12031，攸县 LXP-03-07659。

牛姆瓜 Holboellia grandiflora Reaub.

藤本。山坡，疏林，路旁；壤土，沙土；800~900 m。九岭山脉：大围山 LXP-03-03040；武功山脉：明月山 LXP-06-4913。

八月瓜 Holboellia latifolia Wall.

木质藤本。山坡，林缘；800 m。武功山脉：武功山 熊耀国 07804(LBG)。

大血藤属 *Sargentodoxa* Rehd. et Wils.

大血藤 Sargentodoxa cuneata (Oliv.) Rehd. et Wils.

藤本。山谷，山坡，疏林，村边，路旁，溪边，阳处，阴处；壤土；100~1100 m。幕阜山脉：庐山市 LXP4853，平江县 LXP3775，通山县 LXP1774，武宁县 LXP0906；九岭山脉：大围山 LXP-03-07716，奉新县 LXP-10-3337，靖安县 LXP-13-10136、LXP-10-591，宜丰县 LXP-10-2564；武功山脉：莲花县 LXP-GTY-036，茶陵县 LXP-09-10239，芦溪

县 LXP-13-8268；万洋山脉：井冈山 JGS-4640，遂川县 LXP-13-16370，炎陵县 LXP-03-03339、LXP-09-06233，永新县 LXP-13-07961，资兴市 LXP-03-03749；诸广山脉：上犹县 LXP-13-12108、LXP-03-06157。

串果藤属 *Sinofranchetia* (Diels) Hemsl.

串果藤 Sinofranchetia chinensis (Franch.) Hemsl.
木质藤本。幕阜山脉：据《江西植物志》第二卷记载庐山有分布，未见标本。

野木瓜属 *Stauntonia* DC.

黄蜡果 Stauntonia brachyanthera Hand.-Mazz.
藤本。山坡，密林，疏林，路旁；壤土；500~1200 m。武功山脉：茶陵县 LXP-06-1645，明月山 LXP-06-4518，攸县 LXP-06-5479；万洋山脉：炎陵县 LXP-09-07148。

野木瓜 Stauntonia chinensis DC.
藤本。山谷，山坡，平地，疏林，溪边；腐殖土；200~1400 m。九岭山脉：靖安县 JLS-2012-046、LXP-10-4514；武功山脉：芦溪县 400146011、LXP-13-09912；万洋山脉：井冈山 LXP-13-0397，炎陵县 LXP-09-07407，永新县 LXP-QXL-050；诸广山脉：上犹县 LXP-13-12334，桂东县 LXP-13-25678。

显脉野木瓜 Stauntonia conspicua R. H. Chang
灌木。山坡，林缘，路旁。万洋山脉：炎陵县 LXP-13-4118。

羊瓜藤 Stauntonia duclouxii Gagnep.
藤本。山谷，疏林；壤土。诸广山脉：上犹县 LXP-13-12649。

牛藤果 Stauntonia elliptica Hemsl.
藤本。山谷，山坡，平地，密林，疏林，路旁，河边，溪边，阳处，阴处；壤土；100~700 m。幕阜山脉：通山县 LXP7600；九岭山脉：靖安县 LXP-10-781，万载县 LXP-10-1709，宜丰县 LXP-10-2800；武功山脉：安福县 LXP-06-0768，茶陵县 LXP-06-2012，莲花县 LXP-06-0655，芦溪县 LXP-06-8830，袁州区 LXP-06-6730；万洋山脉：井冈山 JGS-1160，炎陵县 LXP-09-00743。

钝药野木瓜 Stauntonia leucantha Diels ex Y. C. Wu
藤本。山谷，山坡，疏林，溪边；沙土；800~1200 m。万洋山脉：炎陵县 LXP-03-00359；诸广山脉：桂东县 LXP-03-02788。

倒卵叶野木瓜 Stauntonia obovata Hemsl.
藤本。山谷，山坡，平地，疏林，河边，溪边；壤土，腐殖土，沙土；200~1200 m。武功山脉：安福县 LXP-06-0196；万洋山脉：炎陵县 LXP-09-06452；诸广山脉：崇义县 LXP-13-24207、LXP-03-05764，桂东县 LXP-03-00877。

五指那藤 Stauntonia obovatifoliola subsp. **intermedia** (C. Y. Wu) T. Chen
藤本。山谷，山坡，密林，疏林，路旁，溪边；壤土；800~1100 m。幕阜山脉：平江县 LXP-03-08832；万洋山脉：遂川县 LXP-13-7567，炎陵县 LXP-09-07348；诸广山脉：崇义县 LXP-03-05765。

尾叶那藤 Stauntonia obovatifoliola subsp. **urophylla** (Hand.-Mazz.) H. N. Qin
藤本。山谷，山坡，密林，疏林，溪边；壤土；200~1400 m。九岭山脉：大围山 LXP-10-11929，靖安县 LXP-10-10130，铜鼓县 LXP-10-6875，万载县 LXP-10-1760，宜丰县 LXP-10-2622；武功山脉：安仁县 LXP-03-01449，安福县 LXP-06-2556，茶陵县 LXP-06-2025，芦溪县 LXP-06-1120；诸广山脉：上犹县 LXP-03-07119。

A109 防己科 Menispermaceae

木防己属 *Cocculus* DC.

樟叶木防己 Cocculus laurifolius DC.
小乔木。山谷，溪边；460 m。诸广山脉：崇义县 聂敏祥 9073(IBSC)。

木防己 Cocculus orbiculatus (L.) DC.
草质藤本。山谷，山坡，密林，疏林，灌丛，路旁，村边，溪边，阳处；壤土；100~1100 m。幕阜山脉：庐山市 LXP4606，平江县 LXP3792，瑞昌市 LXP0096，通山县 LXP1832，武宁县 LXP1411；九岭山脉：大围山 LXP-10-12342，奉新县 LXP-10-3192，靖安县 LXP-10-4591，上高县 LXP-10-4946、LXP-06-6573，万载县 LXP-10-1433、LXP-13-10907，宜丰县 LXP-

10-8706；武功山脉：明月山 LXP-13-10798，安福县 LXP-06-0708，茶陵县 LXP-06-1928，莲花县 LXP-06-0662，攸县 LXP-06-5363；诸广山脉：上犹县 LXP-13-12450。

轮环藤属 *Cyclea* Arn. et Wight

毛叶轮环藤 Cyclea barbata Miers

草质藤本。山谷，溪边；400~1000 m。诸广山脉：上犹县 江西组(70)460(PE)。

粉叶轮环藤 Cyclea hypoglauca (Schauer) Diels

藤本。山坡，疏林，路旁；300~400 m。九岭山脉：靖安县 LXP-13-10168；万洋山脉：永新县 LXP-13-08074；诸广山脉：上犹县 LXP-13-12387。

轮环藤 Cyclea racemosa Oliv.

藤本。山谷，疏林，灌丛，路旁，溪边，阳处；腐殖土；100~800 m。幕阜山脉：庐山市 LXP4553，武宁县 LXP-13-08460；九岭山脉：浏阳市 LXP-03-08381，安义县 LXP-10-3772，奉新县 LXP-06-4013，上高县 LXP-06-7658；武功山脉：安福县 LXP-06-5061；万洋山脉：炎陵县 LXP-09-07975，永新县 LXP-13-08064；诸广山脉：崇义县 LXP-13-24393、LXP-03-07226，上犹县 LXP-13-12387。

四川轮环藤 Cyclea sutchuenensis Gagnep.

藤本。山谷，疏林，灌丛，路旁，溪边；200~600 m。九岭山脉：宜丰县 LXP-10-2471，万载县 LXP-13-11243。

秤钩风属 *Diploclisia* Miers

秤钩风 Diploclisia affinis (Oliv.) Diels

藤本。山谷，山坡，疏林，河边，溪边；壤土；200~1400 m。幕阜山脉：通山县 LXP5870，武宁县 LXP6149；九岭山脉：安义县 LXP-10-3700，宜丰县 LXP-10-2698；武功山脉：芦溪县 LXP-06-3460，明月山 LXP-06-4623；万洋山脉：炎陵县 LXP-09-07447，永新县 LXP-QXL-632；诸广山脉：桂东县 LXP-13-09211、LXP-03-00780，上犹县 LXP-03-06452。

蝙蝠葛属 *Menispermum* L.

蝙蝠葛 Menispermum dauricum DC.

草质藤本。山坡，疏林；壤土。万洋山脉：永新县 LXP-13-07856。

细圆藤属 *Pericampylus* Miers

细圆藤 Pericampylus glaucus (Lam.) Merr.

藤本。山谷，山坡，丘陵，疏林，路旁；100~1100 m。幕阜山脉：庐山市 LXP4850，通山县 LXP2421，平江县 LXP-10-6173；九岭山脉：安义县 LXP-10-9405，奉新县 LXP-10-3385，靖安县 LXP-13-10314、LXP-10-13635，万载县 LXP-10-1699，宜丰县 LXP-10-4778；武功山脉：安福县 LXP-06-0115，茶陵县 LXP-06-1492，芦溪县 LXP-06-3317，明月山 LXP-06-4617、LXP-10-1251；万洋山脉：井冈山 JGS-087，遂川县 LXP-13-18106，炎陵县 LXP-09-08294，资兴市 LXP-03-00324，永新县 LXP-13-07820；诸广山脉：桂东县 LXP-03-00857，上犹县 LXP-13-12413。

风龙属 *Sinomenium* Diels

风龙 Sinomenium acutum (Thunb.) Rehd. et Wils.

藤本。山谷，山坡，密林，疏林，路旁，溪边；壤土；100~1700 m。幕阜山脉：通山县 LXP2330，武宁县 LXP1462，修水县 LXP6728；九岭山脉：奉新县 LXP-10-4204，万载县 LXP-10-1442，宜丰县 LXP-10-2282；万洋山脉：炎陵县 LXP-09-07643。

千金藤属 *Stephania* Lour.

金线吊乌龟 Stephania cephalantha Hayata

草本。山坡，平地，草地，树上，路旁；壤土；200~300 m。武功山脉：安福县 LXP-06-3524。

血散薯 Stephania dielsiana Y. C. Wu

藤本。山谷，菜地，路旁，溪边；200~300 m。九岭山脉：宜春市 LXP-10-1020，宜丰县 LXP-10-3120。

江南地不容 Stephania excentrica Lo

藤本。山谷，山坡，疏林，灌丛，溪边；壤土；300~1700 m。万洋山脉：炎陵县 LXP-09-08481，永新县 LXP-QXL-356。

草质千金藤 Stephania herbacea Gagnep.

藤本。山坡，阳处。万洋山脉：炎陵县 TYD1-1195。

千金藤 Stephania japonica (Thunb.) Miers

藤本。山谷，山坡，疏林，灌丛，树上，水田，路旁，河边，溪边；壤土，沙土；70~900 m。幕阜山脉：庐山市 LXP5043，平江县 LXP4031；九岭山脉：奉新县 LXP-10-3258，靖安县 LXP-13-10469、LXP-10-4357，万载县 LXP-10-1874、LXP-13-10983，宜春市 LXP-10-1109；武功山脉：分宜县 LXP-10-5199，明月山 LXP-13-10629，安福县 LXP-06-0056，茶陵县 LXP-06-1424，莲花县 LXP-06-0663，芦溪县 LXP-06-2126；万洋山脉：井冈山 LXSM-7-00065。

粪箕笃 Stephania longa Lour.

藤本。平地，灌丛；壤土；100~200 m。武功山脉：安福县 LXP-06-3921。

粉防己 Stephania tetrandra S. Moore

藤本。山谷，山坡，疏林，灌丛，草地，河边，溪边，路旁，阴处；壤土，腐殖土；100~400 m。九岭山脉：靖安县 LXP-13-10053、LXP-10-612，万载县 LXP-10-1531，宜丰县 LXP-10-2585；武功山脉：莲花县 LXP-GTY-305，安福县 LXP-06-1329；万洋山脉：炎陵县 LXP-09-00183。

青牛胆属 Tinospora Miers

青牛胆 Tinospora sagittata (Oliv.) Gagnep.

藤本。山谷，山坡，密林，疏林，灌丛，路旁，溪边；壤土，腐殖土；100~600 m。幕阜山脉：武宁县 LXP0476，修水县 LXP0859；万洋山脉：炎陵县 LXP-13-5456，永新县 LXP-13-07982。

A110 小檗科 Berberidaceae

小檗属 Berberis L.

*黄芦木 Berberis amurensis Rupr.

灌木。栽培。幕阜山脉：庐山 661298(JXU)。

华东小檗 Berberis chingii Cheng

灌木。山谷，山坡，疏林，阴处；腐殖土；700~1900 m。幕阜山脉：平江县 LXP4070，通城县 LXP4150，通山县 LXP1397；武功山脉：芦溪县 LXP-13-09712；万洋山脉：井冈山 JGS-B032a，遂川县 LXP-13-16909，炎陵县 DY1-1007；诸广山脉：桂东县 LXP-13-25683，上犹县 LXP-13-12615。

南岭小檗 Berberis impedita Schneid.

灌木。山谷，山顶，灌丛，草地，路旁，溪边，阳处；壤土；1400~1900 m。武功山脉：芦溪县 LXP-06-9027；诸广山脉：崇义县 LXP-13-24254，桂东县 LXP-13-22581。

江西小檗 Berberis jiangxiensis C. M. Hu

灌木。山顶，山谷，山坡，疏林，灌丛，溪边，阳处；壤土，沙土；800~1900 m。九岭山脉：大围山 LXP-09-11014；武功山脉：安福县 LXP-06-9271，芦溪县 LXP-13-09870；万洋山脉：井冈山 JGS4048，遂川县 LXP-13-17744，炎陵县 LXP-09-06397。

短叶江西小檗 Berberis jiangxiensis var. pulchella C. M. Hu

灌木。山顶，灌丛；1300~1600 m。万洋山脉：遂川县 岳俊三等 4346(PE)。

豪猪刺 Berberis julianae Schneid.

灌木。山谷，山坡，密林，疏林，灌丛，路旁，溪边，阳处；壤土，腐殖土，沙土；700~1600 m。幕阜山脉：平江县 LXP3511，通山县 LXP5929，武宁县 LXP1323；九岭山脉：大围山 LXP-03-07832；武功山脉：莲花县 LXP-GTY-052；万洋山脉：井冈山 JGS-B032，炎陵县 DY2-1176；诸广山脉：上犹县 LXP-03-06581、LXP-13-22326。

天台小檗 Berberis lempergiana Ahrendt

灌木。山坡，路旁；500 m。九岭山脉：官山 谭策铭、陈琳、易发彬、刘以珍和姜向锐 04743(JJF)。

假豪猪刺 Berberis soulieana Schneid.

灌木。山谷，疏林，河边；腐殖土。万洋山脉：炎陵县 LXP-09-07978。

庐山小檗 Berberis virgetorum Schneid.

灌木。山谷，山坡，疏林，村边，阳处；壤土；100~600 m。幕阜山脉：通山县 LXP6565，修水县 LXP6482；九岭山脉：浏阳市 LXP-10-5887，宜春市 LXP-10-1024；武功山脉：分宜县 LXP-06-9575，明月山 LXP-13-10654。

红毛七属 Caulophyllum Michx.

红毛七 Caulophyllum robustum Maxim.

草本。山坡，疏林；700~1300 m。幕阜山脉：庐山 熊耀国 1158(NAS)。

鬼臼属 *Dysosma* Woods.

六角莲 **Dysosma pleiantha** (Hance) Woods.

草本。山谷，山坡，疏林，溪边，阴处；腐殖土；200~900 m。幕阜山脉：平江县 LXP3651，通山县 LXP6542；万洋山脉：井冈山 LXP-13-0424；诸广山脉：崇义县 LXP-13-24317。

八角莲 **Dysosma versipellis** (Hance) M. Cheng ex Ying

草本。山坡，密林，林下，溪边，阴处；腐殖土；400~800 m。万洋山脉：井冈山 JGS-B129，炎陵县 LXP-13-3304；诸广山脉：崇义县 LXP-03-05796。

淫羊藿属 *Epimedium* L.

淫羊藿 **Epimedium brevicornu** Maxim.

草本。山坡，疏林；1100~1200 m。幕阜山脉：平江县 LXP3825。

宝兴淫羊藿 **Epimedium davidii** Franch.

草本。山谷，疏林；900 m。幕阜山脉：庐山 董安淼 655(SZG)。

湖南淫羊藿 **Epimedium hunanense** (Hand.-Mazz.) Hand.-Mazz.

草本。山顶，灌丛，河边；沙土。万洋山脉：炎陵县 LXP-09-07934。

时珍淫羊藿 **Epimedium lishihchenii** Stearn

藤本。山坡，疏林，溪边；壤土；900~1100 m。幕阜山脉：平江县 LXP3579，通城县 LXP4139；武功山脉：芦溪县 LXP-06-9648。

柔毛淫羊藿 **Epimedium pubescens** Maxim.

草本。山坡，山谷，林中；282 m。幕阜山脉：修水县 修水县普查队 360424141027229LY(JXCM)

三枝九叶草 **Epimedium sagittatum** (Sieb. et Zucc.) Maxim.

草本。山谷，山坡，密林，灌丛，石上，阳处；腐殖土；200~1300 m。幕阜山脉：通山县 LXP1714；九岭山脉：大围山 LXP-10-5520、LXP-13-17009；武功山脉：芦溪县 LXP-13-09758，茶陵县 LXP-09-10435；万洋山脉：炎陵县 LXP-09-07121；诸广山脉：桂东县 LXP-03-02339、LXP-13-25658，上犹县

LXP-13-12043、LXP-03-06556。

十大功劳属 *Mahonia* Nutt.

阔叶十大功劳 **Mahonia bealei** (Fort.) Carr.

灌木。山坡，密林，疏林，灌丛，河边，溪边，阴处；壤土，腐殖土，沙土；100~1600 m。幕阜山脉：平江县 LXP4068；九岭山脉：大围山 LXP-03-07822、LXP-13-17006、LXP-10-11999，靖安县 LXP-13-10375、LXP-10-802，宜春市 LXP-10-1161，万载县 LXP-13-11385；武功山脉：安福县 LXP-06-0918，茶陵县 LXP-06-2875，衡东县 LXP-03-07472；万洋山脉：井冈山 JGS-1189，遂川县 LXP-13-17306，资兴市 LXP-03-05084，炎陵县 LXP-09-06103；诸广山脉：崇义县 LXP-03-05721，桂东县 LXP-03-02616，上犹县 LXP-13-23356。

小果十大功劳 **Mahonia bodinieri** Gagnep.

灌木。山谷，疏林，溪边；壤土；200~1700 m。万洋山脉：井冈山 JGS-2136，遂川县 LXP-13-7026，炎陵县 LXP-13-24968；诸广山脉：上犹县 LXP-13-12844。

北江十大功劳 **Mahonia fordii** Schneid.

灌木。罗霄山脉南部可能有分布，未见标本。

十大功劳 **Mahonia fortunei** (Lindl.) Fedde

灌木。山谷，疏林，灌丛，溪边，路旁；沙土；300~1000 m。幕阜山脉：修水县 LXP3122；九岭山脉：大围山 LXP-03-02985，铜鼓县 LXP-10-7075；万洋山脉：井冈山 JGS-1067，炎陵县 LXP-13-23989；诸广山脉：上犹县 LXP-03-06960。

沈氏十大功劳 **Mahonia shenii** W. Y. Chun

灌木。山谷，山坡，疏林，灌丛，河边；壤土，腐殖土；800~900 m。武功山脉：茶陵县 LXP-09-10227；万洋山脉：井冈山 JGS-2160，永新县 LXP-13-07934。

南天竹属 *Nandina* Thunb.

南天竹 **Nandina domestica** Thunb.

灌木。山谷，山坡，密林，疏林，灌丛，路旁，溪边；壤土；100~600 m。幕阜山脉：平江县 LXP4173、LXP-10-6295，通山县 LXP1820，武宁县 LXP-13-08410、LXP0401，修水县 LXP0741；九岭山脉：浏阳市 LXP-03-08879，奉新县 LXP-10-10747，靖安县 LXP-13-10349、LXP-10-336，铜鼓县 LXP-10-8311，

宜丰县 LXP-10-13172，上高县 LXP-06-6618；武功山脉：分宜县 LXP-10-5112，宜春市 LXP-06-8918，安福县 LXP-06-0122，茶陵县 LXP-06-1942，樟树市 LXP-10-5012，大岗山 LXP-06-3632，芦溪县 LXP-06-2472，明月山 LXP-06-4988，攸县 LXP-06-1613；万洋山脉：井冈山 JGS-468，炎陵县 LXP-09-00227，永新县 LXP-13-07661，永兴县 LXP-03-03903；诸广山脉：上犹县 LXP-03-06246。

A111 毛茛科 Ranunculaceae

乌头属 *Aconitum* L.

乌头 Aconitum carmichaelii Debx.

草本。山顶，路旁，疏林；1400~1500 m。九岭山脉：七星岭 LXP-10-11437。

赣皖乌头 Aconitum finetianum Hand.-Mazz.

草本。山坡，疏林；100~1400 m。幕阜山脉：庐山市 LXP4755；万洋山脉：遂川县 LXP-13-7040。

瓜叶乌头 Aconitum hemsleyanum Pritz.

草质藤本。山谷，山坡，密林，疏林，灌丛，路旁；壤土；800~1600 m。幕阜山脉：庐山市 LXP4690，通山县 LXP1238，武宁县 LXP6289。

花葶乌头 Aconitum scaposum Franch.

草本。山坡，密林，溪边；800~900 m。幕阜山脉：修水县 LXP6698。

狭盔高乌头 Aconitum sinomontanum var. **angustius** W. T. Wang

藤本。山谷，疏林，阴处；壤土，腐殖土；300~1900 m。万洋山脉：井冈山 LXP-13-24126，遂川县 LXP-13-24772。

银莲花属 *Anemone* L.

卵叶银莲花 Anemone begoniifolia Lévl. et Vant.

草本。山谷，疏林；1000~1400 m。诸广山脉：齐云山 B0117（刘小明等，2010）。

西南银莲花 Anemone davidii Franch.

草本。山谷，阴湿处；850~1240 m。万洋山脉：DY2-1126。

鹅掌草 Anemone flaccida Fr. Schmidt

草本。山坡，疏林；1800 m。武功山脉：武功山 胡先骕 753(NAS)。

打破碗花花 Anemone hupehensis Lem.

草本。山坡，密林，疏林，路旁，溪边；300~700 m。幕阜山脉：武宁 LXP0667，修水县 LXP3259；武功山脉：芦溪县 LXP-06-9108。

秋牡丹 Anemone hupehensis var. **japonica** (Thunb.) Bowles et Stearn

草本。山坡，疏林；壤土。幕阜山脉：武宁县 LXP-13-08426。

大火草 Anemone tomentosa (Maxim.) Pei

草本。山坡。幕阜山脉：庐山 P. C. Tsoong 4633(PE)。

水毛茛属 *Batrachium* (DC.) Gray

水毛茛 Batrachium bungei (Steud.) L. Liou

草本。河边；30~300 m。幕阜山脉：庐山 王名金 00487(LBG)。

升麻属 *Cimicifuga* L.

升麻 Cimicifuga foetida L.

草本。山坡，灌丛，路旁，河边；壤土。万洋山脉：炎陵县 LXP-13-4336。

小升麻 Cimicifuga japonica (Thunberg) Sprengel

草本。山谷，疏林；800 m。幕阜山脉：修水县 缪以清和余于明 1778(JJF)。

铁线莲属 *Clematis* L.

女萎 Clematis apiifolia DC.

藤本。山谷，山坡，疏林，灌丛，溪边，路旁，阳处；壤土；300~1300 m。幕阜山脉：庐山市 LXP5284、LXP6342，平江县 LXP4236，通山县 LXP7813；九岭山脉：大围山 LXP-10-8018，宜春市 LXP-10-909；武功山脉：莲花县 LXP-GTY-121；万洋山脉：井冈山 JGS-B055，炎陵县 DY2-1251，永新县 LXP-13-07908；诸广山脉：崇义县 LXP-13-13072，桂东县 LXP-13-09053。

钝齿铁线莲 Clematis apiifolia var. **argentilucida** (Lévl. et Vant.) W. T. Wang

藤本。山谷，山坡，疏林，路旁，溪边，阳处；腐殖土；300~1700 m。幕阜山脉：瑞昌市 LXP0128，通山县 LXP1784，武宁县 LXP0943；武功山脉：芦溪县 LXP-13-09532；万洋山脉：井冈山 JGS-427，资兴市 LXP-03-0025，炎陵县 DY1-1176；诸广山脉：桂东县 LXP-03-00882，上犹县 LXP-13-12331。

小木通 Clematis armandii Franch.

藤本。山谷，山坡，平地，密林，疏林，路旁，河边，溪边；壤土；200~1700 m。幕阜山脉：庐山市 LXP5309，通山县 LXP5944；九岭山脉：万载县 LXP-13-10904、LXP-10-1384；武功山脉：芦溪县 LXP-13-8396，攸县 LXP-06-6135，安福县 LXP-06-0521；万洋山脉：井冈山 JGS-4642，炎陵县 DY2-1204，永兴县 LXP-03-03986；诸广山脉：崇义县 LXP-03-07353。

短尾铁线莲 Clematis brevicaudata DC.

草质藤本。山谷，溪边；700~1100 m。幕阜山脉：庐山 熊耀国 09858(LBG)。

短柱铁线莲 Clematis cadmia Buch.-Ham. ex Wall.

草质藤本。溪边，路旁；300~700 m。幕阜山脉：武宁县 熊耀国 9317(LBG)。

威灵仙 Clematis chinensis Osbeck

藤本。山谷，山坡，疏林，路旁，村边，溪边；壤土；300~1400 m。幕阜山脉：庐山市 LXP4650，瑞昌市 LXP0061，通山县 LXP2030，武宁县 LXP0646，修水县 LXP0853；九岭山脉：大围山 LXP-10-12405；武功山脉：安仁县 LXP-03-00664；万洋山脉：炎陵县 LXP-09-10710，永兴县 LXP-03-04223。

安徽威灵仙 Clematis chinensis var. anhweiensis (M. C. Chang) W. T. Wang [Clematis anhweiensis M. C. Chang]

草质藤本。山谷，林缘；600 m。幕阜山脉：庐山 董安淼 577(JJF)。

大花威灵仙 Clematis courtoisii Hand.-Mazz.

草质藤本。罗霄山脉可能有分布，未见标本。

厚叶铁线莲 Clematis crassifolia Benth.

藤本。山谷，山坡，灌丛，路旁；腐殖土；500~600 m。万洋山脉：炎陵县 LXP-13-5790；诸广山脉：桂东县 LXP-13-25517，上犹县 LXP-13-12505。

山木通 Clematis finetiana Lévl. et Vant.

藤本。山谷，山坡，疏林，路旁，村边；162 m。

幕阜山脉：庐山市 LXP5683，平江县 LXP4240，通山县 LXP1806，武宁县 LXP0592，修水县 LXP6484；九岭山脉：大围山 LXP-03-02994，安义县 LXP-10-3642，奉新县 LXP-10-10691，靖安县 LXP-13-10382、LXP-10-546，铜鼓县 LXP-10-13544，宜丰县 LXP-10-3136，上高县 LXP-06-6611；武功山脉：安福县 LXP-06-0986，茶陵县 LXP-09-10365、LXP-06-1488，分宜县 LXP-06-2371，明月山 LXP-06-4501，安仁县 LXP-03-01514，攸县 LXP-06-5372，衡东县 LXP-03-07462；万洋山脉：井冈山 JGS-3535，遂川县 LXP-13-7206，炎陵县 LXP-09-08564、LXP-03-02947，资兴市 LXP-03-00157，永新县 LXP-13-07747；诸广山脉：崇义县 LXP-03-05797，上犹县 LXP-13-12738。

铁线莲 Clematis florida Thunb.

藤本。山谷，山坡，疏林，灌丛，溪边；壤土，腐殖土；100~800 m。幕阜山脉：通山县 LXP1711，武宁县 LXP0651；武功山脉：安福县 LXP-06-5678，攸县 LXP-03-09404；诸广山脉：上犹县 LXP-03-06391。

粗齿铁线莲 Clematis grandidentata (Rehd. et Wils.) W. T. Wang

藤本。山谷，山坡，疏林，灌丛，路旁，溪边；壤土；200~800 m。九岭山脉：奉新县 LXP-06-4095，宜春市 LXP-06-2674；武功山脉：安福县 LXP-06-0441，茶陵县 LXP-06-1468。

毛萼铁线莲 Clematis hancockiana Maxim.

草质藤本。罗霄山脉北部可能有分布，未见标本。

单叶铁线莲 Clematis henryi Oliv.

藤本。山坡，疏林，灌丛；壤土，腐殖土；100~1300 m。幕阜山脉：武宁县 LXP0618，修水县 LXP2517；九岭山脉：宜春市 LXP-06-2755，宜丰县 LXP-13-22514；武功山脉：莲花县 LXP-GTY-294，芦溪县 LXP-13-03673；万洋山脉：井冈山 JGS-1103；炎陵县 LXP-09-00749，永新县 LXP-13-08084；诸广山脉：上犹县 LXP-13-25144。

吴兴铁线莲 Clematis huchouensis Tamura

草质藤本。村边，山谷；30~700 m。幕阜山脉：庐山 聂敏祥、陈世隆和王文品 7520(LBG)。

毛蕊铁线莲 Clematis lasiandra Maxim.

藤本。山谷，山坡，疏林，路旁；壤土；900~1900 m。

幕阜山脉：庐山市 LXP4706；九岭山脉：大围山 LXP-10-5451；万洋山脉：井冈山 JGS-1108，遂川县 LXP-13-24775；诸广山脉：崇义县 LXP-03-05885。

锈毛铁线莲　Clematis leschenaultiana DC.

藤本。山谷，山坡，疏林，河边，灌丛；壤土，腐殖土；500~600 m。诸广山脉：桂东县 LXP-13-25415，上犹县 LXP-13-12646。

毛柱铁线莲　Clematis meyeniana Walp.

藤本。山谷，山坡，疏林，灌丛，溪边，阳处，阴处；壤土，腐殖土；500~900 m。幕阜山脉：通山县 LXP7185；万洋山脉：井冈山 JGS-642，遂川县 LXP-13-17869，炎陵县 DY1-1105，永新县 LXP-QXL-751；诸广山脉：桂东县 LXP-13-25413，上犹县 LXP-13-12640。

绣球藤　Clematis montana Buch.-Ham. ex DC.

藤本。山坡，疏林，溪边；壤土；1800~2200 m。万洋山脉：遂川县 LXP-13-17772，炎陵县 LXP-09-06364。

裂叶铁线莲　Clematis parviloba Gardn. et Champ.

藤本。山坡，密林，灌丛；壤土，腐殖土。万洋山脉：炎陵县 LXP-13-3382。

钝萼铁线莲　Clematis peterae Hand.-Mazz.

草质藤本。山脚，林缘；110 m。幕阜山脉：九江市 谭策铭 95638(PE)。

毛果铁线莲　Clematis peterae var. **trichocarpa** W. T. Wang

草质藤本。山脚，灌草丛；150 m。幕阜山脉：九江市 谭策铭 99381(JJF)。

华中铁线莲　Clematis pseudootophora M. Y. Fang

草质藤本。山坡，路旁；1320 m。幕阜山脉：武宁县 张吉华 001042(JJF)。

扬子铁线莲　Clematis puberula var. **ganpiniana** (Lévl. et Vant.) W. T. Wang

藤本。平地，路旁；壤土；1100~1200 m。武功山脉：安福县 LXP-06-0501。

五叶铁线莲　Clematis quinquefoliolata Hutch.

草质藤本。山谷，疏林；850 m。诸广山脉：上犹县 谭策铭和易发彬 上犹样 153(JJF)。

曲柄铁线莲　Clematis repens Finet et Gagn.

草本。山谷，疏林；壤土；1500~1600 m。万洋山脉：炎陵县 LXP-13-24922。

圆锥铁线莲　Clematis terniflora DC.

藤本。山坡，平地，灌丛，路旁，菜地；100~800 m。幕阜山脉：通山县 LXP1694，武宁县 LXP0655。

柱果铁线莲　Clematis uncinata Champ.

草本。山谷，山坡，密林，疏林，灌丛，路旁，溪边，阴处；腐殖土；200~1200 m。幕阜山脉：瑞昌市 LXP0031，武宁县 LXP0648，修水县 LXP2943；九岭山脉：大围山 LXP-10-12215，宜丰县 LXP-10-2543；武功山脉：莲花县 LXP-GTY-360，茶陵县 LXP-09-10269；诸广山脉：上犹县 LXP-13-18930。

皱叶铁线莲　Clematis uncinata var. **coriacea** Pamp.

藤本。山坡，疏林；壤土；600~700 m。幕阜山脉：通山县 LXP7404。

尾叶铁线莲　Clematis urophylla Franch.

藤本。山谷，疏林，溪边；壤土；350 m。万洋山脉：炎陵县 LXP-09-07011。

黄连属 *Coptis* Salisb.

黄连　Coptis chinensis Franch.

草本。山谷，山坡，平地，疏林，溪边，阴处；腐殖土；100~1900 m。武功山脉：安福县 LXP-06-2605，芦溪县 LXP-06-1245；万洋山脉：井冈山 LXP-13-0465，遂川县 LXP-13-09390，炎陵县 LXP-13-22746，资兴市 LXP-03-05148；诸广山脉：桂东县 LXP-03-01022。

短萼黄连　Coptis chinensis var. **brevisepala** W. T. Wang et Hsiao

草本。山谷，山坡，疏林，溪边，石上，阴处；壤土，腐殖土；400~1900 m。万洋山脉：井冈山 LXP-13-0465，遂川县 LXP-13-23800，炎陵县 LXP-09-536。

翠雀属 *Delphinium* L.

还亮草　Delphinium anthriscifolium Hance

草本。山坡，密林，疏林，溪边，路旁；100~1200 m。幕阜山脉：平江县 LXP4351，通山县 LXP7012，武宁县 LXP6055，修水县 LXP6751。

卵瓣还亮草 Delphinium anthriscifolium var. **savatieri** (Franch.) Munz

草本。山坡，路旁；壤土；100~1500 m。武功山脉：安福县 LXP-06-4825，芦溪县 LXP-06-1354，明月山 LXP-06-4703。

人字果属 Dichocarpum W. T. Wang et P. K. Hsiao

蕨叶人字果 Dichocarpum dalzielii (Drumm. et Hutch.) W. T. Wang et Hsiao

草本。山谷，山坡，疏林，林下，路旁，石壁上，河边，溪边，阴处；壤土，腐殖土，沙土；200~2200 m。九岭山脉：浏阳市 LXP-03-08659；武功山脉：芦溪县 LXP-13-09458，安福县 LXP-06-4488；万洋山脉：井冈山 JGS-1304010，遂川县 LXP-13-16919，炎陵县 LXP-09-07313，永新县 LXP-13-19789；诸广山脉：桂东县 LXP-13-25691，上犹县 LXP-13-12115。

小花人字果 Dichocarpum franchetii (Finet et Gagn.) W. T. Wang et Hsiao

草本。罗霄山脉可能有分布，未见标本。

毛茛属 Ranunculus L.

禺毛茛 Ranunculus cantoniensis DC.

草本。山谷，山坡，密林，水田边，路旁，沼泽，阴处；腐殖土；100~1300 m。幕阜山脉：平江县 LXP3173，通山县 LXP1155；九岭山脉：安义县 LXP-10-9445，大围山 LXP-10-7538，奉新县 LXP-10-9313，七星岭 LXP-10-8200，铜鼓县 LXP-10-8317，宜丰县 LXP-10-8520；武功山脉：莲花县 LXP-GTY-226，安福县 LXP-06-3821，大岗山 LXP-06-3665，芦溪县 LXP-06-3387；万洋山脉：吉安市 LXSM2-6-10012，井冈山 JGS-4690，遂川县 LXP-13-23767，炎陵县 LXP-09-07219，永新县 LXP-13-19564；诸广山脉：上犹县 LXP-13-19237A。

茴茴蒜 Ranunculus chinensis Bunge

草本。山顶，山谷，密林，疏林，草丛，路旁；腐殖土；200~1500 m。九岭山脉：七星岭 LXP-10-11458，宜丰县 LXP-10-13144；万洋山脉：炎陵县 LXP-09-09675。

西南毛茛 Ranunculus ficariifolius Lévl. et Vant.

草本。山谷，山坡，疏林，灌丛，溪边；壤土，腐殖

土；1300~1700 m。万洋山脉：遂川县 LXP-13-25919，炎陵县 LXP-09-06073；诸广山脉：上犹县 LXP-13-25280。

毛茛 Ranunculus japonicus Thunb.

草本。山坡，疏林，灌丛，草丛，路旁，阳处；100~1500 m。幕阜山脉：平江县 LXP3498，通山县 LXP1736，武宁县 LXP1321，修水县 LXP0263；九岭山脉：大围山 LXP-03-07674，安义县 LXP-10-3799，奉新县 LXP-10-3419，宜丰县 LXP-10-8880；武功山脉：分宜县 LXP-10-5149，攸县 LXP-03-08776，安福县 LXP-06-3527，芦溪县 LXP-06-1303；万洋山脉：井冈山 JGS-052，炎陵县 LXP-09-08560，永新县 LXP-13-19752，永兴县 LXP-03-04146，资兴市 LXP-03-00323；诸广山脉：崇义县 LXP-03-07346，上犹县 LXP-03-07197。

三小叶毛茛 Ranunculus japonicus var. **ternatefolius** L.

草本。山谷，溪边；720 m。九岭山脉：永修县 廖亮 89427(PE)。

刺果毛茛 Ranunculus muricatus L.

草本。村边，荒地；39 m。幕阜山脉：九江市 谭策铭和易桂花等 TanCM216(KUN)。

肉根毛茛 Ranunculus polii Franch. ex Hemsl.

草本。湖边；20 m。幕阜山脉：九江市 谭策铭、易桂花和谭英 12117(JJF)。

石龙芮 Ranunculus sceleratus L.

草本。山谷，山坡，疏林，溪边；壤土；500~1400 m。幕阜山脉：平江县 LXP4021；诸广山脉：上犹县 LXP-03-06536。

扬子毛茛 Ranunculus sieboldii Miq.

草本。山坡，疏林，草丛，河边，溪边，路旁，阳处，阴处；100~1400 m。幕阜山脉：平江县 LXP3751、LXP-10-6379，武宁县 LXP-13-08511、LXP1539；九岭山脉：安义县 LXP-10-3661，奉新县 LXP-10-3250，靖安县 LXP-10-4331，上高县 LXP-10-4889、LXP-06-6645，万载县 LXP-10-1689，宜春市 LXP-10-1108；武功山脉：分宜县 LXP-10-5188，安福县 LXP-06-1020，明月山 LXP-06-4584，攸县 LXP-03-08666；万洋山脉：炎陵县 LXP-03-02926、LXP-09-

09682，永新县 LXP-13-07711，永兴县 LXP-03-04423。

钩柱毛茛　Ranunculus silerifolius Lévl.

草本。山坡，密林，路旁，河边；壤土。万洋山脉：井冈山 JGS4191。

猫爪草　Ranunculus ternatus Thunb.

草本。黄壤；400~500 m。武功山脉：芦溪县 LXP-06-b1068。

天葵属 Semiaquilegia Makino

天葵　Semiaquilegia adoxoides (DC.) Makino

草本。山坡，林下，路旁，阴湿石上，阳处；腐殖土；100~1500 m。九岭山脉：安义县 LXP-10-3706；武功山脉：安福县 LXP-06-1019，芦溪县 LXP-06-1270。

唐松草属 Thalictrum L.

尖叶唐松草　Thalictrum acutifolium (Hand.-Mazz.) Boivin

草本。山谷，山坡，密林，疏林，溪边，岩壁上，阴处；腐殖土；100~1300 m。幕阜山脉：庐山市 LXP4528，平江县 LXP4110，武宁县 LXP5829；九岭山脉：大围山 LXP-13-17024、LXP-10-7512；武功山脉：茶陵县 LXP-13-25936；万洋山脉：井冈山 JGS4101，炎陵县 LXP-13-23965。诸广山脉：上犹县 LXP-13-12537。

唐松草　Thalictrum aquilegifolium var. **sibiricum** Regel et Tiling

草本。山谷，山坡，密林，灌丛，路旁；沙土；800~1400 m。幕阜山脉：通山县 LXP1233；九岭山脉：大围山 LXP-03-07932。

大叶唐松草　Thalictrum faberi Ulbr.

草本。山谷，山坡，疏林，路旁，石上，阴处；壤土，腐殖土；300~1400 m。幕阜山脉：庐山市 LXP5010，通山县 LXP7493；万洋山脉：井冈山 LXP-13-15347，遂川县 LXP-13-25905，炎陵县 LXP-09-06195。

华东唐松草　Thalictrum fortunei S. Moore

草本。山谷，山坡，疏林，灌丛，路旁，石上；壤土；800~1600 m。幕阜山脉：平江县 LXP3515，通山县 LXP7755；万洋山脉：遂川县 LXP-13-23493，炎陵县 LXP-13-5363。

盾叶唐松草　Thalictrum ichangense Lecoy. ex Oliv.

草本。山谷，石壁；300 m。九岭山脉：宜丰县 聂敏祥和李启和 1183(LBG)。

爪哇唐松草　Thalictrum javanicum Bl.

草本。山顶，山谷，山坡，疏林，路旁，溪边，阴处；壤土；1500~1900 m。九岭山脉：大围山 LXP-10-7650；武功山脉：芦溪县 LXP-13-03525；万洋山脉：炎陵县 LXP-09-08443；诸广山脉：上犹县 LXP-13-12118。

长喙唐松草　Thalictrum macrorhynchum Franch.

草本。山谷，疏林；壤土。万洋山脉：炎陵县 LXP-09-07305。

小果唐松草　Thalictrum microgynum Lecoy. ex Oliv.

草本。山坡，密林，石上；壤土；700~1600 m。武功山脉：安福县 LXP-06-9248，芦溪县 LXP-06-1757。

东亚唐松草　Thalictrum minus var. **hypoleucum** (Sieb. et Zucc.) Miq.

草本。山谷，石山；300~900 m。万洋山脉：资兴市 周鼎彝 00188066(NAS)。

阴地唐松草　Thalictrum umbricola Ulbr.

草本。山谷，山坡，疏林，灌丛，路旁，溪边；壤土；500~1200 m。幕阜山脉：武宁县 LXP6219；万洋山脉：井冈山 JGS-046，炎陵县 LXP-09-08661，永新县 LXP-13-08053；诸广山脉：上犹县 LXP-13-12320。

Order 22. 山龙眼目 Proteales

A112 清风藤科 Sabiaceae

泡花树属 Meliosma Blume

珂楠树　Meliosma beaniana Rehd. et Wils.

乔木。山谷，路旁，河边；腐殖土。罗霄山脉可能有分布，未见标本。

泡花树　Meliosma cuneifolia Franch.

乔木。山谷，路旁，疏林；400~500 m。九岭山脉：奉新县 LXP-10-4214，靖安县 LXP-10-4301；万洋山脉：井冈山 LXP-13-15462，炎陵县 LXP-13-4457。

垂枝泡花树　Meliosma flexuosa Pamp.

灌木。山谷，山坡，疏林，灌丛；腐殖土；300~1500 m。

幕阜山脉：庐山市 LXP4608，平江县 LXP3654，通山县 LXP2116；九岭山脉：大围山 LXP-03-07915、LXP-10-11973；武功山脉：芦溪县 LXP-06-2811；万洋山脉：井冈山 JGS-042，炎陵县 LXP-13-5484，永兴县 LXP-03-04179；诸广山脉：上犹县 LXP-13-22220。

香皮树 Meliosma fordii Hemsl.

乔木。山坡，疏林；壤土；500~600 m。万洋山脉：炎陵县 LXP-09-08239。

腺毛泡花树 Meliosma glandulosa Cufod.

乔木。山谷，山坡，疏林，溪边；壤土；200~1000 m。九岭山脉：大围山 LXP-03-08025，铜鼓县 LXP-10-8269；万洋山脉：井冈山 LXP-13-05815；诸广山脉：上犹县 LXP-03-06848。

多花泡花树 Meliosma myriantha Sieb. et Zucc.

乔木。山坡，疏林，路旁；600~1000 m。幕阜山脉：庐山市 LXP4474，通山县 LXP7198，武宁县 LXP1541。

异色泡花树 Meliosma myriantha var. discolor Dunn

乔木。山谷，山坡，密林，草地，路旁，水库边，溪边，阳处；壤土，沙土；200~1200 m。幕阜山脉：通山县 LXP1393，武宁县 LXP1056；九岭山脉：宜丰县 LXP-10-2269；武功山脉：茶陵县 LXP-09-10271；万洋山脉：井冈山 JGS-1047，炎陵县 LXP-09-08413；诸广山脉：上犹县 LXP-13-12136。

柔毛泡花树 Meliosma myriantha var. pilosa (Lecomte) Law

乔木。山谷，疏林；壤土；200~1400 m。万洋山脉：炎陵县 LXP-09-10759，永新县 LXP-13-19373。

红柴枝 Meliosma oldhamii Maxim.

乔木。山谷，山坡，密林，疏林，河边，溪边，阴处，阳处；壤土，腐殖土；100~1600 m。九岭山脉：大围山 LXP-09-11063，奉新县 LXP-10-4218，靖安县 LXP-10-765，万载县 LXP-10-2033，宜丰县 LXP-10-2201；武功山脉：安福县 LXP-06-2848，茶陵县 LXP-06-1643，芦溪县 4001414006、LXP-06-0810；万洋山脉：资兴市 LXP-03-05030，井冈山 JGS-B080，遂川县 LXP-13-16549，炎陵县 LXP-09-06108；诸广山脉：上犹县 LXP-13-12094。

有腺泡花树 Meliosma oldhamii var. glandulifera Cufod.

乔木。山坡，密林；774 m。诸广山脉：上犹县 田旗和张宪权 JX-07-0017(CSH)。

羽叶泡花树 Meliosma pinnata Roxb. ex Maxim.

乔木。山坡，路旁；500~600 m。幕阜山脉：武宁县 LXP1558。

腋毛泡花树 Meliosma rhoifolia var. barbulata (Cufod.) Law

乔木。山谷，山坡，密林，疏林，溪边；壤土；500~1200 m。九岭山脉：大围山 LXP-13-08237；万洋山脉：井冈山 LXP-13-15274，遂川县 LXP-13-09326，炎陵县 LXP-09-07386。

笔罗子 Meliosma rigida Sieb. et Zucc.

乔木。山谷，山坡，密林，疏林，水库边，溪边；壤土，腐殖土，沙土；400~600 m。幕阜山脉：武宁县 LXP-13-8332；九岭山脉：靖安县 LXP-13-10500；万洋山脉：永新县 LXP-13-07869；诸广山脉：桂东县 LXP-13-25376，上犹县 LXP-13-12655、LXP-03-06996。

毡毛泡花树 Meliosma rigida var. pannosa (Hand.-Mazz.) Law

乔木。山谷，山坡，密林，疏林，路旁，溪边；壤土；100~600 m。幕阜山脉：平江县 LXP-10-6383；九岭山脉：靖安县 LXP-10-437，万载县 LXP-13-11267、LXP-10-1664，宜丰县 LXP-10-2710；万洋山脉：井冈山 JGS-1253，遂川县 JGS-2011-004，炎陵县 LXP-09-10063。

樟叶泡花树 Meliosma squamulata Hance

乔木。山谷，山坡，疏林，河边，溪边；壤土，腐殖土；300~1200 m。万洋山脉：井冈山 JGS-640，炎陵县 LXP-09-07379；诸广山脉：桂东县 LXP-13-22683，崇义县 LXP-13-24201，上犹县 LXP-13-12007。

山樣叶泡花树 Meliosma thorelii Lecomte

灌木。山谷，疏林；壤土；900~1000 m。诸广山脉：上犹县 LXP-13-23369。

清风藤属 *Sabia* Colebr.

钟花清风藤 Sabia campanulata Wall. ex Roxb.

藤本。山谷，疏林，灌丛，溪边；壤土，腐殖土；

900~1900 m。幕阜山脉：平江县 LXP6477；万洋山脉：炎陵县 LXP-13-25811。

鄂西清风藤 Sabia campanulata subsp. **ritchieae** (Rehd. et Wils.) Y. F. Wu

藤本。山谷，山坡，密林，疏林，路旁，河边，溪边，阳处，阴处；壤土，腐殖土，沙土；300~1700 m。幕阜山脉：庐山市 LXP4944，平江县 LXP4072，通山县 LXP2153，武宁县 LXP1509；九岭山脉：大围山 LXP-09-11005，浏阳市 LXP-10-5770，宜丰县 LXP-10-2310；武功山脉：莲花县 LXP-GTY-357，芦溪县 LXP-13-09885；万洋山脉：井冈山 JGS-2147，遂川县 LXP-13-17191，炎陵县 LXP-09-10944，永新县 LXP-13-07946；诸广山脉：上犹县 LXP-13-12174，崇义县 LXP-13-13069。

革叶清风藤 Sabia coriacea Rehd. et Wils.

木质藤本。山谷，山坡，疏林，灌丛，河边；壤土，腐殖土，沙土；800~900 m。万洋山脉：遂川县 LXP-13-7496；诸广山脉：崇义县 400145037，上犹县 LXP-13-12100。

灰背清风藤 Sabia discolor Dunn

藤本。山谷，山坡，密林，疏林，灌丛，路旁，溪边，阳处；壤土，腐殖土；100~1300 m。幕阜山脉：平江县 LXP3743，通山县 LXP1371，武宁县 LXP1127；九岭山脉：奉新县 LXP-10-13926，靖安县 LXP-10-223；万洋山脉：井冈山 JGS-B095，炎陵县 LXP-09-10745，永新县 LXP-13-08043；诸广山脉：桂东县 LXP-13-22707，崇义县 LXP-03-04960，上犹县 LXP-13-12383。

凹萼清风藤 Sabia emarginata Lecomte

藤本。山谷，山坡，密林，疏林，溪边；壤土；500~1200 m。武功山脉：芦溪县 LXP-06-1087；诸广山脉：崇义县 LXP-03-04942。

清风藤 Sabia japonica Maxim.

藤本。山谷，山坡，密林，疏林，路旁，村边，溪边；壤土，腐殖土；100~1500 m。幕阜山脉：平江县 LXP3594，武宁县 LXP0971；九岭山脉：大围山 LXP-10-7614，奉新县 LXP-10-4172，靖安县 LXP-13-10376、LXP-03-00794、LXP-10-532，浏阳市 LXP-10-5799；武功山脉：安福县 LXP-06-0064，莲花县 LXP-GTY-263，茶陵县 LXP-06-1986，芦溪县

LXP-06-1091，明月山 LXP-06-4914，攸县 LXP-03-07639；万洋山脉：遂川县 LXP-13-17614，炎陵县 LXP-09-08655，永新县 LXP-13-08156；诸广山脉：崇义县 LXP-03-07320，上犹县 LXP-03-06563。

中华清风藤 Sabia japonica var. **sinensis** (Stapf) L. Chen

藤本。山坡，疏林，灌丛，路旁，阳处；壤土；400~1300 m。万洋山脉：永新县 LXP-13-19742；诸广山脉：崇义县 LXP-13-24262，上犹县 LXP-13-22311。

四川清风藤 Sabia schumanniana Diels

乔木。山坡，疏林；沙土；900~1000 m。九岭山脉：大围山 LXP-03-03051。

尖叶清风藤 Sabia swinhoei Hemsl. ex Forb. et Hemsl.

藤本。山谷，山坡，密林，疏林，灌丛，路旁，溪边，阴处；壤土；100~1800 m。幕阜山脉：庐山市 LXP4519，修水县 LXP0725；九岭山脉：大围山 LXP-10-11714，万载县 LXP-10-1528、LXP-13-11006，浏阳市 LXP-03-08453，宜丰县 LXP-10-8665；武功山脉：安福县 LXP-06-7420，茶陵县 LXP-09-10467，芦溪县 LXP-06-1082；万洋山脉：井冈山 JGS-2177，遂川县 LXP-13-18023，炎陵县 LXP-09-08649，永新县 LXP-13-07777；诸广山脉：上犹县 LXP-13-12452、LXP-03-06885。

阔叶清风藤 Sabia yunnanensis subsp. **latifolia** (Rehd. et Wils.) Y. F. Wu

木质藤本。山谷，密林；780 m。诸广山脉：上犹县 聂敏祥等 08416(IBK)。

A113 莲科 Nelumbonaceae

莲属 *Nelumbo* Adans.

*莲 Nelumbo nucifera Gaertn.

水生草本。观赏，村边，池塘。栽培。武功山脉：莲花县 LXP-06-0661。

A114 悬铃木科 Platanaceae

悬铃木属 *Platanus* L.

*二球悬铃木（英国梧桐）Platanus acerifolia (Aiton) Willd.

乔木。广泛栽培。九岭山脉：大围山 LXP-10-7948，

奉新县 LXP-10-4194，宜春市 LXP-10-1194。

*一球悬铃木（美国梧桐）Platanus occidentalis L.

乔木。栽培。万洋山脉：宜春市 LXP-13-10781。

*三球悬铃木（法国梧桐）Platanus orientalis L.

乔木。栽培。幕阜山脉：庐山 曾沧江 s. n. (AU)。

A115 山龙眼科 Proteaceae

银桦属 *Grevillea* R. Br.

*银桦 Grevillea robusta A. Cunn. ex R. Br.

乔木。山谷，路旁，溪边；壤土；100~200 m。栽培。诸广山脉：上犹县 LXP-03-06172。

山龙眼属 *Helicia* Lour.

小果山龙眼 Helicia cochinchinensis Lour.

乔木。山谷，密林，疏林，路旁，溪边；腐殖土；100~1700 m。九岭山脉：大围山 LXP-10-11301，上高县 LXP-10-4908，万载县 LXP-10-1586、LXP-13-10916，宜春市 LXP-10-1058，宜丰县 LXP-10-2970；武功山脉：明月山 LXP-13-10663；万洋山脉：井冈山 JGS-137，遂川县 LXP-13-17521，炎陵县 LXP-09-10816，永新县 LXP-13-07762；诸广山脉：崇义县 LXP-13-24409，桂东县 LXP-13-25512，上犹县 LXP-13-13002。

广东山龙眼 Helicia kwangtungensis W. T. Wang

乔木。山谷，密林；壤土。武功山脉：明月山 LXP-13-10663。

网脉山龙眼 Helicia reticulata W. T. Wang

乔木。山谷，平地，疏林，路旁，溪边；壤土；500~600 m。万洋山脉：炎陵县 LXP-09-06330；诸广山脉：崇义县 LXP-03-04983。

Order 24. 黄杨目 Buxales

A117 黄杨科 Buxaceae

黄杨属 *Buxus* L.

雀舌黄杨 Buxus bodinieri Lévl.

灌木。山谷，路旁，溪边，疏林；200~1100 m。九岭山脉：大围山 LXP-10-7470，铜鼓县 LXP-10-8231。

*匙叶黄杨 Buxus harlandii Hance

灌木。广泛栽培。万洋山脉：遂川县 岳俊三等 4461 (PE)。

大叶黄杨 Buxus megistophylla Lévl.

灌木。山谷，密林，疏林，灌丛，溪边；壤土，腐殖土，沙土；900~1200 m。武功山脉：芦溪县 LXP-13-09599；诸广山脉：桂东县 LXP-13-22574，崇义县 LXP-03-04941，上犹县 LXP-13-25121。

黄杨 Buxus sinica (Rehd. et Wils.) M. Cheng

灌木。山谷，平地，密林，疏林，路旁，溪边，阴处；壤土，沙土；700~1400 m。九岭山脉：大围山 LXP-03-07842、LXP-10-12065；武功山脉：芦溪县 LXP-06-1160；万洋山脉：井冈山 JGS-2210，炎陵县 LXP-09-6575。

尖叶黄杨 Buxus sinica subsp. **aemulans** (Rehd. et Wils.) M. Cheng

灌木。山谷，溪边；1300 m。武功山脉：明月山 岳俊三等 3373(NAS)。

小叶黄杨 Buxus sinica var. **parvifolia** M. Cheng

灌木。山谷，石壁。幕阜山脉：庐山 秦仁昌 10787 (NAS)。

越橘叶黄杨 Buxus sinica var. **vacciniifolia** M. Cheng

灌木。山坡；1450 m。幕阜山脉：庐山 李丙贵 7-96 (IBSC)。

板凳果属 *Pachysandra* Michx.

板凳果 Pachysandra axillaris Franch.

草本。山谷，山坡，密林，疏林，路旁；壤土；700~1200 m。幕阜山脉：庐山市 LXP-13-8302；武功山脉：明月山 LXP-06-4689；万洋山脉：炎陵县 LXP-09-08497。

多毛板凳果 Pachysandra axillaris var. **stylosa** (Dunn) M. Cheng

草本。林缘，路旁，灌丛。万洋山脉：井冈山 JGS-2189。

顶花板凳果 Pachysandra terminalis Sieb. et Zucc.

草本。山谷，疏林，溪边；沙土；1200~1300 m。诸广山脉：桂东县 LXP-03-02517。

野扇花属 *Sarcococca* Lindl.

羽脉野扇花 **Sarcococca hookeriana** Baiall.

灌木。山坡；壤土；200~300 m。武功山脉：安福县 LXP-06-0421。

长叶柄野扇花 **Sarcococca longipetiolata** M. Cheng

灌木。山谷，灌丛，疏林；100~400 m。幕阜山脉：武宁县 LXP-13-08574，庐山市 LXP-13-24525；九岭山脉：靖安县 JLS-2012-021、LXP-13-10517，大围山 LXP-10-11257；武功山脉：莲花县 LXP-GTY-449，分宜县 LXP-10-5127，安福县 LXP-06-3007，宜春市 LXP-13-10762。

东方野扇花 **Sarcococca orientalis** C. Y. Wu

灌木。山谷，山坡，疏林，灌丛，溪边，村边，路旁，阴处；100~700 m。幕阜山脉：瑞昌市 LXP0005，通山县 LXP1898，武宁县 LXP0481，庐山市 LXP6053，修水县 LXP0349；九岭山脉：靖安县 LXP-10-713，宜春市 LXP-10-1127。

野扇花 **Sarcococca ruscifolia** Stapf

灌木。山顶，山坡，疏林，灌丛，路旁；壤土；300~800 m。幕阜山脉：武宁县 LXP-13-08564；九岭山脉：上高县 LXP-06-6586；武功山脉：芦溪县 LXP-06-2378，攸县 LXP-03-07615。

Order 27. 虎耳草目 Saxifragales

A122 芍药科 **Paeoniaceae**

芍药属 *Paeonia* L.

*芍药 **Paeonia lactiflora** Pall.

草本。栽培。幕阜山脉：庐山 谭策铭、徐玉容和陈美玲等 1507657(JJF)。

草芍药 **Paeonia obovata** Maxim.

草本。山坡，山谷，石缝；700~1300 m。幕阜山脉：庐山 董安淼 1491(JJF)。

A123 蕈树科 **Altingiaceae**

蕈树属 *Altingia* Noronha

蕈树 **Altingia chinensis** (Champ.) Oliv. ex Hance

乔木。山谷，山坡，密林，疏林，溪边；壤土，腐殖土；300~1400 m。九岭山脉：靖安县 LXP-13-10123；万洋山脉：井冈山 JGS-2011-072，遂川县 LXP-13-17505，炎陵县 LXP-09-00055，永新县 LXP-13-07953；诸广山脉：桂东县 LXP-13-25673，崇义县 LXP-13-24151、LXP-03-04911，汝城县 LXP-03-09019，上犹县 LXP-13-25205、LXP-03-06952。

细柄蕈树 **Altingia gracilipes** Hemsl.

乔木。山谷，疏林；300~800 m。万洋山脉：井冈山 赖书坤 2232(LBG)。

枫香树属 *Liquidambar* L.

缺萼枫香树 **Liquidambar acalycina** Chang

乔木。山谷，密林，疏林，路旁；壤土；150~1700 m。幕阜山脉：平江县 LXP-10-6022；九岭山脉：安义县 LXP-10-3807，大围山 LXP-09-11028、LXP-10-5267，奉新县 LXP-10-4202；万洋山脉：井冈山 JGS-1007，遂川县 LXP-13-23772，炎陵县 DY1-1047；诸广山脉：上犹县 LXP-13-23212。

枫香树 **Liquidambar formosana** Hance

乔木。山谷，山坡，密林，疏林，路旁；壤土；100~1400 m。幕阜山脉：通山县 LXP1903，武宁县 LXP1685，修水县 LXP2565；九岭山脉：浏阳市 LXP-03-08621，安义县 LXP-10-3705，大围山 LXP-10-11956，奉新县 LXP-10-3439，靖安县 LXP-10-13636，上高县 LXP-10-4881，铜鼓县 LXP-10-13558，宜春市 LXP-10-1045，宜丰县 LXP-10-12813；武功山脉：安福县 LXP-06-0158，茶陵县 LXP-06-1884，大岗山 LXP-06-3671，芦溪县 LXP-06-1297、LXP-06-1741，攸县 LXP-06-5395；万洋山脉：井冈山 JGS-B049，遂川县 LXP-13-16679，炎陵县 LXP-03-03397、LXP-09-06450，永兴县 LXP-03-04359，资兴市 LXP-03-03666；诸广山脉：崇义县 LXP-03-05832，上犹县 LXP-13-12916、LXP-03-06257。

半枫荷属 *Semiliquidambar* H. T. Chang

半枫荷 **Semiliquidambar cathayensis** H. T. Chang

乔木。山坡，密林，疏林，路旁；壤土；500~1000 m。九岭山脉：大围山 LXP-03-07718；武功山脉：安仁县 LXP-03-00681；万洋山脉：井冈山 JGS-1297，遂川县 LXP-13-18215，资兴市 LXP-03-00140；诸广山脉：上犹县 LXP-13-12492，桂东县 LXP-03-0744。

A124 金缕梅科 Hamamelidaceae

蜡瓣花属 *Corylopsis* Sieb. et Zucc.

腺蜡瓣花 Corylopsis glandulifera Hemsl.
灌木。山谷，疏林；531 m。幕阜山脉：修水县 缪以清 TanCM1717(JJF)。

瑞木 Corylopsis multiflora Hance
灌木。山谷，山坡，密林，疏林，溪边；壤土；500~1300 m。万洋山脉：遂川县 LXP-13-16389，炎陵县 LXP-09-06173；诸广山脉：上犹县 LXP-03-07048。

蜡瓣花 Corylopsis sinensis Hemsl.
灌木。山坡，平地，密林，疏林，灌丛，路旁，村边，河边，溪边；壤土，腐殖土，沙土；300~1600 m。幕阜山脉：庐山市 LXP4492，平江县 LXP3946，通山县 LXP7106，武宁县 LXP1291；武功山脉：安福县 LXP-06-0742，茶陵县 LXP-06-1647，莲花县 LXP-GTY-210，芦溪县 LXP-13-09562、LXP-06-1104；万洋山脉：井冈山 JGS-2011-083，遂川县 LXP-13-16432，炎陵县 LXP-03-02908、LXP-09-06061，永新县 LXP-13-19756，资兴市 LXP-03-05119；诸广山脉：崇义县 LXP-03-04907，桂东县 JGS-A071、LXP-03-02397，上犹县 LXP-13-12215、LXP-03-06444。

秃蜡瓣花 Corylopsis sinensis var. **calvescens** Rehd. et Wils.
灌木。山坡，密林，疏林；腐殖土；800~900 m。幕阜山脉：通山县 LXP2186；武功山脉：莲花县 LXP-GTY-237；万洋山脉：井冈山 JGS-2012121。

双花木属 *Disanthus* Maxim.

长柄双花木 Disanthus cercidifolius subsp. **longipes** (H. T. Chang) K. Y. Pan
乔木。山谷，疏林，河边；800~1500 m。万洋山脉：井冈山 JGS-2012105，永新县 LXP-13-07933。

蚊母树属 *Distylium* Sieb. et Zucc.

小叶蚊母树 Distylium buxifolium (Hance.) Merr.
灌木。罗霄山脉可能有分布，未见标本。

杨梅叶蚊母树 Distylium myricoides Hemsl.
灌木。山谷，山坡，密林，疏林，溪边，路旁；腐殖土；200~1400 m。幕阜山脉：庐山市 LXP5317，通山县 LXP6626，武宁县 LXP1511；九岭山脉：靖安县 LXP-10-380，宜丰县 LXP-10-2861；武功山脉：茶陵县 LXP-09-10330，芦溪县 LXP-13-09413、LXP-13-09745；万洋山脉：井冈山 JGS-1150，遂川县 LXP-13-17503，炎陵县 LXP-09-06141，永新县 LXP-13-07969；诸广山脉：桂东县 LXP-13-25515，上犹县 LXP-13-12319。

蚊母树 Distylium racemosum Sieb. et Zucc.
乔木。山坡，密林，疏林，路旁，溪边；200~800 m。诸广山脉：崇义县 LXP-03-04880。

秀柱花属 *Eustigma* Gardn. et Champ.

秀柱花 Eustigma oblongifolium Gardn. et Champ.
乔木。山谷，疏林，溪边；壤土。诸广山脉：齐云山 06155（刘小明等，2010）。

马蹄荷属 *Exbucklandia* R. W. Brown

大果马蹄荷 Exbucklandia tonkinensis (Lec.) Steenis
乔木。山谷，山坡，密林，疏林，河边，溪边；腐殖土；200~1200 m。万洋山脉：井冈山 JGS-470，炎陵县 LXP-09-07264；诸广山脉：崇义县 LXP-03-04916、LXP-13-24149，桂东县 LXP-13-22703，上犹县 LXP-03-06274、LXP-13-12037。

牛鼻栓属 *Fortunearia* Rehd. et Wils.

牛鼻栓 Fortunearia sinensis Rehd. et Wils.
乔木。山谷，山坡，疏林，路旁；壤土；400~900 m。幕阜山脉：武宁县 LXP5806；武功山脉：芦溪县 LXP-13-8327。

金缕梅属 *Hamamelis* Gronov. ex L.

金缕梅 Hamamelis mollis Oliv.
灌木。山谷，山坡，疏林，路旁；壤土；400~1500 m。幕阜山脉：庐山市 LXP-13-24545、LXP4614，通山县 LXP7779，武宁县 LXP1518；武功山脉：芦溪县 LXP-13-8317；万洋山脉：炎陵县 LXP-09-06264，永新县 LXP-13-19800。

檵木属 *Loropetalum* R. Br.

檵木 Loropetalum chinense (R. Br.) Oliv.
灌木。山坡，丘陵，密林，疏林，灌丛，路旁，河边，溪边，阳处，阴处；100~1500 m。幕阜山脉：平江县 LXP0687、LXP-10-6253，通山县 LXP1864，武宁县 LXP1081，修水县 LXP2544；九岭山脉：安义县 LXP-10-10482，大围山 LXP-03-02982、LXP-10-11296，奉新县 LXP-10-13866，靖安县 LXP-10-10149，浏阳市 LXP-10-5834，上高县 LXP-10-4878，铜鼓县 LXP-10-13551，万载县 LXP-10-1510，宜春市 LXP-10-1064，宜丰县 LXP-10-13120；武功山脉：安仁县 LXP-03-00696，分宜县 LXP-10-5170，安福县 LXP-06-0027，茶陵县 LXP-06-1410，芦溪县 LXP-06-1070，明月山 LXP-06-4835，攸县 LXP-06-5287；万洋山脉：井冈山 JGS-2012083，遂川县 LXP-13-17105，炎陵县 LXP-09-10054、LXP-03-00358，永新县 LXP-13-07614，永兴县 LXP-03-03842，资兴市 LXP-03-00220；诸广山脉：崇义县 LXP-13-24349、LXP-03-05619，桂东县 LXP-13-25637、LXP-03-0748，上犹县 LXP-13-12810、LXP-03-06091。

*红花檵木 Loropetalum chinense var. rubrum Yieh

灌木。平地，路旁；壤土；1400~1500 m。栽培。武功山脉：芦溪县 LXP-06-1257。

壳菜果属 *Mytilaria* Lec.

*壳菜果 Mytilaria laosensis Lec.

乔木。山谷，疏林，水库边；壤土。栽培。诸广山脉：上犹县 LXP-13-12921。

水丝梨属 *Sycopsis* Oliv.

尖叶水丝梨 Sycopsis dunnii Hemsl.

乔木。山谷，山坡，密林，疏林，路旁，溪边；壤土，腐殖土；300~1100 m。九岭山脉：大围山 LXP-10-7559；诸广山脉：崇义县 LXP-03-05734。

水丝梨 Sycopsis sinensis Oliv.

乔木。山谷，山坡，平地，密林，疏林，灌丛，路旁，溪边，石上；壤土，腐殖土，沙土；400~1500 m。幕阜山脉：通山县 LXP7681；九岭山脉：大围山 LXP-03-08052；武功山脉：安福县 4001414009、LXP-06-2821，芦溪县 LXP-13-03736、LXP-06-0814，攸县 LXP-03-07619；万洋山脉：炎陵县 LXP-09-00141；诸广山脉：桂东县 LXP-13-25489。

A125 连香树科 Cercidiphyllaceae

连香树属 *Cercidiphyllum* Sieb. et Zucc.

连香树 Cercidiphyllum japonicum Sieb. et Zucc.

乔木。山谷，溪边；400~500 m。幕阜山脉：通山

县 LXP7325。

A126 虎皮楠科 Daphniphyllaceae

虎皮楠属 *Daphniphyllum* Blume

牛耳枫 Daphniphyllum calycinum Benth.

灌木。山谷，山坡，疏林，灌丛；壤土；100~500 m。武功山脉：莲花县 LXP-GTY-042，茶陵县 LXP-06-9231；万洋山脉：遂川县 LXP-13-16328；诸广山脉：上犹县 LXP-13-12837、LXP-03-07001。

交让木 Daphniphyllum macropodum Miq.

乔木。山谷，山坡，密林，疏林，路旁，溪边；壤土；300~1500 m。幕阜山脉：庐山市 LXP4502，通山县 LXP2420，武宁县 LXP1477，修水县 LXP2845，平江县 LXP-13-22378；九岭山脉：万载县 LXP-13-11321，浏阳市 LXP-03-08495，大围山 LXP-03-08037，宜丰县 LXP-10-2302；武功山脉：安福县 LXP-06-3089，茶陵县 LXP-06-1560，分宜县 LXP-06-9629，莲花县 LXP-06-0638，芦溪县 LXP-13-03505、LXP-13-09779、LXP-06-0812，明月山 LXP-06-4890，攸县 LXP-06-2781；万洋山脉：井冈山 JGS-1102，遂川县 400147019，炎陵县 DY1-1082、LXP-03-02917，资兴市 LXP-03-00069；诸广山脉：崇义县 LXP-03-04979，桂东县 LXP-13-09056、LXP-03-02453，上犹县 LXP-03-06605。

虎皮楠 Daphniphyllum oldhamii (Hemsl.) Rosenth.

乔木。山谷，山坡，密林，疏林，灌丛，路旁，阳处；壤土；200~900 m。九岭山脉：大围山 LXP-10-12177，靖安县 LXP-10-388，万载县 LXP-10-1590，宜丰县 LXP-10-13230；武功山脉：安福县 LXP-06-0747，茶陵县 LXP-06-1989；万洋山脉：井冈山 JGS-1177，炎陵县 LXP-13-4198。

A127 鼠刺科 Iteaceae

鼠刺属 *Itea* L.

鼠刺 Itea chinensis Hook. et Arn.

乔木。山谷，山坡，密林，疏林，灌丛，路旁；壤土；100~1000 m。幕阜山脉：平江县 LXP4032、LXP-10-6086，通山县 LXP6545，武宁县 LXP0954，修水县 LXP0238；九岭山脉：大围山 LXP-03-08006、LXP-10-11139，靖安县 LXP-13-10061、LXP-10-4547；

武功山脉：宜春市 LXP-13-10527，芦溪县 LXP-13-03638，明月山 LXP-13-10674；万洋山脉：吉安市 LXSM2-6-10070，井冈山 JGS-076，遂川县 LXP-13-7207，炎陵县 LXP-13-3094，永新县 LXP-13-07613，永兴县 LXP-03-03942，资兴市 LXP-03-03547；诸广山脉：桂东县 LXP-13-22583、LXP-03-02852，上犹县 LXP-03-06035。

厚叶鼠刺 Itea coriacea Y. C. Wu

灌木。山谷，山坡，密林，疏林，路旁，溪边；壤土，腐殖土，沙土。武功山脉：芦溪县 LXP-13-09844；诸广山脉：上犹县 LXP-13-12349。

腺鼠刺 Itea glutinosa Hand.-Mazz.

灌木。山坡，疏林，路旁；壤土，沙土；700~1300 m。九岭山脉：大围山 LXP-03-02954；武功山脉：安福县 LXP-06-9265。

峨眉鼠刺 Itea omeiensis C. K. Schneider

灌木。山顶，山坡，密林，疏林，灌丛，路旁，溪边；壤土；100~1400 m。幕阜山脉：通山县 LXP1773，武宁县 LXP0383，修水县 LXP0806；武功山脉：安福县 LXP-06-0194，茶陵县 LXP-06-2228，芦溪县 LXP-13-8353、LXP-06-2391，明月山 LXP-06-4580，宜春市 LXP-06-2752；万洋山脉：井冈山 JGS-1238，炎陵县 LXP-09-06356；诸广山脉：桂东县 LXP-13-25647、LXP-03-00861。

A128 茶藨子科 Grossulariaceae

茶藨子属 *Ribes* L.

革叶茶藨子 Ribes davidii Franch.

灌木。山谷，疏林，溪边；1200~1300 m。万洋山脉：南风面 LXP-13-23823。

华蔓茶藨子 Ribes fasciculatum var. **chinense** Maxim.

灌木。山谷，疏林。幕阜山脉：庐山市 熊耀国 06794 (LBG)。

冰川茶藨子 Ribes glaciale Wall.

灌木。山坡，山谷，疏林；1000~1500 m。幕阜山脉：庐山 田旗、张宪权和周翔宇 CSYZXZ06-0160 (CSH)。

细枝茶藨子 Ribes tenue Jancz.

灌木。山谷，山坡，密林，灌丛，河边；1200~1500 m。

幕阜山脉：平江县 LXP3748，武宁县 LXP6217。

A129 虎耳草科 Saxifragaceae

落新妇属 *Astilbe* Buch.-Ham. ex D. Don

落新妇 Astilbe chinensis (Maxim.) Franch. et Savat.

草本。山顶，山坡，疏林，灌丛，路旁，溪边，阴处；400~1500 m。幕阜山脉：庐山市 LXP4785，通山县 LXP2126，武宁县 LXP1505，修水县 LXP0276；九岭山脉：大围山 LXP-03-07810，七星岭 LXP-03-07983、LXP-10-11407，靖安县 LXP2455、LXP-13-10320；武功山脉：芦溪县 LXP-13-09978，安福县 LXP-06-6834；万洋山脉：井冈山 JGS-B123，遂川县 LXP-13-16611，炎陵县 LXP-09-10917；诸广山脉：崇义县 LXP-03-05858，上犹县 LXP-03-06831。

大落新妇 Astilbe grandis Stapf ex Wils.

草本。山坡，密林，疏林，灌丛，路旁，溪边，阴处；壤土，腐殖土；600~1500 m。幕阜山脉：通山县 LXP2253，武宁县 LXP0474；九岭山脉：大围山 LXP-09-11024、LXP-10-7902，靖安县 LXP-10-395，宜丰县 LXP-10-2319；武功山脉：芦溪县 LXP-13-09890；万洋山脉：吉安市 LXSM2-6-10018，井冈山 JGS-A018，遂川县 LXP-13-23675，炎陵县 DY2-1017；诸广山脉：上犹县 LXP-13-12506。

大果落新妇 Astilbe macrocarpa Knoll

草本。山谷，山坡，密林，疏林，溪边；300~900 m。幕阜山脉：平江县 LXP4102，通山县 LXP2217。

金腰属 *Chrysosplenium* Tourn. ex L.

肾萼金腰 Chrysosplenium delavayi Franch.

草本。山谷，山坡，疏林，灌丛，溪边，石上，阴处；腐殖土；400~1700 m。九岭山脉：靖安县 LXP-13-10342，大围山 LXP-10-7677；武功山脉：分宜县 LXP-06-9606；万洋山脉：井冈山 JGS-1304036，炎陵县 LXP-09-06455，永新县 LXP-QXL-693。

日本金腰 Chrysosplenium japonicum (Maxim.) Makino

草本。山坡，疏林，路旁；壤土；400~1200 m。幕阜山脉：平江县 LXP3815；武功山脉：分宜县 LXP-06-9578，芦溪县 LXP-06-1166；万洋山脉：炎陵县 LXP-09-06342。

绵毛金腰 Chrysosplenium lanuginosum Hook. f. et Thoms.

草本。山谷，山坡，疏林，灌丛，溪边，阴处；腐殖土；900~1900 m。幕阜山脉：平江县 LXP3861；九岭山脉：宜丰县 LXP-10-2418；万洋山脉：井冈山 LXP-13-5748，遂川县 LXP-13-16948，炎陵县 DY1-1032；诸广山脉：桂东县 LXP-13-25687。

大叶金腰 Chrysosplenium macrophyllum Oliv.

草本。山谷，山坡，疏林，密林，路旁，河边，溪边，阴处；腐殖土；200~1400 m。九岭山脉：浏阳市 LXP-03-08664，靖安县 LXP-13-11536，宜丰县 LXP-10-2887；武功山脉：分宜县 LXP-06-9638，芦溪县 LXP-13-03584、LXP-13-09736、LXP-06-1152，明月山 LXP-06-4571；万洋山脉：井冈山 JGS-2200，炎陵县 LXP-09-07122。

毛金腰 Chrysosplenium pilosum Maxim.

草本。山谷，密林；壤土；800~900 m。武功山脉：芦溪县 LXP-06-1132。

毛柄金腰 Chrysosplenium pilosum var. **pilosopetiolatum** (Jien) J. T. Pan

草本。山谷，阴湿处。罗霄山脉可能有分布，未见标本。

中华金腰 Chrysosplenium sinicum Maxim.

草本。山谷，山坡，疏林，路旁，溪边；壤土；600~1300 m。九岭山脉：靖安县 LXP2458；武功山脉：芦溪县 LXP-06-1332；万洋山脉：井冈山 LXP-13-0452，遂川县 LXP-13-23807，炎陵县 LXP-09-06039。

虎耳草属 *Saxifraga* L.

罗霄虎耳草 Saxifraga luoxiaoensis W. B. Liao, L. Wang et X. J. Zhang

草本。山谷，疏林，路旁，石上，溪边；壤土；1000~1900 m。万洋山脉：遂川县 LXP-13-24656，炎陵县 LXP-09-10136。

蒙自虎耳草 Saxifraga mengtzeana Engl. et Irmsch.

草本。阴湿石壁；350 m。武功山脉：茶陵县八旦村 罗开文，黄娟 080609。

神农虎耳草 Saxifraga shennongii L. Wang, W. B. Liao et J. J. Zhang

草本。山谷，阴湿石壁；450~1200 m。万洋山脉：

炎陵县 LXP-09-09089、LXP-13-24778；诸广山脉：八面山 LXP-13-26371。

球茎虎耳草 Saxifraga sibirica L.

草本。山谷，石壁。幕阜山脉有分布。

虎耳草 Saxifraga stolonifera Curt.

草本。山谷，山坡，密林，疏林，石上，河边，溪边，阴处；壤土，腐殖土；200~1800 m。幕阜山脉：平江县 LXP3518，通山县 LXP2404，武宁县 LXP1510；九岭山脉：大围山 LXP-10-7554，奉新县 LXP-10-3562，靖安县 LXP-10-4428，铜鼓县 LXP-10-8288，宜丰县 LXP-10-8493；武功山脉：安福县 LXP-06-4723，攸县 LXP-03-08600，芦溪县 LXP-13-09530、LXP-06-3421，莲花县 LXP-GTY-041，明月山 LXP-06-4515；万洋山脉：井冈山 JGS-1304017，遂川县 LXP-13-09409，炎陵县 DY1-1029，资兴市 LXP-03-03647，永新县 LXP-13-07707；诸广山脉：上犹县 LXP-13-12260，桂东县 LXP-13-25684。

黄水枝属 *Tiarella* L.

黄水枝 Tiarella polyphylla D. Don

草本。山谷，山坡，密林，疏林，林下，灌丛，溪边，阴处；壤土，腐殖土；400~1800 m。幕阜山脉：平江县 LXP3200，通山县 LXP1264，武宁县 LXP1125，修水县 LXP6390；九岭山脉：大围山 LXP-10-7550；武功山脉：莲花县 LXP-GTY-053，芦溪县 LXP-13-09585，明月山 LXP-06-4516；万洋山脉：井冈山 JGS-4649，遂川县 LXP-13-17620，炎陵县 DY1-1175；诸广山脉：上犹县 LXP-13-23206、LXP-03-06513。

A130 景天科 Crassulaceae

落地生根属 *Bryophyllum* Salisb.

***落地生根 Bryophyllum pinnatum** (L. f.) Oken

草本。观赏，广泛栽培，逸为野生。

八宝属 *Hylotelephium* H. Ohba

八宝 Hylotelephium erythrostictum (Miq.) H. Ohba

草本。山谷，疏林，石上，路旁；125~1556 m。幕阜山脉：通山县 LXP7259、LXP7762；九岭山脉：大围山 LXP-10-5257。

紫花八宝 Hylotelephium mingjinianum (S. H. Fu) H. Ohba

草本。罗霄山脉可能有分布，未见标本。

轮叶八宝 Hylotelephium verticillatum (L.) H. Ohba

草本。山坡，山顶，疏林，灌丛；519~1500 m。幕阜山脉：通山县 LXP1356、LXP6800，武宁县 LXP5590；九岭山脉：大围山 LXP-10-11371、LXP-10-12557、LXP-10-12708。

瓦松属 Orostachys (DC.) Fisch.

瓦松 Orostachys fimbriatus (Turcz.) Berger

草本。村边，石上；20~400 m。幕阜山脉：九江市熊耀国 07045(LBG)。

费菜属 Phedimus Raf.

费菜 Phedimus aizoon (L.) 't Hart

草本。山坡，岩缝；1100 m。幕阜山脉：庐山 谭策铭和易桂花 09703(JJF)。

景天属 Sedum L.

东南景天 Sedum alfredii Hance

草本。山谷，平地，山坡，疏林，溪边，石上，路旁；600~1700 m。万洋山脉：吉安市 LXSM2-6-10093，井冈山 JGS-4718，炎陵县 LXP-09-10605，永新县 LXP-13-07666、LXP-13-08045；诸广山脉：上犹县 LXP-13-12296、LXP-13-19306A、LXP-13-22280。

对叶景天 Sedum baileyi Praeg.

草本。山坡，路旁，溪边；529 m。幕阜山脉：平江县 LXP4028；万洋山脉：井冈山 JGS4072。

珠芽景天 Sedum bulbiferum Makino

草本。山坡，山谷，丘陵，平地，疏林，密林，路旁，草地，灌丛，溪边，水田边，阳处；80~900 m。幕阜山脉：庐山市 LXP5692，平江县 LXP3794、LXP4017、LXP4347，通山县 LXP6832，武宁县 LXP0897、LXP1075；九岭山脉：安义县 LXP-10-3646、LXP-10-9423，大围山 LXP-10-7802、LXP-10-8046，奉新县 LXP-10-3332、LXP-10-3480、LXP-10-3985、LXP-10-4051、LXP-10-9177、LXP-10-9381，七星岭 LXP-10-8198，上高县 LXP-10-4927，铜鼓县 LXP-10-8314，宜丰县 LXP-10-4790、LXP-10-8469、

LXP-10-8772；武功山脉：茶陵县 LXP-13-22937，分宜县 LXP-10-5116，芦溪县 LXP-06-3360；万洋山脉：吉安市 LXSM2-6-10013，井冈山 JGS-1304034、LXP-13-15142、LXSM-7-00034，遂川县 LXP-13-16372、LXP-13-17851，炎陵县 LXP-09-08154、LXP-09-08579、LXP-09-09588、LXP-09-10050、LXP-13-26000，永新县 LXP-13-07950，资兴市 LXP-03-03570。

大叶火焰草 Sedum drymarioides Hance

草本。山坡，疏林，溪边，石上；200~1100 m。幕阜山脉：庐山市 LXP4489、LXP5230、LXP-13-24533，平江县 LXP4402，武宁县 LXP1512；九岭山脉：奉新县 LXP-10-4293；武功山脉：茶陵县 LXP-09-10512、LXP-13-12624。

凹叶景天 Sedum emarginatum Migo

草本。山坡，山谷，山顶，疏林，密林，路旁，溪边，石上；150~1500 m。幕阜山脉：平江县 LXP3544、LXP3614、LXP-10-6289，通山县 LXP2284、LXP6662，武宁县 LXP1556、LXP6078；九岭山脉：大围山 LXP-10-5546、LXP-03-03010，浏阳市 LXP-03-08539、LXP-10-7570、LXP-10-7683，奉新县 LXP-10-4128、LXP-10-9105，靖安县 LXP-10-269、LXP-10-4431，七星岭 LXP-10-8157，铜鼓县 LXP-10-7054，万载县 LXP-10-1458、LXP-10-1963，宜丰县 LXP-10-2962、LXP-10-7278、LXP-10-8496、LXP-10-8912；武功山脉：安福县 LXP-06-9262，芦溪县 LXP-06-3481，明月山 LXP-06-4687、LXP-06-5039，茶陵县 LXP-13-22950，攸县 LXP-03-08954、LXP-03-08972；万洋山脉：吉安市 LXSM2-6-10083，井冈山 LXP-13-15117，遂川县 LXP-13-17139、LXP-13-17209、LXP-13-7145，炎陵县 LXP-09-00075、LXP-09-06136、LXP-09-08681、LXP-13-26063、TYD1-1253、TYD1-1255、TYD1-1280，永新县 LXP-13-07691、LXP-13-19736、LXP-QXL-112，资兴市 LXP-03-03791；诸广山脉：上犹县 LXP-13-23403，崇义县 LXP-03-07416。

日本景天 Sedum japonicum Sieb. ex Miq.

草本。山坡，山谷，疏林，河边，石上，阴处；腐殖土；1100~1900 m。万洋山脉：遂川县 LXP-13-23577，炎陵县 LXP-13-24942；诸广山脉：崇义县 LXP-13-24197。

薄叶景天 Sedum leptophyllum Frod.

草本。山坡，山谷，疏林，路旁，溪边；壤土；650~

1400 m。幕阜山脉：通山县 LXP1148、LXP2132、LXP7715；武功山脉：莲花县 LXP-GTY-339；万洋山脉：炎陵县 LXP-09-6526；诸广山脉：上犹县 LXP-13-12315。

佛甲草　Sedum lineare Thunb.

草本。山坡，山谷，平地，山顶，密林，疏林，路旁，溪边，村边，石上；腐殖土；250~1700 m。幕阜山脉：平江县 LXP4241；九岭山脉：宜春市 LXP-10-1084；武功山脉：芦溪县 LXP-13-09600，安福县 LXP-06-2822、LXP-06-2842，莲花县 LXP-06-0675、LXP-06-0775；万洋山脉：井冈山 JGS-2088、JGS-4627、JGS-B130，遂川县 LXP-13-17970，炎陵县 LXP-09-06242、LXP-03-03423、LXP-09-08391，永新县 LXP-13-19524；诸广山脉：上犹县 LXP-13-12224、LXP-03-07081，桂东县 JGS-A095。

庐山景天　Sedum lushanense S. S. Lai

草本。山坡，石壁；1100 m。幕阜山脉：庐山 1881027 (LBG)。

大苞景天　Sedum oligospermum Maire

草本。山谷，疏林，河边；腐殖土。万洋山脉：炎陵县 LXP-09-07966。

叶花景天　Sedum phyllanthum Lévl. et Vant.

草本。山顶，石缝；1300~1600 m。诸广山脉：八面山有分布。

藓状景天　Sedum polytrichoides Hemsl.

草本。山坡，疏林，灌丛，路旁，石上；壤土；850~1600 m。幕阜山脉：通山县 LXP2425、LXP6773、LXP6856、LXP7160、LXP7271，武宁县 LXP5774、LXP6214；诸广山脉：上犹县 LXP-03-07058。

垂盆草　Sedum sarmentosum Bunge

草本。山坡，疏林，村边，路旁，溪边，石上；壤土；150~1350 m。幕阜山脉：平江县 LXP4045，通山县 LXP1162、LXP5897，武宁县 LXP5599；九岭山脉：奉新县 LXP-06-4044、LXP-10-9308，靖安县 LXP-10-230，七星岭 LXP-10-8223，铜鼓县 LXP-10-7068，万载县 LXP-10-1372，宜丰县 LXP-10-8946；武功山脉：莲花县 LXP-GTY-349；万洋山脉：井冈山 JGS-2088、JGS-3543、JGS-3545、JGS-359，遂川县 LXP-13-17188、LXP-13-17250，永新县 LXP-

QXL-349。

火焰草　Sedum stellariifolium Franch.

草本。山坡，石缝；1320 m。万洋山脉：井冈山 笔架山有分布。

细小景天　Sedum subtile Miq.

草本。山谷，密林，疏林，溪边，石上；壤土；400~1850 m。武功山脉：芦溪县 LXP-13-09906；万洋山脉：遂川县 LXP-13-17467、LXP-13-23477、LXP-13-25868，炎陵县 LXP-09-00729、LXP-09-07336、LXP-09-09374、LXP-09-09587，永新县 LXP-13-19812。

四芒景天　Sedum tetractinum Frod.

草本。山谷，山坡，疏林，灌丛，溪边，路旁，石上；腐殖土；250~1700 m。幕阜山脉：武宁县 LXP6239；万洋山脉：炎陵县 LXP-09-10604，永新县 LXP-13-19021、LXP-QXL-837；诸广山脉：桂东县 LXP-13-09039。

土佐景天　Sedum tosaense Makino

草本。山坡，疏林，阴湿处；约 1370 m。武功山脉：LXP-13-26261，赵万义、陈彦朝、叶矾 ZWY-1531。

短蕊景天　Sedum yvesii Hamet

草本。山谷，密林，路旁；壤土。武功山脉：芦溪县 LXP-13-03520。

A133　扯根菜科 Penthoraceae

扯根菜属 Penthorum Gronov. ex L.

扯根菜　Penthorum chinense Pursh

多年生草本。山坡，平地，疏林，路旁，阴处；壤土；150 m。九岭山脉：万载县 LXP-13-10939、LXP-10-1367；武功山脉：安福县 LXP-06-8446。

A134　小二仙草科 Haloragaceae

小二仙草属 Gonocarpus Thunberg

黄花小二仙草 Gonocarpus chinensis (Lour.) Orchard

草本。罗霄山脉可能有分布，未见标本。

小二仙草 Gonocarpus micranthus Thunb.

草本。平地，草地，路旁，沼泽；壤土；150~850 m。武功山脉：安福县 LXP-06-0288，茶陵县 LXP-06-

1451、LXP-06-1452、LXP-065180；万洋山脉：炎陵县 DY2-1082。

狐尾藻属 *Myriophyllum* L.

穗状狐尾藻 **Myriophyllum spicatum** L.
水生草本。平地，路旁，池塘边；壤土；132 m。武功山脉：安福县 LXP-06-5620、LXP-06-5631。

狐尾藻 **Myriophyllum verticillatum** L.
水生草本。溪流，湖泊；20~40 m。幕阜山脉：九江市 陈耀东、官少飞和郎青 793(PE)。

Order 28. 葡萄目 Vitales

A136 葡萄科 Vitaceae

蛇葡萄属 *Ampelopsis* Michx.[①]

蓝果蛇葡萄 **Ampelopsis bodinieri** (Lévl. et Vant.) Rehd.
藤本。山谷，山坡，山地，疏林，密林，灌丛，溪边，路旁；150~1350 m。九岭山脉：宜丰县 LXP-10-2436；武功山脉：安福县 LXP-06-0271、LXP-06-3772、LXP-06-3859，芦溪县 LXP-06-3319，明月山 LXP-06-7938；万洋山脉：炎陵县 LXP-09-10742、LXP-03-04838，永兴县 LXP-03-04285；诸广山脉：上犹县 LXP-03-06711。

灰毛蛇葡萄 **Ampelopsis bodinieri** var. **cinerea** (Gagnep.) Rehd.
木质藤本。平地，山坡，路旁，灌丛，河边，溪边；壤土；150~200 m。
武功山脉：安福县 LXP-06-0003、LXP-06-2612，茶陵县 LXP-06-1393。

广东蛇葡萄 **Ampelopsis cantoniensis** (Hook. et Arn.) Planch.
藤本。山谷，山坡，密林，疏林，溪边，灌丛，路旁；100~750 m。幕阜山脉：庐山市 LXP4543、LXP5136，通山县 LXP2214，武宁县 LXP1545、LXP6121，修水县 LXP2806、LXP3486，平江县 LXP-

---

[①] 本属已被修订为 *Nekemias* Raf.，见文献：Wen J, Boggan J, Nie ZL. 2014. Synopsis of *Nekemias* Raf., a segregate genus from *Ampelopsis* Michx. (Vitaceae) disjunct between eastern/southeastern Asia and eastern North America, with ten new combinations [J]. PhytoKeys, 42: 11-19. 本书暂不修改。

10-6391；九岭山脉：安义县 LXP-10-3809，大围山 LXP-03-08093、LXP-10-11163，奉新县 LXP-10-10875、LXP-10-13995、LXP-10-9122，靖安县 4001416056、LXP-13-10009、LXP-10-10064，万载县 LXP-10-1784、LXP-10-2100，宜丰县 LXP-10-12785、LXP-10-13164，上高县 LXP-06-7650；武功山脉：安福县 LXP-06-0188、LXP-06-0523，茶陵县 LXP-06-1565、LXP-06-1931、LXP-09-10446，宜春市 LXP-06-8850；万洋山脉：井冈山 JGS-4610、JGS-B118，遂川县 LXP-13-16684、LXP-13-18127，炎陵县 LXP-09-07267、LXP-09-07483、LXP-13-3157，永新县 LXP-13-07954、LXP-13-08087、LXP-13-19210，资兴市 LXP-03-00255、LXP-03-05178；诸广山脉：崇义县 LXP-03-05786、400145022、LXP-13-24419，桂东县 LXP-03-00586、LXP-13-09030，上犹县 LXP-03-06037、LXP-03-06134。

羽叶蛇葡萄 **Ampelopsis chaffanjonii** (Lévl. et Vant.) Rehd.
藤本。山坡，疏林；壤土；816 m。武功山脉：茶陵县 LXP-09-10215。

三裂蛇葡萄 **Ampelopsis delavayana** Planch.
藤本。山坡，山谷，疏林，灌丛，路旁，溪边，村边，阳处；壤土，沙土；100~1100 m。幕阜山脉：平江县 LXP3780、LXP4012、LXP4123，瑞昌市 LXP0195、LXP0197，通山县 LXP1759、LXP1770、LXP1854，武宁县 LXP0963、LXP1301、LXP5797；九岭山脉：安义县 LXP-10-3806，奉新县 LXP-10-10769、LXP-10-3418、LXP-10-3478、LXP-06-4045，靖安县 LXP-10-87、LXP-10-9843，大围山 LXP-03-07703、LXP-03-08199，浏阳市 LXP-10-5916，上高县 LXP-10-4912，铜鼓县 LXP-10-13472，万载县 LXP-10-1535、LXP-10-2051，宜春市 LXP-06-8941、LXP-10-1146，宜丰县 LXP-10-12877、LXP-10-2586、LXP-10-4621；武功山脉：分宜县 LXP-10-5177、LXP-10-5220，安福县 LXP-06-8123，茶陵县 LXP-06-9406，芦溪县 LXP-06-3316，玉京山 LXP-10-1341；万洋山脉：遂川县 LXP-13-17798，炎陵县 LXP-13-3210、LXP-13-4363，永新县 LXP-13-19690，资兴市 LXP-03-03510、LXP-03-03536；诸广山脉：上犹县 LXP-13-12805、LXP-03-06211。

毛三裂蛇葡萄 **Ampelopsis delavayana** var. **setulosa** (Diels et Gilg) C. L. Li
藤本。平地，路旁；壤土；457 m。

万洋山脉：遂川县 LXP-13-17236。

蛇葡萄 Ampelopsis glandulosa (Wallich) Momiy.

藤本。山坡，山谷，灌丛，路旁，溪边；壤土；100~600 m。幕阜山脉：庐山市 LXP5680，武宁县 LXP1015；武功山脉：安福县 LXP-06-2140、LXP-06-2940，安仁县 LXP-03-00667。

光叶蛇葡萄 Ampelopsis glandulosa var. **hancei** (Planchon) Momiy.

草质藤本。山谷，密林，溪边；壤土；200~600 m。幕阜山脉：通山县 LXP6830；万洋山脉：炎陵县 LXP-09-08112。

异叶蛇葡萄 Ampelopsis glandulosa var. **heterophylla** (Thunb.) Momiy.

草质藤本。山谷，疏林，灌丛，河边，溪边；壤土；1000~1600 m。九岭山脉：靖安县 LXP-13-10001、LXP-13-10327；武功山脉：明月山 LXP-13-10734、LXP-13-10893，宜春市 LXP-13-10580；万洋山脉：炎陵县 LXP-09-08531、LXP-09-08549；诸广山脉：上犹县 LXP-13-12736。

牯岭蛇葡萄 Ampelopsis glandulosa var. **kulingensis** (Rehder) Momiy.

藤本。山坡，山谷，密林，疏林，灌丛，路旁，村边；100~1800 m。幕阜山脉：通山县 LXP1696、LXP1720，武宁县 LXP0898、LXP0976；九岭山脉：靖安县 LXP-13-11451；武功山脉：莲花县 LXP-GTY-033，明月山 LXP-13-10735，宜春市 LXP-13-10569；万洋山脉：井冈山 JGS-B004、LXP-13-04659、LXP-13-12401，遂川县 LXP-13-16357，炎陵县 LXP-09-07524、LXP-09-08134；诸广山脉：上犹县 LXP-13-12154。

显齿蛇葡萄 Ampelopsis grossedentata (Hand.-Mazz.) W. T. Wang

藤本。山坡，山谷，密林，疏林，溪边，路旁，阳处；150~1100 m。九岭山脉：靖安县 LXP-13-11505，宜春市 LXP-10-957，宜丰县 LXP-10-12786、LXP-10-2587；武功山脉：茶陵县 LXP-06-1681、LXP-06-7131，宜春市 LXP-13-10588、LXP-06-8959，芦溪县 LXP-13-8246，攸县 LXP-06-5463，安福县 LXP-06-0328、LXP-06-7303；万洋山脉：井冈山 JGS-1305、LXP-13-JX4555，遂川县 LXP-13-16699，炎陵县 LXP-13-26050，永新县 LXP-13-08004、LXP-QXL-066，资兴市 LXP-03-00237；诸广山脉：崇义县

400145032、LXP-03-07238、LXP-03-10912，桂东县 LXP-03-00591、LXP-03-0745，上犹县 LXP-13-12743、LXP-13-12800、LXP-03-06680、LXP-03-10676。

锈毛蛇葡萄 Ampelopsis heterophylla var. **vestita** Rehd.

藤本。山坡，山谷，疏林，溪边，村边，路旁；50~300 m。幕阜山脉：平江县 LXP-10-6424；九岭山脉：奉新县 LXP-10-3234、LXP-10-9010，靖安县 LXP-10-600，上高县 LXP-10-4919，万载县 LXP-10-1853，宜春市 LXP-10-1089，宜丰县 LXP-10-12861；万洋山脉：遂川县 LXP-13-17184、LXP-13-7465。

葎叶蛇葡萄 Ampelopsis humulifolia Bunge

木质藤本。山谷，疏林；200~600 m。幕阜山脉：修水县 90014(NAS)。

白蔹 Ampelopsis japonica (Thunb.) Makino

草本。山坡，疏林，村边；466 m。幕阜山脉：瑞昌市 LXP0009。

大叶蛇葡萄 Ampelopsis megalophylla Diels et Gilg

藤本。山坡，山谷，密林，疏林，路旁，树上；200~700 m。幕阜山脉：庐山市 LXP4653；九岭山脉：奉新县 LXP-10-9261，宜丰县 LXP-10-12908、LXP-10-8484，大围山 LXP-10-8043。

柔毛大叶蛇葡萄 Ampelopsis megalophylla var. **jiangxiensis** (W. T. Wang) C. L. Li

木质藤本。山谷，疏林；300~700 m。诸广山脉：齐云山 1001（刘小明等，2010）。

毛枝蛇葡萄 Ampelopsis rubifolia (Wall.) Planch.

藤本。山坡，山谷，密林，疏林，溪边，路旁，灌丛；沙土，壤土；500~950 m。武功山脉：莲花县 LXP-GTY-355、LXP-GTY-401，茶陵县 LXP-06-1659；万洋山脉：井冈山 JGS-B097、JGS-B118，遂川县 LXP-13-16557，炎陵县 LXP-09-07566、LXP-09-08054；诸广山脉：上犹县 LXP-13-12109、LXP-13-12156。

乌蔹莓属 *Cayratia* Juss.[①]

白毛乌蔹莓 Cayratia albifolia C. L. Li

藤本。山谷，山坡，疏林，灌丛，溪边，河边，路旁；

[①] 本属已被修订为 *Causonis* Raf.，见文献：Parmar G, Dang VC, Rabarijaona RN, et al. 2021. Phylogeny, character evolution and taxonomic revision of *Causonis*, a segregate genus from *Cayratia* (Vitaceae) [J]. Taxon, 70(6): 1188-1218. 本书暂不修改。

壤土；150~1450 m。九岭山脉：安义县 LXP-10-3780，大围山 LXP-10-12309、LXP-10-12591、LXP-10-7881，宜丰县 LXP-10-8555；武功山脉：茶陵县 LXP-06-1520；万洋山脉：吉安市 LXSM2-6-10162、JGS-B194，遂川县 LXP-13-7157，永新县 LXP-QXL-430，永兴县 LXP-03-03856、LXP-03-03881，资兴市 LXP-03-03783；诸广山脉：上犹县 LXP-03-06372、LXP-03-10574。

脱毛乌蔹莓 Cayratia albifolia var. **glabra** (Gagn.) C. L. Li

藤本。山坡，山谷，疏林，灌丛，路旁；壤土；50~700 m。幕阜山脉：平江县 LXP-10-6189；九岭山脉：大围山 LXP-10-5399，奉新县 LXP-10-3194、LXP-10-3561，铜鼓县 LXP-10-6942；武功山脉：分宜县 LXP-10-5222。

角花乌蔹莓 Cayratia corniculata (Hook.) Gagn.

藤本。山谷，平地，疏林，溪边；壤土；600~1100 m。万洋山脉：遂川县 LXP-13-7146、LXP-13-7429，永新县 LXP-QXL-555；诸广山脉：上犹县 LXP-13-23101、LXP-13-23408。

乌蔹莓 Cayratia japonica (Thunb.) Gagnep.

藤本。山坡，山谷，山顶，密林，疏林，灌丛，路旁，溪边，村边；壤土；100~1500 m。幕阜山脉：庐山市 LXP4594、LXP4797，平江县 LXP3195、LXP3930，瑞昌市 LXP0006、LXP0182，通山县 LXP1769、LXP1844；九岭山脉：大围山 LXP-10-11201、LXP-10-11670、LXP-03-07733，浏阳市 LXP-03-08349、LXP-03-10002，奉新县 LXP-10-10783、LXP-10-13960，靖安县 LXP-10-224、LXP-10-4305，铜鼓县 LXP-10-8334，万载县 LXP-10-1377、LXP-10-1521，宜春市 LXP-10-961，宜丰县 LXP-10-2324、LXP-10-4804，上高县 LXP-10-4965、LXP-06-7609；武功山脉：安福县 LXP-06-0069、LXP-06-0244，茶陵县 LXP-06-1865，玉京山 LXP-10-1295，分宜县 LXP-06-2362，芦溪县 LXP-06-2123，攸县 LXP-06-6120；万洋山脉：井冈山 JGS-B050、LXP-13-04660，遂川县 LXP-13-17192、LXP-13-17300，炎陵县 DY1-1054、LXP-09-07470、LXP-13-07927、LXP-QXL-369，永兴县 LXP-03-04319、LXP-03-04460，资兴市 LXP-03-03591、LXP-03-05074；诸广山脉：上犹县 LXP-13-12099、LXP-13-12490。

毛乌蔹莓 Cayratia japonica var. **mollis** (Wall.) Momiy.

藤本。平地，路旁；壤土；300 m。武功山脉：芦溪县 LXP-06-3450。

尖叶乌蔹莓 Cayratia japonica var. **pseudotrifolia** (W. T. Wang) C. L. Li

藤本。山坡，密林，灌丛；壤土；600~700 m。幕阜山脉：通山县 LXP2409；万洋山脉：炎陵县 LXP-13-4304。

华中乌蔹莓 Cayratia oligocarpa (Lévl. et Vant.) Gagnep.

藤本。山坡，山谷，平地，密林，疏林，路旁，溪边；壤土；200~1350 m。幕阜山脉：平江县 LXP3812，通山县 LXP2078、LXP7039；九岭山脉：奉新县 LXP-06-4093，宜春市 LXP-10-1147，宜丰县 LXP-10-2798；武功山脉：茶陵县 LXP-09-10228，明月山 LXP-06-4986；万洋山脉：井冈山 LXP-13-18294，遂川县 LXP-13-16404，炎陵县 LXP-09-08758、LXP-13-23869，永新县 LXP-13-19490；诸广山脉：上犹县 LXP-03-06629、LXP-03-10628。

乌足乌蔹莓 Cayratia pedata (Lamk.) Juss. ex Gagnep.

藤本。山坡，路旁，320 m。万洋山脉：炎陵县 LXP-13-4300。

三叶乌蔹莓 Cayratia trifolia (L.) Domin

草本。山谷，疏林，约 900 m。
万洋山脉：炎陵县 LXP-13-3400。

白粉藤属 *Cissus* L.

苦郎藤 Cissus assamica (Laws.) Craib

藤本。山坡，山谷，疏林，灌丛，溪边，阳处；壤土；150~1700 m。武功山脉：安福县 LXP-06-0046、LXP-06-0114，茶陵县 LXP-06-1653；万洋山脉：井冈山 LXP-13-18546，遂川县 LXP-13-18063，炎陵县 LXP-09-10653，永新县 LXP-13-19309，资兴市 LXP-03-00202；诸广山脉：上犹县 LXP-13-18900，崇义县 LXP-03-04982。

地锦属 *Parthenocissus* Planch.

异叶地锦 Parthenocissus dalzielii Gagnep.

藤本。山谷，山坡，密林，疏林，灌丛，溪边，石上；壤土；200~1700 m。九岭山脉：宜丰县 LXP-10-13356、LXP-10-8791；武功山脉：安福县 LXP-06-2819、LXP-06-6881，茶陵县 LXP-06-1878，莲花县 LXP-

06-0645；万洋山脉：井冈山 JGS-358、JGS-359，遂川县 LXP-13-17788，炎陵县 LXP-09-07426、LXP-09-10645；诸广山脉：桂东县 JGS-A154，崇义县 LXP-03-04902。

绿叶地锦 Parthenocissus laetevirens Rehd.

藤本。山谷，山坡，密林，疏林，灌丛，路旁，石上；壤土，沙土，腐殖土；100~900 m。幕阜山脉：庐山市 LXP4928、LXP5413，平江县 LXP-13-22463、LXP4080、LXP4195、LXP-10-6010，通山县 LXP7077，修水县 LXP0351；九岭山脉：安义县 LXP-10-3783，靖安县 LXP-13-10068、LXP-10-11、LXP-10-523，铜鼓县 LXP-10-7053，宜丰县 LXP-10-13016、LXP-10-2649，上高县 LXP-06-7620；武功山脉：分宜县 LXP-10-5221，安福县 LXP-06-0526，茶陵县 LXP-06-2235；万洋山脉：井冈山 LXP-13-22982、LXSM-7-00024，炎陵县 LXP-09-07487、LXP-13-5799，永新县 LXP-13-07635、LXP-QXL-405；诸广山脉：上犹县 LXP-13-12709。

五叶地锦 Parthenocissus quinquefolia (L.) Planch.

草本。沟谷，岩壁；300~400 m。万洋山脉：永新县 LXP-QXL-408。

三叶地锦 Parthenocissus semicordata (Wall. ex Roxb.) Planch.

藤本。山坡，山谷，疏林，灌丛，树上，石上；30~1900 m。武功山脉：安福县 LXP-06-3569；万洋山脉：遂川县 LXP-13-16487、LXP-13-23638，炎陵县 LXP-09-08444、LXP-09-09618；诸广山脉：上犹县 LXP-13-12313。

地锦 Parthenocissus tricuspidata (Sieb. et Zucc.) Planch.

藤本。山谷，山坡，密林，疏林，路旁；壤土；300~1400 m。九岭山脉：大围山 LXP-09-11095、LXP-10-7842，奉新县 LXP-10-3535，宜丰县 LXP-13-24518；武功山脉：茶陵县 LXP-06-1505、LXP-09-10270；万洋山脉：遂川县 LXP-13-16658，炎陵县 LXP-09-07525，资兴市 LXP-03-03572；诸广山脉：上犹县 LXP-03-06759。

崖爬藤属 *Tetrastigma* (Miq.) Planch.

尾叶崖爬藤 Tetrastigma caudatum Merr. et Chun

藤本。山谷，疏林，溪边；壤土；1100 m。诸广山脉：上犹县 LXP-03-06826。

三叶崖爬藤 Tetrastigma hemsleyanum Diels et Gilg

藤本。山谷，山坡，密林，疏林，灌丛，溪边，河边，路旁；壤土，沙土，腐殖土；150~1100 m。幕阜山脉：庐山市 LXP4540，通山县 LXP5965、LXP6517，武宁县 LXP-13-08416、LXP-13-08525、LXP0512、LXP1207，修水县 LXP2600、LXP3066；九岭山脉：靖安县 LXP-10-9567，铜鼓县 LXP-10-8283，宜丰县 LXP-10-6802；武功山脉：安福县 LXP-06-5133、LXP-06-8103；万洋山脉：井冈山 JGS-1344、JGS-464，遂川县 LXP-13-16421、LXP-13-16712，炎陵县 LXP-09-06290、LXP-09-07139，永新县 LXP-13-08055、LXP-13-19499，资兴市 LXP-03-03833；诸广山脉：上犹县 LXP-13-12390、LXP-13-13014，桂东县 LXP-13-25409。

崖爬藤 Tetrastigma obtectum (Wall.) Planch.

藤本。山谷，山坡，密林，疏林，路旁，溪边，石壁上；壤土；300~1400 m。九岭山脉：大围山 LXP-10-7998；万洋山脉：井冈山 JGS-177，炎陵县 LXP-09-09561、LXP-09-10792，永新县 LXP-13-08025；诸广山脉：桂东县 LXP-13-25389，上犹县 LXP-03-07144、LXP-03-10823。

无毛崖爬藤 Tetrastigma obtectum var. **glabrum** (Lévl. et Vant.) Gagn.

草质藤本。山坡，石壁；300~800 m。诸广山脉：齐云山 075799（刘小明等，2010）。

葡萄属 *Vitis* L.

小果葡萄 Vitis balanseana Planch.

藤本。山坡，山谷，疏林，平地，草地，溪边，村边，路旁；壤土；50~1100 m。

幕阜山脉：平江县 LXP0693，通山县 LXP1171，武宁县 LXP1292、LXP6099；武功山脉：茶陵县 LXP-13-25968；万洋山脉：遂川县 LXP-13-17118，炎陵县 LXP-09-07466，永新县 LXP-QXL-196。

华南美丽葡萄 Vitis bellula var. **pubigera** C. L. Li

藤本。山坡，路旁；300~800 m。诸广山脉：齐云山 4026（刘小明等，2010）。

蘡薁 Vitis bryoniifolia Bunge

藤本。山坡，密林，路旁，阳处；壤土；200~700 m。幕阜山脉：庐山　熊耀国 07100(LBG)；万洋山脉：

井冈山 LXSM2-6-10273、LXP-13-18491；诸广山脉：上犹县 LXP-13-12929。

东南葡萄 Vitis chunganensis Hu
藤本。山坡，山谷，密林，疏林，灌丛，路旁；壤土；400~1100 m。幕阜山脉：平江县 LXP4446；九岭山脉：大围山 LXP-03-07764、LXP-03-07831，宜丰县 LXP-10-2467；万洋山脉：井冈山 JGS-4602、JGS-4745、LXP-13-04665，遂川县 LXP-13-17490、LXP-13-17616，炎陵县 LXP-09-07398、LXP-13-3190，永新县 LXP-13-19226、LXP-QXL-806，永兴县 LXP-03-03938，资兴市 LXP-03-03545、LXP-03-05034。

闽赣葡萄 Vitis chungii Metcalf
藤本。山坡，山谷，疏林，灌丛，路旁；壤土；350~900 m。九岭山脉：大围山 LXP-03-08108，万载县 LXP-13-11201；武功山脉：茶陵县 LXP-09-10417、LXP-13-25979；万洋山脉：遂川县 LXP-13-16498，资兴市 LXP-03-05094；诸广山脉：上犹县 LXP-13-12880。

刺葡萄 Vitis davidii (Roman. du Caill.) Föex
藤本。山坡，山谷，疏林，灌丛，路旁；壤土；250~1200 m。幕阜山脉：庐山市 LXP4890，平江县 LXP3832、LXP4177，通山县 LXP1259、LXP1972，武宁县 LXP5564；九岭山脉：安义县 LXP-10-3652，宜丰县 LXP-10-8746；武功山脉：茶陵县 LXP-09-10249；万洋山脉：遂川县 LXP-13-16736、LXP-13-17276；诸广山脉：上犹县 LXP-13-12212，崇义县 LXP-03-05770。

锈毛刺葡萄 Vitis davidii var. ferruginea Merr. et Chun
藤本。山坡，疏林；壤土；400~500 m。万洋山脉：永新县 LXP-13-19755。

红叶葡萄 Vitis erythrophylla W. T. Wang
藤本。山坡，平地，灌丛，沼泽，溪边；壤土；200~650 m。武功山脉：安福县 LXP-06-0218，茶陵县 LXP-06-1948、LXP-06-1974，明月山 LXP-06-4999。

葛藟葡萄 Vitis flexuosa Thunb.
藤本。山谷，山坡，丘陵，密林，疏林，路旁；壤土；50~600 m。幕阜山脉：武宁县 LXP1022、LXP6064；九岭山脉：安义县 LXP-10-9396，奉新县 LXP-10-3347，靖安县 LXP-13-10059，万载县

LXP-10-1530；武功山脉：安福县 LXP-06-0249；万洋山脉：遂川县 LXP-13-7021、LXP-13-7411。

菱叶葡萄 Vitis hancockii Hance
藤本。山坡，疏林，灌丛，路旁；壤土；50~1400 m。九岭山脉：奉新县 LXP-10-3252、LXP-10-3399，宜丰县 LXP-10-4800。

毛葡萄 Vitis heyneana Roem. et Schult.
藤本。山谷，山坡，疏林，溪边，路旁；壤土；150~1400 m。九岭山脉：靖安县 LXP-13-11420，大围山 LXP-10-11942、LXP-10-7723，万载县 LXP-10-1520，宜丰县 LXP-10-2541；万洋山脉：遂川县 LXP-13-17190，炎陵县 LXP-09-07486；诸广山脉：上犹县 LXP-13-12636。

桑叶葡萄 Vitis heyneana subsp. ficifolia (Bge.) C. L. Li
藤本。山坡，疏林，灌丛；壤土；150~1200 m。幕阜山脉：通山县 LXP1744，武宁县 LXP5793；武功山脉：分宜县 LXP-06-9592。

庐山葡萄 Vitis hui Cheng
藤本。山坡，路旁，阴处；300~400 m。幕阜山脉：庐山市 LXP4735。

井冈葡萄 Vitis jinggangensis W. T. Wang
木质藤本。山坡，灌丛，阴处；1100 m。万洋山脉：井冈山 785628(LBG)。

鸡足葡萄 Vitis lanceolatifoliosa C. L. Li
藤本。山谷，疏林，树上；800 m。九岭山脉：奉新县 LXP-10-10574。

罗城葡萄 Vitis luochengensis W. T. Wang
灌木。山坡，灌丛，密林；壤土；300~600 m。武功山脉：安福县 LXP-06-1327，芦溪县 LXP-06-3452。

变叶葡萄 Vitis piasezkii Maxim.
灌木。山谷，疏林，河边；壤土；1148 m。诸广山脉：上犹县 LXP-03-07012。

华东葡萄 Vitis pseudoreticulata W. T. Wang
藤本。山坡，山谷，疏林，灌丛，路旁；壤土；50~750 m。幕阜山脉：平江县 LXP4044，武宁县 LXP-13-08522；九岭山脉：奉新县 LXP-10-3222；

武功山脉：分宜县 LXP-10-5223，安福县 LXP-06-3936，芦溪县 LXP-06-3446；万洋山脉：遂川县 LXP-13-16665，永兴县 LXP-03-04217。

秋葡萄 Vitis romanetii Roman. du Caill. ex Planch.

藤本。山坡，疏林；壤土；500~600 m。万洋山脉：炎陵县 LXP-09-08192。

小叶葡萄 Vitis sinocinerea W. T. Wang

藤本。山谷，平地，密林，疏林，路旁，溪边；壤土；50~1400 m。幕阜山脉：庐山市 LXP4532，平江县 LXP-10-6248；九岭山脉：万载县 LXP-10-1817；万洋山脉：遂川县 LXP-13-18056，炎陵县 LXP-09-10871，永新县 LXP-13-19291、LXP-13-19413。

狭叶葡萄 Vitis tsoii Merr.

藤本。山谷，平地，密林，疏林，村边；50~300 m。九岭山脉：大围山 LXP-10-7938，奉新县 LXP-10-9049，上高县 LXP-10-4843，宜丰县 LXP-10-4726、LXP-10-8417；万洋山脉：井冈山 JGS-4565，永新县 LXP-13-07897。

*葡萄 Vitis vinifera L.

木质藤本。广泛栽培。幕阜山脉：九江市 干定枝 13386(CCAU)。

网脉葡萄 Vitis wilsoniae Veitch

乔木。平地，路旁；壤土；100~200 m。武功山脉：茶陵县 LXP-06-1882。

俞藤属 *Yua* C. L. Li

大果俞藤 Yua austroorientalis (Metcalf) C. L. Li

藤本。山坡，山谷，水库边，密林，疏林，溪边，河边；壤土；150~1100 m。九岭山脉：铜鼓县 LXP-10-8266，宜丰县 LXP-10-12800；万洋山脉：井冈山 JGS-1218、LXP-13-15181，遂川县 LXP-13-16398、LXP-13-16700，永新县 LXP-13-08017、LXP-13-19288；诸广山脉：上犹县 LXP-13-12340、LXP-13-19245A，崇义县 LXP-13-24418、LXP-03-04888。

俞藤 Yua thomsonii (Laws.) C. L. Li

藤本。山坡，山谷，密林，疏林，路旁，溪边，河边；壤土，腐殖土；250~1900 m。幕阜山脉：平江县 LXP3571、LXP3773、LXP4004，通山县 LXP2193、LXP2275，武宁县 LXP0899、LXP1084，修水县

LXP6704；九岭山脉：大围山 LXP-13-17003、LXP-03-03029、LXP-03-08074；武功山脉：莲花县 LXP-GTY-257，芦溪县 LXP-13-09478、LXP-13-09848、LXP-13-23105，安福县 LXP-06-0500，茶陵县 LXP-06-1425、LXP-06-1891，宜春市 LXP-13-10610；万洋山脉：井冈山 JGS-4730、LXP-13-15261，遂川县 LXP-13-23571、LXP-13-7491，炎陵县 LXP-09-07521、LXP-09-6501；诸广山脉：崇义县 LXP-13-24258，上犹县 LXP-13-12035。

华西俞藤 Yua thomsonii var. **glaucescens** (Diels et Gilg) C. L. Li

藤本。山谷，山坡，密林，疏林；壤土；200~1800 m。武功山脉：安福县 LXP-06-2827、LXP-06-3592，大岗山 LXP-06-3653，茶陵县 LXP-09-10305；万洋山脉：炎陵县 LXP-09-10675、LXP-09-10683。

Order 29. 蒺藜目 Zygophyllales

A138 蒺藜科 Zygophyllaceae

蒺藜属 *Tribulus* L.

蒺藜 Tribulus terrestris L.

草本。路旁，村边；100~300 m。幕阜山脉：九江市 赖书坤 124(LBG)；诸广山脉：崇义县 LXP-03-7112。

Order 30. 豆目 Fabales

A140 豆科 Fabaceae

金合欢属 *Acacia* Mill.

*银荆 Acacia dealbata Link

灌木。山脚，路旁；120 m。栽培。幕阜山脉：九江市 谭策铭等 12106(JJF)。

*黑荆 Acacia mearnsii De Wild.

灌木。路旁；120~200 m。栽培。幕阜山脉：瑞昌市 谭策铭等；九江市 谭策铭和朱大海 9605053 (JJF)。

合萌属 *Aeschynomene* L.

合萌 Aeschynomene indica L.

草本。山坡，山谷，疏林，草地，池塘边，河边，路

旁，阳处；150~1700 m。幕阜山脉：庐山市 LXP5192、瑞昌市 LXP0187，修水县 LXP0754，平江县 LXP-10-6359；九岭山脉：安义县 LXP-10-10465，浏阳市 LXP-03-08310，大围山 LXP-10-5400，奉新县 LXP-10-10699、LXP-10-10912，靖安县 LXP-10-10090、LXP-10-10215，浏阳市 LXP-10-5934，铜鼓县 LXP-10-13489、LXP-10-6528，万载县 LXP-10-1835、LXP-10-2000，宜春市 LXP-10-1025、LXP-10-945，宜丰县 LXP-10-13127、LXP-10-13333；武功山脉：安福县 LXP-06-0107、LXP-06-0200，茶陵县 LXP-06-1382、LXP-06-1540，玉京山 LXP-10-1232，攸县 LXP-06-5227、LXP-06-6048；万洋山脉：井冈山 JGS-497，遂川县 LXP-13-7528，炎陵县 LXP-09-00593、LXP-09-10829，永新县 LXP-QXL-063、LXP-QXL-110，永兴县 LXP-03-04409；诸广山脉：崇义县 LXP-13-24355、LXP-03-05644、LXP-03-10142。

合欢属 *Albizia* Durazz.

合欢 Albizia julibrissin Durazz.

乔木。山坡，山谷，疏林，溪边，路旁，村边；壤土；100~1300 m。幕阜山脉：武宁县 LXP-13-08454，平江县 LXP3979，通山县 LXP6551；九岭山脉：大围山 LXP-03-08060、LXP-10-11379、LXP-09-11084、LXP-10-5469，奉新县 LXP-10-10679、LXP-10-10860、LXP-06-4073，靖安县 LXP-10-13591，万载县 LXP-13-11186、LXP-13-11278，浏阳市 LXP-10-5754、LXP-03-08327、LXP-03-08402、LXP-03-08822，宜丰县 LXP-10-2366、LXP-10-2688；武功山脉：安福县 LXP-06-0296、LXP-06-3540、LXP-06-3882，玉京山 LXP-10-1224、LXP-10-1231，莲花县 LXP-GTY-179、LXP-GTY-207，明月山 LXP-13-10738，宜春市 LXP-06-8893；万洋山脉：井冈山 JGS-031、JGS-2227，炎陵县 LXP-03-08748、DY1-1138、LXP-09-00072，永新县 LXP-13-19364，资兴市 LXP-03-00281、LXP-03-00299。

山槐 Albizia kalkora (Roxb.) Prain [山合欢 *Albizia macrophylla* (Bunge) P. C. Huang]

乔木。山坡，山谷，平地，山顶，密林，疏林，路旁，溪边；壤土，腐殖土，紫色页岩；100~1700 m。幕阜山脉：庐山市 LXP4898、LXP5300，武宁县 LXP1101、LXP1624；九岭山脉：安义县 LXP-10-3595，大围山 LXP-10-12444，醴陵市 LXP-03-09004、

LXP-03-09008，官山 刘东燕 87512(JXAU)；武功山脉：攸县 LXP-03-07655，明月山 LXP-13-10865，芦溪县 LXP-13-09647、LXP-06-2075；万洋山脉：井冈山 JGS-1091、LXP-13-15454，遂川县 LXP-13-16667、LXP-13-7522，炎陵县 LXP-09-07530、LXP-09-08126，永新县 LXP-QXL-032，资兴市 LXP-03-03624；诸广山脉：桂东县 LXP-13-09110，上犹县 LXP-13-12066、LXP-13-22283、LXP-03-07121、LXP-03-10801。

香合欢 Albizia odoratissima (L. f.) Benth.

乔木。山坡，路旁，疏林；700 m。九岭山脉：靖安县 LXP-10-742。

紫穗槐属 *Amorpha* L.

*紫穗槐 Amorpha fruticosa L.

灌木。近郊，路旁，菜地旁，阳处；90 m。栽培。九岭山脉：万载县 LXP-10-1882。

两型豆属 *Amphicarpaea* Elliott ex Nutt.

两型豆 Amphicarpaea edgeworthii Benth.

草本。山坡，山谷，山顶，疏林，灌丛，村边，路旁；150~1500 m。幕阜山脉：庐山市 LXP4743、LXP5374，瑞昌市 LXP0010、LXP0069，武宁县 LXP-13-08490、LXP0433，修水县 LXP0862、LXP2894；九岭山脉：大围山 LXP-10-11247、LXP-10-11362，奉新县 LXP-10-10988，七星岭 LXP-10-11841，上高县 LXP-06-6636、LXP-06-7615；武功山脉：安福县 LXP-06-5712、LXP-06-6801，分宜县 LXP-06-2338，袁州区 LXP-06-6721；万洋山脉：井冈山 JGS-1117，炎陵县 LXP-09-00276、LXP-09-06138。

土圞儿属 *Apios* Fabr.

肉色土圞儿 Apios carnea (Wall.) Benth. ex Baker

草本。山谷，疏林，灌丛，溪边，路旁；腐殖土；300~650 m。武功山脉：安福县 LXP-06-0136，茶陵县 LXP-06-1970；万洋山脉：炎陵县 DY2-1264、LXP-09-00685；诸广山脉：桂东县 LXP-13-09079。

南岭土圞儿 Apios chendezhaoana (Y. K. Yang, L. H. Liu et J. K. Wu) Bo Pan [*Sinolegumenea chendezhaoana* Y. K. Yang, L. H. Liu et J. K. Wu]

草本。山坡，山谷，林缘。武功山脉：安福县 LXP-06-

6926；万洋山脉：桃源洞 Lin-Han Liu and Ying-Di Liu 30105 (HNNU)，井冈山 Min-Xiang Nie and Shu-Shen Lai 3455 (LBG)；诸广山脉：上犹县 LXP-03-07148。

土圞儿 Apios fortunei Maxim.

藤本。山谷，平地；壤土，腐殖土；200~450 m。幕阜山脉：濂溪区 LXP6363；万洋山脉：炎陵县 LXP-13-4205，永新县 LXP-13-19295。

落花生属 Arachis L.

*落花生 Arachis hypogaea L.

草本。广泛栽培。幕阜山脉：九江市 易桂花 09804 (JJF)。

猴耳环属 Archidendron F. Muell.

亮叶猴耳环 Archidendron lucidum (Benth.) Kosterm.

乔木。罗霄山脉可能有分布，未见标本。

黄耆属 Astragalus L.

紫云英 Astragalus sinicus L.

草本。山谷，溪边，草地，路旁，水库边；壤土；760 m。九岭山脉：奉新县 LXP-10-3951、LXP-10-9302，铜鼓县 LXP-10-8339；武功山脉：安福县 LXP-06-4727，芦溪县 LXP-06-1279，攸县 LXP-03-08686、LXP-03-08952；万洋山脉：井冈山 JGS4107，炎陵县 LXP-03-02938、LXP-09-08648、LXP-13-5557，永新县 LXP-13-08036。

羊蹄甲属 Bauhinia L.

阔裂叶羊蹄甲 Bauhinia apertilobata Merr. et Metc.

藤本。山谷，路旁，疏林；550 m。诸广山脉：崇义县 聂敏祥等 8987(IBSC)。

龙须藤 Bauhinia championii (Benth.) Benth.

藤本。山坡，山谷，密林，疏林，溪边，路旁，阳处；腐殖土；100~600 m。九岭山脉：万载县 LXP-13-10949、LXP-10-1453；武功山脉：安福县 LXP-06-1044、LXP-06-5810；诸广山脉：桂东县 LXP-13-25530，上犹县 LXP-13-12617、LXP-13-12993，崇义县 LXP-03-07376。

粉叶羊蹄甲 Bauhinia glauca (Wall. ex Benth.) Benth.

藤本。山谷，山坡，疏林，河边，路旁，阳处；200~1400 m。九岭山脉：靖安县 4001416070，奉新县 LXP-10-3977、LXP-10-3999，宜丰县 LXP-10-2475、LXP-10-3116；武功山脉：明月山 LXP-13-10801，玉京山 LXP-10-1256，樟树市 LXP-10-5001；万洋山脉：井冈山 JGS-1371、LXP-13-12498，炎陵县 LXP-09-07496、LXP-13-26033，永新县 LXP-QXL-319，资兴市 LXP-03-03650；诸广山脉：上犹县 LXP-13-12461。

薄叶羊蹄甲 Bauhinia glauca subsp. tenuiflora (Watt ex C. B. Clarke) K. et S. S. Larsen

藤本。平地，山坡，灌丛，溪边；壤土；150~1500 m。武功山脉：安福县 LXP-06-0767、LXP-06-3503，茶陵县 LXP-06-1983，芦溪县 LXP-06-2085。

云实属 Caesalpinia L.

云实 Caesalpinia decapetala (Roth) Alston

灌木。山坡，山谷，疏林，灌丛，溪边，路旁；100~1900 m。幕阜山脉：平江县 LXP4008，瑞昌市 LXP0027，通山县 LXP1741、LXP1841，武宁县 LXP0990、LXP1682；九岭山脉：靖安县 LXP-10-4333，上高县 LXP-10-4928，万载县 LXP-13-10948、LXP-10-1369、LXP-10-1918；武功山脉：分宜县 LXP-10-5219；万洋山脉：井冈山 JGS-2012106，遂川县 LXP-13-23687，炎陵县 LXP-09-07478，永新县 LXP-QXL-295、LXP-QXL-382。

小叶云实 Caesalpinia millettii Hook. et Arn.

藤本。山坡，山谷，疏林，路旁；腐殖土；500~600 m。九岭山脉：万载县 LXP-13-10909；诸广山脉：桂东县 LXP-13-25533。

木豆属 Cajanus DC.

蔓草虫豆 Cajanus scarabaeoides (L.) Thouars

藤本。山谷，灌丛，疏林；200~300 m。九岭山脉：大围山 LXP-10-11745。

鸡血藤属 Callerya Endl.

密花鸡血藤 Callerya congestiflora (T. C. Chen) Z. Wei et Pedley

藤本。山坡，疏林，灌丛，溪边；腐殖土；400~1800 m。

幕阜山脉：通山县 LXP7136、LXP7148，武宁县 LXP5597；万洋山脉：遂川县 LXP-13-23749；诸广山脉：桂东县 LXP-13-25374。

香花鸡血藤 Callerya dielsiana (Harms) P. K. Lôc ex Z. Wei et Pedley

藤本。山坡，山谷，溪边，路旁；壤土；250~750 m。武功山脉：安福县 LXP-06-0124、LXP-06-0248，茶陵县 LXP-06-1964，芦溪县 LXP-06-8805；万洋山脉：炎陵县 LXP-13-15485；诸广山脉：桂东县 LXP-13-25633，上犹县 LXP-13-12236。

江西鸡血藤 Callerya kiangsiensis (Z. Wei) Z. Wei et Pedley

藤本。山谷，平地，路旁，水库边；壤土，沙土；300~400 m。武功山脉：安福县 LXP-06-0130、LXP-06-0187，宜春市 LXP-13-10596。

亮叶鸡血藤 Callerya nitida (Bentham) R. Geesink

藤本。山谷，山坡，密林，疏林，灌丛，溪边，河边；壤土，腐殖土；50~1400 m。幕阜山脉：武宁县 LXP1547；九岭山脉：靖安县 LXP-13-10335、LXP-13-10474；武功山脉：莲花县 LXP-GTY-013、LXP-GTY-020，茶陵县 LXP-13-25969，芦溪县 LXP-13-09707；万洋山脉：井冈山 LXP-13-18410，遂川县 LXP-13-16977、LXP-13-23569，炎陵县 LXP-09-07642、LXP-09-10743，永新县 LXP-13-19325、LXP-QXL-471；诸广山脉：桂东县 LXP-13-22599、LXP-13-25471，上犹县 LXP-13-18973、LXP-13-25215。

丰城鸡血藤 Callerya nitida var. **hirsutissima** (Z. Wei) X. Y. Zhu

藤本。山坡，路旁。九岭山脉：丰城市 赖学文 876103 (ZM)。

网络鸡血藤 Callerya reticulata (Benth.) Schot

藤本。山坡，山谷，山顶，疏林，灌丛，溪边，河边，路旁；壤土；50~1800 m。幕阜山脉：庐山市 LXP5496，平江县 LXP0683、LXP-13-22430，武宁县 LXP5632，修水县 LXP0752；九岭山脉：靖安县 LXP-13-10145、LXP-13-10269，万载县 LXP-13-10915、LXP-13-11041；武功山脉：莲花县 LXP-GTY-038，安福县 LXP-06-0006、LXP-06-0123，茶陵县 LXP-

06-1398、LXP-06-1822；万洋山脉：炎陵县 LXP-09-00741，永新县 LXP-13-19302、LXP-13-19585。

菰子梢属 *Campylotropis* Bunge

菰子梢 Campylotropis macrocarpa (Bunge) Rehd.

灌木。山坡，山谷，灌丛，疏林，溪边；壤土；50~750 m。幕阜山脉：庐山市 LXP5048、LXP5127；九岭山脉：上高县 LXP-06-6570；武功山脉：攸县 LXP-06-5341，茶陵县 LXP-13-25923。

刀豆属 *Canavalia* DC.

*刀豆 Canavalia gladiata (Jacq.) DC.

草质藤本。广泛栽培。幕阜山脉：九江市 易桂花 06897(JJF)。

锦鸡儿属 *Caragana* Fabr.

锦鸡儿 Caragana sinica (Buc'hoz) Rehd.

灌木。山坡，山谷，疏林，路旁；50~1300 m。幕阜山脉：平江县 LXP3906；九岭山脉：奉新县 LXP-10-3179，铜鼓县 LXP-10-8328；武功山脉：莲花县 LXP-GTY-196。

紫荆属 *Cercis* L.

紫荆 Cercis chinensis Bunge

乔木。山谷，密林，疏林，溪边，路旁；壤土；150~700 m。九岭山脉：大围山 LXP-03-08076，安义县 LXP-10-3765，铜鼓县 LXP-10-6853，宜春市 LXP-10-968。

广西紫荆 Cercis chuniana Metc.

乔木。山坡，山谷，密林，疏林，溪边，路旁；壤土；350~1200 m。万洋山脉：井冈山 JGS-2012098，炎陵县 LXP-09-09397、LXP-13-5512，永新县 LXP-13-07878、LXP-13-19432；诸广山脉：上犹县 LXP-13-12253、LXP-13-18897、LXP-03-07087、LXP-03-07178。

湖北紫荆 Cercis glabra Pamp.

乔木。山谷，疏林，路旁；200~700 m。九岭山脉：大围山 LXP-10-12253，奉新县 LXP-10-10568、LXP-10-9082，铜鼓县 LXP-10-8233。

山扁豆属 *Chamaecrista* Moench

大叶山扁豆 Chamaecrista leschenaultiana (Candolle) O. Degener

草本。罗霄山脉可能有分布，未见标本。

山扁豆 Chamaecrista mimosoides (L.) Greene

草本。村边，路旁；450 m。诸广山脉：汝城县 罗金龙和刘昂 685(CSFI)。

香槐属 *Cladrastis* Raf.

翅荚香槐 Cladrastis platycarpa (Maxim.) Makino

乔木。山坡，山谷，平地，疏林，溪边，路旁，阳处；壤土；100~500 m。九岭山脉：万载县 LXP-13-10941、LXP-10-1420；武功山脉：茶陵县 LXP-09-10277；万洋山脉：炎陵县 LXP-09-09541。

香槐 Cladrastis wilsonii Takeda

乔木。山坡，山谷，疏林，溪边；壤土，腐殖土；500~1400 m。
幕阜山脉：通山县 LXP7169；九岭山脉：万载县 LXP-13-10917；武功山脉：芦溪县 LXP-06-2804；万洋山脉：井冈山 JGS-B068，遂川县 LXP-13-18083，炎陵县 LXP-13-3387；诸广山脉：桂东县 LXP-13-09213，上犹县 LXP-13-12114、LXP-13-12321。

猪屎豆属 *Crotalaria* L.

响铃豆 Crotalaria albida Heyne ex Roth

草本。山坡，山谷，疏林，草地，水库边，村边，路旁；100~400 m。幕阜山脉：修水县 LXP3412；九岭山脉：宜丰县 LXP-10-12887、LXP-10-2620；武功山脉：安福县 LXP-06-5566、LXP-06-8458。

大猪屎豆 Crotalaria assamica Benth.

草本。山脚，草丛；110 m。幕阜山脉：庐山 谭策铭，董安淼 TanCM479(JJF)。

中国猪屎豆 Crotalaria chinensis L.

草本。罗霄山脉可能有分布，未见标本。

假地蓝 Crotalaria ferruginea Grah. ex Benth.

草本。山谷，山坡，疏林，灌丛，溪边，路旁，阴处；壤土；200~650 m。九岭山脉：奉新县 LXP-10-10671；武功山脉：安福县 LXP-06-6441，茶陵县 LXP-06-1518。

猪屎豆 Crotalaria pallida Ait.

草本。山坡，密林；沙土；900~1000 m。万洋山脉：炎陵县 LXP-03-03364。

农吉利 Crotalaria sessiliflora L.

草本。山坡，山谷，疏林，旱田边，溪边，草地，路旁，阳处；150~1700 m。幕阜山脉：瑞昌市 LXP0102，修水县 LXP0283，平江县 LXP-10-5956、LXP-10-6363；九岭山脉：大围山 LXP-10-5462、LXP-10-5626，靖安县 LXP-13-11498，浏阳市 LXP-10-5857，万载县 LXP-13-11026、LXP-10-1571、LXP-10-1587；万洋山脉：遂川县 LXP-13-16539，炎陵县 LXP-09-08471，资兴市 LXP-03-05020；诸广山脉：桂东县 LXP-13-09241，崇义县 LXP-03-04897、LXP-03-05646，上犹县 LXP-13-22302、LXP-13-22357、LXP-03-06918、LXP-03-10723。

大托叶猪屎豆 Crotalaria spectabilis Roth

草本。山坡，路旁，村边；100~300 m。武功山脉：安福县 岳俊三等 3780(IBSC)。

补骨脂属 *Cullen* L.

*补骨脂 Cullen corylifolium (L.) Medik.

草本。药用，有栽培。幕阜山脉：庐山 7200737 (JXCM)。

黄檀属 *Dalbergia* L. f.

秧青 Dalbergia assamica Benth. [南岭黄檀 *Dalbergia balansae* Prain]

灌木。山坡，山谷，密林，疏林，路旁，河边，阳处；壤土，沙土；50~400 m。幕阜山脉：庐山市 LXP5344；九岭山脉：奉新县 LXP-10-3348，浏阳市 LXP-03-08861、LXP-10-5854；武功山脉：茶陵县 LXP-06-1886，攸县 LXP-03-09403；诸广山脉：崇义县 LXP-03-07279、LXP-03-10953。

大金刚藤 Dalbergia dyeriana Prain ex Harms

灌木。山坡，山谷，疏林，灌丛，水库边，溪边；壤土，腐殖土；50~1600 m。幕阜山脉：武宁县 LXP-13-08558，平江县 LXP4003，通山县 LXP2121；九岭山脉：大围山 LXP-03-08059，上高县 LXP-06-7644；武功山脉：安福县 LXP-06-2944，茶陵县

LXP-06-7120，攸县 LXP-06-5288、LXP-06-5377；万洋山脉：井冈山 LXP-13-15331，遂川县 LXP-13-7481，炎陵县 LXP-09-00718、LXP-09-06117、LXP-09-08172，永新县 LXP-13-19168、LXP-QXL-308；诸广山脉：上犹县 LXP-03-06782、LXP-13-12373，桂东县 LXP-13-25393。

藤黄檀 Dalbergia hancei Benth.

藤本。山谷，山坡，密林，疏林，灌丛，溪边，河边，路旁；壤土；200~1400 m。幕阜山脉：庐山市 LXP4922，瑞昌市 LXP0073，平江县 LXP3982，通山县 LXP1382、LXP7800，武宁县 LXP0913、LXP1024，修水县 LXP6729；九岭山脉：大围山 LXP-10-11243、LXP-10-5283，万载县 LXP-13-10971、LXP-10-1532，奉新县 LXP-10-4267、LXP-10-10551，靖安县 LXP-10-554、LXP-10-357，七星岭 LXP-03-07978，上高县 LXP-10-4914，宜春市 LXP-10-1134，安义县 LXP-10-10427，宜丰县 LXP-10-4714；武功山脉：樟树市 LXP-10-5000，安福县 LXP-06-0712、LXP-06-2646，明月山 LXP-06-4649，茶陵县 LXP-13-25974，攸县 LXP-06-1592；万洋山脉：井冈山 LXP-13-15278，遂川县 LXP-13-16682，炎陵县 LXP-09-07095、LXP-09-08173，永新县 LXP-QXL-293；诸广山脉：上犹县 LXP-13-12660、LXP-13-12895、LXP-03-06494、LXP-03-06874。

黄檀 Dalbergia hupeana Hance

乔木。山坡，疏林；800~1300 m。幕阜山脉：武宁县 熊基水 99006(IBSC)。

象鼻藤 Dalbergia mimosoides Franch.

藤本。山坡，山谷，密林，疏林，溪边，路旁；壤土；400~1450 m。幕阜山脉：通山县 LXP1172、LXP1870，武宁县 LXP1548；九岭山脉：靖安县 LXP-13-10359，奉新县 LXP-10-9350；武功山脉：莲花县 LXP-GTY-112，芦溪县 LXP-13-09807、LXP-13-23169、LXP-06-2076；万洋山脉：井冈山 LXP-13-05828、LXP-13-15280，遂川县 LXP-13-18196、LXP-13-7152，炎陵县 LXP-09-08514、LXP-09-6524、LXP-03-04860；诸广山脉：上犹县 LXP-13-12610。

鱼藤属 Derris Lour.

中南鱼藤 Derris fordii Oliv.

藤本。山谷，山坡，密林，疏林，灌丛，溪边，路旁；壤土；150~1400 m。九岭山脉：大围山 LXP-10-7983，奉新县 LXP-06-4031、LXP-10-3894、LXP-10-9072，万载县 LXP-10-1597、LXP-10-1635、LXP-10-2181，宜丰县 LXP-10-2646、LXP-10-2814；武功山脉：安福县 LXP-06-0229、LXP-06-0848，茶陵县 LXP-06-1947，大岗山 LXP-06-3672，芦溪县 LXP-06-3462、LXP-06-8841；万洋山脉：井冈山 LXP-13-18688，炎陵县 LXP-09-10535、LXP-13-26052，永新县 LXP-13-07816、LXP-13-08019；诸广山脉：上犹县 LXP-13-12881，桂东县 LXP-03-02729。

山蚂蝗属 Desmodium Desv.

大叶山蚂蝗 Desmodium gangeticum (L.) DC.

草本。山坡，路旁，草地；1200 m。九岭山脉：大围山 LXP-10-11317。

假地豆 Desmodium heterocarpon (L.) DC.

草本。山谷，疏林，灌丛，草地，路旁；壤土；100~650 m。幕阜山脉：平江县 LXP-10-5966、LXP-10-6185；九岭山脉：大围山 LXP-10-5703，靖安县 LXP-10-10012，浏阳市 LXP-10-5796；武功山脉：安福县 LXP-06-5616，攸县 LXP-06-6126；万洋山脉：井冈山 JGS-1191。

异叶山蚂蝗 Desmodium heterophyllum (Willd.) DC.

草本。山谷，疏林，路旁，阴处；100~300 m。九岭山脉：大围山 LXP-10-11128，奉新县 LXP-10-10823，靖安县 LXP-10-10283。

大叶拿身草 Desmodium laxiflorum DC.

草本。山坡，山谷，疏林，路旁；壤土；500~1100 m。九岭山脉：大围山 LXP-10-12648，宜丰县 LXP-10-2450；武功山脉：莲花县 LXP-GTY-348；万洋山脉：井冈山 LXP-13-24049。

小叶三点金 Desmodium microphyllum (Thunb.) DC.

草本。山谷，山坡，密林，疏林，溪边；壤土；750 m。九岭山脉：奉新县 LXP-10-13881，靖安县 LXP-10-272；武功山脉：安福县 LXP-06-0969；万洋山脉：永新县 LXP-QXL-792、LXP-QXL-839。

饿蚂蝗 Desmodium multiflorum DC.

灌木。山谷，山坡，灌丛，溪边，路旁；壤土；500~950 m。九岭山脉：铜鼓县 LXP-10-6627；武功山脉：安福县 LXP-06-5694，明月山 LXP-06-7803，宜春市 LXP-06-2690。

三点金 Desmodium triflorum (L.) DC.

草本。山谷，山坡，疏林，溪边，路旁；壤土；600~1250 m。幕阜山脉：武宁县 LXP-13-08495；万洋山脉：永新县 LXP-QXL-727；诸广山脉：崇义县 LXP-03-05897、LXP-03-10282，桂东县 LXP-03-00496。

山黑豆属 *Dumasia* DC.

硬毛山黑豆 Dumasia hirsuta Craib

草本。山坡，山谷，林缘。万洋山脉：炎陵县 LXP-09-06139。

庐山山黑豆 Dumasia ovatifolia S. S. Lai

草质藤本。山坡，疏林；300~900 m。幕阜山脉：庐山 董安淼 913(JJF)。

山黑豆 Dumasia truncata Sieb. et Zucc.

藤本。山坡，山谷，疏林，路旁，溪边，阴处；100~1000 m。幕阜山脉：庐山市 LXP4883、LXP5450，武宁县 LXP0359，修水县 LXP0810、LXP3335；九岭山脉：奉新县 LXP-10-10579，宜丰县 LXP-10-6741；武功山脉：安福县 LXP-06-5561，袁州区 LXP-06-6743，芦溪县 400146013。

柔毛山黑豆 Dumasia villosa DC.

藤本。山坡，路旁；壤土；50~350 m。幕阜山脉：平江县 LXP0694；武功山脉：安福县 LXP-06-6483。

野扁豆属 *Dunbaria* Wight et Arn.

野扁豆 Dunbaria villosa (Thunb.) Makino

藤本。山坡，山谷，疏林，灌丛，溪边，路旁；壤土；200~1000 m。幕阜山脉：庐山市 LXP5279；九岭山脉：大围山 LXP-10-12696，奉新县 LXP-10-13788、LXP-10-14026，浏阳市 LXP-10-5932，万载县 LXP-13-11185，铜鼓县 LXP-10-7269；武功山脉：安福县 LXP-06-0467，莲花县 LXP-06-0647；万洋山脉：遂川县 LXP-13-20259。

山豆根属 *Euchresta* Benn.

山豆根 Euchresta japonica Hook. f. ex Regel

灌木。山坡，山谷，密林，疏林，灌丛，溪边，路旁；壤土；100~700 m。武功山脉：茶陵县 LXP-06-9221，芦溪县 LXP-13-09913、LXP-06-1215、LXP-06-

2135；万洋山脉：永新县 LXP-13-19790。

管萼山豆根 Euchresta tubulosa Dunn

灌木。山坡，路旁；壤土；439 m。万洋山脉：炎陵县 LXP-09-08223。

千斤拔属 *Flemingia* Roxb. ex W. T. Aiton

大叶千斤拔 Flemingia macrophylla (Willd.) Prain

灌木。平地，路旁；壤土；100~200 m。武功山脉：安福县 LXP-06-0155。

千斤拔 Flemingia prostrata Roxburgh

灌木。平地，路旁；壤土；100~200 m。武功山脉：安福县 LXP-06-1321。

乳豆属 *Galactia* P. Browne

乳豆 Galactia tenuiflora (Klein ex Willd.) Wight et Arn.

藤本。平地，路旁；壤土。武功山脉：安福县 LXP-06-7459。

皂荚属 *Gleditsia* L.

华南皂荚 Gleditsia fera (Lour.) Merr.

灌木。山坡，山谷，密林，疏林，溪边，路旁；壤土，腐殖土；300~1000 m。武功山脉：莲花县 LXP-GTY-019；万洋山脉：井冈山 JGS-2186；诸广山脉：上犹县 LXP-03-06836、LXP-13-12621，炎陵县 LXP-03-03442。

山皂荚 Gleditsia japonica Miq.

乔木。山谷，沟边；560 m。幕阜山脉：武宁县 张吉华 TCM1183(JJF)。

皂荚 Gleditsia sinensis Lam.

乔木。村边；400 m。万洋山脉：遂川县 岳俊三等 4465(IBSC)。

大豆属 *Glycine* Willd.

*大豆 Glycine max (L.) Merr.

草质藤本。山坡，灌丛，阳处；200~300 m。栽培。武功山脉：芦溪县 400146010(SYS)。

野大豆 Glycine soja Sieb. et Zucc.

草质藤本。山坡，山谷，密林，疏林，灌丛，路旁；

壤土；50~1000 m。幕阜山脉：庐山市 LXP5036、LXP5409，瑞昌市 LXP0008、LXP0183，平江县 LXP-10-6006、LXP-10-6342；九岭山脉：安义县 LXP-10-10462，大围山 LXP-10-11547、LXP-10-12105，奉新县 LXP-10-10743、LXP-10-10980，靖安县 LXP-10-723、LXP-10-9889，浏阳市 LXP-10-5940，铜鼓县 LXP-10-13584、LXP-10-7018，宜春市 LXP-06-8897，万载县 LXP-10-1972，宜丰县 LXP-10-12924、LXP-10-13252，上高县 LXP-06-6622；武功山脉：安福县 LXP-06-0150、LXP-06-2961，明月山 LXP-06-7723、LXP-06-7882，攸县 LXP-06-6007，安仁县 LXP-03-01560；万洋山脉：炎陵县 LXP-13-3474、LXP-13-4489，井冈山 LXP-06-5501；诸广山脉：崇义县 LXP-03-07345。

肥皂荚属 Gymnocladus Lam.

肥皂荚 Gymnocladus chinensis Baill.

乔木。山谷，山坡，密林，疏林，溪边，路旁；壤土，腐殖土；30~700 m。九岭山脉：浏阳市 LXP-03-08858，奉新县 LXP-10-10580、LXP-10-4091，靖安县 LXP-13-10026、LXP-10-801、4001410006；万洋山脉：永新县 LXP-QXL-737。

长柄山蚂蟥属 Hylodesmum H. Ohashi et R. R. Mill

疏花长柄山蚂蟥 Hylodesmum laxum (DC.) H. Ohashi et R. R. Mill

草本。山坡，林下；300~1200 m。武功山脉：武功山 岳俊三等 2933(PE)。

羽叶长柄山蚂蟥 Hylodesmum oldhami (Oliv.) H. Ohashi et R. R. Mill

草本。山谷，疏林；500~1300 m。九岭山脉：靖安县 张吉华 TCM1123(JJF)。

长柄山蚂蟥 Hylodesmum podocarpum (DC.) H. Ohashi et R. R. Mill

草本。山坡，疏林，山谷，溪边，路旁；壤土，腐殖土；300~850 m。幕阜山脉：庐山市 LXP5375、LXP6036，瑞昌市 LXP0188，武宁县 LXP0469，修水县 LXP0307、LXP2878；九岭山脉：靖安县 LXP-13-08321；武功山脉：茶陵县 LXP-06-2215，分宜县 LXP-06-2336；万洋山脉：井冈山 LXP-13-20368、LXP-13-20379，遂川县 LXP-13-7384、LXP-13-7575，炎陵县 LXP-09-00636、LXP-09-06166，永新县 LXP-13-07749；诸广山脉：上犹县 LXP-13-12846。

宽卵叶长柄山蚂蟥 Hylodesmum podocarpum subsp. fallax (Schindl.) H. Ohashi et R. R. Mill

草本。山谷，沟边；300~1200 m。诸广山脉：上犹县 江西队 0146(PE)。

尖叶长柄山蚂蟥 Hylodesmum podocarpum subsp. oxyphyllum (DC.) H. Ohashi et R. R. Mill

草本。山坡，疏林；600~1300 m。幕阜山脉：庐山 董安淼和吴从梅 TanCM869(KUN)；诸广山脉：上犹县 LXP-03-06776。

木蓝属 Indigofera L.

多花木蓝 Indigofera amblyantha Craib

草本。山坡，路旁，灌丛；800~1300 m。幕阜山脉：武宁县 赖书坤 3093(PE)。

深紫木蓝 Indigofera atropurpurea Buch.-Ham. ex Hornem.

草本。山坡，灌丛；460 m。幕阜山脉：武宁县 张吉华和刘运群 TanCM789(KUN)。

马棘 Indigofera bungeana Walpers

灌木。山坡，灌丛，路旁；壤土；200~300 m。武功山脉：安福县 LXP-06-3483，芦溪县 LXP-06-3327。

苏木蓝 Indigofera carlesii Craib

灌木。山坡，疏林，灌丛，路旁；350~1050 m。幕阜山脉：平江县 LXP4091，通山县 LXP6676，武宁县 LXP0940、LXP1284；武功山脉：莲花县 LXP-GTY-141。

庭藤 Indigofera decora Lindl.

灌木。山坡，山谷，密林，疏林，灌丛，溪边，阴处；壤土，腐殖土；150~1450 m。幕阜山脉：通山县 LXP2321、LXP7533，武宁县 LXP6290，修水县 LXP0337；九岭山脉：宜丰县 LXP-10-13162、LXP-10-3021；武功山脉：莲花县 LXP-GTY-366，安福县 LXP-06-0836、LXP-06-1316；万洋山脉：井冈山 JGS-3515、LXP-13-15216，遂川县 LXP-13-16414，炎陵县 LXP-09-09523、LXP-09-309，永新县 LXP-QXL-355；诸广山脉：崇义县 LXP-13-24310，上犹

县 LXP-13-12437、LXP-13-12985。

宜昌木蓝 Indigofera decora var. **ichangensis** (Craib) Y. Y. Fang et C. Z. Zheng

灌木。山坡，山谷，密林，疏林，溪边，路旁；壤土；150~1200 m。幕阜山脉：通山县 LXP1156、LXP6841，武宁县 LXP1134、LXP5560，修水县 LXP6702；九岭山脉：奉新县 LXP-10-4104、LXP-10-4112，大围山 LXP-03-03001，靖安县 LXP-10-424，宜丰县 LXP-10-2715；武功山脉：莲花县 LXP-GTY-037，安福县 LXP-06-6835、LXP-06-6929，茶陵县 LXP-06-2034；万洋山脉：井冈山 JGS-B066，遂川县 LXP-13-20285；诸广山脉：上犹县 LXP-13-18926。

密果木蓝 Indigofera densifructa Y. Y. Fang et C. Z. Zheng

灌木。罗霄山脉可能有分布，未见标本。

华东木蓝 Indigofera fortunei Craib.

灌木。山坡，山谷，灌丛，路旁；600~1400 m。幕阜山脉：通山县 LXP1236，武宁县 LXP1063。

黑叶木蓝 Indigofera nigrescens Kurz

灌木。山坡，山谷，疏林，灌丛，路旁；500~1000 m。九岭山脉：大围山 LXP-10-12651、LXP-10-7887，奉新县 LXP-10-9384；武功山脉：玉京山 LXP-10-1353。

浙江木蓝 Indigofera parkesii Craib

灌木。山地；550 m。万洋山脉：永新县 赖书坤 1115 (PE)。

木蓝 Indigofera tinctoria L.

灌木。山坡，密林，疏林，溪边；壤土；400~1200 m。幕阜山脉：平江县 LXP3575、LXP3816，瑞昌市 LXP0004，通山县 LXP1398，修水县 LXP3264；武功山脉：安福县 LXP-06-075；万洋山脉：永新县 LXP-QXL-355。

尖叶木蓝 Indigofera zollingeriana Miq.

灌木。山坡，疏林。万洋山脉：遂川县 刘仁林和唐忠炳 180521767(GNNU)。

鸡眼草属 Kummerowia Schindl.

长萼鸡眼草 Kummerowia stipulacea (Maxim.) Makino

草本。路旁；壤土；50~200 m。武功山脉：攸县 LXP-

06-5381、LXP-06-6008；万洋山脉：炎陵县 DY3-1129。

鸡眼草 Kummerowia striata (Thunb.) Schindl.

草本。山坡，山谷，密林，疏林，草地，路旁，阳处；壤土；50~1500 m。幕阜山脉：庐山市 LXP4998、LXP5049，瑞昌市 LXP0012、LXP0088，平江县 LXP-10-6079、LXP-10-6141；九岭山脉：安义县 LXP-10-10516，大围山 LXP-10-11230、LXP-10-12128，奉新县 LXP-10-10869、LXP-10-10952，靖安县 LXP-10-10086、LXP-10-10282，浏阳市 LXP-10-5895，铜鼓县 LXP-10-13491、LXP-10-6613，万载县 LXP-10-2027，宜春市 LXP-10-924、LXP-10-993，宜丰县 LXP-10-12937、LXP-10-13125，上高县 LXP-06-6522、LXP-06-6646；武功山脉：安福县 LXP-06-0323、LXP-06-0572，茶陵县 LXP-06-1688，芦溪县 LXP-06-9142，明月山 LXP-06-7673、LXP-06-7809、LXP-10-1262，宜春市 LXP-06-8962，攸县 LXP-06-5321、LXP-06-6006；万洋山脉：井冈山 JGS-023，炎陵县 LXP-09-00044、LXP-09-07200，永新县 LXP-QXL-021、LXP-QXL-364；诸广山脉：桂东县 LXP-03-00596、LXP-03-00981，上犹县 LXP-13-13053、LXP-13-22321、LXP-03-06799。

扁豆属 Lablab Adans.

*****扁豆 Lablab purpureus** (L.) Sweet

藤本。山谷，疏林，灌丛，菜地，村边，阳处；200~450 m。栽培。幕阜山脉：平江县 LXP-10-6327；九岭山脉：靖安县 LXP-10-9847，浏阳市 LXP-10-5926，铜鼓县 LXP-10-13503，宜丰县 LXP-10-2270。

山黧豆属 Lathyrus L.

*****香豌豆 Lathyrus odoratus** L.

草本。有栽培。幕阜山脉：庐山 李丙青 156(IBSC)。

胡枝子属 Lespedeza Michx.

胡枝子 Lespedeza bicolor Turcz.

灌木。山坡，山谷，疏林，灌丛，路旁；壤土；100~1000 m。幕阜山脉：庐山市 LXP5193、LXP5244，通山县 LXP2072、LXP2285，武宁县 LXP8167，平江县 LXP-10-6147；九岭山脉：大围山 LXP-03-08075，浏阳市 LXP-03-08882，奉新县 LXP-10-10889、LXP-10-10998、LXP-10-13944，靖安县 LXP-10-10114、LXP-10-13658，宜丰县 LXP-10-13124、

LXP-10-13305；武功山脉：安仁县 LXP-03-01509，芦溪县 LXP-06-1342；万洋山脉：井冈山 JGS-1173，遂川县 LXP-13-09291、LXP-13-20257，炎陵县 LXP-09-08321，永兴县 LXP-03-04468；诸广山脉：上犹县 LXP-03-06380、LXP-13-12468、LXP-03-01597、LXP-03-10582。

绿叶胡枝子 Lespedeza buergeri Miq.

灌木。山坡，山谷，密林，疏林，路旁；壤土；200~1650 m。幕阜山脉：庐山市 LXP4617，通山县 LXP7752，武宁县 LXP1290；九岭山脉：靖安县 LXP-10-10095、LXP-10-1011；武功山脉：芦溪县 LXP-06-2873。

中华胡枝子 Lespedeza chinensis G. Don

灌木。山坡，山谷，密林，疏林，灌丛，溪边，路旁；壤土；200~700 m。幕阜山脉：通山县 LXP5983、LXP7052，武宁县 LXP0665，修水县 LXP0265，平江县 LXP-13-22441、LXP-10-6187；九岭山脉：大围山 LXP-10-11208、LXP-10-11676，奉新县 LXP-10-13875、LXP-10-3492，靖安县 LXP-10-10055、LXP-10-10088，浏阳市 LXP-10-5922，铜鼓县 LXP-10-6582、LXP-10-6616，万载县 LXP-10-2042，宜丰县 LXP-10-12773、LXP-10-13219；武功山脉：安福县 LXP-06-2979、LXP-06-6292，分宜县 LXP-06-2337，芦溪县 LXP-06-8832、LXP-06-8833，袁州区 LXP-06-6662；万洋山脉：炎陵县 LXP-13-3146。

截叶铁扫帚 Lespedeza cuneata G. Don

草本。山坡，山谷，密林，疏林，灌丛，河边，溪边，村边，路旁；150~1400 m。幕阜山脉：瑞昌市 LXP0055，修水县 LXP3314；九岭山脉：安义县 LXP-10-10502、LXP-10-3681，大围山 LXP-13-08241、LXP-10-11753、LXP-10-12330，奉新县 LXP-10-10628、LXP-10-10764，靖安县 LXP-10-13598、LXP-10-27，浏阳市 LXP-10-5878，铜鼓县 LXP-10-13515、LXP-10-6931，万载县 LXP-10-1398，宜春市 LXP-10-1176、LXP-10-885；武功山脉：安福县 LXP-06-5542、LXP-06-7441，芦溪县 LXP-06-9008；万洋山脉：井冈山 JGS-B184，遂川县 LXP-13-7307、LXP-13-7500，炎陵县 LXP-09-08767、LXP-13-3468，永新县 LXP-13-19321、LXP-13-19702、LXP-QXL-401；诸广山脉：崇义县 LXP-03-05895、LXP-03-10280，桂东县 LXP-03-02424、LXP-03-03064，上犹县 LXP-13-12795、

LXP-03-06758、LXP-03-07069。

短梗胡枝子 Lespedeza cyrtobotrya Miq.

灌木。山坡，山谷，疏林，灌丛，路旁；壤土；50~1600 m。幕阜山脉：庐山市 LXP5489、LXP5539，武宁县 LXP0369，修水县 LXP2938；九岭山脉：上高县 LXP-06-6551、LXP-06-6568；武功山脉：茶陵县 LXP-06-1509、LXP-06-7127，分宜县 LXP-06-2359，芦溪县 LXP-06-9013，攸县 LXP-06-5493，安福县 LXP-06-0408、LXP-06-2278；万洋山脉：井冈山 LXP-06-7198，遂川县 LXP-13-24761。

大叶胡枝子 Lespedeza davidii Franch.

灌木。山坡，山谷，山顶，疏林，灌丛，路旁，阳处；50~1600 m。幕阜山脉：庐山市 LXP4760，平江县 LXP0703、LXP4441、LXP-10-5990、LXP-10-6362，瑞昌市 LXP0087，武宁县 LXP1672，修水县 LXP3013、LXP3294；九岭山脉：靖安县 LXP2495，安义县 LXP-10-10476、LXP-10-3636，大围山 LXP-10-11129、LXP-10-11581，奉新县 LXP-10-13857、LXP-10-13879，七星岭 LXP-10-11837，铜鼓县 LXP-10-6592，宜春市 LXP-06-2678，万载县 LXP-10-1940，宜丰县 LXP-10-2402；武功山脉：安福县 LXP-06-0072、LXP-06-0409，莲花县 LXP-06-0665，明月山 LXP-06-7705、LXP-10-1350，攸县 LXP-06-5376，安仁县 LXP-03-00674、LXP-03-01443，袁州区 LXP-06-6705；万洋山脉：井冈山 JGS-1003、JGS-299，炎陵县 DY1-1057、LXP-09-00087，永新县 LXP-13-07962，永兴县 LXP-03-03917、LXP-03-03972，资兴市 LXP-03-00091、LXP-03-05038；诸广山脉：桂东县 LXP-03-00839，上犹县 LXP-03-06489。

兴安胡枝子 Lespedeza davurica (Laxm.) Schindl. [Lespedeza daurica (Laxm.) Schindl.]

草本。山谷，疏林，路旁；300~500 m。幕阜山脉：武宁县 LXP0674、LXP1664，修水县 LXP2569；万洋山脉：井冈山 JGS-1352。

多花胡枝子 Lespedeza floribunda Bunge

灌木。平地，路旁；壤土；200~300 m。万洋山脉：永新县 LXP-13-19308。

广东胡枝子 Lespedeza fordii Schindl.

灌木。山坡，山谷，疏林；550~750 m。幕阜山脉：通山县 LXP7061；九岭山脉：奉新县 LXP-10-13855。

宽叶胡枝子 **Lespedeza maximowiczii** Schneid.

灌木。山坡,灌丛;600~1100 m。九岭山脉:修水县 谭策铭等 14841(JJF)。

展枝胡枝子 **Lespedeza patens** Nakai

灌木。平地,路旁;壤土;250~350 m。武功山脉:安福县 LXP-06-1324。

铁马鞭 **Lespedeza pilosa** (Thunb.) Sieb. et Zucc.

草本。山坡,山谷,疏林,灌丛,路旁,阴处;壤土;150~900 m。幕阜山脉:庐山市 LXP5197,通山县 LXP7073、LXP7842,武宁县 LXP0368、LXP1327,修水县 LXP0285、LXP3218,平江县 LXP-10-6448;九岭山脉:大围山 LXP-10-12501,奉新县 LXP-10-10600、LXP-10-10945,靖安县 LXP-13-10453、LXP-13-11623、LXP-10-10293、LXP-10-23,铜鼓县 LXP-10-13443、LXP-10-6943,万载县 LXP-10-2009,宜春市 LXP-10-892,宜丰县 LXP-10-13332;武功山脉:明月山 LXP-13-10889、LXP-10-1261,安福县 LXP-06-0546、LXP-06-3011,攸县 LXP-06-6081;万洋山脉:炎陵县 LXP-13-3322、LXP-13-3345,永新县 LXP-QXL-463。

美丽胡枝子 **Lespedeza thunbergii** subsp. **formosa** (Vogel) H. Ohashi

灌木。山谷,疏林,河边,路旁;壤土;250~350 m。万洋山脉:炎陵县 DY2-1138;诸广山脉:上犹县 LXP-13-13064、LXP-03-06973、LXP-03-10775。

绒毛胡枝子 **Lespedeza tomentosa** (Thunb.) Sieb. ex Maxim.

草本。山坡,疏林,路旁,村边;壤土;200~600 m。幕阜山脉:瑞昌市 LXP0101,修水县 LXP3401;万洋山脉:永新县 LXP-QXL-847。

细梗胡枝子 **Lespedeza virgata** (Thunb.) DC.

草本。山坡,疏林,路旁;壤土;200~300 m。九岭山脉:安义县 LXP-10-10517;万洋山脉:炎陵县 LXP-13-3323。

银合欢属 *Leucaena* Benth.

*银合欢 **Leucaena leucocephala** (Lam.) de Wit.

乔木。山坡,灌丛,路旁;壤土;100~600 m。栽培。武功山脉:茶陵县 LXP-06-1523、LXP-06-9401。

马鞍树属 *Maackia* Rupr.

马鞍树 **Maackia hupehensis** Takeda

乔木。山坡,山谷,疏林,灌丛,溪边;350~1500 m。武功山脉:芦溪县 LXP-06-2093;万洋山脉:炎陵县 LXP-09-08209、LXP-09-10781。

光叶马鞍树 **Maackia tenuifolia** (Hemsl.) Hand.-Mazz.

乔木。山坡,疏林,路旁;壤土;800~900 m。万洋山脉:遂川县 LXP-13-17939。

苜蓿属 *Medicago* L.

天蓝苜蓿 **Medicago lupulina** L.

草本。山谷,山坡,疏林,路旁,草地;150 m。九岭山脉:上高县 LXP-10-4939;武功山脉:分宜县 LXP-10-5237。

*南苜蓿 **Medicago polymorpha** L.

草本。栽培或逸生。幕阜山脉:九江市 谭策铭 98206 (IBSC)。

草木犀属 *Melilotus* (L.) Mill.

*白花草木犀 **Melilotus alba** Medic. ex Desr.

草本。村边,路旁。栽培或逸生。万洋山脉:井冈山 71318(PEM)。

草木犀 **Melilotus officinalis** (L.) Pall.

草本。山谷,山坡,疏林,灌丛,路旁,阳处;壤土;100~200 m。九岭山脉:宜春市 LXP-10-810,上高县 LXP-10-4949;武功山脉:分宜县 LXP-10-5192。

崖豆藤属 *Millettia* Wight et Arn.

厚果崖豆藤 **Millettia pachycarpa** Benth.

藤本。山坡,疏林,路旁,河边;壤土,腐殖土;565 m。诸广山脉:桂东县 LXP-13-25464,上犹县 LXP-13-12620。

含羞草属 *Mimosa* L.

*含羞草 **Mimosa pudica** L.

草本。栽培或逸生。幕阜山脉:九江市 谭策铭 99433 (JJF)。

油麻藤属 *Mucuna* Adans.

褶皮黧豆 Mucuna lamellata Wilmot-Dear
藤本。山谷，疏林，溪边，路旁；壤土；150~300 m。
九岭山脉：万载县 LXP-13-10911，靖安县 LXP-10-9657；武功山脉：安福县 LXP-06-0152。

常春油麻藤 Mucuna sempervirens Hemsl.
藤本。山谷，山坡，疏林，溪边，路旁，树上，阴处；壤土；150~200 m。幕阜山脉：庐山市 LXP4929；九岭山脉：奉新县 LXP-10-3491，靖安县 4001410024、LXP-10-700、LXP-13-10468，万载县 LXP-13-10950；武功山脉：安福县 LXP-06-0419，明月山 LXP-06-4962；万洋山脉：永新县 LXP-13-19748。

小槐花属 *Ohwia* H. Ohashi

小槐花 Ohwia caudata (Thunb.) Ohashi
灌木。山坡，山谷，密林，疏林，灌丛，溪边，路旁；壤土，沙土；150~950 m。九岭山脉：宜春市 LXP-13-10521，靖安县 LXP-13-10180；武功山脉：明月山 LXP-13-10848，芦溪县 LXP-13-03560，安福县 LXP-06-0273、LXP-06-0529，安仁县 LXP-03-00675，茶陵县 LXP-06-1873、LXP-06-1945；万洋山脉：井冈山 JGS-080、JGS-420、LXP-13-10370，炎陵县 LXP-13-3107，永新县 LXP-QXL-235；诸广山脉：LXP-03-01487，崇义县 LXP-03-07275、LXP-03-10949，上犹县 LXP-03-06888。

红豆属 *Ormosia* Jacks.

光叶红豆 Ormosia glaberrima Y. C. Wu
乔木。山谷，山坡，疏林；400~900 m。诸广山脉：齐云山 刘仁林 2013002(GNNU)。

花榈木 Ormosia henryi Prain
乔木。山坡，山谷，疏林，溪边；壤土，腐殖土；100~650 m。幕阜山脉：武宁县 LXP-13-08501、LXP-13-08538，修水县 LXP3480；九岭山脉：靖安县 LXP-13-08289、LXP-10-10101、LXP-10-9751，铜鼓县 LXP-10-8344，宜丰县 LXP-10-2631；武功山脉：安福县 LXP-06-5581，茶陵县 LXP-065181，攸县 LXP-06-5213；万洋山脉：井冈山 JGS-1250，遂川县 LXP-13-16325，炎陵县 LXP-09-06158、LXP-09-09482，永新县 LXP-13-07736、LXP-13-19569；

诸广山脉：上犹县 LXP-13-12976、LXP-03-06287。

红豆树 Ormosia hosiei Hemsl. et Wils.
乔木。山谷，疏林；400~800 m。万洋山脉：井冈山 660371(JXU)。

软荚红豆 Ormosia semicastrata Hance
乔木。山谷，山坡，疏林；550 m。诸广山脉：崇义县 聂敏祥等 8728(IBSC)。

木荚红豆 Ormosia xylocarpa Chun ex L. Chen
乔木。山谷，山坡，密林，疏林，河边，路旁；壤土；100~800 m。九岭山脉：靖安县 LXP-10-378、LXP-10-609，万载县 LXP-10-1516、LXP-10-1904，宜丰县 LXP-10-2786；万洋山脉：井冈山 JGS-077、LXP-13-15467，遂川县 LXP-13-16688，炎陵县 LXP-09-00145、LXP-09-08169，永新县 LXP-13-08110、LXP-13-19407；诸广山脉：崇义县 LXP-03-04993、400145028、LXP-13-24376，桂东县 LXP-13-25427、LXP-13-25519，汝城县 LXP-03-09018。

豆薯属 *Pachyrhizus* Rich. ex DC.

*豆薯 Pachyrhizus erosus (L.) Urb.
藤本。山坡，村边，菜地，阳处；100~300 m。栽培。九岭山脉：浏阳市 LXP-10-5862，万载县 LXP-10-1419。

菜豆属 *Phaseolus* L.

*荷包豆 Phaseolus coccineus L.
藤本。山坡，平地，疏林，溪边，路旁；沙土；900~1100 m。栽培。诸广山脉：桂东县 LXP-03-02665、LXP-03-02752。

*棉豆 Phaseolus lunatus L.
藤本。平地，路旁；500~600 m。栽培。诸广山脉：桂东县 LXP-03-00824。

*菜豆 Phaseolus vulgaris L.
藤本。广泛栽培。幕阜山脉：九江市 谭策铭和张丽萍 02225A(SZG)。

豌豆属 *Pisum* L.

*豌豆 Pisum sativum L.
草本。蔬菜，广泛栽培。幕阜山脉：九江市 易桂花 10435(JJF)。

老虎刺属 *Pterolobium* R. Br. ex Wight et Arn.

老虎刺 **Pterolobium punctatum** Hemsl.

藤本。山谷，山坡，疏林，路旁，阳处；壤土；100~800 m。幕阜山脉：武宁县 LXP0523、LXP0582；武功山脉：安福县 LXP-06-0424，茶陵县 LXP-06-2780；诸广山脉：崇义县 LXP-13-24384。

葛属 *Pueraria* DC.

葛 **Pueraria montana** (Lour.) Merr.

藤本。山坡，山谷，疏林，灌丛，路旁；壤土，腐殖土；50~1700 m。幕阜山脉：修水县 JLS-2012-084；武功山脉：安福县 LXP-06-3879，分宜县 LXP-06-2330，芦溪县 LXP-06-2130，宜春市 LXP-06-2749，攸县 LXP-06-5382；万洋山脉：井冈山 LXP-13-20339，炎陵县 LXP-09-10837。

葛麻姆 **Pueraria montana** var. **lobata** (Willdenow) Maesen et S. M. Almeida ex Sanjappa et Predeep

藤本。山谷，山坡，疏林，灌丛，溪边；壤土，腐殖土；200~600 m。武功山脉：安福县 LXP-06-0141、LXP-06-0845，茶陵县 LXP-06-1406；万洋山脉：井冈山 LXP-13-04687，遂川县 LXP-13-7553，永新县 LXP-QXL-275、LXP-QXL-862；诸广山脉：桂东县 LXP-13-25394。

粉葛 **Pueraria montana** var. **thomsonii** (Benth.) Wiersema ex D. B. Ward

草本。山坡，疏林；壤土；300~600 m。万洋山脉：井冈山 JGS-1323，炎陵县 LXP-09-07493、LXP-09-08245。

三裂叶野葛 **Pueraria phaseoloides** (Roxb.) Benth.

藤本。山坡，山谷，疏林，溪边；沙土，壤土；1200-1400 m。幕阜山脉：通山县 LXP7771；万洋山脉：遂川县 LXP-13-7342；诸广山脉：上犹县 LXP-13-12372、LXP-13-12629。

鹿藿属 *Rhynchosia* Lour.

渐尖叶鹿藿 **Rhynchosia acuminatifolia** Makino

草本。山谷，林缘；900 m。幕阜山脉：庐山 董安淼 1359(JJF)。

菱叶鹿藿 **Rhynchosia dielsii** Harms

藤本。山谷，山坡，密林，疏林，溪边，草丛，路旁；壤土；150~800 m。幕阜山脉：平江县 LXP-10-6437；九岭山脉：大围山 LXP-10-12400，靖安县 JLS-2012-026、LXP-10-10357、LXP-10-334，宜丰县 LXP-10-12762、LXP-10-12928；武功山脉：安福县 LXP-06-0334、LXP-06-0472，玉京山 LXP-10-1273，袁州区 LXP-06-6698，芦溪县 LXP-13-8367；万洋山脉：井冈山 LXP-13-24091、LXP-13-11485。

鹿藿 **Rhynchosia volubilis** Lour.

藤本。山坡，山谷，平地，疏林，溪边，路旁，阳处；壤土；150~650 m。幕阜山脉：修水县 LXP3269；九岭山脉：铜鼓县 LXP-10-7255，万载县 LXP-10-1690、LXP-10-1801，宜丰县 LXP-10-2732，浏阳市 LXP-03-08376、LXP-03-08429；武功山脉：安福县 LXP-06-2268、LXP-06-5562，茶陵县 LXP-06-2038，芦溪县 LXP-06-8831；万洋山脉：资兴市 LXP-03-00298；诸广山脉：崇义县 LXP-13-13086。

刺槐属 *Robinia* L.

*刺槐 **Robinia pseudoacacia** L.

乔木。山谷，疏林，灌丛，溪边，路旁；壤土；150~400 m。栽培。幕阜山脉：修水县 LXP6507；诸广山脉：上犹县 LXP-03-06160、LXP-03-10458。

儿茶属 *Senegalia* Raf.

皱荚藤儿茶（藤金合欢）**Senegalia rugata** (Lam.) Britton et Rose [*Acacia concinna* (Willd.) DC.]

木质藤本，山坡，山谷，路旁；300~500 m。万洋山脉：陡水湖 LXP-13-12639、LXP-13-12836。

越南藤儿茶（越南金合欢）**Senegalia vietnamensis** (I. C. Nielsen) Maslin, Seigler et Ebinger [*Acacia vietnamensis* I. C. Nielsen]

藤本。山谷，溪边，灌丛；100~400 m。万洋山脉：遂川县 岳俊三等 4692(KUN)。

决明属 *Senna* Mill.

*望江南 **Senna occidentalis** (L.) Link

草本。村边，路旁；475 m。栽培。武功山脉：武功山 LXP-06-6360。

*决明 **Senna tora** (L.) Roxb.

草本。平地，路旁；壤土；150~250 m。栽培。武功山脉：安福县 LXP-06-0588。

田菁属 *Sesbania* Scop.

田菁 **Sesbania cannabina** (Retz.) Poir.

草本。山谷，平地，水库旁；沙土，腐殖土。九岭山脉：靖安县 LXP-13-10385、LXP-13-11598；武功山脉：宜春市 LXP-13-10532、LXP-13-10598；万洋山脉：永新县 LXP-QXL-789。

坡油甘属 *Smithia* Aiton

坡油甘 **Smithia sensitiva** Ait.

草本。山坡，路旁；500 m。万洋山脉：永新县 赖书坤 4929(IBSC)。

苦参属 Sophora L.

*短蕊槐 **Sophora brachygyna** C. Y. Ma

乔木。村边栽培；300 m。武功山脉：武功山 岳俊三等 3263(NAS)。

苦参 **Sophora flavescens** Alt.

灌木。山坡，山谷，疏林，溪边，灌丛，路旁，阳处；150~1500 m。幕阜山脉：平江县 LXP4228，通山县 LXP6561、LXP6837，武宁县 LXP1014、LXP1643，修水县 LXP0346、LXP6766；九岭山脉：安义县 LXP-10-3575、LXP-10-3707；武功山脉：玉京山 LXP-10-1352；万洋山脉：遂川县 LXP-13-23788，炎陵县 LXP-09-308、LXP-13-3446。

*槐 **Sophora japonica** L.

乔木。山坡，山谷，平地，密林，疏林，路旁，村边；100~700 m。栽培。幕阜山脉：瑞昌市 LXP0035；九岭山脉：靖安县 LXP-10-210；武功山脉：安福县 LXP-06-0427；诸广山脉：桂东县 LXP-03-00798。

葫芦茶属 *Tadehagi* H. Ohashi

葫芦茶 **Tadehagi triquetrum** (L.) Ohashi

灌木。山坡，路旁；320 m。诸广山脉：上犹县 江西队 230(PE)。

灰毛豆属 *Tephrosia* Pers.

*白灰毛豆 **Tephrosia candida** DC.

乔木。山谷，疏林，溪边；壤土。栽培。九岭山脉：

万载县 LXP-13-10992。

车轴草属 *Trifolium* L.

*红车轴草 **Trifolium pratense** L.

草本。村边，阳处；573 m。栽培。幕阜山脉：修水县 LXP0311。

*白车轴草 **Trifolium repens** L.

草本。平地，路旁；沙土；150~1250 m。栽培。九岭山脉：宜丰县 LXP-10-4604；武功山脉：分宜县 LXP-10-5109；诸广山脉：桂东县 LXP-03-02380。

狸尾豆属 *Uraria* Desv.

猫尾草 **Uraria crinita** (L.) Desv. ex DC.

灌木。罗霄山脉可能有分布，未见标本。

狸尾草 **Uraria lagopodioides** (L.) Desv. ex DC.

灌木。罗霄山脉可能有分布，未见标本。

野豌豆属 *Vicia* L.

窄叶野豌豆 **Vicia angustifolia** L. ex Reichard

草本。荒地；40~50 m。幕阜山脉：九江市 谭策铭等 10311(JJF)。

广布野豌豆 **Vicia cracca** L.

藤本。山谷，密林，溪边；300~400 m。幕阜山脉：通山县 LXP5967。

*蚕豆 **Vicia faba** L.

草本。平地，路旁；壤土；400~500 m。栽培。武功山脉：安福县 LXP-06-1002。

小巢菜 **Vicia hirsuta** (L.) S. F. Gray

藤本。山坡，山谷，疏林，草地，路旁；150~550 m。幕阜山脉：平江县 LXP4079，通山县 LXP5968，修水县 LXP6753；九岭山脉：安义县 LXP-10-3684、LXP-10-3749，上高县 LXP-10-4947。

牯岭野豌豆 **Vicia kulingiana** Bailey

草本。山坡，疏林，路旁；400~1400 m。幕阜山脉：庐山市 LXP4504、LXP4783、LXP5474。

明月山野豌豆 **Vicia mingyueshanensis** Z. Y. Xiao et X. C. Li

草质藤本。山坡，疏林；300~650 m。武功山脉：

宜春市 CSFI076074 (CSFI: NF)。

救荒野豌豆 Vicia sativa L.

草本。山谷，山坡，疏林，路旁；壤土；200~800 m。九岭山脉：大围山 LXP-10-7771，宜丰县 LXP-10-8575；武功山脉：安福县 LXP-06-3490。

四籽野豌豆 Vicia tetrasperma (L.) Schreber

草本。平地，路旁；壤土；115 m。武功山脉：明月山 LXP-06-4943。

歪头菜 Vicia unijuga A. Br.

草本。山坡。幕阜山脉：庐山 熊耀国 4820(NAS)。

豇豆属 *Vigna* Savi

贼小豆 Vigna minima (Roxb.) Ohwi et Ohashi

藤本。山坡，山谷，灌丛，溪边，路旁；壤土；200~1000 m。九岭山脉：靖安县 LXP2471，浏阳市 LXP-10-5765，宜丰县 LXP-10-13223；武功山脉：安福县 LXP-06-5713、LXP-06-6291，宜春市 LXP-06-8924，袁州区 LXP-06-6711；万洋山脉：炎陵县 LXP-13-3344。

*绿豆 Vigna radiata (L.) Wilczek

草本。山坡，路旁，疏林；1350~1450 m。栽培。九岭山脉：大围山 LXP-10-11967。

赤小豆 Vigna umbellata (Thunb.) Ohwi et Ohashi

藤本。山谷，山坡，河边，路旁，阳处；150~800 m。幕阜山脉：平江县 LXP-10-6348；九岭山脉：大围山 LXP-10-5618，奉新县 LXP-10-10963，靖安县 LXP-10-9741、LXP-10-9932，宜丰县 LXP-10-12804；武功山脉：安福县 LXP-06-5653、LXP-06-6800。

*豇豆 Vigna unguiculata (L.) Walp.

藤本。平地，路旁；壤土；150~600 m。栽培。武功山脉：安福县 LXP-06-8605，攸县 LXP-06-6118。

野豇豆 Vigna vexillata (L.) Rich.

藤本。山坡，山谷，疏林，草地，村边，路旁；150~1250 m。幕阜山脉：瑞昌市 LXP0054，武宁县 LXP0374，修水县 LXP0255、LXP3405，平江县 LXP-10-5960；九岭山脉：大围山 LXP-10-11209、LXP-10-11777、LXP-10-12194，奉新县 LXP-10-10915、LXP-10-13761，靖安县 LXP-13-11601、LXP-

10-10329、LXP-10-9674，铜鼓县 LXP-10-6599、LXP-10-6918，宜丰县 LXP-10-12878、LXP-10-7296；武功山脉：莲花县 LXP-GTY-448，明月山 LXP-13-10707，安仁县 LXP-03-01437，安福县 LXP-06-0066、LXP-06-2955；万洋山脉：井冈山 JGS-1156、JGS-425，遂川县 LXP-13-20286，炎陵县 LXP-13-3239、LXP-13-3458；诸广山脉：崇义县 LXP-03-05924、LXP-03-10307，桂东县 LXP-03-02514，上犹县 LXP-03-06558。

紫藤属 *Wisteria* Nutt.

紫藤 Wisteria sinensis (Sims) Sweet

藤本。山坡，山谷，平地，疏林，灌丛，草地；壤土；50~700 m。幕阜山脉：汨罗市 LXP-03-08646，平江县 LXP4267、LXP6454，通山县 LXP1869、LXP2306，武宁县 LXP1470、LXP8016；九岭山脉：浏阳市 LXP-03-08872，安义县 LXP-10-10535、LXP-10-3581，上高县 LXP-06-5989；诸广山脉：上犹县 LXP-03-06275。

丁癸草属 *Zornia* J. F. Gmel.

丁癸草 Zornia gibbosa Spanog.

草本。村边，路旁。武功山脉：安福县 岳俊三等 3779(IBSC)。

A142 远志科 Polygalaceae

远志属 *Polygala* L.

荷包山桂花 Polygala arillata Buch.-Ham. ex D. Don

灌木。山坡，路旁；835 m。万洋山脉：井冈山 兰国华 LiuRL012(KUN)。

华南远志 Polygala chinensis L.

草本。山谷，疏林，溪边；壤土。诸广山脉：上犹县 LXP-13-12951。

黄花倒水莲 Polygala fallax Hemsl.

草本。山谷，山坡，密林，疏林，灌丛，河边，路旁；壤土；100~1400 m。武功山脉：安福县 LXP-06-0238、LXP-06-0324，茶陵县 LXP-06-1869，莲花县 LXP-GTY-021，芦溪县 LXP-13-03651、LXP-13-09713，明月山 LXP-13-10861、LXP-06-7853、LXP-10-1326，安仁县 LXP-03-01489，袁州区 LXP-06-6704；万洋

山脉：井冈山 JGS-406、LXP-13-0365，炎陵县 LXP-09-00226、LXP-09-07262，永新县 LXP-13-19304、LXP-13-19667，永兴县 LXP-03-04221，资兴市 LXP-03-05013；诸广山脉：崇义县 400145007、LXP-13-24232、LXP-03-04870、LXP-03-04894，桂东县 LXP-03-00754、LXP-03-02342、LXP-13-25486，上犹县 LXP-13-12725、LXP-13-18907、LXP-03-06070、LXP-03-06358。

香港远志 Polygala hongkongensis Hemsl.

草本。山顶，山谷，山坡，疏林，溪边，路旁；壤土，腐殖土；300~1300 m。幕阜山脉：平江县 LXP3709，通山县 LXP5976；九岭山脉：靖安县 LXP-10-592；武功山脉：莲花县 LXP-GTY-354、LXP-GTY-426；万洋山脉：井冈山 JGS-4697、LXP-13-15210；诸广山脉：上犹县 LXP-13-12085。

狭叶香港远志 Polygala hongkongensis var. stenophylla (Hay.) Migo

草本。山坡，山谷，密林，疏林，路旁；壤土；100~1700 m。幕阜山脉：庐山市 LXP5078、LXP5653、LXP6039，武宁县 LXP-13-08484、LXP0591、LXP0901，平江县 LXP3925、LXP4353，通山县 LXP2071、LXP6825，修水县 LXP2925、LXP6693、LXP0328、LXP0796；九岭山脉：万载县 LXP-13-11147，安义县 LXP-10-3592、LXP-10-3745，大围山 LXP-10-7878，奉新县 LXP-10-3394、LXP-10-3959，靖安县 LXP-10-490，七星岭 LXP-10-8219，铜鼓县 LXP-10-8400；武功山脉：茶陵县 LXP-13-22959，莲花县 LXP-GTY-322；万洋山脉：吉安市 LXSM2-6-10016、JGS-2111，遂川县 LXP-13-16417、LXP-13-17962，炎陵县 DY2-1077、LXP-09-07489，永新县 LXP-13-19614、LXP-QXL-195；诸广山脉：上犹县 LXP-13-23118、LXP-13-23128。

瓜子金 Polygala japonica Houtt.

草本。山谷，山坡，平地，疏林，路旁；壤土；150~1300 m。幕阜山脉：平江县 LXP3841、LXP4342，武宁县 LXP0446；九岭山脉：大围山 LXP-03-02989，安义县 LXP-10-3582；武功山脉：安福县 LXP-06-5127，明月山 LXP-06-4618；万洋山脉：炎陵县 LXP-03-00355、LXP-03-03301、LXP-09-07662，永兴县 LXP-03-04041，资兴市 LXP-03-03481、LXP-

03-03542；诸广山脉：上犹县 LXP-03-06734。

曲江远志 Polygala koi Merr.

草本。山坡，山谷，疏林，溪边，石壁上；400~1200 m。万洋山脉：井冈山 11547、LXP-13-15253，炎陵县 LXP-13-5619，永新县 LXP-13-19805；诸广山脉：桂东县 LXP-13-22570、LXP-13-25641。

大叶金牛 Polygala latouchei Franch.

草本。山坡，路旁；600~1000 m。诸广山脉：齐云山 075795（刘小明等，2010）。

小花远志 Polygala polifolia C. Presl

草本。草地，阳处；400 m。万洋山脉：井冈山 4846 (IBK)。

西伯利亚远志 Polygala sibirica L.

草本。山坡，草地，疏林，溪边；750~1400 m。幕阜山脉：平江县 LXP3688；诸广山脉：桂东县 LXP-03-02612。

小扁豆 Polygala tatarinowii Regel

草本。山坡，疏林；腐殖土；200~700 m。万洋山脉：井冈山 LXP-13-5708；诸广山脉：崇义县 LXP-03-07360，上犹县 LXP-03-06331、LXP-03-10534。

远志 Polygala tenuifolia Willd.

草本。山坡，平地，疏林，灌丛，石上；壤土；150~900 m。武功山脉：安福县 LXP-06-0257、LXP-06-0348，茶陵县 LXP-06-2027，芦溪县 LXP-06-3311、LXP-06-3447、LXP-13-8348，明月山 LXP-06-4624；诸广山脉：桂东县 LXP-03-00492。

长毛籽远志 Polygala wattersii Hance

灌木。山坡，疏林；300~700 m。诸广山脉：齐云山 075491（刘小明等，2010）。

齿果草属 *Salomonia* Lour.

齿果草 Salomonia cantoniensis Lour.

草本。山坡，山谷，疏林，路旁；壤土；150~250 m。九岭山脉：靖安县 LXP-10-9544，铜鼓县 LXP-10-6940，万载县 LXP-10-1884；武功山脉：安福县 LXP-06-0617；万洋山脉：炎陵县 LXSM-7-00234，永新县 LXP-QXL-012；诸广山脉：上犹县 LXP-13-13045。

椭圆叶齿果草 **Salomonia oblongifolia** DC.
草本。路旁，阳处。罗霄山脉可能有分布，未见标本。

Order 31. 蔷薇目 Rosales

A143 蔷薇科 Rosaceae

龙芽草属 *Agrimonia* L.

小花龙芽草 Agrimonia nipponica var. occidentalis Skalicky
草本。山坡，路旁，灌丛，疏林，溪边，草地；200~1400 m。幕阜山脉：庐山市 LXP4832，武宁县 LXP0490，平江县 LXP-10-6042；九岭山脉：大围山 LXP-10-11390、LXP-10-11604，奉新县 LXP-10-13994，靖安县 LXP-10-10178，铜鼓县 LXP-10-7014，宜丰县 LXP-10-12846；万洋山脉：炎陵县 DY2-1271；诸广山脉：崇义县 LXP-13-24304。

龙芽草 Agrimonia pilosa Ldb.
草本。山谷，密林，疏林，溪边，路旁；腐殖土；80~1500 m。幕阜山脉：庐山市 LXP4697，瑞昌市 LXP0011，通山县 LXP7513，武宁县 LXP7916，修水县 LXP2606；九岭山脉：大围山 LXP-10-11190，奉新县 LXP-10-10714，靖安县 LXP-13-10042、LXP-10-10016、LXP-10-10335，铜鼓县 LXP-10-13440，万载县 LXP-10-1382，宜春市 LXP-06-8867、LXP-10-869；武功山脉：莲花县 LXP-GTY-189，芦溪县 LXP-13-03516，安福县 LXP-06-0577、LXP-06-2983，茶陵县 LXP-06-1844，安仁县 LXP-03-01396，明月山 LXP-13-10794、LXP-06-7789，攸县 LXP-06-5409；万洋山脉：井冈山 JGS-107，炎陵县 LXP-09-06142，永兴县 LXP-03-03847，资兴市 LXP-03-00199；诸广山脉：崇义县 LXP-03-05626，桂东县 LXP-03-00752，上犹县 LXP-03-06072、LXP-03-06376。

黄龙尾 Agrimonia pilosa var. nepalensis (D. Don) Nakai
草本。山谷，路旁，草地，疏林，溪边，阳处；90~600 m。九岭山脉：铜鼓县 LXP-10-6573，万载县 LXP-10-1932，宜春市 LXP-10-1180，宜丰县 LXP-10-7388。

唐棣属 *Amelanchier* Medik.

东亚唐棣 Amelanchier asiatica (Sieb. et Zucc.) Endl. ex Walp.
乔木。山谷，路旁；300~1000 m。幕阜山脉：幕阜山 05829(PE)。

假升麻属 *Aruncus* L.

假升麻 Aruncus sylvester Kostel.
草本。山坡，密林；1326 m。幕阜山脉：平江县 LXP3732。

木瓜属 *Chaenomeles* Lindl.

*毛叶木瓜 **Chaenomeles cathayensis** (Hemsl.) Schneid.
灌木或小乔木。山坡，疏林，溪边；壤土；872 m。栽培。万洋山脉：遂川县 LXP-13-17950。

*日本木瓜 **Chaenomeles japonica** (Thunb.) Spach
乔木。园林栽培。幕阜山脉：庐山 00152(LBG)。

*木瓜 **Chaenomeles sinensis** (Thouin) Koehne
灌木或小乔木。栽培。万洋山脉：炎陵县 LXP-13-05152。

*皱皮木瓜 **Chaenomeles speciosa** (Sweet) Nakai
乔木。园林栽培。幕阜山脉：庐山 11201(IBSC)。

山楂属 *Crataegus* L.

野山楂 Crataegus cuneata Sieb. et Zucc.
灌木。山坡，路旁，密林，疏林，灌丛，草地，阳处；沙土，壤土，腐殖土；100~1700 m。幕阜山脉：庐山市 LXP4888，瑞昌市 LXP0052，通山县 LXP1823，武宁县 LXP1044；九岭山脉：安义县 LXP-10-3773，大围山 LXP-03-08047、LXP-10-11368，奉新县 LXP-10-3876，靖安县 LXP-13-10105、LXP-10-10024，上高县 LXP-06-7604；武功山脉：分宜县 LXP-10-5187，安福县 LXP-06-0164，茶陵县 LXP-06-7169，莲花县 LXP-GTY-080、LXP-06-0664，明月山 LXP-06-4884；万洋山脉：井冈山 JGS-3522，炎陵县 LXP-03-02915、LXP-09-08052，永新县 LXP-13-07833，永兴县 LXP-03-03848，资兴市 LXP-03-03690、LXP-03-05125。

湖北山楂 Crataegus hupehensis Sarg.
乔木。山坡，路旁；600~1100 m。九岭山脉：新建区 熊耀国 09477LBG。

华中山楂 Crataegus wilsonii Sarg.
灌木。山坡，灌丛；300~1200 m。幕阜山脉：武宁县 LXP5792；万洋山脉：永新县 LXP-QXL-460。

蛇莓属 *Duchesnea* Sm.

皱果蛇莓 Duchesnea chrysantha (Zoll. et Mor.) Miq.

草本。山谷，草地，路旁，疏林，溪边；200~400 m。九岭山脉：大围山 LXP-10-7995，宜丰县 LXP-10-8553。

蛇莓 Duchesnea indica (Andr.) Focke

草本。山坡，路旁，溪边，草地，灌丛，疏林，密林，阳处；沙土，壤土，腐殖土；100~1700 m。幕阜山脉：瑞昌市 LXP0223，修水县 LXP0771；九岭山脉：安义县 LXP-10-10402，大围山 LXP-03-07838、LXP-10-11996、LXP-10-12359，奉新县 LXP-10-11026，铜鼓县 LXP-10-8240，万载县 LXP-10-2116，宜丰县 LXP-10-12930、LXP-10-2682；武功山脉：安福县 LXP-06-2905、LXP-06-3712，茶陵县 LXP-06-1455，芦溪县 LXP-06-3405，攸县 LXP-06-5295；万洋山脉：井冈山 JGS-018，炎陵县 LXSM-7-00289，永新县 LXP-13-07760；诸广山脉：桂东县 LXP-03-02391，上犹县 LXP-03-07196。

枇杷属 *Eriobotrya* Lindl.

大花枇杷 Eriobotrya cavaleriei (Lévl.) Rehd.

乔木。山坡，疏林；400~900 m。诸广山脉：齐云山 0087（刘小明等，2010）。

香花枇杷 Eriobotrya fragrans Champ.

乔木。山坡，疏林；500~110 m。诸广山脉：齐云山 3006（刘小明等，2010）。

枇杷 Eriobotrya japonica (Thunb.) Lindl.

乔木。山坡，路旁，疏林；沙土，壤土；100~1200 m。幕阜山脉：武宁县 LXP-13-08474、LXP5601；武功山脉：安福县 LXP-06-0856，明月山 LXP-13-10726、LXP-06-7985，攸县 LXP-03-08697；诸广山脉：桂东县 LXP-03-02515。

白鹃梅属 *Exochorda* Lindl.

白鹃梅 Exochorda racemosa (Lindl.) Rehd.

灌木。山坡，路旁，灌丛，阴处；100~200 m。幕阜山脉：平江县 LXP4386，石牛寨 罗开文，邓园艺 080518；武宁县 LXP6132。

草莓属 *Fragaria* L.

*草莓 Fragaria × ananassa Duch.

草本。栽培。幕阜山脉：庐山 赵保惠等 00152(JXU)。

路边青属 *Geum* L.

路边青 Geum aleppicum Jacq.

草本。山坡，路旁，疏林，密林，溪边；壤土；100~1500 m。幕阜山脉：庐山市 LXP5495；九岭山脉：大围山 LXP-10-11935，奉新县 LXP-10-10648；万洋山脉：资兴市 LXP-03-05002；诸广山脉：上犹县 LXP-03-06028。

柔毛路边青 Geum japonicum var. **chinense** F. Bolle

草本。山坡，山顶，路旁，疏林，溪边；壤土，沙土，腐殖土；300~2000 m。幕阜山脉：修水县 LXP2975；九岭山脉：万载县 LXP-13-11380；武功山脉：安福县 LXP-06-0385，茶陵县 LXP-06-2007，芦溪县 LXP-06-2117，明月山 LXP-13-10802、LXP-06-7685，攸县 LXP-06-6180，莲花县 LXP-GTY-128，袁州区 LXP-06-6691；万洋山脉：井冈山 JGS- B186，遂川县 LXP-13-16674，炎陵县 LXP-09-00020、LXP-09-06193，永新县 LXP-QXL-426；诸广山脉：桂东县 LXP-13-09069。

棣棠花属 *Kerria* DC.

棣棠花 Kerria japonica (L.) DC.

灌木。山坡，路旁，灌丛，疏林；壤土；300~1100 m。幕阜山脉：庐山市 LXP5020，平江县 LXP3766，通山县 LXP2140；九岭山脉：大围山 LXP-03-07917、LXP-10-12137，浏阳市 LXP-10-5758；武功山脉：明月山 LXP-06-4675，攸县 LXP-06-5483；万洋山脉：井冈山 JGS4062，炎陵县 LXP-09-6545，永新县 LXP-13-19772、LXP-QXL-764，永兴县 LXP-03-04043；诸广山脉：上犹县 LXP-13-23374、LXP-03-06570。

苹果属 *Malus* Mill.

台湾林檎 Malus doumeri (Bois) Chev.

乔木。山坡，疏林，路旁；壤土；1000~1600 m。幕阜山脉：庐山市 LXP-13-24535；万洋山脉：井冈山 JGS-3537，遂川县 LXP-13-24700；诸广山脉：

桂东县 JGS-A105，崇义县 LXP-03-05767。

*垂丝海棠 Malus halliana Koehne

乔木。观赏，栽培。幕阜山脉：九江市 易桂花 12059 (JJF)。

湖北海棠 Malus hupehensis (Pamp.) Rehd.

乔木。山顶，山谷，溪边，灌丛，疏林；壤土，沙土；400~1900 m。幕阜山脉：平江县 LXP3165、LXP3189，通山县 LXP1239，武宁县 LXP1478，修水县 LXP6490；九岭山脉：奉新县 LXP-06-4018，大围山 LXP-10-12032，七星岭 LXP-03-07954、LXP-10-11453；武功山脉：安福县 LXP-06-2823，茶陵县 LXP-06-1504，攸县 LXP-06-1617；万洋山脉：井冈山 11508、JGS-009、LXP-13-05918，遂川县 13-16796、LXP-13-16814，炎陵县 LXP-03-02918、DY3-1005、LXP-13-25707，资兴市 LXP-03-00088。

光萼林檎 Malus leiocalyca S. Z. Huang

灌木或小乔木。林下。万洋山脉：井冈山 JGS-B016。

三叶海棠 Malus sieboldii (Regel) Rehd.

灌木。山坡，路旁，溪边，灌丛，疏林；腐殖土；500~1800 m。武功山脉：明月山 LXP-06-4550；万洋山脉：井冈山 JGS-1071，遂川县 LXP-13-18221，炎陵县 LXP-09-07988、LXP-09-08090、LXP-09-08457；诸广山脉：崇义县 LXP-03-05891，桂东县 LXP-03-00916，上犹县 LXP-13-12440。

绣线梅属 Neillia D. Don

井冈山绣线梅 Neillia jinggangshanensis Z. X. Yu

灌木。山谷，路旁，河边，疏林；腐殖土，壤土；400~600 m。万洋山脉：井冈山 JGS-B172，永新县 LXP-13-07681、LXP-QXL-223。

中华绣线梅 Neillia sinensis Oliv.

灌木。山谷，疏林，河边；沙土，壤土；900~1200 m。万洋山脉：炎陵县 LXP-09-08589，永新县 LXP-QXL-759，永兴县 LXP-03-04173。

*绣线梅 Neillia thyrsiflora D. Don

灌木。山坡，疏林；壤土；500~1400 m。栽培。幕阜山脉：修水县 LXP2821；万洋山脉：炎陵县 LXP-09-10711。

石楠属 Photinia Lindl.

红果树 Photinia davidiana (Decne.) Cardot [Stranvaesia davidiana Decne.]

灌木。山坡，山谷，疏林，溪边，阳处；壤土；300~1900 m。幕阜山脉：修水县 LXP3101；九岭山脉：靖安县 LXP-13-08338，大围山 LXP-13-08210；武功山脉：芦溪县 LXP-13-09948；万洋山脉：井冈山 JGS-1112012，遂川县 LXP-13-17757，炎陵县 LXP-09-06465。

波叶红果树 Photinia davidiana var. undulata (Decne.) Long Y. Wang, W. Guo et W. B. Liao [Stranvaesia davidiana var. undulata (Decne.) Rehd. et Wils.]

灌木或小乔木。山坡，疏林，溪边，密林，阳处；壤土，腐殖土，沙土；1450 m。幕阜山脉：平江县 LXP-13-22382；九岭山脉：大围山 LXP-10-12043、LXP-10-7906，七星岭 LXP-03-07960、LXP-10-11397；武功山脉：芦溪县 LXP-13-09630，安福县 LXP-06-0400；万洋山脉：遂川县 LXP-13-17649，炎陵县 LXP-09-06318、LXP-13-05092。

光叶石楠 Photinia glabra (Thunb.) Maxim.

乔木。山坡，路旁，溪边，疏林；壤土；100~1800 m。幕阜山脉：平江县 LXP3726，通山县 LXP1916，武宁县 LXP0392、LXP7913，修水县 LXP0244、LXP3428，平江县 LXP-10-6065；九岭山脉：奉新县 LXP-10-3918，靖安县 LXP-10-4536，宜丰县 LXP-10-6678，上高县 LXP-06-7585；武功山脉：安福县 LXP-06-0013、LXP-06-0573，茶陵县 LXP-06-1951，莲花县 LXP-06-0673，芦溪县 LXP-06-2397，明月山 LXP-06-4673，宜春市 LXP-06-2740；万洋山脉：井冈山 JGS-1026、LXP-13-15339，遂川县 LXP-13-09400，炎陵县 LXP-09-06358、LXP-09-06370、LXP-09-299，永新县 LXP-13-19714；诸广山脉：崇义县 LXP-13-24153，桂东县 LXP-13-09080，上犹县 LXP-13-12485。

倒卵叶石楠 Photinia lasiogyna (Franch.) Schneid.

灌木或小乔木。山谷，路旁，疏林，溪边；壤土。万洋山脉：遂川县 LXP-13-7544，永新县 LXP-QXL-833。

脱毛石楠 **Photinia lasiogyna** var. **glabrescens** L. T. Lu et C. L. Li

乔木。山坡，疏林；200~700 m。九岭山脉：奉新县 刘守炉、姚淦和王希藻 1126(PE)。

桃叶石楠 **Photinia prunifolia** (Hook. et Arn.) Lindl.

乔木。山坡，疏林，灌丛，河边，密林，阴处；腐殖土；200~1400 m。幕阜山脉：平江县 LXP6434，武宁县 LXP0538，修水县 LXP2874；九岭山脉：大围山 LXP-03-08140、LXP-10-12374，奉新县 LXP-10-13919，铜鼓县 LXP-10-6988，万载县 LXP-13-11009、LXP-10-1552，宜丰县 LXP-10-13373、LXP-10-7423；武功山脉：莲花县 LXP-GTY-382，茶陵县 LXP-09-10354，明月山 LXP-13-10695；万洋山脉：井冈山 JGS-1274，遂川县 LXP-13-17218，炎陵县 LXP-09-06475、LXP-13-5661，永新县 LXP-13-07764，资兴市 LXP-03-00183；诸广山脉：桂东县 LXP-13-25338、LXP-03-00809，上犹县 LXP-03-06234、LXP-03-06965。

石楠 **Photinia serratifolia** (Desf.) Kalkman

灌木或小乔木。山坡，溪边，疏林，阳处；壤土；400~1700 m。幕阜山脉：武宁县 LXP-13-08540；武功山脉：茶陵县 LXP-09-10273，芦溪县 LXP-13-8355；万洋山脉：资兴市 LXP-03-03719；诸广山脉：上犹县 LXP-03-06902。

委陵菜属 *Potentilla* L.

委陵菜 **Potentilla chinensis** Ser.

草本。山坡，路旁。幕阜山脉：庐山 张起焕 s. n. (NAS)。

翻白草 **Potentilla discolor** Bunge

草本。山坡，草地；壤土；1675 m。诸广山脉：上犹县 LXP-13-23200。

莓叶委陵菜 **Potentilla fragarioides** L.

草本。山坡，路旁；700~1300 m。诸广山脉：上犹县 (70)-498(PE)。

三叶委陵菜 **Potentilla freyniana** Bornm

草本。山坡，路旁，草地，溪边，阳处；腐殖土；100~1600 m。幕阜山脉：庐山市 LXP5654，平江县 LXP3168，武宁县 LXP1517；九岭山脉：奉新县 LXP-10-3517；万洋山脉：井冈山 JGS-2012131，炎陵县 LXP-09-06445，永新县 LXP-QXL-844。

中华三叶委陵菜 **Potentilla freyniana** var. **sinica** Migo

草本。山坡，路旁；30~700 m。幕阜山脉：柴桑区 谭策铭和易桂花 07007(JJF)。

蛇含委陵菜 **Potentilla kleiniana** Wight et Arn.

草本。山坡，路旁，疏林，溪边，阳处；腐殖土；100~1500 m。幕阜山脉：平江县 LXP3533；九岭山脉：安义县 LXP-10-3810，大围山 LXP-10-7670，奉新县 LXP-10-3330、LXP-10-9306，铜鼓县 LXP-10-8244，宜丰县 LXP-10-2560；武功山脉：安福县 LXP-06-3582，茶陵县 LXP-06-9203，攸县 LXP-03-08593，莲花县 LXP-GTY-023，明月山 LXP-06-4636、LXP-10-1238；万洋山脉：吉安市 LXSM2-6-10094，井冈山 11537，遂川县 LXP-13-7523，炎陵县 LXP-03-03338、DY3-1091、LXP-13-26005，永新县 LXP-13-07959，资兴市 LXP-03-03577；诸广山脉：桂东县 JGS-A129a，上犹县 LXP-13-12997。

下江委陵菜 **Potentilla limprichtii** J. Krause

草本。山坡，路旁；250 m。幕阜山脉：庐山 董安淼 1497(SZG)。

绢毛匍匐委陵菜 **Potentilla reptans** var. **sericophylla** Franch.

草本。平地，草地；红壤；144 m。武功山脉：安福县 LXP-06-3601。

朝天委陵菜 **Potentilla supina** L.

草本。山坡，路旁，疏林，草地；200~700 m。幕阜山脉：庐山市 LXP5386；九岭山脉：宜春市 LXP-10-812。

三叶朝天委陵菜 **Potentilla supina** var. **ternata** Peterm.

草本。林缘，路旁。万洋山脉：井冈山 JGS-4688。

落叶石楠属 *Pourthiaea* Decne.

毛萼红果树 **Pourthiaea amphidoxa** (C. K. Schneid.) Rehd. et Wils. [*Stranvaesia amphidoxa* Schneid.]

小乔木。山坡，路旁；900~1400 m。武功山脉：武功山 张代贵 063566(JIU)。

中华落叶石楠 Pourthiaea arguta (Lindl.) Decne. [中华石楠 *Photinia beauverdiana* Schneid.; *Photinia schneideriana* Rehd. et Wils.]

灌木或小乔木。山坡，溪边，疏林，密林，路旁；壤土，灌丛；腐殖土，沙土；300~1700 m。幕阜山脉：平江县 LXP3846、LXP3914、LXP-10-6426，通山县 LXP1246、LXP2267，武宁县 LXP1686、LXP1058，修水县 LXP2846、LXP2551；九岭山脉：大围山 LXP-03-02971、LXP-09-11050、LXP-10-12492，铜鼓县 LXP-10-6633，宜丰县 LXP-10-6844；武功山脉：安福县 LXP-06-0739，茶陵县 LXP-06-1439，分宜县 LXP-06-2364，莲花县 LXP-06-0795、LXP-GTY-175，芦溪县 LXP-13-03551、LXP-13-09750、LXP-13-09591、LXP-13-09955、LXP-06-1737，明月山 LXP-06-4686；万洋山脉：井冈山 LXP-13-15423、JGS-B085，遂川县 NF-004、LXP-13-23492，炎陵县 LXP-09-09359、LXP-09-09511、DY1-1143、LXP-09-10600，资兴市 LXP-03-00102、LXP-03-03528，永新县 LXP-13-07743；诸广山脉：崇义县 LXP-03-04930，桂东县 LXP-13-09087、JGS-A126、LXP-03-02547，上犹县 LXP-13-12206、LXP-13-23424。

福建落叶石楠 Pourthiaea fokienensis (Finet et Franch.) H. Iketani et H. Ohashi [*Photinia fokienensis* (Franch.) Franch.]

灌木或小乔木。山坡，疏林；900~1100 m。幕阜山脉：通城县 LXP4158，武宁县 LXP5543。

褐毛落叶石楠 Pourthiaea hirsuta (Hand.-Mazz.) H. Iketani et H. Ohashi [*Photinia hirsuta* Hand.-Mazz.]

灌木或小乔木。山谷，路旁，密林；腐殖土；400~800 m。万洋山脉：井冈山 JGS-2105，炎陵县 LXP-09-10075，永新县 LXP-13-08001；诸广山脉：上犹县 LXP-13-12463。

小叶落叶石楠 Pourthiaea villosa (Thunb.) Decne. [*Photinia villosa* (Thunb.) DC.; *Photinia villosa* var. *sinica* Rehd. et Wils.; *Photinia komarovii* (Lévl. et Vant.) L. T. Lu et C. L. Li; *Photinia parvifolia* (Pritz.) Schneid.]

灌木或小乔木。山坡，密林，灌丛，疏林；壤土；100~1900 m。幕阜山脉：平江县 LXP-13-22368、LXP3712，通城县 LXP4155、LXP7862，修水县 LXP2399、LXP2785，庐山市 LXP4463、LXP4750、LXP-13-24532，武宁县 LXP-13-08439、LXP1529、LXP0887；九岭山脉：万载县 LXP-13-11335，大围山 LXP-09-11077，奉新县 LXP-10-3907，铜鼓县 LXP-10-7005，上高县 LXP-10-4888、LXP-06-6599；武功山脉：安福县 LXP-06-0266、LXP-06-0401，茶陵县 LXP-06-1582，分宜县 LXP-06-9587，莲花县 LXP-GTY-090，芦溪县 LXP-13-03552、LXP-13-09868、LXP-06-2387，明月山 LXP-06-7753、LXP-06-4573；万洋山脉：井冈山 JGS-004、LXP-13-0368、LXP-13-15413，遂川县 LXP-13-09361、400147001、LXP-13-18214，炎陵县 DY3-1004、LXP-09-00053、LXP-09-10084、TYD1-1302、LXP-09-09471，资兴市 LXP-03-03725；诸广山脉：桂东县 LXP-03-00917、JGS-A070，上犹县 LXP-13-23182。

李属 *Prunus* L.

[*Cerasus* Mill.; *Maddenia* Hook. f. et Thoms.; *Amygdalus* L.; *Laurocerasus* Duhamel]

*杏 Prunus armeniaca L. [*Armeniaca vulgaris* Lam.]

乔木。山坡，密林，溪边；红壤；535 m。栽培。武功山脉：攸县 LXP-03-07635。

短梗稠李 Prunus brachypoda Batalin [*Padus brachypoda* (Batalin) Schneid.]

乔木。山谷，疏林；800 m。幕阜山脉：庐山 谭策铭和董安淼 00453(JJF)。

橉木 Prunus buergeriana Miq. [*Padus buergeriana* (Miq.) Yü et Ku]

乔木。山谷，路旁，疏林，溪边，灌丛，密林，阳处；300~1900 m。幕阜山脉：平江县 LXP3625，通山县 LXP7062，武宁县 LXP5794；九岭山脉：大围山 LXP-09-11018、LXP-10-7504，奉新县 LXP-10-4238，靖安县 LXP-10-4300，七星岭 LXP-10-8178，宜丰县 LXP-10-2191；武功山脉：芦溪县 LXP-13-09809，分宜县 LXP-06-9623；万洋山脉：遂川县 LXP-13-17475，炎陵县 LXP-09-08092；诸广山脉：上犹县 LXP-13-12025。

钟花樱桃 Prunus campanulata Maxim. [*Cerasus campanulata* (Maxim.) Yü et Li]

乔木。山谷，山顶，密林，疏林，灌丛，溪边；300~1500 m。幕阜山脉：平江县 LXP3626，通山县 LXP1244，武宁县 LXP5790；九岭山脉：大围山

LXP-10-7509，宜丰县 LXP-10-2351；武功山脉：茶陵县 LXP-09-10212；万洋山脉：井冈山 JGS4098，遂川县 LXP-13-16546，炎陵县 LXP-09-08609、LXP-09-08810，永新县 LXP-13-07731。

微毛樱桃 Prunus clarofolia C. K. Schneid. [*Cerasus clarofolia* (Schneid.) Yü et Li]

乔木。山谷，疏林，溪边；腐殖土。万洋山脉：炎陵县 LXP-13-5671。

华中樱桃 Prunus conradinae Koehne [*Cerasus conradinae* (Koehne) Yü et Li]

乔木。山坡，疏林，灌丛，路旁，溪边，阳处；腐殖土；500~1400 m。幕阜山脉：平江县 LXP3956，通山县 LXP5845，武宁县 LXP6207；九岭山脉：浏阳市 LXP-03-08615，万载县 LXP-13-11358；武功山脉：莲花县 LXP-GTY-250，芦溪县 LXP-06-9650、LXP-06-1144；万洋山脉：井冈山 JGS-2012095，炎陵县 LXP-13-25737，永新县 LXP-QXL-765；诸广山脉：上犹县 LXP-13-13008。

襄阳山樱桃 Prunus cyclamina Koehne [*Cerasus cyclamina* (Koehne) Yü et Li]

乔木。山坡，密林，灌丛，疏林，溪边，阴处；壤土；200~1500 m。九岭山脉：宜春市 LXP-10-1166；武功山脉：芦溪县 LXP-06-1135。

*山桃 Prunus davidiana (Carr.) Franch. [*Amygdalus davidiana* (Carr.) de Vos ex L. Henry]

乔木。山谷，疏林，路旁，溪边；壤土；500~800 m。栽培。九岭山脉：大围山 LXP-03-07937；武功山脉：芦溪县 LXP-13-09565；万洋山脉：遂川县 LXP-13-17849，永新县 LXP-QXL-808。

尾叶樱桃 Prunus dielsiana C. K. Schneid. [*Cerasus dielsiana* (Schneid.) Yü et Li]

乔木。山坡，灌丛，疏林，溪边，阳处；壤土；200~1600 m。幕阜山脉：平江县 LXP3522，通山县 LXP7154；九岭山脉：醴陵市 LXP-03-08998；武功山脉：宜春市 LXP-13-10757，分宜县 LXP-06-9625，明月山 LXP-06-4552；万洋山脉：井冈山 JGS-1022、JGS-3528，遂川县 LXP-13-16554，炎陵县 LXP-09-07355，永新县 LXP-13-07879；诸广山脉：崇义县 LXP-13-24221。

短梗尾叶樱桃 Prunus dielsiana var. **abbreviata** Cardot [*Cerasus dielsiana* var. *abbreviata* (Cardot) Yü et Li]

乔木或灌木。山谷，路旁，密林，溪边，阳处；壤土；400~1400 m。九岭山脉：奉新县 LXP-10-3971，铜鼓县 LXP-10-6642，宜丰县 LXP-10-2924；万洋山脉：炎陵县 LXP-09-11072。

迎春樱桃 Prunus discoidea (T. T. Yü et C. L. Li) Z. Wei et Y. B. Chang [*Cerasus discoidea* Yü et Li]

乔木。山谷，溪边，路旁，疏林；腐殖土；400~600 m。万洋山脉：炎陵县 LXP-09-09039，永新县 LXP-13-19731。

华南桂樱 Prunus fordiana Dunn [*Laurocerasus fordiana* (Dunn) Yü et Lu]

乔木。山谷，路旁，密林；740 m。九岭山脉：大围山 LXP-10-11647，靖安县 JLS-2012-037。

*麦李 Prunus glandulosa Thunb. [*Cerasus glandulosa* (Thunb.) Lois.]

乔木。山坡，林中；300 m。栽培。幕阜山脉：修水县 李立新 9606294(JJF)。

灰叶稠李 Prunus grayana Maxim.

乔木。山谷，路旁，疏林，阳处；壤土；900~1400 m。武功山脉：安福县 LXP-06-2820；万洋山脉：井冈山 LXP-13-04675、LXP-13-05970。

臭樱 Prunus hypoleuca (Koehne) J. Wen [*Maddenia hypoleuca* Koehne]

乔木。山谷，疏林，溪边；壤土。幕阜山脉：平江县 LXP-13-22367。

*郁李 Prunus japonica Thunb. [*Cerasus japonica* (Thunb.) Lois.]

乔木。偶见栽培。幕阜山脉：庐山 林峰 84034 (IBSC)。

*梅 Prunus mume (Sieb.) Sieb. et Zucc. [*Armeniaca mume* Sieb.]

乔木。山谷，疏林，密林，溪边；腐殖土；300~600 m。栽培。万洋山脉：井冈山 JGS-4608，永新县 LXP-13-07710；诸广山脉：上犹县 LXP-13-12232。

粗梗稠李 Prunus napaulensis (Ser.) Steud. [*Padus napaulensis* (Ser.) Schneid.]

乔木。山坡，疏林；壤土；1200~1900 m。万洋山脉：遂川县 LXP-13-23713。

细齿稠李 Prunus obtusata Koehne [*Padus obtusata* (Koehne) Yü et Ku]

乔木。山谷，疏林，溪边；壤土；600~900 m。万洋山脉：遂川县 LXP-13-23476，炎陵县 LXP-09-00265；诸广山脉：上犹县 LXP-13-23410。

＊桃 Prunus persica (L.) Batsch [*Amygdalus persica* L.]

乔木。疏林，村边，阳处；200~1300 m。栽培。幕阜山脉：平江县 LXP3804，瑞昌市 LXP0123；九岭山脉：宜春市 LXP-10-970；武功山脉：茶陵县 LXP-06-1442，芦溪县 LXP-06-1077，明月山 LXP-06-4555；万洋山脉：井冈山 JGS4150，炎陵县 LXP-13-26008、LXP-03-02946、LXP-13-3192，永新县 LXP-QXL-006，永兴县 LXP-03-04030，资兴市 LXP-03-03558；诸广山脉：上犹县 LXP-03-07056。

腺叶桂樱 Prunus phaeosticta (Hance) Maxim. [*Laurocerasus phaeosticta* (Hance) Schneid.]

乔木。山坡，疏林，密林，溪边，灌丛；腐殖土；200~1700 m。幕阜山脉：修水县 LXP2397；九岭山脉：宜丰县 LXP-13-24507、LXP-10-12905；武功山脉：安福县 LXP-06-9269，芦溪县 LXP-06-1711、4001414008、LXP-13-09705；万洋山脉：井冈山 JGS-4689，遂川县 LXP-13-16806，炎陵县 LXP-09-07168、LXP-09-07239，永新县 LXP-13-07808；诸广山脉：桂东县 LXP-13-09240，上犹县 LXP-13-12213、LXP-13-12365。

毛柱郁李 Prunus pogonostyla Maxim. [*Cerasus pogonostyla* (Maxim.) Yü et Li]

乔木。山脚，路旁；300 m。幕阜山脉：庐山 谭策铭和董安淼 009(JJF)。

长尾毛樱桃 Prunus pogonostyla var. **obovata** Koehne [*Cerasus pogonostyla* var. *obovata* (Koehne) T. T. Yü et C. L. Li]

灌木或小乔木。山谷，疏林；壤土；210 m。武功山脉：茶陵县 LXP-13-22929。

＊樱桃 Prunus pseudocerasus Lindl. [*Cerasus pseudocerasus* (Lindl.) G. Don]

乔木。山坡，路旁，密林，疏林，溪边；壤土；300~1700 m。栽培。幕阜山脉：通城县 LXP6381；九岭山脉：安义县 LXP-10-3573；万洋山脉：遂川县 LXP-13-17646，炎陵县 LXP-09-00216。

＊李 Prunus salicina Lindl.

乔木。山谷，路旁，河边，疏林，密林，石上，阳处；沙土，壤土；100~1300 m。栽培。幕阜山脉：武宁县 LXP6178；九岭山脉：浏阳市 LXP-03-08622，大围山 LXP-03-07866，靖安县 LXP-10-4567，醴陵市 LXP-03-08989；武功山脉：安仁县 LXP-03-01566，茶陵县 LXP-09-10355，明月山 LXP-06-4662；万洋山脉：井冈山 JGS4039，炎陵县 LXP-09-09044，永兴县 LXP-03-04158。

浙闽樱桃 Prunus schneideriana Koehne [*Cerasus schneideriana* (Koehne) Yü et Li]

乔木。山谷，密林，疏林，溪边，石上，阴处，阳处；壤土，腐殖土；1000~1900 m。九岭山脉：大围山 LXP-09-11071；武功山脉：莲花县 LXP-GTY-367；万洋山脉：井冈山 11548，遂川县 LXP-13-23622，炎陵县 DY2-1158；诸广山脉：崇义县 LXP-13-24222，上犹县 LXP-13-19375A。

山樱桃 Prunus serrulata (Lindl.) G. Don ex London [*Cerasus serrulata* (Lindl.) London]

乔木。山顶，山坡，密林，疏林，灌丛，路旁，阳处；壤土，腐殖土；400~2100 m。幕阜山脉：平江县 LXP3169，通城县 LXP6384；九岭山脉：浏阳市 LXP-03-08623，靖安县 LXP-13-10394，大围山 LXP-10-7666，七星岭 LXP-10-8124；武功山脉：芦溪县 LXP-13-09648、LXP-13-09803；万洋山脉：井冈山 11524，遂川县 LXP-13-17770，炎陵县 LXP-09-09143、LXP-09-09424，永新县 LXP-13-19829；诸广山脉：上犹县 LXP-13-12564。

＊日本晚樱 Prunus serrulata var. **lannesiana** (Carr.) Makino [*Cerasus serrulata* var. *lannesiana* (Carr.) Makino]

乔木。观赏，栽培。幕阜山脉：九江市 谭策铭 10058(JJF)。

毛叶山樱花 Prunus serrulata var. **pubescens** (Makino) E. H. Wils. [*Cerasus serrulata* var. *pubescens* (Makino) Yü et Li]

乔木。山坡，疏林；红壤。万洋山脉：永新县 LXP-13-07778。

刺叶桂樱 Prunus spinulosa Sieb. et Zucc. [*Laurocerasus spinulosa* (Sieb. et Zucc.) Schneid.]

乔木。山坡，路旁，溪边，灌丛，疏林；壤土，腐殖土；200~1700 m。幕阜山脉：通山县 LXP7632，修水县 LXP0272；武功山脉：安福县 LXP-06-3081；万洋山脉：井冈山 JGS-368，遂川县 LXP-13-17478，炎陵县 LXP-09-08493，永新县 LXP-13-07771。

四川樱桃 Prunus szechuanica Batalin [*Cerasus szechuanica* (Batal.) Yü et Li]

乔木或灌木。山坡，路旁；壤土；787~1234 m。武功山脉：明月山 LXP-06-4860。

毛樱桃 Prunus tomentosa Thunb. [*Cerasus tomentosa* (Thunb.) Wall. ex T. T. Yü et C. L. Li]

灌木。山坡，密林，灌丛，路旁；200~1300 m。幕阜山脉：武宁县 LXP1485；万洋山脉：炎陵县 LXP-03-03394。

*榆叶梅 Prunus triloba Lindl. [*Amygdalus triloba* (Lindl.) Ricker]

乔木。观赏，栽培。九岭山脉：新建区昌-0244(JXU)。

尖叶桂樱 Prunus undulata Buch.-Ham. ex D. Don [*Laurocerasus undulata* (D. Don) Roem.]

灌木或乔木。山谷，路旁，溪边，密林；壤土，腐殖土；200~1000 m。幕阜山脉：武宁县 LXP-13-08542；九岭山脉：大围山 LXP-03-03006，宜丰县 LXP-10-2225；武功山脉：芦溪县 LXP-13-09700；万洋山脉：井冈山 JGS-2012036，遂川县 LXP-13-18142，炎陵县 LXP-09-07440；诸广山脉：桂东县 LXP-13-09084。

绢毛稠李 Prunus wilsonii (C. K. Schneid.) Koehne [*Padus wilsonii* Schneid.]

乔木。山坡，灌丛；壤土；680 m。万洋山脉：井冈山 JGS-090，炎陵县 LXP-13-3358。

大叶桂樱 Prunus zippeliana Miq. [*Laurocerasus zippeliana* (Miq.) Yü et Lu]

乔木。山坡，密林，疏林，溪边；腐殖土；500~700 m。

幕阜山脉：平江县 LXP-03-08826；诸广山脉：桂东县 LXP-13-25416，上犹县 LXP-13-12275。

火棘属 *Pyracantha* M. Roem.

全缘火棘 Pyracantha atalantioides (Hance) Stapf

灌木或小乔木。山坡，疏林；壤土；700~1400 m。九岭山脉：大围山 LXP-03-07984；万洋山脉：炎陵县 LXP-09-10705。

火棘 Pyracantha fortuneana (Maxim.) Li

灌木。山坡，灌丛，村边，疏林；壤土；100~900 m。幕阜山脉：通山县 LXP1701，武宁县 LXP0634；九岭山脉：大围山 LXP-03-07928；武功山脉：分宜县 LXP-10-5122，茶陵县 LXP-13-25986；万洋山脉：井冈山 JGS-4598。

梨属 *Pyrus* L.

*杜梨 Pyrus betulifolia Bunge

乔木。山谷，溪边，疏林；壤土；200~1400 m。栽培。九岭山脉：大围山 LXP-03-08049；诸广山脉：上犹县 LXP-03-06306。

豆梨 Pyrus calleryana Decne.

乔木。山坡，溪边，疏林，阳处；壤土；100~1800 m。幕阜山脉：汨罗市 LXP-03-08641，庐山市 LXP4603，平江县 LXP3496，瑞昌市 LXP0152，通山县 LXP1910，修水县 LXP0831；九岭山脉：浏阳市 LXP-03-08616，靖安县 LXP-13-10241、LXP-10-205、LXP-10-222，宜丰县 LXP-10-13290；武功山脉：安福县 LXP-06-4820，茶陵县 LXP-065183，莲花县 LXP-06-0653、LXP-GTY-047；万洋山脉：井冈山 JGS-B027，永兴县 LXP-03-04376，炎陵县 LXP-09-07532、LXP-09-10881，永新县 LXP-QXL-105；诸广山脉：桂东县 LXP-13-25391，崇义县 LXP-03-05815，上犹县 LXP-03-06910。

豆梨楔叶变种 Pyrus calleryana var. **koehnei** (Schneid.) Yü

乔木。山坡，路旁，疏林；1400 m。九岭山脉：大围山 LXP-10-11978。

豆梨柳叶变种 Pyrus calleryana var. **lanceolata** Yü

乔木。山谷，山坡；350 m。幕阜山脉：武宁县 赖书坤 02486(PE)。

*沙梨 **Pyrus pyrifolia** (Burm. f.) Nakai

乔木。山坡，疏林，溪边，阳处；壤土；400~1400 m。栽培。幕阜山脉：平江县 LXP3536，通山县 LXP2293，修水县 LXP2952；九岭山脉：大围山 LXP-03-03033；武功山脉：安福县 LXP-06-0626，莲花县 LXP-06-0654，芦溪县 LXP-06-1078；万洋山脉：吉安市 LXSM2-6-10086，炎陵县 LXP-09-00637；诸广山脉：上犹县 LXP-03-07051。

*麻梨 **Pyrus serrulata** Rehd.

乔木。山坡，路旁，溪边，疏林；腐殖土；400~1100 m。栽培。幕阜山脉：武宁县 LXP1636，修水县 LXP6695；武功山脉：莲花县 LXP-GTY-444，明月山 LXP-13-10698；万洋山脉：井冈山 JGS-292，遂川县 LXP-13-17999，炎陵县 LXP-13-4323，永新县 LXP-13-07898。

石斑木属 *Rhaphiolepis* Lindl.

锈毛石斑木 Rhaphiolepis ferruginea Metcalf

灌木。山坡，山脊，阳处；500~1000 m。诸广山脉：崇义县 吴大诚 80-0068(PE)。

石斑木 Rhaphiolepis indica (L.) Lindl.

灌木。山谷，路旁，疏林，密林，灌丛；壤土；200~1600 m。九岭山脉：万载县 LXP-13-10975；武功山脉：安福县 LXP-06-0104，分宜县 LXP-06-2360，莲花县 LXP-GTY-125，芦溪县 LXP-13-09732、LXP-06-2487，明月山 LXP-13-10686、LXP-06-4582；万洋山脉：井冈山 11545、JGS-3504，遂川县 LXP-13-16748、LXP-13-7560，炎陵县 LXP-09-08318、LXP-09-10060，永新县 LXP-13-07631，永兴县 LXP-03-03964；诸广山脉：崇义县 LXP-03-05777，桂东县 LXP-13-22729、LXP-03-02500，上犹县 LXP-03-06853。

细叶石斑木 Rhaphiolepis lanceolata Hu

灌木。山坡，路旁；壤土；860 m。武功山脉：明月山 LXP-06-4561。

大叶石斑木 Rhaphiolepis major Card.

灌木。罗霄山脉可能有分布，未见标本。

柳叶石斑木 Rhaphiolepis salicifolia Lindl.

灌木。山坡，疏林；壤土。诸广山脉：桂东县 LXP-13-22558，上犹县 LXP-13-12606。

蔷薇属 *Rosa* L.

*单瓣白木香 **Rosa banksiae** var. **normalis** Regel

灌木。山坡，灌丛；壤土；100~500 m。栽培。武功山脉：安福县 LXP-06-0020、LXP-06-0221，分宜县 LXP-06-2368。

硕苞蔷薇 Rosa bracteata Wendl.

灌木。山坡，灌丛；700~1300 m。幕阜山脉：庐山 张起焕 s. n. (NAS)。

*月季花 **Rosa chinensis** Jacq.

灌木。村边，灌丛，路旁；壤土；100~1200 m。栽培。诸广山脉：上犹县 LXP-03-06018、LXP-03-06672。

*单瓣月季花 **Rosa chinensis** var. **spontanea** (Rehd. et Wils.) Yü et Ku

灌木。观赏，栽培。幕阜山脉：柴桑区易桂花 10193(JJF)。

小果蔷薇 Rosa cymosa Tratt.

灌木。路旁，山坡，灌丛，疏林，阳处；100~1200 m。幕阜山脉：庐山市 LXP5143，平江县 LXP4360、LXP-10-6131，汨罗市 LXP-03-08640，瑞昌市 LXP0210，武宁县 LXP5710，修水县 LXP2678；九岭山脉：万载县 LXP-13-10947，安义县 LXP-10-3576，浏阳市 LXP-03-08476、LXP-10-5801，大围山 LXP-10-11141，奉新县 LXP-10-10896、LXP-10-10287，宜春市 LXP-13-10751，靖安县 LXP-13-11517、LXP-10-192，上高县 LXP-10-4872，铜鼓县 LXP-10-13475，宜丰县 LXP-10-13351；武功山脉：安福县 LXP-06-0852，茶陵县 LXP-06-1378，分宜县 LXP-10-5147，莲花县 LXP-GTY-107，芦溪县 LXP-13-09973；万洋山脉：井冈山 LXP-13-15343，遂川县 LXP-13-16311，炎陵县 LXP-09-00040，永新县 LXP-13-19717；诸广山脉：崇义县 LXP-03-07251，桂东县 LXP-13-25310，上犹县 LXP-03-06078。

毛叶山木香 Rosa cymosa var. **puberula** Yü et Ku

灌木。山坡，路旁，灌丛，疏林，阴处，阳处；100~400 m。九岭山脉：万载县 LXP-10-1387，宜春市 LXP-10-875，宜丰县 LXP-10-2668；武功山脉：玉京山 LXP-10-1274。

软条七蔷薇 Rosa henryi Bouleng.

攀援灌木。山坡，路旁，灌丛，疏林，阳处；壤土；100~1200 m。幕阜山脉：庐山市 LXP4839，平江县 LXP3543、LXP-10-6195，通山县 LXP7508，武宁县 LXP1079，修水县 LXP0286；九岭山脉：安义县 LXP-10-10474，大围山 LXP-10-12363，铜鼓县 LXP-10-6619，宜丰县 LXP-10-7329，上高县 LXP-06-7601；武功山脉：安福县 LXP-06-0685，茶陵县 LXP-06-9226，芦溪县 LXP-06-2492，明月山 LXP-06-4593，宜春市 LXP-06-2732，攸县 LXP-06-5489；万洋山脉：炎陵县 LXP-03-00360，永兴县 LXP-03-03853，资兴市 LXP-03-03561；诸广山脉：崇义县 LXP-03-07323，桂东县 LXP-03-00844。

金樱子 Rosa laevigata Michx.

攀援灌木。山坡，路旁，灌丛，阳处；50~1700 m。幕阜山脉：庐山市 LXP5064，平江县 LXP3795，瑞昌市 LXP0062，通山县 LXP1866，武宁县 LXP1097，修水县 LXP3012；九岭山脉：大围山 LXP-10-11771，奉新县 LXP-10-3262，靖安县 LXP-13-10388、LXP-10-548，万载县 LXP-13-10944、LXP-10-1399，宜丰县 LXP-10-2639；武功山脉：芦溪县 LXP-13-8380，安福县 LXP-06-0023、LXP-06-3696、LXP-06-4802，茶陵县 LXP-06-1380，安仁县 LXP-03-00673，明月山 LXP-06-4877，攸县 LXP-06-5450，玉京山 LXP-10-1290；万洋山脉：遂川县 LXP-13-17115，炎陵县 LXP-03-00350、LXP-09-08619、LXP-09-08768，永新县 LXP-13-07608，永兴县 LXP-03-04590，资兴市 LXP-03-03554；诸广山脉：崇义县 LXP-03-05621，桂东县 LXP-13-25315、LXP-03-02406、LXP-03-02851，上犹县 LXP-03-06129、LXP-13-12431。

野蔷薇 Rosa multiflora Thunb.

攀援灌木。山谷，路旁，疏林，灌丛，溪边；壤土；100~1200 m。幕阜山脉：修水县 4001416077；九岭山脉：大围山 LXP-03-07680；武功山脉：安仁县 LXP-03-01464；万洋山脉：炎陵县 LXP-09-06333，永兴县 LXP-03-03912；诸广山脉：桂东县 LXP-03-02305，上犹县 LXP-03-06212、LXP-03-07064。

七姊妹 Rosa multiflora var. **carnea** Thory

灌木。山坡，路旁；486 m。幕阜山脉：平江县 LXP4237。

粉团蔷薇 Rosa multiflora var. **cathayensis** Rehd. et Wils.

灌木。山坡，路旁，灌丛，阳处；壤土；50~1900 m。幕阜山脉：平江县 LXP3662，通山县 LXP1279，修水县 LXP3424；九岭山脉：安义县 LXP-10-9393，大围山 LXP-09-11027、LXP-10-5273，奉新县 LXP-10-3259、LXP-10-9272，七星岭 LXP-03-07949、LXP-10-8115，上高县 LXP-10-4904；武功山脉：分宜县 LXP-10-5215，攸县 LXP-03-08790，安福县 LXP-06-0005、LXP-06-8183，明月山 LXP-06-4655；万洋山脉：吉安市 LXSM2-6-10020，井冈山 JGS-2193，遂川县 LXP-13-09319、NF-032，炎陵县 DY1-1070、LXP-09-10946，永兴县 LXP-03-03850，资兴市 LXP-03-03539；诸广山脉：上犹县 LXP-13-12389。

缫丝花 Rosa roxburghii Tratt.

灌木。山坡；450 m。武功山脉：安福县 曹岚 360829130716339LY(JXCM)。

悬钩子蔷薇 Rosa rubus Lévl. et Vant.

攀援灌木。山坡，路旁，疏林，灌丛，阳处，阴处；沙土，壤土；100~400 m。九岭山脉：万载县 LXP-13-10938、LXP-10-1395；武功山脉：茶陵县 LXP-09-10291，玉京山 LXP-10-1338；万洋山脉：井冈山 11531；诸广山脉：上犹县 LXP-13-12494。

*玫瑰 Rosa rugosa Thunb.

灌木。观赏，偶见栽培。幕阜山脉：庐山 赵保惠 00154(JXAU)。

钝叶蔷薇 Rosa sertata Rolfe

灌木。山坡，灌丛；1050 m。幕阜山脉：庐山 谭策铭等 9607021A(JJF)。

悬钩子属 *Rubus* L.

腺毛莓 Rubus adenophorus Rolfe

攀援灌木。山谷，路旁，溪边，灌丛，疏林，阳处；壤土；150~1600 m。幕阜山脉：武宁县 LXP-13-08452；武功山脉：分宜县 LXP-10-5172，安福县 LXP-06-9233，茶陵县 LXP-06-1431，大岗山 LXP-06-3644；万洋山脉：LXP-13-23367，井冈山 LXP-13-15147，炎陵县 LXP-09-07564，永新县 LXP-13-07650；诸广山脉：上犹县 LXP-13-12051。

粗叶悬钩子 Rubus alceifolius Poir.

攀援灌木。山坡，路旁；925 m。万洋山脉：井冈山 Z. Y. Zhang 98040(JXAU)。

周毛悬钩子 Rubus amphidasys Focke ex Diels

灌木。山坡，溪边，疏林，密林；壤土，400~1100 m。幕阜山脉：庐山市 LXP4632，通山县 LXP2232，武宁县 LXP0902，修水县 LXP2840；九岭山脉：大围山 LXP-10-11624；武功山脉：茶陵县 LXP-09-10202，芦溪县 LXP-13-09958；万洋山脉：遂川县 LXP-13-09364，炎陵县 LXP-09-6569，资兴市 LXP-03-03747；诸广山脉：崇义县 LXP-03-07262，上犹县 LXP-13-12417。

寒莓 Rubus buergeri Miq.

灌木。山坡，路旁，溪边，灌丛，疏林，阴处，100~1800 m。幕阜山脉：平江县 LXP3723、LXP-10-6085，修水县 LXP2886；九岭山脉：大围山 LXP-10-11550，奉新县 LXP-10-14066，靖安县 LXP-13-10207、LXP-10-10102、LXP-10-329、LXP-10-9791，铜鼓县 LXP-10-6896，万载县 LXP-13-11024、LXP-10-1589，宜春市 LXP-10-859，宜丰县 LXP-10-13177；武功山脉：芦溪县 LXP-13-8336，安福县 LXP-06-0091、LXP-06-8095；万洋山脉：井冈山 LXP-13-JX4590，炎陵县 LXP-09-00166，永新县 LXP-QXL-516。

尾叶悬钩子 Rubus caudifolius Wuzhi

攀援灌木。山顶，路旁，溪边，疏林；壤土；400~1500 m。九岭山脉：七星岭 LXP-10-11917；万洋山脉：炎陵县 LXP-09-06334；诸广山脉：上犹县 LXP-13-23502。

长序莓 Rubus chiliadenus Focke

攀援灌木。山坡，路旁；100~550 m。九岭山脉：官山 LXP-10-2476。

掌叶复盆子 Rubus chingii Hu

藤状灌木。山坡，路旁，溪边，灌丛，疏林，阳处；壤土；300~1300 m。幕阜山脉：武宁县 LXP1326，修水县 LXP3088；九岭山脉：大围山 LXP-10-12441，奉新县 LXP-10-3893，靖安县 LXP-13-10480、LXP-10-778，宜丰县 LXP-10-2371；武功山脉：芦溪县 LXP-06-1256，明月山 LXP-06-4674；万洋山脉：炎陵县 LXP-09-07481，永新县 LXP-13-07819；诸广山脉：上犹县 LXP-13-12162，桂东县 LXP-13-09057。

毛萼莓 Rubus chroosepalus Focke

攀援灌木。山坡，溪边，灌丛，疏林，溪边；壤土，腐殖土；300~700 m。武功山脉：莲花县 LXP-GTY-093，明月山 LXP-13-10849，安福县 LXP-06-3561，茶陵县 LXP-06-1972；万洋山脉：井冈山 JGS-45105，炎陵县 LXP-09-00763、LXP-13-4435，永新县 LXP-13-07641；诸广山脉：桂东县 LXP-13-09083。

华中悬钩子 Rubus cockburnianus Hemsl.

灌木。山谷，疏林；150 m。武功山脉：分宜县 LXP-10-5139。

小柱悬钩子 Rubus columellaris Tutcher

攀援藤本。山坡，路旁，河边，疏林，灌丛；壤土；100~1900 m。幕阜山脉：通山县 LXP7043，武宁县 LXP6271；九岭山脉：安义县 LXP-10-3740，大围山 LXP-10-7781，奉新县 LXP-10-3295、LXP-10-9318，靖安县 LXP-10-4323，宜丰县 LXP-10-4682、LXP-10-8786；武功山脉：安福县 LXP-06-3498，樟树市 LXP-10-5065，大岗山 LXP-06-3666，芦溪县 LXP-13-09994、LXP-06-3303；万洋山脉：井冈山 JGS-4600，遂川县 LXP-13-16305、LXP-13-7518，炎陵县 LXP-09-08439，永新县 LXP-13-07685；诸广山脉：上犹县 LXP-03-06966、LXP-13-12757。

山莓 Rubus corchorifolius L. f.

灌木。山坡，山顶，疏林，溪边，灌丛，路旁，石上，阴处；壤土；200~1900 m。幕阜山脉：平江县 LXP3562，通山县 LXP5871，武宁县 LXP-13-08453、LXP1001；九岭山脉：浏阳市 LXP-03-08656，大围山 LXP-09-11004、LXP-10-7720，奉新县 LXP-10-3934，靖安县 LXP-10-291，七星岭 LXP-10-8117，宜丰县 LXP-10-2395；武功山脉：安福县 LXP-06-1004，芦溪县 LXP-06-1269，明月山 LXP-06-4513、LXP-06-4975；万洋山脉：井冈山 JGS4055，遂川县 LXP-13-16425，炎陵县 LXP-09-08688，永新县 LXP-13-07647，永兴县 LXP-03-03889，资兴市 LXP-03-03629；诸广山脉：上犹县 LXP-03-06405。

插田泡 Rubus coreanus Miq.

灌木。山坡，灌丛，路旁，疏林；壤土；100~1400 m。幕阜山脉：平江县 LXP3736、LXP4230，通城县 LXP6380，武宁县 LXP5760；九岭山脉：大围山 LXP-

10-7477；武功山脉：明月山 LXP-06-4707；诸广山脉：崇义县 LXP-03-05893。

毛叶插田泡 Rubus coreanus var. tomentosus Card.

灌木。山坡，疏林。武功山脉：宜春市 LXP-13-10553。

厚叶悬钩子 Rubus crassifolius Yü et Lu

攀援灌木。山坡，疏林；942 m。幕阜山脉：修水县 LXP2857。

闽粤悬钩子 Rubus dunnii Metc.

攀援灌木。山坡，密林，疏林；1400~1500 m。九岭山脉：大围山 LXP-10-5300。

大红泡 Rubus eustephanus Focke ex Diels

灌木。山谷，溪边；1100 m。九岭山脉：大围山 LXP-10-7460。

攀枝莓 Rubus flagelliflorus Focke ex Diels

攀援灌木。山坡；1150 m。九岭山脉：靖安县 谭策铭 97763(PE)。

光果悬钩子 Rubus glabricarpus Cheng

灌木，林缘，路旁；约 1386 m。万洋山脉：炎陵县 LXP-13-22826。

腺果悬钩子 Rubus glandulosocarpus M. X. Nie

亚灌木。山坡，疏林，密林，路旁；壤土，腐殖土；1321 m。武功山脉：芦溪县 LXP-13-09822；万洋山脉：遂川县 LXP-13-25918，炎陵县 LXSM-7-00253。

中南悬钩子 Rubus grayanus Maxim.

灌木。山坡，路旁，河边，疏林，灌丛，阳处；腐殖土；150 m。九岭山脉：安义县 LXP-10-3628，奉新县 LXP-10-3392；万洋山脉：井冈山 JGS-1304003，炎陵县 LXP-13-5572，永新县 LXP-13-07705。

江西悬钩子 Rubus gressittii Metc.

攀援灌木。山谷，路旁，密林，疏林，溪边；壤土，腐殖土；250~800 m。九岭山脉：宜丰县 LXP-10-4718；武功山脉：芦溪县 LXP-13-09895；万洋山脉：炎陵县 LXP-13-23861。

华南悬钩子 Rubus hanceanus Ktze.

藤状灌木或攀援灌木。山谷，路旁；壤土；1246 m。武功山脉：芦溪县 LXP-06-9052。

戟叶悬钩子 Rubus hastifolius Lévl. et Vant.

攀援灌木。山谷，路旁，疏林，灌丛，溪边；壤土；400~900 m。幕阜山脉：平江县 LXP3644，通山县 LXP5838，武宁县 LXP1537；九岭山脉：大围山 LXP-03-07821、LXP-10-12485，奉新县 LXP-10-9273；万洋山脉：永新县 LXP-13-07709。

蓬蘽 Rubus hirsutus Thunb.

灌木。山坡，路旁，村边，灌丛，疏林；壤土，腐殖土；100~1500 m。幕阜山脉：平江县 LXP3786，修水县 LXP6396；九岭山脉：奉新县 LXP-10-3367；武功山脉：分宜县 LXP-10-5157，芦溪县 LXP-06-1296，明月山 LXP-06-4696；万洋山脉：永新县 LXP-13-07870，永兴县 LXP-03-04069。

湖南悬钩子 Rubus hunanensis Hand.-Mazz.

灌木。山坡，路旁，溪边，灌丛，疏林；壤土，腐殖土，沙土；200~1500 m。幕阜山脉：庐山市 LXP4389，通山县 LXP2136、LXP7682，武宁县 LXP8026，修水县 LXP2356；九岭山脉：大围山 LXP-03-07825、LXP-10-11338，宜丰县 LXP-10-13059；武功山脉：安福县 LXP-06-0871，芦溪县 LXP-13-09761、LXP-06-1725；万洋山脉：井冈山 JGS-B164，炎陵县 LXP-09-415。

宜昌悬钩子 Rubus ichangensis Hemsl. et Ktze.

攀援灌木。罗霄山脉可能有分布，未见标本。

覆盆子 Rubus idaeus L.

灌木。山谷，溪边，疏林；壤土；400~600 m。诸广山脉：崇义县 LXP-03-07280、LXP-03-10954，上犹县 LXP-03-06962。

陷脉悬钩子 Rubus impressinervius Metc.

草本。山坡，路旁，溪边，疏林，阴处；壤土；1000~1400 m。万洋山脉：吉安市 LXSM2-6-10127，炎陵县 DY1-1120、LXSM-7-00264；诸广山脉：桂东县 LXP-13-09020，上犹县 LXP-13-12185。

白叶莓 Rubus innominatus S. Moore

灌木。山坡，路旁，疏林，灌丛，阳处；壤土，腐殖土；200~1500 m。幕阜山脉：平江县 LXP3882，通山县 LXP6679，武宁县 LXP1520；九岭山脉：安义县 LXP-10-3694，大围山 LXP-03-07720、LXP-10-12376，奉新县 LXP-10-13892，靖安县 LXP-10-

13723，七星岭 LXP-10-8126，铜鼓县 LXP-10-13512，宜丰县 LXP-10-12712；武功山脉：安福县 LXP-06-3550，樟树市 LXP-10-5034，茶陵县 LXP-06-1660；万洋山脉：吉安市 LXSM2-6-10135，井冈山 JGS-4728、LXP-13-04627，遂川县 LXP-13-16849，炎陵县 LXP-13-5644，永新县 LXP-13-07859，资兴市 LXP-03-05164；诸广山脉：桂东县 JGS-A124。

蜜腺白叶莓 Rubus innominatus var. **aralioides** (Hance) Yü et Lu

灌木。山谷，路旁，疏林，密林，阳处；壤土；100~700 m。九岭山脉：大围山 LXP-10-8008，宜春市 LXP-10-944，宜丰县 LXP-10-2476；万洋山脉：遂川县 LXP-13-17243，永新县 LXP-13-19616。

无腺白叶莓 Rubus innominatus var. **kuntzeanus** (Hemsl.) Bailey

灌木。山坡，疏林，灌丛，溪边；壤土；200~1900 m。幕阜山脉：武宁县 LXP1669；九岭山脉：奉新县 LXP-10-4105；武功山脉：芦溪县 LXP-06-3315；万洋山脉：遂川县 LXP-13-23751，炎陵县 DY1-1064。

五叶白叶莓 Rubus innominatus var. **quinatus** Bailey

灌木。山谷，灌丛；520 m。幕阜山脉：修水县 缪以清 TanCM1708(JJF)。

灰毛泡 Rubus irenaeus Focke

灌木。山坡，疏林，灌丛，阴处；壤土，腐殖土；100~1600 m。幕阜山脉：平江县 LXP3927；九岭山脉：万载县 LXP-13-11367，大围山 LXP-10-7818，靖安县 LXP-10-10368，宜丰县 LXP-10-2421；武功山脉：莲花县 LXP-GTY-165，茶陵县 LXP-06-1446，芦溪县 LXP-13-09641、LXP-13-09792、LXP-06-2108；万洋山脉：吉安市 LXSM2-6-10052，井冈山 JGS-B007，遂川县 LXP-13-17889，炎陵县 LXP-09-00648，永新县 LXP-13-07785；诸广山脉：上犹县 LXP-13-12038。

蒲桃叶悬钩子 Rubus jambosoides Hance

灌木。罗霄山脉可能有分布，未见标本。

常绿悬钩子 Rubus jianensis L. T. Lu et Boufford

灌木。山坡，溪边，疏林；壤土，腐殖土；500~800 m。武功山脉：茶陵县 LXP-13-25961；万洋山脉：井冈

山 LXP-13-18380，遂川县 LXP-13-17348，永新县 LXP-13-19172；诸广山脉：上犹县 LXP-13-12039。

牯岭悬钩子 Rubus kulinganus Bailey

灌木。山坡，灌丛；1110 m。幕阜山脉：庐山 谭策铭等 TanCM316(KUN)。

高粱泡 Rubus lambertianus Ser.

藤状灌木。山坡，灌丛，路旁，溪边，阴处，阳处；壤土，腐殖土，沙土；100~1500 m。幕阜山脉：瑞昌市 LXP0070，通城县 LXP6373，武宁县 LXP0438，庐山市 LXP6038，修水县 LXP0786，平江县 LXP-10-5988；九岭山脉：浏阳市 LXP-10-5802、LXP-03-08380，安义县 LXP-10-10475，大围山 LXP-03-08124、LXP-10-11133、LXP-10-11957、LXP-10-5685，奉新县 LXP-10-10614，靖安县 LXP2438、LXP-10-10194、LXP-10-9981，铜鼓县 LXP-10-13430，万载县 LXP-13-10940、LXP-10-1430，宜丰县 LXP-10-13114，宜春市 LXP-13-10563，上高县 LXP-06-6575；武功山脉：安福县 LXP-06-0498、LXP-06-5650、LXP-06-8986，芦溪县 LXP-13-03573、LXP-13-09944、LXP-06-2116，安仁县 LXP-03-01047，明月山 LXP-06-7899、LXP-10-1279，宜春市 LXP-06-2165，攸县 LXP-06-1598；万洋山脉：井冈山 JGS-076，遂川县 LXP-13-09290，炎陵县 DY2-1263，资兴市 LXP-03-00083；诸广山脉：崇义县 LXP-03-05651，桂东县 LXP-03-02316。

光滑高粱泡 Rubus lambertianus var. **glaber** Hemsl.

攀援灌木。山谷，林缘；400~1000 m。幕阜山脉：庐山 董安淼和吴从梅 Tancem2599(JJF)。

白花悬钩子 Rubus leucanthus Hance

攀援藤本。山坡，路旁，河边，疏林；壤土；700~1300 m。九岭山脉：大围山 LXP-03-07767；武功山脉：茶陵县 LXP-09-10244；万洋山脉：井冈山 LXP-13-15128；诸广山脉：桂东县 LXP-03-02718。

棠叶悬钩子 Rubus malifolius Focke

攀援灌木。山谷，河边，密林，疏林，灌丛，阴处；壤土；100~800 m。九岭山脉：大围山 LXP-10-7782，宜丰县 LXP-10-8414；诸广山脉：桂东县 LXP-13-09099。

太平莓 Rubus pacificus Hance

灌木。山坡，疏林，溪边，密林，灌丛；壤土；200~

1200 m。幕阜山脉：庐山市 LXP4636，平江县 LXP3555，通山县 LXP1391、LXP7125，武宁县 LXP0941；万洋山脉：永新县 LXP-QXL-724，永兴县 LXP-03-04028。

茅莓 Rubus parvifolius L.

灌木。山坡，路旁，草地，灌丛，疏林，密林，阳处；壤土；50~1900 m。幕阜山脉：修水县 LXP6768；九岭山脉：安义县 LXP-10-9392，奉新县 LXP-10-3190，上高县 LXP-10-4937，万载县 LXP-13-11171、LXP-10-1805；万洋山脉：遂川县 LXP-13-16850，炎陵县 LXP-09-08159，永新县 LXP-QXL-783；武功山脉：安福县 LXP-06-3900。

黄泡 Rubus pectinellus Maxim.

草本或亚灌木。山坡，溪边，疏林，灌丛，阴处；壤土；200~1500 m。幕阜山脉：平江县 LXP4412，通山县 LXP1960，武宁县 LXP7929；九岭山脉：大围山 LXP-03-07706；万洋山脉：井冈山 JGS-4716，遂川县 LXP-13-23786，炎陵县 DY2-1234；诸广山脉：桂东县 LXP-03-02558，上犹县 LXP-13-12603。

盾叶莓 Rubus peltatus Maxim.

灌木。山顶，疏林，溪边；壤土；1200~1500 m。幕阜山脉：通山县 LXP7786；九岭山脉：大围山 LXP-10-11936；万洋山脉：井冈山 JGS-2240，炎陵县 LXP-09-06351；诸广山脉：桂东县 JGS-A089，上犹县 LXP-13-23324。

梨叶悬钩子 Rubus pirifolius Smith

攀援灌木。山谷，路旁，溪边，疏林；壤土；200~400 m。九岭山脉：万载县 LXP-10-1727，宜丰县 LXP-10-2918。

针刺悬钩子 Rubus pungens Camb.

灌木。山坡，灌丛；400~1200 m。万洋山脉：遂川县 236 任务组 541(PE)。

香莓 Rubus pungens var. **oldhamii** (Miq.) Maxim.

灌木。山坡，灌丛。万洋山脉：井冈山 JGS4129。

饶平悬钩子 Rubus raopingensis Yü et Lu

灌木。罗霄山脉可能有分布，未见标本。

锈毛莓 Rubus reflexus Ker.

攀援灌木。山谷，路旁，溪边，灌丛，疏林，密林，

阳处，阴处；壤土，腐殖土；100~900 m。幕阜山脉：平江县 LXP6469，修水县 LXP2892；九岭山脉：万载县 LXP-13-11044，靖安县 LXP-13-10102、LXP-10-13743，宜丰县 LXP-10-2547；武功山脉：芦溪县 LXP-13-09961；万洋山脉：井冈山 JGS-1144，遂川县 LXP-13-7510，炎陵县 LXP-09-06268，永新县 LXP-13-07648；诸广山脉：崇义县 LXP-13-24413，上犹县 LXP-13-12775。

浅裂锈毛莓 Rubus reflexus var. **hui** (Diels apud Hu) Metc.

攀援灌木。山谷，路旁，灌丛，疏林，密林，溪边，阴处；壤土；100~800 m。九岭山脉：靖安县 LXP-10-10144、LXP-10-9790，万载县 LXP-10-1953，宜丰县 LXP-10-3100；武功山脉：安福县 LXP-06-0078。

深裂锈毛莓 Rubus reflexus var. **lanceolobus** Metc.

攀援灌木。山坡，灌丛；黄壤；568 m。武功山脉：茶陵县 LXP-06-1985。

长叶锈毛莓 Rubus reflexus var. **orogenes** Hand.-Mazz.

灌木。山坡，路旁；1300 m。万洋山脉：井冈山 赖书坤和黄大付 4399(LBG)。

空心泡 Rubus rosifolius Smith

灌木。山坡，路旁；壤土；600~800 m。武功山脉：安福县 LXP-06-0470，明月山 LXP-06-4866。

棕红悬钩子 Rubus rufus Focke

攀援灌木。山坡，路旁，溪边，密林，阴处；壤土；989 m。诸广山脉：上犹县 LXP-13-12144。

红腺悬钩子 Rubus sumatranus Miq.

灌木。山坡，路旁，疏林，溪边，石上密林，阳处；壤土，腐殖土，沙土；100~1300 m。幕阜山脉：平江县 LXP3941、LXP-10-6498，通山县 LXP5876，武宁县 LXP1217；九岭山脉：安义县 LXP-10-3641，奉新县 LXP-06-4051、LXP-10-3880，靖安县 LXP-10-13663，铜鼓县 LXP-10-6852，万载县 LXP-13-11253、LXP-10-2057，宜丰县 LXP-10-2459；武功山脉：莲花县 LXP-GTY-341，安福县 LXP-06-0849，茶陵县 LXP-09-10444、LXP-06-1462，明月山 LXP-06-4921；万洋山脉：井冈山 JGS-B047，炎

陵县 DY2-1071、LXP-13-4101、LXP-13-5581，永新县 LXP-13-07686；诸广山脉：桂东县 LXP-03-02418，上犹县 LXP-13-12060。

木莓 Rubus swinhoei Hance

攀援灌木。山坡，路旁，河边，灌丛；壤土，沙土，腐殖土，阳处；100~1900 m。幕阜山脉：武宁县 LXP1653；九岭山脉：奉新县 LXP-06-4079，大围山 LXP-09-11078；武功山脉：安福县 LXP-06-3562，芦溪县 LXP-13-09567、LXP-06-3300，明月山 LXP-06-4514；万洋山脉：吉安市 LXSM2-6-10114，井冈山 11526，遂川县 LXP-13-16406，炎陵县 LXP-09-07192、LXP-13-24880，永新县 LXP-13-07604；诸广山脉：上犹县 LXP-13-12171、LXP-13-25209。

灰白毛莓 Rubus tephrodes Hance

攀援灌木。山坡，路旁，溪边，疏林，灌丛，阴处；腐殖土；50~1200 m。幕阜山脉：庐山市 LXP4807、LXP6324，瑞昌市 LXP0019，通山县 LXP1937，武宁县 LXP-13-08492、LXP1464，修水县 LXP2601，平江县 LXP-10-6049；九岭山脉：浏阳市 LXP-03-08357、LXP-10-5779，大围山 LXP-10-11121、LXP-10-5514，奉新县 LXP-10-10854，靖安县 LXP2474、LXP-13-10057、LXP-10-10339、LXP-10-9904，铜鼓县 LXP-10-6544，万载县 LXP-13-10927、LXP-10-1371，宜春市 LXP-10-822，宜丰县 LXP-10-13226；武功山脉：分宜县 LXP-10-5158，安福县 LXP-06-0128、LXP-06-6433，芦溪县 LXP-06-2467，攸县 LXP-06-1600；万洋山脉：井冈山 JGS-165，炎陵县 LXP-09-08198，永新县 LXP-13-19671，永兴县 LXP-03-04106；诸广山脉：桂东县 LXP-03-02518，上犹县 LXP-03-06188、LXP-03-10564。

无腺灰白毛莓 Rubus tephrodes var. **ampliflorus** (Lévl. et Vant.) Hand.-Mazz.

攀援灌木。山坡，灌丛，溪边，疏林，阳处；100~600 m。九岭山脉：安义县 LXP-10-10518，靖安县 LXP-10-10179，浏阳市 LXP-10-5778，万载县 LXP-10-1514，宜春市 LXP-10-1018，宜丰县 LXP-10-7385。

长腺灰白毛莓 Rubus tephrodes var. **setosissimus** Hand.-Mazz.

灌木。山谷，路旁，灌丛；400~1200 m。九岭山脉：

靖安县 谭策铭 宜 0971288A(PE)。

三花悬钩子 Rubus trianthus Focke

攀援灌木。山坡，路旁，灌丛，疏林；壤土；700~1600 m。幕阜山脉：平江县 LXP3521，通山县 LXP1183；九岭山脉：大围山 LXP-10-7639，奉新县 LXP-10-9289，七星岭 LXP-10-8116；万洋山脉：遂川县 LXP-13-23720，炎陵县 LXP-13-22740。

光滑悬钩子 Rubus tsangii Merr.

攀援灌木。山坡，溪边，疏林，阴处；壤土；160 m。九岭山脉：万载县 LXP-10-1666；诸广山脉：上犹县 LXP-13-12790。

东南悬钩子 Rubus tsangorum Hand.-Mazz.

藤状灌木。山坡，路旁，河边，疏林，灌丛，石上；壤土，沙土，腐殖土；400~1900 m。武功山脉：芦溪县 LXP-13-09535；万洋山脉：井冈山 LXP-13-15258，遂川县 LXP-13-17120、LXP-13-7182，炎陵县 DY1-1090、TYD1-1215；诸广山脉：上犹县 LXP-13-25157。

黄脉莓 Rubus xanthoneurus Focke

攀援灌木。山坡，路旁，疏林；壤土，腐殖土；626 m。诸广山脉：上犹县 LXP-13-12570，桂东县 LXP-13-22580。

地榆属 Sanguisorba L.

地榆 Sanguisorba officinalis L.

草本。山坡，草丛；800~1400 m。幕阜山脉：武宁县 张吉华 98742(IBSC)。

长叶地榆 Sanguisorba officinalis var. **longifolia** (Bertol.) Yü et Li

草本。山坡，路旁，草丛；130~1300 m。幕阜山脉：庐山 谭策铭 98296(IBSC)。

花楸属 Sorbus L.

水榆花楸 Sorbus alnifolia (Sieb. et Zucc.) K. Koch

乔木。山坡，疏林，溪边；壤土；1300~1900 m。万洋山脉：井冈山 JGS-2012159，遂川县 LXP-13-23583；诸广山脉：上犹县 LXP-13-23171。

黄山花楸 Sorbus amabilis Cheng ex Yü

乔木。山地，疏林，灌丛；1000~1700 m。武功山脉：武功山 熊耀国 08656-1126(LBG)。

美脉花楸 Sorbus caloneura (Stapf) Rehd.

乔木。山坡，路旁，溪边，疏林，密林；壤土，腐殖土，沙土；1200~1900 m。万洋山脉：遂川县 LXP-13-16915、炎陵县 LXP-09-10996；诸广山脉：桂东县 JGS-A123，崇义县 LXP-03-05883、LXP-03-10271。

棕脉花楸 Sorbus dunnii Rehd.

乔木。山脊，林中；1100 m。九岭山脉：靖安县 施兴华 630149(JXAU)。

石灰花楸 Sorbus folgneri (Schneid.) Rehd.

乔木。山坡，溪边，疏林，灌丛，阳处；壤土，腐殖土；500~1400 m。幕阜山脉：平江县 LXP3721，通城县 LXP4161，通山县 LXP1163，武宁县 LXP5785，修水县 LXP6497；九岭山脉：万载县 LXP-13-11352，大围山 LXP-03-08036、LXP-09-11062、LXP-10-12396，七星岭 LXP-10-8192；武功山脉：芦溪县 LXP-13-09646，茶陵县 LXP-06-1641，莲花县 LXP-06-0792，攸县 LXP-03-07648；万洋山脉：井冈山 LXP-13-15269，遂川县 400147003、LXP-13-16908，永兴县 LXP-03-03989，炎陵县 DY2-1134；诸广山脉：桂东县 LXP-03-02450，上犹县 LXP-03-07009。

江南花楸 Sorbus hemsleyi (Schneid.) Rehd.

乔木或灌木。山坡，疏林，密林，阳处，阴处；壤土；500~1500 m。幕阜山脉：通山县 LXP1245，修水县 LXP6491；九岭山脉：宜丰县 LXP-10-2303；万洋山脉：井冈山 JGS-305，遂川县 LXP-13-23497，炎陵县 DY2-1134、LXP-09-6581，永新县 LXP-13-07727；诸广山脉：桂东县 LXP-13-09029。

湖北花楸 Sorbus hupehensis Schneid.

乔木。山坡；1100 m。幕阜山脉：庐山 王长清 83126 (CCAU)。

毛序花楸 Sorbus keissleri (Schneid.) Rehd.

乔木或灌木。山坡，密林，疏林，溪边；壤土，腐殖土；1000~2100 m。万洋山脉：井冈山 11544、JGS-374、JGS-520、LXP-13-23056，遂川县 400147021、LXP-13-7379，炎陵县 DY3-1167；诸广山脉：桂东县 JGS-A123。

庐山花楸 Sorbus lushanensis Xin Chen et Jing Qiu

乔木。山坡，疏林，路旁。幕阜山脉：庐山 J. Qiu NF-2005029 (NF)。

大果花楸 Sorbus megalocarpa Rehd.

灌木或小乔木。山坡，密林，平地，溪边；壤土；700~850 m。武功山脉：安福县 LXP-06-0733，芦溪县 LXP-06-1760。

华西花楸 Sorbus wilsoniana Schneid.

灌木或小乔木。山坡，疏林。诸广山脉：八面山有分布记录。

绣线菊属 *Spiraea* L.

绣球绣线菊 Spiraea blumei G. Don

灌木。山坡，路旁，溪边，疏林，灌丛，阳处；壤土，腐殖土；400~1400 m。幕阜山脉：庐山市 LXP4399，平江县 LXP3517，通山县 LXP1170、LXP7502，武宁县 LXP6120，修水县 LXP6692；九岭山脉：靖安县 LXP-10-382、JLS-2012-045；诸广山脉：崇义县 LXP-13-24348。

麻叶绣线菊 Spiraea cantoniensis Lour.

灌木。山坡，路旁，溪边，灌丛，疏林；壤土；100~900 m。幕阜山脉：平江县 LXP3778，通山县 LXP1702，庐山市 LXP6003；九岭山脉：靖安县 LXP-10-9949；万洋山脉：永兴县 LXP-03-04503。

中华绣线菊 Spiraea chinensis Maxim.

灌木。山坡，灌丛，疏林；壤土，沙土，腐殖土；100~1500 m。幕阜山脉：平江县 LXP4283；九岭山脉：宜春市 LXP-06-2662，大围山 LXP-03-03002、LXP-10-11639，七星岭 LXP-10-8190，上高县 LXP-06-6566；武功山脉：茶陵县 LXP-06-1438，明月山 LXP-13-10847、LXP-06-4850，分宜县 LXP-10-5167，茶陵县 LXP-13-22962、LXP-13-25949，攸县 LXP-06-6102、LXP-03-09033；万洋山脉：遂川县 LXP-13-16545，炎陵县 LXP-09-08637，永兴县 LXP-03-03909；诸广山脉：上犹县 LXP-03-06725。

毛花绣线菊 Spiraea dasyantha Bunge

灌木。山坡，灌丛；100~500 m。幕阜山脉：庐山 谭策铭等 06389(JJF)。

疏毛绣线菊 Spiraea hirsuta (Hemsl.) Schneid.

灌木。山坡，路旁，溪边，疏林；壤土，腐殖土；100~1400 m。幕阜山脉：庐山市 LXP5485，平江县 LXP4006，瑞昌市 LXP0213，通山县 LXP1808，武宁县 LXP1438；万洋山脉：炎陵县 LXP-09-10712。

渐尖粉花绣线菊 Spiraea japonica var. **acuminata** Franch.

灌木。山顶，山谷，路旁，灌丛，疏林，溪边，阳处；壤土，腐殖土；200~1900 m。幕阜山脉：平江县 LXP-10-6020、LXP-13-22404；九岭山脉：大围山 LXP-09-11049、LXP-03-07742、LXP-10-12544，奉新县 LXP-10-11073、LXP-10-9382，靖安县 LXP-10-4399，七星岭 LXP-10-11447，宜丰县 LXP-10-2413；武功山脉：莲花县 LXP-GTY-251，芦溪县 LXP-13-8297；万洋山脉：吉安市 LXSM2-6-10006，井冈山 JGS-1008、JGS-264、LXP-13-5757，遂川县 LXP-13-09323，炎陵县 DY1-1008、LXP-09-07383，永兴县 LXP-03-03851，永新县 LXP-13-08165；诸广山脉：崇义县 LXP-03-05749，桂东县 LXP-03-02647，上犹县 LXP-13-12128。

光叶粉花绣线菊 Spiraea japonica var. **fortunei** (Planchon) Rehd.

灌木。山坡，疏林，黄壤；600~1200 m。幕阜山脉：通山县 LXP7006，武宁县 LXP0962；万洋山脉：炎陵县 LXP-13-4375，永新县 LXP-QXL-803。

无毛粉花绣线菊 Spiraea japonica var. **glabra** (Regel) Koidz.

灌木。山坡，路旁；600~900 m。幕阜山脉：庐山 王名金 543(NAS)。

李叶绣线菊 Spiraea prunifolia Sieb. et Zucc.

灌木。山地，灌丛；石灰岩；120 m。幕阜山脉：九江市 谭策铭 93098(PE)。

单瓣李叶绣线菊 Spiraea prunifolia var. **simpliciflora** Nakai

灌木。溪边，灌丛；420 m。幕阜山脉：武宁县 谭策铭 97413(IBSC)。

珍珠绣线菊 Spiraea thunbergii Bl.

灌木。山坡，灌丛；450 m。幕阜山脉：武宁县 叶存粟 159(NAS)。

菱叶绣线菊 Spiraea vanhouttei (Briot) Zabel

灌木。山谷，灌丛，疏林；300 m。九岭山脉：浏阳市 LXP-10-5845。

野珠兰属 *Stephanandra* Sieb. et Zucc.

华空木 Stephanandra chinensis Hance

灌木。山坡，路旁，溪边，疏林，灌丛，密林，阴处；壤土，沙土，腐殖土；100~1600 m。幕阜山脉：通山县 LXP1142，武宁县 LXP0931，修水县 LXP6397；九岭山脉：大围山 LXP-10-12067、LXP-03-02952，奉新县 LXP-10-3900，靖安县 LXP-13-10013、LXP-10-172，七星岭 LXP-10-8122；武功山脉：莲花县 LXP-GTY-043，分宜县 LXP-06-9620，芦溪县 LXP-13-09636，明月山 LXP-06-4712、LXP-10-1264，安仁县 LXP-03-01392；万洋山脉：井冈山 JGS-4577，遂川县 LXP-13-16895，炎陵县 LXP-09-10981、LXSM-7-00242，永新县 LXP-QXL-239。

红果树属 *Stranvaesia* Lindl.

贵州石楠 Stranvaesia bodinieri (Lévl.) B. B. Liu et J. Wen [*Photinia bodinieri* Lévl.; *Photinia davidsoniae* Rehd. et Wils.]

乔木。山坡，疏林，村边，溪边；壤土；100~1300 m。幕阜山脉：庐山市 LXP5669，平江县 LXP-13-22457、LXP0717，武宁县 LXP-13-08433、LXP0928；九岭山脉：靖安县 LXP-13-08320；武功山脉：芦溪县 LXP-13-8393，安福县 LXP-06-0602，明月山 LXP-06-4489；万洋山脉：炎陵县 LXP-09-00051，永新县 LXP-13-07779；诸广山脉：上犹县 LXP-03-06829、LXP-13-12233。

A146 胡颓子科 Elaeagnaceae

胡颓子属 *Elaeagnus* L.

佘山羊奶子 Elaeagnus argyi Lévl.

灌木。山谷，林中；200 m。幕阜山脉：九江市 谭策铭 951334(PE)。

长叶胡颓子 Elaeagnus bockii Diels

灌木。山顶，疏林，灌丛，路旁，阳处；腐殖土；900~1500 m。九岭山脉：大围山 LXP-13-17012、LXP-10-12576，七星岭 LXP-10-11430；武功山脉：莲花县 LXP-GTY-236；万洋山脉：井冈山 JGS-2241。

毛木半夏 Elaeagnus courtoisii Belval

灌木。山谷，林下；650 m。幕阜山脉：瑞昌市 谭策铭 99135(SZG)。

巴东胡颓子 Elaeagnus difficilis Serv.

灌木。山坡，溪边，疏林；壤土，腐殖土；300~1900 m。幕阜山脉：武宁县 LXP-13-08481，通山县 LXP1270；九岭山脉：大围山 LXP-09-11009、LXP-10-12050，奉新县 LXP-10-4063；武功山脉：安福县 LXP-06-1348，芦溪县 LXP-06-1210；万洋山脉：井冈山 JGS-2012021，遂川县 LXP-13-17750，炎陵县 LXP-09-06329、LXP-13-24885、LXP-13-3494；诸广山脉：桂东县 LXP-13-22697。

蔓胡颓子 Elaeagnus glabra Thunb.

灌木。山坡，路旁，密林，疏林，溪边，石上；壤土；100~1500 m。幕阜山脉：平江县 LXP3836，通城县 LXP4147，武宁县 LXP0570，修水县 LXP0765；九岭山脉：奉新县 LXP-10-3510；武功山脉：安福县 4001414013、LXP-06-1023，芦溪县 LXP-06-1209，明月山 LXP-06-4539；万洋山脉：井冈山 JGS-1149，炎陵县 DY1-1128、LXP-09-10818，永新县 LXP-13-19784；诸广山脉：桂东县 LXP-13-22682，上犹县 LXP-03-07113。

角花胡颓子 Elaeagnus gonyanthes Benth.

灌木。山谷，疏林，溪边；壤土；1400~1900 m。九岭山脉：靖安县 LXP-13-10051；万洋山脉：遂川县 LXP-13-7156，炎陵县 LXP-13-24618。

钟花胡颓子 Elaeagnus griffithii Serv.

灌木。平地，灌丛；壤土；100~500 m。九岭山脉：上高县 LXP-06-7614；武功山脉：攸县 LXP-06-6108。

宜昌胡颓子 Elaeagnus henryi Warb.

灌木。山坡，山谷，路旁，溪边，疏林，阳处；壤土；200~1500 m。幕阜山脉：武宁县 LXP-13-08479，修水县 LXP2955，平江县 LXP-10-6023；九岭山脉：奉新县 LXP-10-10607，铜鼓县 LXP-10-8278；武功山脉：芦溪县 LXP-13-03550；万洋山脉：井冈山 JGS-2011-044，遂川县 LXP-13-16401，炎陵县 LXP-09-07337、LXP-09-10744，永新县 LXP-13-07896；诸广山脉：上犹县 LXP-13-12493。

湖南胡颓子 Elaeagnus hunanensis C. J. Qi et Q. Z. Lin

灌木。山坡，灌丛；900 m。武功山脉：武功山 赵奇僧 1478(CSFI)。

江西羊奶子 Elaeagnus jiangxiensis C. Y. Chang

灌木。山坡，溪边，疏林，阳处；壤土；900~1900 m。万洋山脉：井冈山 JGS4160，遂川县 LXP-13-09279。

披针叶胡颓子 Elaeagnus lanceolata Warb.

灌木。平地，山谷，路旁，灌丛，阳处；壤土；100~1200 m。九岭山脉：大围山 LXP-13-08213；武功山脉：安福县 LXP-06-2286，茶陵县 LXP-06-2015；万洋山脉：井冈山 JGS4064，炎陵县 LXP-09-09265。

银果牛奶子 Elaeagnus magna Rehd.

灌木。山坡，河边，疏林，密林，灌丛，阳处；壤土；500~1500 m。幕阜山脉：平江县 LXP3991，通山县 LXP5916；九岭山脉：万载县 LXP-13-11213，奉新县 LXP-10-3871；武功山脉：安福县 LXP-06-3682，宜春市 LXP-13-10579，芦溪县 LXP-13-8407。

木半夏 Elaeagnus multiflora Thunb.

灌木。山坡，疏林，河边；腐殖土；1412 m。幕阜山脉：平江县 LXP3898；万洋山脉：永新县 LXP-13-07692。

胡颓子 Elaeagnus pungens Thunb.

灌木。山坡，路旁，疏林，溪边，灌丛；壤土；100~1600 m。幕阜山脉：庐山市 LXP5126，平江县 LXP-13-22370、LXP3499，通山县 LXP1154，武宁县 LXP0448，修水县 LXP0348；九岭山脉：大围山 LXP-09-11010；武功山脉：芦溪县 LXP-13-09625，茶陵县 LXP-09-10428，安仁县 LXP-03-01493。万洋山脉：井冈山 LXP-13-18589，遂川县 LXP-13-09307、LXP-13-23822，炎陵县 LXP-09-09147、LXP-13-25032，永新县 LXP-13-19664。

星毛羊奶子 Elaeagnus stellipila Rehd.

灌木。山坡，溪边，疏林；壤土；400~700 m。幕阜山脉：修水县 LXP6418；武功山脉：安福县 LXP-06-1335，芦溪县 LXP-06-1357。

牛奶子 Elaeagnus umbellata Thunb.

灌木。山顶，疏林，溪边，阴处；200~1700 m。幕阜山脉：平江县 LXP3177；九岭山脉：大围山 LXP-10-7923，奉新县 LXP-10-11034，七星岭 LXP-10-8230，铜鼓县 LXP-10-8393，万载县 LXP-10-1930，宜丰县 LXP-10-2358、LXP-10-8901。

A147 鼠李科 Rhamnaceae

勾儿茶属 *Berchemia* Neck. ex DC.

多花勾儿茶 Berchemia floribunda (Wall.) Brongn.
灌木。山坡，平地，疏林，灌丛，路旁，树上；腐殖土；89~1617 m。幕阜山脉：平江县 LXP3183，瑞昌市 LXP0086，通山县 LXP1278，武宁县 LXP0603；九岭山脉：大围山 LXP-10-11513、LXP-10-12192，靖安县 LXP-10-10117，上高县 LXP-10-4953，宜春市 LXP-10-842；武功山脉：分宜县 LXP-10-5216，安福县 LXP-06-3198、LXP-06-4821，攸县 LXP-06-5280、LXP-06-5365；万洋山脉：井冈山 JGS-2011-064、LXP-13-15121，遂川县 LXP-13-16737，炎陵县 LXP-09-10116，永新县 LXP-13-07617，资兴市 LXP-03-00098；诸广山脉：上犹县 LXP-13-12502，崇义县 LXP-03-05718、LXP-03-03369。

大叶勾儿茶 Berchemia huana Rehd.
木质藤本。山坡，疏林，溪边；腐殖土。万洋山脉：井冈山 JGS-2011-032。

牯岭勾儿茶 Berchemia kulingensis Schneid.
藤本。山坡，路旁，疏林，溪边，灌丛，阳处；壤土；364~1342 m。幕阜山脉：庐山市 LXP4567，平江县 LXP3952，通山县 LXP2274、LXP6866，武宁县 LXP1031，修水县 LXP6500；九岭山脉：七星岭 LXP-03-07981。

多叶勾儿茶 Berchemia polyphylla Wall. ex Laws
藤本。山坡，平地，灌丛，路旁；壤土；90~470 m。武功山脉：安福县 LXP-06-2566、LXP-06-7479，芦溪县 LXP-06-2490。

光枝勾儿茶 Berchemia polyphylla var. **leioclada** Hand.-Mazz.
藤本。山坡，疏林，溪边，灌丛，路旁，密林；壤土；190~1400 m。九岭山脉：大围山 LXP-10-5281，奉新县 LXP-10-3948、LXP-10-9344，铜鼓县 LXP-10-6597，宜丰县 LXP-10-8596；武功山脉：茶陵县 LXP-13-25945。

勾儿茶 Berchemia sinica Schneid.
灌木。山坡，路旁，灌丛，疏林；壤土；200~1400 m。幕阜山脉：庐山市 LXP5154，平江县 LXP3503、LXP3878，通山县 LXP5915、LXP7002，武宁县 LXP0957、LXP5780；武功山脉：茶陵县 LXP-13-22945；万洋山脉：炎陵县 LXP-09-09487。

裸芽鼠李属 *Frangula* Mill.

长叶冻绿 Frangula crenata (Sieb. et Zucc.) Miq. [*Rhamnus crenata* Sieb. et Zucc.]
灌木。山坡，山顶，疏林，灌丛，路旁，阳处；黄壤，沙土；50~1682 m。幕阜山脉：庐山市 LXP4615，平江县 LXP-13-22471、LXP3717，通山县 LXP1248，武宁县 LXP-13-08557、LXP0888，修水县 LXP0352；九岭山脉：大围山 LXP-09-11040、LXP-03-07725、LXP-10-12101，奉新县 LXP-10-3284，靖安县 LXP-13-10347、LXP-10-376，上高县 LXP-10-4915，万载县 LXP-10-1409，宜春市 LXP-10-1050，宜丰县 LXP-10-2333；武功山脉：分宜县 LXP-10-5178，安福县 LXP-06-0067，茶陵县 LXP-06-1397，明月山 LXP-13-10850、LXP-10-1297，莲花县 LXP-GTY-158、LXP-06-0674，攸县 LXP-06-1603；万洋山脉：吉安市 LXSM2-6-10041，井冈山 JGS-B056，遂川县 LXP-13-16649，炎陵县 DY2-1070，永新县 LXP-13-19644；诸广山脉：桂东县 LXP-13-09060，崇义县 LXP-13-24273，上犹县 LXP-03-06531。

两色冻绿 Frangula crenata var. **discolor** (Rehder) H. Yu, H. G. Ye et N. H. Xia [*Rhamnus crenata* var. *discolor* Rehd.]
乔木。山脚，灌丛；168 m。幕阜山脉：庐山 董安淼和吴从梅 TanCM1577(KUN)。

长柄鼠李 Frangula longipes (Merr. et Chun) Grubov [*Rhamnus longipes* Merr. et Chun]
灌木。山坡，密林，路旁；腐殖土；170~1000 m。幕阜山脉：通山县 LXP7866；武功山脉：芦溪县 LXP-13-09849。

枳椇属 *Hovenia* Thunb.

枳椇 Hovenia acerba Lindl.
乔木。山坡，平地，村边，路旁，密林，疏林，阳处；腐殖土，红壤；180~1700 m。幕阜山脉：

武宁县 LXP-13-08503，平江县 LXP-13-22486；九岭山脉：浏阳市 LXP-03-08317，安义县 LXP-10-3760，大围山 LXP-10-12196，奉新县 LXP-10-13810，万载县 LXP-13-10968，靖安县 LXP-10-4540；武功山脉：安仁县 LXP-03-01572，安福县 LXP-06-0199，茶陵县 LXP-06-1883，宜春市 LXP-13-10550；万洋山脉：遂川县 LXP-13-17145，炎陵县 LXP-09-08542，永新县 LXP-13-07904，永兴县 LXP-03-04310，资兴市 LXP-03-03649；诸广山脉：上犹县 LXP-13-12030，崇义县 LXP-03-05930，桂东县 LXP-03-00588。

北枳椇 Hovenia dulcis Thunb.

乔木。山坡，平地，疏林，密林，路旁；壤土；150~700 m。幕阜山脉：平江县 LXP-10-6092、LXP-10-6176、LXP-10-6364；九岭山脉：奉新县 LXP-10-10737，靖安县 LXP-10-535，万载县 LXP-10-1423，宜春市 LXP-10-934，宜丰县 LXP-10-2229；武功山脉：分宜县 LXP-10-5190；万洋山脉：永兴县 LXP-03-04050；诸广山脉：上犹县 LXP-13-22381。

毛果枳椇 Hovenia trichocarpa Chun et Tsiang

乔木。山坡，疏林，溪边，密林，路旁，灌丛，阴处；黄壤；200~970 m。幕阜山脉：通山县 LXP7137，武宁县 LXP0885、LXP1102，修水县 LXP2530、LXP2917；九岭山脉：靖安县 LXP-10-4398，浏阳市 LXP-10-5851，宜丰县 LXP-10-8855；武功山脉：莲花县 LXP-GTY-071；万洋山脉：井冈山 LXP-13-18721、LXP-13-10048，炎陵县 LXP-09-07660；诸广山脉：上犹县 LXP-13-12892。

光叶毛果枳椇 Hovenia trichocarpa var. robusta (Nakai et Y. Kimura) Y. L. Chon et P. K. Chou

乔木。山脚，疏林；113 m。万洋山脉：遂川县 赖书坤等 5345(IBK)。

马甲子属 *Paliurus* Mill.

铜钱树 Paliurus hemsleyanus Rehd.

藤本。丘陵，溪边；80 m。九岭山脉：安义县 LXP-10-9413。

硬毛马甲子 Paliurus hirsutus Hemsl.

乔木。山谷，疏林；320 m。幕阜山脉：修水县 缪以清和陈三怀 1730(JJF)。

马甲子 Paliurus ramosissimus (Lour.) Poir.

灌木。山坡，疏林，路旁，阳处；壤土；100~380 m。武功山脉：茶陵县 LXP-06-2176，攸县 LXP-06-5274；诸广山脉：崇义县 LXP-03-05728，上犹县 LXP-03-06209。

猫乳属 *Rhamnella* Miq.

猫乳 Rhamnella franguloides (Maxim.) Weberb.

灌木。山坡，路旁，疏林，灌丛；黄壤；120~1300 m。幕阜山脉：瑞昌市 LXP0072、LXP0164，通山县 LXP1731；九岭山脉：靖安县 LXP-13-10377，安义县 LXP-10-3633、LXP-10-3635、LXP-10-3762，奉新县 LXP-10-3533；武功山脉：茶陵县 LXP-06-1585；诸广山脉：上犹县 LXP-03-07044。

鼠李属 *Rhamnus* L.

山绿柴 Rhamnus brachypoda C. Y. Wu ex Y. L. Chen

灌木。山坡，灌丛，疏林；壤土，腐殖土；160~1550 m。幕阜山脉：通山县 LXP1809，武宁县 LXP0596；九岭山脉：大围山 LXP-09-11085；武功山脉：明月山 LXP-13-10653；万洋山脉：井冈山 JGS-1112014，遂川县 LXP-13-16478，炎陵县 DY1-1111，永新县 LXP-13-07713；诸广山脉：上犹县 LXP-13-12363，桂东县 LXP-13-22664。

刺鼠李 Rhamnus dumetorum Schneid.

藤本。山坡，灌丛，溪边；红壤。武功山脉：芦溪县 LXP-13-03625。

圆叶鼠李 Rhamnus globosa Bunge

乔木。山坡，疏林，路旁；红壤；400~800 m。万洋山脉：炎陵县 LXP-09-09519、LXP-09-10004；诸广山脉：崇义县 LXP-03-05638、LXP-03-10136。

亮叶鼠李 Rhamnus hemsleyana Schneid.

灌木。山坡，疏林，路旁，村边；350~550 m。幕阜山脉：庐山市 LXP5475，武宁县 LXP1445。

钩齿鼠李 Rhamnus lamprophylla Schneid.

灌木。山坡，疏林；壤土，沙土；750~1350 m。九岭山脉：大围山 LXP-03-07835、LXP-03-07858；万

洋山脉：遂川县 LXP-13-23808。

薄叶鼠李 Rhamnus leptophylla Schneid.

灌木。山坡，山顶，灌丛，疏林，路旁，溪边；壤土；150~1300 m。幕阜山脉：通山县 LXP1748；九岭山脉：大围山 LXP-03-03018，靖安县 LXP-10-9638；武功山脉：分宜县 LXP-10-5106，安仁县 LXP-03-01329，安福县 LXP-06-3165、LXP-06-5657；万洋山脉：遂川县 LXP-13-16303，炎陵县 LXP-09-10102，资兴市 LXP-03-00282；诸广山脉：桂东县 LXP-03-01012、LXP-03-01013、LXP-03-02575。

尼泊尔鼠李 Rhamnus napalensis (Wall.) Laws.

灌木。山坡，疏林，密林，路旁，灌丛，溪边；腐殖土，红壤。幕阜山脉：武宁县 LXP-13-08435；九岭山脉：铜鼓县 LXP-10-6622，靖安县 LXP-13-11537，万载县 LXP-10-1655，宜丰县 LXP-10-12965、LXP-10-13361；武功山脉：安福县 LXP-06-0125，芦溪县 LXP-06-2408；万洋山脉：炎陵县 LXP-09-08218、LXP-09-09411，永新县 LXP-13-07848，资兴市 LXP-03-00288；诸广山脉：上犹县 LXP-13-12453、LXP-13-11159，桂东县 LXP-13-25367。

皱叶鼠李 Rhamnus rugulosa Hemsl.

灌木。山坡，路旁，灌丛，疏林，溪边；壤土；145~250 m。幕阜山脉：平江县 LXP0706，通山县 LXP1705；武功山脉：茶陵县 LXP-06-9407、LXP-13-22949、LXP-13-25920。

冻绿 Rhamnus utilis Decne.

灌木。山坡，平地，路旁，灌丛，溪边，密林，疏林，阳处；黄壤，红壤；180~1600 m。幕阜山脉：庐山市 LXP4730，通山县 LXP1836，武宁县 LXP0387，修水县 LXP0330；九岭山脉：浏阳市 LXP-03-08352，大围山 LXP-10-11273，奉新县 LXP-10-10549，靖安县 4001410018、LXP-10-9892；武功山脉：安福县 LXP-06-0335，芦溪县 LXP-13-09940、LXP-06-2119，攸县 LXP-06-1602；万洋山脉：遂川县 400147024，炎陵县 LXP-09-6518，永兴县 LXP-03-03870，资兴市 LXP-03-00096；诸广山脉：崇义县 LXP-03-05758，桂东县 LXP-13-09244、LXP-03-00767。

山鼠李 Rhamnus wilsonii Schneid.

灌木。山坡，路旁，疏林，溪边，灌丛，村边；壤土；170~1200 m。幕阜山脉：庐山市 LXP4480，平江县 LXP3984，通山县 LXP2063，武宁县 LXP-13-08567、LXP1023，修水县 LXP0347；九岭山脉：靖安县 LXP-13-10458、LXP-10-637；武功山脉：明月山 LXP-06-4895；万洋山脉：炎陵县 TYD2-1360，永新县 LXP-13-19788。

毛山鼠李 Rhamnus wilsonii var. pilosa Rehd.

灌木。山谷，疏林；200~700 m。幕阜山脉：庐山 谭策铭 00650(PE)。

雀梅藤属 Sageretia Brongn.

钩刺雀梅柴 Sageretia hamosa (Wall.) Brongn.

灌木。山坡，密林，疏林，溪边，灌丛，阴处；腐殖土，壤土，沙土；290~600 m。九岭山脉：万载县 LXP-13-10922，靖安县 LXP-10-416，宜丰县 LXP-10-2844；武功山脉：明月山 LXP-13-10804、LXP-10-1342；万洋山脉：遂川县 LXP-13-18081，炎陵县 LXP-09-06152，永新县 LXP-13-07722；诸广山脉：上犹县 LXP-13-12300，桂东县 LXP-13-25417。

梗花雀梅藤 Sageretia henryi Drumm. et Sprague

藤本。山坡，灌丛，疏林；260 m。九岭山脉：大围山 LXP-10-11114。

刺藤子 Sageretia melliana Hand.-Mazz.

乔木。山坡，疏林，灌丛，阳处；壤土；300~550 m。武功山脉：芦溪县 LXP-13-8395；万洋山脉：永新县 LXP-13-19400；诸广山脉：上犹县 LXP-13-12902、LXP-13-25206。

皱叶雀梅藤 Sageretia rugosa Hance

灌木。山坡，灌丛。诸广山脉：齐云山 075864（刘小明等，2010）。

尾叶雀梅藤 Sageretia subcaudata Schneid.

灌木。山地，灌丛；石灰岩；240 m。武功山脉：萍乡市 江西调查队 2951(PE)；诸广山脉：桂东县 LXP-03-2801。

雀梅藤 Sageretia thea (Osbeck) Johnst.

藤本。山坡，疏林，灌丛，疏林，路旁；壤土，腐殖土；200~1200 m。幕阜山脉：武宁县 LXP5629，修水县 LXP0766；诸广山脉：桂东县 LXP-13-25339，上犹县 LXP-03-07133、LXP-03-10813。

毛叶雀梅藤 Sageretia thea var. **tomentosa** (Schneid.) Y. L. Chen et P. K. Chou

灌木。罗霄山脉可能有分布，未见标本。

翼核果属 *Ventilago* Gaertn.

翼核果 Ventilago leiocarpa Benth.

灌木。山坡，疏林，灌丛，路旁；红壤；195 m。万洋山脉：永兴县 LXP-03-04474。

枣属 *Ziziphus* Mill.

***枣 Ziziphus jujuba** Mill.

乔木。山坡，丘陵，溪边，村边，池塘边，路旁，阳处；50~700 m。栽培。九岭山脉：安义县 LXP-10-3837、LXP-10-9479，奉新县 LXP-10-3186，上高县 LXP-10-4936；万洋山脉：永兴县 LXP-03-03946，资兴市 LXP-03-03675；诸广山脉：上犹县 LXP-13-12890。

A148 榆科 Ulmaceae

榆属 *Ulmus* L.

兴山榆 Ulmus bergmanniana Schneid.

乔木。山坡，疏林；1050 m。武功山脉：武功山 赵奇僧 1034(CSFI)。

多脉榆 Ulmus castaneifolia Hemsl.

乔木。山坡，灌丛，疏林，溪边；壤土，沙土；250~380 m。武功山脉：茶陵县 LXP-09-10260；万洋山脉：井冈山 JGS-2012035、JGS-2190，永新县 LXP-QXL-330；诸广山脉：上犹县 LXP-13-12303。

杭州榆 Ulmus changii Cheng

灌木。山坡，疏林，溪边，黄壤；225 m。幕阜山脉：武宁县 LXP0502、LXP-13-08465。

春榆 Ulmus davidiana var. **japonica** (Rehd.) Nakai

乔木。山谷，林缘；350 m。幕阜山脉：庐山 董安淼 526(JJF)。

长序榆 Ulmus elongata L. K. Fu et C. S. Ding

乔木。山谷，山坡，林缘；800~1300 m。幕阜山脉：武宁县 谭策铭 97494(SZG)。

榔榆 Ulmus parvifolia Jacq.

乔木。路旁，山坡，平地，疏林，密林，溪边，路旁，灌丛，阳处；壤土，腐殖土，沙土；30~1200 m。幕阜山脉：平江县 LXP-03-08853、LXP0702，瑞昌市 LXP0181，武宁县 LXP0585，岳阳市 LXP-03-08580；九岭山脉：安义县 LXP-10-10524，靖安县 LXP-13-10038、LXP-10-84，宜丰县 LXP-10-2208；武功山脉：樟树市 LXP-10-5048；万洋山脉：炎陵县 LXP-09-08181，永新县 LXP-13-07719；诸广山脉：上犹县 LXP-13-25191、LXP-03-07125。

榆树 Ulmus pumila L.

乔木。山坡，路旁；900~1300 m。幕阜山脉：庐山 屠玉麟 0194(GNUG)。

红果榆 Ulmus szechuanica Fang

乔木。罗霄山脉可能有分布，未见标本。

榉属 *Zelkova* Spach

大叶榉树 Zelkova schneideriana Hand.-Mazz.

乔木。山坡，山谷，林中；700 m。幕阜山脉：庐山 谭策铭 95494(PE)。

榉树 Zelkova serrata (Thunb.) Makino

灌木。山坡，疏林，路旁；腐殖土。万洋山脉：炎陵县 LXP-13-5289。

大果榉 Zelkova sinica Schneid.

乔木。山坡。幕阜山脉：庐山 熊耀国 06977(LBG)。

A149 大麻科 Cannabaceae

糙叶树属 *Aphananthe* Planch.

糙叶树 Aphananthe aspera (Thunb.) Planch.

乔木。山坡，疏林，密林，溪边；50~380 m。幕阜山脉：庐山市 LXP5488，通山县 LXP5902；九岭山脉：靖安县 LXP-13-11563。

大麻属 *Cannabis* L.

***大麻 Cannabis sativa** L.

草本。平地，路旁，池塘边；壤土；130~500 m。栽培。武功山脉：安福县 LXP-06-5605、LXP-06-6468，明月山 LXP-06-7890。

朴属 *Celtis* L.

紫弹树 **Celtis biondii** Pamp.

乔木。山坡，路旁，疏林，溪边，灌丛，密林；130~1300 m。幕阜山脉：庐山市 LXP4550、LXP6333，平江县 LXP4166，通山县 LXP1728，武宁县 LXP0571；九岭山脉：大围山 LXP-03-07902，靖安县 LXP-13-10306、LXP-10-775，万载县 LXP-10-1381，宜丰县 LXP-10-2805；武功山脉：安福县 LXP-06-2573，茶陵县 LXP-06-2778，芦溪县 LXP-13-03535，明月山 LXP-06-4972，安仁县 LXP-03-01325，攸县 LXP-06-5471；万洋山脉：井冈山 JGS-1346，遂川县 LXP-13-16397，炎陵县 LXP-09-08524、LXP-03-03411，永新县 LXP-13-19014。

黑弹树 **Celtis bungeana** Bl.

乔木。山坡，路旁；208 m。幕阜山脉：庐山市 LXP4557。

小果朴 **Celtis cerasifera** Schneid.

乔木。山坡，密林，溪边；壤土；483 m。万洋山脉：永新县 LXP-13-19549。

珊瑚朴 **Celtis julianae** Schneid.

乔木。山坡，疏林，溪边；黄壤；500~790 m。幕阜山脉：通山县 LXP6970、LXP7828，武宁县 LXP-13-08493；九岭山脉：万载县 LXP-13-10903；万洋山脉：井冈山 JGS-2090。

朴树 **Celtis sinensis** Pers.

乔木。山坡，山顶，疏林，平地，路旁，溪边；红壤；120~1200 m。幕阜山脉：庐山市 LXP5493，通山县 LXP1892，平江县 LXP-10-6250；九岭山脉：大围山 LXP-10-12456，靖安县 LXP-13-10485、LXP-10-373；武功山脉：分宜县 LXP-10-5137，安福县 LXP-06-5144；万洋山脉：永新县 LXP-13-07854，炎陵县 LXP-09-00757，永兴县 LXP-03-04380；诸广山脉：上犹县 LXP-13-12256、LXP-03-06033。

西川朴 **Celtis vandervoetiana** Schneid.

乔木。山谷，溪边；430 m。幕阜山脉：修水县 谭策铭等 082056(JJF)。

葎草属 *Humulus* L.

葎草 **Humulus scandens** (Lour.) Merr.

藤本。山坡，平地，路旁，密林，疏林，灌丛，溪边，草地，阳处；红壤；120~1100 m。幕阜山脉：庐山市 LXP4875，瑞昌市 LXP0236；九岭山脉：万载县 LXP-13-10957，靖安县 LXP-13-11574，上高县 LXP-06-6524、LXP-06-6525；武功山脉：明月山 LXP-13-10637，安福县 LXP-06-2620、LXP-06-3062，宜春市 LXP-06-8914，攸县 LXP-06-5224、LXP-06-5225；诸广山脉：上犹县 LXP-13-12731。

青檀属 *Pteroceltis* Maxim.

青檀 **Pteroceltis tatarinowii** Maxim.

乔木。山坡，密林，溪边，疏林，路旁；红壤；450~800 m。幕阜山脉：通山县 LXP6807、LXP6969，修水县 LXP6731；武功山脉：攸县 LXP-03-07604、LXP-03-08785、LXP-03-08975；诸广山脉：上犹县 LXP-13-19296A。

山黄麻属 *Trema* Lour.

光叶山黄麻 **Trema cannabina** Lour.

灌木。山坡，灌丛，疏林，溪边，路旁；红壤；100~1100 m。幕阜山脉：通山县 LXP6958，武宁县 LXP6103，庐山市 LXP6323；九岭山脉：大围山 LXP-10-11137，奉新县 LXP-10-9235，靖安县 LXP-10-10085，铜鼓县 LXP-10-8274，万载县 LXP-10-1956，宜丰县 LXP-10-13038；武功山脉：芦溪县 400146020，安福县 LXP-06-3584；万洋山脉：吉安市 LXSM2-6-10100，井冈山 JGS-4575，炎陵县 LXP-13-3180，永新县 LXP-13-19317，永兴县 LXP-03-04458，资兴市 LXP-03-05055；诸广山脉：崇义县 400145019，桂东县 LXP-03-00985。

山油麻 **Trema cannabina** var. **dielsiana** (Hand.-Mazz.) C. J. Chen

灌木。山坡，疏林，灌丛，路旁，溪边，密林；黄壤，红壤；130~1250 m。幕阜山脉：平江县 LXP4029，通山县 LXP1924，武宁县 LXP-13-08496、LXP1662，修水县 LXP3226；九岭山脉：安义县 LXP-10-3802，奉新县 LXP-06-4038、LXP-10-3983，靖安县 LXP-13-10153、LXP-10-13595，铜鼓县 LXP-10-6546，万载县 LXP-10-1724，宜丰县 LXP-10-12741；武功山脉：安福县 LXP-06-0452，茶陵县 LXP-06-1414，芦溪县 LXP-13-03686、LXP-06-3408，攸县 LXP-06-6061；万洋山脉：井冈山 JGS-010，遂川县 LXP-13-16347，炎陵县 LXP-09-00717，资兴市 LXP-03-00256，永新

县 LXP-QXL-642；诸广山脉：桂东县 JGS-A169，上犹县 LXP-03-06340。

异色山黄麻 Trema orientalis (L.) Bl.

灌木。山坡，阳处；300~700 m。诸广山脉：上犹县 江西队 0139(PE)。

A150 桑科 Moraceae

波罗蜜属 *Artocarpus* J. R. Forst. et G. Forst.

白桂木 Artocarpus hypargyreus Hance

乔木。山坡，疏林，路旁，密林，溪边；腐殖土；170~800 m。万洋山脉：永兴县 LXP-03-04350，井冈山 JGS-001；诸广山脉：崇义县 LXP-13-24382，桂东县 LXP-13-25440，上犹县 LXP-03-06182、LXP-13-12670、LXP-13-12778。

构属 *Broussonetia* L'Hér. ex Vent.

葡蟠 Broussonetia kaempferi Sieb.

木质藤本。平地，路旁；壤土；978 m。幕阜山脉：通山县 LXP6845；万洋山脉：炎陵县 LXP-09-08656。

藤构 Broussonetia kaempferi var. **australis** Suzuki

攀援灌木。山坡，路旁，村边，灌丛，疏林，溪边；壤土；100~1200 m。幕阜山脉：武宁县 LXP1018；九岭山脉：安义县 LXP-10-3811，大围山 LXP-10-7547，奉新县 LXP-10-3334，靖安县 LXP-13-10121、LXP-10-274，上高县 LXP-10-4895，铜鼓县 LXP-10-8306，万载县 LXP-10-1567，宜丰县 LXP-10-4684；武功山脉：分宜县 LXP-10-5202，芦溪县 LXP-06-3456，明月山 LXP-06-4904；万洋山脉：吉安市 LXSM2-6-10116，井冈山 JGS-4596，遂川县 LXP-13-16510，资兴市 LXP-03-03544，炎陵县 LXP-13-26002，永新县 LXP-QXL-300；诸广山脉：上犹县 LXP-13-12633。

楮 Broussonetia kazinoki Sieb.

灌木。山坡，疏林，路旁，灌丛，溪边；腐殖土，红壤；150~1600 m。幕阜山脉：庐山市 LXP5686，平江县 LXP4420，通山县 LXP6782，武宁县 LXP1307；九岭山脉：大围山 LXP-03-02958、LXP-13-17019，奉新县 LXP-06-4012；武功山脉：安福县 LXP-06-3628；万洋山脉：井冈山 JGS-1304008，遂川县 LXP-13-16726，炎陵县 LXP-09-07452，永新县 LXP-13-

07616，永兴县 LXP-03-04342，资兴市 LXP-03-03611；诸广山脉：上犹县 LXP-03-06914。

构树 Broussonetia papyrifera (L.) L'Hér. ex Vent.

乔木。山坡，疏林，密林，池塘边，路旁，灌丛，溪边；黄壤；50~1450 m。九岭山脉：安义县 LXP-10-10472，奉新县 LXP-10-3181，万载县 LXP-10-1437，宜丰县 LXP-10-12876；武功山脉：安仁县 LXP-03-01048，明月山 LXP-13-10829，茶陵县 LXP-06-1405；万洋山脉：永兴县 LXP-03-04203，资兴市 LXP-03-00141；诸广山脉：崇义县 LXP-03-07332，上犹县 LXP-03-06176。

水蛇麻属 *Fatoua* Gaudich.

水蛇麻 Fatoua villosa (Thunb.) Nakai

草本。山坡，路旁，疏林，菜地，村边，溪边，阴处；壤土；80~700 m。幕阜山脉：武宁县 LXP0661，修水县 LXP2533，平江县 LXP-10-6095；九岭山脉：大围山 LXP-10-11144，奉新县 LXP-10-13906，靖安县 LXP-10-10392，宜春市 LXP-10-902、LXP-06-8880，浏阳市 LXP-10-5780，铜鼓县 LXP-10-6524，万载县 LXP-10-1934，宜丰县 LXP-10-7347，上高县 LXP-06-7654；武功山脉：安福县 LXP-06-6475，芦溪县 LXP-06-2480，攸县 LXP-06-5408。

榕属 *Ficus* L.

石榕树 Ficus abelii Miq.

灌木。山坡，溪边，路旁；壤土，腐殖土；150~800 m。九岭山脉：万载县 LXP-10-1488、LXP-10-1973，宜丰县 LXP-10-7362、LXP-10-7448；万洋山脉：炎陵县 LXP-13-4432，资兴市 LXP-03-00124；诸广山脉：上犹县 LXP-13-12662、LXP-13-11136，崇义县 LXP-03-04957，桂东县 LXP-03-00808。

*无花果 Ficus carica L.

灌木。山坡，路旁，疏林；沙土；70~250 m。栽培。九岭山脉：宜丰县 LXP-10-8945。

纸叶榕 Ficus chartacea Wall. ex King

灌木。山坡，疏林，密林，溪边，阴处，阳处；150~780 m。九岭山脉：大围山 LXP-10-12496，靖安县 LXP-10-138；武功山脉：玉京山 LXP-10-1359。

雅榕 Ficus concinna (Miq.) Miq.

乔木。山坡，疏林，溪边；壤土；285 m。诸广山脉：上犹县 LXP-03-06979、LXP-03-10781。

糙毛榕 Ficus cumingii Miq.

灌木。溪边；壤土；476 m。武功山脉：安福县 LXP-06-6831。

***印度榕 Ficus elastica** Roxb. ex Hornem.

乔木。观赏，常见栽培。

矮小天仙果 Ficus erecta Thunb.

灌木。山坡，溪边，疏林，路旁；沙土，腐殖土；150~1400 m。九岭山脉：万载县 LXP-13-11282；武功山脉：安福县 LXP-06-2298，茶陵县 LXP-06-1955；万洋山脉：井冈山 JGS-2012017，遂川县 LXP-13-16463，炎陵县 LXP-09-08654；诸广山脉：桂东县 LXP-13-09230、LXP-03-00761，上犹县 LXP-13-12034。

天仙果 Ficus erecta var. **beecheyana** (Hook. et Arn.) King

乔木。山坡，溪边，疏林，灌丛，路旁，阴处；红壤，沙土；100~1100 m。九岭山脉：奉新县 LXP-06-4023，大围山 LXP-03-07708，万载县 LXP-13-11141、LXP-10-1775，宜丰县 LXP-10-2719；武功山脉：安福县 LXP-06-7391，芦溪县 LXP-06-3457，明月山 LXP-06-4610，袁州区 LXP-06-6747；万洋山脉：吉安市 LXSM2-6-10109，遂川县 LXP-13-16359，炎陵县 LXP-09-00222，永新县 LXP-13-19257，永兴县 LXP-03-04262，资兴市 LXP-03-00289；诸广山脉：崇义县 LXP-03-04893，上犹县 LXP-03-06409。

黄毛榕 Ficus esquiroliana H. Lévl.

灌木。山谷，山坡，疏林，溪边；腐殖土；565 m。诸广山脉：上犹县 LXP-13-12766、LXP-13-12807，桂东县 LXP-13-25508。

台湾榕 Ficus formosana Maxim.

灌木。山坡，路旁，溪边，疏林，灌丛；壤土；170~1000 m。幕阜山脉：庐山市 LXP4812；九岭山脉：万载县 LXP-10-2041、LXP-13-11035、LXP-10-1797，宜丰县 LXP-10-12920；万洋山脉：吉安市 LXSM2-6-10158，井冈山 JGS-1338，永新县 LXP-13-08047；诸广山脉：崇义县 LXP-13-24399，上犹县 LXP-03-06071。

冠毛榕 Ficus gasparriniana Miq.

灌木。山坡，溪边，灌丛，路旁，密林，疏林；腐殖土，红壤；130~1700 m。九岭山脉：万载县 LXP-13-10946；武功山脉：安福县 LXP-06-0444、LXP-06-0445，茶陵县 LXP-06-2004；万洋山脉：遂川县 LXP-13-16652，炎陵县 LXP-09-10828，永新县 LXP-13-19494。

长叶冠毛榕 Ficus gasparriniana var. **esquirolii** (Lévl. et Vant.) Corner

灌木。山坡，疏林，溪边，路旁；壤土，腐殖土；200~300 m。九岭山脉：靖安县 LXP-13-10031、LXP-13-10103，万载县 LXP-13-11152；万洋山脉：永新县 LXP-QXL-035、LXP-QXL-234；诸广山脉：崇义县 LXP-13-13109，上犹县 LXP-13-12773。

绿叶冠毛榕 Ficus gasparriniana var. **viridescens** (Lévl. et Vant.) Corner

灌木。山坡，溪边，疏林，路旁，灌丛；黄壤；350~600 m。九岭山脉：靖安县 LXP-13-11607；武功山脉：茶陵县 LXP-06-1555；万洋山脉：井冈山 LXP-13-18470，遂川县 LXP-13-18133，炎陵县 TYD1-1209。

异叶榕 Ficus heteromorpha Hemsl.

灌木。山坡，路旁，疏林，溪边，灌丛；黄壤，腐殖土；200~1800 m。幕阜山脉：庐山市 LXP4992，平江县 LXP3548，通城县 LXP4141，通山县 LXP2317，武宁县 LXP0488，修水县 LXP0340；九岭山脉：安义县 LXP-10-3775，大围山 LXP-03-02953、LXP-10-7800，奉新县 LXP-10-11058，靖安县 LXP-10-4313，宜丰县 LXP-10-7323；武功山脉：安福县 LXP-06-2562，茶陵县 LXP-06-1422，莲花县 LXP-GTY-386，安仁县 LXP-03-01447，芦溪县 LXP-13-03699、LXP-06-3313；万洋山脉：井冈山 JGS-040，遂川县 LXP-13-16669，炎陵县 LXP-03-00354、LXP-09-00246，永新县 LXP-13-07834，永兴县 LXP-03-03977；诸广山脉：崇义县 LXP-13-13089，桂东县 LXP-03-02845、JGS-A136，上犹县 LXP-13-12101。

粗叶榕 Ficus hirta Vahl

灌木。山坡，密林，疏林；壤土；300~400 m。万洋山脉：井冈山 LXP-13-18458；诸广山脉：崇义县

LXP-03-07266、LXP-03-10940。

榕树 Ficus microcarpa L. f.

乔木。山坡,疏林,黄壤;300~400 m。诸广山脉:汝城县 LXP-03-09020、LXP-03-09027。

琴叶榕 Ficus pandurata Hance

灌木。山坡,丘陵,灌丛,村边,疏林,密林,溪边,路旁;腐殖土;100~1350 m。幕阜山脉:通山县 LXP1966,武宁县 LXP0447,修水县 LXP3320;九岭山脉:安义县 LXP-10-9404,靖安县 LXP-13-10022、LXP-10-10035,上高县 LXP-10-4857、LXP-06-7649,铜鼓县 LXP-10-7040,万载县 LXP-10-1533,宜春市 LXP-10-1001,宜丰县 LXP-10-2595;武功山脉:安福县 LXP-06-0031,茶陵县 LXP-06-7122,宜春市 LXP-06-8919,攸县 LXP-06-6103;万洋山脉:井冈山 JGS-604,遂川县 LXP-13-17161,炎陵县 LXP-09-00722,永新县 LXP-QXL-136,永兴县 LXP-03-03927,资兴市 LXP-03-03608;诸广山脉:崇义县 LXP-13-24331、LXP-03-07384,上犹县 LXP-03-06293。

条叶榕 Ficus pandurata var. angustifolia Cheng

灌木。山坡,疏林,密林,灌丛,溪边,路旁,阳处;腐殖土;200~1100 m。幕阜山脉:武宁县 LXP1635,平江县 LXP-10-6287;九岭山脉:大围山 LXP-10-12189,铜鼓县 LXP-10-6921;武功山脉:玉京山 LXP-10-1299;万洋山脉:资兴市 LXP-03-00319;诸广山脉:崇义县 LXP-03-04891,上犹县 LXP-03-06321。

全缘琴叶榕 Ficus pandurata var. holophylla Migo

灌木。山坡,山顶,丘陵,灌丛,疏林,溪边,村边,路旁;壤土;70~650 m。幕阜山脉:平江县 LXP-10-6159;九岭山脉:安义县 LXP-10-10443,大围山 LXP-10-11794,奉新县 LXP-10-13795,靖安县 LXP-10-10189,万载县 LXP-10-1626,宜丰县 LXP-10-12789;武功山脉:樟树市 LXP-10-5023;万洋山脉:永新县 LXP-13-19303。

薜荔 Ficus pumila L.

藤本。山坡,路旁,疏林,树上,密林,石上;100~1500 m。幕阜山脉:武宁县 LXP1453;九岭山脉:奉新县 LXP-10-13872,靖安县 LXP-13-10466、LXP-10-10092,铜鼓县 LXP-10-7126,万载县 LXP-

13-10952、LXP-10-1402,宜丰县 LXP-10-3149;武功山脉:安福县 LXP-06-0297,芦溪县 LXP-06-1259,茶陵县 LXP-13-25989;万洋山脉:资兴市 LXP-03-03580,遂川县 LXP-13-17176,炎陵县 LXP-09-10101,永新县 LXP-13-19196;诸广山脉:上犹县 LXP-13-12971。

匍茎榕 Ficus sarmentosa Buch.-Ham. ex J. E. Sm.

藤本。山坡,溪边,灌丛,路旁;腐殖土,壤土;340~500 m。武功山脉:安福县 LXP-06-6838,芦溪县 LXP-06-3398;诸广山脉:崇义县 LXP-03-04989,桂东县 LXP-13-25433。

珍珠莲 Ficus sarmentosa var. henryi (King ex Oliv.) Corner

藤本。山坡,疏林,密林,路旁,溪边,灌丛;黄壤,腐殖土;150~1500 m。幕阜山脉:武宁县 LXP0908;九岭山脉:大围山 LXP-03-07922、LXP-10-12695,靖安县 LXP-10-359,万载县 LXP-10-1768,宜丰县 LXP-10-13005;武功山脉:安福县 LXP-06-1801,樟树市 LXP-10-5032,茶陵县 LXP-06-1562、LXP-09-10232,芦溪县 LXP-06-1093,攸县 LXP-06-5244;万洋山脉:井冈山 JGS-1316,遂川县 LXP-13-17587,炎陵县 LXP-09-06208,永新县 LXP-13-07806,资兴市 LXP-03-05197;诸广山脉:崇义县 LXP-03-05833,上犹县 LXP-03-06991。

爬藤榕 Ficus sarmentosa var. impressa (Champ.) Corner

藤本。山坡,疏林,石上,密林,路旁;壤土,阳处;300~1200 m。幕阜山脉:修水县 LXP2516;九岭山脉:靖安县 LXP-13-10112;武功山脉:茶陵县 LXP-09-10287,莲花县 LXP-GTY-149;万洋山脉:吉安市 LXSM2-6-10124,炎陵县 LXP-09-06031,永新县 LXP-QXL-412,资兴市 LXP-03-00120;诸广山脉:桂东县 LXP-03-02535,上犹县 LXP-13-12197。

尾尖爬藤榕 Ficus sarmentosa var. lacrymans (Lévl. et Vant.) Corner

藤本。山坡,疏林,灌丛,溪边;壤土;300~600 m。九岭山脉:靖安县 LXP-10-394;武功山脉:芦溪县 LXP-06-3418;万洋山脉:炎陵县 LXP-09-07641、LXP-09-451;诸广山脉:上犹县 LXP-13-12826。

白背爬藤榕 Ficus sarmentosa var. nipponica (Fr. et Savat.) King

藤本。山坡，灌丛，疏林，路旁，密林；腐殖土，壤土；350~1100 m。武功山脉：莲花县 LXP-GTY-324，茶陵县 LXP-09-10285，芦溪县 LXP-13-09860；万洋山脉：井冈山 JGS-B096，遂川县 LXP-13-16439，炎陵县 LXP-09-08084；诸广山脉：崇义县 LXP-13-24407，桂东县 LXP-13-25431，上犹县 LXP-13-23405。

竹叶榕 Ficus stenophylla Hemsl.

灌木。山坡，溪边，疏林，路旁，密林；红壤；250~650 m。武功山脉：安福县 LXP-06-7377；万洋山脉：永兴县 LXP-03-04252、LXP-03-04320，资兴市 LXP-03-03579、LXP-03-03692；诸广山脉：上犹县 LXP-03-06101、LXP-03-06192。

地果 Ficus tikoua Bur.

匍匐灌木。荒坡；600~1000 m。罗霄山脉有分布记录，未见标本。

变叶榕 Ficus variolosa Lindl. ex Benth.

灌木。山坡，疏林，溪边，灌丛，路旁，密林，阳处；腐殖土，黄壤，沙土；265~1300 m。九岭山脉：万载县 LXP-13-11262；武功山脉：安福县 LXP-06-0353，茶陵县 LXP-06-1481；万洋山脉：井冈山 LXP-13-18582，遂川县 LXP-13-18111，炎陵县 LXP-13-4239；诸广山脉：崇义县 LXP-03-04887、LXP-13-24269，桂东县 LXP-13-25529，上犹县 LXP-03-06282。

橙桑属 *Maclura* Nutt.

构棘 Maclura cochinchinensis (Loureiro) Corner

灌木。山坡，疏林，密林，灌丛，路旁；腐殖土；300~1750 m。幕阜山脉：武宁县 LXP-13-08461；九岭山脉：靖安县 LXP-13-10036；武功山脉：安福县 LXP-06-0565，茶陵县 LXP-06-1676，芦溪县 LXP-06-2445；万洋山脉：井冈山 JGS-C104、LXP-13-15256、LXP-13-03666，炎陵县 LXP-09-09503、LXP-09-10849。

柘藤 Maclura fruticosa (Roxburgh) Corner

木质藤本。山谷，疏林；77 m。幕阜山脉：武宁县钟卫红等 360423130730069LY(JXCM)。

柘 Maclura tricuspidata Carr.

藤本。山坡，疏林，路旁，灌丛，溪边；壤土；300~1000 m。幕阜山脉：庐山市 LXP5438，瑞昌市 LXP0132，武宁县 LXP0497、LXP1340、LXP1428；武功山脉：分宜县 LXP-06-2355、LXP-06-2372，芦溪县 LXP-06-2409；万洋山脉：遂川县 LXP-13-18173，永新县 LXP-13-19648；诸广山脉：桂东县 LXP-13-25398、LXP-13-25511、LXP-13-25194，上犹县 LXP-03-06893。

桑属 *Morus* L.

桑 Morus alba L.

灌木。山坡，密林，溪边，村边，疏林，灌丛，路旁，阳处；壤土；200~1000 m。幕阜山脉：通山县 LXP6629，武宁县 LXP1600、LXP5559，平江县 LXP-13-22387；九岭山脉：大围山 LXP-10-12446，宜春市 LXP-10-971；武功山脉：玉京山 LXP-06-9290；万洋山脉：炎陵县 LXP-09-07636、LXP-09-08569。

鸡桑 Morus australis Poir.

灌木。山坡，路旁，灌丛，密林，溪边，疏林；壤土，腐殖土；150~1850 m。幕阜山脉：通山县 LXP1184；九岭山脉：大围山 LXP-10-7565，靖安县 LXP-10-48，七星岭 LXP-10-8125，万载县 LXP-10-1977，宜丰县 LXP-10-3018；武功山脉：明月山 LXP-06-4528；万洋山脉：井冈山 JGS-082，遂川县 LXP-13-17465，炎陵县 LXP-09-00731，永新县 LXP-13-07928。

花叶鸡桑 Morus australis var. inusitata (Lévl.) C. Y. Wu

灌木。山坡，灌丛，溪边；腐殖土；427 m。万洋山脉：遂川县 LXP-13-17423、LXP-13-17623。

鸡爪叶桑 Morus australis var. linearipartita Cao

灌木。山坡，疏林，溪边；壤土；1620 m。万洋山脉：遂川县 LXP-13-16799。

华桑 Morus cathayana Hemsl.

灌木。山坡，灌丛，溪边，疏林，密林，阳处；壤土，沙土，腐殖土；500~1200 m。幕阜山脉：修水县 LXP6480；九岭山脉：万载县 LXP-13-11304，靖安县 LXP-13-10252；武功山脉：明月山 LXP-13-

10672；万洋山脉：井冈山 LXP-13-05915，遂川县 LXP-13-7485，炎陵县 LXP-09-07159。

蒙桑 Morus mongolica (Bur.) Schneid.

灌木。荒坡，林缘，500~900 m。罗霄山脉可能有分布，未见标本。

A151 荨麻科 Urticaceae

苎麻属 *Boehmeria* Jacq.

序叶苎麻 Boehmeria clidemioides var. **diffusa** (Wedd.) Hand.-Mazz.

草本。山坡，路旁，村边，溪边，灌丛，密林，疏林，阴处；腐殖土；200~1500 m。幕阜山脉：庐山市 LXP-13-24522，平江县 LXP-10-6172；九岭山脉：大围山 LXP-10-5746，奉新县 LXP-06-4006，靖安县 LXP-13-10254、LXP-10-9630，浏阳市 LXP-10-5939，七星岭 LXP-10-11892，铜鼓县 LXP-10-6991，宜春市 LXP-10-1005，宜丰县 LXP-10-2812；武功山脉：莲花县 LXP-GTY-290，芦溪县 LXP-13-09480、LXP-13-09684；万洋山脉：遂川县 LXP-13-17815，炎陵县 LXP-09-06191，永新县 LXP-13-08021。

密球苎麻 Boehmeria densiglomerata W. T. Wang

草本。山坡，疏林，溪边；壤土。诸广山脉：上犹县 LXP-13-12816、LXP-13-12994。

海岛苎麻 Boehmeria formosana Hayata

灌木。山坡，路旁，灌丛，溪边，疏林，阴处；壤土；200~800 m。九岭山脉：大围山 LXP-10-11705，靖安县 LXP-10-10140、LXP-10-9715，宜丰县 LXP-10-12922、LXP-10-13103；武功山脉：安福县 LXP-06-0093；万洋山脉：井冈山 JGS-1147，遂川县 LXP-13-7512。

细野麻 Boehmeria gracilis C. H. Wright

草本。山坡，路旁，疏林，石上，溪边，阴处；800~1550 m。幕阜山脉：庐山市 LXP4497，通山县 LXP7156、LXP7260；万洋山脉：井冈山 JGS-582。

日本荨麻 Boehmeria japonica (L. f.) Miq. [*Boehmeria grandifolia* Wedd.]

草本。山坡，疏林，路旁，灌丛，溪边；壤土；200~1950 m。九岭山脉：大围山 LXP-10-12082，

奉新县 LXP-10-4234，靖安县 LXP-13-10081、LXP-10-4377，铜鼓县 LXP-10-13483；武功山脉：莲花县 LXP-GTY-100，安福县 LXP-06-0583，芦溪县 LXP-06-1724；万洋山脉：永新县 LXP-13-19602。

大叶苎麻 Boehmeria longispica Steud.

灌木。山坡，山顶，路旁，灌丛，疏林，溪边，密林，阴处；壤土；130~1600 m。幕阜山脉：通山县 LXP7522，修水县 LXP0738；九岭山脉：大围山 LXP-10-11713，奉新县 LXP-10-10698，靖安县 LXP-10-10081，七星岭 LXP-10-11405，宜丰县 LXP-10-2345；武功山脉：安福县 LXP-06-5670，攸县 LXP-06-5478；万洋山脉：遂川县 LXP-13-7199。

水苎麻 Boehmeria macrophylla Hornem.

灌木。山谷，路旁。诸广山脉：八面山 八面山考察队 34207。

糙叶水苎麻 Boehmeria macrophylla var. **scabrella** (Roxb.) Long

草本。草地，路旁，阳处。万洋山脉：炎陵县 LXP-13-3240。

苎麻 Boehmeria nivea (L.) Gaudich.

草本。山坡，山顶，路旁，村边，溪边，灌丛，疏林；红壤；50~1300 m。幕阜山脉：庐山市 LXP4835，瑞昌市 LXP0060，武宁县 LXP-13-08459、LXP0536，修水县 LXP3096，平江县 LXP-13-22405、LXP-10-6094；九岭山脉：安义县 LXP-10-10426，大围山 LXP-10-11210，奉新县 LXP-10-10856，靖安县 LXP-10-10187、LXP-13-11581，浏阳市 LXP-10-5937，上高县 LXP-10-4960、LXP-06-6531，铜鼓县 LXP-10-13498，宜丰县 LXP-10-12859；武功山脉：安仁县 LXP-03-01442，安福县 LXP-06-6459，茶陵县 LXP-06-7098，芦溪县 LXP-06-2460，攸县 LXP-06-5428；万洋山脉：井冈山 JGS-1364，遂川县 LXP-13-7579，炎陵县 LXP-09-07114，永新县 LXP-QXL-562，资兴市 LXP-03-03814；诸广山脉：崇义县 LXP-13-24389、LXP-03-05884，桂东县 LXP-03-00858。

青叶苎麻 Boehmeria nivea var. **tenacissima** (Gaudich.) Miq.

灌木。山坡，溪边；900 m。幕阜山脉：修水县 赖书坤 无号(PE)。

赤麻 Boehmeria silvestrii (Pamp.) W. T. Wang

灌木。山谷，溪边；1382 m。诸广山脉：上犹县 LXP-03-06539。

小赤麻 Boehmeria spicata (Thunb.) Thunb.

灌木。山坡，山顶，灌丛，溪边，疏林，路旁，密林，石上；壤土，腐殖土；150~1850 m。九岭山脉：万载县 LXP-13-11224，大围山 LXP-10-11211，奉新县 LXP-10-10598，靖安县 LXP-13-08319、LXP-10-10199，七星岭 LXP-10-11423，宜丰县 LXP-10-12771；武功山脉：安福县 LXP-06-0381；万洋山脉：井冈山 LXP-13-05846，遂川县 LXP-13-17942，炎陵县 DY1-1040；诸广山脉：崇义县 LXP-13-24249。

悬铃叶苎麻 Boehmeria tricuspis (Hance) Makino

草本。山坡，山顶，路旁，疏林，溪边，灌丛；腐殖土；200~1500 m。幕阜山脉：庐山市 LXP4836，通山县 LXP2261，平江县 LXP-10-5973；九岭山脉：大围山 LXP-03-07772、LXP-10-11302，奉新县 LXP-10-9339，靖安县 LXP-13-11398、LXP-10-411，七星岭 LXP-10-11872，铜鼓县 LXP-10-13418，万载县 LXP-10-1744，宜丰县 LXP-10-13035，宜春市 LXP-06-2699，上高县 LXP-06-6560；武功山脉：安福县 LXP-06-0363，茶陵县 LXP-06-1650，莲花县 LXP-GTY-308，芦溪县 LXP-13-09554、LXP-06-9086，明月山 LXP-13-10635、LXP-06-7681，安仁县 LXP-03-01450；万洋山脉：井冈山 JGS-B075，炎陵县 LXP-09-07224，永兴县 LXP-03-03865，资兴市 LXP-03-00235；诸广山脉：崇义县 LXP-03-05926，桂东县 LXP-03-02430，上犹县 LXP-03-06482。

微柱麻属 *Chamabainia* Wight

微柱麻 Chamabainia cuspidata Wight

草本。山坡，路旁，溪边，疏林，阴处；壤土，腐殖土；1300~1600 m。万洋山脉：井冈山 LXP-13-0411，炎陵县 DY1-1110、LXP-13-24998。

水麻属 *Debregeasia* Gaudich.

*水麻 Debregeasia orientalis C. J. Chen

灌木。有栽培。幕阜山脉：九江市 谭策铭和易桂花 07385(JJF)。

楼梯草属 *Elatostema* J. R. Forst. et G. Forst.

骤尖楼梯草 Elatostema cuspidatum Wight

草本。山坡，疏林，溪边，密林，灌丛，石上，路旁，阴处；壤土，腐殖土；300~1670 m。幕阜山脉：修水县 LXP3370；武功山脉：安福县 LXP-06-0509，芦溪县 LXP-06-1702；万洋山脉：井冈山 JGS-353，遂川县 LXP-13-09286，炎陵县 DY2-1049；诸广山脉：桂东县 LXP-13-25420，上犹县 LXP-13-23224。

锐齿楼梯草 Elatostema cyrtandrifolium (Zoll. et Mor.) Miq.

草本。山坡，灌丛，疏林，路旁，溪边，疏林，阴处，350~1570 m。幕阜山脉：武宁县 LXP6231；九岭山脉：宜丰县 LXP-13-22521，靖安县 LXP-10-9625；武功山脉：莲花县 LXP-GTY-232、LXP-GTY-274；万洋山脉：井冈山 LXP-13-18636、LXP-13-11533，遂川县 LXP-13-24716、LXP-13-24732、LXP-13-08506，炎陵县 LXP-09-351、LXP-13-24870、LXP-13-3251，永新县 LXP-13-19152、LXP-13-19169、LXP-QXL-742；诸广山脉：上犹县 LXP-13-12815。

粗齿楼梯草 Elatostema grandidentatum W. T. Wang

草本。路旁，溪边；壤土；326 m。武功山脉：安福县 LXP-06-2930。

宜昌楼梯草 Elatostema ichangense H. Schroter

草本。山坡，溪边；壤土；384 m。武功山脉：芦溪县 LXP-06-1730、LXP-06-2071。

楼梯草 Elatostema involucratum Franch. et Savat.

草本。山坡，疏林，溪边，路旁，草地，阴处；腐殖土；200~1850 m。幕阜山脉：平江县 LXP-3627、LXP-10-6034，修水县 LXP-3084；九岭山脉：大围山 LXP-10-12086，宜丰县 LXP-10-13002；万洋山脉：井冈山 LXP-13-24111，遂川县 LXP-13-18084，炎陵县 LXP-09-07543；诸广山脉：桂东县 LXP-13-25436。

狭叶楼梯草 Elatostema lineolatum Wight

草本。罗霄山脉可能有分布，未见标本。

南川楼梯草 Elatostema nanchuanense W. T. Wang

草本。山坡，灌丛；壤土；320 m。武功山脉：芦溪县 LXP-06-2513。

托叶楼梯草 Elatostema nasutum Hook. f.

草本。山坡，山谷，溪边，路旁，疏林，阴处；壤土，腐殖土；560~1480 m。幕阜山脉：武宁县 LXP-13-08427、LXP-13-08576；九岭山脉：靖安县 LXP-13-10265；武功山脉：芦溪县 LXP-13-03582、LXP-13-09680、LXP-13-19350A；万洋山脉：炎陵县 LXP-09-08663、LXP-09-10986、LXP-13-5348，永新县 LXP-QXL-748；诸广山脉：上犹县 LXP-13-12052。

短毛楼梯草 Elatostema nasutum var. **puberulum** (W. T. Wang) W. T. Wang

草本。山谷，溪边；1382 m。诸广山脉：上犹县 LXP-03-06545。

钝叶楼梯草 Elatostema obtusum Wedd.

草本。山谷；80 m。幕阜山脉：武宁县 谭策铭 97444 (SZG)。

对叶楼梯草 Elatostema sinense H. Schroter

草本。山坡，疏林，路旁；腐殖土；500~550 m。幕阜山脉：修水县 LXP3475；武功山脉：安福县 LXP-06-6251。

庐山楼梯草 Elatostema stewardii Merr.

草本。山坡，疏林，溪边，灌丛，阴处；沙土，壤土；165~1150 m。幕阜山脉：庐山市 LXP5291；九岭山脉：万载县 LXP-10-1608；武功山脉：安福县 LXP-06-6212，攸县 LXP-06-6158；诸广山脉：上犹县 LXP-03-06819。

蝎子草属 *Girardinia* Gaudich.

大蝎子草 Girardinia diversifolia (Link) Friis

草本。山坡，疏林，路旁，溪边，阴处；200~700 m。幕阜山脉：修水县 LXP3317，平江县 LXP-10-5953；九岭山脉：奉新县 LXP-10-10931，宜春市 LXP-10-1133，宜丰县 LXP-10-7444。

红火麻 Girardinia diversifolia subsp. **triloba** (C. J. Chen) C. J. Chen

草本。路旁；壤土；764 m。武功山脉：明月山 LXP-06-7843。

蝎子草 Girardinia suborbiculata C. J. Chen

草本。山坡，灌丛；沙土；858 m。武功山脉：攸县 LXP-06-6189。

糯米团属 *Gonostegia* Turcz.

糯米团 Gonostegia hirta (Bl.) Miq.

草本。山顶，路旁，山坡，疏林，溪边，阳处，阴处；红壤，腐殖土；100~1000 m。幕阜山脉：庐山市 LXP4597，平江县 LXP4192，瑞昌市 LXP0170，通山县 LXP1943，武宁县 LXP1403；九岭山脉：安义县 LXP-10-3738，大围山 LXP-03-07692、LXP-10-11388，奉新县 LXP-06-4034、LXP-10-10879，靖安县 LXP-13-10008、LXP-10-10131，铜鼓县 LXP-10-8337，万载县 LXP-10-1999，宜春市 LXP-10-937，宜丰县 LXP-10-13321，上高县 LXP-06-6549；武功山脉：莲花县 LXP-GTY-191，明月山 LXP-13-10706，安福县 LXP-06-3547，茶陵县 LXP-06-1385，芦溪县 LXP-06-3341；万洋山脉：吉安市 LXSM2-6-10007，遂川县 LXP-13-16698，炎陵县 LXP-09-00036，永新县 LXP-13-08077，永兴县 LXP-03-03876，资兴市 LXP-03-00204；诸广山脉：崇义县 LXP-03-05637，上犹县 LXP-03-06355。

艾麻属 *Laportea* Gaudich.

珠芽艾麻 Laportea bulbifera (Sieb. et Zucc.) Wedd.

草本。山坡，山顶，疏林，溪边，阴处；壤土，腐殖土；350~1500 m。幕阜山脉：庐山市 LXP4684，通山县 LXP7789，修水县 LXP2996；九岭山脉：大围山 LXP-10-11972，七星岭 LXP-10-11434，宜丰县 LXP-10-2759、LXP-13-24514；武功山脉：芦溪县 LXP-06-1793；万洋山脉：井冈山 JGS-1336，遂川县 LXP-13-20271，炎陵县 LXP-13-24844；诸广山脉：上犹县 LXP-13-19310A。

艾麻 Laportea cuspidata (Wedd.) Friis

草本。山坡，疏林，溪边；沙土。诸广山脉：上犹县 LXP-13-12308。

靖安艾麻 Laportea jinganensis W. T. Wang

草本。山谷，疏林；1200~1500 m。九岭山脉：静安县 张吉华 97056(PE；SZG)。

假楼梯草属 *Lecanthus* Wedd.

假楼梯草 Lecanthus peduncularis (Wall. ex Royle) Wedd.

草本。山坡，疏林，溪边，路旁，阴处；腐殖土；

360~350 m。幕阜山脉：修水县 LXP2974；万洋山脉：井冈山 LXP-13-24135，遂川县 LXP-13-20265，炎陵县 LXP-13-24863、LXP-13-4437。

水丝麻属 *Maoutia* Wedd.

水丝麻 Maoutia puya (Hook.) Wedd.

草本。路旁；壤土；583 m。武功山脉：安福县 LXP-06-8575。

花点草属 *Nanocnide* Blume

花点草 Nanocnide japonica Blume

草本。山坡，疏林，溪边；壤土。万洋山脉：炎陵县 LXP-09-07343。

毛花点草 Nanocnide lobata Wedd.

草本。山坡，溪边，疏林，密林，阴处；腐殖土；150~700 m。幕阜山脉：武宁县 LXP-13-08512，平江县 LXP-10-5999；九岭山脉：奉新县 LXP-10-3522、LXP-10-9139、LXP-10-9294；武功山脉：分宜县 LXP-10-5142，芦溪县 LXP-13-09676；万洋山脉：遂川县 LXP-13-17238，炎陵县 LXP-09-10010。

紫麻属 *Oreocnide* Miq.

紫麻 Oreocnide frutescens (Thunb.) Miq.

草本。山坡，疏林，路旁，密林，灌丛，溪边；腐殖土，黄壤；150~850 m。幕阜山脉：庐山市 LXP5517，通山县 LXP1979，武宁县 LXP0535，修水县 LXP0812，平江县 LXP-10-6213；九岭山脉：安义县 LXP-10-3769，浏阳市 LXP-03-08421，大围山 LXP-10-11635，奉新县 LXP-10-10920，靖安县 LXP-13-10027、LXP-10-10138，铜鼓县 LXP-10-6530，万载县 LXP-10-1607，宜丰县 LXP-10-12823；武功山脉：明月山 LXP-13-10890，安福县 LXP-06-6242，茶陵县 LXP-06-2250，芦溪县 LXP-06-3409；万洋山脉：井冈山 JGS-1713，遂川县 LXP-13-17800，资兴市 LXP-03-0346，炎陵县 LXP-09-00726、LXP-03-03315，永新县 LXP-13-07799；诸广山脉：上犹县 LXP-13-121847。

倒卵叶紫麻 Oreocnide obovata (C. H. Wright) Merr.

灌木。山坡，疏林，灌丛，溪边，阴处；450~600 m。九岭山脉：宜丰县 LXP-10-8721；武功山脉：袁州区 LXP-06-6741。

赤车属 *Pellionia* Gaudich.

短叶赤车 Pellionia brevifolia Benth.

草本。山坡，疏林，溪边，灌丛，密林，阴处；壤土，腐殖土；450~1800 m。幕阜山脉：通山县 LXP5873；九岭山脉：万载县 LXP-13-11298，靖安县 LXP-13-10109；武功山脉：芦溪县 LXP-13-03591、LXP-13-09719、LXP-06-1345；万洋山脉：吉安市 LXSM2-6-10053，井冈山 JGS-2232，遂川县 LXP-13-09376，炎陵县 LXP-09-00727，永新县 LXP-QXL-204；诸广山脉：上犹县 LXP-13-13061。

华南赤车 Pellionia grijsii Hance

草本。山坡，溪边，疏林，灌丛，阴处；腐殖土；400~1350 m。武功山脉：安福县 LXP-06-6923，明月山 LXP-06-7859；万洋山脉：井冈山 JGS-1166、JGS4089、LXP-13-18445、LXP-13-25262，炎陵县 LXP-09-10537，永新县 LXP-13-08202；诸广山脉：桂东县 LXP-13-25631、LXP-13-25665，上犹县 LXP-13-12772。

小赤车 Pellionia minima Makino

草本。山坡，疏林，溪边，路旁，石上，草地，阴处；200~650 m。幕阜山脉：修水县 LXP3222；九岭山脉：靖安县 LXP-10-407、LXP-10-9542，宜丰县 LXP-10-6811、LXP-10-7395。

赤车 Pellionia radicans (Sieb. et Zucc.) Wedd.

草本。山坡，疏林，溪边，路旁，密林，草地，灌丛，阴处；壤土，腐殖土；230~1550 m。幕阜山脉：平江县 LXP3560，武宁县 LXP1602，修水县 LXP2559；九岭山脉：靖安县 LXP-13-10291、LXP-10-622；武功山脉：安福县 LXP-06-0903，茶陵县 LXP-06-2206，莲花县 LXP-GTY-144，芦溪县 LXP-13-09505、LXP-06-1100、LXP-13-09862，明月山 LXP-13-10843、LXP-06-4525；万洋山脉：井冈山 JGS-1034，遂川县 LXP-13-7165，炎陵县 LXP-09-07577，永新县 LXP-13-08120，资兴市 LXP-03-00316；诸广山脉：崇义县 LXP-03-07382，桂东县 LXP-13-25345、LXP-03-02416。

曲毛赤车 Pellionia retrohispida W. T. Wang

草本。山坡，溪边；壤土；160~1350 m。武功山脉：安福县 LXP-06-0958。

蔓赤车 Pellionia scabra Benth.

草本。山坡，溪边，密林，疏林，路旁，灌丛，阴处；壤土，腐殖土。九岭山脉：安义县 LXP-10-3742，靖安县 LXP-10-4433、LXP-10-4574，万载县 LXP-10-1675；万洋山脉：井冈山 LXP-13-18630，遂川县 LXP-13-16455、LXP-13-16870，炎陵县 LXP-09-09276、LXP-09-09589，永新县 LXP-13-07801、LXP-13-08061；诸广山脉：桂东县 LXP-13-25627、LXP-13-25674，上犹县 LXP-13-12717。

冷水花属 *Pilea* Lindl.

圆瓣冷水花 Pilea angulata (Bl.) Bl.

草本。山坡，灌丛；腐殖土；820 m。武功山脉：攸县 LXP-06-6185。

华中冷水花 Pilea angulata subsp. **latiuscula** C. J. Chen

草本。山坡，路旁，疏林，溪边；壤土；280 m。武功山脉：安福县 LXP-06-8265；万洋山脉：遂川县 LXP-13-09298。

长柄冷水花 Pilea angulata subsp. **petiolaris** (Sieb. et Zucc.) C. J. Chen

草本。山坡，疏林；壤土。九岭山脉：靖安县 LXP-13-10256；万洋山脉：井冈山 LXP-13-0463。

湿生冷水花 Pilea aquarum Dunn

草本。山坡，灌丛，疏林，路旁，溪边，石上，草地，阴处；壤土，腐殖土；450~1750 m。九岭山脉：奉新县 LXP-10-3929；武功山脉：茶陵县 LXP-09-10220，芦溪县 LXP-06-1344；万洋山脉：井冈山 JGS-1304029，遂川县 LXP-13-16675，炎陵县 LXP-09-07132、LXP-09-08509，永新县 LXP-13-07630、LXP-13-07810；诸广山脉：桂东县 LXP-13-25671。

波缘冷水花 Pilea cavaleriei Lévl.

草本。丘陵，山坡，密林，路旁，草地，石上，疏林，阴处；壤土；80~1250 m。九岭山脉：安义县 LXP-10-9425，大围山 LXP-10-7851、LXP-10-7880、LXP-10-8105，奉新县 LXP-10-9178，铜鼓县 LXP-10-8378，宜丰县 LXP-10-8450、LXP-10-8837；武功山脉：安福县 LXP-06-5121，明月山 LXP-06-4604；万洋山脉：井冈山 LXP-13-05827，遂川县 LXP-13-16713，炎陵县 LXP-09-08611。

点乳冷水花 Pilea glaberrima (Blume) Blume

草本。山坡，路旁，溪边，疏林，密林，阴处；400~500 m。九岭山脉：奉新县 LXP-10-4208，靖安县 LXP-10-4394、LXP-10-447。

山冷水花 Pilea japonica (Maxim.) Hand.-Mazz.

乔木。山坡，路旁，疏林，灌丛，溪边，密林，石上；150~1500 m。幕阜山脉：庐山市 LXP4498、LXP5290；九岭山脉：七星岭 LXP-10-11856；武功山脉：安福县 LXP-06-2924、LXP-06-5934，芦溪县 LXP-06-1088、LXP-06-1293，茶陵县 LXP-13-25950，明月山 LXP-06-4849、LXP-06-7930；万洋山脉：遂川县 LXP-13-09274、LXP-13-24702，炎陵县 LXP-13-24944、LXP-13-4035。

大叶冷水花 Pilea martini (Lévl.) Hand.-Mazz.

草本。山坡，路旁，密林，溪边；壤土；486 m。万洋山脉：井冈山 LXP-13-18502、LXP-13-18872。

*小叶冷水花 Pilea microphylla (L.) Liebm.

草本。山坡，疏林；686 m。栽培。幕阜山脉：庐山市 LXP5391。

念珠冷水花 Pilea monilifera Hand.-Mazz.

草本。山坡，疏林，溪边；壤土；1650~1700 m。万洋山脉：遂川县 LXP-13-24659、LXP-13-24684，炎陵县 LXP-09-392、LXP-13-24965。

冷水花 Pilea notata C. H. Wright

草本。山坡，石上，疏林，路旁，溪边，灌丛，草地，密林，阴处；腐殖土，黄壤；60~1500 m。幕阜山脉：平江县 LXP-13-22461、LXP-10-5952，庐山市 LXP4647，通山县 LXP2127，武宁县 LXP-13-08506、LXP8022，修水县 LXP0816；九岭山脉：大围山 LXP-10-11212，奉新县 LXP-10-10657，靖安县 LXP-13-10256、LXP-10-10167，浏阳市 LXP-10-5827，铜鼓县 LXP-10-7019，万载县 LXP-10-1634，宜丰县 LXP-10-12727；武功山脉：安福县 LXP-06-2973，芦溪县 LXP-13-09588、LXP-06-1151，宜春市 LXP-06-8877；万洋山脉：井冈山 LXP-13-0463，炎陵县 LXP-09-07548，永新县 LXP-QXL-148；诸广山脉：上犹县 LXP-03-06550。

矮冷水花 Pilea peploides (Gaudich.) Hook. et Arn.

草本。山坡，疏林，石上，溪边，路旁，阴处；壤土，腐殖土；200~1350 m。幕阜山脉：平江县 LXP4176、

LXP4335，武宁县 LXP1555；武功山脉：茶陵县 LXP-06-9413，大岗山 LXP-06-3661，芦溪县 LXP-06-3439；万洋山脉：井冈山 JGS-352、JGS-4747、LXP-13-18640，遂川县 LXP-13-17136、LXP-13-17850，资兴市 LXP-03-03471；诸广山脉：上犹县 LXP-13-12248。

齿叶矮冷水花 Pilea peploides var. major Wedd.

草本。山坡，路旁，密林，疏林，石上，灌丛，溪边，阴处；壤土，腐殖土；100~1200 m。九岭山脉：安义县 LXP-10-3848，奉新县 LXP-10-3992、LXP-10-3997、LXP-10-4296，靖安县 LXP-10-4520，上高县 LXP-10-4971，宜丰县 LXP-10-4787；武功山脉：分宜县 LXP-10-5226；万洋山脉：吉安市 LXSM2-6-10156，井冈山 LXP-13-0444，遂川县 LXP-13-7153，炎陵县 LXP-09-08523，永新县 LXP-13-07748、LXP-13-08023、LXP-13-19877。

透茎冷水花 Pilea pumila (L.) A. Gray

草本。山坡，密林，疏林，石上，路旁，溪边，阴处；壤土，腐殖土；280~1900 m。幕阜山脉：通山县 LXP2182，武宁县 LXP7935，修水县 LXP2616、LXP2902；九岭山脉：宜丰县 LXP-13-22548；武功山脉：芦溪县 LXP-13-09858，明月山 LXP-13-10862、LXP-13-24511；万洋山脉：井冈山 JGS-1040，遂川县 LXP-13-16891、LXP-13-17530，炎陵县 LXP-09-07202、LXP-09-317，永新县 LXP-13-08023。

紫背冷水花 Pilea purpurella C. J. Chen

草本。山坡，疏林，溪边；壤土；600~700 m。幕阜山脉：修水县 LXP2393；万洋山脉：永新县 LXP-13-19750；诸广山脉：上犹县 LXP-13-12987。

镰叶冷水花 Pilea semisessilis Hand.-Mazz.

草本。山坡，疏林，溪边，灌丛，石上，阴处；腐殖土，壤土；1300~1350 m。武功山脉：芦溪县 LXP-13-8273；万洋山脉：遂川县 LXP-13-09385、LXP-13-17559，炎陵县 LXP-13-24811、LXP-13-24860。

粗齿冷水花 Pilea sinofasciata C. J. Chen

草本。山坡，路旁，疏林，溪边，灌丛，密林，石上；黄壤；300~1900 m。幕阜山脉：庐山市 LXP4964，平江县 LXP4108，通山县 LXP7756，武宁县 LXP7949；九岭山脉：大围山 LXP-13-

08236、LXP-03-07939，浏阳市 LXP-03-08663，铜鼓县 LXP-10-8261；武功山脉：莲花县 LXP-GTY-015，安福县 LXP-06-6415，芦溪县 LXP-06-0811，明月山 LXP-06-4524；万洋山脉：遂川县 LXP-13-23704，炎陵县 LXP-09-07547。

翅茎冷水花 Pilea subcoriacea (Hand.-Mazz.) C. J. Chen

草本。路旁；壤土；462 m。武功山脉：安福县 LXP-06-5076。

三角形冷水花 Pilea swinglei Merr.

草本。山坡，路旁，密林，溪边，石上，阴处；壤土；150~1230 m。幕阜山脉：通山县 LXP6778，平江县 LXP-10-6275；九岭山脉：大围山 LXP-10-7607；武功山脉：茶陵县 LXP-06-9220；万洋山脉：井冈山 JGS-583、LXP-13-JX4592。

疣果冷水花 Pilea verrucosa Hand.-Mazz.

草本。山坡，路旁，疏林，溪边，阴处；腐殖土，壤土；380~770 m。武功山脉：芦溪县 LXP-13-09583，分宜县 LXP-06-9604；万洋山脉：井冈山 LXP-13-15212、LXSM2-6-10252，炎陵县 LXP-09-09336，永新县 LXP-13-07658、LXP-13-07793。

雾水葛属 *Pouzolzia* Gaudich.

雾水葛 Pouzolzia zeylanica (L.) Benn.

草本。山坡，丘陵，疏林，路旁，灌丛，水田边，草地，溪边，阴处；壤土；80~1100 m。幕阜山脉：庐山市 LXP5407，修水县 LXP0782，平江县 LXP-10-6202；九岭山脉：安义县 LXP-10-9443，大围山 LXP-10-12174，奉新县 LXP-10-10719，靖安县 LXP-13-10160、LXP-10-10225，浏阳市 LXP-03-08504、LXP-10-5918，铜鼓县 LXP-10-6661，宜春市 LXP-10-1111，宜丰县 LXP-10-7374；武功山脉：安福县 LXP-06-8417，玉京山 LXP-10-1304，攸县 LXP-06-6110。

多枝雾水葛 Pouzolzia zeylanica var. microphylla (Wedd.) W. T. Wang

草本。山坡，路旁，草地，疏林，村边，溪边，阴处；250~1400 m。幕阜山脉：平江县 LXP-10-6096、LXP-10-6324；九岭山脉：大围山 LXP-10-11783、LXP-10-11952，奉新县 LXP-10-13842、LXP-10-13965，宜春市 LXP-10-1006，宜丰县 LXP-10-12809、LXP-

10-13146。

荨麻属 Urtica L.

荨麻 Urtica fissa E. Pritz.

草本。山坡，疏林，溪边；壤土。万洋山脉：炎陵县 LXP-09-07546。

宽叶荨麻 Urtica laetevirens Maxim.

草本。罗霄山脉可能有分布，未见标本。

Order 32. 壳斗目 Fagales

A153 壳斗科 Fagaceae

栗属 Castanea Mill.

*日本栗 Castanea crenata Sieb. et Zucc.

灌木。山坡，疏林；800~1000 m。栽培。幕阜山脉：庐山市 LXP4828。

锥栗 Castanea henryi (Skan) Rehd. et Wils.

乔木。山谷，疏林；壤土；800~1300 m。幕阜山脉：庐山市 LXP5084，平江县 LXP3680、LXP3877、LXP-10-6071，瑞昌市 LXP0165，通山县 LXP5980，武宁县 LXP1300，修水县 LXP5984；九岭山脉：安义县 LXP-10-3716，大围山 LXP-03-03025、LXP-10-12443、LXP-10-12567，浏阳市 LXP-03-08483，奉新县 LXP-10-13871，七星岭 LXP-10-8163，铜鼓县 LXP-10-6871，万载县 LXP-13-11381、LXP-10-1917，宜丰县 LXP-10-2544；武功山脉：安福县 LXP-06-3172；万洋山脉：井冈山 JGS-2237，炎陵县 DY1-1099，永新县 LXP-13-07895，永兴县 LXP-03-03911、LXP-03-04362，资兴市 LXP-03-05054；诸广山脉：上犹县 LXP-13-12172、LXP-03-07755，桂东县 LXP-13-09078、LXP-03-00801。

栗 Castanea mollissima Bl.

乔木。山谷，疏林；壤土；800~1600 m。幕阜山脉：通山县 LXP5966，武宁县 LXP1667，平江县 LXP-03-08840；九岭山脉：大围山 LXP-03-07731，奉新县 LXP-10-3417，靖安县 LXP-10-594，铜鼓县 LXP-10-8294，宜丰县 LXP-10-8671；武功山脉：分宜县 LXP-10-5213，安福县 LXP-06-0595，芦溪县 LXP-13-8400，攸县 LXP-06-6068；万洋山脉：井冈山 LXP-13-18469，遂川县 LXP-13-17173，炎陵县

LXP-09-10694，永兴县 LXP-03-03948，资兴市 LXP-03-03532；诸广山脉：崇义县 LXP-03-07317，桂东县 LXP-03-00777，上犹县 LXP-13-12231、LXP-03-06095。

茅栗 Castanea seguinii Dode

乔木。山坡，灌丛；壤土；400~1500 m。幕阜山脉：庐山市 LXP4764，平江县 LXP3154，通山县 LXP1389、LXP6609，武宁县 LXP0967、LXP1191，修水县 LXP3246；九岭山脉：安义县 LXP-10-10519，大围山 LXP-03-02960、LXP-10-11315，奉新县 LXP-10-10640，靖安县 LXP-10-233，七星岭 LXP-10-8162，铜鼓县 LXP-10-8313，万载县 LXP-10-1554，上高县 LXP-06-7565；武功山脉：安福县 LXP-06-0209，茶陵县 LXP-06-1544，芦溪县 LXP-13-03629，分宜县 LXP-06-2353，明月山 LXP-06-7919，攸县 LXP-06-5458；万洋山脉：井冈山 JGS-A012，遂川县 LXP-13-09308，炎陵县 LXP-09-08048，永新县 LXP-13-19694，永兴县 LXP-03-04510；诸广山脉：崇义县 LXP-03-05940，桂东县 LXP-13-09001、LXP-03-00884。

锥属 Castanopsis Spach

米槠 Castanopsis carlesii (Hemsl.) Hay.

乔木。山谷，溪边，疏林；300~700 m。幕阜山脉：平江县 LXP-10-6460；九岭山脉：大围山 LXP-10-11124，靖安县 LXP-13-11553、LXP-10-556，宜丰县 LXP-10-2742、LXP-10-8494；武功山脉：茶陵县 LXP-09-10360；万洋山脉：井冈山 JGS-2102、LXP-13-18712；诸广山脉：桂东县 LXP-03-00791，上犹县 LXP-13-13028。

厚皮锥 Castanopsis chunii Cheng

乔木。山坡，灌丛；720 m。万洋山脉：井冈山 岳俊三等 5078(PE)。

高山锥 Castanopsis delavayi Franch.

草本。山坡，灌丛；862 m。武功山脉：茶陵县 LXP-06-7186。

甜槠 Castanopsis eyrei (Champ.) Tutch.

乔木。山坡，山谷，密林，疏林，路旁，溪边，石上；壤土；600~1900 m。幕阜山脉：庐山市 LXP4895、LXP5248，通山县 LXP7403，平江县 LXP-10-6061；

九岭山脉：奉新县 LXP-10-10958，铜鼓县 LXP-10-6532，宜丰县 LXP-10-2352、LXP-10-8744；武功山脉：安福县 LXP-06-0269、LXP-06-0354，芦溪县 LXP-06-9160，宜春市 LXP-06-2672；万洋山脉：井冈山 JGS-2012133、JGS-C126、LXP-13-10386，遂川县 LXP-13-16826、LXP-13-17317，炎陵县 LXP-09-00029、LXP-09-07024，永新县 LXP-13-07758、LXP-QXL-481，资兴市 LXP-03-03732、LXP-03-03762；诸广山脉：崇义县 LXP-03-05779、LXP-03-05789，桂东县 LXP-13-22708、LXP-03-00903、LXP-03-02461，上犹县 LXP-03-06772、LXP-03-10735。

罗浮锥 Castanopsis faberi Hance

乔木。山谷，山坡，密林，疏林，路旁；壤土；500~700 m。九岭山脉：靖安县 LXP-10-512；武功山脉：安福县 LXP-06-9283。

栲 Castanopsis fargesii Franch.

乔木。山坡，山谷，山顶，密林，疏林，溪边；壤土，腐殖土；150~1400 m。幕阜山脉：武宁县 LXP-13-08587、LXP1666，修水县 LXP3355；九岭山脉：大围山 LXP-10-12389，靖安县 LXP-13-10049、LXP-10-10168、LXP-10-668，万载县 LXP-13-10972、LXP-13-10977、LXP-10-1481，宜丰县 LXP-10-4646；武功山脉：安福县 LXP-06-5967，芦溪县 LXP-13-09494、LXP-06-2415；万洋山脉：井冈山 JGS-2115、LXP-13-18342、LXP-13-10452，遂川县 LXP-13-16348、LXP-13-18120，炎陵县 LXP-09-00152、LXP-09-07613，永新县 LXP-13-07840、LXP-13-08141，资兴市 LXP-03-05156；诸广山脉：崇义县 LXP-03-07297、LXP-03-10971，上犹县 LXP-13-12756、LXP-03-06899、LXP-03-10704。

黧蒴锥 Castanopsis fissa (Champ. ex Benth.) Rehd. et Wils.

乔木。山坡，山谷，疏林，路旁，阴处；壤土；400~500 m。万洋山脉：炎陵县 LXP-13-3052。

毛锥 Castanopsis fordii Hance

乔木。山谷，山坡，密林，疏林，灌丛，溪边，河边，路旁；壤土；200~800 m。武功山脉：安福县 LXP-06-8388；万洋山脉：井冈山 LXP-13-18563、LXP-13-12979，遂川县 LXP-13-17819、LXP-13-

15557；诸广山脉：上犹县 LXP-13-12252，崇义县 LXP-13-24397、LXP-13-24408、LXP-03-07319。

红锥 Castanopsis hystrix Miq.

乔木。山坡，疏林，阴处；900 m。九岭山脉：宜丰县 LXP-10-2299。

秀丽锥 Castanopsis jucunda Hance

乔木。山坡，山谷，密林，疏林，溪边；壤土，腐殖土；50~600 m。幕阜山脉：武宁县 LXP-13-08428、LXP1692，庐山市 LXP5540；九岭山脉：万载县 LXP-13-10929，宜丰县 LXP-13-24509；万洋山脉：炎陵县 LXP-13-3158；诸广山脉：桂东县 LXP-13-25514。

吊皮锥 Castanopsis kawakamii Hay.

乔木。山坡，疏林。乔木。山坡，河边；300~600 m。诸广山脉：齐云山 06232（刘小明等，2010）。

鹿角锥 Castanopsis lamontii Hance

乔木。山谷，山坡，疏林，溪边；壤土，腐殖土；200~950 m。万洋山脉：井冈山 JGS-017、LXP-13-18564，遂川县 LXP-13-17821、LXP-13-18026，永新县 LXP-13-08093；诸广山脉：桂东县 LXP-13-25311、LXP-13-25621，上犹县 LXP-13-12294、LXP-13-12940。

黑叶锥 Castanopsis nigrescens Chun et Huang

乔木。山坡；200~700 m。诸广山脉：齐云山 06337（刘小明等，2010）。

红壳锥 Castanopsis rufotomentosa Hu

灌木。山谷，疏林，路旁，溪边；壤土；600~700 m。诸广山脉：上犹县 LXP-03-06951、LXP-03-10755。

苦槠 Castanopsis sclerophylla (Lindl.) Schott.

乔木。山坡，山谷，山顶，密林，疏林，溪边，水库边，路旁；壤土，腐殖土；100~1700 m。幕阜山脉：平江县 LXP0686、LXP3538、LXP-10-6481，通山县 LXP2061，武宁县 LXP5623，修水县 LXP2707；九岭山脉：安义县 LXP-10-3719、LXP-10-3815，大围山 LXP-10-5645，奉新县 LXP-10-3316、LXP-10-4151，靖安县 LXP-10-13606、LXP-10-443，上高县 LXP-10-4901、LXP-06-7569，铜鼓县 LXP-10-13473、LXP-10-13481，万载县 LXP-10-1439、LXP-10-1450，宜春市 LXP-10-821、LXP-10-841，宜丰县 LXP-10-2211、LXP-10-4690；武功山脉：安福县 LXP-06-

5116、LXP-06-5577，茶陵县 LXP-06-1434、LXP-06-9222，明月山 LXP-06-5019，宜春市 LXP-06-8978；万洋山脉：井冈山 JGS-392、LXP-13-18757，炎陵县 LXP-09-09486、LXP-09-10622，永新县 LXP-13-19314，永兴县 LXP-03-04306；诸广山脉：桂东县 LXP-13-22680、LXP-13-25342，上犹县 LXP-13-13016、LXP-03-06901、LXP-03-07086。

钩锥 Castanopsis tibetana Hance

乔木。山坡，山谷，密林，疏林，溪边，路旁；壤土，腐殖土；200~1200 m。幕阜山脉：修水县 LXP0296；九岭山脉：靖安县 LXP-13-10044，大围山 LXP-10-11136、LXP-10-11616，奉新县 LXP-10-3881、LXP-10-4133，铜鼓县 LXP-10-7070，万载县 LXP-10-1710、LXP-10-2138，宜丰县 LXP-10-12932、LXP-10-2251；武功山脉：明月山 LXP-13-10876、LXP-10-1340，安福县 LXP-06-5068、LXP-06-6875；万洋山脉：井冈山 JGS-1169、LXP-13-0430，遂川县 LXP-13-17372、LXP-13-18157，炎陵县 LXP-09-00135，永新县 LXP-13-07919、LXP-13-19355，资兴市 LXP-03-05198；诸广山脉：桂东县 LXP-13-25383，上犹县 LXP-03-06852、LXP-03-07111。

青冈属 *Cyclobalanopsis* Oerst.

竹叶青冈 Cyclobalanopsis bambusaefolia (Hance) Chun ex Y. C. Hsu et H. W. Jen

乔木。山谷，密林，疏林，溪边；腐殖土；100~300 m。九岭山脉：宜丰县 LXP-10-12833；万洋山脉：井冈山 JGS-2174，炎陵县 LXP-13-5764，永新县 LXP-13-08198。

福建青冈 Cyclobalanopsis chungii (Metc.) Y. C. Hsu et H. W. Jen ex Q. F. Zheng

乔木。山坡，山谷，疏林，灌丛，溪边；壤土；1000~1400 m。万洋山脉：炎陵县 LXP-09-10556；诸广山脉：上犹县 LXP-13-12749。

上思青冈 Cyclobalanopsis delicatula (Chun et Tsiang) Y. C. Hsu et H. W. Jen

乔木。山谷，山坡，疏林。诸广山脉：齐云山 06171（刘小明等，2010）。

碟斗青冈 Cyclobalanopsis disciformis (Chun et Tsiang) Y. C. Hsu et H. W. Jen

乔木。山谷，山坡，疏林；壤土；300~400 m。万

洋山脉：炎陵县 LXP-09-07201、LXP-09-09621。

饭甑青冈 Cyclobalanopsis fleuryi (Hick. et A. Camus) Chun ex Q. F. Zheng

乔木。山坡，路旁；1200 m。万洋山脉：井冈山 熊杰和刘典文 07569(PE)。

赤皮青冈 Cyclobalanopsis gilva (Blume) Oerst.

乔木。密林，路旁，溪边；壤土；50~150 m。诸广山脉：齐云山 B0004（刘小明等，2010）。

青冈 Cyclobalanopsis glauca (Thunb.) Oerst.

乔木。山坡，山谷，密林，疏林，灌丛，溪边，路旁；腐殖土；50~1500 m。幕阜山脉：庐山市 LXP4894、LXP5511，平江县 LXP3947、LXP4422、LXP-10-6210、LXP-10-6488，通山县 LXP1379、LXP6957，武宁县 LXP0492，修水县 LXP2506、LXP2577；九岭山脉：大围山 LXP-10-11214、LXP-10-11215，奉新县 LXP-10-10584、LXP-10-10613，靖安县 LXP-10-10103、LXP-10-10107，浏阳市 LXP-10-5870，铜鼓县 LXP-10-6579、LXP-10-6987，万载县 LXP-10-1559、LXP-10-1734，宜春市 LXP-10-1092，宜丰县 LXP-10-12755、LXP-10-13051，上高县 LXP-06-7567、LXP-06-7636；武功山脉：分宜县 LXP-10-5128，安福县 LXP-06-0057、LXP-06-0455，茶陵县 LXP-06-1515、LXP-06-1554，芦溪县 LXP-06-2400、LXP-06-2466，明月山 LXP-06-7761、LXP-06-7833，宜春市 LXP-06-2682，攸县 LXP-06-5285、LXP-06-6115；万洋山脉：井冈山 JGS-2012143，遂川县 LXP-13-16369、LXP-13-17799，炎陵县 LXP-09-07209、LXP-09-08320，永新县 LXP-13-07667、LXP-13-07874，永兴县 LXP-03-04379、LXP-03-04463；诸广山脉：桂东县 LXP-13-25343，崇义县 LXP-03-07379、LXP-03-07402，上犹县 LXP-03-06106、LXP-03-07212。

细叶青冈 Cyclobalanopsis gracilis (Rehd. et Wils.) Cheng et T. Hong

乔木。山坡，山谷，密林，疏林，灌丛，溪边，河边；50~1500 m。幕阜山脉：通山县 LXP2203、LXP7188，武宁县 LXP1549，修水县 LXP5992、LXP6711；九岭山脉：大围山 LXP-10-11150、LXP-10-11643，奉新县 LXP-10-10959，靖安县 LXP-13-11437、LXP-10-9812，宜丰县 LXP-10-8902；武功山脉：安福县 LXP-06-6917，茶陵县 LXP-06-2014，芦溪县 LXP-

13-08258、LXP-13-09692、LXP-06-3382、LXP-06-9015，宜春市 LXP-06-8976；万洋山脉：井冈山 JGS-2012160，遂川县 LXP-13-16383、LXP-13-18116，炎陵县 LXP-09-07604、LXP-09-09671，永新县 LXP-13-19234；诸广山脉：上犹县 LXP-13-12225、LXP-03-06922、LXP-03-10727。

大叶青冈 Cyclobalanopsis jenseniana (Hand.-Mazz.) Cheng et T. Hong

乔木。山谷，疏林，河边，溪边，路旁；壤土，腐殖土；500~600 m。武功山脉：芦溪县 LXP-06-9131；万洋山脉：炎陵县 LXP-09-07945。

多脉青冈 Cyclobalanopsis multinervis Cheng et T. Hong

乔木。山坡，山谷，山顶，密林，疏林，溪边，路旁；腐殖土；500~1700 m。九岭山脉：大围山 LXP-09-11064、LXP-13-08228、LXP-10-11930，靖安县 JLS-2012-002，七星岭 LXP-10-11422、LXP-10-11477；武功山脉：芦溪县 LXP-13-03726、LXP-13-09730、LXP-13-09799；万洋山脉：井冈山 JGS4087，遂川县 LXP-13-16609、LXP-13-16924，炎陵县 LXP-09-06362、LXP-09-06469；诸广山脉：桂东县 LXP-03-00873、LXP-03-02467，上犹县 LXP-13-25281、LXP-03-07024。

小叶青冈 Cyclobalanopsis myrsinifolia (Blume) Oerst.

草本。山坡，山谷，山顶，疏林，溪边，路旁；壤土，腐殖土；300~1900 m。幕阜山脉：武宁县 LXP-13-08553，平江县 LXP-03-08828；九岭山脉：大围山 LXP-03-08002、LXP-03-08018，万载县 LXP-13-11359；武功山脉：安福县 LXP-06-0403，莲花县 LXP-06-0800，明月山 LXP-13-10879，茶陵县 LXP-09-10523，芦溪县 LXP-13-09534、LXP-06-3445；万洋山脉：井冈山 JGS-B176，遂川县 LXP-13-23710，炎陵县 LXP-09-06249、LXP-09-06360，永新县 LXP-13-07890；诸广山脉：上犹县 LXP-13-25204，桂东县 LXP-13-22644、LXP-13-25521，崇义县 LXP-03-04954。

宁冈青冈 Cyclobalanopsis ningangensis Cheng et Y. C. Hsu

乔木。山坡，山谷，山顶，溪边，路旁；壤土；1000~1100 m。武功山脉：芦溪县 LXP-13-09635，

安福县 LXP-06-8984、LXP-06-9267，明月山 LXP-06-4902；万洋山脉：炎陵县 LXP-09-06155；诸广山脉：上犹县 LXP-13-12563。

倒卵叶青冈 Cyclobalanopsis obovatifolia (Huang) Q. F. Zheng

乔木。山坡，疏林，路旁；壤土；1400~1500 m。诸广山脉：桂东县 LXP-13-22564、LXP-13-22567，上犹县 LXP-13-19378A、LXP-13-23564。

曼青冈 Cyclobalanopsis oxyodon (Miq.) Oerst.

乔木。山坡，密林，溪边；壤土；500~600 m。万洋山脉：炎陵县 LXP-09-08678、LXP-13-4470。

毛果青冈 Cyclobalanopsis pachyloma (Seem.) Schott.

乔木。山坡，密林；腐殖土；300~400 m。万洋山脉：井冈山　赖书坤 164(LBG)。

云山青冈 Cyclobalanopsis sessilifolia (Blume) Schott.

乔木。山谷，山坡，山顶，疏林，灌丛，溪边；壤土，腐殖土；350~1900 m。幕阜山脉：庐山市 LXP4534，平江县 LXP3853；武功山脉：芦溪县 LXP-13-8292、LXP-13-09717、LXP-13-09739，明月山 LXP-06-7771；万洋山脉：井冈山 JGS-2012153、LXP-13-0428，遂川县 LXP-13-16872、LXP-13-17998，炎陵县 DY3-1087、LXP-09-07908；诸广山脉：崇义县 400145005、LXP-13-09094，上犹县 LXP-13-12193，桂东县 LXP-13-09031。

褐叶青冈 Cyclobalanopsis stewardiana (A. Camus) Y. C. Hsu et H. W. Jen

灌木。山谷，山坡，疏林，路旁；壤土，腐殖土。武功山脉：芦溪县 LXP-13-8322；万洋山脉：炎陵县 LXP-13-5366。

水青冈属 *Fagus* L.

米心水青冈 Fagus engleriana Seem.

乔木。山坡，山谷，山顶，密林，疏林，溪边，路旁，树上；壤土，腐殖土；400~1500 m。幕阜山脉：通山县 LXP7881；九岭山脉：七星岭 LXP-10-11429、LXP-10-8175；武功山脉：莲花县 LXP-GTY-362、LXP-GTY-436，茶陵县 LXP-09-10248，芦溪县 LXP-13-09512；万洋山脉：井冈山 JGS-339、LXP-13-18862，遂川县 LXP-13-17875、LXP-13-23496，炎

陵县 LXP-09-07665、LXP-09-08463。

水青冈 Fagus longipetiolata Seem.

乔木。山谷，山坡，山顶，密林，疏林，灌丛，溪边，路旁；壤土；700~1600 m。九岭山脉：万载县 LXP-13-11319，大围山 LXP-03-08035、LXP-10-12058，奉新县 LXP-10-10617，宜丰县 LXP-10-2401、LXP-10-2425；武功山脉：安福县 LXP-06-0477、LXP-06-9254，莲花县 LXP-06-0668、LXP-GTY-403，芦溪县 LXP-13-09638、LXP-06-1698，明月山 LXP-06-7766；万洋山脉：吉安市 LXSM2-6-10067、LXSM-7-00011，遂川县 LXP-13-16735、LXP-13-17450、LXP-13-17930、LXP-13-17945，炎陵县 LXP-13-24822，资兴市 LXP-03-00103；诸广山脉：桂东县 LXP-03-02753、LXP-03-02835、LXP-13-22585，崇义县 LXP-03-04917、LXP-03-05744，上犹县 LXP-13-12480、LXP-03-06891、LXP-03-07073。

光叶水青冈 Fagus lucida Rehd. et Wils.

乔木。山坡，密林；壤土；1000~1200 m。九岭山脉：大围山 LXP-13-08212；万洋山脉：井冈山 JGS-2228，炎陵县 LXP-13-3381。

柯属 Lithocarpus Blume

杏叶柯 Lithocarpus amygdalifolius (Skan) Hayata
乔木。罗霄山脉可能有分布，未见标本。

短尾柯 Lithocarpus brevicaudatus (Skan) Hay.

乔木。山坡，山谷，灌丛，疏林，溪边；壤土；200~1400 m。幕阜山脉：通山县 LXP2084；武功山脉：芦溪县 LXP-06-3345；万洋山脉：井冈山 JGS-1081、LXSM2-6-10286，遂川县 LXP-13-17985，炎陵县 LXP-09-09360。

美叶柯 Lithocarpus calophyllus Chun

乔木。山谷，山坡，密林，疏林，溪边；壤土，腐殖土；300~1900 m。武功山脉：莲花县 LXP-GTY-359、LXP-13-22296；万洋山脉：井冈山 JGS-1215、JGS-2247，遂川县 LXP-13-16605、LXP-13-16759，炎陵县 LXP-09-08039、LXP-09-08139；诸广山脉：上犹县 LXP-13-12573，桂东县 LXP-13-22679。

金毛柯 Lithocarpus chrysocomus Chun et Tsiang

乔木。山坡，路旁，溪边；壤土。诸广山脉：桂东县 LXP-13-09025。

包果柯 Lithocarpus cleistocarpus (Seem.) Rehd. et Wils.

乔木。山坡，山谷，密林，疏林；壤土，腐殖土；600~1500 m。幕阜山脉：通山县 LXP2174，武宁县 LXP0909、LXP0920；九岭山脉：大围山 LXP-03-08069；武功山脉：芦溪县 LXP-06-9157、LXP-13-09891。

烟斗柯 Lithocarpus corneus (Lour.) Rehd.

乔木。山谷，疏林，溪边，路旁；壤土。万洋山脉：遂川县 LXP-13-09322，炎陵县 LXP-13-3470。

泥柯 Lithocarpus fenestratus (Roxb.) Rehd.

乔木。疏林；1100 m。万洋山脉：井冈山 施兴华 7324026(JXAU)。

柯 Lithocarpus glaber (Thunb.) Nakai

乔木。山谷，山坡，山顶，密林，疏林，灌丛，溪边，路旁；壤土，腐殖土；50~1400 m。幕阜山脉：庐山市 LXP4555、LXP5149，平江县 LXP-10-6423；九岭山脉：安义县 LXP-10-10534、LXP-10-3623，大围山 LXP-10-11266、LXP-10-11597，奉新县 LXP-06-4059、LXP-10-10862，靖安县 LXP-10-10069、LXP-10-13748，浏阳市 LXP-03-08366、LXP-10-5942，铜鼓县 LXP-10-13479、LXP-10-6569，万载县 LXP-10-1909，宜春市 LXP-10-1056，宜丰县 LXP-10-2598、LXP-10-6726，上高县 LXP-06-7555；武功山脉：安福县 LXP-06-0127、LXP-06-5937，茶陵县 LXP-06-2042、LXP-06-7185，芦溪县 LXP-06-2407、LXP-06-3442，攸县 LXP-06-6063；万洋山脉：井冈山 JGS-090、JGS-2148，炎陵县 LXP-09-00190、LXP-09-08789，永新县 LXP-13-07994、LXP-13-08142；诸广山脉：崇义县 LXP-03-05790，上犹县 LXP-03-06946、LXP-03-10750。

菴耳柯 Lithocarpus haipinii Chun

乔木。山坡，山顶，密林，疏林，阳处；700~1100 m。九岭山脉：靖安县 LXP-10-799，宜丰县 LXP-10-2320。

硬壳柯 Lithocarpus hancei (Benth.) Rehd.

乔木。山谷，山坡，密林，疏林，灌丛，溪边，路旁；壤土，腐殖土；150~1500 m。幕阜山脉：武宁县 LXP-13-08529；九岭山脉：万载县 LXP-13-

10988，宜丰县 LXP-10-2713；武功山脉：安福县 LXP-06-0405、LXP-06-0406，茶陵县 LXP-06-1575、LXP-06-2033，莲花县 LXP-06-0787，芦溪县 LXP-06-1133、LXP-06-1200，明月山 LXP-06-7767；万洋山脉：井冈山 JGS-092、JGS4172，遂川县 LXP-13-16647，炎陵县 LXP-09-07603；诸广山脉：上犹县 LXP-13-12769、LXP-13-12887。

港柯 Lithocarpus harlandii (Hance) Rehd.

乔木。山坡，山谷，密林，疏林，溪边，路旁；壤土；250~1650 m。幕阜山脉：平江县 LXP3978，通山县 LXP2076、LXP2271，修水县 LXP2794；九岭山脉：浏阳市 LXP-03-08892，大围山 LXP-03-08003、LXP-10-12377；武功山脉：芦溪县 LXP-13-09426、LXP-13-09915；万洋山脉：井冈山 LXP-13-05959，炎陵县 LXP-09-09533、LXP-13-24901，资兴市 LXP-03-05188；诸广山脉：桂东县 LXP-03-00864、LXP-03-00878。

灰柯 Lithocarpus henryi (Seem.) Rehd. et Wils.

乔木。山坡，密林，疏林，溪边，路旁；壤土；300~1100 m。幕阜山脉：通山县 LXP1395、LXP2239，武宁县 LXP1550；武功山脉：茶陵县 LXP-06-1467；万洋山脉：炎陵县 LXP-09-6560。

鼠刺叶柯 Lithocarpus iteaphyllus (Hance) Rehd.

乔木。山坡，疏林，溪边，路旁；壤土；300~800 m。万洋山脉：炎陵县 LXP-09-09624、LXP-13-23874。

木姜叶柯 Lithocarpus litseifolius (Hance) Chun

乔木。山谷，山坡，密林，疏林，灌丛，溪边，路旁；壤土；150~1100 m。九岭山脉：大围山 LXP-10-11579，奉新县 LXP-10-4076、LXP-10-9237、LXP-06-4027，铜鼓县 LXP-10-6890、LXP-10-8300，万载县 LXP-13-11156、LXP-10-1553、LXP-10-1730；武功山脉：安福县 LXP-06-3626；万洋山脉：井冈山 LXP-13-18296、LXP-13-25248，遂川县 LXP-13-16501、LXP-13-16697，炎陵县 LXP-09-06154、LXP-09-09449，永新县 LXP-13-19170、LXP-13-19538；诸广山脉：桂东县 LXP-13-25392，上犹县 LXP-13-12576。

榄叶柯 Lithocarpus oleifolius A. Camus

乔木。山坡，灌丛；壤土；100~200 m。武功山脉：安福县 LXP-06-2538。

大叶苦柯 Lithocarpus paihengii Chun et Tsiang

乔木。山谷，山坡，密林，疏林，河边；壤土，腐殖土；150~1300 m。九岭山脉：大围山 LXP-10-12070；武功山脉：芦溪县 LXP-13-09804、LXP-13-09925，安福县 LXP-06-3616、LXP-06-3995；万洋山脉：遂川县 LXP-13-16843。

圆锥柯 Lithocarpus paniculatus Hand.-Mazz.

乔木。山坡，疏林；壤土。万洋山脉：炎陵县 LXP-09-07429。

多穗石栎 Lithocarpus polystachyus (Wall. ex A. DC.) Rehd.

乔木。山坡；壤土。万洋山脉：炎陵县 LXP-09-06402。

栎叶柯 Lithocarpus quercifolius Huang et Y. T. Chang

乔木。山坡，疏林。万洋山脉：遂川县 刘其燮 30239(JXU)。

滑皮柯 Lithocarpus skanianus (Dunn) Rehd.

乔木。山坡，山谷，密林，疏林，溪边，路旁，石上；壤土；300~1500 m。武功山脉：安福县 LXP-06-1326，茶陵县 LXP-06-1636、LXP-06-1978，攸县 LXP-06-1588、LXP-06-1590；万洋山脉：井冈山 JGS-1120、LXP-13-05852，遂川县 LXP-13-16345，炎陵县 DY2-1273、LXP-09-10752，永新县 LXP-13-08113、LXP-13-19546；诸广山脉：上犹县 LXP-13-22320。

菱果柯 Lithocarpus taitoensis (Hayata) Hayata

乔木。罗霄山脉可能有分布，未见可靠标本。

紫玉盘柯 Lithocarpus uvariifolius (Hance) Rehd.

乔木。山谷，山坡；200~700 m。诸广山脉：齐云山 LXP-03-5002。

栎属 *Quercus* L.

麻栎 Quercus acutissima Carruth.

灌木。山谷，山坡，疏林，路旁；壤土；150~1000 m。九岭山脉：铜鼓县 LXP-10-13456、LXP-10-13523，宜丰县 LXP-10-2294；武功山脉：安福县 LXP-06-5115；万洋山脉：井冈山 LXP-13-15160。

槲栎 Quercus aliena Bl.

乔木。山坡，山谷，密林，疏林，灌丛，路旁；壤土；50~600 m。幕阜山脉：庐山市 LXP4997，平江县 LXP4213，瑞昌市 LXP0074，通山县 LXP1950，武宁县 LXP1593、LXP1645；九岭山脉：浏阳市 LXP-03-08889，靖安县 LXP-10-10029；万洋山脉：炎陵县 TYD1-1223。

锐齿槲栎 Quercus aliena var. acutiserrata Maxim. ex Wenz.

灌木。山谷，疏林；壤土；900~1400 m。诸广山脉：上犹县 LXP-13-12449。

小叶栎 Quercus chenii Nakai

乔木。山坡，密林，疏林，溪边；壤土；50~200 m。九岭山脉：浏阳市 LXP-03-08881；武功山脉：芦溪县 LXP-13-8404。

巴东栎 Quercus engleriana Seem.

乔木。山坡，山谷，疏林，溪边，河边；壤土；300~1850 m。幕阜山脉：庐山市 LXP5070、LXP5213，平江县 LXP0684、LXP4055、LXP-10-6008、LXP-10-6366，瑞昌市 LXP0040，通山县 LXP1795，修水县 LXP6696；九岭山脉：安义县 LXP-10-10481、LXP-10-3692，大围山 LXP-10-12123、LXP-10-5643，奉新县 LXP-10-3211、LXP-10-3261，靖安县 LXP-10-10214、LXP-10-782，铜鼓县 LXP-10-6612、LXP-10-6625，万载县 LXP-10-1893，宜春市 LXP-10-843、LXP-10-980，宜丰县 LXP-10-2680、LXP-10-4737，上高县 LXP-06-7635；武功山脉：分宜县 LXP-06-2328、LXP-10-5183，樟树市 LXP-10-5082，安福县 LXP-06-2154、LXP-06-2271，茶陵县 LXP-06-1412、LXP-06-7171，芦溪县 LXP-06-1751、LXP-06-8843，明月山 LXP-06-5020、LXP-10-1360，安仁县 LXP-03-01457、LXP-03-01508、LXP-03-08154，攸县 LXP-06-1631、LXP-06-5278；万洋山脉：遂川县 400147004、LXP-13-09304，炎陵县 LXP-09-00668、LXP-09-08036，井冈山 JGS-B185，永新县 LXP-13-07610、LXP-13-19592，永兴县 LXP-03-04215；诸广山脉：桂东县 LXP-13-09076、LXP-13-22709，上犹县 LXP-13-23380、LXP-13-25287、LXP-03-06726。

白栎 Quercus fabri Hance

乔木。山地，山坡，路旁；700~1200 m。万洋山脉：永兴县 LXP-03-4552。

乌冈栎 Quercus phillyreoides A. Gray

乔木。山坡，山谷，路旁；700~1300 m。诸广山脉：齐云山 刘剑锋 PVHJX01898(GNNU)，上犹县 唐忠炳 160724030(GNNU)。

枹栎 Quercus serrata Thunb.

灌木。山坡，山谷，密林，疏林，灌丛，溪边；壤土；150~1700 m。幕阜山脉：通山县 LXP1750、LXP2338，武宁县 LXP1087、LXP1296，修水县 LXP2847、LXP6399；九岭山脉：浏阳市 LXP-03-08341，大围山 LXP-03-08016、LXP-10-11549、LXP-10-12473；武功山脉：安福县 LXP-06-0041，茶陵县 LXP-06-7166；万洋山脉：炎陵县 LXP-09-10613。

短柄枹栎 Quercus serrata var. brevipetiolata (A. DC.) Nakai

乔木。山谷，山坡，密林，疏林，路旁；壤土；300~800 m。幕阜山脉：平江县 LXP-03-08837，临湘市 LXP-03-08529；九岭山脉：大围山 LXP-03-03024；万洋山脉：炎陵县 LXP-09-08101、LXP-09-09309，永兴县 LXP-03-03886、LXP-03-04354，资兴市 LXP-03-03512、LXP-03-03551。

刺叶高山栎 Quercus spinosa David ex Franch.

乔木。山坡，山脊；1000~1600 m。幕阜山脉：武宁县 谭策铭 98129(IBSC)；九岭山脉：靖安县 熊耀国 1352(LBG)。

黄山栎 Quercus stewardii Rehd.

乔木。山脊；1450。幕阜山脉：九宫山 熊杰 16900(PE)。

栓皮栎 Quercus variabilis Bl.

乔木。山脚；150 m。幕阜山脉：九江市 谭策铭 99365(IBSC)。

A154 杨梅科 Myricaceae

杨梅属 *Morella* Lour.

杨梅 Morella rubra Lour.[*Myrica rubra* (Lour.) Sieb. et Zucc.]

乔木。山坡，山谷，密林，疏林，溪边，河边；壤土；50~1000 m。幕阜山脉：平江县 LXP4448，武宁县 LXP0966、LXP1050；九岭山脉：安义县 LXP-10-3728、LXP-10-9478，大围山 LXP-03-02957、LXP-03-07817、LXP-10-7773，靖安县 LXP-13-10250、LXP-10-4583、LXP-10-581，万载县 LXP-13-11031、LXP-10-1557，宜丰县 LXP-10-2630、LXP-10-8576；武功山脉：安福县 LXP-06-3699、LXP-06-3699，

芦溪县 LXP-13-09570、LXP-06-1069、LXP-06-1076；万洋山脉：井冈山 JGS4133、LXP-13-22997，遂川县 LXP-13-09354、LXP-13-7371，炎陵县 LXP-09-00167、LXP-09-06328，永新县 LXP-13-08139、LXP-QXL-865，资兴市 LXP-03-05021；诸广山脉：桂东县 LXP-13-25642，崇义县 LXP-03-07421，上犹县 LXP-13-12741、LXP-03-06248、LXP-03-06712。

A155 胡桃科 Juglandaceae

山核桃属 *Carya* Nutt.

山核桃 Carya cathayensis Sarg.

乔木。山谷，山坡，灌丛，河边，路旁；1000~1400 m。九岭山脉：七星岭 LXP-03-07977；诸广山脉：桂东县 LXP-03-00941。

*美国山核桃 Carya illinoensis (Wangenh.) K. Koch

乔木。有栽培。幕阜山脉：九江市 熊耀国 07038 (LBG)。

青钱柳属 *Cyclocarya* Iljinsk.

青钱柳 Cyclocarya paliurus (Batal.) Iljinsk.

乔木。山坡，山谷，密林，疏林，溪边，河边，路旁；壤土，腐殖土；600~1500 m。幕阜山脉：通山县 LXP7566；九岭山脉：大围山 LXP-03-07806、LXP-10-12657、LXP-10-5543，靖安县 LXP-10-215，宜丰县 LXP-13-24508；武功山脉：芦溪县 LXP-13-03598；万洋山脉：井冈山 JGS-2011-061、LXP-13-15149，遂川县 LXP-13-16544，炎陵县 LXP-09-00287、LXP-09-08532、LXP-03-04854；诸广山脉：上犹县 LXP-13-12084、LXP-03-06451。

黄杞属 *Engelhardia* Lesch. ex Blume

少叶黄杞 Engelhardia fenzelii Merr.

乔木。山坡，路旁；200~450 m。武功山脉：武功山 LXP-06-0549、岳俊三等 3088(PE)。

黄杞 Engelhardia roxburghiana Wall.

乔木。路旁；壤土；200~300 m。诸广山脉：齐云山 075591（刘小明等，2010）。

胡桃属 *Juglans* L.

野核桃 Juglans cathayensis Dode

乔木。山坡，疏林，路旁，村边；15~500 m。幕阜山脉：通山县 LXP2238，武宁县 LXP0994、LXP1424；九岭山脉：宜丰县 4001409015。

华东野核桃 Juglans cathayensis var. formosana (Hayata) A. M. Lu et R. H. Chang

乔木。山坡，山谷，疏林，溪边，村边；壤土；500~1200 m。幕阜山脉：通山县 LXP2120，修水县 LXP0355；九岭山脉：大围山 LXP-13-08234；万洋山脉：遂川县 LXP-13-17546。

胡桃楸 Juglans mandshurica Maxim.

乔木。山坡，山谷，疏林，溪边；壤土。九岭山脉：万载县 LXP-13-11291；万洋山脉：炎陵县 LXP-09-07550、LXP-13-3300。

胡桃 Juglans regia L.

乔木。山坡，山谷，疏林，溪边，路旁；壤土；150~200 m。九岭山脉：万载县 LXP-10-2185，宜丰县 LXP-10-2700；万洋山脉：炎陵县 LXP-13-3100；诸广山脉：上犹县 LXP-03-06016、LXP-03-10336。

化香树属 *Platycarya* Sieb. et Zucc.

化香树 Platycarya strobilacea Sieb. et Zucc.

乔木。山坡，山谷，密林，疏林，灌丛，草地，溪边，水库边，路旁；壤土，腐殖土；150~1400 m。幕阜山脉：庐山市 LXP4824，平江县 LXP3764、LXP4120、LXP-10-6011，瑞昌市 LXP0079，通山县 LXP1725、LXP1752，武宁县 LXP0489；九岭山脉：安义县 LXP-10-3610、LXP-10-3869，大围山 LXP-13-17029、LXP-03-07768，浏阳市 LXP-03-08353，奉新县 LXP-10-4277，靖安县 LXP-13-10481、LXP-10-4599、LXP-10-770，宜丰县 LXP-10-2288；武功山脉：攸县 LXP-06-1589；万洋山脉：炎陵县 LXP-09-10708，永新县 LXP-13-19630、LXP-QXL-864，永兴县 LXP-03-04375。

枫杨属 *Pterocarya* Kunth

湖北枫杨 Pterocarya hupehensis Skan

乔木。山坡，疏林；150~250 m。幕阜山脉：通山县 LXP2108。

枫杨 Pterocarya stenoptera C. DC.

乔木。山坡，山谷，密林，疏林，灌丛，河边，溪边，水库边，路旁；壤土；50~1600 m。幕阜山脉：通山县 LXP5934、LXP6659，武宁县 LXP1466；九岭山脉：安义县 LXP-10-3800，大围山 LXP-10-8052，奉新县 LXP-06-4026、LXP-10-3313、LXP-10-3529，靖安县 LXP-10-183、LXP-10-4539，万载县 LXP-10-1947，宜春市 LXP-10-1153，宜丰县 LXP-10-4722、LXP-10-8685；武功山脉：安福县 LXP-06-3732、LXP-06-3834，茶陵县 LXP-06-1577，大岗山 LXP-06-3649；万洋山脉：井冈山 JGS-2012145、LXP-13-18877，遂川县 LXP-13-18123、LXP-13-7588，炎陵县 LXP-09-07626、LXP-09-08372，永新县 LXP-13-07737、LXP-QXL-292，永兴县 LXP-03-04049、LXP-03-04455；诸广山脉：崇义县 LXP-03-07354，桂东县 LXP-03-00982、LXP-03-01007，上犹县 LXP-13-12729、LXP-03-06967。

A158 桦木科 Betulaceae

桤木属 *Alnus* Mill.

*桤木 Alnus cremastogyne Burk.

乔木。山坡，山谷，密林，疏林，溪边，河边，路旁；壤土，腐殖土；100~1200 m。栽培。幕阜山脉：武宁县 LXP6061，修水县 LXP0875、LXP3252；九岭山脉：奉新县 LXP-10-10626，靖安县 JLS-2012-051、LXP-13-08317、LXP-10-9918，铜鼓县 LXP-10-13414、LXP-10-8325，宜丰县 LXP-10-12841、LXP-10-13292，上高县 LXP-06-6579，宜春市 LXP-06-8895；武功山脉：安福县 LXP-06-2636、LXP-06-5758，明月山 LXP-13-10634、LXP-13-10887；万洋山脉：遂川县 LXP-13-09406、LXP-13-17603，资兴市 LXP-03-05184；诸广山脉：桂东县 LXP-13-22647，上犹县 LXP-03-07200、LXP-03-10875。

江南桤木 Alnus trabeculosa Hand.-Mazz.

乔木。山坡，山谷，密林，疏林，溪边，河边，路旁；壤土；100~1200 m。幕阜山脉：平江县 LXP3700、LXP4005、LXP-10-5994、LXP-10-6155，修水县 LXP0357；九岭山脉：奉新县 LXP-10-4014、LXP-10-4212，靖安县 LXP-10-596，上高县 LXP-10-4958，铜鼓县 LXP-10-6531、LXP-10-6914，万载县 LXP-10-1389、LXP-10-2006，宜春市 LXP-10-982，宜丰县 LXP-10-2596、LXP-10-4838；武功山脉：玉京山 LXP-10-1294；万洋山脉：井冈山 JGS-2012104，炎

陵县 LXP-09-09042，永新县 LXP-13-07611、LXP-13-19632；诸广山脉：崇义县 LXP-13-13108、LXP-13-24383、LXP-03-04956，桂东县 LXP-03-02364，上犹县 LXP-03-06872。

桦木属 *Betula* L.

华南桦 Betula austrosinensis Chun ex P. C. Li

乔木。山谷，疏林；1800~1900 m。万洋山脉：遂川县 LXP-13-17678。

香桦 Betula insignis Franch.

乔木。山坡，疏林；200~300 m。幕阜山脉：武宁县 LXP5631。

亮叶桦 Betula luminifera H. Winkl.

乔木。山坡，山谷，密林，疏林，溪边，河边，路旁；壤土，腐殖土；200~1900 m。幕阜山脉：武宁县 LXP6241、LXP6300，平江县 LXP-13-22424；九岭山脉：大围山 LXP-03-02959、LXP-10-5464，奉新县 LXP-10-4219，宜丰县 LXP-10-2951、LXP-10-4647；武功山脉：明月山 LXP-13-10839、LXP-10-1329，安仁县 LXP-03-01547，芦溪县 LXP-13-8401、LXP-06-1223；万洋山脉：井冈山 JGS-1006，遂川县 LXP-13-16758、LXP-13-23460，炎陵县 LXP-09-07422，资兴市 LXP-03-03492，永兴县 LXP-03-03899、LXP-03-04025；诸广山脉：崇义县 LXP-03-05959，上犹县 LXP-13-12986。

*白桦 Betula platyphylla Suk.

灌木。山谷，密林，路旁；壤土；800~900 m。栽培。万洋山脉：永兴县 LXP-03-03930。

鹅耳枥属 *Carpinus* L.

华千金榆 Carpinus cordata var. **chinensis** Franch.

乔木。山坡，山谷，疏林；500~900 m。诸广山脉：桂东县 LXP-03-2690。

湖北鹅耳枥 Carpinus hupeana Hu

乔木。山谷，溪边；600 m。幕阜山脉：庐山 董安淼 TCM891(JJF)。

短尾鹅耳枥 Carpinus londoniana H. Winkl.

乔木。山坡，山谷，疏林，河边，路旁；200~600 m。幕阜山脉：平江县 LXP3874，武宁县 LXP1342；九

岭山脉：宜丰县 LXP-10-7379、LXP-10-8836；万洋山脉：井冈山 LXP-13-15398；诸广山脉：上犹县 LXP-13-12484。

多脉鹅耳枥 Carpinus polyneura Franch.

乔木。山坡；600~1400 m。万洋山脉：炎陵县 DY2-1156。

昌化鹅耳枥 Carpinus tschonoskii Maxima.

乔木。山坡，疏林；500~1200 m。幕阜山脉：幕阜山　熊耀国 05830(LBG)。

雷公鹅耳枥 Carpinus viminea Wall.

乔木。山坡，山谷，密林，疏林，溪边，河边，路旁；壤土，腐殖土；150~1850 m。幕阜山脉：通山县 LXP2337、LXP7186，武宁县 LXP0910、LXP1100，修水县 LXP2854、LXP3253；九岭山脉：大围山 LXP-10-12490、LXP-10-5423，靖安县 LXP-10-4403，铜鼓县 LXP-10-6521，宜丰县 LXP-10-2311；武功山脉：安福县 LXP-06-9255，茶陵县 LXP-06-1817，分宜县 LXP-06-9624；万洋山脉：井冈山 JGS-1022、LXP-13-0454，遂川县 LXP-13-16555、LXP-13-17656，炎陵县 LXP-09-00154、LXP-09-06218，资兴市 LXP-03-05098；诸广山脉：桂东县 LXP-13-25482，崇义县 LXP-03-05788，上犹县 LXP-13-12191、LXP-03-06895、LXP-03-07101。

榛属 *Corylus* L.

华榛 Corylus chinensis Franch.

乔木。山坡，密林；壤土。万洋山脉：炎陵县 LXP-13-3356、TYD1-1249。

*榛 Corylus heterophylla Fisch.

灌木。乔木；1300~1400 m。栽培。幕阜山脉：通山县 LXP7710。

川榛 Corylus heterophylla var. **sutchuenensis** Franch.

乔木。山谷，山坡；700~1200 m。幕阜山脉：庐山 聂敏祥等 7854(LBG)。

Order 33. 葫芦目 Cucurbitales

A162 马桑科 Coriariaceae

马桑属 *Coriaria* L.

马桑 Coriaria nepalensis Wall.

灌木。山谷，疏林，溪边，河边，路旁；壤土；

600~1200 m。诸广山脉：上犹县 LXP-03-06408、LXP-03-07093。

A163 葫芦科 Cucurbitaceae

盒子草属 *Actinostemma* Griff.

盒子草 Actinostemma tenerum Griff.

藤本。山坡，山谷，疏林，灌丛，溪边，路旁，灌丛；150~300 m。九岭山脉：安义县 LXP-10-10469，奉新县 LXP-10-10741、LXP-10-14054；武功山脉：明月山 LXP-13-10630，安福县 LXP-06-0607；万洋山脉：炎陵县 LXP-09-00706，永新县 LXP-13-19661，永兴县 LXP-03-04584；诸广山脉：崇义县 LXP-13-13107，上犹县 LXP-03-06190、LXP-03-10488。

冬瓜属 *Benincasa* Savi

*冬瓜 Benincasa hispida (Thunb.) Cogn.

草质藤本。蔬菜，广泛栽培。幕阜山脉：九江市 易桂花 13403(JJF)。

西瓜属 *Citrullus* Schrad.

*西瓜 Citrullus lanatus (Thunb.) Matsum. et Nakai

藤本。山谷，疏林，路旁；壤土；100~200 m。栽培。武功山脉：分宜县 LXP-10-5227，攸县 LXP-06-5201。

黄瓜属 *Cucumis* L.

*甜瓜 Cucumis melo L.

藤本。路旁，水库边；壤土；100~200 m。栽培。九岭山脉：万载县 LXP-13-10973；武功山脉：安福县 LXP-06-5592，攸县 LXP-06-520。

*黄瓜 Cucumis sativus L.

草质藤本。蔬菜，广泛栽培。幕阜山脉：九江市 谭策铭 081033A(JJF)。

南瓜属 *Cucurbita* L.

*南瓜 Cucurbita moschata (Duch. ex Lam.) Duch. ex Poiret

草质藤本。蔬菜，广泛栽培。幕阜山脉：九江市 张丽萍 13301(JJF)。

*西葫芦 Cucurbita pepo L.

草质藤本。蔬菜，广泛栽培。幕阜山脉：庐山 邹垣 00754(LBG)。

绞股蓝属 *Gynostemma* Blume

光叶绞股蓝 **Gynostemma laxum** (Wall.) Cogn.

草质藤本。山坡，山谷，山顶，密林，疏林，灌丛，溪边，路旁；壤土，腐殖土；20~1600 m。幕阜山脉：武宁县 LXP8003；九岭山脉：大围山 LXP-10-12083、LXP-10-12552，宜丰县 LXP-13-24505、LXP-13-24508、LXP-10-13013、LXP-10-3007；武功山脉：安福县 LXP-06-2829，芦溪县 LXP-06-2112、LXP-06-9029；万洋山脉：井冈山 JGS-310、LXP-13-0451，炎陵县 LXP-09-00700、LXP-09-06143，永新县 LXP-13-07814、LXP-13-19215；诸广山脉：上犹县 LXP-13-22310。

绞股蓝 **Gynostemma pentaphyllum** (Thunb.) Makino

草质藤本。山坡，山谷，密林，疏林，灌丛，溪边，河边，路旁；壤土，腐殖土；50~800 m。幕阜山脉：庐山市 LXP5056、LXP5449、LXP6307，通山县 LXP7412、LXP7665，武宁县 LXP0557、LXP7922，修水县 LXP0278、LXP0735，平江县 LXP-10-6305、LXP-13-22434；九岭山脉：大围山 LXP-10-11543、LXP-10-11700，奉新县 LXP-10-10881、LXP-10-13771，靖安县 LXP-13-10176、LXP-10-13604，铜鼓县 LXP-10-6915、LXP-10-7153，万载县 LXP-13-11222、LXP-10-2076，宜丰县 LXP-10-12747、LXP-10-12975；武功山脉：安福县 LXP-06-0106、LXP-06-0906，芦溪县 LXP-13-8354，宜春市 LXP-06-8892，袁州区 LXP-06-6731；万洋山脉：井冈山 JGS-154，遂川县 LXP-13-7222，炎陵县 LXP-09-00025、LXP-09-00248，永新县 LXP-13-07672、LXP-13-07761，资兴市 LXP-03-00268；诸广山脉：上犹县 LXP-13-12355，桂东县 LXP-03-00636。

雪胆属 *Hemsleya* Cogn. ex F. B. Forbes et Hemsl.

雪胆 **Hemsleya chinensis** Cogn. ex Forbes et Hemsl.

草本。山坡，山谷，密林，疏林，溪边；壤土，腐殖土；300~1100 m。九岭山脉：浏阳市 LXP-03-08412、LXP-03-08455；武功山脉：安福县 LXP-06-0487；万洋山脉：井冈山 LXP-13-24101。

马铜铃 **Hemsleya graciliflora** (Harms) Cogn.

草本。山坡，疏林，河边，阴处；腐殖土；300~400 m。万洋山脉：井冈山 LXP-13-24098。

浙江雪胆 **Hemsleya zhejiangensis** C. Z. Zheng

草质藤本。山谷，河边；1250 m。武功山脉：武功山 岳俊三等 3617(PE)。

葫芦属 *Lagenaria* Ser.

*葫芦 **Lagenaria siceraria** (Molina) Standl.

草质藤本。蔬菜，广泛栽培。

丝瓜属 *Luffa* Mill.

*广东丝瓜 **Luffa acutangula** (L.) Roem.

草质藤本。蔬菜，广泛栽培。

*丝瓜 **Luffa aegyptiaca** Miller

草质藤本。蔬菜，广泛栽培。

苦瓜属 *Momordica* L.

*苦瓜 **Momordica charantia** L.

草质藤本。蔬菜，广泛栽培。幕阜山脉：庐山 谭策铭 92329(NAS)。

木鳖子 **Momordica cochinchinensis** (Lour.) Spreng.

藤本。山坡，山谷，密林，疏林，灌丛，水库边，路旁；壤土；100~950 m。幕阜山脉：瑞昌市 LXP0220，通山县 LXP1787，武宁县 LXP0426；九岭山脉：大围山 LXP-10-5649；武功山脉：安福县 LXP-06-5588、LXP-06-8138，茶陵县 LXP-06-1648，明月山 LXP-13-10872、LXP-10-1271。

帽儿瓜属 *Mukia* Arn.

帽儿瓜 **Mukia maderaspatana** (L.) M. J. Roem.

草本。疏林，草地，沼泽；壤土；50~400 m。武功山脉：安福县 LXP-06-3002、LXP-06-3957，攸县 LXP-06-5326。

佛手瓜属 *Sechium* P. Browne

*佛手瓜 **Sechium edule** (Jacq.) Swartz

草质藤本。蔬菜，广泛栽培。幕阜山脉：庐山市 谭策铭等 15121862(JJF)。

罗汉果属 *Siraitia* Merr.

罗汉果 Siraitia grosvenorii (Swingle) C. Jeffrey ex Lu et Z. Y. Zhang

草本。溪边；壤土；100~200 m。武功山脉：安福县 LXP-06-0823。

茅瓜属 *Solena* Lour.

茅瓜 Solena amplexicaulis (Lam.) Gandhi

藤本。河边，路旁，石上。九岭山脉：靖安县 LXP-13-11504；万洋山脉：炎陵县 LXP-09-00752。

赤瓟属 *Thladiantha* Bunge

大苞赤瓟 Thladiantha cordifolia (Bl.) Cogn.

藤本。路旁，灌丛；200~700 m。万洋山脉：遂川县　岳俊三等 4404(WUK)。

齿叶赤瓟 Thladiantha dentata Cogn.

藤本。山坡，路旁；400~700 m。诸广山脉：齐云山 LXP-03-5842。

球果赤瓟 Thladiantha globicarpa A. M. Lu et Z. Y. Zhang

藤本。山坡，路旁；100~200 m。幕阜山脉：平江县 LXP4384。

长叶赤瓟 Thladiantha longifolia Cogn. ex Oliv.

藤本。山谷，疏林，灌丛，水旁；600~700 m。九岭山脉：奉新县 LXP-10-9268；万洋山脉：炎陵县 DY2-1098。

南赤瓟 Thladiantha nudiflora Hemsl. ex Forbes et Hemsl.

藤本。山坡，山谷，密林，疏林，灌丛，溪边，路旁；壤土，腐殖土；100~1600 m。幕阜山脉：通山县 LXP2112，武宁县 LXP0671；九岭山脉：万载县 LXP-13-11283，上高县 LXP-06-7621；武功山脉：芦溪县 LXP-13-09482，安福县 LXP-06-0634、LXP-06-2579；万洋山脉：井冈山 LXP-13-5734、LXSM2-6-10293，遂川县 LXP-13-16739、LXP-13-16806，炎陵县 DY2-1255、LXP-09-00208，永新县 LXP-13-19461。

鄂赤瓟 Thladiantha oliveri Cogn. ex Mottet

藤本。山谷，林下；1040 m。九岭山脉：靖安县 张

吉华和刘运群 TanCM770(KUN)。

台湾赤瓟 Thladiantha punctata Hayata

藤本。山坡，山谷，密林，疏林，溪边，河边；壤土，腐殖土；600~1400 m。九岭山脉：大围山 LXP-09-11086；万洋山脉：井冈山 LXP-13-0410、LXP-13-15246，遂川县 LXP-13-16632、LXP-13-18153，永新县 LXP-13-07939；诸广山脉：上犹县 LXP-13-12087、LXP-13-12761。

栝楼属 *Trichosanthes* L.

***蛇瓜 Trichosanthes anguina** L.

草本。山谷，疏林，溪边；壤土。栽培。万洋山脉：遂川县 LXP-13-7296。

瓜叶栝楼 Trichosanthes cucumerina L.

藤本。山谷，密林，路旁；壤土；300~900 m。武功山脉：安仁县 LXP-03-01496；诸广山脉：上犹县 LXP-03-06114、LXP-03-10414。

王瓜 Trichosanthes cucumeroides (Ser.) Maxim.

藤本。山坡，山谷，疏林，溪边，河边，路旁；壤土；200~1000 m。武功山脉：安福县 LXP-06-0604、LXP-06-5667；万洋山脉：井冈山 JGS-1065、JGS-321，炎陵县 LXP-09-00614、LXP-09-06192，永新县 LXP-13-19166、LXP-QXL-491。

井冈栝楼 Trichosanthes jinggangshanica Yueh

藤本。山坡，路旁。万洋山脉：井冈山　高晓山等 77-370；诸广山脉：上犹县　聂敏祥等 08352(LBG)。

栝楼 Trichosanthes kirilowii Maxim.

藤本。山坡，山谷，山顶，密林，疏林，灌丛，溪边，河边，路旁；壤土，腐殖土；100~1500 m。幕阜山脉：通山县 LXP2207，武宁县 LXP1613，修水县 LXP3418，平江县 LXP-10-6447；九岭山脉：浏阳市 LXP-03-08378，大围山 LXP-03-07874、LXP-03-07887、LXP-10-5502，万载县 LXP-10-1462、LXP-10-1507、LXP-10-2011，宜春市 LXP-10-899，宜丰县 LXP-10-2389、LXP-10-2699；武功山脉：分宜县 LXP-10-5175，芦溪县 LXP-13-09981，宜春市 LXP-06-2668，攸县 LXP-06-5268，安仁县 LXP-03-01407、LXP-03-01475，玉京山 LXP-10-1254；万洋山脉：井冈山 JGS-2099，炎陵县 DY3-1080、LXP-09-00210，永兴县 LXP-03-04058、LXP-03-

04394；诸广山脉：崇义县 LXP-03-07265、LXP-03-10939，桂东县 LXP-13-25435、LXP-03-02539、LXP-03-03067，上犹县 LXP-13-12157、LXP-13-23361、LXP-03-06505。

长萼栝楼 Trichosanthes laceribractea Hayata

藤本。山坡，山谷，山顶，密林，疏林，灌丛，溪边，路旁，草地；壤土，腐殖土；200~1500 m。九岭山脉：万载县 LXP-13-11275，大围山 LXP-10-11370、LXP-10-12621，宜丰县 LXP-10-12993；武功山脉：宜春市 LXP-13-10591，明月山 LXP-13-10835；万洋山脉：遂川县 LXP-13-7341，炎陵县 DY1-1088、LXP-09-07419，永新县 LXP-13-19312、LXP-QXL-130。

全缘栝楼 Trichosanthes ovigera Bl.

藤本。山坡，山谷，疏林，灌丛，路旁，树上；壤土；100~1300 m。九岭山脉：大围山 LXP-10-5268、LXP-10-7957，奉新县 LXP-10-9265，铜鼓县 LXP-10-8246，宜丰县 LXP-10-8495；万洋山脉：炎陵县 TYD2-1356。

中华栝楼 Trichosanthes rosthornii Harms

藤本。山坡，山谷，山顶，密林，疏林，灌丛，草地，溪边，路旁；壤土，腐殖土；150~1200 m。幕阜山脉：庐山市 LXP4654，瑞昌市 LXP0119，通山县 LXP1765、LXP2270；九岭山脉：大围山 LXP-10-11706，奉新县 LXP-10-10755，七星岭 LXP-10-11912，奉新县 LXP-06-4096，宜丰县 LXP-10-12792；武功山脉：安福县 LXP-06-0161、LXP-06-0259，莲花县 LXP-GTY-238、LXP-GTY-336，芦溪县 LXP-13-09899、LXP-13-09910，茶陵县 LXP-06-1426、LXP-06-1649，攸县 LXP-06-1616；万洋山脉：井冈山 JGS-2011-144、JGS-2150，遂川县 LXP-13-7529，炎陵县 DY1-1042、LXP-09-06064，永新县 LXP-13-19496；诸广山脉：上犹县 LXP-13-12501。

马㼎儿属 *Zehneria* Endl.

马㼎儿 Zehneria japonica (Thunberg) H. Y. Liu

藤本。山坡，疏林，灌丛，路旁；壤土；300~1000 m。幕阜山脉：庐山市 LXP5422，武宁县 LXP8050、LXP8060，修水县 LXP0356；九岭山脉：靖安县 LXP2479，宜丰县 LXP-13-22537；武功山脉：安福

县 LXP-06-0085、LXP-06-3118，莲花县 LXP-06-0650；万洋山脉：井冈山 JGS-1178；诸广山脉：上犹县 LXP-13-12863。

钮子瓜 Zehneria maysorensis (Wight et Arn.) Arn.

藤本。山谷，密林，疏林，灌丛，溪边，路旁；壤土，腐殖土；150~1100 m。九岭山脉：大围山 LXP-10-11111，奉新县 LXP-10-10604、LXP-10-10742，宜丰县 LXP-10-13065、LXP-10-13195；武功山脉：安福县 LXP-06-3066、LXP-06-7325，宜春市 LXP-06-8948；万洋山脉：井冈山 LXP-13-24053，遂川县 LXP-13-7433；诸广山脉：桂东县 LXP-13-25411。

A166　秋海棠科 Begoniaceae

秋海棠属 *Begonia* L.

美丽秋海棠 Begonia algaia L. B. Smith et D. C. Wasshausen

草本。山坡，山谷，平地，疏林，灌丛，溪边，河边，路旁，石上，阴处；壤土，腐殖土；50~1800 m。幕阜山脉：通山县 LXP7221；武功山脉：莲花县 LXP-GTY-064，芦溪县 LXP-13-09519、LXP-13-09693；万洋山脉：井冈山 JGS-2071、LXP-13-18646，遂川县 LXP-13-16975、LXP-13-7409，炎陵县 DY2-1285、LXP-09-06133，永新县 LXP-13-07813、LXP-13-19396、LXP-QXL-440；诸广山脉：桂东县 LXP-13-09009。

周裂秋海棠 Begonia circumlobata Hance

草本。山坡，灌丛，路旁。九岭山脉：靖安县 LXP-13-10260、LXP-13-11592，万载县 LXP-13-11251。

槭叶秋海棠 Begonia digyna Irmsch.

草本。山谷，疏林。诸广山脉：齐云山 0351A（刘小明等，2010）。

紫背天葵 Begonia fimbristipula Hance

草本。山坡，山谷，密林，疏林，河边，溪边，石上；壤土；300~1500 m。九岭山脉：靖安县 LXP-13-10154；武功山脉：茶陵县 LXP-09-10394；万洋山脉：井冈山 JGS-1304035、LXP-13-15193，遂川县 LXP-13-18053、LXP-13-23789，炎陵县 LXP-13-23930，永新县 LXP-13-08014、LXP-13-19424。

秋海棠 **Begonia grandis** Dry.

草本。山坡，山谷，密林，疏林，溪边，河边，石上，阴处；壤土，腐殖土；200~1200 m。幕阜山脉：庐山市 LXP4526、LXP4651，通山县 LXP7689，武宁县 LXP8025；九岭山脉：靖安县 LXP-10-751、LXP-13-10467；万洋山脉：井冈山 LXP-13-24119；诸广山脉：上犹县 LXP-03-06196、LXP-03-06319、LXP-03-06809。

中华秋海棠 **Begonia grandis** subsp. **sinensis** (A. DC.) Irmsch.

草本。山坡，山谷，平地，密林，疏林，溪边，河边，池塘边，石上，阴处；壤土，腐殖土；200~1600 m。幕阜山脉：通山县 LXP2254、LXP7296，武宁县 LXP8182，修水县 LXP2378；九岭山脉：靖安县 LXP-13-10338；武功山脉：攸县 LXP-03-08750；万洋山脉：井冈山 LXP-13-24119；诸广山脉：上犹县 LXP-03-06064、LXP-03-06225。

裂叶秋海棠 **Begonia palmata** D. Don

草本。山坡，山谷，密林，疏林，溪边，路旁，石上，阴处；壤土；400~1200 m。幕阜山脉：通山县 LXP7683；武功山脉：安福县 LXP-06-0245；万洋山脉：井冈山 JGS-015、LXSM2-6-10268；诸广山脉：崇义县 LXP-03-05773、LXP-13-24328，桂东县 LXP-13-09214、LXP-03-0741，上犹县 LXP-03-07185、LXP-03-10860。

红孩儿 **Begonia palmata** var. **bowringiana** (Champ. ex Benth.) J. Golding et C. Kareg.

草本。山谷，密林，疏林，溪边，阴处；壤土；800~1100 m。诸广山脉：上犹县 LXP-03-06576、LXP-13-12264。

掌裂叶秋海棠 **Begonia pedatifida** Lévl.

草本。山谷，山坡，平地，密林，疏林，灌丛，溪边，路旁；石灰岩，壤土，腐殖土；150~1900 m。九岭山脉：靖安县 LXP-10-248，铜鼓县 LXP-10-7073，奉新县 LXP-06-4048，万载县 LXP-10-1750，宜丰县 LXP-10-2943、LXP-10-6710；武功山脉：安福县 LXP-06-3565、LXP-06-6936，茶陵县 LXP-06-1498、LXP-06-1667，芦溪县 LXP-06-1691、LXP-06-2793；万洋山脉：炎陵县 LXP-09-00184，永兴县 LXP-03-04235、LXP-03-04264。

*四季秋海棠 **Begonia semperflorens** Link et Otto

草本。村边；600~700 m。栽培。诸广山脉：崇义县 LXP-03-05929、LXP-03-10312。

Order 34. 卫矛目 Celastrales

A168 卫矛科 Celastraceae

南蛇藤属 *Celastrus* L.

过山枫 **Celastrus aculeatus** Merr.

木质藤本。山坡，路旁，疏林；100~1000 m。幕阜山脉：庐山市 LXP5075，平江县 LXP4439、LXP-10-6388，武宁县 LXP1675；九岭山脉：安义县 LXP-10-3596，大围山 LXP-10-11982，奉新县 LXP-10-10635、LXP-10-9296，靖安县 LXP-10-10115、LXP-10-9914，上高县 LXP-10-4885，铜鼓县 LXP-10-6636，万载县 LXP-10-1509，宜春市 LXP-10-836，宜丰县 LXP-10-6821；武功山脉：茶陵县 LXP-13-25991，分宜县 LXP-10-5107；万洋山脉：井冈山 JGS-1163。

苦皮藤 **Celastrus angulatus** Maxim.

藤本。山坡，疏林；340~1500 m。幕阜山脉：通山县 LXP1863、LXP2268，武宁县 LXP7385；九岭山脉：大围山 LXP-10-7630。

刺苞南蛇藤 **Celastrus flagellaris** Rupr.

藤本。山谷，溪边，疏林；壤土；400~500 m。武功山脉：茶陵县 LXP-09-10377，明月山 LXP-13-10727、LXP-13-10737；万洋山脉：炎陵县 LXP-09-08760，永新县 LXP-13-08040。

大芽南蛇藤 **Celastrus gemmatus** Loes.

藤本。山坡，灌丛，路旁；100~2500 m。幕阜山脉：庐山市 LXP4465，武宁县 LXP0486，修水县 LXP0851；九岭山脉：奉新县 LXP-10-10606；武功山脉：攸县 LXP-06-1601，芦溪县 LXP-13-09892，莲花县 LXP-06-0797；万洋山脉：井冈山 JGS-544、LXP-13-15402，遂川县 400147022，炎陵县 LXP-09-10897、LXP-13-3376；诸广山脉：上犹县 LXP-13-13006。

灰叶南蛇藤 **Celastrus glaucophyllus** Rehd. et Wils.

藤本。山坡，灌丛；壤土；700~3700 m。幕阜山脉：庐山市 LXP4986，平江县 LXP-13-22383、LXP3711，通山县 LXP1277、LXP7580、LXP7644，武宁县 LXP1332，修水县 LXP3337；九岭山脉：大围山 LXP-10-12666，奉新县 LXP-10-13859，七星岭 LXP-10-8149，上高县 LXP-06-6640；武功山脉：茶陵县 LXP-06-2037、LXP-09-10258，分宜县 LXP-06-2856，芦溪县 LXP-06-2121，袁州区 LXP-06-6664；万洋山脉：炎陵县 LXP-13-24615，永新县 LXP-13-19733。

青江藤 Celastrus hindsii Benth.

藤本。山坡，路旁；200~600 m。诸广山脉：齐云山 1047（刘小明等，2010）。

薄叶南蛇藤 Celastrus hypoleucoides P. L. Chiu

藤本。山谷，疏林；400~1000 m。诸广山脉：齐云山 075029（刘小明等，2010）。

粉背南蛇藤 Celastrus hypoleucus (Oliv.) Warb. ex Loes.

藤本。山坡，疏林；壤土；400~2500 m。幕阜山脉：通山县 LXP2005，武宁县 LXP0372，修水县 LXP0246；九岭山脉：大围山 LXP-03-07709；武功山脉：安福县 LXP-06-0098，明月山 LXP-06-4989；万洋山脉：井冈山 JGS-4685、JGS-4710，永兴县 LXP-03-04020，资兴市 LXP-03-03793；诸广山脉：崇义县 LXP-03-07274，上犹县 LXP-03-06699。

独子藤 Celastrus monospermus Roxb.

藤本。山谷；600 m。万洋山脉：井冈山 岳俊三等 5446(IBSC)。

窄叶南蛇藤 Celastrus oblanceifolius Wang et Tsoong

藤本。山坡，疏林，溪边；壤土；500~1000 m。幕阜山脉：庐山市 LXP4999，平江县 LXP4048，通山县 LXP1186，武宁县 LXP5803；武功山脉：芦溪县 LXP-13-09876；万洋山脉：井冈山 JGS-3536、LXP-13-05862，遂川县 LXP-13-09367，炎陵县 LXP-09-08055，永新县 LXP-13-07972；诸广山脉：桂东县 LXP-13-09002、LXP-03-02827，上犹县 LXP-13-12539。

南蛇藤 Celastrus orbiculatus Thunb.

藤本。山坡，灌丛；壤土；450~2200 m。幕阜山脉：庐山市 LXP4648、LXP6344，通山县 LXP1353，

武宁县 LXP1197，修水县 LXP6725；武功山脉：芦溪县 LXP-13-09642；万洋山脉：井冈山 LXP-13-15402，遂川县 LXP-13-09395，炎陵县 LXP-09-00151，永兴县 LXP-03-03888，资兴市 LXP-03-00309、LXP-03-05108；诸广山脉：上犹县 LXP-13-12919、LXP-03-06868。

短梗南蛇藤 Celastrus rosthornianus Loes.

藤本。山坡，灌丛；壤土；500~1500 m。幕阜山脉：武宁县 LXP1083、LXP-13-08560；九岭山脉：大围山 LXP-10-5269，奉新县 LXP-10-3875，宜春市 LXP-06-8907，靖安县 LXP-10-4529；武功山脉：安福县 LXP-06-0025，茶陵县 LXP-06-1437、LXP-06-7111，莲花县 LXP-GTY-268，芦溪县 LXP-06-3325，明月山 LXP-06-4937，攸县 LXP-06-5391；万洋山脉：井冈山 LXP-13-0403；诸广山脉：崇义县 LXP-03-05949。

显柱南蛇藤 Celastrus stylosus Wall.

藤本。山坡，疏林；200~2000 m。幕阜山脉：武宁县 LXP-13-08549，平江县 LXP3171、LXP-10-6028、LXP4331，通山县 LXP6871，修水县 LXP0882；九岭山脉：浏阳市 LXP-10-5890，铜鼓县 LXP-10-7087，万载县 LXP-13-10990；武功山脉：芦溪县 LXP-13-8226；万洋山脉：遂川县 LXP-13-7372，炎陵县 DY1-1078。

毛脉显柱南蛇藤 Celastrus stylosus var. **puberulus** (Hsu) C. Y. Cheng et T. C. Kao

藤本。山谷，林缘；400 m。幕阜山脉：庐山 董安淼和吴丛梅 TanCM3621(KUN)。

卫矛属 *Euonymus* L.

刺果卫矛 Euonymus acanthocarpus Franch.

灌木。山坡，疏林；壤土；200~600 m。幕阜山脉：庐山市 LXP5335，武宁县 LXP5644、LXP-13-08425，修水县 LXP0751；九岭山脉：宜丰县 LXP-10-13179；武功山脉：安福县 LXP-06-8358，芦溪县 LXP-06-3406，宜春市 LXP-06-8973；万洋山脉：井冈山 JGS-2093，炎陵县 LXP-09-6555。

星刺卫矛 Euonymus actinocarpus Loes.

藤本。山坡，山顶；900~1400 m。诸广山脉：八面山 八面山考察队 34299。

软刺卫矛 Euonymus aculeatus Hemsl.

藤本。山谷，疏林，树上；362 m。九岭山脉：奉新县 LXP-06-4061。

卫矛 Euonymus alatus (Thunb.) Sieb.

灌木。山坡，密林；壤土；100~1300 m。幕阜山脉：庐山市 LXP5395，平江县 LXP0692，通城县 LXP6374，通山县 LXP2194，武宁县 LXP0499；九岭山脉：靖安县 LXP-10-125、LXP-13-10048；武功山脉：芦溪县 LXP-13-8369，攸县 LXP-03-07607；万洋山脉：井冈山 JGS-1113。

肉花卫矛 Euonymus carnosus Hemsl.

灌木。山坡，疏林；100~900 m。幕阜山脉：庐山市 LXP5254，平江县 LXP4421、LXP-10-6408，通山县 LXP1740，武宁县 LXP0514、LXP-13-08431，修水县 LXP6724；九岭山脉：铜鼓县 LXP-10-7058。

陈谋卫矛 Euonymus chenmoui Cheng

匍匐灌木。山坡，疏林；500~1100 m。九岭山脉：奉新县 刘守炉等 1393(KUN)。

百齿卫矛 Euonymus centidens Lévl.

灌木。山坡，密林；100~1700 m。幕阜山脉：庐山市 LXP4716，平江县 LXP3508，通山县 LXP6899，武宁县 LXP0405，修水县 LXP6738；九岭山脉：安义县 LXP-10-3725，奉新县 LXP-10-14048，靖安县 LXP-10-155、LXP-13-10039，浏阳市 LXP-10-5875，铜鼓县 LXP-10-8312，万载县 LXP-10-1759、LXP-13-11127，宜丰县 LXP-10-12990；武功山脉：茶陵县 LXP-13-25921，芦溪县 LXP-13-8364；万洋山脉：炎陵县 LXP-09-08024，永新县 LXP-13-07621；诸广山脉：上犹县 LXP-13-12266，桂东县 LXP-13-25668。

角翅卫矛 Euonymus cornutus Hemsl.

灌木。山谷，疏林；壤土；238 m。武功山脉：安福县 LXP-06-0901。

裂果卫矛 Euonymus dielsianus Loes.

灌木。平地，溪边；壤土；200~700 m。九岭山脉：奉新县 LXP-06-4010，上高县 LXP-06-6607；武功山脉：安福县 LXP-06-0453、LXP-06-3054，茶陵县 LXP-06-1508，芦溪县 LXP-06-2389，攸县 LXP-06-1618。

棘刺卫矛 Euonymus echinatus Sprague

灌木。山谷，疏林；壤土；600~1200 m。幕阜山脉：武宁县 LXP-13-08417；武功山脉：芦溪县 LXP-13-08258。

鸦椿卫矛 Euonymus euscaphis Hand.-Mazz.

灌木。山坡，疏林，溪边；壤土；531 m。幕阜山脉：武宁县 LXP0358，万洋山脉：遂川县 LXP-13-7143，炎陵县 LXP-09-06004，永新县 LXP-QXL-780；诸广山脉：上犹县 LXP-13-25132。

扶芳藤 Euonymus fortunei (Turcz.) Hand.-Mazz.

藤本。山坡，疏林；壤土；200~2000 m。幕阜山脉：庐山市 LXP4643，平江县 LXP3587，通山县 LXP6535，武宁县 LXP0471、LXP1607；九岭山脉：奉新县 LXP-10-10593，宜春市 LXP-10-1205，靖安县 4001416065；武功山脉：茶陵县 LXP-09-10254，莲花县 LXP-GTY-200，芦溪县 LXP-13-09443，安福县 LXP-06-3557；万洋山脉：井冈山 JGS-1271，遂川县 LXP-13-23630，炎陵县 LXP-09-06331，永新县 LXP-13-19486，资兴市 LXP-03-00125；诸广山脉：上犹县 LXP-13-22318、LXP-13-25277。

大花卫矛 Euonymus grandiflorus Wall.

灌木。山坡，密林；847 m。幕阜山脉：通山县 LXP2401；武功山脉：芦溪县 LXP-13-09856。

西南卫矛 Euonymus hamiltonianus Wall. ex Roxb.

乔木。山谷，疏林；壤土；300~2000 m。幕阜山脉：平江县 LXP3900，武宁县 LXP6216，庐山市 LXP6347，修水县 LXP6495；万洋山脉：井冈山 LXP-13-05948，遂川县 LXP-13-23662，炎陵县 LXP-13-24632，资兴市 LXP-03-00308。

*冬青卫矛 Euonymus japonicus Thunb.

灌木。山谷，疏林，路旁；壤土；731 m。栽培。万洋山脉：炎陵县 LXP-13-4507，永兴县 LXP-03-04232。

胶州卫矛 Euonymus kiautschovicus Loes.

匍匐灌木。山谷，溪边；250 m。幕阜山脉：庐山 谭策铭等 051323(JJF)。

疏花卫矛 Euonymus laxiflorus Champ. ex Benth.

灌木。山坡，疏林；壤土；548~605 m。万洋山脉：井冈山 JGS-1262，炎陵县 LXP-09-09540。

庐山卫矛 Euonymus lushanensis F. H. Chen et M. C. Wang

灌木。山坡，路旁；壤土；700~806 m。武功山脉：安福县 LXP-06-0730、LXP-06-0951。

白杜 Euonymus maackii Rupr.

乔木。山坡，密林；壤土；50~1500 m。幕阜山脉：庐山市 LXP6332；九岭山脉：大围山 LXP-10-12000、LXP-10-7628。

大果卫矛 Euonymus myrianthus Hemsl.

灌木。山坡，疏林，溪边；200~1500 m。幕阜山脉：平江县 LXP3834，通山县 LXP2122，武宁县 LXP0555，修水县 LXP2505；九岭山脉：大围山 LXP-10-5529、LXP-03-07924，浏阳市 LXP-03-08457，奉新县 LXP-10-3908，宜春市 LXP-06-2677，宜丰县 LXP-10-3029；武功山脉：安福县 LXP-06-0738，茶陵县 LXP-06-2045，莲花县 LXP-GTY-169，芦溪县 4001414001、LXP-06-1079，明月山 LXP-06-4534，攸县 LXP-03-07632；万洋山脉：吉安市 LXSM2-6-10131，井冈山 JGS-1159，遂川县 LXP-13-23727，炎陵县 DY2-1143、LXP-13-4126、LXP-13-5564，永新县 LXP-13-07728，资兴市 LXP-03-00306；诸广山脉：桂东县 LXP-13-22640，崇义县 LXP-03-05946，上犹县 LXP-03-06474。

中华卫矛 Euonymus nitidus Benth.

灌木。山坡，疏林，溪边；壤土或腐殖土；250~2000 m。幕阜山脉：通山县 LXP6536，平江县 LXP-03-08827，武宁县 LXP0945，瑞昌市 LXP0122，修水县 LXP2736；九岭山脉：大围山 LXP-10-11271，奉新县 LXP-10-8968，靖安县 LXP-10-344，宜丰县 LXP-10-13185、LXP-10-8463；武功山脉：茶陵县 LXP-06-1499；万洋山脉：井冈山 JGS-1262，炎陵县 LXP-09-09130，永新县 LXP-13-19613；诸广山脉：上犹县 LXP-13-19297A，桂东县 LXP-13-25378。

矩叶卫矛 Euonymus oblongifolius Loes. et Rehd.

乔木。山谷，沟边；500 m。九岭山脉：靖安县 谭策铭 95301(IBSC)。

垂丝卫矛 Euonymus oxyphyllus Miq.

灌木。山坡，疏林；壤土；555~1800 m。幕阜山脉：修水县 LXP3432；九岭山脉：大围山 LXP-13-

08226；万洋山脉：炎陵县 LXP-09-10971、LXP-13-25826。

石枣子 Euonymus sanguineus Loes.

灌木。山坡，灌丛；壤土；1533 m。武功山脉：芦溪县 LXP-06-1796。

无柄卫矛 Euonymus subsessilis Sprague

灌木。山谷，疏林；200~350 m。九岭山脉：靖安县 LXP-10-39、LXP-10-4437，浏阳市 LXP-10-5810。

游藤卫矛 Euonymus vagans Wall. ex Roxb.

灌木。山谷，疏林；壤土；800~1300 m。万洋山脉：遂川县 LXP-13-09381。

假卫矛属 *Microtropis* Wall. ex Meisn.

福建假卫矛 Microtropis fokienensis Dunn

小乔木或灌木。山坡，疏林；壤土；800~2000 m。幕阜山脉：通山县 LXP7816、LXP7855；武功山脉：莲花县 LXP-GTY-384，芦溪县 LXP-13-8233；万洋山脉：井冈山 JGS-1112008、LXP-13-05942，遂川县 LXP-13-09378，炎陵县 DY1-1130、LXP-13-25728。

密花假卫矛 Microtropis gracilipes Merr. et Metc.

灌木。罗霄山脉可能有分布，未见标本。

永瓣藤属 *Monimopetalum* Rehd.

永瓣藤 Monimopetalum chinense Rehd.

藤本。山谷，路旁，疏林；150~750 m。幕阜山脉：武宁县 LXP0397、LXP6165；九岭山脉：安义县 LXP-10-3771，奉新县 LXP-10-10618，靖安县 LXP-10-10386、LXP-10-767。

梅花草属 *Parnassia* L.

白耳菜 Parnassia foliosa Hook. f. et Thoms.

草本。山坡；壤土；1263~1377 m。幕阜山脉：通山县 LXP7541、LXP7718。

鸡眼梅花草 Parnassia wightiana Wall. ex Wight et Arn.

草本。山顶，疏林；壤土；1440~1550 m。九岭山脉：大围山 LXP-10-12588，七星岭 LXP-10-11442；武功山脉：芦溪县 LXP-06-2789；诸广山脉：桂东县 LXP-13-25669。

雷公藤属 *Tripterygium* Hook. f.

雷公藤 Tripterygium wilfordii Hook. f. [*Tripterygium hypoglaucum* (Lévl.) Hutch]

藤本。山谷，疏林，溪边；壤土；90~1891 m。幕阜山脉：平江县 LXP4046，武宁县 LXP1677；九岭山脉：安义县 LXP-10-10488；武功山脉：安福县 LXP-06-0707，莲花县 LXP-GTY-447、LXP-06-0649，衡东县 LXP-03-07436；万洋山脉：井冈山 LXP-13-0391，遂川县 LXP-13-24711，炎陵县 DY1-1081，永兴县 LXP-03-04279、LXP-03-04546；诸广山脉：崇义县 LXP-13-24270，上犹县 LXP-13-12598、LXP-03-07075。

Order 35. 酢浆草目 Oxalidales

A171 酢浆草科 Oxalidaceae

酢浆草属 *Oxalis* L.

酢浆草 Oxalis corniculata L.

草本。山坡，路旁，草地；壤土；70~1500 m。幕阜山脉：平江县 LXP3519，瑞昌市 LXP0205，武宁县 LXP5728；九岭山脉：安义县 LXP-10-10424，大围山 LXP-10-11521，奉新县 LXP-10-3214，靖安县 LXP-10-10247，七星岭 LXP-10-11472，上高县 LXP-10-4977，铜鼓县 LXP-10-8268，宜春市 LXP-06-8963，宜丰县 LXP-10-12883；武功山脉：安福县 LXP-06-3586，茶陵县 LXP-06-1444，大岗山 LXP-06-3660，芦溪县 LXP-06-1278，攸县 LXP-03-08670、LXP-06-5222，明月山 LXP-06-4548、LXP-10-1240；万洋山脉：遂川县 LXP-13-7582，炎陵县 LXP-09-06387，永新县 LXP-QXL-620，永兴县 LXP-03-04097，资兴市 LXP-03-03622；诸广山脉：上犹县 LXP-03-06175。

*红花酢浆草 Oxalis corymbosa DC.

草本。平地，疏林；壤土；298~942 m。栽培。幕阜山脉：平江县 LXP3628；武功山脉：芦溪县 LXP-06-3336。

山酢浆草 Oxalis griffithii Edgeworth et Hook. f.

草本。山谷，疏林，溪边；壤土；800~3400 m。万洋山脉：井冈山 JGS4038，遂川县 LXP-13-

24730、LXP-13-7046，炎陵县 LXP-09-06227、TYD-2-1304；诸广山脉：桂东县 LXP-13-25689。

A173 杜英科 Elaeocarpaceae

杜英属 *Elaeocarpus* L.

中华杜英 Elaeocarpus chinensis (Gardn. et Champ.) Hook. f.

乔木。山谷，疏林；壤土或腐殖土；149~454 m。幕阜山脉：平江县 LXP-10-6150；九岭山脉：铜鼓县 LXP-10-8379，万载县 LXP-10-1572、LXP-13-11191，宜春市 LXP-10-1080；武功山脉：安福县 LXP-06-5936；万洋山脉：井冈山 JGS-2011-010，炎陵县 LXP-09-00610，永新县 LXP-13-19233；诸广山脉：崇义县 400145025，上犹县 LXP-13-12915。

杜英 Elaeocarpus decipiens Hemsl.

乔木。山坡，疏林；930 m。诸广山脉：崇义县 科考队 C021(PE)。

褐毛杜英 Elaeocarpus duclouxii Gagn.

乔木。山坡，疏林；壤土或腐殖土；260~1618 m。幕阜山脉：修水县 LXP3311，平江县 LXP-10-6461；九岭山脉：大围山 LXP-03-07707、LXP-03-08192；武功山脉：安福县 LXP-06-0086，茶陵县 LXP-06-1637，芦溪县 LXP-13-03680、LXP-06-1765；万洋山脉：井冈山 LXP-13-24094，遂川县 LXP-13-18115，炎陵县 LXP-09-06286，永新县 LXP-13-19417；诸广山脉：崇义县 LXP-13-24421、LXP-03-05746。

秃瓣杜英 Elaeocarpus glabripetalus Merr.

乔木。山谷，疏林，路旁，河边；壤土或沙土；135~816 m。幕阜山脉：通山县 LXP7078；武功山脉：安福县 LXP-06-0757，茶陵县 LXP-06-1519，宜春市 LXP-06-8937，攸县 LXP-06-6050；万洋山脉：永新县 LXP-13-19617；诸广山脉：上犹县 LXP-13-12894、LXP-03-06883，崇义县 LXP-03-04975。

日本杜英 Elaeocarpus japonicus Sieb. et Zucc.

乔木。山谷，疏林；160~1773 m。幕阜山脉：修水县 LXP2368；九岭山脉：靖安县 LXP-13-10223，大围山 LXP-10-12511，奉新县 LXP-10-3937，铜鼓县 LXP-10-8254，万载县 LXP-10-1472，宜丰县 LXP-10-2291；武功山脉：茶陵县 LXP-09-10411、LXP-06-1662；万洋山脉：井冈山 JGS-3518，遂川

县 LXP-13-09357，炎陵县 LXP-09-06238，永新县 LXP-13-07837；诸广山脉：崇义县 LXP-13-24218，上犹县 LXP-13-13017、LXP-03-06884。

山杜英 Elaeocarpus sylvestris (Lour.) Poir.

乔木。山谷，疏林；壤土；100~1724 m。幕阜山脉：平江县 LXP-10-5985；九岭山脉：安义县 LXP-10-10470，大围山 LXP-10-7936，奉新县 LXP-10-3236，靖安县 LXP-10-4549，上高县 LXP-10-4917，铜鼓县 LXP-10-13488，万载县 LXP-10-1804，宜春市 LXP-10-1086，宜丰县 LXP-10-2531；武功山脉：分宜县 LXP-10-5129，茶陵县 LXP-09-10392，芦溪县 LXP-13-09547，明月山 LXP-13-10616；万洋山脉：资兴市 LXP-03-03667，井冈山 JGS-2058，遂川县 LXP-13-09401，炎陵县 LXP-09-09517，永新县 LXP-QXL-591；诸广山脉：上犹县 LXP-13-12142、LXP-13-12753。

猴欢喜属 *Sloanea* L.

*仿栗 Sloanea hemsleyana (Itô) Rehd. et Wils.

乔木。山坡，路旁；壤土；722 m。栽培。武功山脉：芦溪县 LXP-06-1122。

猴欢喜 Sloanea sinensis (Hance) Hemsl.

乔木。山谷，疏林；壤土；210~1675 m。幕阜山脉：修水县 LXP2740，平江县 LXP-10-6435；九岭山脉：大围山 LXP-10-11135，靖安县 LXP-13-10214、LXP-10-345，万载县 LXP-13-11001、LXP-10-2152，宜丰县 LXP-10-12946；武功山脉：安福县 LXP-06-0946，芦溪县 LXP-13-03700、LXP-06-1180；万洋山脉：井冈山 JGS-1334，遂川县 LXP-13-16454，炎陵县 LXP-09-00162，永新县 LXP-03-04587，资兴市 LXP-03-05160；诸广山脉：崇义县 LXP-03-04974，桂东县 LXP-13-25366，上犹县 LXP-13-12267、LXP-03-06666。

Order 36. 金虎尾目 Malpighiales

A180 古柯科 Erythroxylaceae

古柯属 *Erythroxylum* P. Browne

东方古柯 Erythroxylum sinense C. Y. Wu

灌木或小乔木。山谷，疏林，路旁，河边；壤土；611~1113 m。武功山脉：安福县 LXP-06-0262，明

月山 LXP-06-4599；诸广山脉：上犹县 LXP-03-07118。

A183 藤黄科 Clusiaceae

藤黄属 *Garcinia* L.

木竹子 Garcinia multiflora Champ. ex Benth.

乔木。山坡，疏林或密林；壤土或腐殖土；249~862 m。武功山脉：茶陵县 LXP-09-10440，安福县 LXP-06-5801、LXP-06-5846；万洋山脉：井冈山 JGS-1153，遂川县 LXP-13-17206，永新县 LXP-13-07757，永兴县 LXP-03-04579；诸广山脉：崇义县 LXP-03-04986、LXP-13-24405，桂东县 LXP-13-25375，上犹县 LXP-03-06933、LXP-13-12338。

A186 金丝桃科 Hypericaceae

金丝桃属 *Hypericum* L.

黄海棠 Hypericum ascyron L.

草本。山谷，疏林，路旁，溪边；壤土或沙土；976~1705 m。万洋山脉：永兴县 LXP-03-04139；诸广山脉：崇义县 LXP-03-05841、LXP-03-10237，桂东县 LXP-03-00855，上犹县 LXP-03-06753。

赶山鞭 Hypericum attenuatum Choisy

草本。山谷，路旁，阴处；230~1550 m。九岭山脉：大围山 LXP-10-11309，奉新县 LXP-10-10563，靖安县 LXP-10-253，七星岭 LXP-10-11414，宜丰县 LXP-10-13245；万洋山脉：炎陵县 LXP-13-3139、LXP-13-3331。

挺茎遍地金 Hypericum elodeoides Choisy

草本。山坡，路旁；壤土；609~694 m。幕阜山脉：平江县 LXP-3986；武功山脉：袁州区 LXP-06-6699；万洋山脉：井冈山 LXP-13-0389，炎陵县 DY1-1010、LXP-13-4580。

小连翘 Hypericum erectum Thunb. ex Murray

草本。山谷，路旁，疏林；壤土；450~1500 m。幕阜山脉：庐山市 LXP4759，修水县 LXP0268，平江县 LXP-10-5984；九岭山脉：大围山 LXP-10-12378，宜丰县 LXP-10-2429；万洋山脉：炎陵县 LXP-09-386，资兴市 LXP-03-00084、LXP-03-05032；诸广山脉：桂东县 LXP-13-09252。

扬子小连翘 Hypericum faberi R. Keller

草本。山坡，草地；壤土；250~1849 m。九岭山脉：靖安县 LXP-13-10394，宜丰县 LXP-10-7313；武功山脉：芦溪县 LXP-06-1768、LXP-06-2795；万洋山脉：井冈山 LXP-13-JX4572，炎陵县 LXP-09-06413、LXP-13-4154；诸广山脉：上犹县 LXP-13-19249A。

衡山金丝桃 Hypericum hengshanense W. T. Wang

草本。山坡，灌丛；壤土；318~1934 m。武功山脉：安福县 LXP-06-0070、LXP-06-6819，茶陵县 LXP-06-1634，莲花县 LXP-06-0773；万洋山脉：遂川县 LXP-13-09288，永新县 LXP-QXL-721。

地耳草 Hypericum japonicum Thunb. ex Murray

草本。山谷，路旁，草地；70~1600 m。幕阜山脉：庐山市 LXP4672，平江县 LXP4341、LXP-10-6075，通山县 LXP2244，修水县 LXP0762；九岭山脉：安义县 LXP-10-10527，大围山 LXP-10-12422，奉新县 LXP-10-3219，靖安县 LXP-10-108，七星岭 LXP-10-11467，上高县 LXP-10-4922，铜鼓县 LXP-10-6647，万载县 LXP-10-1847，宜春市 LXP-10-1105，宜丰县 LXP-10-3060；武功山脉：分宜县 LXP-10-5206，安福县 LXP-06-0174，玉京山 LXP-10-1223、LXP-06-5098，茶陵县 LXP-06-1408，芦溪县 LXP-06-3390；万洋山脉：井冈山 LXP-13-04633，遂川县 LXP-13-16442，炎陵县 DY1-1059，永新县 LXP-13-08088，资兴市 LXP-03-00110；诸广山脉：崇义县 LXP-03-05823，桂东县 LXP-03-00909，上犹县 LXP-13-12720、LXP-03-06450。

长柱金丝桃 Hypericum longistylum Oliv.

草本。山坡，疏林；壤土；600~1000 m。诸广山脉：上犹县 LXP-13-12536。

金丝桃 Hypericum monogynum L.

灌木。山坡，疏林，路旁；壤土；100~1225 m。幕阜山脉：庐山市 LXP4628，通山县 LXP2211，武宁县 LXP0911，修水县 LXP3341；九岭山脉：安义县 LXP-10-9450，大围山 LXP-10-7922，奉新县 LXP-10-4144，靖安县 LXP-10-4401；武功山脉：茶陵县 LXP-06-7118、LXP-13-22944，芦溪县 LXP-13-8377，攸县 LXP-03-08810，安仁县 LXP-03-01463；万洋山脉：炎陵县 LXP-13-5650；诸广山脉：上犹县 LXP-03-07036。

金丝梅 Hypericum patulum Thunb. ex Murray

灌木。山坡，路旁；100~500 m。九岭山脉：宜丰县 熊耀国 6591(LBG)。

贯叶连翘 Hypericum perforatum L.

草本。山坡，疏林；壤土；1310 m。九岭山脉：靖安县 LXP-13-11406；万洋山脉：井冈山 JGS-361，炎陵县 LXP-13-4427。

短柄小连翘 Hypericum petiolulatum Hook. f. et Thoms. ex Dyer

草本。山顶，路旁，草丛；1000~1700 m。诸广山脉：齐云山 075049（刘小明等，2010）。

元宝草 Hypericum sampsonii Hance

草本。山坡，路旁，灌丛；壤土；105~1345 m。幕阜山脉：庐山市 LXP5649，平江县 LXP4039，通山县 LXP1754，武宁县 LXP0989；九岭山脉：靖安县 LXP-13-10106，奉新县 LXP-06-4087；武功山脉：安福县 LXP-06-3520，大岗山 LXP-06-3659，芦溪县 LXP-06-3342；万洋山脉：井冈山 LXP-13-04614，炎陵县 LXP-09-00177，永新县 LXP-13-07937、LXP-QXL-385，资兴市 LXP-03-03803；诸广山脉：崇义县 LXP-03-07241，上犹县 LXP-13-12329、LXP-03-06220。

密腺小连翘 Hypericum seniawinii Maxim.

草本。山坡，疏林；壤土；1363~1685 m。九岭山脉：大围山 LXP-09-11088；万洋山脉：遂川县 LXP-13-24679，炎陵县 DY1-1002、DY1-1114。

三腺金丝桃属 *Triadenum* Raf.

三腺金丝桃 Triadenum breviflorum (Wall. ex Dyer) Y. Kimura

草本。山坡，路旁；980 m。幕阜山脉：武宁县 张吉华 1971(JJF)。

A191 沟繁缕科 Elatinaceae

田繁缕属 *Bergia* L.

田繁缕 Bergia ammannioides Roxb. ex Roth

草本。平地，路旁，溪边；壤土；194~356 m。武功山脉：安福县 LXP-06-5736、LXP-06-7443、LXP-06-8106、LXP-06-8296。

A200 堇菜科 Violaceae

堇菜属 *Viola* L.

鸡腿堇菜 Viola acuminata Ledeb.

草本。山坡，山顶，平地，密林，溪边，路旁，石上；壤土，腐殖土，石灰岩；500~1300 m。九岭山脉：浏阳市 LXP-03-08624；武功山脉：安福县 LXP-06-5057，芦溪县 LXP-13-09875。

如意草 Viola arcuata Bl.

草本。山坡，山谷，平地，疏林，密林，沼泽，草地，路旁，溪边；壤土，沙土；200~1700 m。幕阜山脉：修水县 JLS-2012-074；武功山脉：安福县 LXP-06-0217，芦溪县 LXP-06-1072，明月山 LXP-06-4589、LXP-06-4843；万洋山脉：井冈山 JGS-2012043，炎陵县 LXP-09-06368，永新县 LXP-13-07662；诸广山脉：上犹县 LXP-13-23190。

戟叶堇菜 Viola betonicifolia J. E. Smith

草本。山坡，山谷，山顶，疏林，草地，溪边，路旁，阴处，阳处；壤土，腐殖土；400~1600 m。幕阜山脉：平江县 LXP3491，通城县 LXP6385，通山县 LXP5860，武宁县 LXP1404；九岭山脉：大围山 LXP-10-7668，靖安县 JLS-2012-032，七星岭 LXP-10-11888；武功山脉：芦溪县 LXP-06-1095；万洋山脉：井冈山 JGS4076，炎陵县 LXP-13-3008，永新县 LXP-13-19758。

南山堇菜 Viola chaerophylloides (Regel) W. Beck.

草本。山坡，疏林，密林，灌丛，草地，路旁，石上，阴处；壤土；700~1500 m。幕阜山脉：庐山市 LXP-13-8299、LXP4820，通山县 LXP7531，武宁县 LXP1502，修水县 LXP2866；九岭山脉：大围山 LXP-13-08238，宜丰县 LXP-10-2419，万载县 LXP-13-11363；武功山脉：安福县 LXP-06-9457。

球果堇菜 Viola collina Bess.

草本。平地，疏林；壤土。万洋山脉：炎陵县 LXP-09-06449。

深圆齿堇菜 Viola davidii Franch.

草本。山坡，山谷，疏林，密林，灌丛，河边，溪边，路旁，石上；壤土，腐殖土；400~1300 m。万洋山脉：井冈山 JGS-1114，炎陵县 LXP-09-07377、

LXP-09-07448，永新县 LXP-13-07733；诸广山脉：桂东县 LXP-13-25617，上犹县 LXP-13-12106、LXP-13-12207。

七星莲 Viola diffusa Ging.

草本。山坡，山谷，疏林，密林，灌丛，草地，河边，溪边，路旁，石壁上，村边，阴处；100~1400 m。幕阜山脉：平江县 LXP0707、LXP-10-6083，通山县 LXP1757，武宁县 LXP0613，修水县 LXP2550、LXP6408；九岭山脉：安义县 LXP-10-3757，大围山 LXP-10-11229，奉新县 LXP-10-10802、LXP-06-4056，靖安县 LXP2463、LXP-10-10108，浏阳市 LXP-10-5773，铜鼓县 LXP-10-6649，宜丰县 LXP-10-12749；武功山脉：安福县 LXP-06-0710，茶陵县 LXP-06-1471，大岗山 LXP-06-3634，莲花县 LXP-GTY-097，芦溪县 LXP-13-09507、LXP-06-1273，明月山 LXP-06-4570，宜春市 LXP-06-8876，攸县 LXP-06-5263，樟树市 LXP-10-5017，玉京山 LXP-10-1248；万洋山脉：井冈山 JGS-1130，遂川县 LXP-13-16672，炎陵县 LXP-09-07008，永新县 LXP-13-07958；诸广山脉：桂东县 LXP-13-25469，上犹县 LXP-13-23117、LXP-03-06618。

裂叶堇菜 Viola dissecta Ledeb.

草本。平地，路旁；壤土；100~200 m。武功山脉：安福县 LXP-06-5139。

柔毛堇菜 Viola fargesii H. Boiss

草本。山谷，山坡，平地，疏林，草地，溪边，路旁；壤土，腐殖土；300~2150 m。武功山脉：安福县 LXP-06-0715，茶陵县 LXP-06-2019，芦溪县 LXP-06-1131；万洋山脉：井冈山 JGS-2012051，遂川县 LXP-13-23579，炎陵县 LXP-09-06420，永新县 LXP-QXL-769；诸广山脉：上犹县 LXP-13-12585。

紫花堇菜 Viola grypoceras A. Gray

草本。山坡，山谷，疏林，密林，灌丛，溪边，路旁，石上；壤土，沙土，腐殖土；200~1500 m。幕阜山脉：平江县 LXP3512，通城县 LXP6376，通山县 LXP2070，武宁县 LXP-13-08569、LXP5561；九岭山脉：大围山 LXP-10-12223，靖安县 LXP-10-10219，七星岭 LXP-10-11464，铜鼓县 LXP-10-8377，宜丰县 LXP-10-13206；武功山脉：安福县 LXP-06-0488，明月山 LXP-06-4603；万洋山脉：井冈山

JGS-1304040，炎陵县 DY3-1100，永新县 LXP-13-07850；诸广山脉：上犹县 LXP-13-12325，崇义县 LXP-13-24205。

日本球果堇菜 Viola hondoensis W. Becker et H. Boissieu

草本。山谷，平地，疏林，溪边；壤土；700~1700 m。万洋山脉：炎陵县 LXP-13-23255。

湖南堇菜 Viola hunanensis Hand.-Mazz.

草本。山谷，路旁，疏林；760 m。九岭山脉：大围山 LXP-10-12451；武功山脉：芦溪县 LXP-06-1367。

长萼堇菜 Viola inconspicua Blume

草本。山坡，山谷，平地，丘陵，疏林，密林，灌丛，草地，溪边，水库边，路旁，石上，阴处，阳处；壤土，腐殖土；100~1500 m。幕阜山脉：武宁县 LXP5768、LXP-13-08579，修水县 LXP0870，平江县 LXP-10-6409；九岭山脉：安义县 LXP-10-10526，大围山 LXP-10-12025，奉新县 LXP-10-10777、LXP-06-4081，靖安县 LXP-10-10060，浏阳市 LXP-10-5781，七星岭 LXP-10-11473，铜鼓县 LXP-10-7030，宜丰县 LXP-10-4765，万载县 LXP-13-10974；武功山脉：分宜县 LXP-10-5210，安福县 LXP-06-0861，茶陵县 LXP-06-7144，芦溪县 LXP-06-3413，宜春市 LXP-06-8969，攸县 LXP-06-5304，樟树市 LXP-10-4981；万洋山脉：井冈山 JGS4143，炎陵县 LXP-09-08073，永新县 LXP-13-07646；诸广山脉：上犹县 LXP-13-12779，崇义县 LXP-13-13088，桂东县 LXP-13-25458。

犁头草 Viola japonica Langsd. ex DC.

草本。路旁，山坡，石缝。幕阜山脉：庐山 10091 (JXU)。

井冈山堇菜 Viola jinggangshanensis Z. L. Ning et J. P. Liao

草本。山坡，路旁；795 m。万洋山脉：井冈山 宁祖林 142(IBSC)。

江西堇菜 Viola kiangsiensis W. Beck.

草本。山坡，平地，疏林，草地，路旁，石上，阳处；壤土，腐殖土；400~1600 m。武功山脉：安福县 LXP-06-6859；万洋山脉：炎陵县 LXP-09-09150；诸广山脉：上犹县 LXP-13-22303。

福建堇菜 Viola kosanensis Hayata

草本。山坡，山谷，密林，疏林，河边，石上；壤土，腐殖土；500~800 m。九岭山脉：靖安县 LXP-13-10193，万载县 LXP-13-11012；武功山脉：莲花县 LXP-GTY-372；万洋山脉：井冈山 JGS-1057，炎陵县 LXP-09-09010；诸广山脉：上犹县 LXP-13-12578。

白花堇菜 Viola lactiflora Nakai

草本。山坡，灌丛；600~700 m。万洋山脉：井冈山 JGS-099。

亮毛堇菜 Viola lucens W. Beck.

草本。山谷，山坡，疏林，溪边，路旁，阳处；壤土，腐殖土；400~1400 m。万洋山脉：井冈山 11513，遂川县 LXP-13-7394，炎陵县 LXP-09-07444，永新县 LXP-13-07697；诸广山脉：桂东县 LXP-13-25636，上犹县 LXP-13-12353。

犁头叶堇菜 Viola magnifica C. J. Wang et X. D. Wang

草本。山坡，山谷，疏林，灌丛，草地，溪边，路旁，阴处；壤土，腐殖土；100~1200 m。幕阜山脉：平江县 LXP3630，通山县 LXP2323，武宁县 LXP0624，修水县 LXP2352；九岭山脉：大围山 LXP-10-7578，铜鼓县 LXP-10-8363；武功山脉：安福县 LXP-06-3104，芦溪县 LXP-06-1184、LXP-13-09746；万洋山脉：炎陵县 LXP-09-07650。

萱 Viola moupinensis Franch.

草本。山坡，山谷，山顶，密林，疏林，灌丛，溪边，河边，路旁，阴处，阳处；壤土，腐殖土；200~2150 m。幕阜山脉：庐山市 LXP4937，平江县 LXP3582，通山县 LXP2135，武宁县 LXP6293；九岭山脉：大围山 LXP-10-12054，奉新县 LXP-10-13790，七星岭 LXP-10-8167，宜丰县 LXP-10-2412；武功山脉：安福县 LXP-06-0740，芦溪县 LXP-06-1127，明月山 LXP-06-4549；万洋山脉：井冈山 LXP-13-0357，遂川县 LXP-13-23738，炎陵县 LXP-09-07363；诸广山脉：桂东县 LXP-13-25685，上犹县 LXP-13-23357。

紫花地丁 Viola philippica Cav.

草本。山顶，山坡，平地，疏林，灌丛，路旁；壤土，沙土；800~1600 m。武功山脉：安福县 LXP-

06-2850，芦溪县 LXP-06-1284；万洋山脉：遂川县 LXP-13-16671；诸广山脉：桂东县 LXP-03-02791。

早开堇菜 Viola prionantha Bunge

草本。山坡，路旁。幕阜山脉：庐山 王名金 00078 (LBG)。

圆叶堇菜 Viola pseudobambusetorum Chang

草本。山坡，疏林；365 m。幕阜山脉：武宁县 LXP1650。

辽宁堇菜 Viola rossii Hemsl. ex Forbes et Hemsl.

草本。山坡，密林，路旁。幕阜山脉：庐山市 LXP5024；万洋山脉：井冈山 JGS4034。

浅圆齿堇菜 Viola schneideri W. Beck.

草本。山坡，山谷，疏林，溪边，路旁；壤土；300~500 m。幕阜山脉：修水县 LXP2906；万洋山脉：炎陵县 LXP-09-07368。

深山堇菜 Viola selkirkii Pursh ex Gold.

草本。山坡，密林，疏林，灌丛，路旁；壤土，腐殖土，石灰岩；700~1500 m。幕阜山脉：武宁县 LXP0470；武功山脉：芦溪县 LXP-13-8228、LXP-13-09821；万洋山脉：永新县 LXP-13-07935。

庐山堇菜 Viola stewardiana W. Beck.

草本。山坡，山谷，疏林，溪边，石上，阳处；壤土，沙土；500~1600 m。幕阜山脉：通山县 LXP6966，武宁县 LXP0937；武功山脉：芦溪县 LXP-13-03568；万洋山脉：井冈山 JGS-1304019，遂川县 LXP-13-18060，炎陵县 LXP-09-06028；诸广山脉：桂东县 LXP-13-22654，上犹县 LXP-13-12088。

三角叶堇菜 Viola triangulifolia W. Beck.

草本。山坡，山谷，密林，疏林，灌丛，草地，溪边，路旁，河边，阴处；壤土，腐殖土；200~1400 m。幕阜山脉：平江县 LXP3191，武宁县 LXP1494；九岭山脉：奉新县 LXP-10-9063，靖安县 LXP-13-10028、LXP-10-13680；万洋山脉：井冈山 JGS-4567，遂川县 LXP-13-16420，炎陵县 LXP-09-08502。

心叶堇菜 Viola yunnanfuensis W. Beck.

草本。山谷，山坡，密林，疏林，平地，溪边，草地，石上；壤土，沙土，腐殖土；300~1000 m。幕

阜山脉：武宁县 LXP-13-08432；武功山脉：芦溪县 LXP-13-03564、LXP-13-09720，安福县 LXP-06-3088；万洋山脉：遂川县 LXP-13-18179。

A202 西番莲科 Passifloraceae

西番莲属 *Passiflora* L.

广东西番莲 Passiflora kwangtungensis Merr.

藤本。山坡，平地，疏林，溪边，路旁；壤土；400~600 m。万洋山脉：井冈山 LXP-13-18698，炎陵县 TYD1-1178，永新县 LXP-13-19251。

A204 杨柳科 Salicaceae

山桂花属 *Bennettiodendron* Merr.

山桂花 Bennettiodendron leprosipes (Clos) Merr.

灌木。山坡，山谷，疏林；200~700 m。诸广山脉：齐云山 075046（刘小明等，2010）。

天料木属 *Homalium* Jacq.

天料木 Homalium cochinchinense (Lour.) Druce

乔木。罗霄山脉可能有分布，未见标本。

山桐子属 *Idesia* Maxim.

山桐子 Idesia polycarpa Maxim.

乔木。山坡，山谷，山顶，平地，密林，疏林，灌丛，溪边，路旁，阳处；壤土，沙土，腐殖土，石灰岩；300~1400 m。幕阜山脉：通山县 LXP2281，修水县 LXP3302；九岭山脉：靖安 LXP-10-661，万载县 LXP-10-2115，宜丰县 LXP-10-12798；武功山脉：茶陵县 LXP-09-10357、LXP-06-1900，分宜县 LXP-06-9600，宜春市 LXP-06-2734；万洋山脉：井冈山 11511，炎陵县 LXP-09-00163，永新县 LXP-13-08005；诸广山脉：崇义县 LXP-03-04976、LXP-13-24394，上犹县 LXP-13-12460、LXP-03-06690，资兴市 LXP-03-05101。

毛叶山桐子 Idesia polycarpa var. **vestita** Diels

乔木。山谷，河边，疏林；300~800 m。幕阜山脉：修水县 朱国芳 2027(LBG)。

山拐枣属 *Poliothyrsis* Oliv.

山拐枣 Poliothyrsis sinensis Oliv.

乔木。山谷，路旁，溪边；壤土；800~1000 m。诸

广山脉：上犹县 LXP-03-06875。

杨属 *Populus* L.

*响叶杨 Populus adenopoda Maxim.

乔木。山谷，山坡，平地，密林，疏林，路旁，溪边；壤土，沙土；400~800 m。栽培。武功山脉：攸县 LXP-03-07627；万洋山脉：炎陵县 LXP-03-02945。

*钻天杨 Populus nigra var. italica (Moench) Koehne

乔木。路旁。栽培。九岭山脉：万载县 LXP-13-11209。

*毛白杨 Populus tomentosa Carr.

乔木。山顶，山坡，密林，疏林；1300~1500 m。栽培。九岭山脉：大围山 LXP-10-12568，七星岭 LXP-10-11446。

柳属 *Salix* L.

*垂柳 Salix babylonica L.

乔木。山坡，山谷，平地，疏林，路旁，溪边；壤土，石灰岩；100~1500 m。栽培。九岭山脉：大围山 LXP-10-11955，靖安县 LXP-10-10400，万载县 LXP-10-1410；武功山脉：安福县 LXP-06-1001，芦溪县 LXP-06-1288。

井冈柳 Salix baileyi C. K. Schneid.

乔木。山谷，疏林；300~900 m。万洋山脉：井冈山 熊杰 3273(PE)。

黄花柳 Salix caprea L.

乔木。疏林，河边。万洋山脉：炎陵县 LXP-09-00760。

*腺柳 Salix chaenomeloides Kimura

乔木。山坡，山谷，平地，疏林，溪边，路旁，阳处；壤土；100~1500 m。栽培。九岭山脉：安义县 LXP-10-3647；武功山脉：芦溪县 LXP-06-1353，攸县 LXP-03-09411；万洋山脉：永兴县 LXP-03-04280，资兴市 LXP-03-03656。

银叶柳 Salix chienii Cheng

乔木。山坡，山谷，疏林，河边，溪边；腐殖土；300~400 m。幕阜山脉：武宁县 LXP1647；九岭山脉：靖安县 LXP-13-08255；万洋山脉：井冈山 JGS4115，炎陵县 LXP-09-07963。

长梗柳 Salix dunnii Schneid.

乔木。山坡，山谷，平地，密林，疏林，草地，河

边，溪边，路旁，阳处；壤土，腐殖土；50~800 m。幕阜山脉：武宁县 LXP6090；九岭山脉：大围山 LXP-10-5678，奉新县 LXP-10-3942，七星岭 LXP-10-8224，宜春市 LXP-10-1029，宜丰县 LXP-10-8800；万洋山脉：井冈山 JGS-2144，炎陵县 LXP-09-08685，永新县 LXP-13-07696；诸广山脉：上犹县 LXP-13-12730。

*旱柳 Salix matsudana Koidz.

乔木。观赏，栽培。幕阜山脉：武宁县 熊耀国 5428(PE)。

粤柳 Salix mesnyi Hance

乔木。山谷，沼泽，阴处；腐殖土。万洋山脉：炎陵县 LXP-13-4207。

南川柳 Salix rosthornii Seemen

乔木。山谷，山坡，路旁，河边；壤土；200~500 m。幕阜山脉：武宁县 LXP0501；万洋山脉：永新县 LXP-13-19723。

*红皮柳 Salix sinopurpurea C. Wang et Ch. Y. Yang

乔木。山谷，山坡，疏林，溪边；壤土。栽培。万洋山脉：炎陵县 LXP-09-07387。

紫柳 Salix wilsonii Seemen

乔木。山坡，山谷，平地，疏林，灌丛，河边，溪边，池塘边，路旁；壤土；100~300 m。九岭山脉：大围山 LXP-10-12210；武功山脉：安福县 LXP-06-3488，明月山 LXP-06-4665；万洋山脉：井冈山 JGS-2144，炎陵县 LXP-13-3267。

柞木属 *Xylosma* G. Forst.

柞木 Xylosma congesta (Loureiro) Merrill

灌木。山谷，溪边；200~700 m。幕阜山脉：修水县 90410(NAS)。

南岭柞木 Xylosma controversa Clos

乔木。山谷，村边；200~600 m。诸广山脉：齐云山 075435（刘小明等，2010）。

A207 大戟科 Euphorbiaceae

铁苋菜属 *Acalypha* L.

铁苋菜 Acalypha australis L.

草本。山坡，山谷，平地，密林，疏林，草地，路

旁，溪边，路旁；壤土，沙土，腐殖土；120~1700 m。幕阜山脉：庐山市 LXP4858，平江县 LXP4357、LXP-10-6080、LXP-10-6341，瑞昌市 LXP0016，武宁县 LXP8054；九岭山脉：安义县 LXP-10-10455，大围山 LXP-10-11157，奉新县 LXP-10-10707，靖安县 LXP-10-10041，浏阳市 LXP-10-5864，七星岭 LXP-10-11924，铜鼓县 LXP-10-13435，万载县 LXP-10-1504，宜春市 LXP-10-1033，宜丰县 LXP-10-12748；武功山脉：安福县 LXP-06-8111，明月山 LXP-06-7672，攸县 LXP-06-5405；万洋山脉：炎陵县 LXP-09-10841，永新县 LXP-QXL-211。

裂苞铁苋菜 Acalypha brachystachya Hornem

草本。山谷，疏林，路旁；壤土；300~400 m。诸广山脉：上犹县 LXP-03-06088。

山麻杆属 Alchornea Sw.

山麻杆 Alchornea davidii Franch.

灌木。山坡，山谷，疏林，密林，水库旁，河边，阳处；壤土；100~500 m。幕阜山脉：平江县 LXP4428；万洋山脉：井冈山 LXP-13-18594，永兴县 LXP-03-04316，资兴市 LXP-03-03521；诸广山脉：上犹县 LXP-03-06210。

红背山麻杆 Alchornea trewioides (Benth.) Müll. Arg.

灌木。山坡，山谷，疏林，密林，溪边，草地；壤土；200~600 m。武功山脉：茶陵县 LXP-09-10510；万洋山脉：遂川县 LXP-13-17128，炎陵县 LXP-09-09490，永新县 LXP-13-07690；诸广山脉：上犹县 LXP-13-12332。

巴豆属 Croton L.

毛果巴豆 Croton lachnocarpus Benth.

灌木。山谷，山坡，山顶，密林，疏林，灌丛，溪边，路旁，阳处；壤土，腐殖土；200~400 m。九岭山脉：宜丰县 LXP-10-4643；武功山脉：茶陵县 LXP-09-10482，安福县 LXP-06-3492；万洋山脉：永新县 LXP-13-07753；诸广山脉：上犹县 LXP-13-12336，崇义县 LXP-03-07221。

巴豆 Croton tiglium L.

灌木。罗霄山脉可能有分布，未见标本。

丹麻杆属 Discocleidion (Müll. Arg.) Pax et K. Hoffm.

假奓包叶 Discocleidion rufescens (Franch.) Pax et Hoffm.

灌木。山坡，疏林，河边，路旁；壤土，沙土；50~200 m。幕阜山脉：岳阳县 LXP-03-08768；武功山脉：衡东县 LXP-03-07450。

大戟属 Euphorbia L.

细齿大戟 Euphorbia bifida Hook. et Arn.

草本。山谷，疏林，溪边；石灰岩。九岭山脉：万载县 LXP-13-10924。

乳浆大戟 Euphorbia esula L.

草本。山顶，山谷，密林，疏林，灌丛，草地，路旁，阴处；100~1500 m。九岭山脉：大围山 LXP-10-7652，奉新县 LXP-10-3352，铜鼓县 LXP-10-13566。

泽漆 Euphorbia helioscopia L.

草本。山坡，路旁，草地，阳处；壤土；200~500 m。幕阜山脉：武宁县 LXP-13-08494，通山县 LXP6835；九岭山脉：安义县 LXP-10-10508。

飞扬草 Euphorbia hirta L.

草本。山谷，平地，疏林，草地，路旁，阳处；壤土；50~1700 m。幕阜山脉：平江县 LXP-10-6124；九岭山脉：奉新县 LXP-10-10790，铜鼓县 LXP-10-7229，万载县 LXP-13-10994、LXP-10-1547，上高县 LXP-06-7627；武功山脉：安福县 LXP-06-0544，茶陵县 LXP-06-1823；万洋山脉：炎陵县 LXP-09-10840，永兴县 LXP-03-04519，资兴市 LXP-03-00146；诸广山脉：崇义县 LXP-03-07419。

地锦草 Euphorbia humifusa Willd. ex Schlecht.

草本。平地，路旁，水库边；壤土；100~200 m。武功山脉：安福县 LXP-06-5551，攸县 LXP-06-6032。

湖北大戟 Euphorbia hylonoma Hand.-Mazz.

草本。山坡，山谷，密林，疏林，灌丛，河边，溪边，路旁；壤土；100~1100 m。幕阜山脉：庐山市 LXP5672，平江县 LXP3608，通城县 LXP4132，通山县 LXP2256，武宁县 LXP6069；九岭山脉：靖安县 LXP-13-10331。

通奶草 Euphorbia hypericifolia L.
草本。山谷，疏林；100~200 m。武功山脉：分宜县 LXP-10-5240。

甘遂 Euphorbia kansui T. N. Liou ex S. B. Ho
草本。荒地。幕阜山脉：庐山 谭策铭 80173A(JJF)。

续随子 Euphorbia lathyris L.
草本。罗霄山脉可能有分布，未见标本。

斑地锦 Euphorbia maculata L.
草本。山坡，山谷，疏林，路旁，村边，石上；壤土；100~700 m。幕阜山脉：庐山市 LXP4859，瑞昌市 LXP0144；九岭山脉：万载县 LXP-13-10995；武功山脉：安福县 LXP-06-0015，攸县 LXP-06-5207，明月山 LXP-13-10684。

*铁海棠 Euphorbia milii Des Moulins
灌木。观赏，广泛栽培。

大戟 Euphorbia pekinensis Rupr.
草本。山坡，路旁；85 m。幕阜山脉：庐山市 LXP4889，武宁县 LXP1221。

匍匐大戟 Euphorbia prostrata Ait.
灌木。村边，路旁，阳处；50~100 m。九岭山脉：万载县 LXP-10-1812。

*一品红 Euphorbia pulcherrima Willd. et Kl.
灌木。观赏，栽培。诸广山脉：上犹县 吴大诚 96053(JJF)。

钩腺大戟 Euphorbia sieboldiana Morr. et Decne.
草本。山谷，密林，路旁；500 m。九岭山脉：靖安县 LXP-10-454。

千根草 Euphorbia thymifolia L.
平卧草本。山谷，山坡，疏林，路旁，村边，溪边，草地，阴处，阳处；100~800 m。幕阜山脉：平江县 LXP-10-6088；九岭山脉：大围山 LXP-10-11484，奉新县 LXP-10-10726，靖安县 LXP-10-10054，浏阳市 LXP-10-5832，铜鼓县 LXP-10-13465，万载县 LXP-10-1546，宜春市 LXP-10-1098，宜丰县 LXP-10-12811；武功山脉：莲花县 LXP-GTY-184。

血桐属 *Macaranga* Thouars

中平树 Macaranga denticulata (Blume) Müll. Arg.
乔木。山谷，阔叶林；200~700 m。诸广山脉：齐云山 1020（刘小明等，2010）。

野桐属 *Mallotus* Lour.

白背叶 Mallotus apelta (Lour.) Müll. Arg.
乔木或灌木。山坡，山谷，平地，疏林，密林，灌丛，溪边，路旁，旱田，村边，河边，阳处；壤土，沙土；100~1500 m。幕阜山脉：庐山市 LXP4668，平江县 LXP0688、LXP-10-6038，瑞昌市 LXP0121，通山县 LXP1763，武宁县 LXP0980，修水县 LXP2513；九岭山脉：安义县 LXP-10-10487，大围山 LXP-10-11300，奉新县 LXP-10-10555、LXP-06-4075，靖安县 LXP-10-10098，铜鼓县 LXP-10-13427，万载县 LXP-10-1926，宜春市 LXP-10-959，宜丰县 LXP-10-12779，上高县 LXP-06-6591；武功山脉：安福县 LXP-06-0048，茶陵县 LXP-06-1887，大岗山 LXP-06-3675，分宜县 LXP-06-2324，明月山 LXP-06-4554，宜春市 LXP-06-2762，攸县 LXP-06-5473，樟树市 LXP-10-4993；万洋山脉：遂川县 LXP-13-17610，炎陵县 DY2-1137，永新县 LXP-13-08080，永兴县 LXP-03-04035，资兴市 LXP-03-05158；诸广山脉：崇义县 400145020、LXP-03-07284，上犹县 LXP-13-12153、LXP-03-06013。

毛桐 Mallotus barbatus (Wall.) Müll. Arg.
乔木。山谷，疏林，溪边；壤土；600~700 m。万洋山脉：遂川县 LXP-13-17255。

野梧桐 Mallotus japonicus (Thunb.) Müll. Arg.
乔木。山坡，山谷，平地，疏林，河边，菜地，路旁；壤土；100~1400 m。幕阜山脉：通山县 LXP7174，武宁县 LXP0610；九岭山脉：大围山 LXP-10-7725，奉新县 LXP-10-9277；万洋山脉：永新县 LXP-QXL-054。

东南野桐 Mallotus lianus Croiz.
乔木。山坡，山谷，密林，疏林，河边，溪边，路旁，阳处；壤土，沙土；100~1400 m。九岭山脉：大围山 LXP-10-5284，奉新县 LXP-10-3902，靖安县 LXP-13-11520，万载县 LXP-10-1714，宜丰县 LXP-10-12740；武功山脉：芦溪县 LXP-06-3427；万洋山脉：遂川县 LXP-13-18158，炎陵县 LXP-09-07519，永新县 LXP-13-19542；诸广山脉：崇义县 LXP-13-13101。

小果野桐 Mallotus microcarpus Pax et Hoffm.

乔木或灌木。山谷，密林，疏林，路旁，溪边，阳处；100~1100 m。九岭山脉：大围山 LXP-10-11263，奉新县 LXP-10-13901，靖安县 LXP-10-10193，浏阳市 LXP-10-5800，铜鼓县 LXP-10-7071，万载县 LXP-10-1600，宜丰县 LXP-10-12753。

山地野桐 Mallotus oreophilus Müll. Arg. [*Mallotus japonicus* var. *oreophilus* (Müll. Arg.) S. M. Hwang]

乔木。山坡，路旁，石上；壤土；300~500 m。万洋山脉：炎陵县 LXP-13-4079，永新县 LXP-13-19597。

粗糠柴 Mallotus philippensis (Lam.) Müll. Arg.

乔木。山坡，山谷，平地，疏林，密林，溪边，河边，路旁，阳处，阴处；壤土，沙土，腐殖土；100~900 m。幕阜山脉：通山县 LXP6981，武宁县 LXP0403，平江县 LXP-10-6474；九岭山脉：安义县 LXP-10-3752，大围山 LXP-10-7975，奉新县 LXP-10-4097，靖安县 LXP-13-10215、LXP-10-325，万载县 LXP-13-11130、LXP-10-1435，宜丰县 LXP-10-2558；武功山脉：茶陵县 LXP-06-1529，分宜县 LXP-10-5166；万洋山脉：井冈山 JGS-B101，炎陵县 LXP-09-07226，永新县 LXP-13-07773，资兴市 LXP-03-05157；诸广山脉：上犹县 LXP-13-12618。

石岩枫 Mallotus repandus (Willd.) Müll. Arg.

藤本。山谷，山坡，山顶，平地，疏林，密林，灌丛，草地，溪边，路旁，村边；壤土；100~1800 m。幕阜山脉：庐山市 LXP4545，平江县 LXP0708，通山县 LXP1767，武宁县 LXP1458；九岭山脉：安义县 LXP-10-3639，大围山 LXP-10-8074，奉新县 LXP-10-3303，靖安县 LXP-10-646，七星岭 LXP-10-8225，上高县 LXP-10-4898，铜鼓县 LXP-10-8235，万载县 LXP-10-1427，宜丰县 LXP-10-2836；武功山脉：茶陵县 LXP-09-10364，安福县 LXP-06-3922，芦溪县 LXP-06-3473，分宜县 LXP-10-5159；万洋山脉：遂川县 LXP-13-16970，炎陵县 LXP-09-10664，永新县 LXP-13-19096，永兴县 LXP-03-04323，资兴市 LXP-03-03470；诸广山脉：崇义县 LXP-03-07363，上犹县 LXP-13-12901、LXP-03-06242。

杠香藤 Mallotus repandus var. **chrysocarpus** (Pamp.) S. M. Hwang

藤本。山谷，山坡，疏林，灌丛，河边，溪边；壤土；200~400 m。九岭山脉：靖安县 LXP-13-10486；武功山脉：茶陵县 LXP-06-1551；诸广山脉：上犹县 LXP-13-12954。

野桐 Mallotus tenuifolius Pax

乔木。山坡，山谷，疏林，路旁，阳处；壤土；500~1400 m。九岭山脉：大围山 LXP-09-11090；万洋山脉：井冈山 JGS-A058，遂川县 LXP-13-16382，炎陵县 LXP-09-07476。

红叶野桐 Mallotus tenuifolius var. **paxii** (Pamp.) H. S. Kiu

乔木。山坡，疏林，灌丛；壤土；800~1000 m。武功山脉：茶陵县 LXP-06-1895。

白木乌桕属 *Neoshirakia* Esser

斑子乌桕 Neoshirakia atrobadiomaculata (F. P. Metcalf) Esser et P. T. Li

乔木。山坡，疏林；壤土；1100~1300 m。诸广山脉：上犹县 LXP-13-23308。

白木乌桕 Neoshirakia japonica (Sieb. et Zucc.) Esser

乔木。山坡，山谷，平地，密林，疏林，灌丛，溪边，路旁；壤土；400~1600 m。武功山脉：安福县 LXP-06-0513，茶陵县 LXP-06-1639，芦溪县 LXP-06-2099；诸广山脉：上犹县 LXP-03-06812。

蓖麻属 *Ricinus* L.

*蓖麻 Ricinus communis L.

草本。山谷，山坡，疏林，灌丛，路旁；壤土，沙土；102 m。栽培。武功山脉：衡东县 LXP-03-07440；万洋山脉：永兴县 LXP-03-04437。

地构叶属 *Speranskia* Baill.

广东地构叶 Speranskia cantonensis (Hance) Pax et Hoffm.

草本。山坡，山谷，疏林，路旁，溪边，阳处；壤土；200~1100 m。幕阜山脉：通山县 LXP6600；九岭山脉：宜春市 LXP-10-938；武功山脉：宜春市 LXP-13-10557；万洋山脉：炎陵县 LXP-09-10121。

乌桕属 *Triadica* Lour.

山乌桕 Triadica cochinchinensis Lour.

乔木。山坡，山谷，平地，密林，疏林，路旁，溪边；壤土；200~900 m。武功山脉：安福县 LXP-06-0007，茶陵县 LXP-06-1399，芦溪县 LXP-06-2489；万洋山脉：井冈山 LXP-13-18509，永新县 LXP-13-19094；诸广山脉：上犹县 LXP-03-06877。

乌桕 Triadica sebifera (L.) Small

乔木。山坡，平地，疏林，路旁，溪边；壤土；500~600 m。武功山脉：茶陵县 LXP-06-1526；诸广山脉：上犹县 LXP-03-06968。

油桐属 *Vernicia* Lour.

油桐 Vernicia fordii (Hemsl.) Airy Shaw

乔木。山坡，山谷，平地，密林，疏林，村边，河边，溪边，路旁，树上；壤土，沙土，石灰岩；200~1300 m。幕阜山脉：平江县 LXP3973，瑞昌市 LXP0201，通山县 LXP6573，武宁县 LXP1425，修水县 LXP6504；九岭山脉：安义县 LXP-10-3615，奉新县 LXP-10-4244，靖安县 LXP-10-231；武功山脉：安仁县 LXP-03-01497，攸县 LXP-03-08630，安福县 LXP-06-0207，芦溪县 LXP-06-3308，明月山 LXP-06-4630；万洋山脉：井冈山 JGS-054，遂川县 LXP-13-17166，炎陵县 LXP-09-00164、LXP-03-03402，永新县 LXP-13-07609，永兴县 LXP-03-03944，资兴市 LXP-03-03578；诸广山脉：崇义县 400145023、LXP-03-07357，上犹县 LXP-03-06110。

木油桐 Vernicia montana Lour.

乔木。山坡，山谷，平地，密林，疏林，河边，溪边，路旁；壤土，沙土，腐殖土；100~1700 m。幕阜山脉：平江县 LXP4405，武宁县 LXP0675，修水县 LXP0279；九岭山脉：大围山 LXP-10-8044，奉新县 LXP-10-3360、LXP-06-4043，靖安县 LXP-10-96，宜丰县 LXP-10-8899；武功山脉：安福县 LXP-06-0063，芦溪县 LXP-06-3323；万洋山脉：井冈山 LXP-13-18525，炎陵县 LXP-09-08747，永新县 LXP-QXL-023；诸广山脉：桂东县 LXP-03-00834。

A211 叶下珠科 Phyllanthaceae

五月茶属 *Antidesma* L.

***五月茶 Antidesma bunius** (L.) Spreng.

乔木。灌木。山谷，疏林，路旁，河边；壤土；250~470 m。栽培。九岭山脉：大围山 LXP-10-11809；

诸广山脉：上犹县 LXP-03-06997、LXP-03-10797。

日本五月茶 Antidesma japonicum Sieb. et Zucc.

灌木。山坡，疏林，密林，路旁，溪边，山顶；壤土，腐殖土，沙土；120~850 m。幕阜山脉：庐山市 LXP5501，武宁县 LXP0543，修水县 LXP2763；九岭山脉：大围山 LXP-10-7943，奉新县 LXP-10-4037，靖安县 LXP-10-10374，铜鼓县 LXP-10-8345，万载县 LXP-10-1733，宜春市 LXP-10-1062，宜丰县 LXP-10-12808；武功山脉：安福县 LXP-06-0630，茶陵县 LXP-06-1503，芦溪县 LXP-06-3354；万洋山脉：吉安市 LXSM2-6-10105，井冈山 JGS-1252，遂川县 LXP-13-16492，炎陵县 LXP-09-10824，永新县 LXP-13-07783，永兴县 LXP-03-04573，资兴市 LXP-03-00229；诸广山脉：桂东县 LXP-13-09246，崇义县 LXP-03-05686，上犹县 LXP-13-12341。

柳叶五月茶 Antidesma pseudomicrophyllum Croiz.

灌木。山谷，河边，疏林；300 m。九岭山脉：大围山 LXP-10-8083。

秋枫属 *Bischofia* Blume

重阳木 Bischofia polycarpa (Lévl.) Airy Shaw

乔木。山坡，疏林，山谷；250~560 m。幕阜山脉：修水县 LXP3392；武功山脉：分宜县 LXP-10-5138。

白饭树属 *Flueggea* Willd.

一叶萩 Flueggea suffruticosa (Pall.) Baill. [*Securinega suffruticosa* (Pall.) Rehd.]

灌木。山坡，路旁；420 m。武功山脉：安福县 岳俊三等 3216(PE)。

白饭树 Flueggea virosa (Roxb. ex Willd.) Voigt

灌木。山坡，路旁，灌丛；壤土；143~1169 m。幕阜山脉：通山县 LXP1803，武宁县 LXP0500；武功山脉：安福县 LXP-06-5110，明月山 LXP-06-4511。

算盘子属 *Glochidion* J. R. Forst. et G. Forst.

革叶算盘子 Glochidion daltonii (Müll. Arg.) Kurz

灌木。平地，路旁；沙土；100~450 m。九岭山脉：靖安县 LXP-13-11599。

算盘子 Glochidion puberum (L.) Hutch.

灌木。山坡；壤土，腐殖土；110~1382 m。幕阜山脉：庐山市 LXP5068，平江县 LXP4094，瑞昌市 LXP0080，通山县 LXP1826，武宁县 LXP0565，修水县 LXP2787；九岭山脉：安义县 LXP-10-10486，大围山 LXP-10-11256，奉新县 LXP-10-10630，靖安县 LXP-10-178，浏阳市 LXP-10-5811，上高县 LXP-10-4884，铜鼓县 LXP-10-13535，万载县 LXP-10-1588，宜春市 LXP-10-1190，宜丰县 LXP-10-12984；武功山脉：安福县 LXP-06-0049，莲花县 LXP-06-0780，攸县 LXP-06-6041，分宜县 LXP-10-5105，玉京山 LXP-10-1330；万洋山脉：井冈山 JGS-1242，遂川县 LXP-13-7009，炎陵县 LXP-09-00064，永新县 LXP-13-08180，永兴县 LXP-03-03858，资兴市 LXP-03-00174；诸广山脉：崇义县 400145016，桂东县 LXP-03-00957，上犹县 LXP-13-12366。

里白算盘子 Glochidion triandrum (Blanco) C. B. Rob.

灌木。山坡，路旁，溪边；壤土；15~850 m。九岭山脉：上高县 LXP-06-6580，奉新县 LXP-06-4039；武功山脉：安福县 LXP-06-0060，茶陵县 LXP-06-1375，芦溪县 LXP-06-3304，明月山 LXP-06-7932；万洋山脉：遂川县 LXP-13-16317，炎陵县 LXP-09-08129。

湖北算盘子 Glochidion wilsonii Hutch.

乔木。山坡，疏林，阳处；石灰岩，壤土；200~1150 m。幕阜山脉：庐山市 LXP4479，平江县 LXP3875，通山县 LXP2197；九岭山脉：大围山 LXP-13-17049，万载县 LXP-13-11325，靖安县 LXP-10-10072；武功山脉：芦溪县 LXP-06-1748，明月山 LXP-13-10881；万洋山脉：炎陵县 LXP-09-06255，永新县 LXP-QXL-487。

叶下珠属 *Phyllanthus* L.

落萼叶下珠 Phyllanthus flexuosus (Sieb. et Zucc.) Müll. Arg.

灌木。山坡，疏林，溪边；壤土；90~1682 m。幕阜山脉：庐山市 LXP5676，平江县 LXP4191，通山县 LXP2137，武宁县 LXP1430；九岭山脉：安义县 LXP-10-9403，大围山 LXP-10-7783，奉新县 LXP-10-9278，靖安县 LXP-10-492，铜鼓县 LXP-10-8346，万载县 LXP-10-1841，宜丰县 LXP-10-

8623；武功山脉：安福县 LXP-06-3558，大岗山 LXP-06-3652，茶陵县 LXP-13-22958，芦溪县 LXP-06-3305；万洋山脉：炎陵县 LXP-09-10640。

青灰叶下珠 Phyllanthus glaucus Wall. ex Müll. Arg.

灌木。灌丛，疏林，密林；壤土，腐殖土；65~1481 m。幕阜山脉：庐山市 LXP4524，平江县 LXP3790，通山县 LXP6923；九岭山脉：安义县 LXP-10-3604，奉新县 LXP-10-3235，靖安县 LXP-10-4387，上高县 LXP-10-4899，宜春市 LXP-10-1040，宜丰县 LXP-10-4692，醴陵市 LXP-03-09010；武功山脉：茶陵县 LXP-06-1440，樟树市 LXP-10-5080，攸县 LXP-03-08809；万洋山脉：吉安市 LXSM2-6-10128，井冈山 LXP-13-15127，遂川县 LXP-13-16392，炎陵县 LXP-09-06159，永新县 LXP-13-08100，资兴市 LXP-03-05051；诸广山脉：上犹县 LXP-13-12017。

小果叶下珠 Phyllanthus reticulatus Poir.

灌木。山坡，疏林，山谷，路旁；70~830 m。幕阜山脉：平江县 LXP3948，通山县 LXP1698；九岭山脉：奉新县 LXP-10-9022，宜丰县 LXP-10-8498。

叶下珠 Phyllanthus urinaria L.

灌木。山坡，疏林，路旁，山谷；红壤；100~1100 m。幕阜山脉：庐山市 LXP4398，武宁县 LXP1627，平江县 LXP-10-6074；九岭山脉：安义县 LXP-10-10414，大围山 LXP-10-11652，奉新县 LXP-10-10723，靖安县 LXP-10-10001，浏阳市 LXP-10-5897，铜鼓县 LXP-10-13452，万载县 LXP-10-1467，宜春市 LXP-10-864，宜丰县 LXP-10-12720，上高县 LXP-06-6647；武功山脉：安福县 LXP-06-0173，芦溪县 LXP-06-2435，攸县 LXP-06-5203；万洋山脉：炎陵县 LXP-09-00595，永新县 LXP-13-07668，永兴县 LXP-03-04170，资兴市 LXP-03-00169；诸广山脉：崇义县 LXP-03-07244，上犹县 LXP-03-06173。

蜜甘草 Phyllanthus ussuriensis Rupr. et Maxim.

草本。山坡，路旁，疏林，菜地；壤土；100~650 m。幕阜山脉：庐山市 LXP4860，瑞昌市 LXP0014，通山县 LXP1755，武宁县 LXP7909；九岭山脉：大围山 LXP-03-08120，浏阳市 LXP-03-08506；武功山脉：安福县 LXP-06-0176，茶陵县 LXP-06-2002。

黄珠子草 Phyllanthus virgatus Forst. f.
草本。山坡，路旁，草地，疏林；100~500 m。幕阜山脉：平江县 LXP-10-6232；九岭山脉：安义县 LXP-10-10528，大围山 LXP-10-11207，奉新县 LXP-10-10697，靖安县 LXP-10-10000，浏阳市 LXP-10-5809，铜鼓县 LXP-10-13540，万载县 LXP-10-1487，宜春市 LXP-10-997，宜丰县 LXP- 10-12803；万洋山脉：炎陵县 LXP-13-3140，永新县 LXP-QXL-361。

Order 37. 牻牛儿苗目 Geraniales

A212 牻牛儿苗科 Geraniaceae

牻牛儿苗属 Erodium L'Hér. ex Aiton

牻牛儿苗 Erodium stephanianum Willd.
草本。山坡，路旁。幕阜山脉：庐山 s. n. (NAS)。

老鹳草属 Geranium L.

野老鹳草 Geranium carolinianum L.
草本。山坡，疏林，路旁，村边；红壤；50~900 m。幕阜山脉：庐山市 LXP5674，武宁县 LXP1077；九岭山脉：安义县 LXP-10-3657，大围山 LXP-10-7926，奉新县 LXP-10-3255，靖安县 LXP-10-4562，七星岭 LXP-10-8220，上高县 LXP-10-4926，铜鼓县 LXP-10-8242，宜丰县 LXP-10-4681；武功山脉：茶陵县 LXP-13-22928，安福县 LXP-06-3514，明月山 LXP-06-4950，安仁县 LXP-03-01494，樟树市 LXP-10-5073，分宜县 LXP-10-5135；万洋山脉：井冈山 LXP-13-18884，遂川县 LXP-13-17229，资兴市 LXP-03-03520。

尼泊尔老鹳草 Geranium nepalense Sweet
草本。山坡，路旁，灌丛，山谷，疏林，溪边；壤土；650~1700 m。九岭山脉：大围山 LXP-10-5252；万洋山脉：井冈山 JGS-293，炎陵县 LXP-09-06007，资兴市 LXP-03-05183；诸广山脉：上犹县 LXP-13-12470，崇义县 LXP-13-13081。

中日老鹳草 Geranium nepalense var. thunbergii (Sieb. et Zucc.) Kudô
草本。山谷，路旁，疏林，阴处；壤土；250~800 m。九岭山脉：奉新县 LXP-10-10564，铜鼓县 LXP-10-7163，宜丰县 LXP-10-7306；万洋山脉：井冈山 JGS-422，遂川县 LXP-13-7136，炎陵县 LXP-13-3238。

鼠掌老鹳草 Geranium sibiricum L.
草本。山坡，草地；900~1200 m。幕阜山脉：庐山 关克俭 74193(PE)。

老鹳草 Geranium wilfordii Maxim.
草本。平地，路旁，山坡，疏林；黄壤；550~1500 m。幕阜山脉：庐山市 LXP4595，瑞昌市 LXP0162，通山县 LXP7671，修水县 LXP2717；九岭山脉：大围山 LXP-10-11961；武功山脉：莲花县 LXP-GTY-058；万洋山脉：井冈山 LXP-13-0415，炎陵县 LXP-09-06205，宜春市 LXP-13-10573；诸广山脉：上犹县 LXP-03-07076。

Order 38. 桃金娘目 Myrtales

A214 使君子科 Combretaceae

风车子属 Combretum Loefl.

风车子 Combretum alfredii Hance
藤本。山谷，疏林；200~700 m。诸广山脉：齐云山 075078（刘小明等，2010）。

使君子属 Quisqualis L.

*使君子 Quisqualis indica L.
藤本。山谷，疏林；壤土。栽培。诸广山脉：上犹县 LXP-13-12637。

A215 千屈菜科 Lythraceae

水苋菜属 Ammannia L.

耳基水苋 Ammannia auriculata Willd. [Ammannia arenaria H. B. K.]
草本。湖边；20-50 m。幕阜山脉：九江市 董安淼和吴丛梅 TanCM3581(KUN)。

水苋菜 Ammannia baccifera L.
草本。路旁；壤土；157 m。武功山脉：安福县 LXP-06-8469。

多花水苋 Ammannia multiflora Roxb.
草本。罗霄山脉可能有分布，未见标本。

萼距花属 *Cuphea* Adans. ex P. Br.

*小叶萼距花 Cuphea hyssopifolia H. B. K.

灌木。山谷，疏林，路旁；腐殖土；215 m。栽培。诸广山脉：上犹县 LXP-03-06255。

紫薇属 *Lagerstroemia* L.

尾叶紫薇 Lagerstroemia caudata Chun et How ex S. Lee et L. Lan

乔木。山谷，疏林，溪边；壤土；300~1000 m。诸广山脉：上犹县 LXP-13-12445。

紫薇 Lagerstroemia indica L.

灌木。山坡，疏林，路旁，阳处；红壤；80~800 m。幕阜山脉：庐山市 LXP5044，平江县 LXP-10-5957；九岭山脉：安义县 LXP-10-10433，大围山 LXP-10-11808，靖安县 LXP-10-10399，万载县 LXP-10-1390，宜春市 LXP-10-953，上高县 LXP-06-7657；武功山脉：安福县 LXP-06-0153，茶陵县 LXP-06-1992；万洋山脉：永兴县 LXP-03-04333，资兴市 LXP-03-00144；诸广山脉：上犹县 LXP-13-12665。

南紫薇 Lagerstroemia subcostata Koehne

乔木。山谷，疏林，密林，溪边；壤土；400~1200 m。九岭山脉：奉新县 LXP-10-4193；万洋山脉：井冈山 JGS-2222，永新县 LXP-13-19572；诸广山脉：上犹县 LXP-13-13011。

千屈菜属 *Lythrum* L.

千屈菜 Lythrum salicaria L.

草本。山脚，路旁；150 m。幕阜山脉：庐山 董安淼 TCM09017(JJF)。

石榴属 *Punica* L.

*石榴 Punica granatum L.

灌木。山谷，路旁，疏林，阳处；200 m。栽培。九岭山脉：宜春市 LXP-10-969。

节节菜属 *Rotala* L.

节节菜 Rotala indica (Willd.) Koehne

草本。平地，路旁，山谷，河边，阳处；红壤；300~500 m。万洋山脉：井冈山 JGS-1304039，炎陵县 LXP-09-09070；诸广山脉：崇义县 LXP-13-13098。

圆叶节节菜 Rotala rotundifolia (Buch.-Ham. ex Roxb.) Koehne

草本。山谷，疏林，溪边，草地，阳处；100~300 m。九岭山脉：奉新县 LXP-10-3380、LXP-10-3521，浏阳市 LXP-10-5863，万载县 LXP-10-1832。

菱属 *Trapa* L.

细果野菱 Trapa incisa Sieb. et Zucc.

草本。湿地，池塘；50~100 m。武功山脉：宜春市分宜县普查队 360521330727599LY(JXCM)。

欧菱 Trapa natans L.

草本。平地，草地，池塘边；254 m。万洋山脉：永新县 LXP-13-19121。

A216 柳叶菜科 Onagraceae

露珠草属 *Circaea* L.

高原露珠草 Circaea alpina subsp. **imaicola** (Asch. et Mag.) Kitamura

草本。山谷，疏林；900~1300 m。幕阜山脉：庐山 熊耀国 06731(LBG)。

露珠草 Circaea cordata Royle

草本。山坡，路旁，疏林，溪边，阴处；黄壤；200~1500 m。九岭山脉：大围山 LXP-10-12003、LXP-10-5302，宜春市 LXP-10-863，宜丰县 LXP-10-13371、LXP-10-2747，靖安县 LXP2470；武功山脉：莲花县 LXP-GTY-073、LXP-GTY-252，玉京山 LXP-10-1351；万洋山脉：井冈山 LXP-13-05894，炎陵县 LXP-09-00639、LXP-09-06178；诸广山脉：桂东县 LXP-13-09226。

谷蓼 Circaea erubescens Franch. et Savat.

草本。山坡，平地，疏林，密林，灌丛，路旁，阴处；黄壤；300~1500 m。幕阜山脉：庐山市 LXP5403，武宁县 LXP7930，修水县 LXP3273；九岭山脉：七星岭 LXP-10-11852；武功山脉：安福县 LXP-06-0075、LXP-06-6879，茶陵县 LXP-06-1666，明月山 LXP-06-7845，攸县 LXP-06-5466、LXP-06-6169；万洋山脉：井冈山 JGS-020，炎陵县 DY1-1031、LXP-13-3072。

水珠草 Circaea lutetiana L.

草本。山谷，密林，路旁，溪边；壤土；1382 m。诸广山脉：上犹县 LXP-03-06542。

南方露珠草 Circaea mollis Sieb. et Zucc.

草本。山坡，山谷，路旁，密林，溪边，阴处；壤土，腐殖土；150~1600 m。幕阜山脉：通山县 LXP7439，武宁县 LXP7948，修水县 LXP0343；九岭山脉：大围山 LXP-10-11274，奉新县 LXP-10-10565，靖安县 LXP-10-254，铜鼓县 LXP-10-13471，万载县 LXP-10-1696，宜丰县 LXP-10-12758；武功山脉：莲花县 LXP-GTY-344；万洋山脉：井冈山 LXP-13-0459，遂川县 LXP-13-7007，炎陵县 LXP-09-00168，资兴市 LXP-03-00171；诸广山脉：崇义县 LXP-03-07361。

葡匐露珠草 Circaea repens Wallich ex Asch. et Magnus

草本。山坡，草地；壤土。万洋山脉：炎陵县 LXP-13-4211。

柳叶菜属 *Epilobium* L.

光滑柳叶菜 Epilobium amurense subsp. **cephalostigma** (Hausskn.) C. J. Chen

草本。山顶，山坡，草地，路旁；壤土；2103 m。武功山脉：芦溪县 LXP-13-03524；万洋山脉：炎陵县 LXP-13-22925，永新县 LXP-QXL-845。

毛脉柳兰 Epilobium angustifolium subsp. **circumvagum** Mosquin

草本。山坡，路旁，山谷，溪边；黄壤；400~1200 m。万洋山脉：吉安市 LXSM2-6-10023。

腺茎柳叶菜 Epilobium brevifolium subsp. **trichoneurum** (Hausskn.) Raven

草本。山谷，疏林，溪边，阳处；腐殖土；454 m。万洋山脉：炎陵县 DY2-1025，永新县 LXP-13-19212。

柳叶菜 Epilobium hirsutum L.

草本。山坡，平地，疏林，溪边，草地，石上；黄壤，腐殖土；80~1200 m。武功山脉：安福县 LXP-06-5714，茶陵县 LXP-06-1390，攸县 LXP-06-5366；万洋山脉：炎陵县 DY3-1046；诸广山脉：上犹县 LXP-13-19359A。

小花柳叶菜 Epilobium parviflorum Schreber

草本。山坡，路旁，平地；红壤；120~800 m。武功山脉：安福县 LXP-06-3126，攸县 LXP-06-6013，袁州区 LXP-06-6688；万洋山脉：井冈山 LXP-06-7193。

长籽柳叶菜 Epilobium pyrricholophum Franch. et Savat.

草本。山坡，路旁，疏林，草地，溪边，石上；红壤，沙土；200~2000 m。幕阜山脉：通山县 LXP6779，修水县 LXP2373；九岭山脉：靖安县 LXP2445，大围山 LXP-10-11534，奉新县 LXP-10-10868，七星岭 LXP-10-11421，宜春市 LXP-10-913；武功山脉：安福县 LXP-06-0388，芦溪县 LXP-06-1781；万洋山脉：井冈山 JGS-534，遂川县 LXP-13-24802，炎陵县 LXP-09-06069，资兴市 LXP-03-05004；诸广山脉：桂东县 LXP-13-09066，崇义县 LXP-03-05917。

山桃草属 *Gaura* L.

***山桃草 Gaura lindheimeri** Engelm. et Gray

草本。山坡，路边。栽培或逸生。九岭山脉：永修县 赖书坤等 4406(NAS)。

丁香蓼属 *Ludwigia* L.

水龙 Ludwigia adscendens (L.) Hara

草本。山谷，路旁，草地，河边；壤土；100~200 m。九岭山脉：铜鼓县 LXP-10-13565；武功山脉：安福县 LXP-06-0301。

假柳叶菜 Ludwigia epilobioides Maxim.

草本。山谷，路旁，疏林，草地，溪边，壤土；100~700 m。九岭山脉：上高县 LXP-06-6530；武功山脉：安福县 LXP-06-2156，芦溪县 LXP-06-2376，明月山 LXP-06-7989，宜春市 LXP-06-8866，攸县 LXP-06-5403；万洋山脉：井冈山 JGS-496，炎陵县 LXP-13-3481。

草龙 Ludwigia hyssopifolia (G. Don) Exell

草本。山谷，疏林，溪边，阳处；沙土；300~800 m。武功山脉：明月山 LXP-13-10660；诸广山脉：崇义县 LXP-13-24351。

毛草龙 Ludwigia octovalvis (Jacq.) Raven

草本。路旁，草地；480 m。诸广山脉：崇义县 聂敏祥等 9002(KUN)。

卵叶丁香蓼 Ludwigia ovalis Miq.

草本。水塘，草丛；120 m。幕阜山脉：九江市 董安淼和吴从梅 TanCM1027(KUN)。

黄花水龙 Ludwigia peploides subsp. **stipulacea** (Ohwi) Raven

草本。山谷，沟边；250 m。万洋山脉：永新县 赖书坤 1148(PE)。

丁香蓼 Ludwigia prostrata Roxb.

草本。山坡，山顶，疏林，草地，溪边，村边；石灰岩，沙土；150~1200 m。幕阜山脉：平江县 LXP-10-6179；九岭山脉：安义县 LXP-10-10419，万载县 LXP-13-10934，大围山 LXP-10-11123，奉新县 LXP-10-10865，靖安县 LXP-10-10299，浏阳市 LXP-10-5889，铜鼓县 LXP-10-7250；万洋山脉：炎陵县 LXP-13-4527；诸广山脉：桂东县 LXP-03-00490。

月见草属 Oenothera L.

月见草 Oenothera biennis L.

草本。平地，路旁，山坡，疏林，阳处；900~1200 m。幕阜山脉：庐山市 LXP4677，通山县 LXP7131。

A218 桃金娘科 Myrtaceae

岗松属 Baeckea L.

岗松 Baeckea frutescens L.

灌木。罗霄山脉可能有分布，未见标本。

桉属 Eucalyptus L'Hér.

***细叶桉 Eucalyptus tereticornis** Smith

乔木。山坡，灌丛，溪边；黄壤；206 m。栽培。武功山脉：茶陵县 LXP-06-1958。

桃金娘属 Rhodomyrtus (DC.) Rchb.

桃金娘 Rhodomyrtus tomentosa (Ait.) Hassk.

灌木。山坡，路旁，灌丛；200~500 m。诸广山脉：齐云山 075375（刘小明等，2010）。

蒲桃属 Syzygium Gaertn.

华南蒲桃 Syzygium austrosinense Chang et Miau

乔木。山坡，灌丛，密林；腐殖土；542 m。诸广

山脉：上犹县 LXP-13-25196。

赤楠 Syzygium buxifolium Hook. et Arn.

灌木。山坡，山顶，灌丛，疏林，密林，溪边，阳处；石灰岩，黄壤，腐殖土；100~1700 m。幕阜山脉：庐山市 LXP4733，修水县 LXP2790；九岭山脉：靖安县 LXP-10-10068，万载县 LXP-10-1540，宜春市 LXP-10-1063，宜丰县 LXP-10-13155；武功山脉：莲花县 LXP-GTY-398，芦溪县 LXP-13-8284，安福县 LXP-06-0305，攸县 LXP-06-5346；万洋山脉：井冈山 JGS-203，遂川县 LXP-13-18114，炎陵县 LXP-09-07901，永新县 LXP-13-08140；诸广山脉：桂东县 LXP-13-25316，上犹县 LXP-13-12009，崇义县 LXP-03-05925。

轮叶蒲桃 Syzygium grijsii (Hance) Merr. et Perry

灌木。山坡，丘陵，路旁，疏林，密林，阴处；腐殖土，黄壤；90~1000 m。幕阜山脉：庐山市 LXP4560，武宁县 LXP0545，平江县 LXP-10-6132；九岭山脉：安义县 LXP-10-10405，靖安县 LXP-10-10321，上高县 LXP-10-4910；武功山脉：明月山 LXP-13-10699；万洋山脉：遂川县 LXP-13-16321，炎陵县 LXP-09-00139，永新县 LXP-13-08194；诸广山脉：上犹县 LXP-13-12969，崇义县 LXP-13-24422，桂东县 LXP-13-22653。

A219 野牡丹科 Melastomataceae

棱果花属 Barthea Hook. f.

棱果花 Barthea barthei (Hance ex Benth.) Krasser

灌木。山谷，疏林，溪边；沙土；992 m。诸广山脉：桂东县 LXP-13-22717。

柏拉木属 Blastus Lour.

线萼金花树 Blastus apricus (Hand.-Mazz.) H. L. Li

灌木。山坡，路旁，疏林，密林，溪边，阳处，阴处；沙土，腐殖土，红壤；300~1000 m。九岭山脉：靖安县 JLS-2012-042a；万洋山脉：井冈山 JGS-45102，遂川县 LXP-13-09352，炎陵县 LXP-09-07272；诸广山脉：桂东县 LXP-03-02664。

柏拉木 Blastus cochinchinensis Lour.

灌木。山谷，路旁，疏林，溪边；红壤，沙土；100~

1700 m。万洋山脉：永兴县 LXP-03-03979；诸广山脉：崇义县 LXP-03-05852，桂东县 LXP-03-02544，上犹县 LXP-03-06039。

金花树 Blastus dunnianus Lévl.

灌木。山谷，路旁，密林，疏林，溪边，阴处；壤土；150~1200 m。九岭山脉：靖安县 LXP-10-134；万洋山脉：井冈山 JGS-004，炎陵县 LXP-09-00236，资兴市 LXP-03-00156；诸广山脉：桂东县 JGS-A137，崇义县 LXP-03-05617。

留行草 Blastus ernae Hand.-Mazz.

灌木。路旁，山谷，疏林，溪边；300~900 m。万洋山脉：井冈山 JGS-1214、LXP-13-18740，遂川县 LXP-13-7120，炎陵县 LXP-09-08327；诸广山脉：上犹县 LXP-13-12350、LXP-13-12664。

少花柏拉木 Blastus pauciflorus (Benth.) Guillaum.

灌木。山谷，路旁，疏林，溪边，石上；腐殖土；400~1900 m。万洋山脉：井冈山 JGS-439，遂川县 LXP-13-23770，炎陵县 LXP-09-06254；诸广山脉：桂东县 LXP-13-22665，上犹县 LXP-13-12989。

野海棠属 *Bredia* Blume

张氏野海棠 Bredia changii W. Y. Zhao, X. H. Zhan et W. B. Liao

草本。山谷，阴湿石壁；400~800 m。万洋山脉：炎陵县 LXP-13-26049；诸广山脉：五指峰 Anonymous (70)509 (PE)。

叶底红 Bredia fordii (Hance) Diels

草本。山谷，路旁；红壤；130~500 m。武功山脉：芦溪县 LXP-13-03657。

桂东锦香草 Bredia guidongensis (K. M. Liu et J. Tian) R. Zhou et Ying Liu [*Phyllagathis guidongensis* K. M. Liu et J. Tian]

草本。山谷，路旁，疏林，溪边；沙土，红壤；791 m。诸广山脉：桂东县 LXP-13-22565、LXP-13-22626，崇义县 LXP-03-05608、LXP-03-10107。

长萼野海棠 Bredia longiloba (Hand.-Mazz.) Diels

草本。山谷，路旁；400~700 m。九岭山脉：铜鼓县 庐山植物园科考队 DTG20040248(PE)。

异药花属 *Fordiophyton* Stapf

异药花 Fordiophyton faberi Stapf [肥肉草 *Fordiophyton fordii* (Oliv.) Krass.]

草本。山坡，路旁，疏林，密林，溪边；黄壤，腐殖土；270~1700 m。幕阜山脉：庐山市 LXP4625；九岭山脉：大围山 LXP-10-11254、LXP-10-11389，奉新县 LXP-10-10557、LXP-10-11107，靖安县 LXP-10-258、LXP-10-9609，铜鼓县 LXP-10-6973，万载县 LXP-10-2133，宜丰县 LXP-10-13079、LXP-10-2505；武功山脉：安福县 LXP-06-0352，茶陵县 LXP-06-1584，芦溪县 LXP-06-1715、LXP-06-1775；万洋山脉：井冈山 LXP-13-0417、LXP-13-04619，遂川县 LXP-13-7303、LXP-13-17394，炎陵县 DY1-1119、LXP-13-4355，永新县 LXP-13-08041、LXP-QXL-403、LXP-QXL-489；诸广山脉：上犹县 LXP-03-07008、LXP-03-06845。

野牡丹属 *Melastoma* L.

地菍 Melastoma dodecandrum Lour.

草本。山坡，山顶，路旁，草地，疏林，密林，溪边；黄壤，腐殖土；150~1600 m。幕阜山脉：庐山市 LXP4667，修水县 LXP0872，平江县 LXP-10-5963；九岭山脉：大围山 LXP-10-11734，奉新县 LXP-10-10799，靖安县 LXP-10-10146，浏阳市 LXP-10-5769，铜鼓县 LXP-10-13511，万载县 LXP-10-1900，宜春市 LXP-10-1071，宜丰县 LXP-10-12774；武功山脉：莲花县 LXP-GTY-132，安福县 LXP-06-0009，茶陵县 LXP-06-1836，攸县 LXP-06-5282，安仁县 LXP-03-01382；万洋山脉：井冈山 JGS-037，遂川县 LXP-13-7115，炎陵县 DY2-1078，永新县 LXP-13-08150，永兴县 LXP-03-03846，资兴市 LXP-03-00148；诸广山脉：崇义县 LXP-13-24298，桂东县 LXP-03-00775，上犹县 LXP-13-12394。

野牡丹 Melastoma malabathricum L.

灌木。山坡，灌丛，路旁；200~700 m。诸广山脉：齐云山 0153（刘小明等，2010）。

金锦香属 *Osbeckia* L.

金锦香 Osbeckia chinensis L.

草本。路旁，村边，山坡，草地，疏林；130~750 m。幕阜山脉：庐山市 LXP6040，修水县 LXP0249、

LXP3041；九岭山脉：奉新县 LXP-10-10641、LXP-10-10765，靖安县 LXP-10-9897；武功山脉：芦溪县 LXP-13-03570、LXP-13-03632，安福县 LXP-06-0330、LXP-06-2631，明月山 LXP-06-7777，攸县 LXP-06-6134；万洋山脉：永新县 LXP-QXL-664、LXP-QXL-746。

朝天罐 Osbeckia opipara C. Y. Wu et C. Chen

灌木。山谷，路旁，疏林，灌丛，溪边，沼泽；壤土，沙土；200~1400 m。九岭山脉：奉新县 LXP-10-13884，宜春市 LXP-10-973；万洋山脉：遂川县 LXP-13-16694；诸广山脉：崇义县 LXP-03-04890，桂东县 LXP-03-02592，上犹县 LXP-03-06038、LXP-03-10357。

星毛金锦香 Osbeckia stellata Buchanan-Hamilton ex Kew Gawler

草本。山坡，疏林；壤土；218.3 m。武功山脉：安福县 LXP-06-0619。

锦香草属 *Phyllagathis* Blume

锦香草 Phyllagathis cavaleriei (Lévl. et Vant.) Guillaum.

草本。山坡，石上，疏林，密林，河边，阳处；腐殖土，壤土，沙土；300~1400 m。武功山脉：芦溪县 LXP-13-03695、LXP-13-09741，茶陵县 LXP-06-1909；万洋山脉：井冈山 LXP-13-24070，遂川县 LXP-13-09373、LXP-13-23771，炎陵县 LXP-09-00005、LXP-09-06292，永新县 LXP-13-07695、LXP-13-19237，资兴市 LXP-03-00233、LXP-03-05085；诸广山脉：上犹县 LXP-13-12351，崇义县 LXP-03-04932、LXP-03-05713。

短毛熊巴掌 Phyllagathis cavaleriei var. **tankahkeei** (Merr.) C. Y. Wu ex C. Chen

草本。山坡，路旁，疏林，溪边；壤土；650~2000 m。万洋山脉：井冈山 LXP-13-0367，遂川县 LXP-13-7128、LXP-13-7387。

肉穗草属 *Sarcopyramis* Wall.

肉穗草 Sarcopyramis bodinieri Lévl. et Vant.

草本。山坡，路旁，疏林，密林，溪边，阴处；壤土；365~1100 m。幕阜山脉：庐山市 LXP4494、LXP4496，通山县 LXP7603；万洋山脉：井冈山 LXP-

13-24103，炎陵县 LXP-09-07554、LXP-13-23947，资兴市 LXP-03-00337；诸广山脉：桂东县 LXP-13-09108，崇义县 LXP-03-04933、LXP-03-00826。

东方肉穗草 Sarcopyramis bodinieri var. **delicata** (C. B. Robins.) C. Chen

草本。山谷，路旁，密林，河边；腐殖土；440~1300 m。武功山脉：芦溪县 LXP-13-09698。

楮头红 Sarcopyramis napalensis Wall.

草本。山坡，平地，路旁，疏林，密林；壤土；900~1500 m。幕阜山脉：通山县 LXP7129；武功山脉：安福县 LXP-06-0103，芦溪县 LXP-06-2790；诸广山脉：上犹县 LXP-03-07040。

蜂斗草属 *Sonerila* Roxb.

三蕊草 Sonerila tenera *Royle*

草本。山坡，林缘；350 m。武功山脉：大岗山 姚淦等 9277(NAS)。

鸭脚茶属 *Tashiroea* Matsum. ex T. Itô et Matsum.

过路惊 Tashiroea quadrangularis (Cogn.) R. Zhou et Ying Liu [*Bredia quadrangularis* Cogn.]

草本。山坡，山顶，密林，疏林，灌丛，溪边，阴处；腐殖土，黄壤；400~1400 m。幕阜山脉：修水县 LXP0288；万洋山脉：吉安市 LXSM2-6-10059，井冈山 LXP-13-5706，炎陵县 LXP-13-3308、LXP-13-4263、LXP-13-5592，永新县 LXP-13-08147、LXP-QXL-683；诸广山脉：上犹县 LXP-13-12587、LXP-13-25135，崇义县 LXP-13-13119、LXP-13-24152，桂东县 LXP-03-04886、LXP-03-02507。

毛柄锦香草 Tashiroea oligotricha (Merr.) R. Zhou et Ying Liu [*Phyllagathis oligotricha* Merr.]

草本。平地，路旁；壤土；602.4 m。武功山脉：安福县 LXP-06-1320。

Order 39. 缨子木目 Crossosomatales

A226 省沽油科 Staphyleaceae

野鸦椿属 *Euscaphis* Sieb. et Zucc.

福建野鸦椿 Euscaphis fukienensis Hsu

乔木。山谷；壤土；230 m。武功山脉：安福县

LXP-06-0954、LXP-06-0956。

野鸦椿 Euscaphis japonica (Thunb.) Dippel

乔木。山坡，平地，路旁，疏林，密林，灌丛，溪边，阴处；红壤；130~1800 m。幕阜山脉：庐山市 LXP5098、LXP5679，平江县 LXP3655、LXP4222，瑞昌市 LXP0039、LXP0081，通城县 LXP4144，通山县 LXP1867、LXP2016，武宁县 LXP0379、LXP0568、LXP1025，修水县 LXP2532、LXP2770；九岭山脉：安义县 LXP-10-10493、LXP-10-3613，大围山 LXP-10-11373、LXP-10-11637，奉新县 LXP-10-10700、LXP-10-10911，靖安县 LXP-10-10134、LXP-10-10272，七星岭 LXP-10-8135，铜鼓县 LXP-10-13507、LXP-10-6886，万载县 LXP-10-1591、LXP-10-1903，宜春市 LXP-10-870，宜丰县 LXP-10-12909、LXP-10-2257；武功山脉：安福县 LXP-06-0097、LXP-06-0182，茶陵县 LXP-06-1892，分宜县 LXP-06-2367，芦溪县 LXP-06-1744、LXP-06-2077，明月山 LXP-06-4664、LXP-06-4974，攸县 LXP-06-5492，玉京山 LXP-10-1305，安仁县 LXP-03-01480、LXP-03-01522；万洋山脉：井冈山 JGS-A025，遂川县 LXP-13-17692、LXP-13-17859，炎陵县 DY1-1048、DY2-1037，永新县 LXP-13-08070、LXP-13-19599，永兴县 LXP-03-03867、LXP-03-03900，资兴市 LXP-03-03743；诸广山脉：上犹县 LXP-13-12018、LXP-13-18931，崇义县 LXP-03-04919、LXP-03-05934。

省沽油属 Staphylea L.

省沽油 Staphylea bumalda DC.

灌木。山坡，灌丛；1348 m。幕阜山脉：通山县 LXP1240。

膀胱果 Staphylea holocarpa Hemsl.

灌木。山谷，疏林；850 m。幕阜山脉：庐山 谭金铭 95490(HHBG)。

山香圆属 Turpinia Vent.

硬毛山香圆 Turpinia affinis Merr. et Perry

灌木。山坡，灌丛；壤土；319 m。武功山脉：安福县 LXP-06-3574。

锐尖山香圆 Turpinia arguta (Lindl.) Seem.

灌木。山坡，山顶，疏林，密林，路旁，灌丛，溪边，阴处，阳处；腐殖土，红壤；150~1800 m。幕阜山脉：通山县 LXP2205，修水县 LXP0878、LXP2390；九岭山脉：奉新县 LXP-10-10859、LXP-10-4158，靖安县 LXP-10-379、LXP-10-4383，铜鼓县 LXP-10-7151，万载县 LXP-10-1550、LXP-10-1719，宜丰县 LXP-10-12750、LXP-10-13220，上高县 LXP-06-7584；武功山脉：安福县 LXP-06-0258、LXP-06-0531，茶陵县 LXP-06-1476、LXP-06-1669，芦溪县 LXP-06-1115、LXP-06-1708，明月山 LXP-06-4846、LXP-06-4857，宜春市 LXP-06-2675、LXP-06-2754，攸县 LXP-06-1619；万洋山脉：吉安市 LXSM2-6-10104，炎陵县 LXP-09-07291、LXP-09-07320，永新县 LXP-13-07693、LXP-QXL-455，永兴县 LXP-03-04400、LXP-03-08668；诸广山脉：崇义县 LXP-13-13078，桂东县 LXP-03-02739、LXP-03-06567，上犹县 LXP-13-12381、LXP-13-12827。

绒毛锐尖山香圆 Turpinia arguta var. **pubescens** T. Z. Hsu

乔木。万洋山脉：井冈山 JGS-083。

山香圆 Turpinia montana (Bl.) Kurz.

灌木。山谷，疏林，路旁，密林，阴处；红壤；200~750 m。九岭山脉：大围山 LXP-10-8011，奉新县 LXP-10-9172，宜丰县 LXP-10-8598；万洋山脉：永兴县 LXP-03-03980。

A228 旌节花科 Stachyuraceae

旌节花属 Stachyurus Sieb. et Zucc.

中国旌节花 Stachyurus chinensis Franch.

灌木。山坡，山顶，山沟，路旁，疏林，溪边，灌丛，密林，阴处；腐殖土，红壤；220~1530 m。幕阜山脉：庐山市 LXP4563，平江县 LXP3595、LXP3713，通城县 LXP4140，通山县 LXP1144、LXP1818，武宁县 LXP0389、LXP5582，修水县 LXP3361；九岭山脉：靖安县 LXP2490，奉新县 LXP-10-10611、LXP-10-13930，铜鼓县 LXP-10-7102，宜丰县 LXP-10-13090、LXP-10-13406；武功山脉：茶陵县 LXP-09-10353；万洋山脉：井冈山 JGS4016，遂川县 LXP-13-16993、LXP-13-17431，炎陵县 LXP-09-00187、LXP-09-00278，永新县 LXP-13-07639、LXP-13-07769，永兴县 LXP-03-04099、LXP-03-04160，资兴市 LXP-03-03612、

LXP-03-03777；诸广山脉：崇义县 LXP-03-04912、LXP-03-05673，上犹县 LXP-13-12078、LXP-13-12289，桂东县 LXP-03-00856、LXP-03-02636。

西域旌节花 Stachyurus himalaicus Hook. f. et Thoms. ex Benth.

灌木。山坡，路旁，山谷，疏林，灌丛，溪边，阴处；红壤，沙土，腐殖土；430~1200 m。幕阜山脉：通山县 LXP7563；九岭山脉：铜鼓县 LXP-10-6576，宜丰县 LXP-10-2937；武功山脉：安福县 LXP-06-0479、LXP-06-3564，芦溪县 LXP-06-2090、LXP-06-9083，明月山 LXP-06-4523、LXP-06-4628，宜春市 LXP-06-2733，攸县 LXP-06-6177，玉京山 LXP-10-1324；万洋山脉：井冈山 LXP-13-0356，遂川县 LXP-13-16475、LXP-13-16978，炎陵县 DY1-1084、LXP-09-07611，永新县 LXP-13-19823；诸广山脉：桂东县 LXP-13-09233、LXP-13-22600，崇义县 LXP-03-05720、LXP-03-00804，上犹县 LXP-13-12149。

Order 41. 腺椒树目 Huerteales

A233 瘿椒树科 Tapisciaceae

瘿椒树属 *Tapiscia* Oliv.

瘿椒树 Tapiscia sinensis Oliv.

乔木。山坡，密林，疏林，溪边，阳处；壤土，沙土；290~1820 m。幕阜山脉：通山县 LXP2178、LXP7332；九岭山脉：宜丰县 LXP-10-12973、LXP-10-2207；武功山脉：分宜县 LXP-06-9639；万洋山脉：遂川县 LXP-13-09329、LXP-13-17457，炎陵县 LXP-09-07260、LXP-09-07625。

Order 42. 无患子目 Sapindales

A239 漆树科 Anacardiaceae

南酸枣属 *Choerospondias* B. L. Burtt et A. W. Hill

南酸枣 Choerospondias axillaris (Roxb.) Burtt et Hill.

乔木。山谷，路旁，密林，疏林，溪边，阳处；腐殖土，壤土；150~1110 m。九岭山脉：靖安县 LXP-10-4596，万载县 LXP-10-1408，宜春市 LXP-10-919，宜丰县 LXP-10-8801，大围山 LXP-03-02981、LXP-

03-07717；武功山脉：安福县 LXP-06-0061、LXP-06-0691，明月山 LXP-06-5008；万洋山脉：井冈山 JGS-2151、LXP-13-15453，炎陵县 LXP-09-08752、LXP-13-10534，永新县 LXP-13-07684、LXP-13-07831，资兴市 LXP-03-03619；诸广山脉：崇义县 LXP-03-07300、LXP-03-10974，桂东县 LXP-03-00782、LXP-03-07092，上犹县 LXP-13-12459、LXP-13-10926。

黄连木属 *Pistacia* L.

黄连木 Pistacia chinensis Bunge

乔木。山谷，密林，疏林；壤土；150~1795 m。武功山脉：分宜县 LXP-10-5125，茶陵县 LXP-13-25981，宜春市 LXP-13-10759；万洋山脉：炎陵县 LXP-09-10676。

盐麸木属 *Rhus* Tourn. ex L.

盐麸木 Rhus chinensis Mill.

乔木。山坡，山顶，疏林，路旁，溪边，石上，阳处；红壤，沙土；150~1620 m。幕阜山脉：庐山市 LXP4766、LXP4854，瑞昌市 LXP0033、LXP0058，通山县 LXP7451，平江县 LXP-10-6231；九岭山脉：安义县 LXP-10-10473，大围山 LXP-10-11351、LXP-10-11495，奉新县 LXP-10-10751、LXP-10-14028，靖安县 LXP-10-10075、LXP-10-13659，万载县 LXP-10-1475，宜春市 LXP-10-1091、LXP-10-872，宜丰县 LXP-10-13154、LXP-10-13336、LXP-10-2378；武功山脉：安福县 LXP-06-0606、LXP-06-2296，茶陵县 LXP-06-7155，芦溪县 LXP-06-8802，明月山 LXP-06-7970，攸县 LXP-06-5277、LXP-06-5322；万洋山脉：井冈山 LXP-13-8294、LXP-13-22445，遂川县 LXP-13-11339、LXP-13-10614，永新县 LXP-QXL-785，永兴县 LXP-03-03960；诸广山脉：上犹县 LXP-13-12474、LXP-13-13012，崇义县 LXP-03-05618、LXP-03-07252，桂东县 LXP-03-00802。

白背麸杨 Rhus hypoleuca Champ. ex Benth.

灌木。山谷，疏林；沙土；1559 m。万洋山脉：资兴市 LXP-03-00094。

漆树属 *Toxicodendron* (Tourn.) Mill.

刺果毒漆藤 Toxicodendron radicans subsp. **hispidum** (Engl.) Gillis

藤本。山顶，山坡，路旁，疏林，密林，灌丛；石

灰岩，壤土；1300~1900 m。幕阜山脉：通山县
LXP7315；九岭山脉：大围山 LXP-10-12088、LXP-
10-7636；武功山脉：安福县 LXP-06-9258；万洋山
脉：遂川县 LXP-13-20247、LXP-13-20303，炎陵县
LXP-09-424、LXP-09-6547。

野漆 Toxicodendron succedaneum (L.) O. Kuntze

乔木。山坡，平地，路旁，密林，疏林，灌丛，溪
边；壤土；120~1340 m。幕阜山脉：庐山市 LXP4581，
通山县 LXP2265，武宁县 LXP1435；九岭山脉：大
围山 LXP-03-07934、LXP-03-00501；武功山脉：安
福县 LXP-06-0593、LXP-06-4722，明月山 LXP-06-
4998、LXP-06-5010；万洋山脉：遂川县 LXP-13-
7525，炎陵县 DY2-1159、LXP-09-08149，永兴县
LXP-03-04032、LXP-03-04075，资兴市 LXP-03-
00301；诸广山脉：桂东县 LXP-13-09101，上犹县
LXP-13-12073。

木蜡树 Toxicodendron sylvestre (Sieb. et Zucc.) O. Kuntze

乔木。山坡，平地，路旁，密林，疏林，灌丛，沼
泽，溪边；红壤；210~620 m。九岭山脉：万载县
LXP-13-11261、LXP-13-10750，靖安县 LXP-13-
10062，上高县 LXP-06-4485，奉新县 LXP-06-4024；
武功山脉：安福县 LXP-06-0014、LXP-06-0216，茶
陵县 LXP-06-1547、LXP-06-1837，大岗山 LXP-06-
3635，芦溪县 LXP-06-3326、LXP-06-3466，宜春市
LXP-06-2669；万洋山脉：遂川县 LXP-13-7545，永
新县 LXP-13-08126，资兴市 LXP-03-03756；诸广
山脉：上犹县 LXP-13-12235。

毛漆树 Toxicodendron trichocarpum (Miq.) O. Kuntze

乔木。山谷，平地，疏林，灌丛，村边，路旁，阳
处；壤土，腐殖土；150~1607 m。幕阜山脉：武宁县
LXP0594、LXP1288；武功山脉：安福县 LXP-06-
9240；万洋山脉：井冈山 LXP-13-15418、LXP-13-
15419，遂川县 LXP-13-23480，炎陵县 LXP-09-387、
LXP-13-24895，永新县 LXP-13-19397。

漆 Toxicodendron vernicifluum (Stokes) F. A. Barkl.

乔木。山坡，山顶，平地，疏林，密林，灌丛，路
旁，溪边，阳处；腐殖土，壤土；151~1891 m。幕
阜山脉：平江县 LXP3529，通山县 LXP2042，武宁
县 LXP1681；九岭山脉：靖安县 LXP-13-10062；

万洋山脉：井冈山 LXP-13-15418，遂川县 LXP-13-
23684，炎陵县 LXP-09-08755，永新县 LXP-QXL-
158，永兴县 LXP-03-03869，资兴市 LXP-03-00274、
LXP-03-03571；诸广山脉：桂东县 LXP-03-00783、
LXP-03-06295，上犹县 LXP-13-12562。

A240 无患子科 Sapindaceae

槭属 *Acer* L.

锐角槭 Acer acutum Fang

乔木。山坡，疏林；105 m。幕阜山脉：武宁县 张
吉华和张东红 TanCM3444(KUN)。

阔叶槭 Acer amplum Rehd.

乔木。山坡，山顶，疏林，密林，路旁，河边，阳
处；壤土，腐殖土；270~1300 m。幕阜山脉：平江
县 LXP3958，武宁县 LXP0532；九岭山脉：大围山
LXP-10-12008，奉新县 LXP-10-10616，宜丰县 LXP-
10-2394；武功山脉：安福县 LXP-06-2812；万洋山
脉：井冈山 LXP-13-5739，炎陵县 LXP-13-24866。

天台阔叶槭 Acer amplum var. **tientaiense** (Schneid.) Rehd.

乔木。山坡，路旁，疏林；900~1400 m。武功山脉：
武功山 江西调查队 1665(PE)。

三角槭 Acer buergerianum Miq.

乔木。山谷，疏林，路旁；红壤；784.7 m。诸广山
脉：崇义县 LXP-03-05792。

九江三角槭 Acer buergerianum var. **jiujiangense** Z. X. Yu

乔木。山脚，村边；100~200 m。幕阜山脉：谭策
铭，金盘小陈 99048(JJF)。

紫果槭 Acer cordatum Pax

乔木。平地，山坡，山顶，疏林，密林，石上，村
边，溪边，阳处；腐殖土，壤土；230~1250 m。幕
阜山脉：通山县 LXP5955，修水县 LXP3092；九岭
山脉：靖安县 LXP-10-377，铜鼓县 LXP-10-7052，
宜丰县 LXP-10-2791；武功山脉：芦溪县 LXP-06-
1734，明月山 LXP-06-4869，宜春市 LXP-06-2684，
攸县 LXP-03-07614；万洋山脉：井冈山 JGS-031、
JGS4130，遂川县 LXP-13-17281、LXP-13-18161，
炎陵县 LXP-09-00052、LXP-09-07157，永新县 LXP-

13-07992；诸广山脉：上犹县 LXP-13-12567，桂东县 JGS-A167。

两型叶紫果枫 Acer cordatum var. **dimorphifolium** (F. P. Metcalf) Y. S. Chen

灌木。岩壁，路旁；1340 m。万洋山脉：井冈山 JGS-350。

樟叶槭 Acer coriaceifolium Lévl.

乔木。山坡，路旁，疏林，山谷，密林；150~300 m。九岭山脉：万载县 LXP-10-1441，宜丰县 LXP-10-8943。

青榨槭 Acer davidii Franch.

乔木。山谷，平地，疏林，密林，路旁，石上，溪边，阴处，阳处；沙土，腐殖土，红壤，石灰岩；190~1400 m。幕阜山脉：平江县 LXP3661，通山县 LXP1923，武宁县 LXP1507；九岭山脉：大围山 LXP-10-11334，奉新县 LXP-10-10627，靖安县 LXP-10-10122，七星岭 LXP-10-8168，铜鼓县 LXP-10-6630，宜丰县 LXP-10-2312，浏阳市 LXP-03-08441；武功山脉：安福县 LXP-06-0362，茶陵县 LXP-06-1510，芦溪县 LXP-06-1735，明月山 LXP-06-4602，宜春市 LXP-06-2671，玉京山 LXP-10-1354，安仁县 LXP-03-01406，攸县 LXP-03-08974；万洋山脉：井冈山 JGS-012，遂川县 400147015，炎陵县 DY2-1258，永新县 LXP-13-07973，永兴县 LXP-03-04040，资兴市 LXP-03-03489；诸广山脉：上犹县 LXP-13-12151，崇义县 LXP-03-04874。

葛萝槭 Acer davidii subsp. **grosseri** (Pax) P. C. de Jong

乔木。罗霄山脉可能有分布，未见标本。

秀丽槭 Acer elegantulum Fang et P. L. Chiu

乔木。山坡，山顶，平地，密林，疏林，灌丛，路旁，溪边，阴处，阳处；腐殖土；450~1800 m。九岭山脉：靖安县 LXP-10-353；万洋山脉：遂川县 LXP-13-16553，炎陵县 LXP-09-08484，永新县 LXP-13-07987；诸广山脉：上犹县 LXP-13-23332，桂东县 LXP-13-09040。

罗浮槭 Acer fabri Hance

乔木。山谷，山坡，疏林，密林，路旁，石上，溪边，平地，阳处，阴处；壤土，沙土；220~1800 m。

九岭山脉：大围山 LXP-10-11812，万载县 LXP-10-2131，宜丰县 LXP-10-13041；武功山脉：安福县 LXP-06-0756，茶陵县 LXP-06-1500，芦溪县 LXP-06-1109，明月山 LXP-06-4611；万洋山脉：井冈山 JGS-1056，遂川县 LXP-13-17537，炎陵县 LXP-09-00711，永新县 LXP-13-07855，资兴市 LXP-03-00293；诸广山脉：崇义县 LXP-03-04971，桂东县 LXP-13-25318，上犹县 LXP-13-12001。

扇叶槭 Acer flabellatum Rehd.

乔木。山顶，山谷，疏林，密林，路旁，阳处；壤土。武功山脉：芦溪县 LXP-13-8275；万洋山脉：井冈山 LXP-13-18792，永新县 LXP-13-07826、LXP-QXL-685。

建始槭 Acer henryi Pax

乔木。山谷，疏林；1370 m。幕阜山脉：武宁县 张吉华 001035(PE)。

临安槭 Acer linganense Fang et P. L. Chiu

乔木。山坡，密林；1000~1500 m。武功山脉：武功山 江西调查队 1664(PE)。

长柄槭 Acer longipes Franch. ex Rehd.

乔木。山谷，疏林，溪边；壤土；853 m。万洋山脉：井冈山 JGS-433，炎陵县 LXP-09-00188。

亮叶槭 Acer lucidum Metc.

乔木。山坡，平地，路旁，疏林，灌丛，密林，溪边，阳处；壤土；4540~1113 m。万洋山脉：井冈山 LXP-13-05826，遂川县 LXP-13-16462、LXP-13-18103，炎陵县 LXP-09-07151、LXP-13-23980，永兴县 LXP-03-04446；诸广山脉：上犹县 LXP-03-06865、LXP-03-07120。

南岭槭 Acer metcalfii Rehd.

乔木。山谷，疏林，密林，溪边；壤土；1863~1891 m。万洋山脉：遂川县 LXP-13-23627、LXP-13-23642，炎陵县 LXP-13-25810。

*梣叶槭 Acer negundo L.

乔木。山谷，山坡，灌丛，疏林；470~863 m。栽培。幕阜山脉：庐山市 LXP4714、LXP5477。

毛果槭 Acer nikoense Maxim.

乔木。山谷，林中；550 m。幕阜山脉：庐山 谭策铭 01437(JJF)。

飞蛾槭 Acer oblongum Wall. ex DC.

乔木。罗霄山脉可能有分布，未见标本。

五裂槭 Acer oliverianum Pax

乔木。山坡，山谷，疏林，密林，灌丛，路旁，溪边，阳处；壤土，腐殖土；200~1046 m。幕阜山脉：通山县 LXP2250，武宁县 LXP1579；九岭山脉：大围山 LXP-03-07804，奉新县 LXP-10-3928，靖安县 LXP-10-4368，宜丰县 LXP-10-2222、LXP-10-2473；武功山脉：分宜县 LXP-06-9626，莲花县 LXP-06-0794；万洋山脉：井冈山 LXP-13-15262、LXP-13-18416，遂川县 LXP-13-16513、LXP-13-16597，炎陵县 LXP-09-07542、LXP-09-6536，永兴县 LXP-03-04311；诸广山脉：上犹县 LXP-13-12102。

*鸡爪槭 Acer palmatum Thunb.

乔木。山谷，山顶，疏林，密林，阳处；壤土，腐殖土；250~1600 m。栽培。幕阜山脉：庐山市 LXP-13-24534；九岭山脉：靖安县 LXP-10-202，宜丰县 LXP-10-2335；武功山脉：安福县 LXP-06-2815，芦溪县 LXP-06-2094、LXP-13-09796。

色木槭 Acer pictum subsp. **mono** (Maxim.) H. Ohashi [*Acer mono* Maxim.]

乔木。山谷，疏林；1600 m。武功山脉：武功山 熊耀国 07618(LBG)。

毛脉槭 Acer pubinerve Rehd.

乔木。山谷；1320 m。万洋山脉：井冈山 JGS-369。

中华槭 Acer sinense Pax

乔木。平地，山谷，山坡，密林，疏林，路旁，溪边，阳处；腐殖土；678~1500 m。九岭山脉：大围山 LXP-09-11029；武功山脉：芦溪县 LXP-13-09814，安福县 LXP-06-0516，明月山 LXP-06-4865；万洋山脉：井冈山 JGS-3509、JGS-B115，遂川县 LXP-13-16791，炎陵县 LXP-13-4423、LXP-13-5613，永新县 LXP-13-07955，永兴县 LXP-03-04166，资兴市 LXP-03-03503；诸广山脉：上犹县 LXP-13-12036。

天目槭 Acer sinopurpurascens Cheng

乔木。山坡，路旁，疏林；749~1040 m。幕阜山脉：武宁县 LXP1543、LXP5552。

苦茶槭 Acer tataricum subsp. **theiferum** (W. P. Fang) Y. S. Chen et P. C. de Jong

乔木。山坡，疏林；319 m。幕阜山脉：通山县 LXP6578。

元宝槭 Acer truncatum Bunge

乔木。山地；石灰岩；40 m。幕阜山脉：九江市 易桂花等 14099(JJF)。

岭南槭 Acer tutcheri Duthie

乔木。山坡，山谷，山顶，疏林，密林，路旁，灌丛，溪边；沙土，壤土，腐殖土；510~1148 m。幕阜山脉：平江县 LXP3864，武宁县 LXP1136；万洋山脉：井冈山 LXP-13-18789，遂川县 LXP-13-7284，炎陵县 LXP-09-07668，永新县 LXP-13-07951；诸广山脉：桂东县 LXP-13-22724，上犹县 LXP-13-12024、LXP-03-07013。

三峡槭 Acer wilsonii Rehd.

乔木。山坡，路旁，村边，疏林，溪边，阳处；壤土；200~620 m。幕阜山脉：通山县 LXP2301，武宁县 LXP6273，修水县 LXP2986；九岭山脉：靖安县 LXP-10-9786，铜鼓县 LXP-10-13573；武功山脉：分宜县 LXP-06-9593；万洋山脉：井冈山 LXP-13-15424；诸广山脉：崇义县 LXP-13-24224，桂东县 LXP-13-25661。

七叶树属 *Aesculus* L.

七叶树 Aesculus chinensis Bunge

乔木。山坡，疏林；壤土；800~1200 m。万洋山脉：井冈山 LXP-13-0474。

天师栗 Aesculus chinensis var. **wilsonii** (Rehder) Turland et N. H. Xia

乔木。路旁，山坡，疏林；壤土；260~473 m。武功山脉：芦溪县 LXP-13-8270；万洋山脉：井冈山 JGS-1233、LXP-13-0474。

倒地铃属 *Cardiospermum* L.

*倒地铃 Cardiospermum halicacabum L.

藤本。栽培或野生。九岭山脉：靖安县 M. Hsiung 1183(LBG)。

车桑子属 *Dodonaea* Mill.

车桑子 Dodonaea viscosa (L.) Jacq.

灌木。平地，路旁；壤土；89~133 m。武功山脉：攸县 LXP-06-5370、LXP-06-6017。

伞花木属 *Eurycorymbus* Hand.-Mazz.

伞花木 Eurycorymbus cavaleriei (Lévl.) Rehd. et Hand.-Mazz.

乔木。山谷，山坡，疏林，路旁，溪边，阳处；红壤；280~524 m。九岭山脉：靖安县 LXP-13-11529，宜丰县 LXP-10-2764、LXP-10-2901；武功山脉：攸县 LXP-03-07622；万洋山脉：永新县 LXP-13-19245；诸广山脉：崇义县 LXP-13-24417。

栾属 *Koelreuteria* Laxm.

复羽叶栾树 Koelreuteria bipinnata Franch.

乔木。山坡，平地，路旁，疏林，灌丛，阳处；壤土，沙土；220~453 m。幕阜山脉：庐山市 LXP5277；九岭山脉：靖安县 LXP-13-11502，宜丰县 LXP-10-2617，上高县 LXP-06-7576。

*全缘叶栾树 Koelreuteria bipinnata var. **integrifoliola** (Merr.) T. Chen

乔木。平地，疏林，密林，路旁，溪边；壤土；66~187 m。栽培。九岭山脉：浏阳市 LXP-03-08867，湘阴县 LXP-03-08680、LXP-03-08743。

*栾树 Koelreuteria paniculata Laxm.

乔木。山谷，疏林。栽培。幕阜山脉：修水县 熊耀国 06646(LBG)。

无患子属 *Sapindus* L.

无患子 Sapindus saponaria L.

乔木。山谷，路旁，疏林，平地，阳处；壤土；100~235 m。九岭山脉：奉新县 LXP-10-3569，上高县 LXP-10-4846，宜春市 LXP-10-816；武功山脉：安福县 LXP-06-0183。

A241 芸香科 Rutaceae

石椒草属 *Boenninghausenia* Reichb. ex Meisn.

臭节草 Boenninghausenia albiflora (Hook.) Reichb.

草本。山谷，山坡，山顶，路旁，疏林，密林，灌丛，溪边，石上，阴处，阳处；黄壤，红壤；250~1400 m。幕阜山脉：庐山市 LXP4529，通山县 LXP2294，武宁县 LXP0361，修水县 LXP3201；九岭山脉：万载县 LXP-13-11371，大围山 LXP-10-11964，七星岭 LXP-10-11425，宜丰县 LXP-10-2388；武功山脉：芦溪县 LXP-06-2788、LXP-13-09829，宜春市 LXP-06-2761；万洋山脉：井冈山 JGS-297，遂川县 LXP-13-7539，炎陵县 DY2-1231，永新县 LXP-QXL-810；诸广山脉：上犹县 LXP-13-12216，崇义县 LXP-03-05752。

柑橘属 *Citrus* L.

山橘（金橘）Citrus japonica Thunb. [*Fortunella hindsii* (Champ. ex Benth.) Swingle]

灌木，乔木。山坡，疏林；542 m。常见栽培。诸广山脉：上犹县 LXP-13-25172。

*柠檬 Citrus limon (L.) Burm. f.

灌木。栽培。

*柚 Citrus maxima (Burm.) Merr.

乔木。山坡，山谷，疏林，溪边；壤土，腐殖土；185~278 m。栽培。九岭山脉：靖安县 LXP-13-10080，万载县 LXP-13-10930；武功山脉：芦溪县 400146003，茶陵县 LXP-09-10527。

*柑橘 Citrus reticulata Blanco

灌木。山坡，山谷，疏林，路旁；壤土；439~530 m。栽培。万洋山脉：炎陵县 LXP-09-08219，永新县 LXP-13-08184；诸广山脉：上犹县 LXP-03-07209、LXP-03-10883。

枳 Citrus trifoliata L.

灌木。路旁；壤土；194~355 m。武功山脉：安福县 LXP-06-0581，茶陵县 LXP-06-2771。

白鲜属 *Dictamnus* L.

白鲜 Dictamnus dasycarpus Turcz.

草本。罗霄山脉可能有分布，未见标本。

山小橘属 *Glycosmis* Corrêa

小花山小橘 Glycosmis parviflora (Sims) Kurz

乔木。山坡，密林，路旁；黄壤；1113 m。诸广山脉：上犹县 LXP-03-07167、LXP-03-10843。

九里香属 *Murraya* J. Koenig ex L.

*千里香 **Murraya paniculata** (L.) Jack.

灌木。观赏，有栽培。

臭常山属 *Orixa* Thunb.

臭常山 **Orixa japonica** Thunb.

灌木。山谷，溪边；500~1100 m。幕阜山脉：庐山 熊耀国 06849(LBG)。

黄檗属 *Phellodendron* Rupr.

黄檗 **Phellodendron amurense** Rupr.

灌木。山坡，疏林，溪边，平地，路旁；沙土，红壤，黄壤；560~1073 m。九岭山脉：大围山 LXP-03-07802；万洋山脉：炎陵县 DY1-1155，永兴县 LXP-03-03945，资兴市 LXP-03-03511、LXP-03-05076；诸广山脉：崇义县 LXP-13-13103，桂东县 LXP-03-00799、LXP-03-03334。

川黄檗 **Phellodendron chinense** Schneid.

乔木。山坡，疏林，溪边；黄壤；977 m。武功山脉：莲花县 LXP-06-0646；万洋山脉：遂川县 400147014，炎陵县 LXP-09-00221；诸广山脉：桂东县 LXP-13-09219。

秃叶黄檗 **Phellodendron chinense** var. **glabriusculum** Schneid.

乔木。山坡，疏林，密林，溪边；黄壤；350~650 m。九岭山脉：大围山 LXP-10-12172，铜鼓县 LXP-10-7074；武功山脉：芦溪县 LXP-06-2062；万洋山脉：炎陵县 LXP-09-00061、LXP-09-07210、LXP-09-08156。

芸香属 *Ruta* L.

*芸香 **Ruta graveolens** L.

草本。栽培。幕阜山脉：九江市 谭策铭 98178(SZG)。

茵芋属 *Skimmia* Thunb.

茵芋 **Skimmia reevesiana** Fort.

灌木。山坡，山顶，密林，灌丛，平地，路旁，疏林，溪边，阳处；沙土，黄壤，石灰岩；478~1900 m。幕阜山脉：武宁县 LXP1605；武功山脉：安福县

LXP-06-3163、LXP-06-9257，芦溪县 LXP-06-1207、LXP-06-1254；万洋山脉：遂川县 LXP-13-17783、LXP-13-23669，炎陵县 DY1-1160、LXP-09-06310；诸广山脉：桂东县 LXP-13-22611。

吴茱萸属 *Tetradium* Sweet

华南吴萸 **Tetradium austrosinense** (Hand.-Mazz.) T. G. Hartley [*Evodia austrosinensis* Hand.-Mazz.]

乔木。山谷，路旁；300~800 m。诸广山脉：崇义县 吴大诚 s. n. (PE)。

楝叶吴茱萸 **Tetradium glabrifolium** (Champ. ex Benth.) T. G. Hartley [*Euodia fargesii* Dode]

乔木。山坡，山谷，路旁，疏林；200~1000 m。幕阜山脉：庐山 陈龙清 086(CCAU)。

吴茱萸 **Tetradium ruticarpum** (A. Juss.) T. G. Hartley

乔木。山坡，路旁；200~900 m。万洋山脉：井冈山 LXSM-7-00006。

飞龙掌血属 *Toddalia* A. Juss.

飞龙掌血 **Toddalia asiatica** (L.) Lam.

木质藤本。山坡，疏林，路旁，灌丛，平地，溪边；黄壤，腐殖土；158~1338 m。九岭山脉：宜丰县 LXP-10-4749，上高县 LXP-06-7645；武功山脉：芦溪县 400146017，安福县 LXP-06-0232、LXP-06-0982；万洋山脉：井冈山 JGS-180，炎陵县 LXP-09-08709、LXP-09-10529，永新县 LXP-13-08069、LXP-13-08119；诸广山脉：上犹县 LXP-13-12404、LXP-13-12948，桂东县 LXP-13-25336、LXP-13-25371，崇义县 LXP-03-07328、LXP-03-06995。

花椒属 *Zanthoxylum* L.

椿叶花椒 **Zanthoxylum ailanthoides** Sieb. et Zucc.

灌木。山坡，路旁，疏林，溪边，阴处；沙土；180~1176 m。幕阜山脉：通山县 LXP1868，武宁县 LXP0444；九岭山脉：万载县 LXP-10-1705，宜丰县 LXP-10-2913；万洋山脉：炎陵县 LXP-09-08537；诸广山脉：上犹县 LXP-13-12469。

竹叶花椒 **Zanthoxylum armatum** DC.

灌木。山坡，路旁，疏林，灌丛，密林，溪边，村

边，平地，阳处，阴处；红壤，黄壤，腐殖土，沙土；140~1176 m。幕阜山脉：平江县 LXP4050，瑞昌市 LXP0134，通山县 LXP1745、LXP1842，武宁县 LXP0388、LXP1214，修水县 LXP6481；九岭山脉：安义县 LXP-10-3685，上高县 LXP-06-6604，奉新县 LXP-10-10932、LXP-10-3882，靖安县 LXP-10-10169、LXP-10-4310，铜鼓县 LXP-10-6529，万载县 LXP-10-2173，宜丰县 LXP-10-4764；武功山脉：安福县 LXP-06-3826、LXP-06-5089，茶陵县 LXP-06-1888，明月山 LXP-06-5027，分宜县 LXP-10-5169；万洋山脉：井冈山 JGS-4738，炎陵县 LXP-09-08525、LXP-13-4570，永新县 LXP-13-07674、LXP-13-19260。

岭南花椒 Zanthoxylum austrosinense Huang

灌木。山坡，路旁，疏林，灌丛；黄壤，腐殖土；210~790 m。幕阜山脉：平江县 LXP3690；武功山脉：茶陵县 LXP-09-10362、LXP-13-22963，分宜县 LXP-06-9618；万洋山脉：遂川县 LXP-13-16385，炎陵县 LXP-09-07471、LXP-13-26024，永新县 LXP-13-07745、LXP-QXL-824；诸广山脉：上犹县 LXP-13-12912。

簕欓花椒 Zanthoxylum avicennae (Lam.) DC.

灌木。山坡，平地，路旁，溪边，密林，疏林，阴处；黄壤；1500~650 m。九岭山脉：靖安县 LXP-10-117、LXP-10-296，宜丰县 LXP-10-8737；武功山脉：安福县 LXP-06-0045、LXP-06-0679；万洋山脉：永新县 LXP-QXL-517；诸广山脉：上犹县 LXP-13-12177、LXP-13-12947。

花椒 Zanthoxylum bungeanum Maxim.

灌木。山坡，路旁，灌丛，疏林，溪边；黄壤，沙土；169~1113 m。幕阜山脉：平江县 LXP0699、LXP4098；九岭山脉：大围山 LXP-13-17036；武功山脉：明月山 LXP-06-7982；万洋山脉：炎陵县 LXP-13-4502，资兴市 LXP-03-05062；诸广山脉：桂东县 LXP-03-0742，上犹县 LXP-03-07160、LXP-03-10836。

砚壳花椒 Zanthoxylum dissitum Hemsl.

灌木。山谷；300~700 m。幕阜山脉：修水县 熊耀国 1324(LBG)。

刺壳花椒 Zanthoxylum echinocarpum Hemsl.

灌木。山坡，疏林；黄壤；210 m。武功山脉：茶陵县 LXP-13-22936。

小花花椒 Zanthoxylum micranthum Hemsl.

乔木。山坡，路旁，疏林，密林；沙土，黄壤；235~590 m。幕阜山脉：瑞昌市 LXP-0108。

朵花椒 Zanthoxylum molle Rehd.

乔木。山坡，疏林，密林，灌丛，草地；黄壤；300~900 m。幕阜山脉：通山县 LXP1914、LXP5901，武宁县 LXP0643、LXP1334、LXP-13-08446，修水县 LXP0345；九岭山脉：铜鼓县 LXP-10-6539；武功山脉：芦溪县 LXP-06-3467。

大叶臭花椒 Zanthoxylum myriacanthum Wall. ex Hook. f.

乔木。山坡，疏林，路旁，灌丛，溪边，阳处；黄壤；270~800 m。九岭山脉：万载县 LXP-13-11232，宜丰县 LXP-10-13111；武功山脉：安福县 LXP-06-0032、LXP-06-0613、LXP-06-8786，茶陵县 LXP-06-1899，宜春市 LXP-06-8926，攸县 LXP-06-1610、LXP-06-5488；万洋山脉：炎陵县 LXP-09-00200。

两面针 Zanthoxylum nitidum (Roxb.) DC.

灌木。山坡，路旁，石上，灌丛；沙土；200~600 m。万洋山脉：炎陵县 LXP-09-00664、LXP-13-4596。

异叶花椒 Zanthoxylum ovalifolium Wight

灌木。山坡，疏林，路旁；177~549 m。诸广山脉：桂东县 LXP-03-00807。

花椒簕 Zanthoxylum scandens Bl.

藤本。山坡，平地，山顶，疏林，灌丛，溪边，村边，密林，路旁，石上，阴处，阳处；黄壤，沙土，腐殖土，红壤；250~1600 m。幕阜山脉：庐山市 LXP5532，平江县 LXP3666，通山县 LXP1961，武宁县 LXP0398，修水县 LXP0799；九岭山脉：大围山 LXP-10-11711，奉新县 LXP-10-9224，靖安县 LXP-10-287，宜丰县 LXP-10-13008，上高县 LXP-06-7563；武功山脉：安福县 LXP-06-0250，茶陵县 LXP-06-2050，分宜县 LXP-06-2366，明月山 LXP-13-10805，芦溪县 LXP-06-1704，玉京山 LXP-10-1253；万洋山脉：井冈山 JGS-2012109，遂川县 LXP-13-17320，炎陵县 LXP-09-08660，永新县 LXP-13-07763；诸广山脉：上犹县 LXP-13-25219，崇义县 LXP-13-24204。

青花椒 Zanthoxylum schinifolium Sieb. et Zucc.

灌木。山坡，山顶，平地，疏林，灌丛，密林，路旁，阳处；黄壤，腐殖土；90~1430 m。幕阜山脉：庐山市 LXP5278，通山县 LXP2036，武宁县 LXP1631，修水县 LXP6710；九岭山脉：奉新县 LXP-10-9280，大围山 LXP-13-08216，靖安县 LXP-13-10096，浏阳市 LXP-10-5789，上高县 LXP-10-4894，铜鼓县 LXP-10-6912，宜春市 LXP-10-893；武功山脉：分宜县 LXP-06-2329，攸县 LXP-06-5390；万洋山脉：炎陵县 LXP-09-10813，永新县 LXP-13-07964；诸广山脉：上犹县 LXP-13-12634，崇义县 LXP-13-24245。

野花椒 Zanthoxylum simulans Hance

灌木。山坡，平地，山顶，灌丛，疏林，密林，溪边，路旁，阴处；黄壤，红壤，腐殖土，沙土；260~1500 m。幕阜山脉：平江县 LXP4052、LXP4187，通山县 LXP5892、LXP6557；九岭山脉：大围山 LXP-10-11342、LXP-10-11998，靖安县 LXP-10-734，七星岭 LXP-10-8129、LXP-10-8153，上高县 LXP-10-4967，铜鼓县 LXP-10-13508，宜丰县 LXP-10-2384；武功山脉：芦溪县 LXP-13-09806，安福县 LXP-06-3707，明月山 LXP-06-4876；万洋山脉：遂川县 LXP-13-16418，永兴县 LXP-03-03949，资兴市 LXP-03-03598；诸广山脉：上犹县 LXP-03-06655。

梗花椒 Zanthoxylum stipitatum Huang

灌木。疏林，山坡，灌丛；200~1300 m。幕阜山脉：平江县 LXP3916，通山县 LXP2049，修水县 LXP0841。

A242 苦木科 Simaroubaceae

臭椿属 *Ailanthus* Desf.

臭椿 Ailanthus altissima (Mill.) Swingle

乔木。山坡，平地，疏林，密林，溪边，路旁；沙土，黄壤；70~300 m。幕阜山脉：修水县 LXP2918；九岭山脉：大围山 LXP-03-08136，靖安县 LXP-13-10443；武功山脉：芦溪县 LXP-06-1736，分宜县 LXP-10-5136；万洋山脉：炎陵县 LXP-09-07581。

苦木属 *Picrasma* Blume

苦树 Picrasma quassioides (D. Don) Benn.

乔木。山坡，疏林，溪边，密林；黄壤；908 m。

万洋山脉：遂川县 LXP-13-18163；诸广山脉：上犹县 LXP-13-12218。

A243 楝科 Meliaceae

米仔兰属 *Aglaia* Lour.

*米仔兰 Aglaia odorata Lour.

灌木。观赏，栽培。幕阜山脉：九江市 谭策铭 1505316(JJF)。

楝属 *Melia* L.

楝 Melia azedarach L.

乔木。平地，疏林，村边，山坡，丘陵，灌丛，溪边，路旁，阳处；黄壤，红壤，腐殖土，紫色页岩；100~800 m。幕阜山脉：通山县 LXP6567；九岭山脉：安义县 LXP-10-10441，奉新县 LXP-10-4171，上高县 LXP-10-4918，宜春市 LXP-10-1157；武功山脉：安福县 LXP-06-0429、LXP-06-2270，茶陵县 LXP-06-1377，芦溪县 LXP-06-3306，明月山 LXP-06-4619，分宜县 LXP-10-5214；万洋山脉：遂川县 LXP-13-16304，炎陵县 LXP-09-10839，永兴县 LXP-03-03999、LXP-03-04382，资兴市 LXP-03-03530、LXP-03-03643；诸广山脉：上犹县 LXP-13-12685，崇义县 LXP-03-07253、LXP-03-07327。

香椿属 *Toona* (Endl.) M. Roem.

红椿 Toona ciliata Roem.

乔木。山坡，路旁，密林，平地，溪边，阴处；黄壤；330~810 m。九岭山脉：靖安县 LXP-10-748，宜丰县 LXP-10-12991，上高县 LXP-06-7626；万洋山脉：井冈山 JGS-585，炎陵县 LXP-09-08093；诸广山脉：桂东县 LXP-13-09036。

毛红椿 Toona ciliata var. **pubescens** (Franch.) Hand.-Mazz.

乔木。山坡，疏林，密林，溪边；黄壤；300~1400 m。九岭山脉：宜丰县 4001409022；万洋山脉：炎陵县 LXP-09-08189；诸广山脉：桂东县 LXP-03-00930。

香椿 Toona sinensis (A. Juss.) Roem.

乔木。山坡，路旁，疏林，密林，溪边，水田，平地；黄壤，腐殖土；100~1100 m。幕阜山脉：瑞昌市 LXP0138，通山县 LXP1880，修水县 4001416079；

九岭山脉：上高县 LXP-10-4973，宜春市 LXP-10-1007，醴陵市 LXP-03-09006；武功山脉：茶陵县 LXP-06-1527；诸广山脉：上犹县 LXP-13-12608、LXP-13-18993，崇义县 LXP-03-07322、LXP-03-10996。

Order 43. 锦葵目 Malvales

A247 锦葵科 Malvaceae

秋葵属 *Abelmoschus* Medik.

*咖啡黄葵 Abelmoschus esculentus (L.) Moench
草本。蔬菜，栽培。幕阜山脉：九江市 谭策铭 1507918(JJF)。

*黄蜀葵 Abelmoschus manihot (L.) Medik.
草本。山坡。栽培。万洋山脉：井冈山 JGS-1322。

*黄葵 Abelmoschus moschatus (L.) Medik.
草本。平地，山坡，路旁，疏林，溪边；黄壤；346 m。栽培。武功山脉：安福县 LXP-06-6473；诸广山脉：上犹县 LXP-13-12962。

苘麻属 *Abutilon* Mill.

苘麻 Abutilon theophrasti Medik.
草本。村边；300~700 m。万洋山脉：炎陵县 LXP-03-1512。

蜀葵属 *Althaea* L.

*蜀葵 Althaea rosea (L.) Cavan.
草本。观赏，栽培。幕阜山脉：庐山 谭策铭等 12432(JJF)。

田麻属 *Corchoropsis* Sieb. et Zucc.

田麻 Corchoropsis crenata Sieb. et Zucc.
草本。平地，山顶，山坡，路旁，灌丛，疏林，阳处；黄壤；180~950 m。幕阜山脉：平江县 LXP-13-22398；九岭山脉：靖安县 4001416060；武功山脉：安福县 LXP-06-0177、LXP-06-2844，茶陵县 LXP-06-1991，宜春市 LXP-06-2705；万洋山脉：炎陵县 LXP-09-07498；诸广山脉：上犹县 LXP-03-06866。

黄麻属 *Corchorus* L.

甜麻 Corchorus aestuans L.
草本。山坡，平地，草地，溪边，路旁，疏林，村

边，水田，阴处，阳处；沙土，石灰岩；90~1400 m。幕阜山脉：修水县 LXP0772，平江县 LXP-10-6106；九岭山脉：大围山 LXP-10-5639、LXP-10-5734，靖安县 LXP-10-10307、LXP-10-9871，万载县 LXP-10-1539、LXP-10-1808，宜丰县 LXP-10-12852、LXP-10-2227、LXP-10-2580；武功山脉：安仁县 LXP-03-01050。

黄麻 Corchorus capsularis L.
草本。栽培或逸生。万洋山脉：遂川县 岳俊三等 4457(WUK)。

梧桐属 *Firmiana* Marsili

梧桐 Firmiana simplex (L.) W. Wight
乔木。山坡，疏林；150 m。九岭山脉：万载县 LXP-10-1942；武功山脉：分宜县 LXP-10-5133，芦溪县 400146021、LXP-13-11200，安福县 LXP-06-0065，茶陵县 LXP-06-1480；万洋山脉：炎陵县 LXP-09-07166，永新县 LXP-13-19195；诸广山脉：上犹县 LXP-03-06926、LXP-03-10731。

棉属 *Gossypium* L.

*陆地棉 Gossypium hirsutum L.
草本。栽培。幕阜山脉：九江市 张丽萍 081017(JJF)。

扁担杆属 *Grewia* L.

扁担杆 Grewia biloba G. Don
灌木。山坡，山顶，平地，丘陵，疏林，路旁，灌丛，密林，草地，水田边，菜地，溪边，阳处，阴处；黄壤，腐殖土，沙土；100~1800 m。幕阜山脉：庐山市 LXP5509，瑞昌市 LXP0113，通山县 LXP1716、LXP1788，武宁县 LXP1480、LXP5763，修水县 LXP2817、LXP6770；九岭山脉：安义县 LXP-10-10537、LXP-10-9395，奉新县 LXP-10-13896、LXP-10-3203，靖安县 LXP-10-4552、LXP-10-98，浏阳市 LXP-10-5843，上高县 LXP-10-4943，铜鼓县 LXP-10-7059、LXP-10-7063，万载县 LXP-10-1386，宜春市 LXP-10-932，宜丰县 LXP-10-8878；武功山脉：安福县 LXP-06-0528、LXP-06-5870，茶陵县 LXP-06-1833，明月山 LXP-06-7721、LXP-06-6563，攸县 LXP-06-1604、LXP-06-1626，安仁县 LXP-03-01330，分宜县 LXP-10-5173，玉京山 LXP-10-1316；万洋山脉：炎陵县 LXP-09-10690、

LXP-09-10836，永新县 LXP-13-19135、LXP-QXL-003，永兴县 LXP-03-04393。

小花扁担杆 Grewia biloba var. parviflora (Bge.) Hand.-Mazz.

灌木。山坡；250 m。武功山脉：分宜县 丁小平 081(PE)。

黄麻叶扁担杆 Grewia henryi Burret

灌木。山坡，疏林，溪边，石上；黄壤。万洋山脉：炎陵县 LXP-09-07590。

山芝麻属 *Helicteres* L.

山芝麻 Helicteres angustifolia L.

草本。山坡，灌丛，阳处；100~600 m。武功山脉：安福县 岳俊三 3811(IBSC)。

木槿属 *Hibiscus* L.

*大麻槿 Hibiscus cannabinus L.

草本。观赏，栽培。幕阜山脉：九江市 谭策铭和张丽萍 02359(JJF)。

木芙蓉 Hibiscus mutabilis L.

灌木。山坡，平地，疏林，密林，路旁，村边，灌丛，溪边，阳处；黄壤，沙土；200~1200 m。幕阜山脉：通山县 LXP2242，庐山市 LXP6027，平江县 LXP-10-6477；九岭山脉：大围山 LXP-10-5463、LXP-10-5641，浏阳市 LXP-10-5931，宜春市 LXP-10-1011，宜丰县 LXP-10-13375、LXP-10-7331；武功山脉：安福县 LXP-06-0515、LXP-06-5823，袁州区 LXP-06-6738，安仁县 LXP-03-01467，衡东县 LXP-03-07458；诸广山脉：桂东县 LXP-03-02674。

庐山芙蓉 Hibiscus paramutabilis Bailey

灌木。山坡，山顶，疏林，密林，路旁，灌丛，阴处，阳处；黄壤；450~1450 m。幕阜山脉：庐山市 LXP4680，通山县 LXP1364、LXP2118；九岭山脉：万载县 LXP-13-11361，宜丰县 LXP-10-2341；万洋山脉：炎陵县 LXP-13-4588。

*朱槿 Hibiscus rosa-sinensis L.

灌木。观赏，栽培。

华木槿 Hibiscus sinosyriacus Bailey

灌木。山坡，路旁；黄壤，250~320 m。万洋山脉：炎陵县 LXP-09-381。

*木槿 Hibiscus syriacus L.

灌木。山坡，疏林，村边，路旁，密林，平地，旱田，溪边，水田，草地，菜地，阳处；黄壤，沙土，腐殖土，红壤；150~1130 m。栽培。幕阜山脉：通山县 LXP2296；九岭山脉：靖安县 LXP-13-11615，大围山 LXP-10-12327，万载县 LXP-10-1864，宜春市 LXP-10-1023，宜丰县 LXP-10-12870、LXP-10-13302；武功山脉：安福县 LXP-06-0426、LXP-06-0560，茶陵县 LXP-06-2770，莲花县 LXP-GTY-011，明月山 LXP-13-10813、LXP-13-10602，玉京山 LXP-10-1219；万洋山脉：井冈山 JGS-A003；诸广山脉：崇义县 LXP-03-05782，上犹县 LXP-03-07127、LXP-03-10807。

野西瓜苗 Hibiscus trionum L.

草本。荒地，田边，阳处。幕阜山脉：庐山 王名金和邹垣 01438(LBG)。

锦葵属 *Malva* L.

*锦葵 Malva sinensis Cavan.

草本。观赏，栽培。幕阜山脉：庐山 杨祥学 11254(IBSC)。

野葵 Malva verticillata L.

灌木。山坡，疏林，溪边，草地，路旁，阳处；150~250 m。九岭山脉：宜丰县 LXP-10-8810；武功山脉：分宜县 LXP-10-5134；万洋山脉：炎陵县 LXP-13-3414。

冬葵 Malva verticillata var. crispa L.

草本。栽培或野生。幕阜山脉：九江市 谭策铭和易桂花 08172(SZG)。

中华野葵 Malva verticillata var. rafiqii Abedin

草本。罗霄山脉可能有分布，未见标本。

赛葵属 *Malvastrum* A. Gray

赛葵 Malvastrum coromandelianum (L.) Gurcke

草本。罗霄山脉可能有分布，未见标本。

马松子属 *Melochia* L.

马松子 Melochia corchorifolia L.

草本。山坡，平地，路旁，草地，村边，密林，溪边，疏林，阴处，阳处；黄壤，沙土；100~450 m。幕阜山脉：平江县 LXP-10-6107；九岭山脉：安义县 LXP-10-10461，奉新县 LXP-10-10733，靖安县 LXP-10-10070、LXP-10-10309，铜鼓县 LXP-10-13484，万载县 LXP-13-10928、LXP-10-1579、LXP-10-1681，宜春市 LXP-10-1102，宜丰县 LXP-10-2582；武功山脉：安福县 LXP-06-0165、LXP-06-0552，芦溪县 LXP-06-8823，宜春市 LXP-06-8970、LXP-13-10776，攸县 LXP-06-5269、LXP-06-6005。

梭罗树属 *Reevesia* Lindl.

密花梭罗 **Reevesia pycnantha** Ling

乔木。山坡，密林。诸广山脉：上犹县光菇山有分布。

黄花稔属 *Sida* L.

黄花稔 **Sida acuta** Burm. f.

草本。山坡，疏林，路旁，草地，溪边，灌丛，菜地，阳处；70~400 m。幕阜山脉：武宁县 LXP5614，平江县 LXP-10-6090、LXP-10-6105；九岭山脉：奉新县 LXP-10-3206，铜鼓县 LXP-10-6518、LXP-10-6654、LXP-10-7034，万载县 LXP-10-1938，宜春市 LXP-10-884。

长梗黄花稔 **Sida cordata** (Burm. f.) Borss.

草本。平地，山坡，路旁，草地，灌丛；黄壤，红壤；100~250 m。九岭山脉：浏阳市 LXP-03-08322；武功山脉：安福县 LXP-06-0162、LXP-06-7452，茶陵县 LXP-06-1829，攸县 LXP-06-6057。

白背黄花稔 **Sida rhombifolia** L.

草本。山坡，山脚，村边，路旁，草地，疏林，灌丛，阴处；100~650 m。幕阜山脉：瑞昌市 LXP0140；九岭山脉：安义县 LXP-10-10448、LXP-10-10454，奉新县 LXP-10-13883，靖安县 LXP-10-10042、LXP-10-10317、LXP-10-9511、LXP-10-9891，铜鼓县 LXP-10-13556，宜春市 LXP-10-1150。

椴属 *Tilia* L.

短毛椴 **Tilia breviradiata** (Rehd.) Hu et Cheng

乔木。山顶，密林；1450 m。九岭山脉：七星岭 LXP-10-8147。

白毛锻 **Tilia endochrysea** Hand.-Mazz.

乔木。山坡，疏林，山顶，溪边，阴处；340~1210 m。

九岭山脉：铜鼓县 LXP-10-6507，宜丰县 LXP-10-12980、LXP-10-2380、LXP-10-2515。

毛糯米椴 **Tilia henryana** Szyszyl.

乔木。山坡，疏林；300~1500 m。幕阜山脉：九宫山 熊杰 06691(LBG)。

糯米椴 **Tilia henryana** var. **subglabra** V. Engl.

乔木。山坡，疏林；1072 m。幕阜山脉：修水县 LXP2867。

全缘椴 **Tilia integerrima** H. T. Chang

乔木。山坡，密林；1115 m。九岭山脉：大围山 LXP-10-5516。

华东椴 **Tilia japonica** Simonk.

乔木。山坡，疏林，路旁，阳处。万洋山脉：井冈山 LXP-13-24076。

膜叶椴 **Tilia membranacea** H. T. Chang

乔木。山坡，疏林；700~1400 m。幕阜山脉：武宁县 熊耀国 5318(LBG)。

南京椴 **Tilia miqueliana** Maxim.

乔木。山坡，疏林，路旁，阳处。万洋山脉：井冈山 LXP-13-24076。

帽峰椴 **Tilia mofungensis** Chun et Wong

乔木。山谷，村边；800 m。万洋山脉：遂川县 杨世基，邓智兵，岳俊三 4236(WUK)。

矩圆叶椴 **Tilia oblongifolia** Rehd.

乔木。平地，路旁，山坡，疏林，溪边；沙土，红壤，黄壤；547~970 m。武功山脉：安仁县 LXP-03-01327，芦溪县 LXP-06-1767；诸广山脉：崇义县 LXP-03-05951。

粉椴 **Tilia oliveri** Szyszyl.

乔木。山坡，疏林，溪边；黄壤；643 m。诸广山脉：上犹县 LXP-03-06943、LXP-03-10748。

椴树 **Tilia tuan** Szyszyl.

乔木。山顶，山坡，平地，疏林，密林，溪边；黄壤；566~1450 m。九岭山脉：万载县 LXP-13-11387，大围山 LXP-10-12581、LXP-10-7589；武功山脉：茶陵县 LXP-06-1646；万洋山脉：井冈山 JGS-2224、LXP-13-05977，炎陵县 LXP-09-08099，永新县

LXP-13-19163；诸广山脉：上犹县 LXP-13-12568。

刺蒴麻属 *Triumfetta* L.

单毛刺蒴麻 **Triumfetta annua** L.

草本。山坡，疏林，村边，路旁，溪边；黄壤，沙土；350~400 m。幕阜山脉：修水县 LXP3403，武宁县 LXP-13-08521；武功山脉：芦溪县 LXP-13-09533；万洋山脉：井冈山 JGS-1190、JGS-611、LXP-13-20374。

毛刺蒴麻 **Triumfetta cana** Bl.

灌木。山坡，路旁；黄壤；150~600 m。万洋山脉：遂川县 LXP-13-7413，炎陵县 LXP-13-3151。

刺蒴麻 **Triumfetta rhomboidea** Jack.

草本。山坡，路旁，草地；130~600 m。幕阜山脉：平江县 LXP-10-5995；九岭山脉：大围山 LXP-10-11127，奉新县 LXP-10-10874、LXP-10-13815、LXP-10-13938，靖安县 LXP-10-9878，铜鼓县 LXP-10-6590、LXP-10-7097，宜丰县 LXP-10-7449；武功山脉：安福县 LXP-06-2925、LXP-06-5753、LXP-06-5917、LXP-06-6998、LXP-06-8112、LXP-06-8269、LXP-06-8663。

梵天花属 *Urena* L.

地桃花 **Urena lobata** L.

草本。山坡，平地，路旁，疏林，草地，溪边，密林，灌丛，阳处；沙土，红壤，黄壤；150~1130 m。幕阜山脉：平江县 LXP0709，通山县 LXP7351，修水县 LXP0789；九岭山脉：大围山 LXP-10-11178，奉新县 LXP-10-10710，靖安县 LXP-10-10150，浏阳市 LXP-10-5944，铜鼓县 LXP-10-13423，万载县 LXP-10-1906，宜春市 LXP-10-930，宜丰县 LXP-10-12869；武功山脉：安福县 LXP-06-0527，明月山 LXP-06-7665，攸县 LXP-06-1596，安仁县 LXP-03-00688，玉京山 LXP-10-1318；万洋山脉：遂川县 LXP-13-7504；诸广山脉：崇义县 LXP-03-05622，桂东县 LXP-03-0738，上犹县 LXP-03-06128。

中华地桃花 **Urena lobata** var. **chinensis** (Osbeck) S. Y. Hu

草本。山坡，疏林，路旁，溪边，阳处；腐殖土，黄壤。九岭山脉：万载县 LXP-13-11183；武功山脉：明月山 LXP-13-10815；诸广山脉：上犹县 LXP-13-

12907。

梵天花 **Urena procumbens** L.

草本。山坡，平地，疏林，灌丛，溪边，草地，路旁，阴处；红壤，黄壤；150~500 m。九岭山脉：宜春市 LXP-10-1137；武功山脉：安福县 LXP-06-0043、LXP-06-0473，茶陵县 LXP-06-7083，明月山 LXP-06-7954，攸县 LXP-06-5435；万洋山脉：井冈山 JGS-1318、JGS-421；诸广山脉：上犹县 LXP-13-12905、LXP-13-10760。

A249 瑞香科 Thymelaeaceae

瑞香属 *Daphne* L.

长柱瑞香 **Daphne championii** Benth.

灌木。山坡，灌丛；450 m。诸广山脉：上犹县 聂敏祥 8080(IBSC)。

荛花 **Daphne genkwa** Sieb. et Zucc.

灌木。山坡，疏林，路旁；沙土，红壤；550~1650 m。幕阜山脉：平江县 LXP6445，通山县 LXP1251，武宁县 LXP1319；万洋山脉：永兴县 LXP-03-03890，资兴市 LXP-03-03708；诸广山脉：桂东县 LXP-03-00793、LXP-03-00797。

毛瑞香 **Daphne kiusiana** var. **atrocaulis** (Rehd.) F. Maekawa

灌木。山坡，疏林，溪边，路旁，灌丛，石上，阳处；腐殖土，黄壤；450~1200 m。幕阜山脉：武宁县 LXP-13-08513，平江县 LXP3908，修水县 LXP2959、LXP3035、LXP6488；万洋山脉：LXP-13-5717，遂川县 LXP-13-09386、LXP-13-18329，炎陵县 LXP-09-08395、LXP-09-09071、LXP-09-09281、LXP-09-402、LXP-13-25697；诸广山脉：上犹县 LXP-13-25085，桂东县 LXP-13-25403。

瑞香 **Daphne odora** Thunb.

灌木。山坡，路旁，灌丛，溪边；黄壤，腐殖土；250~1450 m。武功山脉：安福县 LXP-06-0874，芦溪县 LXP-06-1243，明月山 LXP-06-4543；万洋山脉：井冈山 LXP-13-15311。

白瑞香 **Daphne papyracea** Wall. ex Steud.

灌木。山坡，路旁，溪边，阳处；700 m。九岭山脉：奉新县 LXP-10-3906；万洋山脉：井冈山 JGS4070。

结香属 *Edgeworthia* Meisn.

结香 Edgeworthia chrysantha Lindl.

灌木。山坡，路旁，村边，溪边，疏林，密林，灌丛；黄壤，沙土；550~1135 m。幕阜山脉：平江县 LXP-10-6029；九岭山脉：奉新县 LXP-10-11047、LXP-10-3944；万洋山脉：遂川县 LXP-13-16655、LXP-13-7133，炎陵县 LXP-03-00344；诸广山脉：桂东县 LXP-03-02537。

荛花属 *Wikstroemia* Endl.

光叶荛花 Wikstroemia glabra Cheng

灌木。山坡，灌丛，疏林；830~1487 m。幕阜山脉：平江县 LXP3527，修水县 LXP2960。

纤细荛花 Wikstroemia gracilis Hemsl.

灌木。山谷，疏林；608 m。幕阜山脉：修水县 缪以清和胡建华 TCM1736(JJF)。

了哥王 Wikstroemia indica (L.) C. A. Mey.

灌木。山坡，平地，路旁，密林，疏林，灌丛，阴处；黄壤，沙土，红壤；150~1430 m。幕阜山脉：瑞昌市 LXP0130，通山县 LXP6607；九岭山脉：浏阳市 LXP-10-5943，上高县 LXP-10-4961，宜丰县 LXP-10-2493；武功山脉：芦溪县 LXP-06-9642；诸广山脉：上犹县 LXP-13-12879、LXP-13-13024。

小黄构 Wikstroemia micrantha Hemsl.

灌木。山坡，灌丛；583 m。幕阜山脉：通山县 LXP7836。

北江荛花 Wikstroemia monnula Hance

灌木。山坡，平地，密林，疏林，草地，路旁，灌丛，池塘边，石壁上，溪边，阴处，阳处；黄壤，红壤，腐殖土，沙土；100~1682 m。幕阜山脉：通山县 LXP5933；九岭山脉：大围山 LXP-10-11173、LXP-10-11614，铜鼓县 LXP-10-13581，宜丰县 LXP-10-8639，上高县 LXP-06-7647；武功山脉：莲花县 LXP-GTY-350，明月山 LXP-06-4676，攸县 LXP-03-07662；万洋山脉：井冈山 LXSM2-6-10252，遂川县 LXP-13-17216，炎陵县 LXP-09-10901、LXP-13-5429，永新县 LXP-13-07948；诸广山脉：上犹县 LXP-03-07117。

细轴荛花 Wikstroemia nutans Champ. ex Benth.

灌木。平地，密林，草地，山坡，溪边，疏林，路旁；黄壤；130~750 m。武功山脉：安福县 LXP-06-0255，茶陵县 LXP-06-1870、LXP-06-1997，攸县 LXP-06-6045；诸广山脉：上犹县 LXP-13-18906。

多毛荛花 Wikstroemia pilosa Cheng

灌木。山坡，平地，灌丛，路旁；黄壤；490~730 m。幕阜山脉：通山县 LXP7582；九岭山脉：上高县 LXP-06-6608、LXP-06-7593，靖安县 LXP-13-10488。

白花荛花 Wikstroemia trichotoma (Thunb.) Makino

灌木。山坡，平地，路旁，疏林，溪边；沙土，黄壤；400~1680 m。九岭山脉：靖安县 LXP-13-11469，宜丰县 LXP-10-2934；武功山脉：安仁县 LXP-03-01440；万洋山脉：炎陵县 LXP-09-10629；诸广山脉：上犹县 LXP-13-12299、LXP-03-06081。

Order 44. 十字花目 Brassicales

A254 叠珠树科 Akaniaceae

伯乐树属 *Bretschneidera* Hemsl.

伯乐树 Bretschneidera sinensis Hemsl.

乔木。山坡，路旁，平地，疏林，密林，溪边，阳处；沙土，黄壤；130~1387 m。九岭山脉：靖安县 LXP-13-10062，大围山 LXP-13-08229；武功山脉：芦溪县 LXP-13-8263，明月山 LXP-06-7758；万洋山脉：井冈山 LXP-13-15234、LXP-13-18586，炎陵县 LXP-09-6538、LXP-13-23872；诸广山脉：上犹县 LXP-13-12214，桂东县 LXP-13-09077。

A255 旱金莲科 Tropaeolaceae

旱金莲属 *Tropaeolum* L.

*旱金莲 Tropaeolum majus L.

草本。观赏，栽培。幕阜山脉：庐山 邹垣 810(NAS)。

A268 山柑科 Capparaceae

山柑属 *Capparis* Tourn. ex L.

独行千里 Capparis acutifolia Sweet

藤本。山谷，疏林。诸广山脉：汝城县 罗金龙和冯贵祥 391(CSFI)。

A269　白花菜科 Cleomaceae

黄花草属 Arivela Raf.

黄花草 Arivela viscosa (L.) Raf. [*Cleome viscosa* L.]

草本。山坡，路旁，草地，平地；黄壤；60~150 m。九岭山脉：安义县 LXP-10-10460，上高县 LXP-06-6658。

白花菜属 Gynandropsis DC.

羊角菜 Gynandropsis gynandra (L.) Briquet [*Cleome gynandra* L.]

草本。田边，荒地；100~300 m。武功山脉：安福县 岳俊三等 3817(KUN)。

醉蝶花属 Tarenaya Raf.

***醉蝶花 Tarenaya hassleriana** (Chodat) Iltis [*Cleome spinosa* Jacq.]

草本。平地，阳处；沙土；833 m。栽培。万洋山脉：资兴市 LXP-03-05152。

A270　十字花科 Brassicaceae

拟南芥属 Arabidopsis (DC.) Heynh.

鼠耳芥 Arabidopsis thaliana (L.) Heynh.

草本。湖边；20 m。幕阜山脉：九江市 谭策铭 97118(IBSC)。

南芥属 Arabis L.

匍匐南芥 Arabis flagellosa Miq.

草本。山坡，路旁，溪边；202 m。幕阜山脉：武宁县 LXP6145。

芸薹属 Brassica L.

***芥蓝 Brassica alboglabra** L. H. Bailey

草本。蔬菜，栽培。

***紫菜苔 Brassica campestris** var. **purpuraria** L. H. Bailey

草本。蔬菜，栽培。幕阜山脉：九江市 易桂花 1503086(JJF)。

***芥菜 Brassica juncea** (L.) Czern. et Coss.

草本。蔬菜，栽培。幕阜山脉：武宁县 熊耀国 1558(LBG)。

***花椰菜 Brassica oleracea** var. **botrytis** L.

草本。蔬菜，栽培。

***甘蓝 Brassica oleracea** var. **capitata** L.

草本。蔬菜，栽培。幕阜山脉：九江市 谭策铭等 01042(JJF)。

***菜苔 Brassica parachinensis** L. H. Bailey

草本。蔬菜，栽培。

***白菜 Brassica pekinensis** (Lour.) Rupr.

草本。蔬菜，栽培。

荠属 Capsella Medik.

荠 Capsella bursa-pastoris (L.) Medic.

草本。山坡，路旁，草地，溪边，平地，石上，阳处；黄壤，沙土；80~1421 m。九岭山脉：安义县 LXP-10-3620，奉新县 LXP-10-3898；武功山脉：安福县 LXP-06-1017，芦溪县 LXP-06-1299；万洋山脉：炎陵县 LXP-03-02951。

碎米荠属 Cardamine L.

露珠碎米荠 Cardamine circaeoides Hook. f. et Thoms.

草本。罗霄山脉可能有分布，未见标本。

光头山碎米荠 Cardamine engleriana O. E. Schulz

草本。罗霄山脉可能有分布，未见标本。

弯曲碎米荠 Cardamine flexuosa With.

草本。山坡，山顶，路旁，密林，草地，溪边，平地，疏林，灌丛，阳处，阴处；黄壤；140~1630 m。九岭山脉：大围山 LXP-10-5569，七星岭 LXP-10-11420，铜鼓县 LXP-10-6934，宜丰县 LXP-10-2652；武功山脉：安福县 LXP-06-0972、LXP-06-5095，莲花县 LXP-GTY-452、LXP-06-1065，芦溪县 LXP-06-2450，明月山 LXP-06-7740，袁州区 LXP-06-6686；万洋山脉：炎陵县 LXP-13-24982，永新县 LXP-13-07636；诸广山脉：桂东县 LXP-13-25667。

碎米荠 Cardamine hirsuta L.

草本。山坡，路旁，平地，疏林，密林，溪边，草地，阳处；沙土，腐殖土，黄壤；150~1200 m。幕阜山脉：武宁县 LXP-13-08515，庐山市 LXP4599，通山县 LXP6518，修水县 LXP5989；九岭山脉：靖安县 LXP2468，大围山 LXP-10-7494，奉新县 LXP-10-10974，宜丰县 LXP-10-12872；武功山脉：安福县 LXP-06-0994，明月山 LXP-06-4924；万洋山脉：遂川县 LXP-13-23489，炎陵县 LXP-09-06034、LXP-09-06418。

弹裂碎米荠 Cardamine impatiens L.

草本。山坡，疏林，路旁，草地，溪边，阴处；180~1423 m。幕阜山脉：平江县 LXP3849，通山县 LXP1143；九岭山脉：奉新县 LXP-10-3294，靖安县 LXP-10-10239，宜丰县 LXP-10-8434；万洋山脉：炎陵县 LXP-13-5386。

白花碎米荠 Cardamine leucantha (Tusch) O. E. Schulz

草本。山坡，路旁，疏林，溪边，密林，灌丛，阴处；黄壤；270~1450 m。幕阜山脉：通山县 LXP5861；九岭山脉：大围山 LXP-10-7476、LXP-10-7624、LXP-10-7672、LXP-10-7905；武功山脉：明月山 LXP-06-4544。

水田碎米荠 Cardamine lyrata Bunge

草本。山坡，路旁，密林；250 m。九岭山脉：奉新县 LXP-10-13805。

大叶碎米荠 Cardamine macrophylla Willd.

草本。山谷，疏林；900~1300 m。幕阜山脉：聂敏祥 94112(PE)。

华中碎米荠 Cardamine urbaniana O. E. Schulz

草本。山顶，灌丛，路旁；1118 m。幕阜山脉：武宁县 LXP6212。

岩荠属 Cochlearia L.

翅柄岩荠 Cochlearia alatipes Hand.-Mazz.

草本。山坡，疏林，溪边；245 m。幕阜山脉：通山县 LXP6527。

弯缺岩荠 Cochlearia sinuata K. C. Kuan

草本。山坡，溪边，石上，阴处。幕阜山脉：通山县 LXP7690；九岭山脉：万载县 LXP-13-11293；万洋山脉：井冈山 JGS4051。

臭荠属 Coronopus Zinn

臭荠 Coronopus didymus (L.) J. E. Smith

草本。村边，山脚；60 m。幕阜山脉：九江市 谭策铭 08041(JJF)。

播娘蒿属 Descurainia Webb et Berthel.

播娘蒿 Descurainia sophia (L.) Webb ex Prantl

草本。山坡，路旁，溪边；沙土；788 m。万洋山脉：炎陵县 LXP-03-02935。

葶苈属 Draba L.

葶苈 Draba nemorosa L.

草本。幕阜山脉：庐山有分布记录，未见标本。

糖芥属 Erysimum L.

小花糖芥 Erysimum cheiranthoides L.

草本。幕阜山脉：庐山有分布记录，未见标本。

山萮菜属 Eutrema R. Br.

山萮菜 Eutrema yunnanense Franch.

草本。山坡，路旁；400~900 m。诸广山脉：八面山有分布。

菘蓝属 Isatis L.

***菘蓝 Isatis indigotica** Fortune

灌木。山坡，密林，路旁；黄壤；415 m。栽培。诸广山脉：上犹县 LXP-03-06688、LXP-03-10684。

独行菜属 Lepidium L.

独行菜 Lepidium apetalum Willd.

草本。丘陵，路旁，草地，山坡，疏林；黄壤；100~1420 m。九岭山脉：安义县 LXP-10-9439，大围山 LXP-10-12639；诸广山脉：上犹县 LXP-03-06139、LXP-03-10438。

北美独行菜 Lepidium virginicum L.

草本。山坡，山顶，路旁，平地，村边，疏林，溪边，草地，阳处；黄壤，红壤；70~920 m。幕阜山脉：庐山市 LXP5053，平江县 LXP4201，瑞昌市 LXP0232，通山县 LXP6855；九岭山脉：奉新县

LXP-10-3405，上高县 LXP-10-4931，万载县 LXP-10-1937，宜春市 LXP-10-935；武功山脉：分宜县 LXP-10-5232，芦溪县 LXP-13-03519，安福县 LXP-06-0590、LXP-06-3539、LXP-06-3866；万洋山脉：永兴县 LXP-03-04479。

诸葛菜属 Orychophragmus Bunge

诸葛菜 Orychophragmus violaceus (L.) O. E. Schulz
草本。山坡，路旁，疏林，溪边，阴处；沙土；780~1400 m。九岭山脉：大围山 LXP-10-7467、LXP-10-7749；万洋山脉：炎陵县 LXP-03-02932。

萝卜属 Raphanus L.

*萝卜 Raphanus sativus L.
草本。蔬菜，广泛栽培。幕阜山脉：九江市 谭策铭 99173(JJF)。

蔊菜属 Rorippa Scop.

广州蔊菜 Rorippa cantoniensis (Lour.) Ohwi
草本。山坡，路旁，草地，平地，池塘边；红壤；180~1100 m。九岭山脉：大围山 LXP-10-5570；武功山脉：安福县 LXP-06-3809；万洋山脉：永新县 LXP-QXL-379、LXP-QXL-450。

无瓣蔊菜 Rorippa dubia (Pers.) Hara
草本。山坡，路旁，疏林，溪边，阴处；黄壤，红壤；210~1300 m。幕阜山脉：通山县 LXP7772；武功山脉：明月山 LXP-06-4873、LXP-06-4929；万洋山脉：遂川县 LXP-13-7348，炎陵县 LXP-13-3017，永兴县 LXP-03-04553；诸广山脉：上犹县 LXP-03-07154。

球果蔊菜 Rorippa globosa (Turcz.) Hayek
草本。山坡，路旁，草地，疏林，平地，村边，阳处；120~500 m。九岭山脉：安义县 LXP-10-3659，奉新县 LXP-10-3205、LXP-10-9013。

蔊菜 Rorippa indica (L.) Hiern.
草本。山坡，平地，路旁，溪边，草地，疏林，密林，石上，阴处，阳处；红壤，黄壤，腐殖土，沙土；50~1400 m。幕阜山脉：庐山市 LXP4805，平江县 LXP3609，修水县 LXP2683；九岭山脉：安义县 LXP-10-3715，大围山 LXP-10-11293，奉新县

LXP-10-10848，靖安县 LXP-10-10227，浏阳市 LXP-10-5828，七星岭 LXP-10-8215，上高县 LXP-10-4850，铜鼓县 LXP-10-7113，万载县 LXP-10-1624，宜丰县 LXP-10-12723；武功山脉：莲花县 LXP-GTY-219，安福县 LXP-06-3759，芦溪县 LXP-06-2452，明月山 LXP-06-4622，宜春市 LXP-06-2721，樟树市 LXP-10-5026；万洋山脉：炎陵县 LXP-09-06421，永新县 LXP-13-19561。

沼生蔊菜 Rorippa islandica (Oed.) Borb.
草本。山坡，溪边；180~250 m。万洋山脉：炎陵县 LXP-09-00596。

菥蓂属 Thlaspi L.

菥蓂 Thlaspi arvense L.
草本。村边，路旁；50~400 m。万洋山脉：资兴市 LXP-03-5056。

阴山荠属 Yinshania Y. C. Ma et Y. Z. Zhao

紫堇叶阴山荠 Yinshania fumarioides (Dunn) Y. Z. Zhao
草本。山坡，路旁，灌丛，密林，溪边，疏林，石上，阴处；黄壤，腐殖土；450~1650 m。幕阜山脉：通山县 LXP1168、LXP1243、LXP6987；万洋山脉：井冈山 LXP-13-18641，遂川县 LXP-13-24800，炎陵县 LXP-13-24812。

武功山阴山荠 Yinshania hui (O. E. Schulz) Y. Z. Zhao
草本。山坡，草地；800~1600 m。武功山脉：安福县 LXP-06-9444、LXP-06-9458。

湖南阴山荠 Yinshania hunanensis (Y. H. Zhang) Al-Shehbaz et al.
草本。山谷，阴湿石壁上；800~1300 m。幕阜山脉：庐山 关克俭 74571(PE)。

利川阴山荠 Yinshania lichuanensis Y. H. Zhang
草本。山谷，疏林；400~1000 m。幕阜山脉：武宁县 赖书坤 02825(PE)。

卵叶阴山荠 Yinshania paradoxa (Hance) Y. Z. Zhao
草本。罗霄山脉可能有分布，未见标本。

河岸阴山荠 **Yinshania rivulorum** (Dunn) Al-Shehbaz et al.

草本。山坡，疏林；黄壤；1121 m。万洋山脉：炎陵县 LXP-09-07308。

双牌阴山荠 **Yinshania rupicola** subsp. **shuang-paiensis** (Z. Y. Li) Al-Shehbaz et al.

草本。山谷，河边；400~900 m。万洋山脉：资兴市 LXP-03-5056。

A275 蛇菰科 Balanophoraceae

蛇菰属 *Balanophora* J. R. Forst. et G. Forst.

红冬蛇菰 **Balanophora harlandii** Hook. f.

草本。万洋山脉：井冈山 JGS-2067。

筒鞘蛇菰 **Balanophora involucrata** Hook. f.

腐生草本。山坡，阴处；腐殖土；148 m。武功山脉：安福县 LXP-06-2305。

疏花蛇菰 **Balanophora laxiflora** Hemsl.

草本。万洋山脉：井冈山 JGS-2068。

杯茎蛇菰 **Balanophora subcupularis** P. C. Tam

草本。山坡，疏林，灌丛；黄壤，腐殖土；300~600 m。万洋山脉：井冈山 JGS-2089、LXP-13-20398；诸广山脉：上犹县 LXP-13-22219。

Order 46. 檀香目 Santalales

A276 檀香科 Santalaceae

栗寄生属 *Korthalsella* Tiegh.

栗寄生 **Korthalsella japonica** (Thunb.) Engl.

灌木。山坡，阳处，寄生于树干上；400~800 m。万洋山脉：遂川县 赖书坤等 5453(LBG)。

檀梨属 *Pyrularia* Michx.

檀梨 **Pyrularia edulis** (Wall.) A. DC.

乔木。山坡，疏林，路旁；腐殖土，红壤；780~900 m。诸广山脉：桂东县 LXP-13-25333，崇义县 LXP-03-05793。

百蕊草属 *Thesium* L.

百蕊草 **Thesium chinense** Turcz.

草本。山坡，疏林，路旁，草地；100~200 m。九岭山脉：上高县 LXP-10-4955；武功山脉：分宜县 LXP-10-5179。

槲寄生属 *Viscum* L.

扁枝槲寄生 **Viscum articulatum** Burm. f.

灌木。山坡，寄生于树干上；900 m。万洋山脉：井冈山 赖书坤等 4469(LBG)。

槲寄生 **Viscum coloratum** (Kom.) Nakai

灌木。路旁，附生于树干上；300~600 m。幕阜山脉：武宁县 LXP0626。

棱枝槲寄生 **Viscum diospyrosicolum** Hayata

灌木。山坡，疏林；腐殖土；901 m。诸广山脉：桂东县 LXP-13-25334。

枫香槲寄生 **Viscum liquidambaricola** Hayata

灌木。罗霄山脉可能有分布，未见标本。

A278 青皮木科 Schoepfiaceae

青皮木属 *Schoepfia* Schreb.

华南青皮木 **Schoepfia chinensis** Gardn. et Champ.

乔木。山坡，路旁，疏林，密林，溪边，阴处；沙土，黄壤；200~1600 m。九岭山脉：大围山 LXP-10-8039，铜鼓县 LXP-10-7128，万载县 LXP-10-1613，宜丰县 LXP-10-2254、LXP-10-3034；武功山脉：芦溪县 LXP-13-09463；万洋山脉：炎陵县 LXP-09-07441、LXP-09-08034；诸广山脉：上犹县 LXP-03-06898、LXP-03-10703。

青皮木 **Schoepfia jasminodora** Sieb. et Zucc.

乔木。山坡，疏林，溪边，灌丛，密林，平地，路旁；黄壤，腐殖土，沙土；250~1300 m。幕阜山脉：平江县 LXP3691、LXP3827、LXP3859、LXP3929、LXP4221、LXP4445，通城县 LXP4159，通山县 LXP6605，武宁县 LXP1612，修水县 LXP2837、LXP6706；九岭山脉：大围山 LXP-03-02990、LXP-10-7526、LXP-10-7776，奉新县 LXP-06-4070，宜丰县 LXP-10-4611；武功山脉：明月山 LXP-06-5042；

诸广山脉：崇义县 LXP-13-24156，桂东县 LXP-13-09026、LXP-13-22590、LXP-13-25634，上犹县 LXP-13-12189、LXP-03-06603。

A279　桑寄生科 Loranthaceae

桑寄生属 Loranthus Jacq.

桐树桑寄生 Loranthus delavayi van Tiegn.
灌木。山坡，疏林，灌丛，路旁，阳处，阴处；黄壤，腐殖土；900~1350 m。万洋山脉：遂川县 LXP-13-09355a，炎陵县 LXP-13-24820；诸广山脉：崇义县 LXP-13-24255，桂东县 LXP-13-25337。

鞘花属 Macrosolen (Blume) Reichb.

鞘花 Macrosolen cochinchinensis (Lour.) van Tiegn.
灌木。寄生树干。诸广山脉：齐云山 075314（刘小明等，2010）。

梨果寄生属 Scurrula L.

红花寄生 Scurrula parasitica L.
灌木。罗霄山脉可能有分布，未见标本。

钝果寄生属 Taxillus Tiegh.

广寄生 Taxillus chinensis (DC.) Danser
灌木。附生树干。诸广山脉：八面山 八面山科考队 34499(CSFI)。

锈毛钝果寄生 Taxillus levinei (Merr.) H. S. Kiu
藤本。山坡，溪边，密林，疏林，路旁；沙土，黄壤；270~1900 m。九岭山脉：大围山 LXP-10-11253；万洋山脉：井冈山 LXP-13-05814，遂川县 LXP-13-09355、LXP-13-17417，炎陵县 LXP-09-06390、LXP-09-06490，永新县 LXP-13-07940；诸广山脉：上犹县 LXP-13-12532。

木兰寄生 Taxillus limprichtii (Grun.) H. S. Kiu
灌木。山坡，路旁；黄壤；184 m。武功山脉：茶陵县 LXP-06-1531。

毛叶钝果寄生 Taxillus nigrans (Hance) Danser
灌木。寄生树干；200~700 m。武功山脉：武功山 赖书坤 02195(SHM)。

桑寄生 Taxillus sutchuenensis (Lecomte) Danser
灌木。平地，山坡，草地，密林，路旁；黄壤，红

壤；650~1450 m。武功山脉：安福县 LXP-06-0404，茶陵县 LXP-06-1466；万洋山脉：永新县 LXP-QXL-848，永兴县 LXP-03-03940。

灰毛桑寄生 Taxillus sutchuenensis var. duclouxii (Lecomte) H. S. Kiu
藤本。山坡，疏林，平地，路旁；黄壤；160~500 m。九岭山脉：上高县 LXP-06-6620；武功山脉：攸县 LXP-06-5276。

大苞寄生属 Tolypanthus (Blume) Reichb.

大苞寄生 Tolypanthus maclurei (Merr.) Danser
藤本。山坡，疏林，密林；黄壤；400~550 m。万洋山脉：遂川县 LXP-13-17550，炎陵县 LXP-09-08229；诸广山脉：上犹县 LXP-13-13037。

Order 47. 石竹目 Caryophyllales

A281　柽柳科 Tamaricaceae

柽柳属 Tamarix L.

*柽柳 Tamarix chinensis Lour.
灌木。冲积平原，盐碱地；330 m。栽培。幕阜山脉：九江市有分布。

A283　蓼科 Polygonaceae

金线草属 Antenoron Rafin.

金线草 Antenoron filiforme (Thunb.) Rob. et Vaut.
草本。山坡，平地，密林，溪边，疏林，路旁，草地，阴处，阳处；黄壤，腐殖土；1300~1380 m。幕阜山脉：武宁县 LXP0406，修水县 LXP2816，平江县 LXP-10-6045；九岭山脉：大围山 LXP-10-11153，奉新县 LXP-10-10556，靖安县 LXP-10-10196，浏阳市 LXP-10-5766，铜鼓县 LXP-10-6995，万载县 LXP-10-2063，宜丰县 LXP-10-2228；武功山脉：安福县 LXP-06-2826，茶陵县 LXP-06-2231，分宜县 LXP-06-2333，明月山 LXP-06-7805，宜春市 LXP-06-2703，袁州区 LXP-06-6693；万洋山脉：遂川县 LXP-13-7524，炎陵县 LXP-09-00086，永新县 LXP- QXL-041；诸广山脉：上犹县 LXP-03-06540。

短毛金线草 Antenoron filiforme var. neofiliforme (Nakai) A. L. Li
草本。山坡，平地，路旁，疏林，灌丛，溪

边，阴处；腐殖土，黄壤，红壤；150~1500 m。幕阜山脉：通山县 LXP2156，修水县 LXP2699；九岭山脉：大围山 LXP-10-11962，奉新县 LXP-10-13794，靖安县 LXP-10-106，铜鼓县 LXP-10-6552，宜丰县 LXP-10-12719、LXP-10-12944；武功山脉：安福县 LXP-06-0478、LXP-06-2936，芦溪县 LXP-06-2086，玉京山 LXP-10-1339；万洋山脉：LXP-09-11083，井冈山 LXP-13-JX4545，炎陵县 LXP-09-07551，永兴县 LXP-03-04314，资兴市 LXP-03-00208、LXP-03-05087；诸广山脉：上犹县 LXP-13-12495，崇义县 LXP-03-05866、LXP-03-10258，桂东县 LXP-03-02318、LXP-03-02672。

拳参属 *Bistorta* (L.) Scop.

拳参 Bistorta officinalis Raf. [*Polygonum bistorta* L.]

草本。山顶，草地；1000~1800 m。诸广山脉：齐云山 4003（刘小明等，2010）。

支柱蓼 Bistorta suffulta (Maxim.) H. Gross [*Polygonum suffultum* Maxim.]

草本。山坡，疏林，灌丛，草地，阴处；黄壤；1400~1550 m。幕阜山脉：平江县 LXP3896，通山县 LXP1355；武功山脉：安福县 LXP-06-9442；万洋山脉：炎陵县 LXP-13-3028。

荞麦属 *Fagopyrum* Mill.

金荞麦 Fagopyrum dibotrys (D. Don) Hara

草本。山坡，密林，疏林，溪边，村边，石上，路旁，灌丛，草地，平地，水田，阳处，阴处；黄壤，红壤，沙土，腐殖土；100~1200 m。幕阜山脉：庐山市 LXP5414，修水县 LXP2547，平江县 LXP-10-6103；九岭山脉：大围山 LXP-10-11375，奉新县 LXP-10-10591，靖安县 LXP-10-9881，浏阳市 LXP-10-5935，上高县 LXP-10-4866，铜鼓县 LXP-10-6559，万载县 LXP-10-1839，宜丰县 LXP-10-13210；武功山脉：安福县 LXP-06-0635，芦溪县 LXP-06-3380，明月山 LXP-06-7722，宜春市 LXP-06-2729，攸县 LXP-06-1615，袁州区 LXP-06-6728，玉京山 LXP-10-1348；万洋山脉：井冈山 JGS-1326，遂川县 LXP-13-09262，炎陵县 LXP-09-07620，永新县 LXP-13-0765，永兴县 LXP-03-04385，资兴市 LXP-03-001803；诸广山脉：桂东县 LXP-03-00836。

*荞麦 Fagopyrum esculentum Moench

草本。山坡，路旁，村边，溪边，沼泽；黄壤。栽培。九岭山脉：靖安县 JLS-2012-059；武功山脉：莲花县 LXP-GTY-022，明月山 LXP-13-10697；万洋山脉：永新县 LXP-QXL-208。

苦荞麦 Fagopyrum tataricum (L.) Gaertn.

草本。田边，路旁，山坡，河谷；500~1300 m。幕阜山脉：柴桑区 易桂花 07393(JJF)。

何首乌属 *Fallopia* Adans.

何首乌 Fallopia multiflora (Thunb.) Harald.

藤本。山坡，平地，路旁，灌丛，疏林，村边，密林，溪边；黄壤，红壤，腐殖土；100~550 m。幕阜山脉：瑞昌市 LXP0206，武宁县 LXP0371，修水县 LXP2610、LXP2687；九岭山脉：安义县 LXP-10-10530，大围山 LXP-10-5653，靖安县 LXP-10-10326，浏阳市 LXP-10-5903，上高县 LXP-10-4932，铜鼓县 LXP-10-6863；武功山脉：莲花县 LXP-GTY-399，明月山 LXP-13-10649，安福县 LXP-06-5628，茶陵县 LXP-06-2258，芦溪县 LXP-06-2530，分宜县 LXP-10-5196；万洋山脉：炎陵县 LXP-09-00129。

蓼属 *Persicaria* (L.) Mill.

两栖蓼 Persicaria amphibia (L.) Gray [*Polygonum amphibium* L.]

草本。湖泊边缘的浅水，沟边，田边，湿地；50~700 m。九岭山脉：永修县 谭策铭等 09836(JJF)。

毛蓼 Persicaria barbata (L.) H. Hara [*Polygonum barbatum* L.]

草本。山坡，疏林，溪边；黄壤；250~320 m。万洋山脉：井冈山 LXP-13-20347，遂川县 LXP-13-20264。

头花蓼 Persicaria capitata (Buch.-Ham. ex D. Don) H. Gross [*Polygonum capitatum* Buch.-Ham. ex D. Don]

草本。山坡，路旁，疏林，石上，溪边，草地，阳处；黄壤，腐殖土；350~1150 m。幕阜山脉：庐山市 LXP4965，平江县 LXP4346；武功山脉：明月山 LXP-06-4601；万洋山脉：吉安市 LXSM2-6-10119，井冈山 JGS-1302，炎陵县 DY2-1026；诸广山脉：上犹县 LXP-13-12229、LXP-13-25158，桂东县 LXP-13-25429。

火炭母 Persicaria chinensis (L.) H. Gross [*Polygonum chinense* L.]

草本。山坡，平地，溪边，路旁，疏林，密林，阴处；沙土，红壤，黄壤，腐殖土；150~1500 m。九岭山脉：靖安县 JLS-2012-054；武功山脉：安福县 LXP-06-2299、LXP-06-8715，茶陵县 LXP-06-7137；万洋山脉：井冈山 LXP-13-15139，炎陵县 LXP-09-08730，永新县 LXP-13-08063，资兴市 LXP-03-05192；诸广山脉：崇义县 LXP-03-05908、LXP-03-10292，桂东县 LXP-03-00915、LXP-03-02320，上犹县 LXP-03-06156。

窄叶火炭母 Persicaria chinensis var. **paradoxa** (Lévl.) Bo Li [*Polygonum chinense* var. *paradoxum* (Lévl.) A. J. Li]

草本。山坡，疏林，溪边，路旁；黄壤；300~800 m。万洋山脉：炎陵县 LXP-09-06038、LXP-13-3262。

蓼子草 Persicaria criopolitana (Hance) Migo [*Polygonum criopolitanum* Hance]

草本。山坡，路旁，平地，溪边，草地，阴处，阳处；黄壤；100~250 m。武功山脉：安福县 LXP-06-2614，分宜县 LXP-06-2311，攸县 LXP-06-5315；诸广山脉：上犹县 LXP-13-22304。

显花蓼 Persicaria conspicua (Nakai) Nakai ex T. Mori [*Polygonum japonicum* var. *conspicuum* Nakai]

草本。湖边，湿地，草地；20~700 m。幕阜山脉：九江市 谭策铭等 101099(CCAU)。

二歧蓼 Persicaria dichotoma (Blume) Masam. [*Polygonum dichotomum* Blume]

草本。山坡，平地，路旁，溪边，疏林，草地，阴处，阳处；黄壤；150~500 m。九岭山脉：靖安县 LXP-10-756，宜丰县 LXP-10-2451、LXP-10-7447；武功山脉：安福县 LXP-06-0822。

稀花蓼 Persicaria dissitiflora (Hemsl.) H. Gross ex T. Mori [*Polygonum dissitiflorum* Hemsl.]

草本。平地，山坡，溪边，路旁；黄壤；200~580 m。武功山脉：安福县 LXP-06-0629，明月山 LXP-06-7720；万洋山脉：遂川县 LXP-13-7090，炎陵县 LXP-09-06396。

光蓼 Persicaria glabra (Willd.) M. Gómez [*Polygonum glabrum* Willd.]

草本。山坡，路旁，草地，溪边，阳处；100~300 m。

九岭山脉：安义县 LXP-10-3663，大围山 LXP-10-11197，靖安县 LXP-10-10184、LXP-10-10216。

长箭叶蓼 Persicaria hastatosagittata (Makino) Nakai ex T. Mori [*Polygonum hastatosagittatum* Mak.]

草本。山坡，密林，疏林，溪边，路旁，沼泽；黄壤；200~550 m。幕阜山脉：平江县 LXP-13-22374；万洋山脉：井冈山 LXP-13-18559，遂川县 LXP-13-7275，永新县 LXP-13-19708、LXP-QXL-179。

水蓼 Persicaria hydropiper (L.) Spach [*Polygonum hydropiper* L.]

草本。山坡，平地，山顶，疏林，密林，灌丛，路旁，草地，溪边，阳处，阴处；黄壤，腐殖土；50~1890 m。幕阜山脉：庐山市 LXP5039，平江县 LXP-10-6303；九岭山脉：大围山 LXP-10-11563、LXP-10-12607，奉新县 LXP-10-10680，靖安县 LXP-10-13742，浏阳市 LXP-10-5910，七星岭 LXP-10-11883，铜鼓县 LXP-10-13437、LXP-10-6920，万载县 LXP-10-1463，宜丰县 LXP-10-13266、LXP-10-6671；武功山脉：莲花县 LXP-GTY-014，安福县 LXP-06-2625，茶陵县 LXP-06-2212，安仁县 LXP-03-01504；万洋山脉：井冈山 JGS-013，遂川县 LXP-13-17329，炎陵县 LXP-09-06417；诸广山脉：崇义县 LXP-13-24352，上犹县 LXP-03-06186、LXP-03-06356。

蚕茧草 Persicaria japonica (Meisn.) H. Gross ex Nakai [*Polygonum japonicum* Meisn.]

草本。山坡，平地，路旁，草地，溪边，疏林；黄壤；200~350 m。幕阜山脉：平江县 LXP-13-22446；九岭山脉：铜鼓县 LXP-10-6936；万洋山脉：遂川县 LXP-13-7138，永新县 LXP-13-19294。

愉悦蓼 Persicaria jucunda (Meisn.) Migo [*Polygonum jucundum* Meisn.]

草本。山坡，山顶，平地，路旁，草地，溪边，疏林，旱田边，阴处，阳处；黄壤，红壤，沙土；60~1600 m。幕阜山脉：平江县 LXP-10-6230；九岭山脉：安义县 LXP-10-3670，大围山 LXP-10-11196、LXP-10-12030，奉新县 LXP-10-10599，铜鼓县 LXP-10-6591，靖安县 LXP-13-10159，万载县 LXP-10-2169，宜丰县 LXP-10-6725；武功山脉：安福县 LXP-06-2267、LXP-06-2290，茶陵县 LXP-06-7102，明月山 LXP-13-10627，芦溪县 LXP-06-9137，宜春市 LXP-06-8913，攸县 LXP-06-5324；万洋山脉：炎陵县 LXP-09-

00219、LXP-09-10581；诸广山脉：上犹县 LXP-03-06520。

柔茎蓼 Persicaria kawagoeana (Makino) Nakai [*Polygonum kawagoeanum* Makino]

草本。山坡，灌丛；腐殖土。幕阜山脉：庐山市 LXP5398，修水县 LXP0734、LXP0761，平江县 LXP-10-6000、LXP-10-6322；九岭山脉：大围山 LXP-10-11532、LXP-10-12096，奉新县 LXP-10-13813、LXP-10-13853，七星岭 LXP-10-11400，上高县 LXP-10-4844，铜鼓县 LXP-10-13459，万载县 LXP-10-1460，宜丰县 LXP-10-13317；武功山脉：莲花县 LXP-GTY-218、LXP-GTY-271，明月山 LXP-13-10647，安福县 LXP-06-3055，茶陵县 LXP-06-7128，攸县 LXP-06-5352，袁州区 LXP-06-6727；万洋山脉：井冈山 LXP-13-0498；诸广山脉：上犹县 LXP-13-13051。

酸模叶蓼 Persicaria lapathifolia (L.) Delarbre [*Polygonum lapathifolium* L.]

草本。山坡，山顶，平地，疏林，草地，灌丛，路旁，溪边，水田边，阳处；壤，红壤，沙土；100~1500 m。幕阜山脉：柴桑区 谭策铭 93375(PE)，修水县 赖书坤 3234(PE)；万洋山脉：井冈山 岳俊三等 4881(PE)。

密毛酸模叶蓼 Persicaria lapathifolia var. **lanata** (Roxb.) H. Hara [*Polygonum lapathifolium* var. *lanatum* (Roxb.) Stew.]

草本。山坡，路旁，疏林；200 m。九岭山脉：靖安县 LXP-10-4485。

绵毛酸模叶蓼 Persicaria lapathifolia var. **salicifolia** (Sibth.) Miyabe [*Polygonum lapathifolium* var. *salicifolium* Sibth.]

草本。平地，山坡，路旁，溪边，疏林；黄壤；100~660 m。九岭山脉：上高县 LXP-06-5995；武功山脉：安福县 LXP-06-2935，寻乌县 LXP-06-0295，攸县 LXP-06-5210。

污泥蓼 Persicaria limicola (Sam.) Yonek. et H. Ohashi [*Polygonum limicola* Sam.]

草本。山谷，路旁，沟边，湿地；80~300 m。幕阜山脉：九江市 熊耀国 9581(NAS)。

长鬃蓼 Persicaria longiseta (Bruijn) Moldenke [*Polygonum longisetum* De Br.]

草本。丘陵，平地，山顶，水田边，山坡，路旁，草地，灌丛，疏林，溪边，池塘边，阳处；黄壤，红壤，沙土，腐殖土；110~1210 m。幕阜山脉：平江县 LXP-10-6108；九岭山脉：安义县 LXP-10-9471，大围山 LXP-10-11333，奉新县 LXP-10-14010，靖安县 LXP-10-209，宜丰县 LXP-10-2458，上高县 LXP-06-6511；武功山脉：安福县 LXP-06-0574、LXP-06-2287、LXP-06-8431，大岗山 LXP-06-3636，芦溪县 LXP-06-2451，明月山 LXP-06-4661，攸县 LXP-06-6112，袁州区 LXP-06-6692，分宜县 LXP-10-5152。

圆基长鬃蓼 Persicaria longiseta var. **rotundata** (A. J. Li) Bo Li [*Polygonum longisetum* var. *rotundatum* A. J. Li]

草本。山坡，疏林，溪边；沙土；300~500 m。诸广山脉：上犹县 LXP-13-12489。

长戟叶蓼 Persicaria maackiana (Regel) Nakai ex Mori [*Polygonum maackianum* Regel]

草本。路旁，溪边，阳处；600 m。九岭山脉：万载县 LXP-13-11241。

春蓼 Persicaria maculosa Gray [*Polygonum persicaria* L.]

草本。平地，山坡，路旁，溪边，草地，灌丛，疏林，阳处；黄壤，红壤；120~700 m。九岭山脉：上高县 LXP-06-6610；武功山脉：安福县 LXP-06-2586、LXP-06-2931，茶陵县 LXP-06-7124，明月山 LXP-06-7971，宜春市 LXP-06-8853，攸县 LXP-06-5355；万洋山脉：井冈山 LXP-06-7195。

小蓼花 Persicaria muricata (Meisn.) Nemoto [*Polygonum muricatum* Meisn.]

草本。山坡，平地，山顶，疏林，溪边，草地，路旁，沼泽，阳处，阴处；红壤，黄壤，腐殖土；100~1500 m。幕阜山脉：平江县 LXP-13-22452，庐山市 LXP6032，修水县 LXP0801；九岭山脉：大围山 LXP-10-5331，奉新县 LXP-10-13816，靖安县 LXP-10-500，浏阳市 LXP-10-5909，铜鼓县 LXP-10-13553，宜春市 LXP-10-985；武功山脉：莲花县 LXP-GTY-086、LXP-GTY-381，芦溪县 LXP-13-09956，明月山 LXP-13-10852，安福县 LXP-06-3684、LXP-06-3919，玉京山 LXP-10-1249；万洋山脉：井冈山 LXP-13-15307，永新县 LXP-QXL-079、LXP-QXL-287。

尼泊尔蓼 Persicaria nepalensis (Meisn.) H. Gross [*Polygonum nepalense* Meisn.]

草本。山坡，山顶，平地，灌丛，路旁，村边，草地，疏林，石上，溪边，密林，荒地，阳处；沙土，红壤，黄壤，腐殖土；300~1750 m。幕阜山脉：平江县 LXP3513，武宁县 LXP1080；九岭山脉：大围山 LXP-10-11330、LXP-10-11542，奉新县 LXP-10-10962，靖安县 LXP-10-4352，七星岭 LXP-10-11831，铜鼓县 LXP-10-7124，宜丰县 LXP-10-2819；武功山脉：安福县 LXP-06-0393、LXP-06-3581，茶陵县 LXP-06-1917，芦溪县 LXP-06-3401，明月山 LXP-06-4608；万洋山脉：吉安市 LXSM2-6-10011，井冈山 LXP-13-22413，遂川县 LXP-13-17694，炎陵县 LXP-13-3417、LXP-13-3444，永新县 LXP-13-08067，资兴市 LXP-03-05090；诸广山脉：桂东县 LXP-13-09068，上犹县 LXP-13-12477，崇义县 LXP-03-05850、LXP-03-02876。

红蓼 Persicaria orientalis (L.) Spach [*Polygonum orientale* L.]

草本。山坡，灌丛，疏林，路旁，溪边，草地，村边，水田，阳处；黄壤；150~1150 m。幕阜山脉：平江县 LXP-10-6365；九岭山脉：大围山 LXP-10-11112、LXP-10-11525，奉新县 LXP-10-11095，铜鼓县 LXP-10-13527，万载县 LXP-10-1870，宜春市 LXP-10-1082；武功山脉：安福县 LXP-06-2950，芦溪县 LXP-06-2061，明月山 LXP-06-7701；万洋山脉：永新县 LXP-QXL-015，永兴县 LXP-03-04151；诸广山脉：上犹县 LXP-03-06036。

掌叶蓼 Persicaria palmata (Dunn) Yonek. et H. Ohashi [*Polygonum palmatum* Dunn]

草本。山谷，山坡，林下，湿地；350~1500 m。九岭山脉：宜丰县 赖书坤等 000464(LBG)。

湿地蓼 Persicaria paralimicola (A. J. Li) Bo Li [*Polygonum paralimicola* A. J. Li]

草本。湿地，湖边。罗霄山脉有分布，未见标本。

杠板归 Persicaria perfoliata (L.) H. Gross [*Polygonum perfoliatum* L.]

草本。山坡，疏林，路旁，村边，平地，灌丛，草地，溪边，阴处；黄壤，红壤，沙土；192~600 m。幕阜山脉：庐山市 LXP5518，平江县 LXP4290，通山县 LXP1890；九岭山脉：大围山 LXP-03-07792，靖安县 LXP-13-10421，上高县 LXP-06-6504，万载县 LXP-10-1623；武功山脉：安福县 LXP-06-0564、

LXP-06-2545，茶陵县 LXP-06-1392，芦溪县 LXP-06-9134，莲花县 LXP-GTY-031，明月山 LXP-06-7917，宜春市 LXP-06-2704，攸县 LXP-06-5306；万洋山脉：井冈山 LXP-13-18880，遂川县 LXP-13-17158，炎陵县 LXP-13-4585，永新县 LXP-QXL-377，永兴县 LXP-03-03879；诸广山脉：崇义县 LXP-03-07256，上犹县 LXP-13-12897。

丛枝蓼 Persicaria posumbu (Buch.-Ham. ex D. Don) H. Gross [*Polygonum posumbu* Buch.-Ham. ex D. Don]

草本。灌丛，山坡，山顶，平地，路旁，村边，溪边，丘陵，草地，疏林，密林，水田边，阴处，阳处，沼泽；黄壤，红壤，沙土，腐殖土；150~1400 m。幕阜山脉：庐山市 LXP5180、LXP6023，平江县 LXP4378，瑞昌市 LXP0156，通山县 LXP2235，武宁县 LXP1456；九岭山脉：安义县 LXP-10-9451，大围山 LXP-10-11392，奉新县 LXP-10-10672，靖安县 LXP-10-10252，七星岭 LXP-10-11835，铜鼓县 LXP-10-8250，宜春市 LXP-10-998，宜丰县 LXP-10-12934、LXP-10-13112；武功山脉：安福县 LXP-06-3518、LXP-06-3841，茶陵县 LXP-06-2005，大岗山 LXP-06-3645，分宜县 LXP-06-2331，芦溪县 LXP-06-8846，明月山 LXP-06-7678，攸县 LXP-06-6133；万洋山脉：炎陵县 LXP-13-3113，永新县 LXP-13-08050；诸广山脉：上犹县 LXP-13-12861。

疏蓼 Persicaria praetermissa (Hook. f.) H. Hara [*Polygonum praetermissum* Hook. f.]

草本。平地，路旁，草地，阴处；黄壤；100~200 m。武功山脉：安福县 LXP-06-5923，茶陵县 LXP-06-2170，攸县 LXP-06-5310，明月山 LXP-13-10789。

伏毛蓼 Persicaria pubescens (Blume) H. Hara [*Polygonum pubescens* Blume]

草本。山坡，路旁，溪边；200~700 m。武功山脉：宜春市 LXP-13-10556；万洋山脉：炎陵县 LXP-09-00068，永新县 LXP-QXL-034、LXP-QXL-143。

羽叶蓼 Persicaria runcinata (Buch.-Ham. ex D. Don) H. Gross [*Polygonum runcinatum* Buch.-Ham. ex D. Don]

草本。山坡，草地，山谷，路旁；1200~3900 m。幕阜山脉：柴桑区 LXP4965。

赤胫散 **Persicaria runcinata** var. **sinensis** (Hemsl.) Bo Li [*Polygonum runcinatum* var. *sinense* Hemsl.]

草本。山坡，灌丛，溪边，平地，路旁，草地，疏林；黄壤；900~1450 m。幕阜山脉：平江县 LXP3193；武功山脉：芦溪县 LXP-06-9009；万洋山脉：炎陵县 LXP-09-10999；诸广山脉：上犹县 LXP-13-23204。

箭头蓼 **Persicaria sagittata** (L.) H. Gross [*Polygonum sagittatum* L.]

草本。平地，山坡，沼泽，溪边，密林，路旁；黄壤；140~870 m。武功山脉：安福县 LXP-06-0322，茶陵县 LXP-06-1391。

箭叶蓼 **Persicaria sagittata** var. **sieboldii** (Meisn.) Nakai [*Polygonum sieboldii* Meisn.]

草本。山坡，平地，疏林，草地，路旁，池塘边，溪边，灌丛，阴处，阳处；黄壤，红壤，沙土，腐殖土；150~1200 m。幕阜山脉：武宁县 LXP8042；武功山脉：安福县 LXP-06-2293、LXP-06-2587，茶陵县 LXP-06-2001，芦溪县 LXP-06-9136，明月山 LXP-06-7682，宜春市 LXP-06-2727，攸县 LXP-06-5323，袁州区 LXP-06-6709；万洋山脉：井冈山 JGS-1307，炎陵县 LXP-09-10977，永新县 LXP-QXL-459；诸广山脉：崇义县 LXP-03-05725，桂东县 LXP-03-02564。

刺蓼 **Persicaria senticosa** (Meisn.) H. Gross ex Nakai [*Polygonum senticosum* (Meisn.) Franch. et Savat.]

草本。山坡，平地，疏林，密林，路旁，草地，溪边，灌丛，阴处，阳处；黄壤；100~1350 m。幕阜山脉：庐山市 LXP4779，通山县 LXP1887；九岭山脉：安义县 LXP-10-3868，大围山 LXP-10-5663，靖安县 LXP-10-9724，万载县 LXP-10-1955，宜丰县 LXP-10-12711；武功山脉：安福县 LXP-06-3139，芦溪县 LXP-06-2453。

大箭叶蓼 **Persicaria senticosa** var. **sagittifolia** (Lévl. et Vant.) Yonek. et H. Ohashi [*Polygonum darrisii* Lévl.]

藤本。山坡，平地，路旁，密林，疏林，灌丛，溪边，草地，阳处；黄壤；250~600 m。幕阜山脉：武宁县 LXP0375；九岭山脉：万载县 LXP-13-11250、LXP-13-11258；武功山脉：茶陵县 LXP-09-10383，安福县 LXP-06-3526；万洋山脉：炎陵县 TYD1-1203；诸广山脉：上犹县 LXP-13-12883、LXP-13-12996。

糙毛蓼 **Persicaria strigosa** (R. Br.) Nakai [*Polygonum strigosum* R. Br.]

草本。山顶，路旁，草地；1500 m。九岭山脉：七星岭 LXP-10-11402。

细叶蓼 **Persicaria taquetii** (Lévl.) Koidz. [*Polygonum taquetii* Lévl.]

草本。平地，草地；黄壤；165 m。武功山脉：茶陵县 LXP-06-2184。

戟叶蓼 **Persicaria thunbergii** (Sieb. et Zucc.) H. Gross [*Polygonum thunbergii* Sieb. et Zucc.]

草本。山坡，丘陵，路旁，山顶，平地，草地，疏林，密林，灌丛，菜地旁，村边，溪边，石上，阴处，阳处；黄壤，红壤，腐殖土，沙土；160~1650 m。九岭山脉：大围山 LXP-10-11336，奉新县 LXP-10-11103，七星岭 LXP-10-11832，铜鼓县 LXP-10-6925，靖安县 LXP-13-11569，万载县 LXP-10-2036，宜丰县 LXP-10-13018；武功山脉：安福县 LXP-06-3511，大岗山 LXP-06-3647，芦溪县 LXP-06-3474，明月山 LXP-06-7903；万洋山脉：吉安市 LXSM2-6-10051，井冈山 JGS-405，遂川县 LXP-13-24692，炎陵县 LXP-09-07199，资兴市 LXP-03-03605；诸广山脉：桂东县 LXP-03-02586，上犹县 LXP-03-07146。

*蓼蓝 **Persicaria tinctoria** (Ait.) Spach [*Polygonum tinctorium* Ait.]

草本。村边，山谷，野生或栽培。幕阜山脉：修水县 熊耀国 05973(LBG)。

粘蓼 **Persicaria viscofera** (Makino) H. Gross ex Nakai [*Polygonum viscoferum* Makino]

草本。山坡，草地；208 m。幕阜山脉：修水县 LXP0730。

香蓼 **Persicaria viscosa** (Buch.-Ham. ex D. Don) H. Gross ex Nakai [*Polygonum viscosum* Buch.-Ham. ex D. Don]

草本。路旁，湿地，草丛；30~300 m。幕阜山脉：柴桑区 谭策铭等 081186(SZG)。

武功山蓼 **Persicaria wugongshanensis** B. Li

草本。山坡，村边；200~600 m。武功山脉：武功山 李波 LB-0093(IBSC)。

萹蓄属 *Polygonum* L.

萹蓄 **Polygonum aviculare** L.

草本。山坡，平地，路旁，密林，疏林，阳处，灌丛，草地；红壤；70~1050 m。幕阜山脉：平江县 LXP-10-6104、LXP-10-6307、LXP-10-6344；九岭山脉：大围山 LXP-10-7541，奉新县 LXP-10-3216；武功山脉：安福县 LXP-06-3749，分宜县 LXP-10-5182。

习见蓼 Polygonum plebeium R. Br.

草本。山顶，平地，山坡，石上，路旁，溪边；沙土，黄壤；150~1500 m。九岭山脉：七星岭 LXP-10-11474；武功山脉：安福县 LXP-06-5105；万洋山脉：吉安市 LXSM2-6-10150，遂川县 LXP-13-17231，炎陵县 LXP-09-10090，永新县 LXP-13-08190；诸广山脉：上犹县 LXP-13-13052。

虎杖属 *Reynoutria* Houtt.

虎杖 Reynoutria japonica Houtt.

草本。平地，路旁，灌丛，山坡，疏林，溪边，密林，石上，阳处；沙土，黄壤，红壤，石灰岩；180~1700 m。幕阜山脉：庐山市 LXP4592、LXP6343，通山县 LXP2290，武宁县 LXP8180，修水县 LXP3055；九岭山脉：靖安县 JLS-2012-040；武功山脉：安福县 LXP-06-0480，莲花县 LXP-GTY-131，茶陵县 LXP-06-1963，芦溪县 LXP-06-0813，宜春市 LXP-06-2722；万洋山脉：井冈山 LXP-13-0405，遂川县 LXP-13-16862，炎陵县 DY1-1123，永新县 LXP-QXL-386，永兴县 LXP-03-04447，资兴市 LXP-03-00335；诸广山脉：上犹县 LXP-13-12798，崇义县 LXP-03-05840，桂东县 LXP-03-00879。

酸模属 *Rumex* L.

酸模 Rumex acetosa L.

草本。山顶，山坡，草地，平地，路旁，疏林，溪边，阳处，阴处；黄壤，沙土；110~1600 m。幕阜山脉：平江县 LXP3166，通山县 LXP6586；九岭山脉：安义县 LXP-10-3632，大围山 LXP-10-12019，奉新县 LXP-10-3304，铜鼓县 LXP-10-8341，万载县 LXP-10-1787，宜丰县 LXP-10-13208；武功山脉：安福县 LXP-06-5091，明月山 LXP-06-4702，樟树市 LXP-10-5022；万洋山脉：井冈山 LXP-13-15154，炎陵县 LXSM-7-00266；诸广山脉：上犹县 LXP-13-23196。

小酸模 Rumex acetosella L.

草本。山坡，疏林，溪边；腐殖土；780 m。万洋山脉：遂川县 LXP-13-16981。

网果酸模 Rumex chalepensis Mill.

草本。沟边湿地，水边；60~700 m。幕阜山脉：柴桑区 易桂花等 1506566(JJF)。

皱叶酸模 Rumex crispus L.

草本。山坡，草地；黄壤；453 m。万洋山脉：永新县 LXP-13-19730。

齿果酸模 Rumex dentatus L.

草本。平地，山坡，路旁，菜地，草地，溪边，疏林，阳处；黄壤；250~1450 m。幕阜山脉：修水县 LXP0785；九岭山脉：安义县 LXP-10-3851；万洋山脉：炎陵县 LXP-13-22741。

羊蹄 Rumex japonicus Houtt.

草本。山坡，山顶，路旁，村边，平地，疏林，菜地，草地，灌丛，溪边，阳处；红壤，黄壤；180~1200 m。幕阜山脉：平江县 LXP4383，通山县 LXP5869，武宁县 LXP6060，修水县 LXP3366；九岭山脉：安义县 LXP-10-3658，大围山 LXP-10-11490，奉新县 LXP-10-3241，七星岭 LXP-10-8112，宜丰县 LXP-10-2654；武功山脉：安福县 LXP-06-3746，芦溪县 LXP-06-3362；万洋山脉：吉安市 LXSM2-6-10146，永新县 LXP-13-08016，资兴市 LXP-03-03669。

小果酸模 Rumex microcarpus Campd.

草本。山坡，溪边，疏林；200 m。武功山脉：樟树市 LXP-10-4996。

尼泊尔酸模 Rumex nepalensis Spreng.

草本。山坡，路旁，溪边，疏林，阴处；300~400 m。幕阜山脉：武宁县 LXP6181；武功山脉：攸县 LXP-03-08805。

钝叶酸模 Rumex obtusifolius L.

草本。田边，路旁，沟边，湿地；50~300 m。幕阜山脉：庐山 易桂花等 13363(JJF)。

长刺酸模 Rumex trisetifer Stokes

草本。山坡，平地，溪边，草地，路旁，疏林，村边，阳处；黄壤；100~1000 m。九岭山脉：安义县 LXP-10-3831，大围山 LXP-10-7499，奉新县 LXP-10-8997、LXP-10-9106，上高县 LXP-10-4848、LXP-10-4853，宜春市 LXP-10-811；武功山脉：明

月山 LXP-06-4698，分宜县 LXP-10-5153。

A284 茅膏菜科 Droseraceae

茅膏菜属 *Drosera* L.

锦地罗 Drosera burmanni Vahl

草本。山谷，阳处；50~720 m。幕阜山脉：庐山 林英 371(JXU)。

茅膏菜 Drosera peltata Smith

草本。山坡，灌丛，草地，疏林，石上，阳处；黄壤；160~1100 m。武功山脉：茶陵县 LXP-065173、LXP-06-9207；万洋山脉：遂川县 LXP-13-25898、NF-026；诸广山脉：上犹县 LXP-13-12556。

光萼茅膏菜 Drosera peltata var. **glabrata** Y. Z. Ruan

草本。疏林，草丛，山谷。武功山脉：宜春市 岳俊三 3453(IBSC)。

A295 石竹科 Caryophyllaceae

麦仙翁属 *Agrostemma* L.

***麦仙翁 Agrostemma githago** L.

草本。农田，路旁，草地。栽培。幕阜山脉：九江市 邹垣 00504(LBG)。

无心菜属 *Arenaria* L.

无心菜 Arenaria serpyllifolia L.

草本。山坡，山顶，疏林，灌丛，路旁，草地，溪边，阳处；黄壤；150~1200 m。幕阜山脉：通山县 LXP1258，武宁县 LXP6208；九岭山脉：安义县 LXP-10-3852，大围山 LXP-10-7925，奉新县 LXP-10-3342、LXP-10-3899、LXP-10-9114，靖安县 LXP-10-4463，上高县 LXP-10-4934；万洋山脉：炎陵县 LXP-09-10128。

卷耳属 *Cerastium* L.

簇生泉卷耳 Cerastium fontanum subsp. **vulgare** (Hartman) Greuter et Burdet

草本。山顶，山坡，平地，草地；黄壤；470~1680 m。幕阜山脉：平江县 LXP3181；武功山脉：安福县 LXP-06-1010；万洋山脉：井冈山 LXSM2-6-10279。

球序卷耳 Cerastium glomeratum Thuill.

草本。山坡，路旁，阳处；262 m。幕阜山脉：修水县 LXP0787；万洋山脉：井冈山 JGS4156。

石竹属 *Dianthus* L.

***须苞石竹 Dianthus barbatus** L.

草本。观赏，栽培。幕阜山脉：九江市 梁富成 142(IBSC)。

***香石竹 Dianthus caryophyllus** L.

草本。栽培或逸生。幕阜山脉：九江市 谭策铭 03109(SZG)。

***石竹 Dianthus chinensis** L.

草本。山坡，路旁，疏林；1200 m。栽培。九岭山脉：大围山 LXP-10-7498。

长萼瞿麦 Dianthus longicalyx Miq.

草本。山坡，草地，林下；900~1450 m。诸广山脉：上犹县 姚淦 1434(IBSC)。

瞿麦 Dianthus superbus L.

草本。山坡，疏林，灌丛，路旁，草地；200~1150 m。幕阜山脉：平江县 LXP3831，武宁县 LXP0563；武功山脉：樟树市 LXP-10-4991。

石头花属 *Gypsophila* L.

细叶石头花 Gypsophila licentiana Hand.-Mazz.

草本。平地，溪边；黄壤；123.5 m。武功山脉：安福县 LXP-06-0302。

剪秋罗属 *Lychnis* L.

***皱叶剪秋罗 Lychnis chalcedonica** L.

草本。观赏，栽培。幕阜山脉：庐山 邹垣 00500(LBG)。

剪春罗 Lychnis coronata Thunb.

草本。山坡，灌丛；黄壤；1364 m。武功山脉：芦溪县 LXP-06-2808。

剪秋罗 Lychnis fulgens Fisch.

草本。山顶，山坡，路旁，疏林；黄壤；1200~1600 m。幕阜山脉：通山县 LXP7275；九岭山脉：万载县 LXP-13-11368。

剪红纱花 **Lychnis senno** Sieb. et Zucc.

草本。山坡，山顶，平地，路旁，草地，灌丛，疏林，阴处；黄壤；1000~1600 m。幕阜山脉：庐山市 LXP4687；九岭山脉：大围山 LXP-10-12682，七星岭 LXP-10-11385、LXP-10-11868；武功山脉：安福县 LXP-06-0504。

种阜草属 *Moehringia* L.

种阜草 **Moehringia lateriflora** (L.) Fenzl

草本。山坡，草丛。幕阜山脉：庐山有分布记录，未见标本。

三脉种阜草 **Moehringia trinervia** (L.) Clairv.

草本。罗霄山脉分布有记录，未见标本。

鹅肠菜属 *Myosoton* Moench

鹅肠菜 **Myosoton aquaticum** (L.) Moench

草本。山坡，平地，灌丛，路旁，草地，疏林，溪边，阴处，阳处；黄壤，红壤，腐殖土，石灰岩；70~1400 m。幕阜山脉：武宁县 LXP5775；九岭山脉：大围山 LXP-10-11485，奉新县 LXP-10-11011，靖安县 LXP-10-10229，七星岭 LXP-10-8214，铜鼓县 LXP-10-6652，宜春市 LXP-10-1114，宜丰县 LXP-10-7422；武功山脉：安福县 LXP-06-3530，芦溪县 LXP-06-2433，明月山 LXP-06-4625，袁州区 LXP-06-6722，攸县 LXP-03-08694，分宜县 LXP-10-5141，樟树市 LXP-10-5070；万洋山脉：炎陵县 LXP-09-10160；诸广山脉：桂东县 LXP-13-25340，崇义县 LXP-03-05918。

白鼓钉属 *Polycarpaea* Lam.

白鼓钉 **Polycarpaea corymbosa** (L.) Lam.

草本。山坡，草丛或水边沙滩湿地上；沙土。幕阜山脉：庐山 熊耀国 1166(PE)。

孩儿参属 *Pseudostellaria* Pax

孩儿参 **Pseudostellaria heterophylla** (Miq.) Pax

草本。山坡，溪边，路旁，阴处；黄壤；800~900 m。幕阜山脉：平江县 LXP3649；武功山脉：明月山 LXP-06-4928。

细叶孩儿参 **Pseudostellaria sylvatica** (Maxim.) Pax

草本。山坡，林下；900~1500 m。幕阜山脉：庐山

李崇刘 s. n. (HUFD)。

漆姑草属 *Sagina* L.

漆姑草 **Sagina japonica** (Sw.) Ohwi

草本。山坡，平地，路旁，疏林，密林，草地，溪边，阳处，阴处；黄壤；100~1400 m。幕阜山脉：平江县 LXP4350，通山县 LXP1153，武宁县 LXP5579；九岭山脉：安义县 LXP-10-3704，大围山 LXP-10-7471，奉新县 LXP-10-3996，七星岭 LXP-10-8174，铜鼓县 LXP-10-8241，宜丰县 LXP-10-4603；武功山脉：芦溪县 LXP-06-3361，茶陵县 LXP-09-10384，明月山 LXP-06-4961；万洋山脉：井冈山 JGS-4749，炎陵县 LXP-09-06388。

根叶漆姑草 **Sagina maxima** A. Gray

草本。山坡，平地，田野；100~500 m。幕阜山脉：九江市 H. Migo s. n. (NAS)。

蝇子草属 *Silene* L.

女娄菜 **Silene aprica** Turcz. ex Fisch. et Mey.

草本。山顶，山坡，草地，路旁；黄壤；1400~1670 m。九岭山脉：大围山 LXP-10-12584；武功山脉：安福县 LXP-06-0396。

狗筋蔓 **Silene baccifera** (L.) Roth [*Cucubalus baccifer* L.]

草本。林缘，灌丛或草地。幕阜山脉：九江市 王名金 01224。

麦瓶草 **Silene conoidea** L.

草本。草地，荒坡；100~500 m。幕阜山脉：庐山 3425(PE)。

坚硬女娄菜 **Silene firma** Sieb. et Zucc.

草本。山坡，疏林；474 m。幕阜山脉：修水县 LXP3478。

鹤草 **Silene fortunei** Vis.

草本。山坡，路旁，疏林，溪边；黄壤；670~1480 m。武功山脉：安福县 LXP-06-0493，芦溪县 LXP-06-9003；万洋山脉：资兴市 LXP-03-00195。

*蝇子草 **Silene gallica** L.

草本。栽培。幕阜山脉：九江市 梁富成 179(IBSC)。

石生蝇子草 **Silene tatarinowii** Regel

草本。罗霄山脉可能有分布，未见标本。

繁缕属 *Stellaria* L.

雀舌草 **Stellaria alsine** Grimm

草本。山坡，路旁，草地，疏林，密林，阳处，阴处；黄壤，腐殖土；80~1000 m。九岭山脉：安义县 LXP-10-3702，大围山 LXP-10-12458，奉新县 LXP-10-9124，靖安县 LXP-10-4475，七星岭 LXP-10-8205，宜丰县 LXP-10-2718；武功山脉：安福县 LXP-06-1050，芦溪县 LXP-06-1168；万洋山脉：井冈山 LXP-13-5719，炎陵县 LXP-13-5274。

中国繁缕 **Stellaria chinensis** Regel

草本。山坡，平地，疏林，路旁，灌丛，溪边，石上；黄壤；230~1400 m。幕阜山脉：平江县 LXP3158，通山县 LXP1188，武宁县 LXP5770，修水县 LXP5997；九岭山脉：大围山 LXP-10-7500，奉新县 LXP-10-9307，靖安县 LXP-10-620，七星岭 LXP-10-8179；武功山脉：茶陵县 LXP-09-10453；万洋山脉：遂川县 LXP-13-23485，炎陵县 LXP-09-06414。

繁缕 **Stellaria media** (L.) Cyr.

草本。山坡，平地，山顶，路旁，村边，草地，疏林，溪边，阴处；黄壤；140~1450 m。幕阜山脉：平江县 LXP3789；九岭山脉：奉新县 LXP-10-10975，靖安县 LXP-10-51，七星岭 LXP-10-11443；武功山脉：安福县 LXP-06-1007；万洋山脉：炎陵县 LXP-09-07421；诸广山脉：上犹县 LXP-13-12632。

皱叶繁缕 **Stellaria monosperma** var. **japonica** Maxim.

草本。山坡，路旁；黄壤；865 m。武功山脉：芦溪县 LXP-06-9298。

鸡肠繁缕 **Stellaria neglecta** Weihe ex Bluff et Fingerh.

草本。罗霄山脉有分布记录，未见标本。

峨眉繁缕 **Stellaria omeiensis** C. Y. Wu et Y. W. Tsui ex P. Ke

草本。山坡，溪边，路旁，疏林，阴处；黄壤；230~1900 m。九岭山脉：靖安县 LXP-10-4346、LXP-10-4449；武功山脉：明月山 LXP-06-4858；万洋山脉：吉安市 LXSM2-6-10050，遂川县 LXP-13-23608，炎陵县 LXP-09-09321。

箐姑草 **Stellaria vestita** Kurz

草本。山坡，平地，灌丛，疏林，密林，溪边，路旁，阳处；沙土，黄壤；560 m。万洋山脉：井冈山 JGS-A057，遂川县 LXP-13-17829，炎陵县 DY3-1109、LXP-09-00130。

巫山繁缕 **Stellaria wushanensis** Williams

草本。山坡，溪边，路旁，疏林，密林，灌丛，阴处；黄壤；300~1480 m。幕阜山脉：平江县 LXP3634；九岭山脉：大围山 LXP-10-7534；武功山脉：分宜县 LXP-06-9615，明月山 LXP-06-4872，宜春市 LXP-06-8957；万洋山脉：井冈山 LXP-13-15363，遂川县 LXP-13-16474，炎陵县 LXP-09-08503，永新县 LXP-13-19745；诸广山脉：上犹县 LXP-13-23344。

麦蓝菜属 *Vaccaria* Wolf

麦蓝菜 **Vaccaria hispanica** (Miller) Rauschert

草本。草坡，荒地。幕阜山脉：九江市 胡保水 06403(JJF)。

A297 苋科 Amaranthaceae

牛膝属 *Achyranthes* L.

土牛膝 **Achyranthes aspera** L.

草本。山谷，山坡，疏林，草地，路旁；100~1400 m。幕阜山脉：平江县 LXP-10-6093；九岭山脉：安义县 LXP-10-10412，大围山 LXP-10-11258、LXP-10-11963、LXP-10-5728，奉新县 LXP-10-10709、LXP-10-13713，靖安县 LXP-10-528，浏阳市 LXP-10-5817，上高县 LXP-10-4976，铜鼓县 LXP-10-13450、LXP-10-6651，万载县 LXP-10-1711、LXP-10-2017，宜丰县 LXP-10-13003；武功山脉：玉京山 LXP-10-1349；万洋山脉：井冈山 JGS-101，遂川县 LXP-13-7250。

禾叶土牛膝 **Achyranthes aspera** var. **rubrofusca** (Wight) Hook. f.

草本。罗霄山脉有分布记录，未见标本。

牛膝 **Achyranthes bidentata** Blume

草本。山坡，密林，疏林，平地，溪边，路旁，石上，阴处；壤土，沙土，腐殖土；100~1400 m。幕阜山脉：庐山市 LXP4596，瑞昌市 LXP0224，通山县 LXP2347, 武宁县 LXP7398; 九岭山脉: 宜丰县 LXP-10-12763, 上高县 LXP-06-6533, 靖安县 LXP-13-11534; 武功山脉: 安福县 LXP-06-6410、LXP-06-6794、LXP-06-8744、LXP-06-0476、LXP-06-2146、LXP-06-2971, 茶陵县 LXP-06-2230, 芦溪县 LXP-06-1701, 明月山 LXP-06-7686、LXP-13-10840, 攸县 LXP-06-5220; 万洋山脉: 炎陵县 LXP-09-00651、LXP-09-07174、TYD1-1259; 诸广山脉: 上犹县 LXP-13-12900、LXP-03-06537。

少毛牛膝 Achyranthes bidentata var. japonica Miq.
草本。山谷, 林下; 1100 m。幕阜山脉: 庐山 谭策铭等 081644(JJF)。

柳叶牛膝 Achyranthes longifolia (Makino) Makino
草本。山谷, 密林, 疏林, 草地, 灌丛, 路旁, 溪边, 石上, 阴处, 阳处; 沙土, 壤土, 腐殖土; 150~1300 m。幕阜山脉: 平江县 LXP-10-5993; 九岭山脉: 大围山 LXP-10-12255, 奉新县 LXP-10-10553, 靖安县 LXP-10-10174, 铜鼓县 LXP-10-6927, 宜丰县 LXP-10-13113; 万洋山脉: 遂川县 LXP-13-7516, 炎陵县 DY1-1121; 诸广山脉: 崇义县 LXP-03-05611, 桂东县 LXP-03-00763。

莲子草属 Alternanthera Forssk.

*锦绣苋 Alternanthera bettzickiana (Regel) Nichols.
草本。草地, 村边, 观赏, 有栽培。

*喜旱莲子草 Alternanthera philoxeroides (Mart.) Griseb.
草本。山谷, 山坡, 疏林, 丘陵, 路旁, 溪边, 草地, 村边, 水田边, 池塘边, 水中, 阴处; 壤土, 沙土; 50~1900 m。栽培。九岭山脉: 安义县 LXP-10-3672, 奉新县 LXP-10-3229, 靖安县 LXP-13-10162、LXP-10-211, 上高县 LXP-10-4966, 铜鼓县 LXP-10-8326, 宜丰县 LXP-10-13148; 武功山脉: 莲花县 LXP-GTY-126, 安福县 LXP-06-0392、LXP-06-3531、LXP-06-3997, 茶陵县 LXP-06-1417, 芦溪县 LXP-06-3368, 分宜县 LXP-10-5121; 万洋山脉: 井冈山 LXP-13-18567, 永新县 LXP-QXL-147, 永兴县 LXP-03-03880, 资兴市 LXP-03-03638; 诸广山脉: 上犹县 LXP-13-12788。

莲子草 Alternanthera sessilis (L.) DC.
草本。山谷, 疏林, 平地, 路旁, 村边, 溪边, 草

地, 阳处, 阴处; 壤土; 150~750 m。九岭山脉: 大围山 LXP-10-12298, 铜鼓县 LXP-10-7249, 万载县 LXP-10-1627; 武功山脉: 安福县 LXP-06-2535, 明月山 LXP-06-7987, 攸县 LXP-06-6096; 万洋山脉: 永新县 LXP-QXL-132。

苋属 Amaranthus L.

凹头苋 Amaranthus blitum L.
草本。山谷, 疏林, 平地, 草地, 路旁; 沙土; 600 m。幕阜山脉: 平江县 LXP-10-6015; 万洋山脉: 炎陵县 LXP-13-4572, 永新县 LXP-QXL-197。

尾穗苋 Amaranthus caudatus L.
草本。山坡, 疏林, 路旁, 阳处; 150~200 m。九岭山脉: 万载县 LXP-10-1418, 宜丰县 LXP-10-2681。

繁穗苋 Amaranthus cruentus L.
草本。平地, 疏林; 壤土; 156.8 m。武功山脉: 安福县 LXP-06-0428。

绿穗苋 Amaranthus hybridus L.
草本。山谷, 阳处, 疏林, 路旁, 草地, 村边, 溪边; 沙土, 壤土; 150~500 m。幕阜山脉: 庐山市 LXP5384, 瑞昌市 LXP0184, 平江县 LXP-10-6089; 九岭山脉: 奉新县 LXP-10-13825, 靖安县 LXP-10-10305, 浏阳市 LXP-10-5900, 铜鼓县 LXP-10-6534, 宜丰县 LXP-10-13275; 武功山脉: 安福县 LXP-06-3728、LXP-06-6474, 茶陵县 LXP-06-2010。

反枝苋 Amaranthus retroflexus L.
草本。田边, 村边, 草地; 50~300 m。武功山脉: 安福县 LXP-06-3959。

刺苋 Amaranthus spinosus L.
草本。山谷, 疏林, 阳处, 平地, 草地, 村边, 路旁, 溪边; 壤土; 90~300 m。九岭山脉: 奉新县 LXP-10-10708, 靖安县 LXP-10-6, 上高县 LXP-10-4852, 铜鼓县 LXP-10-13534, 万载县 LXP-10-1877, 宜丰县 LXP-10-12822; 武功山脉: 安福县 LXP-06-0591。

*苋 Amaranthus tricolor L.
草本。山谷, 平地, 村边, 路旁, 溪边, 草地; 壤土; 150~700 m。栽培。幕阜山脉: 平江县 LXP-10-6323; 九岭山脉: 大围山 LXP-10-12249, 靖安县 LXP-10-597, 铜鼓县 LXP-10-13504, 宜春市 LXP-

10-1175；武功山脉：茶陵县 LXP-06-1542。

*皱果苋 Amaranthus viridis L.

草本。山坡，山谷，密林，疏林，阳处，阴处，村边，路旁，草地；壤土；80~1700 m。栽培。九岭山脉：安义县 LXP-10-10437，大围山 LXP-10-12704，奉新县 LXP-10-10858，靖安县 LXP-10-10322，宜春市 LXP-10-1059，宜丰县 LXP-10-12844，上高县 LXP-06-7630；武功山脉：明月山 LXP-13-10639，安福县 LXP-06-7449，攸县 LXP-06-5332；万洋山脉：炎陵县 LXP-09-10827，永新县 LXP-QXL-030。

青葙属 Celosia L.

青葙 Celosia argentea L.

草本。山坡，疏林，水田，村边，溪边，路旁，灌丛，河边，阳处；石灰岩，壤土，沙土；60~600 m。幕阜山脉：庐山市 LXP4995，瑞昌市 LXP0049，武宁县 LXP0430，修水县 LXP0861，平江县 LXP-10-6310；九岭山脉：安义县 LXP-10-10467，大围山 LXP-10-11249，奉新县 LXP-10-10752，靖安县 LXP-10-10051，浏阳市 LXP-10-5792，铜鼓县 LXP-10-13487，万载县 LXP-10-1421，宜春市 LXP-10-977，宜丰县 LXP-10-13309；武功山脉：茶陵县 LXP-06-2011，分宜县 LXP-06-2348，攸县 LXP-06-5331；万洋山脉：资兴市 LXP-03-00238；诸广山脉：崇义县 LXP-03-07259。

*鸡冠花 Celosia cristata L.

草本。山谷，平地，路旁，草地；壤土；200~800 m。栽培。幕阜山脉：平江县 LXP-10-6127；九岭山脉：大围山 LXP-10-12100，靖安县 LXP-10-10030，铜鼓县 LXP-10-13571；武功山脉：安福县 LXP-06-0555。

藜属 Chenopodium L.

藜 Chenopodium album L.

草本。山谷，灌丛，路旁，草地，河边，阴处；壤土；150~1100 m。幕阜山脉：平江县 LXP-10-6268；九岭山脉：铜鼓县 LXP-10-6551，玉京山 LXP-10-1344，浏阳市 LXP-03-08471；武功山脉：茶陵县 LXP-06-7130；万洋山脉：遂川县 LXP-13-7404。

刺藜 Chenopodium aristatum L.

草本。山谷，平地，灌丛；壤土；80~600 m。武功山脉：茶陵县 LXP-06-7129，明月山 LXP-06-7702，攸县 LXP-06-5347。

小藜 Chenopodium ficifolium Smith

草本。山谷，山坡，疏林，路旁，灌丛，草地，村边；150~200 m。九岭山脉：大围山 LXP-10-11544、LXP-10-12308，奉新县 LXP-10-11030，铜鼓县 LXP-10-13541，宜春市 LXP-10-817。

灰绿藜 Chenopodium glaucum L.

草本。山坡，路旁；沙土；785 m。九岭山脉：大围山 LXP-03-08061。

细穗藜 Chenopodium gracilispicum Kung

草本。山坡，草地，湖边，河边；20~300 m。幕阜山脉：庐山 聂敏祥和陈世隆 7623(PE)。

千日红属 Gomphrena L.

*千日红 Gomphrena globosa L.

草本。观赏，栽培或逸生。幕阜山脉：九江市 谭策铭 463(JJF)。

刺藜属 Dysphania R. Brown

*土荆芥 Dysphania ambrosioides (L.) Mosyakin et Clemants

草本。山谷，平地，路旁，溪边；壤土；150~250 m。武功山脉：安福县 LXP-06-0430，茶陵县 LXP-06-1825，莲花县 LXP-GTY-051。

地肤属 Kochia Roth

*地肤 Kochia scoparia (L.) Schrad.

草本。山坡，平地，草地，疏林；壤土；150~700 m。栽培。幕阜山脉：庐山市 LXP5393；武功山脉：安福县 LXP-06-3750。

菠菜属 Spinacia L.

*菠菜 Spinacia oleracea L.

草本。村边，田野。蔬菜，栽培。幕阜山脉：九江市 谭策铭 01018(JJF)。

A305 商陆科 Phytolaccaceae

商陆属 *Phytolacca* L.

商陆 Phytolacca acinosa Roxb.
草本。山坡，疏林，村边，路旁，溪边，草地，阴处；沙土，壤土；100~1200 m。幕阜山脉：平江县 LXP3592，瑞昌市 LXP0202，通山县 LXP1878，武宁县 LXP1410，修水县 LXP2639，岳阳县 LXP3796；九岭山脉：大围山 LXP-03-07739；万洋山脉：井冈山 LXP-13-15285，炎陵县 LXP-09-07247；诸广山脉：上犹县 LXP-03-06015、LXP-03-07201、LXP-03-10876。

垂序商陆 Phytolacca americana L.
草本。山坡，疏林，路旁，灌丛，草地，村边，水田边，菜地边，溪边，阳处；壤土，腐殖土；80~1700 m。幕阜山脉：平江县 LXP-10-6112；九岭山脉：安义县 LXP-10-10503，大围山 LXP-10-11522、LXP-10-12248、LXP-10-5619，奉新县 LXP-10-10814、LXP-10-14015、LXP-06-4035，靖安县 LXP-10-10314、LXP-10-722、LXP-10-9862，浏阳市 LXP-10-5933，七星岭 LXP-10-11851，上高县 LXP-10-4938，铜鼓县 LXP-10-13431，万载县 LXP-10-1414，宜春市 LXP-10-1090，宜丰县 LXP-10-12865、LXP-10-13270、LXP-10-4812；武功山脉：安福县 LXP-06-0594、LXP-06-2615、LXP-06-3516，茶陵县 LXP-06-1395，大岗山 LXP-06-3641，分宜县 LXP-06-2344、LXP-10-5203，芦溪县 LXP-06-2095，宜春市 LXP-06-8928，攸县 LXP-06-6116，袁州区 LXP-06-6750，玉京山 LXP-10-1227，樟树市 LXP-10-5067；万洋山脉：井冈山 JGS-B105，遂川县 LXP-13-09293、LXP-13-17114，炎陵县 LXP-09-00270、LXP-09-10648、LXP-13-4332，永兴县 LXP-03-03878，资兴市 LXP-03-00137；诸广山脉：上犹县 LXP-13-12724，崇义县 LXP-03-05915，桂东县 LXP-03-02344。

日本商陆 Phytolacca japonica Makino
草本。山谷，林下；350~1100 m。幕阜山脉：武宁县 赖书坤 2622(KUN)。

A308 紫茉莉科 Nyctaginaceae

紫茉莉属 *Mirabilis* L.

***紫茉莉 Mirabilis jalapa L.**
草本。山谷，丘陵，疏林，平地，路旁，溪边，草地，村边，河边，菜地，阳处；壤土；50~200 m。栽培。九岭山脉：安义县 LXP-10-10449，靖安县 LXP-10-10312，浏阳市 LXP-10-5901，铜鼓县 LXP-10-6663，万载县 LXP-13-11220、LXP-10-1971，宜春市 LXP-10-1183；武功山脉：安福县 LXP-06-3853，茶陵县 LXP-06-1880，分宜县 LXP-10-5101；万洋山脉：井冈山 LXP-13-18571，炎陵县 LXP-09-00608；诸广山脉：上犹县 LXP-03-06068。

A309 粟米草科 Molluginaceae

粟米草属 *Mollugo* L.

粟米草 Mollugo stricta L.
草本。山谷，山坡，路旁，疏林，草地，溪边，水田边，阳处，阴处；壤土，腐殖土，沙土；100~600 m。幕阜山脉：通山县 LXP1780，平江县 LXP-10-6137；九岭山脉：安义县 LXP-10-10452，大围山 LXP-10-11736，奉新县 LXP-10-10729，靖安县 LXP-10-10034，浏阳市 LXP-10-5906，铜鼓县 LXP-10-13493，万载县 LXP-13-10913、LXP-10-1548，宜春市 LXP-10-1014；武功山脉：莲花县 LXP-GTY-224，明月山 LXP-13-10631，安福县 LXP-06-0178，攸县 LXP-06-6098；万洋山脉：井冈山 LXP-06-5496，永新县 LXP-QXL-026。

A312 落葵科 Basellaceae

落葵薯属 *Anredera* Juss.

***落葵薯 Anredera cordifolia (Tenore) Steenis**
藤本。山坡，密林；750 m。栽培。九岭山脉：大围山 LXP-10-12345。

落葵属 *Basella* L.

***落葵 Basella alba L.**
草质藤本。山谷，河边，村边；100~600 m。栽培。武功山脉：宜春市 LXP-13-10786。

A314 土人参科 Talinaceae

土人参属 *Talinum* Adans.

***土人参 Talinum paniculatum (Jacq.) Gaertn.**
草本。山坡，山谷，疏林，村边，路旁，溪边；壤土；150~1200 m。栽培。幕阜山脉：庐山市 LXP4931，

通山县 LXP7900；九岭山脉：安义县 LXP-10-3768；武功山脉：安福县 LXP-06-2926；万洋山脉：炎陵县 LXP-09-00598；诸广山脉：崇义县 LXP-03-07356，上犹县 LXP-03-06149、LXP-13-12228。

A315 马齿苋科 Portulacaceae

马齿苋属 *Portulaca* L.

*大花马齿苋 Portulaca grandiflora Hook.
草本。阳处，村边。栽培或逸生。幕阜山脉：九江市 谭策铭 1506572A(JJF)。

马齿苋 Portulaca oleracea L.
草本。山谷，山坡，平地，路旁，疏林，村边，阳处；壤土；70~700 m。幕阜山脉：庐山市 LXP5388；九岭山脉：安义县 LXP-10-10439，大围山 LXP-10-5580，奉新县 LXP-10-14029，铜鼓县 LXP-10-6588，万载县 LXP-10-2144，宜春市 LXP-10-1035；武功山脉：明月山 LXP-13-10708；诸广山脉：上犹县 LXP-03-07005、LXP-13-13048。

A317 仙人掌科 Cactaceae

仙人掌属 *Opuntia* Mill.

*仙人掌 Opuntia stricta var. **dillenii** (Ker-Gawl.) Benson
肉质灌木。观赏，有栽培。

Order 48. 山茱萸目 Cornales

A318 蓝果树科 Nyssaceae

喜树属 *Camptotheca* Decne.

喜树 Camptotheca acuminata Decne.
乔木。山谷，山坡，疏林，平地，溪边，灌丛，路旁，阳处；壤土，沙土；50~1700 m。幕阜山脉：庐山市 LXP5148，平江县 LXP-10-5969；九岭山脉：大围山 LXP-10-7463，奉新县 LXP-10-10946，靖安县 LXP-10-561，铜鼓县 LXP-10-13542，万载县 LXP-10-1448，宜春市 LXP-10-1197，玉京山 LXP-10-1319；武功山脉：安福县 LXP-06-0157，茶陵县 LXP-06-1879，宜春市 LXP-06-2764，分宜县 LXP-10-5224；万洋山脉：炎陵县 LXP-09-10620，永新县 LXP-13-19663，永兴县 LXP-03-03998，资兴市 LXP-03-00145；诸广山脉：桂东县 LXP-03-02407，上犹县 LXP-13-12787、LXP-03-06264，崇义县 LXP-03-07358。

珙桐属 *Davidia* Baill.

*珙桐 Davidia involucrata Baill.
乔木。山谷，溪边；463 m。栽培。幕阜山脉：通山县 LXP7324。

蓝果树属 *Nyssa* L.

蓝果树 Nyssa sinensis Oliv.
乔木。山谷，山坡，密林，疏林，灌丛，溪边，路旁，石上，阴处；壤土，沙土；300~1400 m。幕阜山脉：通山县 LXP2266，武宁县 LXP1070；九岭山脉：大围山 LXP-03-07679、LXP-03-08163、LXP-10-12273，奉新县 LXP-10-13932、LXP-06-4063，靖安县 LXP-13-10164、LXP-10-281，宜丰县 LXP-10-2405；武功山脉：分宜县 LXP-06-9628，芦溪县 LXP-13-09568、LXP-13-09752，茶陵县 LXP-06-1907；万洋山脉：遂川县 LXP-13-16645，炎陵县 LXP-09-07389、LXP-09-10772、LXP-09-300，永新县 LXP-13-19793，资兴市 LXP-03-05111，崇义县 LXP-03-07298；诸广山脉：上犹县 LXP-13-12511、LXP-03-06466。

A320 绣球花科 Hydrangeaceae

草绣球属 *Cardiandra* Sieb. et Zucc.

草绣球 Cardiandra moellendorffii (Hance) Migo
草本。山谷，山坡，密林，疏林，灌丛，路旁，溪边，草地，阴处；壤土，腐殖土；500~1700 m。幕阜山脉：庐山市 LXP-13-24543、LXP4461，通山县 LXP1151；九岭山脉：大围山 LXP-13-08215；武功山脉：安福县 LXP-06-0082，芦溪县 LXP-13-03681、LXP-13-09830、LXP-06-1788；万洋山脉：井冈山 LXP-13-0409，遂川县 LXP-13-24691，炎陵县 LXP-09-06257；诸广山脉：上犹县 LXP-13-12497。

溲疏属 *Deutzia* Thunb.

异色溲疏 Deutzia discolor Hemsl.
灌木。山坡，溪边；400~700 m。九岭山脉：宜丰县 航调队专业组 1-0063(CAF)。

黄山溲疏 Deutzia glauca Cheng

灌木。山坡，疏林；676 m。幕阜山脉：通山县 LXP6601。

宁波溲疏 Deutzia ningpoensis Rehd.

灌木。山坡，疏林，路旁；壤土；200~1400 m。幕阜山脉：庐山市 LXP4761，平江县 LXP3540、LXP-10-6401，通山县 LXP1157，武宁县 LXP0516、LXP-13-08418，修水县 LXP3345；九岭山脉：奉新县 LXP-10-10592。

溲疏 Deutzia scabra Thunb.

乔木。山坡，疏林，溪边；壤土；600~1300 m。幕阜山脉：平江县 LXP3840，通山县 LXP7402。

长江溲疏 Deutzia schneideriana Rehd.

灌木。山谷，疏林，阳处；300~1500 m。幕阜山脉：平江县 LXP6439、LXP-10-6058、LXP-03-08836，瑞昌市 LXP0090，通山县 LXP2282，武宁县 LXP1078；九岭山脉：大围山 LXP-03-03003、LXP-10-11353，奉新县 LXP-10-10653，靖安县 LXP-10-9764，浏阳市 LXP-10-5930，七星岭 LXP-10-8146；万洋山脉：资兴市 LXP-03-00305。

四川溲疏 Deutzia setchuenensis Franch.

灌木。山谷，山坡，灌丛，疏林，路旁，溪边，石上；石灰岩，壤土；250~1400 m。九岭山脉：大围山 LXP-10-11765，奉新县 LXP-10-13873；武功山脉：芦溪县 LXP-06-3430，茶陵县 LXP-09-10473；万洋山脉：遂川县 LXP-13-16394，炎陵县 LXP-13-3247；诸广山脉：上犹县 LXP-13-12457。

常山属 *Dichroa* Lour.

常山 Dichroa febrifuga Lour.

灌木。山坡，疏林，密林，灌丛，溪边，路旁，石壁下，石上，阳处，阴处；壤土，腐殖土，沙土；150~1700 m。幕阜山脉：庐山市 LXP5667，通山县 LXP1962、LXP2113、LXP2435，武宁县 LXP5707，修水县 LXP3371；九岭山脉：大围山 LXP-10-11275，奉新县 LXP-10-10927，靖安县 LXP-10-24，万载县 LXP-10-2014，宜春市 LXP-10-856、LXP-10-4777、LXP-10-8523；武功山脉：安福县 LXP-06-0321、LXP-06-0897、LXP-06-0914，芦溪县 LXP-06-2128，玉京山 LXP-10-1361，樟树市 LXP-10-5038；万洋山脉：吉安市 LXSM2-6-10143，井冈山 LXP-13-0360、LXP-13-JX4573，遂川县 LXP-13-17221，炎陵县 DY2-1270、LXP-09-07282，永新县 LXP-QXL-532，资兴市 LXP-03-03569；诸广山脉：崇义县 LXP-03-05911、LXP-03-10295，桂东县 LXP-03-00632、LXP-03-02335、LXP-03-02511，上犹县 LXP-03-06063。

绣球属 *Hydrangea* L.

冠盖绣球 Hydrangea anomala D. Don

灌木。山谷，山坡，疏林，溪边；壤土；1400 m。九岭山脉：七星岭 LXP-10-8194；万洋山脉：遂川县 LXP-13-7166。

尾叶绣球 Hydrangea caudatifolia W. T. Wang et Nie

灌木。平地，疏林；壤土；1076 m。诸广山脉：上犹县 LXP-13-23111。

中国绣球 Hydrangea chinensis Maxim.

灌木。山坡，密林，疏林，路旁，灌丛，溪边，石上，水田；150~1400 m。幕阜山脉：庐山市 LXP4392，平江县 LXP3561、LXP-10-5987，通山县 LXP1145，武宁县 LXP0465，修水县 LXP2824；九岭山脉：安义县 LXP-10-3712，大围山 LXP-10-11312，奉新县 LXP-10-10578，靖安县 LXP-10-10127、LXP2444，七星岭 LXP-10-11904，宜丰县 LXP-10-12981；武功山脉：安福县 LXP-06-0068，明月山 LXP-06-4670；万洋山脉：吉安市 LXSM2-6-10138，遂川县 LXP-13-16536，炎陵县 LXP-09-00666，永新县 LXP-13-07914；诸广山脉：桂东县 LXP-03-02577。

西南绣球 Hydrangea davidii Franch.

灌木。山顶，山谷，平地，密林，疏林，灌丛，溪边，草地；沙土，壤土；600~1600 m。幕阜山脉：平江县 LXP3704；武功山脉：安福县 LXP-06-0280，芦溪县 LXP-06-2106，明月山 LXP-06-7736，宜春市 LXP-06-2751，攸县 LXP-06-6144。

细枝绣球 Hydrangea gracilis W. T. Wang et Nie

灌木。山坡，疏林；壤土；500~900 m。武功山脉：茶陵县 LXP-09-10243；万洋山脉：遂川县 LXP-13-17613，炎陵县 LXP-13-26030；诸广山脉：桂东县 LXP-13-09227。

粤西绣球 Hydrangea kwangsiensis Hu

灌木。山坡，路旁，灌丛；300~900 m。诸广山脉：齐云山 06050（刘小明等，2010）。

广东绣球 Hydrangea kwangtungensis Merr.

灌木。山坡，路旁。诸广山脉：齐云山 4179（刘小明等，2010）。

莼兰绣球 Hydrangea longipes Franch.

灌木。山坡，路旁；1100 m。诸广山脉：上犹县 吴大诚等 001(PE)。

*绣球 Hydrangea macrophylla (Thunb.) Ser.

灌木。平地，路旁，溪边；沙土；700~1100 m。栽培。万洋山脉：永兴县 LXP-03-03844；诸广山脉：桂东县 LXP-03-02656。

莽山绣球 Hydrangea mangshanensis Wei

灌木。平地，灌丛；壤土；250~400 m。武功山脉：芦溪县 LXP-06-3348。

圆锥绣球 Hydrangea paniculata Sieb.

灌木。山谷，山坡，密林，疏林，路旁，溪边，阴处；140~1800 m。幕阜山脉：庐山市 LXP4388，通山县 LXP2123，武宁县 LXP8177，修水县 LXP0332；九岭山脉：大围山 LXP-10-11335，奉新县 LXP-10-10552，靖安县 LXP-10-10166，七星岭 LXP-10-11915，铜鼓县 LXP-10-6966，宜丰县 LXP-10-13048，上高县 LXP-06-6561；武功山脉：安福县 LXP-06-0340，茶陵县 LXP-06-1661，莲花县 LXP-06-0777，芦溪县 LXP-06-1759，明月山 LXP-06-7703，玉京山 LXP-10-1225，攸县 LXP-06-1595，袁州区 LXP-06-6702；万洋山脉：吉安市 LXSM2-6-10102，遂川县 LXP-13-16875，炎陵县 DY1-1006，永新县 LXP-QXL-486，资兴市 LXP-03-00079；诸广山脉：崇义县 LXP-13-13099、LXP-03-04944，桂东县 LXP-03-00770，上犹县 LXP-03-06324。

粗枝绣球 Hydrangea robusta Hook. f. et Thoms.

灌木。山谷，路旁，阳处；721 m。万洋山脉：井冈山 JGS-1126。

柳叶绣球 Hydrangea stenophylla Merr. et Chen

灌木。山顶，山谷，山坡，疏林，路旁，溪边，石上，阴处；壤土，腐殖土；350~1600 m。幕阜山脉：通山县 LXP6929；九岭山脉：大围山 LXP-09-11076；万洋山脉：遂川县 LXP-13-09273，炎陵县 DY1-1016、LXP-09-06020、LXP-09-07177；诸广山脉：上犹县 LXP-13-12047，桂东县 LXP-13-22657。

蜡莲绣球 Hydrangea strigosa Rehd.

灌木。山顶，山坡，山谷，密林，疏林，灌丛，溪边，路旁，阴处；壤土；20~1600 m。幕阜山脉：平江县 LXP4112，瑞昌市 LXP0044，通山县 LXP1764，武宁县 LXP0472，修水县 LXP2633；九岭山脉：大围山 LXP-10-11780，七星岭 LXP-10-11431，宜丰县 LXP-10-13031，玉京山 LXP-10-1222；武功山脉：安福县 LXP-06-0083，分宜县 LXP-06-2339，芦溪县 LXP-06-1746，明月山 LXP-06-7832，宜春市 LXP-06-2736，攸县 LXP-06-1594；万洋山脉：遂川县 LXP-13-09297，炎陵县 DY1-1002、LXP-13-4359、LXP-13-5518，永新县 LXP-QXL-418，永兴县 LXP-03-03983，资兴市 LXP-03-03581；诸广山脉：崇义县 LXP-03-04961，桂东县 LXP-13-09005、LXP-03-00830，上犹县 LXP-03-06476。

山梅花属 *Philadelphus* L.

短序山梅花 Philadelphus brachybotrys Koehne ex Vilm. et Bois

灌木。溪边，灌丛；250~1300 m。幕阜山脉：庐山 赖书坤和单汉荣 856(NAS)；九岭山脉：奉新县 刘守炉等 1267(NAS)；武功山脉：武功山 岳俊三等 2820(KUN)。

山梅花 Philadelphus incanus Koehne

灌木。山谷，山坡，密林，疏林，灌丛，路旁，溪边；壤土；505 m。幕阜山脉：庐山市 LXP-13-24541；诸广山脉：上犹县 LXP-03-06795。

绢毛山梅花 Philadelphus sericanthus Koehne

灌木。山坡，疏林，溪边；700~1300 m。幕阜山脉：平江县 LXP3858，通山县 LXP1349，武宁县 LXP0566、LXP6158；九岭山脉：大围山 LXP-10-12181、LXP-13-17004，奉新县 LXP-10-9229，浏阳市 LXP-03-08456；武功山脉：安福县 LXP-06-2824，芦溪县 LXP-06-1723、LXP-13-09437、LXP-13-09727。

牯岭山梅花 Philadelphus sericanthus var. **kulingensis** (Koehne) Hand.-Mazz.

灌木。山坡，灌丛；280~1200 m。幕阜山脉：通山县 LXP6599，武宁县 LXP1504。

浙江山梅花 Philadelphus zhejiangensis (Cheng) S. M. Hwang

灌木。山谷，溪边，疏林；500 m。九岭山脉：官山 万文豪 0409130(JJF)。

冠盖藤属 Pileostegia Hook. f. et Thoms.

星毛冠盖藤 Pileostegia tomentella Hand.-Mazz.

藤本。山谷，疏林，溪边，石上；壤土；300~1200 m。诸广山脉：上犹县 LXP-13-12806。

冠盖藤 Pileostegia viburnoides Hook. f. et Thoms.

藤本。山谷，密林，疏林，灌丛，路旁，溪边，阴处；壤土，腐殖土，沙土；100~1500 m。幕阜山脉：庐山市 LXP4905，通山县 LXP7178，武宁县 LXP1679；九岭山脉：大围山 LXP-03-07933、LXP-10-12184，靖安县 LXP-10-364，宜丰县 LXP-10-2860；武功山脉：安福县 LXP-06-0694，芦溪县 LXP-06-1230、LXP-06-9095，宜春市 LXP-06-2676；万洋山脉：遂川县 LXP-13-17207，炎陵县 LXP-09-06429，永新县 LXP-13-07998；诸广山脉：崇义县 LXP-03-05828，上犹县 LXP-13-18938、LXP-03-06632。

蛛网萼属 Platycrater Sieb. et Zucc.

蛛网萼 Platycrater arguta Sieb. et Zucc.

落叶灌木。山坡，路旁；1000~1500 m。万洋山脉：井冈山 JGS-3523。

钻地风属 Schizophragma Sieb. et Zucc.

钻地风 Schizophragma integrifolium Oliv.

藤本。山谷，路旁，河边；700~1600 m。幕阜山脉：武宁县 LXP6225；九岭山脉：大围山 LXP-10-12163；武功山脉：芦溪县 LXP-13-09725、LXP-06-1792；万洋山脉：井冈山 JGS-1028，遂川县 LXP-13-23799，炎陵县 LXP-13-05133。

柔毛钻地风 Schizophragma molle (Rehd.) Chun

藤本。山谷，山坡，密林，疏林，树上，路旁，河边；壤土；600~1200 m。武功山脉：芦溪县 LXP-

13-09620；万洋山脉：井冈山 JGS-1224，炎陵县 LXP-13-15493；诸广山脉：上犹县 LXP-13-12188。

A324 山茱萸科 Cornaceae

八角枫属 Alangium Lam.

八角枫 Alangium chinense (Lour.) Harms

乔木。山谷，山坡，密林，疏林，平地，灌丛，村边，溪边，河边，路旁，阳处，阴处；壤土；800~1000 m。幕阜山脉：庐山市 LXP4508，平江县 LXP3685，通山县 LXP2066，武宁县 LXP0922，修水县 LXP6730；九岭山脉：安义县 LXP-10-3790，大围山 LXP-10-7774，奉新县 LXP-10-3946，靖安县 LXP-10-236，铜鼓县 LXP-10-8287，万载县 LXP-10-1919，宜丰县 LXP-10-2490；武功山脉：安福县 LXP-06-0410，大岗山 LXP-06-3676，芦溪县 LXP-06-1738，分宜县 LXP-10-5218，玉京山 LXP-10-1269；万洋山脉：井冈山 LXP-13-18462，遂川县 LXP-13-17529，炎陵县 LXP-03-03418、LXP-09-00159，永新县 LXP-13-19134，永兴县 LXP-03-04111，资兴市 LXP-03-00138；诸广山脉：上犹县 LXP-13-23059、LXP-03-06411。

伏毛八角枫 Alangium chinense subsp. **strigosum** Fang

灌木。山坡，疏林，路旁；300~700 m。诸广山脉：上犹县 LXP-13-12138。

小花八角枫 Alangium faberi Oliv.

灌木。山谷，疏林，路旁；壤土；300~500 m。武功山脉：茶陵县 LXP-13-25966。

毛八角枫 Alangium kurzii Craib

乔木。山谷，山坡，密林，疏林，灌丛，河边，村边；壤土；300~500 m。幕阜山脉：濂溪区 LXP6369，平江县 LXP4436，通山县 LXP1971，武宁县 LXP1108；九岭山脉：大围山 LXP-10-7971，靖安县 LXP-10-509，七星岭 LXP-10-8228；武功山脉：安福县 LXP-06-0265，茶陵县 LXP-06-2039，芦溪县 LXP-06-3404，攸县 LXP-06-1608；万洋山脉：井冈山 LXP-13-15119，遂川县 LXP-13-17590，炎陵县 DY2-1241，永新县 LXP-13-07891；诸广山脉：上犹县 LXP-13-12158。

云山八角枫 Alangium kurzii var. **handelii** (Schnarf) Fang

乔木。山谷，疏林，溪边；壤土；100~800 m。诸广山脉：上犹县 LXP-13-12044。

瓜木 Alangium platanifolium (Sieb. et Zucc.) Harms

乔木。山坡，疏林；467 m。幕阜山脉：庐山 LXP-5465。

山茱萸属 *Cornus* L.

头状四照花 Cornus capitata Wall.

乔木。平地，密林；壤土；964.2 m。武功山脉：安福县 LXP-06-0102。

灯台树 Cornus controversa Hemsl.

乔木。山坡（倾斜），疏林，路旁，河边，溪边，阳处；壤土，腐殖土，沙土；300~1700 m。九岭山脉：大围山 LXP-03-08091；武功山脉：明月山 LXP-06-4891；万洋山脉：井冈山 JGS-4573、JGS-4725、LXP-13-15223，遂川县 LXP-13-09397，炎陵县 DY2-1252、LXP-09-07624、LXP-09-08530；诸广山脉：上犹县 LXP-13-12022、LXP-13-23146。

尖叶四照花 Cornus elliptica (Pojarkova) Q. Y. Xiang et Boufford

乔木。山谷，山坡，密林，疏林，平地，灌丛，路旁，河边，溪边，阳处；壤土，腐殖土；150~1900 m。九岭山脉：大围山 LXP-09-11068；武功山脉：安福县 LXP-06-0746，茶陵县 LXP-06-1448，莲花县 LXP-06-0660，芦溪县 LXP-06-2089，安仁县 LXP-03-00676；万洋山脉：井冈山 LXP-13-15135、LXP-13-15382，炎陵县 DY2-1117、LXP-09-07085、LXP-09-08442；诸广山脉：桂东县 LXP-13-22594，上犹县 LXP-13-12040、LXP-03-07019。

香港四照花 Cornus hongkongensis Hemsl.

乔木。山谷，疏林，溪边；壤土；1150 m。诸广山脉：桂东县 LXP-13-22604。

四照花 Cornus kousa subsp. **chinensis** (Osborn) Q. Y. Xiang

乔木。山坡，疏林，灌丛，路旁，溪边；壤土；1100~1300 m。幕阜山脉：通山县 LXP1160，武宁县 LXP5791；武功山脉：芦溪县 LXP-13-03563。

梾木 Cornus macrophylla Wall.

乔木。山谷，疏林，路旁，溪边；壤土；787 m。诸广山脉：上犹县 LXP-03-06927。

山茱萸 Cornus officinalis Sieb. et Zucc.

乔木或灌木。山谷，疏林，路旁，溪边；壤土；500~

1300 m。幕阜山脉：通山县 LXP7780。

小梾木 Cornus quinquenervis Franch.

乔木。罗霄山脉可能有分布，未见标本。

毛梾 Cornus walteri Wangerin

乔木。山坡，山谷，密林；300~1200 m。幕阜山脉：庐山 王名金 1356(NAS)。

光皮梾木 Cornus wilsoniana Wangerin

乔木。山谷，疏林；880 m。九岭山脉：靖安县 张吉华 97087(PE)；诸广山脉：上犹县 吴大诚 77008(PE)。

Order 49. 杜鹃花目 Ericales

A325 凤仙花科 Balsaminaceae

凤仙花属 *Impatiens* L.

*凤仙花 Impatiens balsamina L.

草本。山谷，路旁，草地，村边，溪边，阳处；壤土；700~900 m。栽培。幕阜山脉：通山县 LXP6861，平江县 LXP-10-6336；九岭山脉：大围山 LXP-10-11821，奉新县 LXP-10-10979，靖安县 LXP-10-10033，浏阳市 LXP-10-5902，铜鼓县 LXP-10-13522，万载县 LXP-10-1966，宜春市 LXP-10-1169；武功山脉：安仁县 LXP-03-01401，安福县 LXP-06-0600；万洋山脉：炎陵县 LXP-13-3279，永新县 LXP-QXL-795，永兴县 LXP-03-03884，资兴市 LXP-03-05185；诸广山脉：桂东县 LXP-03-02859。

睫毛萼凤仙花 Impatiens blepharosepala Pritz. ex Diels

草本。山谷，山坡，密林，疏林，草地，溪边，阴处；壤土，沙土；100~1800 m。幕阜山脉：庐山市 LXP5115，武宁县 LXP0425，修水县 LXP2364；九岭山脉：靖安县 LXP-10-266；武功山脉：安福县 LXP-06-0763，茶陵县 LXP-06-1535，攸县 LXP-03-08596，芦溪县 LXP-06-1761；万洋山脉：炎陵县 LXP-09-00116，永新县 LXP-13-19060，资兴市 LXP-03-05169。

浙江凤仙花 Impatiens chekiangensis Y. L. Chen

草本。山坡，密林，疏林，平地，路旁，沼泽，阴处；787 m。幕阜山脉：通山县 LXP2167，武宁县 LXP0609。

华凤仙 Impatiens chinensis L.

草本。平地，路旁，沼泽；壤土；170~1300 m。武功山脉：安福县 LXP-06-0212，莲花县 LXP-06-0770；万洋山脉：永新县 LXP-13-19657；诸广山脉：崇义县 LXP-13-13095、LXP-03-05633。

绿萼凤仙花 Impatiens chlorosepala Hand.-Mazz.

草本。山坡，疏林；157 m。幕阜山脉：通山县 LXP2103。

鸭跖草状凤仙花 Impatiens commellinoides Hand.-Mazz.

草本。山坡，路旁；壤土；100~1300 m。幕阜山脉：通山县 LXP7553，武宁县 LXP6118；九岭山脉：安义县 LXP-10-3794；武功山脉：安福县 LXP-06-0079；万洋山脉：遂川县 LXP-13-09263，炎陵县 LXP-03-04863、DY3-1072，资兴市 LXP-03-00287；诸广山脉：崇义县 LXP-03-05942，桂东县 LXP-03-02353。

牯岭凤仙花 Impatiens davidii Franch.

草本。山谷，林下，潮湿处；900~1550 m。幕阜山脉：庐山　谭策铭等 081708(JJF)。

齿萼凤仙花 Impatiens dicentra Franch. ex Hook. f.

草本。山坡，疏林，平地，草地，路旁，溪边；壤土；400~1100 m。幕阜山脉：修水县 LXP2395；武功山脉：安福县 LXP-06-8212，芦溪县 LXP-06-9089，明月山 LXP-06-7877，宜春市 LXP-06-2720，攸县 LXP-06-6139。

封怀凤仙花 Impatiens fenghwaiana Y. L. Chen

草本。山坡，密林，疏林；壤土；300~400 m。幕阜山脉：庐山市 LXP5420、LXP-13-24539。

湖南凤仙花 Impatiens hunanensis Y. L. Chen

草本。山坡，路旁；壤土；1300~1700 m。幕阜山脉：通山县 LXP7473；万洋山脉：炎陵县 LXP-13-25035。

井冈山凤仙花 Impatiens jinggangensis Y. L. Chen

草本。山坡，山谷，山地，疏林，灌丛，路旁，溪边，阳处；壤土；400~1200 m。幕阜山脉：修水县 LXP2374；武功山脉：茶陵县 LXP-06-1507；万洋山脉：井冈山 JGS-2062a，炎陵县 DY1-1112、LXP-03-04823。

九龙山凤仙花 Impatiens jiulongshanica Y. L. Xu et Y. L. Chen

草本。林下，路旁；约 1000 m。幕阜山脉：幕阜山 LXP-8192。

水金凤 Impatiens noli-tangere L.

草本。山谷，山顶，山坡，疏林，溪边，路旁；200~1400 m。幕阜山脉：通山县 LXP6812，武宁县 LXP0420；九岭山脉：靖安县 LXP2442。

丰满凤仙花 Impatiens obesa Hook. f.

草本。山谷，阴湿处；300~800 m。诸广山脉：齐云山 075570（刘小明等，2010）。

块节凤仙花 Impatiens piufanensis J. D. Hooker

草本。溪边；壤土；506 m。武功山脉：安福县 LXP-06-7427。

多脉凤仙花 Impatiens polyneura K. M. Liu

草本。山谷，林下，阴湿处；200~700 m。万洋山脉：资兴市 LXP-03-3563。

湖北凤仙花 Impatiens pritzelii Hook. f.

草本。平地，草地，溪边；壤土；255 m。武功山脉：茶陵县 LXP-06-2202。

翼萼凤仙花 Impatiens pterosepala Hook. f.

草本。山坡，路旁，草地，阴处；650~1500 m。九岭山脉：大围山 LXP-10-11329，奉新县 LXP-10-3995，七星岭 LXP-10-11869；武功山脉：安福县 LXP-06-3943，明月山 LXP-06-7687。

黄金凤 Impatiens siculifer Hook. f.

草本。山顶，山坡，山谷，疏林，草地，路旁，溪边；壤土，腐殖土，沙土；130~1900 m。幕阜山脉：通山县 LXP7229，武宁县 LXP6077；九岭山脉：靖安县 LXP-10-4372，铜鼓县 LXP-10-7072；武功山脉：安福县 LXP-06-0080、LXP-06-2816、LXP-06-6493，芦溪县 LXP-06-1700，明月山 LXP-06-4495，宜春市 LXP-06-2652，攸县 LXP-06-6157；万洋山脉：井冈山 JGS-45115、LXP-13-15107，遂川县 LXP-13-09407，炎陵县 DY1-1118、LXP-13-22807、LXP-13-4046，永新县 LXP-13-19545，资兴市 LXP-03-03630；诸广山脉：崇义县 LXP-03-05822，桂东县 LXP-13-09024、LXP-03-00820，上犹县 LXP-03-06442。

管茎凤仙花 Impatiens tubulosa Hemsl.

草本。山谷，溪边；壤土；200~900 m。武功山脉：安福县 LXP-06-8136，安仁县 LXP-03-01510；万洋山脉：井冈山 JGS-1146；诸广山脉：桂东县 LXP-13-25400。

婺源凤仙花 Impatiens wuyuanensis Y. L. Chen

草本。山坡，林下；500 m。九岭山脉：据 *Flora of China* 第 12 卷记载，靖安县有分布。

A332 五列木科 Pentaphylacaceae

杨桐属 *Adinandra* Jack

川杨桐 Adinandra bockiana Pritzel ex Diels

乔木。山坡，路旁，疏林；300~700 m。幕阜山脉：武宁县 熊耀国 04140(LBG)。

尖叶川杨桐 Adinandra bockiana var. **acutifolia** (Hand.-Mazz.) Kobuski

乔木或灌木。山坡，山谷，密林，疏林，路旁，溪边，阴处；壤土，腐殖土；180~1100 m。九岭山脉：奉新县 LXP-10-13978，靖安县 LXP-10-10073，铜鼓县 LXP-10-13453，万载县 LXP-10-1880，宜丰县 LXP-10-13274；万洋山脉：井冈山 JGS-4576，永新县 LXP-13-07765；诸广山脉：上犹县 LXP-13-12093。

两广杨桐 Adinandra glischroloma Hand.-Mazz.

灌木。平地，路旁；壤土；160~1200 m。九岭山脉：上高县 LXP-06-7558；武功山脉：安福县 LXP-06-7429，攸县 LXP-06-5267；诸广山脉：上犹县 LXP-03-07042，崇义县 LXP-13-24180。

大萼杨桐 Adinandra glischroloma var. **macrosepala** (Metcalf) Kobuski

灌木。山谷，山坡，密林，疏林，平地，灌丛，路旁；壤土；140~1600 m。九岭山脉：奉新县 LXP-06-4014；武功山脉：安福县 LXP-06-0008，茶陵县 LXP-06-1421，芦溪县 LXP-06-3340；诸广山脉：上犹县 LXP-13-12515。

杨桐 Adinandra millettii (Hook. et Arn.) Benth. et Hook. f. ex Hance

灌木。山坡，密林，疏林，灌丛，路旁，河边，溪边，阳处，阴处；70~1800 m。幕阜山脉：庐山市 LXP4637，通山县 LXP2068，武宁县 LXP0956，修水县 LXP3224，平江县 LXP-10-6236；九岭山脉：安义县 LXP-10-3817，大围山 LXP-10-11181，奉新县 LXP-10-10692、LXP-10-10760、LXP-10-3488，靖安县 LXP-10-119、LXP-10-606、LXP-10-9939，上高县 LXP-10-4859，铜鼓县 LXP-10-6568，万载县 LXP-10-1470，宜春市 LXP-10-1211，宜丰县 LXP-10-12998；武功山脉：玉京山 LXP-10-1292，樟树市 LXP-10-5059；万洋山脉：遂川县 LXP-13-17532，炎陵县 LXP-09-00744，永新县 LXP-13-08007，永兴县 LXP-03-04424，资兴市 LXP-03-05133；诸广山脉：上犹县 LXP-03-06049、LXP-03-06204、LXP-03-10368。

亮叶杨桐 Adinandra nitida Merr. ex Li

小乔木。山坡，山谷，疏林。诸广山脉：齐云山 06271（刘小明等，2010）。

茶梨属 *Anneslea* Wall.

茶梨 Anneslea fragrans Wall.

乔木。山谷，山坡，疏林，密林，灌丛，阴处；壤土，腐殖土；390~900 m。武功山脉：安福县 LXP-06-9284；万洋山脉：井冈山 LXP-13-22966；诸广山脉：上犹县光菇山 吴大诚 96086(JJF)。

红淡比属 *Cleyera* Thunb.

红淡比 Cleyera japonica Thunb.

灌木。山谷，山坡，疏林，灌丛，路旁，河边，溪边，阳处；壤土，腐殖土，沙土；380~1700 m。幕阜山脉：庐山市 LXP4477，通山县 LXP2430，修水县 LXP2983；九岭山脉：奉新县 LXP-10-3910，靖安县 LXP-10-356，宜丰县 LXP-10-2404；万洋山脉：遂川县 LXP-13-16399，炎陵县 LXP-09-06287；诸广山脉：上犹县 LXP-13-12170，桂东县 LXP-13-22660。

齿叶红淡比 Cleyera lipingensis (Hand.-Mazz.) T. L. Ming

乔木。山地，密林；700~1400 m。武功山脉：芦溪县 张代贵 0635247(JIU)。

厚叶红淡比 Cleyera pachyphylla Chun ex H. T. Chang

灌木。山谷，山坡，密林，疏林，路旁，河边，溪边，阴处；壤土，腐殖土，沙土；200~1600 m。幕阜山脉：修水县 LXP2357；武功山脉：安福县 LXP-06-1809，茶陵县 LXP-06-2260；万洋山脉：遂川县 LXP-13-16596，炎陵县 LXP-09-06315、LXP-09-08002、LXP-09-439；诸广山脉：桂东县 LXP-13-22695，崇义县 LXP-03-05613，上犹县 LXP-13-12194、LXP-03-06621。

柃属 *Eurya* Thunb.

尾尖叶柃 **Eurya acuminata** DC.

灌木。山坡，疏林，平地，溪边，路旁；沙土；1200~1400 m。诸广山脉：桂东县 LXP-03-02410。

尖叶毛柃 **Eurya acuminatissima** Merr. et Chun

乔木或灌木。山谷，山坡，疏林，灌丛，溪边；壤土，腐殖土，沙土；1100~1700 m。九岭山脉：靖安县 LXP-13-10266；万洋山脉：井冈山 JGS-2060，遂川县 LXP-13-24727，炎陵县 LXP-13-24959，永新县 LXP-13-07843；诸广山脉：桂东县 LXP-03-02769。

尖萼毛柃 **Eurya acutisepala** Hu et L. K. Ling

灌木。山谷，山坡，疏林，路旁，溪边，河边，阳处；壤土，腐殖土；300~1900 m。武功山脉：芦溪县 LXP-13-03697、LXP-13-09708；万洋山脉：吉安市 LXSM2-6-10069，井冈山 JGS-4633、LXP-13-20381，遂川县 LXP-13-09266、LXP-13-17291、LXP-13-18193，炎陵县 DY1-1092、LXP-09-07394、LXP-09-09380；诸广山脉：崇义县 LXP-13-24158，上犹县 LXP-13-12003，桂东县 LXP-13-22579。

翅柃 **Eurya alata** Kobuski

灌木。山坡，密林，疏林，灌丛，河边，溪边，路旁，阳处；壤土，腐殖土；190~1700 m。幕阜山脉：平江县 LXP3573、LXP-13-22420，瑞昌市 LXP0094，通山县 LXP1380、LXP2188、LXP6610，武宁县 LXP0362，修水县 LXP0759；九岭山脉：靖安县 LXP2491；万洋山脉：井冈山 JGS4056，炎陵县 LXP-09-00628，永新县 LXP-13-19415；诸广山脉：上犹县 LXP-13-12435，崇义县 LXP-13-24168，桂东县 LXP-13-22568。

耳叶柃 **Eurya auriformis** H. T. Chang

灌木。山顶，山谷，疏林，路旁，溪边；壤土，沙土；300~1200 m。万洋山脉：炎陵县 LXP-03-03376，永兴县 LXP-03-04371，资兴市 LXP-03-03694；诸广山脉：上犹县 LXP-03-06741。

短柱柃 **Eurya brevistyla** Kobuski

灌木。平地，密林，灌丛，溪边，草地，路旁；壤土；100~1400 m。武功山脉：安福县 LXP-06-0026、LXP-06-0254、LXP-06-0329；茶陵县 LXP-06-1894，明月山 LXP-06-7756；万洋山脉：炎陵县 LXP-09-10929，资兴市 LXP-03-03460。

米碎花 **Eurya chinensis** R. Br.

灌木。山谷，山坡，灌丛，密林，路旁，溪边，阴处；壤土；150~1200 m。九岭山脉：靖安县 LXP-10-559，万载县 LXP-10-1396，宜丰县 LXP-10-2349；万洋山脉：永新县 LXP-13-19598。

光枝米碎花 **Eurya chinensis** var. **glabra** Hu et L. K. Ling

灌木。山坡，平地，疏林，灌丛；壤土；50~80 m。幕阜山脉：平江县 LXP-13-22391；九岭山脉：奉新县 LXP-10-8975。

二列叶柃 **Eurya distichophylla** Hemsl.

灌木。山坡，疏林，溪边；壤土；250~500 m。万洋山脉：遂川县 LXP-13-17588。

微毛柃 **Eurya hebeclados** Ling

灌木。山坡，路旁，密林，疏林，灌丛，村边，溪边，阳处，阴处；70~1900 m。幕阜山脉：庐山市 LXP5085，平江县 LXP0685、LXP-10-6070，通山县 LXP1396，武宁县 LXP0644，修水县 LXP2580；九岭山脉：安义县 LXP-10-3598，大围山 LXP-10-11369、LXP-10-11565、LXP-10-5280，奉新县 LXP-10-10615、LXP-10-3916、LXP-10-9335，靖安县 LXP-10-10192、LXP-10-520、LXP-10-685，浏阳市 LXP-10-5835，七星岭 LXP-10-11874，铜鼓县 LXP-10-6586，万载县 LXP-10-1393，宜春市 LXP-10-915，宜丰县 LXP-10-2281、LXP-10-2583、LXP-10-2845；武功山脉：玉京山 LXP-10-1331，樟树市 LXP-10-5096；万洋山脉：井冈山 JGS-431，遂川县 LXP-13-09366，炎陵县 LXP-09-06405，永新县 LXP-QXL-825；诸广山脉：桂东县 LXP-13-25384。

凹脉柃 **Eurya impressinervis** Kobuski

灌木。罗霄山脉可能有分布，未见标本。

柃木 Eurya japonica Thunb.

灌木。山谷，山坡，密林，疏林，路旁，溪边；壤土；200~1000 m。幕阜山脉：通山县 LXP6624，修水县 LXP0727；万洋山脉：永兴县 LXP-03-03952；诸广山脉：上犹县 LXP-03-06683。

细枝柃 Eurya loquaiana Dunn

灌木。山坡，密林，疏林，灌丛，路旁，河边，溪边，阴处；150~1600 m。幕阜山脉：武宁县 LXP1676，修水县 LXP0804、LXP2520、LXP2890；九岭山脉：大围山 LXP-10-11183，奉新县 LXP-10-13916，靖安县 LXP-10-385，铜鼓县 LXP-10-8374，万载县 LXP-10-2168，宜春市 LXP-10-852、LXP-10-12745、LXP-10-13178；武功山脉：安福县 LXP-06-0261、LXP-06-1798、LXP-06-6866，茶陵县 LXP-06-2217、LXP-09-10468，芦溪县 LXP-06-2428，明月山 LXP-06-7824，宜春市 LXP-06-2692，玉京山 LXP-10-1327；万洋山脉：井冈山 JGS-118，遂川县 LXP-13-16718，炎陵县 LXP-03-03313、DY3-1143，永新县 LXP-13-19185，资兴市 LXP-03-00090；诸广山脉：桂东县 LXP-13-25438，上犹县 LXP-13-23318、LXP-03-06626。

金叶细枝柃 Eurya loquaiana var. aureopunctata H. T. Chang

灌木。山坡，山谷，密林，疏林，路旁，阴处；壤土，腐殖土；400~1500 m。万洋山脉：井冈山 LXP-13-18504，遂川县 LXP-13-17881，炎陵县 LXP-09-09101。

黑柃 Eurya macartneyi Champ.

灌木。山谷，山坡，疏林，灌丛，平地，草地，溪边；壤土；260~1400 m。幕阜山脉：庐山市 LXP5349；武功山脉：莲花县 LXP-GTY-321；万洋山脉：炎陵县 LXP-09-10877；诸广山脉：上犹县 LXP-13-25179，桂东县 LXP-13-25679。

丛化柃 Eurya metcalfiana Kobuski

灌木。山坡，疏林；300~900 m。诸广山脉：齐云山 075323（刘小明等，2010）。

格药柃 Eurya muricata Dunn

灌木。山坡，疏林；100~1900 m。幕阜山脉：庐山市 LXP4397、LXP6325，平江县 LXP0681，通山县 LXP1973，武宁县 LXP1049，修水县 LXP3248；九岭山脉：安义县 LXP-10-10511，大围山 LXP-10-11674，奉新县 LXP-10-13989，靖安县 LXP-10-10244，铜鼓县 LXP-10-13516，宜丰县 LXP-10-12737；武功山脉：安福县 LXP-06-3874，茶陵县 LXP-06-1548，芦溪县 LXP-06-1099，明月山 LXP-06-4569；万洋山脉：遂川县 LXP-13-17482，炎陵县 LXP-09-00146、LXP-09-07492、LXP-09-10692，永新县 LXP-13-19593，永兴县 LXP-03-03840，资兴市 LXP-03-00116；诸广山脉：崇义县 LXP-03-05871，桂东县 LXP-03-02716，上犹县 LXP-13-25161、LXP-03-06721。

毛枝格药柃 Eurya muricata var. huiana (Kobuski) L. K. Ling

灌木。山坡（平缓）；200~800 m。万洋山脉：炎陵县 DY2-1102。

细齿叶柃 Eurya nitida Korthals

灌木。山谷，疏林，灌丛，平地，路旁，溪边；壤土；200~1600 m。九岭山脉：上高县 LXP-06-7564；武功山脉：安福县 LXP-06-0872，茶陵县 LXP-06-2223，芦溪县 LXP-06-1175，樟树市 LXP-10-5085；万洋山脉：遂川县 LXP-13-17384，炎陵县 DY1-1163；诸广山脉：崇义县 LXP-13-24369，桂东县 LXP-13-22730，上犹县 LXP-13-12091、LXP-03-06623。

红褐柃 Eurya rubiginosa H. T. Chang

灌木。山谷，山坡，疏林，草地，路旁，溪边；壤土；500~800 m。幕阜山脉：修水县 LXP2657，平江县 LXP-10-6471；九岭山脉：大围山 LXP-10-5679，奉新县 LXP-10-4157，靖安县 LXP-10-4328，宜丰县 LXP-10-4622；万洋山脉：遂川县 LXP-13-23735，炎陵县 LXP-09-09137。

窄基红褐柃 Eurya rubiginosa var. attenuata H. T. Chang

灌木。山坡，疏林，溪边；壤土，腐殖土，沙土；1100~1400 m。幕阜山脉：平江县 LXP3902，修水县 LXP2865；武功山脉：莲花县 LXP-GTY-266，芦溪县 LXP-13-09528；万洋山脉：遂川县 LXP-13-09328、LXP-13-09347、LXP-13-20296，炎陵县 LXP-09-07005、LXP-09-507、LXP-13-24622，永新县 LXP-QXL-536；诸广山脉：桂东县 LXP-13-22616，上犹县 LXP-13-12596。

岩柃 Eurya saxicola H. T. Chang

灌木。山顶，路旁，溪边；壤土；400~1900 m。万洋山脉：炎陵县 LXP-09-08260；诸广山脉：崇义县 LXP-13-24237，桂东县 LXP-13-22559，上犹县 LXP-13-23506。

半齿柃 Eurya semiserrulata H. T. Chang

灌木。山地，疏林；900~1700 m。武功山脉：武功山 赵奇僧等 1441(BJFC)。

四角柃 Eurya tetragonoclada Merr. et Chun

灌木。山坡，疏林，溪边，阴处；壤土；700~1200 m。武功山脉：芦溪县 LXP-13-8343、LXP-06-1174；万洋山脉：遂川县 LXP-13-17877，炎陵县 LXP-09-07021；诸广山脉：上犹县 LXP-13-23166。

单耳柃 Eurya weissiae Chun

灌木。山谷，山坡，密林，路旁，河边，溪边，石上；壤土，沙土；400~1300 m。万洋山脉：井冈山 JGS-1203，遂川县 LXP-13-16415，炎陵县 LXP-09-08251、LXP-03-02905，永兴县 LXP-03-04257；诸广山脉：崇义县 LXP-03-05658，桂东县 LXP-03-02705，上犹县 LXP-03-06824、LXP-13-12234。

五列木属 *Pentaphylax* Gardn. et Champ.

五列木 Pentaphylax euryoides Gardn. et Champ.

乔木。山谷，山坡，密林，溪边；壤土，腐殖土；800~1000 m。诸广山脉：崇义县 LXP-03-05834、LXP-13-24165，桂东县 LXP-13-22557。

厚皮香属 *Ternstroemia* Mutis ex L. f.

厚皮香 Ternstroemia gymnanthera (Wight et Arn.) Beddome

灌木。山坡，密林，疏林，灌丛，路旁，阳处，阴处；壤土；150~1600 m。幕阜山脉：修水县 JLS-2012-096，通山县 LXP7159，武宁县 LXP-13-08530、LXP0564；九岭山脉：大围山 LXP-10-12390，宜丰县 LXP-10-13055；武功山脉：茶陵县 LXP-06-2043，芦溪县 LXP-13-03529、LXP-06-2097；万洋山脉：吉安市 LXSM2-6-10120，井冈山 400144002，遂川县 LXP-13-17978，炎陵县 LXP-09-00119，永新县 LXP-13-07768，资兴市 LXP-03-00093；诸广山脉：上犹县 LXP-13-12012、LXP-03-06941，崇义县 LXP-13-24339。

厚叶厚皮香 Ternstroemia kwangtungensis Merr.

乔木。山坡，密林，疏林，路旁，溪边；壤土；400~

1900 m。万洋山脉：井冈山 JGS-010、JGS-B150、LXP-13-18795，遂川县 LXP-13-09389，炎陵县 LXP-13-05068。

尖萼厚皮香 Ternstroemia luteoflora L. K. Ling

乔木。山谷，山坡，密林，疏林，平地，路旁，河边；壤土，腐殖土，沙土；300~500 m。九岭山脉：靖安县 LXP-13-11437；武功山脉：茶陵县 LXP-09-10321，芦溪县 LXP-13-03514、LXP-13-09711；万洋山脉：井冈山 400144001，遂川县 LXP-13-16986，炎陵县 LXP-09-06278，永新县 LXP-13-08130；诸广山脉：上犹县 LXP-13-12316，崇义县 LXP-03-05703，桂东县 LXP-13-22639。

亮叶厚皮香 Ternstroemia nitida Merr.

灌木。山谷，疏林，溪边；壤土；300~600 m。诸广山脉：上犹县 LXP-13-12998。

A334 柿科 Ebenaceae

柿属 *Diospyros* L.

乌柿 Diospyros cathayensis Steward

乔木。山坡，密林，疏林，溪边；壤土；50~900 m。幕阜山脉：麻布山 LXP-03-08760；诸广山脉：上犹县 LXP-03-06887。

粉叶柿 Diospyros glaucifolia Metc.

乔木。山谷，山坡，密林，疏林，灌丛，路旁，溪边，阳处；壤土；600~800 m。幕阜山脉：庐山市 LXP4530，平江县 LXP3694，通城县 LXP4148，武宁县 LXP1530；九岭山脉：大围山 LXP-10-5432，奉新县 LXP-10-3936，靖安县 LXP-10-741，宜丰县 LXP-10-2317；武功山脉：芦溪县 LXP-06-1762；万洋山脉：遂川县 LXP-13-16542；诸广山脉：崇义县 LXP-03-05816。

短柄粉叶柿 Diospyros glaucifolia var. **brevipes** S. Lee

乔木。山坡（平缓），密林；200~600 m。万洋山脉：炎陵县 DY1-1147。

山柿 Diospyros japonica Sieb. et Zucc.

乔木。山坡（倾斜），灌丛；黄壤；300~1200 m。武功山脉：茶陵县 LXP-06-1913；万洋山脉：井冈山 JGS-1222，永新县 LXP-QXL-351。

柿 Diospyros kaki Thunb.

乔木。山谷，山坡，疏林，灌丛，路旁，河边，溪边，阳处；壤土，腐殖土，沙土；200~1500 m。九岭山脉：大围山 LXP-03-07863，奉新县 LXP-10-4274；武功山脉：安福县 LXP-06-2563，芦溪县 LXP-13-03649、LXP-06-8827，宜春市 LXP-06-8930；万洋山脉：井冈山 JGS-3507，遂川县 LXP-13-16754，炎陵县 LXP-09-07971，永新县 LXP-13-07665，永兴县 LXP-03-04200；诸广山脉：上犹县 LXP-03-06445。

野柿 Diospyros kaki var. **silvestris** Makino

乔木。山谷，山坡，疏林，灌丛，路旁，河边，溪边，池塘边，阳处；壤土，腐殖土；100~1700 m。幕阜山脉：平江县 LXP0696；九岭山脉：安义县 LXP-10-3656，大围山 LXP-10-7947，奉新县 LXP-10-9084，宜春市 LXP-10-831；武功山脉：安福县 LXP-06-3593，芦溪县 LXP-06-3320，分宜县 LXP-10-5198；万洋山脉：井冈山 JGS-091，遂川县 LXP-13-16434，炎陵县 LXP-09-00192，永新县 LXP-13-07638，资兴市 LXP-03-00097；诸广山脉：上犹县 LXP-13-13035，桂东县 LXP-13-09028。

君迁子 Diospyros lotus L.

乔木。山谷，山坡，密林，疏林，路旁，阳处；壤土，沙土；300~1900 m。幕阜山脉：武宁县 LXP1313；九岭山脉：宜丰县 LXP-10-2936，万载县 LXP-13-11360，大围山 LXP-03-08014；万洋山脉：井冈山 JGS-2011-084，遂川县 LXP-13-17748，炎陵县 LXP-09-00661，永新县 LXP-13-19622；诸广山脉：崇义县 LXP-03-04908。

罗浮柿 Diospyros morrisiana Hance

乔木。山坡，密林，疏林，灌丛，路旁，溪边，石上，阳处；壤土，腐殖土；200~1700 m。九岭山脉：靖安县 LXP-10-4566，宜春市 LXP-10-1124，宜丰县 LXP-10-12978，上高县 LXP-06-7566；武功山脉：芦溪县 LXP-13-03678，安福县 LXP-06-8400；万洋山脉：井冈山 JGS-2008，遂川县 LXP-13-17510，炎陵县 LXP-09-06263，永新县 LXP-13-07777；诸广山脉：崇义县 LXP-03-04967，桂东县 LXP-13-25532，上犹县 LXP-13-12008、LXP-03-06983。

油柿 Diospyros oleifera Cheng

乔木。山谷，密林，疏林，平地，草地，路旁，溪边，阳处；壤土，沙土；250~1400 m。九岭山脉：大围山 LXP-09-11073，靖安县 LXP-13-11585，铜鼓县 LXP-10-6646，宜丰县 LXP-10-2966；武功山脉：安福县 LXP-06-0332，茶陵县 LXP-06-2026，明月山 LXP-06-5012，攸县 LXP-06-1605；万洋山脉：遂川县 LXP-13-17496，炎陵县 LXP-09-07560，永新县 LXP-QXL-544；诸广山脉：崇义县 LXP-03-07305、LXP-03-10979，上犹县 LXP-13-12322、LXP-03-06067。

老鸦柿 Diospyros rhombifolia Hemsl.

乔木。平地，阳处；壤土；200~400 m。万洋山脉：永新县 LXP-13-19365。

延平柿 Diospyros tsangii Merr.

乔木。山谷，山坡，密林，疏林，灌丛，路旁，阳处；紫色页岩，壤土；80~1900 m。幕阜山脉：平江县 LXP4071，通山县 LXP2436；九岭山脉：大围山 LXP-10-11582；武功山脉：安福县 LXP-06-3150，茶陵县 LXP-06-2035，莲花县 LXP-GTY-431，明月山 LXP-06-4541，攸县 LXP-06-1624；万洋山脉：井冈山 LXP-13-0438，遂川县 LXP-13-16335，炎陵县 LXP-09-08094，永新县 LXP-13-08136；诸广山脉：上犹县 LXP-13-12451、LXP-03-06254。

岭南柿 Diospyros tutcheri Dunn

乔木。山谷，山坡，密林。罗霄山脉可能有分布，未见标本。

A335 报春花科 Primulaceae

琉璃繁缕属 *Anagallis* L.

琉璃繁缕 Anagallis arvensis L.

草本。山坡，路旁，草地；100~200 m。九岭山脉：上高县 LXP-10-4962。

点地梅属 *Androsace* L.

点地梅 Androsace umbellata (Lour.) Merr.

草本。山谷，山坡，路旁，溪边；壤土；100~200 m。武功山脉：安福县 LXP-06-4822；万洋山脉：炎陵县 LXP-09-10008。

紫金牛属 *Ardisia* Sw.

细罗伞 Ardisia affinis Hemsl.

小灌木。山地，山脚，林下；400 m。诸广山脉：

崇义县　赖书坤等 840161(LBG)。

少年红 Ardisia alyxiifolia Tsiang ex C. Chen

灌木。山谷，山坡，平地，密林，灌丛，溪边，路旁，阴处；壤土；600~800 m。武功山脉：安福县 LXP-06-0089，茶陵县 LXP-06-1859；万洋山脉：井冈山 JGS-1052。

九管血 Ardisia brevicaulis Diels

草本。山谷，山坡，密林，疏林，溪边，石上，阴处；壤土，腐殖土；200~1400 m。幕阜山脉：武宁县 LXP-13-08473、LXP0413，修水县 LXP2830；武功山脉：安福县 LXP-06-0915，莲花县 LXP-06-1064，明月山 LXP-06-4640；万洋山脉：井冈山 JGS-1050，炎陵县 LXP-09-10748，永新县 LXP-13-19160；诸广山脉：上犹县 LXP-13-18971。

小紫金牛 Ardisia chinensis Benth.

草本。山谷，山坡，疏林，路旁，溪边，阴处；壤土，腐殖土；500~700 m。幕阜山脉：武宁县 LXP-13-08448；万洋山脉：炎陵县 LXP-09-07053；诸广山脉：桂东县 LXP-13-09044。

朱砂根 Ardisia crenata Sims

灌木。山谷，山坡，密林，疏林，灌丛，路旁，溪边，阴处；壤土；150~1700 m。幕阜山脉：庐山市 LXP4394，通山县 LXP2065，武宁县 LXP1527，修水县 LXP0818；九岭山脉：大围山 LXP-10-11252，奉新县 LXP-10-10826、LXP-06-4009，靖安县 LXP-10-10290，浏阳市 LXP-10-5768，铜鼓县 LXP-10-13559，万载县 LXP-10-1651，宜春市 LXP-10-1096，上高县 LXP-06-7574；武功山脉：安福县 LXP-06-0087、LXP-06-0088、LXP-06-2576，茶陵县 LXP-06-1512，莲花县 LXP-06-1061，芦溪县 LXP-06-9110，宜春市 LXP-06-2657，攸县 LXP-06-6132；万洋山脉：吉安市 LXSM2-6-10060，遂川县 LXP-13-09278，炎陵县 DY1-1020、LXP-09-08259、LXP-09-321、LXP-03-03321，永新县 LXP-13-07966，永兴县 LXP-03-04263，资兴市 LXP-03-00244；诸广山脉：崇义县 LXP-03-05688，桂东县 LXP-13-09035、LXP-03-00789、LXP-03-02719、LXP-03-02837，上犹县 LXP-13-12593、LXP-03-06453。

红凉伞 Ardisia crenata var. **bicolor** (Walker) C. Y. Wu et C. Chen

草本。山谷，山坡，密林，疏林，灌丛，阴处；900~

1100 m。幕阜山脉：平江县 LXP3772；九岭山脉：靖安县 LXP-10-362，宜丰县 LXP-10-2268；万洋山脉：井冈山 JGS-1138，炎陵县 DY1-1139。

百两金 Ardisia crispa (Thunb.) A. DC.

灌木。山坡，疏林，灌丛，路旁，溪边，石上；壤土，腐殖土；200~1800 m。幕阜山脉：庐山市 LXP5014，修水县 LXP0240；九岭山脉：上高县 LXP-06-6606，宜丰县 LXP-13-22504；武功山脉：安福县 LXP-06-0925，莲花县 LXP-06-1062，攸县 LXP-06-6173；万洋山脉：井冈山 JGS-B035，遂川县 LXP-13-16635，炎陵县 LXP-09-07630，永新县 LXP-13-19039；诸广山脉：桂东县 LXP-13-09104，崇义县 LXP-03-04923，上犹县 LXP-03-06314。

细柄百两金 Ardisia crispa var. **dielsii** (Lévl.) Walker

灌木。山谷，疏林；600~700 m。九岭山脉：奉新县 LXP-10-3994。

月月红 Ardisia faberi Hemsl.

灌木。山坡，疏林，路旁；100~700 m。万洋山脉：吉安市 LXSM2-6-10171。

走马胎　Ardisia gigantifolia Stapf

灌木。山谷，疏林；300~800 m。诸广山脉：齐云山 075459（刘小明等，2010）。

大罗伞树 Ardisia hanceana Mez

草本。石上；1200~1400 m。万洋山脉：井冈山 JGS-375。

紫金牛 Ardisia japonica (Thunb) Blume

灌木。山坡，路旁；150~1000 m。幕阜山脉：庐山市 LXP4808，平江县 LXP4381，武宁县 LXP0468，修水县 LXP0824；九岭山脉：安义县 LXP-10-3739，大围山 LXP-10-7965，万载县 LXP-10-1493，宜丰县 LXP-10-2246、LXP-10-2415；武功山脉：芦溪县 LXP-13-8323，安福县 LXP-06-0889，莲花县 LXP-06-1063；万洋山脉：井冈山 JGS-2103，炎陵县 LXP-09-07946，永新县 LXP-13-19751；诸广山脉：桂东县 LXP-13-22666，上犹县 LXP-13-12762、LXP-03-06119。

山血丹 Ardisia lindleyana D. Dietrich

灌木。山谷，山坡，疏林，平地，路旁，溪边，阳处，阴处；壤土；180~1200 m。九岭山脉：奉新县

LXP-10-10839，靖安县 LXP-10-9529，万载县 LXP-13-11161、LXP-10-1498；万洋山脉：井冈山 JGS-1220，永新县 LXP-QXL-327；诸广山脉：上犹县 LXP-13-12696。

虎舌红 Ardisia mamillata Hance

灌木。山坡，疏林，阴处；壤土；300~400 m。万洋山脉：炎陵县 LXP-09-08216。

莲座紫金牛 Ardisia primulifolia Gardn. et Champ.

矮灌木。山坡，林下；100~700 m。万洋山脉：井冈山 JGS-1868。

九节龙 Ardisia pusilla A. DC.

草本。山谷，山坡，疏林，路旁，溪边，阴处；壤土，腐殖土；150~850 m。九岭山脉：靖安县 LXP-10-10152，万载县 LXP-10-1764；万洋山脉：遂川县 LXP-13-7214，炎陵县 LXP-09-10027，永新县 LXP-13-19444；诸广山脉：桂东县 LXP-13-25496，上犹县 LXP-13-12324。

罗伞树 Ardisia quinquegona Bl.

灌木。罗霄山脉可能有分布，未见标本。

酸藤子属 Embelia Burm. f.

酸藤子 Embelia laeta (L.) Mez

乔木。山谷，疏林，路旁，河边；壤土；600~1200 m。万洋山脉：资兴市 LXP-03-05180；诸广山脉：上犹县 LXP-03-07102。

长叶酸藤子 Embelia longifolia (Benth.) Hemsl.

藤本。山地，山坡，林边；300~850 m。诸广山脉：崇义县 吴大诚 840103(PE)。

当归藤 Embelia parviflora Wall.

藤本。罗霄山脉可能有分布，未见标本。

白花酸藤果 Embelia ribes Burm. f.

藤本。山谷，疏林，溪边；壤土；100~700 m。诸广山脉：上犹县 LXP-13-12667。

网脉酸藤子 Embelia rudis Hand.-Mazz.

灌木。山谷，疏林；160~1700 m。幕阜山脉：修水县 LXP2746；九岭山脉：靖安县 LXP-10-635、LXP-10-358，万载县 LXP-10-1580，宜春市 LXP-10-1067；武功山脉：茶陵县 LXP-09-10352；万洋山脉：井冈

山 JGS-086，遂川县 LXP-13-17801，炎陵县 LXP-09-07096、LXP-09-08179、LXP-09-08350，永新县 LXP-13-19220，资兴市 LXP-03-00182；诸广山脉：崇义县 LXP-03-04963，桂东县 LXP-13-25462，上犹县 LXP-13-22306、LXP-03-07173。

瘤皮孔酸藤子 Embelia scandens (Lour.) Mez

灌木。山坡，平地，灌丛，草地；壤土，沙土；200~700 m。武功山脉：安福县 LXP-06-2900，茶陵县 LXP-06-7125，大岗山 LXP-06-3633，芦溪县 LXP-06-3355，明月山 LXP-06-4626，宜春市 LXP-06-8886，攸县 LXP-06-5266。

平叶酸藤子 Embelia undulata (Wall.) Mez

藤本。山谷，山坡，疏林，灌丛，溪边；壤土，腐殖土；271~565 m。武功山脉：攸县 LXP-03-08669；诸广山脉：桂东县 LXP-13-25480。

密齿酸藤子 Embelia vestita Roxb.

攀援藤本。山谷，平地，溪边，密林，疏林，灌丛，树上，阳处；壤土，沙土；400~600 m。九岭山脉：靖安县 LXP-10-9742，宜丰县 LXP-10-13020；武功山脉：安福县 LXP-06-0222，茶陵县 LXP-06-2213，芦溪县 LXP-06-2384；万洋山脉：吉安市 LXSM2-6-10117，井冈山 JGS-1281，炎陵县 LXP-09-07265，永新县 LXP-13-07615；诸广山脉：上犹县 LXP-13-12945。

珍珠菜属 Lysimachia L.

广西过路黄 Lysimachia alfredii Hance

草本。山坡，疏林；300~500 m。幕阜山脉：平江县 LXP4406，武宁县 LXP5588，修水县 LXP5988；九岭山脉：大围山 LXP-10-12381，靖安县 LXP-10-4427；武功山脉：安福县 LXP-06-5888，茶陵县 LXP-06-2031，莲花县 LXP-GTY-455，芦溪县 LXP-06-3330；万洋山脉：井冈山 JGS-2011-080，遂川县 LXP-13-16326，炎陵县 LXP-09-07105，永新县 LXP-13-07654；诸广山脉：上犹县 LXP-13-12302、LXP-03-06327。

泽珍珠菜 Lysimachia candida Lindl.

草本。山谷，平地，路旁，草地；壤土；100~400 m。九岭山脉：奉新县 LXP-10-9077；武功山脉：安福县 LXP-06-3820。

细梗香草 Lysimachia capillipes Hemsl.

草本。山坡，平地，密林，疏林，路旁；壤土；100~
1800 m。幕阜山脉：通山县 LXP2147；武功山脉：
安福县 LXP-06-0412；万洋山脉：炎陵县 LXP-09-
10670。

过路黄 Lysimachia christiniae Hance

草本。山谷，疏林，平地，路旁，溪边；壤土；300~
1300 m。武功山脉：安福县 LXP-06-0718；诸广山
脉：崇义县 LXP-03-07303，上犹县 LXP-03-07037。

露珠珍珠菜 Lysimachia circaeoides Hemsl.

草本。山谷，疏林，灌丛，路旁；壤土；100~200 m。
万洋山脉：永兴县 LXP-03-04475。

矮桃 Lysimachia clethroides Duby

草本。山谷，山坡，密林，疏林，路旁，草地，灌
丛，石上，阳处；壤土，腐殖土；150~1950 m。幕
阜山脉：濂溪区 LXP6365，瑞昌市 LXP0135，通山
县 LXP7008；九岭山脉：安义县 LXP-10-10489，
大围山 LXP-10-12040，七星岭 LXP-10-11424，铜
鼓县 LXP-10-8263，宜丰县 LXP-10-2326；武功山
脉：莲花县 LXP-GTY-343，芦溪县 LXP-13-03721，
安福县 LXP-06-0379；万洋山脉：吉安市 LXSM2-
6-10019，井冈山 LXP-13-04622，遂川县 LXP-13-
09325，炎陵县 DY1-1036，资兴市 LXP-03-05091；
诸广山脉：桂东县 LXP-03-00528。

临时救 Lysimachia congestiflora Hemsl.

草本。山谷，山坡，疏林，路旁，村边，水田边，
草地，菜地，阴处；70~1600 m。幕阜山脉：平江
县 LXP3783，通山县 LXP2246，武宁县 LXP1076；
九岭山脉：安义县 LXP-10-3600，大围山 LXP-10-
7758，奉新县 LXP-10-3276、LXP-06-4037，靖安县
LXP-13-10089、LXP-10-4492，铜鼓县 LXP-10-8396，
万载县 LXP-10-2147，宜丰县 LXP-10-2365；武功
山脉：安福县 LXP-06-5137，莲花县 LXP-GTY-450，
茶陵县 LXP-06-9228，芦溪县 LXP-06-3334，分宜
县 LXP-10-5208；万洋山脉：遂川县 LXP-13-09375，
炎陵县 DY1-1025、LXP-09-07120、LXP-09-08695；
诸广山脉：上犹县 LXP-13-12097，桂东县 LXP-13-
09095。

延叶珍珠菜 Lysimachia decurrens Forst. f.

草本。山坡，疏林；壤土；100~600 m。武功山脉：

宜春市 LXP-13-10611；诸广山脉：上犹县 LXP-13-
12626。

管茎过路黄 Lysimachia fistulosa Hand.-Mazz.

草本。山谷，山坡，路旁，草地，阴处；100~200 m。
九岭山脉：安义县 LXP-10-3608；万洋山脉：炎陵
县 DY1-1166。

五岭管茎过路黄 Lysimachia fistulosa var. **wulin-
gensis** Chen et C. M. Hu

草本。山谷，山坡，疏林，路旁，河边，溪边，草
地，阳处；壤土，沙土；100~1700 m。幕阜山脉：
武宁县 LXP5711；九岭山脉：铜鼓县 LXP-10-8258，
宜丰县 LXP-10-8481；万洋山脉：井冈山 LXP-13-
15202，炎陵县 LXP-09-390；诸广山脉：上犹县 LXP-
13-12369。

灵香草 Lysimachia foenum-graecum Hance

草本。山谷，草地；腐殖土；200~300 m。武功山
脉：大岗山 LXP-06-3640。

大叶过路黄 Lysimachia fordiana Oliv.

草本。山谷，疏林；450 m。诸广山脉：汝城县　罗
金龙和冯贵祥 655(HNNU)。

星宿菜 Lysimachia fortunei Maxim.

草本。山谷，山坡，丘陵，疏林，路旁，溪边，灌
丛，阴处；442 m。幕阜山脉：庐山市 LXP4673，
平江县 LXP4326、LXP-10-6420，通山县 LXP2039，
武宁县 LXP1649；九岭山脉：安义县 LXP-10-3701，
大围山 LXP-10-11195，奉新县 LXP-10-10844，靖
安县 LXP-10-10106，七星岭 LXP-10-11895，上高
县 LXP-10-4882，铜鼓县 LXP-10-13554，万载县
LXP-10-1578，宜春市 LXP-10-1041，宜丰县 LXP-
10-12935；武功山脉：安福县 LXP-06-0019，大岗
山 LXP-06-3643，莲花县 LXP-06-0642，芦溪县
LXP-06-3388，明月山 LXP-06-7718，攸县 LXP-06-
5308，樟树市 LXP-10-5061；万洋山脉：炎陵县
LXP-09-00037，永新县 LXP-13-08079，永兴县 LXP-
03-03915；诸广山脉：崇义县 LXP-03-05620，上犹
县 LXP-03-06014。

福建过路黄 Lysimachia fukienensis Hand.-Mazz.

草本。山坡；360~1100 m。诸广山脉：上犹县　江
西队 1142(PE)。

缀瓣珍珠菜 Lysimachia glanduliflora Hanelt

草本。山坡；200 m。幕阜山脉：瑞昌市 赖书坤等 032(LBG)。

金爪儿 Lysimachia grammica Hance

草本。山谷，路旁，阴处；1100~1300 m。幕阜山脉：修水县 LXP6415。

点腺过路黄 Lysimachia hemsleyana Maxim.

草本。山坡，疏林；300~1100 m。幕阜山脉：通山县 LXP7028；九岭山脉：靖安县 LXP-10-4381。

黑腺珍珠菜 Lysimachia heterogenea Klatt

草本。山坡，疏林，村边；100~300 m。幕阜山脉：庐山市 LXP5650，平江县 LXP3784，通山县 LXP2415，武宁县 LXP0991，修水县 LXP6718；九岭山脉：大围山 LXP-10-7772，奉新县 LXP-10-9153，宜丰县 LXP-10-4614。

白花过路黄 Lysimachia huitsunae Chien

草本。山坡，林下，石壁；1250 m。万洋山脉：井冈山 LXP-13-18662。

小茄 Lysimachia japonica Thunb.

草本。山坡，山谷，疏林，溪边，路旁；壤土；300~600 m。幕阜山脉：通山县 LXP2233，武宁县 LXP6184；万洋山脉：炎陵县 LXP-13-4464，永新县 LXP-13-19192；诸广山脉：上犹县 LXP-13-12727。

轮叶过路黄 Lysimachia klattiana Hance

草本。山坡，林缘，路旁；100~700 m。幕阜山脉：武宁县 LXP6070；诸广山脉：八面山 LXP-03-0989。

多枝香草 Lysimachia laxa Baudo

草本。平地，密林；壤土；454 m。万洋山脉：永新县 LXP-13-19214。

长梗过路黄 Lysimachia longipes Hemsl.

草本。山坡，疏林，路旁，河边，溪边；200~500 m。幕阜山脉：平江县 LXP4179，通山县 LXP6577，武宁县 LXP6167。

山萝过路黄 Lysimachia melampyroides R. Knuth

草本。山谷，山坡，密林，疏林，阴处；200~600 m。万洋山脉：井冈山 LXP-13-0412，永新县 LXP-13-08068。

落地梅 Lysimachia paridiformis Franch.

草本。山谷，路旁；300~800 m。诸广山脉：八面山 LXP-03-0991。

小叶珍珠菜 Lysimachia parvifolia Franch.

草本。荒地，河边，水田边；200~700 m。幕阜山脉：修水县 李立新 9605221(JJF)；诸广山脉：齐云山 075825（刘小明等，2010）。

巴东过路黄 Lysimachia patungensis Hand.-Mazz.

草本。山坡，林下，灌丛，草地，路旁，河边，溪边，石上，阳处；沙土，壤土，腐殖土；352 m。幕阜山脉：平江县 LXP4344，修水县 LXP6769；九岭山脉：靖安县 LXP-13-10372、LXP-13-11535；万洋山脉：吉安市 LXSM2-6-10076，井冈山 JGS4092，遂川县 LXP-13-16532，炎陵县 LXP-09-07941，永新县 LXP-13-07882；诸广山脉：上犹县 LXP-13-12268。

贯叶过路黄 Lysimachia perfoliata Hand.-Mazz.

草本。山坡，疏林，溪边；500~1200 m。幕阜山脉：平江县 LXP3545，通山县 LXP2187；万洋山脉：井冈山 JGS-4624，炎陵县 LXP-13-5273。

叶头过路黄 Lysimachia phyllocephala Hand.-Mazz.

草本。山谷，山坡，疏林，路旁，河边，溪边；壤土；150~1400 m。幕阜山脉：平江县 LXP4379；武功山脉：茶陵县 LXP-09-10502；万洋山脉：遂川县 LXP-13-23494，炎陵县 LXP-09-10796。

疏头过路黄 Lysimachia pseudohenryi Pamp.

草本。平地；壤土；400~1700 m。九岭山脉：奉新县 LXP-06-4047；武功山脉：茶陵县 LXP-06-2058；万洋山脉：井冈山 LXP-13-18805，炎陵县 LXP-09-10721，永新县 LXP-13-19720；诸广山脉：上犹县 LXP-13-12032，飞天山 LXP-03-09031。

疏节过路黄 Lysimachia remota Petitm.

草本。山谷，山坡，密林，疏林，路旁，溪边；壤土，腐殖土；300~1800 m。幕阜山脉：平江县 LXP3980，通山县 LXP2200；万洋山脉：井冈山 LXP-13-05867，炎陵县 LXP-09-10615；诸广山脉：上犹县 LXP-13-12393，崇义县 LXP-13-13111。

庐山疏节过路黄 Lysimachia remota var. **lushanensis** Chen et C. M. Hu

草本。山谷，疏林，溪边；壤土；821 m。诸广山脉：上犹县 LXP-13-23455。

显苞过路黄 Lysimachia rubiginosa Hemsl.

草本。山谷，疏林，灌丛，溪边；壤土；150~600 m。诸广山脉：上犹县 LXP-13-12360。

紫脉过路黄 Lysimachia rubinervis Chen et C. M. Hu

草本。山坡，阴处；600~700 m。幕阜山脉：通山县 LXP2263。

腺药珍珠菜 Lysimachia stenosepala Hemsl.

草本。山谷，林缘；150 m。幕阜山脉：九江市 谭策铭 9605141(NAS)。

大叶珍珠菜 Lysimachia stigmatosa Chen et C. M. Hu

草本。山坡，路旁；300~700 m。诸广山脉：桂东县 LXP-03-0901。

杜茎山属 *Maesa* Forssk.

杜茎山 Maesa japonica (Thunb.) Moritzi.

灌木。山坡，山谷，密林，灌丛，溪边，阳处；壤土，沙土，腐殖土；100~1800 m。幕阜山脉：庐山市 LXP5097，平江县 LXP4175、LXP-10-6181，通山县 LXP1983，武宁县 LXP0396，修水县 LXP0726；九岭山脉：大围山 LXP-10-11746，奉新县 LXP-10-10887，靖安县 LXP-10-10170，铜鼓县 LXP-10-6900，万载县 LXP-10-1592，宜春市 LXP-10-853，上高县 LXP-06-7637，宜丰县 LXP-13-22493；武功山脉：安福县 LXP-06-0431，茶陵县 LXP-06-1511、LXP-09-10221，分宜县 LXP-06-9583，芦溪县 LXP-06-1086，明月山 LXP-06-4714，宜春市 LXP-06-8908，攸县 LXP-06-5243，安仁县 LXP-03-01434；万洋山脉：吉安市 LXSM2-6-10111，井冈山 JGS-052，遂川县 LXP-13-17403，炎陵县 LXP-09-00165，永新县 LXP-13-19382，永兴县 LXP-03-04299，资兴市 LXP-03-00206；诸广山脉：上犹县 LXP-13-12877、LXP-03-06320，崇义县 LXP-03-05606，桂东县 LXP-03-02735。

金珠柳 Maesa montana A. DC.

灌木。山坡；140 m。诸广山脉：上犹县 江西队 706(PE)。

鲫鱼胆 Maesa perlarius (Lour.) Merr.

灌木。山坡，山谷，灌丛；100~500 m。诸广山脉：上犹县 江西队 1169(PE)。

铁仔属 *Myrsine* L.

平叶密花树 Myrsine faberi (Mez) Pipoly et C. Chen

乔木。山坡，山谷，疏林；300~900 m。诸广山脉：桂东县 LXP-03-2460。

打铁树 Myrsine linearis (Loureiro) Poiret

灌木。山坡，灌丛；149 m。九岭山脉：上高县 LXP-06-7642。

密花树 Myrsine seguinii Lévl

乔木。山谷，山坡，密林，疏林，路旁，溪边；壤土，腐殖土；300~1000 m。万洋山脉：井冈山 JGS-1261，遂川县 LXP-13-18122，炎陵县 LXP-09-08168，永新县 LXP-QXL-482；诸广山脉：桂东县 LXP-13-25450，上犹县 LXP-03-06897。

针齿铁仔 Myrsine semiserrata Wall.

灌木。山谷，密林，疏林，溪边，阳处；壤土，腐殖土，沙土；400~1300 m。万洋山脉：井冈山 JGS-624，炎陵县 LXP-09-08248，永新县 LXP-13-19277；诸广山脉：桂东县 LXP-13-22691。

光叶铁仔 Myrsine stolonifera (Koidz.) Walker

灌木。山谷，山坡，疏林，河边，溪边，阴处；壤土，腐殖土；600~1500 m。武功山脉：芦溪县 LXP-06-1225；万洋山脉：井冈山 JGS-1245，炎陵县 LXP-09-07930，永新县 LXP-13-07990；诸广山脉：上犹县 LXP-13-12053。

报春花属 *Primula* L.

毛莨叶报春 Primula cicutariifolia Pax

草本。山谷，山坡，密林，疏林，路旁，溪边，石上，阴处；壤土，腐殖土；200~1300 m。幕阜山脉：通山县 LXP6634，修水县 LXP6750；武功山脉：明月山 LXP-06-4646，茶陵县 LXP-09-10322；万洋山脉：炎陵县 LXP-09-08603，永新县 LXP-13-08105。

湖北羽叶报春 Primula hubeiensis X. W. Li

草本。阴湿岩石上；约 620 m。幕阜山脉：通山县 D.

C. Bao and H. D. Huang 1368-1(HIB)、D. C. Bao and H. D. Huang 1369-1(HIB)。

九宫山羽叶报春 Primula jiugongshanensis J. W. Shao

草本。阴湿岩石上；100~260 m。幕阜山脉：通山县九宫山 邵剑文和王德元 20110427007 (HIB)。

鄂报春 Primula obconica Hance

草本。山谷，山坡，平地，密林，路旁，溪边；壤土，石灰岩；300~1000 m。武功山脉：莲花县 LXP-GTY-133，芦溪县 LXP-06-3411，攸县 LXP-03-08632；万洋山脉：炎陵县 LXP-09-09693。

假婆婆纳属 Stimpsonia Wright ex A. Gray

假婆婆纳 Stimpsonia chamaedryoides Wright ex A. Gray

草本。山坡，疏林，路旁，阳处；150~700 m。幕阜山脉：武宁县 LXP1621；九岭山脉：奉新县 LXP-10-3518；武功山脉：安福县 LXP-06-4906；万洋山脉：炎陵县 LXP-09-09065。

A336 山茶科 Theaceae

山茶属 *Camellia* L.

短柱茶 Camellia brevistyla (Heyata) Coh. St.

灌木。山谷，山坡，疏林，路旁，河边；100~200 m。九岭山脉：万载县 LXP-10-1415；武功山脉：芦溪县 LXP-13-09925。

长尾毛蕊茶 Camellia caudata Wall.

灌木。山谷，疏林，灌丛；300~400 m。九岭山脉：宜丰县 LXP-10-6798；万洋山脉：永新县 LXP-QXL-633。

浙江红山茶 Camellia chekiangoleosa Hu

小乔木。山坡，疏林；500~1200 m。武功山脉：莲花县 157160(SYS)；万洋山脉：永新县 赖书坤 1146。

心叶毛蕊茶 Camellia cordifolia (Metc.) Nakai

灌木。山坡，山谷，丘陵，疏林，路旁，溪边；壤土，腐殖土；100~500 m。九岭山脉：安义县 LXP-10-9461；武功山脉：茶陵县 LXP-09-10520；万洋山脉：井冈山 JGS-1251；诸广山脉：上犹县 LXP-13-12808。

贵州连蕊茶 Camellia costei Lévl.

灌木。山谷，山坡，疏林，平地，路旁；壤土，沙土；600~1500 m。九岭山脉：万载县 LXP-13-11133，大围山 LXP-09-11017；武功山脉：芦溪县 LXP-13-09414；万洋山脉：井冈山 JGS-002，遂川县 LXP-13-17507，炎陵县 LXP-09-07520，永新县 LXP-13-19825。

*红皮糙果茶 Camellia crapnelliana Tutch.

乔木。山坡，村边；红壤；200 m。栽培。武功山脉：分宜县 丁小平 0064(PE)。

厚叶红山茶 Camellia crassissima Chang

乔木。山坡下，水沟边；550 m。万洋山脉：井冈山 史文俊 0005(SYS)。

尖叶连蕊茶 Camellia cuspidata (Kochs) Wright ex Gard.

灌木。山顶，山谷，山坡，密林，疏林，灌丛，溪边，路旁，阴处；壤土，腐殖土，沙土；200~1900 m。九岭山脉：大围山 LXP-10-12548，奉新县 LXP-10-10572，靖安县 LXP-10-343，七星岭 LXP-10-11439，万载县 LXP-10-1746，宜丰县 4001409011、LXP-10-12907；武功山脉：安福县 LXP-06-0489，茶陵县 LXP-06-1673、LXP-09-10316，芦溪县 LXP-06-9093；万洋山脉：吉安市 LXSM2-6-10164，遂川县 LXP-13-09285，炎陵县 DY1-1140、DY3-1041、LXP-09-07112，永新县 LXP-13-19428；诸广山脉：上犹县 LXP-13-12286，崇义县 LXP-13-24415，桂东县 LXP-13-22685。

大花连蕊茶 Camellia cuspidata var. **grandiflora** Sealy

灌木。山坡，疏林；350~700 m。幕阜山脉：庐山市 LXP6348。

柃叶连蕊茶 Camellia euryoides Lindl.

灌木。山谷，山坡，密林，疏林，灌丛，路旁，溪边，阴处；壤土，腐殖土；100~900 m。幕阜山脉：庐山市 LXP4539，武宁县 LXP0542；九岭山脉：铜鼓县 LXP-10-6913，万载县 LXP-13-11013、LXP-10-1525；武功山脉：芦溪县 LXP-06-1136；万洋山脉：井冈山 JGS-602，炎陵县 LXP-09-08252，永新县 LXP-13-07721；诸广山脉：上犹县 LXP-13-12311，桂东县 LXP-13-25361。

毛花连蕊茶 Camellia fraterna Hance

灌木。山谷，山坡，密林，疏林，灌丛，溪边；壤土；200~300 m。幕阜山脉：庐山市 LXP-13-24529；九岭山脉：靖安县 LXP-10-4482；武功山脉：樟树市 LXP-10-4990；诸广山脉：桂东县 LXP-13-25664。

*糙果茶 Camellia furfuracea (Merr.) Coh. St.

乔木。山谷，疏林，溪边；壤土；189 m。栽培。武功山脉：茶陵县 LXP-13-25922。

长瓣短柱茶　Camellia grijsii Hance

灌木。沟边，林地；200~1450 m。诸广山脉：齐云山 LXP-03-6111。

红山茶 Camellia japonica L.

灌木。山谷，疏林，路旁，灌丛，草地；壤土；200~400 m。九岭山脉：铜鼓县 LXP-10-6665；万洋山脉：永兴县 LXP-03-04586。

披针叶连蕊茶　Camellia lancilimba H. T. Chang

灌木。山谷，密林，疏林，阴处；100~700 m。九岭山脉：靖安县 LXP-10-10279。

细叶短柱茶 Camellia microphylla (Merr.) Chien

灌木。罗霄山脉可能有分布，未见标本。

油茶 Camellia oleifera Abel.

灌木。山顶，山谷，山坡，丘陵，平地，密林，疏林，灌丛，路旁，村边，溪边，阴处；壤土，腐殖土；50~1900 m。幕阜山脉：庐山市 LXP4635，平江县 LXP3781、LXP-10-6354，瑞昌市 LXP0075，通山县 LXP7584，武宁县 LXP0467，修水县 LXP0828；九岭山脉：安义县 LXP-10-3689，大围山 LXP-10-11188，奉新县 LXP-10-10800，靖安县 LXP-10-301，上高县 LXP-10-4870、LXP-06-6577，铜鼓县 LXP-10-13576，万载县 LXP-10-1492，宜春市 LXP-10-1053，宜丰县 LXP-10-12880；武功山脉：安福县 LXP-06-0456，茶陵县 LXP-06-1911，分宜县 LXP-06-2365，芦溪县 LXP-06-2485，明月山 LXP-06-4652，攸县 LXP-06-5245、LXP-03-07664；万洋山脉：井冈山 JGS-2047，遂川县 LXP-13-16864，炎陵县 DY2-1116、LXP-03-02948，永新县 LXP-QXL-504，永兴县 LXP-03-04240，资兴市 LXP-03-00122；诸广山脉：桂东县 LXP-13-22596、LXP-03-00778，上犹县 LXP-03-06389。

*毛叶茶　Camellia ptilophylla Chang

小乔木。路边，林缘；470 m。栽培。诸广山脉：汝城县 罗金龙和冯贵祥 120(CSFI)。

汝城毛叶茶　Camellia pubescens Chang et Ye

灌木。林下；751 m。诸广山脉：汝城县 喻勋林和张旭 131206(CSFI)。

柳叶毛蕊茶　Camellia salicifolia Champ.

灌木。罗霄山脉可能有分布，未见标本。

*茶梅 Camellia sasanqua Thunb.

小乔木。观赏，栽培。幕阜山脉：庐山市 熊耀国 7041(LBG)。

*南山茶 Camellia semiserrata Chi

灌木。山坡，灌丛；壤土；100~200 m。栽培。武功山脉：茶陵县 LXP-06-9417。

茶 Camellia sinensis (L.) O. Ktze.

灌木。山坡，平地，密林，疏林，灌丛，路旁，河边，溪边，阳处；壤土，沙土；100~1700 m。幕阜山脉：庐山市 LXP5472，瑞昌市 LXP0214，通山县 LXP1931，武宁县 LXP0453，修水县 LXP2562，平江县 LXP-10-6110；九岭山脉：安义县 LXP-10-10450，大围山 LXP-10-11120，奉新县 LXP-10-10813，靖安县 LXP-10-10206，浏阳市 LXP-10-5818，铜鼓县 LXP-10-13416，万载县 LXP-10-1618，宜春市 LXP-10-1008；武功山脉：安福县 LXP-06-0137，茶陵县 LXP-09-10517，宜春市 LXP-06-2683，攸县 LXP-06-5440，樟树市 LXP-10-5043；万洋山脉：井冈山 LXP-13-0448、LXP-06-7197，遂川县 400147020，炎陵县 DY1-1142，永新县 LXP-13-07724；诸广山脉：桂东县 LXP-03-00929，上犹县 LXP-13-23221。

*普洱茶 Camellia sinensis var. **assamica** (Masters) Kitam.

灌木。山谷，疏林，溪边，阴处；腐殖土；700~800 m。栽培。万洋山脉：井冈山 JGS-2017。

全缘红山茶 Camellia subintegra Huang

灌木。山谷，山坡，平地，密林，疏林，路旁，溪边；壤土，沙土；800~1700 m。武功山脉：芦溪县 LXP-06-0816、LXP-13-09753。

毛萼连蕊茶 **Camellia transarisanensis** (Hay.) Coh. St.

灌木。山坡，平地，路旁，灌丛，石上，阴处；壤土；100~500 m。武功山脉：安福县 LXP-06-0039，芦溪县 LXP-06-2499；万洋山脉：井冈山 JGS-2143。

核果茶属 *Pyrenaria* Blume
[*Tutcheria* Dunn]

粗毛石笔木 **Pyrenaria hirta** (Hand.-Mazz.) H. Keng [*Tutcheria hirta* (Hand.-Mazz.) H. L. Li]

乔木。山谷，山坡，灌丛，溪边，路旁，河边，石上，阴处；壤土，腐殖土，沙土；500~1000 m。万洋山脉：井冈山 JGS-1276，遂川县 LXP-13-17809，炎陵县 LXP-09-10024，永新县 LXP-13-08149，资兴市 LXP-03-00185。

小果石笔木 **Pyrenaria microcarpa** (Dunn) H. Keng [*Tutcheria microcarpa* Dunn]

小乔木。山谷，密林；200~300 m。九岭山脉：宜丰县 LXP-10-13260。

石笔木 **Pyrenaria spectabilis** (Champ.) C. Y. Wu et S. X. Yang ex S. X. Yang [*Tutcheria championi* Nakai; *Tutcheria spectabilis* (Champ.) Dunn]

乔木。山谷，疏林，溪边；壤土，沙土；600~1200 m。诸广山脉：桂东县 LXP-13-22643，上犹县 LXP-13-23419。

长柄石笔木 **Pyrenaria spectabilis** var. **greeniae** (Chun) S. X. Yang [*Tutcheria greeniae* Chun]

乔木。700~800 m。诸广山脉：崇义县 400145018，上犹县 LXP-13-12542。

木荷属 *Schima* Reinw. ex Blume

银木荷 **Schima argentea** Pritz.

乔木。山谷，山坡，密林，疏林，灌丛，路旁，河边；腐殖土，沙土；50~1700 m。九岭山脉：大围山 LXP-10-7846；武功山脉：安福县 LXP-06-3167，芦溪县 LXP-06-1772，明月山 LXP-06-7760，安仁县 LXP-03-01491，攸县 LXP-06-1593；万洋山脉：井冈山 JGS-B111，遂川县 LXP-13-09340，炎陵县 DY3-1155，永新县 LXP-13-08002，永兴县 LXP-03-04133，资兴市 LXP-03-03509；诸广山脉：崇义县 LXP-03-05824、LXP-13-24257，桂东县 LXP-13-22719、LXP-03-00477，上犹县 LXP-03-06105。

*短梗木荷 **Schima brevipedicellata** Chang

乔木。山谷，疏林；900 m。栽培。诸广山脉：上犹县 谭策铭和易发彬 上犹样-068(JJF)。

疏齿木荷 **Schima remotiserrata** Chang

乔木。山坡，密林；300~900 m。诸广山脉：上犹县 聂敏祥等 8023(IBK)。

木荷 **Schima superba** Gardn. et Champ.

乔木。山谷，山坡，密林，疏林，灌丛，村边，路旁，河边，水库边，阳处；壤土，腐殖土，沙土；70~1700 m。幕阜山脉：濂溪区 LXP6366，庐山市 LXP4834，平江县 LXP3871、LXP-10-6270，修水县 LXP2503；九岭山脉：大围山 LXP-10-11583，奉新县 LXP-10-13777，铜鼓县 LXP-10-6872，万载县 LXP-10-1534，宜春市 LXP-10-1072，上高县 LXP-06-7573；武功山脉：安福县 LXP-06-0012，茶陵县 LXP-06-1433，大岗山 LXP-06-3668，宜春市 LXP-06-8977，攸县 LXP-06-5289；万洋山脉：井冈山 LXP-13-18565，遂川县 LXP-13-17902，炎陵县 LXP-09-08776，永新县 LXP-13-07788；诸广山脉：崇义县 LXP-03-07301，桂东县 LXP-03-00595。

紫茎属 *Stewartia* L.

厚叶紫茎 **Stewartia crassifolia** (S. Z. Yan) J. Li et T. L. Ming [*Hartia crassifolia* S. Z. Yan]

乔木。山坡，疏林，路旁；壤土，腐殖土；800~1400 m。万洋山脉：井冈山 JGS-1223；诸广山脉：崇义县 400145002，上犹县 LXP-13-25167。

天目紫茎 **Stewartia gemmata** Chien et Cheng

乔木。山坡，疏林，溪边，阴处；壤土，腐殖土；400~1400 m。幕阜山脉：通山县 LXP2130；万洋山脉：井冈山 JGS-1082，炎陵县 LXP-09-06252。

长喙紫茎 **Stewartia rostrata** Spongberg

乔木。山坡，水边，溪边；606 m。幕阜山脉：武宁县 李启和和陈策武 052(LBG)。

紫茎 **Stewartia sinensis** Rehd. et Wils.

乔木。山坡，密林，疏林，路旁，阳处；壤土，腐殖土，沙土；600~1600 m。幕阜山脉：武宁县 LXP6272；九岭山脉：大围山 LXP-10-5307，万载县 LXP-13-11318，宜丰县 LXP-13-22511；武功山脉：安福县 LXP-06-2838，芦溪县 LXP-06-2787；万洋山脉：井冈山 LXP-13-05877，遂川县 LXP-13-24720，炎陵县 LXP-09-6587；诸广山脉：崇义县 LXP-03-04928。

尖萼紫茎 Stewartia sinensis var. **acutisepala** (P. L. Chiu et G. R. Zhong) T. L. Ming et J. Li

乔木。山谷，林中；400 m。幕阜山脉：庐山市 胡业华 2002(JJF)。

A337 山矾科 Symplocaceae

山矾属 *Symplocos* Jacq.

腺叶山矾 Symplocos adenophylla Wall.

乔木。山坡，疏林；壤土；800~1800 m。万洋山脉：炎陵县 LXP-09-07056。

腺柄山矾 Symplocos adenopus Hance

乔木。山谷，山坡，密林，疏林，溪边；壤土，腐殖土；500~1900 m。武功山脉：莲花县 LXP-GTY-330，芦溪县 LXP-13-03738、LXP-13-09733；万洋山脉：井冈山 JGS-318，遂川县 LXP-13-09391，炎陵县 LXP-09-08033，永新县 LXP-13-19837；诸广山脉：上犹县 LXP-13-12148。

薄叶山矾 Symplocos anomala Brand

灌木。山坡，山谷，疏林，阳处，灌丛，路旁；壤土；200~1400 m。幕阜山脉：庐山市 LXP-13-24522、LXP4487，武宁县 LXP0519，修水县 LXP3389；九岭山脉：奉新县 LXP-10-10588，靖安县 LXP-10-9784；武功山脉：安福县 LXP-06-0190，茶陵县 LXP-06-1857，芦溪县 LXP-06-1105；万洋山脉：井冈山 JGS-2012138，遂川县 LXP-13-23595，炎陵县 DY1-1165、DY1-1101；诸广山脉：上犹县 LXP-13-23565、LXP-03-06256。

南国山矾 Symplocos austrosinensis Hand.-Mazz.

乔木。山坡，密林；500~900 m。诸广山脉：齐云山 4158、2143（刘小明等，2010）。

总状山矾 Symplocos botryantha Franch.

乔木。山坡，疏林；500 m。万洋山脉：井冈山 赖书坤、杨如菊和黄大付 3993(IBK)。

华山矾 Symplocos chinensis (Lour.) Druce

灌木。山谷，山坡，疏林，灌丛，路旁，河边，溪边，阳处，阴处；壤土；50~1300 m。幕阜山脉：通山县 LXP1871，武宁县 LXP0604，修水县 LXP3265；

九岭山脉：安义县 LXP-10-10494，奉新县 LXP-10-10902、LXP-10-3497，上高县 LXP-10-4877，万载县 LXP-10-1693，宜春市 LXP-10-1075；武功山脉：玉京山 LXP-10-1280，樟树市 LXP-10-5060；万洋山脉：吉安市 LXSM2-6-10014，井冈山 JGS-3516，遂川县 LXP-13-17108，炎陵县 LXP-09-00228，永新县 LXP-QXL-024，永兴县 LXP-03-03875，资兴市 LXP-03-03541；诸广山脉：崇义县 LXP-03-07250，桂东县 LXP-03-00921，上犹县 LXP-13-12508、LXP-03-06010。

越南山矾 Symplocos cochinchinensis (Lour.) S. Moore

乔木。山谷，山坡，密林，疏林，路旁，溪边；壤土；300~500 m。万洋山脉：吉安市 LXSM2-6-10071，炎陵县 LXP-09-08208，永新县 LXP-13-08185。

黄牛奶树 Symplocos cochinchinensis var. **laurina** (Retzius) Nooteboom

乔木。山坡，疏林，灌丛，河边，溪边；壤土，腐殖土；200~800 m。武功山脉：茶陵县 LXP-06-1950；万洋山脉：遂川县 LXP-13-17275，炎陵县 LXP-09-08763，永新县 LXP-13-19284；诸广山脉：上犹县 LXP-13-13015。

微毛越南山矾 Symplocos cochinchinensis var. **puberula** Huang et Y. F. Wu

灌木。山谷，密林，疏林；壤土，沙土；500~1600 m。武功山脉：明月山 LXP-13-10668；诸广山脉：上犹县 LXP-13-12314。

密花山矾 Symplocos congesta Benth.

乔木。山谷，山坡，密林，疏林，路旁，河边，溪边，阳处；壤土，腐殖土，沙土；300~900 m。武功山脉：芦溪县 LXP-13-8285；万洋山脉：井冈山 JGS-1291；诸广山脉：崇义县 LXP-13-24402，上犹县 LXP-03-06631、LXP-13-12748。

厚皮灰木 Symplocos crassifolia Benth.

乔木。山谷，山坡，疏林，阴处；壤土；1000~1900 m。九岭山脉：宜丰县 LXP-10-2306；万洋山脉：炎陵县 LXP-13-24621。

厚叶山矾 Symplocos crassilimba Merr.

乔木。山谷，山坡，密林，疏林，路旁，溪边；沙土；1000~1500 m。诸广山脉：桂东县 LXP-03-00991。

美山矾 Symplocos decora Hance

乔木。山坡，山谷，密林，疏林，路旁，溪边；壤土，腐殖土；400~1900 m。万洋山脉：井冈山 LXP-13-05941，遂川县 LXP-13-16871、LXP-13-17718。

长花柱山矾 Symplocos dolichostylosa Y. F. Wu

乔木。山坡，密林；腐殖土；800~1200 m。万洋山脉：井冈山 JGS-C087。

长毛山矾 Symplocos dolichotricha Merr.

灌木。山坡，疏林，灌丛；壤土，腐殖土；700~800 m。诸广山脉：崇义县 LXP-13-24316，桂东县 LXP-13-09208。

火灰山矾 Symplocos dung Eberh. et Dub.

乔木。山坡。万洋山脉：井冈山 JGS4018。

羊舌树 Symplocos glauca (Thunb.) Koidz.

乔木。山谷，山坡，密林，疏林，水库边，路旁，阴处；740 m。幕阜山脉：武宁县 LXP-13-08430；九岭山脉：万载县 LXP-13-10985，大围山 LXP-10-11612，奉新县 LXP-10-10587，靖安县 LXP-10-10047，铜鼓县 LXP-10-8243，万载县 LXP-10-1477，宜丰县 LXP-10-8637；万洋山脉：遂川县 LXP-13-16594，炎陵县 LXP-09-06363；诸广山脉：上犹县 LXP-13-23549。

团花山矾 Symplocos glomerata King ex Gamble [*Symplocos yizhangensis* Y. F. Wu]

乔木。山谷，疏林，溪边；壤土；1100~1500 m。万洋山脉：井冈山 JGS-1228；诸广山脉：桂东县 LXP-13-22601。

毛山矾 Symplocos groffii Merr.

乔木。山谷，山坡，密林，疏林，溪边，阳处；壤土；900~1100 m。九岭山脉：万载县 LXP-13-11023；武功山脉：安福县 LXP-06-2874；万洋山脉：井冈山 JGS4170，遂川县 LXP-13-7170；诸广山脉：上犹县 LXP-13-12456。

海桐山矾 Symplocos heishanensis Hayata

乔木。山坡，密林，疏林；壤土；600~800 m。武功山脉：芦溪县 LXP-13-8273；万洋山脉：井冈山 JGS-2131，遂川县 LXP-13-17321；诸广山脉：桂东县 LXP-13-22560。

光叶山矾 Symplocos lancifolia Sieb. et Zucc.

灌木。山坡，密林，疏林，灌丛，路旁，溪边，阴处；100~1700 m。幕阜山脉：庐山市 LXP5530，平江县 LXP3556、LXP-10-6069，通山县 LXP1926，武宁县 LXP0946，修水县 LXP0243、LXP3293、LXP3386；九岭山脉：安义县 LXP-10-3796，大围山 LXP-10-12423，奉新县 LXP-10-10651，靖安县 LXP-10-771，铜鼓县 LXP-10-7080，万载县 LXP-10-1667，宜丰县 LXP-10-13107；武功山脉：芦溪县 LXP-13-03719；万洋山脉：井冈山 JGS4093，遂川县 LXP-13-09282，炎陵县 LXP-09-07023，永新县 LXP-13-19054；诸广山脉：崇义县 LXP-13-24334，桂东县 LXP-13-22598，上犹县 LXP-13-12982。

光亮山矾 Symplocos lucida (Thunb. ex Murray) Sieb. et Zucc. [*Symplocos tetragona* Chen ex Y. F. Wu]

灌木。山谷，山坡，平地，密林，疏林，路旁；壤土；300~1400 m。幕阜山脉：通山县 LXP2192，武宁县 LXP1486；武功山脉：莲花县 LXP-06-0798，芦溪县 LXP-06-1206、LXP-13-09596；万洋山脉：井冈山 JGS-1087，遂川县 LXP-13-16910，炎陵县 LXP-09-07451、LXP-09-09148、LXP-09-09227，永新县 LXP-13-08160；诸广山脉：桂东县 LXP-13-22584，上犹县 LXP-13-25154。

潮州山矾 Symplocos mollifolia Dunn

乔木。山谷，山坡，疏林；壤土；500~700 m。万洋山脉：炎陵县 LXP-09-07459。

枝穗山矾 Symplocos multipes Brand

乔木。山谷，密林，疏林，溪边；100~1100 m。九岭山脉：大围山 LXP-10-5555，上高县 LXP-10-4893。

白檀 Symplocos paniculata (Thunb.) Miq.

灌木。山顶，山谷，山坡，密林，疏林，灌丛，路旁，阳处；100~1700 m。幕阜山脉：庐山市 LXP4619，平江县 LXP3164、LXP-10-6149，通山县 LXP1262，武宁县 LXP1053；九岭山脉：安义县 LXP-10-3688，大围山 LXP-10-12015，上高县 LXP-06-7595，七星岭 LXP-10-11412；武功山脉：安福县 LXP-06-0004，茶陵县 LXP-06-1376，大岗山 LXP-06-3642，莲花县 LXP-06-0658，芦溪县 LXP-06-2125，明月山 LXP-06-4683，分宜县 LXP-10-5164；万洋山脉：井

冈山 JGS-A011，遂川县 LXP-13-16602，炎陵县 LXP-09-00616，永新县 LXP-QXL-140；诸广山脉：上犹县 LXP-13-12612，麻布山 LXP-03-08755。

南岭山矾 Symplocos pendula var. hirtistylis (C. B. Clarke) Nooteboom

乔木。山坡，疏林，灌丛，石上；壤土；1000~1700 m。九岭山脉：万载县 LXP-13-11178；武功山脉：芦溪县 400146032；万洋山脉：炎陵县 LXP-09-08274。

叶萼山矾 Symplocos phyllocalyx Clarke

乔木。山顶，疏林，路旁，平地，草地，阳处；腐殖土，壤土；1200~1600 m。幕阜山脉：平江县 LXP-13-22379，通山县 LXP7300；九岭山脉：大围山 LXP-13-17023；武功山脉：莲花县 LXP-GTY-356；万洋山脉：井冈山 JGS-2172，炎陵县 LXP-13-3200；诸广山脉：上犹县 LXP-13-12591。

铁山矾 Symplocos pseudobarberina Gontsch.

乔木。山坡，密林，疏林，平地，路旁，溪边；壤土，腐殖土，石灰岩；200~1200 m。幕阜山脉：庐山市 LXP-13-24520、LXP5666；武功山脉：茶陵县 LXP-09-10264；万洋山脉：井冈山 JGS-2080，永新县 LXP-13-19252；诸广山脉：上犹县 LXP-13-22354。

多花山矾 Symplocos ramosissima Wall. ex G. Don

灌木。溪边，阔叶林；1000~1500 m。诸广山脉：汝城县 罗金龙和冯贵祥 234(CSFI)，齐云山 075306（刘小明等，2010）。

四川山矾 Symplocos setchuensis Brand

乔木。山谷，山坡，密林，疏林，路旁，溪边；壤土，腐殖土；80~1900 m。幕阜山脉：庐山市 LXP4580，修水县 LXP3465；九岭山脉：大围山 LXP-10-12034，靖安县 LXP-10-9713，七星岭 LXP-10-8193；武功山脉：攸县 LXP-03-07666；万洋山脉：井冈山 JGS-2036，炎陵县 LXP-09-08106，资兴市 LXP-03-03825；诸广山脉：上犹县 LXP-13-13031、LXP-03-06530。

老鼠矢 Symplocos stellaris Brand

灌木。山谷，山坡，密林，疏林，河边，溪边，阳处，阴处；壤土，腐殖土；200~1600 m。幕阜山脉：平江县 LXP3974、LXP-10-6060，通山县 LXP2001，

武宁县 LXP0904，修水县 LXP2704；九岭山脉：安义县 LXP-10-3784，奉新县 LXP-10-3949，铜鼓县 LXP-10-6888，宜丰县 LXP-10-2701；万洋山脉：井冈山 JGS4182，遂川县 LXP-13-16749，炎陵县 LXP-09-07362、LXP-03-02920，永新县 LXP-13-07652；诸广山脉：桂东县 LXP-03-02724，上犹县 LXP-13-13034、LXP-03-06890。

银色山矾 Symplocos subconnata Hand.-Mazz.

乔木。山谷，路旁；壤土；400~600 m。万洋山脉：井冈山 JGS-2012100，遂川县 LXP-13-16677。

山矾 Symplocos sumuntia Buch.-Ham. ex D. Don

灌木。山谷，山坡，密林，疏林，路旁，河边，溪边，阴处；壤土；100~1700 m。幕阜山脉：庐山市 LXP5263、LXP6306；九岭山脉：安义县 LXP-10-3767，大围山 LXP-10-11220，奉新县 LXP-10-13977、LXP-06-4062，靖安县 LXP-10-10265，铜鼓县 LXP-10-6958，万载县 LXP-10-1491，宜丰县 LXP-10-12781；武功山脉：安福县 LXP-06-0615，茶陵县 LXP-06-1546、LXP-09-10398，芦溪县 LXP-06-1189；万洋山脉：井冈山 JGS-2213，遂川县 LXP-13-17323，炎陵县 LXP-09-07997，永新县 LXP-13-08122，永兴县 LXP-03-03939；诸广山脉：崇义县 LXP-03-05697、LXP-13-24146，桂东县 LXP-13-22566，上犹县 LXP-13-12571、LXP-03-06493。

坛果山矾 Symplocos urceolaris Hance

乔木。山谷，疏林，路旁；壤土；100~200 m。诸广山脉：上犹县 LXP-03-06203。

微毛山矾 Symplocos wikstroemiifolia Hayata

灌木。山谷，山坡，密林，疏林，河边，溪边，石上，阴处；壤土，腐殖土；400~1000 m。万洋山脉：井冈山 JGS-3506，炎陵县 LXP-09-09020，永新县 LXP-13-19532；诸广山脉：上犹县 LXP-13-13020，桂东县 LXP-13-25348。

A339 安息香科 Styracaceae

赤杨叶属 Alniphyllum Matsum.

赤杨叶 Alniphyllum fortunei (Hemsl.) Makino

乔木。山谷，山坡，密林，疏林，灌丛，溪边，路旁，阳处，阴处；壤土；100~1400 m。幕阜山脉：

庐山市 LXP4549，通山县 LXP1904，武宁县 LXP0381；九岭山脉：安义县 LXP-10-3808，大围山 LXP-10-11754，奉新县 LXP-10-13988，靖安县 LXP-10-10062、4001410011，万载县 LXP-13-11049，铜鼓县 LXP-10-13455，宜丰县 LXP-10-13393；武功山脉：安福县 LXP-06-0735，茶陵县 LXP-06-1475，芦溪县 LXP-06-2382，明月山 LXP-06-4490，攸县 LXP-06-5476，樟树市 LXP-10-5005；万洋山脉：井冈山 JGS-B098，炎陵县 LXP-03-03345、LXP-09-08732，永新县 LXP-13-07740，永兴县 LXP-03-04283，资兴市 LXP-03-03559；诸广山脉：上犹县 LXP-03-06124。

山茉莉属 Huodendron Rehder

岭南山茉莉 Huodendron biaristatum var. **parviflorum** (Merr) Rehd.

乔木。山谷，山坡，疏林，路旁，河边，阳处，阴处；腐殖土，沙土；300~600 m。万洋山脉：井冈山 LXP-13-24114，炎陵县 DY2-1240；诸广山脉：崇义县 LXP-13-24401，桂东县 LXP-13-25412，上犹县 LXP-13-12385。

陀螺果属 Melliodendron Hand.-Mazz.

陀螺果 Melliodendron xylocarpum Hand.-Mazz.

乔木。山谷，平地，密林，疏林，溪边，路旁；壤土；320 m。九岭山脉：宜丰县 LXP-10-13193、4001409013；武功山脉：安福县 LXP-06-0548，茶陵县 LXP-06-1579，芦溪县 LXP-06-1219；万洋山脉：井冈山 JGS4103，遂川县 LXP-13-17864，炎陵县 LXP-09-08213，永兴县 LXP-03-04315；诸广山脉：桂东县 LXP-03-00600。

银钟花属 Perkinsiodendron P. W. Fritsch

银钟花 Perkinsiodendron macgregorii (Chun) P. W. Fritsch [*Halesia macgregorii* Chun]

乔木。山谷，山坡，密林，疏林，路旁，河边，溪边；壤土，腐殖土；300 m。九岭山脉：宜春市 LXP-10-848；武功山脉：芦溪县 LXP-13-09801，茶陵县 LXP-09-10234；万洋山脉：井冈山 JGS-2012009，遂川县 LXP-13-17435，炎陵县 LXP-09-08010；诸广山脉：上犹县 LXP-13-19337A，崇义县 LXP-03-04972。

白辛树属 Pterostyrax Sieb. et Zucc.

小叶白辛树 Pterostyrax corymbosus Sieb. et Zucc.

乔木。山谷，山坡，平地，密林，疏林，灌丛，路旁，河边，溪边，阳处；壤土；100~1500 m。幕阜山脉：庐山市 LXP4509，平江县 LXP3695、LXP-10-6215，通山县 LXP2125，武宁县 LXP1210；九岭山脉：大围山 LXP-10-12168，奉新县 LXP-10-3883，靖安县 LXP-10-13592、LXP-13-10264，七星岭 LXP-10-8187，宜丰县 LXP-10-2232，上高县 LXP-06-7579；武功山脉：莲花县 LXP-GTY-006，芦溪县 LXP-13-09603、LXP-06-1753，茶陵县 LXP-06-1902，明月山 LXP-06-4868；万洋山脉：井冈山 30130，遂川县 LXP-13-17269，炎陵县 DY1-1127，永新县 LXP-13-08169，资兴市 LXP-03-05078；诸广山脉：上犹县 LXP-13-12144，桂东县 LXP-13-09239，崇义县 LXP-03-04968。

木瓜红属 Rehderodendron Hu

广东木瓜红 Rehderodendron kwangtungense Chun

乔木。山谷，山坡，疏林；800~1400 m。诸广山脉：齐云山 075130（刘小明等，2010）。

秤锤树属 Sinojackia Hu

狭果秤锤树 Sinojackia rehderiana Hu

灌木。河边，疏林；50 m。九岭山脉：永修县 谭策铭 99192(IBSC)、谭策铭 09184(CCAU)。

秤锤树 Sinojackia xylocarpa Hu

灌木。山坡，疏林；500~600 m。幕阜山脉：通山县 LXP7238。

安息香属 Styrax L.

灰叶安息香 Styrax calvescens Perk.

乔木。山坡，密林；腐殖土；300~400 m。万洋山脉：永新县 LXP-QXL-513。

*中华安息香 Styrax chinensis Hu et S. Y. Liang

乔木。山谷，水库边；壤土。栽培。万洋山脉：赣南树木园 LXP-13-12973。

赛山梅 Styrax confusus Hemsl.

灌木。山谷，山坡，密林，疏林，水田，溪边，树上，路旁，阳处；壤土，腐殖土，沙土；100~1700 m。幕阜山脉：庐山市 LXP4723；九岭山脉：奉新县 LXP-10-10546，靖安县 LXP-10-13678，万载县 LXP-10-1871，宜丰县 LXP-10-13345；武功山脉：莲花县 LXP-GTY-182；万洋山脉：井冈山 LXP-13-05917，遂川县 LXP-13-23574，炎陵县 DY1-1137，永新县 LXP-QXL-849。

垂珠花 Styrax dasyanthus Perk.

乔木。山谷，山坡，密林，疏林，灌丛，河边，溪边，路旁，阴处；壤土；100~1900 m。幕阜山脉：庐山市 LXP5270、LXP6304，平江县 LXP3869，通山县 LXP2101，武宁县 LXP1069，修水县 LXP2541；九岭山脉：大围山 LXP-10-7731，奉新县 LXP-10-3362、LXP-10-3473，靖安县 LXP-13-10463、LXP-10-4327，铜鼓县 LXP-10-7186，宜春市 LXP-10-858；万洋山脉：遂川县 LXP-13-17453，炎陵县 DY2-1040、LXP-03-04851。

白花龙 Styrax faberi Perk.

灌木。山谷，山坡，密林，疏林，灌丛，路旁，河边，村边，阳处；壤土；997 m。幕阜山脉：庐山市 LXP4618、LXP6017，平江县 LXP4289，武宁县 LXP1008，修水县 LXP6506；九岭山脉：安义县 LXP-10-3631，奉新县 LXP-10-13979、LXP-06-4064，靖安县 LXP-10-10285，上高县 LXP-10-4855，万载县 LXP-10-1773，宜丰县 LXP-10-4831；武功山脉：安福县 LXP-06-0303，茶陵县 LXP-09-10524、LXP-06-1561，大岗山 LXP-06-3673；万洋山脉：遂川县 LXP-13-17244，炎陵县 DY3-1146，永新县 LXP-13-07607；诸广山脉：上犹县 LXP-13-12680。

抱茎叶白花龙 Styrax faberi var. amplexifolia Chun et How

藤本。山坡，疏林；壤土；1400~1500 m。万洋山脉：炎陵县 LXP-09-10970。

台湾安息香 Styrax formosanus Matsum.

灌木。山谷，平地，疏林，路旁，水旁；壤土；300~700 m。武功山脉：安福县 LXP-06-1363；万洋山脉：炎陵县 DY2-1195，永新县 LXP-QXL-468。

大花野茉莉 Styrax grandiflorus Griff.

灌木。山谷，密林，疏林，溪边；壤土；1400~1600 m。万洋山脉：炎陵县 LXP-13-22753。

老鸹铃 Styrax hemsleyanus Diels

乔木。山坡，疏林，溪边；壤土；400~500 m。万洋山脉：永新县 LXP-13-19799。

野茉莉 Styrax japonicus Sieb. et Zucc.

灌木。山坡，密林，疏林，灌丛，路旁，溪边；壤土；100~1400 m。幕阜山脉：庐山市 LXP4819，通城县 LXP4156，武宁县 LXP0927；九岭山脉：大围山 LXP-10-11950，奉新县 LXP-10-3904，万载县 LXP-10-1993，宜丰县 LXP-10-2863；武功山脉：安福县 LXP-06-3894，茶陵县 LXP-06-1568，分宜县 LXP-06-9577，明月山 LXP-06-4578；万洋山脉：井冈山 JGS-007，炎陵县 DY1-1095，永新县 LXP-QXL-599，资兴市 LXP-03-05190；诸广山脉：上犹县 LXP-13-23136，崇义县 LXP-03-07257，桂东县 LXP-03-00871。

大果安息香 Styrax macrocarpus Cheng

乔木。山谷，疏林，灌丛，路旁，溪边；壤土；500~600 m。诸广山脉：上犹县 LXP-03-06798。

玉铃花 Styrax obassia Sieb. et Zucc.

灌木。山林，溪边；1500 m。幕阜山脉：修水县 熊杰 05306(LBG)。

芬芳安息香 Styrax odoratissimus Champ.

乔木。山坡，密林，疏林，平地，路旁，河边，溪边；壤土，腐殖土；500~1700 m。九岭山脉：靖安县 LXP-13-11573；武功山脉：安福县 LXP-06-0512；万洋山脉：井冈山 JGS-1044，遂川县 LXP-13-25889，炎陵县 DY1-1137；诸广山脉：上犹县 LXP-13-12204、LXP-03-06575，桂东县 LXP-13-09206。

栓叶安息香（红皮树）Styrax suberifolia Hook. et Arn.

乔木。山谷，山坡，密林，疏林，溪边；壤土；100~1700 m。幕阜山脉：修水县 LXP2908，平江县 LXP-10-6277；九岭山脉：大围山 LXP-10-11272，靖安县 LXP-10-142，万载县 LXP-13-11148、LXP-10-1706，宜丰县 LXP-10-12977；武功山脉：安福县 LXP-06-5831，茶陵县 LXP-09-10274、LXP-06-1686，芦溪县 LXP-13-8402、LXP-06-2396；万洋山脉：井冈山 JGS-1249，遂川县 LXP-13-16409，炎陵县 LXP-09-10558，永新县 LXP-QXL-268；诸广山脉：上犹县 LXP-13-12282，崇义县 400145030，

桂东县 LXP-13-25474。

越南安息香 Styrax tonkinensis (Pierre) Craib ex Hartw.

乔木。山谷，平地，密林，疏林，灌丛，路旁，溪边，水库边，阳处；壤土，腐殖土；80~1200 m。九岭山脉：宜丰县 LXP-10-2443；武功山脉：安福县 LXP-06-0252，茶陵县 LXP-06-1657，明月山 LXP-06-7768，攸县 LXP-06-5386、LXP-03-07647；万洋山脉：井冈山 LXP-13-22996，遂川县 LXP-13-09281，炎陵县 LXP-09-07435，永新县 LXP-13-07852；诸广山脉：桂东县 LXP-13-25446，崇义县 LXP-03-04969，上犹县 LXP-13-13025、LXP-03-07072。

A342 猕猴桃科 Actinidiaceae

猕猴桃属 *Actinidia* Lindl.

软枣猕猴桃 Actinidia arguta (Sieb. et Zucc.) Planch. ex Miq.

藤本。山坡，山谷，平地，疏林，灌丛，密林，路旁，阴处；壤土；625~1223 m。幕阜山脉：平江县 LXP3907，通山县 LXP5839、LXP6602，武宁县 LXP5563、LXP6193；万洋山脉：炎陵县 LXP-09-586、LXP-09-6539。

硬齿猕猴桃 Actinidia callosa Lindl.

藤本。山谷，山坡，疏林，灌丛，溪边，石上，路旁；壤土，腐殖土，沙土；626~1827 m。万洋山脉：遂川县 LXP-13-17442、LXP-13-17626，炎陵县 LXP-09-08049、LXP-13-25824，永新县 LXP-QXL-091；诸广山脉：崇义县 LXP-13-13075。

尖叶猕猴桃 Actinidia callosa var. **acuminata** C. F. Liang

藤本。山谷，疏林；壤土；324 m。万洋山脉：炎陵县 LXP-09-07434，永新县 LXP-QXL-576。

异色猕猴桃 Actinidia callosa var. **discolor** C. F. Liang

藤本。山坡，山谷，平地，疏林，灌丛，密林，路旁，溪边，石上，阳处；壤土；222~1783 m。幕阜山脉：通山县 LXP5972，武宁县 LXP0503，庐山市 LXP6052，修水县 LXP2919；九岭山脉：万载县 LXP-13-11143；万洋山脉：井冈山 JGS-1161，炎陵县 DY2-1229，永新县 LXP-13-19173；诸广山脉：

上犹县 LXP-13-23409。

京梨猕猴桃 Actinidia callosa var. **henryi** Maxim.

藤本。山顶，山谷，山坡，路旁，溪边，灌丛，疏林，河边，密林，阳处；壤土，腐殖土，沙土；165~1861 m。幕阜山脉：通山县 LXP7321，武宁县 LXP0410，修水县 LXP0758，平江县 LXP-10-6258；九岭山脉：大围山 LXP-10-11283，奉新县 LXP-10-13782，靖安县 LXP-10-4339，七星岭 LXP-10-8161，铜鼓县 LXP-10-7181，万载县 LXP-10-1753，宜丰县 LXP-10-13042；武功山脉：安福县 LXP-06-1804，茶陵县 LXP-06-2234，芦溪县 LXP-06-2809，明月山 LXP-06-4981，宜春市 LXP-06-2757，玉京山 LXP-10-1268；万洋山脉：井冈山 JGS-A053，遂川县 LXP-13-16816，炎陵县 LXP-09-10544，永新县 LXP-QXL-309；诸广山脉：上犹县 LXP-13-12854，桂东县 LXP-13-09218。

毛叶硬齿猕猴桃 Actinidia callosa var. **strigillosa** C. F. Liang

藤本。路旁。万洋山脉：永新县 LXP-QXL-008。

中华猕猴桃 Actinidia chinensis Planch.

藤本。山坡，山谷，山顶，平地，路旁，疏林，灌丛，密林；壤土，腐殖土，沙土；150~1450 m。幕阜山脉：平江县 LXP3150，瑞昌市 LXP0106，通城县 LXP4133，通山县 LXP1159，武宁县 LXP0923；九岭山脉：安义县 LXP-10-3638，大围山 LXP-10-5579，奉新县 LXP-10-3509，七星岭 LXP-10-8148，宜丰县 LXP-10-2376；武功山脉：安福县 LXP-06-0720，茶陵县 LXP-06-1916，芦溪县 LXP-06-2446，明月山 LXP-06-4836，宜春市 LXP-06-2679，玉京山 LXP-10-1242；万洋山脉：井冈山 JGS-2011-033、LXP-13-5686，炎陵县 LXP-03-03335、DY2-1144，永新县 LXP-13-07683，永兴县 LXP-03-03873，资兴市 LXP-03-03534。

美味猕猴桃 Actinidia chinensis var. **deliciosa** (Cheval.) Cheval.

藤本。山坡，林中；660 m。武功山脉：莲花县 杨祥学等 651219(WUK)。

金花猕猴桃 Actinidia chrysantha C. F. Liang

藤本。山坡，山顶，山谷，灌丛，疏林，路旁，河边，阳处；壤土，沙土，腐殖土；761~1685 m。万洋山脉：遂川县 LXP-13-16603、LXP-13-16676、LXP-13-24690，炎陵县 LXP-13-4326，资兴市 LXP-03-05029；诸广山脉：崇义县 LXP-13-24347，上犹县 LXP-13-18950。

毛花猕猴桃 Actinidia eriantha Benth.

木质藤本。山谷，山坡，山顶，路旁，溪边，疏林，灌丛，阳处；壤土，沙土，腐殖土；173~2103 m。九岭山脉：靖安县 LXP-10-650，宜春市 LXP-10-1160，宜丰县 LXP-10-2379；武功山脉：安福县 LXP-06-0034，茶陵县 LXP-13-25962、LXP-06-1868，芦溪县 LXP-06-2488，宜春市 LXP-06-2753；万洋山脉：吉安市 LXSM2-6-10022，井冈山 JGS-2011-093，遂川县 LXP-13-16307，炎陵县 DY1-1062，永新县 LXP-13-08033，永兴县 LXP-03-03871，资兴市 LXP-03-00099；诸广山脉：崇义县 LXP-03-04872，桂东县 LXP-03-00880，上犹县 LXP-13-12347、LXP-03-06103。

条叶猕猴桃 Actinidia fortunatii Fin. et Gagn.

藤本。山坡，次生林；壤土；1000~1280 m。诸广山脉：汝城县 罗金龙和温兆捷 580(CSFI)。

黄毛猕猴桃 Actinidia fulvicoma Hance

藤本。山坡，山谷，山顶，平地，灌丛，疏林，路旁，溪边，河边，石上，水库边，村边，阳处，阴处；壤土，沙土，腐殖土；433~1523 m。万洋山脉：吉安市 LXSM2-6-10081，井冈山 JGS4158，遂川县 LXP-13-09272，炎陵县 LXP-09-07935，资兴市 LXP-03-00119；诸广山脉：崇义县 LXP-13-24330、LXP-03-04955，桂东县 LXP-03-00598，上犹县 LXP-13-12140、LXP-03-06602。

厚叶猕猴桃 Actinidia fulvicoma var. pachyphylla (Dunn) Li

藤本。山坡，路旁；577 m。万洋山脉：井冈山 JGS-1255。

长叶猕猴桃 Actinidia hemsleyana Dunn

藤本。山谷，疏林，溪边；腐殖土。万洋山脉：永新县 LXP-13-07983。

狗枣猕猴桃 Actinidia kolomikta (Maxim. et Rupr.) Maxim.

藤本。山坡，荒地；364 m。幕阜山脉：通山县 LXP5973。

小叶猕猴桃 Actinidia lanceolata Dunn

藤本。山谷，山坡，山顶，路旁，疏林，树上，灌丛，村边，溪边，阳处；壤土；162~757 m。幕阜山脉：庐山市 LXP4946，通山县 LXP5963，武宁县 LXP0884，修水县 LXP2596；九岭山脉：万载县 LXP-13-11015，铜鼓县 LXP-10-13477，宜丰县 LXP-10-13149；武功山脉：芦溪县 LXP-13-8350，茶陵县 LXP-06-1828、LXP-09-10261；万洋山脉：炎陵县 LXP-09-07455。

阔叶猕猴桃 Actinidia latifolia (Gardn. et Champ.) Merr.

藤本。山坡，平地，山谷，疏林，路旁，灌丛，密林，溪边，河边，石上，水库边，阳处；壤土，沙土，腐殖土；173~1474 m。幕阜山脉：修水县 LXP2979；九岭山脉：奉新县 LXP-06-4002；武功山脉：安福县 LXP-06-0030，茶陵县 LXP-06-1580，芦溪县 LXP-13-09566、LXP-06-2510，攸县 LXP-06-5462，安仁县 LXP-03-01415，袁州区 LXP-06-6744；万洋山脉：井冈山 JGS-1024，遂川县 LXP-13-16381，炎陵县 LXP-09-10879，永新县 LXP-13-19640，资兴市 LXP-03-05195；诸广山脉：崇义县 LXP-03-04869，桂东县 LXP-03-00785，上犹县 LXP-13-12407、LXP-03-06436。

大籽猕猴桃 Actinidia macrosperma C. F. Liang

藤本。山谷，林缘，水沟边；400 m。幕阜山脉：庐山市 董安淼 300(JJF)。

梅叶猕猴桃 Actinidia macrosperma var. mumoides C. F. Liang

藤本。路旁，向阳，干燥；400 m。武功山脉：芦溪县 江西调查队 73(PE)。

黑蕊猕猴桃 Actinidia melanandra Franch.

藤本。山坡，疏林；988 m。幕阜山脉：通山县 LXP1271。

无髯猕猴桃 Actinidia melanandra var. glabrescens C. F. Liang

木质藤本。山坡，荒坡；500~700 m。万洋山脉：井冈山 LXSM-7-00060。

美丽猕猴桃 Actinidia melliana Hand.-Mazz.

藤本。山谷，山坡，灌丛，疏林，路旁，密林，溪边；沙土，腐殖土，壤土；242~1080 m。武功山脉：茶陵县 LXP-06-1932；万洋山脉：永新县 LXP-13-07741，永兴县 LXP-03-04081，资兴市 LXP-03-00158；诸广山脉：桂东县 LXP-13-22702、LXP-03-

00852，上犹县 LXP-03-06706。

葛枣猕猴桃 Actinidia polygama (Sieb. et Zucc.) Maxim.

藤本。山坡，疏林，溪边，路旁，阳处；317~1033 m。幕阜山脉：平江县 LXP3583，通山县 LXP6566。

红茎猕猴桃 Actinidia rubricaulis Dunn

藤本。平地，山坡，山谷，路旁，灌丛，密林，疏林，溪边，河边，阳处，阴处；壤土，沙土；223~549 m。九岭山脉：靖安县 JLS-2012-047；武功山脉：安福县 LXP-06-0461，茶陵县 LXP-06-1552，宜春市 LXP-06-8872；万洋山脉：井冈山 JGS-4584，永新县 LXP-13-07649；诸广山脉：上犹县 LXP-13-12293。

革叶猕猴桃 Actinidia rubricaulis var. **coriacea** (Fin. et Gagn.) C. F. Liang

藤本。山谷，河边；壤土；398 m。武功山脉：茶陵县 LXP-06-1550。

清风藤猕猴桃 Actinidia sabiaefolia Dunn

藤本。山坡，疏林；壤土。诸广山脉：上犹县 LXP-13-12525。

安息香猕猴桃 Actinidia styracifolia C. F. Liang

藤本。山坡，疏林，路旁；壤土；576~859 m。万洋山脉：井冈山 LXP-13-22967，炎陵县 LXP-09-08005。

毛蕊猕猴桃 Actinidia trichogyna Franch.

藤本。山坡，路旁；壤土。万洋山脉：炎陵县 LXP-13-3223、LXP-13-4141。

对萼猕猴桃 Actinidia valvata Dunn

藤本。山坡，密林，疏林；壤土。幕阜山脉：修水县 LXP2350；九岭山脉：靖安县 LXP-13-10473，万载县 LXP-13-11349；万洋山脉：井冈山 LXP-13-0503。

藤山柳属 *Clematoclethra* Maxim.

刚毛藤山柳 Clematoclethra scandens Maxim.

藤本。山顶，山谷，灌丛，疏林，溪边，阳处；壤土；1630~1891 m。万洋山脉：遂川县 LXP-13-20274、LXP-13-23640，炎陵县 DY1-1176、LXP-09-421、LXP-13-25005。

A343 桤叶树科 Clethraceae

桤叶树属 *Clethra* Gronov. ex L.

华东山柳 Clethra barbinervis Sieb. et Zucc. [*Clethra wuyishanica* Ching ex L. C. Hu]

灌木，小乔木。山坡，山谷，山顶，疏林，路旁，溪边；壤土，腐殖土；403~1800 m。幕阜山脉：通山县 LXP7092、LXP7890，武宁县 LXP1071；武宁县 赖书坤 02842(PE)；武功山脉：茶陵县 LXP-06-1543；万洋山脉：井冈山 JGS-A024、LXP-13-15315，遂川县 LXP-13-16907、LXP-13-20314，炎陵县 LXP-09-07491；诸广山脉：上犹县 LXP-13-12004、LXP-13-12512。

短穗桤叶树 Clethra brachystachya Fang et L. C. Hu

乔木。山坡，疏林；壤土；596 m。万洋山脉：炎陵县 LXP-09-08249。

贵定桤叶树 Clethra cavaleriei Lévl.

灌木，小乔木。山坡，山顶，山谷，疏林，灌丛，密林，溪边，路旁；壤土；822~1481 m。幕阜山脉：通山县 LXP7181；九岭山脉：大围山 LXP-10-12022、LXP-10-12638，宜丰县 LXP-10-2414；万洋山脉：井冈山 JGS-377、LXP-13-05888、LXP-13-05889，遂川县 LXP-13-23784、LXP-13-7267，炎陵县 LXP-09-07289、LXP-13-4349；诸广山脉：上犹县 LXP-13-23126。

云南桤叶树 Clethra delavayi Franch.

灌木，小乔木。山坡，山顶，山谷，平地，疏林，路旁，密林，灌丛，溪边，河边，阳处；腐殖土，壤土；500~1891 m。幕阜山脉：通山县 LXP7641，武宁县 LXP7356；九岭山脉：大围山 LXP-09-11007、LXP-10-5311，奉新县 LXP-10-4262；武功山脉：安福县 LXP-06-2871；万洋山脉：井冈山 JGS-B077，遂川县 LXP-13-23775，炎陵县 DY2-1069；诸广山脉：崇义县 LXP-13-24265，上犹县 LXP-13-23530，桂东县 LXP-13-09016。

华南桤叶树 Clethra fabri Hance

灌木，小乔木。平地，山坡，路旁，疏林，灌丛；壤土；286~1513 m。武功山脉：茶陵县 LXP-06-2249，莲花县 LXP-06-0651，芦溪县 LXP-06-2100、LXP-06-2461。

城口桤叶树 Clethra fargesii Franch.

灌木，小乔木。山坡，山顶，山谷，灌丛，疏林，路旁，密林；壤土，腐殖土；772~1363 m。幕阜山脉：平江县 LXP4248，通山县 LXP1268、LXP2334；九岭山脉：大围山 LXP-09-11080；万洋山脉：井冈山 JGS-B077，炎陵县 DY1-1136、LXP-13-5409、LXSM-7-00252。

贵州桤叶树 Clethra kaipoensis Lévl.

乔木。山坡，山谷，密林，疏林，路旁，溪边，阳处；壤土，腐殖土；377~1644 m。幕阜山脉：通山县 LXP2180；武功山脉：茶陵县 LXP-09-10292、LXP-13-09054；万洋山脉：井冈山 JGS-A051、JGS-B174，遂川县 LXP-13-17488、NF-031，炎陵县 LXP-09-07631、LXP-09-08082、LXP-09-10588，永新县 LXP-13-19629；诸广山脉：桂东县 LXP-13-09017。

A345 杜鹃花科 Ericaceae

吊钟花属 Enkianthus Lour.

灯笼树 Enkianthus chinensis Franch.

灌木，小乔木。山坡，山顶，山谷，密林，疏林，溪边，路旁，石上，阴处；壤土，沙土，腐殖土；806~2103 m。九岭山脉：七星岭 LXP-03-07959，大围山 LXP-09-11030；万洋山脉：井冈山 JGS-3508，遂川县 LXP-13-17774，炎陵县 DY3-1180、LXP-03-03330；诸广山脉：桂东县 LXP-13-22595，上犹县 LXP-13-12543。

吊钟花 Enkianthus quinqueflorus Lour.

乔木，灌木。平地，山谷，路旁，疏林，河边，石上，阴处；壤土；1118~1315 m。幕阜山脉：通山县 LXP7776；武功山脉：安福县 LXP-06-0499；万洋山脉：炎陵县 LXP-13-4281；诸广山脉：桂东县 LXP-13-25638。

齿缘吊钟花 Enkianthus serrulatus (Wils.) Schneid.

灌木，小乔木。山顶，山坡，平地，山谷，灌丛，疏林，密林，路旁，阳处；壤土，沙土，腐殖土；444~1625 m。幕阜山脉：平江县 LXP3715，通山县 LXP1400，武宁县 LXP0912，修水县 LXP6705；九岭

山脉：大围山 LXP-10-5308，七星岭 LXP-10-11884；武功山脉：莲花县 LXP-GTY-078，芦溪县 LXP-13-03605、LXP-06-1161，安福县 LXP-06-3156，明月山 LXP-06-4870；万洋山脉：井冈山 JGS-2012036a，遂川县 LXP-13-09337，炎陵县 LXP-09-07270，永新县 LXP-13-19811，资兴市 LXP-03-03713；诸广山脉：桂东县 LXP-13-09064，上犹县 LXP-13-12555。

白珠树属 Gaultheria Kalm ex L.

毛滇白珠 Gaultheria leucocarpa var. crenulata (Kurz) T. Z. Hsu

灌木。山顶，山坡，山谷，平地，灌丛，路旁，疏林，溪边；腐殖土，壤土，沙土；577~1630 m。武功山脉：莲花县 LXP-GTY-390；万洋山脉：井冈山 JGS-1112002，遂川县 LXP-13-16865，炎陵县 LXP-09-06197，资兴市 LXP-03-00338；诸广山脉：上犹县 LXP-13-22281，崇义县 LXP-03-05666，桂东县 LXP-03-02379。

滇白珠 Gaultheria leucocarpa var. yunnanensis (Franch.) T. Z. Hsu et R. C. Fang

灌木。山坡，灌丛，路旁，疏林，石上，溪边；壤土；463~1300 m。武功山脉：莲花县 LXP-06-0806，芦溪县 LXP-06-2493；万洋山脉：井冈山 JGS-163、JGS-298、JGS-472；诸广山脉：上犹县 LXP-03-06850。

珍珠花属 Lyonia Nutt.

珍珠花 Lyonia ovalifolia (Wall.) Drude

灌木。山坡，山谷，平地，疏林，路旁，溪边，阳处；壤土，腐殖土；128~1000 m。幕阜山脉：平江县 LXP4010，武宁县 LXP-13-08536、LXP0961；九岭山脉：大围山 LXP-10-7601；武功山脉：安福县 LXP-06-0035，茶陵县 LXP-06-1858；万洋山脉：炎陵县 LXP-09-06339，永兴县 LXP-03-03887，资兴市 LXP-03-03485。

小果珍珠花 Lyonia ovalifolia var. elliptica (Sieb. et Zucc.) Hand.-Mazz.

灌木。山坡，山谷，山顶，疏林，灌丛，路旁，密林，阴处，阳处；壤土，沙土，腐殖土；230~1682 m。幕阜山脉：通山县 LXP7084，武宁县 LXP0974，修水县 LXP0304，平江县 LXP-10-6059；九岭山脉：奉新县 LXP-10-3897，靖安县 LXP-10-4490，铜鼓

县 LXP-10-6640，宜春市 LXP-10-1052，宜丰县 LXP-10-12911，大围山 LXP-03-07765；武功山脉：芦溪县 LXP-06-3444；万洋山脉：吉安市 LXSM2-6-10042，遂川县 LXP-13-17356，炎陵县 DY1-1108，永兴县 LXP-03-04008；诸广山脉：崇义县 LXP-13-24266，桂东县 LXP-03-00130。

毛果珍珠花 Lyonia ovalifolia var. hebecarpa (Franch. ex Forb. et Hemsl.) Chun

灌木，小乔木。山坡，山顶，山谷，密林，疏林，灌丛，石上，溪边，阴处；壤土；441~1819 m。幕阜山脉：通山县 LXP5911；武功山脉：莲花县 LXP-GTY-198，芦溪县 LXP-13-8290，明月山 LXP-13-10658；万洋山脉：井冈山 JGS-376，遂川县 LXP-13-09280，炎陵县 LXP-09-07388；诸广山脉：上犹县 LXP-13-12557。

狭叶珍珠花 Lyonia ovalifolia var. lanceolata (Wall.) Hand.-Mazz.

灌木，小乔木。山谷，山坡，疏林，河边，石上；腐殖土，沙土，壤土；1410~1819 m。万洋山脉：遂川县 LXP-13-16914、LXP-13-17713、LXP-13-17730，炎陵县 LXP-09-10997。

水晶兰属 *Monotropa* L.

毛花松下兰 Monotropa hypopitys var. hirsuta Roth

草本。山坡，疏林，密林，阴处；1100~1200 m。万洋山脉：井冈山 赖书坤等 3959(KUN)。

水晶兰 Monotropa uniflora L.

腐生草本。山谷，疏林，溪边；壤土；1464~1827 m。万洋山脉：遂川县 LXP-13-25893，炎陵县 LXP-09-07372、LXP-13-22787。

假沙晶兰属 *Monotropastrum* Andres

球果假沙晶兰 Monotropastrum humile (D. Don) H. Hara

腐生草本。山谷，山坡，疏林，河边；腐殖土。万洋山脉：炎陵县 LXP-13-5441，永新县 LXP-13-07928。

马醉木属 *Pieris* D. Don

美丽马醉木 Pieris formosa (Wall.) D. Don

灌木，小乔木。山顶，山坡，山谷，路旁，灌丛，疏林，密林，草地，溪边，石上，河边，阳处，阴处；壤土，腐殖土；24~1819 m。幕阜山脉：通山县 LXP7283，武宁县 LXP1493，修水县 LXP6699；九岭山脉：大围山 LXP-09-11041，靖安县 LXP-10-4311；武功山脉：茶陵县 LXP-09-10400，莲花县 LXP-GTY-352，芦溪县 LXP-13-03503、LXP-13-09744、LXP-06-0815；万洋山脉：吉安市 LXSM2-6-10175，井冈山 JGS-2012001，遂川县 LXP-13-09309，炎陵县 LXP-09-06270；诸广山脉：上犹县 LXP-13-12592。

马醉木 Pieris japonica (Thunb.) D. Don ex G. Don

灌木。山坡，密林，溪边；红壤；652~1040 m。幕阜山脉：通山县 LXP7797；武功山脉：攸县 LXP-03-07633。

鹿蹄草属 *Pyrola* L.

鹿蹄草 Pyrola calliantha H. Andr.

草本。山坡，山谷，疏林，路旁；壤土；647~1861 m。幕阜山脉：武宁县 LXP5831；九岭山脉：万载县 LXP-13-11341；武功山脉：安福县 LXP-06-0366；万洋山脉：井冈山 LXSM-7-00004，遂川县 LXP-13-23723，炎陵县 LXP-09-06380；诸广山脉：崇义县 LXP-03-05755。

普通鹿蹄草 Pyrola decorata H. Andr.

草本。山坡，山谷，路旁，密林，疏林，灌丛，溪边；壤土；594~1598 m。幕阜山脉：平江县 LXP4260，通山县 LXP1392，武宁县 LXP1122；万洋山脉：井冈山 JGS-1221、JGS-4750，炎陵县 LXP-09-07127、LXP-09-08123、LXP-13-22779。

长叶鹿蹄草 Pyrola elegantula H. Andr.

草本。山坡，路旁，疏林，阴处；壤土；850 m。九岭山脉：宜丰县 LXP-10-2420；万洋山脉：遂川县 LXP-13-20284。

杜鹃花属 *Rhododendron* L.

耳叶杜鹃 Rhododendron auriculatum Hemsl.

大灌木，小乔木。山坡，山谷，疏林，密林，溪边；石灰岩，壤土，腐殖土；1508~1543 m。武功山脉：安福县 LXP-06-9235；万洋山脉：炎陵县 DY2-1224。

腺萼马银花 Rhododendron bachii Lévl.

灌木，草本，乔木。山谷，山坡，平地，石壁上，路旁，灌丛，疏林，密林，石上，水库边，溪边，阴处，阳处；壤土，石灰岩，腐殖土；210~1810 m。九岭山脉：万载县 LXP-13-11030，大围山 LXP-10-12427，靖安县 LXP-10-9538，浏阳市 LXP-03-08488，上高县 LXP-06-7571；武功山脉：茶陵县 LXP-09-10497、LXP-06-1663，芦溪县 LXP-06-2101；万洋山脉：井冈山 JGS-1015，遂川县 LXP-13-09315，炎陵县 LXP-09-08322，永新县 LXP-13-07867；诸广山脉：上犹县 LXP-13-23523。

多花杜鹃 Rhododendron cavaleriei Lévl.

灌木。山谷，路旁，密林，疏林；200~800 m。九岭山脉：大围山 LXP-10-7824，奉新县 LXP-10-11054、LXP-10-13931、LXP-10-9351，铜鼓县 LXP-10-13557。

刺毛杜鹃 Rhododendron championae Hook.

灌木。平地，山坡，山谷，灌丛，疏林，密林，路旁，溪边，阳处；壤土，腐殖土；400~908 m。武功山脉：茶陵县 LXP-09-10420；万洋山脉：遂川县 LXP-13-16516，炎陵县 LXP-09-07443；诸广山脉：崇义县 LXP-03-05708、LXP-13-24343，桂东县 LXP-13-25344，上犹县 LXP-13-12006、LXP-03-06562。

棒柱杜鹃 Rhododendron crassimedium Tam

灌木，小乔木。山顶，山谷，疏林，溪边；壤土，沙土；1076~1123 m。万洋山脉：炎陵县 LXP-09-08596；诸广山脉：上犹县 LXP-13-23132。

粗柱杜鹃 Rhododendron crassistylum M. Y. He

灌木。山坡，灌丛；900~1500 m。万洋山脉：遂川县 236 任务组 306(PE)。

喇叭杜鹃 Rhododendron discolor Franch.

灌木。山坡，林中；1100 m。万洋山脉：井冈山 岳俊三等 5340(PE)。

丁香杜鹃 Rhododendron farrerae Tate ex Sweet

灌木，小乔木。山谷，山坡，溪边，路旁，疏林，阳处；腐殖土；130~700 m。九岭山脉：靖安县 LXP-10-4523、LXP-13-10016。

云锦杜鹃 Rhododendron fortunei Lindl.

灌木，小乔木。山坡，山顶，山谷，平地，灌丛，密林；壤土，石灰岩，沙土；507~2103 m。幕阜山脉：平江县 LXP3510，通山县 LXP1360；九岭山脉：

大围山 LXP-09-11023、LXP-10-5301，奉新县 LXP-10-9241，七星岭 LXP-10-11408；武功山脉：芦溪县 LXP-13-09624，安福县 LXP-06-3137，明月山 LXP-06-7748；万洋山脉：井冈山 JGS-1112017，遂川县 LXP-13-09313，炎陵县 LXP-09-06424，资兴市 LXP-03-03723；诸广山脉：崇义县 LXP-03-05870，桂东县 LXP-03-02621，上犹县 LXP-13-23120、LXP-03-06508。

光枝杜鹃 Rhododendron haofui Chun et Fang

乔木。山谷。万洋山脉：炎陵县 DY1-1106。

弯蒴杜鹃 Rhododendron henryi Hance

乔木。山谷，密林，疏林，溪边；腐殖土。九岭山脉：靖安县 LXP-13-10498。

白马银花 Rhododendron hongkongense Hutch.

灌木。山坡，疏林；壤土。诸广山脉：上犹县 LXP-13-12113。

湖南杜鹃 Rhododendron hunanense Chun ex Tam

灌木。林缘，路旁；500~1600 m。诸广山脉：上犹县 唐忠炳 170528001(GNNU)。

背绒杜鹃 Rhododendron hypoblematosum Tam

灌木。山坡，山谷，山顶，疏林，石上，阳处；壤土，沙土，腐殖土；444~2103 m。九岭山脉：大围山 LXP-09-11011；万洋山脉：吉安市 LXSM2-6-10058，井冈山 JGS-199，遂川县 LXP-13-16757，炎陵县 LXP-09-09058，永新县 LXP-13-19795。

井冈山杜鹃 Rhododendron jinggangshanicum Tam

乔木。山坡，山谷，疏林，密林，溪边，阳处，阴处；腐殖土，壤土，沙土；434~1819 m。万洋山脉：吉安市 LXSM2-6-10096，井冈山 JGS4045，遂川县 LXP-13-09380，炎陵县 DY1-1135。

江西杜鹃 Rhododendron kiangsiense Fang

灌木。山坡，山顶，山谷，灌丛，疏林，密林，石上，溪边，路旁；石灰岩，壤土，腐殖土；2~1827 m。武功山脉：芦溪县 LXP-13-09775，安福县 LXP-06-9238；万洋山脉：井冈山 JGS-026、JGS-2012015、JGS-2033，遂川县 LXP-13-25835，炎陵县 LXP-09-576；诸广山脉：上犹县 LXP-13-23520，桂东县 LXP-13-22588。

广西杜鹃 Rhododendron kwangsiense Hu ex Tam

灌木。山顶，避风处；1200~1700 m。诸广山脉：齐云山 Q0701133A（刘小明等，2010）。

广东杜鹃 Rhododendron kwangtungense Merr. et Chun

灌木。山坡，疏林，灌丛，路旁；壤土，腐殖土。诸广山脉：桂东县 LXP-13-09204，上犹县 LXP-13-19338A。

鹿角杜鹃 Rhododendron latoucheae Franch.

小乔木。山谷，山坡，山顶，疏林，密林，路旁，河边；壤土（红壤），腐殖土，沙土；120~1891 m。幕阜山脉：平江县 LXP3623、LXP-10-6063，通山县 LXP1998，武宁县 LXP0942，修水县 LXP2571；九岭山脉：安义县 LXP-10-3714，大围山 LXP-10-11650，奉新县 LXP-10-10683，靖安县 LXP-10-10048，铜鼓县 LXP-10-6632，宜丰县 LXP-10-2308；武功山脉：茶陵县 LXP-09-10217，芦溪县 LXP-06-1308，宜春市 LXP-06-2739；万洋山脉：井冈山 JGS4040，遂川县 LXP-13-09334，炎陵县 DY1-1053、LXP-03-03351，永新县 LXP-13-07782，永兴县 LXP-03-03862，资兴市 LXP-03-03491；诸广山脉：桂东县 LXP-13-22711、LXP-03-02571，上犹县 LXP-03-06247。

南岭杜鹃 Rhododendron levinei Merr.

灌木。山坡，山谷，灌丛，疏林，溪边；壤土；1169 m。武功山脉：明月山 LXP-06-4530；诸广山脉：上犹县 LXP-13-12116。

黄山杜鹃 Rhododendron maculiferum subsp. **anhweiense** (Wils.) Chamb. ex Cullen et Chamb.

灌木。罗霄山脉可能有分布，未见标本。

岭南杜鹃 Rhododendron mariae Hance

灌木，小乔木。山坡，疏林；壤土。万洋山脉：井冈山 JGS-2012179；诸广山脉：桂东县 LXP-13-22561。

满山红 Rhododendron mariesii Hemsl. et Wils.

灌木，小乔木。山坡，丘陵，山顶，山谷，疏林，密林，灌丛，路旁，溪边，阳处；壤土，腐殖土，沙土；80~1863 m。幕阜山脉：庐山市 LXP4616，平江县 LXP3761，武宁县 LXP1088；九岭山脉：安义县 LXP-10-9409，大围山 LXP-10-12035，奉新县 LXP-10-10596、LXP-06-4016，靖安县 LXP-13-

10484、LXP-10-10019，七星岭 LXP-10-11398，宜丰县 LXP-10-2392；武功山脉：茶陵县 LXP-06-1671，明月山 LXP-06-4883，宜春市 LXP-06-2685；万洋山脉：井冈山 JGS-2012047，遂川县 LXP-13-16608，炎陵县 LXP-09-07404；诸广山脉：桂东县 LXP-13-25639，崇义县 LXP-03-05877，上犹县 LXP-13-12600、LXP-03-06936。

小果马银花 Rhododendron microcarpum R . L. Liu et L. M. Gao

灌木。山坡，山顶，灌丛，疏林；沙土，壤土；1076~1350 m。诸广山脉：上犹县 LXP-13-18944、LXP-13-19342A、LXP-13-23130。

羊踯躅 Rhododendron molle (Blume) G. Don

灌木。山谷，疏林，阳处；496 m。幕阜山脉：修水县 LXP6505；万洋山脉：井冈山 JGS-2012081。

毛棉杜鹃 Rhododendron moulmainense Hook. f.

灌木。山坡，灌丛，疏林；780 m。万洋山脉：遂川县 赖书坤等 5534(IBK)；诸广山脉：上犹县 聂敏祥、户向恒、宋学德和余水良 08425(LBG)。

南昆杜鹃 Rhododendron naamkwanense Merr.

灌木。山坡，岩壁，阴处；300~500 m。诸广山脉：齐云山 保护区 0701 QBHQ0701188(BJFC)。

马银花 Rhododendron ovatum (Lindl.) Planch. ex Maxim.

小乔木。山坡，山谷，山顶，路旁，疏林，密林，阳处；壤土，沙土，腐殖土；150~1827 m。幕阜山脉：庐山市 LXP4823，平江县 LXP3689、LXP-10-6412，通山县 LXP5921，武宁县 LXP0997，修水县 LXP3235；九岭山脉：大围山 LXP-10-7823，奉新县 LXP-10-3896，靖安县 LXP-10-120，浏阳市 LXP-10-5788，铜鼓县 LXP-10-6605，万载县 LXP-10-1486，宜丰县 LXP-10-2298；武功山脉：安福县 LXP-06-3194，明月山 LXP-06-4613；万洋山脉：遂川县 LXP-13-16451，炎陵县 DY1-1125，永新县 LXP-QXL-283，资兴市 LXP-03-03599；诸广山脉：桂东县 LXP-13-22577、LXP-03-00349，上犹县 LXP-03-06763。

千针叶杜鹃 Rhododendron polyraphidoideum Tam

乔木，灌木。山坡，疏林；壤土；763 m。万洋山脉：井冈山 JGS-2012132，炎陵县 LXP-09-09305。

锦绣杜鹃 Rhododendron pulchrum Sweet

灌木。山谷，山顶，疏林，路旁；壤土，沙土；574~1151 m。九岭山脉：大围山 LXP-03-07732；万洋山脉：永兴县 LXP-03-03957、LXP-03-04014，资兴市 LXP-03-03815；诸广山脉：崇义县 LXP-03-05669，上犹县 LXP-03-06727。

乳源杜鹃 Rhododendron rhuyuenense Chun ex Tam

灌木。阳坡，疏林，灌丛；800 m。诸广山脉：上犹县 唐忠炳 170528009(GNNU)。

溪畔杜鹃 Rhododendron rivulare Hand.-Mazz.

灌木。山坡，林中；1100 m。诸广山脉：遂川县 谭策铭，易发彬 上犹样 181(JJF)。

毛果杜鹃 Rhododendron seniavinii Maxim. [Rhododendron seniavinii var. shangyoumicum R. L. Liu et L. M. Cao]

灌木。山顶，灌丛；黄棕壤；900~1400 m。诸广山脉：上犹县 赖书坤 5361(IBSC)、刘仁林 050034(IBK)。

猴头杜鹃 Rhododendron simiarum Hance

乔木。山坡，山顶，山谷，密林，路旁，疏林，灌丛，阳处；壤土，石灰岩；沙土，腐殖土；443~1863 m。幕阜山脉：庐山市 LXP5004，修水县 LXP2652；武功山脉：安福县 LXP-06-2836，芦溪县 LXP-06-2103；万洋山脉：吉安市 LXSM2-6-10058，井冈山 JGS-2011-007，遂川县 LXP-13-09393，炎陵县 LXP-03-03361、LXP-09-06372，永新县 LXP-13-19806；诸广山脉：上犹县 LXP-03-06612，资兴市 LXP-03-00065。

杜鹃 Rhododendron simsii Planch.

灌木。山顶，山坡，山谷，疏林，密林，灌丛，溪边，河边；壤土，沙土，腐殖土，石灰岩；70~1635 m。幕阜山脉：平江县 LXP3720、LXP-10-6247，通山县 LXP1987，武宁县 LXP0463，修水县 LXP0312；九岭山脉：安义县 LXP-10-3713，大围山 LXP-10-5422，奉新县 LXP-10-3204，靖安县 LXP-10-113，铜鼓县 LXP-10-6950，万载县 LXP-10-1551，宜春市 LXP-10-978，宜丰县 LXP-10-2393；武功山脉：安福县 LXP-06-0225，茶陵县 LXP-06-1889，明月山 LXP-06-4542，安仁县 LXP-03-01459，宜春市 LXP-06-2687；万洋山脉：井冈山 JGS-1074，遂川

县 LXP-13-09408，炎陵县 LXP-09-08623，宜春市 LXP-13-10749，永新县 LXP-13-07619，永兴县 LXP-03-03925，资兴市 LXP-03-03706；诸广山脉：崇义县 LXP-13-13079，桂东县 LXP-13-22602，上犹县 LXP-03-06637，炎陵县 LXP-03-00353。

长蕊杜鹃 Rhododendron stamineum Franch.

灌木，小乔木。山谷，山坡，疏林，溪边；沙土，壤土；542~1618 m。万洋山脉：井冈山 JGS-1295、JGS-4635、LXP-13-23021，遂川县 LXP-13-17574，炎陵县 LXP-09-08382、LXP-09-08544、LXP-13-26025；诸广山脉：桂东县 LXP-13-22674。

伏毛杜鹃 Rhododendron strigosum R. L. Liu

灌木。山坡，林中；813 m。万洋山脉：井冈山 谢宜飞 XYF-100015(GNNU)。

涧上杜鹃 Rhododendron subflumineum Tam

灌木。河边，疏林下；550 m。万洋山脉：井冈山 廖文波等 JGS-2012084(SYS)。

湘赣杜鹃 Rhododendron xiangganense X. F. Jin et B. Y. Ding

灌木。山谷，密林；800 m。诸广山脉：上犹县 聂敏祥 8267(KUN)。

小溪洞杜鹃 Rhododendron xiaoxidongense W. K. Hu

灌木。路边，山坡；800~1300 m。万洋山脉：井冈山 刘仁林 88015、孟世勇 JG035(BNU)。

阳明山杜鹃 Rhododendron yangmingshanense Tam

灌木。山顶，灌丛；900~1500 m。诸广山脉：齐云山 0260（刘小明等，2010）。

越橘属 *Vaccinium* L.

南烛 Vaccinium bracteatum Thunb.

灌木，小乔木。山坡，山顶，山谷，丘陵，平地，路旁，疏林，密林，灌丛，溪边，草地，水库边，石上，河边，阳处，阴处；壤土，沙土，腐殖土；62~1891 m。幕阜山脉：庐山市 LXP4578、LXP6014，平江县 LXP0698、LXP-10-6254，通山县 LXP1873，武宁县 LXP0393，修水县 LXP0839；九岭山脉：安义县 LXP-10-10536，大围山 LXP-10-5680，奉新县 LXP-10-10715、LXP-06-4025，浏阳市 LXP-10-5816，

上高县 LXP-10-4880，铜鼓县 LXP-10-13567，宜春市 LXP-10-1186，宜丰县 LXP-10-2727；武功山脉：安福县 LXP-06-3717，茶陵县 LXP-06-2197，攸县 LXP-06-5317；万洋山脉：遂川县 LXP-13-17215，炎陵县 LXP-09-00046，永新县 LXP-13-07880，资兴市 LXP-03-00080；诸广山脉：崇义县 LXP-03-05954，上犹县 LXP-03-06654。

短尾越橘 Vaccinium carlesii Dunn

灌木，小乔木。山坡，山谷，平地，灌丛，疏林，密林，路旁，溪边，阳处；壤土；160~1644 m。幕阜山脉：庐山市 LXP5682；武功山脉：芦溪县 LXP-13-09548，茶陵县 LXP-13-25956、LXP-06-2194；万洋山脉：井冈山 JGS-1260，炎陵县 LXP-09-07007，永新县 LXP-13-19072；诸广山脉：上犹县 LXP-13-12688。

无梗越橘 Vaccinium henryi Hemsl.

灌木。山顶，平地，密林，疏林，溪边；壤土；1090 m。万洋山脉：井冈山 JGS-1014、LXP-13-05887，炎陵县 LXP-09-340。

有梗越橘 Vaccinium henryi var. **chingii** (Sleumer) C. Y. Wu et R. C. Fang

灌木，小乔木。山坡，草地，石上；腐殖土；1357 m。武功山脉：莲花县 LXP-GTY-338；万洋山脉：井冈山 JGS-380。

黄背越橘 Vaccinium iteophyllum Hance

乔木，灌木。山谷，溪边，密林，疏林；220~1020 m。九岭山脉：大围山 LXP-10-7577，奉新县 LXP-10-9142。

扁枝越橘 Vaccinium japonicum var. **sinicum** (Nakai) Rehd.

灌木，草本，乔木。山坡，山顶，山谷，疏林，灌丛，路旁，林下，阳处；壤土，沙土，腐殖土；937~1891 m。幕阜山脉：平江县 LXP3568；九岭山脉：大围山 LXP-10-5298；武功山脉：安福县 LXP-06-2843；万洋山脉：井冈山 JGS-506，遂川县 LXP-13-09343，炎陵县 DY1-1028，永新县 LXP-13-07956；诸广山脉：桂东县 LXP-03-00994。

长尾乌饭 Vaccinium longicaudatum Chun ex Fang et Z. H. Pan

乔木。山坡，疏林；腐殖土；1000~1300 m。诸广

山脉：上犹县 LXP-13-22284。

江南越橘 Vaccinium mandarinorum Diels

灌木，小乔木。山谷，山坡，平地，山顶，疏林，灌丛，密林，路旁，溪边，阳处；沙土，腐殖土，红壤；89~1819 m。幕阜山脉：平江县 LXP3665，通山县 LXP1800，武宁县 LXP1034，修水县 LXP0325；九岭山脉：安义县 LXP-10-3766，奉新县 LXP-10-3475，靖安县 LXP-10-4369，铜鼓县 LXP-10-6618，宜丰县 LXP-10-4717；武功山脉：安福县 LXP-06-0028，茶陵县 LXP-06-1416，明月山 LXP-06-7952，攸县 LXP-06-5318、LXP-03-07641；万洋山脉：井冈山 JGS-B051，遂川县 LXP-13-09356，炎陵县 DY1-1116，永新县 LXP-13-19402；诸广山脉：桂东县 LXP-13-22630，上犹县 LXP-13-12050、LXP-03-06523。

峦大越橘 Vaccinium randaiense Hayata

灌木。山坡，灌丛。罗霄山脉可能有分布，未见标本。

米饭花 Vaccinium sprengelii (G. Don) Sleumer

大灌木。山谷，平地，山坡，山顶，河边，溪边，疏林，密林，灌丛，路旁，阴处；70~1350 m。九岭山脉：大围山 LXP-10-11631、LXP-10-11796、LXP-10-12460，奉新县 LXP-10-8992、LXP-10-9193，靖安县 LXP-10-243、LXP-10-605，七星岭 LXP-10-8197，铜鼓县 LXP-10-8382，万载县 LXP-10-1555、LXP-10-2068，宜春市 LXP-10-1077、LXP-10-1188；武功山脉：玉京山 LXP-10-1345。

刺毛越橘 Vaccinium trichocladum Merr. et Metc.

灌木。山谷，疏林；壤土；150~400 m。武功山脉：萍乡市 王献浦 14654(PE)。

Order 50. 茶茱萸目 Icacinales

A348 茶茱萸科 Icacinaceae

无须藤属 *Hosiea* Hemsl. et Wils.

无须藤 Hosiea sinensis (Oliv.) Hemsl. et Wils.

藤本。山上部，山坡，林中；1500 m。幕阜山脉：武宁县 张吉华 1254(JJF)。

假柴龙树属 *Nothapodytes* Blume

马比木 Nothapodytes pittosporoides (Oliv.) Sleum.

灌木。罗霄山脉可能有分布，未见标本。

Order 52. 丝缨花目 Garryales

A350 杜仲科 Eucommiaceae

杜仲属 *Eucommia* Oliv.

杜仲 Eucommia ulmoides Oliv.

乔木。山坡，山谷，疏林，水库边，村边，溪边，密林，阳处；壤土，沙土，腐殖土；153~1285 m。幕阜山脉：瑞昌市 LXP0059，通山县 LXP7696，武宁县 LXP1074，修水县 LXP3250，平江县 LXP-10-6398；九岭山脉：奉新县 LXP-10-4088，靖安县 LXP-10-611，浏阳市 LXP-10-5874，铜鼓县 LXP-10-13447，宜春市 LXP-10-1195，宜丰县 LXP-10-8812；武功山脉：安福县 LXP-06-2629；万洋山脉：井冈山 JGS-525，遂川县 400147013，炎陵县 DY1-1117、LXP-03-03453，永兴县 LXP-03-03852；诸广山脉：崇义县 LXP-03-07304，桂东县 LXP-03-00942，上犹县 LXP-03-06863。

A351 丝缨花科 Garryaceae

桃叶珊瑚属 *Aucuba* Thunb.

桃叶珊瑚 Aucuba chinensis Benth.

灌木，小乔木。山坡，山谷，平地，密林，疏林，路旁，灌丛，溪边，河边，阳处，阴处；壤土，腐殖土，沙土；271~1446 m。幕阜山脉：通山县 LXP2191，修水县 LXP3445；九岭山脉：浏阳市 LXP-03-08696；武功山脉：芦溪县 LXP-06-1188，攸县 LXP-03-08968；万洋山脉：井冈山 JGS-2012020a，炎陵县 LXP-09-06383，永新县 LXP-13-07829。

狭叶桃叶珊瑚 Aucuba chinensis var. **angusta** P. T. Wang

灌木。山谷，密林，阴处；550 m。九岭山脉：靖安县 LXP-10-374。

少花桃叶珊瑚 Aucuba filicauda var. **pauciflora** Fang et Soong

乔木。万洋山脉：井冈山 JGS-2012020。

喜马拉雅桃叶珊瑚 Aucuba himalaica Hook. f. et Thoms.

灌木，小乔木。山坡，山谷，平地，密林，疏林，溪边，河边，阴处；壤土；453~1632 m。幕阜山脉：

通山县 LXP7812、LXP7820；万洋山脉：井冈山 JGS-2037，遂川县 LXP-13-16810，炎陵县 LXP-09-519、LXP-13-22788、LXP-13-24933，永新县 LXP-13-19271、LXP-13-19731。

长叶珊瑚 Aucuba himalaica var. **dolichophylla** Fang et Soong

乔木。万洋山脉：炎陵县 LXP-13-05149。

倒披针叶珊瑚 Aucuba himalaica var. **oblanceolata** Fang et Soong

灌木。林中；1200 m。幕阜山脉：庐山市 张本能 406070(IBK)。

倒心叶珊瑚 Aucuba obcordata (Rehd.) Fu ex W. K. Hu et Soong

灌木，草本，乔木。山坡，山谷，疏林，灌丛；壤土；369~1861 m。幕阜山脉：修水县 LXP3354；万洋山脉：井冈山 JGS-623、LXP-13-0440，遂川县 LXP-13-23711，炎陵县 LXP-09-08310、LXP-09-09129、LXP-13-5570。

Order 53. 龙胆目 Gentianales

A352 茜草科 Rubiaceae

水团花属 *Adina* Salisb.

水团花 Adina pilulifera (Lam.) Franch. ex Drake

灌木。山坡，山谷，山地，疏林，灌丛，沼泽，河边，密林；壤土，沙土，腐殖土；124~1421 m。幕阜山脉：修水县 LXP3364，平江县 LXP-10-6389；九岭山脉：大围山 LXP-10-11260，奉新县 LXP-10-10866，靖安县 LXP-10-10163，铜鼓县 LXP-10-6983，万载县 LXP-10-1581，宜丰县 LXP-10-12743；武功山脉：安福县 LXP-06-0304，芦溪县 LXP-06-1301，樟树市 LXP-10-5018；万洋山脉：井冈山 JGS-1335，炎陵县 LXP-09-08176、LXP-03-04827；诸广山脉：桂东县 LXP-13-25373，崇义县 LXP-03-04981，上犹县 LXP-13-12698、LXP-03-06779。

细叶水团花 Adina rubella Hance

灌木。山坡，山谷，平地，疏林，灌丛，路旁，密林，水库边，溪边，河边，河床石滩上，阳处；壤土，石灰岩；83~643 m。幕阜山脉：庐山市 LXP5081，通山县 LXP1706，武宁县 LXP0506，平江县 LXP-

10-6301；九岭山脉：大围山 LXP-10-11235，靖安县 LXP-13-08248、LXP-10-9945，万载县 LXP-10-1694、LXP-13-10898，上高县 LXP-06-5991；武功山脉：安福县 LXP-06-2975，茶陵县 LXP-06-1993，攸县 LXP-03-09409；万洋山脉：遂川县 LXP-13-17352；诸广山脉：上犹县 LXP-03-06115。

茜树属 *Aidia* Lour.

香楠 Aidia canthioides (Champ. ex Benth.) Masam.
灌木，小乔木。山谷，山坡，平地，路旁，疏林，密林，溪边，河边；壤土（红壤），腐殖土，沙土；367~1082 m。九岭山脉：万载县 LXP-13-11118；万洋山脉：井冈山 LXP-13-15365、LXP-13-22989，炎陵县 LXP-13-15494，资兴市 LXP-03-00222；诸广山脉：上犹县 LXP-13-12774、LXP-13-12888、LXP-13-25250，崇义县 LXP-03-05693、LXP-03-10186。

茜树 Aidia cochinchinensis Lour.
小乔木。山坡，山谷，山顶，平地，疏林，路旁，密林，河边，灌丛，溪边，阳处，阴处；壤土，腐殖土，沙土；159~1675 m。幕阜山脉：庐山市 LXP5326，通山县 LXP6521，武宁县 LXP0525，修水县 LXP0239，平江县 LXP-10-6276；九岭山脉：大围山 LXP-10-11287，奉新县 LXP-10-10852，靖安县 LXP-10-10156，浏阳市 LXP-10-5837，铜鼓县 LXP-10-7093，万载县 LXP-10-1703，宜丰县 LXP-10-13061；武功山脉：安福县 LXP-06-0197，茶陵县 LXP-06-2251，莲花县 LXP-06-1056，芦溪县 LXP-06-1116，明月山 LXP-06-4653；万洋山脉：吉安市 LXSM2-6-10118，井冈山 JGS-1131，遂川县 LXP-13-16526，炎陵县 LXP-09-00738，永新县 LXP-13-07790，资兴市 LXP-03-03752；诸广山脉：崇义县 LXP-13-24341，上犹县 LXP-13-12013、LXP-03-06815。

西南香楠 Aidia henryi (Pritz) Yamaz
灌木。山谷；540 m。九岭山脉：安义县 蒋英 10555 (IBSC)。

风箱树属 *Cephalanthus* L.

风箱树 Cephalanthus tetrandrus (Roxb.) Ridsd. et Bakh. f.
乔木。山谷，平地，山坡，路旁，灌丛，河边，疏林，水田边，阳处；壤土，沙土；70~789 m。九岭山脉：大围山 LXP-10-5724，奉新县 LXP-10-9005，靖安县 LXP-10-9846，浏阳市 LXP-10-5752，铜鼓县 LXP-10-13469；武功山脉：安福县 LXP-06-0699、LXP-06-3903；诸广山脉：崇义县 LXP-03-05821、LXP-03-10221。

流苏子属 *Coptosapelta* Korth.

流苏子 Coptosapelta diffusa (Champ. ex Benth.) van Steenis
草质藤本。山谷，山坡，平地，山顶，路旁，疏林，溪边，树上，河边，草地，灌丛，密林，阳处；壤土，沙土，石灰岩，腐殖土；88~1795 m。幕阜山脉：庐山市 LXP4729，通山县 LXP2077，武宁县 LXP0432，修水县 LXP0242，平江县 LXP-10-6280；九岭山脉：奉新县 LXP-10-10639、LXP-06-4028，靖安县 LXP-10-10384，浏阳市 LXP-10-5833，铜鼓县 LXP-10-7190，万载县 LXP-10-1497，宜春市 LXP-10-1097，宜丰县 LXP-10-12840；武功山脉：安仁县 LXP-03-01414，安福县 LXP-06-0092，茶陵县 LXP-06-1572，芦溪县 LXP-06-1083，攸县 LXP-06-5482，樟树市 LXP-10-5002；万洋山脉：吉安市 LXSM2-6-10106，井冈山 JGS-213，遂川县 LXP-13-7589，炎陵县 LXP-09-00094，永新县 LXP-13-07784，永兴县 LXP-03-03963；诸广山脉：崇义县 LXP-03-04913、LXP-13-24147，桂东县 LXP-13-22659、LXP-03-00602，上犹县 LXP-03-06051。

虎刺属 *Damnacanthus* C. F. Gaertn.

短刺虎刺 Damnacanthus giganteus (Mak.) Nakai
灌木，小乔木。山坡，山谷，疏林，密林，灌丛，溪边，路旁，河边，阳处；壤土，腐殖土，沙土；225~1452 m。幕阜山脉：庐山市 LXP5338，武宁县 LXP-13-08434、LXP5647，修水县 LXP0868；九岭山脉：靖安县 LXP-13-08328、LXP-13-08276；武功山脉：芦溪县 LXP-13-09506、LXP-13-09706，安福县 LXP-06-0360；万洋山脉：炎陵县 LXP-09-07163，永新县 LXP-13-19575；诸广山脉：上犹县 LXP-13-22300。

虎刺 Damnacanthus indicus Gaertn. f.
灌木。山坡，山谷，路旁，灌丛，溪边，疏林；壤土，腐殖土；65~490 m。九岭山脉：奉新县 LXP-10-3178；武功山脉：安福县 LXP-06-0881；万洋山脉：

井冈山 LXP-13-18694，永新县 LXP-13-08078；诸广山脉：上犹县 LXP-13-22322。

柳叶虎刺 Damnacanthus labordei (Lévl.) Lo

灌木。山坡，山谷，疏林，路旁，密林，村边，溪边，河边；壤土，腐殖土，石灰岩；217~1464 m。幕阜山脉：武宁县 LXP7367，修水县 LXP0245；万洋山脉：井冈山 JGS-2012152，遂川县 LXP-13-09276，炎陵县 DY1-1017。

浙皖虎刺 Damnacanthus macrophyllus Sieb. ex Miq.

灌木。山谷，密林；190~330 m。九岭山脉：靖安县 LXP-10-13695，宜丰县 LXP-10-12985。

狗骨柴属 Diplospora DC.

狗骨柴 Diplospora dubia (Lindl.) Masam.

灌木，小乔木。山坡，山谷，平地，疏林，路旁，灌丛，溪边，河边，密林，石上，阴处；壤土，腐殖土，沙土；245~1345 m。幕阜山脉：庐山市 LXP5259，修水县 LXP2969；九岭山脉：铜鼓县 LXP-10-7109，宜丰县 LXP-10-13130；武功山脉：安福县 LXP-06-6870，茶陵县 LXP-06-7106，芦溪县 LXP-06-9059；万洋山脉：遂川县 LXP-13-17386，炎陵县 LXP-09-00274，永新县 LXP-13-07847，永兴县 LXP-03-0458；诸广山脉：崇义县 LXP-03-07231，桂东县 LXP-03-00621、LXP-13-25320，上犹县 LXP-13-130031。

毛狗骨柴 Diplospora fruticosa Hemsl.

灌木，小乔木。山坡，山谷，灌丛，路旁，密林，疏林，溪边；腐殖土，壤土；275~959 m。万洋山脉：井冈山 JGS-1340，炎陵县 LXP-09-06157、LXP-09-08675、LXP-13-26004，永新县 LXP-13-19043、LXP-13-19863；诸广山脉：桂东县 LXP-13-25422。

香果树属 Emmenopterys Oliv.

香果树 Emmenopterys henryi Oliv.

乔木。路旁，山坡，山谷，平地，疏林，溪边；壤土，沙土，腐殖土；275~1162 m。幕阜山脉：庐山市 LXP4562，通山县 LXP1768，武宁县 LXP-13-08570、LXP6266，平江县 LXP-03-08833；九岭山脉：靖安县 LXP-13-08267，大围山 LXP-03-07927、LXP-13-17032、LXP-10-12667；万洋山脉：永新县 LXP-13-07943；诸广山脉：上犹县 LXP-13-12125。

拉拉藤属 Galium L.

拉拉藤 Galium aparine L. [*Galium aparine* var. *leiospermum* (Wallr.) Cuf.; *Galium aparine* var. *tenerum* (Gren. et Godr.) Rchb.]

草质藤本。草地，山谷，山坡，路旁，菜地，河边，疏林，阳处；壤土，腐殖土；100~1135 m。幕阜山脉：通山县 LXP6574；九岭山脉：安义县 LXP-10-3865，大围山 LXP-10-7968，奉新县 LXP-10-3223、LXP-10-3343、LXP-10-3952；武功山脉：莲花县 LXP-GTY-398，茶陵县 LXP-13-22935；万洋山脉：井冈山 JGS-4592，炎陵县 LXP-09-08645，永新县 LXP-13-08145、LXP-QXL-173；吉安市 LXSM2-6-10036，资兴市 LXP-03-03623。

车叶葎 Galium asperuloides Edgew.

草本。山谷，疏林，石上；壤土；1685 m。万洋山脉：遂川县 LXP-13-24669。

北方拉拉藤 Galium boreale L.

草本。山谷，林缘；500 m。幕阜山脉：庐山市 谭策铭 97324(JJF)。

四叶葎 Galium bungei Steud.

草质藤本。山坡，山谷，山顶，平地，疏林，路旁，灌丛，草地，密林，溪边，河边，阴处；壤土；107~1450 m。幕阜山脉：庐山市 LXP5693，瑞昌市 LXP0225，通山县 LXP6594，武宁县 LXP1310，修水县 LXP5990；九岭山脉：大围山 LXP-10-12027，奉新县 LXP-10-3920，浏阳市 LXP-10-5836，七星岭 LXP-10-8130；武功山脉：明月山 LXP-06-4944，攸县 LXP-06-5218，分宜县 LXP-10-5156；万洋山脉：炎陵县 LXSM-7-00231；诸广山脉：上犹县 LXP-03-07123。

阔叶四叶葎 Galium bungei var. **trachyspermum** (A. Gray) Cuif.

藤本。山坡，疏林；964 m。九岭山脉：靖安县 LXP2493。

六叶葎 Galium hoffmeisteri (Klotzsch) Ehrend. et Schönb.-Tem. ex R. R. Mill

草本。山坡，平地，路旁，村边；495~1385 m。幕阜山脉：通山县 LXP1185，武宁县 LXP1013。

小猪殃殃 Galium innocuum Miquel

草本。山坡，路旁；壤土；865 m。武功山脉：明月山 LXP-06-4930。

光果猪殃殃 Galium spurium L.

草本。山坡,路旁;壤土;670 m。武功山脉:明月山 LXP-06-4614。

小叶猪殃殃 Galium trifidum L.

草本,草质藤本。山坡,山顶,山谷,平地,疏林,密林,溪边,石上,路旁,草地,阴处,阳处;壤土;200~1500 m。幕阜山脉:平江县 LXP3586;九岭山脉:大围山 LXP-09-11035、LXP-10-7643,奉新县 LXP-10-9310,宜丰县 LXP-10-4725、LXP-10-8762;武功山脉:芦溪县 LXP-06-3364;万洋山脉:井冈山 LXP-13-15336,炎陵县 LXP-13-4385、LXP-13-4390、LXSM-7-00272,永新县 LXP-13-19785。

栀子属 *Gardenia* J. Ellis

栀子 Gardenia jasminoides J. Ellis

灌木。山坡,山谷,平地,丘陵,山顶,疏林,路旁,灌丛,密林,河边,村边,水田,草地,溪边,石上,阴处,阳处;石灰岩,壤土,腐殖土,沙土;64~1218 m。幕阜山脉:庐山市 LXP5141,平江县 LXP4076、LXP-10-6288,通山县 LXP1940,武宁县 LXP0531,修水县 LXP0305;九岭山脉:安义县 LXP-10-3690,大围山 LXP-10-7760,奉新县 LXP-10-3283、LXP-06-4019,靖安县 LXP-10-10119,上高县 LXP-10-4874,铜鼓县 LXP-10-13552,万载县 LXP-10-1677,宜春市 LXP-10-1055,宜丰县 LXP-10-2614;武功山脉:安福县 LXP-06-0159,茶陵县 LXP-06-1969,分宜县 LXP-06-2326、LXP-10-5111,芦溪县 LXP-06-2066,攸县 LXP-06-1627;万洋山脉:吉安市 LXSM2-6-10167,井冈山 JGS-1051,遂川县 LXP-13-16507,炎陵县 LXP-09-00169,永新县 LXP-13-07989,永兴县 LXP-03-03988,资兴市 LXP-03-00226;诸广山脉:崇义县 LXP-03-05711,桂东县 LXP-03-0746,上犹县 LXP-03-06117。

狭叶栀子 Gardenia stenophylla Merr.

灌木。山谷,路旁;700 m。九岭山脉:大围山 LXP-10-12331。

耳草属 *Hedyotis* L.

金草 Hedyotis acutangula Champ. ex Benth.

草本。山坡,疏林,路旁;沙土;814 m。诸广山

脉:桂东县 LXP-03-00773。

耳草 Hedyotis auricularia L.

草本。平地,路旁,阳处;壤土;227~353 m。武功山脉:安福县 LXP-06-0175、LXP-06-6985、LXP-06-7271。

剑叶耳草 Hedyotis caudatifolia Merr. et Metcalf

草本。山坡,山谷,平地,路旁,疏林,灌丛,溪边,草地;壤土,沙土;247~1559 m。幕阜山脉:修水县 LXP2734、LXP2873;九岭山脉:靖安县 LXP-10-10395;万洋山脉:资兴市 LXP-03-00061、LXP-03-00104、LXP-03-05025、LXP-03-0061;诸广山脉:崇义县 LXP-03-07249、LXP-03-10923。

金毛耳草 Hedyotis chrysotricha (Palib.) Merr.

草本。山坡,丘陵,山谷,山顶,平地,路旁,疏林,灌丛,密林,溪边,草地,水田边,阳处;壤土,腐殖土,沙土;80~1556 m。幕阜山脉:庐山市 LXP4669,平江县 LXP4287,瑞昌市 LXP0137,武宁县 LXP1665;九岭山脉:安义县 LXP-10-10521,奉新县 LXP-10-10685、LXP-06-4036,靖安县 LXP-13-10097、LXP-10-10017,上高县 LXP-10-4879,铜鼓县 LXP-10-13533,万载县 LXP-10-1478,宜春市 LXP-10-1054,宜丰县 LXP-10-13246;武功山脉:安福县 LXP-06-0095,大岗山 LXP-06-3655,莲花县 LXP-GTY-142,芦溪县 LXP-06-3333,攸县 LXP-06-5281,袁州区 LXP-06-6670,樟树市 LXP-10-5075;万洋山脉:吉安市 LXSM2-6-10005,井冈山 JGS-131,炎陵县 DY1-1075,永新县 LXP-QXL-063,资兴市 LXP-03-03540;诸广山脉:崇义县 LXP-03-07314,桂东县 LXP-13-22651、LXP-03-00790,上犹县 LXP-13-12391、LXP-03-06223。

伞房花耳草 Hedyotis corymbosa (L.) Lam.

草本。罗霄山脉可能有分布,未见标本。

脉耳草 Hedyotis costata (Roxb.) Kurz

草本。武功山脉:明月山 LXP-13-10657。

白花蛇舌草 Hedyotis diffusa Willd.

平卧草本。山坡,平地,山谷,山脚,疏林,密林,路旁,水田,草地,溪边,旱田,灌丛,河边,阴处,阳处;壤土,沙土,腐殖土;96~1430 m。幕阜山脉:庐山市 LXP5419、LXP6327,修水县 LXP0777,平江

县 LXP-10-6500；九岭山脉：安义县 LXP-10-10464，大围山 LXP-10-11226，奉新县 LXP-10-10734，靖安县 LXP-10-10246，浏阳市 LXP-10-5764，铜鼓县 LXP-10-13530，万载县 LXP-10-1483，宜丰县 LXP-10-12834，上高县 LXP-06-5993；武功山脉：安福县 LXP-06-0172，茶陵县 LXP-06-2186，大岗山 LXP-06-3631，宜春市 LXP-06-8932，攸县 LXP-06-5228，袁州区 LXP-06-6751；万洋山脉：炎陵县 LXP-13-4193，永新县 LXP-QXL-501；诸广山脉：上犹县 LXP-03-06399。

牛白藤 Hedyotis hedyotidea (DC.) Merr.

草质藤本。山坡，路旁；壤土。万洋山脉：井冈山 JGS-B089、LXP-13-04635。

粗毛耳草 Hedyotis mellii Tutch.

草本。山谷，山坡，山顶，平地，路旁，灌丛，林下，密林，溪边，石上，河边，疏林，草地，阴处，阳处；壤土，沙土，腐殖土；123~1682 m。九岭山脉：上高县 LXP-10-4871、LXP-06-6576，万载县 LXP-10-1902，宜春市 LXP-10-1049，宜丰县 LXP-10-3061；武功山脉：安福县 LXP-06-0074，茶陵县 LXP-06-1409，芦溪县 LXP-06-9165，明月山 LXP-06-7676，宜春市 LXP-06-2707，袁州区 LXP-06-6663，玉京山 LXP-10-1252，樟树市 LXP-10-5021；万洋山脉：吉安市 LXSM2-6-10141，井冈山 JGS-B036，遂川县 LXP-13-16649，炎陵县 DY1-1091，永新县 LXP-13-08073；诸广山脉：崇义县 LXP-13-13120，上犹县 LXP-13-12416。

纤花耳草 Hedyotis tenelliflora Bl.

草本。山谷，旱田边，疏林，阴处；180~250 m。九岭山脉：大围山 LXP-10-5587，宜丰县 LXP-10-2689。

长节耳草 Hedyotis uncinella Hook. et Arn.

草本。山坡；壤土；186 m。武功山脉：安福县 LXP-06-0011。

粗叶耳草 Hedyotis verticillata (L.) Lam.

平卧草本。山谷，路旁，草地；250 m。九岭山脉：靖安县 LXP-10-10347。

粗叶木属 *Lasianthus* Jack

粗叶木 Lasianthus chinensis (Champ.) Benth.

灌木。山坡，山谷，疏林，密林，灌丛，路旁，溪边，阴处；壤土，腐殖土；395~720 m。武功山脉：莲花县 LXP-GTY-163；万洋山脉：遂川县 LXP-13-7159，炎陵县 LXP-13-4158，永新县 LXP-13-07823、LXP-13-07838。

焕镛粗叶木 Lasianthus chunii Lo

灌木。山坡，密林；壤土；796 m。万洋山脉：井冈山 LXP-13-18836。

广东粗叶木 Lasianthus curtisii King et Gamble

乔木。山谷，河边，石上，阴处；壤土。万洋山脉：炎陵县 LXP-13-4274。

日本粗叶木 Lasianthus japonicus Miq. [*Lasianthus hartii* Thunb]

灌木。山谷，山坡，密林，平地，路旁，疏林，灌丛，溪边，石上，河边，阴处，阳处；壤土，沙土，腐殖土；242~1869 m。幕阜山脉：武宁县 LXP-13-08539，庐山市 LXP4907，通山县 LXP7605，修水县 LXP2523；九岭山脉：靖安县 LXP-10-515；武功山脉：安福县 LXP-06-0338，茶陵县 LXP-06-1506，芦溪县 LXP-06-2529；万洋山脉：吉安市 LXSM2-6-10065，井冈山 JGS-1039，遂川县 LXP-13-16719，炎陵县 LXP-09-06240，永新县 LXP-13-07975，资兴市 LXP-03-00117；诸广山脉：桂东县 LXP-03-02540，上犹县 LXP-13-12155、LXP-03-06586。

榄绿粗叶木 Lasianthus japonicus var. **lancilimbus** (Merr.) Lo

灌木。山坡，山谷，平地，溪边，路旁，疏林，密林，阴处；沙土，壤土，腐殖土；170~1598 m。九岭山脉：靖安县 LXP-10-405，铜鼓县 LXP-10-7076，万载县 LXP-10-1604，宜丰县 LXP-10-4755；武功山脉：攸县 LXP-03-08777，芦溪县 LXP-13-03526；万洋山脉：遂川县 LXP-13-09392，炎陵县 LXP-09-09262，资兴市 LXP-03-00234；诸广山脉：上犹县 LXP-13-22353，桂东县 LXP-13-22715、LXP-03-02471。

曲毛日本粗叶木 Lasianthus japonicus var. **satsumensis** (Matsum) Mikiao

灌木。山坡，山谷，平地，路旁，河边，疏林，溪边，阴处；壤土，沙土，腐殖土；324~1452 m。九岭山脉：靖安县 LXP-13-10300、LXP-13-11403，宜丰县 LXP-10-2277、LXP-10-2964；武功山脉：芦溪县 LXP-13-09445；万洋山脉：井冈山 JGS-1304004，炎陵县 LXP-13-05151、LXP-13-24602、LXP-13-3213，永新县 LXP-QXL-561；诸广山脉：上犹县 LXP-13-12095、LXP-13-23097、LXP-13-23382。

美脉粗叶木 Lasianthus lancifolius Hook. f.
灌木。山谷，密林，疏林，阴处；270~400 m。九岭山脉：宜丰县 LXP-10-13214、LXP-10-8513。

黄棉木属 *Metadina* Bakh. f.

黄棉木 Metadina trichotoma (Zoll. et Mor.) Bakh. f.
灌木。山坡，山谷；300~900 m。诸广山脉：崇义县 聂敏祥 8607(IBSC)。

蔓虎刺属 *Mitchella* L.

蔓虎刺 Mitchella undulata Sieb. et Zucc.
草本。山坡，林下，石壁；约 1300 m。万洋山脉：井冈山 LXP-13-20239。

巴戟天属 *Morinda* L.

巴戟天 Morinda officinalis How
藤本，草本。山谷，山坡，疏林，溪边，路旁；壤土，沙土。万洋山脉：永新县 LXP-13-07913；诸广山脉：上犹县 LXP-13-12074、LXP-13-12483。

鸡眼藤 Morinda parvifolia Bartl. ex DC.
草质藤本，乔木，灌木。山谷，山坡，平地，疏林，密林，路旁，灌丛，溪边；腐殖土，壤土（黄壤）；230~1632 m。幕阜山脉：武宁县 LXP-13-08482；九岭山脉：靖安县 JLS-2012-044；武功山脉：芦溪县 LXP-13-03624；万洋山脉：井冈山 LXP-13-0483，遂川县 LXP-13-09275，炎陵县 LXP-09-08165，永新县 LXP-13-19429；诸广山脉：上犹县 LXP-13-13007。

西南巴戟 Morinda scabrifolia Y. Z. Ruan
藤本。山谷，密林，路旁，河边；腐殖土。武功山脉：芦溪县 LXP-13-09716。

印度羊角藤 Morinda umbellata L.
藤本，灌木。山坡，山谷，山顶，灌丛，树上，溪边，路旁，疏林，河边，密林，阴处，阳处；壤土，沙土；135~1242 m。幕阜山脉：武宁县 LXP0981，平江县 LXP-10-6067；九岭山脉：安义县 LXP-10-3797，大围山 LXP-10-5727，奉新县 LXP-10-3978，靖安县 LXP-10-10385，浏阳市 LXP-10-5847，铜鼓县 LXP-10-8284，万载县 LXP-10-1496，宜春市 LXP-10-1118，宜丰县 LXP-10-3096；武功山脉：玉京山 LXP-10-1291；万洋山脉：永兴县 LXP-03-03954，资兴市 LXP-03-00066；诸广山脉：崇义县 LXP-03-05698，桂东县 LXP-03-00987，上犹县 LXP-03-06162。

羊角藤 Morinda umbellata subsp. obovata Y. Z. Ruan
灌木。山坡，山谷，平地，疏林，灌丛，路旁，密林，溪边，阳处；壤土，腐殖土，沙土；136~1509 m。幕阜山脉：平江县 LXP4009，武宁县 LXP0515，修水县 LXP2556；九岭山脉：大围山 LXP-03-07781，上高县 LXP-06-7554；武功山脉：安福县 LXP-06-2544，茶陵县 LXP-06-1479，芦溪县 LXP-06-1111，攸县 LXP-06-5292；万洋山脉：井冈山 LXP-13-24143，遂川县 LXP-13-17838，永新县 LXP-13-19030，永兴县 LXP-03-04001，资兴市 LXP-03-00205；诸广山脉：崇义县 LXP-13-24163、LXP-03-07397，桂东县 LXP-03-02449，上犹县 LXP-03-06903。

玉叶金花属 *Mussaenda* L.

黐花 Mussaenda esquirolii Lévl.
藤本。山谷，山坡，平地，灌丛，溪边，路旁，水库边，疏林，密林，河边，阳处，阴处；壤土，沙土，腐殖土，石灰岩；130~1345 m。幕阜山脉：通山县 LXP7901，武宁县 LXP7907，平江县 LXP-10-6279；九岭山脉：大围山 LXP-10-11657，奉新县 LXP-10-10694，靖安县 LXP-10-10160，铜鼓县 LXP-10-13460，万载县 LXP-10-1633，宜春市 LXP-10-1003，宜丰县 LXP-10-12797；武功山脉：安仁县 LXP-03-00694；万洋山脉：吉安市 LXSM2-6-10098a，井冈山 JGS-B079，遂川县 LXP-13-7592，炎陵县 LXP-09-06140，永新县 LXP-13-07746，永兴县 LXP-03-03951，资兴市 LXP-03-00159；诸广山脉：崇义县 LXP-03-05639，桂东县 LXP-03-00622，上犹县 LXP-13-12644、LXP-03-06363。

粗毛玉叶金花 Mussaenda hirsutula Miq.
灌木。平地，山谷，疏林，溪边，路旁；壤土；483~618 m。诸广山脉：上犹县 LXP-13-19258A。

玉叶金花 Mussaenda pubescens Ait. f.
藤本。山谷，山坡，平地，路旁，疏林，灌丛，密林，河边，溪边；壤土（黄壤），腐殖土，沙土；124~735 m。武功山脉：安福县 LXP-06-0866；万洋山脉：井冈山 JGS-1279，遂川县 LXP-13-16701，永新县 LXP-13-19423，永兴县 LXP-03-04569，资兴市 LXP-03-00181；诸广山脉：崇义县 LXP-03-04866，桂东县 LXP-03-00585，上犹县 LXP-13-12159、LXP-03-06029。

大叶白纸扇 Mussaenda shikokiana Makino

藤本。山坡，平地，山谷，灌丛，密林，疏林，路旁，沼泽，溪边，阴处；壤土，腐殖土，沙土；181~637 m。幕阜山脉：通山县 LXP1920，武宁县 LXP0491，庐山市 LXP6350；九岭山脉：奉新县 LXP-06-4058，上高县 LXP-06-6603；武功山脉：安福县 LXP-06-0054，茶陵县 LXP-06-1403，芦溪县 LXP-06-2518，攸县 LXP-06-5257；诸广山脉：崇义县 LXP-03-07276。

腺萼木属 Mycetia Reinw.

华腺萼木 Mycetia sinensis (Hemsl.) Craib

灌木。山谷，疏林，溪边；300~800 m。诸广山脉：齐云山 075746（刘小明等，2010）。

新耳草属 Neanotis W. H. Lewis

卷毛新耳草 Neanotis boerhaavioides (Hance) Lewis

草本。山谷，路旁，溪边；壤土。诸广山脉：崇义县 LXP-13-13097。

薄叶新耳草 Neanotis hirsuta (L. f.) Lewis

草本。山坡，山谷，平地，疏林，路旁，溪边，石上，草地，密林，阴处，阳处；壤土，腐殖土；89~800 m。幕阜山脉：修水县 LXP2922，平江县 LXP-10-6171；九岭山脉：大围山 LXP-10-11807，奉新县 LXP-10-10567，靖安县 LXP-10-9802，浏阳市 LXP-10-5831，铜鼓县 LXP-10-6953，万载县 LXP-10-2146，宜丰县 LXP-10-12715；武功山脉：安福县 LXP-06-0351，攸县 LXP-06-5407；万洋山脉：井冈山 LXP-13-20346，遂川县 LXP-13-7416，炎陵县 LXP-09-06134。

臭味新耳草 Neanotis ingrata (Wall. ex Hook. f.) Lewis

草本。林下；1590 m。武功山脉：安福县 钟国跃 360829130712061LY(JXCM)。

广东新耳草 Neanotis kwangtungensis (Merr. et Metcalf) Lewis

草本。山谷，山坡，溪边；324 m。九岭山脉：万载县 LXP-13-11307；万洋山脉：永新县 LXP-QXL-442。

新耳草 Neanotis thwaitesiana (Hance) Lewis

草本。山谷，山坡，路旁，石上，草地，阴处；腐殖土；270~750 m。九岭山脉：大围山 LXP-10-11264、LXP-10-11523；万洋山脉：井冈山 LXP-13-24127。

薄柱草属 Nertera Banks et Sol. ex Gaertn.

薄柱草 Nertera sinensis Hemsl.

草本。山坡，山谷，路旁，疏林，石上，溪边，河边，阴处；壤土，腐殖土；366~1087 m。万洋山脉：井冈山 LXP-13-23046，遂川县 LXP-13-17193、LXP-13-20260，炎陵县 LXP-09-06163、LXP-09-08217、LXP-09-08290；诸广山脉：上犹县 LXP-13-25249，桂东县 LXP-13-09212。

蛇根草属 Ophiorrhiza L.

广州蛇根草 Ophiorrhiza cantonensis Hance

草本。山坡，山谷，密林，路旁，灌丛，疏林，溪边；壤土，腐殖土；238~1446 m。武功山脉：安福县 LXP-06-0490、LXP-06-0912，芦溪县 LXP-06-1089、LXP-06-1234，明月山 LXP-06-4547、LXP-06-4638、LXP-06-4859，宜春市 LXP-06-2760。

中华蛇根草 Ophiorrhiza chinensis Lo

草本。山谷，山坡，疏林，路旁，灌丛，溪边，石上，河边，阴处；石灰岩，壤土，沙土，腐殖土；632~1138 m。九岭山脉：万载县 LXP-13-11263；武功山脉：芦溪县 LXP-13-09430、LXP-13-09934；万洋山脉：井冈山 JGS-1137，遂川县 LXP-13-17380，炎陵县 LXP-09-07086，永新县 LXP-13-07715；诸广山脉：上犹县 LXP-13-22360，桂东县 LXP-13-25609。

日本蛇根草 Ophiorrhiza japonica Bl.

草本。山谷，山坡，平地，疏林，密林，草地，路旁，石上，灌丛，溪边，河边，阴处；壤土，沙土，腐殖土，石灰岩；189~1685 m。幕阜山脉：平江县 LXP3199、LXP-10-6084，武宁县 LXP0473，修水县 LXP2694；九岭山脉：安义县 LXP-10-3741，大围山 LXP-10-11607，靖安县 LXP-10-9604，铜鼓县

LXP-10-7162，万载县 LXP-10-2020，宜春市 LXP-10-1203，宜丰县 LXP-10-12955；武功山脉：茶陵县 LXP-09-10252，安福县 LXP-06-0894，分宜县 LXP-06-9630，芦溪县 LXP-06-1291，明月山 LXP-06-5035；万洋山脉：井冈山 JGS-1212，遂川县 LXP-13-24694，炎陵县 LXP-09-07081、LXP-03-00342，永新县 LXP-13-19765；诸广山脉：上犹县 LXP-13-12041，桂东县 LXP-03-02559。

东南蛇根草 Ophiorrhiza mitchelloides (Masam.) Lo

草本。平地，山坡，山顶，山谷，路旁，疏林，密林，灌丛，溪边，石上，阴处；壤土，腐殖土；416~1501 m。武功山脉：安福县 LXP-06-1313，芦溪县 LXP-06-1126、LXP-06-1212；万洋山脉：井冈山 LXP-13-18288，遂川县 LXP-13-7400，炎陵县 LXP-09-08030；诸广山脉：桂东县 LXP-13-25622、LXP-13-25677，上犹县 LXP-13-22295、LXP-13-23538、LXP-13-25269。

短小蛇根草 Ophiorrhiza pumila Champ. ex Benth.

草本。山谷，溪边，路旁，疏林，石上，密林，阴处；壤土；250~450 m。九岭山脉：靖安县 LXP-10-201、LXP-10-320；万洋山脉：井冈山 JGS-1304020、JGS-2012019、JGS4011，遂川县 LXP-13-7217。

鸡矢藤属 Paederia L.

耳叶鸡矢藤 Paederia cavaleriei Lévl.

藤本。山谷，山坡，疏林，灌丛；壤土，沙土；909 m。万洋山脉：资兴市 LXP-03-05016；诸广山脉：上犹县 LXP-13-12848。

臭鸡矢藤 Paederia foetida L. [Paederia scandens (Lour.) Merr.; Paederia scandens var. tomentosa (Bl.) Hand.-Mazz.]

藤本，草本，灌木。山坡，山谷，路旁，疏林，灌丛，密林，溪边；壤土；160~1587 m。幕阜山脉：庐山市 LXP4482，瑞昌市 LXP0091，通山县 LXP1859，武宁县 LXP7919，修水县 LXP3420，平江县 LXP-10-6111；九岭山脉：安义县 LXP-10-10539，大围山 LXP-10-11116，奉新县 LXP-10-10561，靖安县 LXP-10-10133，浏阳市 LXP-10-5852，七星岭 LXP-10-11902，铜鼓县 LXP-10-13446，万载县 LXP-10-2060，宜春市 LXP-10-1141，宜丰县 LXP-10-12729，上高县 LXP-06-7662；

武功山脉：安福县 LXP-06-0036、LXP-06-2139、LXP-06-2640，茶陵县 LXP-06-1652、LXP-06-1875、LXP-06-1901，明月山 LXP-06-7707，分宜县 LXP-06-2323，莲花县 LXP-06-0641，芦溪县 LXP-06-2797、LXP-06-8835，宜春市 LXP-06-2730、LXP-06-2750；诸广山脉：崇义县 LXP-03-07385、LXP-03-05771，桂东县 LXP-03-00504、LXP-03-02574，上犹县 LXP-03-06189、LXP-03-06837、LXP-03-06949、LXP-03-10753。

白毛鸡矢藤 Paederia pertomentosa Merr. ex Li

草质藤本。山坡，路旁，灌丛，阳处；黄壤；200~720 m。万洋山脉：炎陵县 DY1-1050，上犹县 LXP-13-19303A。

狭序鸡矢藤 Paederia stenobotrya Merr.

藤本。山坡，灌丛；200~500 m。万洋山脉：资兴市 刘林翰 30625(HNNU)。

槽裂木属 Pertusadina Ridsd.

海南槽裂木 Pertusadina metcalfii (Merr. ex Li) Y. F. Deng et C. M. Hu

乔木，灌木。山谷，山坡，疏林，路旁，溪边，密林；沙土，壤土；340~458 m。九岭山脉：宜丰县 LXP-10-13062；武功山脉：芦溪县 LXP-13-09513；万洋山脉：遂川县 LXP-13-17516，炎陵县 LXP-09-08680。

茜草属 Rubia L.

金剑草 Rubia alata Roxb.

草本。山谷，平地，山坡，河边，路旁，草地，溪边，疏林，灌丛，密林，阴处，阳处；壤土，沙土；170~1150 m。九岭山脉：大围山 LXP-10-5505，靖安县 LXP-10-335、LXP-13-10202，铜鼓县 LXP-10-6558，万载县 LXP-13-11226、LXP-10-2025，宜丰县 LXP-10-7431，上高县 LXP-06-6609；武功山脉：安福县 LXP-06-6339；万洋山脉：井冈山 JGS-1761，炎陵县 LXP-09-07612。

东南茜草 Rubia argyi (Lévl. et Vant.) Hara ex L. A. Lauener et D. K. Ferguson

草本。山坡，草地，山谷，平地，路旁，疏林，灌丛，树上，石上，溪边，村边，密林，阳处；壤土，沙土；150~900 m。幕阜山脉：庐山市 LXP4736，通山县 LXP7903，修水县 LXP2684，平江县 LXP-10-6039；九岭山脉：大围山 LXP-10-11761，奉新县

LXP-10-10740，靖安县 LXP-10-10316，浏阳市 LXP-10-5898，铜鼓县 LXP-10-13451，宜丰县 LXP-10-12919；武功山脉：莲花县 LXP-GTY-130，芦溪县 LXP-13-8221，分宜县 LXP-10-5108；万洋山脉：井冈山 LXP-13-20392，炎陵县 LXP-09-00272。

茜草 Rubia cordifolia L.

缠绕状藤本。山坡，山谷，平地，疏林，路旁，密林，灌丛，溪边，阴处；壤土，腐殖土；96~1417 m。幕阜山脉：庐山市 LXP5480，平江县 LXP4087，瑞昌市 LXP0092，通山县 LXP2026，武宁县 LXP1638，修水县 LXP3277；九岭山脉：大围山 LXP-10-11182，靖安县 LXP-10-13632，万载县 LXP-10-2032，宜丰县 LXP-10-2773，上高县 LXP-06-6644；武功山脉：安福县 LXP-06-5953，茶陵县 LXP-06-1482，分宜县 LXP-06-2346，芦溪县 LXP-06-9033，明月山 LXP-06-7724，宜春市 LXP-06-8951，袁州区 LXP-06-6742；万洋山脉：遂川县 LXP-13-7264，炎陵县 LXP-09-00128，永新县 LXP-QXL-716；诸广山脉：上犹县 LXP-03-06467。

金钱草 Rubia membranacea Diels

草本。平地，山坡，草地，路旁，溪边；壤土，沙土；297~440 m。武功山脉：安福县 LXP-06-2915、LXP-06-5821、LXP-06-5821，攸县 LXP-06-6194。

多花茜草 Rubia wallichiana Decne.

藤本，草本。山谷，山坡，灌丛，路旁，石上，溪边，疏林；壤土，腐殖土；200~1685 m。九岭山脉：大围山 LXP-09-11043、LXP-10-11636，奉新县 LXP-10-13946，靖安县 LXP-10-10079；万洋山脉：遂川县 LXP-13-09351、LXP-13-24675，炎陵县 DY2-1111、LXP-13-24989、LXP-13-4089。

白马骨属 *Serissa* Comm. ex Juss.

六月雪 Serissa japonica (Thunb.) Thunb.

亚灌木。山坡，山谷，平地，路旁，疏林，灌丛，密林，水库边，溪边，河边，草地，阳处；壤土，沙土，腐殖土；133~1565 m。幕阜山脉：庐山市 LXP4523、LXP6016，瑞昌市 LXP0124，通山县 LXP1708；九岭山脉：安义县 LXP-10-10522，奉新县 LXP-10-10662、LXP-06-4042，万载县 LXP-10-2028，上高县 LXP-06-7600；武功山脉：安福县 LXP-06-5564，茶陵县 LXP-06-1379，分宜县 LXP-06-2343，莲花县 LXP-

06-0643、LXP-GTY-123，明月山 LXP-13-10824、LXP-06-7825，宜春市 LXP-06-2731，安仁县 LXP-03-01452，攸县 LXP-06-6082；万洋山脉：炎陵县 DY2-1243，永兴县 LXP-03-03845；诸广山脉：桂东县 LXP-03-00498，上犹县 LXP-03-06089。

白马骨 Serissa serissoides (DC.) Druce

小灌木。山坡，山谷，山顶，路旁，草地，灌丛，疏林，石上，溪边，村边，密林，河床石滩上，河边，阴处，阳处；壤土，腐殖土；90~1345 m。幕阜山脉：濂溪区 LXP6364，庐山市 LXP4649，平江县 LXP4291、LXP-10-6151，通山县 LXP1995，武宁县 LXP0480，修水县 LXP2782；九岭山脉：大围山 LXP-10-11609，奉新县 LXP-10-10898，靖安县 LXP-10-13691，浏阳市 LXP-10-5892，铜鼓县 LXP-10-13589，万载县 LXP-10-1391，宜春市 LXP-10-862，宜丰县 LXP-10-2347；武功山脉：芦溪县 LXP-13-03623，分宜县 LXP-10-5185，玉京山 LXP-10-1296；万洋山脉：井冈山 JGS-1350，遂川县 LXP-13-18017，炎陵县 LXP-09-08087，永新县 LXP-13-07877；诸广山脉：崇义县 LXP-13-24354，上犹县 LXP-03-06842。

鸡仔木属 *Sinoadina* Ridsdale

鸡仔木 Sinoadina racemosa (Sieb. et Zucc.) Ridsd.

小乔木。山坡，山谷，灌丛，疏林，密林，阳处；150~1300 m。幕阜山脉：通山县 LXP1724、LXP1831，武宁县 LXP1668；九岭山脉：大围山 LXP-10-5244，宜丰县 LXP-10-2253；武功山脉：分宜县 LXP-10-5171。

丰花草属 *Spermacoce* L.

阔叶丰花草 Spermacoce alata Aubl. [*Borreria alata* (Aubl.) DC.]

草本。山谷，路旁，草地；220 m。九岭山脉：奉新县 LXP-10-14024。

丰花草 Spermacoce pusilla Wall. [*Borreria pusilla* (Wall.) DC.]

草本。山谷，疏林；黄壤；100~500 m。幕阜山脉：武宁县 LXP-13-08468。

乌口树属 *Tarenna* Gaertn.

尖萼乌口树 Tarenna acutisepala How ex W. C. Chen

灌木。山坡，林下；400 m。幕阜山脉：修水县 谭策铭等 94614(JJF)；诸广山脉：齐云山 Q070087（刘小明等，2010）。

白皮乌口树 Tarenna depauperata Hutch.

灌木。山谷，路旁，疏林；250 m。九岭山脉：宜丰县 LXP-10-3008。

白花苦灯笼 Tarenna mollissima (Hook. et Arn.) Rob.

灌木，小乔木。山坡，山谷，山顶，平地，灌丛，疏林，路旁，溪边，水库边，密林，阴处；壤土（黄壤），腐殖土，沙土；125~1682 m。幕阜山脉：武宁县 LXP6136，修水县 LXP0874，平江县 LXP-10-6211；九岭山脉：大围山 LXP-10-11236，奉新县 LXP-10-10827，靖安县 LXP-10-365，万载县 LXP-10-1549，宜春市 LXP-10-1068，宜丰县 LXP-10-13057，上高县 LXP-06-7553；武功山脉：安福县 LXP-06-0129，茶陵县 LXP-06-1566，芦溪县 LXP-06-2385，攸县 LXP-06-5242，樟树市 LXP-10-5035；万洋山脉：炎陵县 LXP-09-10548，永新县 LXP-13-07759，永兴县 LXP-03-04302；诸广山脉：崇义县 LXP-03-07403，上犹县 LXP-13-12692、LXP-03-06045。

钩藤属 Uncaria Schreb.

钩藤 Uncaria rhynchophylla (Miq.) Miq. ex Havil.

木质藤本。山谷，山坡，平地，路旁，疏林，灌丛，树上，溪边，河边，密林，水库边，阴处，阳处；壤土，腐殖土，沙土；87~1509 m。幕阜山脉：庐山市 LXP4548，平江县 LXP4038、LXP-10-5972，通山县 LXP1988，武宁县 LXP1341；九岭山脉：安义县 LXP-10-10431，大围山 LXP-10-11648，奉新县 LXP-10-10695、LXP-06-4084，靖安县 LXP-10-10104，铜鼓县 LXP-10-8265，万载县 LXP-10-1575，宜丰县 LXP-10-12979；武功山脉：安福县 LXP-06-0414，茶陵县 LXP-06-1474，芦溪县 LXP-06-1176，樟树市 LXP-10-5084；万洋山脉：井冈山 JGS-200，遂川县 LXP-13-16702，炎陵县 LXP-09-07235，永新县 LXP-13-07755，永兴县 LXP-03-04378，资兴市 LXP-03-03522；诸广山脉：崇义县 LXP-03-04977，上犹县 LXP-13-12098、LXP-03-06109。

华钩藤 Uncaria sinensis (Oliv.) Havil.

藤本。山坡，路旁，沟谷；300~700 m。万洋山脉：炎陵县 LXP-13-3218。

A353 龙胆科 Gentianaceae

蔓龙胆属 Crawfurdia Wall.

福建蔓龙胆 Crawfurdia pricei (Marq.) H. Smith

藤本，灌木。山坡，山谷，疏林，溪边；壤土，沙土；992 m。诸广山脉：桂东县 LXP-13-22555、LXP-13-22731。

龙胆属 Gentiana (Tourn.) L.

五岭龙胆 Gentiana davidii Franch.

草本。山顶，山谷，山坡，平地，草地，疏林，路旁，溪边，河边，灌丛，沼泽，密林，阴处；壤土，腐殖土，沙土；814~1920 m。九岭山脉：大围山 LXP-10-5340，七星岭 LXP-10-11399；武功山脉：安仁县 LXP-03-01492，安福县 LXP-06-0375；万洋山脉：遂川县 LXP-13-09300，炎陵县 LXP-09-06301；诸广山脉：崇义县 LXP-03-05754，桂东县 LXP-03-00769、LXP-13-22607，上犹县 LXP-13-12547、LXP-03-06747。

广西龙胆 Gentiana kwangsiensis T. N. Ho

草本。山坡，草地，石上；腐殖土；1400 m。诸广山脉：上犹县 LXP-13-19369A。

华南龙胆 Gentiana loureiroi (G. Don) Griseb.

草本。平地，山坡，草地，路旁，阳处；壤土；164~1260 m。武功山脉：茶陵县 LXP-065175，芦溪县 LXP-06-3365；诸广山脉：上犹县 LXP-13-19358A。

条叶龙胆 Gentiana manshurica Kitag.

草本。山坡，草丛；760~1300 m。幕阜山脉：庐山 熊耀国 04919(LBG)；万洋山脉：井冈山 岳俊三等 5162(NAS)。

流苏龙胆 Gentiana panthaica Prain et Burk.

草本。诸广山脉：桂东县 LXP-13-09067。

龙胆 Gentiana scabra Bunge

草本。山坡，山顶，路旁；900~1400 m。幕阜山脉：庐山 岳俊三 2100(NAS)。

鳞叶龙胆 Gentiana squarrosa Ledeb.

草本。山谷，林下；1100 m。幕阜山脉：武宁县 谭策铭和熊基水 97254(JJF)。

丛生龙胆 Gentiana thunbergii (G. Don) Griseb.

草本。罗霄山脉可能有分布，未见标本。

灰绿龙胆 Gentiana yokusai Burk.

草本。山顶，山坡，山谷，草地，路旁，密林，疏林，溪边；壤土；904~1612 m。幕阜山脉：平江县 LXP3179、LXP3524，通山县 LXP1146、LXP1276、LXP6639；万洋山脉：炎陵县 LXP-09-07006。

笔龙胆 Gentiana zollingeri Fawcett

草本。山谷，疏林，密林，溪边；腐殖土。万洋山脉：炎陵县 LXP-13-5662、LXP-13-5684。

匙叶草属 *Latouchea* Franch.

匙叶草 Latouchea fokienensis Franch.

草本。山谷，疏林，阴湿石壁上；800~1300 m。万洋山脉：炎陵县有分布。

獐牙菜属 *Swertia* L.

狭叶獐牙菜 Swertia angustifolia Buch.-Ham. ex D. Don

草本。山谷，溪边，疏林；壤土；750 m。九岭山脉：奉新县 LXP-10-13929；万洋山脉：遂川县 LXP-13-7099。

美丽獐牙菜 Swertia angustifolia var. **pulchella** (D. Don) Burk.

草本。山顶，路旁，疏林，草地；1400~1550 m。九岭山脉：大围山 LXP-10-11364、LXP-10-12562，七星岭 LXP-10-11891。

獐牙菜 Swertia bimaculata (Sieb. et Zucc.) Hook. f. et Thoms. ex C. B. Clarke

草本。山坡，山顶，山谷，平地，疏林，灌丛，路旁，溪边，河边，草地，阳处；壤土，腐殖土，沙土；633~1902 m。幕阜山脉：通山县 LXP7549，修水县 LXP2365；九岭山脉：靖安县 LXP2440，大围山 LXP-10-5294，奉新县 LXP-10-10602；武功山脉：安福县 LXP-06-8983，芦溪县 LXP-06-9005，明月山 LXP-06-7692，宜春市 LXP-06-2161，攸县 LXP-06-6179，袁州区 LXP-06-6710；万洋山脉：吉安市 LXSM2-6-10052，遂川县 LXP-13-20270，炎陵县 LXP-09-00613；诸广山脉：崇义县 LXP-03-05838，桂东县 LXP-03-02317，上犹县 LXP-13-22230。

北方獐牙菜 Swertia diluta (Turcz.) Benth. et Hook. f.

草本。山坡，灌丛；850 m。幕阜山脉：武宁县 谭策铭 9610237(PE)。

浙江獐牙菜 Swertia hickinii Burk.

草本。山坡，山顶，草丛；1000~1500 m。幕阜山脉：庐山 熊耀国 09687(PE)。

双蝴蝶属 *Tripterospermum* Blume

双蝴蝶 Tripterospermum chinense (Migo) H. Smith

草质藤本。山坡，山谷，平地，山顶，灌丛，路旁，疏林，草地，密林，溪边，河边，村边，阴处，阳处；壤土，腐殖土，沙土，石灰岩；272~1540 m。幕阜山脉：庐山市 LXP4773，通山县 LXP7701，武宁县 LXP1302，修水县 LXP2689；九岭山脉：上高县 LXP-06-6626；武功山脉：安福县 LXP-06-3187，茶陵县 LXP-06-2245，芦溪县 LXP-06-9162，明月山 LXP-06-7743，攸县 LXP-06-6162，袁州区 LXP-06-6668；万洋山脉：吉安市 LXSM2-6-10044，井冈山 JGS-2061，遂川县 LXP-13-09283，炎陵县 DY2-1127，永兴县 LXP-03-04194；诸广山脉：崇义县 LXP-03-04953，上犹县 LXP-13-22327、LXP-03-06766。

峨眉双蝴蝶 Tripterospermum cordatum (Marq.) H. Smith

草本。山谷，沼泽；壤土；238 m。武功山脉：安福县 LXP-06-0888。

湖北双蝴蝶 Tripterospermum discoideum (Marq.) H. Smith

藤本。山坡，灌丛；壤土；683 m。武功山脉：宜春市 LXP-06-2766。

细茎双蝴蝶 Tripterospermum filicaule (Hemsl.) H. Smith

草质藤本。山顶，山坡，山谷，灌丛，路旁，疏林，河边，竹林下；腐殖土，壤土；700 m。九岭山脉：靖安县 LXP-10-9503；武功山脉：芦溪县 LXP-13-09686；万洋山脉：井冈山 LXP-13-20238，炎陵县 LXP-09-06494。

香港双蝴蝶 Tripterospermum nienkui (Marq.) C. J. Wu

草质藤本。山谷，山顶，山坡，灌丛，路旁，溪边，沼泽，密林，疏林，阴处；壤土，腐殖土，沙土；210~1828 m。九岭山脉：大围山 LXP-10-12350，奉新县 LXP-10-10951，七星岭 LXP-10-11401，铜鼓县 LXP-10-6977，宜丰县 LXP-10-2353；武功山脉：芦溪县 LXP-13-03655；万洋山脉：井冈山 LXP-13-05911，遂川县 LXP-13-24683，炎陵县 LXP-13-24808；诸广山脉：崇义县 LXP-03-05780，桂东县 LXP-03-00867，上犹县 LXP-03-06610。

A354 马钱科 Loganiaceae

蓬莱葛属 *Gardneria* Wall.

柳叶蓬莱葛 Gardneria lanceolata Rehd. et Wils.

木质藤本。山坡，路旁；1000~1500 m。九岭山脉：铜鼓县 熊杰 3978(LBG)。

蓬莱葛 Gardneria multiflora Makino

藤本，灌木，草本。山坡，山谷，丘陵，平地，疏林，灌丛，密林，溪边，河边，路旁，阳处；壤土，沙土，腐殖土；100~816 m。幕阜山脉：庐山市 LXP5340，武宁县 LXP-13-08577，平江县 LXP3671，通山县 LXP1718；九岭山脉：靖安县 LXP-13-10358，安义县 LXP-10-9480，奉新县 LXP-10-9283；武功山脉：莲花县 LXP-GTY-072，攸县 LXP-06-1612；万洋山脉：井冈山 JGS-2204，遂川县 LXP-13-7571，炎陵县 LXP-09-06234，永新县 LXP-QXL-690；诸广山脉：上犹县 LXP-13-12367。

尖帽草属 *Mitrasacme* Labill.

水田白 Mitrasacme pygmaea R. Br.

草本。山地；黄壤；500 m。九岭山脉：宜丰县 赖书坤等 124(LBG)。

A355 钩吻科 Gelsemiaceae

钩吻属 *Gelsemium* Juss.

钩吻 Gelsemium elegans (Gardn. et Champ.) Benth.

木质藤本。山谷，山坡；300~900 m。诸广山脉：齐云山 075724（刘小明等，2010）。

A356 夹竹桃科 Apocynaceae

链珠藤属 *Alyxia* Banks ex R. Br.

筋藤 Alyxia levinei Merr.

藤本。山谷，山坡，平地，疏林，路旁，溪边，河

边；壤土，沙土，腐殖土；324~925 m。九岭山脉：靖安县 LXP-13-11584；万洋山脉：井冈山 LXP-13-15191，炎陵县 LXP-09-08180、LXP-09-08331、LXP-13-5673，永新县 LXP-13-07886、LXP-QXL-258、LXP-QXL-306；诸广山脉：桂东县 LXP-13-25629，上犹县 LXP-13-12346、LXP-13-12703、LXP-13-12859。

海南链珠藤 Alyxia odorata Wallich ex G. Don

藤本。山谷，树上，路旁，灌丛，密林，疏林；腐殖土；150~497 m。九岭山脉：宜丰县 LXP-10-12735、LXP-10-13169、LXP-10-3001；万洋山脉：井冈山 JGS-1286，永新县 LXP-13-07822。

链珠藤 Alyxia sinensis Champ. ex Benth. [*Alyxia acutifolia* Tsiang]

藤本。平地，山谷，山坡，路旁，灌丛，疏林，密林，溪边，石上，河边，阴处；石灰岩，壤土，沙土，腐殖土；176~1350 m。九岭山脉：奉新县 LXP-06-4077；武功山脉：安福县 LXP-06-0109；万洋山脉：井冈山 JGS-603，遂川县 LXP-13-17211，炎陵县 LXP-13-4283，永新县 LXP-13-19503，资兴市 LXP-03-03821；诸广山脉：崇义县 LXP-03-05659、LXP-13-24315，桂东县 LXP-13-25304，上犹县 LXP-13-18957、LXP-03-06163。

鳝藤属 *Anodendron* A. DC.

鳝藤 Anodendron affine (Hook. et Arn.) Druce

藤本。山谷，疏林，溪边；壤土。诸广山脉：齐云山 075687（刘小明等，2010）。

秦岭藤属 *Biondia* Schltr.

青龙藤 Biondia henryi (Warb. ex Schltr. et Diels) Tsiang et P. T. Li

藤本。山脚，灌丛；260 m。幕阜山脉：修水县 谭策铭等 94520(SN)。

祛风藤 Biondia microcentra (Tsiang) P. T. Li [*Adelostemma microcentrum* Tsiang]

藤本。山坡，林中；150 m。幕阜山脉：庐山市 董安淼 008(JJF)。

长春花属 *Catharanthus* G. Don

*****长春花 Catharanthus roseus** (L.) G. Don

草本。观赏，栽培。幕阜山脉：庐山 谭策铭 95861

(IBSC)。

鹅绒藤属 *Cynanchum* L.

合掌消 Cynanchum amplexicaule (Sieb. et Zucc.) Hemsl.

草本。山坡，疏林，灌丛，路旁；432~852 m。幕阜山脉：武宁县 LXP0964、LXP1072、LXP1317，修水县 LXP3315。

紫花合掌消 Cynanchum amplexicaule var. **castaneum** Makino

草本。山顶，山坡，路旁，灌丛，草地；350~1500 m。九岭山脉：大围山 LXP-10-12546，七星岭 LXP-10-8227。

白薇 Cynanchum atratum Bunge

草本。山坡，山顶，灌丛，草地；壤土，沙土；1167~1902 m。武功山脉：莲花县 LXP-06-0786；诸广山脉：桂东县 LXP-03-02476。

牛皮消 Cynanchum auriculatum Royle ex Wight

藤本。山坡，山谷，山顶，平地，路旁，疏林，灌丛，树上，溪边，河边，草地，密林，阴处，阳处；壤土，沙土；200~1500 m。幕阜山脉：庐山市 LXP4873，通山县 LXP1875，武宁县 LXP8165，修水县 LXP0341；九岭山脉：大围山 LXP-09-11026、LXP-10-12167，奉新县 LXP-10-10841，七星岭 LXP-10-11435，铜鼓县 LXP-10-13546，宜丰县 LXP-10-13078；武功山脉：安仁县 LXP-03-01525，莲花县 LXP-06-0782，芦溪县 LXP-06-9178；万洋山脉：井冈山 LXP-13-04602，遂川县 LXP-13-20319，炎陵县 LXP-09-00279，宜春市 LXP-13-10551，资兴市 LXP-03-05126；诸广山脉：崇义县 LXP-03-05865，桂东县 LXP-03-00881。

蔓剪草 Cynanchum chekiangense M. Cheng ex Tsiang et P. T. Li

蔓生草本。林缘，路旁，草丛；1100 m。幕阜山脉：庐山 谭策铭等 Y07003(JJF)。

白前 Cynanchum glaucescens (Decne.) Hand.-Mazz.

草本。山坡，路旁；990 m。九岭山脉：靖安县 LXP2446。

竹灵消 Cynanchum inamoenum (Maxim.) Loes.

草本。山顶，山坡，草地，疏林；腐殖土，壤土；1260~1830 m。诸广山脉：崇义县 LXP-13-24238，上犹县 LXP-13-19364A、LXP-13-23525。

毛白前 Cynanchum mooreanum Hemsl.

藤本。山谷，山坡，路旁，灌丛，树上，溪边，疏林，阴处；壤土，沙土，腐殖土；200~1523 m。九岭山脉：靖安县 LXP-13-10123，奉新县 LXP-10-3486，宜春市 LXP-10-1215；武功山脉：莲花县 LXP-GTY-208、LXP-GTY-256，樟树市 LXP-10-5042；万洋山脉：井冈山 LXP-13-18725，炎陵县 LXP-09-08546、LXP-13-3330，永新县 LXP-QXL-071。

朱砂藤 Cynanchum officinale (Hemsl.) Tsiang et Zhang

草质藤本。山坡，山顶，草地；1300~1500 m。武功山脉：芦溪县 刘仁林等 D008(GNNU)。

徐长卿 Cynanchum paniculatum (Bunge) Kitagawa

草质藤本。山坡，山谷，灌丛，疏林，溪边，路旁；壤土；650~678 m。九岭山脉：万载县 LXP-13-11280；万洋山脉：井冈山 JGS-2111；诸广山脉：崇义县 LXP-03-05727。

柳叶白前 Cynanchum stauntonii (Decne.) Schltr. ex Lévl.

草本，灌木。山坡，山谷，平地，石上，溪边，路旁，密林，灌丛，疏林，村边，阴处；壤土，腐殖土，沙土；150~836 m。九岭山脉：靖安县 LXP-13-10457，上高县 LXP-10-4952，万载县 LXP-10-1629、LXP-10-2184，奉新县 LXP-06-4021；武功山脉：安福县 LXP-06-0542，茶陵县 LXP-06-1975；万洋山脉：遂川县 LXP-13-17836、LXP-13-18132，永新县 LXP-13-19114；诸广山脉：崇义县 LXP-13-24283、LXP-03-04892。

隔山消 Cynanchum wilfordii (Maxim.) Hemsl.

藤本。山坡，路旁；壤土。万洋山脉：炎陵县 LXP-13-3339。

醉魂藤属 *Heterostemma* Wight et Arn.

醉魂藤 Heterostemma alatum Wight

藤本。山顶，密林，石上；377 m。武功山脉：攸县 LXP-03-08970。

黑鳗藤属 *Jasminanthes* Blume

黑鳗藤 Jasminanthes mucronata (Blanco) W. D. Sttevens et P. T. Li

灌木。山谷，疏林；壤土；542 m。万洋山脉：炎陵县 LXP-13-26031。

牛奶菜属 Marsdenia R. Br.

牛奶菜 Marsdenia sinensis Hemsl.

藤本，乔木，灌木。山坡，山谷，平地，灌丛，树上，路旁，河边，溪边，疏林，阴处；壤土，腐殖土；200~1631 m。幕阜山脉：武宁县 LXP0630；九岭山脉：靖安县 LXP-10-10222、LXP-10-4499；武功山脉：芦溪县 LXP-06-2403；万洋山脉：井冈山 JGS-059、JGS-2075，炎陵县 LXP-09-06236、LXP-09-07079、LXP-09-07216，永新县 LXP-13-19610；诸广山脉：桂东县 LXP-13-25418。

萝藦属 Metaplexis R. Br.

华萝藦 Metaplexis hemsleyana Oliv.

藤本。山脚，荒地；150 m。幕阜山脉：庐山 谭策铭和董安淼 99611(JJF)。

萝藦 Metaplexis japonica (Thunb.) Makino

藤本。山坡，草地，疏林，灌丛，路旁；沙土；475~1207 m。幕阜山脉：庐山市 LXP4682，通山县 LXP1785、LXP7462；诸广山脉：桂东县 LXP-03-00503。

夹竹桃属 Nerium L.

*夹竹桃 Nerium oleander L. [Nerium indicum Mill.]

灌木。观赏，广泛栽培。幕阜山脉：庐山 谭策铭和易发彬 04129(JJF)。

石萝藦属 Pentasachme Wall. ex Wight

石萝藦 Pentasachme caudatum Wall. ex Wight

草本。山谷，疏林，溪边；壤土。万洋山脉：遂川县 LXP-13-7033。

杠柳属 Periploca L.

杠柳 Periploca sepium Bunge

木质藤本。罗霄山脉可能有分布，未见标本。

帘子藤属 Pottsia Hook. et Arn.

大花帘子藤 Pottsia grandiflora Markgr.

藤本。山谷，疏林；壤土；542 m。万洋山脉：炎陵县 LXP-13-26045。

帘子藤 Pottsia laxiflora (Bl.) O. Ktze.

藤本。山坡，山谷，疏林，灌丛，溪边，阴处；壤土；230~431 m。幕阜山脉：修水县 LXP3381；九岭山脉：万载县 LXP-10-2140；武功山脉：茶陵县 LXP-06-7123；万洋山脉：井冈山 JGS-1311。

毛药藤属 Sindechites Oliv.

毛药藤 Sindechites henryi Oliv.

藤本。林下，灌丛；500 m。幕阜山脉：庐山 董安淼 2208(JJF)。

络石属 Trachelospermum Lem.

亚洲络石 Trachelospermum asiaticum (Sieb. et Zucc.) Nakai [Trachelospermum gracilipes Hook. f.]

藤本。山坡，山谷，疏林，灌丛，路旁，石上；腐殖土，壤土；424~756 m。万洋山脉：井冈山 LXP-13-18755，遂川县 LXP-13-17204、LXP-13-18059，炎陵县 LXP-13-23945、LXP-13-26013；诸广山脉：桂东县 LXP-13-25445。

紫花络石 Trachelospermum axillare Hook. f.

藤本，灌木，草本。山坡，山谷，平地，疏林，灌丛，密林，树上，路旁，溪边，石上，阴处，阳处；石灰岩，壤土（红壤），沙土，腐殖土；180~1167 m。幕阜山脉：平江县 LXP3558，通山县 LXP6920，武宁县 LXP0998、LXP-13-08541，修水县 LXP3215；九岭山脉：安义县 LXP-10-3720，大围山 LXP-10-11759，靖安县 LXP-10-271，万载县 LXP-10-1725，宜丰县 LXP-10-2790，奉新县 LXP-06-4030；武功山脉：安福县 LXP-06-0717，茶陵县 LXP-06-1908，莲花县 LXP-06-1052，芦溪县 LXP-06-1110，宜春市 LXP-06-2680；万洋山脉：吉安市 LXSM2-6-10161，井冈山 JGS-C040，遂川县 LXP-13-16465，炎陵县 LXP-09-08186，永新县 LXP-13-08148，资兴市 LXP-03-03824。

贵州络石 Trachelospermum bodinieri (Lévl.) Woods. ex Rehd.

藤本。山谷，山坡，灌丛，溪边；壤土，沙土；790 m。万洋山脉：遂川县 LXP-13-17293、LXP-13-17523。

短柱络石 Trachelospermum brevistylum Hand.-Mazz.

藤本。山坡，路旁；壤土；230 m。万洋山脉：永新县 LXP-13-19707。

乳儿绳 Trachelospermum cathayanum Schneid.

藤本。山坡，山谷，路旁；169~340 m。幕阜山脉：庐山市 LXP5152，平江县 LXP4040，通山县 LXP1847，武宁县 LXP0551。

锈毛络石 Trachelospermum dunnii (Lévl.) Lévl.

草质藤本。山坡，路旁；壤土；632 m。万洋山脉：井冈山 LXP-13-15277。

络石 Trachelospermum jasminoides (Lindl.) Lem. [*Trachelospermum jasminoides* var. *heterophyllum* Tsiang]

藤本，草本。山坡，山谷，村边，平地，疏林，路旁，石上，灌丛，溪边，树上，草地，河边，密林，阳处，阴处；石灰岩，壤土，腐殖土，沙土；100~1400 m。幕阜山脉：平江县 LXP3822，通山县 LXP5858，武宁县 LXP6092，修水县 LXP6417；九岭山脉：安义县 LXP-10-10520，大围山 LXP-10-5560，奉新县 LXP-10-10863，靖安县 LXP-10-10023，七星岭 LXP-10-8166，铜鼓县 LXP-10-6989，万载县 LXP-10-1434，宜春市 LXP-10-1173，宜丰县 LXP-10-13400；武功山脉：安福县 LXP-06-0299，分宜县 LXP-06-9588，芦溪县 LXP-06-9099，明月山 LXP-06-4957，宜春市 LXP-06-8975；万洋山脉：遂川县 LXP-13-23474，炎陵县 DY3-1177，永新县 LXP-13-07700，资兴市 LXP-03-03828；诸广山脉：上犹县 LXP-03-06982。

娃儿藤属 *Tylophora* R. Br.

七层楼 Tylophora floribunda Miq.

藤本。山坡，路旁；966 m。幕阜山脉：庐山市 LXP4507。

紫花娃儿藤 Tylophora henryi Warb.

藤本。山坡，路旁。诸广山脉：齐云山 4350（刘小明等，2010）。

通天连 Tylophora koi Merr.

藤本。山坡，路旁。诸广山脉：齐云山 075690（刘小明等，2010）。

娃儿藤 Tylophora ovata (Lindl.) Hook. ex Steud.

藤本。山坡，平地，路旁，灌丛；壤土，沙土；185~

812 m。武功山脉：安福县 LXP-06-3485、LXP-06-3818，茶陵县 LXP-06-1897，芦溪县 LXP-06-3384、LXP-06-3435，攸县 LXP-06-6154；万洋山脉：炎陵县 LXP-13-4083。

贵州娃儿藤 Tylophora silvestris Tsiang

藤本。山坡，路旁，疏林，密林，阴处；416~807 m。幕阜山脉：庐山市 LXP4864、LXP5323，通山县 LXP6606，武宁县 LXP0953、LXP1218、LXP1574，修水县 LXP2801、LXP2972、LXP3441；九岭山脉：靖安县 LXP-10-746。

Order 54. 紫草目 Boraginales

A357 紫草科 Boraginaceae

斑种草属 *Bothriospermum* Bunge

柔弱斑种草 Bothriospermum zeylanicum (J. Jacq.) Druce

草本。平地，山谷，山坡，路旁，疏林，草地，河边，石上，阳处；壤土；115~507 m。武功山脉：茶陵县 LXP-13-22947，明月山 LXP-06-4952；万洋山脉：炎陵县 LXP-09-09057，永新县 LXP-13-07671、LXP-13-08010；诸广山脉：上犹县 LXP-13-12627。

琉璃草属 *Cynoglossum* L.

倒提壶 Cynoglossum amabile Stapf et Drumm.

草本。山谷，路旁，草地；750 m。九岭山脉：奉新县 LXP-10-9327。

琉璃草 Cynoglossum furcatum Wall.

草本。山坡，疏林，路旁，河边，石上，阴处；壤土，腐殖土。万洋山脉：吉安市 LXSM2-6-10058，井冈山 LXP-13-15156，炎陵县 LXP-09-425。

小花琉璃草 Cynoglossum lanceolatum Forssk.

草本。山坡，疏林，路旁，阳处；壤土，腐殖土；1658 m。万洋山脉：井冈山 LXP-13-18775，炎陵县 LXP-09-08467、LXSM-7-00291。

厚壳树属 *Ehretia* L.

厚壳树 Ehretia acuminata R. Brown

灌木，小乔木。山谷，路旁，疏林，溪边，河边；壤土；454~586 m。万洋山脉：井冈山 JGS-1183、

LXP-13-15364；诸广山脉：上犹县 LXP-03-06961、LXP-03-10764。

粗糠树 Ehretia dicksonii Hance

乔木。平地，疏林；壤土；294 m。武功山脉：安福县 LXP-06-0425。

长花厚壳树 Ehretia longiflora Champ. ex Benth.

乔木。山谷，山坡，平地，路旁，疏林，密林，溪边，阳处；沙土，壤土，腐殖土；626~761 m。诸广山脉：崇义县 LXP-13-24370，上犹县 LXP-13-12326、LXP-13-12343、LXP-13-18901。

紫草属 Lithospermum L.

田紫草 Lithospermum arvense L.

草本。罗霄山脉可能有分布，未见标本。

紫草 Lithospermum erythrorhizon Sieb. et Zucc.

草本。山坡，路旁，阳处；354~585 m。幕阜山脉：武宁县 LXP1553，修水县 LXP6719。

梓木草 Lithospermum zollingeri DC.

草本。山脚，草丛。160 m。幕阜山脉：庐山市 董安淼 1848(CCAU)。

皿果草属 Omphalotrigonotis W. T. Wang

皿果草 Omphalotrigonotis cupulifera (Johnst.) W. T. Wang

草本。山谷，山坡，路旁，草地，灌丛，密林，溪边，疏林，阴处；沙土，壤土；200~912 m。九岭山脉：靖安县 LXP-10-4423，宜丰县 LXP-10-2723；万洋山脉：遂川县 LXP-13-17428、LXP-13-17573、LXP-13-18182。

车前紫草属 Sinojohnstonia Hu

浙赣车前紫草 Sinojohnstonia chekiangensis (Migo) W. T. Wang ex Z. Y. Zhang

草本。山坡，山谷，路旁，疏林，灌丛，溪边，河边，石上，阳处；腐殖土，壤土；365~779 m。九岭山脉：大围山 LXP-13-17025，浏阳市 LXP-03-08655；万洋山脉：井冈山 LXP-13-24122，炎陵县 LXP-09-07087。

聚合草属 Symphytum L.

*聚合草 Symphytum officinale L.

草本。山坡，平地，灌丛，路旁；1001~1206 m。

栽培。幕阜山脉：武宁县 LXP5772；万洋山脉：遂川县 LXP-13-18238。

盾果草属 Thyrocarpus Hance

弯齿盾果草 Thyrocarpus glochidiatus Maxim.

草本。山坡，山谷，疏林，村边，溪边，密林；118~303 m。幕阜山脉：庐山市 LXP5651，通山县 LXP6533，武宁县 LXP1678；九岭山脉：大围山 LXP-10-8005。

盾果草 Thyrocarpus sampsonii Hance

草本。山坡，山谷，平地，疏林，路旁，溪边，村边，石上；壤土，石灰岩；216~1435 m。幕阜山脉：平江县 LXP4180、LXP4307；武功山脉：安福县 LXP-06-4725，大岗山 LXP-06-3651，芦溪县 LXP-06-1271、LXP-06-3358；万洋山脉：炎陵县 LXP-09-09008。

附地菜属 Trigonotis Steven

硬毛附地菜 Trigonotis laxa var. hirsuta W. T. Wang

草本。山坡，山谷，平地，疏林，溪边，石上；壤土；862~1675 m。万洋山脉：井冈山 LXSM2-6-10184，炎陵县 LXP-09-06272；诸广山脉：上犹县 LXP-13-12130、LXP-13-23083、LXP-13-23201。

附地菜 Trigonotis peduncularis (Trev.) Benth. ex Baker et Moore

草本。山谷，山坡，平地，路旁，村边，草地，疏林，密林，溪边，水田边，阴处，阳处；壤土，沙土，石灰岩；70~1479 m。幕阜山脉：通山县 LXP5848，武宁县 LXP1471，岳阳县 LXP3800；九岭山脉：安义县 LXP-10-3607，大围山 LXP-10-7490，奉新县 LXP-10-10987，靖安县 LXP-10-4464，七星岭 LXP-10-8213，宜丰县 LXP-10-4605；武功山脉：安福县 LXP-06-3533，芦溪县 LXP-06-1272，明月山 LXP-06-4497，攸县 LXP-03-08690，分宜县 LXP-10-5181；万洋山脉：井冈山 JGS-4580，炎陵县 LXP-09-08646、LXP-03-02933；诸广山脉：上犹县 LXP-13-23187。

Order 56. 茄目 Solanales

A359 旋花科 Convolvulaceae

心萼薯属 Aniseia Choisy

心萼薯 Aniseia biflora (L.) Choisy

藤本。山谷，疏林；250 m。九岭山脉：靖安县 LXP-10-13594。

打碗花属 *Calystegia* R. Br.

打碗花 **Calystegia hederacea** Wall. ex. Roxb.
草质藤本。山坡，山谷，平地，疏林，路旁，村边，溪边；壤土；78~1795 m。幕阜山脉：庐山市 LXP5038，平江县 LXP4020、LXP4279，通山县 LXP2416，武宁县 LXP0575、LXP1617；武功山脉：芦溪县 LXP-13-8357；万洋山脉：炎陵县 LXP-09-10668、LXP-13-3163、LXP-13-4171，永新县 LXP-QXL-768。

藤长苗 **Calystegia pellita** (Ledeb.) G. Don
草质藤本。幕阜山脉：庐山有分布记录，未见标本。

旋花 **Calystegia sepium** (L.) R. Br.
藤本，草本。山坡，路旁，山谷，平地，疏林，草地，菜地，石上，灌丛，阳处；壤土，沙土；200~981 m。幕阜山脉：平江县 LXP4403，通山县 LXP2236，修水县 LXP0248；九岭山脉：大围山 LXP-03-07741、LXP-03-07801，奉新县 LXP-10-9098，七星岭 LXP-10-8221，铜鼓县 LXP-10-8327；万洋山脉：炎陵县 LXP-03-01602、LXP-13-4598，永新县 LXP-QXL-232、LXP-QXL-434，永兴县 LXP-03-04161。

欧旋花 **Calystegia sepium** subsp. **spectabilis** Brummitt
草质藤本。平地，山坡，路旁，灌丛，溪边；壤土；193~337 m。武功山脉：安福县 LXP-06-0598、LXP-06-3501、LXP-06-3944，茶陵县 LXP-06-1494，芦溪县 LXP-06-3372。

鼓子花 **Calystegia silvatica** subsp. **orientalis** Brummitt
藤本。山坡，平地，草地，路旁，疏林；102~169 m。幕阜山脉：武宁县 LXP5762、LXP6067；万洋山脉：井冈山 LXSM2-6-10254。

旋花属 *Convolvulus* L.

田旋花 **Convolvulus arvensis** L.
草本。路旁，草丛，田边；800 m。幕阜山脉：庐山 谭策铭等 11595(JJF)。

菟丝子属 *Cuscuta* L.

南方菟丝子 **Cuscuta australis** R. Br.
草质藤本。平地，山谷，村边，河边，山坡上，溪边，灌丛，路旁，疏林，阳处；90~350 m。幕阜山脉：平江县 LXP-10-6353；九岭山脉：上高县 LXP-10-4925，万载县 LXP-10-1820，宜春市 LXP-10-1125、LXP-10-804，宜丰县 LXP-10-3132、LXP-10-4806；武功山脉：玉京山 LXP-10-1230。

原野菟丝子 **Cuscuta campestris** Yunker
藤本。山坡，疏林；壤土；388 m。万洋山脉：永新县 LXP-13-19641。

菟丝子 **Cuscuta chinensis** Lam.
草质藤本。山坡，山谷，平地，路旁，灌丛，疏林，草地，阳处；壤土，沙土；97~1034 m。九岭山脉：安义县 LXP-10-10425，万载县 LXP-10-1444，宜丰县 LXP-10-8778，奉新县 LXP-06-4074；武功山脉：安福县 LXP-06-3534，茶陵县 LXP-06-1826，大岗山 LXP-06-3669，攸县 LXP-06-5205；万洋山脉：炎陵县 TYD1-1184，永兴县 LXP-03-04052；诸广山脉：桂东县 LXP-03-00825。

金灯藤 **Cuscuta japonica** Choisy
藤本。山坡，山谷，平地，山顶，疏林，路旁，灌丛，草地，菜地，树上，河边，溪边，密林，阳处；壤土，腐殖土，石灰岩；124~1540 m。幕阜山脉：庐山市 LXP5134，瑞昌市 LXP0020，通山县 LXP7496，修水县 LXP2679，平江县 LXP-10-6162；九岭山脉：安义县 LXP-10-10500，大围山 LXP-10-11242，奉新县 LXP-10-10921，靖安县 LXP-10-10110，浏阳市 LXP-10-5883，七星岭 LXP-10-11438，铜鼓县 LXP-10-6923，万载县 LXP-10-1632，宜丰县 LXP-10-12824，上高县 LXP-06-6642；武功山脉：安福县 LXP-06-0163，茶陵县 LXP-06-1832，芦溪县 LXP-06-2087，明月山 LXP-06-7906，攸县 LXP-06-5486；万洋山脉：井冈山 JGS-1186，遂川县 LXP-13-16662，永新县 LXP-13-19349；诸广山脉：上犹县 LXP-13-12676，桂东县 LXP-03-00907。

土丁桂属 *Evolvulus* L.

土丁桂 **Evolvulus alsinoides** (L.) L.
草本。山坡，丘陵；300~1000 m。幕阜山脉：庐山市 关克俭 74528(PE)。

飞蛾藤属 *Dinetus* Buchanan-Hamilton ex Sweet

飞蛾藤 **Dinetus racemosus** (Wallich) Sweet [*Porana racemosa* Roxb.]
藤本。山谷，平地，灌丛，溪边，路旁，阳处；壤土。万洋山脉：遂川县 LXP-13-09360，炎陵县 LXP-13-4565。

番薯属 Ipomoea L.

*蕹菜 Ipomoea aquatica Forssk.

草本。蔬菜，广泛栽培。幕阜山脉：柴桑区 王名金 01581(LBG)。

*番薯 Ipomoea batatas (L.) Lam.

草本。栽培，山坡，路旁；300 m。幕阜山脉：九江市 易桂花 6102547(JJF)。

*橙红茑萝 Ipomoea hederifolia L.

草质藤本。山坡，疏林；227 m。栽培。幕阜山脉：武宁县 LXP-5613。

牵牛 Ipomoea nil (L.) Roth

草质藤本。灌丛，路旁，村边；100~200 m。九岭山脉：万载县 LXP-13-11202。

圆叶牵牛 Ipomoea purpurea (L.) Roth

草质藤本。武功山脉：明月山 LXP-13-10700。

鱼黄草属 Merremia Dennst. ex Endl.

篱栏网 Merremia hederacea (Burm. f.) Hall. f.

草质藤本。村边，河边，荒地；20~200 m。幕阜山脉：庐山市 董安淼 2512(JJF)。

北鱼黄草 Merremia sibirica (L.) Hall. f.

草本，藤本。平地，山谷，路旁，草地，溪边，水库边，阴处，阳处；壤土；89~547 m。九岭山脉：浏阳市 LXP-03-08342，上高县 LXP-06-7622；武功山脉：安福县 LXP-06-2602，攸县 LXP-06-5208。

茑萝属 Quamoclit Mill.

*茑萝松 Quamoclit pennata (Desr.) Boj.

藤本。山谷，路旁，灌丛；壤土；195~200 m。栽培。九岭山脉：奉新县 LXP-10-14025；诸广山脉：上犹县 LXP-03-06019、LXP-03-10339。

A360 茄科 Solanaceae

颠茄属 Atropa L.

*颠茄 Atropa belladonna L.

草本，灌木。平地，山谷，路旁，村边，草地；201~

250 m。栽培。幕阜山脉：修水县 LXP0764；九岭山脉：宜丰县 LXP-10-8790。

辣椒属 Capsicum L.

*辣椒 Capsicum annuum L.

草本。山谷，平地，路旁，菜地边，草地；150 m。栽培。幕阜山脉：平江县 LXP-10-6328；九岭山脉：靖安县 LXP-10-10302，万载县 LXP-13-11167。

*朝天椒 Capsicum annuum var. **conoides** (Mill.) Irish

草本。蔬菜，广泛栽培。幕阜山脉：柴桑区 谭策铭和易桂花 061209(JJF)。

*菜椒 Capsicum annuum var. **grossum** (L.) Sendt.

草本。山谷，路旁；壤土。栽培。九岭山脉：靖安县 JLS-2012-057；武功山脉：芦溪县 LXP-13-03602，明月山 LXP-13-10724。

曼陀罗属 Datura L.

*毛曼陀罗 Datura innoxia Mill.

灌木。路旁，村边；567 m。栽培。幕阜山脉：修水县 LXP0252。

*曼陀罗 Datura stramonium L.

草本。山坡，路旁，河边；壤土。栽培。万洋山脉：井冈山 LXP-13-15199。

红丝线属 Lycianthes (Dunal) Hassl.

红丝线 Lycianthes biflora (Lour.) Bitter

草本，藤本。山坡，山谷，疏林，灌丛，密林，溪边；腐殖土，壤土；561~565 m。武功山脉：莲花县 LXP-GTY-055；诸广山脉：桂东县 LXP-13-25430、LXP-13-25477，上犹县 LXP-13-12167、LXP-13-12635。

单花红丝线 Lycianthes lysimachioides (Wall.) Bitter

草本，藤本。山坡，山谷，平地，密林，疏林，灌丛，溪边，路旁；腐殖土，壤土，沙土；288~1345 m。幕阜山脉：通山县 LXP2133，武宁县 LXP5641，修水县 LXP2355；万洋山脉：井冈山 LXP-13-0450，炎陵县 LXP-09-6516，永新县 LXP-13-19183；诸广山脉：上犹县 LXP-13-23379、LXP-03-06628。

心叶单花红丝线 Lycianthes lysimachioides var. **cordifolia** C. Y. Wu et S. C. Huang

草本。山坡，疏林，溪边；壤土。万洋山脉：炎陵县 LXP-09-00180。

中华红丝线 Lycianthes lysimachioides var. sinensis Bitter

草本。山谷，疏林，阴处；腐殖土；365 m。万洋山脉：井冈山 LXP-13-24100，炎陵县 LXP-09-06125。

枸杞属 *Lycium* L.

枸杞 Lycium chinense Mill.

灌木。山谷，平地，山坡，路旁，灌丛，疏林，村边；壤土，沙土；123~780 m。九岭山脉：奉新县 LXP-10-11033；武功山脉：安福县 LXP-06-3072，茶陵县 LXP-06-1690、LXP-06-2056，攸县 LXP-06-6113；万洋山脉：井冈山 LXP-13-05921。

番茄属 *Lycopersicon* Mill.

*番茄 Lycopersicon esculentum Mill.

草本。蔬菜，广泛栽培。幕阜山脉：柴桑区 谭策铭和蔡如意 15111744(JJF)。

假酸浆属 *Nicandra* Adans.

假酸浆 Nicandra physalodes (L.) Gaertn.

草本。平地，草地；壤土；179 m。武功山脉：安福县 LXP-06-3741。

烟草属 *Nicotiana* L.

*烟草 Nicotiana tabacum L.

草本。山谷，山坡，路旁，灌丛；沙土；280~786 m。栽培。九岭山脉：宜丰县 LXP-10-3152；诸广山脉：桂东县 LXP-03-00760。

散血丹属 *Physaliastrum* Makino

江南散血丹 Physaliastrum heterophyllum (Hemsl.) Migo

草本。山坡，山谷，密林，灌丛，疏林，路旁，溪边；壤土，沙土；645~1356 m。幕阜山脉：平江县 LXP3744，通山县 LXP1377，武宁县 LXP0916；万洋山脉：永新县 LXP-QXL-094；诸广山脉：桂东县 LXP-03-00758，上犹县 LXP-13-23162、LXP-03-06585。

地海椒 Physaliastrum sinense (Hemsl.) D'Arcy et Z. Y. Zhang [*Archiphysalis sinensis* (Hemsl.) Kuang]

草本。山坡，林旁；550 m。幕阜山脉：武宁县 谭策铭等 941367(PE)。

酸浆属 *Physalis* L.

酸浆 Physalis alkekengi L.

草本。山坡，山谷，密林，路旁，疏林，溪边，草地；腐殖土，沙土，壤土；139~904 m。幕阜山脉：平江县 LXP-10-6139，通山县 LXP6642；九岭山脉：万载县 LXP-10-2119；武功山脉：莲花县 LXP-GTY-280；万洋山脉：炎陵县 LXSM-7-00344，永新县 LXP-QXL-144，永兴县 LXP-03-04449、LXP-03-04554。

挂金灯 Physalis alkekengi var. franchetii (Mast.) Makino

草本。山坡，路旁；200~600 m。九岭山脉：宜丰县 熊耀国 06626(LBG)。

苦蘵 Physalis angulata L.

草本。菜地，山坡，山谷，平地，路旁，疏林，草地，菜地边，溪边，河边，水库边，石上，密林，阴处，阳处；壤土，沙土；135~864 m。幕阜山脉：瑞昌市 LXP0024，武宁县 LXP-13-08519、LXP0458，修水县 LXP0865，平江县 LXP-10-6014；九岭山脉：大围山 LXP-10-5666，奉新县 LXP-10-14058，靖安县 LXP-10-453，浏阳市 LXP-10-5948，铜鼓县 LXP-10-13537，宜春市 LXP-10-815，宜丰县 LXP-10-12867；武功山脉：明月山 LXP-13-10624，安福县 LXP-06-0139，攸县 LXP-06-5231；万洋山脉：永新县 LXP-QXL-092；诸广山脉：桂东县 LXP-13-09245。

毛苦蘵 Physalis angulata var. villosa Bonati

草本。山谷，村边，平地，路旁，水田，草地，灌丛，疏林，阴处，阳处；90~250 m。九岭山脉：大围山 LXP-10-11781，万载县 LXP-10-1545、LXP-10-1810、LXP-10-1970，宜春市 LXP-10-1032、LXP-10-1110、LXP-10-925，宜丰县 LXP-10-2661。

小酸浆 Physalis minima L.

草本。山谷，山坡，路旁，草地，灌丛，疏林，阳处；壤土；150~1682 m。九岭山脉：大围山 LXP-10-11307，奉新县 LXP-10-10670、LXP-10-10797，靖安县 LXP-10-10232、LXP-10-9774，宜丰县 LXP-10-2195；万洋山脉：炎陵县 LXP-09-10826。

毛酸浆 Physalis pubescens L.

草本。平地，路旁；壤土；608 m。万洋山脉：资兴市 LXP-03-00279。

茄属 *Solanum* L.

少花龙葵 Solanum americanum Mill.

草本。山谷，路旁，疏林，溪边，阴处，阳处；壤土；716 m。九岭山脉：万载县 LXP-13-11235；万洋山脉：井冈山 JGS-014，炎陵县 LXP-09-07214、LXP-09-07257、LXP-09-07473。

牛茄子 Solanum capsicoides All.

草本。山谷，山坡，路旁，溪边，草地，疏林；200~250 m。九岭山脉：宜丰县 LXP-10-13402、LXP-10-7443。

千年不烂心 Solanum cathayanum C. Y. Wu et S. C. Huang

草本。万洋山脉：炎陵县 LXP-13-4495。

野海茄 Solanum japonense Nakai

草本。山谷，路旁，河边。万洋山脉：井冈山 LXP-13-05871。

白英 Solanum lyratum Thunb.

藤本，草本。山坡，山谷，山顶，平地，路旁，疏林，草丛，村边，水库边，灌丛，树上，溪边，密林，河边，阴处，阳处；壤土，腐殖土，沙土；70~1523 m。幕阜山脉：庐山市 LXP4994，平江县 LXP0679、LXP-10-6021，瑞昌市 LXP0042，通山县 LXP2212，修水县 LXP2812；九岭山脉：安义县 LXP-10-10532，大围山 LXP-10-11143，奉新县 LXP-10-10939，靖安县 LXP-10-10011，七星岭 LXP-10-11386，铜鼓县 LXP-10-13548，万载县 LXP-10-1823，宜春市 LXP-06-2735、LXP-10-1112，宜丰县 LXP-10-12810；武功山脉：安福县 LXP-06-2551，茶陵县 LXP-06-1872，芦溪县 LXP-06-9046，明月山 LXP-06-7693，攸县 LXP-06-5437，袁州区 LXP-06-6707，玉京山 LXP-10-1302；万洋山脉：遂川县 LXP-13-16581，炎陵县 LXP-06-4486、DY2-1208，永新县 LXP-QXL-776，永兴县 LXP-03-03913，资兴市 LXP-03-00253；诸广山脉：崇义县 LXP-03-05912，桂东县 LXP-03-01010。

*茄 Solanum melongena L.

草本。蔬菜，广泛栽培。幕阜山脉：柴桑区 谭策铭和易桂花 06748(JJF)。

龙葵 Solanum nigrum L.

草本。山坡，平地，山谷，丘陵，路旁，草地，疏林，阳处；壤土，沙土，腐殖土；70~1441 m。幕阜山脉：庐山市 LXP5147，平江县 LXP4210、LXP-10-6272，通山县 LXP2298，武宁 LXP0459，修水县 LXP3321；九岭山脉：安义县 LXP-10-10406，大围山 LXP-10-11118，奉新县 LXP-10-10676，靖安县 LXP-10-10027、LXP2453，上高县 LXP-10-4863、LXP-06-6545，铜鼓县 LXP-10-13419，万载县 LXP-10-1986，宜春市 LXP-10-1170，宜丰县 LXP-10-12744；武功山脉：安福县 LXP-06-0983，茶陵县 LXP-06-1387，分宜县 LXP-06-2309，芦溪县 LXP-06-2420，明月山 LXP-06-4647，宜春市 LXP-06-8856，攸县 LXP-06-5348，樟树市 LXP-10-5072；万洋山脉：遂川县 LXP-13-17163，炎陵县 LXP-09-07528，永兴县 LXP-03-04226，资兴市 LXP-03-03677；诸广山脉：崇义县 LXP-03-07254，桂东县 LXP-03-00952，上犹县 LXP-03-06787。

海桐叶白英 Solanum pittosporifolium Hemsl.

藤本，草本。山坡，山谷，疏林，灌丛，密林，草地，路旁，溪边，河边，阴处；壤土，沙土，腐殖土；525~1330 m。幕阜山脉：通山县 LXP7248，武宁县 LXP8157，修水县 LXP0306，平江县 LXP-13-22393；九岭山脉：靖安县 LXP2443；武功山脉：芦溪县 LXP-13-03518、LXP-13-09857；万洋山脉：井冈山 JGS-2011-012，炎陵县 LXP-13-24829；诸广山脉：上犹县 LXP-13-12274、LXP-03-06617。

*珊瑚樱 Solanum pseudocapsicum L.

灌木，草本。山坡，山谷，疏林，路旁，灌丛，溪边，石上，草地，村边，平地，阴处，阳处；壤土，沙土；66~1000 m。栽培。幕阜山脉：平江县 LXP4427、LXP-10-6116；九岭山脉：安义县 LXP-10-10451，大围山 LXP-03-07721、LXP-10-11115，奉新县 LXP-10-11072、LXP-06-4065，靖安县 LXP-10-10028，铜鼓县 LXP-10-6513，宜春市 LXP-10-1206，宜丰县 LXP-10-12858；武功山脉：安福县 LXP-06-0587；万洋山脉：永兴县 LXP-03-03882。

*马铃薯 Solanum tuberosum L.

草本。蔬菜，广泛栽培。幕阜山脉：柴桑区 易桂花和李秀枝 11219(JJF)。

野茄 **Solanum undatum** Lam.

灌木。山坡，路旁；壤土；168 m。武功山脉：安福县 LXP-06-0062。

毛果茄 **Solanum viarum** Dunal

草本。山坡，路旁；壤土；256 m。武功山脉：茶陵县 LXP-06-2225。

北美茄 **Solanum virginianum** L.

灌木。山坡，灌丛，路旁；壤土，沙土；500~786 m。万洋山脉：永新县 LXP-13-07963；诸广山脉：桂东县 LXP-03-00757。

龙珠属 *Tubocapsicum* (Wettst.) Makino

龙珠 **Tubocapsicum anomalum** (Franch. et Savat.) Makino

草本。山谷，山坡，平地，路旁，疏林，溪边，河边，密林，灌丛，草地，阴处；壤土，腐殖土；120~1113 m。幕阜山脉：武宁县 LXP0612，修水县 LXP2953；九岭山脉：浏阳市 LXP-03-08420，安义县 LXP-10-3711，大围山 LXP-10-11702，奉新县 LXP-10-10933，靖安县 LXP-13-08324、LXP-10-10005，万载县 LXP-10-1980，宜丰县 LXP-10-13224、LXP-13-22522；武功山脉：安福县 LXP-06-0281，芦溪县 LXP-06-9070，明月山 LXP-06-7689，宜春市 LXP-06-8874；万洋山脉：井冈山 JGS-592，炎陵县 LXP-09-00193；诸广山脉：桂东县 LXP-13-25442，上犹县 LXP-03-06150。

Oreder 57. 唇形目 Lamiales

A366 木犀科 Oleaceae

流苏树属 *Chionanthus* L.

枝花流苏树 **Chionanthus ramiflorus** Roxb.

灌木。山坡，路旁；壤土；683 m。武功山脉：宜春市 LXP-06-2663、LXP-06-2742。

流苏树 **Chionanthus retusus** Lindl. et Paxt.

乔木。山谷，疏林；500 m。幕阜山脉：庐山 谭策铭和董安淼 01315。

雪柳属 *Fontanesia* Labill.

雪柳 **Fontanesia philliraeoides** subsp. **fortunei** (Carr.) Yaltirik [*Fontanesia fortunei* Carr.]

灌木。山谷，林中；800 m。幕阜山脉：庐山 谭策铭 95243(PE)。

连翘属 *Forsythia* Vahl

连翘 **Forsythia suspensa** (Thunb.) Vahl

灌木。山坡，疏林；壤土；816 m。武功山脉：茶陵县 LXP-09-10238。

金钟花 **Forsythia viridissima** Lindl.

灌木。平地，路旁；壤土；1458 m。武功山脉：芦溪县 LXP-06-1255。

梣属 *Fraxinus* L.

白蜡树 **Fraxinus chinensis** Roxb.

乔木。山谷，路旁，疏林；220~543 m。幕阜山脉：庐山市 LXP4537；九岭山脉：宜丰县 LXP-10-3022。

花曲柳 **Fraxinus chinensis** subsp. **rhynchophylla** (Hance) E. Murray

乔木。山谷，林中；1100 m。幕阜山脉：武宁县 谭策铭 97574(SZG)。

疏花梣 **Fraxinus depauperata** (Lingelsh.) Z. Wei

草本。山坡，疏林，村边；465 m。幕阜山脉：瑞昌市 LXP0015。

苦枥木 **Fraxinus insularis** Hemsl.

灌木，小乔木。山坡，山谷，平地，路旁，疏林，河边，石上，溪边；壤土，腐殖土；301~1696 m。幕阜山脉：武宁县 LXP-13-08556；万洋山脉：井冈山 LXP-13-05837，遂川县 LXP-13-16678、LXP-13-17907，炎陵县 LXP-09-07472、LXP-09-08185、LXP-09-08377，永新县 LXP-13-07708、LXP-13-19380；诸广山脉：崇义县 LXP-03-04990。

尖萼梣 **Fraxinus odontocalyx** Hand.-Mazz.

乔木。山谷，疏林；壤土；1685 m。万洋山脉：遂川县 LXP-13-24665。

庐山梣 **Fraxinus sieboldiana** Blume

灌木，小乔木。平地，山坡，山谷，草地，灌丛，密林，路旁，溪边；壤土，沙土；96~1216 m。九岭山脉：上高县 LXP-06-6552、LXP-06-6559；武功山脉：安福县 LXP-06-2923；万洋山脉：永新县 LXP-13-19537；诸广山脉：桂东县 LXP-03-00863。

素馨属 *Jasminum* L.

*探春花 Jasminum floridum Bunge

灌木。观赏，栽培。幕阜山脉：庐山 熊耀国 04913(LBG)。

清香藤 Jasminum lanceolaria Roxb.

灌木，藤本。山谷，山坡，路旁，灌丛，疏林，溪边；壤土；242~685 m。武功山脉：安福县 LXP-06-0921、LXP-06-0987，茶陵县 LXP-06-1941，芦溪县 LXP-06-2521；万洋山脉：永新县 LXP-13-19337。

*野迎春 Jasminum mesnyi Hance

灌木。观赏，栽培。幕阜山脉：柴桑区 谭策铭和易发兵 05663(SZG)。

*茉莉花 Jasminum sambac (L.) Ait.

灌木。栽培，供观赏。

华素馨 Jasminum sinense Hemsl.

缠绕状灌木，乔木。山坡，山谷，平地，疏林，路旁，灌丛，树上，草地，密林，溪边，河边，阴处，阳处；壤土，腐殖土，石灰岩；150~1113 m。幕阜山脉：庐山市 LXP5440，平江县 LXP-10-6245；九岭山脉：靖安县 LXP-10-680，浏阳市 LXP-10-5767、LXP-03-08434，万载县 LXP-10-1451，宜丰县 LXP-10-12963，上高县 LXP-06-6612；武功山脉：安福县 LXP-06-0438；万洋山脉：永新县 LXP-13-19146，永兴县 LXP-03-04387；诸广山脉：桂东县 LXP-13-25307，上犹县 LXP-13-12677、LXP-03-07141。

女贞属 *Ligustrum* L.

台湾女贞 Ligustrum amamianum Koidz.

灌木，藤本，乔木。山谷，山坡，路旁，密林，疏林，阴处；250~600 m。九岭山脉：靖安县 LXP-10-366、LXP-10-738，万载县 LXP-10-2137、LXP-10-2177；万洋山脉：炎陵县 LXP-09-00750。

*日本女贞 Ligustrum japonicum Thunb.

灌木，草本，乔木。山谷，山坡，平地，山顶，疏林，路旁，溪边，阴处；壤土；375~1330 m。栽培。幕阜山脉：修水县 LXP3011、LXP3209；万洋山脉：遂川县 LXP-13-17164，炎陵县 LXP-09-08750、LXP-13-24823；诸广山脉：桂东县 LXP-13-22575。

蜡子树 Ligustrum leucanthum (S. Moore) P. S. Green

乔木，灌木。山谷，疏林；壤土；1525 m。武功山脉：芦溪县 400146026、LXP-13-8314。

华女贞 Ligustrum lianum Hsu

小乔木，灌木。山坡，山谷，山顶，平地，疏林，路旁，河边，灌丛，溪边，密林，阴处，阳处；壤土，腐殖土，沙土；70~1501 m。幕阜山脉：修水县 LXP3135；九岭山脉：大围山 LXP-10-7553，奉新县 LXP-10-3238，靖安县 LXP-10-4353，七星岭 LXP-10-8136，宜丰县 LXP-10-8533；万洋山脉：遂川县 LXP-13-09345，炎陵县 LXP-09-418；诸广山脉：上犹县 LXP-13-19288A，桂东县 LXP-13-09243、LXP-03-00819。

长筒女贞 Ligustrum longitubum Hsu

灌木。山谷，林中；1200 m。幕阜山脉：庐山 谭策铭和董安淼 00460(JJF)。

女贞 Ligustrum lucidum Ait.

乔木，灌木。山坡，草地，丘陵，山谷，平地，疏林，路旁，灌丛，村边，水库边，溪边，河边，密林，阳处；壤土，沙土，腐殖土；63~1682 m。幕阜山脉：濂溪区 LXP6359，庐山市 LXP5671，平江县 LXP4458、LXP-10-6002，通山县 LXP1990，武宁县 LXP0434，修水县 LXP0753；九岭山脉：安义县 LXP-10-3839，奉新县 LXP-10-13789，靖安县 LXP-10-599，上高县 LXP-10-4869、LXP-06-6637，铜鼓县 LXP-10-13585，万载县 LXP-10-1429，宜春市 LXP-10-805，宜丰县 LXP-10-12879；武功山脉：安福县 LXP-06-8519，分宜县 LXP-10-5238，攸县 LXP-06-1614，玉京山 LXP-10-1285；万洋山脉：炎陵县 LXP-09-06313，永兴县 LXP-03-04258，资兴市 LXP-03-00331；诸广山脉：崇义县 LXP-03-05811，上犹县 LXP-03-06398。

水蜡 Ligustrum obtusifolium Sieb. et Zucc.

灌木，小乔木。山谷，山顶，山坡，溪边，疏林，灌丛，密林；280~1500 m。九岭山脉：大围山 LXP-10-11237、LXP-10-12555、LXP-10-7620，七星岭 LXP-10-11406、LXP-10-11848、LXP-10-8141。

*卵叶女贞 Ligustrum ovalifolium Hassk.

灌木。村边。栽培。幕阜山脉：修水县 谭策铭等

14818(JJF)。

阿里山女贞 Ligustrum pricei Hayata

灌木。山谷，疏林，溪边；沙土；1207 m。诸广山脉：桂东县 LXP-03-02452。

小叶女贞 Ligustrum quihoui Carr.

灌木。山谷，山坡，溪边，路旁，密林；沙土，壤土；278~1484 m。幕阜山脉：武宁县 LXP0415；九岭山脉：七星岭 LXP-03-07970；诸广山脉：上犹县 LXP-03-07052。

粗壮女贞 Ligustrum robustum (Roxb.) Blume

乔木。山坡，疏林；壤土；1848 m。万洋山脉：炎陵县 LXP-09-08436。

小蜡 Ligustrum sinense Lour.

灌木。山坡，山顶，山谷，平地，疏林，灌丛，草地，路旁，密林，水库边，溪边，村边，河边，阳处，阴处；石灰岩，壤土，沙土，腐殖土；70~1644 m。幕阜山脉：庐山市 LXP4400，平江县 LXP3156，瑞昌市 LXP0093，通山县 LXP1352，武宁县 LXP0377，修水县 LXP2538；九岭山脉：大围山 LXP-10-7619，奉新县 LXP-10-10637，靖安县 LXP-10-10071，上高县 LXP-10-4902、LXP-06-7606，铜鼓县 LXP-10-6635，万载县 LXP-10-1479，宜春市 LXP-10-1139，宜丰县 LXP-10-12782；武功山脉：安福县 LXP-06-2301，茶陵县 LXP-06-1861，分宜县 LXP-06-2314，芦溪县 LXP-06-8817，明月山 LXP-06-7699，宜春市 LXP-06-2745，攸县 LXP-06-5469，袁州区 LXP-06-6666；万洋山脉：遂川县 LXP-13-16324，炎陵县 LXP-09-06247，永新县 LXP-13-19646；诸广山脉：上犹县 LXP-13-23181。

光萼小蜡 Ligustrum sinense var. myrianthum (Diels) Hoefk.

灌木。山坡，山谷，平地，灌丛，疏林，溪边，村边，路旁，河边，石上，水库边，密林，阳处，阴处；壤土，腐殖土，沙土；150~1795 m。幕阜山脉：通山县 LXP1976，平江县 LXP-13-22428、LXP-10-6183，武宁县 LXP0421，修水县 LXP0270；九岭山脉：大围山 LXP-10-11244，奉新县 LXP-10-4064，靖安县 LXP-10-10255，宜春市 LXP-10-939，宜丰县 LXP-10-12728；武功山脉：莲花县 LXP-GTY-039；万洋山脉：井冈山 JGS-1136，遂川县 LXP-13-7591，

炎陵县 LXP-09-10076，永新县 LXP-13-07906；诸广山脉：桂东县 LXP-13-25377。

木犀属 Osmanthus Lour.[1]

宁波木犀 Osmanthus cooperi Hemsl.

灌木。山坡，山谷，平地，灌丛，疏林，草地，路旁，溪边，河边，阳处；腐殖土，壤土；369~1598 m。幕阜山脉：平江县 LXP3692；万洋山脉：井冈山 JGS4050、JGS4183，炎陵县 LXP-09-09123、LXP-09-09293、LXP-13-22771，永新县 LXP-13-19797；诸广山脉：上犹县 LXP-13-12111、LXP-13-22297、LXP-13-25149，桂东县 LXP-13-25528。

木犀 Osmanthus fragrans (Thunb.) Lour.

乔木。山谷，山坡，平地，路旁，溪边，疏林，密林，灌丛，阴处；壤土（黄壤）；158~1685 m。九岭山脉：浏阳市 LXP-03-08446，大围山 LXP-09-11048、LXP-10-11299，万载县 LXP-10-1745；武功山脉：安福县 LXP-06-2280，芦溪县 LXP-13-8387、LXP-06-1147；万洋山脉：井冈山 JGS-1361，遂川县 LXP-13-16751，炎陵县 DY3-1147；诸广山脉：上犹县 LXP-03-06931。

*四季桂 Osmanthus fragrans (Thunb.) Lour. cv. 'Everaflous'

乔木。观赏，广泛栽培。幕阜山脉：柴桑区 谭策铭 1501002(JJF)。

细脉木犀 Osmanthus gracilinervis Chia ex R. L. Lu

灌木。山谷，路旁，疏林，密林，溪边；壤土；680~1508 m。万洋山脉：井冈山 JGS-024、JGS-328，遂川县 LXP-13-18188，炎陵县 LXP-13-24890。

蒙自桂花 Osmanthus henryi P. S. Green

灌木。丘陵，疏林，阴处；80 m。九岭山脉：安义县 LXP-10-9408。

厚边木犀 Osmanthus marginatus (Champ. ex Benth.) Hemsl.

灌木。山坡，山谷，平地，路旁，灌丛，疏林，密

[1] 本属已被修订为万钧木属 Chengiodendron C. B. Shang, X. R. Wang, Yi F. Duan et Yong F. Li，见文献：Li YF, Zhang M, Wang XR, et al. 2020. Revisiting the phylogeny and taxonomy of Osmanthus (Oleaceae) including description of the new genus Chengiodendron [J]. Phytotaxa, 436: 283-292. 本书暂不修改。

林，溪边，阳处；沙土，壤土，腐殖土；448~1827 m。万洋山脉：遂川县 LXP-13-16841、LXP-13-17989、LXP-13-25884，炎陵县 LXP-09-08679、LXP-09-09268、LXSM-7-00369。

长叶木犀 Osmanthus marginatus var. **longissimus** (H. T. Chang) R. L. Lu

灌木。山坡，林下；800 m。武功山脉：安福县 岳俊三等 3157(NAS)。

厚叶木犀 Osmanthus marginatus var. **pachyphyllus** (H. T. Chang) R. L. Lu

乔木。罗霄山脉可能有分布，未见标本。

牛矢果 Osmanthus matsumuranus Hayata

乔木。山坡，山谷，路旁，密林，疏林，河边，阳处；腐殖土，壤土；487~1827 m。武功山脉：芦溪县 LXP-13-09714、LXP-13-09855、LXP-13-09977；万洋山脉：井冈山 JGS-1289，遂川县 LXP-13-25840，炎陵县 LXP-13-5412。

网脉木犀 Osmanthus reticulatus P. S. Green

乔木。山谷，疏林，溪边；壤土；444 m。万洋山脉：炎陵县 DY3-1138，永新县 LXP-13-19794。

野桂花 Osmanthus yunnanensis (Franch.) P. S. Green

灌木。山坡，山谷，密林，路旁；腐殖土，壤土；576 m。武功山脉：芦溪县 LXP-13-09812；万洋山脉：炎陵县 LXP-09-08016，永新县 LXP-13-08191。

A369 苦苣苔科 Gesneriaceae

旋蒴苣苔属 Boea Comm. ex Lam.

大花旋蒴苣苔 Boea clarkeana Hemsl.

草本。山坡（峻峭），路旁，石上；石灰岩；163.6 m。幕阜山脉：平江县 LXP0710；武功山脉：茶陵县 LXP-065191。

旋蒴苣苔 Boea hygrometrica (Bunge) R. Br.

草本。山坡，疏林，溪边，石上；石灰岩；164~282 m。幕阜山脉：平江县 LXP0700；九岭山脉：宜丰县 LXP-10-8921；武功山脉：安福县 LXP-06-2882、LXP-06-4827，茶陵县 LXP-06-9403、LXP-06-9430、LXP-13-22942。

苦苣苔属 Conandron Sieb. et Zucc.

苦苣苔 Conandron ramondioides Sieb. et Zucc.

草本。山谷，石上，阴处；883 m。幕阜山脉：平

江县 LXP3646。

长蒴苣苔属 Didymocarpus Wall.

东南长蒴苣苔 Didymocarpus hancei Hemsl.

草本。山坡，疏林，路旁，溪边，阴处；145~380 m。武功山脉：攸县 LXP-03-08749、LXP-03-08771、LXP-03-08958；诸广山脉：飞天山 LXP-03-09028。

闽赣长蒴苣苔 Didymocarpus heucherifolius Hand.-Mazz.

草本。山坡，疏林，路旁；石灰岩；89~531 m。九岭山脉：醴陵市 LXP-03-09012；武功山脉：茶陵县 LXP-06-2867、LXP-06-9232、LXP-06-9402，芦溪县 LXP-06-9063，攸县 LXP-03-09408、LXP-06-5397。

半蒴苣苔属 Hemiboea C. B. Clarke

贵州半蒴苣苔 Hemiboea cavaleriei Lévl.

草本。山谷，溪边；430~530 m。万洋山脉：井冈山 JGS-1363、JGS-458。

华南半蒴苣苔 Hemiboea follicularis Clarke

草本。山谷，阴湿处；300~800 m。诸广山脉：齐云山 075545（刘小明等，2010）。

纤细半蒴苣苔 Hemiboea gracilis Franch.

草本。山谷，灌丛，路旁，溪边；壤土；213~521 m。武功山脉：安福县 LXP-06-5830、LXP-06-6372、LXP-06-6906。

半蒴苣苔 Hemiboea henryi Clarke

草本。山坡，疏林，路旁，溪边；石灰岩；160~1389 m。幕阜山脉：通山县 LXP7243、LXP7679、LXP7791，武宁县 LXP0424、LXP7947，修水县 LXP3350、LXP6727；九岭山脉：大围山 LXP-03-07775，浏阳市 LXP-03-08416、LXP-03-08431；万洋山脉：炎陵县 LXP-13-4362；诸广山脉：桂东县 LXP-03-00624、LXP-03-00933。

腺毛半蒴苣苔 Hemiboea strigosa Chun ex W. T. Wang

草本。山谷，林下；700 m。万洋山脉：永新县 LXP-13-08049。

短茎半蒴苣苔 Hemiboea subacaulis Hand.-Mazz.

草本。山谷；80~600 m。万洋山脉：遂川县 万文

豪 12102(KUN)，资兴市 LXP-03-0093。

江西半蒴苣苔 Hemiboea subacaulis var. jiangxiensis Z. Y. Li

草本。山坡，疏林，溪边，阴处；壤土；365~880 m。万洋山脉：井冈山 JGS-2120、LXP-13-15264、LXP-13-24121，遂川县 LXP-13-20280；诸广山脉：桂东县 LXP-13-25407、LXP-13-25490，上犹县 LXP-13-22325。

降龙草 Hemiboea subcapitata Clarke

草本。山谷，灌丛，路旁，溪边；黄壤；235~1212 m。幕阜山脉：平江县 LXP-10-6414、LXP-13-03715、LXP-13-09586，通山县 LXP6965，武宁县 LXP-13-08505；九岭山脉：铜鼓县 LXP-10-6578，宜丰县 LXP-10-2890、LXP-10-7351，靖安县 JLS-2012-018；武功山脉：芦溪县 LXP-06-174，莲花县 LXP-GTY-077；万洋山脉：井冈山 JGS-1127、JGS-2120、JGS-269，遂川县 LXP-13-17805，炎陵县 LXP-09-00109、LXP-09-06120、LXP-09-06245，永新县 LXP-13-19567、LXP-QXL-470；诸广山脉：上犹县 LXP-03-07151、LXP-03-10829。

吊石苣苔属 Lysionotus D. Don

吊石苣苔 Lysionotus pauciflorus Maxim.

草本。山谷，疏林，路旁，溪边，石上，阴处；石灰岩；150~1509 m。幕阜山脉：庐山市 LXP5298、LXP5322，通山县 LXP7215、LXP7686，武宁县 LXP0529、LXP-13-08580，庐山市 LXP6340，修水县 LXP2647、LXP2780、LXP2901；九岭山脉：大围山 LXP-10-12211、LXP-03-07931，靖安县 LXP-10-268、LXP-10-9717，宜丰县 LXP-10-12821、LXP-13-22519、LXP-10-2188；武功山脉：安福县 LXP-06-1808，芦溪县 LXP-06-1239、LXP-06-2105；万洋山脉：井冈山 JGS-202、JGS-220、LXP-13-18291，遂川县 LXP-13-17302，炎陵县 LXP-09-06223、LXP-09-06232、LXP-09-07080；诸广山脉：桂东县 LXP-13-25457，崇义县 LXP-13-24214，上犹县 LXP-03-06599。

马铃苣苔属 Oreocharis Benth.

紫花马铃苣苔 Oreocharis argyreia Chun ex K. Y. Pan

草本。山谷，疏林，路旁，溪边，阴处；壤土；434~

1827 m。万洋山脉：井冈山 JGS-038、JGS-1304005、JGS-2012013，遂川县 LXP-13-24734、LXP-13-25871，炎陵县 LXP-09-366、LXP-13-24841、LXP-13-5295。

窄叶马铃苣苔 Oreocharis argyreia var. angustifolia K. Y. Pan

草本。山坡，疏林，阳处；壤土。万洋山脉：井冈山 JGS4137，炎陵县 LXP-09-07099。

长瓣马铃苣苔 Oreocharis auricula (S. Moore) Clarke

草本。山坡，疏林，路旁，溪边，阴处；石灰岩；161~1685 m。幕阜山脉：庐山市 LXP4493、LXP4906、LXP5314，通山县 LXP1267、LXP1713、LXP1817，武宁县 LXP1114、LXP8181，平江县 LXP3578、LXP-10-6219，修水县 LXP2377、LXP2383；九岭山脉：大围山 LXP-10-5558，浏阳市 LXP-03-08403，靖安县 LXP-10-267，宜丰县 LXP-10-6785；武功山脉：安福县 LXP-06-0698、LXP-06-2866、LXP-06-2869，茶陵县 LXP-06-1495、LXP-06-7134，芦溪县 LXP-06-1139、LXP-06-1728、LXP-06-1773，明月山 LXP-06-4939，分宜县 LXP-10-5165；万洋山脉：井冈山 LXP-13-04677，遂川县 LXP-13-17205、LXP-13-24677、LXP-13-24782，炎陵县 LXP-09-07353，永新县 LXP-QXL-624；诸广山脉：桂东县 LXP-13-09023、LXP-13-09238、LXP-13-25327，上犹县 LXP-13-12659、LXP-03-07060，崇义县 LXP-03-05000、LXP-13-24380、LXP-03-05962。

大叶石上莲 Oreocharis benthamii Clarke

草本。山谷，阴处；壤土；283~1446 m。万洋山脉：遂川县 LXP-13-16905，永新县 LXP-13-19023。

石上莲 Oreocharis benthamii var. reticulata Dunn

草本。山谷，密林，石上；330~1550 m。九岭山脉：七星岭 LXP-10-11860，宜丰县 LXP-10-12986；万洋山脉：遂川县 LXP-13-7225，炎陵县 LXP-09-477。

大齿马铃苣苔 Oreocharis magnidens Chun ex K. Y. Pan

草本。山谷，灌丛，阴处；壤土；400~901 m。武功山脉：茶陵县 LXP-09-10401，芦溪县 LXP-13-8259；万洋山脉：炎陵县 LXP-13-25997；诸广山脉：桂东县 LXP-13-25357，崇义县 LXP-13-24416。

大花石上莲 Oreocharis maximowiczii Clarke
草本。山谷，石壁上，溪边；350 m。九岭山脉：靖安县 LXP-10-9725。

弯管马铃苣苔 Oreocharis curvituba J. J. Wei et W. B. Xu
草本，山谷，阴湿处；750~1200 m。诸广山脉：崇义县 LXP-13-24426、LXP-13-24155；桂东县 LXP-03-2623。

绢毛马铃苣苔 Oreocharis sericea (Lévl.) Lévl.
草本。山谷，疏林，路旁，溪边，阴处；黄壤；327~2103 m。幕阜山脉：通山县 LXP7310；九岭山脉：靖安县 LXP-10-655、LXP-13-10506；武功山脉：安福县 LXP-06-2870；万洋山脉：炎陵县 DY1-1133、DY3-1154、LXP-09-06199，永新县 LXP-13-08118、LXP-13-19426、LXP-QXL-261；诸广山脉：上犹县 LXP-13-12856。

湘桂马铃苣苔 Oreocharis xiangguiensis W. T. Wang et K. Y. Pan
草本。山坡，山谷，岩石；800~1400 m。诸广山脉：上犹县 谭策铭和易发彬 02 上犹 045。

报春苣苔属 *Primulina* Hance
[*Chirita* Buch.- Ham. ex D. Don; *Chiritopsis* W. T. Wang]

丹霞小花苣苔 Primulina danxiaensis (W. B. Liao, S. S. Lin et R. J. Shen) W. B. Liao et K. F. Chung [*Chiritopsis danxiaensis* W. B. Liao, S. S. Lin et R. J. Shen]
草本。丹霞地貌，石壁；194 m。万洋山脉：永兴县 喻勋林和张贵志 1106232(CSFI)。

短序唇柱苣苔 Primulina depressa (Hook. f.) Mich. Möller et A. Weber [*Chirita depressa* Hook. f.]
草本。山谷，路旁，溪边，石上，阴处；271~377 m。九岭山脉：宜丰县 LXP-10-13007、LXP-10-13102；武功山脉：攸县 LXP-03-08960、LXP-03-08986、LXP-03-09035。

牛耳朵 Primulina eburnea (Hance) Yin Z. Wang [*Chirita eburnea* Hance]
草本。山坡，溪边，疏林，石上；163~277 m。武功山脉：攸县 LXP-03-08815，茶陵县 LXP-06-9414、

LXP-13-22952、LXP-13-25926。

蚂蝗七 Primulina fimbrisepala (Hand.-Mazz.) Yin Z. Wang [*Chirita fimbrisepala* Hand.-Mazz.]
草本。山谷，疏林，路旁，溪边，阴处；壤土；170~1435 m。九岭山脉：万载县 LXP-13-11047、LXP-10-1620，宜丰县 LXP-10-2973，上高县 LXP-06-7617；武功山脉：芦溪县 LXP-06-1290、LXP-06-3423，攸县 LXP-03-08971；万洋山脉：炎陵县 LXP-09-08196、LXP-13-5290、LXP-13-19835；诸广山脉：上犹县 LXP-03-07091。

大齿唇柱苣苔 Primulina juliae (Hance) Mich. Möller et A. Weber [*Chirita juliae* Hance]
草本。山坡，疏林，溪边；壤土；767.9 m。万洋山脉：井冈山 LXP-13-0431，炎陵县 LXP-13-24007。

羽裂唇柱苣苔 Primulina pinnatifida (Hand.-Mazz.) Yin Z. Wang [*Chirita pinnatifida* (Hand.-Mazz.) Burtt]
草本。山谷，疏林，路旁，溪边，阴处；壤土；365~1035 m。万洋山脉：井冈山 JGS-014、JGS-2152、LXP-13-0431，炎陵县 LXP-09-06261；诸广山脉：崇义县 LXP-03-05748。

遂川报春苣苔 Primulina suichuanensis X. L. Yu et J. J. Zhou
草本，石上；150 m。万洋山脉：遂川县 J. J. Zhou 13100901(CSFI、IBSC)。

报春苣苔 Primulina tabacum Hance
草本。山谷，疏林，溪边；壤土（红壤）；250~1105 m。武功山脉：安仁县 LXP-03-01577；万洋山脉：资兴市 LXP-03-03633；诸广山脉：崇义县 LXP-03-07330，上犹县 LXP-03-06040、LXP-03-06769、LXP-03-10359。

A370 车前科 Plantaginaceae
毛麝香属 *Adenosma* R. Br.

毛麝香 Adenosma glutinosum (L.) Druce
草本。罗霄山脉可能有分布，未见标本。

水马齿属 *Callitriche* L.

日本水马齿 Callitriche japonica Engelm. ex Hegelm.
草本。水塘，湿地，田边。万洋山脉：吉安市 (70)

024(PE)。

沼生水马齿 Callitriche palustris L.

草本。湿地，田边；14 m。幕阜山脉：庐山市 李恩香等 pyh00065(JXU)。

水马齿 Callitriche stagnalis Scop.

草本。山坡，路旁；壤土；188~365 m。武功山脉：茶陵县 LXP-06-9433，宜春市 LXP-06-8935。

毛地黄属 *Digitalis* L.

*毛地黄　Digitalis purpurea L.

草本。观赏，栽培。幕阜山脉：庐山 梁富成 154(IBSC)。

蚊眼属 *Dopatrium* Buch.-Ham. ex Benth.

蚊眼　Dopatrium junceum (Roxb.) Buch.-Ham. ex Benth.

草本。罗霄山脉有分布记录，未见标本。

幌菊属 *Ellisiophyllum* Maxim.

幌菊　Ellisiophyllum pinnatum (Wall.) Makino

草本。山沟，水边，湿润处；620 m。万洋山脉：遂川县 236 任务组 782(PE)。

水八角属 *Gratiola* L.

白花水八角　Gratiola japonica Miq.

草本。平地，草地，水田；壤土；170 m。武功山脉：安福县 LXP-06-8500。

石龙尾属 *Limnophila* R. Br.

紫苏草 Limnophila aromatica (Lam.) Merr.

草本。罗霄山脉有分布记录，未见标本。

抱茎石龙尾　Limnophila connata (Buch.-Ham. ex D. Don) Hand.-Mazz.

草本。罗霄山脉可能有分布，未见标本。

异叶石龙尾 Limnophila heterophylla (Roxb.) Benth.

草本。20 m。九岭山脉：永修县 刘以珍和方全 201307011(JJF)。

石龙尾 Limnophila sessiliflora (Vahl) Blume

草本。山坡，阴处；壤土；148~162 m。武功山脉：

安福县 LXP-06-2289，攸县 LXP-06-5296。

柳穿鱼属 *Linaria* Mill.

柳穿鱼 Linaria vulgaris subsp. **chinensis** (Bunge ex Debeaux) D. Y. Hong

草本。湖边，荒山，草丛；30 m。幕阜山脉：庐山市 董安淼 药植 1712(JJF)。

车前属 *Plantago* L.

车前 Plantago asiatica L.

草本。山坡，疏林，路旁，溪边；壤土（红壤）；75~1682 m。幕阜山脉：瑞昌市 LXP0215，平江县 LXP3174、LXP3531、LXP3754，通山县 LXP1150、LXP2287；九岭山脉：安义县 LXP-10-3814，大围山 LXP-10-12011、LXP-10-12307、LXP-10-12482，奉新县 LXP-10-10784、LXP-10-13923、LXP-10-3278，靖安县 LXP-10-13687、LXP-10-158、LXP-10-306，七星岭 LXP-10-11449、LXP-10-11893、LXP-10-8203，铜鼓县 LXP-10-8275，万载县 LXP-10-2079，宜丰县 LXP-10-12967、LXP-10-13209、LXP-10-2264，上高县 LXP-06-6589；武功山脉：安福县 LXP-06-3034、LXP-06-3529、LXP-06-3543，茶陵县 LXP-06-1404，大岗山 LXP-06-3657，芦溪县 LXP-06-2457、LXP-06-3332，明月山 LXP-06-4946、LXP-13-10853、LXP-06-5018，宜春市 LXP-06-8974，攸县 LXP-06-5445，分宜县 LXP-10-5209、LXP-06-2332；万洋山脉：井冈山 JGS-530，遂川县 LXP-13-7351，炎陵县 LXP-09-06398、LXP-09-07614、LXP-09-10803；诸广山脉：崇义县 LXP-03-07306、LXP-03-10980、LXP-03-02922。

疏花车前 Plantago asiatica subsp. **erosa** (Wall.) Z. Y. Li

草本。山坡，路旁，草地；壤土；169~865 m。武功山脉：安福县 LXP-06-4832，明月山 LXP-06-4564、LXP-06-4932，分宜县 LXP-06-9621。

平车前 Plantago depressa Willd.

草本。山谷，疏林，路旁，村边；壤土（红壤）；70~1710 m。九岭山脉：安义县 LXP-10-9448，奉新县 LXP-10-9043，大围山 LXP-03-07728、LXP-03-08157，上高县 LXP-06-7608；武功山脉：安福县 LXP-06-7278，攸县 LXP-03-08692、LXP-03-08936；

万洋山脉：炎陵县 LXP-13-22853、LXP-03-02939、LXP-03-03306，永兴县 LXP-03-04450、LXP-03-04531，资兴市 LXP-03-03594；诸广山脉：桂东县 LXP-03-00948、LXP-03-02877、LXP-03-02392，崇义县 LXP-03-05837、LXP-03-10234。

毛平车前 Plantago depressa subsp. **turczaninowii** (Ganj.) N. N. Tsvelev

草本。山坡，疏林，路旁，溪边；80~250 m。九岭山脉：安义县 LXP-10-3666、LXP-10-3816，奉新县 LXP-10-3225、LXP-10-3568、LXP-10-4488。

长叶车前 Plantago lanceolata L.

草本。平地，草地，路旁；102 m。幕阜山脉：武宁县 LXP-6066。

大车前 Plantago major L.

草本。山坡，路旁，草地，溪边；壤土；195~1135 m。幕阜山脉：平江县 LXP-10-6087、LXP-10-6297、LXP-10-6457；九岭山脉：浏阳市 LXP-10-5775，宜丰县 LXP-10-6753；武功山脉：茶陵县 LXP-09-10450，莲花县 LXP-GTY-337；万洋山脉：炎陵县 DY1-1109、LXP-09-00059；诸广山脉：上犹县 LXP-13-12230、LXP-03-06005、LXP-03-06781。

北美车前 Plantago virginica L.

草本。山坡，路旁，草地；壤土；1185 m。幕阜山脉：通山县 LXP1158，武宁县 LXP6066；武功山脉：茶陵县 LXP-065176；万洋山脉：井冈山 LXP-13-18852，遂川县 LXP-13-17233。

野甘草属 Scoparia L.

野甘草 Scoparia dulcis L.

草本。山坡，路旁；100~400 m。诸广山脉：齐云山 075183（刘小明等，2010）。

茶菱属 Trapella Oliv.

茶菱 Trapella sinensis Oliv.

草本。池塘，湿地；250 m。九岭山脉：铜鼓县 000692(LBG)。

婆婆纳属 Veronica L.

直立婆婆纳 Veronica arvensis L.

草本。山谷，路旁，草地；黄壤；291~760 m。九岭山脉：奉新县 LXP-10-3950；武功山脉：攸县 LXP-03-08650、LXP-03-08949。

华中婆婆纳 Veronica henryi Yamaz.

草本。山坡，路旁，草地，阴处；壤土；450~2103 m。幕阜山脉：武宁县 LXP0939；九岭山脉：大围山 LXP-10-7533、LXP-10-7743，靖安县 LXP-10-4432、LXP-13-10281、LXP-10-8170；武功山脉：明月山 LXP-06-4841；万洋山脉：井冈山 JGS-2012030，遂川县 LXP-13-16775、LXP-13-16934、LXP-13-23491，炎陵县 LXP-09-07342、LXP-09-08578、LXP-09-09019。

多枝婆婆纳 Veronica javanica Bl.

草本。山谷，疏林，路旁，溪边；壤土；690~695 m。幕阜山脉：武宁县 LXP-13-08520；万洋山脉：井冈山 JGS-041、JGS4106，遂川县 LXP-13-7357，炎陵县 LXP-09-09398。

蚊母草 Veronica peregrina L.

草本。山坡，疏林，路旁；壤土；144~1300 m。九岭山脉：大围山 LXP-10-7752，奉新县 LXP-10-9390；武功山脉：安福县 LXP-06-3603，明月山 LXP-06-4968。

阿拉伯婆婆纳 Veronica persica Poir.

草本。山谷，疏林，路旁；壤土；115~1435 m。幕阜山脉：武宁县 LXP6201；武功山脉：芦溪县 LXP-06-1274，明月山 LXP-06-4954；万洋山脉：炎陵县 LXP-03-03379；诸广山脉：崇义县 LXP-03-07215、LXP-03-10889。

婆婆纳 Veronica polita Fries

草本。山谷，疏林，路旁，溪边，阳处；70~808 m。九岭山脉：安义县 LXP-10-3853，大围山 LXP-10-7889、LXP-10-7940，上高县 LXP-10-4913，奉新县 LXP-10-11019、LXP-10-3198、LXP-10-3256，七星岭 LXP-10-8183；武功山脉：安福县 LXP-06-1011、LXP-06-5092，分宜县 LXP-10-5197，明月山 LXP-06-4605，樟树市 LXP-10-5069。

水苦荬 Veronica undulata Wall.

草本。山坡，疏林，路旁，阴处；沙土；180~1350 m。九岭山脉：奉新县 LXP-10-3411、LXP-10-9136；大围山 LXP-10-7736、LXP-03-07691、LXP-03-08170。

腹水草属 *Veronicastrum* Heist. ex Fabr.

爬岩红 Veronicastrum axillare (Sieb. et Zucc.) Yamaz.

草本。山谷，密林，路旁，溪边；170~500 m。九岭山脉：靖安县 LXP-10-168、LXP-10-327，宜丰县 LXP-10-3168。

四方麻 Veronicastrum caulopterum (Hance) Yamaz.

草本。平地，路旁，阴处；壤土；136~183 m。武功山脉：安福县 LXP-06-5916，攸县 LXP-06-5253、LXP-06-6129；万洋山脉：井冈山 LXP-13-20327。

宽叶腹水草 Veronicastrum latifolium (Hemsl.) Yamaz.

草本。山谷，路旁；壤土；395~460 m。九岭山脉：靖安县 LXP-13-10110、LXP-13-11438，万载县 LXP-13-11022；武功山脉：宜春市 LXP-06-8972，芦溪县 LXP-13-09497，莲花县 LXP-GTY-082、LXP-GTY-111、LXP-GTY-281；万洋山脉：炎陵县 LXP-09-07052。

长穗腹水草 Veronicastrum longispicatum (Merr.) Yamaz.

草本。山谷，疏林，路旁，溪边，阴处；150~760 m。九岭山脉：大围山 LXP-10-11131、LXP-10-11587、LXP-10-11725，靖安县 LXP-10-10135、LXP-10-10139、LXP-10-593，浏阳市 LXP-10-5782，万载县 LXP-10-1494、LXP-10-2139，宜丰县 LXP-10-12738、LXP-10-12891、LXP-10-13152；武功山脉：芦溪县 LXP-13-09665；万洋山脉：炎陵县 LXP-13-4395。

粗壮腹水草 Veronicastrum robustum (Diels) Hong

草本。山坡，路旁；300~800 m。诸广山脉：齐云山 LXP-03-5747。

细穗腹水草 Veronicastrum stenostachyum (Hemsl.) Yamaz.

草本。山坡，灌丛，路旁，溪边；壤土；116~894 m。幕阜山脉：瑞昌市 LXP0065、LXP0173，通山县 LXP1889、LXP2046、LXP2331，武宁县 LXP0373、LXP8033、LXP8169，庐山市 LXP6028，修水县 LXP0280、LXP0733、LXP0829；九岭山脉：大围山 LXP-03-07925，宜丰县 LXP-13-22532、LXP-13-24512，靖安县 LXP-13-10413；武功山脉：安福县

LXP-06-0530、LXP-06-5813、LXP-06-6338，芦溪县 LXP-06-1707，攸县 LXP-06-6198；万洋山脉：井冈山 JGS-2048，炎陵县 LXP-09-06118，永新县 LXP-13-19330。

腹水草 Veronicastrum stenostachyum subsp. **plukenetii** (Yamaz.) Hong

草本。山谷，疏林，路旁，阴处；200~320 m。幕阜山脉：平江县 LXP-10-6373；九岭山脉：大围山 LXP-10-11744、LXP-10-5701，铜鼓县 LXP-10-6969、LXP-10-7123、LXP-10-7398。

毛叶腹水草 Veronicastrum villosulum (Miq.) Yamaz.

草本。山坡，路旁；300~700 m。幕阜山脉：伊山 熊耀国 5118(NAS)。

刚毛腹水草 Veronicastrum villosulum var. **hirsutum** Chin et Hong

草本。山坡，路旁；530 m。万洋山脉：永新县 杨祥学 651054(IBSC)。

A371 玄参科 Scrophulariaceae

醉鱼草属 *Buddleja* L.

白背枫 Buddleja asiatica Lour.

灌木。山谷，灌丛，路旁，阴处；腐殖土；561 m。诸广山脉：桂东县 LXP-13-25387，上犹县 LXP-13-12776。

大叶醉鱼草 Buddleja davidii Franch.

灌木。山坡，山谷，路旁；1050 m。幕阜山脉：庐山 路端正 810110(BJFC)。

醉鱼草 Buddleja lindleyana Fortune

草本。山谷，疏林，路旁，阳处；140~1000 m。幕阜山脉：庐山市 LXP4535、LXP4662，瑞昌市 LXP0200，通山县 LXP1945、LXP7153，武宁县 LXP1443、LXP1656、LXP6115，庐山市 LXP6328，平江县 LXP-10-6478、LXP-10-13521、LXP4297，修水县 LXP0836、LXP2602；九岭山脉：安义县 LXP-10-3679，大围山 LXP-10-11160、LXP-10-12258，上高县 LXP-06-7631，奉新县 LXP-10-10871、LXP-10-11032、LXP-10-13954，靖安县 LXP-10-10197，铜鼓县 LXP-10-7253，万载县 LXP-13-10978、LXP-

10-1513、LXP-10-2043，宜丰县 LXP-10-12757；武功山脉：安福县 LXP-06-0435、LXP-06-2300、LXP-06-2888，茶陵县 LXP-06-1383，芦溪县 LXP-06-2458，明月山 LXP-06-7851，分宜县 LXP-10-5123，宜春市 LXP-10-1004，衡东县 LXP-03-07453，攸县 LXP-06-5260、LXP-06-6078，袁州区 LXP-06-6713，安仁县 LXP-03-00698、LXP-03-01524；万洋山脉：井冈山 LXP-13-05824，炎陵县 DY2-1237，资兴市 LXP-03-00214，永兴县 LXP-03-03877；诸广山脉：上犹县 LXP-13-12832，崇义县 LXP-03-07336，桂东县 LXP-03-00811。

喉药醉鱼草 Buddleja paniculata Wall.

灌木。罗霄山脉可能有分布，未见标本。

水茫草属 *Limosella* L.

水茫草 Limosella aquatica L.

草本。湖边，水塘旁；14~100 m。幕阜山脉：庐山市 李恩香 pyh00066(JXU)。

玄参属 *Scrophularia* L.

玄参 Scrophularia ningpoensis Hemsl.

草本。山谷，疏林，溪边，阴处；壤土；200~1869 m。幕阜山脉：庐山市 LXP4696、LXP5482，修水县 LXP3143；九岭山脉：铜鼓县 LXP-10-6930、LXP-10-7060；武功山脉：宜春市 LXP-10-1182、LXP-13-10763，安仁县 LXP-03-01561，莲花县 LXP-06-0783、LXP-06-0808、LXP-GTY-316；万洋山脉：遂川县 LXP-13-09292、LXP-13-7072，炎陵县 LXP-09-10698、LXP-13-24639、LXP-13-4405；诸广山脉：桂东县 LXP-03-02565、LXP-03-03075。

A373 母草科 Linderniaceae

母草属 *Lindernia* All.

长蒴母草 Lindernia anagallis (Burm. f.) Pennell

草本。山坡，路旁，草地；黄壤；100~1675 m。幕阜山脉：庐山市 LXP4671；九岭山脉：奉新县 LXP-06-4053，靖安县 LXP-10-13649，铜鼓县 LXP-10-13461、LXP-10-7235，万载县 LXP-10-1852；武功山脉：安福县 LXP-06-0169、LXP-06-2284、LXP-06-2606，茶陵县 LXP-06-1487，芦溪县 LXP-06-3453，攸县 LXP-06-6101；诸广山脉：上犹县 LXP-

13-12793、XP-13-23213。

泥花草 Lindernia antipoda (L.) Alston

草本。山谷，疏林，路旁；壤土；210~760 m。幕阜山脉：庐山市 LXP6010；九岭山脉：大围山 LXP-10-12507，奉新县 LXP-10-10803、LXP-10-10983，宜丰县 LXP-10-13358；武功山脉：安福县 LXP-06-8038。

母草 Lindernia crustacea (L.) F. Muell.

草本。山坡，疏林，路旁，溪边；壤土；80~1430 m。幕阜山脉：庐山市 LXP5390、LXP5519，瑞昌市 LXP0167，平江县 LXP-10-5975、LXP-10-6238，武宁县 LXP1046；九岭山脉：安义县 LXP-10-10523、LXP-10-9437，大围山 LXP-10-11656、LXP-10-12315、LXP-10-5640，奉新县 LXP-10-10720、LXP-10-10811、LXP-10-13804，宜丰县 LXP-10-12835、LXP-10-3158，浏阳市 LXP-03-08368，万载县 LXP-10-1517，靖安县 LXP-10-10159、LXP-10-10298、LXP-10-9562，铜鼓县 LXP-10-13575；武功山脉：宜春市 LXP-10-996、LXP-13-10570，衡东县 LXP-03-07483、LXP-03-07533，安福县 LXP-06-0168、LXP-06-0192，茶陵县 LXP-06-2174，攸县 LXP-06-6074，袁州区 LXP-06-6671；万洋山脉：遂川县 LXP-13-23472；诸广山脉：上犹县 LXP-13-12939，崇义县 LXP-03-05769、LXP-03-07311、LXP-03-10985。

长序母草 Lindernia macrobotrys Tsoong

草本。山谷，疏林下，阴湿处；700~1100 m。诸广山脉：齐云山 LXP-13-24367。

狭叶母草 Lindernia micrantha D. Don

草本。山谷，溪边，石上，阴处；腐殖土。万洋山脉：炎陵县 LXP-13-5640。

红骨母草 Lindernia mollis (Benth.) Wettst.

草本。山谷，草地，水库边；壤土。武功山脉：明月山 LXP-13-10650；万洋山脉：永新县 LXP-QXL-374。

宽叶母草 Lindernia nummularifolia (D. Don) Wettst.

草本。山谷，疏林，路旁，溪边；壤土；1281 m。万洋山脉：井冈山 JGS-1109，炎陵县 LXP-09-06080、LXP-13-3415，永新县 LXP-QXL-010。

陌上菜 Lindernia procumbens (Krock.) Philcox

草本。平地，路旁，溪边；壤土；262~1079 m。武功山脉：安福县 LXP-06-0450；诸广山脉：桂东县 LXP-03-02685。

旱田草 Lindernia ruellioides (Colsm.) Pennell
草本。山谷，密林，路旁；壤土；200~470 m。九岭山脉：靖安县 LXP-10-256、LXP-10-9633、LXP-13-10456，宜丰县 LXP-10-7354；武功山脉：安福县 LXP-06-3213；诸广山脉：上犹县 LXP-13-12938。

刺毛母草 Lindernia setulosa (Maxim.) Tuyama
草本。山谷，疏林，路旁，阴处；壤土；150~750 m。九岭山脉：万载县 LXP-13-11019，奉新县 LXP-10-11007，靖安县 LXP-10-4495、LXP-13-10269，宜丰县 LXP-10-2563；武功山脉：莲花县 LXP-GTY-147，宜春市 LXP-10-873；万洋山脉：吉安市 LXSM2-6-10152，井冈山 LXP-13-18500、LXP-13-18714，遂川县 LXP-13-16497，永新县 LXP-13-19128、LXP-13-19453。

蝴蝶草属 *Torenia* L.

长叶蝴蝶草 Torenia asiatica L.
草本。山谷，疏林，路旁，阴处；150~760 m。幕阜山脉：平江县 LXP-13-22470；九岭山脉：万载县 LXP-10-1649，大围山 LXP-10-11598、LXP-03-08139，奉新县 LXP-10-10638、LXP-10-10675，靖安县 LXP-10-10094、LXP-10-241、LXP-10-9994，铜鼓县 LXP-10-7196；武功山脉：分宜县 LXP-06-2354，安福县 LXP-06-0541，芦溪县 LXP-13-03575；万洋山脉：吉安市 LXSM2-6-10157，炎陵县 LXP-09-07232、TYD1-1289，永新县 LXP-QXL-046、LXP-QXL-081、LXP-QXL-446。

毛叶蝴蝶草 Torenia benthamiana Hance
草本。山谷，路旁，阴处；壤土；280~300 m。九岭山脉：奉新县 LXP-10-10835，靖安县 LXP-10-9545；诸广山脉：上犹县 LXP-13-13063。

二花蝴蝶草 Torenia biniflora Chin et Hong
草本。山谷；壤土。万洋山脉：炎陵县 LXP-13-4172。

单色蝴蝶草 Torenia concolor Lindl.
草本。山坡，疏林，溪边；壤土；223~1682 m。万洋山脉：炎陵县 LXP-09-06051、LXP-09-10633，永新县 LXP-13-19319；诸广山脉：桂东县 LXP-13-09250。

黄花蝴蝶草 Torenia flava Buch.-Ham.
草本。山谷，疏林，路旁，溪边；沙土。九岭山脉：靖安县 JLS-2012-012；万洋山脉：资兴市 LXP-03-00215。

紫斑蝴蝶草 Torenia fordii Hook. f.
草本。山谷，灌丛，路旁；沙土；310~1699 m。九岭山脉：大围山 LXP-10-11658；武功山脉：宜春市 LXP-13-10593；诸广山脉：桂东县 LXP-03-00527。

兰猪耳 Torenia fournieri Linden
草本。山谷，密林，路旁，阴处；壤土；190~1113 m。九岭山脉：靖安县 LXP-10-13676；武功山脉：莲花县 LXP-GTY-114，安仁县 LXP-03-01408、LXP-03-01478；万洋山脉：永新县 LXP-13-19131；诸广山脉：上犹县 LXP-03-06053、LXP-03-06315。

光叶蝴蝶草 Torenia glabra Osbeck
草本。山坡，灌丛，路旁，村边；壤土；158~856 m。幕阜山脉：修水县 LXP0353；九岭山脉：大围山 LXP-03-07912，浏阳市 LXP-03-08386，靖安县 LXP-10-9556；武功山脉：安福县 LXP-06-5799、LXP-06-6252、LXP-06-6990，茶陵县 LXP-06-7142，攸县 LXP-06-5309、LXP-06-6077，袁州区 LXP-06-6725；万洋山脉：永新县 LXP-13-19650；诸广山脉：崇义县 LXP-03-05629、LXP-03-10128。

紫萼蝴蝶草 Torenia violacea (Azaola) Pennell
草本。山坡，疏林，路旁；壤土；150~1682 m。幕阜山脉：庐山市 LXP5421，瑞昌市 LXP0148，通山县 LXP1884、LXP2090，武宁县 LXP0380、LXP8049，平江县 LXP0712，修水县 LXP0250、LXP0333；九岭山脉：大围山 LXP-10-11203、LXP-10-12135，奉新县 LXP-10-10880、LXP-10-10972、LXP-10-13877，靖安县 LXP-10-10078、LXP-10-10224、LXP-10-9777，浏阳市 LXP-10-5917，铜鼓县 LXP-10-13513、LXP-10-6971，万载县 LXP-10-1502、LXP-10-2030，宜丰县 LXP-10-12721、LXP-10-13180；武功山脉：莲花县 LXP-GTY-156，芦溪县 LXP-06-2425、LXP-13-03575，安福县 LXP-06-8029，宜春市 LXP-10-865，茶陵县 LXP-06-1538，衡东县 LXP-03-07488；万洋山脉：遂川县 LXP-13-7499，炎陵县 LXP-09-10634、LXP-13-4149。

A377 爵床科 Acanthaceae

十万错属 *Asystasia* Blume

白接骨 Asystasia neesiana (Wall.) Lindau
草本。平地，疏林，溪边；壤土；240.6~720 m。九岭山脉：大围山 LXP-03-08083，靖安县 LXP-13-11571；武功山脉：安福县 LXP-06-0312，茶陵县 LXP-06-1493、LXP-06-1516，芦溪县 LXP-06-2078，明月山 LXP-13-10859；万洋山脉：永新县 LXP-QXL-423，资兴市 LXP-03-00193。

狗肝菜属 *Dicliptera* Juss.

狗肝菜 Dicliptera chinensis (L.) Juss.
草本。山谷，疏林，路旁，河边；壤土；1113 m。诸广山脉：上犹县 LXP-03-07152。

水蓑衣属 *Hygrophila* R. Br.

水蓑衣 Hygrophila ringens (L.) R. Br. ex Sprengel
草本。山坡，疏林；壤土；260~441 m。武功山脉：茶陵县 LXP-06-2232；万洋山脉：井冈山 JGS-1308、JGS-1351。

叉序草属 *Isoglossa* Oerst.

叉序草 Isoglossa collina (T. Anderson) B. Hansen
草本。山坡，疏林，路旁；壤土；561~1196 m。诸广山脉：桂东县 LXP-13-09227、LXP-13-25360。

爵床属 *Justicia* L.

圆苞杜根藤 Justicia championii T. Anderson
草本。山谷，疏林，溪边；壤土。武功山脉：莲花县 LXP-GTY-154。

南岭爵床 Justicia leptostachya Hemsl. [*Mananthes leptostachya* (Hemsl.) H. S. Lo]
草本。山谷，疏林；300~800 m。诸广山脉：齐云山 075431（刘小明等，2010）。

爵床 Justicia procumbens L.
草本。山谷，疏林，路旁，溪边；200~1500 m。幕阜山脉：武宁县 LXP-13-08499，平江县 LXP-10-6078；九岭山脉：安义县 LXP-10-10408，大围山 LXP-10-11206，奉新县 LXP-10-10673，靖安县 LXP-10-10158，浏阳市 LXP-10-5921，七星岭 LXP-10-11419，铜鼓县 LXP-10-13433，万载县 LXP-10-1522，宜丰县 LXP-10-12730；武功山脉：茶陵县 LXP-06-2219，芦溪县 LXP-06-2419，分宜县 LXP-06-2349；万洋山脉：遂川县 LXP-13-7573。

杜根藤 Justicia quadrifaria (Nees) T. Anderson
草本。山谷，密林，路旁，溪边；200~630 m。幕阜山脉：平江县 LXP-10-6274；九岭山脉：靖安县 LXP-10-289，浏阳市 LXP-10-5774，万载县 LXP-10-2127、LXP-13-11153，宜丰县 LXP-10-2480、LXP-10-2552、LXP-10-2751；武功山脉：莲花县 LXP-GTY-186、LXP-GTY-311，安福县 LXP-06-0274，芦溪县 LXP-06-2496，玉京山 LXP-10-1259；万洋山脉：炎陵县 LXP-09-06153、LXP-09-07596，永新县 LXP-QXL-415、LXP-QXL-641。

观音草属 *Peristrophe* Nees

海南山蓝 Peristrophe floribunda (Hemsl.) C. Y. Wu et C. C. Lo
草本。山谷，山坡，路旁；400~800 m。诸广山脉：齐云山 075560（刘小明等，2010）。

九头狮子草 Peristrophe japonica (Thunb.) Bremek.
草本。山坡，疏林，路旁，溪边；壤土；210~1133 m。幕阜山脉：庐山市 LXP4483、LXP5114，通山县 LXP1928、LXP2128、LXP7673，武宁县 LXP0554；九岭山脉：大围山 LXP-03-07916、LXP-03-08020，靖安县 LXP-10-10157、LXP-13-10391、LXP-13-11538，铜鼓县 LXP-10-7185，万载县 LXP-10-1683、LXP-13-11244，宜丰县 LXP-10-13217、LXP-10-2748、LXP-10-2885；武功山脉：安福县 LXP-06-0481、LXP-06-5974、LXP-06-6364，明月山 LXP-06-7937，莲花县 LXP-GTY-326，玉京山 LXP-10-1263；万洋山脉：永新县 LXP-QXL-617；诸广山脉：崇义县 LXP-03-05612、LXP-03-10111，上犹县 LXP-03-07193、LXP-03-10868。

芦莉草属 *Ruellia* L.

飞来蓝 Ruellia venusta Hance
草本。山谷，疏林；300~600 m。诸广山脉：桂东县 LXP-03-0763。

孩儿草属 *Rungia* Nees

中华孩儿草 **Rungia chinensis** Benth.

草本。山谷,湿地;315 m。幕阜山脉:武宁县 张吉华 2387-1(JJF)。

密花孩儿草 **Rungia densiflora** H. S. Lo

草本。山谷,路旁,溪边;200~550 m。九岭山脉:奉新县 LXP-10-10659、LXP-10-10901,靖安县 LXP-10-10021、LXP-10-9824。

马蓝属 *Strobilanthes* Blume

山一笼鸡 **Strobilanthes aprica** (Hance) T. Anderson

草本。山谷,疏林。诸广山脉:齐云山 4015(刘小明等,2010)。

翅柄马蓝 **Strobilanthes atropurpurea** Nees

草本。山谷,疏林,溪边;壤土。万洋山脉:遂川县 LXP-13-20266。

华南马蓝 **Strobilanthes austrosinensis** Y. F. Deng et J. R. I. Wood

草本。山谷,疏林;300~700 m。诸广山脉:桂东县 LXP-03-4994。

板蓝 **Strobilanthes cusia** (Nees) Kuntze

草本。山谷,疏林,溪边;壤土。万洋山脉:炎陵县 LXP-09-06137;诸广山脉:上犹县 LXP-03-06963、LXP-03-10766。

球花马蓝 **Strobilanthes dimorphotricha** Hance

草本。山谷,密林,溪边,阴处;150~457 m。九岭山脉:万载县 LXP-10-1612、LXP-10-1795、LXP-10-2121;武功山脉:芦溪县 LXP-06-2464、LXP-06-2519。

薄叶马蓝 **Strobilanthes labordei** Lévl.

草本。山坡,路旁;腐殖土;324~565 m。九岭山脉:靖安县 LXP-13-11580;武功山脉:莲花县 LXP-GTY-171;万洋山脉:永新县 LXP-QXL-313;诸广山脉:桂东县 LXP-13-25459。

少花马蓝 **Strobilanthes oligantha** Miq. [*Championella oligantha* (Miq.) Bremek.]

草本。山坡,疏林,路旁;壤土;245~912.4 m。幕阜山脉:庐山市 LXP5524,通山县 LXP7810,武宁县 LXP0558;九岭山脉:靖安县 LXP-13-11556;武功山脉:安福县 LXP-06-1800、LXP-06-6883,明月山 LXP-13-10868。

圆苞马蓝 **Strobilanthes penstemonoides** (Nees) T. Anderson [*Goldfussia penstemonoides* Nees]

草本。山坡,阴处;壤土。万洋山脉:炎陵县 LXP-13-3082。

黄猄草 **Strobilanthes tetrasperma** (Champ. ex Benth.) Druce [*Championella tetrasperma* (Champ. ex Benth.) Bremek.]

草本。山坡,灌丛,路旁;腐殖土;340~986 m。九岭山脉:靖安县 LXP2469,宜丰县 LXP-10-12999;诸广山脉:桂东县 LXP-13-25405。

A378 紫葳科 Bignoniaceae

凌霄属 *Campsis* Lour.

凌霄 **Campsis grandiflora** (Thunb.) Schum.

草本。山谷,密林,河边;壤土;122.5~871 m。九岭山脉:靖安县 LXP-13-10400、LXP-10-567;武功山脉:莲花县 LXP-06-0289,安福县 LXP-06-0300、LXP-06-0308;万洋山脉:炎陵县 LXP-09-00765、LXP-13-3282、LXP-13-4581,永兴县 LXP-03-03929、LXP-03-04438,资兴市 LXP-03-00278。

*厚萼凌霄 **Campsis radicans** (L.) Seem.

木质藤本。观赏,栽培。幕阜山脉:柴桑区 易桂花 11391(CCAU)。

梓属 *Catalpa* Scop.

*楸 **Catalpa bungei** C. A. Mey.

乔木。山坡;红壤;200 m。栽培。武功山脉:分宜县 丁小平 030(PE)。

梓 **Catalpa ovata** G. Don

乔木。山坡,疏林,河边,阳处;壤土;95~889 m。幕阜山脉:庐山市 LXP4514;九岭山脉:万载县 LXP-13-11214、LXP-10-1922;武功山脉:安福县 LXP-06-3848,樟树市 LXP-10-5041、LXP-10-5097;万洋山脉:遂川县 LXP-13-18130,炎陵县 LXP-03-03424。

A379 狸藻科 Lentibulariaceae

狸藻属 Utricularia L.

黄花狸藻 Utricularia aurea Lour.
草本。山坡，路旁；155 m。幕阜山脉：庐山市 LXP5151。

南方狸藻 Utricularia australis R. Br.
草本。山谷，浅水。幕阜山脉：瑞昌市 郎青 1319(PE)。

挖耳草 Utricularia bifida L.
草本。山坡，疏林，路旁，溪边；壤土；153~1511 m。幕阜山脉：庐山市 LXP4583、LXP4741，通山县 LXP7206、LXP7793，武宁县 LXP0623、LXP1029，平江县 LXP4300；武功山脉：安福县 LXP-06-0350、LXP-06-0748，茶陵县 LXP-06-9431，芦溪县 LXP-06-2118；诸广山脉：崇义县 LXP-03-04925。

短梗挖耳草 Utricularia caerulea L.
草本。山坡，疏林，溪边；壤土；645~1675 m。万洋山脉：遂川县 LXP-13-16452；诸广山脉：上犹县 LXP-13-12546、LXP-13-23226、LXP-13-23359。

少花狸藻 Utricularia gibba L. [Utricularia exoleta R. Br.]
草本。罗霄山脉可能有分布，未见标本。

斜果挖耳草 Utricularia minutissima Vahl
草本。山谷，疏林；壤土。诸广山脉：崇义县 LXP-13-13112。

圆叶挖耳草 Utricularia striatula J. Smith
草本。山谷，密林，溪边；壤土；385~750 m。武功山脉：芦溪县 LXP-06-2069；诸广山脉：上犹县 LXP-13-18913、LXP-13-19242a。

A382 马鞭草科 Verbenaceae

马缨丹属 Lantana L.

马缨丹 Lantana camara L.
草本。山谷，疏林，路旁；壤土；228 m。诸广山脉：上犹县 LXP-03-06198、LXP-03-10496。

过江藤属 Phyla Lour.

过江藤 Phyla nodiflora (L.) Greene
草本。路旁，草丛；71.5 m。武功山脉：分宜县 分

宜县普查队 360521130723519LY(JXCM)。

马鞭草属 Verbena L.

马鞭草 Verbena officinalis L.
草本。山坡，疏林，阴处；壤土；70~1682 m。幕阜山脉：武宁县 LXP1637，平江县 LXP-10-6130，岳阳县 LXP3799；九岭山脉：安义县 LXP-10-3676，大围山 LXP-03-08156、LXP-10-7939，上高县 LXP-10-4891，奉新县 LXP-10-10633、LXP-10-11098，靖安县 LXP-13-10156，浏阳市 LXP-03-08332、LXP-10-5840，铜鼓县 LXP-10-8245，万载县 LXP-10-1889、LXP-10-2082，宜丰县 LXP-10-12851；武功山脉：衡东县 LXP-03-07532，安福县 LXP-06-0586，分宜县 LXP-10-5163、LXP-06-2319，茶陵县 LXP-06-1938，芦溪县 LXP-06-2479，安仁县 LXP-03-01569，明月山 LXP-06-5028；万洋山脉：吉安市 LXSM2-6-10077，井冈山 LXP-13-18297，遂川县 LXP-13-17554、LXP-13-17949，炎陵县 LXP-03-03421、LXP-03-02923，永新县 LXP-QXL-169，资兴市 LXP-03-00109、LXP-03-05007；诸广山脉：崇义县 LXP-03-07362，上犹县 LXP-13-12799，桂东县 LXP-03-02343。

A383 唇形科 Lamiaceae

藿香属 Agastache J. Clayton ex Gronov.

藿香 Agastache rugosa (Fisch. et Mey.) O. Ktze.
草本。山谷，草地，溪边；壤土；150~1449.4 m。幕阜山脉：通山县 LXP7902，修水县 LXP0778；九岭山脉：大围山 LXP-10-11113，奉新县 LXP-10-10732，靖安县 LXP-13-11525、LXP-10-9866，浏阳市 LXP-10-5905，铜鼓县 LXP-10-13536、LXP-10-6655，万载县 LXP-13-10953、LXP-10-1455，宜丰县 LXP-10-2657；武功山脉：安福县 LXP-06-6285，茶陵县 LXP-06-1933，安仁县 LXP-03-01454；万洋山脉：炎陵县 LXP-13-3289，资兴市 LXP-03-00165、LXP-03-05063；诸广山脉：桂东县 LXP-03-02597、LXP-03-02302，崇义县 LXP-03-05726。

筋骨草属 Ajuga L.

筋骨草 Ajuga ciliata Bunge
草本。山谷，草地，腐殖土；233 m。武功山脉：大岗山 LXP-06-3667。

金疮小草 Ajuga decumbens Thunb.

草本。山谷，疏林，溪边，阴处；壤土；150~1430 m。
幕阜山脉：通山县 LXP6583，武宁县 LXP0659、
LXP0988， 平 江 县 LXP-10-6223、LXP4337、
LXP6450，修水县 LXP0863；九岭山脉：大围山
LXP-10-7597、LXP-10-12169、LXP-10-12313，奉
新县 LXP-10-3551，靖安县 LXP-13-11411、LXP-
10-4373，铜鼓县 LXP-10-13411、LXP-10-6951，万
载县 LXP-10-1610、LXP-10-2148、LXP-10-2156，宜
丰县 LXP-10-12807、LXP-10-13023、LXP-10-2474；
武功山脉：攸县 LXP-03-08667、LXP-03-08935，衡
东县 LXP-03-07534，安福县 LXP-06-3801、LXP-06-
8470，宜春市 LXP-10-972，茶陵县 LXP-06-1569、
LXP-06-2222，芦溪县 LXP-13-03587、LXP-06-1124、
LXP-06-2434；万洋山脉：井冈山 LXP-13-04609、
LXP-13-23013、LXP-13-5744，遂川县 LXP-13-17835，
炎陵县 LXP-09-00076、LXP-09-08670，永新县 LXP-
13-07645；诸广山脉：上犹县 LXP-13-25267。

网果筋骨草 Ajuga dictyocarpa Hayata

草本。山谷，路旁；360 m。幕阜山脉：修水县 刘
守炉 890182(NAS)。

紫背金盘 Ajuga nipponensis Makino

草本。山坡，灌丛，溪边；壤土；348~1435 m。九
岭山脉：奉新县 LXP-06-4101；武功山脉：安福县
LXP-06-3014、LXP-06-6949、LXP-06-8074，芦溪
县 LXP-06-1277、LXP-06-8814，明月山 LXP-06-
4556、LXP-06-4615、LXP-06-4840；万洋山脉：井
冈山 LXP-13-23013。

广防风属 Anisomeles R. Br.

广防风 Anisomeles indica (L.) Rothm.

草本。山谷，疏林，路旁，溪边，阳处；200~300 m。
幕阜山脉：平江县 LXP-10-6122；九岭山脉：浏阳
市 LXP-10-5813，铜鼓县 LXP-10-13510，宜丰县
LXP-10-13278、LXP-10-7328，万载县 LXP-13-11204；
万洋山脉：炎陵县 LXP-13-4434。

毛药花属 Bostrychanthera Benth.

毛药花 Bostrychanthera deflexa Benth.

草本。山谷，灌丛，路旁，溪边，阴处；300~900 m。
万洋山脉：井冈山 JGS-1369、LXP-13-20355，遂川

县 LXP-13-16902，炎陵县 LXP-13-4440。

紫珠属 Callicarpa L.

紫珠 Callicarpa bodinieri Lévl.

灌木。山谷，密林，路旁，阴处；壤土；87~1508 m。
幕阜山脉：庐山市 LXP4726、LXP5223，通山县
LXP1969、LXP2008，武宁县 LXP0435、LXP5612，
平江县 LXP-10-6397，修水县 LXP2693、LXP3266；
九岭山脉：大围山 LXP-13-17045、LXP-03-07763，
上高县 LXP-10-4900，奉新县 LXP-10-10781，万载
县 LXP-13-11203、LXP-10-1933，宜丰县 LXP-10-
13088；武功山脉：分宜县 LXP-10-5126，安福县
LXP-06-0434、LXP-06-2570，茶陵县 LXP-06-1478、
LXP-06-1996，芦溪县 LXP-06-1721、LXP-13-8356、
LXP-06-2443，攸县 LXP-06-5411，玉京山 LXP-10-
1307；万洋山脉：井冈山 LXP-13-15229，遂川县
LXP-13-16353、LXP-13-16362，炎陵县 LXP-09-
06150、LXP-09-10120，永新县 LXP-13-07805，永
兴县 LXP-03-04059，资兴市 LXP-03-03635；诸广
山脉：上犹县 LXP-13-12928、LXP-03-06419，崇义
县 LXP-03-07267、LXP-03-10941。

短柄紫珠 Callicarpa brevipes (Benth.) Hance

灌木。山坡，密林，水库边，阴处；壤土；116~1500 m。
幕阜山脉：通山县 LXP1730、LXP1922、LXP7823；
九岭山脉：大围山 LXP-10-12393、LXP-10-12545，
奉新县 LXP-10-10576、LXP-10-10822、LXP-10-11038，
靖安县 LXP-13-10253，铜鼓县 LXP-10-13568、
LXP-10-8276；万洋山脉：井冈山 LXP-13-0395、
LXP-13-15267、LXP-13-15465。

白毛紫珠 Callicarpa candicans (Burm. f.) Hochr.

灌木。山坡，疏林，溪边；264~1300 m。幕阜山脉：
平江县 LXP4194；九岭山脉：大围山 LXP-10-11295，
奉新县 LXP-10-9297、LXP-10-9348，宜丰县 LXP-10-
8782。

华紫珠 Callicarpa cathayana H. T. Chang

灌木。山坡，疏林，路旁，溪边；壤土；132~1682 m。
幕阜山脉：庐山市 LXP4390、LXP4564，瑞昌市
LXP0228，通山县 LXP1791、LXP1912，武宁县
LXP0513、LXP0925，平江县 LXP3563、LXP3728，
修水县 LXP3050；九岭山脉：安义县 LXP-10-9398，
大围山 LXP-10-11663，奉新县 LXP-10-10577，靖

安县 LXP-10-54、LXP-10-667、LXP-10-88，浏阳市 LXP-10-5756、LXP-10-5849，七星岭 LXP-10-11409，铜鼓县 LXP-10-13470、LXP-10-6968，万载县 LXP-13-11233，宜丰县 LXP-10-12837；武功山脉：安福县 LXP-06-0333、LXP-06-5611、LXP-06-6843，芦溪县 LXP-06-9045，攸县 LXP-06-5419，袁州区 LXP-06-6680，樟树市 LXP-10-5071；万洋山脉：井冈山 LXP-13-15125，炎陵县 LXP-09-10643、LXP-09-384。

丘陵紫珠 Callicarpa collina Diels

灌木。山坡，路旁；100 m。九岭山脉：宜丰县 赖书坤 000542(LBG)。

白棠子树 Callicarpa dichotoma (Lour.) K. Koch

灌木。山坡，疏林，灌丛，路旁，阳处；壤土；105~1340 m。幕阜山脉：庐山市 LXP5184，通山县 LXP1761、LXP2201，平江县 LXP0682、LXP4074，武宁县 LXP0574、LXP7352；九岭山脉：靖安县 LXP-13-10378；武功山脉：安福县 LXP-06-0033、LXP-06-0213、LXP-06-3884，宜春市 LXP-10-1085，茶陵县 LXP-06-1454、LXP-06-1990，明月山 LXP-13-10710；万洋山脉：炎陵县 LXP-09-06109，永新县 LXP-13-19115、LXP-QXL-373。

杜虹花 Callicarpa formosana Rolfe

灌木。山坡，疏林，灌丛，路旁；壤土；295~1400 m。幕阜山脉：武宁县 LXP1671；九岭山脉：大围山 LXP-10-11625、LXP-10-11983、LXP-10-12055，七星岭 LXP-10-8160，靖安县 JLS-2012-003；武功山脉：芦溪县 LXP-13-09571，攸县 LXP-06-5480；万洋山脉：遂川县 LXP-13-7577，炎陵县 LXP-09-07494，永新县 LXP-QXL-378。

老鸦糊 Callicarpa giraldii Hesse ex Rehd.

灌木。山坡，疏林，灌丛，路旁，溪边；壤土；217.4~1507 m。幕阜山脉：通城县 LXP4131、LXP1260，武宁县 LXP0475、LXP1042，平江县 LXP3909、LXP3945，修水县 LXP2861、LXP2965；九岭山脉：万载县 LXP-13-11394，靖安县 LXP-13-11427，宜丰县 LXP-13-22503；武功山脉：莲花县 LXP-06-0666、LXP-GTY-032、LXP-13-24060，安福县 LXP-06-0415、LXP-06-3099，芦溪县 LXP-13-09887，明月山 LXP-13-10733；万洋山脉：井冈山 LXP-13-15356，遂川县 LXP-13-7057，炎陵

县 LXP-09-07248，永新县 LXP-13-19124；诸广山脉：上犹县 LXP-13-12217、LXP-13-12530，桂东县 LXP-03-00129、LXP-03-02413。

毛叶老鸦糊 Callicarpa giraldii var. subcanescens Rehd.

灌木。山坡，疏林，路旁，河边；壤土；319~1300 m。幕阜山脉：通山县 LXP6584、LXP6794，武宁县 LXP0482，平江县 LXP-10-6001、LXP-10-6053，修水县 LXP6732；九岭山脉：大围山 LXP-10-5247、LXP-10-5517，奉新县 LXP-10-3884，靖安县 LXP-13-10174，宜丰县 LXP-10-2635、LXP-10-3047；武功山脉：芦溪县 LXP-13-03593；万洋山脉：井冈山 LXP-13-15168、LXP-13-5714。

全缘叶紫珠 Callicarpa integerrima Champ.

灌木。山谷，疏林，路旁，阴处；壤土；200~650 m。九岭山脉：奉新县 LXP-10-4062，宜丰县 LXP-10-2640、LXP-10-2935。

藤紫珠 Callicarpa integerrima var. chinensis (C. P'ei) S. L. Chen

藤本。山谷，路旁，灌丛，溪边；壤土；237~263.9 m。九岭山脉：靖安县 LXP-13-11496；武功山脉：安福县 LXP-06-0110、LXP-06-0864；万洋山脉：炎陵县 LXP-09-08193，永新县 LXP-13-07909；诸广山脉：上犹县 LXP-13-12913。

日本紫珠 Callicarpa japonica Thunb.

灌木。山坡，路旁，河边，疏林；壤土；807~1408 m。幕阜山脉：庐山市 LXP4645、LXP4799；九岭山脉：万载县 LXP-13-11007；万洋山脉：井冈山 LXP-13-15125；诸广山脉：上犹县 LXP-13-12602。

枇杷叶紫珠 Callicarpa kochiana Makino

草本。山坡，疏林，溪边，阴处；壤土；96~1338 m。幕阜山脉：庐山市 LXP5497，平江县 LXP-10-6386，武宁县 LXP6127；九岭山脉：大围山 LXP-10-11793，靖安县 LXP-13-11546、LXP-13-10470，上高县 LXP-06-5990；武功山脉：宜春市 LXP-13-10771、LXP-10-1129，安福县 LXP-06-0111、LXP-06-0437，茶陵县 LXP-06-1400、LXP-06-7084，芦溪县 LXP-06-2381；万洋山脉：井冈山 JGS-1357、LXP-13-15180，遂川县 LXP-13-16686、LXP-13-7477，炎陵县 LXP-09-08610、LXP-09-10563，永兴县 LXP-03-04492、LXP-

03-04309，永新县 LXP-13-07628、LXP-13-19104、LXP-13-19658，资兴市 LXP-03-00315；诸广山脉：上犹县 LXP-13-12641、LXP-03-06031，崇义县 LXP-03-07260、LXP-03-10934，桂东县 LXP-03-00587、LXP-03-00599。

广东紫珠 Callicarpa kwangtungensis Chun

灌木。山坡，疏林，灌丛，路旁，阴处；壤土；71~1500 m。幕阜山脉：通山县 LXP1986、LXP2018，武宁县 LXP0606、LXP7940，庐山市 LXP6341，平江县 LXP-13-22462、LXP3803，修水县 LXP0264、LXP0846；九岭山脉：大围山 LXP-10-11246、LXP-10-11617，奉新县 LXP-10-10573、LXP-10-13996、LXP-10-4283，靖安县 LXP-13-10418、LXP-13-11427，七星岭 LXP-03-07955，铜鼓县 LXP-10-6584，万载县 LXP-10-1560，上高县 LXP-06-7560；武功山脉：衡东县 LXP-03-07437，宜春市 LXP-06-2756，安福县 LXP-06-0099，茶陵县 LXP-06-1871，芦溪县 LXP-13-03586，明月山 LXP-06-7873，攸县 LXP-06-5470，袁州区 LXP-06-6679；万洋山脉：井冈山 LXP-13-15267，遂川县 LXP-13-17827，炎陵县 LXP-09-08065、LXP-09-08072；诸广山脉：桂东县 LXP-13-22658、LXP-03-00883，崇义县 LXP-13-24268、LXP-03-04865。

光叶紫珠 Callicarpa lingii Merr.

灌木。山坡，疏林，溪边，石上；壤土；599~640 m。幕阜山脉：修水县 LXP2920、LXP3206；万洋山脉：炎陵县 LXP-09-08109。

尖萼紫珠 Callicarpa loboapiculata Metc.

灌木。山脚，灌木丛；700 m。万洋山脉：遂川县 赖书坤 5516(IBK)。

长柄紫珠 Callicarpa longipes Dunn

灌木。山坡，路旁，溪边，阴处；壤土；340~927 m。幕阜山脉：庐山市 LXP4851、LXP4981，通山县 LXP1796、LXP2151，武宁县 LXP0487、LXP1405，平江县 LXP3610、LXP4007、LXP4246，修水县 LXP0282、LXP2838、LXP2950；九岭山脉：靖安县 LXP-13-10285；武功山脉：莲花县 LXP-GTY-018、LXP-GTY-168；万洋山脉：井冈山 LXP-13-05841、LXP-13-15218，遂川县 LXP-13-09267、LXP-13-7577，炎陵县 LXP-09-07464；诸广山脉：桂东县 LXP-13-09086，上犹县 LXP-03-06569。

尖尾枫 Callicarpa longissima (Hemsl.) Merr.

乔木。山坡，路旁，河边；壤土。万洋山脉：井冈山 LXP-13-15198。

大叶紫珠 Callicarpa macrophylla Vahl

灌木。山坡，灌丛；490 m。幕阜山脉：通山县 LXP1838。

窄叶紫珠 Callicarpa membranacea Chang

灌木。山坡，灌丛，路旁，溪边；壤土。武功山脉：莲花县 LXP-GTY-074，芦溪县 LXP-13-03597；万洋山脉：井冈山 JGS-123、LXP-13-0461，永新县 LXP-QXL-337。

裸花紫珠 Callicarpa nudiflora Hook. et Arn.

灌木。山坡，灌丛，路旁，阳处；1150 m。九岭山脉：大围山 LXP-13-08217。

少花紫珠 Callicarpa pauciflora Chun ex H. T. Chang

灌木。山顶，疏林；壤土；1076 m。诸广山脉：上犹县 LXP-13-23133。

钩毛紫珠 Callicarpa peichieniana Chun et S. L. Chen

灌木。山坡，密林，路旁，溪边；腐殖土；395 m。万洋山脉：永新县 LXP-QXL-088。

红紫珠 Callicarpa rubella Lindl.

灌木。山坡，疏林，溪边，路旁，阴处；壤土；38~1795 m。幕阜山脉：庐山市 LXP5252，通山县 LXP7176、LXP7461，武宁县 LXP7914，平江县 LXP3867，修水县 LXP6707；九岭山脉：大围山 LXP-03-07780，奉新县 LXP-06-4052，靖安县 LXP-13-10459、LXP-10-9971，浏阳市 LXP-10-5808，万载县 LXP-13-11366、LXP-10-2120，宜丰县 LXP-10-12989、LXP-10-2296；武功山脉：衡东县 LXP-03-07512、LXP-03-07518，安福县 LXP-06-0325、LXP-06-2577，茶陵县 LXP-06-1558、LXP-06-2059，芦溪县 LXP-06-3381，宜春市 LXP-06-2713、LXP-06-2738，攸县 LXP-06-5460；万洋山脉：遂川县 LXP-13-09271、LXP-13-17595，炎陵县 LXP-09-00715、LXP-09-10671，吉安市 LXSM2-6-10176，永新县 LXP-13-19615、LXP-QXL-080、LXP-03-03751、LXP-03-05102，资兴市 LXP-03-00100；诸广山脉：桂东县 LXP-13-22572，上犹县 LXP-13-12146、LXP-03-05761。

秃红紫珠 **Callicarpa rubella** var. **subglabra** (C. Pei) H. T. Chang

灌木。山谷，密林，路旁，溪边；壤土；618~1077 m。幕阜山脉：通山县 LXP7817；武功山脉：茶陵县 LXP-06-1658，芦溪县 LXP-06-9171；万洋山脉：井冈山 JGS-179、LXP-13-15231，炎陵县 DY2-1267、LXP-09-08510；诸广山脉：上犹县 LXP-13-12178、LXP-13-19256A、LXP-13-23222。

莸属 *Caryopteris* Bunge

兰香草 **Caryopteris incana** (Thunb.) Miq.

草本。山坡，疏林，路旁，水库边，石上；壤土；93~1100 m。九岭山脉：大围山 LXP-10-5439，浏阳市 LXP-03-08345，上高县 LXP-06-7646；武功山脉：安福县 LXP-06-3182，攸县 LXP-06-5340，衡东县 LXP-03-07460。

狭叶兰香草 **Caryopteris incana** var. **angustifolia** S. L. Chen et Y. L. Kuo

草本。山坡，路旁，岩石缝；290 m。九岭山脉：靖安县 7080 0116(NAS)。

铃子香属 *Chelonopsis* Miq.

浙江铃子香 **Chelonopsis chekiangensis** C. Y. Wu

草本。山谷，沟旁；1200 m。幕阜山脉：武宁县 张吉华 TanCM797(KUN)。

短梗浙江铃子香 **Chelonopsis chekiangensis** var. **brevipes** C. Y. Wu

草本。山谷，疏林，溪边；壤土；1685 m。万洋山脉：遂川县 LXP-13-24655、LXP-13-24670。

大青属 *Clerodendrum* L.

臭牡丹 **Clerodendrum bungei** Steud.

草本。山坡，路旁，村边，溪边；壤土；195~832 m。幕阜山脉：通山县 LXP7050、LXP7904，修水县 LXP3271，平江县 LXP4243；九岭山脉：奉新县 LXP-06-3999；武功山脉：安仁县 LXP-03-01393，莲花县 LXP-GTY-300；万洋山脉：炎陵县 LXP-09-10828、LXP-03-03451，永兴县 LXP-03-04407，资兴市 LXP-03-03671、LXP-03-05008；诸广山脉：崇义县 LXP-03-07420，上犹县 LXP-03-06001、LXP-03-10321。

灰毛大青 **Clerodendrum canescens** Wall.

灌木。山谷，疏林，路旁，阳处；壤土；95~677 m。九岭山脉：万载县 LXP-10-1945、LXP-10-2099；武功山脉：宜春市 LXP-10-1119、LXP-13-10773，安福县 LXP-06-0040、LXP-06-0184、LXP-06-0201，茶陵县 LXP-06-1984，芦溪县 LXP-13-09916，樟树市 LXP-10-5066、LXP-10-5090；万洋山脉：炎陵县 LXP-13-4219、LXP-09-09357，永新县 LXP-QXL-527、LXP-QXL-736；诸广山脉：桂东县 JGS-A125，上犹县 LXP-13-12872、LXP-13-12893。

大青 **Clerodendrum cyrtophyllum** Turcz.

灌木。山坡，疏林，路旁，溪边；壤土；100~1682 m。幕阜山脉：庐山市 LXP4393，通山县 LXP7340、LXP7624，武宁县 LXP1190、LXP1338；九岭山脉：安义县 LXP-10-10510、LXP-10-9469，大围山 LXP-09-11022、LXP-10-12577，奉新县 LXP-10-11015、LXP-10-13869，靖安县 LXP-10-10364、LXP-13-10360、LXP-13-10448，铜鼓县 LXP-10-13478，万载县 LXP-10-1512，宜丰县 LXP-10-2442、LXP-10-8785，上高县 LXP-10-4862；武功山脉：宜春市 LXP-10-1076、LXP-10-1131，安福县 LXP-06-0029、LXP-06-3813、LXP-06-3857，茶陵县 LXP-06-1820，明月山 LXP-06-7745，樟树市 LXP-10-5025；万洋山脉：井冈山 LXP-13-05963、LXP-13-JX4565，炎陵县 DY1-1067、DY2-1041，永新县 LXP-13-08034，永兴县 LXP-03-04000、LXP-03-04537，资兴市 LXP-03-00107、LXP-03-00173、LXP-03-05117；诸广山脉：桂东县 LXP-03-00865，崇义县 LXP-13-24272、LXP-03-05645、LXP-03-10143，上犹县 LXP-13-18989、LXP-13-12306。

白花灯笼 **Clerodendrum fortunatum** L.

灌木。山坡，疏林，路旁；沙土；395~1450 m。九岭山脉：大围山 LXP-10-5296，七星岭 LXP-10-11396。

赪桐 **Clerodendrum japonicum** (Thunb.) Sweet

灌木。山谷，疏林，溪边；沙土；379~1176 m。万洋山脉：炎陵县 LXP-09-08519，资兴市 LXP-03-00160、LXP-03-05177。

浙江大青 **Clerodendrum kaichianum** Hsu

灌木。疏林，山坡，路旁，溪边；壤土；827 m。幕阜山脉：通山县 LXP2340；万洋山脉：炎陵县

LXP-13-5793。

江西大青 Clerodendrum kiangsiense Merr. ex Li
灌木。山坡，疏林，路旁，阳处。万洋山脉：炎陵县 DY2-1269。

广东大青 Clerodendrum kwangtungense Hand.-Mazz.
灌木。山坡，路旁，溪边；壤土；680~1869 m。万洋山脉：井冈山 JGS-088，炎陵县 LXP-13-24628，永新县 LXP-QXL-645；诸广山脉：桂东县 LXP-13-09072。

尖齿臭茉莉 Clerodendrum lindleyi Decne. ex Planch.
灌木。山谷，疏林，路旁，溪边，阳处；150~519 m。九岭山脉：万载县 LXP-13-11237，宜丰县 LXP-10-4730；武功山脉：分宜县 LXP-10-5104；万洋山脉：遂川县 LXP-13-18012，永新县 LXP-13-19130、LXP-QXL-336、LXP-QXL-483。

海通 Clerodendrum mandarinorum Diels
乔木。山坡，密林，路旁，溪边；壤土；150~1113 m。幕阜山脉：通山县 LXP2023，武宁县 LXP0510、LXP8052；九岭山脉：大围山 LXP-10-12154、LXP-03-07913，靖安县 LXP-10-662、LXP-10-9797，宜丰县 LXP-10-12776、LXP-10-8739；武功山脉：安福县 LXP-06-0242、LXP-06-0337，芦溪县 LXP-06-1705、LXP-06-1706；万洋山脉：炎陵县 LXP-09-07252，永新县 LXP-13-19111，井冈山 JGS-B087，资兴市 LXP-03-00236、LXP-03-05167；诸广山脉：桂东县 LXP-13-09021，上犹县 LXP-13-12471。

*臭茉莉 Clerodendrum philippinum var. **simplex** Moldenke
灌木。村旁，荒地，草丛；300 m。栽培。幕阜山脉：柴桑区 谭策铭 10517(JJF)。

海州常山 Clerodendrum trichotomum Thunb.
灌木。山坡，疏林，路旁，溪边；壤土；404~1520 m。武功山脉：安福县 LXP-06-0402、LXP-06-3175，茶陵县 LXP-06-1435、LXP-06-1545，芦溪县 LXP-06-2784；万洋山脉：炎陵县 LXP-09-07463、LXP-09-07535。

风轮菜属 *Clinopodium* L.

风轮菜 Clinopodium chinense (Benth.) O. Ktze.
草本。山坡，疏林，草地，路旁，溪边；壤土；165~1550 m。幕阜山脉：庐山市 LXP4739、LXP5182，通山县 LXP2304、LXP2428、LXP7577，武宁县 LXP5574，平江县 LXP6476、LXP-10-6032、LXP-10-6395，修水县 LXP3435；九岭山脉：大围山 LXP-10-11200、LXP-10-11511，奉新县 LXP-10-10543，靖安县 LXP-10-10204、LXP-10-13716，浏阳市 LXP-10-5777，七星岭 LXP-10-11867，铜鼓县 LXP-10-13518、LXP-10-6535，万载县 LXP-10-1445、LXP-13-10962，宜丰县 LXP-10-13122、LXP-10-13370；武功山脉：宜春市 LXP-10-1185、LXP-10-824，安福县 LXP-06-3095、LXP-06-5761，茶陵县 LXP-06-1867、LXP-13-25935，明月山 LXP-06-7801、LXP-06-7972，袁州区 LXP-06-6703，莲花县 LXP-GTY-119，玉京山 LXP-10-1281；万洋山脉：井冈山 LXP-13-20349，遂川县 LXP-13-7365，炎陵县 LXP-09-06196；诸广山脉：桂东县 LXP-13-09065，崇义县 LXP-13-24261。

邻近风轮菜 Clinopodium confine (Hance) O. Ktze.
草本。山谷，疏林，路旁，石上，阳处；壤土；100~600 m。九岭山脉：靖安县 LXP-13-11558、LXP-10-4，铜鼓县 LXP-10-6570，万载县 LXP-10-1807，宜丰县 LXP-10-3176；武功山脉：分宜县 LXP-10-5140，莲花县 LXP-GTY-221，宜春市 LXP-10-1013；万洋山脉：井冈山 LXSM2-6-10250，炎陵县 LXP-09-378、LXP-13-3038、LXP-13-5314。

细风轮菜 Clinopodium gracile (Benth.) Matsum.
草本。山谷，路旁，草地，溪边，阴处；壤土（红壤）；70~1675 m。幕阜山脉：瑞昌市 LXP0207，平江县 LXP-10-6013、LXP-10-6192、LXP3642，武宁县 LXP1554；九岭山脉：安义县 LXP-10-10403、LXP-10-3677、LXP-10-3840，大围山 LXP-10-11311、LXP-03-07808，奉新县 LXP-06-4088、LXP-10-10792，靖安县 LXP-10-13653、LXP-10-719、LXP-10-463，七星岭 LXP-10-8186，万载县 LXP-10-1484、LXP-10-2081，宜丰县 LXP-10-8452、LXP-10-8607，上高县 LXP-10-4968；武功山脉：玉京山 LXP-10-1289，安福县 LXP-06-3606，茶陵县 LXP-06-1921，大岗山 LXP-06-3646，攸县 LXP-03-08651、LXP-03-08951，芦溪县 LXP-06-2424、LXP-06-3366，明月山 LXP-06-4498；万洋山脉：井冈山 LXP-13-18562，炎陵县 LXP-13-22857、LXP-03-02927，永新县 LXP-13-07657、LXP-13-19388，永兴县 LXP-03-04484，

资兴市 LXP-03-03609、LXP-03-03614；诸广山脉：上犹县 LXP-03-06222，崇义县 LXP-03-07242、LXP-03-10916，桂东县 LXP-03-00949。

灯笼草 Clinopodium polycephalum (Vant.) C. Y. Wu et Hsuan

草本。山坡，疏林，溪边，石上，阳处；壤土；536~1556 m。幕阜山脉：庐山市 LXP5074，通山县 LXP7262；武功山脉：莲花县 LXP-GTY-270；万洋山脉：井冈山 LXP-13-24050，炎陵县 DY1-1124、DY2-1029，资兴市 LXP-03-00167。

匍匐风轮菜 Clinopodium repens (D. Don) Wall. ex Benth.

草本。山坡，疏林，密林，路旁，草地；100~1200 m。九岭山脉：大围山 LXP-10-11339，奉新县 LXP-10-3329，靖安县 LXP-10-145，上高县 LXP-10-4935；武功山脉：安福县 LXP-06-3805，明月山 LXP-06-4607。

鞘蕊花属 *Coleus* Lour.

*五彩苏 Coleus scutellarioides (L.) Benth.

草本。40 m。观赏，栽培。幕阜山脉：柴桑区 李秀枝 081816(JJF)。

绵穗苏属 *Comanthosphace* S. Moore

天人草 Comanthosphace japonica (Miq.) S. Moore

草本。山溪边，石隙中；800~1200 m。幕阜山脉：庐山市 熊耀国 9869(NAS)。

绵穗苏 Comanthosphace ningpoensis (Hemsl.) Hand.-Mazz.

草本。山坡，疏林，灌丛，路旁，阴处；1000~1500 m。幕阜山脉：庐山市 LXP4686、LXP5035；九岭山脉：大围山 LXP-10-12540、LXP-10-12643、LXP-10-12707。

水蜡烛属 *Dysophylla* Blume

齿叶水蜡烛 Dysophylla sampsonii Hance

草本。水田中，潮湿地；50~500 m。万洋山脉：井冈山 赖书坤 5035(IBSC)。

水虎尾 Dysophylla stellata (Lour.) Benth.

草本。山脚，荒地，草丛；160 m。幕阜山脉：庐山市 董安森 2509(JJF)。

水蜡烛 Dysophylla yatabeana Makino

草本。平地，路旁；壤土；158 m。武功山脉：安福县 LXP-06-8442。

香薷属 *Elsholtzia* Willd.

紫花香薷 Elsholtzia argyi Lévl.

草本。山坡，疏林，灌丛，路旁，溪边；壤土；170~995 m。幕阜山脉：武宁县 LXP-13-08445，平江县 LXP-13-22412，瑞昌市 LXP0227；九岭山脉：靖安县 LXP2449、JLS-2012-050，万载县 LXP-10-1981；武功山脉：芦溪县 LXP-13-8237、LXP-13-09867、LXP-13-09942；万洋山脉：炎陵县 LXP-13-3125，遂川县 LXP-13-09289、LXP-13-7107；诸广山脉：上犹县 LXP-13-22236。

香薷 Elsholtzia ciliata (Thunb.) Hyland.

草本。山谷，疏林，路旁，溪边；壤土；222~1869 m。幕阜山脉：武宁县 LXP0427，修水县 LXP2814；武功山脉：安福县 LXP-06-6496，茶陵县 LXP-06-2020、LXP-06-2863，芦溪县 LXP-06-2473、LXP-06-9161，宜春市 LXP-06-2702；万洋山脉：遂川县 LXP-13-7269、LXP-13-7364，炎陵县 LXP-09-08517、LXP-13-24641。

野草香 Elsholtzia cypriani (Pavol.) C. Y. Wu et S. Chow

草本。山坡，草丛；340 m。幕阜山脉：武宁县 张吉华 2516(JJF)。

水香薷 Elsholtzia kachinensis Prain

草本。山谷，溪边；200 m。武功山脉：萍乡市 江西队 2915(PE)。

海州香薷 Elsholtzia splendens Nakai

草本。山坡，疏林，路旁，村边；470~547 m。幕阜山脉：瑞昌市 LXP0064、LXP2537、LXP3251。

黄野芝麻属 *Galeobdolon* Adans.

小野芝麻 Galeobdolon chinense (Benth.) C. Y. Wu

草本。山谷，疏林，路旁，溪边；壤土；144~835 m。幕阜山脉：武宁县 LXP6082；武功山脉：明月山 LXP-06-4969；万洋山脉：炎陵县 LXP-09-09464；诸广山脉：上犹县 LXP-03-06876。

近无毛小野芝麻 **Galeobdolon chinense** var. **subglabrum** C. Y. Wu

草本。山坡，路旁。万洋山脉：井冈山 LXP-13-05825。

块根小野芝麻 **Galeobdolon tuberiferum** (Makino) C. Y. Wu

草本。山谷，疏林，路旁，溪边；壤土；846~935 m。诸广山脉：上犹县 LXP-03-06571。

活血丹属 *Glechoma* L.

白透骨消 **Glechoma biondiana** (Diels) C. Y. Wu et C. Chen

草本。平地，路旁；壤土；1421 m。武功山脉：芦溪县 LXP-06-1304。

活血丹 **Glechoma longituba** (Nakai) Kupr

草本。山坡，灌丛，草地，溪边，阳处；壤土；100~1424 m。九岭山脉：安义县 LXP-10-3854，奉新县 LXP-10-3493，铜鼓县 LXP-10-8330，万载县 LXP-10-1680；武功山脉：安福县 LXP-06-3487、LXP-06-8586，芦溪县 LXP-06-1092，明月山 LXP-06-5009；万洋山脉：井冈山 11534、JGS4046，遂川县 LXP-13-16661、LXP-13-16932，炎陵县 LXP-03-03378、LXP-09-07366，永新县 LXP-13-07706，永兴县 LXP-03-04502；诸广山脉：上犹县 LXP-03-07158、LXP-03-10436、LXP-03-10834。

锥花属 *Gomphostemma* Wall. ex Benth.

中华锥花 **Gomphostemma chinense** Oliv.

草本。山坡，疏林，溪边，阴处；壤土；365~396 m。万洋山脉：炎陵县 LXP-09-08161，井冈山 LXP-13-15178、LXP-13-24113；诸广山脉：上犹县 LXP-13-12763。

四轮香属 *Hanceola* Kudô

出蕊四轮香 **Hanceola exserta** Sun

草本。山谷，疏林；壤土；758 m。万洋山脉：井冈山 LXP-13-20365。

四轮香 **Hanceola sinensis** (Hemsl.) Kudô

草本。山谷，路边；720 m。武功山脉：莲花县 杨祥学 651342(IBSC)。

香茶菜属 *Isodon* (Benth.) Kudô

香茶菜 **Isodon amethystoides** (Benth.) H. Hara [*Rabdosia amethystoides* (Benth.) H. Hara]

草本。山谷，疏林，路旁，溪边；壤土；258~395 m。武功山脉：茶陵县 LXP-06-2255。

细锥香茶菜 **Isodon coetsa** (Buch.-Ham. ex D. Don) Kudô [*Rabdosia coetsa* (Buch.-Ham. ex D. Don) H. Hara]

草本。万洋山脉：永新县 曹岚等 360830141011805 LY(JXCM)。

拟缺香茶菜 **Isodon excisoides** (Y. Z. Sun ex C. H. Hu) H. Hara [*Rabdosia excisoides* (Y. Z. Sun ex C. H. Hu) C. Y. Wu et H. W. Li]

草本。山谷，山坡，阴处；1110 m。幕阜山脉：九江市 LXP-4701。

内折香茶菜 **Isodon inflexus** (Thunb.) Kudô [*Rabdosia inflexa* (Thunb.) H. Hara]

草本。平地，溪边；壤土；284 m。武功山脉：安福县 LXP-06-5749。

蓝萼香茶菜 **Isodon japonicus** var. **glaucocalyx** (Maxim.) H. W. Li [*Rabdosia japonica* var. *glaucocalyx* (Maxim.) H. Hara]

草本。山坡，疏林，灌丛，阴处；壤土；288~1400 m。九岭山脉：大围山 LXP-10-11969；武功山脉：芦溪县 LXP-06-2404。

长管香茶菜 **Isodon longitubus** (Miq.) Kudô [*Rabdosia longituba* (Miq.) H. Hara]

草本。山谷林中；880 m。幕阜山脉：庐山市 谭策铭等 1711961(JJF)。

线纹香茶菜 **Isodon lophanthoides** (Buch.-Ham. ex D. Don) H. Hara [*Rabdosia lophanthoides* (Buch.-Ham. ex D. Don) H. Hara]

草本。山谷，疏林，灌丛，阴处；壤土；400~1643 m。武功山脉：芦溪县 LXP-13-03665，明月山 LXP-13-10825，玉京山 LXP-10-1332；万洋山脉：遂川县 LXP-13-24801、LXP-13-7012；诸广山脉：上犹县 LXP-13-25180。

细花线纹香茶菜 Isodon lophanthoides var. **graciliflorus** (Benth.) H. Hara [*Rabdosia lophanthoides* var. *graciliflora* (Benth.) H. Hara]

草本。山坡，路旁，疏林；520 m。万洋山脉：遂川县 赖书坤 5398(KUN)。

大萼香茶菜 Isodon macrocalyx (Dunn) Kudô [*Rabdosia macrocalyx* (Dunn) H. Hara]

草本。山谷，疏林，路旁，溪边，阴处；壤土；200~1100 m。九岭山脉：大围山 LXP-10-5483，奉新县 LXP-10-10965，靖安县 LXP-10-10338、LXP-10-9551，铜鼓县 LXP-10-6898，宜丰县 LXP-10-2438、LXP-10-2801；万洋山脉：井冈山 LXP-13-24132，遂川县 LXP-13-09331，炎陵县 LXP-13-5558。

显脉香茶菜 Isodon nervosus (Hemsl.) Kudô [*Rabdosia nervosa* (Hemsl.) C. Y. Wu et H. W. Li]

草本。山谷，密林，草地，溪边，石上；壤土；140~500 m。幕阜山脉：平江县 LXP-10-6292、LXP-10-6469；九岭山脉：大围山 LXP-10-11166，奉新县 LXP-10-10893，靖安县 LXP-10-13710，宜丰县 LXP-10-2655；万洋山脉：遂川县 LXP-13-7408。

溪黄草 Isodon serra (Maxim.) Kudô [*Rabdosia serra* (Maxim.) H. Hara]

草本。山坡，路旁，溪边。万洋山脉：遂川县 LXP-13-7408。

香简草属 *Keiskea* Miq.

香薷状香简草 Keiskea elsholtzioides Merr.

草本，山谷，路旁，林缘；约 800 m。诸广山脉：上犹县五指峰乡有分布记录。

腺毛香简草 Keiskea glandulosa C. Y. Wu

草本，山坡，山谷，疏林；1200~1600 m。万洋山脉：炎陵县 LXP-13-05676。

动蕊花属 *Kinostemon* Kudô

粉红动蕊花 Kinostemon alborubrum (Hemsl.) C. Y. Wu et S. Chow

草本。山谷，灌丛，路旁；壤土；284~366 m。武功山脉：安福县 LXP-06-8027，分宜县 LXP-06-2357。

动蕊花 Kinostemon ornatum (Hemsl.) Kudô

草本。山谷，疏林，溪边；壤土；366 m。武功山

脉：安福县 LXP-06-2986；诸广山脉：上犹县 LXP-03-06608、LXP-03-10608。

夏至草属 *Lagopsis* (Bunge ex Benth.) Bunge

夏至草 Lagopsis supina (Steph. ex Willd.) Ikonn.-Gal.

草本。山谷，林缘，空地；560 m。幕阜山脉：瑞昌市 谭策铭等 16112637(JJF)。

野芝麻属 *Lamium* L.

短柄野芝麻 Lamium album L.

草本。山谷，溪边，疏林；200 m。武功山脉：樟树市 LXP-10-4997。

宝盖草 Lamium amplexicaule L.

草本。路旁，草丛；45 m。幕阜山脉：柴桑区 李秀枝 13141(JJF)。

野芝麻 Lamium barbatum Sieb. et Zucc.

草本。山坡，疏林，路旁，溪边；黄壤；262~772 m。幕阜山脉：平江县 LXP4273、LXP6460；九岭山脉：大围山 LXP-03-03013；武功山脉：分宜县 LXP-06-9616，攸县 LXP-03-08671、LXP-03-08943。

益母草属 *Leonurus* L.

益母草 Leonurus japonicus Houtt.

草本。山坡，疏林，灌丛，路旁，溪边；壤土；80~900 m。幕阜山脉：武宁县 张吉华 2473(JJF)；九岭山脉：安义县 LXP-10-3614、LXP-10-3849，大围山 LXP-10-12693，奉新县 LXP-10-3240、LXP-10-3299，靖安县 LXP-10-4470，七星岭 LXP-10-8202，铜鼓县 LXP-10-8348，万载县 LXP-13-11211、LXP-10-2031，上高县 LXP-10-4890，宜丰县 LXP-10-2656、LXP-10-4829；武功山脉：安福县 LXP-06-4829、LXP-06-5102，茶陵县 LXP-06-1838、LXP-09-10499，分宜县 LXP-10-5193，樟树市 LXP-10-5013；万洋山脉：井冈山 JGS-4698、LXP-13-1538，遂川县 LXP-13-18011。

绣球防风属 *Leucas* R. Br.

绣球防风 Leucas ciliata Benth.

草本。平地，路旁；壤土；194.1 m。武功山脉：安

福县 LXP-06-0826。

白绒草 Leucas mollissima Wall.

草本。平地，路旁；壤土；405 m。武功山脉：安福县 LXP-06-0310。

疏毛白绒草 Leucas mollissima var. **chinensis** Benth.

草本。山坡，路旁；壤土；145~342 m。武功山脉：安福县 LXP-06-5889，芦溪县 LXP-06-8811，宜春市 LXP-06-8863。

地笋属 *Lycopus* L.

小叶地笋 Lycopus cavaleriei Lévl.

草本。山谷，田边；850~1016 m。幕阜山脉：武宁县　谭策铭 9610238(KUN)。

地笋 Lycopus lucidus Turcz.

草本。山坡，疏林，路旁；180~657 m。幕阜山脉：庐山市 LXP4932、LXP5255，武宁县 LXP1639。

硬毛地笋 Lycopus lucidus var. **hirtus** Regel

草本。山坡，山谷，荒田，草丛；650~1300 m。幕阜山脉：庐山　董安淼 2372(JJF)；九岭山脉：靖安县　熊耀国 1353(LBG)。

龙头草属 *Meehania* Britton

肉叶龙头草 Meehania faberi (Hemsl.) C. Y. Wu

灌木。山坡，密林，灌丛，石上，阴处；腐殖土；907~1138 m。诸广山脉：上犹县 LXP-13-22331、LXP-13-25059、LXP-13-25145。

华西龙头草 Meehania fargesii (Lévl.) C. Y. Wu

草本。山坡，密林；904 m。幕阜山脉：通山县 LXP6641。

梗花龙头草 Meehania fargesii var. **pedunculata** (Hemsl.) C. Y. Wu

草本。平地，疏林，溪边；壤土。诸广山脉：上犹县 LXP-13-12080。

走茎龙头草 Meehania fargesii var. **radicans** (Vant.) C. Y. Wu

草本。山坡，疏林，灌丛，路旁，溪边，阴处；壤土；422~1355 m。幕阜山脉：通山县 LXP1180，武宁县 LXP6218；万洋山脉：炎陵县 LXP-13-24043，

永新县 LXP-13-19468、LXP-13-19822，井冈山 JGS4025、JGS4086；诸广山脉：桂东县 LXP-13-25686，上犹县 LXP-13-23305。

龙头草 Meehania henryi (Hemsl.) Sun ex C. Y. Wu

草本。山谷，林缘；900 m。幕阜山脉：庐山　董安淼 2472(JJF)。

薄荷属 *Mentha* L.

薄荷 Mentha canadensis L.

草本。山谷，疏林，路旁，阴处；150~210 m。九岭山脉：铜鼓县 LXP-10-6932，万载县 LXP-10-1379；武功山脉：宜春市 LXP-10-1181、LXP-13-10756。

凉粉草属 *Mesona* Blume

凉粉草 Mesona chinensis Benth.

草本。山谷，路旁，草丛；86.6 m。幕阜山脉：武宁县　曹岚等 360423130805142LY(JXCM)、熊耀国 1469(LBG)。

石荠苎属 *Mosla* (Benth.) Buch.-Ham. ex Maxim.

小花荠苎 Mosla cavaleriei Lévl.

草本。山谷，疏林，路旁，草地；黄壤；210~1400 m。幕阜山脉：武宁县 LXP-13-08441；九岭山脉：大围山 LXP-10-11580、LXP-10-12295，奉新县 LXP-10-11041，宜丰县 LXP-10-13036、LXP-10-13133、LXP-10-13376；诸广山脉：上犹县 LXP-13-12841、LXP-13-22261。

石香薷 Mosla chinensis Maxim.

草本。山顶，疏林，灌丛，路旁；壤土；89~1500 m。幕阜山脉：平江县 LXP-13-22396、LXP-10-6252；九岭山脉：浏阳市 LXP-03-08418，大围山 LXP-10-12570，七星岭 LXP-10-11465，宜丰县 LXP-10-2330，上高县 LXP-06-7639；武功山脉：明月山 LXP-06-7711，攸县 LXP-06-5342；万洋山脉：永新县 LXP-QXL-852。

小鱼仙草 Mosla dianthera (Buch.-Ham.) Maxim.

草本。山坡，疏林，草地，路旁，溪边；壤土；80~1351 m。幕阜山脉：平江县 LXP-13-22406，庐山市

LXP4782、XP4863、LXP5040；九岭山脉：浏阳市
LXP-03-08364，安义县 LXP-10-10430，靖安县
LXP2466、LXP-10-9990，大围山 LXP-10-11193、
LXP-10-5371，奉新县 LXP-10-10703、LXP-10-
10809，铜鼓县 LXP-10-7012、LXP-10-7241，上高
县 LXP-06-6528、LXP-06-6553；武功山脉：安福县
LXP-06-0618、LXP-06-8637，茶陵县 LXP-06-2183、
LXP-06-7123，芦溪县 LXP-13-8265、LXP-06-2440，
明月山 LXP-06-7668、LXP-06-7885，攸县 LXP-06-
5313，袁州区 LXP-06-6748；万洋山脉：遂川县
LXP-13-7295、LXP-13-7537，炎陵县 LXP-09-00174、
LXP-13-3253。

长穗荠苎 Mosla longispica (C. Y. Wu) C. Y. Wu
et H. W. Li

草本。罗霄山脉可能有分布，未见标本。

石荠苎 Mosla scabra (Thunb.) C. Y. Wu et H. W.
Li

草本。山谷，疏林，路旁，草地，溪边；壤土；
130~1500 m。幕阜山脉：平江县 LXP-10-6066、
LXP-10-6234，武宁县 LXP0495；九岭山脉：大围
山 LXP-10-11359、LXP-10-11515，奉新县 LXP-10-
11044、LXP-10-13828、LXP-10-14016，靖安县 LXP-
10-10084、LXP-10-10263，铜鼓县 LXP-10-13520、
LXP-10-6659，宜丰县 LXP-10-12724、LXP-10-6689，
万载县 LXP-13-11286；武功山脉：安福县 LXP-06-
2583、LXP-06-8713，芦溪县 LXP-06-2150、LXP-
06-2439，明月山 LXP-06-7775、LXP-06-7874，宜
春市 LXP-06-2695、LXP-06-8851，攸县 LXP-06-
5433、LXP-06-6047；万洋山脉：井冈山 LXP-13-
JX4554，遂川县 LXP-13-7124；诸广山脉：桂东县
LXP-03-02386。

苏州荠苎 Mosla soochowensis Matsuda

草本。路旁，草地；350 m。幕阜山脉：九江市 董
安淼和吴丛梅 TanCM2572(KUN)；九岭山脉：修水
县 刘守炉等 890193(NAS)。

荆芥属 *Nepeta* L.

*荆芥 Nepeta cataria L.

草本。山坡，疏林；沙土；324~1465.9 m。栽培。
万洋山脉：永新县 LXP-QXL-553；诸广山脉：桂东
县 LXP-03-02593。

罗勒属 *Ocimum* L.

*罗勒 Ocimum basilicum L.

草本。蔬菜，广泛栽培；60 m。幕阜山脉：九江市
谭策铭等 1710749(JJF)。

疏柔毛罗勒 Ocimum basilicum var. **pilosum**
(Willd.) Benth.

草本。山坡，阳处；壤土。万洋山脉：炎陵县
LXP-13-3297。

牛至属 *Origanum* L.

牛至 Origanum vulgare L.

草本。山坡，草地；121~1420 m。幕阜山脉：平江
县 LXP0689；九岭山脉：大围山 LXP-10-12641。

假糙苏属 *Paraphlomis* Prain

白毛假糙苏 Paraphlomis albida Hand.-Mazz.

草本。山谷，疏林，路旁，溪边，阴处；壤土；416~
1682 m。九岭山脉：大围山 LXP-10-11578，万载县
LXP-13-11378、LXP-13-11382；武功山脉：明月山
LXP-13-10860；万洋山脉：炎陵县 LXP-09-06258、
LXP-09-10611，永新县 LXP-13-19167、LXP-13-
19283、LXP-QXL-662。

短齿白毛假糙苏 Paraphlomis albida var. **brevidens**
Hand.-Mazz.

草本。山谷，灌丛，路旁；腐殖土；750~760 m。
九岭山脉：大围山 LXP-10-12319、LXP-10-12371；
武功山脉：莲花县 LXP-GTY-327。

白花假糙苏 Paraphlomis albiflora (Hemsl.)
Hand.- Mazz.

草本。山谷，阴处。万洋山脉：炎陵县 LXP-13-4051。

小叶假糙苏 Paraphlomis coronata (Vaniot) Y. P.
Chen et C. L. Xiang [*Paraphlomis javanica* var.
angustifolia (C. Y. Wu) C. Y. Wu et H. W. Li;
Paraphlomis javanica var. *coronata* (Vant.) C. Y.
Wu et H. W. Li]

草本。山谷，疏林，灌丛，溪边；壤土；350~365 m。
九岭山脉：宜丰县 LXP-10-6731；万洋山脉：井
冈山 JGS-2064、LXP-13-24084，炎陵县 LXP-09-
338、LXP-09-382、LXP-09-06144。

曲茎假糙苏 Paraphlomis foliata (Dunn) C. Y. Wu et H. W. Li

草本。山谷，溪边，路旁，疏林；290 m。九岭山脉：靖安县 LXP-10-631。

纤细假糙苏 Paraphlomis gracilis Kudô

草本。山坡，疏林，灌丛，阴处；黄壤；365~1427 m。武功山脉：茶陵县 LXP-06-1903、LXP-06-1906；万洋山脉：炎陵县 LXP-09-00117、LXP-09-06259，井冈山 LXP-13-24134、LXSM2-6-10280、LXSM2-6-10298；诸广山脉：上犹县 LXP-13-19259A、LXP-13-23075、LXP-13-23560。

假糙苏 Paraphlomis javanica (Bl.) Prain

草本。山谷，路旁，溪边；沙土；334~735 m。九岭山脉：大围山 LXP-03-07987；万洋山脉：炎陵县 LXP-09-00694，永新县 LXP-QXL-247、LXP-QXL-628。

井冈山假糙苏 Paraphlomis jinggangshanensis Boufford, W. B. Liao et W. Y. Zhao

多年生草本。山坡，沟边，路旁，林缘；500~800 m。万洋山脉：井冈山 赵万义，刘忠成，张忠，李绪杰 ZWY-2060(SYS；A)、D. E. Boufford，廖文波，吴保欢，许会敏，袁天天 43074(A)。

长叶假糙苏 Paraphlomis lanceolata Hand.-Mazz.

草本。山谷，疏林，溪边；壤土；755.8 m。万洋山脉：炎陵县 LXP-09-10926、LXP-13-23944。

云和假糙苏 Paraphlomis lancidentata Sun

草本。山顶，疏林，溪边，阴处；290~1100 m。九岭山脉：宜丰县 LXP-10-2409、LXP-10-2439、LXP-10-2875；武功山脉：玉京山 LXP-10-1325。

小刺毛假糙苏 Paraphlomis setulosa C. Y. Wu et H. W. Li

草本。山谷，疏林，溪边；壤土；1891 m。万洋山脉：遂川县 LXP-13-23679。

紫苏属 Perilla L.

紫苏 Perilla frutescens (L.) Britt.

草本。山坡，疏林，路旁，溪边；壤土；259~1400 m。幕阜山脉：瑞昌市 LXP0233，平江县 LXP-10-6332、LXP4169，修水县 LXP2819；九岭山脉：安义县

LXP-10-10413，大围山 LXP-10-12024、LXP-10-5599，奉新县 LXP-10-10735、LXP-10-11088，浏阳市 LXP-10-5888，铜鼓县 LXP-10-7140，宜丰县 LXP-10-13314、LXP-10-7288，上高县 LXP-06-6567；武功山脉：宜春市 LXP-06-8858、LXP-10-1163，安福县 LXP-06-3035、LXP-06-8790，茶陵县 LXP-06-2204、LXP-06-7138，芦溪县 LXP-06-2456、LXP-06-2483，明月山 LXP-06-7821、LXP-06-7975，衡东县 LXP-03-07524，攸县 LXP-06-5333、LXP-06-6193、LXP-06-7014；万洋山脉：炎陵县 LXP-03-03427；诸广山脉：桂东县 LXP-03-02746，上犹县 LXP-03-07122、LXP-03-10802。

回回苏 Perilla frutescens var. **crispa** (Thunb.) Hand.- Mazz.

草本。路旁，草丛；60~670 m。栽培或野生。万洋山脉：遂川县　岳俊三等 3849(WUK)。

野生紫苏 Perilla frutescens var. **purpurascens** (Hayata) H. W. Li

草本。山谷，疏林，灌丛，路旁，溪边；壤土；90~800 m。幕阜山脉：平江县 LXP-10-6052、LXP-10-6293；九岭山脉：安义县 LXP-10-10411，大围山 LXP-10-11204、LXP-10-11562，奉新县 LXP-10-10684、LXP-10-10906，靖安县 LXP-10-10105、LXP-13-10018、LXP-10-9655，铜鼓县 LXP-10-13462、LXP-10-6566，宜丰县 LXP-10-12726、LXP-10-13192，万载县 LXP-10-1816；武功山脉：宜春市 LXP-13-10752、LXP-QXL-393，芦溪县 LXP-13-09951。

橙花糙苏属 Phlomis L.

糙苏 Phlomis umbrosa Turcz.

草本。山顶，路旁；1534~1558 m。幕阜山脉：通山县 LXP7288、LXP7293、LXP7746；九岭山脉：靖安县 LXP-13-10489。

南方糙苏 Phlomis umbrosa var. **australis** Hemsl.

草本。山坡，密林，路旁，溪边；壤土；182 m。九岭山脉：靖安县 LXP-13-10247；万洋山脉：井冈山 LXP-13-15207。

卵叶糙苏 Phlomis umbrosa var. **ovalifolia** C. Y. Wu

草本。平地，疏林，溪边；壤土。诸广山脉：上犹

县 LXP-13-12081。

刺蕊草属 *Pogostemon* Desf.

珍珠菜 **Pogostemon auricularius** (L.) Kassk.

草本。山坡，灌丛，路旁；壤土；319~1604 m。幕阜山脉：庐山市 LXP4742，瑞昌市 LXP0099，通山县 LXP1993、LXP7486、LXP7543、LXP7627，武宁县 LXP1059、LXP1414，平江县 LXP3167、LXP4035；九岭山脉：上高县 LXP-06-7602；武功山脉：芦溪县 LXP-06-2794；诸广山脉：桂东县 LXP-03-00796。

北刺蕊草 **Pogostemon septentrionalis** C. Y. Wu et Y. C. Huang

草本。山谷，疏林，溪边；壤土。诸广山脉：上犹县 LXP-13-13000。

豆腐柴属 *Premna* L.

黄药 **Premna cavaleriei** Lévl.

灌木。山坡，疏林，路旁；513~1213 m。幕阜山脉：庐山市 LXP4990，通山县 LXP2021、LXP6785、LXP7081；万洋山脉：炎陵县 DY2-1141。

臭黄荆 **Premna ligustroides** Hemsl.

灌木。山谷，疏林，路旁，阴处；250~800 m。九岭山脉：大围山 LXP-10-7815，奉新县 LXP-10-9367，靖安县 LXP-10-440，铜鼓县 LXP-10-8322，宜丰县 LXP-10-8617、LXP-10-8893。

豆腐柴 **Premna microphylla** Turcz.

灌木。山坡，疏林，灌丛，路旁；壤土；66~1078 m。幕阜山脉：庐山市 LXP5663，通山县 LXP2029、LXP7316、LXP7628，武宁县 LXP0889、LXP1006、LXP6122，平江县 LXP3776、LXP3942、LXP4095；九岭山脉：安义县 LXP-10-3675，大围山 LXP-03-07698、LXP-10-8054，上高县 LXP-10-4873，奉新县 LXP-10-3281、LXP-10-3370，靖安县 LXP-10-4507、LXP-13-10449、LXP-10-644，宜丰县 LXP-10-4705、LXP-10-4832、LXP-10-8489；武功山脉：分宜县 LXP-10-5103，宜春市 LXP-10-1209，茶陵县 LXP-06-1430、LXP-13-25943；万洋山脉：遂川县 LXP-13-16301、LXP-13-17315、LXP-13-17491，井冈山 LXP-13-18439、LXSM2-6-10230、LXSM2-6-

10278，永新县 LXP-13-19669、LXP-13-19689、LXP-QXL-084，炎陵县 LXP-09-00178，永兴县 LXP-03-04564，资兴市 LXP-03-00259；诸广山脉：上犹县 LXP-13-12339、LXP-13-12965，崇义县 LXP-03-04900、LXP-03-07268。

狐臭柴 **Premna puberula** Pamp.

灌木。山谷，疏林，路旁；壤土；756 m。万洋山脉：永兴县 LXP-03-03872。

伞序臭黄荆 **Premna serratifolia** L.

草本。山谷，疏林，灌丛，路旁；壤土；436~548 m。万洋山脉：资兴市 LXP-03-03533。

夏枯草属 *Prunella* L.

山菠菜 **Prunella asiatica** Nakai

草本。山谷，疏林；壤土；210 m。武功山脉：茶陵县 LXP-13-22932。

夏枯草 **Prunella vulgaris** L.

草本。山坡，疏林，灌丛，路旁，溪边；壤土；130~1500 m。幕阜山脉：庐山市 LXP5655，通山县 LXP2292、LXP6677，平江县 LXP3552、LXP3676，武宁县 LXP0895、LXP1027；九岭山脉：安义县 LXP-10-3680、LXP-10-3770，奉新县 LXP-10-3311、LXP-06-4033，靖安县 LXP-10-498，七星岭 LXP-03-07942、LXP-10-11459、LXP-10-8137，铜鼓县 LXP-10-8293，大围山 LXP-10-7461、LXP-03-07799、LXP-10-7755，宜丰县 LXP-10-4660、LXP-10-4723；武功山脉：芦溪县 LXP-06-3386、LXP-06-3477，茶陵县 LXP-13-25953，分宜县 LXP-10-5176，玉京山 LXP-10-1328；万洋山脉：井冈山 LXP-13-15105，炎陵县 DY3-1094、LXP-09-07415，遂川县 LXP-13-16309、LXP-13-16653，资兴市 LXP-03-03555、LXP-03-03785、LXP-03-05033；诸广山脉：桂东县 LXP-13-09071，崇义县 LXP-13-13082、LXP-03-05825、LXP-03-05861，上犹县 LXP-13-23165、LXP-13-23441。

鼠尾草属 *Salvia* L.

铁线鼠尾草 **Salvia adiantifolia** Stib.

草本。山坡，疏林，灌丛，路旁；壤土；400~645 m。武功山脉：茶陵县 LXP-09-10372；万洋山脉：遂川县

LXP-13-16443，炎陵县 DY2-1057、LXP-09-08028，永新县 LXP-13-19249。

附片鼠尾草 Salvia appendiculata Stib.

草本。罗霄山脉可能有分布，未见标本。

南丹参 Salvia bowleyana Dunn

草本。山坡，疏林，灌丛，路旁，溪边；壤土；150~1880 m。幕阜山脉：庐山市 LXP4661、LXP5657，通山县 LXP5867、LXP6643，武宁县 LXP1040、LXP5730、LXP6075，平江县 LXP4309，修水县 LXP6492；九岭山脉：醴陵市 LXP-03-08995，宜丰县 LXP-13-22517，大围山 LXP-03-07914，铜鼓县 LXP-10-8364；武功山脉：安福县 LXP-06-3578，芦溪县 LXP-06-3416，分宜县 LXP-10-5146；万洋山脉：井冈山 LXP-13-15140、LXP-13-15322，遂川县 LXP-13-17455、LXP-13-17853，炎陵县 DY2-1227、LXP-13-3102、TYD2-1334，永新县 LXP-13-19332，永兴县 LXP-03-04415。

近二回羽裂南丹参 Salvia bowleyana var. subbipinnata C. Y. Wu

草本。山谷，路旁；200~700 m。诸广山脉：齐云山 1083（刘小明等，2010）。

贵州鼠尾草 Salvia cavaleriei Lévl.

草本。山坡，路旁，疏林，阳处；壤土；150~1001 m。九岭山脉：万载县 LXP-10-1416；武功山脉：宜春市 LXP-10-1177，安福县 LXP-06-5055，明月山 LXP-06-4634，攸县 LXP-06-6163；万洋山脉：遂川县 LXP-13-18226，炎陵县 LXP-09-08309；诸广山脉：崇义县 LXP-13-24299。

血盆草 Salvia cavaleriei var. simplicifolia Stib.

草本。山坡，疏林，溪边，阴处；壤土；150~1500 m。幕阜山脉：平江县 LXP3738；九岭山脉：大围山 LXP-10-5303，奉新县 LXP-10-3458、LXP-10-4058、LXP-06-4046，万载县 LXP-13-11303、LXP-13-11393；武功山脉：茶陵县 LXP-09-10314，樟树市 LXP-10-4994、LXP-10-5091；万洋山脉：炎陵县 LXP-13-23957、LXP-13-4013。

华鼠尾草 Salvia chinensis Benth.

草本。山谷，疏林，灌丛，路旁，溪边；壤土；100~1595 m。幕阜山脉：平江县 LXP0711；九岭山脉：安义县 LXP-10-9449，大围山 LXP-10-11994、LXP-10-7583、LXP-10-7682，奉新县 LXP-10-3873、LXP-10-9365，宜丰县 LXP-10-8535、LXP-10-8699，七星岭 LXP-03-07952、LXP-10-8127；武功山脉：宜春市 LXP-10-940，莲花县 LXP-GTY-026；万洋山脉：炎陵县 LXP-09-06100，井冈山 JGS-2132。

蕨叶鼠尾草 Salvia filicifolia Merr.

草本。山谷，疏林，溪边，路旁；壤土；324 m。武功山脉：莲花县 LXP-GTY-043；万洋山脉：井冈山 JGS-4711，永新县 LXP-13-07807、LXP-QXL-035、LXP-QXL-484。

鼠尾草 Salvia japonica Thunb.

草本。山坡，疏林，路旁，溪边；壤土；158~1929.2 m。幕阜山脉：濂溪区 LXP6356，庐山市 LXP-13-24537、LXP4515、LXP4516、LXP4604，平江县 LXP3953；九岭山脉：靖安县 LXP-13-10160，奉新县 LXP-06-4103；武功山脉：安福县 LXP-06-0347、LXP-06-8523，芦溪县 LXP-13-09695、LXP-06-9001、LXP-13-8224，袁州区 LXP-06-6677；万洋山脉：遂川县 LXP-13-18321，炎陵县 LXP-13-24606，永新县 LXP-QXL-104、LXP-QXL-376、LXP-QXL-745；诸广山脉：桂东县 LXP-13-09006、LXP-13-09006。

关公须　Salvia kiangsiensis C. Y. Wu

草本。山坡，石上；405 m。九岭山脉：官山 魏宇昆和王琦 S0140(CSH)。

丹参 Salvia miltiorrhiza Bunge

草本。山坡，疏林，灌丛，溪边；280~975 m。幕阜山脉：通山县 LXP2345、LXP6658，武宁县 LXP0915、LXP1116、LXP1467，平江县 LXP3565、LXP3616、LXP3960。

荔枝草 Salvia plebeia R. Br.

草本。山坡，疏林，路旁，阳处；壤土；80~1450 m。幕阜山脉：庐山市 LXP5397，通山县 LXP1282，武宁县 LXP6059，平江县 LXP4022、LXP4172，修水县 LXP6760；九岭山脉：安义县 LXP-10-3660、LXP-10-3835、LXP-10-9474，大围山 LXP-10-7697、LXP-10-7892、LXP-10-7993，奉新县 LXP-10-3244、LXP-10-3322，靖安县 LXP-10-4559，七星岭 LXP-10-8207，铜鼓县 LXP-10-8355，上高县 LXP-10-4980，宜丰县 LXP-10-4636、LXP-10-8415；武功山

脉：安福县 LXP-06-3596，攸县 LXP-03-08799、LXP-03-08982，明月山 LXP-06-4659、LXP-06-5021；万洋山脉：吉安市 LXSM2-6-10088，炎陵县 LXSM-7-00342；诸广山脉：崇义县 LXP-03-07380，上犹县 LXP-03-06239。

长冠鼠尾草紫参 Salvia plectranthoides Griff.

草本。山坡，疏林，路旁，溪边；壤土；434~941 m。万洋山脉：井冈山 LXP-13-15422、LXP-13-18670，遂川县 LXP-13-16569、LXP-13-23473；诸广山脉：上犹县 LXP-13-12318。

红根草 Salvia prionitis Hance

草本。山坡，疏林，路旁；壤土；65~576 m。九岭山脉：奉新县 LXP-10-3180；武功山脉：分宜县 LXP-10-5174，茶陵县 LXP-06-1849。

地埂鼠尾草 Salvia scapiformis Hance

草本。山坡，疏林，溪边；壤土；421~1675 m。幕阜山脉：平江县 LXP3999；九岭山脉：宜丰县 LXP-10-4773，大围山 LXP-13-08223；万洋山脉：炎陵县 LXP-09-00704、LXP-09-07078、LXP-09-07280、LXP-13-5795；诸广山脉：上犹县 LXP-13-12371。

钟萼地埂鼠尾草 Salvia scapiformis var. carphocalyx Stib.

草本。山坡，路旁；壤土；1176 m。万洋山脉：炎陵县 LXP-09-08508。

硬毛地埂鼠尾草 Salvia scapiformis var. hirsuta Stib.

草本。罗霄山脉可能有分布，未见标本。

拟丹参 Salvia sinica Migo

草本。山谷，林缘；600 m。幕阜山脉：修水县 缪以清 07596(CCAU)。

*一串红 Salvia splendens Ker Gawl.

草本。山谷，路旁；750 m。栽培。九岭山脉：大围山 LXP-10-12332。

佛光草 Salvia substolonifera Stib.

草本。山坡，草地；壤土；382 m。武功山脉：分宜县 LXP-06-9574。

四棱草属 Schnabelia Hand.-Mazz.

四棱草 Schnabelia oligophylla Hand.-Mazz.

草本。山谷，密林，路旁，溪边，石上；壤土；225~327 m。幕阜山脉：武宁县 LXP6171，修水县 LXP0779；九岭山脉：万载县 LXP-13-11150；武功山脉：安福县 LXP-06-3566，攸县 LXP-03-07601。

四齿四棱草 Schnabelia tetrodonta (Sun) C. Y. Wu et C. Chen

草本。平地，路旁；壤土；303.7 m。武功山脉：安福县 LXP-06-0116。

黄芩属 Scutellaria L.

腋花黄芩 Scutellaria axilliflora Hand.-Mazz.

草本。山谷，密林，溪边；沙土；486~858.97 m。万洋山脉：井冈山 LXP-13-18250、LXP-13-18516、LXP-13-22992，炎陵县 LXP-13-26036、LXP-13-3374。

半枝莲 Scutellaria barbata D. Don

草本。山坡，疏林，路旁；壤土；70~1078 m。幕阜山脉：庐山市 LXP5694；九岭山脉：奉新县 LXP-10-3221，万载县 LXP-10-1640、LXP-10-1789，宜丰县 LXP-10-2724；武功山脉：安福县 LXP-06-3609、LXP-06-4811、LXP-06-5090，茶陵县 LXP-065178、LXP-06-9208、LXP-13-22961，明月山 LXP-06-4942；万洋山脉：遂川县 LXP-13-16365、LXP-13-17486，炎陵县 LXP-13-26065、LXP-13-5808。

莸状黄芩 Scutellaria caryopteroides Hand.-Mazz.

草本。山谷，密林，路旁，溪边；1100~1450 m。九岭山脉：大围山 LXP-10-7519，七星岭 LXP-10-8142。

蓝花黄芩 Scutellaria formosana N. E. Brown

草本。山坡，疏林，阴处；壤土；600 m。九岭山脉：靖安县 LXP-10-403。

岩藿香 Scutellaria franchetiana Lévl.

灌木。山谷，疏林，路旁；红壤；30~400 m。幕阜山脉：柴桑区 谭策铭 97363(JJF)。

湖南黄芩 Scutellaria hunanensis C. Y. Wu

草本，山坡；684 m。武功山脉：大岗山 LXP-06-9635。

裂叶黄芩 Scutellaria incisa Sun ex C. H. Hu

草本。山坡，灌丛；300~600 m。万洋山脉：永新县 LXP-QXL-677。

韩信草 Scutellaria indica L.

草本。山坡，疏林，路旁，石上；壤土；100~1490 m。

幕阜山脉：庐山市 LXP5364，通山县 LXP5948、
LXP7595，武宁县 LXP0944，平江县 LXP3528、
LXP-10-5982，修水县 LXP2575、LXP6401；九岭
山脉：安义县 LXP-10-9431，大围山 LXP-10-7568，
靖安县 LXP-10-464、LXP-13-10233、LXP-10-752，
铜鼓县 LXP-10-6967、LXP-10-8332，宜丰县 LXP-
10-2902；武功山脉：明月山 LXP-06-4494，衡东县
LXP-03-07480，攸县 LXP-03-08628、LXP-03-08962，
茶陵县 LXP-09-10455，莲花县 LXP-GTY-456，分
宜县 LXP-10-5233；万洋山脉：炎陵县 LXP-09-
08757、LXP-09-09679，永新县 LXP-13-07618、LXP-
13-19012、LXP-13-19728。

长毛韩信草 Scutellaria indica var. elliptica Sun
ex G. H. Hu

草本。山坡，路旁；800 m。九岭山脉：九岭山 叶
存粟 118(NAS)。

缩茎韩信草 Scutellaria indica var. subacaulis
(Sun ex C. H. Hu) C. Y. Wu et C. Chen

草本。324 m。万洋山脉：永新县 LXP-QXL-438。

乐东吕宋黄芩 Scutellaria luzonica var. lotungensis
C. Y. Wu et C. Chen

草本。山谷，密林，路旁，溪边；壤土；150 m。
幕阜山脉：平江县 LXP-10-6136。

京黄芩 Scutellaria pekinensis Maxim.

草本。山坡；路旁；壤土；1330 m。幕阜山脉：通
山县 LXP7492。

紫茎京黄芩 Scutellaria pekinensis var. purpurei-caulis (Migo) C. Y. Wu et H. W. Li

草本。路旁；360 m。武功山脉：武功山 熊耀国
8090(LBG)。

短促京黄芩 Scutellaria pekinensis var. transitra
(Makino) Hara ex H. W. Li et Ohwi

草本。罗霄山脉可能有分布，未见标本。

喜荫黄芩 Scutellaria sciaphila S. Moore

草本。罗霄山脉可能有分布，未见标本。

两广黄芩 Scutellaria subintegra C. Y. Wu et H.
W. Li

草本。罗霄山脉可能有分布，未见标本。

偏花黄芩 Scutellaria tayloriana Dunn

草本。山坡，疏林；壤土；36~1004 m。幕阜山脉：
武宁县 LXP5575、LXP5744；万洋山脉：井冈山
LXP-13-18863，遂川县 LXP-13-16606，炎陵县 LXP-
09-09403。

柔弱黄芩 Scutellaria tenera C. Y. Wu et H. W. Li

草本。灌丛，路旁；148~500 m。诸广山脉：崇义
县 LXP-03-7331。

英德黄芩 Scutellaria yingtakensis Sun

草本。山谷，密林，溪边，石上；壤土；750.9~781.4 m。
万洋山脉：井冈山 LXP-13-18812，炎陵县 LXP-13-
23910、LXP-13-23970；诸广山脉：上犹县 LXP-13-
12265。

筒冠花属 Siphocranion Kudô

光柄筒冠花 Siphocranion nudipes (Hemsl.) Kudô

草本。山坡，疏林，溪边；壤土；631~1452 m。幕
阜山脉：修水县 LXP2995；万洋山脉：井冈山
LXP-13-0427、LXP-13-05886、LXP-13-20240，遂
川县 LXP-13-24699，炎陵县 LXP-13-24585。

水苏属 Stachys L.

蜗儿菜 Stachys arrecta L. H. Bailey

草本。林下草丛；330 m。幕阜山脉：柴桑区 易桂
花 1505341(JJF)。

田野水苏 Stachys arvensis L.

草本。罗霄山脉可能有分布，未见标本。

毛水苏 Stachys baicalensis Fisch. ex Benth.

草本。山脚，水沟边；290 m。幕阜山脉：武宁县 谭
策铭 9606001(NAS)。

地蚕 Stachys geobombycis C. Y. Wu

草本。山谷，疏林，灌丛；壤土；145~1001 m。幕
阜山脉：武宁县 LXP6119；九岭山脉：大围山 LXP-
10-7919，铜鼓县 LXP-10-8401，宜丰县 LXP-10-
8490、LXP-10-8618、LXP-10-8799；武功山脉：茶
陵县 LXP-13-25932，分宜县 LXP-10-5162；万洋山
脉：井冈山 LXP-13-15183、LXSM2-6-10196，遂川
县 LXP-13-16514、LXP-13-16974，炎陵县 LXP-09-
08494、LXP-09-08777、LXP-09-10925。

水苏 Stachys japonica Miq.

草本。山坡，疏林，路旁，阴处；壤土；100~1120 m。幕阜山脉：通山县 LXP7034，平江县 LXP3806、LXP3959、LXP4088，武宁县 LXP1347、LXP1615、LXP6249；九岭山脉：安义县 LXP-10-3843，奉新县 LXP-10-3359、LXP-10-4044、LXP-10-4180，靖安县 LXP-10-4308、LXP-10-4594；武功山脉：安福县 LXP-06-3489，茶陵县 LXP-09-10483。

针筒菜 Stachys oblongifolia Benth.

草本。山坡，疏林，路旁，溪边；壤土；125~804 m。幕阜山脉：庐山市 LXP5677，通山县 LXP6840，武宁县 LXP1422、LXP6068，修水县 LXP5985；武功山脉：安福县 LXP-06-5106，攸县 LXP-03-08780、LXP-03-08980。

甘露子 Stachys sieboldii Miq.

草本。山谷，疏林，溪边；壤土；645~804 m。万洋山脉：永新县 LXP-13-08013，永兴县 LXP-03-03896，资兴市 LXP-03-03790；诸广山脉：上犹县 LXP-03-06415。

香科科属 *Teucrium* L.

二齿香科科 Teucrium bidentatum Hemsl.

草本。山谷，疏林，路旁，阴处；壤土；189~740 m。幕阜山脉：武宁县 LXP0600；九岭山脉：大围山 LXP-10-11168、LXP-10-11593，奉新县 LXP-10-10608、LXP-10-13821，靖安县 LXP-10-400、LXP-10-769，万载县 LXP-10-1959，宜丰县 LXP-10-12783、LXP-10-2495；武功山脉：安福县 LXP-06-0117，玉京山 LXP-10-1276；万洋山脉：井冈山 LXP-13-15377，永新县 LXP-13-07926。

穗花香科科 Teucrium japonicum Willd.

草本。山坡，疏林，溪边；壤土；107~822 m。幕阜山脉：通山县 LXP1877、LXP2015，武宁县 LXP7917、LXP8045，修水县 LXP0850；九岭山脉：大围山 LXP-10-11171、LXP-10-11576、LXP-10-12417，奉新县 LXP-10-10655，靖安县 LXP-10-10177、LXP-10-13757、LXP-10-9766，万载县 LXP-13-11256，宜丰县 LXP-10-13032；武功山脉：安福县 LXP-06-0364，芦溪县 LXP-06-2482，明月山 LXP-06-7836，攸县 LXP-06-5214，莲花县 LXP-GTY-397；万洋山脉：永新县 LXP-QXL-181、LXP-QXL-826。

庐山香科科 Teucrium pernyi Franch.

草本。山坡，疏林，灌丛，阴处；壤土；181~856 m。幕阜山脉：庐山市 LXP5367、LXP-13-24523，通山县 LXP7893，武宁县 LXP0366、LXP1230、LXP-13-8329，修水县 LXP2833、LXP3256；九岭山脉：靖安县 LXP-10-529、LXP-13-10361，浏阳市 LXP-10-5850，宜丰县 LXP-10-3131；武功山脉：安福县 LXP-06-6204，万洋山脉：炎陵县 LXP-13-4088、LXP-09-07513、LXP-09-08738，井冈山 LXP-13-24097。

长毛香科科 Teucrium pilosum (Pamp.) C. Y. Wu et S. Chow

草本。平地，路旁；壤土；182.2 m。武功山脉：安福县 LXP-06-0309。

铁轴草 Teucrium quadrifarium Buch.-Ham.

灌木。平地，路旁；壤土；162 m。武功山脉：安福县 LXP-06-0154；万洋山脉：遂川县 LXP-13-7112。

紫萼秦岭香科科 Teucrium tsinlingense var. **porphyreum** C. Y. Wu et S. Chow

草本。山谷，疏林，溪边；壤土；352~755.8 m。武功山脉：安福县 LXP-06-5861；万洋山脉：炎陵县 DY1-1107、LXP-09-318、LXP-13-23941，永新县 LXP-13-19431、LXP-13-19570。

血见愁 Teucrium viscidum Bl.

草本。山谷，溪边，密林；160~450 m。九岭山脉：靖安县 LXP-10-149、LXP-10-456，浏阳市 LXP-10-5820，铜鼓县 LXP-10-6982、LXP-10-7098，万载县 LXP-10-1658、LXP-10-2056，宜丰县 LXP-10-2348、LXP-10-2997、LXP-10-3159；武功山脉：宜春市 LXP-10-1155、LXP-10-861；万洋山脉：资兴市 LXP-03-00170；诸广山脉：崇义县 LXP-13-24297。

微毛血见愁 Teucrium viscidum var. **nepetoides** (Lévl.) C. Y. Wu et S. Chow

草本。山坡，路旁，阔叶林；680 m。幕阜山脉：庐山 聂敏祥等 7582(LBG)。

牡荆属 *Vitex* L.

黄荆 Vitex negundo L.

灌木。山坡，疏林，灌丛，路旁；壤土；80~843 m。幕阜山脉：庐山市 LXP4640，汨罗市 LXP-03-08636，平江县 LXP-10-5974、LXP-10-6352；九岭山脉：安

义县 LXP-10-10515、LXP-10-3574、LXP-10-9441，大围山 LXP-10-11240，奉新县 LXP-10-10840，万载县 LXP-13-10969，靖安县 LXP-10-10040、LXP-10-10276，铜鼓县 LXP-10-7173，上高县 LXP-06-7632；武功山脉：宜春市 LXP-10-942，安福县 LXP-06-2584、LXP-06-7339、LXP-06-8532，茶陵县 LXP-06-7119，攸县 LXP-06-5273、LXP-06-5356、LXP-06-6037，明月山 LXP-13-10821，莲花县 LXP-GTY-028，安仁县 LXP-03-01052；万洋山脉：炎陵县 LXP-09-00761、TYD2-1376，永新县 LXP-QXL-215，永兴县 LXP-03-03994、LXP-03-04367、LXP-03-04534；诸广山脉：崇义县 LXP-03-05906、LXP-03-10290，上犹县 LXP-03-06008、LXP-13-12843。

牡荆 Vitex negundo var. cannabifolia (Sieb. et Zucc.) Hand.-Mazz.

灌木。山坡，疏林，路旁，溪边；90~1430 m。幕阜山脉：通山县 LXP1845，平江县 LXP-10-6154，武宁县 LXP0579；九岭山脉：安义县 LXP-10-10512，大围山 LXP-10-11823、LXP-10-12095，奉新县 LXP-10-10731、LXP-10-9107，靖安县 LXP-10-164，铜鼓县 LXP-10-13417、LXP-10-6907，万载县 LXP-10-1375、LXP-10-1526、LXP-10-1851，上高县 LXP-06-6523、LXP-10-4907，宜丰县 LXP-10-12830、LXP-10-2754、LXP-10-8937；武功山脉：宜春市 LXP-10-1019、LXP-13-10520，安福县 LXP-06-0002、LXP-06-7467，茶陵县 LXP-06-1374，分宜县 LXP-10-5204，玉京山 LXP-10-1312，樟树市 LXP-10-5064；万洋山脉：遂川县 LXP-13-17155，永新县 LXP-13-19093、LXP-QXL-091；诸广山脉：上犹县 LXP-13-12330、LXP-03-07128、LXP-03-10808，崇义县 LXP-03-07237、LXP-03-10911。

荆条 Vitex negundo var. heterophylla (Franch.) Rehd.

灌木。村边，路边；20~400 m。幕阜山脉：庐山市王名金 1026(NAS)。

山牡荆 Vitex quinata (Lour.) Wall.

乔木。山谷，路旁，疏林，阳处；220 m。九岭山脉：宜丰县 LXP-10-2687；武功山脉：宜春市 LXP-10-936。

单叶蔓荆 Vitex trifolia var. simplicifolia Cham.

灌木。湖边，阳处；20~120 m。幕阜山脉：九江市王名金 01594(LBG)。

A384　通泉草科 Mazaceae

通泉草属 *Mazus* Lour.

早落通泉草 Mazus caducifer Hance

草本。山坡，疏林，路旁，溪边；壤土；220~1340 m。幕阜山脉：通山县 LXP1281、LXP2148，平江县 LXP3567，武宁县 LXP1129、LXP5813；九岭山脉：靖安县 LXP-10-4573；万洋山脉：炎陵县 LXP-13-5516、LXP-13-5772，永新县 LXP-13-19757。

纤细通泉草 Mazus gracilis Hemsl. ex Forbes et Hemsl.

草本。山谷，路旁，草地；500 m。九岭山脉：宜丰县 LXP-10-8688。

匍茎通泉草 Mazus miquelii Makino

草本。平地，路旁，草地；壤土；150~1612 m。幕阜山脉：庐山市 LXP4598，平江县 LXP3178，修水县 LXP0775；九岭山脉：靖安县 LXP-10-10254；武功山脉：明月山 LXP-06-4710、LXP-06-7979，茶陵县 LXP-13-25971，莲花县 LXP-GTY-223；万洋山脉：井冈山 LXP-13-5688、LXSM2-6-10178，炎陵县 LXP-09-06253、LXP-09-07205，永新县 LXP-13-19437。

通泉草 Mazus pumilus (Burm. f.) Steenis

草本。山谷，疏林，路旁，溪边；壤土；200~1435 m。幕阜山脉：庐山市 LXP-13-8300；九岭山脉：大围山 LXP-10-7495、LXP-10-7516、LXP-10-7951，奉新县 LXP-10-9120，靖安县 LXP-10-460，七星岭 LXP-10-8201；武功山脉：安福县 LXP-06-0863、LXP-06-1009，芦溪县 LXP-06-1075、LXP-06-1285、LXP-06-1287，樟树市 LXP-10-4983；万洋山脉：井冈山 JGS-357、LXP-13-15376，炎陵县 LXP-09-00122，永兴县 LXP-03-03943；诸广山脉：上犹县 LXP-03-06999、LXP-03-10799。

林地通泉草 Mazus saltuarius Hand.-Mazz.

草本。山谷，疏林，溪边；壤土；767.9 m。万洋山脉：炎陵县 LXP-13-24012。

毛果通泉草 Mazus spicatus Vant.

草本。山谷，密林，路旁；250~1300 m。九岭山脉：大围山 LXP-10-7574、LXP-10-7741，奉新县 LXP-10-

9233，七星岭 LXP-10-8154，铜鼓县 LXP-10-8277，宜丰县 LXP-10-4619、LXP-10-8552、LXP-10-8687。

弹刀子菜 Mazus stachydifolius (Turcz.) Maxim.
草本。山谷，阔叶林，石壁；300~700 m。九岭山脉：靖安县 谭策铭等 95306(PE)。

A385 透骨草科 Phrymaceae

沟酸浆属 Mimulus L.

沟酸浆 Mimulus tenellus Bunge
草本。山坡，路旁；壤土；563~581.15 m。武功山脉：芦溪县 LXP-06-1720；万洋山脉：井冈山 LXP-13-23052。

尼泊尔沟酸浆 Mimulus tenellus var. **nepalensis** (Benth.) Tsoong
草本。山坡，路旁，沼泽；腐殖土；206 m。武功山脉：大岗山 LXP-06-3638。

透骨草属 Phryma L.

透骨草 Phryma leptostachya subsp. **asiatica** (Hara) Kitamura
草本。山坡，疏林，路旁，溪边；壤土；633 m。武功山脉：安福县 LXP-06-6783；万洋山脉：炎陵县 LXP-09-07189、LXP-13-3077、LXP-13-4343；诸广山脉：桂东县 LXP-13-09237。

A386 泡桐科 Paulowniaceae

泡桐属 Paulownia Sieb. et Zucc.

白花泡桐 Paulownia fortunei (Seem.) Hemsl.
乔木。山坡，疏林，路旁，溪边；壤土；90~1402 m。幕阜山脉：修水县 LXP0876；九岭山脉：安义县 LXP-10-10436，浏阳市 LXP-03-08311，大围山 LXP-10-5420、LXP-03-08115，奉新县 LXP-10-10793、LXP-10-11053，铜鼓县 LXP-10-13445，万载县 LXP-10-1943、LXP-13-11206，宜丰县 LXP-10-2532；武功山脉：宜春市 LXP-10-931、LXP-13-10615，安福县 LXP-06-3687，茶陵县 LXP-06-1524，芦溪县 LXP-13-03635；万洋山脉：永兴县 LXP-03-03985、LXP-03-03744。

台湾泡桐 Paulownia kawakamii T. Itô
乔木。山坡，疏林，灌丛，路旁；壤土；89~1402 m。

幕阜山脉：修水县 LXP2590；九岭山脉：奉新县 LXP-10-4242，靖安县 LXP-10-614、LXP-13-11619；武功山脉：衡东县 LXP-03-07447，安福县 LXP-06-3058、LXP-06-4831，芦溪县 LXP-06-1264、LXP-06-2444，明月山 LXP-06-4579、LXP-06-4592、LXP-06-4917，攸县 LXP-06-5417；万洋山脉：遂川县 LXP-13-17906，炎陵县 DY1-1051、LXP-13-22862、LXP-13-5793，资兴市 LXP-03-05106；诸广山脉：上犹县 LXP-13-12467、LXP-03-07071，桂东县 LXP-03-02601、LXP-03-02749。

南方泡桐 Paulownia taiwaniana T. W. Hu et H. J. Chang
乔木。山坡，疏林；670 m。万洋山脉：遂川县 岳俊三等 4427(PE)。

毛泡桐 Paulownia tomentosa (Thunb.) Steud.
乔木。山谷，疏林，路旁；壤土；298.4 m。九岭山脉：靖安县 LXP-13-11467；万洋山脉：永兴县 LXP-03-04373。

A387 列当科 Orobanchaceae

野菰属 Aeginetia L.

野菰 Aeginetia indica L.
草本。山坡，疏林，灌丛，溪边，阳处；壤土；170~1090 m。幕阜山脉：庐山市 LXP5120、LXP5229、LXP5428、LXP6354，平江县 LXP-10-6025、LXP-10-6188、LXP-13-22483，修水县 LXP2788；九岭山脉：大围山 LXP-10-11645、LXP-10-11816、LXP-10-12500，靖安县 LXP-10-10367、LXP-10-9698、LXP-10-9935，浏阳市 LXP-10-5879，铜鼓县 LXP-10-13454、LXP-10-6862、LXP-10-7246；武功山脉：安福县 LXP-06-6803、LXP-06-8503，袁州区 LXP-06-6723，芦溪县 LXP-13-8368；万洋山脉：炎陵县 LXP-09-00114、LXP-13-4222；诸广山脉：上犹县 LXP-03-06760、LXP-03-06937、LXP-03-10742。

中国野菰 Aeginetia sinensis G. Beck
寄生草本。寄生于禾草类植物的根上。武功山脉：分宜县，大岗山 姚淦等 9204(NAS)。

来江藤属 Brandisia Hook. f. et Thoms.

岭南来江藤 Brandisia swinglei Merr.
灌木。山坡，石壁。罗霄山脉可能有分布，未见标本。

黑草属 Buchnera L.

黑草 Buchnera cruciata Hamilt.

草本。山地，山脚，草地。万洋山脉：井冈山 赖书坤等 47160 (IBSC)。

胡麻草属 Centranthera R. Br.

胡麻草 Centranthera cochinchinensis (Lour.) Merr.

草本。水田，草地；300 m。武功山脉：武功山 岳俊三等 3276(WUK)。

齿鳞草属 Lathraea L.

齿鳞草 Lathraea japonica Miq.

腐生草本。山坡，山谷，林下；400~900 m。万洋山脉：七溪岭有分布。

山罗花属 Melampyrum L.

圆苞山罗花 Melampyrum laxum Miq.

草本。山坡，疏林，灌丛，石上；壤土；1180~1630 m。幕阜山脉：庐山市 LXP4794；万洋山脉：井冈山 JGS-B136、LXP-13-05860，遂川县 LXP-13-20256，炎陵县 DY2-1146、LXP-09-10943、LXP-09-432。

山罗花 Melampyrum roseum Maxim.

草本。山坡，密林，灌丛，路旁，溪边；壤土；766~1430 m。幕阜山脉：平江县 LXP4245；武功山脉：芦溪县 LXP-06-1811，莲花县 LXP-GTY-225、LXP-06-0672；万洋山脉：炎陵县 LXP-09-10748。

鹿茸草属 Monochasma Maxim.

沙氏鹿茸草 Monochasma savatieri Franch.

草本。山坡，疏林，河边；壤土；224~695 m。幕阜山脉：庐山市 LXP5537；武功山脉：茶陵县 LXP-09-10282；万洋山脉：井冈山 JGS-2012092，炎陵县 LXP-09-09404，永新县 LXP-13-07657。

鹿茸草 Monochasma shearreri Maxim.

草本。山谷，密林，灌丛，路旁；壤土；175~745 m。九岭山脉：奉新县 LXP-10-4081；武功山脉：安福县 LXP-06-0246、LXP-06-0356、LXP-06-7419，茶陵县 LXP-06-1420、LXP-06-2767、LXP-06-9429。

马先蒿属 Pedicularis L.

亨氏马先蒿 Pedicularis henryi Maxim.

草本。山顶，疏林，灌丛，草地，溪边；壤土；1416~1830 m。武功山脉：芦溪县 LXP-13-09629；万洋山脉：遂川县 LXP-13-17645、LXP-13-17743、LXP-13-7395；诸广山脉：崇义县 LXP-13-24246，上犹县 LXP-13-23183。

江西马先蒿 Pedicularis kiangsiensis Tsoong et Cheng f.

草本。山谷，疏林，溪边；壤土；1630~1673 m。万洋山脉：炎陵县 DY1-1164、LXP-13-24985、LXP-13-25007。

松蒿属 Phtheirospermum Bunge ex Fisch. et C. A. Mey.

松蒿 Phtheirospermum japonicum (Thunb.) Kanitz

草本。山坡，疏林，路旁；壤土；524~723 m。幕阜山脉：庐山市 LXP4831；武功山脉：安福县 LXP-06-8660。

地黄属 Rehmannia Libosch. ex Fisch. et C. A. Mey.

天目地黄 Rehmannia chingii Li

草本。山坡，疏林，路旁；壤土；112~602 m。幕阜山脉：庐山市 LXP5670，通山县 LXP6828，武宁县 LXP5581、LXP6062，修水县 LXP6752。

*地黄 Rehmannia glutinosa (Gaetn.) Libosch. ex Fisch. et Mey.

草本。药用，栽培。幕阜山脉：平江县 李运发 s. n. (HUFD)。

阴行草属 Siphonostegia Benth.

阴行草 Siphonostegia chinensis Benth.

草本。山坡，疏林，灌丛，石上；壤土；120~1187 m。万洋山脉：炎陵县 LXP-13-3104、LXP-13-4210；诸广山脉：上犹县 LXP-13-12421、LXP-03-06231，崇义县 LXP-03-05774。

腺毛阴行草 Siphonostegia laeta S. Moore

草本。山坡，疏林，灌丛，路旁；壤土；200~1250 m。

幕阜山脉：庐山市 LXP5198、LXP5275、LXP5535、LXP-13-24524、LXP-13-24528，平江县 LXP-10-6228，通山县 LXP7837；九岭山脉：安义县 LXP-10-10401，大围山 LXP-10-11611、LXP-10-12322、LXP-10-12447，奉新县 LXP-10-10558、LXP-10-11020，靖安县 LXP-10-10065、LXP-10-10331、LXP-10-97，铜鼓县 LXP-10-6562，万载县 LXP-10-2074，宜丰县 LXP-10-2342、LXP-10-2468、LXP-10-8707；武功山脉：宜春市 LXP-10-890、LXP-13-10552，安福县 LXP-06-0071、LXP-06-6202，茶陵县 LXP-06-1937、LXP-06-2032，攸县 LXP-06-7158，明月山 LXP-13-10814，莲花县 LXP-GTY-293、LXP-GTY-400，玉京山 LXP-10-1346；万洋山脉：遂川县 LXP-13-16829，炎陵县 LXP-09-07610、TYD1-1213，永新县 LXP-13-19329、LXP-QXL-713，资兴市 LXP-03-00113、LXP-03-00285、LXP-03-05105；诸广山脉：桂东县 LXP-13-09047。

短冠草属 *Sopubia* Buch.-Ham. ex D. Don

短冠草 Sopubia trifida Buch.-Ham. ex D. Don
半寄生草本。山顶，草甸，草丛中；1100 m。万洋山脉：遂川县 岳俊三等 4161(WUK)。

独脚金属 *Striga* Lour.

独脚金 Striga asiatica (L.) O. Kuntze
半寄生草本。路边；0~400 m。万洋山脉：遂川县 岳俊三等 4499(IBSC)。

Order 58. 冬青目 Aquifoliales

A391 青荚叶科 Helwingiaceae

青荚叶属 *Helwingia* Willd.

西域青荚叶 Helwingia himalaica Hook. f. et Thoms. ex C. B. Clarke
灌木。山谷，疏林；800~1300 m。诸广山脉：八面山 八面山考察队 34252(CSFI)。

青荚叶 Helwingia japonica (Thunb.) Dietr.
灌木。山坡，疏林，灌丛，溪边；壤土；595~1531 m。幕阜山脉：庐山市 LXP4641，通山县 LXP1242、LXP2264、LXP2424，武宁县 LXP1126、LXP1561、LXP5554，平江县 LXP3596、LXP3640，修水县

LXP5991；九岭山脉：大围山 LXP-10-12087、LXP-03-03035、LXP-03-03050，七星岭 LXP-03-07979，奉新县 LXP-10-3909；武功山脉：莲花县 LXP-GTY-040；万洋山脉：井冈山 LXSM-7-00010，永新县 LXP-13-07968，炎陵县 LXP-09-00255、LXP-03-04813。

A392 冬青科 Aquifoliaceae

冬青属 *Ilex* L.

满树星 Ilex aculeolata Nakai
灌木。山坡，灌丛，路旁，溪边；壤土；80~1345 m。幕阜山脉：岳阳市 LXP-03-08578，麻布山 LXP-03-08759，庐山市 LXP5146，武宁县 LXP0893、LXP0959，平江县 LXP4244、LXP-10-6144，修水县 LXP3239、LXP6487、LXP6735；九岭山脉：安义县 LXP-10-9401，奉新县 LXP-10-10597、LXP-10-10992、LXP-10-3263，靖安县 LXP-10-238、JLS-2012-048、LXP-13-11604，浏阳市 LXP-10-5793，铜鼓县 LXP-10-6645、LXP-10-7218，万载县 LXP-10-1869、LXP-10-2012，上高县 LXP-10-4867；武功山脉：莲花县 LXP-GTY-098，宜春市 LXP-10-1165、LXP-10-991，安福县 LXP-06-0051、LXP-06-0563、LXP-06-0892，茶陵县 LXP-065177、LXP-06-7189、LXP-06-9227，玉京山 LXP-10-1235，樟树市 LXP-10-5020；万洋山脉：井冈山 LXP-13-15340，遂川县 LXP-13-16402、LXP-13-16906，炎陵县 LXP-09-08088，永新县 LXP-13-19323、LXP-QXL-122，永兴县 LXP-03-03918、LXP-03-04268；诸广山脉：崇义县 LXP-03-05817、LXP-03-10217。

秤星树 Ilex asprella (Hook. et Arn.) Champ. ex Benth.
灌木。山坡，灌丛，路旁，溪边；壤土；137~1273 m。幕阜山脉：平江县 LXP0721、LXP4073、LXP4082，通山县 LXP2089、LXP6597、LXP4142；九岭山脉：醴陵市 LXP-03-09005，大围山 LXP-10-7805；武功山脉：安福县 LXP-06-0253、LXP-06-3799，芦溪县 LXP-06-3302、LXP-06-3322，莲花县 LXP-GTY-306，明月山 LXP-06-4503、LXP-06-4591、LXP-06-4600；万洋山脉：井冈山 LXP-13-18724，遂川县 LXP-13-16327、LXP-13-16551、LXP-13-16643，炎陵县 LXP-09-09395，永新县 LXP-13-07605，永兴县 LXP-03-03959，资兴市 LXP-03-03664、LXP-03-03665、

LXP-03-05174；诸广山脉：崇义县 LXP-03-04896、LXP-13-24263、LXP-03-10957，上犹县 LXP-13-12335、LXP-13-12686、LXP-03-06597。

刺叶冬青 Ilex bioritsensis Hayata
灌木。山地，疏林；940 m。九岭山脉：奉新县 杜有新 DFX2004040(LBG)。

短梗冬青 Ilex buergeri Miq.
灌木。山坡，疏林，溪边；壤土。九岭山脉：靖安县 LXP-13-08330，宜丰县 LXP-13-24513、LXP-13-24517；武功山脉：莲花县 LXP-GTY-145，芦溪县 LXP-13-03705；万洋山脉：永新县 LXP-13-07932。

华中枸骨 Ilex centrochinensis S. Y. Hu
灌木。平地，阳处；壤土；89 m。武功山脉：攸县 LXP-06-5371。

凹叶冬青 Ilex championii Loes.
乔木。山顶，密林，灌丛；壤土；422~1891 m。武功山脉：安福县 LXP-06-2849，茶陵县 LXP-06-1678，芦溪县 LXP-06-1771、LXP-13-03546、LXP-13-09864，攸县 LXP-06-1629；万洋山脉：井冈山 LXP-13-20236，遂川县 LXP-13-16835、LXP-13-17777、LXP-13-23609，炎陵县 LXP-09-06335、LXP-09-07585、LXP-13-3131；诸广山脉：崇义县 LXP-13-24390，上犹县 LXP-13-25241。

冬青 Ilex chinensis Sims
乔木。山坡，疏林，灌丛，路旁，溪边；壤土；95~1603 m。幕阜山脉：汨罗市 LXP-03-08644，临湘市 LXP-03-08533，麻布山 LXP-03-08754，岳阳市 LXP-03-08570、LXP-03-08583，通山县 LXP5964、LXP7406，武宁县 LXP0572、LXP1213、LXP-13-08463，平江县 LXP0705、LXP3500、LXP4450，修水县 LXP2829；九岭山脉：浏阳市 LXP-03-08875、LXP-10-5783，大围山 LXP-03-07936、LXP-03-08042，安义县 LXP-10-3699、LXP-10-3795，分宜县 LXP-10-5186，奉新县 LXP-10-14047、LXP-10-4107、LXP-10-4159，靖安县 LXP-10-4579、LXP-10-616、LXP-10-784，万载县 LXP-13-11210、LXP-10-1440、LXP-10-1920，宜丰县 LXP-10-6814；武功山脉：安福县 LXP-06-0709、LXP-06-1314，攸县 LXP-03-07616，芦溪县 LXP-06-8810、LXP-13-8314，茶陵县 LXP-13-22940，分宜县 LXP-10-5186；万洋山脉：

炎陵县 LXP-09-07293、LXP-09-07910，永新县 LXP-QXL-775；诸广山脉：桂东县 LXP-13-22650、LXP-13-22681，上犹县 LXP-13-12481。

珊瑚冬青 Ilex corallina Franch.
灌木。山坡，密林；沙土；599 m。万洋山脉：资兴市 LXP-03-00227。

枸骨 Ilex cornuta Lindl. et Paxt.
灌木。山谷，疏林，河边；849 m。幕阜山脉：通山县 LXP1954，武宁县 LXP0552、LXP1595，平江县 LXP6465、LXP-10-6099、LXP-10-6148，修水县 LXP3046、LXP3400；九岭山脉：安义县 LXP-10-9444，浏阳市 LXP-03-08866，大围山 LXP-10-5591、LXP-10-7945，奉新县 LXP-10-4024，靖安县 LXP-10-13664、LXP-10-9948，铜鼓县 LXP-10-7213，上高县 LXP-10-4897、LXP-06-5996，万载县 LXP-10-1700、LXP-13-11212、LXP-10-1948；武功山脉：宜春市 LXP-10-1002，安福县 LXP-06-1049、LXP-06-5570、LXP-06-7550，明月山 LXP-13-10628，茶陵县 LXP-06-1563，芦溪县 LXP-06-1258，莲花县 LXP-GTY-244。

齿叶冬青 Ilex crenata Thunb.
灌木。山谷，密林，溪边；壤土；1035 m。诸广山脉：上犹县 LXP-03-06577。

黄毛冬青 Ilex dasyphylla Merr.
灌木。山谷，疏林，溪边；壤土。诸广山脉：上犹县 LXP-13-12697、LXP-13-12980。

显脉冬青 Ilex editicostata Hu et Tang
乔木。山坡，疏林，溪边，阳处；壤土；220~1330 m。武功山脉：安福县 LXP-06-2540、4001414012；万洋山脉：井冈山 JGS-1080、JGS-2248，遂川县 LXP-13-09321、LXP-13-20322，炎陵县 LXP-09-356、LXP-09-483、LXP-13-24810；诸广山脉：崇义县 LXP-13-24414。

厚叶冬青 Ilex elmerrilliana S. Y. Hu
乔木。山坡，疏林，溪边，阴处；壤土；180~1338 m。幕阜山脉：武宁县 LXP0493、LXP2885；九岭山脉：万载县 LXP-10-1738、LXP-13-11154、LXP-10-1802；万洋山脉：井冈山 JGS-2122、JGS-364，遂川县 LXP-13-16520，炎陵县 LXP-09-08700、LXP-09-08800、LXP-09-10533，永新县 LXP-13-19385、LXP-

13-19485；诸广山脉：桂东县 LXP-13-22589、LXP-13-22591，上犹县 LXP-13-25126、LXP-13-25234。

硬叶冬青 Ilex ficifolia C. J. Tseng ex S. K. Chen et Y. X. Feng

灌木。山坡，疏林，路旁，溪边；壤土；160~1819 m。幕阜山脉：通山县 LXP1799，武宁县 LXP0589、LXP0632、LXP1582，修水县 LXP2587、LXP2841，平江县 LXP3551、LXP3686、LXP4024；武功山脉：茶陵县 LXP-09-10501，芦溪县 LXP-13-03685、LXP-13-03693，莲花县 LXP-GTY-404；万洋山脉：井冈山 LXP-13-18809，遂川县 LXP-13-17261、LXP-13-17313、LXP-13-17387，炎陵县 LXP-09-07583、LXP-09-07937；诸广山脉：桂东县 LXP-13-25498，崇义县 LXP-13-13080、400145015、LXP-13-24395，上犹县 LXP-13-22334、LXP-13-25123、LXP-13-25225。

榕叶冬青 Ilex ficoidea Hemsl.

乔木。山谷，疏林，灌丛，溪边；壤土；260~1527 m。幕阜山脉：修水县 LXP2617、LXP3097；九岭山脉：宜丰县 LXP-10-2259、LXP-10-2813；武功山脉：茶陵县 LXP-06-1513、LXP-06-1514，宜春市 LXP-10-1069，芦溪县 LXP-06-9651；万洋山脉：遂川县 LXP-13-16458、LXP-13-17995、LXP-13-18117，永新县 LXP-13-08203、LXP-13-19498、LXP-13-19520，炎陵县 LXP-09-00633，井冈山 JGS-C038；诸广山脉：上犹县 LXP-13-12107、LXP-13-12614、LXP-13-5298，桂东县 LXP-13-22646、LXP-13-22678、LXP-13-25660。

台湾冬青 Ilex formosana Maxim.

灌木。山谷，疏林，溪边；壤土；150~1501 m。九岭山脉：铜鼓县 LXP-10-13463，宜丰县 LXP-10-12751、LXP-13-22520、LXP-13-22541；武功山脉：芦溪县 LXP-13-03671；万洋山脉：井冈山 JGS-2011-039、JGS4185，遂川县 LXP-13-18145，炎陵县 LXP-09-09190、LXP-09-508，永新县 LXP-13-07873、LXP-13-19487；诸广山脉：桂东县 LXP-13-25680，上犹县 LXP-13-23548。

青茶香 Ilex hanceana Maxim.

灌木。山坡，路旁，灌丛，阳处；腐殖土。诸广山脉：上犹县 LXP-13-22250。

硬毛冬青 Ilex hirsuta C. J. Tseng ex S. K. Cheng et Y. X. Feng

小乔木。山地，林间，山顶，阳处；900 m。诸广山脉：上犹县 姚淦 1422(NAS)。

细刺枸骨 Ilex hylonoma Hu et Tang

灌木。罗霄山脉可能有分布，未见标本。

光叶细刺枸骨 Ilex hylonoma var. **glabra** S. Y. Hu

灌木。山坡，灌丛；257 m。幕阜山脉：通山县 LXP1712，武宁县 LXP-13-08423。

中型冬青 Ilex intermedia Loes. ex Diels

乔木。山坡，灌丛；腐殖土；561 m。诸广山脉：桂东县 LXP-13-25386。

皱柄冬青 Ilex kengii S. Y. Hu

乔木。山坡，路旁，疏林，阳处；320~1109 m。九岭山脉：靖安县 LXP-10-736，宜丰县 LXP-10-3014；万洋山脉：遂川县 LXP-13-16583、LXP-13-7464，井冈山 LXP-13-18786；诸广山脉：崇义县 LXP-13-24182，上犹县 LXP-13-19329A。

广东冬青 Ilex kwangtungensis Merr.

草本。平地，疏林，灌丛，溪边；壤土；400~1631 m。武功山脉：茶陵县 LXP-09-10416，芦溪县 LXP-13-03730；万洋山脉：井冈山 JGS-2119、JGS-634，遂川县 LXP-13-16503、LXP-13-16723、LXP-13-16828，炎陵县 LXP-13-5517、LXP-13-5659，永新县 LXP-13-07752、LXP-13-19478。

大叶冬青 Ilex latifolia Thunb.

乔木。山坡，疏林，路旁，溪边；壤土；568~1675 m。幕阜山脉：通山县 LXP7819，修水县 LXP3356，平江县 LXP3865；武功山脉：安福县 LXP-06-2839；诸广山脉：桂东县 LXP-13-22554，崇义县 LXP-13-24179，上犹县 LXP-13-22282、LXP-13-23217、LXP-13-23396。

木姜冬青 Ilex litseifolia Hu et T. Tang

灌木。平地，疏林；壤土；749 m。武功山脉：宜春市 LXP-06-2673。

矮冬青 Ilex lohfauensis Merr.

灌木。山谷，疏林，溪边；沙土；386~1675 m。武功山脉：芦溪县 LXP-13-09460；万洋山脉：井冈山 JGS-1246，遂川县 LXP-13-16494、LXP-13-17402、LXP-13-17585，炎陵县 LXP-09-09001、LXP-13-23239，永新县 LXP-13-07738、LXP-13-19264、LXP-13-19414；

诸广山脉：桂东县 LXP-13-22689，上犹县 LXP-13-12240、LXP-13-19252A、LXP-13-22234。

大果冬青 Ilex macrocarpa Oliv.

灌木。山坡，疏林，路旁；壤土；850~997 m。幕阜山脉：庐山市 LXP4579，岳阳市 LXP-03-08589，修水县 LXP3304；万洋山脉：井冈山 LXP-13-18344、LXP-13-20353，炎陵县 LXSM-7-00225。

长梗冬青 Ilex macrocarpa var. **longipedunculata** S. Y. Hu

乔木。罗霄山脉可能有分布，未见标本。

大柄冬青 Ilex macropoda Miq.

灌木。山坡，灌丛；154~547 m。幕阜山脉：通山县 LXP2041、LXP7065。

黑叶冬青 Ilex melanophylla H. T. Chang

乔木。山坡，疏林；壤土；754 m。万洋山脉：炎陵县 LXP-09-07514、LXP-13-05028；诸广山脉：崇义县 400145035。

谷木叶冬青 Ilex memecylifolia Champ. ex Benth.

乔木。山坡，疏林；壤土。万洋山脉：井冈山 JGS-2122；诸广山脉：桂东县 LXP-13-09216，上犹县 LXP-13-22291。

小果冬青 Ilex micrococca Maxim.

乔木。山坡，疏林，路旁；壤土；200~1452 m。幕阜山脉：修水县 LXP2828、LXP3323；九岭山脉：大围山 LXP-10-12477，靖安县 LXP-10-448；武功山脉：宜春市 LXP-10-835；万洋山脉：井冈山 JGS-1304、LXP-13-18356，遂川县 LXP-13-17437、LXP-13-20281、LXP-13-7149，炎陵县 LXP-09-07439、LXP-09-08098、LXP-09-486、LXP-13-24605；诸广山脉：上犹县 LXP-13-13022。

亮叶冬青　Ilex nitidissima C. J. Tseng

乔木。罗霄山脉可能有分布，未见标本。

疏齿冬青　Ilex oligodonta Merr. et Chun

乔木。山谷，疏林；500~1000 m。诸广山脉：齐云山 B0119（刘小明等，2010）。

具柄冬青 Ilex pedunculosa Miq.

灌木。山坡，疏林，溪边；沙土；476~1891 m。幕阜山脉：通山县 LXP7282、LXP7305，平江县

LXP3753、LXP4000；武功山脉：芦溪县 LXP-13-09577；万洋山脉：遂川县 400147017、LXP-13-23621、LXP-13-7310，炎陵县 LXP-09-09168、LXP-09-10959。

猫儿刺 Ilex pernyi Franch.

灌木。山顶，疏林，灌丛，路旁；壤土；462~2103 m。九岭山脉：大围山 LXP-10-12554、LXP-13-08232、LXP-03-03042，七星岭 LXP-10-11901；万洋山脉：井冈山 JGS4149，遂川县 LXP-13-16943、LXP-13-24676，炎陵县 LXP-09-06442、LXP-09-09138、LXP-13-24596。

毛冬青 Ilex pubescens Hook. et Arn.

灌木。山谷，疏林，路旁，溪边，阴处；193~700 m。幕阜山脉：武宁县 LXP6235，平江县 LXP-10-6492，修水县 LXP0805、LXP2767；九岭山脉：大围山 LXP-10-11627、LXP-10-8067，奉新县 LXP-10-10878、LXP-10-14004，靖安县 LXP-10-10185、LXP-10-608、LXP-10-9673，浏阳市 LXP-10-5838，铜鼓县 LXP-10-13509、LXP-10-7025，万载县 LXP-13-11189、LXP-13-11247，宜丰县 LXP-10-12787、LXP-10-12794、LXP-10-8843，上高县 LXP-06-7557；武功山脉：宜春市 LXP-10-1051、LXP-10-1135，明月山 LXP-13-10661、LXP-13-10696，安福县 LXP-06-0326、LXP-06-0690，茶陵县 LXP-06-2196、LXP-06-9229，芦溪县 LXP-06-2503、LXP-13-03619，宜春市 LXP-06-8903、LXP-13-10754，攸县 LXP-06-5291、LXP-06-5421、LXP-06-5425；万洋山脉：炎陵县 LXP-09-08332、LXP-09-09542、LXP-09-10567，遂川县 LXP-13-17200、LXP-13-17290、LXP-13-17557，永新县 LXP-QXL-230；诸广山脉：桂东县 LXP-13-22676、LXP-13-22696，上犹县 LXP-13-12110、LXP-13-12672。

铁冬青 Ilex rotunda Thunb.

乔木。山坡，疏林，灌丛，溪边；壤土；195~1877 m。幕阜山脉：通山县 LXP1905、LXP6564，武宁县 LXP0605、LXP1578、LXP-13-08421，修水县 LXP3290；九岭山脉：上高县 LXP-06-7562，靖安县 LXP-13-08314、LXP-13-08323，奉新县 LXP-10-13893；武功山脉：芦溪县 LXP-06-2801、LXP-13-03611，分宜县 LXP-06-9640；万洋山脉：井冈山 LXP-13-15185，遂川县 LXP-13-16464、LXP-13-17991、LXP-13-18166，炎陵县 LXP-09-07986；诸广山脉

桂东县 LXP-13-22634，崇义县 LXP-03-05685、LXP-03-05913、LXP-03-05932，上犹县 LXP-03-06120、LXP-03-10419。

落霜红 Ilex serrata Thunb.

灌木。山谷，疏林，路旁，石上；壤土；230~949 m。幕阜山脉：通山县 LXP6820，武宁县 LXP1038，平江县 LXP-13-22427；万洋山脉：吉安市 LXSM2-6-10140、LXSM2-6-10144，井冈山 JGS-B171，永新县 LXP-13-19654。

华南冬青 Ilex sterrophylla Merr. et Chen

乔木。山坡，路旁；1710 m。万洋山脉：遂川县 400147018。

黔桂冬青 Ilex stewardii S. Y. Hu

灌木。山坡，灌丛；壤土；255 m。武功山脉：安福县 LXP-06-3549。

香冬青 Ilex suaveolens (Lévl.) Loes.

灌木。山坡，疏林，路旁；壤土；150~1540 m。幕阜山脉：庐山市 LXP5502，通山县 LXP1175、LXP1742，武宁县 LXP0412、LXP1468，修水县 LXP0821、LXP3305、LXP3477；九岭山脉：宜丰县 LXP-10-12820、LXP-10-13027；武功山脉：芦溪县 LXP-13-03555；万洋山脉：井冈山 JGS-2244、JGS-2245a，遂川县 LXP-13-23776、LXP-13-24752、LXP-13-7315，炎陵县 LXP-09-08114、LXP-09-09086、LXP-09-400；诸广山脉：上犹县 LXP-13-22342、LXP-13-25295。

拟榕叶冬青 Ilex subficoidea S. Y. Hu

乔木。山坡，疏林，阴处；壤土；550~720 m。幕阜山脉：修水县 LXP3460；万洋山脉：井冈山 LXP-13-18273，炎陵县 LXP-13-3412。

蒲桃叶冬青 Ilex syzygiophylla C. J. Tseng ex S. K. Chen et Y. X. Feng

乔木。山谷，密林，溪边，阴处；壤土；434~1620 m。万洋山脉：井冈山 LXP-13-18651，遂川县 LXP-13-16567、LXP-13-16742，炎陵县 LXP-09-07909、LXP-13-22781。

四川冬青 Ilex szechwanensis Loes.

乔木。山坡，疏林，灌丛，路旁；壤土；250~1452 m。幕阜山脉：通山县 LXP6648、LXP7864，武宁县 LXP1124、LXP1285、LXP1325，平江县 LXP3570、LXP3745、LXP3890，修水县 LXP6688；九岭山脉：大围山 LXP-10-11995、LXP-03-08030，奉新县 LXP-10-4109，靖安县 LXP-10-52、LXP-13-11397、LXP-13-11443、LXP2486，铜鼓县 LXP-10-6617，万载县 LXP-10-1721、LXP-13-11324，宜丰县 LXP-10-2292；武功山脉：安福县 LXP-06-0828；万洋山脉：井冈山 JGS-1227、JGS-2100、LXP-13-18482，炎陵县 LXP-09-07987、LXP-09-584，永新县 LXP-QXL-241、LXP-QXL-323；诸广山脉：桂东县 LXP-03-02862。

三花冬青 Ilex triflora Bl.

灌木。山坡，密林，路旁，溪边；180~1682 m。幕阜山脉：岳阳县 LXP-03-08769，通山县 LXP5907，武宁县 LXP0929，平江县 LXP-03-08844，修水县 LXP2839；九岭山脉：大围山 LXP-03-08125、LXP-10-12620、LXP-10-7702，奉新县 LXP-10-10541、LXP-10-13909、LXP-10-3325，靖安县 LXP-10-10195、LXP-10-13720、LXP-10-234，七星岭 LXP-10-11871，铜鼓县 LXP-10-13482、LXP-10-8358，万载县 LXP-10-1511、LXP-10-1669、LXP-10-2040，宜丰县 LXP-10-12942、LXP-10-2705、LXP-10-8770；武功山脉：攸县 LXP-03-07649，安福县 LXP-06-0533、LXP-06-0963、LXP-06-1315、LXP-06-3571，芦溪县 LXP-13-03641、LXP-06-2070；万洋山脉：遂川县 LXP-13-16320、LXP-13-16467、LXP-13-17586，炎陵县 LXP-09-10538、LXP-09-10650、LXP-09-10965，永新县 LXP-13-07780、LXP-13-19100、LXP-13-19356，井冈山 LXP-13-15172、LXP-13-18460、LXP-13-22995；诸广山脉：桂东县 LXP-03-02563、LXP-03-02628、LXP-03-02840，崇义县 400145027、LXP-13-24386，上犹县 LXP-13-12434、LXP-13-25213、LXP-13-12661。

钝头冬青 Ilex triflora var. kanehirae (Yamamoto) S. Y. Hu

灌木。山脚，河滩，灌丛；90 m。幕阜山脉：庐山市 董安淼 2196(JJF)。

紫果冬青 Ilex tsoii Merr. et Chen

灌木。山谷，路旁，疏林，阴处；250~1607 m。九岭山脉：奉新县 LXP-10-3519，宜丰县 LXP-10-4665，大围山 LXP-09-11006；万洋山脉：井冈山 LXP-13-18728、LXP-13-18736、LXP-13-18865，炎陵县 LXP-13-24893、LXP-13-25809。

罗浮冬青 Ilex tutcheri Merr.

灌木。山谷，疏林，路旁，溪边；壤土；150~770 m。九岭山脉：宜丰县 LXP-10-12856；诸广山脉：崇义县 LXP-03-04965。

纤秀冬青 Ilex venusta H. Peng et W. B. Liao

灌木。山谷，灌丛，路旁，溪边；壤土；1076~1574 m。万洋山脉：遂川县 LXP-13-24697；诸广山脉：上犹县 LXP-13-19345A、LXP-13-19346A、LXP-13-22274、LXP-13-25233。

绿冬青 Ilex viridis Champ. ex Benth.

乔木。山坡，密林，灌丛，溪边；壤土；580~1500 m。幕阜山脉：平江县 LXP-13-22384，修水县 LXP6703；九岭山脉：大围山 LXP-10-11613、LXP-10-5285、LXP-10-7657，奉新县 LXP-10-4019，七星岭 LXP-10-11415、LXP-10-8191，宜丰县 LXP-10-2364、LXP-10-2507、LXP-10-2381；万洋山脉：炎陵县 LXP-09-438、LXP-13-05038、LXP-13-05114。

温州冬青 Ilex wenchowensis S. Y. Hu

小灌木。山坡，林缘，疏林；900~1400 m。武功山脉：武功山 江西队 123(PE)。

尾叶冬青 Ilex wilsonii Loes.

灌木。山坡，疏林，路旁；489~848 m。幕阜山脉：庐山市 LXP5531，瑞昌市 LXP0025，武宁县 LXP0917、LXP1531，修水县 LXP2836；武功山脉：芦溪县 LXP-13-09818；万洋山脉：井冈山 JGS-2012016，炎陵县 LXP-13-3367。

浙江冬青 Ilex zhejiangensis C. J. Tseng ex S. K. Chen et Y. X. Feng

灌木。山谷，疏林，溪边；壤土；444~1452 m。万洋山脉：炎陵县 LXP-13-24588，永新县 LXP-13-19801。

Order 59. 菊目 Asterales

A394 桔梗科 Campanulaceae

沙参属 *Adenophora* Fisch.

丝裂沙参 Adenophora capillaris Hemsl.

草本。沟边，石缝；220 m。幕阜山脉：平江县 徐永福和李家湘等 1421(CSFI)。

华东杏叶沙参 Adenophora petiolata subsp. **huadungensis** (D. Y. Hong) D. Y. Hong et S. Ge

草本。山坡，路旁，灌草丛；900~1300 m。幕阜山脉：庐山 H. Migo s. n. (PE)。

杏叶沙参 Adenophora petiolata subsp. **hunanensis** (Nannf.) D. Y. Hong et S. Ge

草本。山坡，疏林，路旁，草地；壤土；1000~1500 m。九岭山脉：大围山 LXP-13-08224；武功山脉：芦溪县 LXP-06-1776；万洋山脉：遂川县 LXP-13-20324。

中华沙参 Adenophora sinensis A. DC.

草本。山坡，草地，路旁；300~600 m。幕阜山脉：平江县 LXP-13-22459；万洋山脉：井冈山 JGS-216，炎陵县 LXP-13-3434、LXP-13-4590。

长柱沙参 Adenophora stenanthina (Ledeb.) Kitagawa

草本。平地，溪边；沙土；300~400 m。武功山脉：安福县 LXP-06-6970。

沙参 Adenophora stricta Miq.

草本。山谷，山坡，疏林，溪边，路旁；壤土；700~1500 m。幕阜山脉：通山县 LXP7877；武功山脉：安仁县 LXP-03-01495；万洋山脉：井冈山 LXP-13-04639，遂川县 LXP-13-7334；诸广山脉：崇义县 LXP-03-05868，上犹县 LXP-03-07050。

无柄沙参 Adenophora stricta subsp. **sessilifolia** Hong

藤本。山坡，溪边；壤土；951 m。武功山脉：安福县 LXP-06-5721。

轮叶沙参 Adenophora tetraphylla (Thunb.) Fisch.

草本。山坡，平地，灌丛，路旁，阳处；壤土；400~2000 m。幕阜山脉：庐山市 LXP4861，通山县 LXP1729；九岭山脉：宜丰县 LXP-10-2367，万载县 LXP-13-11343；武功山脉：安福县 LXP-06-0374，芦溪县 LXP-06-1780，明月山 LXP-06-7729。

荠苨 Adenophora trachelioides Maxim.

草本。山顶，路旁；1400~1600 m。幕阜山脉：通山县 LXP7287。

聚叶沙参 Adenophora wilsonii Nannf.

草本。山谷；壤土；400~500 m。武功山脉：安福县 LXP-06-6913。

金钱豹属 *Campanumoea* Blume

金钱豹 **Campanumoea javanica** Blume

藤本。山谷，山坡，平地，疏林，灌丛，路旁，溪边；壤土，腐殖土，沙土；100~1200 m。幕阜山脉：武宁县 LXP5603，庐山市 LXP6048，修水县 LXP0797，平江县 LXP-13-22473；九岭山脉：靖安县 LXP-13-10127，浏阳市 LXP-03-08469；武功山脉：安福县 LXP-06-0471，宜春市 LXP-06-8966；万洋山脉：遂川县 LXP-13-7569，永新县 LXP-QXL-777；诸广山脉：桂东县 LXP-13-09229，上犹县 LXP-13-12405、LXP-03-06373。

小花金钱豹 **Campanumoea javanica** subsp. **japonica** (Makino) Hong

藤本。山谷，山坡，密林，疏林，灌丛，路旁，溪边，阴处；200~500 m。九岭山脉：大围山 LXP-10-11117，靖安县 LXP-10-10074，铜鼓县 LXP-10-6976，宜春市 LXP-10-896。

长叶轮钟草 **Campanumoea lancifolia** (Roxb.) Merr.

藤本。山坡，灌丛；腐殖土；400~600 m。万洋山脉：遂川县 LXP-13-7490；诸广山脉：桂东县 LXP-13-25390。

党参属 *Codonopsis* Wall.

羊乳 **Codonopsis lanceolata** (Sieb. et Zucc.) Trautv.

藤本。山谷，山坡，密林，灌丛，路旁，溪边，阴处；壤土，腐殖土，石灰岩；100~1400 m。幕阜山脉：庐山市 LXP4703，瑞昌市 LXP0047，通山县 LXP7760，武宁县 LXP0464，修水县 LXP3297，平江县 LXP-10-6027；九岭山脉：安义县 LXP-10-10442，大围山 LXP-13-17016、LXP-10-11659，奉新县 LXP-10-10605，靖安县 LXP-10-10188、LXP2492，铜鼓县 LXP-10-6938，宜丰县 LXP-10-3089，上高县 LXP-06-6643；武功山脉：安福县 LXP-06-0532，莲花县 LXP-06-0799，宜春市 LXP-06-8885，衡东县 LXP-03-07446；万洋山脉：遂川县 LXP-13-18076，炎陵县 LXP-13-3257，永新县 LXP-13-08027，资兴市 LXP-03-00232；诸广山脉：上犹县 LXP-13-12716，崇义县 LXP-03-05835。

*党参 **Codonopsis pilosula** (Franch.) Nannf.

草本。1400 m。药用，栽培。万洋山脉：遂川县 岳

俊三 4371(IBSC)。

轮钟花属 *Cyclocodon* Griff. ex Hook. f. et Thompson

轮钟花 **Cyclocodon lancifolius** (Roxb.) Kurz

草本。山坡，平地，灌丛，路旁，树上；壤土，腐殖土；500~600 m。武功山脉：芦溪县 LXP-06-9150、LXP-13-03675；诸广山脉：桂东县 LXP-13-25481。

半边莲属 *Lobelia* L.

半边莲 **Lobelia chinensis** Lour.

草本。山谷，山坡，丘陵，疏林，草地，灌丛，路旁，村边，溪边，水田边，池塘边，旱田边，阴处；壤土；80~1800 m。幕阜山脉：平江县 LXP3788，武宁县 LXP1193，修水县 LXP0755；九岭山脉：安义县 LXP-10-3750，大围山 LXP-10-5588，奉新县 LXP-10-10850，浏阳市 LXP-10-5760，万载县 LXP-10-1639，上高县 LXP-06-5986；武功山脉：安福县 LXP-06-0592，攸县 LXP-06-5217；万洋山脉：遂川县 LXP-13-16319，炎陵县 LXP-09-00123，永新县 LXP-QXL-165，永兴县 LXP-03-04336，资兴市 LXP-03-03794；诸广山脉：崇义县 LXP-13-13094、LXP-03-05916，桂东县 LXP-03-02530，上犹县 LXP-03-06199。

江南山梗菜 **Lobelia davidii** Franch.

草本。山顶，山谷，山坡，疏林，灌丛，草地，路旁，阳处；壤土，沙土；100~1900 m。幕阜山脉：通山县 LXP7274，修水县 LXP0277，平江县 LXP-10-6035；九岭山脉：大围山 LXP-10-11122，奉新县 LXP-10-10629，靖安县 LXP-10-10009，七星岭 LXP-10-11922，铜鼓县 LXP-10-6501，宜丰县 LXP-10-2331；武功山脉：安福县 LXP-06-0341，明月山 LXP-06-7725，宜春市 LXP-06-2710，攸县 LXP-06-6138，袁州区 LXP-06-6720，玉京山 LXP-10-1245；万洋山脉：遂川县 LXP-13-09287、LXP-13-20253，炎陵县 LXP-09-06444，资兴市 LXP-03-00196；诸广山脉：崇义县 LXP-03-04998，桂东县 LXP-03-00480，上犹县 LXP-03-06328。

线萼山梗菜 **Lobelia melliana** E. Wimm.

草本。山坡，疏林，草地，路旁，溪边，石上，阳处，阴处；壤土，腐殖土；300~1400 m。幕阜山脉：庐

山市 LXP4776，修水县 LXP3059；万洋山脉：遂川县 LXP-13-09269，炎陵县 LXP-09-00091，永新县 LXP-QXL-699；诸广山脉：上犹县 LXP-13-22245。

铜锤玉带草 Lobelia nummularia Lamarck
草本。山坡，草地；壤土；700~800 m。武功山脉：茶陵县 LXP-06-1457。

山梗菜 Lobelia sessilifolia Lamb.
草本。山谷，平地，疏林，溪边；沙土；1000~1100 m。武功山脉：芦溪县 LXP-13-09569；万洋山脉：炎陵县 DY2-1130；诸广山脉：桂东县 LXP-03-02659。

卵叶半边莲 Lobelia zeylanica L.
草本。山坡，林下，路旁，水旁；壤土；400~500 m。万洋山脉：井冈山 JGS-B013。

袋果草属 *Peracarpa* Hook. f. et Thoms.

袋果草 Peracarpa carnosa (Wall.) Hook. f. et Thoms.
草本。山坡，密林，疏林，溪边；壤土，沙土；1300~1900 m。九岭山脉：大围山 LXP-09-11061；万洋山脉：遂川县 LXP-13-16802，炎陵县 LXP-09-466；诸广山脉：上犹县 LXP-13-12164。

桔梗属 *Platycodon* A. DC.

桔梗 Platycodon grandiflorus (Jacq.) A. DC.
草本。山谷，山坡，疏林，路旁；500~1300 m。幕阜山脉：庐山市 LXP5526；九岭山脉：大围山 LXP-10-5242。

蓝花参属 *Wahlenbergia* Schrad. ex Roth

蓝花参 Wahlenbergia marginata (Thunb.) A. DC.
草本。山坡，疏林，灌丛，草地，旱地，路旁，水田边，河边，溪边，阳处；壤土；50~900 m。幕阜山脉：庐山市 LXP5652，平江县 LXP4041，通山县 LXP7845，武宁县 LXP0968；九岭山脉：安义县 LXP-10-10529，奉新县 LXP-10-3267，靖安县 LXP-10-10393，宜春市 LXP-10-1012；武功山脉：安福县 LXP-06-3792，茶陵县 LXP-06-1449，芦溪县 LXP-06-3449，分宜县 LXP-10-5207；万洋山脉：井冈山 LXP-13-18579，遂川县 LXP-13-16310，炎陵县 LXP-09-09544，永新县 LXP-13-19710；诸广山

脉：上犹县 LXP-13-12884，崇义县 LXP-03-07312。

莕菜属 *Nymphoides* Ség.

水皮莲 Nymphoides cristatum (Roxb.) O. Kuntze
漂浮草本。水田中。武功山脉：武功山 岳俊三等 2766(NAS)。

金银莲花 Nymphoides indica (L.) O. Kuntze
草本。滩涂，水塘中；75 m。幕阜山脉：修水县 李立新 9604052(JJF)。

莕菜 Nymphoides peltata (S. G. Gmel.) Kuntze
草本。水田中。幕阜山脉：庐山市 熊耀国 s. n. (PE)。

A403　菊科 Asteraceae

蓍属 *Achillea* L.

***高山蓍 Achillea alpina** L.
草本。观赏，栽培。幕阜山脉：庐山植物园 赵保惠等 246601(IBSC)。

和尚菜属 *Adenocaulon* Hook.

和尚菜 Adenocaulon himalaicum Edgew.
草本。山坡，疏林；壤土。万洋山脉：井冈山 LXP-13-20390。

下田菊属 *Adenostemma* J. R. Forst. et G. Forst.

下田菊 Adenostemma lavenia (L.) O. Kuntze
草本。山谷，山坡，密林，疏林，灌丛，路旁，河边，溪边，草地，阴处；壤土；40~1700 m。幕阜山脉：武宁县 LXP0573，修水县 LXP0309，平江县 LXP-10-5979；九岭山脉：大围山 LXP-10-11265，奉新县 LXP-10-10682，靖安县 LXP-10-10256，浏阳市 LXP-10-5821，铜鼓县 LXP-10-7024，万载县 LXP-10-1957，宜丰县 LXP-10-12939；武功山脉：安福县 LXP-06-2285，茶陵县 LXP-06-7154，芦溪县 LXP-06-2426，明月山 LXP-06-7669，宜春市 LXP-06-2696，攸县 LXP-06-5464，袁州区 LXP-06-6676；万洋山脉：遂川县 LXP-13-7586，炎陵县 LXP-09-10808；诸广山脉：上犹县 LXP-13-18941，桂东县 LXP-03-00983。

宽叶下田菊 Adenostemma lavenia var. **latifolium** (D. Don) Hand.-Mazz.
草本。山谷，山坡，平地，路旁，溪边；壤土；200~

900 m。武功山脉：安福县 LXP-06-0719，明月山 LXP-06-7948。

藿香蓟属 *Ageratum* L.

藿香蓟 Ageratum conyzoides L.

草本。山谷，山坡，丘陵，平地，疏林，路旁，村边，草地，溪边，阳处；壤土；70~1200 m。幕阜山脉：通山县 LXP2302，修水县 LXP0261，平江县 LXP-10-6091；九岭山脉：安义县 LXP-10-10468，大围山 LXP-10-11491，奉新县 LXP-10-10913、LXP-06-4076，靖安县 LXP-10-10324，上高县 LXP-10-4854，铜鼓县 LXP-10-6666，万载县 LXP-10-1541，宜丰县 LXP-10-12845；武功山脉：安福县 LXP-06-0313、LXP-06-6397、LXP-06-7998，茶陵县 LXP-06-1388，明月山 LXP-06-7776，宜春市 LXP-06-8848，攸县 LXP-06-5254；万洋山脉：炎陵县 LXP-13-3110，永新县 LXP-QXL-449，永兴县 LXP-03-04295；诸广山脉：崇义县 LXP-03-07245，桂东县 LXP-03-02533，上犹县 LXP-13-12728、LXP-03-06259。

熊耳草 Ageratum houstonianum Miller

草本。平地，路旁，溪边；沙土；600~1100 m。万洋山脉：资兴市 LXP-03-00134；诸广山脉：桂东县 LXP-03-02657。

兔儿风属 *Ainsliaea* DC.

杏香兔儿风 Ainsliaea fragrans Champ.

草本。山谷，山坡，平地，疏林，路旁，灌丛，草地，溪边，阴处；壤土，腐殖土，沙土；200~1300 m。幕阜山脉：庐山市 LXP4938，武宁县 LXP5634，修水县 LXP0722，武宁县 LXP-13-08471，平江县 LXP-10-6337；九岭山脉：大围山 LXP-10-12110，浏阳市 LXP-10-5876，宜丰县 LXP-10-2537；武功山脉：攸县 LXP-06-6155，袁州区 LXP-06-6683，芦溪县 LXP-13-8366；万洋山脉：炎陵县 DY2-1096，遂川县 LXP-13-09363，永新县 LXP-QXL-592；诸广山脉：上犹县 LXP-13-12529，桂东县 LXP-03-02460。

光叶兔儿风 Ainsliaea glabra Hemsl.

草本。山坡，路旁；壤土；900~1000 m。万洋山脉：永兴县 LXP-03-04189。

纤枝兔儿风 Ainsliaea gracilis Franch.

草本。山谷，山坡，密林，疏林，路旁，溪边，石上；壤土；200~1300 m。武功山脉：安福县 LXP-06-1359，茶陵县 LXP-06-1581，芦溪县 LXP-06-1347；万洋山脉：炎陵县 DY1-1019。

粗齿兔儿风 Ainsliaea grossedentata Franch.

草本。山谷，山坡，疏林，溪边；壤土；800~1900 m。万洋山脉：遂川县 LXP-13-23458，炎陵县 LXP-13-22805。

长穗兔儿风 Ainsliaea henryi Diels

草本。山谷，山坡，密林，疏林，路旁，溪边；壤土；500~2200 m。幕阜山脉：武宁县 LXP1540；武功山脉：芦溪县 LXP-13-09823；万洋山脉：遂川县 LXP-13-09382，炎陵县 DY2-1016；诸广山脉：上犹县 LXP-13-12205。

灯台兔儿风 Ainsliaea kawakamii Hayata

草本。山顶，山谷，路旁；壤土；300~1600 m。武功山脉：安福县 LXP-06-2847，茶陵县 LXP-06-2017。

莲沱兔儿风 Ainsliaea ramosa Hemsl.

草本。山坡，疏林；壤土；约1200 m。万洋山脉：炎陵县 LXP-09-07652。

三脉兔儿风 Ainsliaea trinervis Y. C. Tseng

草本。山谷，山坡，平地，疏林，路旁，溪边，石上，阳处；腐殖土；600~800 m。万洋山脉：井冈山 LXP-13-5705，炎陵县 LXP-13-23959；诸广山脉：上犹县 LXP-13-12287，崇义县 LXP-13-24313。

华南兔儿风 Ainsliaea walkeri Hook. f.

草本。山谷，石上；718 m。诸广山脉：崇义县 科考队 A027(PE)。

豚草属 *Ambrosia* L.

*豚草 Ambrosia artemisiifolia L.

草本。山谷，山坡，平地，疏林，路旁，灌丛，草地，溪边；壤土，石灰岩；60~700 m。栽培。幕阜山脉：庐山市 LXP4841，瑞昌市 LXP0057；九岭山脉：安义县 LXP-10-10428，奉新县 LXP-10-10712，靖安县 LXP-10-10043，铜鼓县 LXP-10-13502，宜丰县 LXP-10-12863，万载县 LXP-13-10920；武功山脉：安福县 LXP-06-0058；诸广山脉：上犹县

LXP-03-06169。

香青属 *Anaphalis* DC.

黄腺香青 Anaphalis aureopunctata Lingelsh et Borza

草本。平地，石上；1300~1600 m。幕阜山脉：通山县 LXP7263。

珠光香青 Anaphalis margaritacea (L.) Benth. et Hook. f.

草本。山顶，山坡，平地，疏林，路旁，溪边；壤土，沙土；200~1700 m。武功山脉：芦溪县 LXP-13-03517，安福县 LXP-06-2883；万洋山脉：井冈山 LXP-13-0393，遂川县 LXP-13-09320，炎陵县 DY1-1058；诸广山脉：崇义县 LXP-03-05847，桂东县 LXP-03-02377。

黄褐珠光香青 Anaphalis margaritacea var. **cinnamomea** (DC.) Herd. ex Maxim.

草本。山顶，山坡，山谷，疏林，草地，溪边；壤土，腐殖土；1800~1900 m。武功山脉：芦溪县 LXP-13-09783；万洋山脉：井冈山 LXP-13-04640，炎陵县 LXP-09-532；诸广山脉：崇义县 LXP-13-24244。

香青 Anaphalis sinica Hance

草本。山顶，山坡，疏林，灌丛，草地，路旁，阳处；壤土；300~1900 m。幕阜山脉：平江县 LXP3185，修水县 LXP3404；九岭山脉：大围山 LXP-10-12586，七星岭 LXP-10-11882，宜丰县 LXP-10-2322；武功山脉：芦溪县 400146033、LXP-06-1787；万洋山脉：炎陵县 LXP-13-3338。

牛蒡属 *Arctium* L.

牛蒡 Arctium lappa L.

草本。山坡，山谷，疏林；腐殖土；900~1300 m。幕阜山脉：平江县 LXP3903；九岭山脉：大围山 LXP-10-12151；武功山脉：莲花县 LXP-GTY-301。

蒿属 *Artemisia* L.

黄花蒿 Artemisia annua L.

草本。山谷，山坡，平地，路旁，疏林，草地，灌丛，阳处；壤土；40~800 m。幕阜山脉：庐山市 LXP5177，平江县 LXP-10-5970；九岭山脉：大围

山 LXP-10-11512，浏阳市 LXP-10-5884，上高县 LXP-10-4979，铜鼓县 LXP-10-6509，万载县 LXP-10-1383，宜春市 LXP-10-868；武功山脉：安福县 LXP-06-2960，茶陵县 LXP-06-7095，攸县 LXP-06-5434，宜春市 LXP-13-10572，分宜县 LXP-10-5160。

奇蒿 Artemisia anomala S. Moore

草本。山谷，山坡，密林，疏林，灌丛，路旁，村边，溪边；壤土；100~1500 m。幕阜山脉：庐山市 LXP5195，平江县 LXP4382、LXP-10-6033，瑞昌市 LXP0171，通山县 LXP1891，武宁县 LXP5743，修水县 LXP2566；九岭山脉：大围山 LXP-10-11194、LXP-03-07744，奉新县 LXP-10-10625、LXP-06-4092，靖安县 LXP-10-10351，铜鼓县 LXP-10-6600，万载县 LXP-10-2112，宜春市 LXP-10-1042，宜丰县 LXP-10-13044；武功山脉：安福县 LXP-06-0314，茶陵县 LXP-06-1402，分宜县 LXP-06-2320，明月山 LXP-06-7694，宜春市 LXP-06-2765，攸县 LXP-06-5468，袁州区 LXP-06-6752，玉京山 LXP-10-1301；万洋山脉：遂川县 LXP-13-7321，炎陵县 DY3-1104，永新县 LXP-13-19659，永兴县 LXP-03-03855，资兴市 LXP-03-00292；诸广山脉：崇义县 LXP-03-05625，桂东县 LXP-03-00803，上犹县 LXP-03-06009。

密毛奇蒿 Artemisia anomala var. **tomentella** Hand.- Mazz.

草本。山谷，林缘；475 m。幕阜山脉：修水县 谭策铭等 Y06337(JJF)。

艾 Artemisia argyi Lévl. et Van.

草本。山谷，山坡，疏林，路旁，草地，村边；壤土；70~1000 m。九岭山脉：万载县 LXP-13-11205，大围山 LXP-10-11483，奉新县 LXP-10-9033，靖安县 LXP-10-10032，铜鼓县 LXP-10-13543；万洋山脉：炎陵县 LXP-09-08153。

暗绿蒿 Artemisia atrovirens Hand.-Mazz.

草本。山坡，草地，路旁；1040 m。幕阜山脉：武宁县 张吉华 TCM1166(JJF)。

茵陈蒿 Artemisia capillaris Thunb.

草本。山谷，山坡，疏林，草地，路旁，溪边，阳处；100~400 m。幕阜山脉：修水县 LXP6761；九岭山脉：浏阳市 LXP-10-5938，宜丰县 LXP-10-4656，上高县 LXP-06-7659；武功山脉：安福县 LXP-06-2991。

青蒿 Artemisia caruifolia Buch.-Ham. ex Roxb.
草本。山坡，路旁；壤土；500~600 m。武功山脉：茶陵县 LXP-06-1419。

大头青蒿 Artemisia caruifolia var. schochii (Mattf.) Pamp.
草本。罗霄山脉可能有分布，未见标本。

南牡蒿 Artemisia eriopoda Bunge
草本。路边；500 m。幕阜山脉：修水县 Ye Cunsu 854(NAS)。

湘赣艾 Artemisia gilvescens Miq.
草本。罗霄山脉有分布记录，未见标本。

五月艾 Artemisia indica Willd.
草本。山谷，山坡，疏林，草地，路旁，溪边，阳处；270 m。幕阜山脉：平江县 LXP-10-6190；九岭山脉：大围山 LXP-10-11304，奉新县 LXP-10-10758，铜鼓县 LXP-10-6523，万载县 LXP-10-1695，宜丰县 LXP-10-13280、LXP-10-3093；武功山脉：安福县 LXP-06-8113，宜春市 LXP-06-2653；万洋山脉：炎陵县 LXP-13-05161。

牡蒿 Artemisia japonica Thunb.
草本。山顶，灌丛，路旁，沼泽；壤土；200~2000 m。幕阜山脉：通山县 LXP7267，武宁县 LXP7747；九岭山脉：大围山 LXP-10-12533；武功山脉：安福县 LXP-06-0386，茶陵县 LXP-06-2261，芦溪县 LXP-13-03553。

白苞蒿 Artemisia lactiflora Wall. ex DC.
草本。山谷，山坡，疏林，草地，路旁，溪边，石上，阳处；壤土，腐殖土；100~1600 m。幕阜山脉：庐山市 LXP4659，通山县 LXP7499，平江县 LXP-10-5997；九岭山脉：大围山 LXP-10-11205，奉新县 LXP-10-10601，靖安县 LXP-10-10132、LXP2450，七星岭 LXP-10-11444，铜鼓县 LXP-10-13587，宜春市 LXP-10-839，宜丰县 LXP-10-13140；武功山脉：安福县 LXP-06-0387，芦溪县 LXP-06-1785，明月山 LXP-06-7679，宜春市 LXP-06-2728，攸县 LXP-06-5255，安仁县 LXP-03-01433，袁州区 LXP-06-6690；诸广山脉：桂东县 LXP-03-00967，上犹县 LXP-13-22264。

矮蒿 Artemisia lancea Van.
草本。山谷，山坡，疏林，路旁，溪边；壤土，沙土；200~1700 m。幕阜山脉：修水县 LXP3221，平江县 LXP-10-6339；九岭山脉：大围山 LXP-10-5419，浏阳市 LXP-10-5860；武功山脉：安仁县 LXP-03-01046；万洋山脉：炎陵县 LXP-13-25012。

野艾蒿 Artemisia lavandulifolia DC.
草本。平地，路旁，溪边；壤土；100~200 m。武功山脉：攸县 LXP-06-6100。

蒙古蒿 Artemisia mongolica (Fisch. ex Bess.) Nakai
草本。村边，路旁，草丛；320 m。武功山脉：武功山 岳俊三等 3035(NAS)。

魁蒿 Artemisia princeps Pamp.
草本。山坡，疏林；300~600 m。幕阜山脉：武宁县 LXP0390；武功山脉：安福县 LXP-06-2993。

白莲蒿 Artemisia sacrorum Ledeb.
草本。山坡，路旁，灌草丛；300~1200 m。幕阜山脉：庐山，杨祥学 10867(IBSC)。

猪毛蒿 Artemisia scoparia Waldst. et Kit.
草本。山地，田边，路旁；300 m。九岭山脉：铜鼓县 赖书坤 3757(KUN)；诸广山脉：齐云山 LXP-03-5617。

蒌蒿 Artemisia selengensis Turcz. ex Bess.
草本。山坡，路旁；730 m。万洋山脉：井冈山 岳俊三 4730(NAS)。

大籽蒿 Artemisia sieversiana Ehrhart ex Willd.
草本。罗霄山脉可能有分布，未见标本。

阴地蒿 Artemisia sylvatica Maxim.
草本。山坡，灌草丛；380 m。幕阜山脉：庐山 谭策铭等 05854(JJF)。

黄毛蒿 Artemisia velutina Pamp.
草本。罗霄山脉可能有分布，未见标本。

南艾蒿 Artemisia verlotorum Lamotte
草本。山坡，路旁，村边。诸广山脉：齐云山 LXP-03-5509。

紫菀属 *Aster* L.
[*Kalimeris* (Cass.) Cass.]

三脉紫菀 Aster ageratoides Turcz.
草本。山谷，山坡，平地，灌丛，路旁，溪边；壤土，沙土；100~1500 m。九岭山脉：上高县 LXP-06-6565；武功山脉：安福县 LXP-06-2548，茶陵县 LXP-06-2209，芦溪县 LXP-06-2418，宜春市 LXP-06-2160；诸广山脉：崇义县 LXP-03-07367，桂东县 LXP-03-02613。

毛枝三脉紫菀 Aster ageratoides var. **lasiocladus** (Hayata) Hand.-Mazz.

草本。山谷，山坡，疏林，草地，灌丛，路旁，溪边；壤土；200~1400 m。九岭山脉：安义县 LXP-10-10505，奉新县 LXP-10-11001，浏阳市 LXP-10-5825，七星岭 LXP-10-11454，铜鼓县 LXP-10-6589，上高县 LXP-06-7552，宜春市 LXP-06-8878；万洋山脉：遂川县 LXP-13-7289。

宽伞三脉紫菀 Aster ageratoides var. **laticorymbus** (Vant.) Hand.-Mazz.

草本。山谷，灌丛；448 m。幕阜山脉：修水县 LXP2603。

微糙三脉紫菀 Aster ageratoides var. **scaberulus** (Miq.) Ling

草本。山坡，路旁；300~400 m。幕阜山脉：武宁县 LXP0676；万洋山脉：井冈山 JGS-1798，炎陵县 LXP-13-05059。

白舌紫菀 Aster baccharoides (Benth.) Steetz.

草本。山顶，山谷，山坡，疏林，草地，灌丛，路旁，阴处；壤土；200~1900 m。幕阜山脉：平江县 LXP-10-5954；九岭山脉：大围山 LXP-10-11297，浏阳市 LXP-10-5815，铜鼓县 LXP-10-6961；万洋山脉：炎陵县 LXP-13-05059；诸广山脉：崇义县 LXP-13-24247，上犹县 LXP-13-23553。

狗娃花 Aster hispidus Thunberg [*Heteropappus hispidus* (Thunb.) Less.]

草本。山坡，山顶，灌草丛；1100 m。九岭山脉：铜鼓县　赖书坤 3554(KUN)。

马兰 Aster indicus L. [*Kalimeris indica* (L.) Sch.-Bip.]

草本。山谷，山坡，密林，疏林，草地，灌丛，路旁，水田，村边，溪边，阳处；壤土；80~1800 m。幕阜山脉：庐山市 LXP5058，平江县 LXP4293、LXP-10-6030，修水县 LXP2685；九岭山脉：大围山 LXP-10-11281，奉新县 LXP-10-10693，靖安县

LXP-10-10183，浏阳市 LXP-10-5865，铜鼓县 LXP-10-13449，万载县 LXP-10-1380，宜春市 LXP-10-912，宜丰县 LXP-10-12836，上高县 LXP-06-6654；武功山脉：安福县 LXP-06-2919，明月山 LXP-06-7782，玉京山 LXP-10-1283；万洋山脉：遂川县 LXP-13-7280，炎陵县 LXP-09-00207，永新县 LXP-QXL-841，资兴市 LXP-03-00258；诸广山脉：崇义县 LXP-13-24305、LXP-03-05905，桂东县 LXP-03-00756，上犹县 LXP-13-12908、LXP-03-06086。

狭苞马兰 Aster indicus var. **stenolepis** (Hand.-Mazz.) Soejima et Igari [*Kalimeris indica* var. *stenolepis* (Hand.-Mazz.) Kitam.]

草本。山谷，溪边；170 m。幕阜山脉：庐山　谭策铭和谭文群 89207(JJF)。

短冠东风菜 Aster marchandii Lévl. [*Doellingeria marchandii* (Lévl.) Ling]

草本。山谷，路旁，草地；200~700 m。幕阜山脉：平江县 LXP-10-6007；九岭山脉：奉新县 LXP-10-10642。

琴叶紫菀 Aster panduratus Nees ex Walper

草本。山坡，草丛；1300 m。武功山脉：宜春市　岳俊三等 3451(IBSC)。

全叶马兰 Aster pekinensis (Hance) F. H. Chen

草本。罗霄山脉可能有分布，未见标本。

东风菜 Aster scaber Thunb. [*Doellingeria scabra* (Thunb.) Nees]

草本。山谷，溪边；300~900 m。武功山脉：武功山　岳俊三等 3081(NAS)；万洋山脉：井冈山黄坳有分布。

毡毛马兰 Aster shimadae (Kitamura) Nemoto

草本。罗霄山脉可能有分布，未见标本。

岳麓紫菀 Aster sinianus Hand.-Mazz.

草本。山坡，路旁，草丛；300 m。武功山脉：萍乡市　江西调查队 2750(PE)。

紫菀 Aster tataricus L. f.

草本。山谷，山坡，疏林，草地，路旁，河边；壤土；100~400 m。幕阜山脉：修水县 LXP3042；诸广山脉：上犹县 LXP-03-06181。

陀螺紫菀 Aster turbinatus S. Moore

多年生草本。山谷，疏林，溪边；壤土；240~360 m。幕阜山脉：武宁县 LXP-13-08462；万洋山脉：遂川县 LXP-13-7095。

秋分草 Aster verticillatus (Reinwardt) Brouillet Semple et Y. L. Chen

草本。山坡，疏林，平地，草地；壤土；100~400 m。武功山脉：安福县 LXP-06-2144，芦溪县 LXP-06-2520。

苍术属 *Atractylodes* DC.

苍术 Atractylodes lancea (Thunb.) DC.

草本。山坡，路旁，草丛。诸广山脉：八面山 LXP-03-0950。

白术 Atractylodes macrocephala Koidz.

草本。平地，灌丛；壤土；400~500 m。武功山脉：分宜县 LXP-06-2350。

雏菊属 *Bellis* L.

***雏菊 Bellis perennis** L.

草本。观赏，有栽培。幕阜山脉：庐山 邹垣 64(NAS)。

鬼针草属 *Bidens* L.

***白花鬼针草 Bidens alba** (L.) de Candolle

草本。山谷，疏林，江边，河边；壤土；100~300 m。栽培。九岭山脉：宜丰县 LXP-10-7284；诸广山脉：上犹县 LXP-03-06140。

婆婆针 Bidens bipinnata L.

草本。山谷，山坡，疏林，草地，路旁，阳处；100~600 m。幕阜山脉：平江县 LXP-10-5992；九岭山脉：大围山 LXP-10-5644，浏阳市 LXP-10-5925，铜鼓县 LXP-10-6867，宜丰县 LXP-10-2679。

金盏银盘 Bidens biternata (Lour.) Merr. et Sherff

草本。山谷，平地，密林，疏林，路旁，草地，溪边；壤土，沙土；100~800 m。幕阜山脉：平江县 LXP-10-6458；九岭山脉：大围山 LXP-10-11184，奉新县 LXP-10-10686，铜鼓县 LXP-10-13486，宜丰县 LXP-10-12849；武功山脉：安福县 LXP-06-6411。

大狼杷草 Bidens frondosa L.

草本。山谷，平地，疏林，草地，路旁，溪边，石

上；壤土，沙土；80~800 m。九岭山脉：靖安县 LXP-13-11521，上高县 LXP-06-6526；武功山脉：安福县 LXP-06-0016，茶陵县 LXP-06-1394，芦溪县 LXP-06-2429，明月山 LXP-06-7670，攸县 LXP-06-6014；万洋山脉：井冈山 JGS-105，遂川县 LXP-13-7574，永新县 LXP-QXL-151。

鬼针草 Bidens pilosa L.

草本。山谷，山坡，密林，疏林，草地，村边，路旁，河边，溪边；壤土；100~800 m。幕阜山脉：瑞昌市 LXP0077；武功山脉：安福县 LXP-06-3537，茶陵县 LXP-06-7080，芦溪县 LXP-06-2783，明月山 LXP-06-7900，攸县 LXP-06-6015，莲花县 LXP-GTY-129，分宜县 LXP-10-5212；诸广山脉：崇义县 LXP-03-07313，上犹县 LXP-03-06911。

狼杷草 Bidens tripartita L.

草本。山谷，山坡，疏林，灌丛，路旁，村边，水田边，草地，阳处；100~1600 m。幕阜山脉：平江县 LXP-10-6113；九岭山脉：大围山 LXP-13-08211、LXP-10-11262，奉新县 LXP-10-10704，靖安县 LXP-10-10304，七星岭 LXP-10-11870，上高县 LXP-10-4847，铜鼓县 LXP-10-13420，万载县 LXP-10-1628，宜春市 LXP-10-1106，宜丰县 LXP-10-12842；武功山脉：安福县 LXP-06-8150，分宜县 LXP-10-5230，玉京山 LXP-10-1234；万洋山脉：永新县 LXP-13-19709，井冈山 LXP-06-5500；诸广山脉：崇义县 LXP-13-24296，上犹县 LXP-13-12777。

艾纳香属 *Blumea* DC.

馥芳艾纳香 Blumea aromatica DC.

草本。山谷，平地，路旁，疏林，溪边；沙土；200~1100 m。幕阜山脉：平江县 LXP-10-6055；九岭山脉：铜鼓县 LXP-10-6972，宜丰县 LXP-10-6751；诸广山脉：桂东县 LXP-03-02712。

柔毛艾纳香 Blumea axillaris (Lamarck) Candolle

草本。山坡，路旁；300~800 m。诸广山脉：齐云山 075481（刘小明等，2010）。

艾纳香 Blumea balsamifera (L.) DC.

草本。山坡，疏林；沙土；200~500 m。幕阜山脉：武宁县 LXP7938，修水县 LXP3243；诸广山脉：桂东县 LXP-03-02822。

台北艾纳香 **Blumea formosana** Kitam.

草本。山谷，山坡，密林，疏林，灌丛，草地，路旁，溪边；壤土；100~800 m。幕阜山脉：庐山市 LXP4725、LXP6321，修水县 LXP3300；九岭山脉：大围山 LXP-10-11232，奉新县 LXP-10-10690，靖安县 LXP-10-10153，铜鼓县 LXP-10-13468，万载县 LXP-10-2126，宜丰县 LXP-10-12796；武功山脉：安福县 LXP-06-2531，茶陵县 LXP-06-2210，芦溪县 LXP-06-2468，明月山 LXP-06-7798，宜春市 LXP-06-2659，攸县 LXP-06-5252；万洋山脉：井冈山 JGS-095，遂川县 LXP-13-7517，炎陵县 LXP-09-07091；诸广山脉：上犹县 LXP-13-22324，桂东县 LXP-13-25406。

毛毡草 **Blumea hieraciifolia** (D. Don) DC.

草本。山坡，路旁。诸广山脉：齐云山 075938（刘小明等，2010）。

东风草 **Blumea megacephala** (Randeria) Chang et Tseng

草本。山谷，山坡，灌丛，草地，路旁，溪边；壤土，腐殖土；369 m。武功山脉：安福县 LXP-06-7407；万洋山脉：遂川县 LXP-13-7434；诸广山脉：桂东县 LXP-13-25499，上犹县 LXP-13-12957。

长圆叶艾纳香 **Blumea oblongifolia** Kitam.

草本。山谷，路旁，阴处；100~300 m。九岭山脉：宜春市 LXP-10-834。

拟毛毡草 **Blumea sericans** (Kurz) Hook. f.

草本。山坡，村边，路旁；400 m。万洋山脉：井冈山 赖书坤等 4704(IBSC)。

金盏花属 *Calendula* L.

*金盏花 **Calendula officinalis** L.

草本。观赏，栽培。幕阜山脉：庐山 邹垣 00552 (LBG)。

翠菊属 *Callistephus* Cass.

*翠菊 **Callistephus chinensis** (L.) Nees

草本。观赏，栽培。幕阜山脉：庐山 邹垣 009970 (LBG)。

飞廉属 *Carduus* L.

节毛飞廉 **Carduus acanthoides** L.

草本。湖边，村边，路旁；20~190 m。幕阜山脉：

九江市 谭策铭 9605145(PE)。

丝毛飞廉 **Carduus crispus** L.

草本。山坡，路旁；壤土；360~450 m。万洋山脉：炎陵县 LXP-13-3170。

天名精属 *Carpesium* L.

天名精 **Carpesium abrotanoides** L.

草本。山坡，密林，疏林，灌丛，草地，路旁，溪边；壤土，腐殖土，沙土；100~1300 m。幕阜山脉：瑞昌市 LXP0078，通山县 LXP7454，修水县 LXP0832，平江县 LXP-10-6126；九岭山脉：大围山 LXP-03-08088、LXP-10-11268，奉新县 LXP-10-11089，靖安县 LXP-10-13709，浏阳市 LXP-10-5829，铜鼓县 LXP-10-13448，宜丰县 LXP-10-12864，上高县 LXP-06-7610；武功山脉：安福县 LXP-06-5522，明月山 LXP-06-7967，攸县 LXP-06-5441；万洋山脉：井冈山 LXP-13-04648，炎陵县 LXP-09-00290；诸广山脉：桂东县 LXP-13-09097，上犹县 LXP-03-06919。

烟管头草 **Carpesium cernuum** L.

草本。山顶，山坡，平地，疏林，草地，灌丛，路旁，疏林，溪边，阴处，阳处；壤土；100~1100 m。幕阜山脉：通山县 LXP7611；九岭山脉：大围山 LXP-10-12697，万载县 LXP-10-1374、LXP-13-11197；万洋山脉：遂川县 LXP-13-20254，炎陵县 DY3-1051，永新县 LXP-QXL-843。

金挖耳 **Carpesium divaricatum** Sieb. et Zucc.

草本。山谷，山坡，密林，疏林，灌丛，草地，路旁，溪边，阳处，阴处；壤土，腐殖土，沙土；986 m。幕阜山脉：庐山市 LXP4469，平江县 LXP3687、LXP-10-6227，瑞昌市 LXP0178；九岭山脉：大围山 LXP-10-11632，奉新县 LXP-10-10663，靖安县 LXP-10-10161，七星岭 LXP-10-11928，万载县 LXP-10-1716，宜春市 LXP-10-1136；武功山脉：安福县 LXP-06-0349，明月山 LXP-06-7875，宜春市 LXP-06-2706，袁州区 LXP-06-6712，玉京山 LXP-10-1322；万洋山脉：井冈山 LXP-13-04648，炎陵县 LXP-09-06273；诸广山脉：崇义县 LXP-03-05627、LXP-13-24300，上犹县 LXP-13-22249、LXP-03-06574。

小花金挖耳 **Carpesium minum** Hemsl.

草本。山坡，阴处；壤土；400 m。万洋山脉：炎陵县 LXP-13-3099。

棉毛尼泊尔天名精 Carpesium nepalense var. **lanatum** (Hook. f. et T. Thoms. ex C. B. Clarke) Kitamura

草本。山坡，灌丛；壤土；1300 m。万洋山脉：炎陵县 LXP-13-4325。

石胡荽属 *Centipeda* Lour.

石胡荽 Centipeda minima (L.) A. Br. et Aschers.

草本。山谷，山坡，疏林，灌丛，旱田，草地，村边，水库边，路旁，阳处；壤土，沙土；80~900 m。幕阜山脉：平江县 LXP-10-6334；九岭山脉：大围山 LXP-10-5585，奉新县 LXP-10-10804，靖安县 LXP-10-4598、LXP-13-11613，铜鼓县 LXP-10-13532，万载县 LXP-10-1401，宜丰县 LXP-10-2674；武功山脉：安福县 LXP-06-0228，攸县 LXP-06-5406。

菊属 *Chrysanthemum* L.

野菊 Chrysanthemum indicum L.

草本。山谷，山坡，疏林，路旁，河边，溪边，阳处；壤土，腐殖土；900~1500 m。幕阜山脉：修水县 JLS-2012-081；武功山脉：芦溪县 LXP-13-03574、LXP-13-09674，茶陵县 LXP-06-1999，明月山 LXP-06-7733；万洋山脉：遂川县 LXP-13-09316；诸广山脉：上犹县 LXP-13-22317,桂东县 LXP-13-22606。

甘菊 Chrysanthemum lavandulifolium (Fisch. ex Trautv.) Makino

草本。山谷，林缘；900 m。幕阜山脉：庐山 董安淼和吴丛梅 TanCM3599(KUN)。

菊苣属 *Cichorium* L.

菊苣 Cichorium intybus L.

草本。山坡，路旁；400~900 m。万洋山脉：井冈山 236 任务组 1422(PE)。

蓟属 *Cirsium* Mill.

刺儿菜 Cirsium arvense var. **integrifolium** Wimmer et Grabowski [*Carduus segetum* (Bunge) Franch.]

草本。山坡，密林；261 m。幕阜山脉：九江市 LXP-6754；万洋山脉：井冈山 48(PE)。

绿蓟 Cirsium chinense Gardn. et Champ.

草本。山坡，路旁，灌草丛；1120 m。幕阜山脉：庐山 蒋英 10762(IBSC)。

湖北蓟 Cirsium hupehense Pampanini

草本。山坡，灌丛，路旁；599 m。幕阜山脉：瑞昌市 LXP0126，修水县 LXP0289。

蓟 Cirsium japonicum Fisch. ex DC.

草本。山谷，山坡，疏林，灌丛，草地，路旁，村边，河边，阳处；壤土；100~2000 m。幕阜山脉：平江县 LXP3811，通山县 LXP2059，武宁县 LXP1009，修水县 LXP3438；九岭山脉：安义县 LXP-10-3693，大围山 LXP-10-12063，奉新县 LXP-10-10934，靖安县 LXP-10-429，七星岭 LXP-10-11428，万载县 LXP-10-1982，宜丰县 LXP-10-8411；武功山脉：安福县 LXP-06-0384；万洋山脉：炎陵县 LXP-09-07413，永新县 LXP-13-07673，资兴市 LXP-03-03779；诸广山脉：桂东县 LXP-03-02796，上犹县 LXP-13-23188、LXP-03-06519。

线叶蓟 Cirsium lineare (Thunb.) Sch.-Bip.

草本。山坡，灌丛；1100 m。九岭山脉：奉新县 赖书坤和黄大付 宜 00134(PE)。

野蓟 Cirsium maackii Maxim.

草本。山坡，山顶，草丛；800~1861 m。万洋山脉：南风面 LXP-13-23724。

总序蓟 Cirsium racemiforme Ling et Shih

草本。山谷，山坡，疏林；壤土；200~600 m。幕阜山脉：通山县 LXP5868，武宁县 LXP0894；武功山脉：茶陵县 LXP-09-10380。

大蓟 Cirsium spicatum (Maxim.) Matsum.

草本。山坡，路旁，河边；壤土；100~200 m。武功山脉：安福县 LXP-06-4798；万洋山脉：井冈山 LXP-13-15150。

秋英属 *Cosmos* Cav.

*秋英 Cosmos bipinnatus Cav.

水生草本。平地，路旁；壤土；200~300 m。栽培。武功山脉：芦溪县 LXP-06-3369。

野茼蒿属 *Crassocephalum* Moench

野茼蒿 Crassocephalum crepidioides (Benth.) S. Moore

草本。山谷，山坡，平地，疏林，草地，灌丛，路旁；壤土；60~1600 m。幕阜山脉：通山县 LXP1882；九岭山脉：大围山 LXP-10-12310，奉新县 LXP-10-8996、LXP-06-4067，靖安县 LXP-13-10245、LXP-10-9557、LXP2448，七星岭 LXP-10-11863，宜丰县 LXP-10-13168；武功山脉：安福县 LXP-06-2609，茶陵县 LXP-06-1816，大岗山 LXP-06-3637，分宜县 LXP-06-2340，芦溪县 LXP-06-2417，明月山 LXP-06-7666，宜春市 LXP-06-2746，攸县 LXP-06-5219，袁州区 LXP-06-6675；万洋山脉：遂川县 LXP-13-7417，炎陵县 LXP-09-00013，永新县 LXP-QXL-103，资兴市 LXP-03-00135；诸广山脉：崇义县 LXP-03-05628，桂东县 LXP-03-00814、LXP-03-02758，上犹县 LXP-13-12782、LXP-03-06144。

假还阳参属 *Crepidiastrum* Nakai

黄瓜假还阳参 Crepidiastrum denticulatum (Houtt.) Pak et Kawano

草本。平地，疏林，草地，灌丛，路旁，溪边；壤土，腐殖土，沙土；300~900 m。幕阜山脉：平江县 LXP-13-22438；武功山脉：安福县 LXP-06-2962，茶陵县 LXP-06-2218，芦溪县 LXP-13-09852，分宜县 LXP-06-2312，明月山 LXP-06-7787，宜春市 LXP-06-2697；诸广山脉：桂东县 LXP-13-25478，上犹县 LXP-13-22242。

尖裂假还阳参 Crepidiastrum sonchifolium (Maximowicz) J. H. Pak et Kawano

草本。山坡，疏林，路旁，溪边；壤土；900~1000 m。诸广山脉：上犹县 LXP-03-06909。

大丽花属 *Dahlia* Cav.

*大丽花 Dahlia pinnata Cav.

草本。观赏，广泛栽培。幕阜山脉：庐山 邹垣 00803(LBG)。

鱼眼草属 *Dichrocephala* L'Hér. ex DC.

鱼眼草 Dichrocephala integrifolia (L. f.) O. Ktze.

草本。山坡，平地，路旁，阴处；壤土，沙土；

200~1200 m。九岭山脉：宜丰县 LXP-10-8932；武功山脉：安福县 LXP-06-5113；万洋山脉：炎陵县 LXP-09-08536。

羊耳菊属 *Duhaldea* DC.

羊耳菊 Duhaldea cappa (Buchanan-Hamilton ex D. Don) Pruski et Anderberg

草本。山坡，疏林，灌丛；壤土；200~300 m。武功山脉：安福县 LXP-06-2597；诸广山脉：上犹县 LXP-13-13041。

鳢肠属 *Eclipta* L.

鳢肠 Eclipta prostrata (L.) L.

草本。山谷，山坡，丘陵，疏林，草地，灌丛，路旁，村边，水田边，菜地边，溪边，阳处，阴处；壤土；60~1300 m。幕阜山脉：瑞昌市 LXP0032，通山县 LXP1952，修水县 LXP0774，平江县 LXP-10-6321；九岭山脉：安义县 LXP-10-10463，大围山 LXP-10-11145，奉新县 LXP-10-10824，靖安县 LXP-10-10241，浏阳市 LXP-10-5886，铜鼓县 LXP-10-13434，万载县 LXP-10-1422，宜春市 LXP-10-1009，宜丰县 LXP-10-12848；武功山脉：安福县 LXP-06-3755，茶陵县 LXP-06-1389，攸县 LXP-06-6033；万洋山脉：炎陵县 LXP-09-00590，永新县 LXP-QXL-212；诸广山脉：崇义县 LXP-03-07374，上犹县 LXP-13-12903、LXP-03-06671。

地胆草属 *Elephantopus* L.

地胆草 Elephantopus scaber L.

草本。山谷，山坡，疏林，路旁；壤土；300~1000 m。诸广山脉：上犹县 LXP-13-12852。

白花地胆草 Elephantopus tomentosus L.

草本。山坡，疏林；1200 m。幕阜山脉：庐山 林鹏 1001(AU)。

一点红属 *Emilia* (Cass.) Cass.

小一点红 Emilia prenanthoidea DC.

草本。山谷，山坡，草地，路旁，溪边，阴处；壤土，沙土；200~1100 m。九岭山脉：安义县 LXP-10-3655，奉新县 LXP-10-4050，靖安县 LXP-10-506；武功山脉：芦溪县 LXP-13-03621；万洋山脉：井冈山 LXSM-7-00014，遂川县 LXP-13-7414，永新县 LXP-QXL-146，资兴市 LXP-03-05023；诸广山脉：上犹县 LXP-13-12432，桂东县 LXP-03-00910。

一点红 Emilia sonchifolia (L.) DC.

草本。山谷，平地，路旁，疏林，灌丛，河边，溪边，沼泽；石灰岩，壤土，沙土；100~600 m。九岭山脉：靖安县 LXP-10-10235，奉新县 LXP-06-4020，万载县 LXP-13-10901；武功山脉：安福县 LXP-06-0682，茶陵县 LXP-06-1863，樟树市 LXP-10-4982；万洋山脉：炎陵县 LXP-09-07409，永兴县 LXP-03-04526，资兴市 LXP-03-03472；诸广山脉：崇义县 LXP-03-07233，上犹县 LXP-03-06179。

球菊属 *Epaltes* Cass.

球菊 Epaltes australis Less.

草本。山谷，山坡，疏林，平地，路旁，溪边；壤土；700~1400 m。万洋山脉：炎陵县 LXP-09-00028，永新县 LXP-QXL-028；诸广山脉：桂东县 LXP-03-0743。

蓬属 *Erigeron* L.

飞蓬 Erigeron acris L.

草本。山坡，路旁。幕阜山脉：庐山 王名金 0765 (LBG)。

一年蓬 Erigeron annuus (L.) Pers.

草本。山谷，山坡，丘陵，疏林，草地，路旁，村边，水田边，河边，溪边，阳处；壤土，沙土；100~1700 m。幕阜山脉：瑞昌市 LXP0023，平江县 LXP-10-6343；九岭山脉：安义县 LXP-10-3697，大围山 LXP-10-11537，奉新县 LXP-10-10705，靖安县 LXP-10-2，七星岭 LXP-10-11416，上高县 LXP-10-4940，铜鼓县 LXP-10-13501，万载县 LXP-10-1459，宜春市 LXP-10-948，宜丰县 LXP-10-12827；武功山脉：安福县 LXP-06-3173，芦溪县 LXP-06-3331，明月山 LXP-06-5000，分宜县 LXP-10-5201，樟树市 LXP-10-5011；万洋山脉：遂川县 LXP-13-17326，炎陵县 DY2-1030，资兴市 LXP-03-00133；诸广山脉：桂东县 LXP-03-02425，上犹县 LXP-03-06272。

香丝草 Erigeron bonariensis L.

草本。山坡，灌丛，路旁，溪边；壤土；200~900 m。武功山脉：茶陵县 LXP-06-1407，宜春市 LXP-06-2700。

小蓬草 Erigeron canadensis L.

草本。村边，草丛；130 m。武功山脉：萍乡市 江西队 2454(PE)。

苏门白酒草 Erigeron sumatrensis Retz. [Conyza sumatrensis (Retz.) E. Walker]

草本。村边，荒地；20~500 m。幕阜山脉：柴桑区谭策铭和沈家阳 360421ML0005(SZG)。

白酒草属 *Eschenbachia* Moench

白酒草 Eschenbachia japonica (Thunberg) J. Koster

草本。山坡，路旁；300~1200 m。武功山脉：高天岩 LXP-06-4926；万洋山脉：炎陵县 LXP-06-4616。

泽兰属 *Eupatorium* L.

多须公 Eupatorium chinense L.

草本。山谷，山坡，平地，疏林，灌丛，草地，路旁，河边，溪边，阳处；壤土；100~1200 m。幕阜山脉：庐山市 LXP4772，平江县 LXP0691、LXP-10-5986；九岭山脉：安义县 LXP-10-10506，大围山 LXP-10-11213，奉新县 LXP-10-10907，靖安县 LXP-10-10067，铜鼓县 LXP-10-13426，宜春市 LXP-10-926，宜丰县 LXP-10-12714；武功山脉：安福县 LXP-06-2928，茶陵县 LXP-06-1982，宜春市 LXP-06-2159，攸县 LXP-06-5232；诸广山脉：上犹县 LXP-13-13058。

佩兰 Eupatorium fortunei Turcz.

草本。山谷，山坡，路旁，疏林，灌草丛；600~1300 m。武功山脉：武功山 岳俊三等 3164(IBSC)。

异叶泽兰 Eupatorium heterophyllum DC.

草本。山坡，疏林；900~1300 m。诸广山脉：上犹县 LXP-03-06746。

白头婆 Eupatorium japonicum Thunb.

草本。山坡，丘陵，密林，疏林，灌丛，路旁，荒地，阳处；壤土；200~1700 m。幕阜山脉：庐山市 LXP4639，平江县 LXP3917，瑞昌市 LXP0098，通山县 LXP7083，武宁县 LXP1090，修水县 LXP0257；九岭山脉：安义县 LXP-10-3626，大围山 LXP-10-

11590，奉新县 LXP-10-10571，靖安县 LXP-10-10369、LXP2496，七星岭 LXP-10-11445，铜鼓县 LXP-10-6596，宜春市 LXP-10-1107，宜丰县 LXP-10-2967；武功山脉：安福县 LXP-06-0076，茶陵县 LXP-06-7153，莲花县 LXP-06-0801，明月山 LXP-06-7714，攸县 LXP-06-6152，玉京山 LXP-10-1347；万洋山脉：吉安市 LXSM2-6-10027，遂川县 LXP-13-24658，炎陵县 DY1-1045，永新县 LXP-QXL-307，永兴县 LXP-03-04225，资兴市 LXP-03-00086；诸广山脉：上犹县 LXP-13-12424，桂东县 LXP-13-22699、LXP-03-00843。

林泽兰 Eupatorium lindleyanum DC.

草本。山谷，山坡，密林，疏林，灌丛，路旁，溪边，石上，阳处，阴处；石灰岩，壤土，沙土；300~1600 m。幕阜山脉：平江县 LXP3520，通山县 LXP1257，武宁县 LXP0903；九岭山脉：大围山 LXP-09-11036；武功山脉：莲花县 LXP-GTY-417，芦溪县 LXP-13-09866，安福县 LXP-06-6977，攸县 LXP-06-5358；万洋山脉：炎陵县 LXP-09-07411；诸广山脉：崇义县 LXP-13-24251。

南川泽兰 Eupatorium nanchuanense Ling et Shih

草本。山坡，平地，路旁，石上，溪边；壤土；100~1500 m。武功山脉：安福县 LXP-06-0737，芦溪县 LXP-06-1774。

大吴风草属 Farfugium Lindl.

大吴风草 Farfugium japonicum (L. f.) Kitam.

草本。山顶，山谷，疏林，溪边，阴处；壤土；300~1500 m。九岭山脉：七星岭 LXP-10-11877，宜丰县 LXP-10-3016；诸广山脉：桂东县 LXP-13-22610。

牛膝菊属 Galinsoga Ruiz et Pav.

牛膝菊 Galinsoga parviflora Cav.

草本。山坡，山谷，疏林，草地，路旁，溪边；壤土，腐殖土，沙土；200~1400 m。九岭山脉：靖安县 LXP2454，大围山 LXP-10-12162，奉新县 LXP-10-11096，七星岭 LXP-10-11468，铜鼓县 LXP-10-13438，宜丰县 LXP-10-8818；武功山脉：安福县 LXP-06-0486，樟树市 LXP-10-4998；万洋山脉：吉安市 LXSM2-6-10090，遂川县 LXP-13-17822，炎陵县 DY3-1075；诸广山脉：桂东县 LXP-03-00816。

粗毛牛膝菊 Galinsoga quadriradiata Ruiz et Pav.

草本。山坡，路旁；壤土；400~1200 m。幕阜山脉：通山县 LXP2295；万洋山脉：炎陵县 LXP-09-08518。

合冠鼠曲属 Gamochaeta Wedd.

匙叶鼠曲草 Gamochaeta pensylvanica (Willd.) Cabrera [Gnaphalium pensylvanicum Willd.]

草本。山谷，山坡，灌丛，路旁，溪边，阳处，阴处；100~400 m。幕阜山脉：武宁县 LXP1465，修水县 LXP0756；九岭山脉：安义县 LXP-10-3591，奉新县 LXP-10-3349，宜丰县 LXP-10-2669。

大丁草属 Gerbera L.

毛大丁草 Gerbera piloselloides (L.) Cass.

草本。山坡，路旁；200~900 m。九岭山脉：奉新县 刘守炉 1082(IBSC)；万洋山脉：井冈山 赖书坤等 3915(LBG)；诸广山脉：齐云山 075103（刘小明等，2010）。

茼蒿属 Glebionis Cass.

*茼蒿 Glebionis coronaria (L.) Cassini ex Spach [Chrysanthemum coronarium L.]

草本。蔬菜，广泛栽培。幕阜山脉：柴桑区 易桂花 14183(JJF)。

*南茼蒿 Glebionis segetum (L.) Fourreau [Chrysanthemum segetum L.]

草本。蔬菜，广泛栽培。幕阜山脉：柴桑区 谭策铭和胡兵 00135(JJF)。

湿鼠曲草属 Gnaphalium L.

细叶湿鼠曲草 Gnaphalium japonicum Thunb.

草本。山顶，山谷，山坡，疏林，草地，路旁，河边，溪边，石上，阴处；沙土；200~1500 m。幕阜山脉：平江县 LXP3976，通城县 LXP4153，武宁县 LXP1306；九岭山脉：大围山 LXP-10-7612，奉新县 LXP-10-3430，七星岭 LXP-10-8155，铜鼓县 LXP-10-8291；万洋山脉：井冈山 LXSM-7-00055，炎陵县 DY2-1068，永新县 LXP-QXL-029。

多茎湿鼠麹草 Gnaphalium polycaulon Pers.

草本。山谷，疏林，路旁，草地，阳处；200~1200 m。

九岭山脉：大围山 LXP-10-7520，靖安县 LXP-10-10248，宜丰县 LXP-10-3083。

菊三七属 *Gynura* Cass.

菊三七 **Gynura japonica** (Thunb.) Juel.

草本。山谷，路旁；200~700 m。诸广山脉：八面山 LXP-03-0977。

向日葵属 *Helianthus* L.

*向日葵 **Helianthus annuus** L.

草本。观赏，栽培。幕阜山脉：柴桑区 易桂花 09697A(JJF)。

*菊芋 **Helianthus tuberosus** L.

草本。山谷，山坡，疏林，草地，路旁，水库边，旱田边，溪边；壤土；100~900 m。栽培。幕阜山脉：平江县 LXP-10-6117；九岭山脉：大围山 LXP-10-11509，奉新县 LXP-10-10701，靖安县 LXP-10-10319，铜鼓县 LXP-10-6876，万载县 LXP-10-1468，宜春市 LXP-10-1083，宜丰县 LXP-10-12818，上高县 LXP-06-6532；武功山脉：安福县 LXP-06-0603，攸县 LXP-06-6070，安仁县 LXP-03-01559，明月山 LXP-13-10662；诸广山脉：上犹县 LXP-03-06075。

泥胡菜属 *Hemisteptia* (Bunge) Fisch. et C. A. Mey.

泥胡菜 **Hemisteptia lyrata** (Bunge) Bunge

草本。山坡，路旁；壤土；100~900 m。武功山脉：安福县 LXP-06-4830，明月山 LXP-06-4583；万洋山脉：炎陵县 LXSM-7-00293。

山柳菊属 *Hieracium* L.

山柳菊 **Hieracium umbellatum** L.

草本。山顶，灌草丛；1700 m。幕阜山脉：修水县 熊杰 05312(LBG)。

须弥菊属 *Himalaiella* Raab – Straube

三角叶须弥菊 **Himalaiella deltoidea** (Candolle) Raab-Straube [*Saussurea deltoidea* (DC.) Sch.-Bip.]

草本。山坡，路旁；1400 m。万洋山脉：遂川县 LXP-13-7302。

旋覆花属 *Inula* L.

欧亚旋覆花 **Inula britanica** L.

草本。平地，路旁，溪边；沙土；1000~1100 m。诸广山脉：桂东县 LXP-03-02683。

旋覆花 **Inula japonica** Thunb.

草本。山谷，路旁；200~300 m。九岭山脉：浏阳市 LXP-10-5861。

线叶旋覆花 **Inula lineariifolia** Turcz.

草本。山坡，路旁，灌草丛；600 m。幕阜山脉：庐山 赖书坤等 190(LBG)。

小苦荬属 *Ixeridium* (A. Gray) Tzvel.

中华小苦荬 **Ixeridium chinense** (Thunb.) Tzvel.

草本。山坡，草地；400~500 m。幕阜山脉：通山县 LXP2289。

小苦荬 **Ixeridium dentatum** (Thunb.) Tzvel.

草本。山谷，山坡，疏林，路旁，溪边，阳处；壤土；400~2200 m。万洋山脉：遂川县 LXP-13-17187，炎陵县 DY2-1027，永新县 LXP-QXL-729；诸广山脉：上犹县 LXP-13-23534。

细叶小苦荬 **Ixeridium gracile** (DC.) Shih

草本。山谷，山坡，路旁，阳处；沙土；200~800 m。幕阜山脉：通山县 LXP6836；九岭山脉：大围山 LXP-03-08151；武功山脉：莲花县 LXP-GTY-115。

窄叶小苦荬 **Ixeridium gramineum** (Fisch.) Tzvel.

草本。山谷，山坡，灌丛，路旁，溪边；壤土；930 m。武功山脉：莲花县 LXP-GTY-438；万洋山脉：井冈山 JGS-3548，永新县 LXP-13-08042。

抱茎小苦荬 **Ixeridium sonchifolium** (Maxim.) Shih

草本。平地，草地，溪边；沙土；100~1200 m。诸广山脉：桂东县 LXP-03-02321。

苦荬菜属 *Ixeris* (Cass.) Cass.

中华苦荬菜 **Ixeris chinensis** (Thunb.) Kitag.

草本。山谷，山坡，疏林，草地，路旁；壤土；200~800 m。九岭山脉：安义县 LXP-10-3624，奉新县

LXP-10-4115，铜鼓县 LXP-10-6641；万洋山脉：炎陵县 LXP-13-3467。

多色苦荬菜 Ixeris chinensis subsp. **versicolor** (Fisch. ex Link) Kitam.

草本。山坡，路旁；壤土；1000~1100 m。武功山脉：明月山 LXP-06-4572。

齿缘苦荬菜 Ixeris dentata (Thunb.) Nakai

草本。山谷，石上，河边；300 m。九岭山脉：大围山 LXP-10-8085。

细叶苦荬菜 Ixeris gracilis Stebb.

草本。山坡，路旁，草地；1500 m。万洋山脉：井冈山 赖书坤 4153(IBSC)。

剪刀股 Ixeris japonica (Burm. f.) Nakai

草本。山谷，路旁，草地；壤土；450 m。九岭山脉：宜丰县 LXP-10-8625；万洋山脉：炎陵县 LXP-13-3324。

苦荬菜 Ixeris polycephala Cass. [*Ixeris dissecta* (Makino) Shih]

草本。山坡，疏林，路旁，草地，石上，水田边，阳处；壤土；70~1200 m。幕阜山脉：武宁县 LXP1585，修水县 LXP6757；九岭山脉：安义县 LXP-10-3821，奉新县 LXP-10-3275；武功山脉：安福县 LXP-06-5100，修水县 JLS-2012-095；诸广山脉：桂东县 LXP-03-02536。

圆叶苦荬菜 Ixeris stolonifera A. Gray

草本。山坡，路旁。幕阜山脉：庐山 吴征镒 85(KUN)。

莴苣属 Lactuca L.

台湾翅果菊 Lactuca formosana Maxim.

草本。山坡，路旁；200~700 m。武功山脉：安福县 张代贵 YH150426366(JIU)。

翅果菊 Lactuca indica L.

草本。疏林，灌丛；壤土；200~900 m。武功山脉：安福县 LXP-06-2601，分宜县 LXP-06-2347，茶陵县 LXP-09-10213。

毛脉翅果菊 Lactuca raddeana Maxim. [*Lactuca elata* Hemsl. ex Forbes et Hemsl.]

草本。山坡，灌丛；壤土；500~1600 m。武功山脉：

芦溪县 LXP-06-2796，武功山 岳俊三等 3516(IBSC)。

*莴苣 Lactuca sativa L.

草本。蔬菜，广泛栽培。幕阜山脉：九江市 易桂花 1705324(JJF)。

*生菜 Lactuca sativa var. **romosa** Hort.

草本。蔬菜，广泛栽培。

六棱菊属 Laggera Sch.-Bip. ex Benth. et Hook. f.

六棱菊 Laggera alata (D. Don) Sch.-Bip. ex Oliv.

草本。湖边，河边，草丛，阳处；20~100 m。幕阜山脉：庐山市 汪劲武 748347(PEY)，庐山 熊耀国 09511(PE)。

稻槎菜属 Lapsanastrum Pak et K. Bremer

稻槎菜 Lapsanastrum apogonoides (Maxim.) Pak et K. Bremer

草本。平地，路旁；壤土；100~1500 m。武功山脉：安福县 LXP-06-1012，芦溪县 LXP-06-1281。

大丁草属 Leibnitzia Cass.

大丁草 Leibnitzia anandria (L.) Turczaninow

草本。山谷，灌丛，草丛；600 m。幕阜山脉：修水县 缪以清和李立新 TCM1263(JJF)。

滨菊属 Leucanthemum Mill.

*滨菊 Leucanthemum vulgare Lam.

草本。山坡，路旁；1100~1200 m。栽培。幕阜山脉：平江县 LXP3186。

橐吾属 Ligularia Cass.

齿叶橐吾 Ligularia dentata (A. Gray) Hara

草本。山坡，灌丛；壤土；320~500 m。幕阜山脉：平江县 LXP-13-22390。

蹄叶橐吾 Ligularia fischeri (Ledeb.) Turcz.

草本。山谷，山坡，疏林，路旁；900~1600 m。幕阜山脉：平江县 LXP3997，通山县 LXP7739，武宁县 LXP6200；九岭山脉：靖安县 LXP2464。

鹿蹄橐吾 Ligularia hodgsonii Hook.

草本。山坡，疏林；800~900 m。幕阜山脉：庐山市 LXP5281。

狭苞橐吾 Ligularia intermedia Nakai

草本。山谷，平地，疏林，溪边，路旁，阴处；壤土；300~1500 m。武功山脉：安福县 LXP-06-2977，芦溪县 LXP-06-9010，明月山 LXP-06-7750；诸广山脉：上犹县 LXP-03-06516。

大头橐吾 Ligularia japonica (Thunb.) Less.

草本。山坡，密林，疏林，沼泽，溪边，石上，阳处；壤土，腐殖土，沙土；1300~1900 m。幕阜山脉：平江县 LXP3731；万洋山脉：吉安市 LXSM2-6-10013，井冈山 JGS-2206，遂川县 LXP-13-16945，炎陵县 LXP-09-374。

橐吾 Ligularia sibirica (L.) Cass.

草本。山顶，山坡，密林，疏林，灌丛，阴处；1200~1500 m。九岭山脉：大围山 LXP-10-11349。

窄头橐吾 Ligularia stenocephala (Maxim.) Matsum. et Koidz.

草本。平地，草地；壤土；300~400 m。武功山脉：安福县 LXP-06-3092。

离舌橐吾 Ligularia veitchiana (Hemsl.) Greenm.

草本。山顶，石上；壤土；1900~2000 m。武功山脉：安福县 LXP-06-0382。

黏冠草属 *Myriactis* Less.

圆舌黏冠草 Myriactis nepalensis Less.

草本。山谷，疏林，溪边；壤土，沙土；1400~1700 m。万洋山脉：炎陵县 LXP-13-24611。

耳菊属 *Nabalus* Cass.

盘果菊（福王草）Nabalus tatarinowii (Maxim.) Nakai [*Prenanthes tatarinowii* Maxim.]

草本。山谷，山坡，密林，疏林，路旁，阴处；壤土，腐殖土，沙土；700~1700 m。九岭山脉：大围山 LXP-03-07699；武功山脉：莲花县 LXP-GTY-258，芦溪县 LXP-13-03588；万洋山脉：井冈山 JGS-1111，炎陵县 LXP-09-06230；诸广山脉：桂东县 LXP-03-02736。

紫菊属 *Notoseris* C. Shih

多裂紫菊 Notoseris henryi (Dunn) Shih

草本。山谷，疏林，溪边；壤土；360~560 m。万洋山脉：遂川县 LXP-13-7083，炎陵县 LXP-09-10002。

光苞紫菊 Notoseris macilenta (Vant. et Lévl.) N. Kilian

草本。山坡，灌丛；壤土；700~800 m。幕阜山脉：平江县 LXP-13-22399；武功山脉：茶陵县 LXP-06-1432。

假福王草属 *Paraprenanthes* C. C. Chang ex C. Shih

三裂假福王草 Paraprenanthes multiformis Shih

草本。山坡（峻峭），路旁；890 m。万洋山脉：炎陵县 DY2-1083。

节毛假福王草 Paraprenanthes pilipes (Migo) Shih

草本。山谷，山坡，平地，密林，溪边；壤土；400~500 m。万洋山脉：井冈山 LXP-13-18490，遂川县 LXP-13-16722，炎陵县 DY1-1049。

假福王草 Paraprenanthes sororia (Miq.) Shih

草本。山谷，山坡，疏林，草地，路旁，河边，溪边；壤土，沙土；100~1500 m。幕阜山脉：庐山市 LXP5212，平江县 LXP4417，瑞昌市 LXP0109，通山县 LXP6582；九岭山脉：安义县 LXP-10-3792，大围山 LXP-10-11395，奉新县 LXP-10-3368，靖安县 LXP-10-4542，铜鼓县 LXP-10-8262，宜丰县 LXP-10-2616；武功山脉：安福县 LXP-06-3523，芦溪县 LXP-06-3377，樟树市 LXP-10-5052；万洋山脉：井冈山 LXP-13-05842，遂川县 LXP-13-09270，炎陵县 TYD2-1330；诸广山脉：上犹县 LXP-13-12288。

林生假福王草 Paraprenanthes sylvicola Shih

草本。平地，疏林，溪边；壤土；900 m。万洋山脉：炎陵县 LXP-09-00077。

蟹甲草属 *Parasenecio* W. W. Sm. et J. Small

蟹甲草 Parasenecio forrestii W. W. Sm. et J. Small

草本。山谷，山坡，疏林，路旁，溪边；壤土；600~1000 m。幕阜山脉：武宁县 LXP1054；诸广山脉：上犹县 LXP-03-06846。

黄山蟹甲草 Parasenecio hwangshanicus (Ling) Y. L. Chen

草本。山谷，疏林；600~1000 m。幕阜山脉：修水县 缪以清和余于明 1776(JJF)。

蛛毛蟹甲草 Parasenecio roborowskii (Maxim.) Y. L. Chen

草本。幕阜山脉：修水县 JLS-2012-088。

矢镞叶翻甲草 Parasenecio rubescens (S. Moore) Y. L. Chen

草本。山坡，疏林；壤土；300~1100 m。幕阜山脉：庐山市 LXP-13-24526，武宁县 LXP6226；万洋山脉：永新县 LXP-QXL-443。

无毛蟹甲草 Parasenecio subglaber (Chang) Y. L. Chen

草本。山谷，密林，路旁；壤土；1300~1400 m。诸广山脉：上犹县 LXP-03-06546。

帚菊属 Pertya Sch. Bip.

心叶帚菊 Pertya cordifolia Mattf.

草本。山顶，疏林，灌丛，路旁，溪边，阳处；壤土，腐殖土；300~1700 m。幕阜山脉：通山县 LXP7795；九岭山脉：大围山 LXP-10-5306，七星岭 LXP-10-11890；万洋山脉：井冈山 LXP-13-24144，遂川县 LXP-13-24685，炎陵县 LXP-13-24809。

聚头帚菊 Pertya desmocephala Diels

草本。山谷，疏林；800~1600 m。幕阜山脉：黄龙山 熊耀国 05596(PE)。

长花帚菊 Pertya glabrescens Sch.-Bip.

草本。罗霄山脉可能有分布，未见标本。

蜂斗菜属 Petasites Mill.

蜂斗菜 Petasites japonicus (Sieb. et Zucc.) Maxim.

草本。山坡，路旁；壤土；900~1000 m。武功山脉：芦溪县 LXP-06-1169。

毛连菜属 Picris L.

毛连菜 Picris hieracioides L.

草本。山顶，山坡，灌草丛；900~1500 m。幕阜山脉：庐山 邹垣 00899(LBG)。

拟鼠曲草属 Pseudognaphalium Kirp.

宽叶拟鼠曲草 Pseudognaphalium adnatum (Candolle) Y. S. Chen [*Gnaphalium adnatum* (DC.) Kitam.]

草本。平地，路旁；壤土；500~600 m。武功山脉：安福县 LXP-06-8665。

拟鼠曲草 Pseudognaphalium affine (D. Don) Anderberg [*Gnaphalium affine* D. Don]

草本。山坡，平地，路旁；壤土，沙土；400~1500 m。武功山脉：安福县 LXP-06-1015，芦溪县 LXP-06-1276；万洋山脉：炎陵县 LXP-09-08612。

秋拟鼠曲草 Pseudognaphalium hypoleucum (Candolle) Hilliard et B. L. Burtt [*Gnaphalium hypoleucum* DC.]

草本。山坡，草丛；700~1100 m。万洋山脉：遂川县 岳俊三等 4231(PE)。

风毛菊属 Saussurea DC.

庐山风毛菊 Saussurea bullockii Dunn

草本。山坡，山谷，疏林，路旁，溪边；壤土；1300~1500 m。武功山脉：芦溪县 LXP-13-09786；万洋山脉：炎陵县 LXP-09-10894；诸广山脉：上犹县 LXP-13-23563。

心叶风毛菊 Saussurea cordifolia Hemsl.

草本。山谷，山坡，平地，路旁，石上，阴处；壤土；500~1200 m。幕阜山脉：庐山市 LXP4695；武功山脉：安福县 LXP-06-6922，宜春市 LXP-06-2698。

风毛菊 Saussurea japonica (Thunb.) DC.

草本。山坡，山顶，疏林，草丛；1300 m。武功山脉：武功山 岳俊三等 3642(PE)。

千里光属 Senecio L.

湖南千里光 Senecio actinotus Hand.-Mazz.

草本。山坡，灌草丛；1200~1700 m。万洋山脉：桃源洞有分布。

林荫千里光 Senecio nemorensis L.

草本。山顶，山谷，山坡，疏林，灌丛，草地，路旁，阴处；壤土，沙土；700~2000 m。幕阜山脉：通山县 LXP7269；九岭山脉：大围山 LXP-13-08218、LXP-10-12010，七星岭 LXP-10-11441；武功山脉：安福县 LXP-06-0377，茶陵县 LXP-06-1586，芦溪县 LXP-06-1789、LXP-13-03557，明月山 LXP-06-7738。

千里光 Senecio scandens Buch.-Ham. ex D. Don

草本。山坡，平地，疏林，灌丛，菜地，村边，路旁，河边，石上，阴处；壤土，腐殖土，沙土；70~1500 m。幕阜山脉：武宁县 LXP0367，修水县 LXP0783，平江县 LXP-10-6269；九岭山脉：大围山 LXP-10-11588，奉新县 LXP-10-11017，上高县 LXP-10-4974，铜鼓县 LXP-10-6965，宜春市 10-904，宜丰县 LXP-10-7297；武功山脉：安福县 LXP-06-3012，茶陵县 LXP-06-2224，分宜县 LXP-06-2370，芦溪县 LXP-06-2448，宜春市 LXP-06-8873；万洋山脉：遂川县 LXP-13-09264，炎陵县 LXP-09-07134，永兴县 LXP-03-04127；诸广山脉：崇义县 LXP-03-05896，桂东县 LXP-03-02635，上犹县 LXP-03-06232。

闽粤千里光 Senecio stauntonii DC.

草本。山坡，平地，疏林，灌丛，路旁，溪边；壤土，沙土；100~1300 m。武功山脉：茶陵县 LXP-06-9419；诸广山脉：桂东县 LXP-03-02382，上犹县 LXP-13-12560。

伪泥胡菜属 *Serratula* L.

华麻花头 Serratula chinensis S. Moore

草本。山谷，山坡，疏林，路旁，溪边；腐殖土，沙土；600~1300 m。幕阜山脉：庐山市 LXP5369，武宁县 LXP8154；诸广山脉：崇义县 LXP-03-05901，桂东县 LXP-03-00497，上犹县 LXP-13-22345。

伪泥胡菜 Serratula coronata L.

草本。山坡，灌草丛；1000~1500 m。幕阜山脉：庐山 邹垣 00903(LBG)。

虾须草属 *Sheareria* S. Moore

虾须草 Sheareria nana S. Moore

草本。湖边，河边；20~100 m。幕阜山脉：九江市 H. Migo s. n. (NAS)。

豨莶属 *Sigesbeckia* L.

毛梗豨莶 Sigesbeckia glabrescens Makino

草本。山谷，平地，路旁，溪边；壤土，腐殖土；400~1500 m。武功山脉：安福县 LXP-06-3186，袁州区 LXP-06-6734。

豨莶 Sigesbeckia orientalis L.

草本。山坡，平地，疏林，路旁，溪边；壤土；200~

800 m。武功山脉：安福县 LXP-06-2581；诸广山脉：上犹县 LXP-03-06912。

腺梗豨莶 Sigesbeckia pubescens Makino

草本。平地，草地；壤土；400~500 m。武功山脉：芦溪县 LXP-06-2374。

蒲儿根属 *Sinosenecio* B. Nord.

江西蒲儿根 Sinosenecio jiangxiensis Y. Liu et Q. E. Yang

草本。山顶，山谷，疏林，草地，石上，阳处；壤土；1000~1900 m。诸广山脉：崇义县 LXP-13-24233，上犹县 LXP-13-19374A。

九华蒲儿根 Sinosenecio jiuhuashanicus C. Jeffrey et Y. L. Chen

草本。山谷，山坡，疏林，草地，路旁；石灰岩，壤土；600~1900 m。幕阜山脉：平江县 LXP3155，通城县 LXP4152，修水县 LXP6413；武功山脉：芦溪县 LXP-13-09632，安福县 LXP-06-9435；万洋山脉：吉安市 LXSM2-6-10021，井冈山 JGS-037，遂川县 LXP-13-24680，炎陵县 LXP-09-11001。

蒲儿根 Sinosenecio oldhamianus (Maxim.) B. Nord.

草本。山谷，山坡，密林，疏林，草地，灌丛，河边，溪边，石上，阳处，阴处；壤土；100~1900 m。幕阜山脉：武宁县 LXP-13-08516、LXP1641，平江县 LXP-10-6168；九岭山脉：安义县 LXP-10-3820，大围山 LXP-03-02977、LXP-10-11231，奉新县 LXP-10-3354，七星岭 LXP-10-8212，宜丰县 LXP-10-4674；武功山脉：安福县 LXP-06-3542，芦溪县 LXP-06-2427，茶陵县 LXP-09-10288，明月山 LXP-06-4532，分宜县 LXP-10-5150，攸县 LXP-03-08598，樟树市 LXP-10-5008；万洋山脉：吉安市 LXSM2-6-10009，井冈山 JGS-1184，遂川县 LXP-13-17224，炎陵县 LXP-09-07961、LXP-03-02928，永新县 LXP-13-07668，资兴市 LXP-03-03771。

一枝黄花属 *Solidago* L.

*加拿大一枝黄花 Solidago canadensis L.

草本。平地，路旁；壤土；50~200 m。栽培。武功山脉：攸县 LXP-06-6027。

一枝黄花 Solidago decurrens Lour.

草本。山顶，山坡，密林，草地，灌丛，溪边，路旁；壤土，沙土；500~2000 m。幕阜山脉：平江县 LXP-13-22416、LXP-03-08829，瑞昌市 LXP0127；九岭山脉：浏阳市 LXP-03-08490，大围山 LXP-10-12582，奉新县 LXP-10-11049，七星岭 LXP-10-11448，铜鼓县 LXP-10-13499；武功山脉：安福县 LXP-06-6847，芦溪县 LXP-06-9016、LXP-13-8326，明月山 LXP-06-7751；万洋山脉：井冈山 JGS-1085，遂川县 LXP-13-20292，炎陵县 LXP-13-05155；诸广山脉：桂东县 LXP-13-22573、LXP-03-02381。

裸柱菊属 *Soliva* Ruiz et Pav.

裸柱菊 Soliva anthemifolia (Juss.) R. Br.

草本。山谷，山坡，丘陵，草地，疏林，路旁，河边，溪边，阳处；壤土；70~400 m。九岭山脉：安义县 LXP-10-3826，奉新县 LXP-10-3265，上高县 LXP-10-4969，铜鼓县 LXP-10-8315，宜丰县 LXP-10-8820；武功山脉：樟树市 LXP-10-5076；万洋山脉：遂川县 LXP-13-17148。

苦苣菜属 *Sonchus* L.

苣荬菜 Sonchus arvensis L.

草本。山谷，山坡，疏林；1105 m。幕阜山脉：通山县 LXP1261；九岭山脉：大围山 LXP-10-11482、LXP-10-5441，奉新县 LXP-10-11014、LXP-10-3889，靖安县 LXP-10-4457，七星岭 LXP-10-11479，铜鼓县 LXP-10-6503，宜春市 LXP-10-1216，宜丰县 LXP-10-2624；武功山脉：攸县 LXP-06-5206，分宜县 LXP-10-5228；诸广山脉：上犹县 LXP-13-12403。

花叶滇苦菜 Sonchus asper (L.) Hill

草本。山谷，平地，村边，路旁，阳处；100~300 m。九岭山脉：靖安县 LXP-10-17，宜春市 LXP-10-809。

长裂苦苣菜 Sonchus brachyotus DC.

草本。山坡，路旁；壤土；608 m。武功山脉：明月山 LXP-06-4641。

南苦苣菜 Sonchus lingianus Shih

草本。山谷，山坡，平地，疏林，路旁，溪边；壤土，腐殖土；600~1200 m。武功山脉：莲花县 LXP-GTY-329，宜春市 LXP-13-10574；万洋山脉：遂川县 LXP-13-7489。

*苦苣菜 Sonchus oleraceus L.

草本。山谷，山坡，疏林，路旁，草地，溪边；壤土；100~1400 m。栽培。幕阜山脉：庐山市 LXP5028，通山县 LXP6783；九岭山脉：万载县 LXP-13-11144，大围山 LXP-10-11948，奉新县 LXP-10-10722，靖安县 LXP-10-4476，上高县 LXP-10-4930，宜春市 LXP-10-975；武功山脉：明月山 LXP-06-4595，攸县 LXP-06-5446；万洋山脉：炎陵县 LXP-09-10057、LXP-03-02930。

兔儿伞属 *Syneilesis* Maxim.

兔儿伞 Syneilesis aconitifolia (Bge.) Maxim.

草本。山坡，疏林；800~1400 m。九岭山脉：新建区 林英 13541(IBSC)。

联毛紫菀属 *Symphyotrichum* Nees

钻叶紫菀 Symphyotrichum subulatum (Michx.) G. L. Nesom

草本。平地；壤土；1100~1200 m。武功山脉：莲花县 LXP-06-1067，明月山 LXP-13-10704。

合耳菊属 *Synotis* (C. B. Clarke) C. Jeffrey et Y. L. Chen

锯叶合耳菊 Synotis nagensium (C. B. Clarke) C. Jeffrey et Y. L. Chen

草本。平地，疏林，溪边；壤土；300~400 m。九岭山脉：浏阳市 LXP-03-08395。

山牛蒡属 *Synurus* Iljin

山牛蒡 Synurus deltoides (Ait.) Nakai

草本。山坡，灌丛；600~1500 m。幕阜山脉：庐山市 LXP5203，通山县 LXP7452，武宁县 LXP0653。

万寿菊属 *Tagetes* L.

*万寿菊 Tagetes erecta L.

草本。观赏，栽培。幕阜山脉：庐山 邹垣 00840 (LBG)。

蒲公英属 *Taraxacum* F. H. Wigg.

蒲公英 Taraxacum mongolicum Hand.-Mazz.

草本。山坡，路旁；20~1300 m。幕阜山脉：柴桑区 易桂花 12070(CCAU)。

狗舌草属 Tephroseris (Reichenb.) Reichenb.

狗舌草 Tephroseris kirilowii (Turcz. ex DC.) Holub

草本。幕阜山脉：庐山有分布记录，未见标本。

女菀属 Turczaninovia DC.

女菀 Turczaninovia fastigiata (Fisch.) DC.

草本。山脚，荒地；150 m。幕阜山脉：庐山 董安淼和吴从梅 TanCM2212(KUN)。

款冬属 Tussilago L.

款冬 Tussilago farfara L.

草本。山坡，山谷；800~1400 m。幕阜山脉：庐山 杨祥学 11229(IBSC)。

斑鸠菊属 Vernonia Schreber

夜香牛 Vernonia cinerea (L.) Less.

草本。山谷，山坡，路旁，疏林，灌丛，河边，溪边，草地，阴处；335 m。幕阜山脉：庐山市 LXP5139、LXP6006，平江县 LXP-10-6281；九岭山脉：大围山 LXP-10-11167，奉新县 LXP-10-10818，靖安县 LXP-10-10151，浏阳市 LXP-10-5826，铜鼓县 LXP-10-13476，宜丰县 LXP-10-12884；武功山脉：安福县 LXP-06-0126，茶陵县 LXP-06-2049，芦溪县 LXP-06-2516，宜春市 LXP-06-8882，攸县 LXP-06-5311，玉京山 LXP-10-1221；万洋山脉：井冈山 JGS-123，遂川县 LXP-13-7519，永新县 LXP-QXL-064；诸广山脉：上犹县 LXP-13-12904。

蟛蜞菊属 Wedelia Jacq.

孪花蟛蜞菊 Wedelia biflora (L.) DC.

草本。山坡，路旁。诸广山脉：齐云山 075302（刘小明等，2010）。

蟛蜞菊 Wedelia chinensis (Osbeck.) Merr.

草本。山谷，疏林，路旁；壤土；200~300 m。诸广山脉：上犹县 LXP-03-06269。

苍耳属 Xanthium L.

苍耳 Xanthium strumarium L.

乔木。平地，路旁；壤土；100~200 m。武功山脉：

安福县 LXP-06-2603，茶陵县 LXP-06-1885。

黄鹌菜属 Youngia Cass.

红果黄鹌菜 Youngia erythrocarpa (Vant.) Babcock et Stebbins

草本。山坡，路旁，草地；100~400 m。幕阜山脉：武宁县 张吉华 2290(JJF)。

异叶黄鹌菜 Youngia heterophylla (Hemsl.) Babcock et Stebbins

草本。山谷，山坡，疏林，路旁，阳处，阴处；腐殖土；700~1700 m。幕阜山脉：平江县 LXP3184；九岭山脉：大围山 LXP-10-11313，奉新县 LXP-10-11050；万洋山脉：炎陵县 LXP-13-5310。

黄鹌菜 Youngia japonica (L.) DC.

草本。山谷，山坡，疏林，草地，路旁，河边，溪边，阳处；壤土；100~800 m。幕阜山脉：瑞昌市 LXP0083，通山县 LXP7581，平江县 LXP-10-6082；九岭山脉：安义县 LXP-10-3703，大围山 LXP-10-12328，奉新县 LXP-10-11016，靖安县 LXP-10-4461，铜鼓县 LXP-10-7096，万载县 LXP-10-1594，宜丰县 LXP-10-2569；武功山脉：安福县 LXP-06-3013，芦溪县 LXP-06-2449，明月山 LXP-06-4979，袁州区 LXP-06-6673，分宜县 LXP-10-5117，樟树市 LXP-10-5007；万洋山脉：炎陵县 LXP-13-3023，永新县 LXP-13-07907。

卵裂黄鹌菜 Youngia japonica subsp. **elstonii** (Hochreutiner) Babcock et Stebbins

草本。九岭山脉：奉新县有分布记录。

长花黄鹌菜 Youngia japonica subsp. **longiflora** Babc. et Stebbins [*Youngia longiflora* (Babcock et Stebbins) Shih]

草本。山坡，草丛；230 m。幕阜山脉：庐山 聂敏祥 6935(PE)。

百日菊属 Zinnia L.

*百日菊 Zinnia elegans Jacq.

草本。山谷，旱田边，村边，路旁；200~400 m。栽培。九岭山脉：大围山 LXP-10-5577，靖安县 LXP-10-9825。

Order 63. 川续断目 Dipsacales

A408 五福花科 Adoxaceae

接骨木属 *Sambucus* L.

接骨草 **Sambucus javanica** Blume

草本。山谷，山坡，平地，疏林，路旁，溪边；壤土；100~800 m。武功山脉：茶陵县 LXP-06-1415，莲花县 LXP-06-0659，芦溪县 LXP-06-2436；诸广山脉：崇义县 LXP-03-07364，上犹县 LXP-03-06915。

接骨木 **Sambucus williamsii** Hance

乔木。山谷，山坡，疏林，路旁，溪边；壤土，沙土；600~1400 m。幕阜山脉：通山县 LXP1181，武宁县 LXP6188、LXP-13-08514；武功山脉：芦溪县 LXP-13-09537；万洋山脉：遂川县 LXP-13-7018。

荚蒾属 *Viburnum* L.

桦叶荚蒾 **Viburnum betulifolium** Batal.

灌木。山谷，山坡，密林，疏林，河边，溪边；700~1400 m。幕阜山脉：平江县 LXP3734。

短序荚蒾 **Viburnum brachybotryum** Hemsl.

灌木。山谷，疏林，路旁，河边，阳处，阴处；腐殖土；100~900 m。九岭山脉：大围山 LXP-10-12504，万载县 LXP-10-1615，宜丰县 LXP-10-3031；武功山脉：攸县 LXP-03-08801；万洋山脉：炎陵县 LXP-13-5498。

短筒荚蒾　**Viburnum brevitubum** (Hsu) Hsu

灌木。山谷，疏林；1000~1400 m。武功山脉：武功山　江西队 00423(PE)。

金腺荚蒾 **Viburnum chunii** Hsu

灌木。山坡，疏林，溪边；壤土；900~1000 m。万洋山脉：井冈山 JGS-1042，炎陵县 LXP-13-4130；诸广山脉：桂东县 LXP-13-22705。

伞房荚蒾 **Viburnum corymbiflorum** Hsu et S. C. Hsu

灌木。山坡，疏林，灌丛，河边；壤土，腐殖土；900~1000 m。武功山脉：芦溪县 LXP-06-9641；万洋山脉：永新县 LXP-13-07988；诸广山脉：上犹县 LXP-13-12129。

水红木 **Viburnum cylindricum** Buch.-Ham. ex D. Don

乔木。山谷，山坡，疏林，灌丛，路旁，阳处；壤土，腐殖土；100~1400 m。九岭山脉：万载县 LXP-10-1464；万洋山脉：遂川县 LXP-13-09404，炎陵县 LXP-09-07629；诸广山脉：桂东县 LXP-13-25682，上犹县 LXP-13-19368A。

粤赣荚蒾 **Viburnum dalzielii** W. W. Smith

灌木。山谷，山坡，路旁；壤土；400~800 m。武功山脉：分宜县 LXP-06-9613；万洋山脉：井冈山 JGS-1129。

荚蒾 **Viburnum dilatatum** Thunb.

灌木。山谷，山坡，平地，密林，疏林，灌丛，路旁，溪边；壤土，沙土；400~1700 m。幕阜山脉：庐山市 LXP4471，平江县 LXP3161、LXP-03-08847，瑞昌市 LXP0193，通山县 LXP1351、LXP6612、LXP7087，武宁县 LXP0924；九岭山脉：靖安县 LXP2439，大围山 LXP-10-11941，奉新县 LXP-10-4182，浏阳市 LXP-10-5771，七星岭 LXP-10-8196，铜鼓县 LXP-10-6581；武功山脉：安福县 LXP-06-0042、LXP-06-6822、LXP-06-7393，茶陵县 LXP-06-1472，分宜县 LXP-06-2325，莲花县 LXP-06-0791，芦溪县 LXP-06-1742，明月山 LXP-06-4667，宜春市 LXP-06-8967，攸县 LXP-06-6065，袁州区 LXP-06-6665；万洋山脉：遂川县 400147008，炎陵县 LXP-09-00665，永兴县 LXP-03-03893，资兴市 LXP-03-03560；诸广山脉：崇义县 LXP-03-05661，桂东县 LXP-03-02583，上犹县 LXP-03-06126。

宜昌荚蒾 **Viburnum erosum** Thunb.

灌木。山谷，山坡，密林，疏林，灌丛，路旁，溪边，石上，阴处；壤土；100~1900 m。幕阜山脉：庐山市 LXP4621，平江县 LXP3572、LXP-10-6050，通山县 LXP1247，武宁县 LXP0544，修水县 LXP6395；九岭山脉：奉新县 LXP-10-10619，靖安县 LXP-10-10109，万载县 LXP-10-1662，宜丰县 LXP-10-2297；武功山脉：芦溪县 LXP-06-3463；万洋山脉：遂川县 400147023，炎陵县 DY2-1053，永新县 LXP-13-07842。

直角荚蒾 **Viburnum foetidum** var. **rectangulatum** (Graebn.) Rehd.

藤本。山谷，山坡，密林，疏林，灌丛，路旁，溪边；壤土；100~1000 m。幕阜山脉：武宁县 LXP1228，修水县 LXP2988；九岭山脉：奉新县 LXP-10-9269，靖安县 LXP-10-9801，宜丰县 LXP-10-12957；武功山脉：安福县 LXP-06-0522；万洋山脉：资兴市 LXP-03-05144；诸广山脉：崇义县 LXP-13-13067、LXP-03-05699、LXP-03-10192。

南方荚蒾 Viburnum fordiae Hance

灌木。山谷，山坡，密林，疏林，树上，灌丛，河边；壤土；100~1500 m。九岭山脉：大围山 LXP-03-08051、LXP-10-11155，奉新县 LXP-10-10924，铜鼓县 LXP-10-7088，宜春市 LXP-10-845，宜丰县 LXP-10-12881，七星岭 LXP-03-07975；武功山脉：莲花县 LXP-GTY-102，芦溪县 LXP-13-03628，明月山 LXP-06-7755，玉京山 LXP-10-1306；万洋山脉：井冈山 JGS-1244，遂川县 LXP-13-16491，炎陵县 DY3-1179，永新县 LXP-13-19656；诸广山脉：上犹县 LXP-13-12362，崇义县 400145024。

毛枝台中荚蒾 Viburnum formosanum var. pubigerum (Hsu) Hsu

灌木。山谷，山坡，密林，疏林，灌丛，水库边，河边，溪边；壤土，腐殖土；200~1200 m。九岭山脉：大围山 LXP-10-11269，奉新县 LXP-10-13887；武功山脉：宜春市 LXP-13-10524；万洋山脉：井冈山 LXP-13-15251，炎陵县 LXP-09-07442，永新县 LXP-13-07603；诸广山脉：上犹县 LXP-13-13009。

聚花荚蒾 Viburnum glomeratum Maxim.

灌木。罗霄山脉可能有分布，未见标本。

壮大荚蒾 Viburnum glomeratum subsp. magnificum (Hsu) Hsu

灌木。山坡，灌丛，石上；壤土；588 m。万洋山脉：炎陵县 LXP-09-08029。

蝶花荚蒾 Viburnum hanceanum Maxim.

灌木。山谷，山坡，密林，疏林，溪边；壤土，腐殖土；300~900 m。幕阜山脉：通山县 LXP2149；万洋山脉：井冈山 LXP-13-18842，遂川县 LXP-13-17308，炎陵县 LXP-09-336，永新县 LXP-13-19633。

衡山荚蒾 Viburnum hengshanicum Tsiang ex Hsu

灌木。山坡，平地，密林，疏林，灌丛，路旁，溪边；壤土；100~1600 m。武功山脉：安福县 LXP-06-2943，茶陵县 LXP-06-2044，芦溪县 LXP-06-2388，明月山 LXP-06-7861，宜春市 LXP-06-2664，攸县 LXP-06-5378。

巴东荚蒾 Viburnum henryi Hemsl.

乔木。山谷，山坡，平地，疏林；壤土，沙土；400~1500 m。幕阜山脉：修水县 LXP2741；九岭山脉：万载县 LXP-13-11164，大围山 LXP-03-08034；万洋山脉：炎陵县 LXP-09-6585。

湖北荚蒾 Viburnum hupehense Rehd.

灌木。山谷，疏林；400~1100 m。幕阜山脉：武宁县 熊杰 159(LBG)。

琼花 Viburnum keteleeri Carrière

灌木。山坡，路旁；500~600 m。幕阜山脉：瑞昌市 LXP0114。

披针叶荚蒾 Viburnum lancifolium Hsu

灌木。山坡，山谷，灌丛，疏林。万洋山脉：遂川县 236 任务组 254(PE)。

长伞梗荚蒾 Viburnum longiradiatum Hsu et S. W. Fan

灌木。山坡，疏林，路旁，溪边；沙土；600~700 m。万洋山脉：资兴市 LXP-03-00191。

吕宋荚蒾 Viburnum luzonicum Rolfe

灌木。山谷，山坡，密林，疏林，灌丛，河边；壤土；200~1700 m。九岭山脉：大围山 LXP-10-12367，宜丰县 LXP-10-13022；万洋山脉：井冈山 LXP-13-15129，炎陵县 LXP-09-10632。

绣球荚蒾 Viburnum macrocephalum Fort.

灌木。山坡，疏林。武功山脉：萍乡市 江西调查队 601(PE)。

黑果荚蒾 Viburnum melanocarpum Hsu

灌木。山顶，山谷，山坡，疏林，路旁；壤土；1300~1600 m。幕阜山脉：通山县 LXP7280；万洋山脉：遂川县 LXP-13-16773，炎陵县 LXP-09-08132；诸广山脉：上犹县 LXP-13-12740。

显脉荚蒾 Viburnum nervosum D. Don

灌木。山谷，路旁；壤土；1000~1100 m。九岭山脉：浏阳市 LXP-03-08479。

*日本珊瑚树 Viburnum odoratissimum var. **awabuki** (K. Koch) Zabel ex Rumpl.

灌木。山谷，路旁；沙土；700~800 m。栽培。九岭山脉：大围山 LXP-03-07849。

鸡树条荚蒾 Viburnum opulus var. **calvescens** (Rehd.) Hara

灌木。山坡，路旁；沙土；1400~1500 m。九岭山脉：七星岭 LXP-03-07966。

粉团 Viburnum plicatum Thunb.

灌木。山谷，疏林，灌丛，路旁，溪边；石灰岩；100~500 m。武功山脉：攸县 LXP-03-08964；万洋山脉：炎陵县 DY3-1179，永兴县 LXP-03-04549。

蝴蝶戏珠花 Viburnum plicatum var. **tomentosum** (Thunb.) Miq.

灌木。山顶，山谷，山坡，密林，疏林，灌丛；壤土；700~1500 m。九岭山脉：大围山 LXP-10-7733，奉新县 LXP-10-4087，七星岭 LXP-10-8152；武功山脉：芦溪县 LXP-06-2810，明月山 LXP-06-4915；万洋山脉：井冈山 JGS-075，遂川县 LXP-13-16621，炎陵县 LXP-09-10851，永新县 LXP-13-19774，永兴县 LXP-03-03965；诸广山脉：崇义县 LXP-03-07287，桂东县 LXP-03-00629，上犹县 LXP-13-23208、LXP-03-06485。

球核荚蒾 Viburnum propinquum Hemsl.

乔木。山谷，山坡，密林，疏林，灌丛，溪边；壤土；100~1000 m。幕阜山脉：平江县 LXP3622，通山县 LXP1704，武宁县 LXP0522、LXP-13-08548，修水县 LXP2349；武功山脉：茶陵县 LXP-13-25990。

常绿荚蒾 Viburnum sempervirens K. Koch

灌木。山谷，山坡，疏林，路旁，溪边，阴处；壤土；300~900 m。幕阜山脉：通山县 LXP1872；万洋山脉：井冈山 JGS-569，炎陵县 LXP-09-06200。

具毛常绿荚蒾 Viburnum sempervirens var. **trichophorum** Hand.-Mazz.

灌木。山脚，疏林；950 m。万洋山脉：井冈山 赖书坤等 3972(LBG)；诸广山脉：齐云山 LXP-03-05450。

茶荚蒾 Viburnum setigerum Hance

灌木。山谷，山坡，密林，疏林，灌丛，路旁；壤土；100~1400 m。幕阜山脉：庐山市 LXP4478，平江县 LXP3791，通城县 LXP6378，武宁县 LXP0628，修水县 LXP0320；九岭山脉：安义县 LXP-10-3774，大围山 LXP-10-11992，奉新县 LXP-10-10738，靖安县 LXP-10-10258，七星岭 LXP-10-11440，上高县 LXP-06-6651、LXP-10-4868，铜鼓县 LXP-10-13466，万载县 LXP-10-1576，宜春市 LXP-10-1095，宜丰县 LXP-10-3091；武功山脉：安福县 LXP-06-0021，茶陵县 LXP-065174，分宜县 LXP-06-2308，芦溪县 LXP-06-9080，明月山 LXP-06-4538，宜春市 LXP-06-2670；万洋山脉：井冈山 JGS-1002，遂川县 400147007，炎陵县 DY1-1085、LXP-03-02911，永新县 LXP-13-07984，资兴市 LXP-03-05113；诸广山脉：上犹县 LXP-13-12599，桂东县 LXP-13-09046、LXP-03-00875。

合轴荚蒾 Viburnum sympodiale Graebn.

灌木。山顶，山坡，密林，疏林，路旁，溪边，阴处；壤土；1100~1600 m。幕阜山脉：平江县 LXP3843，通山县 LXP1161；九岭山脉：大围山 LXP-10-11934；武功山脉：安福县 LXP-06-9447；万洋山脉：吉安市 LXSM2-6-10056，井冈山 JGS-3513，遂川县 LXP-13-23596，炎陵县 DY3-1123。

壶花荚蒾 Viburnum urceolatum Sieb. et Zucc.

灌木。山谷，山坡，密林，疏林，溪边，石上，阴处；壤土，腐殖土；800~1600 m。万洋山脉：井冈山 JGS-005，遂川县 LXP-13-09371，炎陵县 DY1-1149；诸广山脉：上犹县 LXP-13-23312。

烟管荚蒾 Viburnum utile Hemsl.

乔木。山谷，路旁，疏林；100~300 m。幕阜山脉：平江县 LXP-10-6138。

浙皖荚蒾 Viburnum wrightii Miq.

灌木。山坡，疏林；1070 m。九岭山脉：靖安县 张吉华和张东红 TCM2626(JJF)。

A409 忍冬科 Caprifoliaceae

糯米条属 *Abelia* R. Br.

糯米条 Abelia chinensis R. Br.

灌木。山谷，山坡，密林，疏林，灌丛，路旁，溪边；壤土，腐殖土，沙土；100~1600 m。幕阜山脉：瑞昌市 LXP0071，通山县 LXP1727，武宁县 LXP0365，平江县 LXP-10-5959, 修水县 LXP2637; 九岭山脉: 安义县 LXP-10-10491, 奉新县 LXP-10-10634, 靖安县 LXP-10-10093, 浏阳市 LXP-10-5941, 铜鼓县 LXP-10-6543, 宜丰县 LXP-10-2499, 上高县 LXP-06-6562; 武功山脉: 安福县 LXP-06-0411, 分宜县 LXP-06-2327; 万洋山脉: 炎陵县 LXP-09-10707, 永兴县 LXP-03-04481。

南方六道木 Abelia dielsii (Graebn.) Rehd.

灌木。山顶, 山坡, 疏林, 村边, 路旁; 70~1600 m。幕阜山脉: 庐山市 LXP5045, 瑞昌市 LXP0003, 通山县 LXP7278。

川续断属 Dipsacus L.

川续断 Dipsacus asper Wallich ex C. B. Clarke

草本。山谷, 疏林, 溪边; 壤土; 810 m。幕阜山脉: 武宁县 LXP-13-08509。

日本续断 Dipsacus japonicus Miq.

草本。山坡, 密林; 壤土; 900 m。幕阜山脉: 庐山 06323(JJF); 万洋山脉: 炎陵县 LXP-13-3500。

七子花属 Heptacodium Rehd.

*七子花 Heptacodium miconioides Rehd.

乔木。路边; 600~1000 m。栽培。幕阜山脉: 庐山 梁同军 015(LBG)。

忍冬属 Lonicera L.

淡红忍冬 Lonicera acuminata Wall.

藤本。山谷, 山坡, 密林, 疏林, 河边, 溪边, 灌丛, 阳处; 壤土; 100~1700 m。幕阜山脉: 修水县 LXP0860; 九岭山脉: 大围山 LXP-10-11170, 奉新县 LXP-10-4127, 靖安县 LXP-10-542, 宜丰县 LXP-10-8859; 武功山脉: 茶陵县 LXP-06-1473; 万洋山脉: 炎陵县 LXP-09-06369。

金花忍冬 Lonicera chrysantha Turcz.

灌木。沟谷, 林下, 林缘, 灌丛; 250~1300 m。幕阜山脉: 庐山 H. H. Hu s. n. (PE01242488)。

华南忍冬 Lonicera confusa (Sweet) DC.

藤本。山谷, 灌丛; 200~800 m。诸广山脉: 上犹县 聂敏祥等 08234(IBK)。

粘毛忍冬 Lonicera fargesii Franch.

藤本。山坡, 阴处; 壤土; 100~200 m。武功山脉: 安福县 LXP-06-2294。

锈毛忍冬 Lonicera ferruginea Rehd.

藤本。山谷, 路旁, 灌丛; 600~1100 m。诸广山脉: 齐云山 075497 (刘小明等, 2010)。

郁香忍冬 Lonicera fragrantissima Lindl. et Paxt.

灌木。湖边, 灌丛; 27 m。幕阜山脉: 庐山市 谭策铭等 12124 (JJF)。

苦糖果 Lonicera fragrantissima subsp. standishii (Carr.) Hsu et H. J. Wang

灌木。山地, 灌丛; 900 m。幕阜山脉: 庐山 Lai and Shan 652(NAS)。

倒卵叶忍冬 Lonicera hemsleyana (O. Ktze.) Rehd.

灌木。灌丛; 900 m。幕阜山脉: 庐山 聂敏祥 92048(PE)。

菰腺忍冬 Lonicera hypoglauca Miq.

藤本。山谷, 山坡, 密林, 疏林, 灌丛, 水库边, 路旁, 河边, 树上, 阴处; 100~1700 m。幕阜山脉: 庐山市 LXP-13-24521、LXP4917, 通山县 LXP1797, 武宁县 LXP0394, 修水县 LXP0877, 平江县 LXP-10-6237; 九岭山脉: 安义县 LXP-10-3751, 大围山 LXP-10-7845, 奉新县 LXP-10-10772, 靖安县 LXP-10-13662, 铜鼓县 LXP-10-6602, 万载县 LXP-10-1524, 宜丰县 LXP-10-2602; 武功山脉: 茶陵县 LXP-13-22933; 万洋山脉: 井冈山 LXP-13-23015, 遂川县 LXP-13-16371, 炎陵县 LXP-09-06026, 永新县 LXP-13-07864; 诸广山脉: 上犹县 LXP-13-12927, 桂东县 LXP-13-25463。

忍冬 Lonicera japonica Thunb.

藤本。山谷, 山坡, 密林, 疏林, 灌丛, 菜地, 溪边; 壤土; 100~1700 m。幕阜山脉: 平江县 LXP3678, 瑞昌市 LXP0021, 通山县 LXP1386, 武宁县 LXP0505, 庐山市 LXP6305, 修水县 LXP3373; 九岭山脉: 安义县 LXP-10-3649, 万载县 LXP-10-1413, 宜春市 LXP-10-887, 上高县 LXP-06-6550, 靖安县 LXP-13-10417; 武功山脉: 安福县 LXP-06-3822, 茶陵县 LXP-06-1927, 明月山 LXP-06-4654, 宜春市 LXP-06-2689; 万洋山脉: 井冈山 JGS-3514, 遂川县 LXP-13-

7179，炎陵县 LXP-03-02942、LXP-09-06302，资兴市 LXP-03-03499；诸广山脉：上犹县 LXP-03-06096。

金银忍冬 Lonicera maackii (Rupr.) Maxim.

灌木。山谷，疏林，路旁，河边，壤土；200~300 m。诸广山脉：上犹县 LXP-03-06981。

大花忍冬 Lonicera macrantha (D. Don) Spreng.

藤本。山谷，山坡，密林，灌丛，路旁，河边，阳处；腐殖土；500~1200 m。九岭山脉：靖安县 LXP-10-790；万洋山脉：遂川县 LXP-13-16860，炎陵县 LXP-09-07995；诸广山脉：上犹县 LXP-13-25163、LXP-13-19341A。

异毛忍冬 Lonicera macrantha var. **heterotricha** Hsu et H. J. Wang

藤本。山谷，灌丛；840 m。诸广山脉：崇义县 聂敏祥 8765(IBSC)。

灰毡毛忍冬 Lonicera macranthoides Hand.-Mazz.

藤本。山坡，疏林，灌丛，路旁，石上，阳处；壤土；600~1900 m。万洋山脉：井冈山 JGS4146，遂川县 LXP-13-23585，炎陵县 LXP-09-07147；诸广山脉：上犹县 LXP-13-12595。

下江忍冬 Lonicera modesta Rehd.

灌木。山谷，山坡，密林，灌丛，路旁，阴处；壤土；900~1600 m。幕阜山脉：庐山市 LXP4464，平江县 LXP3505；万洋山脉：井冈山 LXP-13-04636。

云雾忍冬 Lonicera nubium (Hand.-Mazz.) Hand.-Mazz.

灌木。山谷，山坡，疏林，溪边；壤土；1500~1700 m。万洋山脉：井冈山 JGS-330，炎陵县 LXP-09-07518；诸广山脉：上犹县 LXP-13-12054。

无毛忍冬 Lonicera omissa P. L. Chiu, Z. H. Chen et Y. L. Xu

草质藤本。山顶，山坡，疏林，灌丛，路旁，阳处，阴处；壤土；400~1600 m。万洋山脉：吉安市 LXSM2-6-10032，井冈山 JGS-521，炎陵县 LXP-09-09272。

短柄忍冬 Lonicera pampaninii Lévl.

藤本。山坡，路旁；沙土；1500~1600 m。万洋山脉：井冈山 LXSM-7-00033，炎陵县 LXP-09-08547。

皱叶忍冬 Lonicera reticulata Champion

藤本。山谷，林中，林缘。万洋山脉：井冈山 0196 (JXCM)。

细毡毛忍冬 Lonicera similis Hemsl.

藤本。山坡，疏林，灌丛，路旁，河边，溪边，石上；壤土，腐殖土；100~800 m。幕阜山脉：庐山市 LXP5678；武功山脉：安福县 LXP-06-0055，茶陵县 LXP-06-1461，莲花县 LXP-06-0640，芦溪县 LXP-06-2379，攸县 LXP-06-1607；万洋山脉：井冈山 LXP-13-15442，炎陵县 LXP-09-06354。

毛萼忍冬 Lonicera trichosepala (Rehd.) Hsu

藤本。山谷，灌丛；1100 m。幕阜山脉：武宁县 谭策铭，熊基水 97587(JJF)。

败酱属 *Patrinia* Juss.

墓头回 Patrinia heterophylla Bunge

草本。山顶，山谷，山坡，密林，疏林，路旁，溪边；壤土，沙土；300~1700 m。幕阜山脉：庐山市 LXP4568、LXP-13-24540，通山县 LXP7550；武功山脉：安福县 LXP-06-0395。

少蕊败酱 Patrinia monandra C. B. Clarke

草本。山顶，山坡，草地；壤土；200~1600 m。武功山脉：安福县 LXP-06-0398，芦溪县 LXP-06-2459。

斑花败酱 Patrinia punctiflora Hsu et H. J. Wang

草本。山坡，平地，疏林，灌丛，草地，路旁；壤土；100~900 m。九岭山脉：上高县 LXP-06-6556；武功山脉：安福县 LXP-06-2996，茶陵县 LXP-06-7181，明月山 LXP-06-7811，袁州区 LXP-06-6669。

败酱 Patrinia scabiosifolia Fisch. ex Trev.

草本。山坡，疏林，路旁；壤土；500~600 m。武功山脉：茶陵县 LXP-06-1979；九岭山脉：靖安县 LXP-13-10309，万载县 LXP-13-11328。

攀倒甑 Patrinia villosa (Thunb.) Juss.

草本。山顶，山谷，山坡，密林，疏林，草地，路旁，河边，溪边，阳处，阴处；壤土，腐殖土；200~1500 m。幕阜山脉：平江县 LXP-10-6040；九岭山脉：安义县 LXP-10-10434，大围山 LXP-10-11149，奉新县 LXP-10-10547，靖安县 LXP-10-10018，浏阳市 LXP-10-5936，七星岭 LXP-10-11913，铜鼓县

LXP-10-13582，万载县 LXP-10-1417，宜春市 LXP-10-921，宜丰县 LXP-10-12915；武功山脉：安福县 LXP-06-7543，分宜县 LXP-06-2317，芦溪县 LXP-06-2511，明月山 LXP-06-7712，攸县 LXP-06-6001，玉京山 LXP-10-1357；万洋山脉：吉安市 LXSM2-6-10039，井冈山 JGS-423，遂川县 LXP-13-7287，炎陵县 LXP-13-4562，永新县 LXP-QXL-458；诸广山脉：崇义县 LXP-03-04946，桂东县 LXP-03-00977，上犹县 LXP-03-06477。

缬草属 *Valeriana* L.

长序缬草 **Valeriana hardwickii** Wall.

草本。山谷，疏林，溪边；壤土；1800~1900 m。万洋山脉：遂川县 LXP-13-24771。

缬草 **Valeriana officinalis** L.

草本。山坡，草丛；1650 m。幕阜山脉：武宁县 谭策铭和张吉华 98130(JJF)。

宽叶缬草 **Valeriana officinalis** var. **latifolia** Miq.

草本。山坡，草丛；1600 m。幕阜山脉：武宁县 熊基水 001(JJF)。

锦带花属 *Weigela* Thunb.

锦带花 **Weigela florida** (Bunge) A. DC.

灌木。山顶，山坡，平地，疏林，灌丛，路旁，草地；壤土，沙土；300~1600 m。九岭山脉：大围山 LXP-03-03005，七星岭 LXP-03-07957；武功山脉：安福县 LXP-06-3091，攸县 LXP-06-6149。

日本锦带花 **Weigela japonica** Thunb.

灌木。山谷，山坡，平地，灌丛，路旁；壤土；400~1200 m。九岭山脉：浏阳市 LXP-03-08480；武功山脉：安福县 LXP-06-0495，明月山 LXP-06-4671，宜春市 LXP-06-2691。

半边月 **Weigela japonica** var. **sinica** (Rehd.) Bailey

灌木。山顶，山谷，山坡，平地，密林，疏林，草地，灌丛，村边，路旁，河边，溪边，阳处；石灰岩，壤土，腐殖土；200~1700 m。幕阜山脉：平江县 LXP3153，通山县 LXP1350，武宁县 LXP0921，修水县 LXP6709；九岭山脉：大围山 LXP-10-11350，奉新县 LXP-10-10631，靖安县 LXP-10-4382，七星岭 LXP-10-11923，铜鼓县 LXP-10-6538，宜丰县

LXP-10-2372；武功山脉：芦溪县 LXP-13-03543；万洋山脉：井冈山 JGS-4568，遂川县 LXP-13-16582；诸广山脉：上犹县 LXP-13-12143。

Order 64. 伞形目 Apiales

A413 海桐花科 Pittosporaceae

海桐花属 *Pittosporum* Banks ex Gaertn.

短萼海桐 **Pittosporum brevicalyx** (Oliv.) Gagnep.

灌木。山谷，林中；300~900 m。幕阜山脉：修水县 缪以清 107(JJF)。

光叶海桐 **Pittosporum glabratum** Lindl.

灌木。山谷，疏林，灌丛，路旁；壤土；100~200 m。万洋山脉：井冈山 JGS-2215，永兴县 LXP-03-04483。

狭叶海桐 **Pittosporum glabratum** var. **neriifolium** Rehd. et Wils.

灌木。山坡，阴处；腐殖土；300~400 m。万洋山脉：炎陵县 LXP-13-3409，永新县 LXP-QXL-439。

海金子 **Pittosporum illicioides** Makino

灌木。山谷，山坡，平地，疏林，路旁，灌丛，村边，溪边，阴处；壤土，腐殖土，沙土；100~1700 m。幕阜山脉：庐山市 LXP4527，平江县 LXP3597，瑞昌市 LXP0115，通山县 LXP1695，武宁县 LXP0581，修水县 LXP2599、JLS-2012-077；九岭山脉：大围山 LXP-10-11306，靖安县 LXP-10-369，铜鼓县 LXP-10-8310，万载县 LXP-10-2019，宜丰县 LXP-10-12904，上高县 LXP-06-7596；武功山脉：茶陵县 LXP-06-1946，明月山 LXP-06-4596，攸县 LXP-03-08597，樟树市 LXP-10-5033；万洋山脉：吉安市 LXSM2-6-10136，井冈山 JGS-043，遂川县 400147011，炎陵县 DY2-1198、LXP-09-10887、LXP-13-23938、LXP-03-04834，永新县 LXP-13-07664，永兴县 LXP-03-03950，资兴市 LXP-03-00240；诸广山脉：桂东县 LXP-03-00753，上犹县 LXP-03-06578。

小果海桐 **Pittosporum parvicapsulare** Chang et Yan

灌木。山谷，疏林；壤土；200~300 m。万洋山脉：永兴县 LXP-03-04377。

少花海桐 **Pittosporum pauciflorum** Hook. et Arn.

灌木。山谷，密林，疏林，路旁，溪边；壤土；100~

500 m。幕阜山脉：庐山市 LXP6330；九岭山脉：宜丰县 LXP-10-12775；武功山脉：芦溪县 LXP-13-03585；万洋山脉：炎陵县 LXP-09-6568、LXP-13-4477，永新县 LXP-13-19739，资兴市 LXP-03-03660。

柄果海桐 Pittosporum podocarpum Gagnep.

灌木。山谷，山坡，平地，密林，路旁，溪边；壤土；100~1200 m。九岭山脉：上高县 LXP-06-7651；武功山脉：安福县 LXP-06-0492，明月山 LXP-06-5024。

*海桐 Pittosporum tobira (Thunb.) Ait.

灌木。山谷，山坡，平地，疏林，路旁，阳处；壤土；80~1300 m。栽培。九岭山脉：安义县 LXP-10-10457，靖安县 LXP-10-217，铜鼓县 LXP-10-13497；武功山脉：明月山 LXP-06-7759，攸县 LXP-06-6002；万洋山脉：永兴县 LXP-03-04212。

崖花子 Pittosporum truncatum Pritz.

灌木。山谷，疏林，河边；壤土；400~500 m。诸广山脉：上犹县 LXP-03-07002。

A414 五加科 Araliaceae

楤木属 *Aralia* L.

虎刺楤木 Aralia armata (Wall.) Seem.

草本。山坡，平地，路旁，阴处；壤土；100~1500 m。武功山脉：安福县 LXP-06-8399，攸县 LXP-06-5250；万洋山脉：遂川县 LXP-13-23779。

黄毛楤木 Aralia chinensis L.

灌木。山谷，山坡，疏林，灌丛，路旁，溪边，阴处；壤土，腐殖土，沙土；100~1400 m。幕阜山脉：通山县 LXP2033，修水县 LXP0315；九岭山脉：大围山 LXP-10-12513，靖安县 LXP-10-244，宜春市 LXP-10-837，宜丰县 LXP-10-8423；武功山脉：茶陵县 LXP-06-2036；万洋山脉：炎陵县 DY3-1045，永兴县 LXP-03-03859；诸广山脉：崇义县 LXP-03-05919，桂东县 LXP-03-02572，上犹县 LXP-03-06180。

白背叶楤木 Aralia chinensis var. **nuda** Nakai

灌木。山谷，溪边，阴处；壤土；720 m。诸广山脉：上犹县 LXP-13-12023。

东北土当归 Aralia continentalis Kitagawa

乔木。山谷，草地；壤土；1600 m。万洋山脉：炎陵县 LXP-13-3455。

食用土当归 Aralia cordata Thunb.

草本。山谷，山坡，疏林，草地，路旁，溪边，水库边；壤土，腐殖土，沙土；1100~1400 m。万洋山脉：井冈山 LXP-13-05965，遂川县 LXP-13-20297，炎陵县 LXP-03-04824、DY1-1065，资兴市 LXP-03-00111；诸广山脉：桂东县 LXP-03-02428。

头序楤木 Aralia dasyphylla Miq. [*Aralia chinensis* var. *dasyphylloides* Hand.-Mazz.]

灌木。山顶，山谷，山坡，疏林，路旁，溪边，阴处；壤土；100~1000 m。幕阜山脉：通山县 LXP7171；九岭山脉：万载县 LXP-10-2102；武功山脉：安福县 LXP-06-2641；万洋山脉：井冈山 JGS-631。

台湾毛楤木 Aralia decaisneana Hance

乔木。山谷，山坡，密林，疏林，溪边；壤土，沙土；80~600 m。幕阜山脉：庐山市 LXP5059，瑞昌市 LXP0125，武宁县 LXP0517；九岭山脉：安义县 LXP-10-10540，靖安县 LXP-13-10178；万洋山脉：井冈山 JGS-2235。

棘茎楤木 Aralia echinocaulis Hand.-Mazz.

灌木。山谷，山坡，平地，密林，疏林，灌丛，路旁，河边，溪边，石上，阴处；壤土，沙土；200~1200 m。九岭山脉：靖安县 LXP-10-300，宜丰县 LXP-10-2506；武功山脉：茶陵县 LXP-06-1862、LXP-09-10295，芦溪县 LXP-06-2127；万洋山脉：遂川县 LXP-13-18210，炎陵县 DY1-1055，永新县 LXP-13-19292，资兴市 LXP-03-05058；诸广山脉：上犹县 LXP-13-12262，桂东县 LXP-03-02532。

楤木 Aralia elata (Miquel) Seemann

灌木。平地，路旁，阳处，阴处；壤土；300~400 m。武功山脉：安福县 LXP-06-0336；万洋山脉：炎陵县 DY2-1262。

长刺楤木 Aralia spinifolia Merr.

灌木。山坡，疏林，灌丛，路旁，溪边；壤土；300~400 m。万洋山脉：井冈山 JGS-1329。

波缘楤木 Aralia undulata Hand.-Mazz.

灌木。阳处，山坡，灌丛；200~1100 m。武功山脉：武功山 赖书坤 2719(KUN)；万洋山脉：井冈山 赖书坤和杨如菊等 4260(KUN)。

树参属 *Dendropanax* Decne. et Planch.

挤果树参 Dendropanax confertus H. L. Li
灌木。山坡，林缘；990 m。万洋山脉：遂川县 岳俊三等 4596(NAS)。

树参 Dendropanax dentiger (Harms) Merr.
灌木。山谷，山坡，密林，灌丛，路旁，溪边；壤土，腐殖土，沙土；200~1900 m。幕阜山脉：武宁县 LXP6269，修水县 LXP0293；武功山脉：安福县 LXP-06-8080，茶陵县 LXP-06-1445，宜春市 LXP-06-2667；万洋山脉：井冈山 JGS-1020，遂川县 LXP-13-16411，炎陵县 DY2-1055，永兴县 LXP-03-04339，资兴市 LXP-03-00247；诸广山脉：崇义县 400145001、LXP-03-04881，桂东县 LXP-13-22617、LXP-03-00774，上犹县 LXP-13-12049、LXP-03-06665。

变叶树参 Dendropanax proteus (Champ.) Benth.
灌木。山谷，山坡，密林，疏林，灌丛，路旁，水库边，溪边；壤土，腐殖土，沙土；300~1400 m。九岭山脉：靖安县 LXP-13-08331；武功山脉：安福县 LXP-06-0240，芦溪县 LXP-06-1713，明月山 LXP-06-7858，宜春市 LXP-06-8971，攸县 LXP-06-6165，袁州区 LXP-06-6667；万洋山脉：井冈山 JGS-2046，遂川县 LXP-13-17887，炎陵县 DY3-1030，永新县 LXP-13-07952；诸广山脉：上犹县 LXP-13-22244、LXP-03-06701。

五加属 *Eleutherococcus* Maxim.

糙叶五加 Eleutherococcus henryi Oliv.
灌木。山坡；1500~1700 m。武功山脉：芦溪县 江西队 1124(PE)。

藤五加 Eleutherococcus leucorrhizus Oliv.
灌木。疏林；壤土；1100~1200 m。武功山脉：安福县 LXP-06-0505。

糙叶藤五加 Eleutherococcus leucorrhizus var. **fulvescens** (Harms et Rehder) Nakai
灌木。罗霄山脉可能有分布，未见标本。

狭叶藤五加 Eleutherococcus leucorrhizus var. **scaberulus** (Harms et Rehder) Nakai
灌木。山地，林下；800 m。幕阜山脉：瑞昌市 赖书坤和单汉荣 3442(NAS)。

细柱五加 Eleutherococcus nodiflorus (Dunn) S. Y. Hu
灌木。山谷，山坡，疏林，灌丛，路旁，河边；壤土；900~1700 m。武功山脉：明月山 LXP-13-10626，茶陵县 LXP-06-1914；万洋山脉：井冈山 LXP-13-15332，炎陵县 LXP-09-09278，永新县 LXP-13-07985。

刚毛白簕 Eleutherococcus setosus (H. L. Li) Y. R. Ling
灌木。山坡，林缘；200~600 m。诸广山脉：齐云山 075484（刘小明等，2010）。

白簕 Eleutherococcus trifoliatus (L.) S. Y. Hu
藤本。山谷，山坡，密林，疏林，路旁，溪边；壤土，腐殖土；100~900 m。幕阜山脉：平江县 LXP-10-6056；九岭山脉：靖安县 LXP-13-10186；武功山脉：安福县 LXP-06-2621，芦溪县 LXP-13-03576，明月山 LXP-13-10846，茶陵县 LXP-06-1925，宜春市 LXP-06-2693；万洋山脉：井冈山 JGS-1324，永新县 LXP-13-07660。

萸叶五加属 *Gamblea* C. B. Clarke

萸叶五加 Gamblea ciliata C. B. Clarke
灌木。山坡，疏林；壤土；1500~1600 m。武功山脉：安福县 LXP-06-9438。

吴茱萸五加 Gamblea ciliata var. **evodiifolia** (Franchet) C. B. Shang et al.
灌木。山顶，山坡，密林，疏林，路旁；壤土，腐殖土，沙土；900~1900 m。武功山脉：安福县 LXP-06-2840；万洋山脉：遂川县 LXP-13-16888。

常春藤属 *Hedera* L.

常春藤 Hedera nepalensis var. **sinensis** (Tobl.) Rehd.
藤本。山谷，山坡，平地，密林，疏林，灌丛，路旁，溪边，树上，石上；壤土，腐殖土；100~1300 m。幕阜山脉：瑞昌市 LXP0112，修水县 LXP3279；九岭山脉：大围山 LXP-10-11308；武功山脉：安福县 LXP-06-0922，芦溪县 LXP-06-1128，明月山 LXP-06-4894，攸县 LXP-06-6085；万洋山脉：井冈山 11533，遂川县 LXP-13-7256，炎陵县 LXP-09-

07070，永新县 LXP-13-08032；诸广山脉：桂东县 LXP-13-25356、LXP-03-02366，上犹县 LXP-13-22313、LXP-03-07131。

幌伞枫属 *Heteropanax* Seem.

短梗幌伞枫 Heteropanax brevipedicellatus H. L. Li

灌木。山谷，密林，疏林，溪边；壤土；500~700 m。诸广山脉：上犹县 LXP-13-12767。

天胡荽属 *Hydrocotyle* L.

红马蹄草 Hydrocotyle nepalensis Hook.

草本。山谷，山坡，密林，疏林，草地，路旁，溪边，阴处；壤土；30~1000 m。幕阜山脉：通山县 LXP1758，武宁县 LXP0509，庐山市 LXP6026，修水县 LXP2396，平江县 LXP-10-6062；九岭山脉：大围山 LXP-10-11138，奉新县 LXP-10-10656，靖安县 LXP-10-10125，浏阳市 LXP-10-5823，铜鼓县 LXP-10-6955，万载县 LXP-10-2045，宜丰县 LXP-10-12716；武功山脉：安福县 LXP-06-0096，茶陵县 LXP-06-1456，芦溪县 LXP-06-2504，明月山 LXP-06-7849，攸县 LXP-06-5251，袁州区 LXP-06-6706；万洋山脉：遂川县 LXP-13-09402，炎陵县 LXP-09-00194，永新县 LXP-QXL-452；诸广山脉：上犹县 LXP-03-06844。

天胡荽 Hydrocotyle sibthorpioides Lam.

藤本。山坡，疏林，草地，溪边，路旁，阳处；壤土，沙土；100~700 m。幕阜山脉：修水县 LXP6759；九岭山脉：安义县 LXP-10-10410，大围山 LXP-10-8102，浏阳市 LXP-10-5915，万载县 LXP-10-1783，宜丰县 LXP-10-6829；武功山脉：安福县 LXP-06-3711，芦溪县 LXP-06-3393，攸县 LXP-06-5256；万洋山脉：遂川县 LXP-13-17511，炎陵县 LXP-09-08644；诸广山脉：上犹县 LXP-03-06357。

破铜钱 Hydrocotyle sibthorpioides var. **batrachium** (Hance) Hand.-Mazz. ex Shan

草本。山谷，疏林，草地，路旁，溪边，池塘边，阳处；壤土；100~700 m。九岭山脉：奉新县 LXP-10-11010，浏阳市 LXP-10-5880，上高县 LXP-10-4921，宜丰县 LXP-10-4701；武功山脉：安福县 LXP-06-3806，茶陵县 LXP-06-2182，明月山 LXP-06-5030，分宜县 LXP-10-5143，樟树市 LXP-10-4984。

肾叶天胡荽 Hydrocotyle wilfordii Maxim.

草本。山谷，疏林，路旁，溪边；沙土；600~700 m。万洋山脉：资兴市 LXP-03-00187。

刺楸属 *Kalopanax* Miq.

刺楸 Kalopanax septemlobus (Thunb.) Koidz.

乔木。山谷，山坡，密林，疏林，草地，路旁，阴处；200~800 m。九岭山脉：宜丰县 LXP-10-2286；武功山脉：莲花县 LXP-GTY-067，茶陵县 LXP-09-10263；万洋山脉：井冈山 LXP-13-15440，炎陵县 LXP-09-10885。

大参属 *Macropanax* Miq.

短梗大参 Macropanax rosthornii (Harms) C. Y. Wu ex Hoo

灌木。山谷，山坡，平地，密林，疏林，河边，溪边，阴处；壤土；200~800 m。幕阜山脉：庐山市 LXP5346，通山县 LXP7898，修水县 LXP3353；九岭山脉：靖安县 LXP-10-9584、LXP-13-10290；武功山脉：安福县 LXP-06-0536；万洋山脉：井冈山 LXP-13-18473，炎陵县 LXP-13-23876，永新县 LXP-13-19159。

梁王茶属 *Metapanax* J. Wen et Frodin

异叶梁王茶 Metapanax davidii (Franch.) J. Wen et Frodin

灌木。山谷，疏林；300~900 m。诸广山脉：齐云山 LXP-03-5001。

掌叶梁王茶 Metapanax delavayi (Franch.) J. Wen et Frodin [*Nothopanax delavayi* (Franch.) Harms ex Diels]

灌木。山谷，疏林，河边；腐殖土；300~600 m。万洋山脉：炎陵县 LXP-13-5541。

人参属 *Panax* L.

*人参 Panax ginseng C. A. Mey.

草本。山地；1000 m。药用，栽培。幕阜山脉：庐山 赖书坤等 197(LBG)。

疙瘩七 Panax bipinnatifidus Seem.

草本。山坡；壤土；1200 m。幕阜山脉：武宁县 江先忠 0119(JXU)；万洋山脉：井冈山 LXP-13-0455。

*三七 **Panax notoginseng** (Burkill) F. H. Chen ex C. H. Chow

草本。栽培；1200~1800 m。万洋山脉：遂川县 江西队 0443(PE)。

南鹅掌柴属 Schefflera J. R. Forst. et G. Forst.

穗序鹅掌柴 Schefflera delavayi (Franch.) Harms ex Diels

灌木。山谷，山坡，密林，疏林，溪边；壤土，腐殖土，沙土；700~1400 m。武功山脉：芦溪县 LXP-13-8256、LXP-06-1764；万洋山脉：井冈山 JGS-280，遂川县 LXP-13-7274，炎陵县 LXP-09-07016；诸广山脉：上犹县 LXP-13-22262，桂东县 LXP-13-22632、LXP-03-00845。

鹅掌柴 Schefflera heptaphylla (L.) Frodin

乔木。山谷，山坡，密林，疏林，路旁，溪边；壤土；1300~1400 m。万洋山脉：炎陵县 LXP-09-07076；诸广山脉：上犹县 LXP-03-07067。

白背鹅掌柴 Schefflera hypoleuca (Kurz) Harms

灌木。山坡，灌丛；腐殖土；1300~1400 m。诸广山脉：上犹县 LXP-13-25275。

星毛鸭脚木 Schefflera minutistellata Merr. ex Li

灌木。山谷，密林，疏林，路旁，河边，溪边，阴处；沙土；300~1900 m。万洋山脉：吉安市 LXSM2-6-10064，井冈山 JGS-1062，遂川县 400147009，炎陵县 LXP-09-00631，永新县 LXP-13-07860；诸广山脉：桂东县 LXP-13-22668、LXP-03-02706。

通脱木属 Tetrapanax (K. Koch) K. Koch

通脱木 Tetrapanax papyrifer (Hook.) K. Koch

灌木。山坡，疏林，村边，路旁，阳处；壤土，腐殖土；300~500 m。幕阜山脉：修水县 LXP3402；万洋山脉：井冈山 JGS-1193，遂川县 LXP-13-16356；诸广山脉：上犹县 LXP-13-13047。

A416 伞形科 Apiaceae

当归属 Angelica L.

重齿当归 Angelica biserrata (Shan et Yuan) Yuan et Shan

草本。林下，灌丛；1300~1400 m。幕阜山脉：通山县 LXP7763。

白芷 Angelica dahurica (Fisch. ex Hoffm.) Benth. et Hook. f. ex Franch. et Savat.

草本。山谷，草地；壤土；90~100 m。武功山脉：安福县 LXP-06-3680。

紫花前胡 Angelica decursiva (Miq.) Franch. et Savat.

草本。山谷，山坡，平地，疏林，草地，路旁，溪边；壤土；200~1600 m。幕阜山脉：庐山市 LXP4771，通山县 LXP7722，武宁县 LXP0436，修水县 LXP2808；九岭山脉：靖安县 LXP-10-94、LXP2460，上高县 LXP-06-6558；武功山脉：安福县 LXP-06-6811，茶陵县 LXP-06-2254，莲花县 LXP-06-0802，芦溪县 LXP-06-9019，明月山 LXP-06-7713，攸县 LXP-06-6168；万洋山脉：井冈山 LXP-13-18537，炎陵县 LXP-13-25040，永新县 LXP-QXL-782；诸广山脉：桂东县 LXP-13-22620、LXP-03-00847。

拐芹 Angelica polymorpha Maxim.

草本。山坡，疏林，溪边；壤土；870 m。幕阜山脉：庐山市 LXP-13-24531。

*当归 **Angelica sinensis** (Oliv.) Diels

草本。平地，草地，溪边；沙土；1100~1200 m。栽培。诸广山脉：桂东县 LXP-03-02396。

峨参属 Anthriscus (Pers.) Hoffm.

峨参 Anthriscus sylvestris (L.) Hoffm.

草本。山谷，林缘；900 m。幕阜山脉：庐山 董安淼 960(CCAU)。

芹属 Apium L.

旱芹 Apium graveolens L.

草本。山谷，山坡，疏林，路旁，溪边；壤土；60~500 m。九岭山脉：奉新县 LXP-10-3182；诸广山脉：崇义县 LXP-03-07272，上犹县 LXP-03-06778。

柴胡属 Bupleurum L.

北柴胡 Bupleurum chinense DC.

草本。罗霄山脉可能有分布，未见标本。

大叶柴胡 Bupleurum longiradiatum Turcz.

草本。山坡，路旁，阴处；1232 m。幕阜山脉：庐山市 LXP4688。

竹叶柴胡 Bupleurum marginatum Wall. ex DC.

草本。山坡，草地，林下；750~1400 m。幕阜山脉：武宁县 熊杰 06687(LBG)。

积雪草属 *Centella* L.

积雪草 Centella asiatica (L.) Urban

草本。山坡，疏林，溪边；272 m。幕阜山脉：平江县 LXP4181、LXP-10-6376，通山县 LXP1766，武宁县 LXP7952；九岭山脉：安义县 LXP-10-9427，大围山 LXP-10-12270，奉新县 LXP-10-3523，靖安县 LXP-10-10013，铜鼓县 LXP-10-6511，万载县 LXP-10-1928，宜丰县 LXP-10-3123；武功山脉：安福县 LXP-06-3522，茶陵县 LXP-06-1470，大岗山 LXP-06-3662，芦溪县 LXP-06-1719，攸县 LXP-06-5221；万洋山脉：遂川县 LXP-13-7551，炎陵县 LXP-13-3132，永新县 LXP-QXL-005；诸广山脉：崇义县 LXP-03-07369，桂东县 LXP-13-25466，上犹县 LXP-13-13055、LXP-03-07149。

明党参属 *Changium* Wolff

明党参 Changium smyrnioides Wolff

草本。丘陵，水岸边，灌丛；石灰岩；200 m。幕阜山脉：瑞昌市 赖书坤等 031、谭策铭 99167(SZG)。

毒芹属 *Cicuta* L.

毒芹 Cicuta virosa L.

草本。山谷，草地，路边；壤土；200~700 m。诸广山脉：上犹县 LXP-03-06032。

蛇床属 *Cnidium* Cuss.

蛇床 Cnidium monnieri (L.) Cuss.

草本。山谷，山坡，密林，溪边，路旁，树上；壤土；600~900 m。幕阜山脉：瑞昌市 LXP0129；万洋山脉：遂川县 LXP-13-7125，炎陵县 LXP-09-10096。

山芎属 *Conioselinum* Fisch. ex Hoffm.

山芎 Conioselinum chinense (L.) Britton, Sterns et Poggenburg

草本。山谷，林缘；900 m。幕阜山脉：庐山 董安淼 TCM09125(JJF)。

芫荽属 *Coriandrum* L.

*芫荽 Coriandrum sativum L.

草本。山坡，路旁，菜地；516 m。栽培。幕阜山脉：平江县 LXP4209；九岭山脉：大围山 LXP-10-7452，奉新县 LXP-10-9048，宜丰县 LXP-10-8809。

鸭儿芹属 *Cryptotaenia* DC.

鸭儿芹 Cryptotaenia japonica Hassk.

草本。山坡，路旁，村边；400~1100 m。幕阜山脉：平江县 LXP4234，通山县 LXP6823，修水县 LXP3060；九岭山脉：大围山 LXP-10-11142，奉新县 LXP-10-10837、LXP-06-4000，靖安县 LXP-10-13736，浏阳市 LXP-10-5822，铜鼓县 LXP-10-7134，万载县 LXP-10-1892，宜春市 LXP-10-1149，宜丰县 LXP-10-12885；武功山脉：安福县 LXP-06-3545，樟树市 LXP-10-5074；万洋山脉：井冈山 LXP-13-05868，遂川县 LXP-13-17946，炎陵县 DY2-1260，永新县 LXP-QXL-113，吉安市 LXSM2-6-10098，资兴市 LXP-03-00188；诸广山脉：上犹县 LXP-03-06832。

细叶旱芹属 *Cyclospermum* Lag.

细叶旱芹 Cyclospermum leptophyllum (Persoon) Sprague ex Britton et P. Wils.

草本。罗霄山脉可能有分布，未见标本。

胡萝卜属 *Daucus* L.

野胡萝卜 Daucus carota L.

草本。山谷，山坡，疏林，路旁，草地，河边，阳处；壤土；100~1400 m。九岭山脉：七星岭 LXP-10-11451，宜春市 LXP-10-951；武功山脉：安福县 LXP-06-3863；万洋山脉：资兴市 LXP-03-03526。

*胡萝卜 Daucus carota var. **sativa** Hoffm.

草本。山谷，路旁，草地；200~300 m。栽培。九岭山脉：宜丰县 LXP-10-8817。

茴香属 *Foeniculum* Mill.

*茴香 Foeniculum vulgare Mill.

草本。山坡，平地，疏林，村边，路旁，溪边；300~600 m。栽培。幕阜山脉：平江县 LXP4019，武宁县 LXP1020。

独活属 Heracleum L.

独活 Heracleum hemsleyanum Diels
草本。山谷，林下；470 m。幕阜山脉：庐山 谭策铭和黄强 971633(JJF)。

短毛独活 Heracleum moellendorffii Hance
草本。山谷；500~600 m。幕阜山脉：武宁县 LXP0656。

椴叶独活 Heracleum tiliifolium Wolff
草本。山谷，林缘；900 m。幕阜山脉：庐山 董安淼 1645(SZG)。

藁本属 Ligusticum L.

尖叶藁本 Ligusticum acuminatum Franch.
草本。山坡，疏林；壤土；890 m。万洋山脉：遂川县 LXP-13-09333。

川芎 Ligusticum chuanxiong Hort.
草本。山坡，疏林，路旁；壤土；800~1900 m。幕阜山脉：庐山市 LXP4933；万洋山脉：炎陵县 LXP-13-24640。

藁本 Ligusticum sinense Oliv.
草本。山顶，山谷，山坡，平地，疏林，路旁，草地，溪边，沼泽；壤土，腐殖土；200~1500 m。九岭山脉：大围山 LXP-13-17067、LXP-10-11324；武功山脉：安福县 LXP-06-2890，明月山 LXP-06-7857；万洋山脉：炎陵县 LXP-13-24582。

白苞芹属 Nothosmyrnium Miq.

白苞芹 Nothosmyrnium japonicum Miq.
草本。山谷，山坡，路旁，溪边，阳处；600~1900 m。幕阜山脉：庐山市 LXP4711，通山县 LXP7670；九岭山脉：大围山 LXP-10-11536；万洋山脉：井冈山 JGS-267，遂川县 LXP-13-20269，炎陵县 LXP-13-24650；诸广山脉：上犹县 LXP-13-25070。

水芹属 Oenanthe L.

短辐水芹 Oenanthe benghalensis Benth. et Hook.
草本。草地；1100 m。万洋山脉：井冈山 JGS-B168。

西南水芹 Oenanthe dielsii de Boiss.
草本。山谷，山坡，疏林，路旁，灌丛，沼泽，溪边，阴处；壤土，沙土；300~1700 m。幕阜山脉：通山县 LXP1376，武宁县 LXP6257；九岭山脉：宜丰县 LXP-10-8615；万洋山脉：井冈山 JGS-1232，遂川县 LXP-13-20262，永新县 LXP-QXL-564，资兴市 LXP-03-00179；诸广山脉：上犹县 LXP-13-12433、LXP-13-18894。

细叶水芹 Oenanthe dielsii var. **stenophylla** de Boiss.
草本。山坡，草地，阳处；壤土；900 m。万洋山脉：炎陵县 LXP-13-3421。

水芹 Oenanthe javanica (Bl.) DC.
草本。山谷，丘陵，疏林，灌丛，水田边，溪边，路旁，河边，溪边；壤土，沙土；80~1200 m。幕阜山脉：庐山市 LXP5023，通山县 LXP6819，武宁县 LXP1640，修水县 LXP2991，平江县 LXP-10-6005；九岭山脉：安义县 LXP-10-9453，大围山 LXP-10-7799，奉新县 LXP-10-3389，浏阳市 LXP-10-5869，七星岭 LXP-10-8199，铜鼓县 LXP-10-8347，靖安县 LXP-13-11583，宜春市 LXP-10-914；武功山脉：明月山 LXP-13-10799、LXP-06-4699，安福县 LXP-06-1318，茶陵县 LXP-06-1965，芦溪县 LXP-06-9053，樟树市 LXP-10-5051；万洋山脉：井冈山 JGS-2208，遂川县 LXP-13-16664，炎陵县 LXP-09-00041、LXP-03-02950，宜春市 LXP-13-10581，永新县 LXP-13-08089，永兴县 LXP-03-04277，资兴市 LXP-03-03587；诸广山脉：上犹县 LXP-13-12794、LXP-03-06387。

卵叶水芹 Oenanthe javanica subsp. **rosthornii** (Diels) F. T. Pu
草本。山谷，山坡，密林，灌丛，溪边，路旁，阴处；壤土，沙土；300~600 m。九岭山脉：宜丰县 LXP-10-13091；武功山脉：茶陵县 LXP-06-1418，玉京山 LXP-10-1239；万洋山脉：炎陵县 LXP-09-07048，资兴市 LXP-03-05050。

线叶水芹 Oenanthe linearis Wall. ex DC. [*Oenanthe sinensis* Dunn]
草本。山顶，山谷，山坡，密林，路旁，水旁，石上，阴处；壤土，腐殖土，沙土；500~1500 m。幕阜山脉：通山县 LXP7646；九岭山脉：七星岭 LXP-10-11452；万洋山脉：井冈山 JGS-B200，炎陵县 DY2-1230，永新县 LXP-13-08092，资兴市 LXP-03-05045；诸广山脉：桂东县 LXP-13-25632。

多裂叶水芹 Oenanthe thomsonii C. B. Clarke

藤本。山坡；770 m。万洋山脉：永新县 LXP-13-08025。

香根芹属 Osmorhiza Raf.

香根芹 Osmorhiza aristata (Thunb.) Makino et Yabe

草本。山坡，路旁；900~1000 m。九岭山脉：靖安县 LXP2485。

山芹属 Ostericum Hoffm.

隔山香 Ostericum citriodorum (Hance) Yuan et Shan

草本。河边，山坡；20~500 m。幕阜山脉：庐山市 748346(LBG)。

大齿山芹 Ostericum grosseserratum (Maxim.) Yuan et Shan

草本。山谷，路旁；700~1300 m。万洋山脉：井冈山 JGS-1105。

山芹 Ostericum sieboldii (Miq.) Nakai

草本。山坡，疏林，草地，路旁，溪边，阴处；壤土，腐殖土；400~500 m。万洋山脉：井冈山 JGS-1182，炎陵县 LXP-09-06172；诸广山脉：上犹县 LXP-13-22356。

前胡属 Peucedanum L.

台湾前胡 Peucedanum formosanum Hayata

草本。山谷，溪边；100~200 m。九岭山脉：靖安县 LXP-10-162。

鄂西前胡 Peucedanum henryi Wolff

草本。山坡，灌丛，草地，路旁；壤土；1300~1900 m。武功山脉：芦溪县 LXP-06-1778，明月山 LXP-06-7742。

南岭前胡 Peucedanum longshengense Shan et Sheh

草本。山坡，草丛，路旁，疏林；900~1600 m。武功山脉：明月山 3403(KUN)。

华中前胡 Peucedanum medicum Dunn

草本。山顶，山谷，山坡，疏林，灌丛，草地，路旁；壤土；100~2000 m。幕阜山脉：修水县 LXP0837；

九岭山脉：大围山 LXP-10-11345；武功山脉：安福县 LXP-06-0373，茶陵县 LXP-06-1994。

前胡 Peucedanum praeruptorum Dunn

草本。山顶，山谷，山坡，密林，疏林，灌丛，草地，路旁，阴处；壤土，腐殖土，沙土；200~1900 m。幕阜山脉：庐山市 LXP4700，通山县 LXP1250；九岭山脉：靖安县 LXP2487，大围山 LXP-10-11991，七星岭 LXP-10-11910；万洋山脉：井冈山 JGS-B192，遂川县 LXP-13-7093，炎陵县 LXP-09-08157，资兴市 LXP-03-00092；诸广山脉：崇义县 LXP-13-24239、LXP-03-05888，上犹县 LXP-13-18947、LXP-03-06478。

茴芹属 Pimpinella L.

异叶茴芹 Pimpinella diversifolia DC.

草本。山谷，路旁，草地，阴处；700~800 m。九岭山脉：奉新县 LXP-10-11074。

囊瓣芹属 Pternopetalum Franch.

江西囊瓣芹 Pternopetalum kiangsiense (Wolff) Hand.-Mazz.

草本。山坡，阴处；壤土；400~500 m。武功山脉：分宜县 LXP-06-9611。

裸茎囊瓣芹 Pternopetalum nudicaule (de Boiss.) Hand.-Mazz.

草本。山谷，山坡，疏林，灌丛，溪边，石上，阴处；壤土，腐殖土；300~1900 m。万洋山脉：井冈山 JGS-1304023，遂川县 LXP-13-23696，炎陵县 LXP-13-24833，永新县 LXP-13-07945；诸广山脉：上犹县 LXP-13-25128。

东亚囊瓣芹 Pternopetalum tanakae (Franch. et Savat.) Hand.-Mazz.

草本。山坡，疏林，石上；腐殖土；400~500 m。万洋山脉：井冈山 LXP-13-18656。

假苞囊瓣芹 Pternopetalum tanakae var. fulcratum Y. H. Zhang

草本，山谷，疏林，阴湿处；1300~1600 m。万洋山脉：炎陵县 LXP-13-24878。

膜蕨囊瓣芹 Pternopetalum trichomanifolium (Franch.) Hand.-Mazz.

草本，山谷，阴湿处；约 1000 m。万洋山脉：遂川县 岳俊三等 4241(KUN)。

五匹青 Pternopetalum vulgare (Dunn) Hand.-Mazz.

草本。山坡，疏林，溪边；壤土；400~500 m。万洋山脉：井冈山 JGS4083，炎陵县 LXP-09-06271，永新县 LXP-13-19746。

变豆菜属 *Sanicula* L.

变豆菜 Sanicula chinensis Bunge

草本。山坡，密林，疏林，草地，路旁，河边，溪边，阴处；壤土，腐殖土；100~1000 m。幕阜山脉：庐山市 LXP4486，平江县 LXP4113，通山县 LXP1850，武宁县 LXP0983；九岭山脉：安义县 LXP-10-3825，大围山 LXP-10-7804，靖安县 LXP-13-10072、LXP-10-10186，万载县 LXP-10-2087，宜丰县 LXP-10-2757；武功山脉：莲花县 LXP-GTY-260，明月山 LXP-13-10787，安福县 LXP-06-0144，大岗山 LXP-06-3648，宜春市 LXP-06-8881；万洋山脉：永新县 LXP-13-07730；诸广山脉：上犹县 LXP-13-23153。

薄片变豆菜 Sanicula lamelligera Hance

草本。山谷，山坡，密林，疏林，溪边；壤土；500~1200 m。幕阜山脉：武宁县 LXP1588；万洋山脉：炎陵县 LXP-09-09296；诸广山脉：桂东县 LXP-13-25611，崇义县 LXP-03-04939。

直刺变豆菜 Sanicula orthacantha S. Moore

草本。山谷，山坡，密林，疏林，草地，河边，溪边，石上，阴处；壤土，沙土，腐殖土；500~1500 m。幕阜山脉：平江县 LXP3581，通山县 LXP2134，武宁县 LXP8172，修水县 LXP6393；九岭山脉：大围山 LXP-10-7587，奉新县 LXP-10-9259；武功山脉：芦溪县 LXP-13-09455、LXP-06-1185，明月山 LXP-06-4845；万洋山脉：井冈山 JGS4013，遂川县 LXP-13-17262，炎陵县 LXP-09-07315；诸广山脉：桂东县 LXP-13-09209，崇义县 LXP-03-07341，上犹县 LXP-13-19250A。

泽芹属 *Sium* L.

泽芹 Sium suave Walt.

草本。平地，草地，路旁；腐殖土；430 m。武功山脉：莲花县 LXP-GTY-272。

东俄芹属 *Tongoloa* Wolff

纤细东俄芹 Tongoloa gracilis Wolff

草本。山坡，路旁，村边；500~600 m。幕阜山脉：武宁县 LXP1419。

牯岭东俄芹 Tongoloa stewardii Wolff

草本。荒坡，林缘；1300~1400 m。幕阜山脉：庐山市 LXP4795。

窃衣属 *Torilis* Adans.

小窃衣 Torilis japonica (Houtt.) DC.

草本。山谷，山坡，平地，疏林，村边，石上，水田边，路旁，溪边，阳处；壤土，腐殖土；300~1800 m。幕阜山脉：平江县 LXP4022a，武宁县 LXP1457，岳阳县 LXP3798；九岭山脉：大围山 LXP-10-7769，奉新县 LXP-10-9014，靖安县 LXP-13-10236、LXP-10-4515，七星岭 LXP-10-8211，上高县 LXP-10-4849，铜鼓县 LXP-10-8308，宜丰县 LXP-10-4678；武功山脉：分宜县 LXP-10-5148，莲花县 LXP-GTY-188；万洋山脉：井冈山 LXP-13-18577，遂川县 LXP-13-23741，炎陵县 DY1-1132；诸广山脉：上犹县 LXP-13-12630，崇义县 LXP-13-24147。

窃衣 Torilis scabra (Thunb.) DC.

草本。山坡，密林，疏林，路旁，草地，灌丛，河边，溪边，阳处；壤土，沙土；70~1000 m。幕阜山脉：庐山市 LXP5673，平江县 LXP4349；九岭山脉：安义县 LXP-10-3667，大围山 LXP-10-7964，奉新县 LXP-10-3212、LXP-06-4001，靖安县 LXP-10-410，铜鼓县 LXP-10-8371，宜丰县 LXP-10-4752；武功山脉：安福县 LXP-06-3513，明月山 LXP-06-4594；万洋山脉：炎陵县 LXP-03-02925，遂川县 LXP-13-17147，永兴县 LXP-03-04045，资兴市 LXP-03-03696。

第 4 章　罗霄山脉植物考察概要

4.1　罗霄山脉植物考察和研究概况

罗霄山脉植物采集、植物区系研究的历史可追溯至 19 世纪中后期。早年曾记载有数十次植物标本采集研究。1873 年，英国传教士 G. Shearer 和法国传教士 A. David 就曾在罗霄山脉北部的九江、庐山采集植物标本；1878~1880 年，英国园艺学家 Ch. Maries 在庐山附近的修水—清江—九江等地采集标本，后将标本送至邱园（Kew）保存（田旗，2014）。之后在罗霄山脉地区考察的主要是中国植物学家。中国近代植物学的奠基人之一胡先骕先生于 1920 年在江西吉安、赣州、武功山一带采集了大量标本。1934 年，胡先骕、秦仁昌、陈封怀等创建了庐山植物园，并开始就地采集植物标本。秦仁昌先生是中国蕨类植物研究的先驱，也是胡先生的学生，当时就开始在罗霄山脉地区采集标本，中国特有属永瓣藤属 Monimopetalum Rehd.就是当时采集到的。1940 年，江西人熊耀国在武宁县、修水县、武功山等地采集了大量标本，在此基础上于 1948 年撰写了《湘鄂赣边区森林资源调查报告》，刊于《中华农学会报》第九期。新中国成立之后，中国科学院植物研究所、庐山植物园，以及祁承经、林英等均曾前往罗霄山脉进行过植物调查。

随着我国经典分类学研究的快速兴起，20 世纪区系植物地理学考察得到了极大的发展，很多学者在罗霄山脉也进行了广泛采集，并发表了大量成果，如林英（1983）、万文豪等（1986）、谢国文（1991，1993）、刘克旺和侯碧清（1991）、刘仁林和唐赣成（1995）、陶正明（1998）、李家湘等（2006）、范志刚等（2011）、Wang 等（2013）等。总体来说，研究者从不同角度，在不同区域，针对罗霄山脉植物多样性以及那些古老、孑遗、特有的科属等进行了研究，并指出该地区以华东区系成分占优势，同时受华中及华南区系成分的影响，在北段的幕阜山、九岭山地区其温带性属数量明显高于热带性属数量，而在南段的井冈山、齐云山地区以热带性属占据优势。在起源历史上，研究者认为罗霄山脉地区的植物区系形成于古近纪至新近纪，而后在本地自然环境条件下发展成为典型的亚热带区系。另外，罗霄山脉在地理位置上处于华南、华中、华东地区的交界区，实质也是中国大陆东部季风区常绿阔叶林的核心区域，其区系分化呈明显的过渡性和交汇性。

目前，研究者们对罗霄山脉区域内一些主要山地、自然保护区进行过不少的考察，并撰写了相关地区的专著或专题报告，如九岭山、官山（刘信中和吴和平，2005）、七溪岭（贺利中和刘仁林，2010）、井冈山（林英，1990；廖文波等，2014）、齐云山（刘小明等，2010）、桃源洞（侯碧清，1993）等地区。

2013~2018 年，国家科技基础性工作专项"罗霄山脉地区生物多样性综合科学考察"启动，中国科学院华南植物园、湖南师范大学、首都师范大学、吉首大学、中国科学院庐山植物园、深圳市中国科学院仙湖植物园、中山大学等研究单位在罗霄山脉地区进行广泛采集，至 2018 年 6 月，共采集维管植物（蕨类植物、裸子植物、被子植物）标本 68 897 号（统计数据为目前已鉴定的）。此外，本次调查采集苔藓植物标本 12 182 号，共鉴定出 97 科 282 属 883 种（含种下分类等级，后同），数量和种类都相当丰富，但因尚有相当部分标本待鉴定，分布点尚不够全面，故本书未收录苔藓植物，留待以后出版苔藓专题。总体上，本次科考为区域植物区系研究、资源利用、生态保护和规划管理研究提供了较丰富的第一手资料。

4.2　罗霄山脉植物化石记录概况

罗霄山脉中段，在萍乡市上二叠统地层曾发现烟叶大羽羊齿 *Gigantopteris nicotianaefolia* 化石，其具有单叶、不规则网脉等特点，张宏达（1980）认为烟叶大羽羊齿、心叶大羽羊齿 *Gigantopteris cordata* 应属于被子植物的原始代表。中生代时期，罗霄山脉有丰富的裸子植物化石记录，如湖南带状叶 *Desmiophyllum hunanense*（湖南衡阳晚三叠世），类纹假鳞杉 *Pseudoullmannia bronnioides*、类麦假鳞杉 *Pseudoullmannia frumentatrioides*（江西丰城二叠纪），吉安枝羽叶 *Ctenozamites jianensis*（吉安晚三叠世），钝马利羊齿 *Mariopteris acuta*（江西丰城晚石炭世），假敏斯侧羽叶 *Pterophyllum pseudomunsteri*（萍乡晚三叠世至早侏罗世）等（孙克勤等，2016；王士俊等，2016）。表明罗霄山脉地区在我国早期种子植物演化过程中起到了重要的作用。

根据华夏植物区系理论（张宏达，1980，1986），二叠纪以来在华南地台及其毗邻地区有着丰富的大羽羊齿类种子蕨植物群，它们极有可能是有花植物的先驱。上述丰富的种子蕨类植物化石和裸子植物化石，说明罗霄山脉在古植物地理学研究中具有重要地位。

事实上，罗霄山脉是中国大陆东部第三阶梯最为重要的气候和生态交错区，也是生物多样性的丰度区，许多珍稀、特有、孑遗植物聚集于此，其很可能是第四纪冰期重要的生物避难所（廖文波等，2014；Wang and Ge，2006；Wang et al.，2013）。现代罗霄山脉山地海拔多在 800 m 以上，依然是生物南北迁徙的天然通道，也对东西部物种的流动或扩散产生了一定的影响，既能对某些种系起到一定的、有效的阻隔作用，也能对某些种系起到促进相互交流的作用，这对于揭示大陆东部季风区物种分布的格局和成因具有重要的意义。

4.3 幕阜山脉维管植物采集概况

幕阜山脉位于罗霄山脉的最北部，总体呈北东—南西走向，略呈"S"形，为湘、鄂、赣三省交界处，主体山地有幕阜山（狭义）、九宫山、庐山等，在江西省境内包括庐山市、瑞昌市、德安县、武宁县、修水县，在湖北省境内包括通城县、通山县、阳新县，在湖南省境内包括平江县等。第一主峰老鸦尖（位于武宁县、通山县之间，属九宫山主峰），海拔 1657 m；第二主峰幕阜山（位于平江县），海拔 1596 m；东部则为著名的庐山，主峰汉阳峰，海拔 1474 m。在湖南省境内的幕阜山常被称为狭义幕阜山，相应地三省交界处的整体山脉被称为广义幕阜山（脉）。本项目之前，湖南省相关高校及林业部门对幕阜山进行过植物资源考察和标本采集；湖北省相关高校和林业部门对九宫山进行过植物资源考察和标本采集；庐山是千古名山，植物采集最早要追溯到 19 世纪末的外国传教士，至 20 世纪 30 年代初庐山森林植物园的建立，对庐山的植物资源考察就一直在进行。但较全面地对幕阜山脉整个区域进行植物资源和植被调查，本项目是第一次。

2013~2018 年，庐山植物园詹选怀研究员、彭焱松副研究员、周赛霞副研究员等对幕阜山脉地区植物资源和植被进行了综合考察，这是迄今为止最全面、最系统的一次调查和采集。5 年来项目组成员考察区域涉及幕阜山脉地区 3 省 7 县，含 2 个国家级自然保护区，5 个省级自然保护区，2 个县级自然保护区，野外工作量到 1600 人天，完成山地考察样点 22 处。采集植物标本 8056 号约 2.5 万份，DNA 材料 2796 号，调查乔木样方 43 个，总面积 67 100 m²，灌木样方 42 个，总面积 16 800 m²，草本样方 51 个，总面积 1020 m²，发现省级新记录种 4 种，发表论文 15 篇，其中 SCI 论文 2 篇。

通过查阅文献和标本鉴定，整理出幕阜山脉地区植物名录 1 份，共 206 科 1065 属 3199 种，其中蕨类植物 26 科 72 属 261 种，裸子植物 6 科 11 属 19 种，被子植物 174 科 982 属 2919 种。拍摄植被照片 400 张，植物照片超 2 万张。在此基础上，对幕阜山脉地区植物区系和植物资源进行了较为系统的研究。

庐山植物园在幕阜山脉地区野外科考基本情况，按考察时间、人员、地点、采集或调查情况记述如下。

2013 年 9 月 12~16 日：詹选怀、高浦新、桂忠明、梁同军、徐雪峰、周赛霞、潘国庐；江西省瑞昌市；采集标本 237 号。

2013 年 9 月 21~26 日：詹选怀、彭焱松、梁同军、刘洁、徐雪峰、周赛霞、潘国庐；江西省修水县；采集标本 120 号，调查乔木样方 2 个。

2013 年 10 月 18~28 日：詹选怀、彭焱松、周赛霞、刘洁、杜娟、徐雪峰、潘国庐；江西省武宁县（伊山）；采集标本 321 号，调查乔木样方 3 个。

2013 年 10 月 30 日至 11 月 3 日：詹选怀、彭焱松、周赛霞、刘洁、潘国庐；湖南省平江县；采集标本 43 号，调查乔木样方 1 个、灌木样方 6 个。

2013 年 11 月 18~24 日：詹选怀、彭焱松、梁同军、桂忠明、刘洁、周赛霞、潘国庐；江西省修水县（程坊）；采集标本 161 号，调查乔木样方 4 个、草本样方 2 个。

2014 年 5 月 20~29 日：詹选怀、彭焱松、桂忠明、徐雪峰、刘洁、周赛霞、潘国庐；江西省武宁县（九宫山）；采集标本 812 号。

2014 年 6 月 4~7 日：詹选怀、彭焱松、桂忠明、徐雪峰、刘洁、周赛霞、潘国庐；江西省鄱阳湖；调查灌木样方 12 个。

2014 年 7 月 1~10 日：詹选怀、彭焱松、梁同军、何浩、刘洁、周赛霞、潘国庐；湖北省通山县（隐水洞、九宫山）；采集标本 690 号。

2014 年 9 月 18~21 日：詹选怀、彭焱松、桂忠明、徐雪峰、刘洁、周赛霞、潘国庐；江西省鄱阳湖；调查灌木样方 10 个。

2014 年 9 月 26~30 日：詹选怀、彭焱松、桂忠明、刘洁、周赛霞、肖传良；江西省修水县（油岭）；采集标本 53 号，调查乔木样方 2 个。

2014 年 10 月 30 日至 11 月 6 日：詹选怀、彭焱松、桂忠明、刘洁、周赛霞、潘国庐、梁同军；江西省修水县；采集标本 608 号。

2014 年 11 月 18~24 日：詹选怀、彭焱松、桂忠明、刘洁、周赛霞、潘国庐、梁同军；江西省修水县；采集标本 391 号，调查乔木样方 5 个。

2015 年 5 月 18~27 日：詹选怀、彭焱松、桂忠明、刘洁、周赛霞、潘国庐、聂训明；湖南省平江县（幕阜山）；采集标本 1009 号。

2015 年 7 月 21~22 日，8 月 17~18 日、26~28 日，9 月 2 日、8~11 日、17~18 日、24 日：詹选怀、彭焱松、桂忠明、刘洁、周赛霞、潘国庐、聂训明、徐雪峰、何浩、张丽、李丹奇、梁同军、熊先华；江西省庐山市；采集标本 1149 号，调查乔木样方 4 个。

2015 年 11 月 10~12 日：詹选怀、彭焱松、周赛霞；江西省武宁县（伊山）；采集标本 48 号。

2016 年 5 月 18~24 日：詹选怀、彭焱松、桂忠明、周赛霞、聂训明、梁同军；江西省武宁县；采集标本 495 号。

2016 年 9 月 7~9 日：詹选怀、张丽、张颉、桂忠明；江西省庐山市；采集标本 71 号。

2017 年 4 月 20~29 日：詹选怀、桂忠明、梁同军、刘诗磊；江西省修水县（太阳山），湖南省平江县（石牛寨）；采集标本 134 号。

2017 年 5 月 11~19 日：詹选怀、彭焱松、周赛霞、梁同军、虞志军、张丽、潘国庐；湖北省通山县，江西省修水县（太阳山等）；采集标本 469 号。

2017 年 6 月 20~27 日：詹选怀、彭焱松、周赛霞、梁同军、桂忠明、张丽、潘国庐；湖北省通山县（九宫山）；采集标本 403 号。

2017 年 8 月 14~21 日：詹选怀、彭焱松、周赛霞、梁同军、张丽、潘国庐、杨晓丹、詹颖馨、余扣扣、李芳、冯艳；湖北省通山县（九宫山）；采集标本 842 号。

2017 年 8 月 23~30 日：詹选怀、彭焱松、周赛霞、梁同军、张丽、潘国庐、杨晓丹、詹颖馨、余扣扣、李芳、冯艳，以及中山大学 17 名师生共 28 人；江西省庐山市（白鹿洞书院、庐山）；调查乔木样方 22 个、灌木样方 8 个。

2017 年 10 月 12~18 日：詹选怀、彭焱松、周赛霞、梁同军、张丽、程冬梅；江西省（幕阜山、隐水洞）；调查灌木样方 6 个、草本样方 32 个。

2017 年 10 月 20~22 日：詹选怀、彭焱松、周赛霞、梁同军、张丽、程冬梅；江西省都昌县（多宝沙山）；调查草本样方 17 个。

4.4 九岭山脉维管植物采集概况

2010 年之前，浙江大学、南昌大学、北京师范大学、厦门大学、福建农林大学、江西农业大学、江西师范大学等单位的科研人员，对九岭山脉地区的各组成山地进行过植物多样性、植物区系方面的局部科学考察，出版有《江西官山自然保护区科学考察与研究》（刘信中和吴和平，2005）、《江西九岭山自然保护区综合科学考察报告》（李振基等，2009）等专著。

2013~2018 年，中国科学院华南植物园在九岭山脉地区开展了全面的科学考察与植物标本的采集工作。前后野外考察共 8 次，历时 137 天，共采集植物标本 15 071 号，DNA 样品 10 630 余份。

本次调查与资料汇总共记录九岭山脉地区维管植物 211 科 956 属 2928 种，其中裸子植物 8 科 15 属 24种，双子叶植物 172 科 734 属 2306 种，单子叶植物 31 科 207 属 598 种。

中国科学院华南植物园在九岭山脉地区的调查采集情况如下。

2013 年 7 月 29 日至 8 月 25 日：曾飞燕、林汝顺、叶华谷、唐秀娟、陈有卿、刘运笑；江西省安义县（西山岭），宜春市袁州区（飞剑潭）、宜春市（官山）、万载县（三十把、鸡冠石、竹山洞）、奉新县（九岭山）、宜丰县（大西坑、洞山）、靖安县（和尚坪）、铜鼓县（天柱峰、连云山）；采集标本 3177 号共 6350 份。

2014 年 5 月 15 日至 6 月 1 日：叶华谷、曾飞燕、唐秀娟、董仕勇、叶育石；湖南省浏阳市大围山，江西省宜春市官山、奉新县（百丈山、九岭山、萝卜潭、泥洋山、陶仙岭、越王山）、上高县、宜丰县（大西坑）、靖安县（和尚坪）；采集标本 2063 号共 4100 份，DNA 样品 2000 份。

2014 年 9 月 11~25 日：叶华谷、董仕勇、叶育石、曾飞燕、唐秀娟；湖南省浏阳市大围山，江西省宜春市官山、安义县（西山岭、桥岭）、万载县、奉新县（百丈山、九岭山、萝卜潭、泥洋山）、宜丰县（大西坑）、靖安县（和尚坪）、铜鼓县（天柱峰）；采集标本 2210 号共 4420 份，DNA 样品 2000 份。

2015 年 5 月 20 日至 6 月 4 日：叶华谷、曾飞燕、吴林芳、唐秀娟、叶育石；湖南省浏阳市大围山，江西省宜春市官山、奉新县（九岭山）、靖安县、铜鼓县；采集标本 2390 号共 4780 份，DNA 样品 2390 份。

2015 年 9 月 5~21 日：叶华谷、唐秀娟、曾飞燕、吴林芳、叶育石；湖南省浏阳市大围山，江西省宜春市官山、奉新县（九岭山）、靖安县、铜鼓县（天柱峰）；采集标本 1810 号共 3620 份，DNA 样品 1800 份。

2016 年 8 月 31 日至 9 月 16 日：叶华谷、曾飞燕、吴林芳、唐秀娟；湖南省浏阳市大围山，江西省宜春市官山、奉新县（九岭山）、靖安县、铜鼓县；采集标本 3421 号共 6840 份，DNA 样品 3421 份。

2017 年 6 月 9~18 日：叶华谷、曾飞燕、吴林芳、唐秀娟；湖南省浏阳市大围山，江西省宜春市官山、奉新县（九岭山）；调查样方 80 个。

2017 年 6 月 22~29 日：叶华谷、曾飞燕、吴林芳、唐秀娟；湖南省浏阳市大围山，江西省宜春市官山、奉新县（九岭山）等；调查样方 70 个。

4.5 武功山脉维管植物采集概况

2013 年前，中国科学院、湖南省、江西省的科研人员对武功山脉部分地区的植物多样性进行了考察，发表了许多论文、出版了部分专著，如《江西安福武功山木本植物区系的研究》（高贤明，1991）、《萍乡市种子植物名录》（肖双燕等，2002）、《江西大岗山森林生物多样性研究》（王兵等，2005）、《武功山珍稀濒危植物资源及其区系特征》（肖宜安等，2009）、《安福木本植物》（刘武凡等，2014）等。

2013~2018 年，吉首大学在此开展了全面考察、采集，范围包括武功山脉地区 10 个自然保护区、14 个森林公园等，基本上涵盖了该地区主要的生境类型。前后开展野外采集 20 次，共 171 天，采集标本 8353 号 3 万余份，经鉴定蕨类植物有 126 种、种子植物有 1447 种。在全面调查、采集的同时，按照标准样方法（王伯荪和彭少麟，1986），调查乔木、灌木、草本（草地）样方各 40 个。参加考察的主要有吉首大学陈功锡教授、张代贵高级工程师，技术员张代富、梁承远，以及许多研究生和本科生。

在陈功锡和张代贵的主持下开展了植物标本的鉴定工作，发现植物新种——武功山异黄精 *Heteropolygonatum wugongshanensis* G. X. Chen, Y. Meng et J. W. Xiao，以及江西省新记录种 19 种。按照 *Flora of China* 等对所采集的标本进行分类整理，出版了《武功山地区维管束植物物种多样性编目》（陈功锡等，2019）。

基于实地考察，孙林（2016）对武功山脉地区的野生蕨类植物区系进行了研究，记录 39 科 84 属 223 种，认为该地区的蕨类植物区系具有显著的热带亲缘和热带-亚热带过渡性质，是一个典型的"鳞毛蕨-铁角蕨/凤尾蕨植物区系"。肖佳伟等（2018）对该地区种子植物区系及珍稀濒危保护植物进行了研究，共记录野生种子植物 165 科 805 属 2068 种，其中各类国家珍稀濒危重点保护野生植物约 113 种，被《中国物种红色名录》收录 105 种，后者包括极危种 5 种、濒危种 21 种、渐危种 36 种、近危种 43 种。研究认为武功山脉地区的植物区系区划属于东亚植物区、中国—日本植物亚区、华东地区、赣南—湘东丘陵亚地区。

吉首大学在武功山脉地区的野外考察基本情况如下。

2013 年 8 月 10~29 日：陈功锡、张代贵、孙林、张成、蒋颖、张梦华、王金重；江西省安福县、莲花县等；采集标本 831 号。

2014 年 1 月 11~18 日：张代贵、孙林、张成、张梦华；江西省武功山、高天岩、羊狮幕等；采集标本 216 号。

2014 年 3 月 14~27 日：陈功锡、张代贵、孙林、张成、张梦华、蒋颖、龙微、王金重；江西省武功山、发云界、羊狮幕等；采集标本 773 号。

2014 年 7 月 12~18 日：陈功锡、张代贵、孙林、张成；湖南省茶陵县；采集标本 289 号。

2014 年 9 月 27 日至 10 月 21 日：张代贵、孙林、肖佳伟、张成、张梦华、蒋颖、谢丹、吴玉、丁金香、王金重；江西省安福县猫牛岩、安福县三天门、新余市蒙山、莲花县锅底潭、宜春市明月山等；采集标本 738 号。

2014 年 11 月 4~9 日：陈功锡、孙林、肖佳伟、张成；湖南省茶陵县湖里湿地；江西省武功山（金顶）、羊狮幕、莲花县锅底潭等；采集标本 128 号。

2015 年 4 月 21 日至 5 月 1 日：肖佳伟、孙林、谢丹、吴玉；江西省宜春市明月山、高天岩、武功山，湖南省茶陵县湖里湿地；采集标本 451 号。

2015 年 5 月 26 日至 6 月 6 日：张代贵、肖佳伟、谢丹、吴玉；江西省吉安市安福县（坳上林场）、芦溪县（锅底潭）等；采集标本 676 号。

2015 年 9 月 21 日至 10 月 12 日：张代贵、孙林、张成、肖佳伟、张梦华、蒋颖、谢丹、吴玉、吴名鹤、刘群、张博、丁金香、王金重；江西省宜春市武功山、猫牛岩、锅底潭、明月山、三天门等；采集标本 3485 号。

2016 年 4 月 27~30 日：陈功锡、肖佳伟、张成、孙林；湖南省茶陵县、攸县，江西省武功山（金顶）等；采集标本 121 号。

2016 年 6 月 13~14 日：肖佳伟、谢丹；湖南省株洲市攸县；采集标本 8 号。

2016 年 8 月 19~20 日：肖佳伟、谢丹；湖南省株洲市攸县；采集标本 6 号。

2016 年 6 月 20~26 日：陈功锡、肖佳伟、张成、宋旺；江西省宜春市武功山、明月山、羊狮幕等；采集标本 148 号。

2017 年 5 月 4~9 日：陈功锡、肖佳伟、谢丹、王冰清、向晓媚；江西省宜春市羊狮幕、明月山、武功湖等；采集标本 122 号。

2017 年 5 月 17~18 日：肖佳伟、宋旺；江西省羊狮幕；采集标本 2 号。

2017 年 7 月 5~6 日：肖佳伟、张梦华、谢丹、吴玉；江西省宜春市芦溪县红岩谷；采集标本 10 号。

2017 年 8 月 4~7 日：陈功锡、肖佳伟、孙林、宋旺；江西省宜春市羊狮幕；湖南省茶陵县湖里湿地等；采集标本 72 号。

2017 年 8 月 24~27 日：陈功锡、肖佳伟、王冰清、向晓媚、单署芳；江西省武功山；采集标本 64 号。

2017 年 10 月 20~21 日：肖佳伟、吴玉；江西省宜春市羊狮幕；采集标本 5 号。

2018 年 4 月 20~24 日：陈功锡、张代贵、肖佳伟、王冰清、向晓媚；江西省赣州市石门寨、分宜县大岗山、芦溪县红岩谷；采集标本 208 号。

4.6　桃源洞与邻近地区维管植物采集概况

自 1988 年以来，研究人员针对桃源洞以及罗霄山脉西坡湘江流域开展了大量的群落学研究，如银杉群落（祁承经和肖育檀，1988；贺军辉，1991；谢宗强等，1995；苏乐怡等，2016）、南方铁杉群落（丁巧玲等，2016）、资源冷杉群落（刘羽霞等，2016）、瘿椒树群落（张记军等，2017）、中山针叶林（贺良光等，2002）等。其间，针对八面山银杉开展了遗传多样性和分子谱系地理学研究（葛颂等，1997；Wang and Ge，2006）。

1993 年，侯碧清主编的《湖南酃县桃源洞自然资源综合考察报告》出版，该书第一次对湖南桃源洞地区植物区系、植被进行了较全面的研究。其他相关的区系考察还涉及湖南大围山（杨道德，2010）、湖南天光山（周德芳等，2009）、湖南桂东三台山（陈建军和夏本安，2013）、湖南茶陵浣溪（罗开文，2009）、湖南八面山（易任远，2015）等地。

2013~2014 年，首都师范大学的刘忠成、中山大学的迟盛南分别在此开展研究。2013 年，迟盛南重点对桃源洞自然保护区各功能区植物多样性与区划评价进行了研究，将该地区划为 4 个植被型组，9 个植被型，30 个群系，确定桃源洞自然保护区的区系区划为东亚植物区、中国—日本植物亚区、华东地区、赣南—湘东丘陵亚地区。2014 年，刘忠成重点以典型群落分析与植物区系研究相结合，调查了野生维管植物 229 科 869 属 2272 种，其中蕨类植物 38 科 91 属 236 种，种子植物 191 科 778 属 2036 种。

2017 年，首都师范大学张记军对罗霄山脉西坡湘江流域种子植物区系进行了研究，收集了大量素材，其间共采集标本 7515 号，参考其他课题组来源标本共计 12 267 号，统计表明该地区种子植物共 206 科 930 属 2647 种，分别占湖南省种子植物科、属、种总数的 97.63%、64.27%、54.08%。张记军还结合植被、植物群落类型对该植物区系的流域特征进行了分析。

2018 年，首都师范大学刘楠楠对万洋山脉西坡桃源洞及东坡井冈山地区的植被和植物群落差异进行了比较研究，重点探讨了若干珍稀濒危植物群落的组成、结构差异和分化特征。

首都师范大学等在桃源洞邻近地区的主要采集活动如下。

2012 年 7 月 16 日至 8 月 5 日：赵万义、刘宇、景慧娟、施诗、迟盛南、袁天天、廖文波、凡强、王蕾、阿尔孜古力，实习本科生蔡松辰、杜静静、蔡凤珊、刘子豪、何国培、潘亮明、黄玉梅、黄艳、麦冬菁、陈滔彬、蔡锐坚；湖南省桃源洞；采集标本 962 号。

2013 年 7 月 27 日至 8 月 6 日：王蕾、刘忠成、赵万义、迟盛南、刘宇、吴保欢、王龙远、杨文晟、廖文波、刘蔚秋，实习本科生申建勋、陈绮翩、黄翠莹、蔡敏琪、刘雨霞、于雷；湖南省桃源洞；采集标本 1103 号。

　　2013 年 11 月 21 日至 12 月 4 日：廖文波、迟盛南、赵万义、张忠、许可旺、孙键；湖南省桃源洞；采集标本 355 号。

　　2014 年 4 月 18~27 日：赵万义、廖文波、杨文晟、孙健、刘宇、苗一博、李善、宋睿飞、赵世珉；湖南省桃源洞；采集标本 545 号。

　　2014 年 5 月 16~25 日：廖文波、向秋云、李良千、张志耘、傅承新、赵万义、王晓阳、潘嘉文、宋睿飞、赵世珉；江西省井冈山，采集标本 171 号；湖南省桃源洞，采集标本 230 号。

　　2014 年 7 月 19~28 日：廖文波、赵万义、王晓阳、许可旺、刘宇、谭维政、张忠、凡强、赵汝慧、王蕾，实习本科生康亚婷、刘湛、胡怡思、阿依左合热·吐地、支胜尧、孙黛雯、朱晓枭、卢美聿、陈艺敏、李忻隽、周樊婧、张茹帆、王铃艳、钟海洋、周秋杰、郑晔、张学聪、曾昭驰、谭荣灿、毛晓萌、林鑫；江西省井冈山、金盆山，采集标本 800 号；湖南省桃源洞、大围山，采集标本 500 余号。

　　2016 年 4 月 5~16 日：张记军、刘忠成、赵万义、丁巧玲、叶矾、王晓阳、潘嘉文、吴荣恩、张信坚、孟开开；湖南省桃源洞等；采集标本 1513 号。

　　2016 年 6 月 19 日至 7 月 5 日：张记军、刘忠成、赵万义、潘嘉文、吴荣恩、丁巧玲、冯慧喆、阴倩怡、张信坚；江西省七溪岭、禾山、三湾等；湖南省云阳山、桃源洞；采集标本 727 号。

　　2016 年 7 月 26 日至 8 月 10 日：叶华谷、张记军、刘忠成、廖文波、刘蔚秋、凡强、丁巧玲、刘佳、刘楠楠、张明月、张信坚、涂明、赵万义、王龙远、许可旺、阴倩怡，实习本科生郑凯丹、杨晓文、陈海凡、王子昂、陈冠霖、姚诗琦、黄明攀、徐柳菁、刘不典、宋含章、钟欣余、李超怡、朱宁远、李永宁、王庚申、臧作鹏、封珊珊、钟灵璐、郭昊旻、高晨皓、杨世明、王浩威；江西省齐云山，采集标本 275 号；湖南省桃源洞，采集标本 179 号。

　　2016 年 8 月 30 日至 9 月 13 日：刘忠成、张记军、赵万义、许可旺、张信坚、杨平、叶矾；江西省井冈山、南风面，湖南省桃源洞（大院景区）；采集标本 532 号。

　　2017 年 5 月 11~17 日：刘忠成、刘楠楠、杨平、张信坚、冯璐；湖南省桃源洞（梨树洲）、茶陵县，江西省井冈山；采集标本 326 号。

　　2017 年 6 月 3~19 日：刘忠成、刘楠楠、赵万义、阴倩怡、冯璐、张信坚、叶矾、熊武建、邓磊；江西省齐云山、南风面，湖南省九曲水；采集标本 949 号。

　　2017 年 9 月 12~14 日：刘楠楠、张伟、杨平；江西省南风面（采集斑叶兰属等疑似新种标本）；采集标本 35 号。

　　2017 年 10 月 11~17 日：刘忠成、赵万义、张信坚；江西省南风面，湖南省桃源洞（梨树洲、赵公亭）；采集标本 464 号。

　　2017 年 12 月 5~11 日：刘忠成、赵万义、张信坚；江西省上犹县，湖南省桂东县；采集标本 278 号。

　　2018 年 3 月 11~21 日：刘忠成、张伟、张信坚、叶矾；江西省七溪岭、齐云山，湖南省桃源洞；采集标本 230 号。

　　2018 年 5 月 17~23 日：刘忠成、赵万义、陈彦朝；湖南省炎陵县；采集标本 455 号。

　　2018 年 10 月 17~20 日：刘忠成、张伟、张信坚、刘逸嵘、陈志晖，实习本科生祝勇；湖南省桃源洞；采集标本 230 号。

4.7　万洋山脉维管植物采集概况

　　2009 年 10 月，江西省井冈山管理局邀请中山大学廖文波、王英永对井冈山地区的生物多样性进行第二次科学考察。2013 年，中山大学等联合若干高等院校和科研机构申报，获批开展"罗霄山脉地区生物多样性综合科学考察"。其中，中山大学"植物与植被专题组"重点是以万洋山脉为主向罗霄山脉南北扩展进行调查，持续至 2018 年 12 月，共采集标本 23 655 号，其间专题组与首都师范大学合作，发表新种 6 种，中国新记录种 1 种，江西省新记录科 1 科，江西省新记录属 3 属，江西省、湖南省新记录种 40 多种。整个调查大致分为两个阶段。

（1）2010~2012 年井冈山和桃源洞采集

2010~2012 年，主要在江西省井冈山、南风面、七溪岭，以及湖南省桃源洞地区采集，参加人员有廖文波、凡强、王蕾、李朋远、景慧娟、施诗等。持续调查共 10 余次，采集标本 2188 号，同号采集的 DNA 样品 1 万多份。出版了《中国井冈山地区生物多样性综合科学考察》（廖文波等，2014）。各次考察情况如下。

2010 年 9 月 4~15 日：施诗、凡强、石祥刚、谢行、李朋远、景慧娟、孙键、高嵩；江西省井冈山；采集标本 762 号。

2010 年 10 月 15~20 日：凡强、李朋远、景慧娟、孙键、高嵩；江西省井冈山；采集标本 374 号。

2010 年 11 月 21 日至 12 月 6 日：施诗、景慧娟、孙键；江西省井冈山；采集标本 248 号。

2011 年 3 月 28~30 日：凡强、景慧娟、施诗、孙键；江西省井冈山；采集标本 193 号。

2011 年 7 月 13~17 日：廖文波、李贞、王蕾、李朋远，实习本科生（一组）何诗阳、蔡东宏、梁盈盈、蔡东宏、陈慧敏、廖羽、陈锐、刘熠、段天琳、鲍鹏宇、刘彦和、曾虎、黄敏伟、王攀登、曾璇、王建国、蔡敏琪、夏滢颖、黄翠莹、曾文枢、褚一凡、赖剑鸿；江西省井冈山、荆竹山，采集标本 59 号，八面山（哨口），采集标本 119 号。

2011 年 7 月 13~17 日：凡强、景慧娟、孙键、周文君，实习本科生（二组）唐睿、王宇苑、王雪婧、蔡坤杉、陈恩健、陈凯、邓宇婷、李玉龙、张桂果、蔡松辰、杜静静、蔡凤珊、刘子豪、何国培、潘亮明、黄玉梅、黄艳、麦冬菁、陈滔彬、蔡锐坚；江西省荆竹山；采集标本 327 号。

2012 年 10 月 17~24 日：廖文波带队，实习本科生等；江西省宜春市靖安县（九岭山）、九江市修水县（五梅山）；采集标本 106 号，完成样地调查 23 片。

（2）2013~2018 年万洋山脉采集

2013~2018 年，主要在井冈山及其周围山地考察，并扩展至整个万洋山脉，亦在罗霄山脉地区南北各山地进行局部考察。参加考察的主要有从事分类学研究的博士生施诗、景慧娟、孙键、李飞飞、王龙远、冯慧喆、许可旺、阴倩怡、许会敏等。其间，中山大学赵万义完成博士学位论文"罗霄山脉种子植物区系地理学研究"，迟盛南完成硕士学位论文"湖南桃源洞自然保护区植物多样性研究及其功能区划评价"、张信坚完成硕士学位论文"江西七溪岭省级自然保护区植物区系研究"等。这一时期的考察，前后共进行了 30 多次约 260 天，采集标本 16 570 号。在廖文波、叶华谷、凡强的组织下完成了标本的鉴定工作。主要考察情况叙述如下。

2013 年 7 月 15~20 日：景慧娟、袁天天、孙键、吴保欢、赵万义、杨文晟、刘忠成、张忠；江西省永新县（七溪岭）、莲花县（高天岩）；采集标本 865 号。

2013 年 7 月 21~24 日：景慧娟、袁天天、吴保欢、赵万义、杨文晟、刘忠成、张忠；江西省莲花县（高天岩）；采集标本 457 号。

2013 年 7 月 29 日至 8 月 10 日：赵万义、孙键、杨文晟；江西省九岭山、明月山、三十把、飞剑潭、官山；采集标本 1398 号。

2013 年 8 月 11~15 日：赵万义、刘宇、杨文晟；江西省九岭山；采集标本 225 号。

2013 年 10 月 17~22 日：孙健、赵万义、张忠；江西省南风面；采集标本 598 号。

2014 年 3 月 1~3 日：廖文波、杨文晟、赵万义、蔡敏琪、张忠；江西省信丰县；采集标本 95 号。

2014 年 5 月 16~25 日：廖文波、向秋云、李良千、张志耘、傅承新、赵万义、王晓阳、潘嘉文、宋睿飞、赵世珉；江西省井冈山，采集标本 171 号；湖南省桃源洞，采集标本 230 号。

2014 年 7 月 19~28 日：廖文波、赵万义、王晓阳、许可旺、刘宇、谭维政、张忠、凡强、赵汝慧，实习本科生康亚婷、刘湛、胡怡思、阿依左和热•吐地、支胜尧、孙黛雯、朱晓枭、卢美聿、陈艺敏、李忻隽、周樊婧、张茹帆、王铃艳、钟海洋、周秋杰、郑晔、张学聪、曾昭驰、谭荣灿、毛晓萌、林鑫；江西省井冈山、金盆山，湖南省桃源洞、大围山；采集标本 1300 号。

2014 年 9 月 9~19 日：廖文波、赵万义、刘忠成、刘玉虎、吴保欢；湖南省大围山，江西省金盆山；共采集标本 675 号。

2014 年 11 月 8~11 日：廖文波、王龙远、张忠、谭维政、王晓阳；江西省武功山；采集标本 239 号。

2015 年 4 月 8~20 日：赵万义、许可旺、刘忠成、廖法启；江西省七溪岭、金鸡林场；采集标本 609 号。

2015 年 5 月 29 日至 6 月 19 日：赵万义、王晓阳、叶矾、刘忠成、潘嘉文、张忠、许可旺、谭维政；江西省五指峰、犹江林场、陡水湖、齐云山；湖南省毛鸡仙；采集标本 1120 号。

2015 年 7 月 26 日至 8 月 4 日：廖文波、凡强、赵万义、许可旺、刘忠成、张记军、王金将、阴倩怡，实习本科生王明阳、邵芊芊、仇博元、王妍、揭敏文、林心怡、谢雁、陈冬夏、杨玉鹏、湛霞、苏乐怡；江西省金鸡林场，湖南省八面山；采集标本 480 号。

2015 年 9 月 5~15 日：廖文波、刘忠成、张记军、冯慧喆、谭维政、丁巧玲、阴倩怡、赵万义，实习本科生刘佳、黎明达、宋威庭、孙云鹏、谭浩成、王庚申、姚裕珺、陈雨、许旅易、原昕、赵立；湖南省大围山，江西省九岭山；采集标本 128 号。

2015 年 10 月 3~5 日：廖文波、冯欣欣、冯慧喆、丁巧玲、许可旺、赵万义、刘忠成、张记军、阴倩怡，实习本科生谢雁、杨玉鹏、胡炜珊；江西省金鸡林场、金盆山；采集标本 76 号。

2015 年 10 月 31 日至 11 月 6 日：赵万义、刘忠成、张记军、谭维政、叶矾、冯欣欣、张忠；江西省南风面、武功山；采集标本 379 号。

2015 年 11 月 11~16 日：赵万义、张忠、刘忠成、丁巧玲、叶矾、谭维政；江西省武功山、伊山、井冈山；采集标本 738 号。

2016 年 5 月 11~31 日：赵万义、许可旺、张记军、叶矾、蔡文峰、潘嘉文、丁巧玲、张信坚、张忠；江西省吉安市遂川县（营盘圩乡、黄草河、南风面）、井冈山市（锡坪、河西垄）；采集标本 2588 号。

2016 年 6 月 19 日至 7 月 5 日：赵万义、张记军、潘嘉文、吴荣恩、丁巧玲、冯慧喆、阴倩怡、刘忠成、张信坚；江西省七溪岭、禾山、三湾，湖南省云阳山、桃源洞；采集标本 727 号。

2016 年 8 月 30 日至 9 月 13 日：赵万义、刘忠成、许可旺、张信坚、张记军、杨平、叶矾；江西省井冈山（荆竹山、江西坳、严岭嶂），湖南省桃源洞（大院景区）；采集标本 320 号。

2016 年 10 月 24 日至 11 月 14 日：赵万义、刘忠成、许可旺、张记军、张信坚、叶矾、杨平、刘佳、毛晓萌、马艳；江西省五指峰、官山，湖南省连云山、齐云山；采集标本 532 号。

2017 年 4 月 4~7 日：刘忠成、关开朗、叶矾、张信坚；江西省七溪岭；采集标本 150 号。

2017 年 6 月 3~19 日：赵万义、刘忠成、阴倩怡、刘楠楠、冯璐、张信坚、叶矾、熊武建、邓磊；江西省齐云山、南风面，湖南省九曲水；采集标本 949 号。

2017 年 8 月 16~30 日：凡强、赵万义、刘佳、刘逸嵘、蒋涵、叶矾、刘楠楠，实习本科生王林娜、黄燕双、陈培涛、黄奕衔、陈京锐、杨丁玲、王浩威、梁绮华、杜何莹、杜向灯、代智允、钟欣余；江西省井冈山、齐云山；采集标本 177 号。

2017 年 8 月 16~30 日：廖文波、叶华谷、刘忠成、张信坚、冯璐、阴倩怡、潘嘉文，实习本科生朱冉冉、余冰冰、周婉诗、崔永婕、王庚申、滕慧丹、岑晓君、宋含章；江西省官山、庐山；采集标本 46 号，完成样地调查 35 片。

2017 年 9 月 12~14 日：刘楠楠、张伟、杨平；江西省南风面；采集标本 35 号。

2017 年 10 月 11~17 日：赵万义、刘忠成、张信坚；江西省南风面；湖南省桃源洞（梨树洲、赵公亭）；采集标本 464 号。

2017 年 12 月 5~11 日：赵万义、刘忠成、张信坚；江西省赣州市上犹县，湖南省郴州市桂东县；采集标本 278 号。

2018 年 3 月 11~21 日：刘忠成、张信坚、张伟、叶矾；江西省七溪岭、齐云山，湖南省桃源洞；采集标本 230 号。

2018 年 4 月 21~26 日：张信坚、叶矾、陈权禄；江西省齐云山（补充采集虎耳草疑似新种、蛇根草疑似新种标本）；采集标本 13 号。

2018 年 8 月 4~14 日：叶华谷、赵万义、叶矾、刘佳、刘逸嵘、黄佳璇、阴倩怡、陈彦朝、温敏，实习本科生刘瑞琪、张思玉、纪新元、王湘蓉、黄燕双、黄明攀、赵新洁、张靖宜、钟欣余；湖南省八面山，江西省武功山；采集标本 430 号。

2018 年 8 月 4~15 日：廖文波、刘忠成、陈志晖、邹艳丽、冯璐、张信坚，实习本科生程凯平、陈京锐、方正文、李昔润、马志飞、韩晓童、刘兰君、钟懿婷、邹小娟、宋含章、周婉诗、黄名海、刘玥楼；江西省井冈山、九岭山；采集标本 380 号。

南昌大学杨柏云兰科植物课题组协助开展罗霄山脉兰科植物研究，开展专项考察，大致考察情况如下。

2015~2018 年，每年 6 月：杨柏云、罗火林、熊冬金、韩宇、沈宝涛、陈金磊、陈衍如、刘环、刘楠楠、肖汉文、王程旺；江西省齐云山；采集标本 700 号，调查样地 4 片。

2014~2018 年，每年 5 月：杨柏云、罗火林、熊冬金、韩宇、沈宝涛、陈金磊、陈衍如、刘环、刘楠楠、肖汉文、王程旺；江西省井冈山；采集标本 800 号，调查样地 5 片。

4.8　诸广山脉维管植物采集概况

2013 年以前，中国科学院、国家林业局调查规划设计院以及江西省和湖南省等相关单位的研究人员，对诸广山脉局部区域植物多样性或个别类群进行了调查，取得了许多成果。例如，1984~1985 年，祁承经等在诸广山脉八面山的桂东县、资兴市等地相继发现了银杉林，指出八面山银杉林是我国地理分布最东的幸存银杉群落，也是生长量最大的银杉群落。1997 年，郭传友对齐云山地区常绿阔叶林群落进行了初步研究，根据该区域群落的组成结构等论证了齐云山处于中亚热带的北缘，具有一定的过渡性质。2006 年 9 月，崇义县政府组织并邀请了复旦大学、国家林业局调查规划设计院、南昌大学、江西农业大学、江西师范大学等单位的专家学者，在江西齐云山自然保护区进行了科学考察，各专家学者对保护区内包括植物在内的有关生物类群进行了调查和标本采集，撰写了《江西齐云山自然保护区综合科学考察集》（刘小明等，2010），书中记录了保护区内高等植物 2843 种。此外，中山大学、湖南师范大学、中南林业科技大学等单位有关研究人员曾分别到诸广山脉的局部地区（如桂东县、资兴市、炎陵县）进行过植物调查和标本采集，均收获了部分标本，分别存放于中山大学植物标本馆（SYS）、湖南师范大学植物标本馆（HNNU）和中南林业科技大学森林植物标本馆（CSFI）。

2013~2018 年，湖南师范大学在该地区开展了全面调查和标本采集。调查地点基本上涵盖了该地区主要生境类型。先后考察了 24 次，共 285 天，采集植物标本 11 120 号 26 350 份，经鉴定，诸广山脉地区共有野生种子植物 189 科 895 属 2242 种。在全面调查采集的同时，按照标准样方法（王伯荪和彭少麟，1986），调查乔木、灌木、草地样方各 46 个（由中山大学协助完成）。参加考察的主要有湖南师范大学刘克明教授、刘林翰高级工程师、蔡秀珍副教授、丛义艳讲师、旷仁平讲师，以及田径、易任远、彭令、吴尧晶、田学辉、周柳、刘雷等许多研究生和本科生。

在刘克明和刘林翰的主持下（田径博士参与）开展植物标本的鉴定工作，发现植物新种 2 个，即桂东锦香草 *Phyllagathis guidongensis* K. M. Liu et J. Tian 和衡山报春苣苔 *Primulina hengshanensis* L. H. Liu et K. M. Liu；发现省级新记录种 7 个，如尖叶木姜子 *Lindera acutivena*、金柑 *Fortunella japonica*、指叶山猪菜 *Merremia quinata*、圆苞山罗花 *Melampyrum laxum*、弯管马铃苣苔 *Oreocharis curvituba*、封怀凤仙花 *Impatiens fenghwaiana*、大齿马铃苣苔 *Oreocharis magnidens*。发现珍稀濒危物种粗梗水蕨 *Ceratopteris pteridoides*、竹节参 *Panax japonicus*、莼菜 *Brasenia schreberi* 等新分布居群。

其间，湖南师范大学易任远完成硕士论文《湖南八面山种子植物区系研究》，田径完成博士论文《诸广山脉地区种子植物区系研究》。专题组发表了相关研究论文 8 篇，其中 SCI 论文 3 篇。

研究表明，诸广山脉地区种子植物区系虽然和华东植物区系有一定的联系，但该区的核心区域[资兴市—桂东县（含汝城北部）—崇义县—上犹县一线]具有较丰富的华南区系成分（如金缕梅科 Hamamelidaceae、安息香科 Styracaceae、天料木属 *Homalium*、西番莲属 *Passiflora*、桃金娘属 *Rhodomyrtus* 等），表明该区植物区系与华南植物区系更为近缘。所发现的新种野牡丹科锦香草属桂东锦香草 *Phyllagathis guidongensis*，其近缘种为分布于海南的窄叶锦香草 *P. stenophylla* H. L. Li，锦香草属主要分布于东南亚地区及我国南岭西南部，这一发现加强了该区与南岭区系的联系。

湖南师范大学在诸广山脉及其相邻区域的野外考察基本情况如下。

2013 年 7 月 3 日至 11 月 4 日：刘克明、蔡秀珍、旷仁平、易任远、彭令、刘雷、廖鑫凤、王莎、何燕、左政裕、向倩、龙容万、钟思远；湖南省郴州市安仁县（豪山）、桂东县（八面山），衡阳市衡东县（甘溪镇、四方山林场）；共采集标本 1076 号（2550 份）。

2014 年 4 月 21 日至 10 月 28 日：刘克明、丛义艳、旷仁平、蔡秀珍、易任远、彭令、田径、刘雷、田学辉、彭帅、高振杰、吴文清、廖鑫凤、左政裕、向倩、龙容万、何燕、陈曦、吕治会、李春阳、刘文邦、黄晶、陈柳艳、樊婷婷；湖南省郴州市桂东县（齐云山）、资兴市、永兴县、汝城县，江西省赣州市信丰县（金盆山）、崇义县（齐云山）；共采集标本 2321 号（5500 份）。

2015 年 7 月 15 日至 11 月 22 日：刘克明、旷仁平、易任远、彭令、刘雷、田径、田学辉、吴尧晶、尹娟、李志、周柳、钟彬彬、吴文清、刘春艳、陈吕莉、疏仁美；江西省赣州市上犹县（陡水湖、五指峰）；湖南省郴州市资兴市、桂东县（八面山、齐云山）、汝城县，岳阳市平江县，株洲市炎陵县（桃源洞）；共采集标本 2363 号（5600 份）。

2016 年 6 月 14 日至 11 月 13 日：刘克明、旷仁平、彭令、田学辉、吴尧晶、尹娟、林伯稳、周柳、陆锦婷、刘京南、唐灵超、廖美、杨小霜、孙振浩、谭珂炜、宋志林、邓悦；湖南省郴州市苏仙区、北湖区、安仁县、嘉禾县、永兴县、桂阳县，株洲市醴陵市、茶陵县；江西省赣州市崇义县；共采集标本 2068 号（4900 份）。

2017 年 3 月 21 日 10 月 31 日：刘克明、田径、田学辉、吴尧晶、周柳、刘蕴哲、王芳鸣、吴玉、李帅杰、彭帅；湖南省株洲市攸县（黄丰桥镇），浏阳市大围山、社港镇，岳阳市岳阳县、临湘市、汨罗市、湘阴县、平江县；江西省赣州市上犹县；共采集标本 2195 号（5200 份）。

2018 年 4 月 6 日 9 月 25 日：刘克明、周柳、刘蕴哲、李帅杰寻成峰、廖俊杰、张秦幽、王佳、王周全、贺媛钰；湖南省株洲市攸县（鸾山镇、柏市镇、酒埠江镇）、茶陵县，衡阳市衡东县，浏阳市社港镇等，郴州市汝城县（九龙江）；共采集标本 1097 号（2600 份）。

参 考 文 献

陈功锡, 张代贵, 肖佳伟. 2019. 武功山地区维管束植物物种多样性编目[M]. 成都: 西南交通大学出版社.

陈建军, 夏本安. 2013. 湖南桂东三台山种子植物区系研究[J]. 湖南林业科技, 40(3): 48-54.

迟盛南. 2013. 湖南桃源洞自然保护区植物多样性研究及其功能区划评价[D]. 广州: 中山大学硕士学位论文.

丁巧玲, 刘忠成, 王蕾, 等. 2016. 湖南桃源洞国家级自然保护区南方铁杉种群结构与生存分析[J]. 西北植物学报, 36(6): 1233-1244.

凡强, 赵万义, 施诗, 等. 2014. 江西省种子植物区系新资料[J]. 亚热带植物科学, 43(1): 29-32.

范志刚, 孔令杰, 彭德镇, 等. 2011. 齐云山自然保护区兰科植物资源分布及其区系特点[J]. 热带亚热带植物学报, 19(2): 159-165.

高贤明. 1991. 江西安福武功山木本植物区系的研究[J]. 江西农业大学学报, 13(2): 140-147.

葛颂, 王海群, 张灿明, 等. 1997. 八面山银杉林的遗传多样性和群体分化[J]. 植物学报, 39(3): 266-271.

贺军辉. 1991. 八面山银杉林的调查研究[J]. 湖南林业科技, (1): 42-45.

贺利中, 刘仁林. 2010. 江西七溪岭自然保护区科学考察及生物多样性研究[M]. 南昌: 江西科学技术出版社.

贺良光, 全平, 覃树玉. 2002. 桃源洞自然保护区中山针叶林研究[J]. 中南林业调查规划, 21(2): 58-60.

侯碧清. 1993. 湖南酃县桃源洞自然资源综合科学考察报告[M]. 长沙: 国防科技大学出版社.

《江西植物志》编辑委员会. 1993. 江西植物志: 第1卷[M]. 南昌: 江西科学技术出版社.

李家湘, 林亲众, 赵丽娟. 2006. 平江幕阜山种子植物区系[J]. 中南林学院学报, 26(5): 93-97.

李振基, 吴小平, 陈小麟, 等. 2009. 江西九岭山自然保护区综合科学考察报告[M]. 北京: 科学出版社.

廖文波, 王蕾, 王英永, 等. 2018. 湖南桃源洞国家级自然保护区生物多样性综合科学考察[M]. 北京: 科学出版社.

廖文波, 王英永, 李贞, 等. 2014. 中国井冈山地区生物多样性综合科学考察[M]. 北京: 科学出版社.

林英. 1983. 江西森林的地理分布[J]. 南昌大学学报(理科版), 7(4): 1-18.

林英. 1990. 井冈山自然保护区考察研究[M]. 北京: 新华出版社.

刘贵华, 李伟, 王相磊, 等. 2004. 湖南茶陵湖里沼泽种子库与地表植被的关系. 生态学报, 24(3): 450-456.

刘克旺, 侯碧清. 1991. 湖南桃源洞自然保护区植物区系初步研究[J]. 武汉植物学研究, 9(1): 53-61.

刘楠楠. 2018. 万洋山脉东西坡植被与珍稀植物群落比较研究[D]. 北京: 首都师范大学硕士学位论文.

刘仁林, 唐赣成. 1995. 井冈山种子植物区系的研究[J]. 武汉植物学研究, 13(3): 210-218.

刘仁林, 张志翔, 廖为明. 2010. 江西种子植物名录[M]. 北京: 中国林业出版社.

刘武凡, 彭志强, 佘志勇, 等. 2014. 安福木本植物[M]. 南昌: 江西科学技术出版社.

刘小明, 郭英荣, 刘仁林. 2010. 江西齐云山自然保护区综合科学考察集[M]. 北京: 中国林业出版社.

刘信中, 吴和平. 2005. 江西官山自然保护区科学考察与研究[M]. 北京: 中国林业出版社.

刘羽霞, 廖文波, 王蕾, 等. 2016. 桃源洞国家级保护区资源冷杉种群动态[J]. 首都师范大学学报(自然科学版), 37(3): 51-56.

刘忠成. 2016. 湖南桃源洞国家级自然保护区植被与植物区系研究[D]. 北京: 首都师范大学硕士学位论文.

刘忠成, 朱晓枭, 凡强, 等. 2017. 自海南岛至罗霄山脉中段大果马蹄荷群落维度地带性研究[J]. 生态学报, 37(10): 1-14.

罗开文. 2009. 湖南丹霞地貌植物研究[D]. 长沙: 中南林业科技大学硕士学位论文.

彭焱松, 唐忠炳, 谢宜飞. 2021. 江西维管植物多样性编目[M]. 北京: 中国林业出版社.

祁承经, 肖育檀. 1988. 湖南省八面山银杉林的群落学分析[J]. 植物研究, 8(4): 169-182.

苏乐怡, 赵万义, 张记军, 等. 2016. 湖南八面山银杉群落特征及其残遗性和保守性分析[J]. 植物资源与环境学报, 25(4): 76-86.

孙克勤, 崔金钟, 王士俊. 2016. 中国化石裸子植物(上)[M]. 北京: 高等教育出版社.

孙林. 2016. 武功山地区蕨类植物区系研究[D]. 吉首: 吉首大学硕士学位论文.

陶正明. 1998. 江西省铜鼓县木本植物区系的初步研究[J]. 浙江师大学报(自然科学版), 21(2): 62-70.

万文豪, 常红秀, 吴强. 1986. 江西五梅山北坡的植被和植物资源[J]. 江西大学学报(自然科学版), 10(3): 9-16.

田径. 2018. 诸广山脉地区种子植物区系研究[D]. 长沙: 湖南师范大学博士学位论文.

田旗. 2014. 华东植物区系维管束植物多样性编目[M]. 北京: 科学出版社.

王兵, 李海静, 郭泉水, 等. 2005. 江西大岗山森林生物多样性研究[M]. 北京: 中国林业出版社.

王伯荪, 彭少麟. 1986. 鼎湖山森林群落分析: VII. 生态优势度[J]. 中山大学学报(自然科学版), (2): 93-97.

王红卫. 2006. 银杉的分子谱系地理学研究[D]. 北京: 中国科学院研究生院 (植物研究所) 博士学位论文.

王青锋, 葛继稳. 2002. 湖北九宫山自然保护区生物多样性及其保护[M]. 北京: 中国林业出版社.

王士俊, 崔金钟, 杨永, 等. 2016. 中国化石裸子植物(下)[M]. 北京: 高等教育出版社.

向晓媚. 2018. 武功山地区珍稀濒危植物研究[D]. 吉首: 吉首大学硕士学位论文.

肖佳伟. 2017. 武功山地区种子植物区系研究[D]. 吉首: 吉首大学硕士学位论文.

肖佳伟, 陈功锡, 向晓媚. 2018. 武功山地区种子植物区系及珍稀濒危保护植物研究[M]. 北京: 科学技术文献出版社.

肖双燕, 刘仁林, 潜伟萍, 等. 2002. 萍乡市种子植物名录[J]. 江西林业科技, (3): 20-59.

肖宜安, 郭恺强, 刘旻生, 等, 2009. 武功山珍稀濒危植物资源及其区系特征[J]. 井冈山学院学报(自然科学版), 30(4): 5-8.

谢国文. 1991. 江西木本植物区系成分及其特征的研究[J]. 植物研究, 11(1): 91-99.

谢国文. 1993. 江西热带性植物的区系地理研究[J]. 武汉植物学研究, 11(2): 130-136.

谢宗强, 陈伟烈, 江明喜, 等. 1995. 八面山银杉林种群的初步研究[J]. 植物学报, 37(1): 58-65.

杨道德. 2010. 湖南大围山自然保护区综合科学考察报告集[R]. 中南林业科技大学, 湖南师范大学.

易任远. 2015. 湖南八面山种子植物区系研究[D]. 长沙: 湖南师范大学硕士学位论文.

张宏达. 1980. 华夏植物区系的起源与发展[J]. 中山大学学报(自然科学版), 19(1): 89-98.

张宏达. 1986. 种子植物系统分类提纲[J]. 中山大学学报(自然科学版), 25(1): 1-13.

张记军. 2017. 罗霄山脉西坡湘江流域种子植物区系研究[D]. 北京: 首都师范大学硕士学位论文.

张记军, 陈艺敏, 刘忠成, 等. 2017. 湖南桃源洞国家级自然保护区珍稀植物瘿椒树群落研究[J]. 生态科学, 36(1): 9-16.

张忠, 赵万义, 凡强, 等. 2017. 江西省种子植物一新记录科(无叶莲科)及其生物地理学意义[J]. 亚热带植物科学, 46(2): 181-184.

赵万义. 2017. 罗霄山脉种子植物区系地理学研究[D]. 广州: 中山大学博士学位论文.

中国植物志编委会. 1959-2000. 中国植物志(第 1-80 卷) [M]. 北京: 科学出版社.

周德芳, 刘扬晶, 周湘红. 2009. 湖南衡东天光山自然保护区种子植物区系研究[J]. 中南林业调查规划, 28(1): 38-42.

周柳. 2019. 湖南省重要农业野生植物及数据库构建[D]. 长沙: 湖南师范大学硕士学位论文.

APG IV. 2016. An update of the Angiosperm Phylogeny Group classification for the orders and families of flowering plants: APG IV[J]. Botanical Journal of the Linnean Society, 181(1): 1-20.

Christenhusz MJM, Reveal JL, Farjon A, et al. 2011. A new classification and linear sequence of extant gymnosperms [J]. Phytotaxa, 19: 55-70.

PPG I. 2016. A community-derived classification for extant lycophytes and ferns [J]. Journal of Systematics and Evolution, 54(6): 563-603.

Wang H W, Ge S. 2006. Phylogeography of the endangered *Cathaya argyrophylla* (Pinaceae) inferred from sequence variation of mitochondrial and nuclear DNA [J]. Molecular Ecology, 15: 4109-4122.

Wang L, Liao W B, Chen C Q, et al. 2013. The seed plant flora of the Mount Jinggangshan Region, Southeastern China [J]. PLoS ONE, 8(9): e75834.

Wu Z Y, Raven P H, Hong D Y. 1994-2013. Flora of China. Vol. 1-25 [M]. Beijing: Science Press; St. Louis: Missouri Botanical Garden Press.

Xiao J W, Meng Y, Zhang D G, et al. 2017. *Heteropolygonatum wugongshanensis* (Asparagaceae, Polygonateae), a new species from Jiangxi province of China [J]. Phytotaxa, 328(2): 189-197.

附表 罗霄山脉重点考察自然保护地基本情况

序号	五条中型山脉	鄂湘赣三省	保护区名称	行政区域	面积/hm²	主要保护对象	类型	级别	始建时间	主管部门
1	幕阜山脉	鄂	九宫山国家级自然保护区	通山县	16 608.7	中亚热带阔叶林生态系统及珍稀动植物	森林生态	国家级	1981	林业局
2		鄂	隐水洞地质公园	通山县	250	岩溶景观	地质遗迹	市级	2002	国土局
3		赣	修河源五梅山自然保护区	修水县	14 485	森林生态系统及红豆杉、红胸角雉、白颈长	森林生态	省级	2007	林业局
4		赣	修水黄龙山自然保护区	修水县	2 333	森林生态系统及红胸角雉、白颈长尾雉、云豹等珍稀野生动植物	森林生态	县级	2007	林业局
5		赣	程坊自然保护区	修水县	10 759.8	红胸角雉、白颈长尾雉、云豹等野生动植物	森林生态	省级	2007	林业局
6		赣	瑞昌南方红豆杉自然保护区	瑞昌市	2 500	南方红豆杉及森林生态系统	野生植物	省级	2006	林业局
7		赣	伊山自然保护区	武宁县	11 340	中亚热带常绿阔叶林生态系统	森林生态	省级	2005	林业局
8		赣	姑塘候鸟自然保护区	九江市庐山区	5 300	候鸟及湿地生态系统	野生动物	县级	2000	林业局
9		赣	鄱城湖冬候鸟自然保护区	柴桑区	4 500	小天鹅等越冬候鸟及栖息地	野生动物	县级	2000	林业局
10		赣	星子婺花池湿地自然保护区	庐山市	3 333	湿地生态系统	内陆湿地	县级	2001	林业局
11		湘	幕阜山自然保护区	平江县	7 733.8	森林生态系统	森林生态	省级	1995	林业局
12		湘	仙姑山自然保护区	平江县	287.3	草鸮等稀珍动植物及其生境	野生动物	县级	1983	林业局
13	九岭山脉	赣	百丈山自然保护区	奉新县	186.3	中亚热带常绿阔叶林	森林生态	县级	2000	林业局
14		赣	洞山自然保护区	宜丰县	300	中亚热带常绿阔叶林	森林生态	县级	1996	其他
15		赣	奉新五梅山自然保护区	奉新县	2 295.6	森林生态系统及云豹、猕猴、金雕、红豆杉等珍稀野生动植物	森林生态	县级	2009	林业局
16		赣	官山国家级自然保护区	宜丰县、铜鼓县	11 500.5	中亚热带常绿阔叶林及白颈长尾雉等珍稀野生动植物	森林生态	国家级	1981	林业局
17		赣	和尚坪自然保护区	靖安县	3 401	中亚热带常绿阔叶林	森林生态	县级	2008	林业局
18		赣	江西省螺峰尖省级森林公园	宜丰县	71.1	中亚热带常绿阔叶林	森林公园	省级	2012	宜丰县林业局
19		赣	江西省马形山森林公园	宜丰县	800	亚热带常绿阔叶林	森林公园	省级	2008	宜丰县潭山镇店上村民委员会
20		赣	江西省仙隐洞森林公园	宜丰县	920	次生常绿阔叶林	森林公园	省级	2009	宜丰县芳溪镇人民政府
21		赣	九岭山国家级自然保护区	靖安县	11 541	中亚热带常绿阔叶林及野生动植物	森林生态	国家级	1997	林业局
22		赣	九岭山国家级森林公园	奉新县	1 266.16	中亚热带常绿阔叶林	森林生态	国家级	2006	林业局
23		赣	靖安大鲵自然保护区	靖安县	100	大鲵及其生境	野生动物	县级	1980	农业局
24		赣	潦河大鲵自然保护区	靖安县	3 733.5	大鲵及其生境	野生动物	省级	2011	农业局
25		赣	萝卜潭自然保护区	奉新县	773	常绿阔叶林	森林生态	县级	2000	林业局

续表

序号	五条中型山脉	鄂湘赣三省	保护区名称	行政区域	面积/hm²	主要保护对象	类型	级别	始建时间	主管部门
26		赣	南港水源涵养自然保护区	上高县	5 214	中亚热带常绿阔叶林	森林生态	县级	1996	林业局
27		赣	南屏山自然保护区	宜丰县	54.67	中亚热带常绿阔叶林	森林生态	县级	1996	林业局
28		赣	泥洋山自然保护区	奉新县	1 989.5	中亚热带常绿阔叶林	森林生态	县级	2000	林业局
29		赣	峤岭自然保护区	安义县	4 490	虎纹蛙、白鹇、伯乐树等野生动植物	森林生态	省级	1999	林业局
30		赣	三十把自然保护区	万载县	2 100	天然阔叶混交林及野生动物	森林生态	省级	1996	林业局
31		赣	三爪仑国家森林公园	靖安县	11 840.15	中亚热带常绿阔叶林	森林公园	国家级	2007	江西靖安县林业局管理
32		赣	上高县省级森林公园	上高县	160	中亚热带常绿阔叶林、地质景观	森林公园	省级	1993	上高县九峰林场
33	九岭山脉	赣	陶仙岭自然保护区	奉新县	178.2	中亚热带常绿阔叶林	森林生态	县级	2000	林业局
34		赣	天柱峰自然保护区	铜鼓县	17 000	亚热带常绿阔叶林、水源林	森林生态	县级	1997	林业局
35		赣	鸡冠石自然保护区	万载县	1 459.6	亚热带常绿阔叶林、水源林	森林生态	县级	1999	林业局
36		赣	安义西山岭自然保护区	安义县	20 445	常绿阔叶林生态系统	森林生态	县级	1999	林业局
37		赣	宜丰县省级森林公园	宜丰县	2 805.07	中亚热带常绿阔叶林	森林公园	省级	1993	宜丰县林业局
38		赣	越山自然保护区	奉新县	2 084.9	中亚热带常绿阔叶林	森林生态	县级	2000	林业局
39		赣	竹山洞自然保护区	万载县	342	亚热带常绿阔叶林、喀斯特溶洞	森林生态	县级	1999	其他
40		湘	大围山国家森林公园	浏阳市	47 000	亚热带森林生态系统、野生动植物资源	森林公园	国家级	1996	大围山国家森林公园管理局
41		湘	浏阳大围山自然保护区	浏阳市	5 220	南亚热带森林生态系统及珍稀濒危动植物	森林生态	省级	1982	林业局
42	武功山脉	赣	安福县蒙冈岭森林公园	安福县	53.33	中亚热带常绿阔叶林	森林公园	市级	1988	安福县蒙冈岭森林公园管理办公室
43		赣	百丈峰省级森林公园	新余市	2 133.33	中亚热带常绿森、野生动植物资源	森林公园	省级	1993	渝水区百丈峰林场
44		赣	店下自然保护区	樟树市	2 883	中亚热带常绿阔叶林	森林生态	县级	2007	林业局
45		赣	飞剑潭自然保护区	宜春市袁州区	4 986	森林生态系统	森林生态	县级	2009	水利局
46		赣	大岗山县级自然保护区	分宜县	1 200	森林生态系统及白颈长尾雉等野生动植物	森林生态	县级	2005	林业局
47		赣	分宜石门寨县级自然保护区	分宜县	971.2	森林生态系统及野生动植物	森林生态	县级	2005	林业局
48		赣	高天岩自然保护区	莲花县	4 780	中亚热带常绿阔叶林	森林生态	省级	1999	林业局
49		赣	江西省大岗下森林公园	分宜县	675	亚热带常绿阔叶林	森林公园	省级	2007	分宜县大岗下林场
50		赣	江西省寒山森林公园	莲花县	1 168	中亚热带常绿阔叶林	森林公园	省级	2007	莲花县林业局

续表

序号	五条中型山脉	鄂湘赣三省	保护区名称	行政区域	面积/hm²	主要保护对象	类型	级别	始建时间	主管部门
51	武功山脉	赣	江西省湖仙山省级森林公园	莲花县	182	中亚热带常绿阔叶林	森林公园	省级	2010	莲花县林业局
52		赣	江西省三尖峰森林公园	芦溪县	630.8	中亚热带常绿阔叶林	森林公园	省级	2007	萍乡市南坑林场（芦溪县）
53		赣	锅底潭自然保护区	芦溪县	3 618	湿地生态系统	内陆湿地	县级	2002	林业局
54		赣	猫牛岩自然保护区	安福县	349	中亚热带常绿阔叶林	森林生态	县级	1997	林业局
55		赣	明月山国家森林公园	安福县	7 842	森林生态系统、野生动植物及其生境	野生动物	国家级	1994	林业局/明月山管委会
56		赣	三天门自然保护区	安福县	1 100	森林生态系统	森林生态	县级	1997	林业局
57		赣	石门寨自然保护区	分宜县	971.2	森林生态系统及野生植物	森林生态	省级	2005	林业局
58		赣	大源坑自然保护区	安福县	435.6	中亚热带常绿阔叶林	森林生态	县级	1997	林业局
59		赣	桃花洞自然保护区	安福县	243	野生动植物及其生境	野生动物	县级	1997	林业局
60		赣	铁丝岭自然保护区	安福县	2 046.86	野生动植物及其生境	野生动物	省级	1997	林业局
61		赣	武功山国家森林公园	安福县	24 190	中亚热带常绿阔叶林、生物多样性、自然景观	森林公园	国家级	2002	安福县武功山国家森林公园管理局
62		赣	新余蒙山自然保护区	新余市渝水区	560	中亚热带常绿阔叶林及南方红豆杉等珍稀植物	森林生态	县级	2007	林业局
63		赣	羊狮幕自然保护区	芦溪县	7 006	亚热带绿阔叶林生态系统	森林生态	省级	1999	林业局
64		赣	玉壶山省级森林公园	莲花县	393.33	中亚热带常绿阔叶林	森林公园	省级	1994	莲花县林业局
65		赣	玉京山自然保护区	宜春市袁州区	1 199	洛叶木莲及森林生态系统	野生植物	省级	2007	林业局
66		湘	金觉峰自然保护区	衡东县	1 357	森林生态系统及野生动植物	森林生态	县级	1998	林业局
67		湘	木子山自然保护区	安仁县	100	白鹭、古樟树	森林生态	县级	1993	环保局
68		湘	衡东四方山自然保护区	衡东县	380	森林生态系统及野生动植物	森林生态	县级	1998	林业局
69		湘	熊峰山国家森林公园	安仁县	6 161	森林生态系统、自然景观	森林公园	国家级	2011	林业局
70		湘	云阳山国家森林公园	茶陵县	8 688.7	森林及野生植物	森林公园	国家级	2002	林业局
71		湘	云阳山自然保护区	茶陵县	10 180	次生常绿阔叶林生态系统及珍稀野生动植物	森林生态	省级	2006	林业局
72	万洋山脉	赣	梓坑自然保护区	吉安县	2 345	中亚热带常绿阔叶林	森林生态	县级	2000	林业局
73		湘	便江自然保护区	永兴县	18 180	森林生态系统及野生动植物、丹霞地貌	森林生态	县级	2001	林业局
74		赣	大湾里自然保护区	遂川县	2 700	中亚热带常绿阔叶林	森林生态	县级	2002	林业局
75		赣	福华山自然保护区	吉安县	827	中亚热带常绿阔叶林	森林生态	县级	2000	林业局

序号	五岭三省中型山脉	省	保护区名称	行政区域	面积/hm²	主要保护对象	类型	级别	始建时间	主管部门
76		赣	高坪夏候鸟自然保护区	遂川县	15 000	中亚热带常绿阔叶林	森林生态	县级	2002	林业局
77		赣	河坑自然保护区	吉安县	4 367	中亚热带常绿阔叶林	森林生态	县级	2000	林业局
78		赣	江口自然保护区	吉安县	1 052	中亚热带常绿阔叶林	森林生态	县级	2000	林业局
79		赣	井冈山风景名胜区	井冈山市	261.43	革命人文景观及自然风光	风景名胜区	国家级	1982	江西井冈山管理局
80		赣	井冈山国家级自然保护区	井冈山市	21 499	亚热带常绿阔叶林及珍稀动物	森林生态	国家级	1981	林业
81		赣	明月山国家森林公园	宜春市	7 842	自然景观、森林生态系统、温泉	森林公园	国家级	1994	宜春市明月山温泉风景名胜区管理局（明月山管委会）
82	万洋山脉	赣	南风面国家级自然保护区	遂川县	10 588	典型中亚热带山地常绿阔叶林森林生态系统	森林生态	国家级	2002	林业局
83		赣	罗霄山大峡谷国家森林公园	遂川县	2 936.05	亚热带常绿阔叶林	森林公园	国家级	2017	林业局
84		赣	七溪岭自然保护区	永新县	10 500	中亚热带森林生态系统	森林生态	省级	1999	林业局
85		赣	三湾国家森林公园	永新县	15 313.33	中亚热带常绿阔叶林、珍稀濒危保护动植物、红色遗址	森林公园	国家级	2004	林业局
86		赣	万安国家森林公园	万安县	16 333	森林及水源（森林面积12 164hm²，水域面积3 427hm²）	森林公园	国家级	2004	林业局
87		湘	八面山国家级自然保护区	桂东县	10 974	森林及银杉、水鹿、黄腹角雉等珍稀动植物	森林生态	国家级	1982	林业局
88		湘	顶辽银杉自然保护区	资兴市	953	银杉群落及其生境/野生植物	野生植物	省级	1986	林业局
89		湘	湖里自然保护区	茶陵县	22	野生稻及其生境	内陆湿地	县级	2002	林业局
90		湘	神农谷国家森林公园	炎陵县	10 000	亚热带常绿阔叶林、资源冷杉等珍稀物种	森林公园	国家级	1993	林业局
91		湘	炎陵桃源洞国家级自然保护区	炎陵县	23 786	银杉群落及森林生态系统	森林生态	国家级	1982	林业局
92	诸广山脉	赣	白水仙自然保护区	遂川县	2 000	中亚热带常绿阔叶林	森林生态	县级	2002	林业局
93		赣	陡水湖国家森林公园	上犹县	22 666.67	亚热带常绿常硬叶林、常绿阔叶林	森林公园	国家级	2004	林业局
94		赣	金盆山自然保护区	信丰县	1 830	亚热带常绿阔叶林	森林生态	省级	1982	林业局
95		赣	齐云山国家级自然保护区	崇义县	17 105	亚热带常绿阔叶林	森林生态	国家级	1997	林业局
96		赣	五指峰国家森林公园	上犹县	24 533	常绿落叶阔叶林	森林公园	国家级	2003	林业局
97		赣	上犹五指峰自然保护区	上犹县	6 368	野生动植物	森林生态	省级	1992	林业局
98		赣	阳岭国家森林公园	崇义县	6 889.8	亚热带季风常绿阔叶林、季雨林、动物资源	森林公园	国家级	2006	林业局
99		湘	九龙江国家森林公园	汝城县	8 436.3	原始次生林群落及相关资源	森林公园	国家级	2009	林业局
100		湘	汝城县自然保护区	汝城县	14 230	森林生态系统及人文景观	森林生态	县级	2001	林业局

资料来源：2017年全国自然保护区名录。

中文名索引

拉丁名索引

M

Morus australis　185

Morus australis var. *inusitata*　185

Morus australis var. *linearipartita*　185

Morus cathayana　185

Morus mongolica　186

Mosla　333

Mosla cavaleriei　333

Mosla chinensis　333

Mosla dianthera　333

Mosla longispica　334

Mosla scabra　334

Mosla soochowensis　334

Mucuna　154

Mucuna lamellata　154

Mucuna sempervirens　154

Muhlenbergia　109

Muhlenbergia hugelii　109

Muhlenbergia japonica　109

Muhlenbergia ramosa　109

Mukia　202

Mukia maderaspatana　202

Murdannia　83

Murdannia hookeri　83

Murdannia kainantensis　83

Murdannia keisak　84

Murdannia loriformis　84

Murdannia nudiflora　84

Murdannia spirata　84

Murdannia triquetra　84

Murraya　233

Murraya paniculata　233

Musa　85

Musa balbisiana　85

Musa basjoo　85

Musaceae　85

Mussaenda　296

Mussaenda esquirolii　296

Mussaenda hirsutula　296

Mussaenda pubescens　296

Mussaenda shikokiana　297

Mycetia　297

Mycetia sinensis　297

Myosoton　253

Myosoton aquaticum　253

Myriactis　364

Myriactis nepalensis　364

Myricaceae　198

Myriophyllum　138

Myriophyllum spicatum　138

Myriophyllum verticillatum　138

Myrmechis　74

Myrmechis japonica　74

Myrsine　273

Myrsine faberi　273

Myrsine linearis　273

Myrsine seguinii　273

Myrsine semiserrata　273

Myrsine stolonifera　273

Myrtaceae　224

Myrtales　221

Mytilaria　133

Mytilaria laosensis　133

N

Nabalus　364

Nabalus tatarinowii　364

Nageia　37

Nageia nagi　37

Najas　60

Najas ancistrocarpa　60

Najas gracillima　60

Najas graminea　60

Najas marina　61

Najas minor　61

Nandina　122

Nandina domestica　122

Nanocnide　189

Nanocnide japonica　189

Nanocnide lobata　189

Nartheciaceae　61

Neanotis　297

Neanotis boerhaavioides　297

Neanotis hirsuta　297

Neanotis ingrata　297

Neanotis kwangtungensis　297

Neanotis thwaitesiana　297

Neillia　161

Neillia jinggangshanensis　161

Neillia sinensis　161

Neillia thyrsiflora　161

Nelumbo　129